PADS PCB 设计指南

龙 虎 著

本书系统全面地阐述了使用PADS Logic、PADS Layout、PADS Router进行原理图与PCB设计的流程与方法，并通过实例展示了大量实际工作中的应用技巧，同时深度结合高速数字设计理论，阐述软件系统的配置参数，而且更加注重梳理PADS相关的基本概念与技术细节，本书不仅扼要阐述了相关的PCB生产工艺、工业标准、可制造性、可测试性等内容，还结合信号与电源完整性理论，简要介绍了高速PCB设计方面的知识，使读者不仅能掌握实际工作中的PCB设计方法，还能深刻理解PCB设计操作背后的基本原理。

本书可作为PADS PCB设计初学者的辅助学习教材，也可作为工程师进行PCB设计的参考书。

图书在版编目（CIP）数据

PADS PCB 设计指南 / 龙虎著 . —北京：机械工业出版社，2023.1
ISBN 978-7-111-71781-2

Ⅰ . ① P…　Ⅱ . ①龙…　Ⅲ . ①印刷电路 – 计算机辅助设计 – 应用软件 – 指南　Ⅳ . ① TN410.2-62

中国版本图书馆 CIP 数据核字（2022）第 187267 号

机械工业出版社（北京市百万庄大街 22 号　邮政编码 100037）
策划编辑：吕　潇　　　　责任编辑：吕　潇
责任校对：张晓蓉　张　薇　封面设计：马精明
责任印制：郜　敏
三河市骏杰印刷有限公司印刷
2023 年 2 月第 1 版第 1 次印刷
184mm × 260mm · 31.25 印张 · 824 千字
标准书号：ISBN 978-7-111-71781-2
定价：149.80 元

电话服务	网络服务
客服电话：010-88361066	机　工　官　网：www.cmpbook.com
010-88379833	机　工　官　博：weibo.com/cmp1952
010-68326294	金　　书　　网：www.golden-book.com
封底无防伪标均为盗版	机工教育服务网：www.cmpedu.com

自　序

2005年，还是湖南师范大学大二学生的我初步接触了一款名为PowerPCB的PCB设计工具，美观度不如Protel DXP的操作界面让我心生了一些抵触，但出于个人兴趣及方便毕业后找工作等原因，仍然进行了初步学习。2008年，我通过校园招聘与深圳市某家单位签订了劳动合同（岗位是助理硬件工程师），而这家单位的硬件部门使用的PCB设计工具则是PADS 2005，其中包含的PADS Layout就是原来的PowerPCB。在项目开发过程中，初出茅庐的我自然会遇到很多与PCB设计相关的困难或疑惑，在技术论坛上也发了不少求助贴，幸运的是，我对PADS相关的实战应用操作已日臻纯熟。

2009年，已经具备一定PADS使用经验的我撰写了人生中的第一份技术文档《PADS功能使用技巧V0.1》，将其发布于网络后，得到了广大电子技术爱好者及行业工程师的一致好评，甚至在网络上被大量转载。经过后续数个版本更新后，我萌生出撰写PADS PCB设计图书的想法，想做也就开始做了。当然，那时候我觉得图书出版是一件很遥远很陌生的事情，内心并未想过会真正出版，更多是基于个人兴趣及打发业余时间而进行的稿件整理。也正因为如此，虽然我在十多年的工作期间更换了几家工作单位，但PADS一直是主要使用的PCB设计工具，稿件篇幅也在后续工作中断断续续地扩充着。

2017年，我注册了个人微信公众号“电子制作站”（dzzzzcn），开始将工作过程中积累的经验与感悟提炼为技术文章并陆续发布到公众号，其中也包括那些常用的PADS功能使用技巧。2018年，我与电子工业出版社签订了《电容应用分析精粹：从充放电到高速PCB设计》出版合同，该书于2019年正式出版。随后又陆续出版了《三极管应用分析精粹：从单管放大到模拟集成电路设计（基础篇）》《显示器件应用分析精粹：从芯片架构到驱动程序设计》《USB应用分析精粹：从设备硬件、固件到主机端程序设计》。考虑到读者对PADS PCB设计应用实战知识和技能的强烈诉求，积累了足够经验的我决定将本书的撰写任务正式提上日程。当然，我决定撰写本书的原因还有另外两点：其一，PADS虽然界面简洁，但功能非常强大，使用起来也很方便，而且从最初的PowerPCB到最新的PADS VX版本，其主要工作界面与按钮图标风格并没有太大的调整，延续性非常强，实用功能也在不断增加；其二，作为一名多年从事硬件开发工作的工程师，深感市面上PADS相关的好书实在太少了，大多数同类图书的撰写思路仍然是翻译帮助文档，少数图书虽然结合了一些实战案例，但又不够详细，这样导致的直接后果是：怀着满腔热忱的读者即便严格按照图书的案例操作，要么没有做出来（缺少关键步骤），要么做出来了，却又不知道为什么这么做（等同于没有做，因为图书仅按顺序机械描述了单击某按钮、设置某数字、勾选某选项等操作）。

一本真正优秀的阐述PADS应用的图书不能仅仅告诉读者怎么做，更应该向读者解释为什么要这么做。换句话说，图书应该将“如何更好地阐述PCB设计操作背后的原理”摆在首位，而不是本末倒置。以导线宽度为例，图书应该着重说明具体线宽的设置依据，这涉及可制造性、可靠性、载流量、阻抗等诸多因素。再以PCB叠层为例，图书应该着重阐述叠层配置的理论依据，虽然这涉及覆盖面很广的高速PCB设计理论，但至少应该扼要地将关键信息概括出来。如果图书只是片面地阐述“如何机械地完成某些配置步骤”，势必很难让读者真正理解“如何更恰当且高效地进行PCB设计”，自然也就无法真正创造足够的价值输出。

本书最初的撰写基础是多年前整理的原稿，我原以为这样做的难度应该会小很多，然而事实却并非如此，因为以现在的眼光看来，原稿已经严重不符合图书的创作要求（包括作图、行文思路、语言组织、逻辑架构、叙述广度与深度等方面），所以本书的绝大部分内容与原稿已经相去甚远，但有一点仍然还是保持未变：全书的宏观编排架构仍然围绕非常简单的小项目而逐步展开。

本书第1章初步介绍了PADS Logic、PADS Layout、PADS Router相关的工具界面、基本概念与常用操作，让读者初步建立起对PADS的感性认识。然后马上在第2章通过非常简单的项目全面展示实际

PCB 设计流程，以帮助读者快速建立起 PADS PCB 设计流程的总体框架。之所以使用如此简单的项目，是因为过于复杂的项目会让 PCB 设计初学者的精力过于分散，难以从宏观上把握 PADS PCB 设计流程。当然，考虑到初次接触 PADS PCB 设计的新手，很多细节或可能出现的问题不能（也不适合）尽述于第 2 章，所以本书剩下章节也是根据该项目的叙述结构进行编排。换句话说，第 2 章本身就包含了全书的编排架构信息。读者在学习案例过程中有何疑问之处，可直接翻阅对应章节进行精读以深度学习相关细节（包括实际应用中遇到的常见问题及解决方案）。这种编排架构使得本书不仅适合于 PADS 新手，对于多年使用 PADS 的资深工程师也有着较大的实用价值。

从内容上来讲，本书在详尽叙述 PADS PCB 设计流程的同时，更加注重梳理 PADS 相关的基本概念与技术细节，这在同类图书并不多见（也更容易被忽视），但却对深刻理解 PADS 应用设计有着非凡的意义。本书不仅结合 PCB 设计操作扼要阐述了相关的 PCB 生产工艺、工业标准、可制造性、可测试性等内容，还结合信号与电源完整性理论简要讨论了高速 PCB 设计方面的知识，使读者不仅能够掌握实际工作中的 PCB 设计方法，也能够深刻理解 PCB 设计操作背后的基本原理。另外，本书也融合了我在十余年工作期间所有学会的实用技巧，也算是《PADS 功能使用技巧》的最终版。当然，图书肯定不能以文档这种散漫的方式去组织，而是在考虑内容紧凑性的前提下重新组织并合理分散在全书。换句话说，我所掌握的“关于 PADS PCB 设计方面的知识或经验”已尽述于本书，而且我也会竭尽所能地保证：新手也能够通过本书轻松地掌握 PADS PCB 设计。

由于本人水平有限，疏漏之处在所难免，恳请读者批评与指正。

龙　虎

本书约定

为方便行文组织与读者阅读，本书对文字描述方式进行了统一约定，主要描述如下：

1. 鼠标操作

（1）**指向**：通过移动鼠标的方式，将光标移到操作对象上。

（2）**单击**：按下再释放鼠标左键。一般用于选择某个操作对象。

（3）**右击**：按下再释放鼠标右键。若无特别说明，右击后均会弹出快捷菜单。

（4）**双击**：连续两次快速执行单击操作。

（5）**拖动**：在保持鼠标左键处于按下状态的同时，移动光标到指定位置，再释放鼠标左键。

2. 常用按键

（1）**Ctrl、Shift、Alt**：一般配合其他按键或鼠标使用。例如，在 Windows 操作系统中，执行“Ctrl+ 单击”可以选择多个不连续的对象，执行“Shift+ 单击”可以选择多个连续的对象，执行“Ctrl+C”表示复制操作。PADS 本身也有一些特殊的操作定义。例如，执行“Ctrl+ 单击”可以结束布线。

（2）**Enter**：回车键，通常用于确认命令的执行。

（3）**Space**：空格键，用于输入一个空格，PADS 的少数命令也可以通过该键确认执行（例如，设置原点、布线时添加拐角）。

（4）**Backspace**：退格键，用于删除光标前的字符，PADS 中主要用于删除选中的对象或撤回之前的操作。

（5）**Delete**：删除键，用于删除光标后的字符，PADS 中主要用于删除选中的对象。

（6）**Tab**：制表键。

（7）**Home**：起始键。

（8）**ESC**：返回键。

（9）**F1 ~ F12**：特殊功能键。

3. 操作描述

（1）**多个同时执行的操作**：多个同时执行的操作之间使用符号“+”连接。例如，“按下 Ctrl 键的同时单击即可选中多个对象”表达为“执行‘Ctrl+ 单击’即可选中多个对象”，“同时按下 Ctrl 键与字母键 C 即可复制对象”表达为“执行快捷键‘Ctrl+C’即可复制对象”。

（2）**多个连续执行的操作**：多个连续执行的操作之间使用向右箭头符号“→”连接（第一个操作总是“菜单栏中某项”或“右击”），具体的含义随操作执行的结果而异，基本叙述原则是从大至小定位所引用的对象（可以是菜单项、标签页、组合框、按钮等控件）。例如，“执行【右击】→【特性】”表示“执行右击后，选择弹出快捷菜单中的‘特性’命令项”，“执行【工具】→【选项】→【布线】→【常规】”表示“进入‘工具’菜单栏中选择‘选项’命令项，在弹出的‘选项’对话框中切换到‘布线’类别下的‘常规’标签页”。

（3）**工具栏操作**：所有与工具栏相关的操作均以语言来描述，而不以截图方式表达（工具栏中的按钮图标与文字对应关系见第 1 章）。例如，“单击绘图工具栏上的按钮即可进入 2D 线绘制状态”表达为“单击绘图工具栏上的‘2D 线’按钮即可进入 2D 线绘制状态”。

4. 其他

（1）**翻译**：考虑到国内读者的需求，本书决定采用官方中文版进行阐述（PADS 中可切换语种），但是其中很多翻译并不是很准确，甚至出现了错误（第一次出现时将予以说明）。本书在涉及 PADS 具体操作时均以官方中文翻译为准（以便与实际操作效果保持一致，即便出现翻译错误），但在与 PADS 操作无关的行文中则使用正确的翻译。例如，“Virtual Pin”本应该翻译为“虚拟管脚”，PADS 却将其翻译为“虚拟过孔”，本书在章节标题及正文描述中均使用“虚拟管脚”，但在具体操作时使用“虚拟过孔”。例如，执行【右击】→【添加虚拟过孔】即可添加虚拟管脚。

（2）**选中**：表示处于已经选择的状态。例如，“已经处于选择状态的对象”表达为“选中的对象”。

（3）**选择模式**：PADS 中的很多命令可以采用“先选择对象，再执行命令”或“先执行命令，再选择对象”两种方式之一执行，前者称为选择模式，后者称为动作模式。本书如无特别说明，均采用**选择模式**统一行文。

（4）**单位**：本书如无特别说明，设计单位均默认为**密尔（mil）**⊖。

（5）**示例**：本书一部分示例来源于 PADS 自带的设计文件，其路径为 PADS 安装时指定的工作路径（本书涉及的 PADS 项目路径均为 D:\PADS Projects\Samples\，PADS Designer 项目路径为 D:\PADS Projects\Samples\preview\），其他文件均默认放在新建的 Demo 文件夹下（路径为 D:\PADS Projects\Samples\Demo\）。

（6）**快捷键**：本书所涉及的快捷键均为 PADS 安装后默认的快捷键，超过两个按键组合的快捷键不予介绍。

⊖ $1mil=1\times10^{-3}in=25.4\mu m$。

PADS 功能使用技巧

序号	技巧描述	章节
1	如果多种类别对象重叠放置，如何精准选中需要的对象？（提示：筛选条件）	1.4.4
2	为什么有些元件无法选中？（提示：胶粘元件）	1.4.4
3	如何自定义菜单、工具栏、快捷键？	1.5
4	如何使用帮助文档？	1.6
5	填充（Hatch）与灌注（Flood）有什么区别？	1.6.2
6	如何创建带挖空区域的铜箔？	1.6.2
7	PADS 元件类型、原理图（CAE）封装、PCB 封装之间有什么关系？	3.1.2
8	如果加载的多个封装库中存在名称相同的元件，如何保证在导入网络表时，PADS Layout 能够抓取正确的元件（PCB 封装）？	3.1.3
9	如何保护封装库不被意外修改？	3.1.3
10	如何将低版本的封装库转换到高版本？	3.1.3
11	如何将原理图（或 PCB）文件中的原理图（或 PCB）封装保存到自己的封装库？	3.1.4
12	如何导入或导出想要的封装？	3.1.4
13	如果想在原理图封装中隐藏芯片的电源与地管脚，应该怎么做呢？	3.2.2
14	如何处理 PCB 封装中没有电气特性的管脚？（提示：未使用的管脚）	3.2.2
15	如何在 PCB 封装中显示字母管脚编号（而不是纯数字管脚编号）？（提示：管脚映射）	3.2.2
16	一个元件中如何添加多种风格的原理图符号？（例如，电阻器原理图符号可添加矩形与折线形式，或横向与竖向形式）	3.3.2
17	如何将复杂的原理图符号分解为多个模块？（提示：门）	3.3.3
18	如何创建属于自己的管脚封装？	3.4
19	什么是连接器？如何创建连接器元件？	3.5
20	如何创建新的页间连接、电源、接地符号？为什么自己创建的这些符号无法立即使用？	3.6
21	什么是第 25 层“Layer 25”？有什么作用？	3.7.2
22	如何按尺寸要求精准地创建绘图对象？（提示：坐标）	3.7.2
23	如何创建异形 PCB 封装？	3.7.3
24	什么是第 20 层“Layer 20”？有什么作用？	3.7.4
25	阻焊（Solder Mask）与助焊（Paste Mask）有什么区别？	3.7.4
26	PADS Logic 中的绘图对象的线宽值明明设置很大，但为什么显示出来的总是细线？	4.1
27	如何在 PADS Logic 中仅使用网络名进行网络连接？（提示：悬浮连线）	4.1.2
28	PADS Logic 默认提供的哪些图页？具体尺寸是多少？	4.1.2
29	PADS Logic 如何添加原理图页？如何调整原理图页尺寸？	4.3
30	如何保存 PADS Logic 原理图文件的默认设置（以供下次创建原理图文件时自动调用）？	4.3.3
31	PADS Logic 中如何添加、创建、编辑图页边界（模板）？	4.4
32	PADS Logic 中如何切换原理图符号的封装形式？	4.5.3
33	PADS Logic 中如何切换原理图符号的门？	4.5.4

（续）

序号	技巧描述	章节
34	PADS Logic 中存在几种更改参考编号的方式?	4.5.5
35	PADS Logic 中如何添加电源与接地符号?	4.6.5
36	PADS Logic 中如何添加页间连接符?	4.6.6
37	PADS Logic 中如何进行层次式原理图设计?	4.8
38	如果原理图绘制工具为 OrCAD（PCB 设计工具为 PADS Layout），如何充分利用 PADS Logic 与 PADS Layout 之间的原理图驱动功能以提升布局效率?	4.10.1
39	如何在 PADS Logic 中生成 PDF 文件?	4.10.5
40	如何将 CADSTAR、OrCAD、P-CAD、Protel/Altium Designer 相关的原理图与库文件转换为 PADS Logic 格式?	4.10.7
41	如何在 PADS Logic、PADS Designer、OrCAD、Protel/Altium Designer 等原理图设计工具中导出符合 PADS Layout 要求的网络表?	5.2
42	往 PADS Layout 导入网络表后，为什么 PCB 封装抓取不正常?	5.3
43	如何将原理图的修改同步到 PCB ?（提示：正向标注）	5.4
44	如何将 PADS Layout PCB 中的修改同步到 PADS Logic、PADS Designer、OrCAD、Protel/Altium Designer 等原理图设计工具?（提示：反向标注）	5.5
45	如何在 PADS Logic、PADS Designer 与 PADS Layout 之间进行快速同步?（提示：自动标注）	5.6
46	如何进行管脚或门的交换?	5.7.2
47	如何将多层板改为更少层数?	6.2.1
48	为什么绘图对象（2D 线、铜箔、禁止区域等）创建完毕后就看不见了?	6.6
49	为什么移动对象时，并没有出现随光标移动的对象虚框?	6.6
50	如何保存当前 PCB 文件的默认设置（以供下次创建 PCB 文件时自动调用）?	6.7
51	为什么每次拉出的导线宽度都不是想要的呢?	7.1.1
52	“元件体到元件体之间的最小安全间距”指的是什么?	7.1.1
53	同一个网络中的对象，为什么无法使用导线连接呢?（提示：铜箔共享）	7.1.1
54	为什么切换到某一层后就无法布线?（提示：层约束）	7.1.1
55	明明已经在焊盘栈中添加了过孔，为什么就是无法在布线时使用呢?	7.1.1
56	如何实现 20H 规则?（提示：条件规则）	7.2.6
57	如果信号线上串联了元件（例如，电阻），如何实现等长匹配布线呢?（提示：电气网络）	7.3
58	如何在 PADS Layout 中设置整板或某些区域的高度?	7.4
59	PADS Layout 中的绘图对象线宽值明明设置很大，为什么显示出来的总是细线?	8.1.1
60	如何使用 PADS Layout 与 PADS Router 之间的同步模式	8.1.4
61	为什么拉出的导线的角度总是直角?	8.2
62	为什么元件布局时总是放不下?（提示：在线设计规则检查）	8.2
63	如何根据需求创建实心或网格状的铜箔?	8.3.1
64	如果需要频繁在两个板层之间切换布线，如何设置才能使设计效率更高?（提示：布线层对）	8.5.1
65	为什么已布线元器件的焊盘没有出现热焊盘呢?	8.6.1
66	覆铜过程中出现了很多碎铜，应该如何才能清除呢?	8.6.2
67	如何创建板框与挖空区域? 如何将非闭合 2D 线转换为板框?	9.2
68	如何隐藏或显示飞线（鼠线）? 如何设置指定封装管脚的显示颜色?	9.4
69	如何整板布弧线（而非 135°）?	10.4.3
70	如何进行等长匹配（蛇形）布线?	10.5

（续）

序号	技巧描述	章节
71	星形拓扑如何保证各分支导线等长？（提示：虚拟管脚）	10.5.4
72	如何进行差分布线？如何添加带蛇形线的差分线？	10.6
73	如何对 BGA 封装进行自动扇出？	10.7
74	泪滴存在的意义是什么？如何在 PADS Layout 中添加或编辑泪滴？	11.1
75	铜箔与覆铜平面有什么区别？	11.3
76	如何设置过孔与覆铜平面之间为热焊盘连接（或全覆盖连接）？	11.3.1
77	如何创建具有包含关系的铜箔？	11.3.1
78	如何对 CAM 平面板层进行分割？	11.3.3
79	如何添加缝合过孔或屏蔽过孔？（包括手动与自动添加）	11.4
80	什么是在线测试？如何添加与对比测试点？如何进行 DFT 审计？	11.5
81	如何统一修改元件参考编号字体？	11.6
82	PCB 文件中某些元件的参考编号被删除了，该怎么办？	11.6.3
83	如何在 PCB 上添加白油区域？	11.6.4
84	尺寸标注的类型有哪些？具体如何添加尺寸标注？	11.7
85	安全间距设计验证时应该注意什么？	11.8.1
86	明明网络已经连接，为什么设计验证时总是报告连接性错误？	11.8.2
87	什么是 Gerber 文件？什么是光圈？什么是 RS-274 格式？	11.9.1
88	PCB 厂商需要哪些 CAM 文档才能完成 PCB 制造？	11.9.2
89	如何按照 1∶1 比例打印文件？	11.9.3
90	在定义 CAM 文档时已经预览并确认，为什么生产出来的 PCB 却不一样？	11.9.3
91	CAM 文件输出时为什么会出现“未灌注的覆铜平面存在于层 1 上 - 继续绘图（Unhatched copper pour exists on layer1–Continue plot）”警告对话框？	11.9.4
92	CAM 文件输出时为什么会出现“偏移过小 - 绘图将居中（Offsets are too small – plot will be centered）”警告对话框？	11.9.4
93	CAM 文件输出时为什么会出现“填充宽度对于精确的焊盘填充过大（Fill width is too large for accurate pad fills.）”警告对话框？	11.9.4
94	CAM 文件输出时为什么会出现“混合平面 VCC Layer 3 包含没有覆铜平面多边形的网络（Mixed plane VCC Layer 3 contains nets with no copper plane polygons.）”警告对话框？	11.9.4
95	CAM 文件输出时为什么会出现“没有符号给尺寸 :40- 使用的符号：+（No symbol for size: 40 – used symbol: +）”警告对话框？	11.9.4
96	坐标文件有什么用途？如何生成坐标文件？	11.9.5
97	如何打印出包含元件值及丝印的装配文件？	11.9.6
98	如何创建模具元件？	12.1
99	旧产品中某电路模块的 PCB 布线要求非常高，如何将其原封不动地应用到新产品中呢？（提示：设计复用）	12.2
100	能否一次性执行“需要重复执行的多个连续操作”（以提升设计效率）？（提示：宏）	12.4
101	出现致命错误时如何处理？	12.5

目　　录

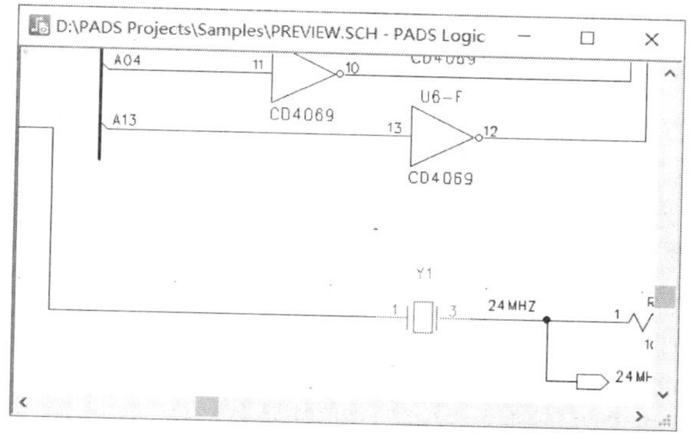

a) Y1处于选中状态

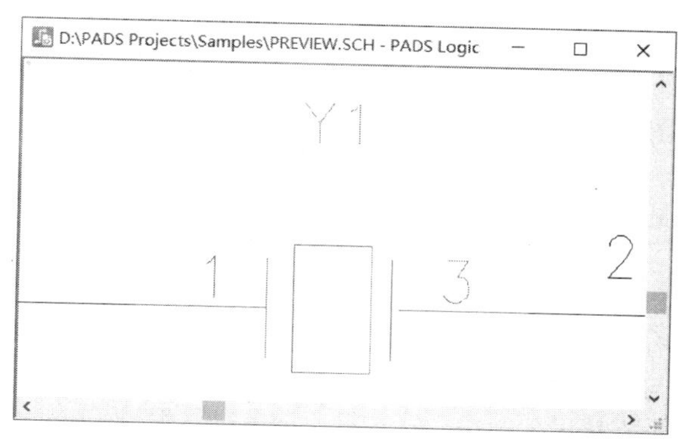

b) 执行“选择”选项后

图 1.8 最大化显示已选中的设计对象

（6）进入下 / 上一层（Push/Pop Hierarchy）：PADS Logic 支持自底向上或自上而下的层次式原理图设计方式，此两个选项可以用来进入上一层次或下一层次的原理图，详情见 4.8 节。

（7）输出窗口（Output Window）：该选项可以显示或隐藏输出窗口。

（8）项目浏览器（Project Explorer）：该选项可以显示或隐藏项目浏览器。

（9）工具栏（Tool Bar）：该选项中的子菜单可以显示或隐藏标准工具栏、选择筛选条件工具栏与原理图编辑工具栏，还包含可以进入“自定义”对话框的选项，从中你可以自定义菜单栏、工具栏或快捷键，详情见 1.5 节。

（10）状态栏（Status Bar）：该选项可以显示或隐藏 PADS Logic 底部的状态栏。默认为显示状态。

（11）保存视图（Save View）：该选项可以保存当前的视图。例如，当原理图非常复杂的时候，有些区域可能需要多次来回切换查看，这样会显得非常烦琐。此时你可以把频繁查看的目标区域对应的视图保存起来，在原理图其他任意位置选择保存的视图后，即可立刻切换到保存视图所在的原理图位置。

执行该选项后即可弹出如图 1.9 所示“保存视图”对话框，中间预览区域内的白色方框代表原理图尺寸边框，而填充方块则表示你可以看到的工作区域，其形状与大小会随工作区域的尺寸变化而变化。此时你仍然可以正常进行原理图缩放操作，当定位到某个合适观察的视图后，单击“捕获”按钮即可弹出如图 1.10 所示“捕获一个新视图”对话框，从中输入自定义的视图名称（此处为“视图 1”），再单击“确定”按钮即可保存起来，相应的视图将会出现在左侧“视图名称”列表中。如果你需要将工作区域切换到已经保存的视图位置，可以选择“视图名称”列表中需要的视图项，然后单击“应用”按钮即可。值得一提的是，你可以保存最多 10 个视图，超出该数量则会弹出“你已达到允许的最大视图数”提示对话框。另外，最近保存的视图也会显示在该选项菜单下方（此处为“视图 1”），单击亦可直接切换视图。

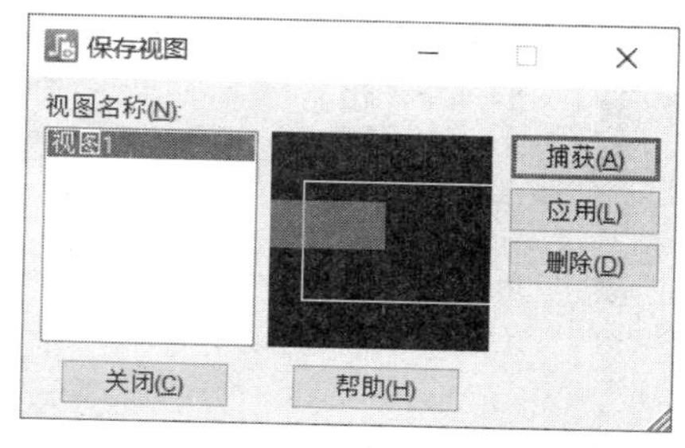

图 1.9 “保存视图”对话框

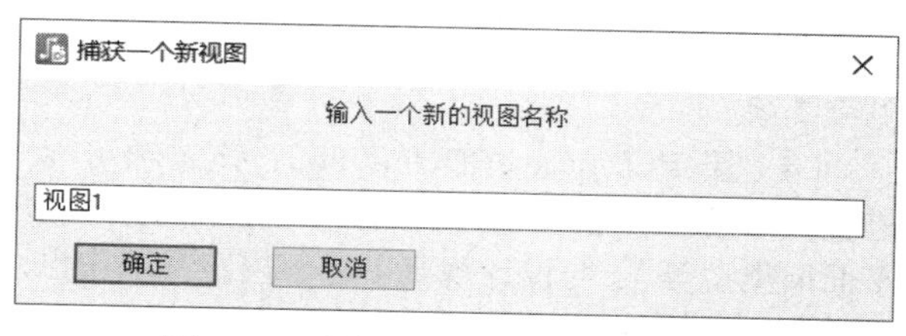

图 1.10 “捕获一个新视图”对话框

（12）上一视图 / 下一视图（Preview View/Next View）：当你对视图进行多次平移或缩放操作时，PADS Logic 允许使用这两个选项在最近的视图之间进行切换。

4. 设置（Setup）

该菜单主要用来对原理图进行设置，包含图页、字体、设计规则、层定义、显示颜色等，如图 1.11 所示。

（1）图页（Sheet）：该选项用来管理原理图页，包括添加、删除、重命名、上下移动等操作，详情见 4.3 节。

（2）字体（Font）：执行该选项可弹出如图 1.12 所示"字体"对话框，从中可以选择原理图设计对象使用的字体，默认字体为"PADS Stroke Font"。需要注意的是，切换字体操作将会导致原理图中所有文本字符串转换为新的字体，而且无法撤消此更改。另外，"Stroke"字体是 PADS Logic 用来绘制线与弧的简单字体，其不依赖于系统上安装的任何 Windows 字体，但是在使用时会有一些限制。例如，不支持诸如箭头、复选框、项目符号编号（bullets）、技术、几何、数学等图形符号与特殊字符，亦无法设置粗体、下划线与斜体风格。

图 1.11 设置菜单

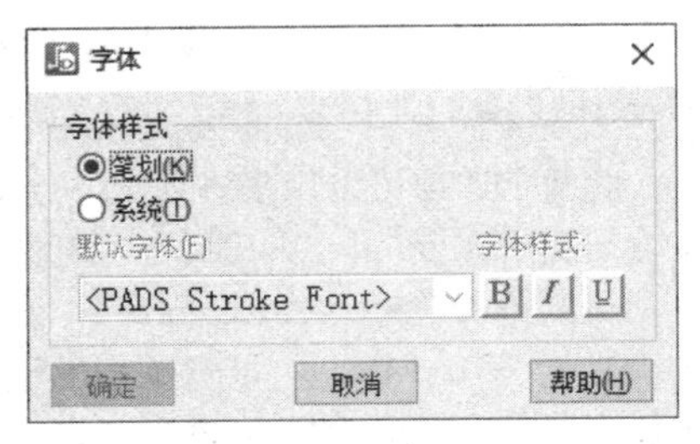

图 1.12 "字体"对话框

（3）设计规则（Design Rules）：设计规则是针对 PCB 设计阶段时的一些规则约束，你能够在 PADS Layout 或 PADS Router 中定义，也可以选择在 PADS Logic 中设置，它们各自有适用的场合。例如，某些单位可能会将原理图设计、PCB 布局布线、PCB 仿真等阶段分配给多个人（或部门）来完成，此时原理图设计人员仅负责电路原理图的绘制，而 PCB 设计工程师只专注于 PCB 设计，不再（也不能或不需要）对原理图的每个细节都非常了解，但是，在完全不理解原理图的前提下进行 PCB 设计就如同盲人摸象，不容易设计出符合要求的产品，此时就迫切需要一种协调原理图设计人员与 PCB 设计工程师的沟通方法，具体该怎么办呢？你可以让原理图设计人员预先在原理图中对关键信号设置设计规则（当然，也能够以单独设计文档的形式列出。例如，差分线的线宽与间距、等长线的匹配长度、电源线导线最小宽度等），然后再导入到 PCB 中。如此一来，即便 PCB 设计工程师并未理解原理图的每个细节，也会优先考虑关键信号线，继而设计出符合要求的 PCB。

当然，在 PADS Logic 中定义设计规则只是可行的一种方案，而且只能够定义有限的规则，在大多数场合下，工程师还是会倾向于在 PADS Layout 或 PADS Router 中完成设计规则的定义，本书也因此选择在 PADS Layout 中详细讨论设计规则，详情见第 7 章。

（4）层定义（Layer Definition）：该选项可以进行 PCB 叠层配置（包括层数、层名、布线方向、平面层类型等），与设计规则一样，层定义工作也可以在 PADS Layout 中完成，详情见第 6 章。

（5）显示颜色（Display Colors）：执行该选项即可弹出如图 1.13 所示"显示颜色"对话框，从中可以配置原理图各种对象的显示颜色，只需要从

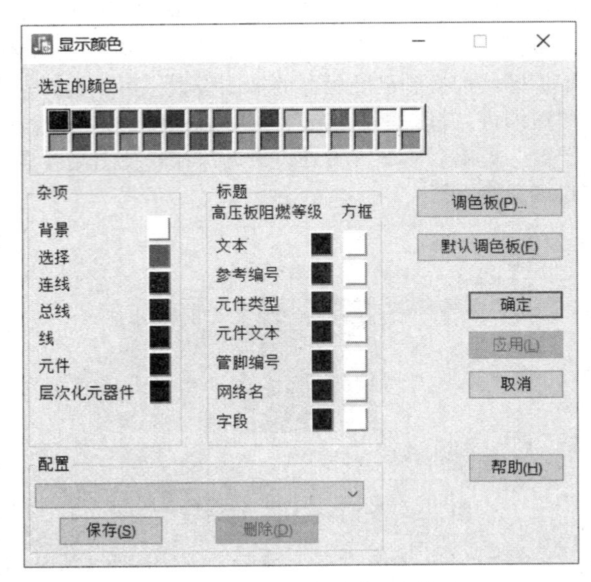

图 1.13 "显示颜色"对话框

“选定的颜色（Selected Color）”组合框单击某个颜色方块，再单击“杂项（Misc）”或“标题（Titles）”组合框中的那些代表对象颜色的小方块即可。如果“选定的颜色”组合框中的颜色不符合要求，你也可以单击“调色板（Palette）”按钮进入如图 1.14 所示“颜色”对话框，从中配置想要的颜色后，再单击“添加到自定义颜色”按钮即可。

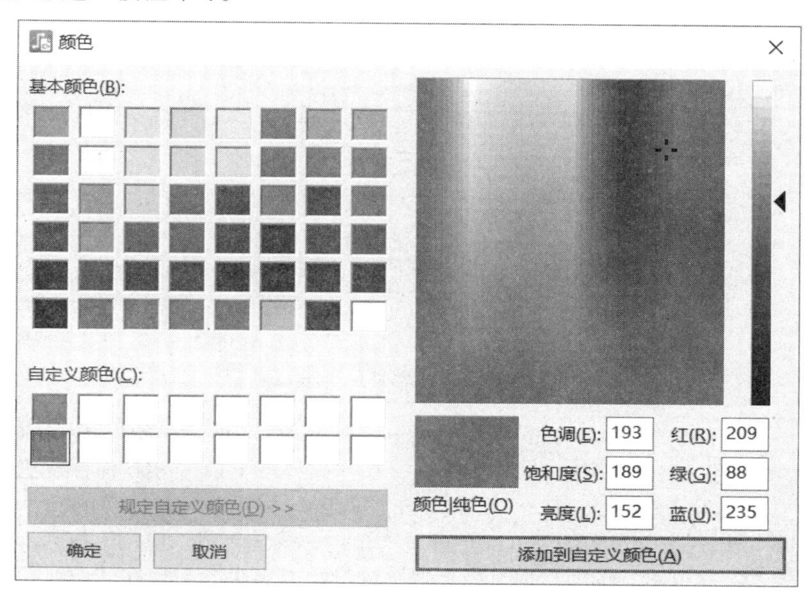

图 1.14　“颜色”对话框

“标题”是原理图中各种字符串类型对象的统称，文本（Text）、参考编号（Ref Des）、元件类型（Part Type）、元件文本（Part Text）、管脚编号（Pin Numbers）、网络名（Net Names）等标题均由字符串构成，如图 1.15 所示。

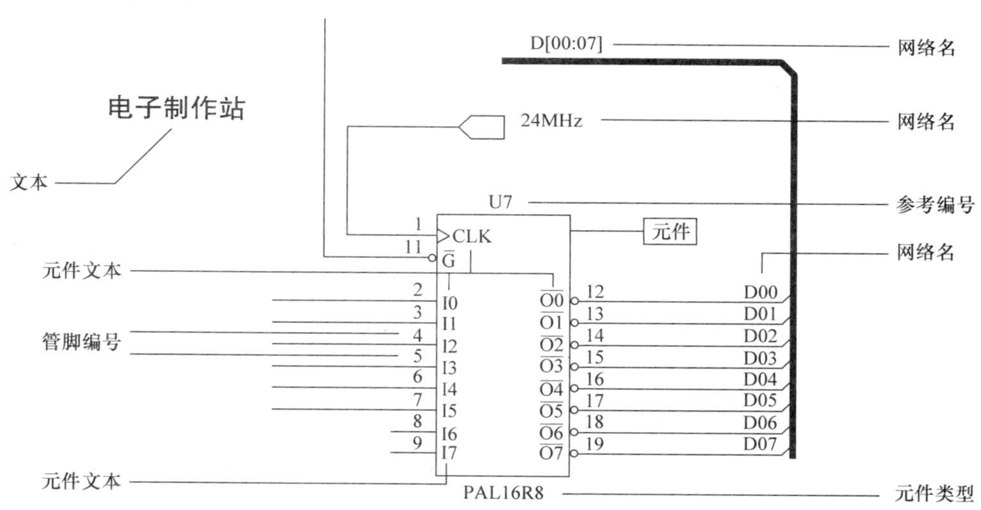

图 1.15　原理图中的各种标题（字符串）

“标题”下方的文字“高压板阻燃等级（Flame Retardant Grade，FRG）”是简体中文版软件的错误翻译，其对应英文为“foreground（Frg）”，即“前景”（还有一个术语“背景”，相应英文为“background”），也就代表标题（字符串）本身。PADS Logic 中的标题对象都存在一个跟随的方框（Box），其大小即代表字符串字体的大小，将其颜色设置为与工作区域相同时即可隐藏（对应“杂项”组合框中的“背景”项），如图 1.16 所示。

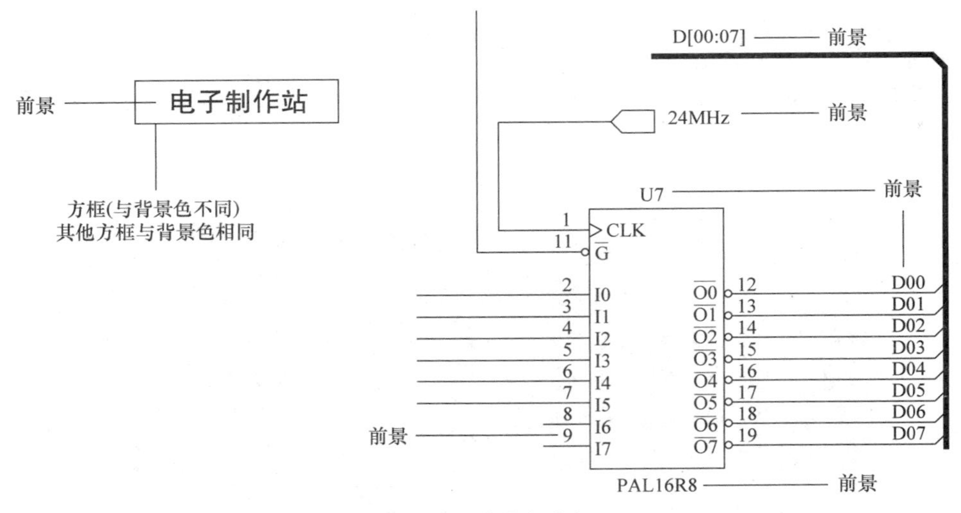

图 1.16　前景与方框

如果你特别喜欢某种颜色配置，并希望在后续的原理图设计中长期使用，也可以选择将其保存起来，只需要单击“配置”组合框中的“保存”按钮，在弹出如图 1.17 所示“保存配置”对话框中输入相应的配置名称（此处为“my_sch_color”），再单击“确定”按钮即可，保存的颜色配置将会出现在“配置”组合框中的下拉列表，选中需要的颜色配置再单击“确定”或“应用”按钮即可将其应用到当前原理图设计。与“保存视图”选项相似，最近保存的颜色方案也会出现在“设置”菜单的“显示颜色”选项下方（Default 与 Monochrome 为 PADS Logic 自定义的两种颜色配置方案），选择后亦可直接应用。值得一提的是，你所保存的每个颜色配置都将以扩展名为 .ccf 的文件保存在 PADS 安装目录的 Settings 文件夹下（此例为“D:\MentorGraphics\PADSVX.2.7\SDD_HOME\Settings\my_sch_color.ccf”）。

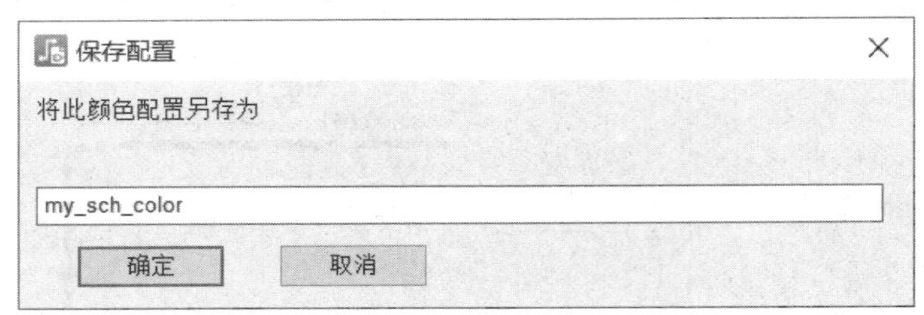

图 1.17　“保存配置”对话框

5. 工具（Tool）

该菜单包含元件编辑器（Part Editor）、同步 PADS Layout 与 PADS Router、选项（Options）、自定义（Customize）等选项，如图 1.18 所示。

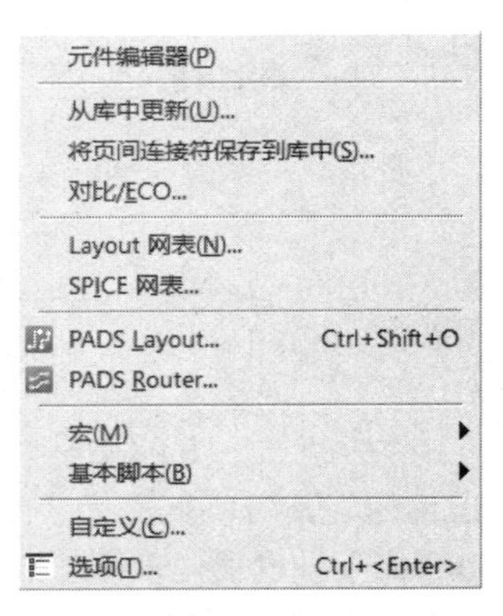

图 1.18　工具菜单

（1）元件编辑器：该选项可以进入元件编辑界面，从中你能够新建或编辑元件类型或各种原理图封装，详情见第 3 章。

（2）从库中更新（Update from Library）：有时候，原理图中的设计对象可能与库中存在差异，该选项允许你在必要的时候直接从库中更新设计对象，详情见 4.5.7 小节。

（3）将页间连接符保存到库中（Save Off-page to Library）：在 PADS Logic 原理图中，名称相同的网络即被视为连接在一起（即便在不同原理图页中亦是如此）。“页间连接符”是专门为不同原理图页中的网络连接而诞生的特殊符号（尽管并非必须，因为直接使用网络名也可以达到相同的目的），也称为“特殊原理图符号”，主要分为“电源”“接地”与“页间”

三种，PADS Logic 默认可以使用的页间连接符形式如图 1.19 所示。

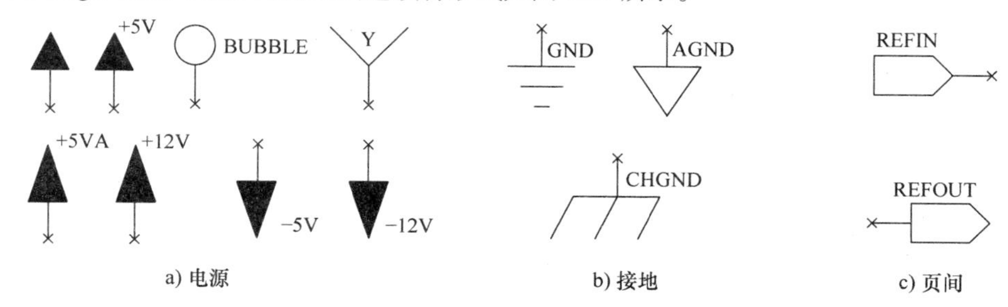

图 1.19　页间连接符

“电源”与“接地”连接符是专门给原理图中的电源与地网络使用，而“页间”连接符则通常用于信号线，你也可以新建其他形式的页间连接符，详情见 3.6 节。如果其他工程师设计的原理图中存在一些令你更满意的连接符形式，也可以执行该选项保存起来供自己后续使用，此时将弹出如图 1.20 所示“将页间连接符保存到库中”对话框，其中的“项目类型”表示原理图中包含的“页间连接符”类型（如果当前原理图中不存在某种类型，相应项将处于灰色禁用状态）。当单击“确定”按钮后，即可进入“元件编辑器”界面进行编辑或保存。但是请注意，**只有从库中更新后才能正常使用**，详情见 4.5.7 小节。

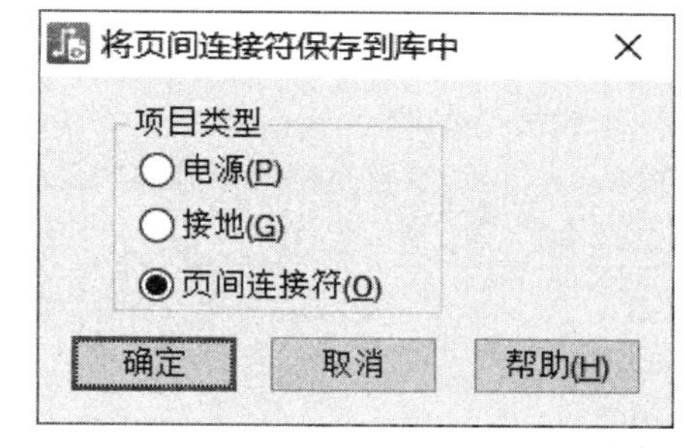

图 1.20　“将页间连接符保存到库中”对话框

（4）对比 /ECO（Compare/ECO）：在原理图（或 PCB）设计过程中，如果某个项目的原理图非常复杂，而恰好又不清楚两个版本的原理图存在的差别时，该怎么办呢？你可以使用该选项比较两个原理图的异同，并生成相应的差异报告，详情见 4.10.3 小节。

（5）Layout 网表（Layout Netlist）：该选项用于生成需要导入到 PADS Layout 的网络表，详情见 2.1.2 小节。

（6）SPICE 网表（SPICE Netlist）：该选项用于导出 SPICE 网络表用于仿真，但是必须给元件添加 SPICE 属性，了解一下即可。

（7）PADS Layout：当你使用 PADS Logic 绘制原理图，且使用 PADS Layout 进行 PCB 设计时，该选项几乎必然会使用到，其可以用来快速方便地同步原理图与 PCB，详情见第 5 章。

（8）PADS Router：该选项与“PADS Layout”命令相似，只不过用来链接 PADS Router，详情见第 5 章。

（9）宏（Macros）：宏可以记录操作执行的步骤，你可以通过创建宏来简化冗余操作，以提升设计效率，详情见 12.4 节。

（10）基本脚本（Basic Scripts）：该选项允许你创建或编辑脚本，本书不涉及。

（11）自定义（Custom）：该选项允许你自定义符合自己习惯的设计环境，详情见 1.5 节。

（12）选项：该选项也可以定制符合自己习惯的设计环境，但是与“自定义”选项有所不同的是，前者仅用于可能会影响 PCB 设计的参数，详情见 4.1 节。

6. 帮助（Help）

该菜单包含软件帮助等文档或教程，也是 PADS 最重要的学习资料入口，如图 1.21 所示，本书特意使用一节的篇幅阐述其主要使用方式，详情见 1.6 节。

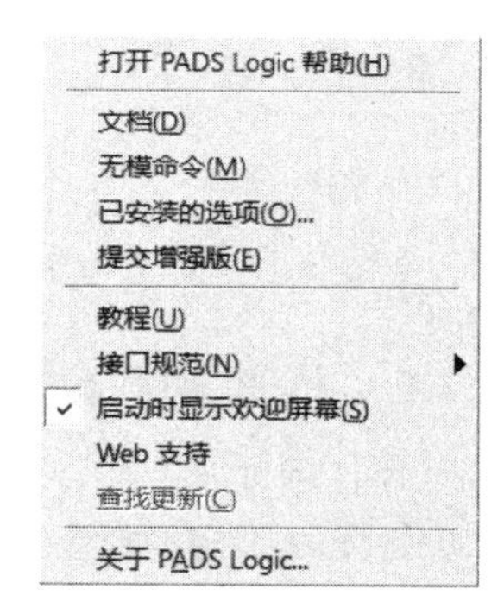

图 1.21　帮助菜单

1.1.4 工具栏

工具栏存在的意义与菜单栏相同，其中存在一些可供执行的选项，只不过后者以菜单的方式呈现（通常需要多次进入菜单才能最终执行），前者则以按钮的方式呈现（只需一次单击操作）。虽然在PADS Logic默认用户界面中，工具栏上的很多选项都并不存在于菜单栏中，但是如果实在有必要，你也可以对菜单栏进行个性化定制（详情见1.5节），只不过一般情况下不会这么做，因为与“需要多次进入菜单执行选项”的方式相比较，“单击工具栏上的按钮执行选项”的方式通常会更加快捷一些。

PADS Logic默认包括标准（Standard）、选择筛选条件（Selection Filter）、原理图编辑（Schematic Editing）共3类工具栏，本节仅简单介绍各自包含的选项按钮以供后续参考。

1. 标准工具栏

该工具栏主要包括打开与保存设计、控制视图、刷新以及访问其他工具栏的入口，亦是比较常用的工具栏，如图1.22所示。

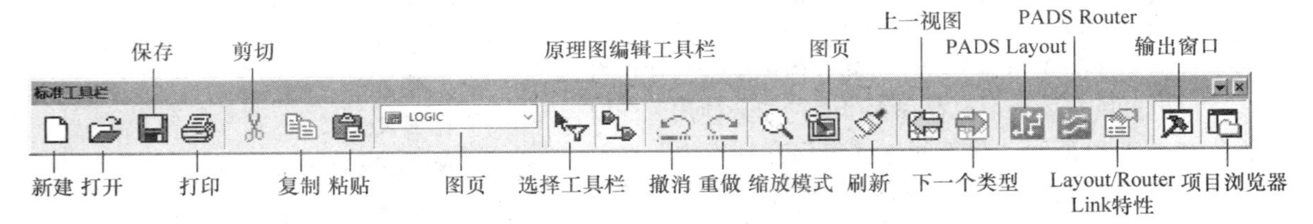

图1.22 标准工具栏

2. 选择筛选条件工具栏

在PADS Logic中选择对象前，通常需要先确定对象的类别。如果你想确定某类对象，需要先单击“代表相应对象类别”的选项按钮使其进入选中状态，亦称为“选择筛选条件”操作，相应的选择筛选条件工具栏如图1.23所示。

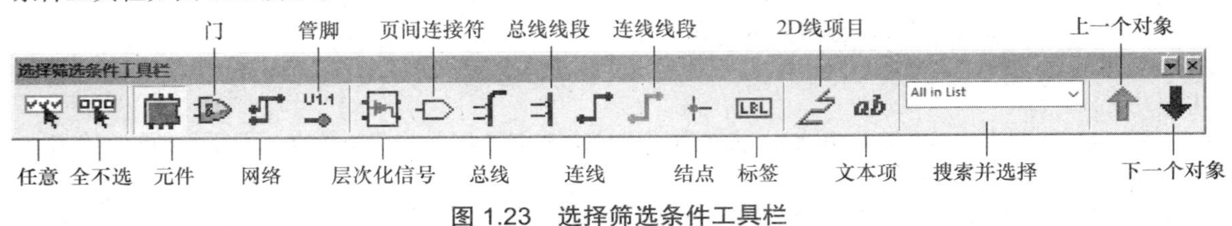

图1.23 选择筛选条件工具栏

3. 原理图编辑工具栏

原理图设计过程中的常用命令都包含在该工具栏中，如图1.24所示，具体设计过程详情见第4章。

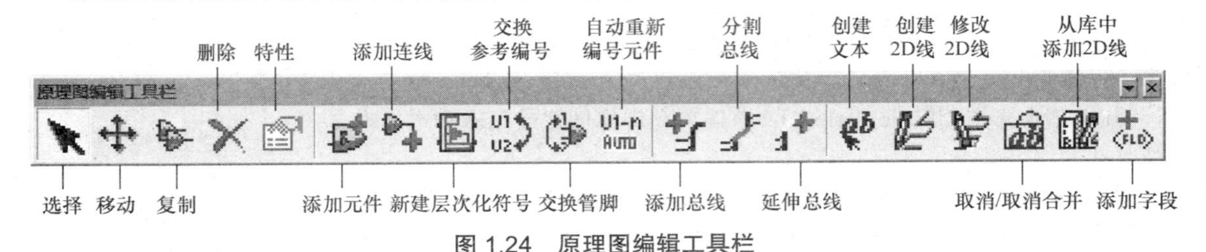

图1.24 原理图编辑工具栏

1.1.5 项目浏览器

项目浏览器（Project Explorer）将整个原理图中的所有对象按原理图、元器件、元件类型、网络、CAE封装（原理图封装）、PCB封装分门别类地汇总起来，当你更新原理图时，项目浏览器也会自动进行更新，你也可以从中轻松定位或选择需要的对象，前提是设置保证其处于“允许选中”状态，只需要选择某个或某类对象，再执行【右击】→【允许选中】即可（默认为选中状态），如图1.25所示。

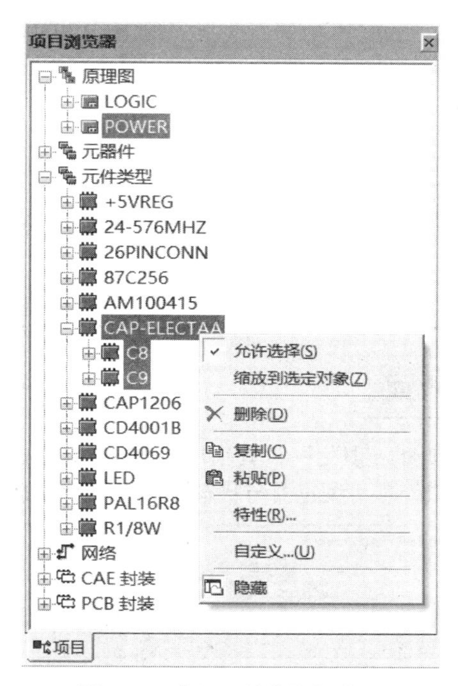

图 1.25　“项目浏览器”窗口

1.1.6　输出窗口

输出窗口（Output Window）主要用于实时显示当前的状态，也可以编辑宏文件，如图 1.26 所示。

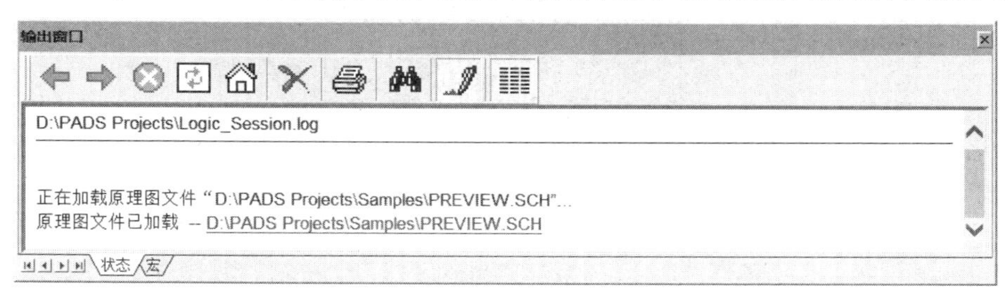

图 1.26　输出窗口

1.1.7　状态栏

PADS Logic 状态栏（Status Bar）位于窗口底部，其能够实时显示当前正在执行的命令或选中对象的信息，共包含 6 个指示器，从左至右依次为执行的命令或选中对象信息、进度、当前默认 2D 线宽度、默认设计栅格以及相对于原点的 *X*、*Y* 坐标，其中的“进度”指示器默认是空白的，只有在执行一些消耗时间相对比较长的操作时，才可以看到以百分比显示的渐变进度。图 1.27a 所示为当前无命令执行时的状态，此时最左侧显示“准备就绪”，当你执行某个选项命令时，此处会显示出相应的命令名称。图 1.27b 所示为选中原理图中元件 R1 时的状态，也就意味着该电阻的元件类型为“R1/8W”，逻辑系列为“RES”，PCB 封装为“1206”，*X*、*Y* 坐标分别为 4800mil（音译为“密尔”，100mil = 2.54mm，1000mil = 1in）与 11000mil，当前的设计栅格为 100mil（“栅格”详情见 1.4.1 小节）。值得一提的是，当你执行移动或绘制对象命令时，栅格指示器会显示距离值（以执行该命令开始的光标选择点为参考进行计算，负值表示左或下方），图 1.27c 所示为移动元件 R1 时的状态，其中的字母 D 表示“Delta”，即坐标的变化量。

准备就绪 宽度 10 栅格 100 6900 7400

a) 空闲状态

R1; R1/8W; RES; 1206 宽度 10 栅格 100 4800 11000

b) 元件R1处于选中状态

R1; R1/8W; RES; RESZ-H 宽度 10 D:-300 500 5600 9400

c) 元件R1处于移动状态

图 1.27 状态栏

1.2 PADS Layout 用户界面

PADS Layout 是进行 PCB 设计的工具之一，其用户界面与 PADS Logic 相似，主要由标题栏、菜单栏、工具栏、工作区域、输出窗口、项目浏览器与状态栏组成，如图 1.28 所示。

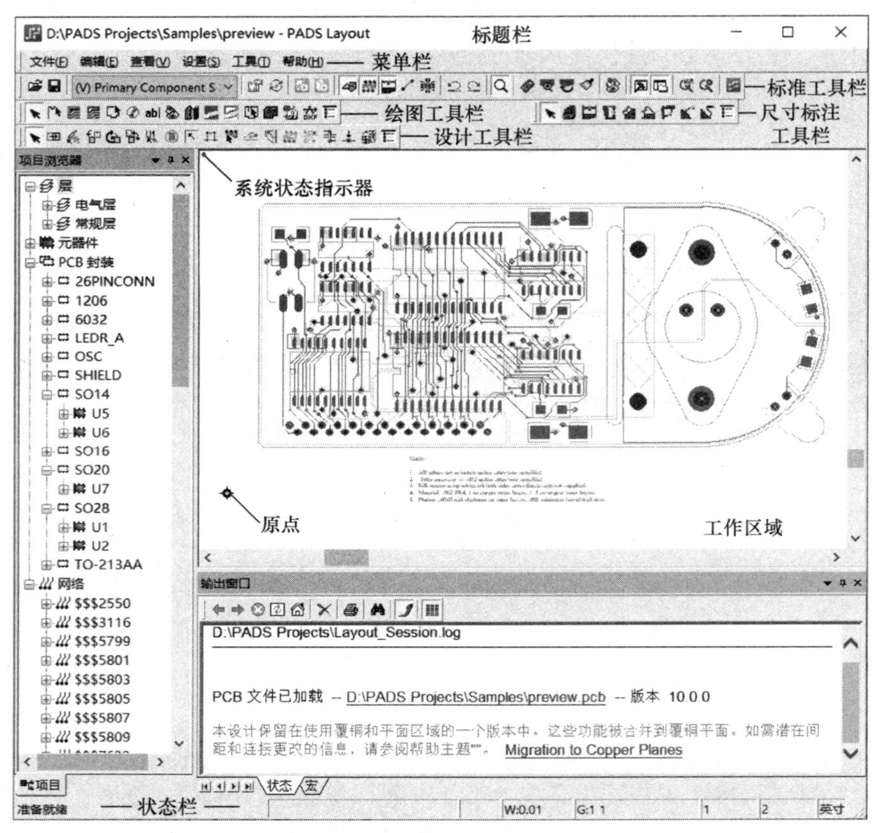

图 1.28 PADS Layout 用户界面

1.2.1 工作区域

与 PADS Logic 相同，PCB 的设计工作均在工作区域中完成，其长宽最大值亦均为 56in，左上角亦存在一个系统状态指示器。工作区域中所有对象的坐标均以原点（0，0）为参考，当你新建一个 PCB 文件时，该原点会显示在工作区域的中心，但该默认原点坐标并非整个工作区域的中心，而是左下方，如图 1.29 所示（单位为 in）。

1.2.2　菜单栏

PADS Layout 与 PADS Logic 一样拥有名称相同的 6 个菜单栏，简单介绍如下（与 PADS Logic 功能相同的菜单项不再赘述）。

1. 文件

该菜单如图 1.30 所示，其中“生成 PDF”“归档”“报告”“打印设置”“库”等选项与 PADS Logic 相似，“导入”选项参考 2.3.1 小节，“CAM”“CAM Plus”选项参考 11.9 节。

2. 编辑

该菜单如图 1.31 所示，其中与 OLE 对象相关的选项与 PADS Logic 相同，此处不再赘述。

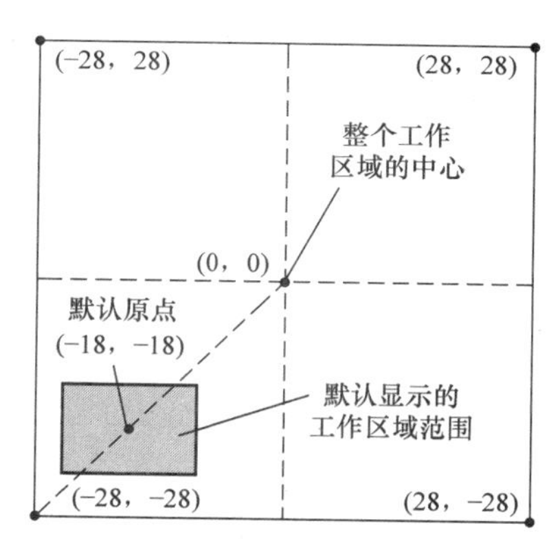

图 1.29　新建 PCB 文件后的默认原点坐标

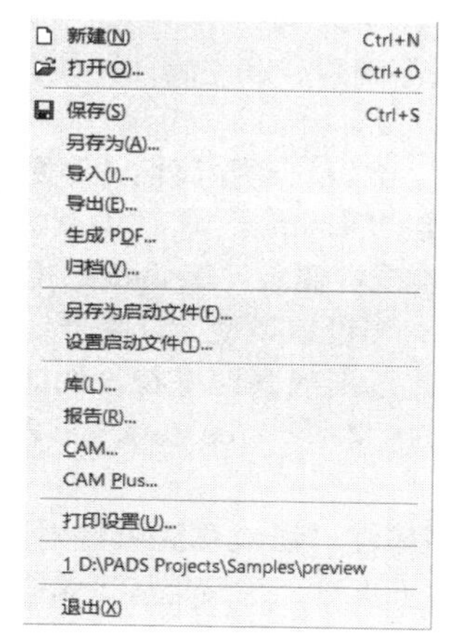

图 1.30　文件菜单

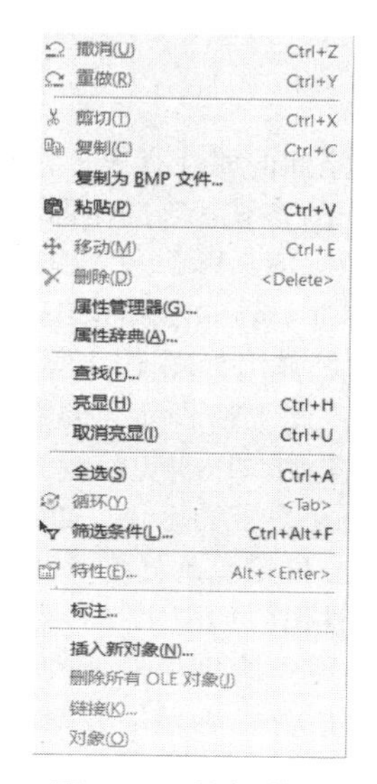

图 1.31　编辑菜单

（1）移动（Move）：当需要移动的对象处于选中状态时，执行该命令后将处于移动状态，此时对象将粘在光标上并随之移动，在合适位置单击即可完成移动操作，相应快捷键为“Ctrl+E”。

（2）删除（Delete）：当需要删除的对象处于选中状态时，执行该选项即可删除。需要注意的是：**在正常模式下，你只能删除非电气对象**。所谓“电气对象”是指与网络表内容相关的项（主要包括**元件与相关的网络连接关系**），正常情况下，原理图与 PCB 文件中的**元件**与**网络**连接形式应该完全相同（也称为“同步”），而具体的连接关系也会体现在网络表中。如果你在 PCB 文件中将电气对象删除，原理图与 PCB 文件中的**元件**与**网络**连接关系不再相同（也称为“不同步”）。为避免 PCB 设计过程中的意外修改导致不同步现象，PADS Layout 仅允许在**工程变更指令**（Engineering Change Order, ECO）模式下才能进行电气对象的删除操作，因为该模式下可以将“针对电气对象的所有更改操作”记录到文件中，后续只要将其导入到 PADS Logic 即可完成同步（有关“ECO 模式”详情见 5.7 节），而“非电气对象”是指与网络表无关的对象。例如，文本、2D 线、铜箔、板框、过孔、导线等，即便将其删除也不会影响原理图与 PCB 文件的同步状态。

（3）属性管理（Attribute Manager）：该选项可以查询、添加、编辑、删除当前 PCB 文件中所有元件、网络、封装、管脚、过孔等对象的**属性值（不是属性）**。以查询 PCB 文件中的所有电阻器是否设置高度（Height）属性为例，首先执行该选项进入“属性管理器”窗口，在“查看”组合框内的“筛选条件”文本框中输入“R*”，表示搜索所有参考编号以大写字母“R”为前缀的对象，单击“应用筛选条件”按钮后，下方“元器件”标签页中将列出匹配的元器件，同时列出了当前设计文件中的所有可用属性，你只需要查看元器件是否存在“Geometry.Height”列，并确保其属性值不为“< 无 >”（此例为“60mil”，你也可以从中编辑属性值）即可，如图 1.32 所示。

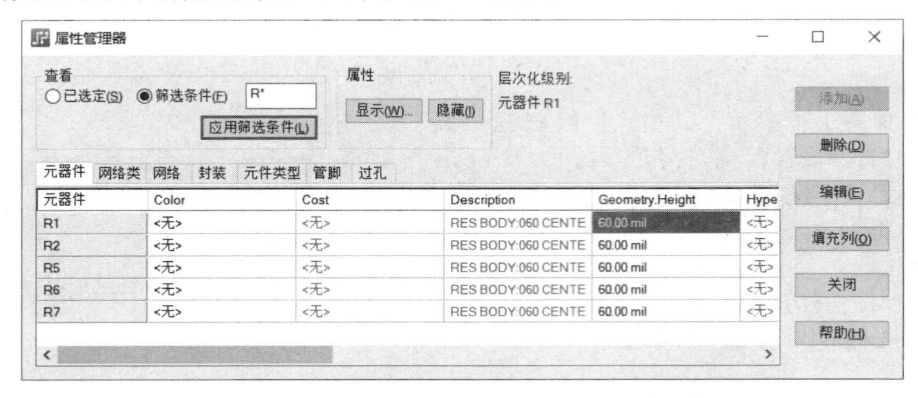

图 1.32　筛选元器件

电阻器默认添加的属性有很多，如果你只想在“属性管理器”对话框中显示“Height”属性，单击“属性”组合框中的“显示”按钮即可弹出如图 1.33 所示“显示属性”窗口，在“属性”列表中仅勾选“Geometry.Height”项，再单击“确定”按钮即可。

（4）属性辞典（Attribute Dictionary）：该选项能够查询、创建、编辑、删除**属性（不是属性值）**，执行该选项后即可弹出如图 1.34 所示“属性辞典”对话框。以创建“Designer”属性为例，单击“新建”按钮即可弹出图 1.35 所示“属性特性”对话框，在“属性”文本框中输入“Designer”后，你还需要设置该属性的类型，以避免后续给该属性输入无意义的值。例如，当设置类型为“编号（Number）”时，还会要求设置编号的范围，如果你给该属性输入的编号不在此范围或其他字符（例如，汉字），PADS Layout 将会报错。此处将“Designer”属性的类型设置为“自由文本（Free Text）”，表示可以接受字符串作为属性值，如图 1.35a 所示。

另外，你还需要给创建的属性设置至少一个“对象”，表示该属性可以应用到哪些对象。例如，“Height”属性可以分配给元件对象，但对网络、网络类等对象无效（当然，这只是从逻辑与实用的角度来讲，从操作的角度来讲，新建的属性也能够分配给其他对象）。此处将“Designer”属性的对象设置为“元件”（表示仅作用于元件），如图 1.35b 所示，如此一来，“Designer”属性仅会出现在图 1.32 所示“属性管理器”对话框内的“元器件”标签页，从中你可以为某元器件设置相应的属性值。

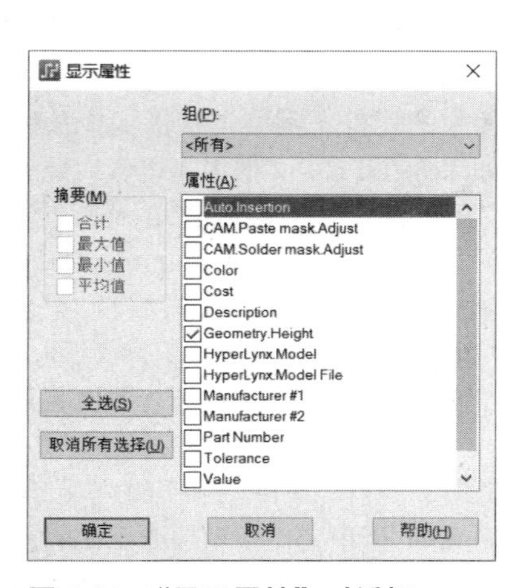

图 1.33　“显示属性”对话框

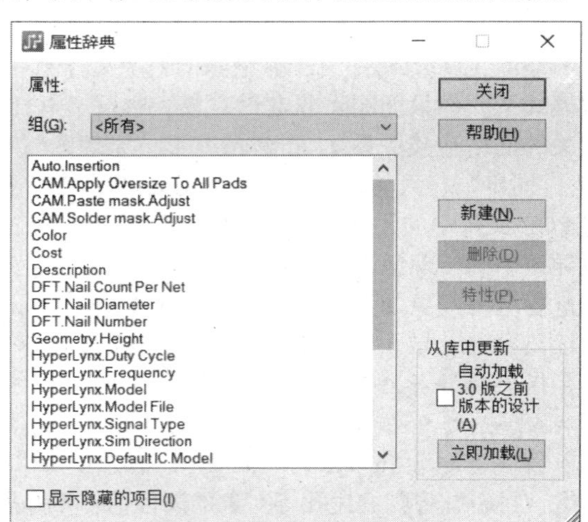

图 1.34　“属性辞典”对话框

a) 类型

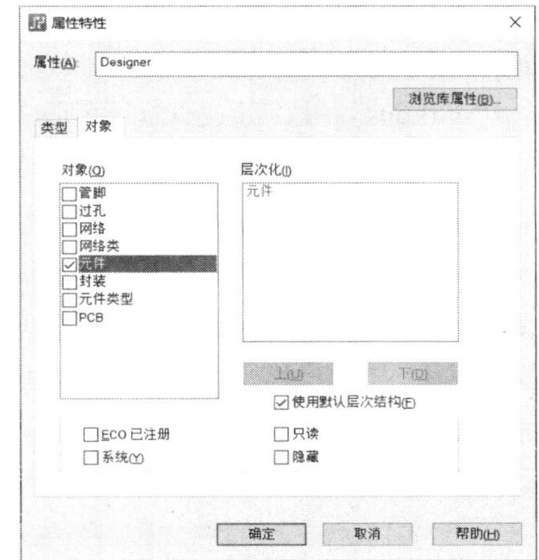

b) 对象

图 1.35 “属性特性”对话框

值得一提的是，你还可以在元器件的“对象属性”对话框中进行添加属性或编辑属性值。以给电阻（R1）添加“Designer”属性为例，在 PADS Layout 中选择 R1 后执行【右击】→【属性】，即可弹出“对象属性”对话框，单击“添加”按钮后即可出现一个新的空行，从中选择“Designer”属性并输入想要的属性值（此处为“longhu”）即可，相应的效果如图 1.36 所示。

对象属性：元器件 R1

组(G): <所有>　属性(T): 元器件 R1　关闭　帮助(H)　编辑(E)　添加(A)　删除(D)

属性	值	级别
Description	RES BODY:060 CEN	元件类型 R1/8W
Designer	longhu	元器件 R1
Geometry.Height	60.00 mil	元器件 R1
Manufacturer #1		元件类型 R1/8W
Part Number		元件类型 R1/8W
Tolerance		元件类型 R1/8W
Value	???	元件类型 R1/8W

图 1.36 “对象属性”对话框

（5）查找（Find）：该选项可以查找 PCB 文件中所有存在的设计对象，详情见 1.4.5 小节。

（6）亮显 / 取消亮显（Highlight/ UnHighlight）：“亮显”选项能够以某种颜色（取决于颜色设置）显示处于选中状态的对象，以便设计者定位与识别。通常情况下，当你选中某个对象时，该对象会以某种颜色显示（取决于颜色设置），但这种显示颜色在该对象退出选中状态时会取消，而“亮显”状态则不然，对象设置为高亮显示后将一直维持该状态（无论对象是否处于选中状态），除非使用“取消亮显”命令撤消亮显状态。

（7）筛选条件（Filter）：在正式选择对象前，你可以预先确定想要选择对象所属的类别，以避免在“包含众多错综复杂设计对象的”PCB 文件中错误选择无关的对象，有助于提升设计效率，详情见 1.4 节。

（8）全选（Select All）：该选项可以选中当前 PCB 文件中的所有对象，相应的快捷方式为“Ctrl+A”。需要注意的是，最终选择的对象仍然取决于筛选条件。例如，当前筛选条件为过孔类别，则执行该选项后仅会选中当前 PCB 文件中的所有过孔。

（9）循环选择（Cycle）：该选项仅在某个对象处于选中状态时才有效，如果多个对象重叠放置，你可以通过多次执行该选项依次循环选中每一个对象，相应的快捷键为“Tab”，详情见 1.4 节。

（10）特性（Properties）：该选项仅在某个对象处于选中状态时才有效，相当于选中对象后执行【右击】→【特性】。顺利执行该选项后即可弹出相应的“特性”对话框，不同对象拥有的特性会有所差异，相应“特性”对话框中可供显示与修改的信息亦不尽相同。以电阻（R1）为例，相应的“元器件特性”对话框如图 1.37 所示。

（11）标注（Markups）：执行该选项后即可弹出如图 1.38 所示“标注”对话框，从中可以对 PCB 设计进行备注。例如，PCB 某个区域存在高度限制，为了方便其他工程师获得该信息，只需要从“标注”对话框中使用“添加标注”命令（即 2D 线绘制命令）标记该区域（例如，绘制一个矩形）并输入相应的备注即可。

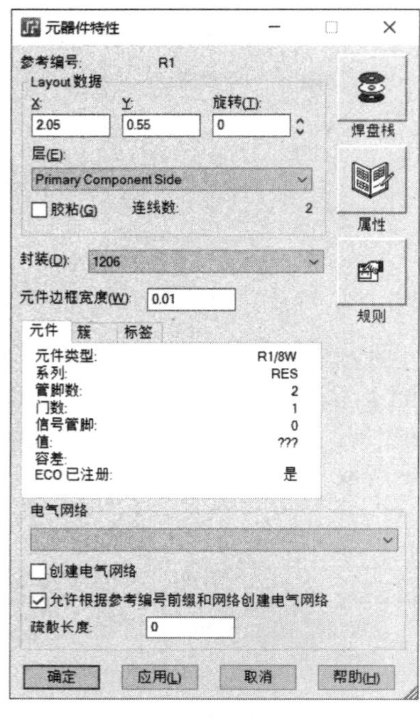

图 1.37 “元器件特性”对话框

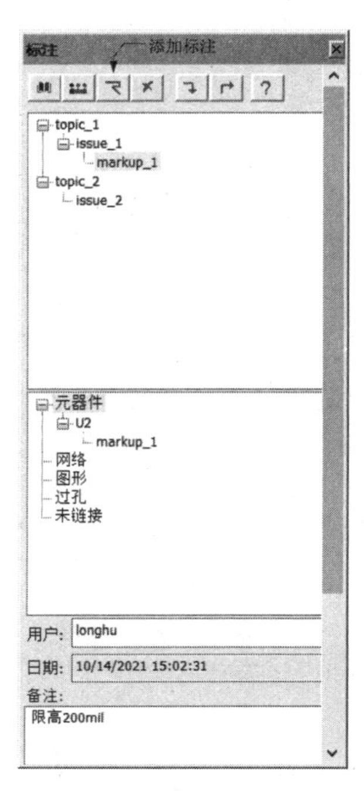

图 1.38 “标注”对话框

3. 查看

该菜单主要用来对工作区域进行视图控制、窗口与工具栏的显示或隐藏等操作，如图 1.39 所示。

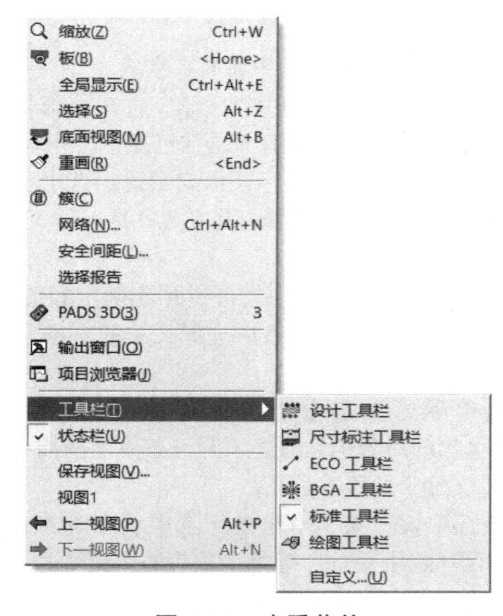

图 1.39 查看菜单

（1）选择（Selection）：该选项能够将选中的对象最大化显示在工作区域中，相应快捷键为“Alt+Z”。

（2）底层视图（Bottom View）：在大多数 PCB 设计过程中，一般将顶层放在最上面，而底层放在最下面。也就是说，PADS Layout 中多个板层的叠加视角默认是从顶层往底层观看的效果，这也是大多数工程师比较熟悉的方式。但是如果实在有必要，你也可以采用底层视图方式显示各板层，相应的区别如图 1.40 所示。

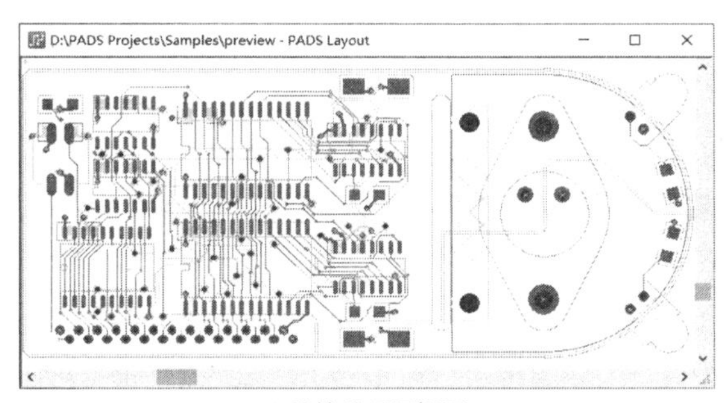

a) 默认的顶层视图

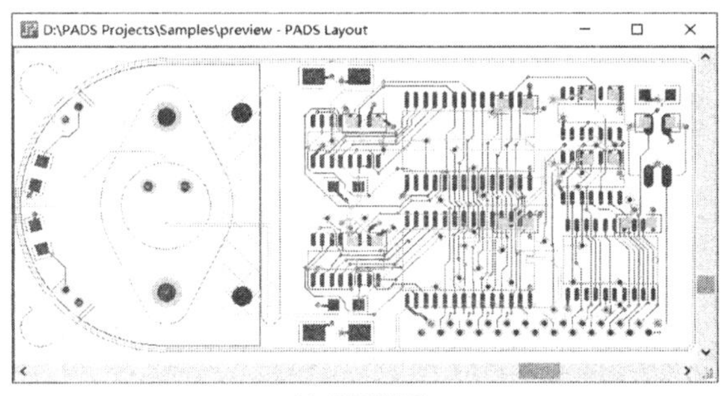

b) 底层视图

图 1.40　顶层视图与底层视图

（3）簇（Clusters）：所谓的“簇”是指某些存在连接关系的元件（你可以理解为功能模块），其主要用于 PCB 布局。该选项用来切换簇的视图模式，只有当 PCB 文件中包含簇对象时才有效，详情见 9.7.1 小节。

（4）网络（Nets）：该选项能够有选择地显示或隐藏网络的颜色，以方便 PCB 布局布线，详情见 9.4 节。

（5）安全间距（Clearance）：执行该选项后即可弹出如图 1.41 所示“查看安全间距”对话框，从中可以查看 PCB 文件中两个项目（items）之间的最小间距，可以支持包括板框（Board Outlines）、焊盘（Pads）、过孔（Vias）、跳线（Jumpers）、导线（Traces）、2D 线（2D Lines）、铜箔（Copper）、元件外框（Component Outlines）的项目，而跳线外框（Jumper Outlines）、文本（Text）、泪滴（Teardrops）并非有效的项目。

在具体查看最小间距之前，首先应该确定针对“项目到项目”“网络到项目”还是“网络到网络”，之后在 PCB 文件中依次单击对象，相应的对象将会出现在“选定的项目 1”与“选定的项目 2”中（此例为“管脚”与“过孔”），“最小安全间距”项中将显示两个项目的最小安全间距。“平移至最小安全间距标记”复选框仅对“网络到项目”与“网络到网络”有效，将其勾选后，如果已经确定两个有效的查看对象，包含两个对象的视图将会自动平移到工作区域正中央以便设计者观察。值得一提的是，当查看操作针对“项目与项目”时，在两个项目之间还会自动生成尺寸标注（具体样式可单击“选项”按钮进行设置，详情见 8.8 节）。

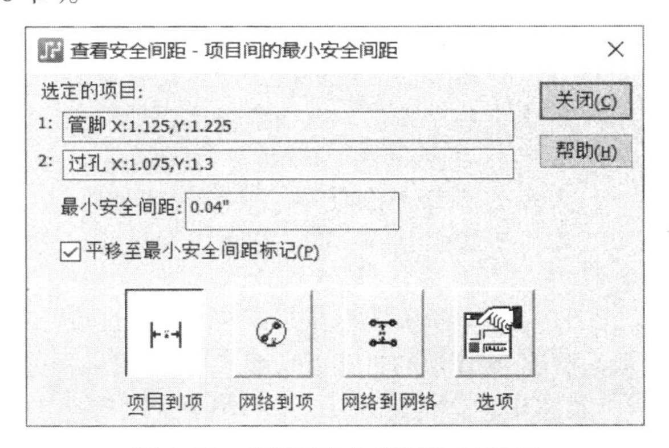

图 1.41　“查看安全间距”对话框

（6）选择报告（Selection Report）：该选项能够生成当前选中的（1 个或多个）对象的报告。例如，选中电阻 R1 后执行该选项即可弹出如图 1.42 所示 report.rep 文件。

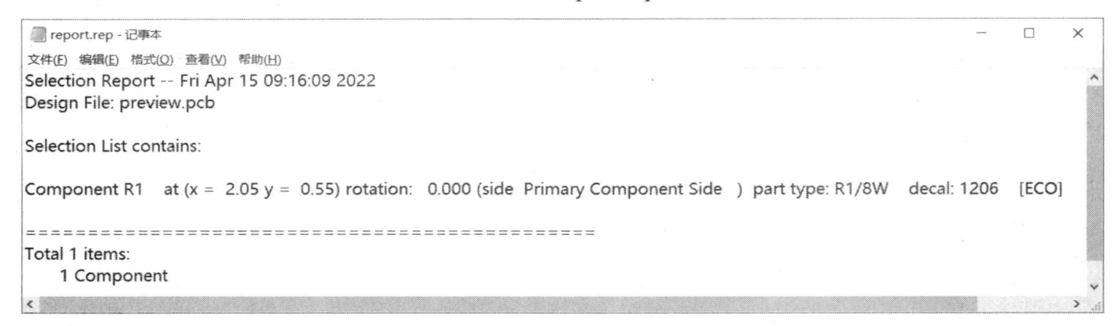

Selection Report -- Fri Apr 15 09:16:09 2022
Design File: preview.pcb

Selection List contains:

Component R1 at (x = 2.05 y = 0.55) rotation: 0.000 (side Primary Component Side) part type: R1/8W decal: 1206 [ECO]

==
Total 1 items:
1 Component

图 1.42 report.rep 文件

（7）PADS 3D：如果 PCB 中的元件已经被分配 3D 模型或设置高度属性（Geometry.Height），你就可以利用该选项查看整个 PCB 设计的 3D 视图，图 1.43 所示为 PADS 自带 PCB 文件 preview.pcb 的 3D 视图，利用鼠标可以缩放或平移视图，拖动左下角的立方体即可控制观察视角，其他操作自行摸索即可，本书不再赘述。

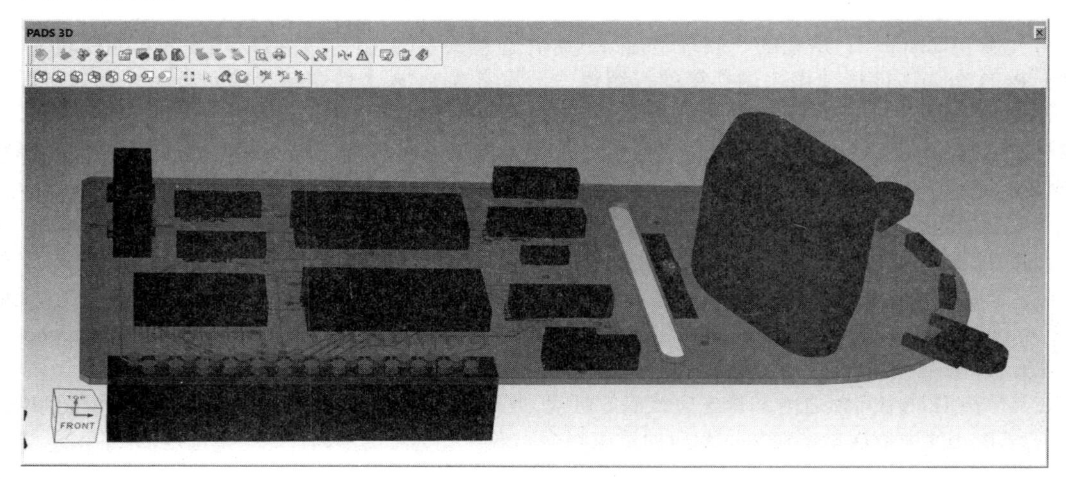

图 1.43 PADS 3D 查看器

（8）工具栏（Toolbars）：该选项能够显示或隐藏工具栏，当对应工具栏的图标处于凹陷状态时，表示该工具栏已经显示，再单击一次即可将其隐藏。

4. 设置（Setup）

在正式进行 PCB 设计之前，通常都需要根据项目的需求完成一些配置，本书统称为预处理操作。例如，PCB 叠层数量是多少呢？是否需要盲埋孔？需要跳线吗？设计规则怎么设置？等等，该菜单包含预处理操作相关的选项入口，如图 1.44 所示。

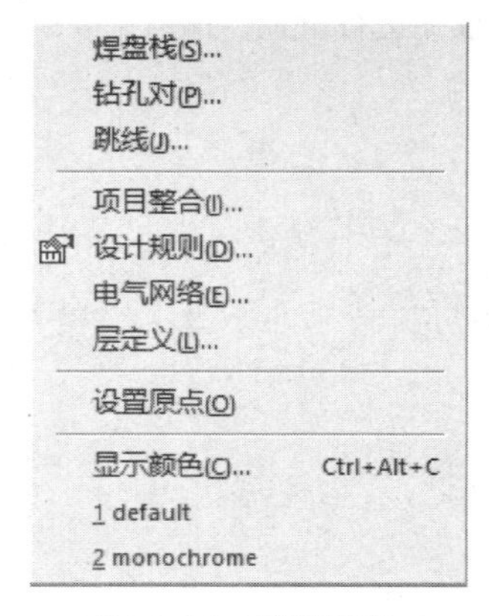

图 1.44 设置菜单

（1）焊盘栈（Pad Stacks）：大多数 PCB 都会使用一定数量的过孔，不同规格过孔的载流量、成本、寄生参数也有所不同，你可以通过该选项完成过孔配置操作，详情见 6.3 节。

（2）钻孔对（Drill Pairs）：当 PCB 中使用了盲孔与埋孔时，你就要设置钻孔对。钻孔对的作用就是限制 PCB 中的过孔能从哪一层通到哪一层。例如，在十层板 PCB 设计过程中，你仅指定了“第 1 层到第 4 层”钻孔对（即盲孔），当通过“焊盘栈”选项添加“第 1 层到第 5 层”的过孔时，PADS Layout 将会提示“对过孔分配的钻孔对无效（Invalid drill pair assignment for a via）”，除非你再指定一个“第 1 层到第 5 层”的钻孔对，详情见 6.4 节。

（3）跳线（Jumpers）：一些对成本非常敏感的产品（例如，玩具、遥控器等）会优先选择单面 PCB，但不可避免会出现无法完全连通的情况，此时会选择使用跳线来代替过孔，详情见 6.5 节。

（4）项目整合（Project Integration）：该选项仅对 PADS Designer（PADS 中的另一款原理图设计工具，原来的名称为 ViewDraw 或 DxDesigner）有效，本书不涉及。

（5）设计规则（Design Rules）：该选项能够为 PCB 中的设计对象设置各种设计规则，以方便设计出符合要求的 PCB，详情见第 7 章。

（6）电气网络（Electrical Nets）：该选项能够将多个有关联的网络定义为电气网络，以便为其分配设计规则，详情见 7.3 节。

（7）层定义（Layer Definition）：该选项能够配置 PCB 叠层的各种参数，详情见 6.2 节。

（8）设置原点（Set Origin）：原点是 PCB 文件中所有对象的参考坐标，每一个新建的 PCB 文件都存在默认的原点，你也可以根据实际需求进行原点的重新设置。选择该选项后即可进入原点设置状态，在合适的位置单击即可弹出类似图 1.45 所示对话框，如果单击“是”按钮，即表示接受选择的坐标作为新的原点。

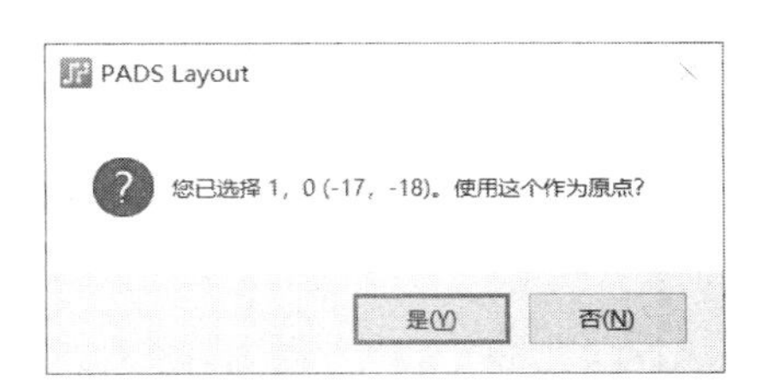

图 1.45　设置原点时出现的提示对话框

（9）显示颜色（Display Colors）：该选项用来设置 PCB 文件中所有对象的显示颜色，详情见 6.6 节。

5. 工具（Tools）

该菜单包含 PCB 封装编辑器（PCB Decal Editor）、同步 PADS Layout 与 PADS Router、选项（Options）、自定义（Customize）等选项，如图 1.46 所示。

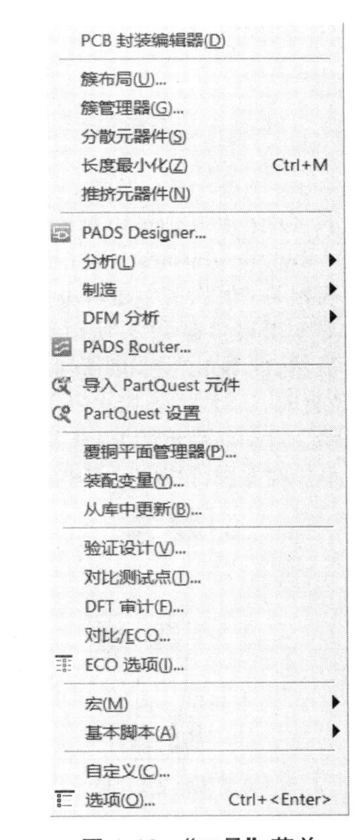

图 1.46　“工具”菜单

（1）PCB 封装编辑器：该选项可以进入 PCB 封装编辑器环境以创建或修改元件封装，详情见 3.7 节。

（2）簇布局（Cluster Placement）：该选项可以自动创建新簇，并在板框内对簇与元件进行布局，详情见 9.7.3 小节。

（3）簇管理器（Cluster Manager）：该选项能够查看与管理簇与联合（Union），你可以将一个簇（或联合）移入到另一个簇（或联合）中，也能够打散、删除、编辑簇，详情见 9.7.2 小节。

（4）分散元器件（Disperse Component）：当 PADS Layout 第一次通过网表导入 PCB 封装时，大量 PCB 封装会以原点为中心重叠放在一起，不便于选择与 PCB 布局，所以通常情况下会对元器件进行分散操作。如果 PCB 文件中已经绘制板框，元器件将在板框外附近分散分布。执行该选项后即可弹出图 1.47 所示的窗口，单击“是”按钮即可进行元器件分散操作，图 1.48 所示为 PADS 自带 previewdispersed.pcb 文件中分散元器件的效果。

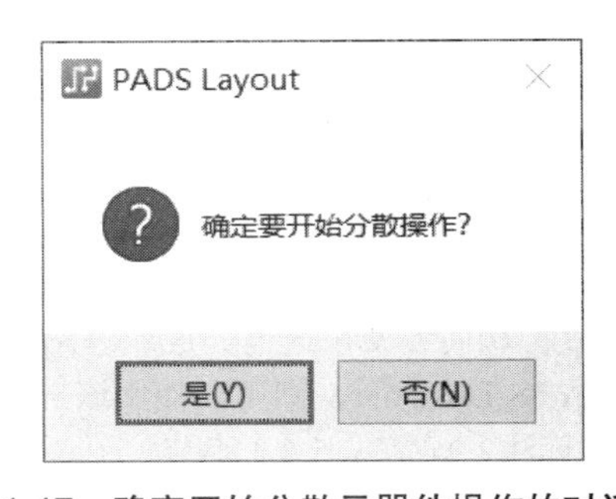

图 1.47　确定开始分散元器件操作的对话框

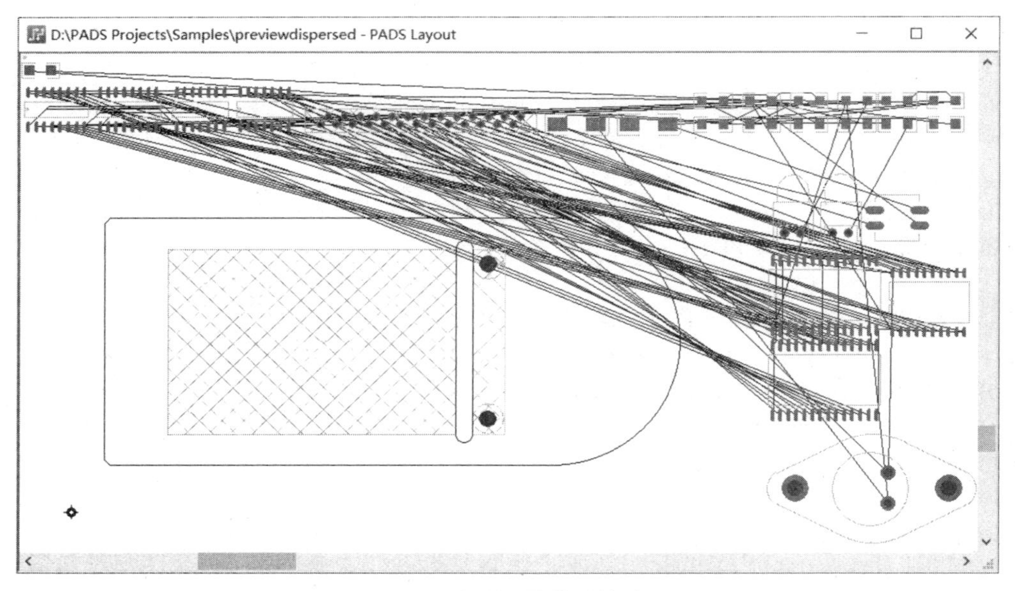

图 1.48　分散元器件后的效果

（5）长度最小化（Length Minimization）：从图 1.48 可以看到，PCB 封装管脚之间未布线的网络会使用飞线（flightline/ratsnest）连接，如果某个网络与多个 PCB 封装管脚存在连接关系，飞线以什么次序依次连接相关的管脚呢？这取决于设置的拓扑（Topology）类型。但是很多时候，默认的飞线连接次序会让布局变得很“难受”，使用该选项即可优化飞线的连接。以图 1.49a 所示三个电阻并联的网络连接为例，虽然 R1 与 R2 之间距离最近，但是默认的飞线仍然先将 R1 与最远的 R3 连接。当你移动 R1 与 R2 的位置时，飞线的连接次序仍然保持不变，如图 1.49b 所示。执行“长度最小化”选项后，R1 相关的飞线将会自动与最近的 R2 连接，如图 1.49c 所示。当你对 R1 与 R2 进行位置移动时，飞线也会实时计算最小长度并进行相应的调整，如图 1.49d 所示。

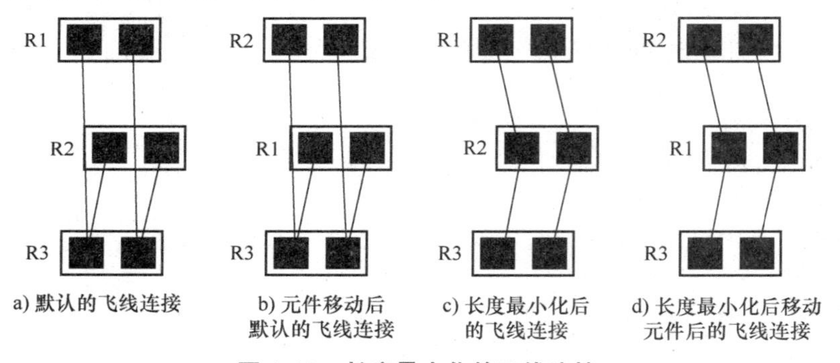

图 1.49　长度最小化的飞线连接

很明显，“长度最小化”选项并不改变飞线的连接关系，但是需要特别注意的是，如果希望该选项有效，不能将拓扑设置为“受保护（protected）”类型，详情见 7.1.2 小节。

（6）推挤元器件（Nudge Components）：该选项可以将 PCB 文件中所有重叠的元件以设置的安全间距重新放置，详情见 9.5.6 小节。

（7）PADS Designer：PADS Logic 能够使用“工具”菜单中的“PADS Layout”选项与 PADS Layout 链接，从而方便快速地完成原理图与 PCB 文件之间的正向与反向标注。如果你使用的原理图绘制工具为 PADS Designer，则可以使用该选项完成 PADS Designer 项目文件与 PADS Layout 设计之间的正向与反向标注，详情见 5.6.2 小节。

（8）分析（Analysis）：在高速 PCB 设计过程中，工程师可能还需要进行信号完整性（Signal Integrity, SI）、电源完整性（Power Integrity）、热焊盘（Thermal）等分析，该选项可以将当前设计传递到 PADS 中的 Hyperlynx 软件以进行仿真分析，本书不涉及。

（9）制造（Manufacturing）：该选项能够将当前设计传递到 PADS 中的 CAMCAD Professional 软件以进行额外处理，本书不涉及。

（10）DFM 分析（DFM Analysis）：该选项能够将当前设计传递到 PADS 中 DFMA 软件以进行可制造性分析，本书不涉及。

（11）PADS Router：虽然你可以在 PADS Layout 中进行布线操作，但是 PADS Router 却更擅长此道，而且很多高级布线操作很难在 PADS Layout 中完成，所以工程师经常需要在两个工具中来回切换。该选项能够打开如图 1.50 所示的“PADS Router 链接”对话框，你可以通过“操作”组合框选择直接启动 PADS Router 打开当前 PCB 文件（以便进行手工或自动布线），也可以选择在前台或后台进行自动布线。“选项”组合框只是汇集多个可能会影响布线的选项（以方便你配置），只需要选中某项再单击“设置”按钮即可进入相应的设置对话框（PADS Layout 其他地方也存在相应的配置入口）。“布线策略”组合框中的“设置”按钮可以调用 PADS Router 中“布线策略”的配置入口，因为布线策略仅对自动布线才有效（PADS Layout 中并无相应的配置入口），详情见 12.3 节。

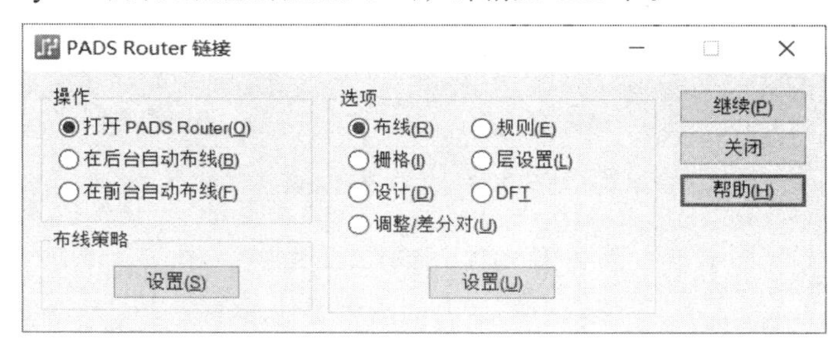

图 1.50　“PADS Router 链接”对话框

（12）PartQuest 设置：PartQuest 是 Mentor Graphics 公司的元器件研究门户引擎，可以链接到元器件供应商数据库中，你可以将使用到的元器件对应的原理图与 PCB 封装直接下载并应用到设计中，能够避免管脚映射错误、封装错误等原因影响产品开发进度，本书不涉及。

（13）覆铜平面管理器（Pour Manager）：看到过很多 PCB 上的大片铜箔吗？这些铜箔对应的网络通常是公共地（多层板内部也可能会存在大面积铜箔，相应的网络可以是公共地或电源），该选项用于对覆铜平面进行灌铜与填充，详情见 11.3 节。

（14）装配变量（Assembly Variants）：该选项能够方便地从 PCB 设计中创建不同版本的装配文件，详情见 11.9.6 小节。

（15）验证设计（Verify Design）：当 PCB 布局布线完成后，所有的网络是否都已经连接完毕呢？所有对象是否都符合设计规则呢？对于比较复杂的项目而言，使用肉眼检查几乎是不可能完成的任务，该选项则能够逐项自动验证 PCB 文件是否满足要求，详情见 11.8 节。

（16）对比测试点（Compare Test Points）：该选项可以对比两个文件中的测试点是否一致，详情见 11.5.3 小节。

（17）DFT 审计（DFT Audit）：可测试设计（Design For Testability, DFT）是指产品设计时应该考虑“如何以简单的方法对产品的性能与加工质量进行检测”，DFT 较好的产品设计能够简化生产过程中检测准备工作，提高测试效率，降低测试成本，并且更容易发现缺陷和故障，继而保证产品的质量稳定性与可靠性，详情见 11.5.4 小节。

（18）对比 /ECO（Compare/ECO）：该选项用于对比原理图或 PCB 文件以获得差异报告，也能够生成 ECO 文件用于正向或反向标注，详情见第 5 章。

（19）ECO 选项（ECO Options）：PADS Layout 仅允许在 ECO 模式下进行网络表项相关的更改，这些更改之处可以保存到 .eco 文件中供后续反向标注使用，该选项可以指定更改操作如何写入到 .eco 文件，详情见 5.7 节。

（20）宏（Macros）：宏可以记录操作执行的步骤，你可以通过创建宏以简化冗余操作，从而提升设计效率，详情见 12.4 节。

（21）基本脚本（Basic Scripts）：该选项允许你为某些特定功能创建自定义脚本，以便快捷地执行某些功能。其中还包含了一些预定义脚本，涉及的坐标文件创建相关操作详情见 11.9.5 小节。

（22）选项（Options）：该选项用来对 PCB 设计过程中的环境进行调整，详情见第 8 章。

1.2.3 工具栏

PADS Layout 的工具栏默认位于菜单栏的下方，其中包含标准（Standard）、绘图（Drafting）、设计（Design）、标注（Dimensioning）、ECO、BGA 共 6 种，你可以通过执行【查看】→【工具栏】以显示或隐藏工具栏。

1. 标准工具栏

该工具栏主要包括打开与保存设计、控制视图、重画以及访问其他工具栏的入口，也是比较常用的工具栏，大部分按钮与菜单栏中的命令相对应，如图 1.51 所示。

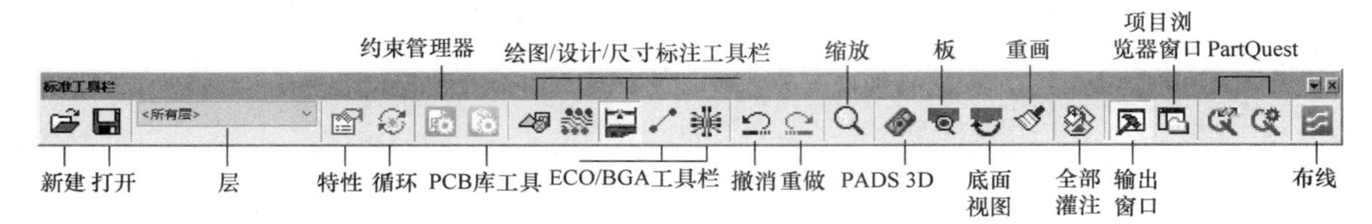

图 1.51 标准工具栏

2. 绘图工具栏

该工具栏用来创建与编辑 2D 线、铜箔、铜箔挖空区域、板框、板框及挖空区域、禁止区域、覆铜平面、覆铜平面挖空区域等绘图对象，如图 1.52 所示，大部分工具的使用详情见第 9 章与第 11 章。

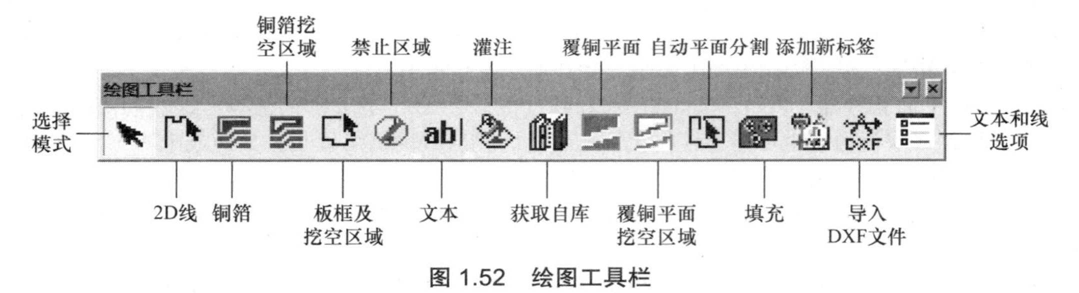

图 1.52 绘图工具栏

3. 设计工具栏

该工具栏主要用于 PCB 布局布线阶段的设计操作，如图 1.53 所示，大部分工具的使用详情见第 9 章。

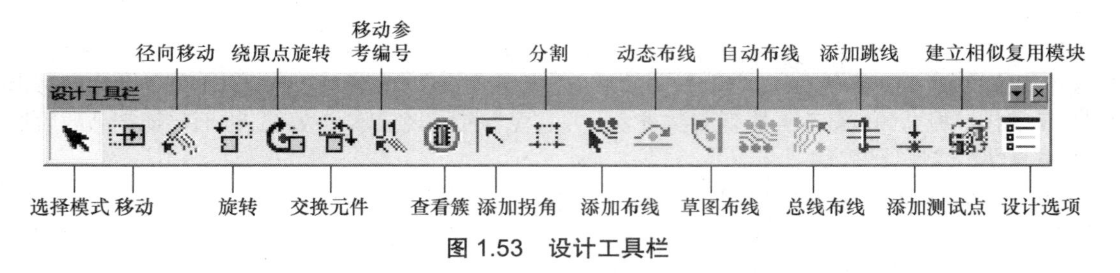

图 1.53 设计工具栏

4. 尺寸标注工具栏

该工具栏用于对 PCB 中的对象进行各种类型的尺寸标注操作，如图 1.54 所示，使用详情见 11.7 节。

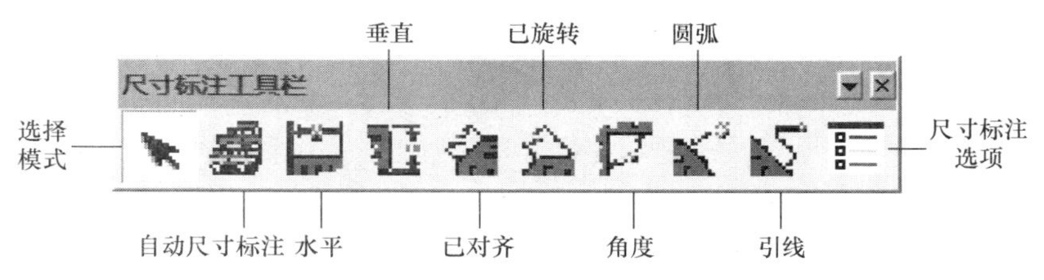

图 1.54　尺寸标注工具栏

5. ECO 工具栏

该工具栏针对需要对网络表项进行更改的操作，如图 1.55 所示，操作详情见 5.7 节。

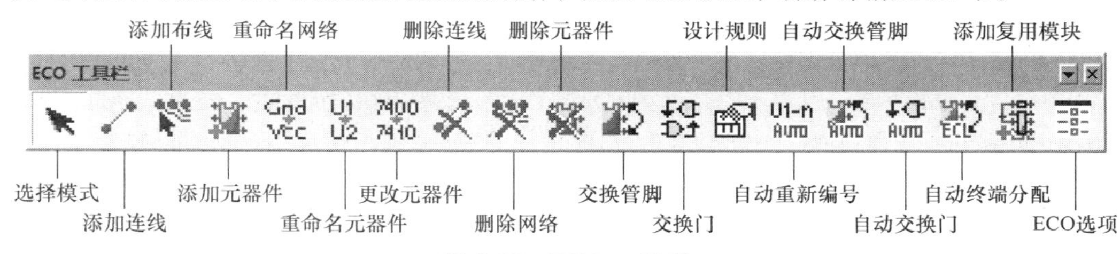

图 1.55　ECO 工具栏

6. BGA 工具栏

该工具栏是 PADS Layout 中的高级封装工具，如图 1.56 所示，本书仅介绍常用的模具元件（Die Part）创建过程，操作详情见 12.1 节。

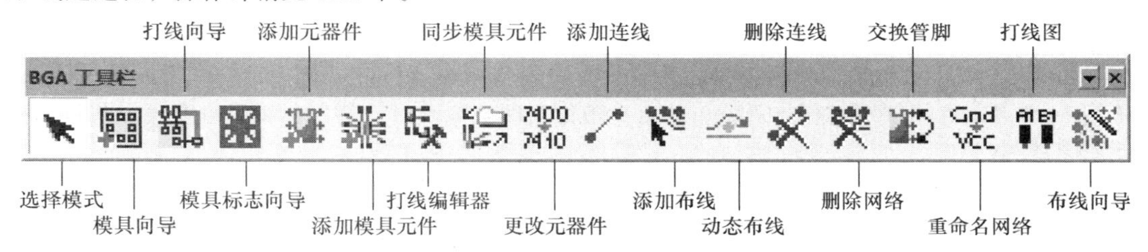

图 1.56　BGA 工具栏

1.2.4　项目浏览器

项目浏览器以层次结构显示当前 PCB 设计中所有电气对象，包括层（Layers）、元器件（Components）、PCB 封装（PCB Decals）与网络（Nets），如图 1.57 所示。当更新 PCB 文件时，项目浏览器也会自动进行更新，你也可以从中单击某个对象而将其选中，前提是已经将其设置为“允许选中”状态，只需要选择某个或某类对象，再执行【右击】→【允许选择】即可（默认为选中状态）。

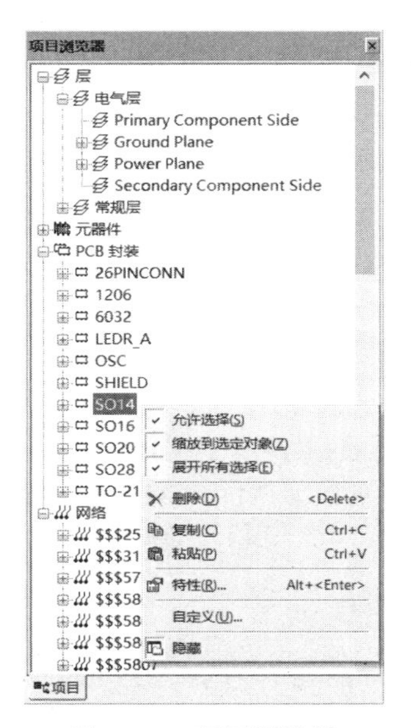

图 1.57　项目浏览器

1.2.5　输出窗口

输出窗口包含“状态”与“宏”两个标签页，前者用于显示当前会话的信息，后者可以运行、编辑与调试脚本，如图 1.58 所示。

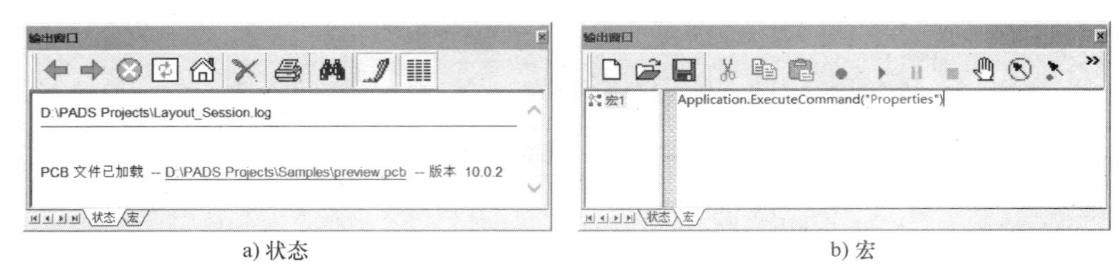

a) 状态　　b) 宏

图 1.58　输出窗口

1.2.6　状态栏

PADS Layout 状态栏位于窗口底部，其能够显示当前执行的命令或选中网络、导线或元器件等对象的信息，共包含 8 个指示器，从左至右依次为显示执行命令或对象相关的信息、进度、布局 - 布线同步模式（Layout-Router Synchronization Mode）、当前默认 2D 线宽度（W）、设计栅格（G）、*X* 与 *Y* 坐标以及当前设计单位。其中，“布局 - 布线同步模式”指示器仅在与 PADS Router 同步时才会出现相应的信息，详情见 8.1.4 小节。

“坐标”指示器显示的信息随当前使用的坐标系类别而有所不同，当你处于默认的平面直角坐标系（也称为笛卡儿坐标系）时，其中会显示当前光标相对于原点的 *X*、*Y* 坐标，如图 1.59a~c 所示。当你在特殊场合使用极坐标系时（例如，径向移动对象），其中会显示当前光标在极坐标中的半径与角度坐标，如图 1.59d 所示。“设计栅格”指示器的显示信息则随执行的操作不同而不同。在空闲状态下，其中会显示当前的 *X* 与 *Y* 设计栅格，如图 1.59a、b 所示。当移动对象或使用绘图操作时，其中会实时显示当前光标坐标与“开始执行该操作时确定的第一个点”之间的（*X* 与 *Y* 轴）距离（负值表示向下或向左），如图 1.59c 所示。当你使用极坐标系时，其中会实时显示当前光标坐标与“开始执行该操作时确定的第一个点”之间的（半径与角度）差值（正值角度表示逆时针移动，负值角度表示顺时针移动，但半径值不会小于 0），如图 1.59d 所示。

准备就绪　W:10　G:25 25　2075　1000　密尔

a) 空闲状态

R1 : R1/8W.???. : 1206 : Primary Component Side :　W:10　G:25 25　2675　975　密尔

b) 元件R1处于选中状态

新长度/旧长度: 034.8，移动元器件:R1　W:10　D:200 225　2250　775　密尔

c) 元件R1处于移动状态

新长度/旧长度: 034.6，移动元器件:R1　W:10　R:200 -15.000　1100　195.000　密尔

d) 元件R1处于径向移动状态

图 1.59　“状态栏”窗口

1.3　PADS Router 用户界面

PADS Router 主要用于 PCB 布线（包括差分线、等长线），除标题栏、菜单栏、工具栏、工作区域、状态栏、输出窗口和项目浏览器外，还存在电子表格与导航窗口，如图 1.60 所示，本书仅简要介绍菜单栏、工具栏、电子表格与导航窗口，其他与 PADS Layout 相似。

1.3.1　菜单栏

PADS Router 菜单栏与 PADS Layout 大体相似，本节重点介绍不同之处。

1. 文件

该菜单如图 1.61 所示，所有选项与 PADS Layout 几乎相似，此处不再赘述。

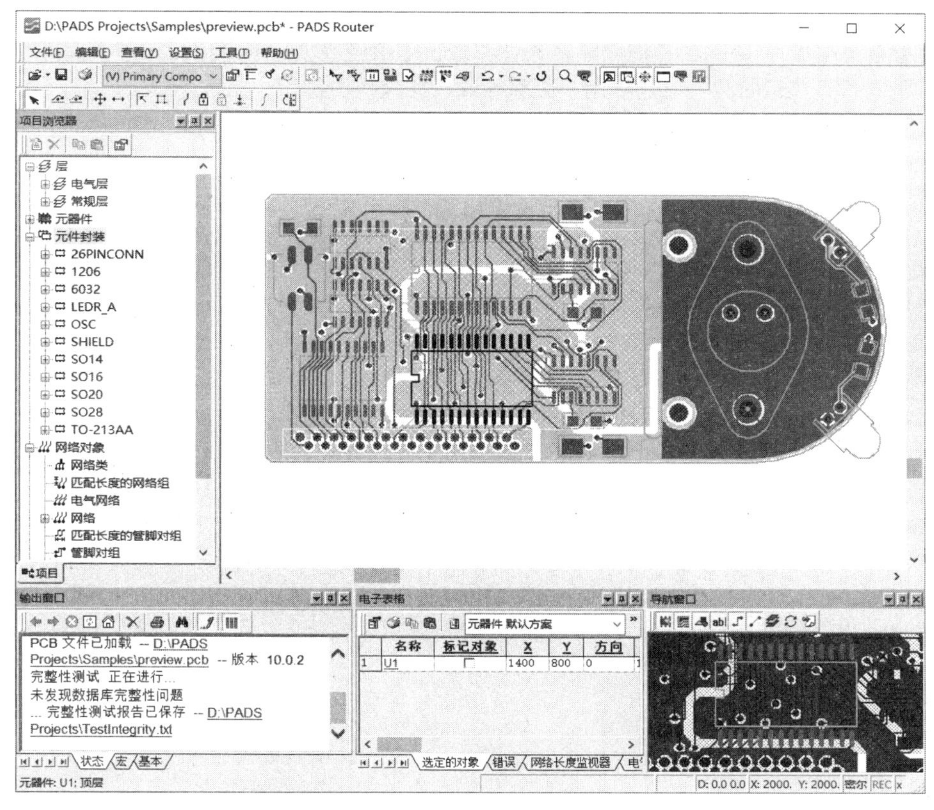

图 1.60　PADS Router 用户界面

2. 编辑

该菜单中的大部分选项与 PADS Layout 相同，另外还增加了移动、删除与取消布线等选项，如图 1.62 所示。

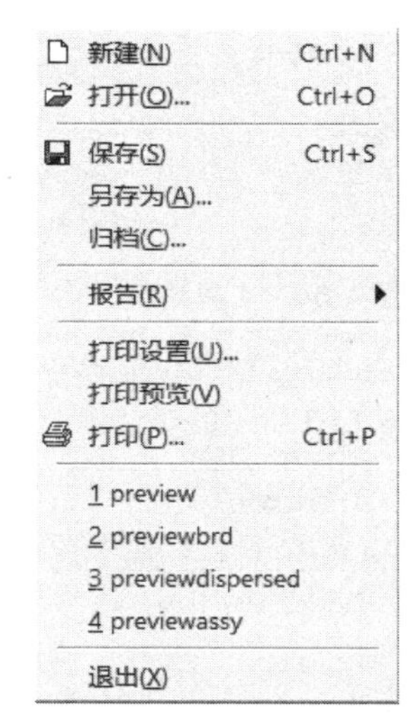

图 1.61　文件菜单

图 1.62　编辑菜单

（1）重复（Repeat）：该选项与“重做”不一样，可以用于简化需要重复执行的操作。例如，你选择某个对象进行旋转（或一系列）操作，如果需要对另一个对象执行相同的操作，只需要将其选中后执行该选项即可。

（2）移动（Move）：该选项用于移动 PCB 文件中的对象，相应快捷键为“Ctrl+E”。

（3）删除（Delete）：该选项只能删除在 PADS Router 中可以创建的对象，相应快捷键为“Delete”。

（4）取消布线（Unroute）：该选项用于删除导线，相应快捷键为“Backspace”。

（5）特性（Properties）：该选项用于显示选择对象的特性（包括设计规则），如果当前无任何对象被选中，则会显示默认的设计规则，详情见 10.3 节。

3. 查看

该菜单如图 1.63 所示，大部分选项与 PADS Layout 相似，此处不再赘述。

4. 设置

该菜单中仅有一个“电气网络”选项，其功能与 PADS Layout 完全相同，此处不再赘述。

5. 工具

该菜单如图 1.64 所示，其中的“宏”“基本脚本”“PADS Designer”项与 PADS Layout 相似。

（1）自动布线（Autoroute）：该选项包含开始、恢复、暂停、停止自动布线命令，详情见 12.3 节。

（2）预布线分析（Pre-routing Analysis）：该选项用于分析可能会影响自动布线性能的环境参数配置，详情见 12.3 节。

（3）完整性测试（Integrity Test）：该选项用于校验当前设计对应的数据库中的值是否处于可接受范围。例如，某一个板层已经定义为不可布线（non routable），你在该板层布线将会出现完整性测试错误。PADS Router 在每次打开 PCB 文件时都会执行一次完整性测试，任何完整性测试错误消息都将显示在“输出窗口”的状态标签页，每个错误也会链接到设计中对应的出错位置，单击错误链接即可定位。

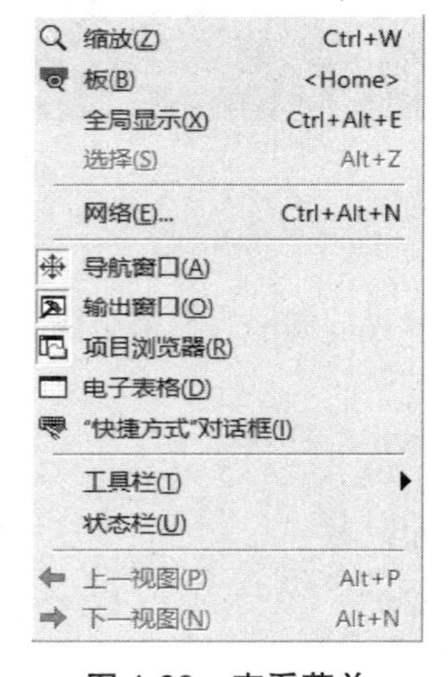

图 1.63　查看菜单

图 1.64　工具菜单

（4）DRC 设置（DRC Settings）：设计规则检查（Design Rule Checking, DRC）能够帮助设计者实时监测当前执行的操作是否符合设计规则，执行该选项后即可弹出图 1.65 所示的对话框，从中可以选择监测安全间距、线宽、同一网络、布局或长度，错误响应列中包括防止、解释、警告三种选项，用于设置在布局布线过程中出现违反设计规则时，PADS Router 具体如何处理。以“移动某个元器件放置在另一个元器件上”为例（违反安全间距），在启用“安全间距”的条件下，如果设置为“防止”项时，你无论如何都无法将其放置在该位置，如果设置为“解释”项时，你可以暂时放下元器件，但会出现一个错误标记，并且操作会被挂起（Suspended）。也就是说，后续其他操作将无法进行，除非单击挂起工具栏（见 1.3.2 小节）

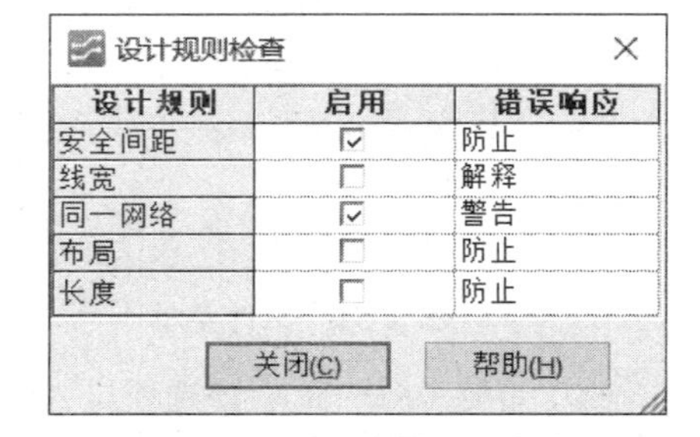

图 1.65　“设计规则检查”对话框

中的“返回”按钮以返回到原来的状态，或“忽略”按钮以忽略错误继续。更通俗地说，PADS Router 认为既然你已经进入 DRC 开启模式，但是却在实际操作过程中违反了设计规则，所以需要你解释一下：到底想怎么做！当然，你也可以清除“启用”复选框选择不监测相应设计规则。

（5）选项（Options）：与 PADS Layout 的“选项”功能相似，主要用于对 PCB 设计过程中的参数进行设置，详情见 10.2 节。

1.3.2 工具栏

PADS Router 默认工具栏包含标准（Standard）、绘图操作（Drafting）、布线（Route）、布线编辑（Route Editing）、布局（Placement）、选择筛选条件（Selection Filter）、DRC 筛选条件（DRC Filter）、设计校验（Design Verification）、挂起（Suspend）共 9 个工具栏。

1. 标准工具栏

该工具栏可以打开或隐藏除工作区域外的其他窗口，其中大部分与菜单栏中的选项对应，如图 1.66 所示。

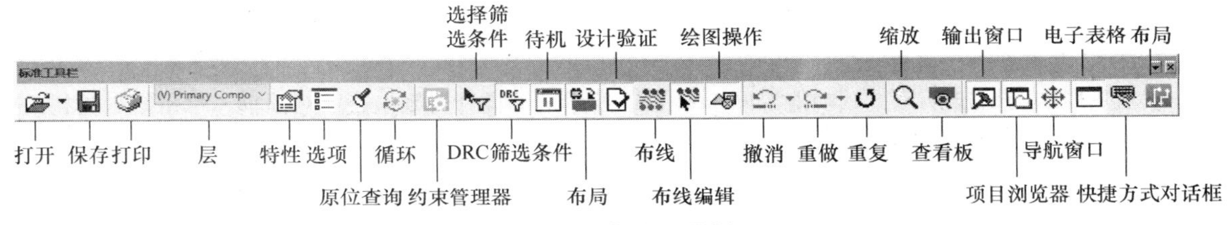

图 1.66 标准工具栏

2. 绘图操作工具栏

该工具栏中如图 1.67 所示，其中的“铜箔”“禁止区域”“覆铜平面”“覆铜平面挖空区域”工具也同样存在于 PADS Layout 的绘图工具栏中，而“合并形状（Merge Shape）”与“减去形状（Subtract Shape）”工具能够对多个铜箔、覆铜平面、覆铜平面挖空区域对象进行合并或减去操作，详情见 1.6.2 小节。

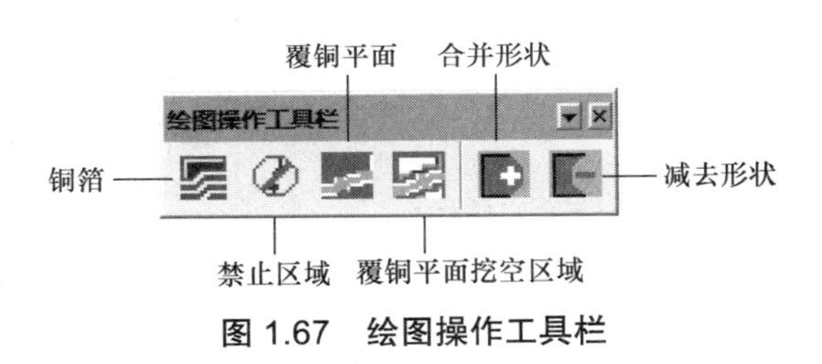

图 1.67 绘图操作工具栏

3. 布线工具栏

该工具栏主要用于 PCB 布线，如图 1.68 所示。

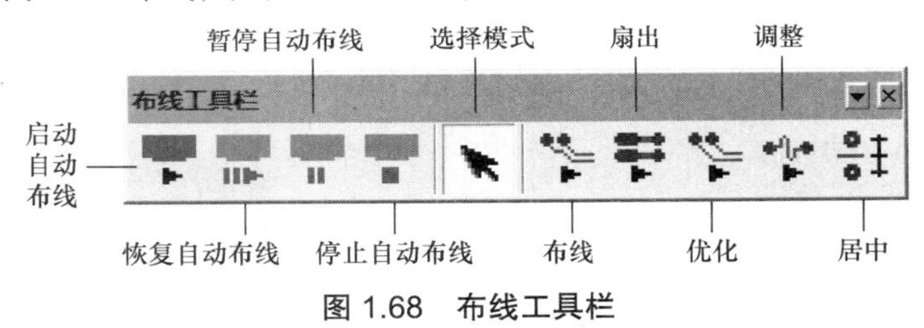

图 1.68 布线工具栏

4. 布线编辑工具栏

该工具栏如图 1.69 所示，主要用于 PCB 布线及导线编辑操作，大部分工具的使用详情见 10.4 节。

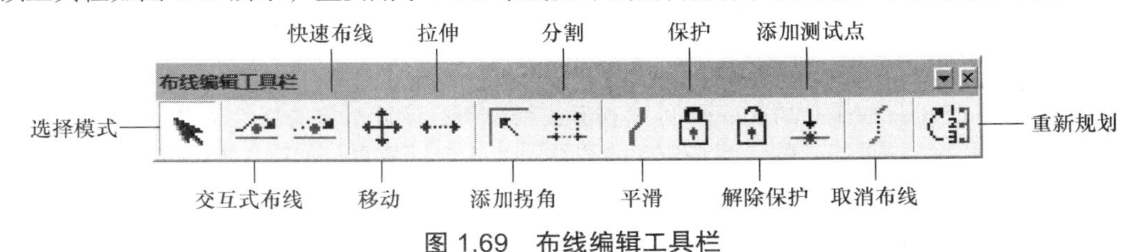

图 1.69 布线编辑工具栏

5. 布局工具栏

该工具栏如图 1.70 所示，其中的所有选项也同时存在于 PADS Layout 的设计工具栏，此处不再赘述。

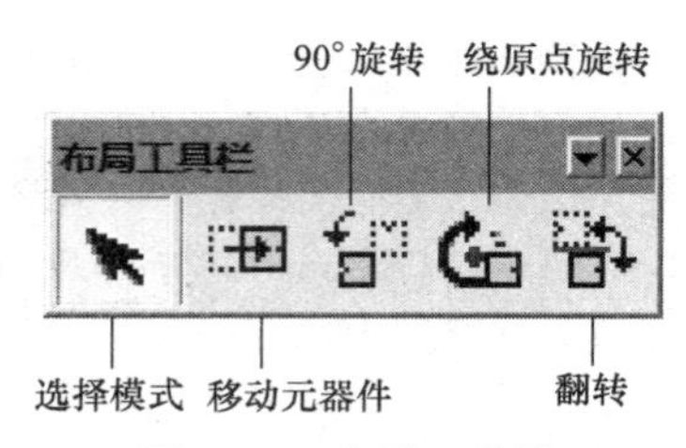

图 1.70　布局工具栏

6. 选择筛选条件工具栏

该工具栏如图 1.71 所示，其功能等同于在 PADS Layout 中执行【编辑】→【筛选条件】后弹出的“选择筛选条件”对话框，主要用于筛选后续将要选择对象的类别，详情见 1.4.4 小节。

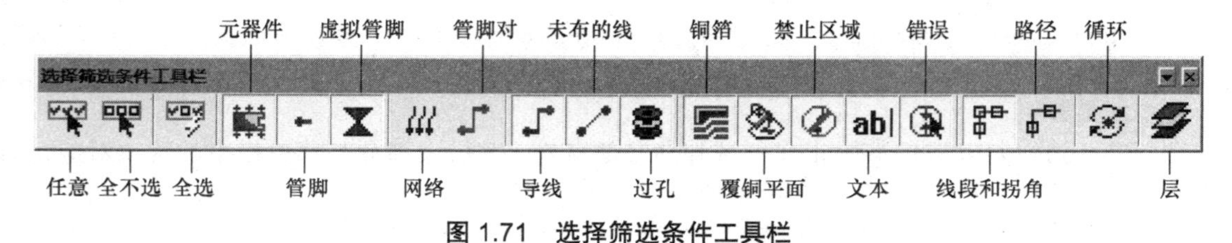

图 1.71　选择筛选条件工具栏

7. DRC 筛选条件工具栏

该工具栏如图 1.72 所示，其功能等同于图 1.65 所示的“设计规则检查”对话框（单击该工具栏最右侧的“DRC 设置”按钮即可进入），此处不再赘述。

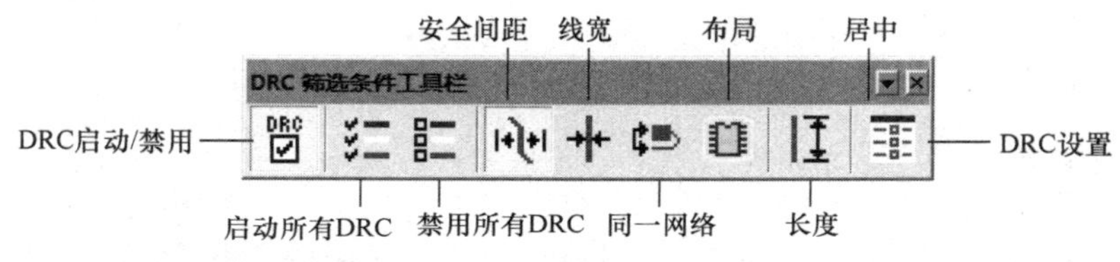

图 1.72　DRC 筛选条件工具栏

8. 设计校验工具栏

该工具栏如图 1.73 所示，主要用于对 PCB 文件进行安全间距、高速、可测试性、制造等方面的校验，其功能等同于在 PADS Layout 中执行【工具】→【验证设计】后弹出的“验证设计”对话框，此处不再赘述。

9. 挂起工具栏

在手动布线或元器件布局时，有些违反设计规则的操作可能不会成功，PADS Router 会暂时挂起来，你可以使用该工具栏选择返回到原来的状态，或忽略错误继续进行后续的操作，如图 1.74 所示。

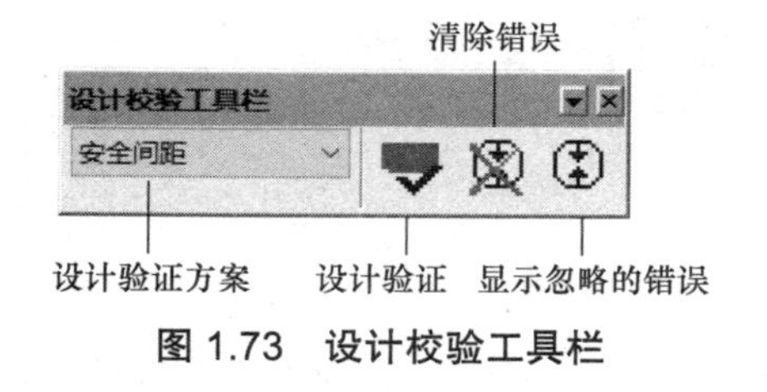

图 1.73　设计校验工具栏

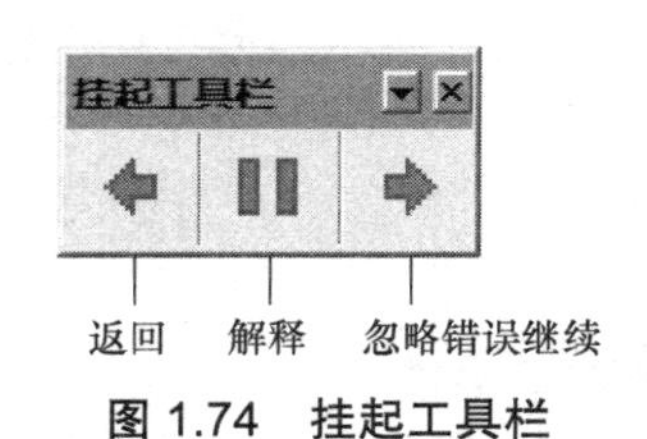

图 1.74　挂起工具栏

1.3.3　电子表格窗口

电子表格窗口（Spreadsheet Window）可以查看或编辑所有设计对象的特性，默认包含“选定的对象”“错误”“网络长度监视器”“电气网络长度监视器”共 4 个标签页，如图 1.75 所示，当“显示对象类型数据”项设置不同时，能够查看或编辑对象也会不同，图示“与选择同步”项表示针对选定的对象，此处不再赘述。

电子表格

元器件 默认方案　　与选择同步

	名称	标记对象	X	Y	方向	高度	层	封装	保护	排除测试点	首选测试点
1	U1	☐	1400	800	0	100	Primary Component Side	S028	☐	☐	☐
2	U2	☐	1400	1450	0	100	Primary Component Side	S028	☐	☐	☐
3	U4	☐	2050	1450	0	100	Primary Component Side	S016	☐	☐	☐
4	U5	☐	750	1600	0	75	Primary Component Side	S014	☐	☐	☐
5	U7	☐	650	800	0	90	Primary Component Side	S020	☐	☐	☐
6	U6	☐	750	1250	0	75	Primary Component Side	S014	☐	☐	☐
7	Y1	☐	400	1400	90	300	Primary Component Side	OSC	☐	☐	☐
8	C9	☐	2100	1800	0	110	Primary Component Side	6032	☐	☐	☐
9	U3	☐	2050	800	0	100	Primary Component Side	S016	☐	☐	☐

选定的对象 / 错误 / 网络长度监视器 / 电气网络长度监视器

图 1.75　“电子表格”窗口

1.3.4　导航窗口

导航窗口（Navigation Window）能够以不同的视角显示工作区域中的对象，具体显示的内容取决于选定的对象。例如，当选择管脚或过孔时，导航窗口将显示相应的横截面、管脚大小、测试点状态、导线宽度、相关布线层、钻孔大小、元器件或过孔名称等信息，如图 1.76 所示。

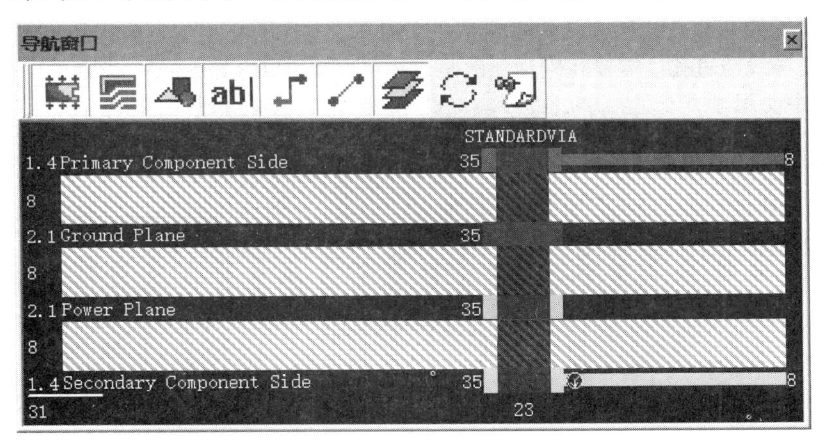

图 1.76　选中过孔时对应的导航窗口

当选中的对象是元器件、网络类（Net Class）、网络、管脚对组（Pin Pair Group）、管脚对、电气网络、差分对或等长组（Matched Length Group）时，导航窗口会将其全局显示，图 1.77 所示为选中某网络时的导航窗口。

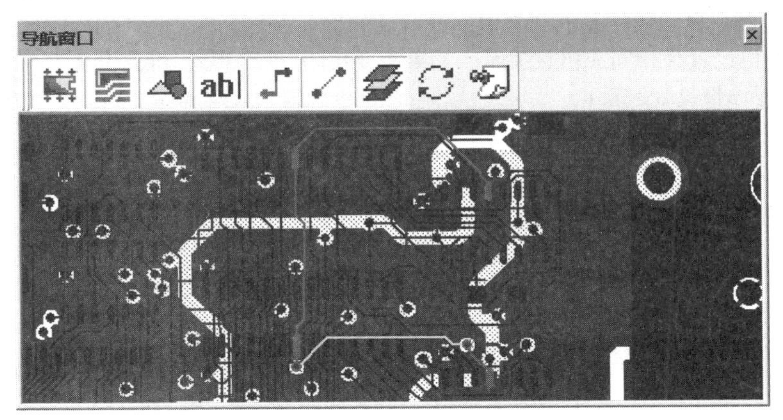

图 1.77　选中网络时的导航窗口

1.4 PADS 基本概念与操作

PADS Logic、PADS Layout 与 PADS Router 属于同一体系的设计工具，所以很多基本概念与操作是相似的，本节以 PADS Layout 为例进行详细阐述。

1.4.1 栅格

栅格（Grid）是工作区域内用来方便设计人员观察、定位、设计的网格，就像写字本中的网格能够辅助对齐一样。大多数电路绘图或仿真工具（例如 AutoCAD、OrCAD、Multisim 等）都存在栅格，只不过由于针对的设计领域不同，定义的栅格类别会有所差异。

PADS Layout 提供工作栅格（Working Grids）与显示栅格（Display Grids），前者主要协助定位或移动设计对象，虽然你无法使用肉眼看到，但其会影响 PCB 设计过程中的每个环节，合理的工作栅格能够极大提升设计效率。根据影响对象的不同，工作栅格可划分为设计（Design）、过孔（Via）、扇出（Fanout）及填充（Hatch）共 4 种，设计栅格影响元器件、导线及绘图对象（例如 2D 线、板框、铜箔、禁止区域等）的移动距离。过孔栅格仅影响第一次添加的过孔，后续过孔的移动仍然以设计栅格为准。

PCB 设计过程中所谓的“扇出”，是指从贴片器件（Surface Mounted Devices，SMD）焊盘引出的那一小段导线（或铜箔），其通常用来连接器件管脚与过孔，以方便信号从外层连接到一个或多个内层（**插件器件焊盘并无扇出概念，因为其本身就是一个通孔，与所有板层均可直接相连**），图 1.78 所示区域包含 10 个扇出导线与过孔。需要特别注意的是，你可以在 PADS Layout 中设置扇出栅格，但其只能在 PADS Router 中使用。

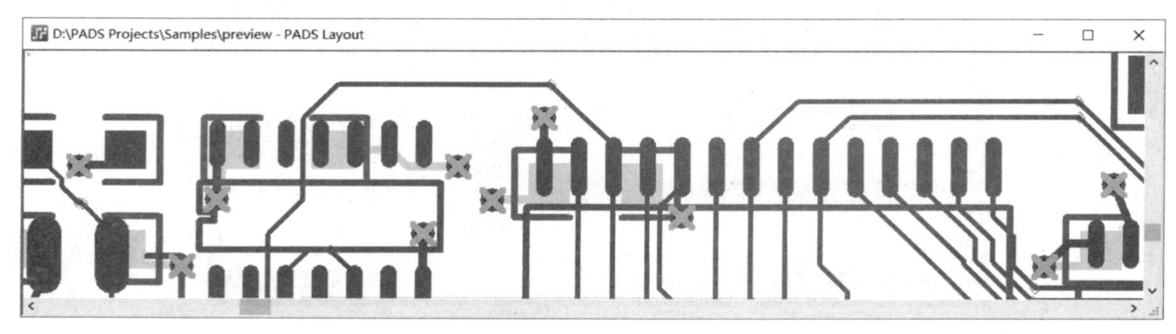

图 1.78 扇出过孔

填充栅格决定了铜箔与禁止区域的填充间隙。以铜箔为例，你肯定见过很多 PCB 上存在的大面积铜箔，具体形式可能是实心或网格状，填充栅格能够调整网格的间距（网格间距足够小时即为实心填充状态），图 1.79 展示了填充栅格分别为 10mil 与 100mil 的铜箔效果。

不同于工作栅格，显示栅格是 PADS 中肉眼可见的惟一栅格。在实际 PCB 设计过程中，通常会将显示栅格与设计栅格设置为相同或倍数关系。如果需要关闭显示栅格，将其设置为 0 即可（PADS Layout 的所有栅格设置详情见 8.3 节）。

1.4.2 无模命令

在 PCB 设计过程的某些阶段中，某些操作的执行会非常频繁。例如，PCB 布局时更改栅格，PCB 布线时更改导线宽度。当随着设计阶段的变更而进行无数次相同的循环操作时，你可能会因极其低下的设计效率而感到非常泄气，PADS 当然不会仅提供半套解决方案，其提供的大量无模命令（Modeless Commands）可以高效地解决此问题。

所谓“无模命令”，就是当你需要定义或更改一些设计参数时，不需要使用鼠标多次进行菜单、工具栏、对话框选项的选中操作，仅仅通过键盘输入几个字符即可。无模命令的执行方法非常简单：在英文输入法状态下，直接键入命令即可（不区分大小写）。以调整显示栅格为例，通常的方式是执行

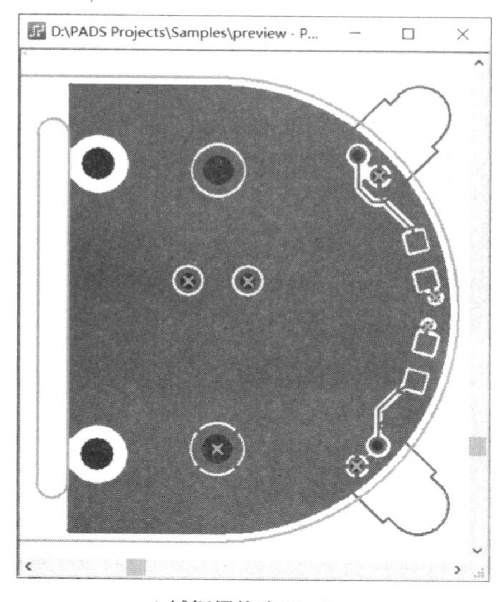

a) 铺铜栅格为10mil

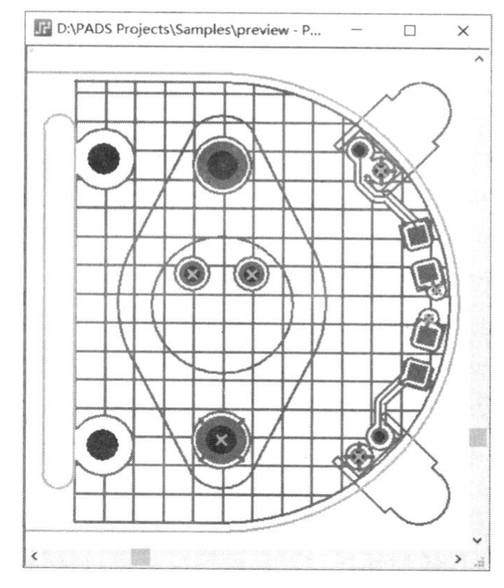

b) 铺铜栅格为100mil

图 1.79　不同填充栅格时的铜箔效果

【工具】→【选项】→【栅格和捕获】→【栅格】→【显示栅格】，而无模命令则可将该操作简化到极致。例如，现在需要调整当前 X 与 Y 轴的显示栅格均为 20mil，直接在键盘上输入“GD 20”（**以当前设计单位为准，此处单位为 mil，空格在 PADS Layout 中可选，但有些版本 PADS Router 中必须有**），再按回车键（Enter）即可，图 1.80 分别展示了 PADS Logic、PADS Layout、PADS Router 中执行该无模命令时的状态。如果需要设置的 X 与 Y 轴栅格不相同，则可以跟随两个数字（数字之间使用空格隔开）。例如，执行无模命令“GD20 40”表示将 X 与 Y 轴的显示栅格分别设置为 20mil 与 40mil。

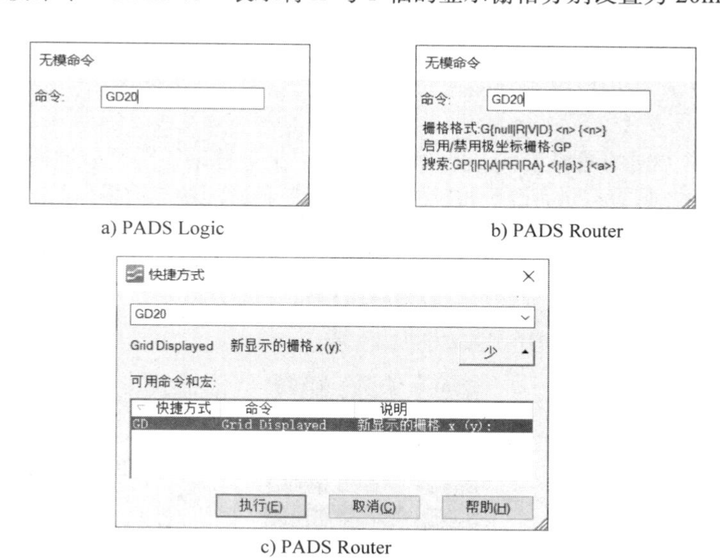

a) PADS Logic　　b) PADS Router

c) PADS Router

图 1.80　不同工具中执行更改设计栅格的无模命令

类似地，如果需要调整设计栅格大小为 20mil，执行无模命令“G 20”即可。值得一提的是，无模命令“G”将同时修改设计栅格与过孔栅格，如果需要单独设置，可以分别使用无模命令“GR”与“GV”，其使用方法与“GD”“G”相同。附录已经列出 PADS Layout 相关的无模命令，你不必死记硬背，需要的时候当作手册查看即可，多使用几次自然能够记住，因为常用的无模命令并不多。

1.4.3 取景和缩放

在使用网络在线地图查找某个目标地区时，通常需要进行多次地图平移或缩放的操作，该操作即取景与缩放。同样，PCB 设计过程中进行对象查看与选择的操作也必不可少，若对象由于缩放原因变得很小（或很大）而导致未合适显示在当前工作区域时，就必须使用取景与缩放操作。本书详细讨论 PADS Layout 中实现取景与缩放的多种不同方式，你可以选择自己习惯的操作方式。

1. 缩放命令

单击标准工具栏上的“缩放”按钮（或执行【查看】→【缩放】）后，光标会变成带“+”与“−”符号的放大镜，表示目前已经处于缩放状态，此时左击为放大，右击为缩小，并且会以光标为中心进行视图居中。再次执行缩放命令（或快捷键“ESC”）即可退出缩放状态。

值得一提的是，在缩放状态下拖动鼠标左键也能够实现视图缩放功能。如果需要放大视图，按住鼠标左键的同时往上方拖动鼠标即可，此时将出现一个随鼠标移动而越来越大的内矩形（外矩形是工作区域），表示你越来越接近视图，松开鼠标左键后即可放大视图（就像人从洞中往外跑一样，看到的洞外景物也会越来越大）。相反，按住鼠标左键的同时向下方拖动，内矩形的大小将保持不变，而外矩形会越来越大，表示你越来越远离视图，松开鼠标左键后即可缩小视图，缩放比例则会显示在放大镜旁边，如图 1.81 所示。

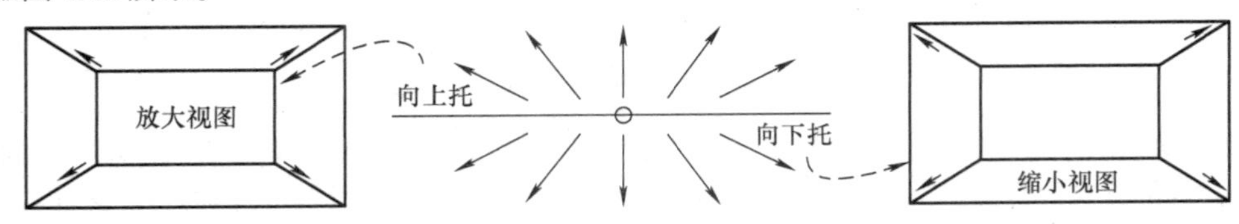

图 1.81 缩放状态下拖动鼠标实现视图缩放

2. 鼠标中键

绝大多数鼠标都有鼠标中键的功能（滚轮的按下功能），利用中键也可以方便地进行视图的缩放操作，其功能与缩放状态下拖动鼠标左键的操作相同。也就是说，按住鼠标中键的同时往上方拖动为放大视图，按住鼠标中键的同时向下方拖动为缩小视图。另外，单次按下鼠标中键可以将视图平移并以当前光标位置为中心显示（与快捷键“Insert”功能相同）。

3. 鼠标滚轮

滚轮也是一种非常方便的缩放工具，正常情况下可以上下移动视图，如果按住 Ctrl 键的同时操作滚轮，视图即可随滚动方向的不同而进行相应的缩放，是一种常用的缩放操作。

4. 小键盘

与计算机配套的商用键盘的右侧一般都有小键盘，主要用于快速输入数字或进行光标控制，你可以通过数字锁定键（NumLock）来切换。当数字锁定键处于锁定状态时，小键盘为数字输入功能，与 PADS Layout 视图缩放相关的命令对应关系如图 1.82 所示。

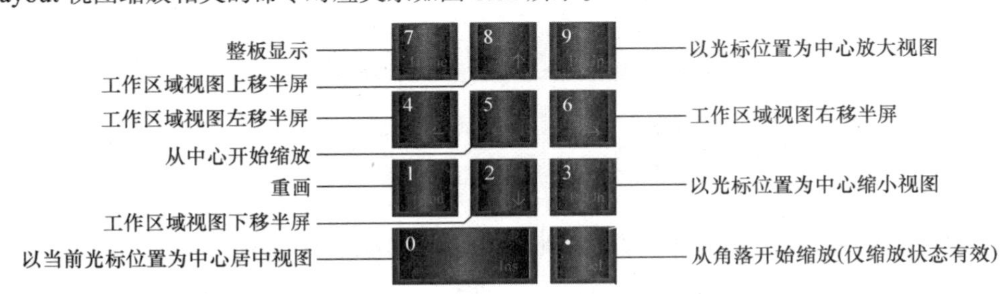

图 1.82 数字锁定键锁定状态下的小键盘命令

当数字锁定键未处于锁定状态时，小键盘为光标控制功能，与 PADS Layout 视图缩放相关的命令对应关系如图 1.83 所示。

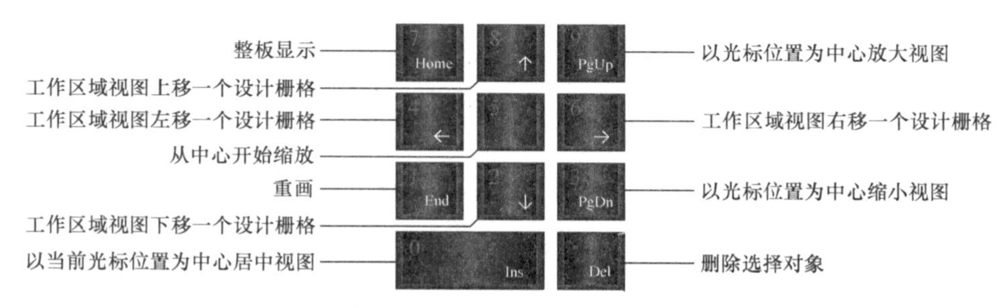

图 1.83 数字锁定键未锁定状态下的小键盘命令

5. 状态窗口

状态窗口默认情况下只能通过执行快捷键“Ctrl+Alt+S”才能打开，如图 1.84 所示，下方预览区域中的矩形即对应工作区域，从中单击某个位置即可进行视图平移（“斜交”项表示绘图或布线角度的调整开关，“禁用推挤”项表示元件重叠时的推挤开关，“对”表示当前设置的布线层对，具体的含义可参考第 8 章）。

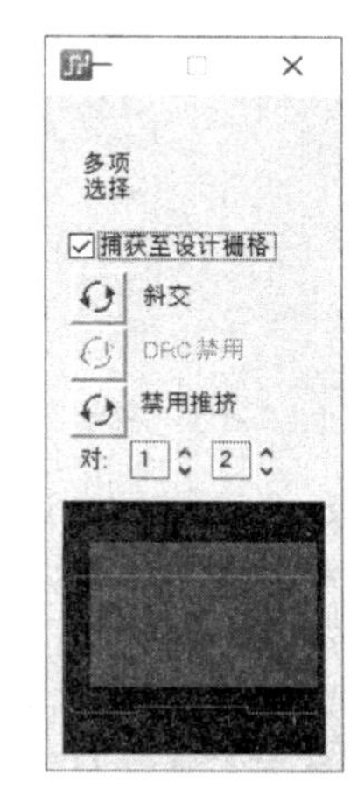

图 1.84 状态窗口

1.4.4 筛选条件

当取景和缩放工作完成后，对象即处于适合选择的状态，此时即可进行对象的选择操作。在 PCB 设计过程的很多阶段中，你也许仅希望选中某些特定的目标。例如，在 PCB 布局阶段，仅希望选中元件，而在 PCB 布线阶段，则仅希望选中导线。为了在非常复杂（例如，对象布局密度大、重叠率较高）的环境下也能够快速准确地选中需要的对象，你可以预先确定某个筛选条件以限制对象的选择范围。例如，当你确定“元器件”为筛选条件时，则后续只能选中元器件，而无法选中其他类别的对象，除非重新确定其他筛选条件。

在 PADS PCB 设计过程中，确定筛选条件的应用非常频繁，也是最重要的操作之一，PADS Layout 中可以通过以下 2 种方式实现（PADS Logic 与 PADS Router 中还可以通过“选择筛选条件工具栏”实现，此处不再赘述）。

1. 右键菜单过滤器

本书将当前系统未执行任何命令且未选择任何对象的状态称为空闲状态。如果想进入空闲状态，只需要单击工具栏上的“选择模式”按钮（或快捷键“ESC”）即可。在空闲状态下，执行【右击】即可弹出如图 1.85 所示的快捷菜单，从中确定所需对象类别即可确定筛选条件。

2. 筛选条件对话框

执行【编辑】→【筛选条件】（或选择图 1.85 中的“筛选条件”项）后即可弹出如图 1.86 所示“选择筛选条件”对话框，其中包含图 1.85 中的所有筛选条件，但是提供了更多的筛选条件，并且还可以针对某层对象进行筛选。例如，图 1.85 所示快捷菜单中不存在“胶粘元件（Glued Parts）”项，这样在 PADS Layout 中就无法对胶粘元件进行选择与处理操作，如果你发现无法选中某个元器件，此处的不合理设置可能正是症结所在。

1.4.5 对象的选择

完成对象类别的筛选操作后，就可以进行具体对象的选择操作。要选择一个对象很简单，只需要单击相应的对象即可，这与其他 PCB 设计工具相似，但 PADS Layout 也提供一些特殊的方法，以方便你在不同环境下进行各种对象的选择。

1. 鼠标左键

单击对象即可选择对象，执行“Ctrl+ 单击”可选择（或取消选择）多个（不连续）对象，执行

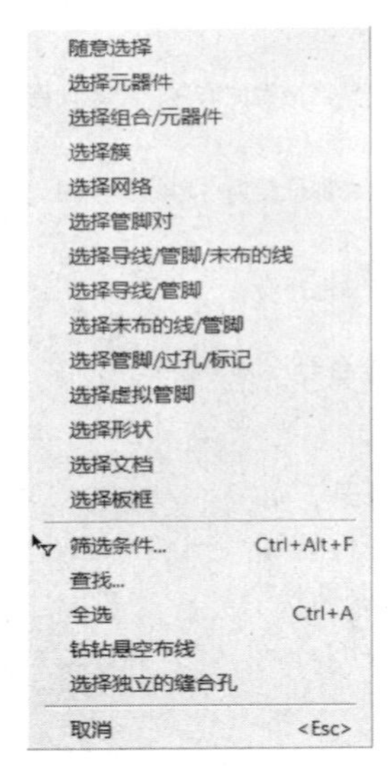

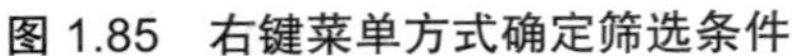

图 1.85 右键菜单方式确定筛选条件

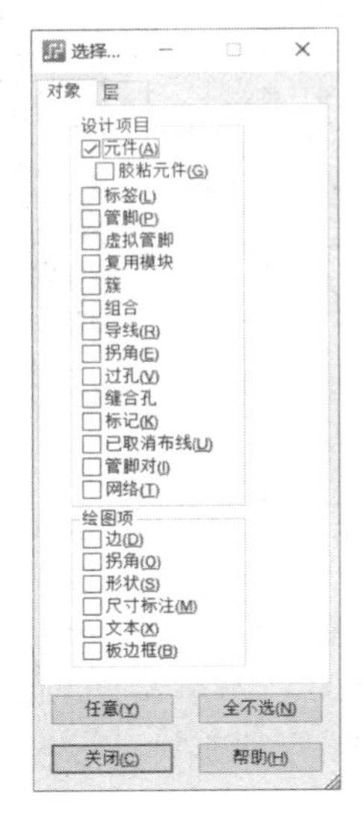

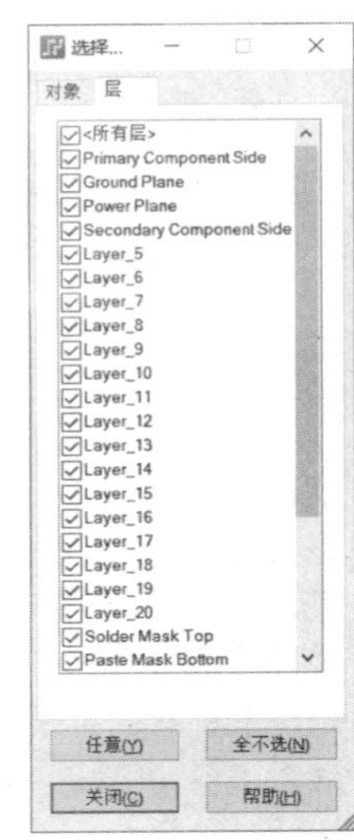

图 1.86 “选择筛选条件”对话框

“Shift+ 单击”即可选择多个连续或相关的完整对象（例如 2D 线、板框、禁止区域、覆铜平面等）。如果需要选择的对象比较集中，使用光标拖动一个矩形框包围起来即可。

2. 循环选择（Cycle Pick）

前面已经提过，筛选条件能够在对象密度大、重叠度高等复杂环境下有效甄别不同对象类别，但是如果多个重叠的对象属于同一类别，该如何选择呢？逐个选中元器件，再把不需要的元器件依次移开是一个办法，但也可以使用循环选择的方式。假设现在有 A、B、C、D 共 4 个元器件重叠在一起，单击第 1 次后选中的可能是对象 A（也可能不是 A，但无关紧要），但如果对象 A 并非你所需，可以多次单击标准工具栏上的“循环”按钮（或快捷键“Tab”），则对象 A、B 、C、D 会随着循环命令的执行而逐个被选中，图 1.87 所示为多次执行循环命令后的效果（4 个完全相同的电解电容元器件重叠）。

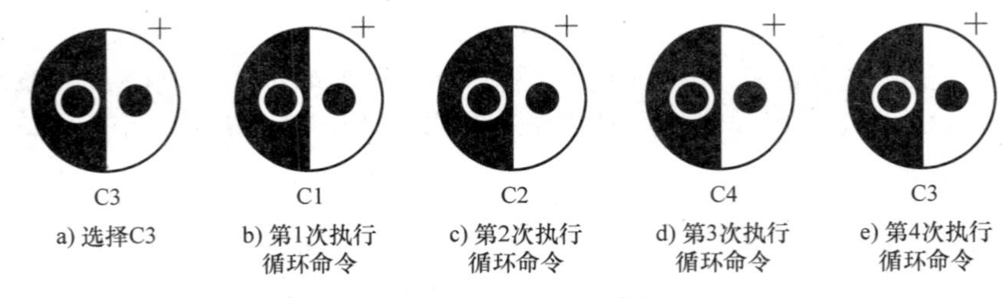

图 1.87 对象循环选择

3. 快捷菜单

如果当前选中的对象只是想要选择对象的一部分，你可以执行【右击】，在弹出的快捷菜单中进一步确定选择对象即可，具体可供选择的命令项取决于执行【右击】的对象。例如，你想选中整个板框（或 2D 线、铜箔、禁止区域等绘图形状），可以先选择属于形状的某条线段，再执行【右击】→【选择形状】即可（等同于对某个形状的线段执行“Shift+ 单击”），如图 1.88a 所示。如果你想选中某个网络，可以先选中属于网络的某导线段，再执行【右击】→【选择网络】（等同于对某段导线执行“Shift+ 单击”），如图 1.88b 所示。如果你想选中某个元件所在的组合，可以先选中属于组合的某个元件，再执行【右击】→【选择组合】即可，如图 1.88c 所示。当然，具体选择的对象还有很多，但基本操作仍然相似，此处不再赘述。

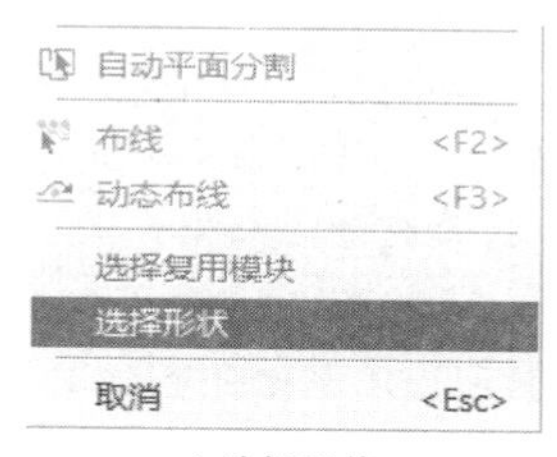

a) 选择形状

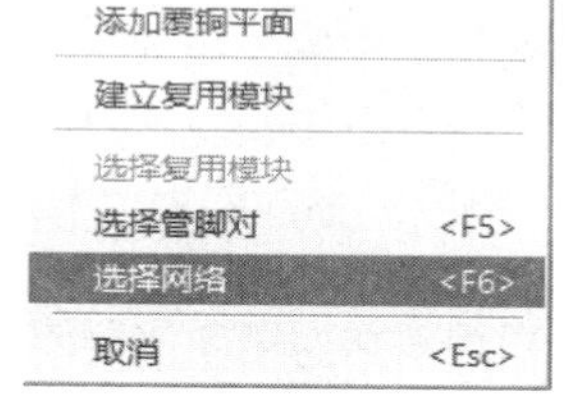

b) 选择网络

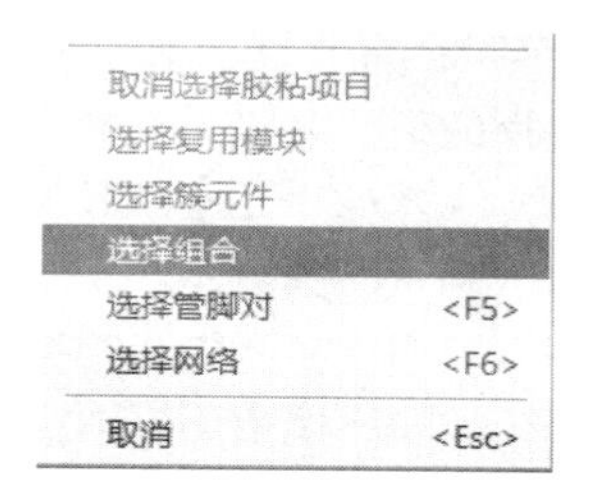

c) 选择组合

图 1.88　选中对象某一部分后再右击弹出的快捷菜单

4. “查找”对话框

执行【编辑】→【查找】即可弹出如图 1.89 所示“查找”对话框，其中可以查找当前 PCB 文件中所有对象，并对其执行选择、高亮、旋转等操作，本节以查找并选中元器件 U1 为例阐述其使用方法，主要步骤如下：

（1）确定对象的查找依据（Find by）：PADS 中任何一个对象都可以归为某一个类别。例如，你想要查找某个网络，则应该以“网络”类别为查找依据，你想要查找某个过孔，则应该以“过孔类型”作为查找依据。本例需要查找元器件 U1，可以选择“参考编号”为查找依据，之后在“参考编号前缀”列表（该列表名称随查找依据而异）中将显示当前 PCB 文件中所有元器件的参考编号前缀（从中可以选择一项或多项）。由于 U1 的前缀是 U，所以应该单击列表中的“U”项（此时会高亮显示），同时“参考编号”列表将会显示当前 PCB 文件中所有以“U”为前缀的参考编号（从中可以选择一项或多项），需要查找到的“U1”即在该列表中。

（2）确定针对对象的操作（Action）：确定好查找对象依据后，你可以选择针对对象的执行操作。例如，对象被查找到后，PADS Layout 应该将其选择、亮显、取消亮显、90° 旋转、翻面还是按顺序移动呢？本例需要选中 U1，所以从“操作”下拉列表中选择“选择”项即可。

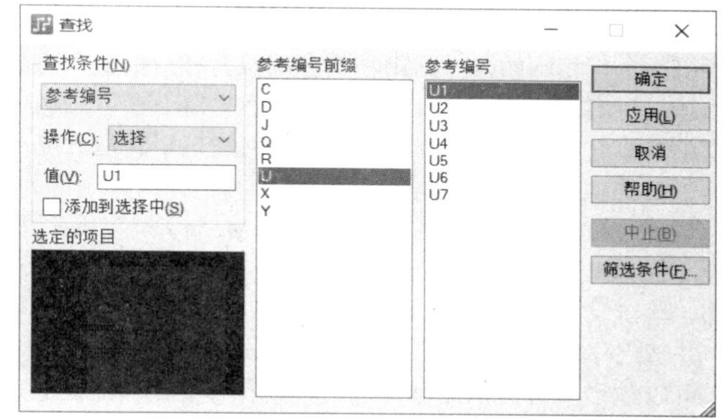

图 1.89　“查找”对话框

（3）应用（Apply）：单击“应用”按钮，PADS Layout 即可开始执行元器件 U1 的查找与选中操作，“选定的项目（Selected items）”预览区域中将会显示该元器件在 PCB 文件中大体所处位置，同时 U1 也将处于选中状态。如果你需要选择多个元器件，也可以勾选“添加到选择中”复选框，再依次查找需要选中的对象即可，这样前一个对象的选中状态不会因下一个对象的选中而取消。

5. 项目浏览器

项目浏览器也是一种查找对象的方式，但仅限于元器件、PCB 封装与网络对象，此处不再赘述。

6. 无模命令

PADS Layout 提供“能够快速查找（Search）或选中（Select）元器件或管脚”的无模命令。“查找元器件或管脚”的无模命令为“S”，其使用格式为“S 元器件标识符或管脚号”。例如，你现在要查找元器件 U1，只需要执行无模命令“S U1”或“SU1”（无空格）即可，此时光标会定位到该元器件的中心。如果需要查找元器件 U1 的第 10 个管脚，可以执行无模命令“S U1.10”或“SU1.10”，此时光标会定位到 U1 的第 10 脚。

“查找并选中”的无模命令为“SS”，其使用方法与查找无模命令“S”类似，有所不同的是，后者仅会将光标定位在对象上，而前者还可以将对象选中。例如，你现在要选中元器件 U1，只需要执行无模命令“SS U1”或“SSU1”即可。当然，你也可以同时选中多个对象。例如，执行无模命令“SS U1

U2 U3”即可同时选中 U1、U2、U3。

值得一提的是，有些无模命令在特殊情况下需要添加空格，因为空格的缺失可能会导致无模命令的含义不明确。例如，当前 PCB 文件中存在参考编号分别为“SW1”与“W1”的两个元器件，那么执行无模命令“SSW1”到底代表查找 SW1 还是查找并选中 W1 呢？此时应该使用空格！

7. 原理图驱动（schematic-driven）

前面虽然已经详述 PADS Layout 中各种查找或选择元器件的可用方法，但是在实际 PCB 设计过程的某些阶段，这些方法可能并不适用。以 PCB 布局为例，通常元器件布局时应该以功能模块为单位，但元器件 PCB 封装导入到 PCB 文件后处于完全无序状态，可并不像原理图设计那样按模块进行摆放，此时应该如何进行模块布局呢？难道周而复始地在原理图中逐个查看某元器件参考编号，再从 PCB 文件中选择对应 PCB 封装进行布局吗？很显然，这并不是高效选择对象的方式！**原理图驱动**便是此时的最佳选择方案，当你在 PADS Logic 中选择一个或多个元器件时，在 PADS Layout 中对应的元件将会被选中，相反，PADS Layout 中选择的 PCB 封装对应的元器件也会在 PADS Logic 中处于选择状态。当然，原理图驱动方式也可以选择管脚、网络等对象，详情见 5.6 节。

1.4.6 对象的操作

当对象通过“千辛万苦”被找到并选中后，你就可以对其进行相应的操作。与 Windows 平台下大多数工具一样，你可以采用“先选择对象，再执行命令”的操作方式。另外，PADS Layout 也提供“先执行命令，再选择对象”的操作方式，这两种操作在不同的设计阶段各有一定的应用。

1. 先选择对象，再执行命令

此种方式也称为选择模式（Select Mode），适用于仅需要执行一次命令的场合，换言之，如果你需要多次执行相同的操作，则需要多次执行相应的命令。以移动元器件 U1 为例，首先保证当前处于空闲状态，将 U1 选中后再拖动（或快捷键“Ctrl+E”），此时 U1 将会粘在光标上并随之移动，在合适的位置单击即可放置。**如无特别说明，本书均采用此模式统一行文**。

2. 先执行命令，再选择对象

此种方式也称为动作模式（Verb Mode），适用于需要连续多次执行相同命令的场合（此时状态栏最左侧会出现相应的命令名称提示，光标的右下角也会出现一个字母“V”）。同样以移动元器件 U1 为例，单击设计工具栏上的“移动”按钮即可进入移动元器件状态，然后单击 U1，该元器件将粘在光标上并随之移动，在合适位置单击即可放置。PADS Layout 在完成一次元器件移动后仍然还处于移动状态，你可以继续单击其他元器件进行移动操作。单击工具栏上的“选择模式”按钮（或快捷键“ESC”）即可退出元器件移动状态。

需要特别注意的是，动作模式下执行的命令可以针对的对象仅由命令本身决定，而不取决于筛选条件。例如，“先将‘导线’确定为筛选条件，然后试图单击设计工具栏上的‘移动’按钮来移动导线”的操作将不会成功，因为动作模式下的移动命令仅对元器件有效，而选择模式下则不然。

1.5 自定义环境

PADS 允许自定义用户界面以适合每个工程师的工作风格与设计工作，你可以决定显示哪些工具栏、或向菜单与工具栏添加选项、或创建自定义的工具栏、菜单及快捷键，本节仍然以 PADS Layout 为例进行详细阐述。

1.5.1 自定义菜单栏

执行【工具】→【自定义】即可弹出“Customize”对话框，其中包括“命令”“工具栏和菜单”“键盘和鼠标”“选项”及“宏文件”共 5 个标签页，“命令”标签页中即可自定义菜单（或工具栏），如图 1.90 所示。举个例子，图 1.84 所示状态窗口只能通过快捷键打开，因为默认状态下的菜单栏与工具栏中均无相应的选项入口，但是你也可以将该命令添加到菜单栏（或工具栏）中，只需要在“命令”列表中找到相应的命令，然后拖动到菜单栏（或工具栏）中即可。如果想删除自定义的菜单选项，只需要将其选中后执行【右击】→【Delete】（或直接拖出来）即可（需要在“Customize”对话框处于打开状态下才能进行），如图 1.91 所示。

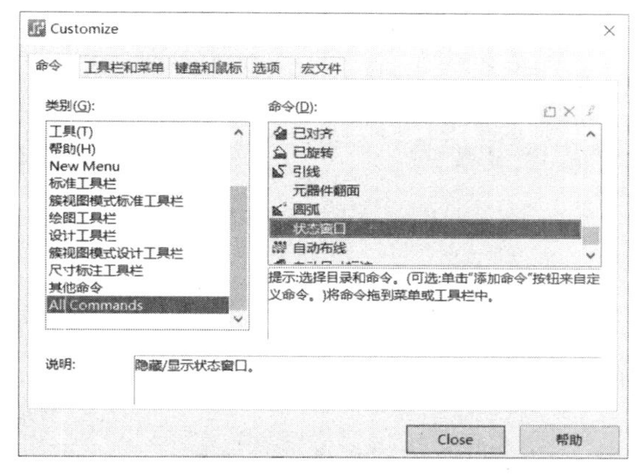

图 1.90 “命令”标签页

图 1.91 删除菜单中的选项

如果实在有必要，你也可以完全新建属于自己的菜单，首先在“命令”标签页的“类别”列表内选中“New Menu”项，此时右侧“命令”列表中也会出现一个“New Menu”项，将其拖动到主菜单栏（或子菜单）中即可添加一个名为“New Menu”的选项。如果你需要更改选项的名称或外观，选中该项后执行【右击】→【Button Appearance】即可弹出“Button Appearance”对话框，从中可以为该菜单编辑名称、图标与描述。本例在主菜单栏中添加一个选项，并将其名称更改为“我的菜单”（如果将选项添加到子菜单，你还可以更改图片），如图 1.92 所示，而往该菜单中添加命令的操作与前述步骤相同，完成操作后单击“Close”按钮即可，相应的效果如图 1.93 所示。

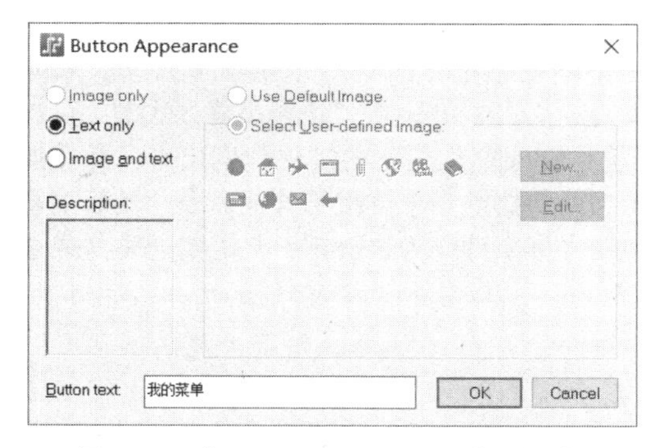

图 1.92 “Button Appearance”对话框

图 1.93 完全自定义的菜单栏

1.5.2 创建新的工具栏

如果你想创建新的工具栏，首先切换到“Customize”对话框的“工具栏和菜单”标签页，如图 1.94 所示。单击“工具栏”内右上角的“新建”按钮即可弹出如图 1.95 所示的“Toolbar Name”对话框，在“Toolbar Name”文本框中输入想要的工具栏名称即可（此处为“我的工具栏”），再单击“OK”按钮，“工具栏和菜单”标签页的“工具栏”组合框中的列表即可出现一项“我的工具栏”，并默认处于勾选状态，表示该工具栏已经显示（未勾选表示工具栏已经隐藏），之后再从“命令”标签页中拖动需要的命令项到该工具栏即可，此处不再赘述，相应效果如图 1.96 所示。

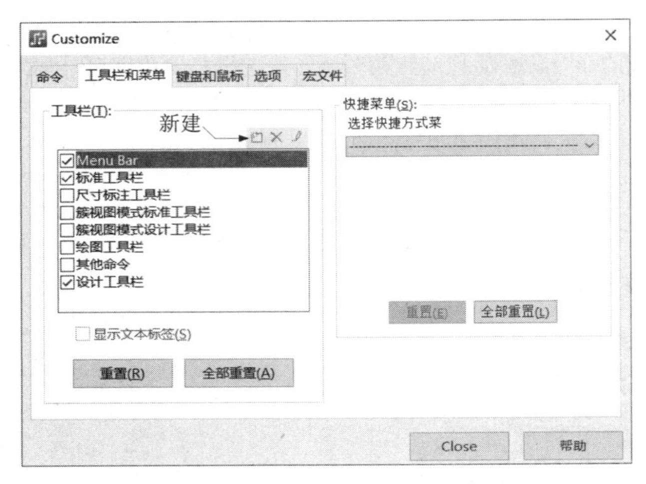

图 1.94 “工具栏和菜单”标签页

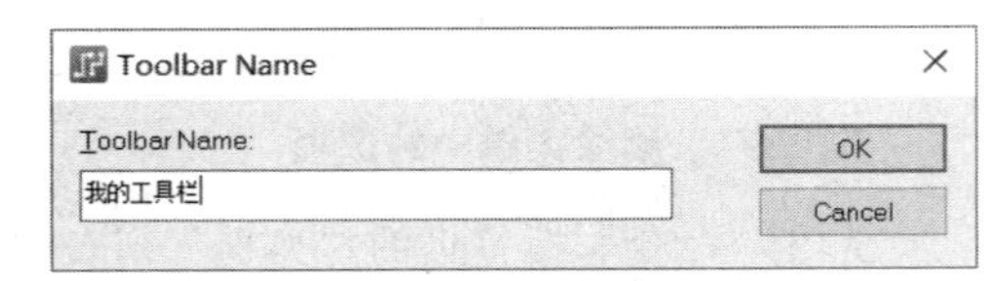

图 1.95 “Toolbar Name”对话框

图 1.96 我的工具栏

1.5.3 自定义快捷键

如果你觉得系统默认的选项快捷键不符合要求，也完全可以为其分配新的快捷键。以更改“全局显示”选项的快捷方式为例，首先在图 1.97 所示“键盘和鼠标”标签页的“命令”列表中找到该命令，将其选中后，右侧“当前快捷方式”列表中显示该命令的快捷键为“Ctrl+Alt+E”，选中该快捷键后单击右上方的“删除”按钮将其删除。接下来为其分配一个更少键位组合的快捷键“Ctrl+P”，单击右上方的“新建”按钮即可弹出“分配快捷方式 适用于全局显示”对话框（图 1.98），默认情况下，右侧“命令”列表中会列出当前所有快捷方式，你只需要执行快捷键“Ctrl+P”，在“按新快捷方式键（可以多于一个）”组合框内的文本框中将会出现“Ctrl+P”（系统自动根据你按下的键位识别出来，并非逐个字母输入的结果），而右侧“命令”列表中为空白，表示当前快捷键尚未分配给其他命令，然后单击“确定”按钮即可完成新快捷键的分配。当然，你也可以使用光标事件作为快捷键，只需要选中“或选择光标事件”组合框再进行相应的设置即可，此处不再赘述。

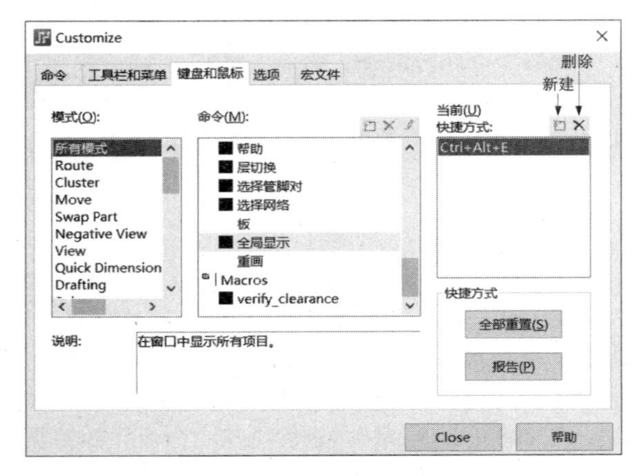

图 1.97 “键盘和鼠标”标签页

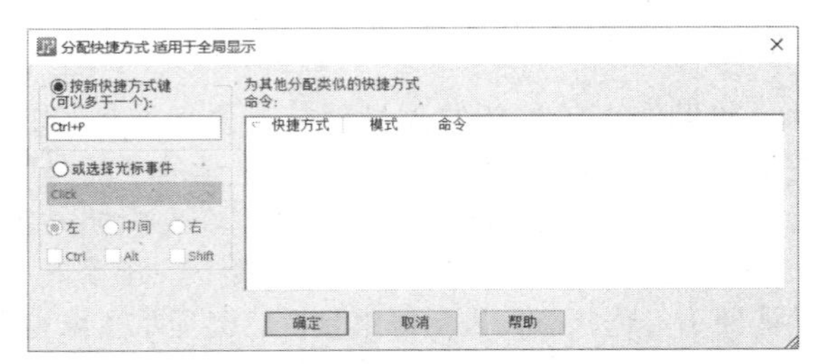

图 1.98 “分配快捷方式 适用于全局显示”对话框

1.5.4　自定义外观

如果你想自定义 PADS Layout 界面外观，可以进入图 1.99 所示的“选项”标签页，其中包括工具栏、菜单相关的一些可选显示方式，自行摸索即可，此处不再赘述。值得一提的是，PADS 允许你切换界面语言，可供选择的语言包括简体中文（Chinese Simplified）、英语（English）、日语（Japanese）以及巴西葡萄牙语（Brazilian Portuguese），当然，你必须重启 PADS 才能使更改的语言生效。

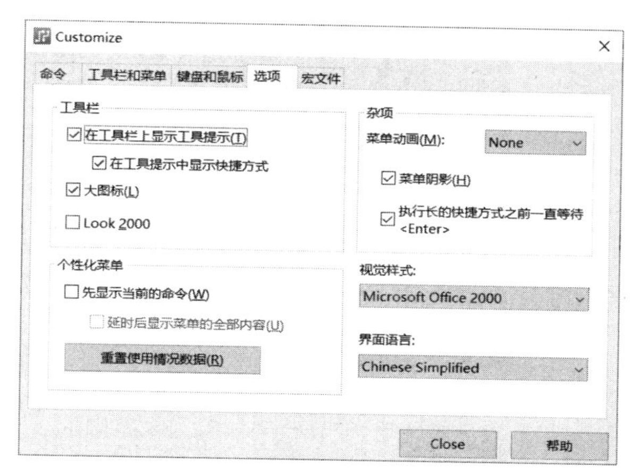

图 1.99　“选项”标签页

1.5.5　添加宏文件

如果你录制了常用的宏文件，也可以为其分配快捷方式以提升设计效率。首先进入图 1.100 所示的“宏文件”标签页，单击“宏命令文件”列表右上角的“新建”按钮，在弹出的“打开宏文件”对话框内选中需要分配快捷方式的宏文件，再单击“打开”按钮即可将其添加到“宏命令文件”列表，同时，与该宏文件名同名的命令将出现在“键盘和鼠标”标签页中（见图 1.97），将其选中后再按 1.5.3 小节所述分配快捷方式即可，此处不再赘述。

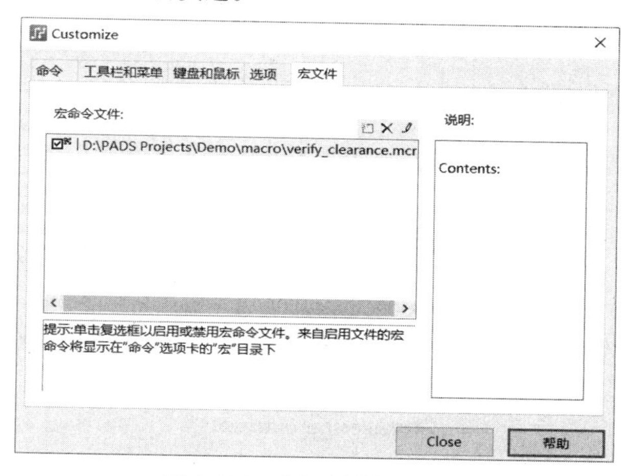

图 1.100　“宏文件”标签页

1.6　PADS 帮助文档

如果你想要深入了解一款工具的使用细节，配套的帮助文档必然是不二选择。PADS 自带了一套完整的帮助文档，你在设计过程中遇到的所有问题几乎都能够从中找到答案，其也是本书撰写的主要参考文档，本节将通过几个实例详尽阐述帮助文档的使用方法。

1.6.1　打开帮助文档

打开 PADS 帮助文档的主要途径有如下几种：

（1）执行【帮助】→【文档】即可使用浏览器打开图 1.101 所示的帮助系统，左侧“选择范围（Choose Scope）”列表包含 PADS 中所有产品的帮助索引，单击某项后，右侧各项列表即可显示相关的帮助文档。值得一提的是，PADS 帮助文档存在 HTML 与 PDF 两种格式，你可根据自己的习惯选择。

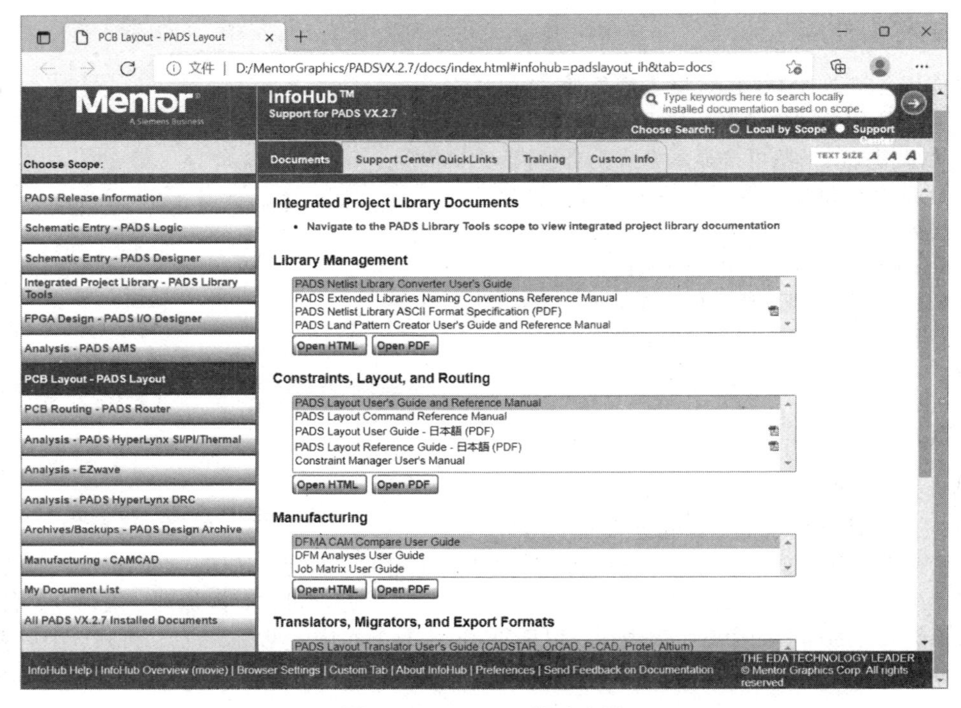

图 1.101　PADS 帮助文档

（2）如果只是想直接进入当前 PADS Layout 对应的帮助文档，执行【帮助】→【打开 PADS Layout 帮助】即可使用浏览器打开 PADS Layout 用户指南与参考手册（PADS®Layout User's Guide and Reference Manual），如图 1.102 所示，左侧“主题”列表中包含了所有 PADS Layout 相关的主题，单击想要的主题即可查阅相应的内容。

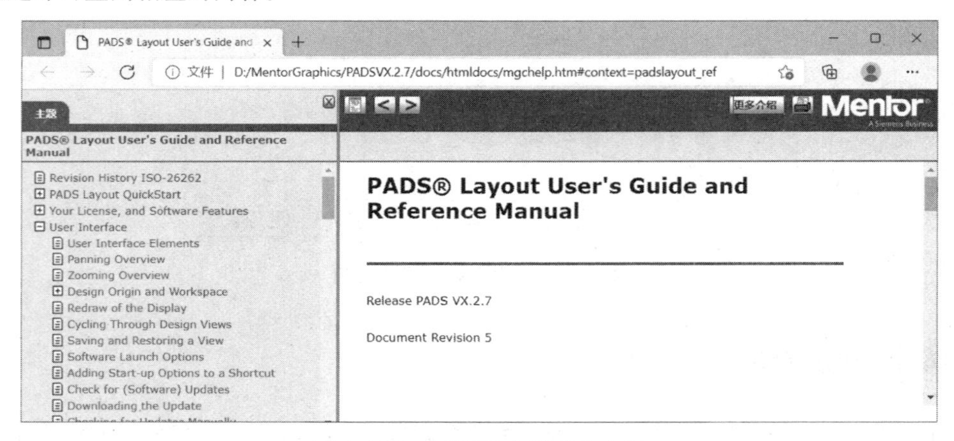

图 1.102　网页形式的帮助文档

（3）从图 1.101 与图 1.102 所示浏览器的地址栏可以看到，打开的帮助文档都位于 PADS 安装目录下的 docs 文件夹中，你也可以直接进入本地磁盘目录找到相应的文档，其中的 htmldocs 与 pdfdocs 文件夹分别用于存放 HTML 与 PDF 格式的帮助文档，图 1.103 所示为 D:\MentorGraphics\PADSVX.2.7\docs\pdfdocs 目录下包含的 PDF 格式帮助文档。

（4）大多数对话框中都存在“帮助”按钮，以图 1.99 所示“Customize”对话框中的“选项”标签页为例，单击“帮助”按钮即可打开图 1.104 所示 HTML 格式的帮助文档，其中详尽描述了该标签页内所有选项的用途详情。

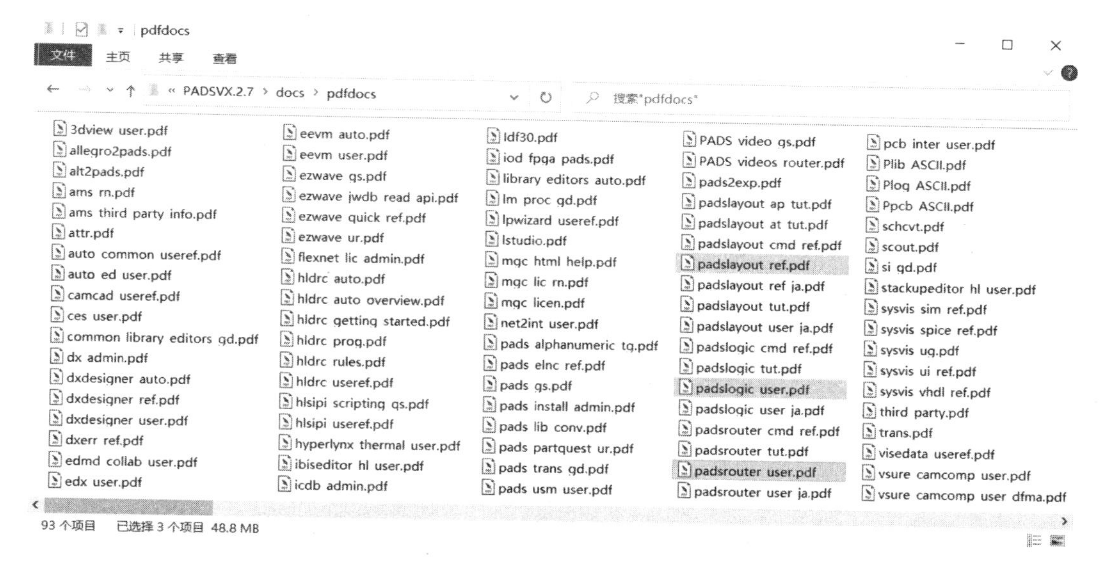

图 1.103　本地磁盘的 PDF 格式帮助文档

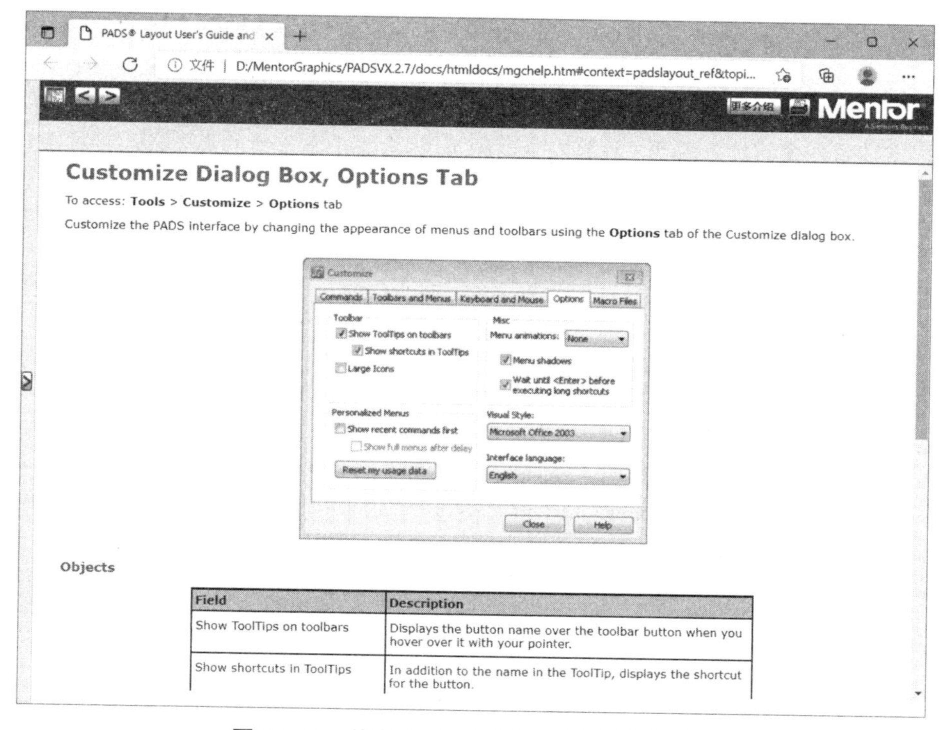

图 1.104　单击“帮助”按钮打开的帮助文档

1.6.2　使用帮助文档

帮助文档的缺点是可读性较差，因为毕竟不是浅显易懂的教程，但其优点也很明显：系统全面。本节通过几个实例具体阐述“如何使用帮助文档解决实际问题”，如无特别说明，PADS Layout 帮助文档是指**用户指南与参考手册**（相应 PDF 格式文件为“padslayout_ref.pdf”），PADS Router 帮助文档是指**用户指南**（PADS Router User’s Guide，相应 PDF 格式文件为“padsrouter_user.pdf”）。值得一提的是，本节为节省篇幅仅截取主要内容，如果你对具体细节有兴趣，可自行查看相应的帮助文档。

1. 澄清概念

以“灌注（Flood）”与“填充（Hatch）”为例，很多初学者对两者之间的区别比较模糊，PADS Layout 帮助文档其实已经详细阐述了两者的区别，从中以“Flood”或“Hatch”为关键字即可找到“灌注覆铜平面（Flooding Copper Planes）”与“填充覆铜平面（Hatching Copper Planes）”两个小节，如图 1.105 所示，其中的内容翻译过来就是，**灌注**会重新计算覆铜平面，并且重新创建覆铜边框内障碍物的所有间距，并检查安全间距规则，而**填充**会（使用填充线）填充当前会话内已经存在的已灌注覆铜平面，但并不会重新计算覆铜区域。每次打开一个设计文件时必须进行**填充**操作，这些填充信息不会被保存。如果用户对覆铜平面的修改会引起规则冲突，或修改了安全间距规则时，请使用**灌注**！

Flooding Copper Planes

Flooding recalculates the copper plane and recreates all clearances for the current obstacles within the plane outline, observing clearance rules. Use Flood if you change clearance rules, or make changes to—or within—a copper plane that might create clearance violations.

Hatching Copper Planes

Hatching refills (with hatch lines) existing poured copper planes for the current session; it does not recalculate the copper plane area. Each time you open a design file, you must hatch the design; the fill is not saved (you can set the file to hatch automatically each time you open it, however, using the “Autohatch on file load” option in the **Tools > Options** menu item, Copper Planes / Hatch and Flood page). Use Flood if you change clearance rules, or make changes to—or within—a copper plane that might create clearance violations.

图 1.105　Flood 与 Hatch 的区别（部分）

也许你还是有些迷惑：什么意思？假设要修建一个蓄水池（覆铜区域），在开始动工之前，应该进行相应的计算，以确保蓄水池的各项参数满足需求，蓄水池修建完成后就是注水的操作，那么修建蓄水池的操作就相当于是**灌注**，而往蓄水池注水的操作相当于是**填充**。每次新建一个不同蓄水池（灌注），都会引发一系列重新计算活动（计算安全间距），因为每个蓄水池的具体参数（对应 PCB 设计规则）并不相同，最终所创建的蓄水池也不一样，而对于同一个蓄水池，无论注入多少次水（填充），蓄水池的形状肯定不会改变。换言之，注水只是为了方便使用，正如对 PCB 覆铜区域的填充可以方便查看一样。

对于其他工程师给到的 PCB 文件，因为更多的目的是为了查看（而非修改），因此使用得更多的操作是**填充**（而非**灌注**），因为原工程师在**灌注**后可能意外修改了某些设计规则，而到你手上再**灌注**一下，糟了！这个 PCB 文件已经不再是原来的那个了，因为你已经修建了另外一个蓄水池，其指标**可能**并非原工程师所需。

2. 详述操作步骤

以“创建带挖空区域的铜箔”为例，PADS Layout 帮助文档也提供了详尽的介绍，从中可以找到“创建铜箔挖空区域（Creating a Copper Cut Out）”小节，如图 1.106 所示，其中给出的操作步骤如下：单击绘图工具栏上的“铜挖空区域”按钮，在铜箔上绘制一个满足需求形状的挖空区域，然后同时选中铜箔与铜箔挖空区域，再执行【右击】→【组合】即可，图 1.107 所示给出了铜箔与铜箔挖空区域组合前后的状态。

Creating a Copper Cut Out

Use copper cut outs to create voids inside copper shapes. Creating a cut out involves combining the fixed copper shape with the copper cut out.

Procedure

1. On the **Drafting Toolbar**, click the **Copper Cut Out** button.
2. Create one or more cut out areas for the copper. see “Creating a Drafting Object” for more information. You can create the cut out before the copper or the copper before the cut out.
3. Set the selection filter to select shapes by right-clicking and clicking the **Select Shapes** popup menu item.
4. Drag a box to group-select the copper and cut out(s).
5. Right-click and click the **Combine** popup menu item. Copper inside the cut out area is automatically removed.

图 1.106　创建铜箔挖空区域

PADS Router 可以使用“合并形状”与“减去形状”两种工具创建铜箔挖空区域。“合并形状”工具的使用方法与前述 PADS Layout 中的“组合”工具相似，但 PADS Router 中并未提供“铜挖空区域”工具，该怎么办呢？“合并形状”工具的具体使用细节已详述在 PADS Router 帮助文档的“Merge Shapes”小节，如图 1.108 所示。简单地说，你可以先创建多个铜箔，并将其拼成一个挖空区域，然后选中所有铜箔再单击绘图工具栏中的“合并形状”按钮（或执行【右击】→【合并形状】）即可，相应的效果如图 1.109 所示。

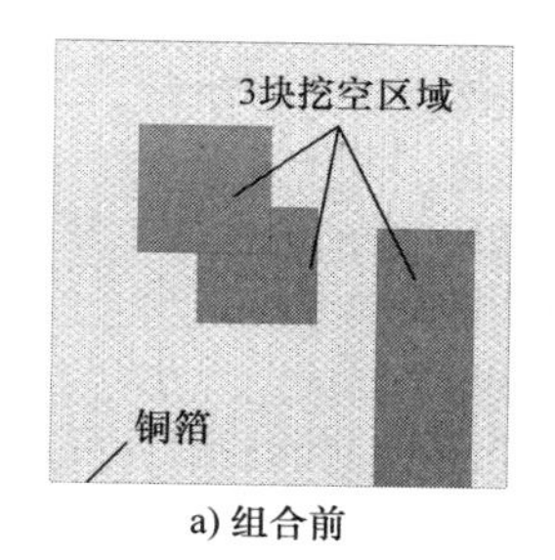

a) 组合前

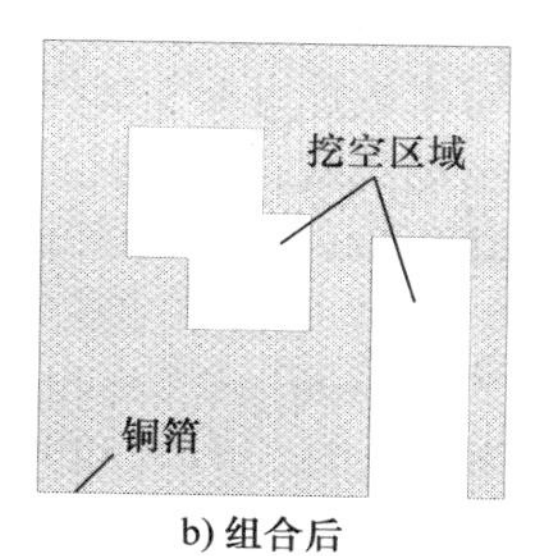

b) 组合后

图 1.107　执行“组合”命令创建铜箔挖空区域

Merge Shapes

Merge Shapes is used to combine two or more shapes (coppers, copper planes, or copper plane cutouts) into a single merged shape. Each location where a shape intersects another shape results in a single shape that expands to include the additional shapes.

The shapes merge into a single shape, which inherits the properties (such as width, net name, and fill type) of the last shape selected. Additionally, if you merge a copper plane with a copper plane cutout, then the merged shape is of the same type of the last shape selected. For example, if you select the copper plane cutout last, the resulting merged shape is a copper plane cutout.

Procedure

1. Use Ctrl-click to select two or more existing shapes.
2. On the Drafting toolbar, click the **Merge Shapes** button, or right-click and click the **Merge Shapes** popup menu item.

   The selected shapes are merged into a single shape.

图 1.108　“合并形状”工具的操作流程

“减去形状”工具的使用方法稍微有所不同，具体操作细节已详述在 PADS Router 帮助文档的“Subtract Shapes”小节，如图 1.110 所示。简单地说，首先创建两个重叠的铜箔，然后选中需要挖空的那块铜箔（较大的那一块），单击绘图工具栏上的“减去形状”按钮（或执行【右击】→【减去形状】）后，再单击需要成为挖空区域的那块铜箔（较小的那一块）即可，相应的效果如图 1.111 所示。

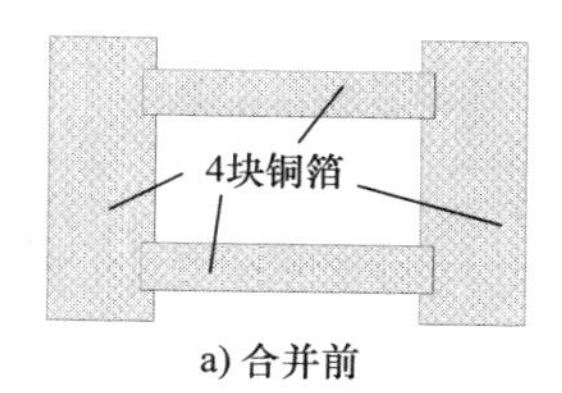

a) 合并前

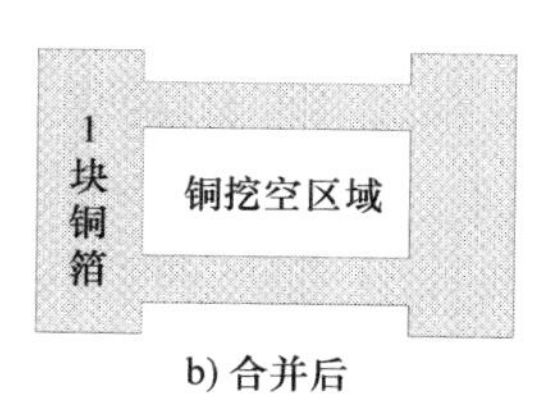

b) 合并后

图 1.109　执行“合并形状”命令前后的效果

Subtract Shapes

Subtract Shapes is used to subtract one shape from another resulting in a single merged shape. This is not restricted to copper plane cutout shapes; a copper plane can be subtracted from a copper plane or a copper shape can be subtracted from another copper shape for ease of use.

Procedure

1. Select a single copper, copper plane, or copper plane cutout shape.
2. On the Drafting toolbar, click the **Subtract Shapes** button or right-click and click the **Subtract Shapes** popup menu item.

   The base shape (the shape from which you intend subtract another shape) displays with a colored dashed outline. Other shapes that are available for selection appear with a solid colored outline, while unavailable objects in the design change to gray scale, thus making it easy to discern between objects.
3. Select another single shape to subtract from the first shape.

   The function does not allow multiple shapes to be selected as subtraction operations can result in different effects depending on the order of subtraction.

   The selected shape is subtracted from the first shape. Repeat to subtract additional shapes as required.
4. When you have finished subtracting shapes press the Esc key or right-click and click the **Cancel** popup menu item to end the procedure.

图 1.110　“减去形状”工具的操作流程

3. 指出注意事项

以 PADS Layout 中“长度最小化”命令为例，有时候你可能发现执行该命令后，移动元器件时的飞线长度并未实时修改，为什么呢？在 PADS Layout 帮助文档中以“Length Minimization”为关键字可搜索到“布局与长度最小化（Placement and Length Minimization）”小节，如图 1.112 所示，其中给出了相应的提示：只有当拓扑并非“受保护”类型时，你才能够看到飞线跟随元器件移动实时更改连接。

a) 减去前

b) 减去后

图 1.111　执行“减去形状”命令前后的效果

Placement and Length Minimization

Before you begin placement, set the topology types you want to use for nets, net classes, or the Default level of the rules hierarchy. *Topology* is the pattern of the trace and the order in which to connect pins in a net. The Length Minimization tool reorders pin connections in a net to support the topology you set.

Length minimization does not change the netlist, it just finds better places to make connections required by the netlist. For example, if you specify the “minimized” topology for a net, length minimization finds the pin order that produces the shortest pin-to-pin connections.

When you move a part around the layout, length minimization happens on the fly. If the topology type is set to something other than “protected,” you can see ratsnest connections linking and unlinking pins on the moved part to the nearest viable terminals on other parts. Also, as you move the part, a running measurement called New Length/Old Length appears on the message line. 100 equals 100 percent of all nets connected to the part when you picked it up.

图 1.112　布局与长度最小化（部分）

第 2 章　PADS PCB 设计流程

本章通过一个小项目详尽演示 PADS PCB 设计流程，之所以使用如此简单的项目，是因为项目过于复杂会让 PCB 设计初学者的学习精力过于分散，难以从宏观上把握 PADS PCB 设计流程。虽然项目本身比较简单，但却是实际项目运作时的 PCB 设计流程，可推而广之到其他更复杂的 PCB 设计项目，所以有较大的指导意义和参考价值，其中的一些设计风格与操作技巧也值得借鉴。图 2.1 所示为相应的 PADS PCB 设计流程，其中也展示了本书的大体框架及相应的章节。

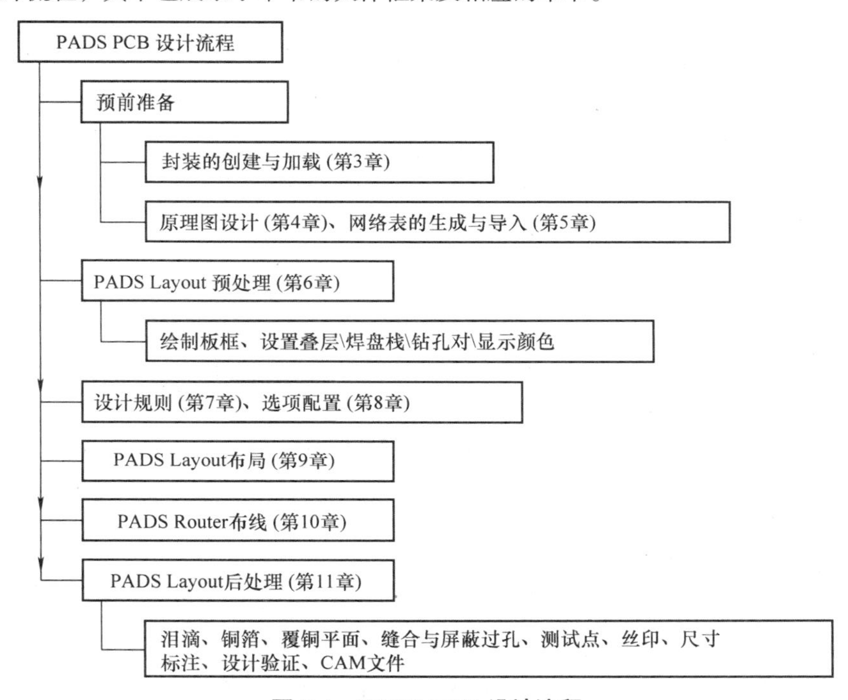

图 2.1　PADS PCB 设计流程

值得一提的是，在实际 PCB 设计过程中，本书所述流程的应用次序并非总是固定不变。例如，本书行文时，“设置焊盘栈”操作位于“设置叠层”操作之后，但这并非意味着必须得如此为之。同样，虽然在 PCB 布局与布线过程中并未涉及预处理方面的操作，但也并不代表不能这样做。例如，在进行 PCB 布线时，你随时可以添加合适的过孔（属于“预处理”操作）以适应设计的要求。也就是说，所谓的预处理、布局、布线、后处理只是按照标准 PCB 设计流程进行的逻辑划分，是本书为方便行文而使用的一种内容结构编排方式，很多操作在各个阶段均可灵活应用，你可以在学习与工作过程中细细体会。

另外，本章描述的 PADS PCB 设计流程虽然比较完整，但是很多细节（或可能出现的问题）在这么短短的篇幅内不可能面面俱到，为了更有效地让本项目发挥其应有的价值，本书也按照预处理、布局、布线、后处理等主题进行结构编排。当你在学习本项目过程中存在任何疑问时，亦可直接翻阅至对应章节进行精读，那里阐述了针对该操作的细节（包含在实际应用中遇到的常见问题及解决方案），相信可以起到一定的指导作用。

2.1 预前准备

本书主要讲述 PADS PCB 设计相关知识，但对于一个完整的项目开发而言，PCB 设计过程并不总是独立的，因为大多数时候，并不会有人“伺候”着把原理图、结构图、封装库准备好（只有少数分工很细的大公司才会有专门的原理图设计工程师、布局 / 布线工程师、仿真工程师、封装库维护组等），所以本章阐述的 PCB 设计流程还包括原理图、结构图、封装（库）的准备工作。

2.1.1 原理图设计

本项目使用 PADS Logic 作为原理图设计工具（原理图设计详情见第 4 章），相应完成的 5V 转 3.3V 降压电路如图 2.2 所示（原理图页名称为“线性电源”），其中，LM117 是一颗低压差线性调整器（Low-Dropout Regulator，LDO）芯片，其压差在负载电流为 800mA 时约为 1.2V，芯片内部包含 1 个齐纳调节的带隙参考电压以确保输出电压的精度维持在 ±1% 以内，输入与输出并联的电容用来改善瞬态响应和稳定性，TP1、TP2、TP3、TP4 则为添加的测试点。当然，所有元器件都应该被赋予正确的 PCB 封装，以便后续导出完整的网络表。

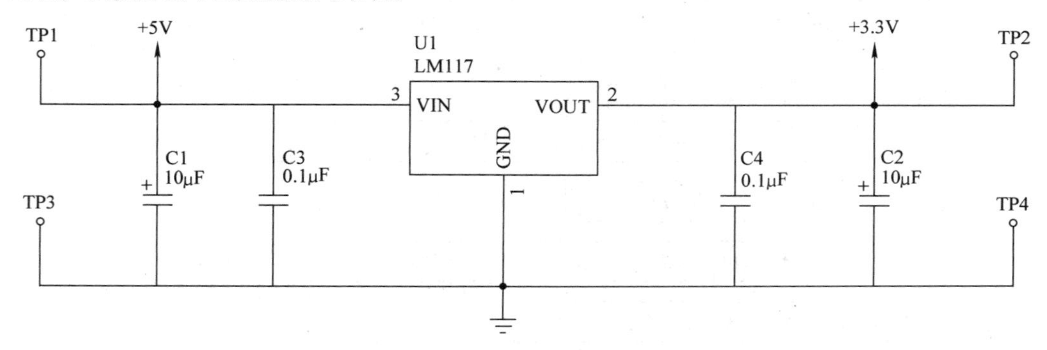

图 2.2 电源模块原理图

2.1.2 网络表导出

网络表是原理图与 PCB 设计工具之间的桥梁，当原理图设计完毕后，就应该进行网络表的创建操作（PADS Layout 可接受的网络表文件的扩展名为 .asc）。值得一提的是，如果你使用 OrCAD、Protel 等其他工具设计原理图，手工导出网络表是必要的操作，对于 PADS Logic 而言，实际应用时通常看不到类似的步骤，因为 PADS 已经将这些操作封装成对话框的形式以方便设计者操作，实际上，在 PADS Logic 与 PADS Layout 之间起到桥梁作用的仍然是网络表。本节为适用更多其他非 PADS Logic 原理图设计工具，决定阐述烦琐一点的手工导出网络表（自动导出网络表的方式见第 5 章），具体操作如下：

（1）在 PADS Logic 中执行【工具】→【Layout 网表】即可弹出“网表到 PCB”对话框，在“输出文件名”项中确定输出网络表的保存路径与名称，“选择图页”项中选择需要导出网络表的原理图页，“输出格式”列表中的可选格式为 PADS Layout 2005.0/2005.2/2007.0/9.0，对于 PADS VX.2.7 版本而言，你可以选择“PADS Layout 9.0”，如图 2.3 所示。

网络表中最基本的信息就是元件与网络，它们也是网络表必须具备的要素，PADS Layout 根据这些信息从 PCB 封装库中抓取封装并使用飞线连接相应的管脚。“包含元件属性”“包含网络属性”“包含设计规则”并非必选项，除非你认为属性或设计规则必须在 PADS Logic 中定义。例如，在 PCB 设计过程中，你很可能会在 PADS Layout 中随时添加或更改设计规则，而对 PADS Logic 中定义的设计规则却不予理会，如果勾选了“包含设计规则”复选框，重新生成并导入网络表操作将导致 PADS Layout 中原来的设计规则丢失，也就意味着你不得不重新设置设计规则。

（2）单击“确定”按钮，即可生成并自动打开网络表文件（此处名称为“simple_power.asc”）。虽然原文件很长，但是如果在导出网络表时不勾选“包含元件属性”“包含网络属性”“包含设计规则”

复选框，网络表中包含的主要内容就是图 2.4 显示的那部分，网络表各项的具体含义将在第 5 章详细讨论，现阶段的你只需要知道，网络表中包含了元器件的 PCB 封装及相应的网络连接信息即可。

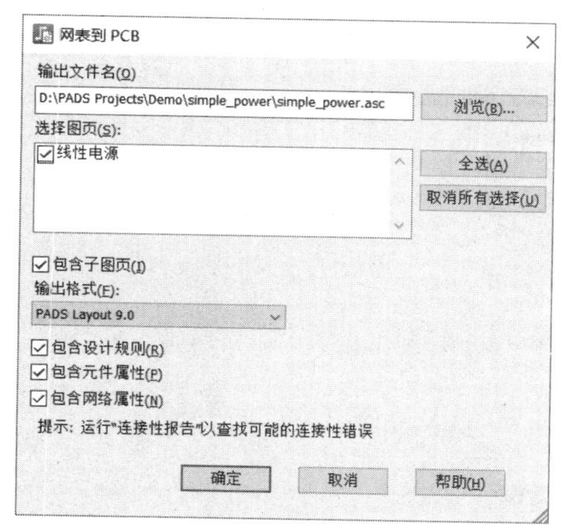

图 2.3 "网表到 PCB"对话框

```
simple_power.asc - 记事本
文件(F) 编辑(E) 格式(O) 查看(V) 帮助(H)
!PADS-POWERPCB-V9.0-MILS-CP936!来自 PADS LOGIC VVX.2.7 的网表文件
*REMARK* simple_power.sch -- Sat Oct 30 08:37:53 2021
*REMARK*

*PART*     ITEMS
U1    LM1117@SOT-223
C3    C0603@0603
C4    C0603@0603
C1    CAPPOL@ECP20D50
C2    CAPPOL@ECP20D50
TP1   TP@TP-TH
TP2   TP@TP-TH
TP3   TP@TP-TH
TP4   TP@TP-TH
*NET*
*SIGNAL* GND
U1.1 C3.2 C1.2 C4.2 C2.2
TP4.1 TP3.1
*SIGNAL* +5V
U1.3 C1.1 C3.1 TP1.1
*SIGNAL* +3.3V
U1.2 C2.1 C4.1 TP2.1
第 25 行，第 1 列   100%   Windows (CRLF)   ANSI
```

图 2.4　simple_power.asc（部分）

2.1.3　封装库加载

将生成的网络表导入到 PADS Layout 之后，PADS Layout 将根据网络表信息从封装库中抓取 PCB 封装，如果 PADS Layout 未加载对应的封装库，也就无法将封装抓取完全，PCB 设计工作也将无法顺利展开，因此，在将网络表导入 PADS Layout 前，必须先加载对应的封装库（其中包含当前设计中所有需要使用的 PCB 封装）。

默认情况下（PADS 安装后），PADS Layout 已经加载了一些预定义的封装库，但通常不可能完全适合你的项目，所以一般情况下都需要创建属于自己的封装库与 PCB 封装，详情见第 3 章。值得一提的是，如果你使用 PADS Logic 进行原理图设计，封装库的加载操作应该在原理图设计前进行，但所加载的可以是同一个封装库（因为原理图与 PCB 封装可以保存在同一个封装库），你也可以选择在 PADS Logic 中完成封装库的加载，操作步骤也完全相同。

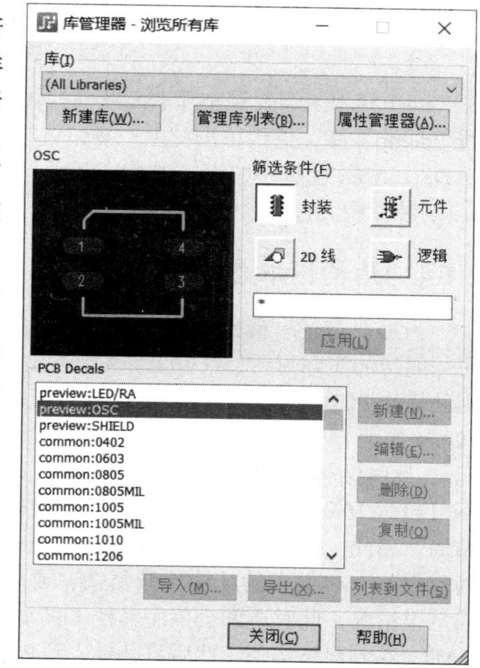

图 2.5 "库管理器"对话框

本书已经准备好该项目对应的封装库（名称为"demo.pt9"），你只需要将其加载即可，具体操作如下：

（1）在 PADS Layout 中执行【文件】→【库】后即可弹出如图 2.5 所示"库管理器"对话框，"库"列表中显示了所有已经加载的封装库。

（2）单击"管理库列表"按钮后将弹出如图 2.6 所示"库列表"对话框，从中可以进行添加、删除、调整封装库优先级等管理操作，详情见第 3 章。值得一提的是"与 PADS Logic 同步"复选框，因为封装库的加载操作也可以在 PADS Logic 中进行，如果勾选该复选框，则意味着在 PADS Layout 中加载的封装库同时也会加载到 PADS Logic（如果在 PADS Logic 中进入同样的"库列表"对话框，则会出现"与 PADS Layout 同步"复选框）。

（3）单击"添加"按钮即可弹出如图 2.7 所示"添加库"对话框，从右下角文件类型过滤列表中选择“库文件（*.pt9）”项，然后找到封装库 demo.pt9 所在路径并将其选中，再单击“打开”按钮即可将其加载到图 2.6 所示“库”列表的最下方。

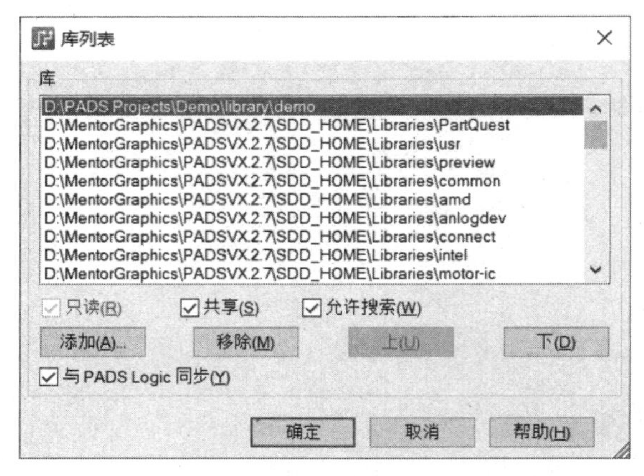

图 2.6 “库列表”对话框

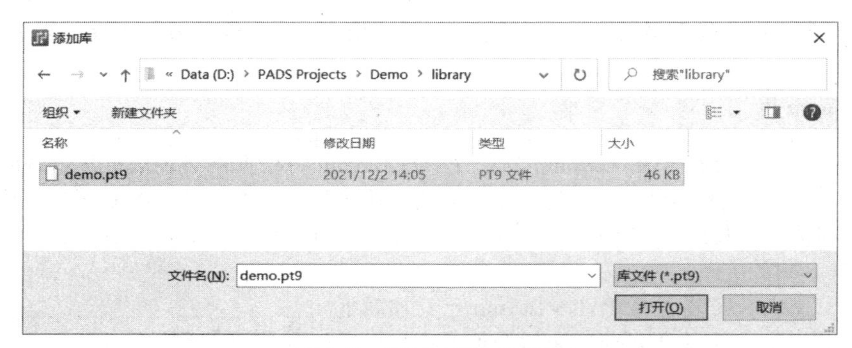

图 2.7 “添加库”对话框

（4）接下来需要调整抓取元器件的优先级，只需要选中图 2.6 所示对话框内“库”列表中刚刚添加的“demo”库，连续单击“上”按钮将其调整到列表最上方即可（此时的状态正如图 2.6 所示），因为 PADS Layout 会按照“库”列表从上到下抓取元器件，如果其他优先级更高的封装库中存在“与 demo.pt9 封装库中元件同名（实际却并非你所需要）的”元件，可能会导致 PCB 封装被错误抓取。

2.1.4 结构图准备

当需要描述一幢建筑物时，通常会关注该建筑物的高度、面积、门窗数量及其位置、外观风格、每一间房的实际形状、尺寸及布局等，这些信息都属于建筑物结构的一部分。对于 PCB 而言，结构图则是描述 PCB 形状及一些限高信息的图形。例如，由于产品外壳的限制，PCB 在某处放不下高度超过 10mm 的元器件（若强行安装，则外壳无法正常装配），此时结构工程师会在结构图中标注该处的位置不可超过 10mm，以便 PCB 设计者准确处理元器件布局。因此，结构图就是 PCB 设计者合理使用空间的依据。有些板卡的结构比较复杂，或尺寸定位等信息很精确，此时通常会使用其他工具（例如 AutoCAD）绘制出结构图，然后将其导入到 PADS Layout 中。本书不涉及 AutoCAD 相关的具体操作，并且已经给出如图 2.8 所示的结构图（文件名为“board_outline.dxf”），你马上需要将其导入到 PADS Layout

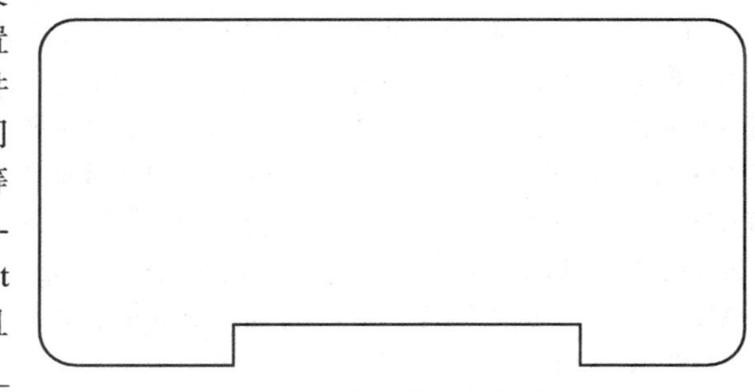

图 2.8 本项目使用的结构图

中。当然，如果板卡结构比较简单（例如，只是一个简单的矩形，板卡也不需要安装到产品中），也可以直接在 PADS Layout 中绘制板框，详情见 9.2 节。

2.2　预处理

预处理是在正式进行 PCB 设计前需要执行的步骤。例如，接到 PCB 设计项目后，你应该综合成本与性能确定板层的数量、过孔的大小及导线最小宽度等参数。具体来说，预处理阶段包括导入结构图（如果有的话）、设置叠层、添加过孔、添加钻孔对、配置显示颜色等步骤。当然，对于具体项目而言，这些步骤并非总是必需。

2.2.1　导入结构图

如果 PCB 设计需要结构工程师提供的结构图，则首先需要进行结构导入工作，具体操作如下：

（1）在 PADS Layout 中执行【文件】→【导入】后，即可弹出“文件导入”对话框，从右下角文件类型过滤列表中选择“DXF 文件（*.dxf）”项，然后找到并选中提供的 board_outline.dxf 文件，如图 2.9 所示。

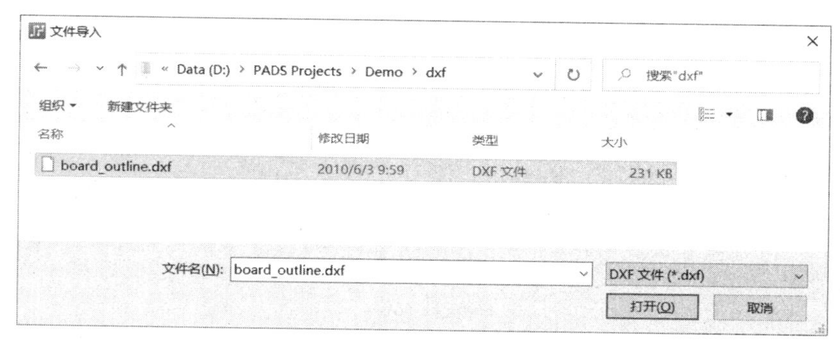

图 2.9　“文件导入”对话框

（2）单击“打开”按钮后，即可弹出“DXF 导入”对话框，从中可以选择导入的项目、板层及单位等。本例设置导入模式为“新建”，表示新建 PCB 文件后再导入结构。如果当前 PCB 文件已经导入 PCB 封装（或进行了布局布线），也可以设置导入模式为“添加”，表示直接将结构添加到当前 PCB 文件中，而“选择输入项目”组合框中主要勾选“2D 线”复选框即可，因为通常情况下，DXF 中的图形都是由 2D 线构成，如图 2.10 所示。

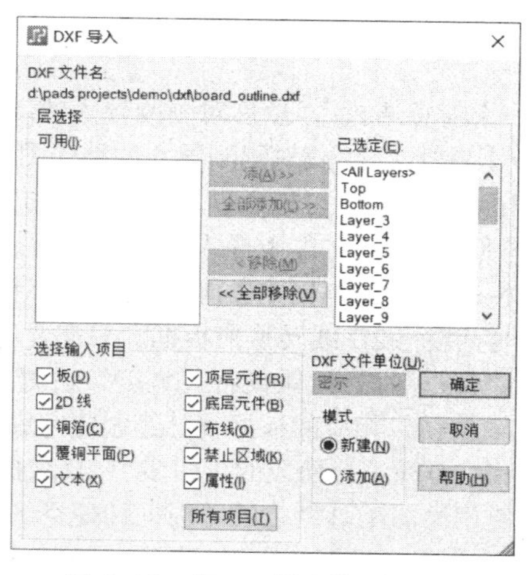

图 2.10　“DXF 导入”对话框

（3）单击“确定”按钮后即可将结构图导入到 PADS Layout 中，如图 2.11 所示，此时 PCB 文件名默认为“board_outline.pcb”且处于未保存状态（标题栏上的文件名后面带一个“*”号）。

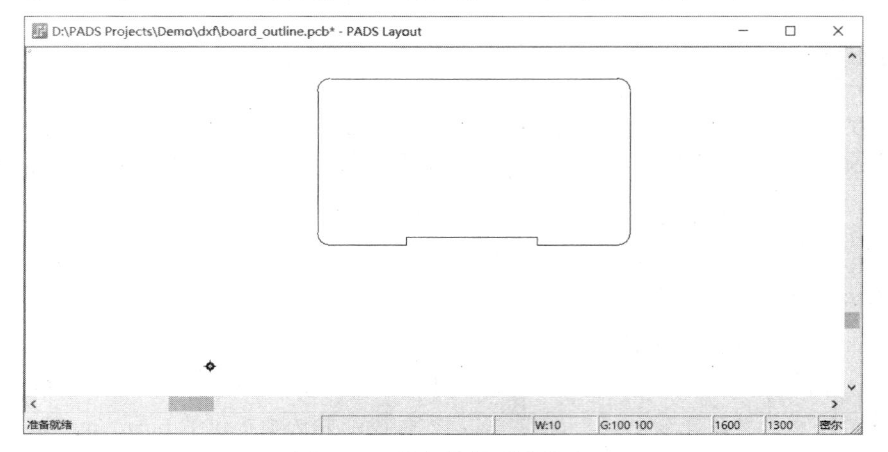

图 2.11　导入结构后的状态

（4）执行【文件】→【保存】，在弹出“文件另存为”对话框中设置选择“D:\PADS Projects\Demo\simple_power\”路径，并将 PCB 文件名设置为“simple_power.pcb”，再单击“保存”按钮即可，如图 2.12 所示。

图 2.12　“文件另存为”对话框

2.2.2　绘制板框

在空闲状态下执行【右击】→【随意选择】，然后对刚刚导入的结构图执行“Shift+ 单击”即可选中整个结构图，再执行【右击】→【特性 ...】（或对刚刚导入的结构图直接执行“Shift+ 双击”）即可弹出如图 2.13 所示的“绘图特性”对话框，从中可以看到“类型”下拉列表中显示为“2D 线”，这说明了什么？也就是说，到目前为止，你从 DXF 文件中导入的结构图形是“2D 线”属性，而不是“板框（Board Outline）”属性，而在 PADS PCB 设计中创建板框能够提升设计效率。本例导入的结构图是闭合曲线（即首尾相连），因此可方便地直接将 **2D 线**转换成**板框**，只需要选择“类型”下拉列表的“板框”项即可，表示将“2D 线”修改为“板框”，然后顺便将“宽度”设置为 8mil（非强制，一般将其设置为 8mil 左右即可），再单击“确定”按钮，相应的板框就已经创建完成。

值得一提的是，如果结构图是由 2D 线组合而成的（即多个 2D 线拼凑而成），也就无法直接将“2D 线”修改为“板框”，此时你可以使用绘图工具栏中的“板框和挖空区域（Board Outline and Cut out）”工具进行手工板框绘制操作（同样适合于“只想先快速熟悉整个 PCB 设计流程而省略导入结构操作的”你），或先将多个 2D 线闭合起来再修改为板框，详情见 9.2 节。

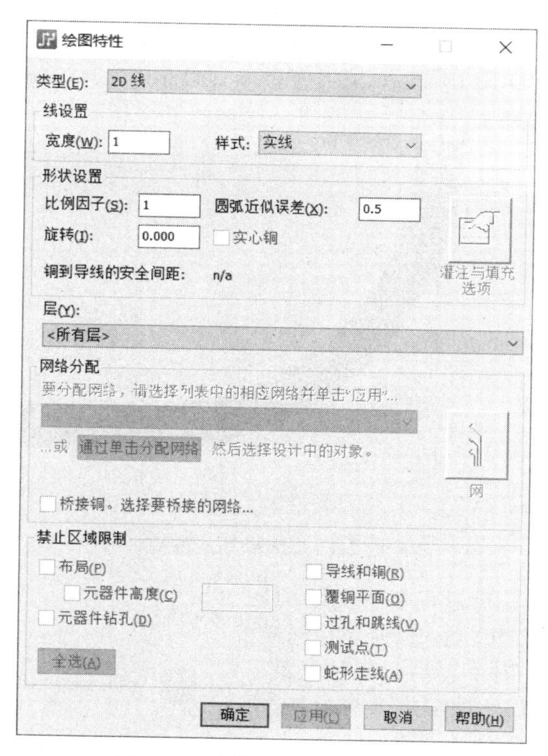

图 2.13　“绘图特性”对话框

虽然已经将板框线的宽度设置为更大，但你可能仍然发现板框线宽并未发生变化，这是因为 PADS Layout 可以设置最小显示宽度值（小于该值的对象将会以最简单的细线显示），以提高复杂 PCB 设计过程中视图的刷新速度。执行【工具】→【选项】→【全局】→【常规】→【图形】，并将“最小显示宽度”值由原来的“10mil”修改为“8mil”或更小（最小值为“0mil”）即可，详情见 8.1.1 小节。

2.2.3　设置原点

从图 2.11 可以看到，板框与原点的距离比较远。一般为了方便 PCB 设计，都会选择 PCB 附近的某一处作为原点。通常情况下，你可以将原点设置在 PCB 板框最左边界与最下边界延长线的交叉处，对于特殊形状的 PCB，也可以按照自己的设计习惯（或单位的 PCB 设计规范）进行适当处理，主要以方便识别与使用为准，一些常见的原点位置如图 2.14 所示。

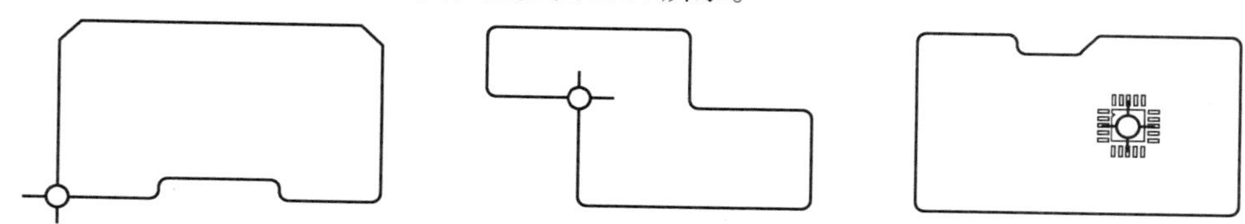

图 2.14　常见的原点位置

你可以选择将板框直接移到原点处，也可以选择重新设置原点（当然，也可以什么也不做，设置原点只是设计者的习惯，并不影响 PCB 设计过程），这两种方式的结果完全一样。本节决定选择后者，执行【工具】→【设置原点】即可进入原点重新设置状态，然后将光标定位在板框左下角延长线的交叉处，如图 2.15 所示。紧接着单击一次（或快捷键“Space”）即可弹出图 2.16 所示提示对话框，询问你是否以刚才选定的坐标作为新的原点，单击“是”按钮即可完成新原点的设置操作。

当然，如果想更精确地设置原点，你也可以先选中某个对象再执行【设置】→【设置原点】，或者先使用无模命令“S”定位坐标，再按快捷键“Space”，又或者使用无模命令“SO”指定原点坐标即可。例如，执行无模命令“SO 10 10”表示把当前 PCB 设计中的坐标（10，10）设置为原点。

D:\PADS Projects\Demo\simple_power\simple_power.pcb - PADS Layout
将光标放在新原点上，单击重置
W:10
G:10 10
430
500
密尔

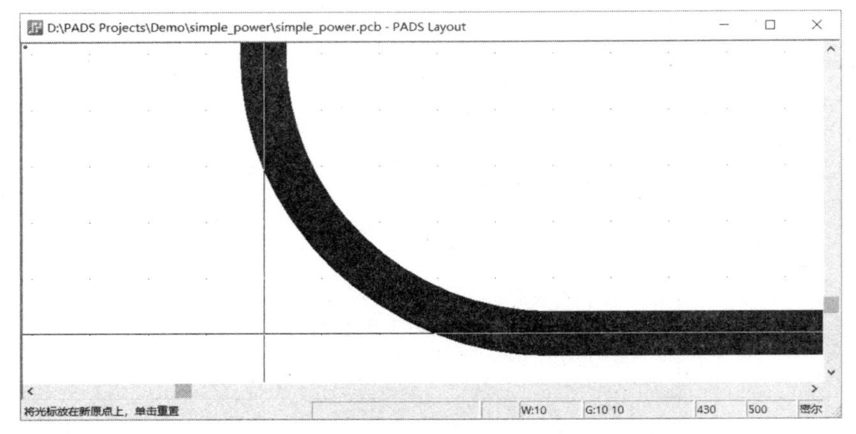

图 2.15　选择新的原点

值得一提的是，在 PCB 设计过程中，原点一旦设置后，如非必要不建议频繁改动，以避免在同样设计栅格下出现“元件布局时不容易对齐”现象，尽管这算是“小事”，但注重细节将会提高你的工作效率。

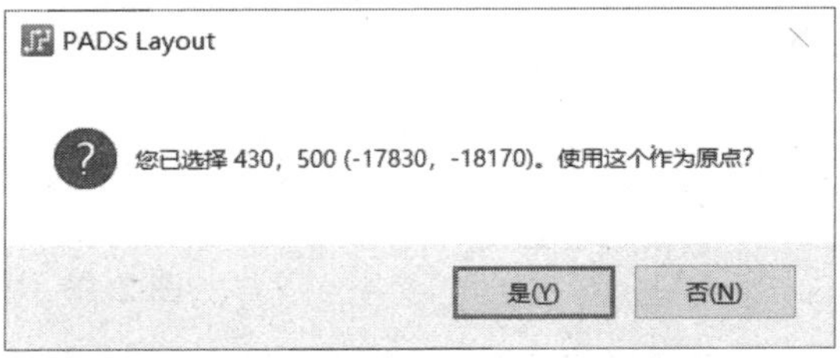

PADS Layout
您已选择 430，500 (-17830，-18170)。使用这个作为原点?
是(Y)
否(N)

图 2.16　提示对话框

2.2.4　设置叠层

任何 PCB 文件都有相应的叠层配置，简单项目只需要单面或双面即可，复杂项目也可能需要高达几十层的 PCB 叠层才能实现。执行【设置】→【层定义…】即可弹出“层设置”对话框，默认的双面板完全符合当前项目的要求，本例无需进行调整，详情见 6.2 节。

2.2.5　设置过孔

对于稍微复杂的 PCB 设计，无法仅在单一板层将所有网络完全布通是很常见的，所以通常需要使用过孔进行布线板层的切换，而过孔的具体参数也需要确定，过孔越小则成本越高，有时甚至无法加工出来，过孔太大则会影响布局布线，因为占用的空间也会更大，所以需要根据实际情况设置。执行【设置】→【焊盘栈…】即可弹出“焊盘栈特性”对话框，一般新建的 PCB 文件会存在一个默认过孔（名称为“STANDARDVIA”，焊盘直径为 55mil，钻孔尺寸为 37mil），本节的项目可以直接使用。如果 PCB 文件中不存在默认过孔，你可以根据项目的需求自行添加，详情见 6.3 节。

2.2.6　添加钻孔对

有些复杂的高速 PCB 除了使用通孔（Plating Through Hole, PTH）外，还需要使用盲孔（Blind Hole）或埋孔（Buried Hole）才能满足设计要求。通孔是从 PCB 顶层到底层的贯穿孔，足够细的针能够直接穿过去，如果作为信号线层切换之用，还需要在通孔内壁镀一层导电物质（例如铜），也称为金属化孔。通孔的制造成本最低，但是会浪费一些 PCB 布线空间。例如，在高达几十层的 PCB 中，通孔所在位置的每一层都不能再布线，这在高密度互连（High Density Interconnector, HDI）PCB 中将无法接受，所以就出现了盲孔与埋孔。盲孔的一侧与最外层板连接，但另一侧则在 PCB 内层，足够细的针能够插进盲孔，但无法穿过去。埋孔的两侧均与 PCB 内层连接，外部是看不到的（埋在 PCB 内部），相应如图 2.17 所示。

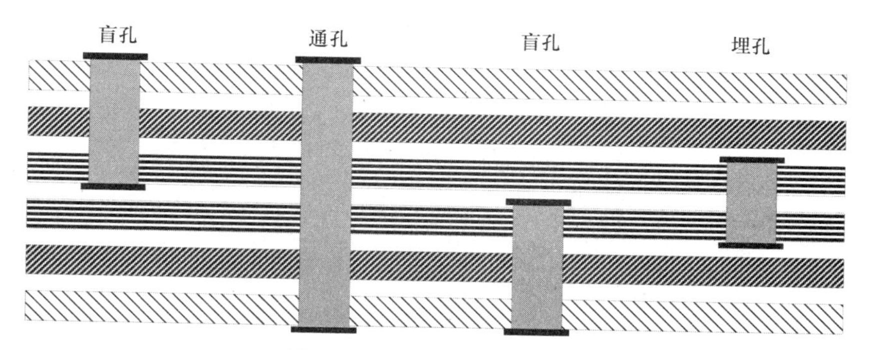

图 2.17 通孔、盲孔与埋孔

盲埋孔的成本比通孔要高，但可以充分利用其他板层的布线空间。如果你需要使用到盲埋过孔，则必须定义钻孔对，对于一般仅使用直通过孔的 PCB，此步骤并非必要。本例仅使用直通过孔，所以不需要定义钻孔对（关于钻孔对相关的操作详情见 6.4 节）。

2.2.7 添加跳线

为什么要设置添加跳线呢？PCB 板层的数量越少，成本当然也会越低，两层板可以使用过孔来切换板层进行布线，从而提升布通率，但是两层板的成本也不低，那么该怎么办呢？只能使用单面板了！但是无法布通的网络又该怎么办呢？你可以用跳线来解决，这样在布线遇到障碍时不必切换到另一层，而只需要一个跳线在同一面“跳”过去，在生产制造时安装一根导线（或喷涂导电碳墨胶）即可，很多遥控器、游戏机、玩具等低成本产品就是这样做，相应的效果如图 2.18 所示。本项目比较简单，所以不需要进行跳线的添加操作（关于跳线相关的操作详情见 6.5 节）。

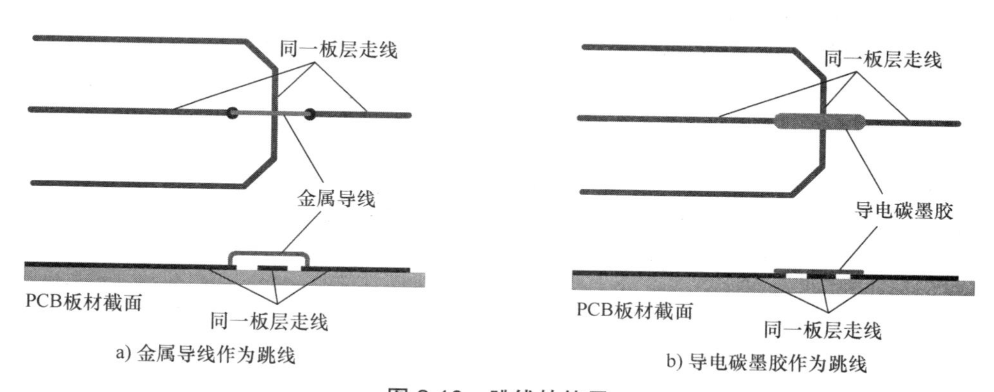

图 2.18 跳线的使用

2.2.8 修改默认导线宽度

通常情况下，除了差分线、等长线、高频信号线、电源线等关键网络外，PCB 上的大部分导线的宽度是一致的（因为要求不高，所以没有必要使用不同的宽度）。如果 PCB 导线宽度大部分是 6mil，你会不会因为“由于每次拉出来的导线不是 6mil 而频繁修改导线宽度”而疯狂？此时，你可以把想要的导线宽度设置为默认导线宽度，这样每次都能拉出宽度符合要求的导线，只需要执行【设置】→【设计规则】→【默认】→【安全间距】→【线宽】，其中的“建议值”就是每次拉出导线的宽度（如果并无其他规则设置的话）。但是必须注意，建议值不应该超出最小值与最大值范围，否则线宽的修改无效。本例对应的修改如图 2.19 所示，由于该项目中涉及的都是电源与公共地线，所以将默认线宽设置得比较大（30mil），在实际 PCB 设计过程中也可以根据需求随时更改。

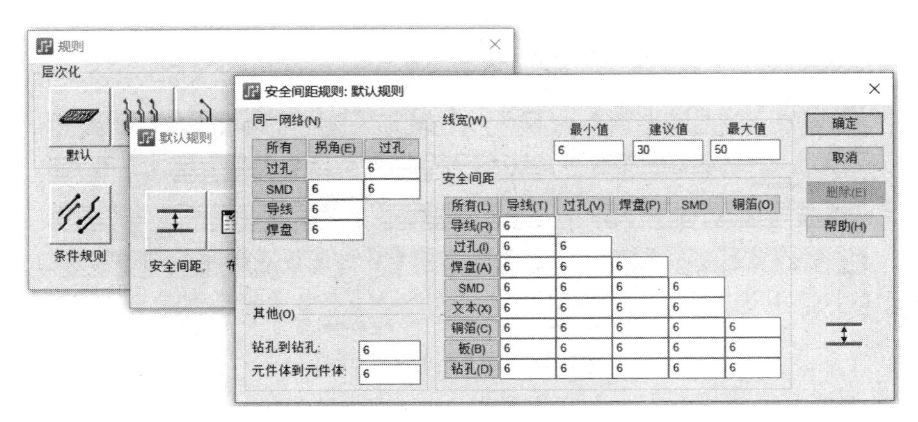

图 2.19　默认导线宽度设置

2.2.9　设置颜色

每一位工程师都会有自己特别喜好的颜色配置方案，与其他 PCB 设计软件一样，PADS Layout 亦允许设计者进行颜色方案的配置操作，以适应不同设计者的习惯（当然，你也可以什么也不用做）。本书为了保证图书印刷效果，将背景设置为白色，又由于马上就要进入布局阶段，你还可以先将**参考编号**隐藏，后续有需要时（例如，调整丝印时）再显示即可。执行【设置】→【显示颜色】即可弹出如图 2.20 所示的“显示颜色设置”对话框，先单击“选定的颜色”组合框中的颜色方块，再单击“层 / 对象类型”表格中板层对应的方块即可更改颜色，而清除**参考编号**列复选框即可隐藏**参考编号**（相应列中的方块均为符号“×”），详情见 6.6 节。

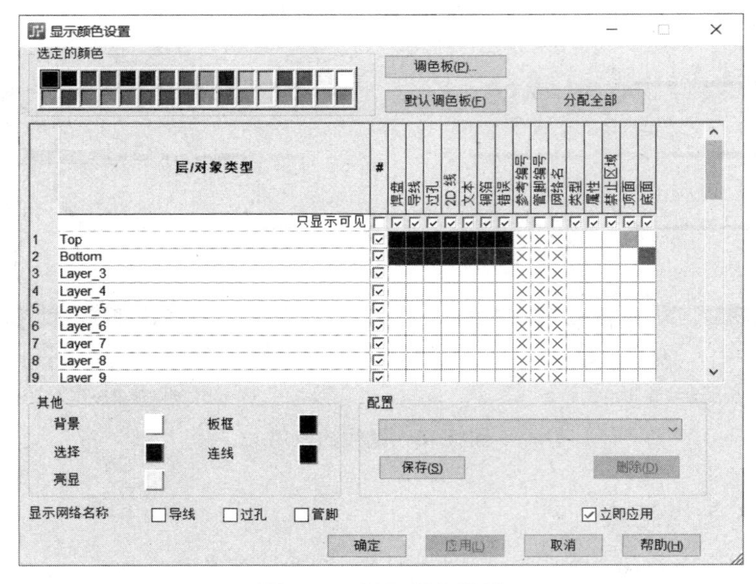

图 2.20　显示颜色设置

2.3　布局

元器件布局是 PCB 设计过程中最重要的步骤之一，良好的布局不仅可以保证电路的稳定性、可制造性、热设计等，也能够极大地减轻后续的布线难度。换言之，元件布局应该尽早规划，而不是在布线后才开始修修补补。

2.3.1　导入网络表

首先需要将网络表导入到 PADS Layout，执行【文件】→【导入】即可弹出“文件导入”对话框，从中选择前述已经导出的 simple_power.asc 文件即可。如果网络表顺利导入，原理图中所有元器件对应的 PCB 封装会在 PADS Layout 工作区域的原点位置堆叠在一起，相应的效果如图 2.21 所示。

图 2.21　顺利导入网络表后的状态

值得一提的是，此种网络表导入操作仅适用于空 PCB 文件，不适用于当前 PCB 文件中已经存在 PCB 封装的场合（例如，你之前已经顺利将网络表导入到 PADS Layout，但后续又修改了原理图尝试再次导入网络表），此时应该对比原理图与 PCB 生成差异文件（扩展名为 .eco），再将其导入到 PADS Layout，详情见第 5 章。另外，如果你在执行网络表导入操作后未出现 PCB 封装，很有可能是因为封装库并未正确加载，PADS Layout 未找到相应的 PCB 封装，此时请按照 2.1 节加载本书已经准备好的封装库（demo.pt9），如果问题仍然存在，请参考第 5 章。

2.3.2　打散元器件

元器件堆叠在一起不方便后续的布局操作，因此首先应该对元器件进行打散操作。执行【工具】→【分散元器件】即可将所有元器件以平铺的方式散开，如图 2.22 所示。对于本例中的简单项目而言，打散元器件所带来的益处好像并不明显，但是当 PCB 文件中存在成百上千个元器件时，这种操作将有助于提高布局效率。

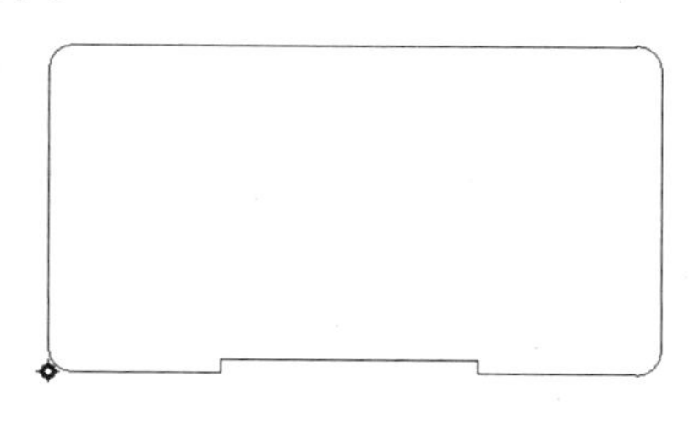

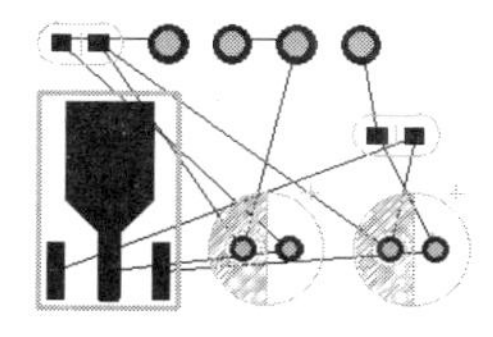

图 2.22　打散元器件后

2.3.3　最小化飞线长度

执行【工具】→【长度最小化】，后续在进行元器件布局时，飞线将会以最小长度为依据实时调整，有助于帮助你选择更合理的元器件布局位置，此处不再赘述。

2.3.4 设置关键网络的显示颜色

对关键网络以不同颜色区分有助于 PCB 布局布线，此处以设置 +3.3V 电源网络颜色为例。执行【查看】→【网络 ...】即可弹出“查看网络”对话框，从中可根据需要对网络的颜色进行特殊设置。由于需要设置 +3.3V 网络的颜色，首先将其从“网表”列表中添加到“查看列表”，将其选中后再从左下方的“按网络设置颜色”组合框中单击需要的颜色方块即可，完成后的状态如图 2.23 所示，更多细节见 9.4 节。

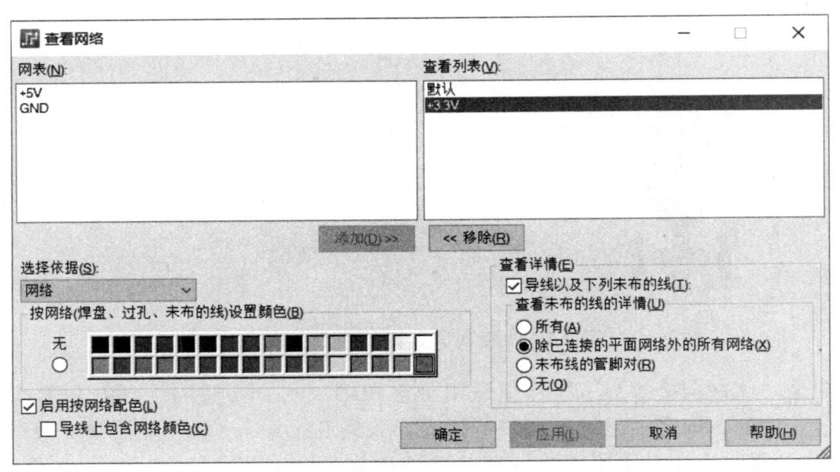

图 2.23 “查看网络”对话框

2.3.5 设置设计栅格

对于尺寸不同的元器件，相应的设计栅格也不尽相同。例如，对于管脚众多的 QFP、BGA 等体积较大的元器件，可以设置相对较大的设计栅格，但对于 0201、0402 封装的贴片电容、电感、电阻等小元器件，相应的设计栅格应该更小一些。总体来说，设计栅格的设置以方便布局为准。当然，你不应该设置太小的设计栅格（或关闭设计栅格），这样不利于邻近元器件布局时对齐，因为设计栅格也是非常重要且常用的对齐工具。此例执行菜单【工具】→【选项】→【栅格和捕获】→【栅格】，并将“设计栅格”设置为 20mil（或无模命令“G20”）即可，详情见 8.3.1 小节。

2.3.6 布局元器件

终于要进行元器件布局了，此处以 U1 布局为例。在空闲状态下，执行【右击】→【选择元器件】后单击 U1（此时应高亮显示），执行【右击】→【移动】（或快捷键“Ctrl+E”），U1 便会粘在光标上并随之移动，相应的状态如图 2.24 所示。

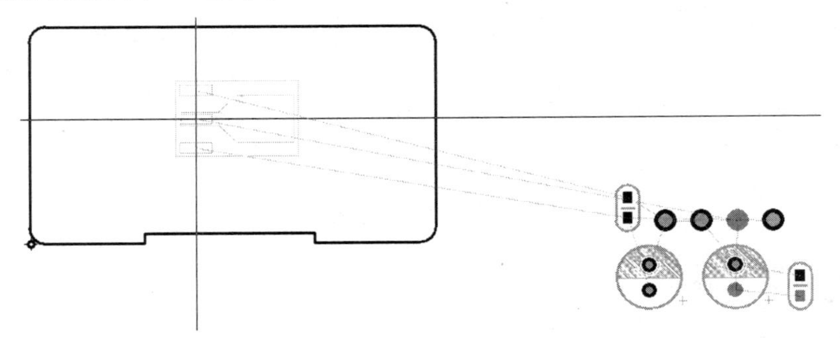

图 2.24 拖动元器件 U1

如果在移动过程中需要旋转元器件，执行【右击】→【90 度旋转】(或快捷键“Ctrl+R”)即可。选择适当的位置后单击即可将 U1 放下，然后“如法炮制”即可进行下一次元器件的布局操作。所有元器件布局完毕后的状态如图 2.25 所示。

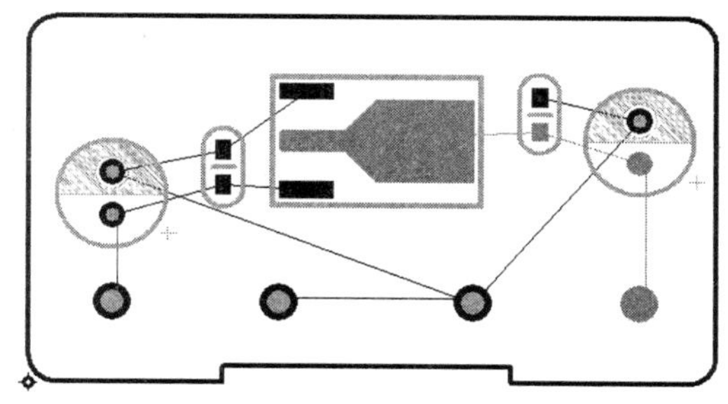

图 2.25　布局完毕后

2.4　PADS Layout 布线

虽然 PADS Layout 与 PADS Router 都可以完成布线操作，但是后者会灵活且强大很多，很多复杂的布线操作几乎都是在 PADS Router 中进行。PADS Layout 布线功能虽然并不是很强大，但对于比较简单的板卡设计也还是能够应付。本书为了适应不同读者的需求，分别使用两款工具完成相同的 PCB 设计任务，本节主要讨论 PADS Layout 布线操作。

2.4.1　设置栅格

前面在进行元器件布局时设置的设计栅格比较大，PCB 布线需要进行非常细致的操作，所以应该设置较小的设计栅格。执行【工具】→【选项】→【栅格和捕获】→【栅格】，并将“设计栅格”组合框中的“X”与“Y”值均设置为 1mil（或无模命令“G1”）即可。

2.4.2　开启设计规则检查

PADS Layout 提供了“添加布线”与“动态布线”两种布线工具，“添加布线”工具使用起来不太灵活，因为导线的所有路径都需要你自己确定。例如，某导线包含 10 个拐角，那么你必须单击 10 次。如果需要使用该工具对更复杂的 PCB 进行布线操作，你就能更明显地体会到单击操作添加拐角的“痛苦”。“动态布线”工具相对而言更方便一些，你只需要使用光标牵引导线即可动态地绕过障碍物，PADS Layout 将会自动查找合适的路径并保证不违背安全间距设计规则，从而使得布线操作更加轻松高效，相应的效果如图 2.26 所示。

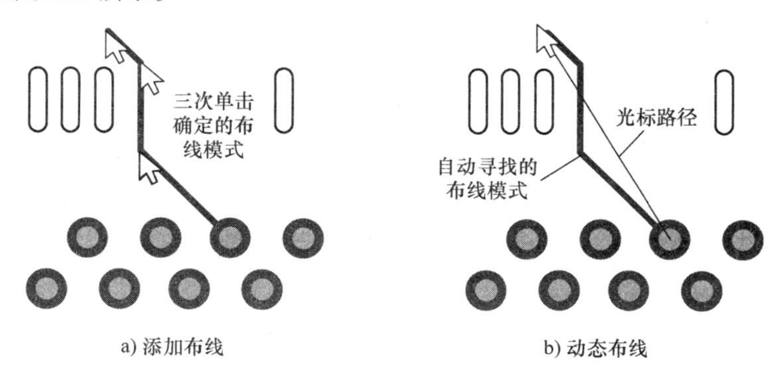

图 2.26　添加布线与动态布线

本例决定使用更方便的“动态布线”工具，但该工具仅在进入设计规则检查（Design Rule Check，DRC）开启模式才能使用，你只需要执行【工具】→【选项】→【设计】，并在“在线 DRC”组合框中选择“防止错误”项（或无模命令“DRP”）即可，详情见 8.2 节。

2.4.3　动态布线

接下来正式开始进行布线操作。你可以选择“先单击设计工具栏中的‘动态布线’按钮（或快捷键‘F3’），再单击需要布线的管脚”的方式（即动作模式），也可以选择“先选择需要布线的管脚，再单击设计工具栏中的‘动态布线’按钮（或快捷键‘F3’）”的方式（即选择模式）。本书使用后者从电容器的管脚拉出导线，光标右下方会实时给出总长度与已布线长度信息，相应的效果如图 2.27 所示。

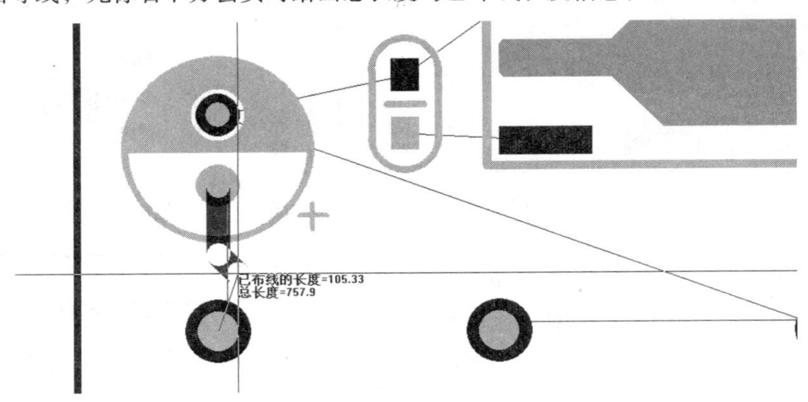

图 2.27　开始动态布线

在 PCB 布线过程中，如果你想添加拐角，只需要在合适位置单击一次即可。如果想撤消之前添加的拐角，执行【右击】→【备份】(或快捷键“Backspace”）即可。如果需要添加导线过孔切换布线层，执行【右击】→【添加过孔】(或快捷键“Shift+ 单击”）即可。如果需要修改导线宽度，执行【右击】→【宽度】(或无模命令“W”）即可，如图 2.28 所示，PADS Layout 随即会弹出图 2.29 所示的“无模命令”对话框，从中输入需要的线宽值，再按回车（Enter）键确认即可。最后初步完成的 PCB 布线效果如图 2.30 所示。

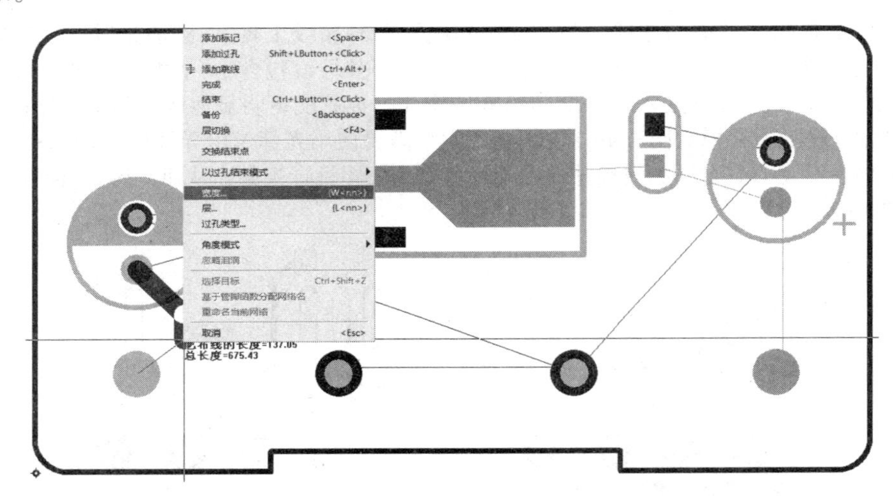

图 2.28　修改导线宽度

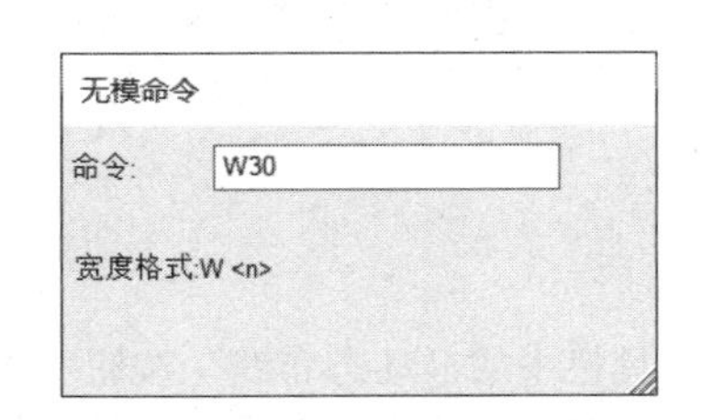

图 2.29　修改线宽的无模命令

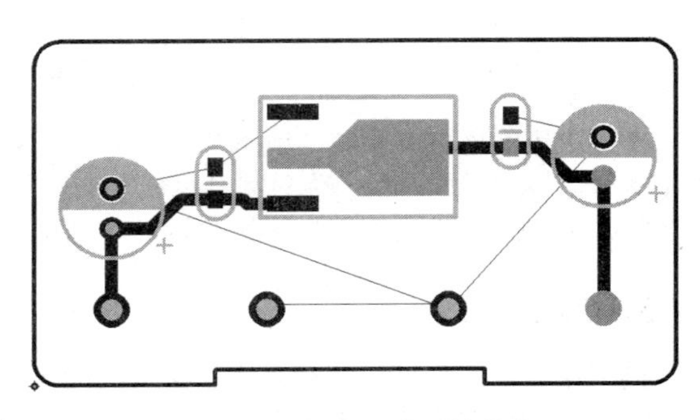

图 2.30　布线完成后的状态

2.4.4　元器件扇出

到目前为止，除了公共地（GND）网络外，电源（+5V 与 3.3V）网络的布线工作都已经完成，虽然添加的导线还存在优化的空间，但是这些细节将会在后续修线阶段完成，此处暂时不予理会。接下来需要对元器件中的公共地管脚进行扇出操作。扇出的概念在 1.4.1 小节中已经详细讨论，元器件扇出的具体操作即**从元器件的 SMD 焊盘拉出一小段导线，再添加一个过孔以用于网络连接**。添加的过孔通常与覆铜平面（见 2.6.3 小节）连接，所以未布线的公共地网络最终也会连接在一起。对于多层板而言，一般都至少存在一个地平面或电源平面（即所谓的“平面层”），绝大多数元器件中“与平面层网络相同的 SMD 焊盘”都会以扇出过孔的形式与平面层连接。

同样使用“动态布线”工具从贴片电容器封装的管脚拉出一小段导线，然后执行【右击】→【以过孔结束模式】→【以过孔结束】，表示设置导线以过孔方式结束，如图 2.31 所示。

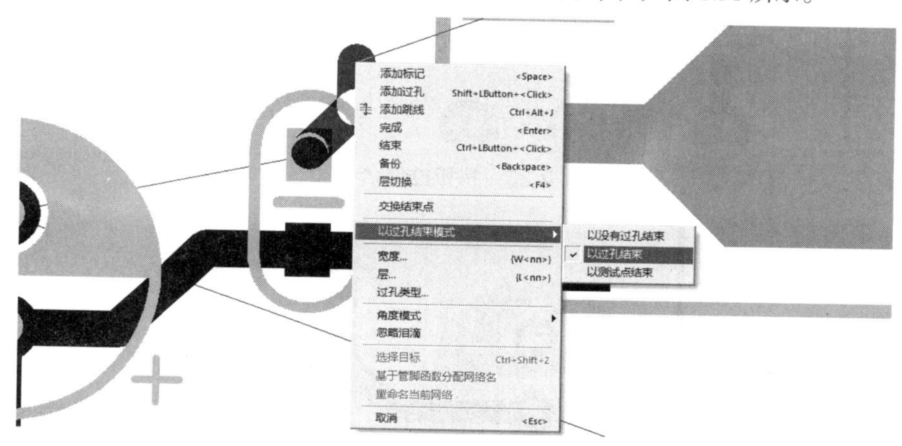

图 2.31　选择过孔结束模式

此时你仍然处于布线状态，在管脚附近执行“Ctrl+ 单击”即可添加一个扇出过孔并结束当前网络的布线过程，之后可以选择其他管脚执行相同的操作，全部完成元器件扇出后的效果如图 2.32 所示。

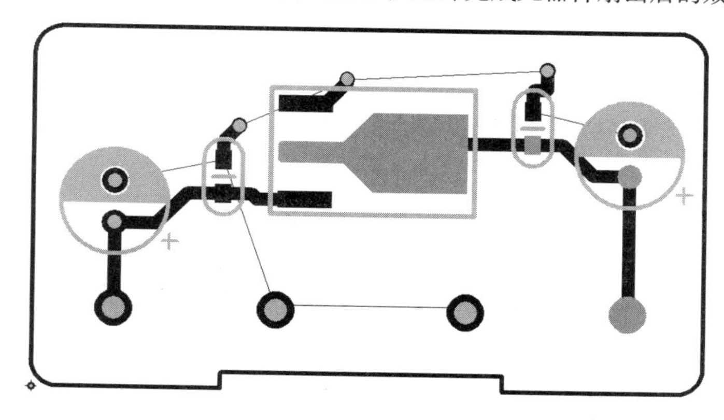

图 2.32　完成元器件扇出后的效果

2.4.5　修线

前述完成的布线（包括扇出）效果并不理想，歪歪斜斜的导线不仅影响美观，在高速或高频 PCB 中还可能会带来不可预知的后果，所以通常还需要在初步完成布线后进行修线操作，例如，将多余的拐角去掉、将可能出现的直角修成 135° 角、将多余的导线分支（stub）去掉等。以修整导线为例，在空闲状态下【右击】→【选择导线 / 管脚】，表示你将要选择导线进行操作，然后选中某条导线段（不包含拐角的某一段导线）并执行【右击】→【拉伸】（或快捷键“Shift+S”），如图 2.33 所示。拉伸命令执行后，选中的导线将会粘在光标上随之移动，邻近的导线也会实时修正（而不会断开），当导线被修正到合适位置后单击即可确定新的导线状态，如图 2.34 所示。

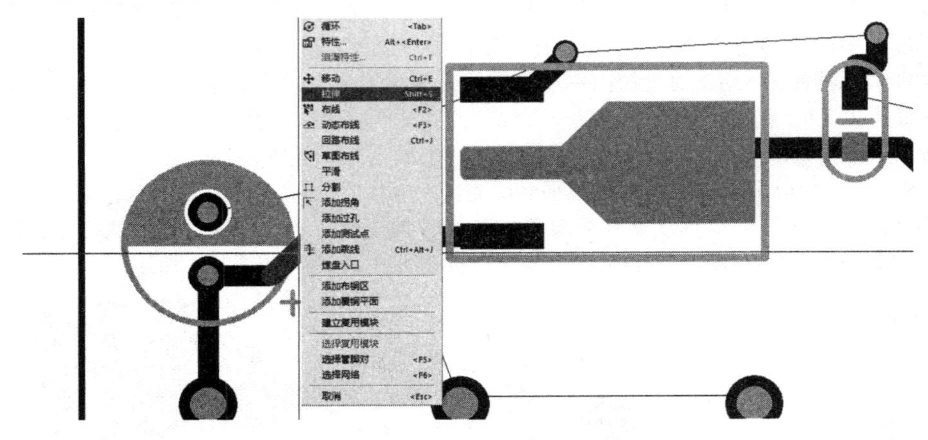

图 2.33　执行拉伸命令

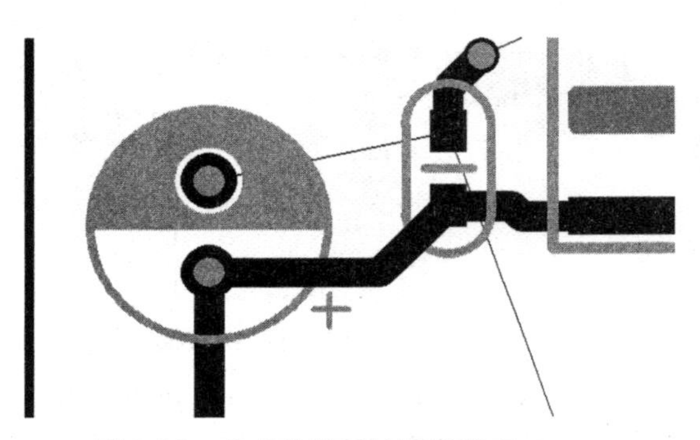

图 2.34　完成拉伸后的导线状态

再以调整过孔为例，在空闲状态下选中过孔后，执行【右击】→【移动】（或快捷键“Ctrl+E”），如图 2.35 所示。移动命令执行后，选中的过孔将会粘在光标上并随之移动，邻近的导线也会实时修正（而不会断开）。当过孔被移动到合适位置后单击即可确定新的过孔位置，最终完成修线后的状态如图 2.36 所示。

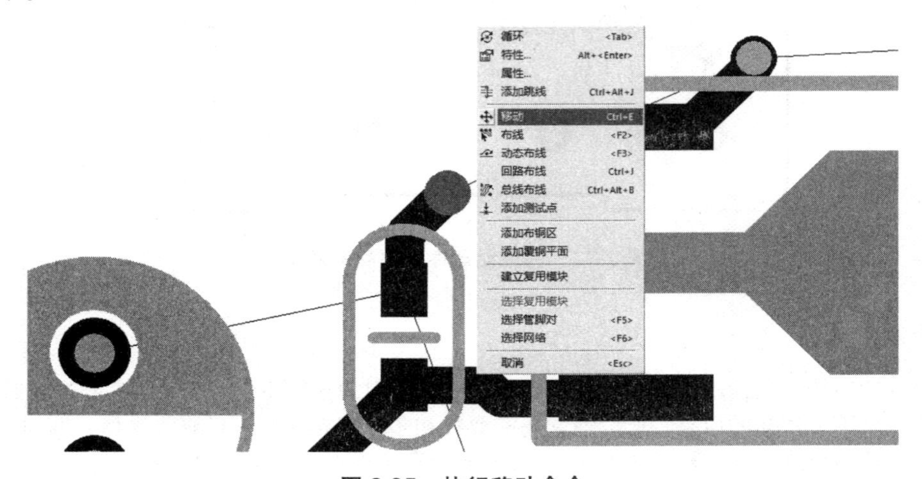

图 2.35　执行移动命令

2.4.6　添加缝合过孔

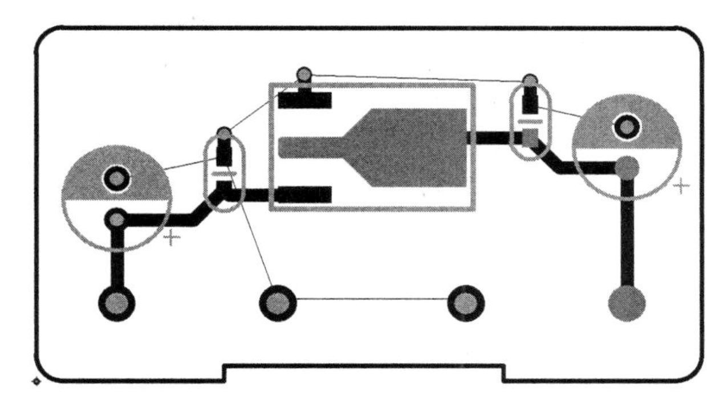

图 2.36　移动过孔后的状态

虽然已经对公共地网络进行了扇出，但是公共地网络其实并未真正地连接起来，你可以通过前述布线的方式完成公共地网络的连接，但覆铜平面的使用更加普遍，具体来说，是将顶层或底层中所有“不存在导线、焊盘、过孔等电气对象”的区域都使用铜箔来填充，而给铜箔赋予的网络就是公共地（此处为“GND”）。当大面积铜箔建立起来后，一般都会选择在铜箔空旷处添加多个（与铜箔网络相同的）过孔以获得更紧密的连接，这些过孔在 PADS Layout 中称为缝合过孔（stitching via）。对于本例的简单项目而言，缝合过孔的添加并非必须，更多属于设计者的个人习惯，但在有些场合下是必要的。

添加缝合过孔的关键在于网络特性，因为最终添加的缝合过孔需要与 GND 网络的覆铜平面连接，所以你需要首先选中相应的网络。在空闲状态下执行【右击】→【选择网络】，表示你将要选择某个网络作为操作对象，然后单击 GND 网络所在的某导线或管脚，此时整个网络将会高亮显示，接下来执行【右击】→【添加过孔】，一个新的过孔将粘在光标上并随之移动，在合适位置每单击一次就能够添加一个过孔，而过孔所属的网络与选择的网络相同。缝合过孔添加完毕后执行【右击】→【取消】(或快捷键“ESC”) 即可，最后的效果如图 2.37 所示。

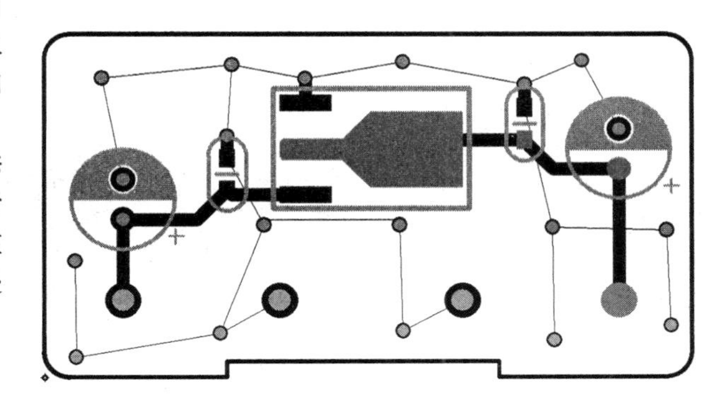

图 2.37　添加缝合过孔后的状态

当然，你也可以通过先选择前述步骤添加的扇出过孔（相应网络为 GND），然后执行复制快捷键“Ctrl+C”，一个新的过孔将粘在光标上并随之移动，之后的操作也相似，此处不再赘述。

2.5　PADS Router 布线

本节使用 PADS Router 对“2.3 节已经布局完毕的 PCB 文件”执行相同的布线操作，读者可细细体会两者之间的差别。

2.5.1　切换到 PADS Router

首先使用 PADS Router 打开已经布局完毕的 PCB 文件，主要实现方式有如下 3 种（**无论使用哪种方式，一定要避免两个工具同时打开同一个 PCB 文件，否则后续将影响文件保存操作**）:

（1）在 PADS Layout 中关闭已经布局好的 PCB 文件后（打开另一个 PCB 文件即可），再使用 PADS Router 打开即可。

（2）在 PADS Layout 中执行【工具】→【PADS Router】即可弹出如图 1.50 所示的“PADS Router 链接”对话框，从“操作”组合框内选中“打开 PADS Router”项，然后单击“继续”按钮即可启动 PADS Router 并打开当前 PCB 文件。此时正处于“两个工具打开同一个 PCB 文件”的状态，所以需要在 PADS Layout 中关闭当前 PCB 文件。

（3）单击 PADS Layout 标准工具栏上的“布线”按钮亦可启动 PADS Router 并打开当前 PCB 文件，详情见 8.1.4 小节。

2.5.2 设置设计栅格

在 PADS Router 中的空闲状态下，执行【右击】→【特性】(或快捷键“Alt+Enter”)→【栅格】，将布线、过孔栅格的“X”与“Y”增量值均设置为 1mil。你也可以执行无模命令“G1”，但此操作会将元器件、布线、过孔、测试点、扇出栅格均设置为 1mil，如图 2.38 所示。

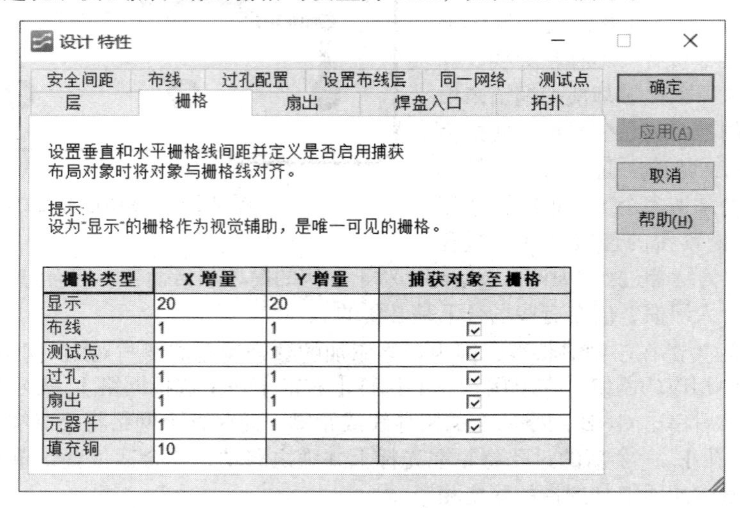

图 2.38 设置栅格

2.5.3 设置布线偏好

有些布线设置会影响布线效率，此处仅着重介绍一点。执行【工具】→【选项】(或快捷键“Ctrl+Enter”)→【布线】→【常规】→【交互式布线】，其中“平滑邻近的线段”复选框默认处于未勾选状态，勾选该复选框将非常有助于提升修线效率(在后续修线阶段的过孔移动操作中，你能够明显观察到两者的区别)，详情见 10.2.7 小节。

2.5.4 交互式布线

在 PADS Router 中的布线操作与在 PADS Layout 中的相似，只不过使用效率更高的交互式布线(Interactive Route)工具。以电容器布线为例，选中管脚后执行【右击】→【交互式布线】(或快捷键“F3”)即可从管脚中拉出一条导线，如图 2.39 所示。在布线过程中，PADS Router 能够自动避让或推挤邻近的导线与过孔，最后初步完成 PCB 布线的效果如图 2.40 所示。

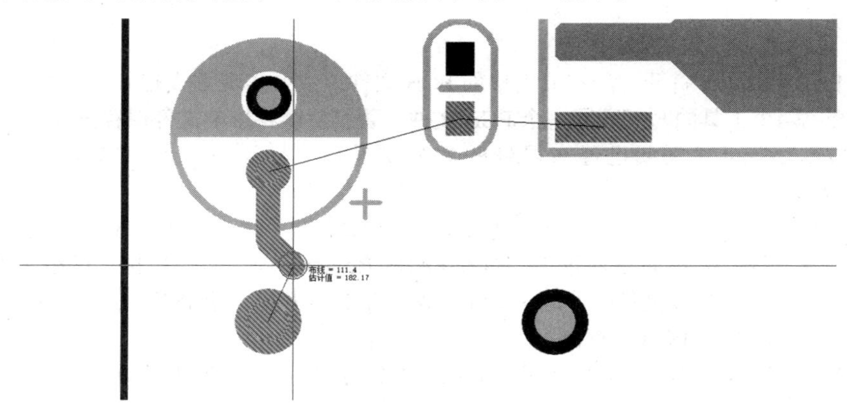

图 2.39 PADS Router 中进行交互式布线

2.5.5　元器件扇出

选中贴片电容的公共地网络管脚后拉出一小段导线，然后执行【右击】→【以过孔结束模式】→【以过孔结束】，表示设置导线以过孔方式结束。此时你仍然处于布线状态，执行【右击】→【结束】（或“Ctrl+ 单击”）即可添加一个扇出过孔并结束当前网络的布线过程，相应的效果如图 2.41 所示。

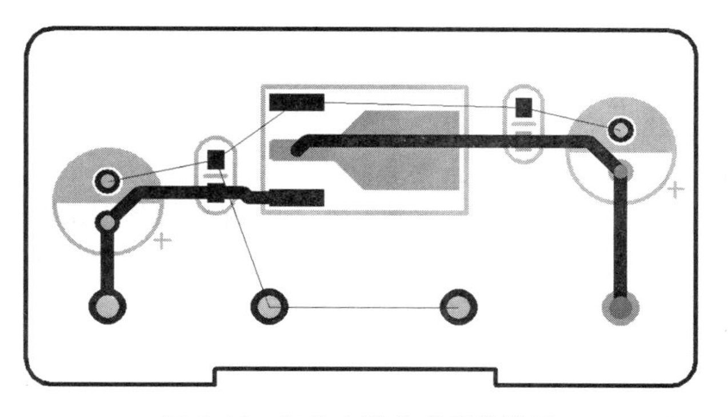

图 2.40　初步布线完成后的效果

刚刚添加的扇出过孔并未对准焊盘纵轴坐标位置（故意为之），但是现阶段无需理会，后续在修线阶段再来优化。同样对其他需要扇出的焊盘进行相同的扇出操作，相应的效果如图 2.42 所示。

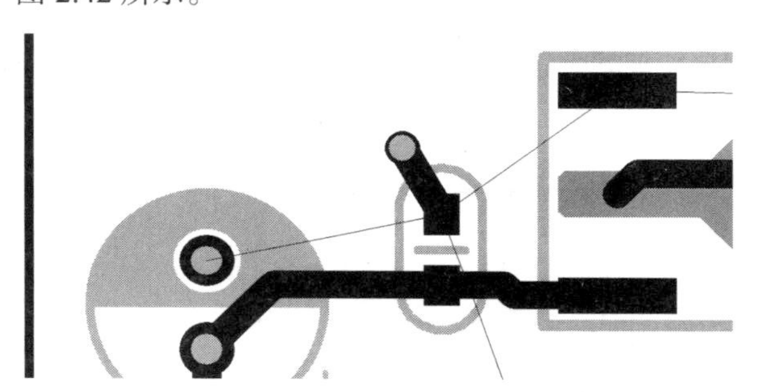

图 2.41　导线以过孔结束的效果

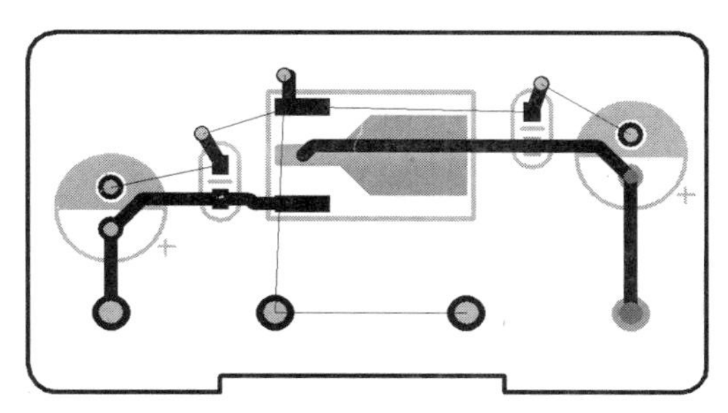

图 2.42　元器件扇出完成后

2.5.6　修线

同样以调整导线为例，在空闲状态下单击选中某条导线段（不包含拐角的某一段导线），然后执行【右击】→【拉伸】（或快捷键“Shift+S”），如图 2.43 所示。执行拉伸导线命令后，选中的导线将会粘在光标上并随之移动，邻近的导线也会实时修正（而不会断开），当导线被修正到合适位置后单击即可确定新的导线状态。

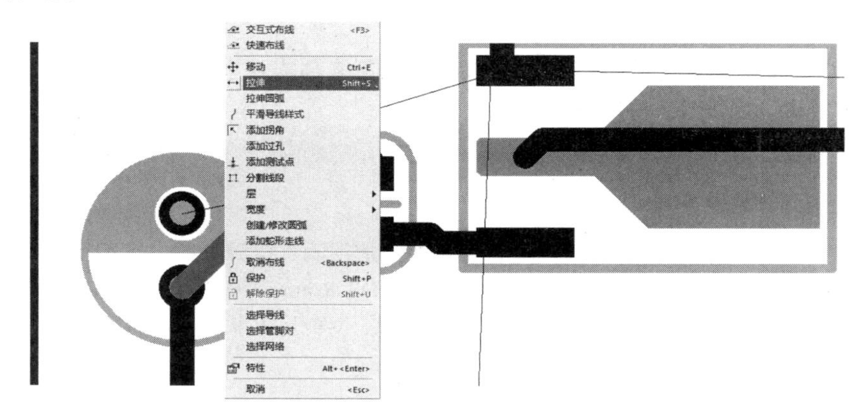

图 2.43　拉伸导线命令

再以调整过孔为例，在空闲状态下选中某个过孔，然后执行【右击】→【移动】（或快捷键“Ctrl+E”），该过孔即粘在光标上并随之移动，在合适位置单击即可完成过孔移动操作，相应的状态如图 2.44 所示。

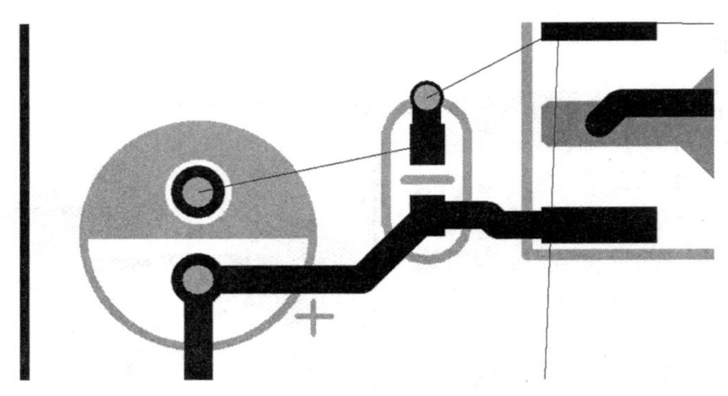

图 2.44 移动过孔后的效果

2.5.7 添加缝合过孔

选中 GND 网络后执行【右击】→【添加过孔】即可进入添加过孔模式，如图 2.45 所示。此时光标上粘着一个过孔并随之移动，在合适的位置单击即可添加缝合过孔，执行【右击】→【完成】(或快捷键“ESC”)即可退出添加过孔模式。

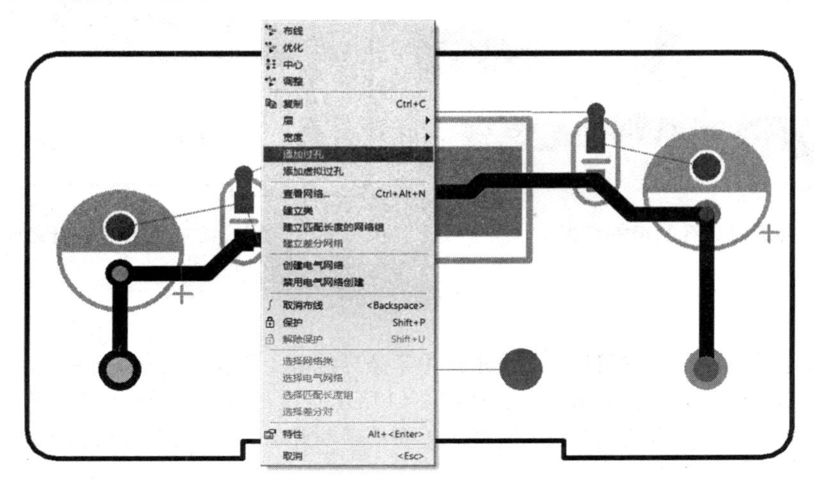

图 2.45 添加缝合过孔

至此，PADS Router 布线工作就已经告一段落，接下来你需要退出 PADS Router，再使用 PADS Layout 重新打开该 PCB 文件进行后处理操作。

2.6 后处理

后处理是对已经完成布局布线的 PCB 进行必要的添加泪滴、电源分割、丝印调整、尺寸标注、验证设计、CAM 输出等操作，虽然部分操作也可以在 PADS Router 中进行，但大多数工程师会选择在 PADS Layout 中完成，本书也不例外。仍然值得一提的是，对于具体的项目而言，这些步骤并非总是必须的。

2.6.1 隐藏飞线

使用 PADS Layout 打开前述已经完成布线的 PCB 文件，可以看到 GND 网络相关的飞线影响美观(尽管并不影响 PCB 设计流程)，你可以执行【查看】→【网络】，在弹出的“查看网络”对话框中将相关飞线隐藏起来，只需要将 GND 网络添加到“查看列表”中并选中，然后选择“查看详情”组合框内的“无”单选框，如图 2.46 所示（更多细节见 9.4 节）。最后单击“确定”按钮，相应的效果如图 2.47 所示。

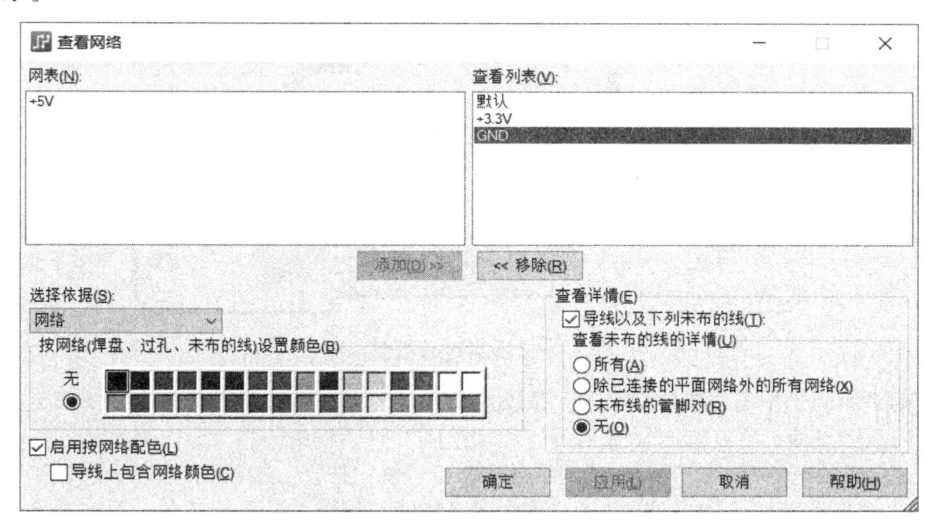

图 2.46　隐藏公共地网络飞线

此操作也可以在预处理或布局阶段提前完成，只是想再次提醒读者：PCB 设计过程中的很多操作非常灵活，没有必要严格按照本书的流程去执行，主要以方便设计为准，不管黑猫白猫，只要能抓到老鼠（完成 PCB 设计）就是好猫。

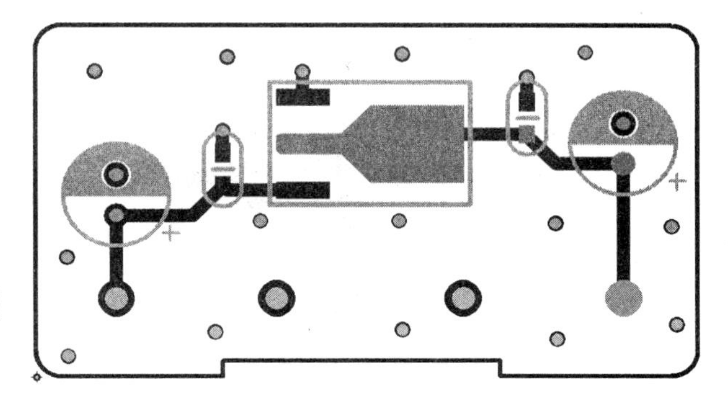

图 2.47　最终布好的整板 PCB

2.6.2　添加泪滴

为了优化 PCB 的可靠性与可制造性，你可以选择对 PCB 导线添加泪滴。在当前 PCB 文件中，执行【工具】→【选项】→【布线】→【常规】→【选项】，从中勾选“生成泪滴”复选框，详情见 8.5.1 小节。单击“确定”按钮后，PADS Layout 将对所有焊盘和过孔添加弧状泪滴，相应的效果如图 2.48 所示。

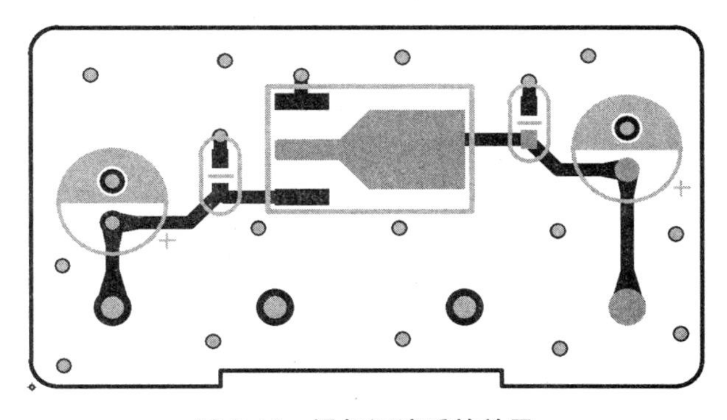

图 2.48　添加泪滴后的效果

值得一提的是，添加泪滴操作通常针对比较细的信号导线，本例涉及的电源导线宽度已经足够大，其实并无添加泪滴的必要，只是为了演示操作步骤而已。当然，以上只是添加默认形状的泪滴，如果对泪滴的形状还有其他更具体的要求（或需要对已添加的泪滴进行编辑），可参考 11.1 节。

2.6.3　创建覆铜平面

覆铜平面可以按照既定的设计规则（安全间距），自动将所在板层的所有未布线区域使用大面积铜箔填充，通常这些铜箔的网络是公共地或电源类型（此例为公共地“GND”）。单击绘图工具栏中的“覆铜平面”按钮即可进入覆铜平面绘制状态，执行【右击】→【矩形】表示将要绘制一个矩形覆铜平面，如图 2.49 所示。

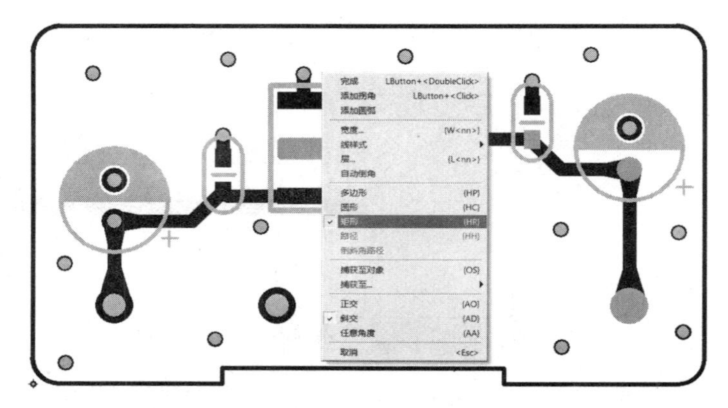

图 2.49　绘制矩形覆铜平面

矩形覆铜平面的绘制需要确定两个点。依次在板框外的左上角与右下角单击一次即可绘制一个包围全部板框的覆铜平面，在随即自动弹出的“添加绘图”对话框中，将“层”设置为“Top”，表示该覆铜平面针对顶层的电气对象，然后在“网络分配”组合框中选择“GND”，表示该覆铜平面对应的网络为 GND，这也就意味着，如果顶层存在 GND 网络特性的焊盘、过孔等对象，覆铜平面会将其连接在一起，相应的状态如图 2.50 所示。

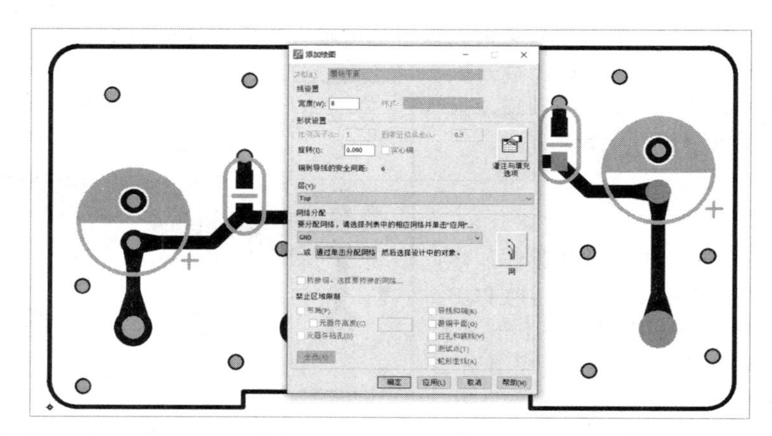

图 2.50　顶层矩形覆铜平面

使用同样的方法在底层也绘制一个包围整个板框的矩形覆铜平面，相应的状态如图 2.51 所示。

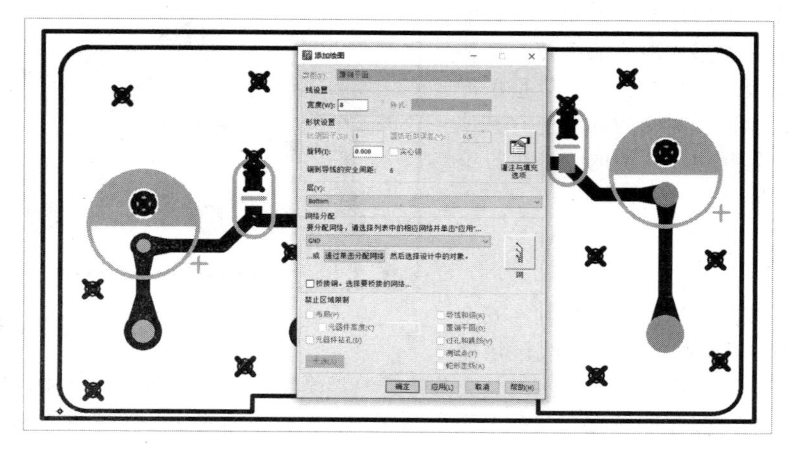

图 2.51　底层矩形覆铜平面

顺利完成覆铜平面的绘制操作后，相应的效果如图 2.52 所示，此时所有与公共地相关的过孔或管脚都会以“斜交十字”符号指示（你也可以选择将其关闭，详情见 8.6.1 小节）。当然，如果你并未给覆铜平面分配网络（或分配了错误的网络），这些过孔或管脚将不会与覆铜平面连接，对应的“斜交十字”符号也将不会显示。

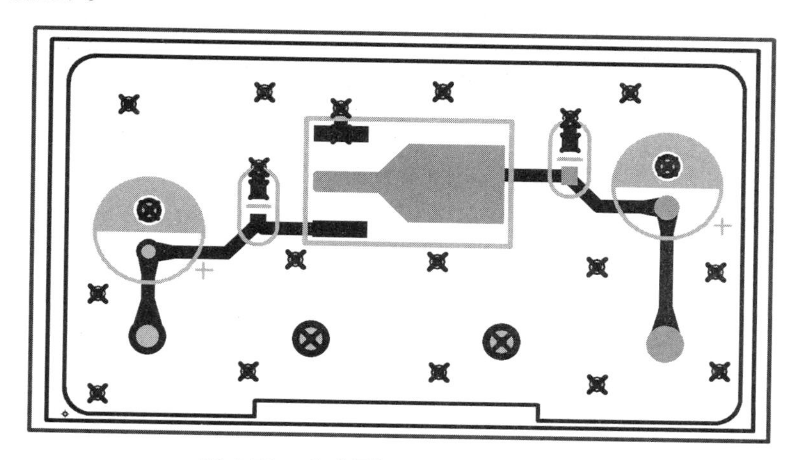

图 2.52 完成覆铜平面绘制后的状态

绘制的覆铜平面只是确定了需要大面积铜箔填充的区域，还必须对覆铜平面执行灌注操作（相当于往水池中灌水），PADS Layout 将会根据安全间距自动生成大面积铜箔。执行【工具】→【覆铜平面管理器】，在弹出的“覆铜平面管理器”对话框中选择“灌”项，并选中“Top”与“Bottom”，表示将要对顶层与底层的覆铜平面进行灌注操作，如图 2.53 所示。

单击“开始”按钮，PADS Layout 即可进行灌注操作，完成后的顶层与底层效果如图 2.54 所示（仅分别显示顶层与底层）。仔细观察就可以发现，与公共地网络相同的元器件管脚及过孔都已经通过 4 条细导线（也称为“热焊盘”）与大面积铜箔连接。

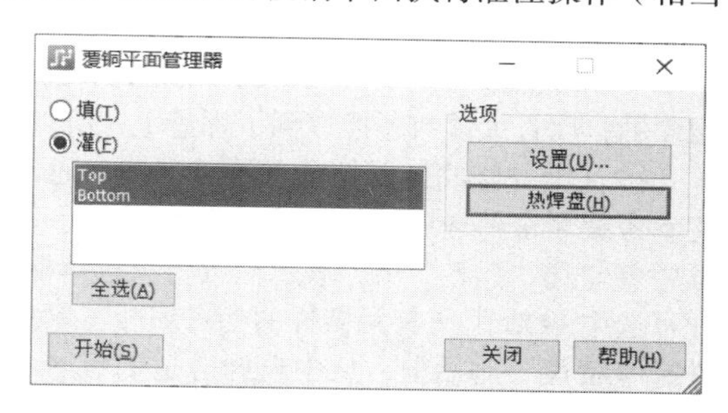

图 2.53 “覆铜平面管理器”对话框

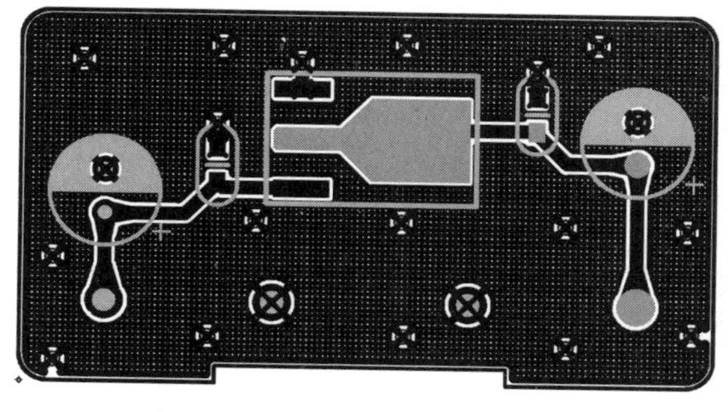

a) 灌铜后的顶层

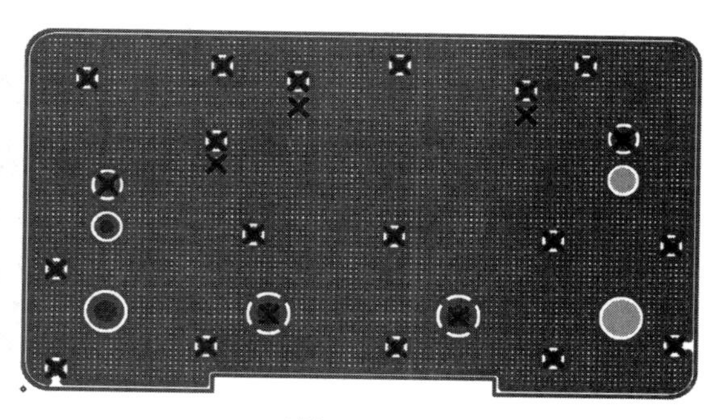

b) 灌铜后的底层

图 2.54 灌注操作完成后

刚刚完成灌铜操作的覆铜平面为网格状，如果你偏向于使用实心铜箔，可以执行【工具】→【选项】→【栅格和捕获】→【栅格】→【铺铜栅格】，将“铜箔”值改小（此处设置为“1mil”。如果你希望将网格的间隙修改为更大，则将“铜箔”值改大即可）后再重新执行灌注操作，相应的效果如图 2.55 所示。

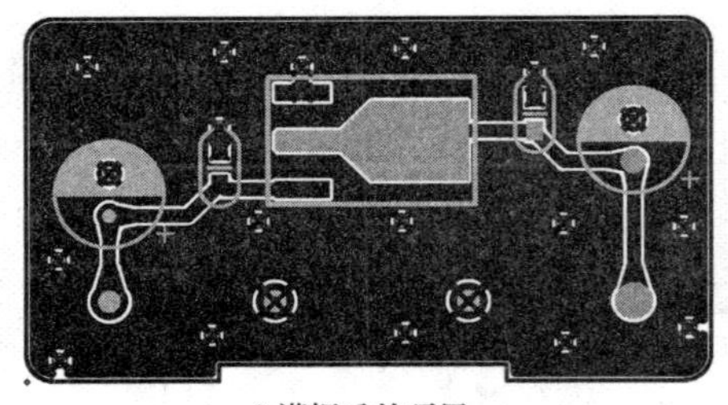
a) 灌铜后的顶层

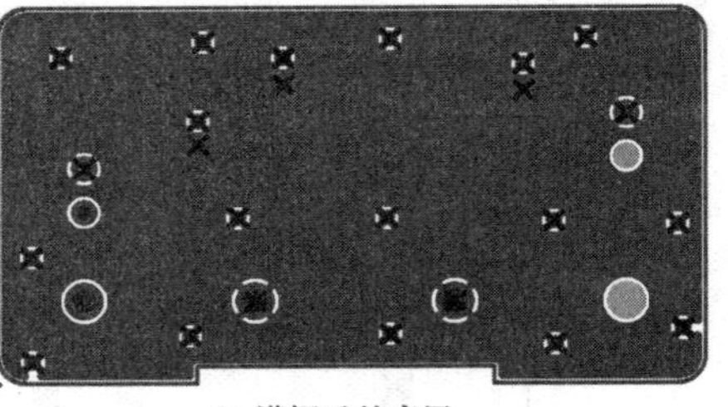
b) 灌铜后的底层

图 2.55 修改铺铜栅格后的灌注效果

值得一值的是，**每次重新进行布局布线修改后，都应该重新进行灌注操作，以避免生产的 PCB 出现短路现象**。

2.6.4 丝印调整

丝印调整主要包括对元器件参考编号进行字体修改、位置调整以及 PCB 名称、版本、创建日期等信息的添加，有些公司还要求加上特殊标志，本节简要阐述丝印调整的主要步骤，更多操作详情见 11.6 节。

（1）显示丝印。在前述 PCB 布局布线过程中，已经隐藏了元器件**参考编号**，现在已经进入丝印调整阶段，所以应该将其显示出来，你需要在图 2.20 所示的“显示颜色设置”对话框中打开**参考编号**列（为方便后续添加 PCB 名称与版本信息，还需要打开“2D 线”与“文本”列），相应的状态如图 2.56 所示（已经隐藏“铜箔”列，所以刚刚创建的覆铜平面不可见）。可以看到，元器件参考编号的排列都很凌乱，而且大多数还摆放到了焊盘上，所以需要进行相应的调整。

（2）统一修改元器件参考编号字体。通常情况下，默认的字体可能不会符合你的需求，只需要先将**参考编号**全部选中再统一设置即可。执行【编辑】→【筛选条件】，在弹出的“选择筛选条件”对话框中仅勾选“标签”项，表示后续将只选择标识符对象，如图 2.57 所示。然后执行【右击】→【全选】即可选中 PCB 上所有元器件的参考编号。紧接着执行【右击】→【特性】即可弹出如图 2.58 所示“元件标签特性”对话框，从中选择合适的板层（此处为“Silkscreen Top”）、字体（此处为“Arial”）、尺寸（此处为“60mil”），最后单击“确定”按钮即可，相应的效果如图 2.59 所示。

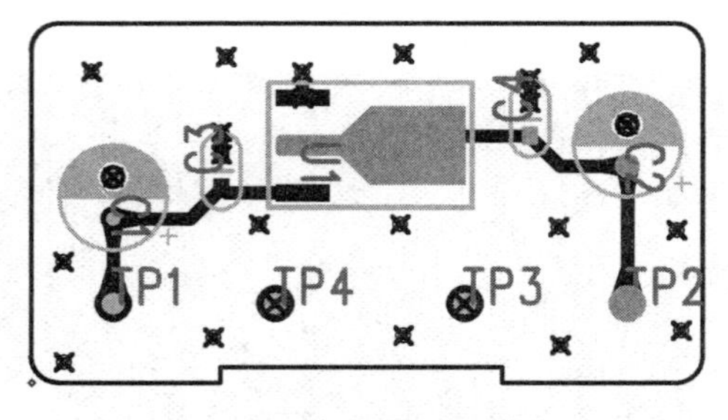

图 2.56 显示丝印

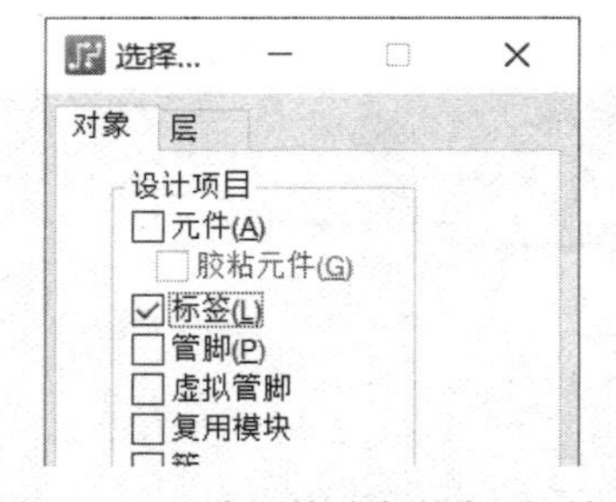

图 2.57 “选择筛选条件”对话框

（3）调整参考编号位置。在空闲状态下单击设计工具栏中“移动参考编号”按钮（即进入**动作模式**），再单击某个参考编号（例如，U1），该参考编号即粘在光标上并随之移动，找到合适的位置单击即可放置，然后可以进行下一个参考编号的调整。在移动过程中如果需要旋转参考编号，执行快捷键“Ctrl+R”即可。原则上，参考编号最多只能朝 2 个方向放置（例如，全部参考编号都朝左方与下方，而不是左、右、上、下朝向都存在），完成参考编号位置调整后的状态如图 2.60 所示。值得一提的是，调整丝印时应该设置合适的设计栅格，设置太小不利于相邻丝印的对齐，设置太大则无法移动丝印到想要的位置，需要根据实际情况进行调整。

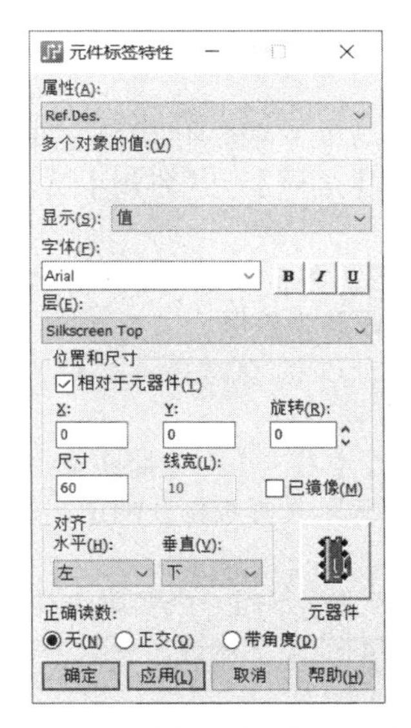

图 2.58　“元件标签特性”对话框

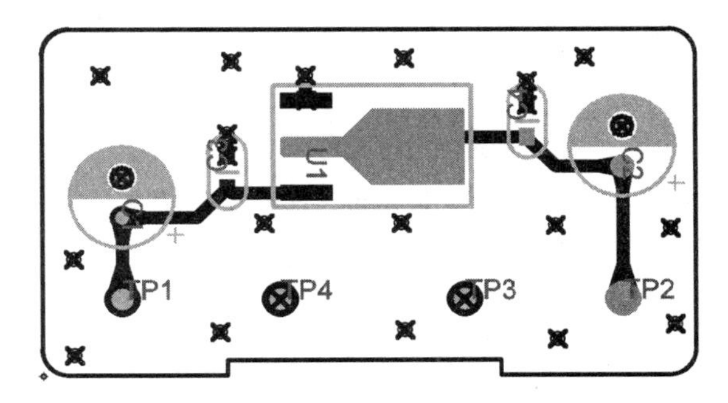

图 2.59　统一修改字体后的效果

（4）添加 PCB 名称与版本信息。通常每一块 PCB 都会存在名称及版本（或日期、单位标志等）信息。单击绘图工具栏的“文本”按钮即可弹出“添加自由文本”对话框，在“文本”项中输入需要显示的文字（此处为“SIMPLE_POWER_V0.1”），再选择合适的板层（此处为“Silkscreen Top”）、字体（此处为“Arial”）、尺寸（此处为“90mil”）即可，如图 2.61 所示。然后单击“确定”按钮，一个文本将会粘在光标上并随之移动，在合适的位置单击即可放置，完成后的效果如图 2.62 所示。

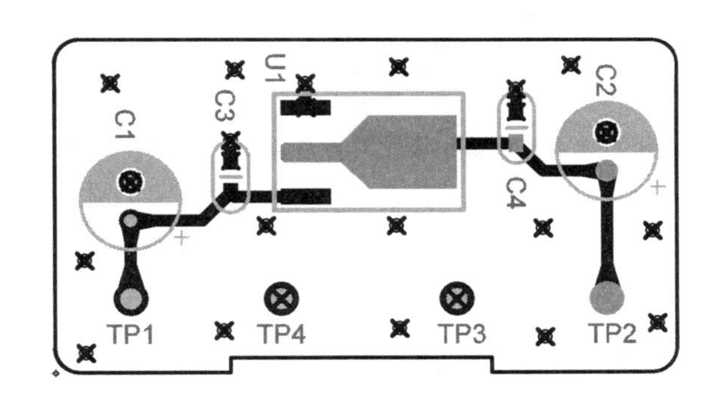

图 2.60　参考编号位置调整后的状态

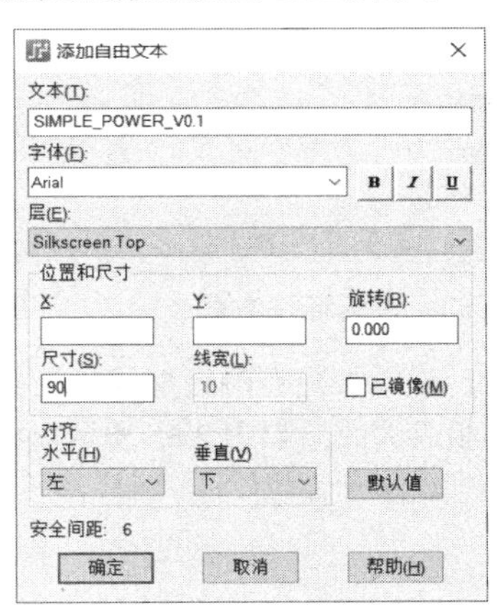

图 2.61　“添加自由文本”对话框

值得一提的是，如果选择将 2D 线或文本放在丝印顶层（Silkscreen Top），则应该在图 2.20 所示的“显示颜色配置”对话框中将该层的颜色显示出来，否则你将看不到放置的对象。另外，有些工程师可能会选择将丝印放在所有层（PADS 也称为“第 0 层”），这取决于个人的设计习惯。

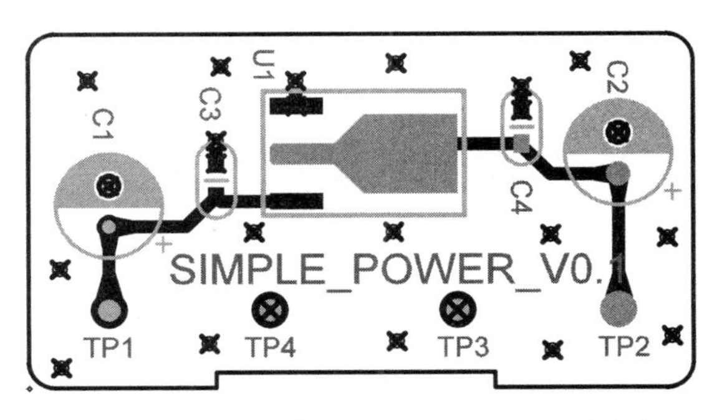

图 2.62　添加 PCB 名称与版本信息后的状态

2.6.5　尺寸标注

尺寸标注能够将一些关键的尺寸信息标记出来，当然，这并非必须的步骤，也属于工程师的个人习惯范畴，有些单位可能会有自己的设计规范要求。此处仅以标注 PCB 的长度为例简要阐述，更多尺寸标注细节见 11.7 节。

（1）选择单位。首先需要确定标注使用的单位，本书在 PCB 布局布线时统一使用英制单位（mil），而在尺寸标注时使用公制单位（mm）。执行【工具】→【选项】→【全局】→【常规】后，选择“设计单位”组合框中的“公制”项即可。

（2）确定需要标注的对象。既然要对 PCB 的长度信息进行标记，那么尺寸标注的对象就是板框。在空闲模式下执行【右击】→【选择板框】，即可将后续的选中对象限制为板框。

（3）选择标注类型。本例中的 PCB 长度为板框的水平长度，所以你应该选择“水平”标注类型。单击尺寸标注工具栏中的“水平”按钮即可进入水平尺寸标注状态。

（4）在正式进行尺寸标注前，你还需要确定一些标注选项。执行【右击】→【捕获至拐角】，表示将板框的捕获点定位到拐角，然后执行【右击】→【使用中心线】，表示选择板框线的中心作为标注的边界（因为板框有一定的宽度），如图 2.63 所示。

（5）完成以上设置后，单击 PCB 板框的最左边界线（具体的 Y 坐标不限，只要单击在左侧板框，PADS Layout 将会自动抓取纵向板框中心线），此时将出现一个带圆圈的十字标记，表示第 1 个标注点已经确定完毕，如图 2.64 所示。

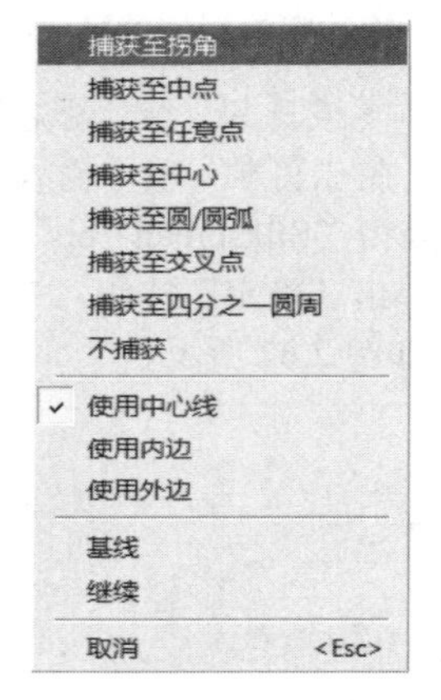

图 2.63　设置标注方式

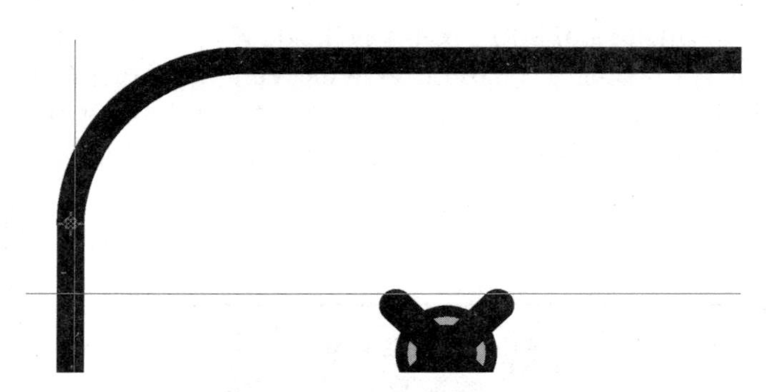

图 2.64　确定第 1 个尺寸标注点

（6）然后再单击最右侧板框线，又会出现一个对齐标记，同时还会出现一个包含长度尺寸信息的水平箭头，相应的效果如图 2.65 所示。将其拖到合适位置再单击一次即可完成水平尺寸标注操作，最终的效果如图 2.66 所示。

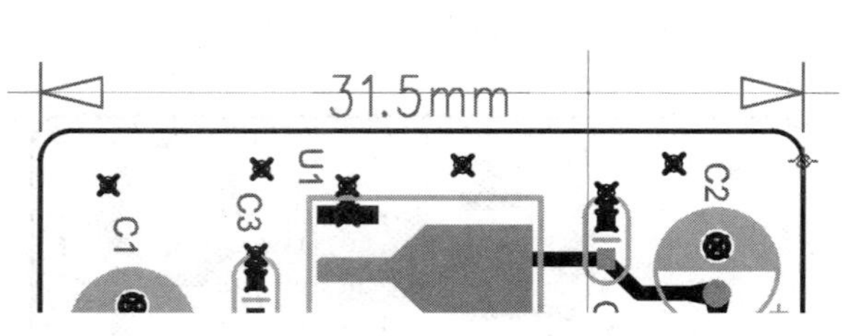

图 2.65　确定第 2 个尺寸标注点

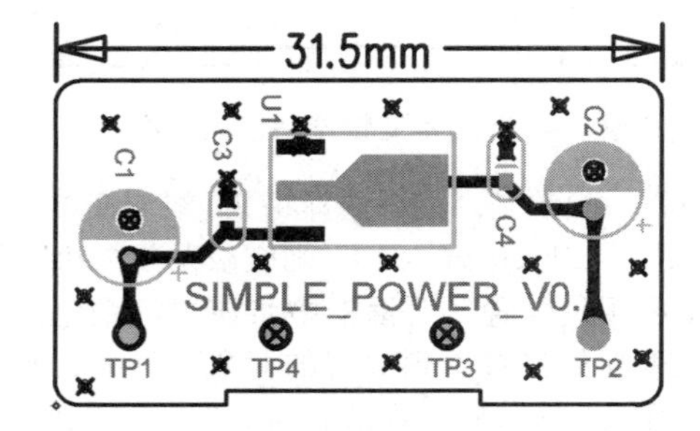

图 2.66　完成水平标注后的状态

2.6.6　验证设计

完成前述步骤后，PCB 设计流程基本上已经完成，最后还需要对已经完成的 PCB 文件进行设计验证，主要包括检查线路是否完全布通、有无短路现象、安全间距是否符合要求等方面。在正式进行验证设计步骤前，必须将整个 PCB 显示在工作区域区域内（执行【查看】→【全局显示】即可），并在图 2.20 所示的“显示颜色设置”对话框中将所有与电气对象相关的颜色打开，详情见 11.8 节。

执行【工具】→【验证设计】即可弹出如图 2.67 所示的“验证设计”对话框，从“检查”组合框中可以选择想要进行验证的部分，比较常用的是“安全间距”与“连接性”项，选中后单击“开始”按钮即可启动验证设计过程。如果当前 PCB 存在错误之处，相应的信息将会列在“位置”与“解释”文本框中。本例的设计验证结果应无任何错误信息，相应弹出的提示对话框如图 2.68 所示。

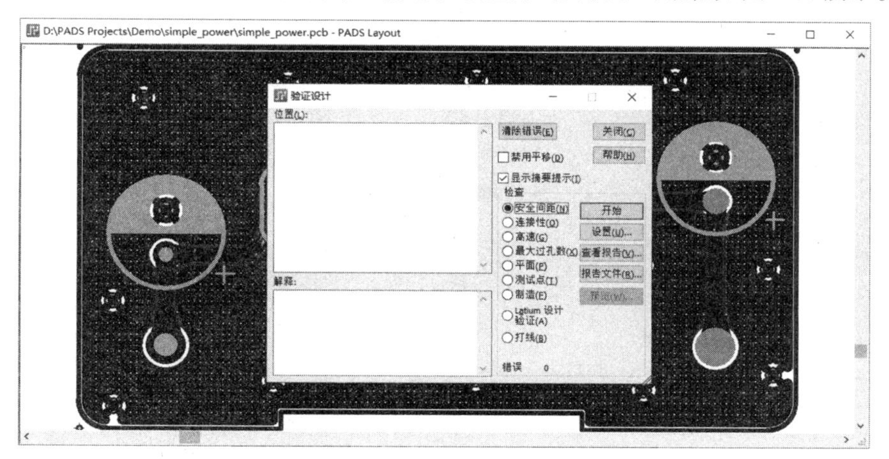

图 2.67　“验证设计”对话框

2.6.7　CAM 输出

到目前为止，PCB 设计过程已经告一段落，你可以将设计文件（此例为“simple_power.pcb”）发给 PCB 制造厂商，由厂商导出 CAM 文件进行 PCB 生产。当然，有些设计者或单位为了保密，选择直接从 PADS Layout 中导出并发送 CAM 文件（而并非直接发送 PCB 原始文件）。本节以“定义顶层布线的 CAM 文件”为例简要阐述相应的操作，其他详情见 11.9 节。

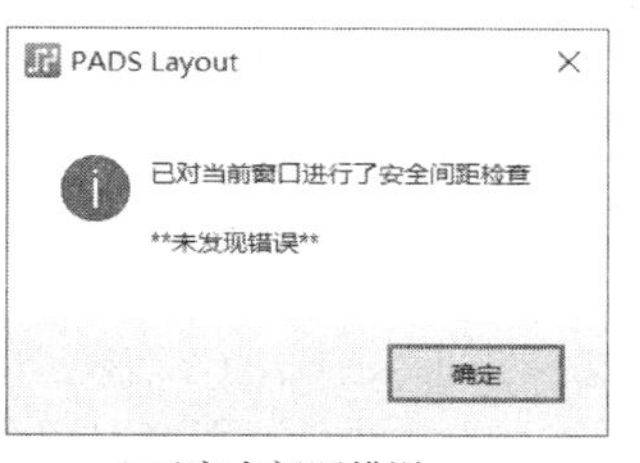

a) 无安全间距错误

b) 无连接性错误

图 2.68　验证设计时弹出的提示对话框

（1）执行【文件】→【CAM】即可弹出如图 2.69 所示的“定义 CAM 文档”对话框，此时“CAM 文档”组合框中都是空白的，需要你定义想要输出的 CAM 文件。

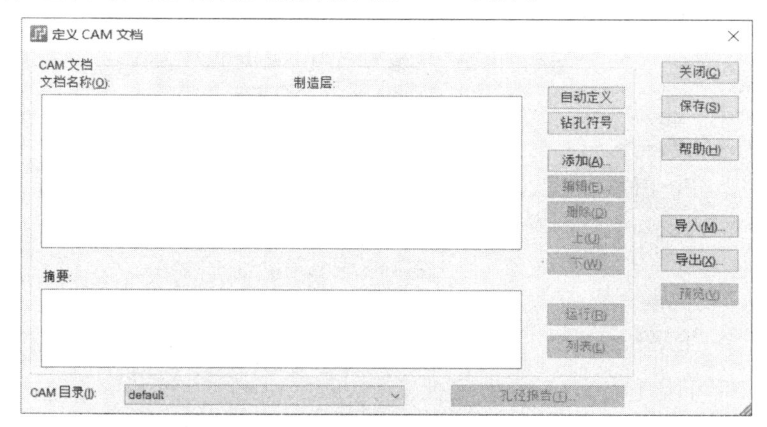

图 2.69　“定义 CAM 文档”对话框

（2）单击“添加”按钮，即可弹出如图 2.70 所示的“添加文档”对话框。由于需要输出顶层导线的 CAM 文件，所以将“文档名称”设置为“Top”（你也可以根据自己的偏好进行命名）。“文档类型”中选择“布线 / 分割平面”项（其中默认定义了一些输出选项以简化操作），在弹出如图 2.71 所示的“层关联性”对话框中选择“Top”，则“制造层”列表中将自动出现“Top”项。另外，为了更好地区分多个 CAM 文件，你可以选择往“输出文件”文本框中输入“top_layer.pho”（原来的名称为“art001.pho”），当然，这是可选的。

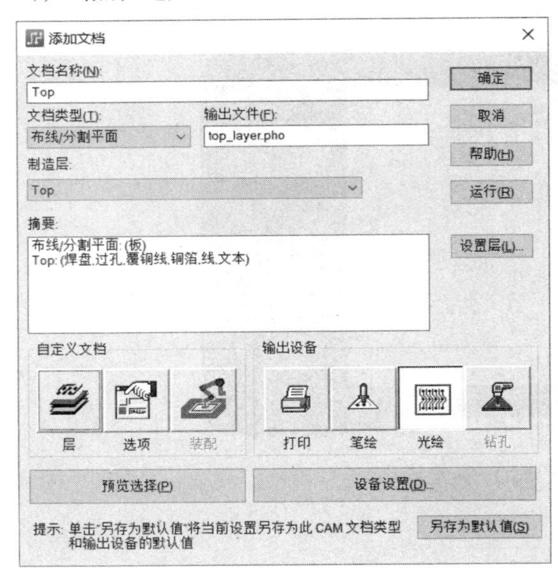

图 2.70 “添加文档”对话框

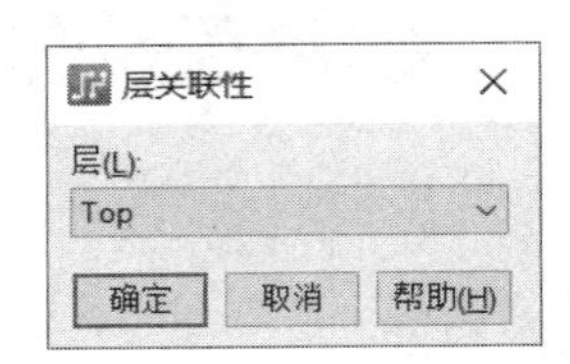

图 2.71 “层关联性”对话框

（3）接下来需要解决的是，布线顶层 CAM 文件需要输出什么信息呢？单击图 2.70 所示的“添加文档”对话框内“自定义文档”组合框中的“层”按钮，即可进入如图 2.72 所示的“选择项目 - Top”对话框，按其中的配置选择板框及顶层的焊盘、导线、过孔、铜箔作为输出项目即可。单击“预览”按钮可以提前预览定义的 CAM 文件是否正确，相应的效果如图 2.73 所示。

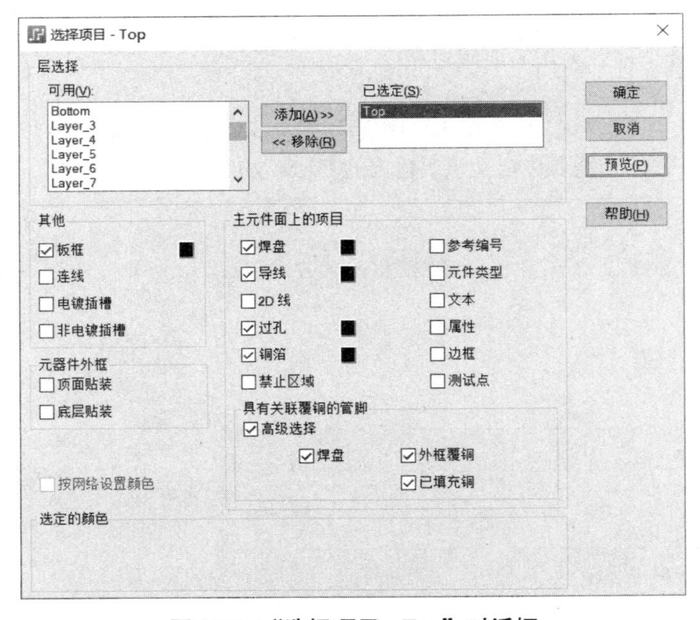

图 2.72 “选择项目 - Top”对话框

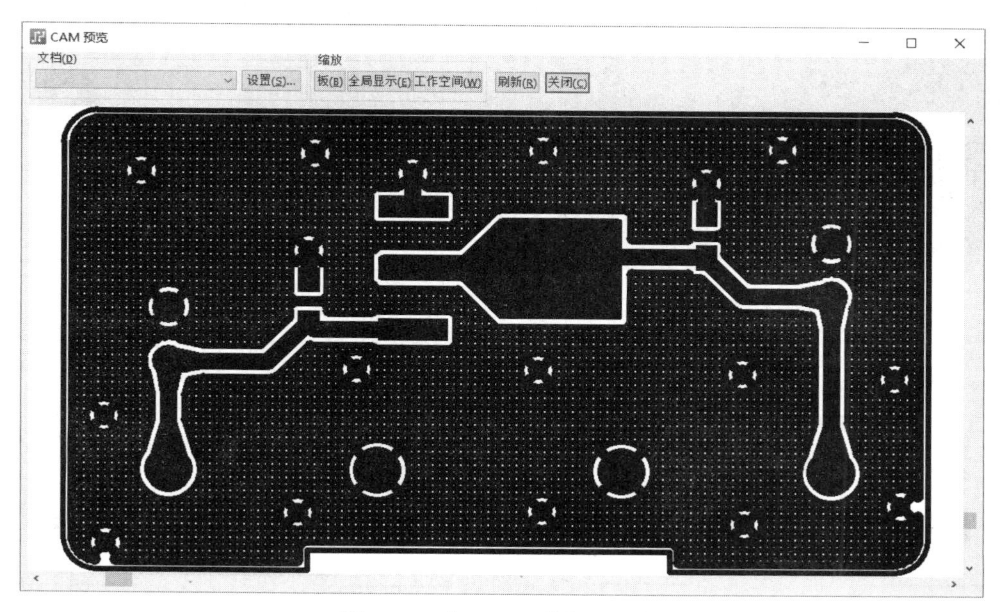

图 2.73 “CAM 预览”对话框

（4）如果确定 CAM 文件的输出项目设置正确，单击“确定”按钮回到图 2.69 所示的“定义 CAM 文档”对话框，其中的“CAM 文档”组合框中将出现刚刚定义的 CAM 文件项，将其选中后单击“运行”按钮即可弹出“是否希望生成下列输出”确认对话框，如图 2.74 所示。单击“是”按钮后，生成的 CAM 文件（包括 top_layer.pho 与 top_layer.rep）会保存在默认路径（此处为“D:\PADS Projects\CAM\default”），其也是你需要发送给 PCB 厂商的众多 CAM 文件的一部分。

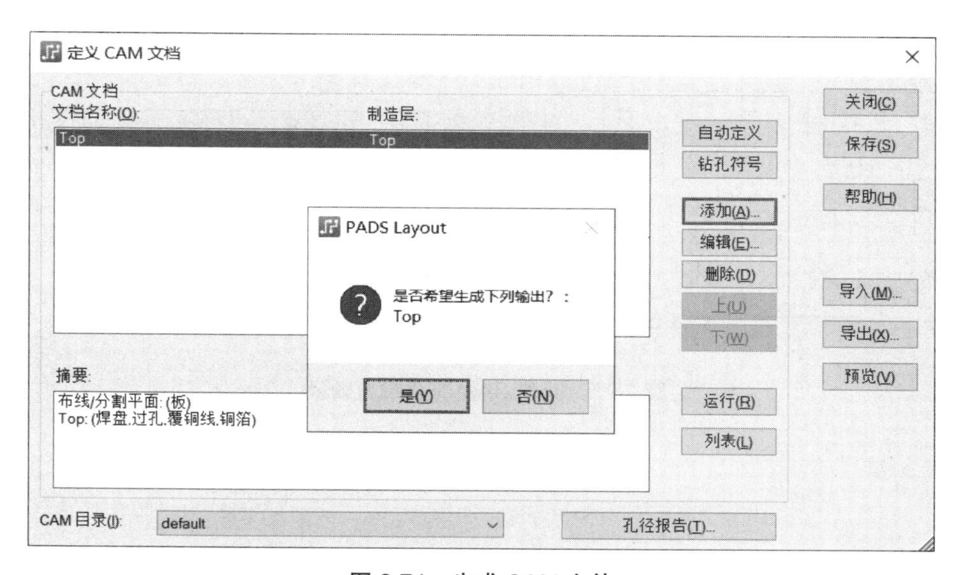

图 2.74 生成 CAM 文件

（5）布线顶层的 CAM 文件定义操作已经完成，图 2.75 为其他各层相应的 CAM 文件预览图，更多详情见 11.9 节。值得一提的是，助焊层与丝印层只有顶层 CAM 文件，因为本例的 PCB 底层不存在元件。

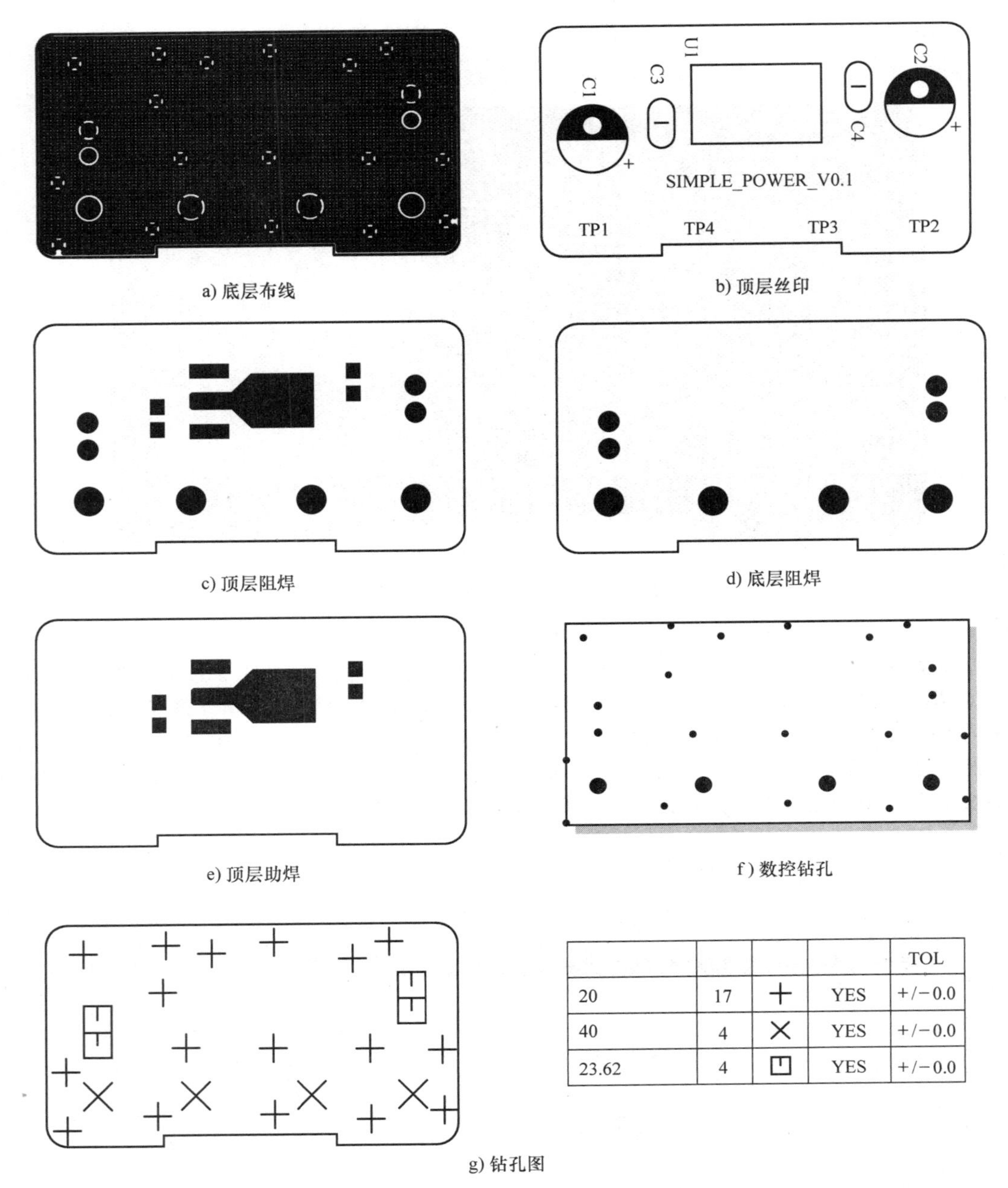

a) 底层布线

b) 顶层丝印

c) 顶层阻焊

d) 底层阻焊

e) 顶层助焊

f) 数控钻孔

				TOL
20	17	+	YES	+/−0.0
40	4	×	YES	+/−0.0
23.62	4	⊡	YES	+/−0.0

g) 钻孔图

图 2.75 其他 CAM 文件预览效果

第 3 章　封装设计与管理

第 2 章已经提过，原理图与 PCB 封装应该在正式开始设计前准备好，因为它们是进行原理图与 PCB 设计的基础，且应该保证两者的准确性，否则可能会出现网络连接错误、制造出来的 PCB 无法安装元器件等问题。本章首先讨论封装的一些基础知识，然后简要阐述 PADS 封装库的组织与管理方式，紧接着详细介绍如何在 PADS 中创建原理图与 PCB 封装。

3.1　封装与封装库

封装库是保存各种类型封装的容器，也是绝大多数原理图与 PCB 设计工具都具备的概念，只是不同工具的封装创建与管理方式有所不同。本节简要介绍封装的基本概念，并详细阐述 PADS 封装库的结构及相应的管理操作。

3.1.1　元器件、原理图封装与 PCB 封装

在进行封装创建之前，首先需要弄明白（实际）元器件、原理图（逻辑）封装、PCB 封装之间的联系与区别，图 3.1 所示为常见电阻器的元器件、原理图封装、PCB 封装。

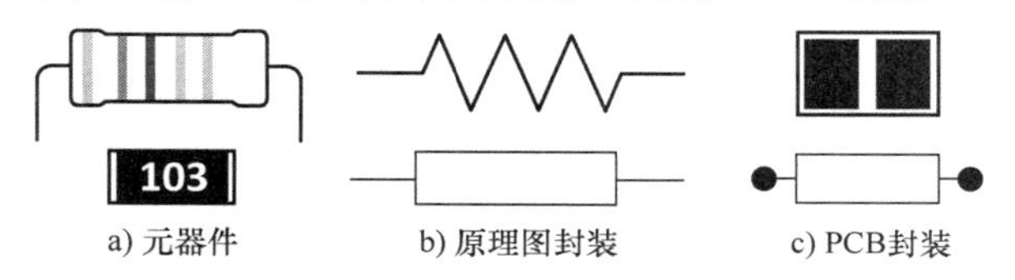

图 3.1　元器件、原理图封装与 PCB 封装

原理图封装是为了方便标识**网络连接关系**（即原理图设计）而创建的一种易于辨别的符号，请特别注意“网络连接关系”，图 3.1b 虽然存在两种常用电阻器的原理图封装，但是你完全可以随意绘制一个“包含两个管脚的”圆形、三角形或任意形状的图形，对于电阻器而言，网络连接关系主要体现在两个管脚。也就是说，原理图封装是由元器件抽象而来，主要用于表达元器件实物在原理图中的电气连接关系，只要具备两个管脚的原理图符号即可被当作电阻器进行原理图设计。那么为什么实际使用的原理图封装并无乱七八糟的形式呢？主要是为了标准化，这样易于在广大工程师之间进行交流。**原理图封装与实际元器件之间是多对多的关系**。例如，不同类型的电阻器可以对应任意一种原理图封装，同样，任意一种原理图封装也能够对应不同类型的电阻器。

PCB 封装是元器件在 PCB 上的“脚印（footprint）”，主要用于描述元器件安装在 PCB 上的管脚位置及相应尺寸信息，通常可分为直通孔技术（Through Hole Technology，THT）和表面贴装技术（Surface Mounted Technology，SMT）两大类，前者将元器件安置在 PCB 某一面，而将管脚焊接在另一面，所以每个管脚都需要一个钻孔，也就会占用 PCB 两层的安装空间（以及内层布线空间），后者则将管脚焊接在元器件安装的同一面，由于不需要为每个管脚钻孔，所以 PCB 两面都能进行安装，也就能节省宝贵的空间，如图 3.2 所示。

图 3.2　THT 与 SMT 封装元器件的安装

对于功能相同的元器件，SMT 封装通常比 THT 封装要小得多，所以使用前者的 PCB 上的元器件通常会密集很多。但是，THT 封装与 PCB 的连接性比较好，诸如插座、接口之类的元器件通常需要承受一定的压力，此时 THT 封装更加适用。

纯粹的 PCB 封装仅仅是空间的概念，因此，不同元器件能够共用相同 PCB 封装。例如，电阻、电容、电感、二极管等元器件都存在 THT 与 SMT 形式，而对应的 PCB 封装可以相同，因为其空间位置可能相同。通常情况下，具体元器件对应的 PCB 封装是惟一的，因为其空间位置惟一，但是不排除特殊情况下使用不同的 PCB 封装。例如，相同的 THT 封装电阻器可能会使用管脚间距不同的 PCB 封装。

那么原理图封装与 PCB 封装之间的关系又是如何呢？答案是：不确定！两者之间并无必然的关系！例如，当前原理图中存在一个电阻器原理图封装，除非存在其他符号标识，你将无从得知其具体的 PCB 封装形式。反过来，如果仅给出一个 PCB 封装，你也无从得知到底会安装什么元器件，两者之间的关系只有通过实际元器件才能联系起来。如果将元器件比喻成鞋子，厂家在宣传时可能会使用一些具有代表性的鞋样图形（相当于原理图封装）。对于任意一双鞋子而言，其鞋底（相当于 PCB 封装）是惟一的，因为一双鞋子不可能踩出两个不同的脚印来，但是多款鞋子却可以对应相同的鞋底。

3.1.2 PADS 封装的组织结构

无论使用 PADS Logic 绘制原理图，还是使用 PADS Layout 设计 PCB，你都需要一个用来表达元器件的具体图形，PADS Logic 将原理图封装定义称为逻辑封装（CAE Decal），PADS Layout 则使用 PCB 封装（PCB Decal）。但是需要特别注意的是，PADS Logic 或 PADS Layout 并不能直接调用封装，而是使用元件类型（Part Type）进行统一管理，图 3.3 给出了三者之间的关系。

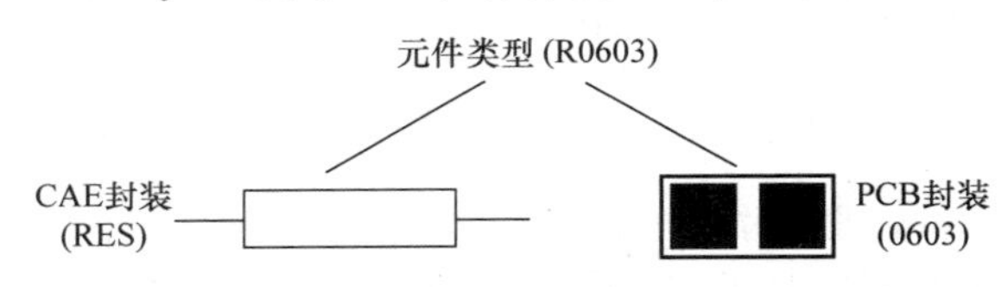

图 3.3　元件类型、CAE 封装与 PCB 封装

简单地说，PADS Logic 中使用 CAE 封装，PADS Layout 中则使用 PCB 封装，但是为了使用 CAE 封装与 PCB 封装，你必须通过元件类型来调用，所以**在创建 CAE 封装或 PCB 封装之后，切记将其分配到一个元件类型，否则将无法正常使用**。举个简单的例子，如果你使用 OrCAD 绘制原理图（使用 PADS Layout 进行 PCB 设计），那么在导出网络表时，必须将 OrCAD 原理图符号的“PCB 封装（PCB Footprint）”属性设置为 PADS 中对应的元件类型名称（而不是 PCB 封装名称），详情见 5.2 节。

3.1.3 封装库的管理

PADS 封装库的管理工作可以在 PADS Logic 或 PADS Layout 中进行，本节以 PADS Logic 为例进行详尽阐述。执行【文件】→【库…】即可弹出“库管理器”对话框，从“库”下拉列表中可以找到当前已经加载的所有封装库，从中可以进行封装库的各种管理操作，如图 3.4 所示。

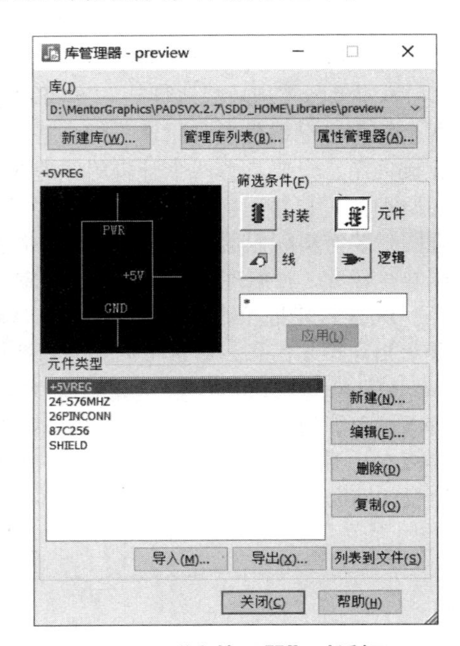

图 3.4　“库管理器”对话框

1. 封装库的创建

由于工作经验的累积，很多工程师已经收集了自身相关行业的大量封装。封装一旦多了起来，如果不进行有效管理就容易乱套，此时你可以通过创建封装库将其分门别类地保存起来。在图 3.4 所示“库管理器”对话框中单击“新建库”按钮，即可弹出如图 3.5 所示“新建库”对话框，PADS 默认的封装库保存在安装目录下的 MentorGraphics\<version>\SDD_HOME\Libraries（其中的“version”为版本号。例如，PADS VX.2.7 为“PADSVX.2.7”，PADS 9.5 为“9.5PADS”），你可以另行选择保存路径（此处为“D:\PADS Projects\Demo\library”）并在“文件名”文本框中输入封装库的名称（此处为

“demo”)，再单击“保存”按钮即可创建新的封装库。

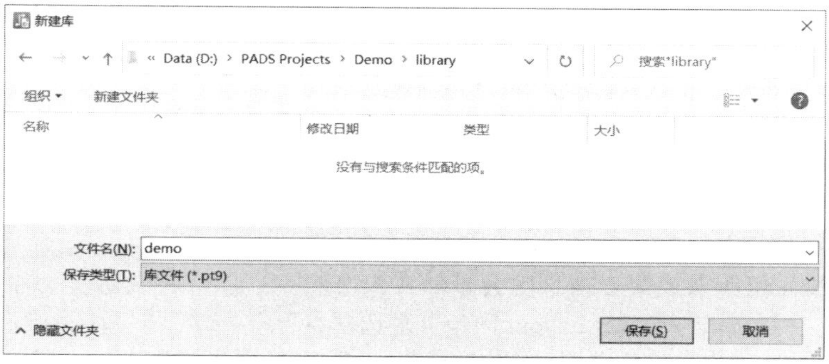

图 3.5 “新建库”对话框

PADS 封装库可以保存元件类型（Part Types,）、逻辑封装（CAE Decals，Logic Decals）、PCB 封装（PCB Decals）、线图（Line Graphics）共 4 种类型的对象，当你创建 demo 封装库后，PADS 将自行创建 demo.pt9、demo.ld9、demo.pd9、demo.ln9 共 4 个对应库文件。需要注意的是，封装库相关文件扩展名中的数字（此处为“9”）可能会随着 PADS 版本的不同有所不同。例如，低版本 PADS 新建的封装库文件也会存在 .ld4、.pd07 等扩展名。

新创建的封装会被默认加载到“库管理器”对话框中的“库”列表的最下方，当你选择“库”列表中的某个封装库后，单击“筛选条件”组合框中某个对象类型按钮，并在过滤文本框（Filter Box）中输入“*”（代表任何长度字符的通配符），左下角的列表即可显示出该封装库中符合筛选条件的所有对象。如果某个对象处于选中状态，相应的形态（如果存在的话）将会在“预览区”显示出来。需要注意的是，由于元件类型本身并不像 CAE 封装与 PCB 封装那样具有可视化图形，PADS 会在“预览区”显示分配给元件的第一个 CAE 封装。

2. 封装库的添加与调整

当 demo 封装库创建完毕后，PADS 会默认将其添加到当前库列表。单击图 3.4 所示对话框中的“管理库列表”按钮即可弹出“库列表”对话框，刚刚创建的 demo 封装库就在该列表最下方，这也就意味着该封装库中的元件使用优先级最低（库列表中加载的封装库越靠上，元件的抓取优先级越高）。也就是说，当网络表被导入到 PADS Layout 时，PADS Layout 会按照设置的“库列表”从上至下抓取元件，**如果两个封装库中存在同名元件**，则处于“库列表”更上方的封装库中的元件会被优先抓取。为了避免元件被错误抓取，通常都会将当前需要使用的封装库移到“库列表”最上方（提高封装库的抓取优先级），你只需选择封装库后（此处为“demo”）再单击“上”按钮调整即可，相应的状态如图 3.6 所示。

将网络表导入到 PADS Layout 后，如果发现导入的 PCB 封装并非你想要的，可以确认是否调错了封装库。当然，你还得保证“允许搜索”复选框处于勾选状态（默认），否则，即使封装库的优先级足够高，也不在 PADS Layout 的抓取范围内。勾选“共享”复选框允许在网络上共享该库，也就允许多个用户通过网络同时访问。

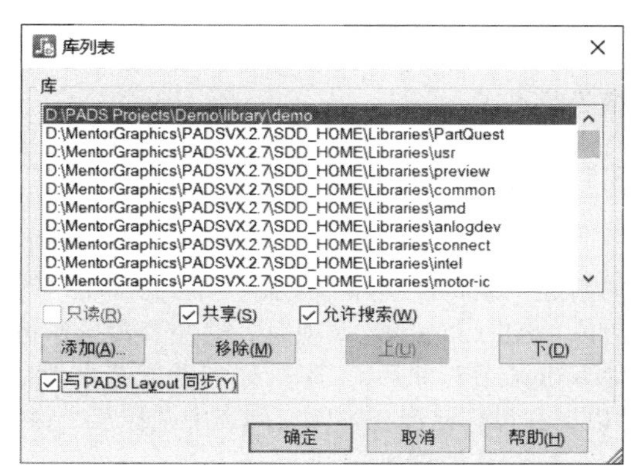

图 3.6 “库列表”对话框

“只读”复选框只是一个状态指示（总是处于禁用状态），用于指示选中的库文件能否被设计者修改。如果你想将库文件设置为只读状态，可以在本地计算机找到并选中封装库对应的 4 个文件（此处以 Windows 10 操作系统为例），执行【右击】→【属性】后，在弹出如图 3.7 所示“属性”对话框中勾选“只读”复选框，再单击“确定”按钮即可，此时如果你再次进入图 3.6

所示“库列表”对话框，“只读”复选框将处于勾选状态（但仍然处于禁用状态）。

对于库列表中不再需要的封装库，将其选中后单击“移除”按钮即可从加载列表中移除（不删除封装库文件），但是请特别注意：**PADS 预加载的 common 封装库中包含一些特殊符号，将其移除会影响封装创建或原理图设计（后述）**。当然，后续随时可以单击“添加”按钮找到封装库文件进行加载操作。值得一提的是，你不仅可以添加扩展名为 .pt9 的 PADS Logic 库文件，也可以添加扩展名为 .olb 的 OrCAD 符号库文件（PADS Logic 会自动进行转换，转换过程中出现的任何错误或警告信息则会显示在弹出的 Logic.err 文件中）。另外，“与 PADS Layout 同步”复选框也值得注意，因为封装库的加载操作也可以在 PADS Layout 中进行，如果勾选该复选框，则意味着在 PADS Logic 中加载或调整的封装库会同步到 PADS Layout，也就不需要在两个工具中重复执行两次封装库加载操作。如果在 PADS Layout 中进入同样的“库列表”对话框，则会出现“与 PADS Logic 同步”复选框。

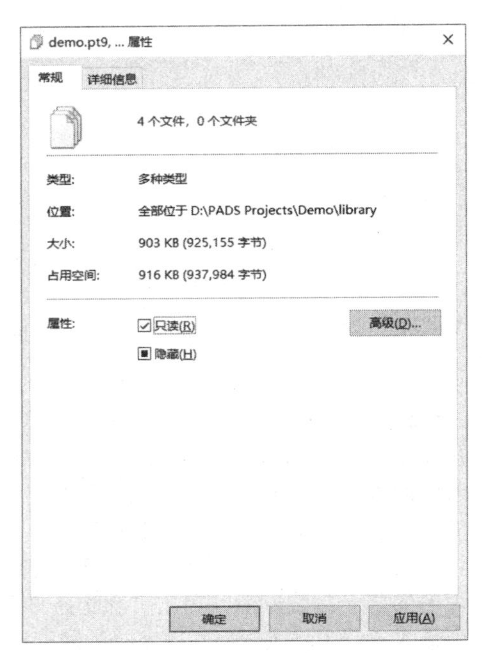

图 3.7　Windows 10 操作系统中的“属性”对话框

3. 封装库的转换

前面已经提过，不同版本的 PADS 封装库文件的扩展名并不相同，如果使用新版本的 PADS，那么旧版本的封装库文件就可能无法直接加载，该怎么办呢？此时就需要进行不同封装库版本的转换，相应的转换工具 Library Converter 会随 PADS 一起安装，将其打开后的界面如图 3.8 所示，单击“添加库”按钮，在弹出的“Add Library”对话框中找到需要转换的元件类型库文件即可将其添加到“库”列表，再勾选需要转换的封装库，然后单击“转换”按钮即可。如果封装库的转换顺利，下方的进度条会变成绿色，并会弹出一个“转换成功完成”的提示信息，转换后的封装库文件将保存在“与转换前的封装库相同的”路径。

需要注意的是，PADS VX.2.7 自带的封装库转换工具只能转换 PADS 4.*x*、5.*x*、2004.*x*、2005.*x*（.pt4）与 PADS 2007（.pt07）版本的封装库，如果封装库的版本更早，则需要使用版本更旧的转换工具才能转换（逐步提升封装库的版本）。如果封装库版本为 1 或 2，则应该使用 PADS 3.*x* 自带的封装库转换工具将其转换为版本 3，如果封装库版本号为 3，则应该使用 PADS 4.*x* 到 2005.*x* 自带的封装库转换工具将其转换为版本 4。

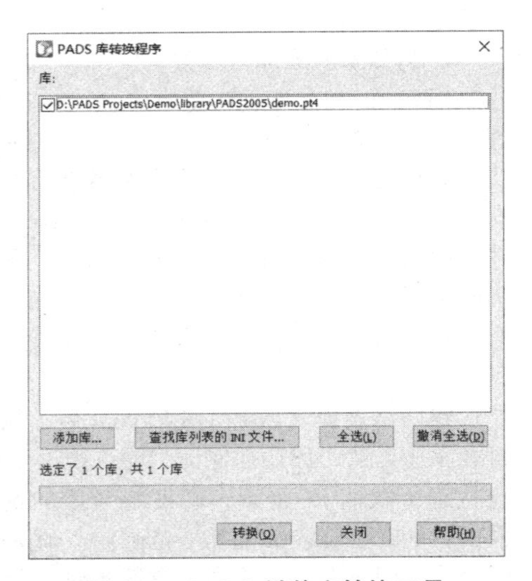

图 3.8　PADS 封装库转换工具

3.1.4　封装的管理

当你在图 3.4 所示“库管理器”对话框中确定某个封装库与相应的筛选条件之后，就可以进行封装的新建、编辑、删除、复制、导入、导出等管理操作。值得一提的是，如果在“库”列表中选择“所有库（All Libraries）”项时，这些管理操作将无法进行（即便左下角列表中已经列出了对象），但是当你双击某个对象后，“库”列表就能够自动切换到相应的封装库，此后仍然能够进行封装的管理操作（以下假设你已经在“库”列表中选择某个封装库）。

1. 封装的查找

有时候，你可能需要查找某个封装是否存在，此时首先需要确定封装在哪个封装库（可以是“所有库”），在“筛选条件”组合框中确定对象类型，并在过滤文本框中输入相应名称，然后单击“应用”按钮，符合条件的所有封装将显示在左下角列表（列表名称随“筛选条件”组合框内确定的对象类别而异）。值得一提的是，输入的过滤名称可以使用通配符“? ”“*”“[]”“\”，相应的意义见表3.1，表 3.2 给出了一些实际使用的范例。

表 3.1　通配符

使用范例	用　途
*	匹配任意长度的字符串
?	匹配任意单个字符
[集合]	匹配指定集合中的任意单个字符。例如，A-Z、0-9、a-z、567 等（符号“-”表示范围）
[! 集合] 或 [^ 集合]	匹配任何不在指定集合中的单个字符
\	转义字符，需要添加在`[]*?!^-\’字符前。例如，“\?”表示匹配名称为“?”的对象，而不是以“\”开始且以任意单个字符结束的对象

表 3.2　通配符使用范例

使用范例	用　途
*	匹配所有对象
74*	匹配所有以“74”开头的对象。例如 7404、74HC04、74LS04、74622 等
74??	匹配所有以“74”开头且跟随任意 2 个字符的对象。例如 7404、7408、74T2、74TP 等
74??08	匹配所有以“74”开头且跟随任意 2 个字符，并以“08”结尾的对象。例如 74LS08、74HC08、744608 等
*08	匹配所有以“08”结尾的对象。例如 2146108、5408、54HCT08、744608 等
08	匹配所有包含“08”的对象。例如 5408、5408BE、54HCT08AE、74ABT08CE2、941M70839 等
[57]*	匹配所有以“5”“7”开头的对象。例如 54HCT244、5968BAE4、74ACT44 等
[5-7]*	匹配所有以“5”“6”“7”开头的对象。例如 54LS08、6225BE、69TF77、74ALS02 等
[57]4HCT??	匹配所有以“5”“7”开头且跟随“4HCT”，并以任意 2 个字符结束的对象。例如 54HCT04、54HCT74、74HCT27、74HCT84 等
74A[CH]*	匹配所有以“74A”开头，且跟随“C”“H”的对象。例如 74AC244、74AHCT27 等
74A[!C-H]*	匹配所有以“74A”开头，且不跟随“C”“D”“E”“F”“G”“H”的对象。例如 74ABT44、74ALS244、74ABF365 等
[\\]*08	匹配所有以“\”开头且以“08”结尾的对象。例如 \LS08、\HCT08、\ABT08 等

2. 封装的新建、编辑与删除

如果你想要新建 CAE 封装（或 PCB 封装），首先在“筛选条件”组合框中确认筛选条件为“逻辑”（或“封装”），此时单击“新建”按钮，工作区域即可切换到相应的封装编辑器环境，从中可以进行封装的创建工作。如果你输入的筛选条件为“*”，左下角列表中会列出库中所有对象，选择对象后单击“编辑”按钮，此时工作区域也可切换到相应的封装编辑环境，当前的封装也会被打开以供编辑。需要注意的是，CAE 封装的创建与编辑工作只能在 PADS Logic 中进行，而 PCB 封装的创建与编辑工作只能在 PADS Layout 中进行，这也就意味着，如果你（在 PADS Logic 中）选择“筛选条件”组合框中的“封装”按钮，则“新建”与“编辑”按钮将处于禁用状态。

有时候，需要创建的封装可能与封装库中已有的某个封装非常相似，你可以先复制该封装以获得一个副本（再对其进行编辑），只需要先选中某个封装（此处以“CAE 封装”为例）后单击“复制”按钮，即可弹出图 3.9 所示“将 CAE 封装保存到库中”对话框，从中选择

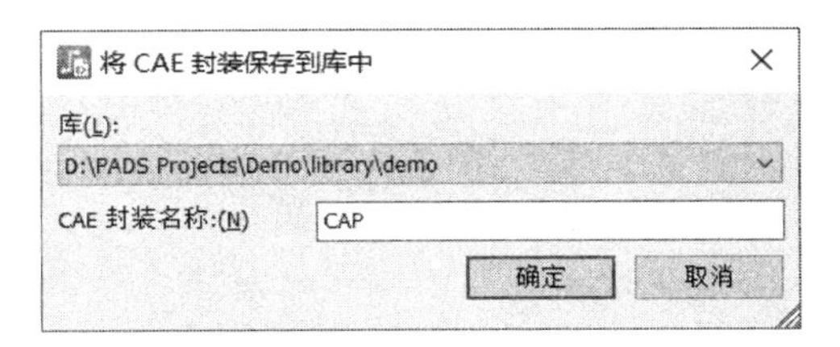

图 3.9　“将 CAE 封装保存到库中”对话框

需要保存的封装库并输入 CAE 封装名称，再单击“确定”按钮即可。如果某个封装已经不再需要，你也可以将其选中后单击“删除”按钮（执行“Ctrl+ 单击”选择列表中多个不连续的对象，执行“Shift+单击”选择列表中多个连续的对象）。

3. 设计文件中封装的保存

如果某个封装在原理图或 PCB 文件中已经存在，你也可以将其直接保存到封装库中，只需要选中元件后执行【右击】→【保存到库中】，PADS Logic 即可将弹出如图 3.10 所示“将元件类型保存到库中”对话框，PADS Layout 中将弹出如图 3.11 所示“将元件类型和封装保存到库中”对话框，从中选择需要保存的对象与封装库，再单击“确定”按钮即可。

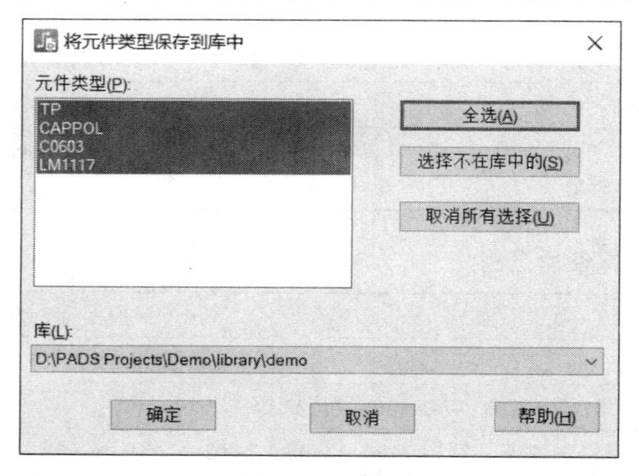

图 3.10 “将元件类型保存到库中”对话框

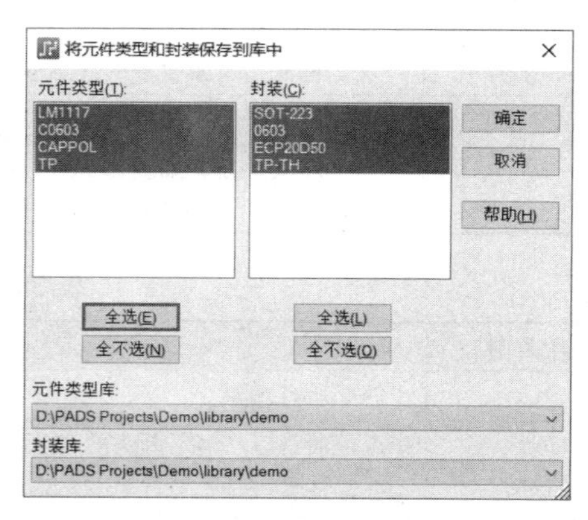

图 3.11 “将元件类型和封装保存到库中”对话框

4. 封装的属性管理

PADS 允许你以封装库为单位给其中所有的封装统一添加属性。单击图 3.4 所示“库管理器”对话框中的“属性管理器”按钮，即可弹出如图 3.12 所示“管理库属性”对话框，从中可以对属性执行添加、编辑、删除等操作。“选择库”列表用于确定属性操作针对的封装库，“项目类型”列表用于指定当前属性操作针对哪些对象（可以是封装库中的所有类型，或仅仅是其中的元件类型或 PCB 封装）。当这两项选定之后，相关的所有属性会显示在“库中的属性”列表中，你可以根据需要对其进行编辑操作。

以给 demo 封装库内所有类型添加“Designer”属性为例，首先从“选择库”列表中找到刚刚加载的 demo 封装库，“项目类型”列表中选择“所有类型”项，此时“库中的属性”列表中即可列出系统预定义的所有属性（此时并无“Designer”）。紧接着，单击左下角的“添加属性”按钮即可弹出图 3.13 所示的“将新属性添加到库中”对话框，从中输入属性名称（此处为“Designer”）与属性值（此处为“longhu”），再单击“确定”按钮即可。值得一提的是，通过“管理库属性”对话框添加的属性对该封装库内指定的对象都有效，如果某个元件需要单独添加其他属性，你可以选择在创建元件类型时单独设置，详情见 3.2 节。

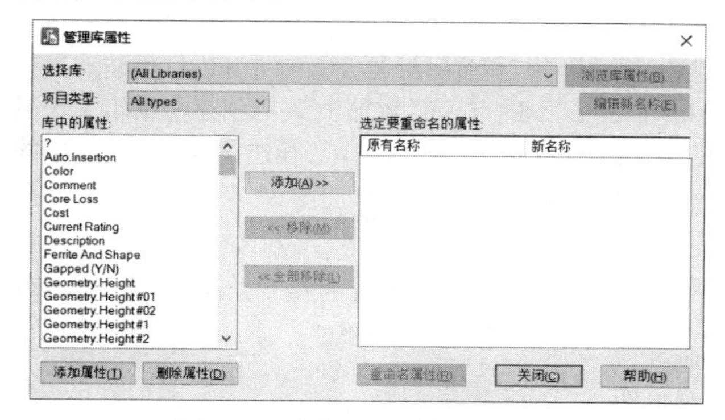

图 3.12 “管理库属性”对话框

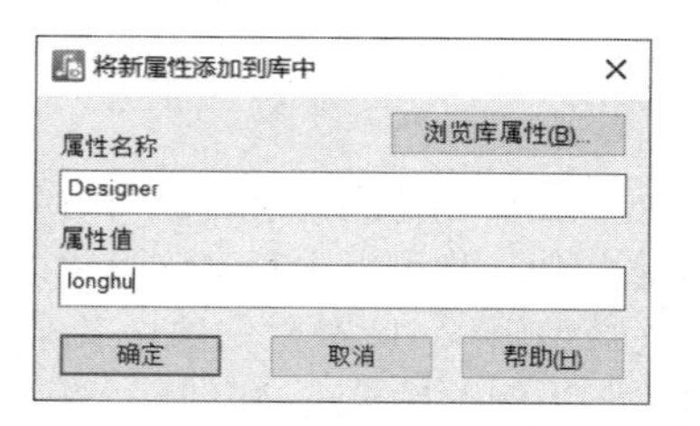

图 3.13 “将新属性添加到库中”对话框

5. 封装的导入与导出

如果你想把封装库分享给其他工程师，只需要将相应的库文件发送即可，但是如果只是想将其中某些封装分享，该怎么办呢？你可以从图 3.4 所示“库管理器”对话框中选择某些封装，然后导出相应的 ASCII（American Standard Code for Information Interchange, 美国信息互换标准代码）文件，而接收方只需要导入该文件即可。此处以导出 demo 库中的某个 CAE 封装为例，首先在左下角列表选中需要导出的封装，然后单击“导出”按钮即可弹出如图 3.14 所示“库导出文件”对话框，其中的“保存类型”随筛选条件不同而不同（元件类型、CAE 封装、PCB 封装、2D 线封装对应文件的扩展名分别为 .p、.c、.d、.l）。确定保存路径与文件名称后，单击“保存”按钮即可弹出类似如图 3.15 所示的提示对话框，也就意味着封装导出操作已经成功。

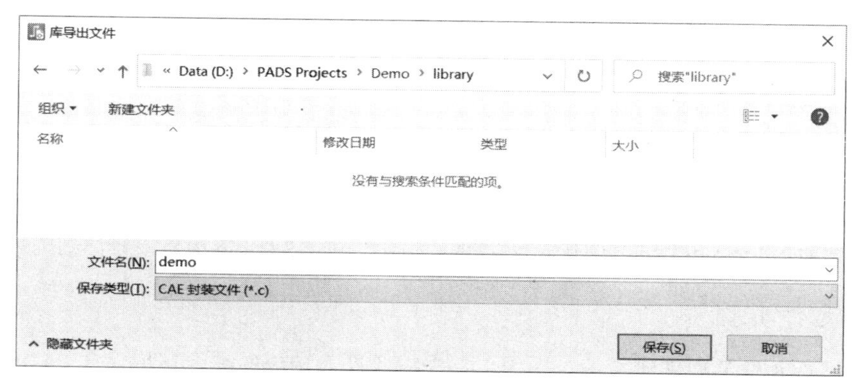

图 3.14　“库导出文件”对话框

同样，当你收到其他工程师给到的 ASCII 文件时，首先在图 3.4 所示“库管理器”对话框内的“库”列表中确定需要将封装导入到哪个封装库，然后单击“导入”按钮，再选择相应的 ASCII 文件即可。“列表到文件”按钮能够将当前所选封装库中所有封装的相关信息以 .lst 文件保存起来，如果筛选条件是 PCB 封装、逻辑封装、2D 线封装，相关信息将直接保存在与封装库名相同的 .lst 文件中，其中包含了封装名称与修改时间，图 3.16 所示为 PCB 封装的列表信息。如果筛选条件是“元件类型”，则会弹出如图 3.17 所示“报告管理器”对话框，从中可以将感兴趣的“可用属性”添加到“选定的属性”列表中，单击“运行”按钮后即可产生相应的列表文件，类似如图 3.18 所示。

图 3.15　封装导出成功提示对话框

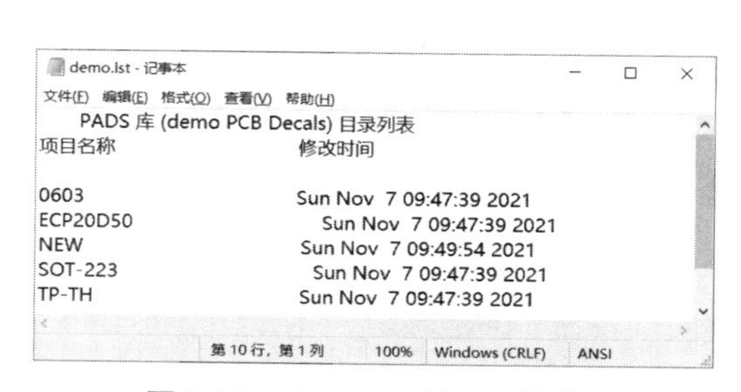

图 3.16　demo.lst（PCB 封装）

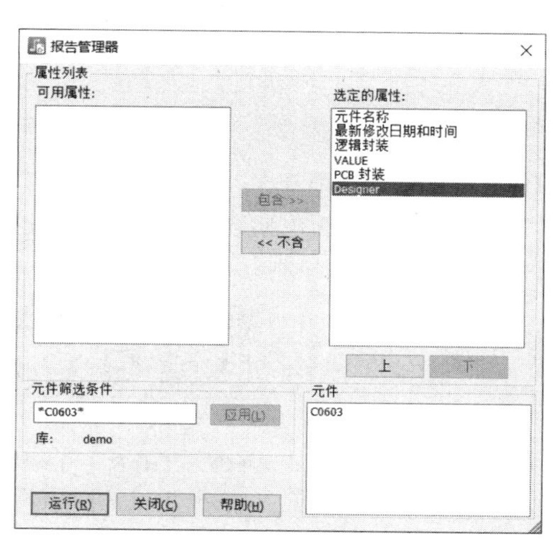

图 3.17　“报告管理器”对话框

图 3.18　demo.lst（元件类型）

3.2　元件类型

PADS 的元件类型用来管理元器件相关的信息，包括但不限于：分配的 CAE 封装与 PCB 封装的类型与数量、CAE 封装中包含门的数量、CAE 封装具体表现形式的数量、管脚映射关系、默认参考编号前缀等。你可以选择先创建元件类型再进行 CAE 封装或 PCB 封装的创建，也可以将创建顺序反过来。PADS Logic 与 PADS Layout 都可以创建元件类型，本节以 PADS Logic 为例进行详细阐述。

3.2.1　新建元件类型

如果你想进行元件类型创建与编辑操作，首先需要进入相应的编辑环境。在 PADS Logic 中执行【工具】→【元件编辑器】（或在图 3.4 所示对话框中确定“筛选条件”为“元件”，然后单击“新建”按钮，PADS Layout 中只能使用此方式），即可进入如图 3.19 所示的元件编辑器（Part Editor）环境，此时标题栏的字符串为“元件：NEW_PART”字符串，表示当前默认已经新建一个元件类型。

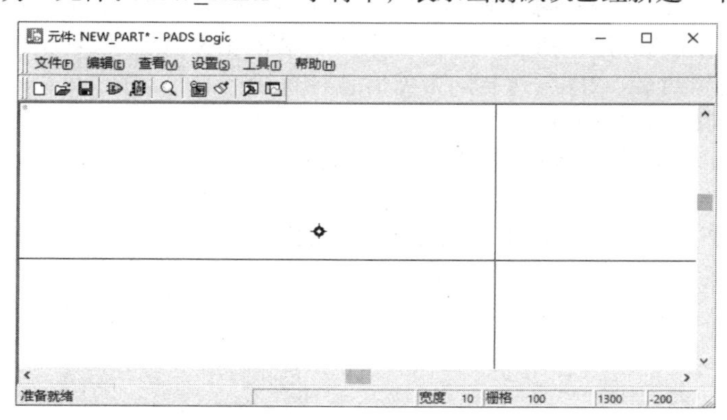

图 3.19　元件编辑器环境

元件编辑器环境中存在一个“元件编辑器工具栏”（笔者注：中文版软件翻译有误，应为“标准工具栏”），其中的“编辑电参数”工具用来设置元件类型信息，“编辑图形”工具则可以编辑当前元件的 CAE 封装，如图 3.20 所示。

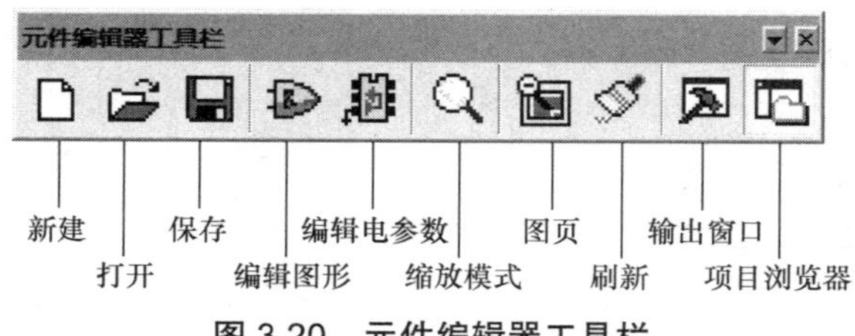

图 3.20　元件编辑器工具栏

如果在完成当前元件类型的创建或编辑工作后，你需要再创建另一个新元件类型，可以在元件编辑器环境中执行【文件】→【新建】，在弹出的如图 3.21 所示的“选择编辑项目的类型”对话框中选择“元件类型”项，再单击“确认”按钮，当前的环境又会恢复到图 3.19 所示的状态。当然，你也可以创建连接器、CAE 封装、管脚封装及页间连接符，后续章节将会详细讨论。

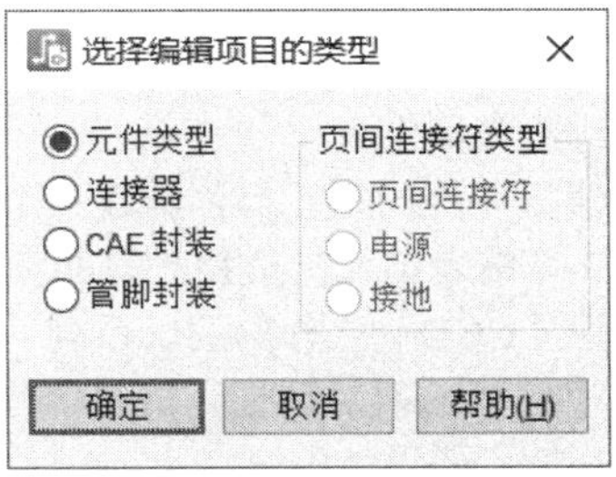

图 3.21　“选择编辑项目的类型”对话框

3.2.2　编辑元件类型

元件类型创建完成后，你需要完善元器件相关的信息。执行【编辑】→【元件类型编辑器】（或单击元件编辑器工具栏中的“编辑电参数”按钮）后，即可弹出“元件的元件信息”对话框，其中包含“常规（General）”“PCB 封装（PCB Decals）”“门（Gate）”“管脚（Pins）”“属性（Attributes）”“连接器（Connector）”“管脚映射（Pin Mapping）”共 7 个标签页，本节将详尽阐述其中参数的具体意义。值得一提的是，**虽然元件类型相关信息并不少，但是常用的参数并不多，后续还会使用完整的应用实例帮助你进一步理解元件类型的创建过程**。

1.“常规”标签页

“常规”标签页如图 3.22 所示，主要用于显示元件统计数据及设置逻辑系列，包括如下几部分：

（1）元件统计数据（Part Statistics）。该组合框用来显示元件相关信息，其中，“管脚数（Pin Count）”项显示该元件的所有管脚数量（如果分配的多个 PCB 封装的管脚数量不一致，则显示管脚数量范围）；“封装（Decal）”项用于显示给元件分配的 PCB 封装（如果分配了多个 PCB 封装，则显示分配列表中最上面的那一个，后述）；“门数（Gate Count）”项用于显示元件包含的门数（一个完整的原理图符号在创建时可以分解为多个部分，分解的数量即为门数，简单元件通常只有一个门，复杂元件也可以包含多个门，后述）；“信号管脚数（Signal Pin Count）”项用于显示不会出现在原理图符号的管脚（典型的例子就是电源与公共地管脚，后述）数量。所有这些数据会跟随元件信息的编辑而实时更改。例如，当未给元件分配 CAE 封装时，相应“门数”显示为 0，当元件未分配 PCB 封装时，“封装”项则显示为空白。

图 3.22　“常规”标签页

（2）逻辑系列（Logic Family）。该组合框决定了“当元件从库中添加到设计中时”默认参考编号前缀。例如，电阻为 R，电容为 C，芯片为 U。你只需要单击其中的下拉列表，并选择合适项即可，

“参考前缀（Ref Prefix）”项会显示相应的参考编号前缀（图示为“U”）。如果你并不清楚元器件所在逻辑系列及相应的参考前缀（或需要进行修改），单击“系列”按钮即可弹出如图 3.23 所示“逻辑系列”对话框，从中可以查到每一种逻辑系列对应的参考前缀，你也可以通过该对话框对逻辑系列进行添加、编辑或删除操作。

值得一提的是，当你新建一个元件类型后，默认的逻辑系列为“UND”，相应的参考前缀为“U”，这并不意味着给元件类型设置的参考前缀为“U”，而是“未定义（undefined）”的意思。如果元件并未分配除“UND”之外的逻辑系列，当你从封装库中将其添加到原理图设计中时，PADS Logic 将会弹出如图 3.24 所示的对话框，只有填写字母（例如，R、C、U）或字母数字（例如，R1、C1、U1）之后才能将其加入到设计中。

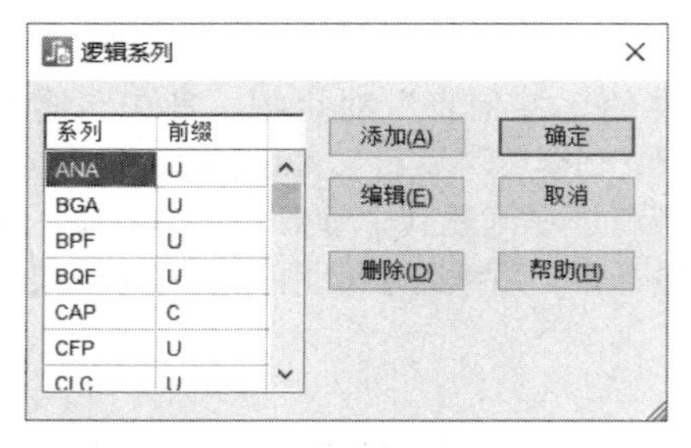

图 3.23 “逻辑系列”对话框

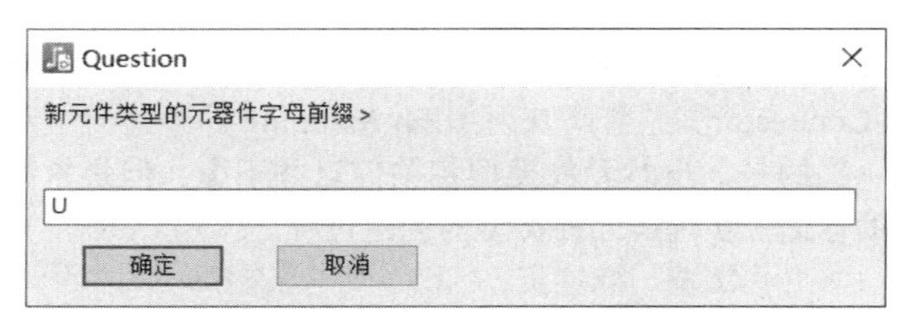

图 3.24 “输入字母前缀”提示对话框

（3）选项（Options）：该组合框包含以下 4 个选项：

◆ 定义元件类型管脚编号到 PCB 封装的映射（Define mapping of Part Type pin numbers to PCB Decal）：该复选框默认处于不勾选状态，只有勾选该复选框，“管脚映射”标签页才处于有效状态，主要针对一些需要使用字母来标识 PCB 封装管脚的元件类型。例如，三极管⊖的管脚可以使用字母 E、B、C 分别标识发射极、基极、集电极（而不再是 1、2、3，后述）。需要注意的是，如果（给元件分配的）PCB 封装的管脚本身就包含字母，该选项将处于禁用状态。

◆ ECO 注册元件（ECO Registered Part）：ECO 是“Engineering Change Order”的缩写，意为“工程设计变更”，原理图与 PCB 设计过程中对网络表项相关的修改都被认为是工程设计更改，包括管脚（或门）交换、元件删除（或添加、重命名）、网络删除（或添加、重命名）等操作，PADS Layout 提供的 ECO 模式能够快速地执行这些修改，并将这些更改过程准确地记录在 ECO 文件中，以便后续反向标注到 PADS Logic 中。换言之，如果你创建的某个元件需要在原理图与 PCB 之间进行同步，应该勾选该复选框。该复选框默认处于勾选状态，也就代表所有元件默认都是 ECO 注册元件，这样才能够在原理图与 PCB 文件之间进行正向或反向标注操作。当然，一些特殊的元件（通常是没有管脚的非电气元件）也可以不作为ECO注册元件来创建，例如，你在原理图中添加用来跟踪库存的安装螺钉（mounting screw）元件，或在 PCB 文件中添加的安装孔元件。

◆ 前缀列表（Prefix list）：如果你需要将当前编辑的元件类型信息批量更新到库中其他元件，可以在该文本框内输入一种或多种前缀（可以使用通配符）。例如，当输入“?4HC”时，名称类似“74HC”“54HC”的元件将会被更新。当输入“\02”时，所有以“02”为结尾的元件将会被更新。值得一提的是，仅在其他（非“常规”）标签页中单击“确定”按钮时方可生效。

◆ 特殊目的（Special Purpose）：该复选框用于设置元件类型属于连接器（Connector）、模具元件（Die Part）还是倒装片（Flip Chip）。连接器元件可以理解为一种特殊的 CAE 封装，只有当该单选框处于选中状态时，“连接器”标签页才处于有效状态。需要注意的是，你无法手工修改该单选框的状态（总是处于禁用状态），当你创建或打开连接器元件时，该单选框自动处于选中状态，详情见 3.5 节。

模具元件与倒装片都是一种单芯片封装方式，即芯片直接贴装（Direct Chip Attach, DCA），也称为板上芯片（Chip On Board, COB）技术。为了更方便理解 COB 封装的具体结构，先来看看常见的双列直插封装（Dual In-line Package, DIP）的内部结构，芯片（也称为“裸片”或“晶片”）被固定在引线

⊖ 如无特别说明，本书中“三极管”均指“双极型晶体管（Bipolar Junction Transistor，BJT）”。

框架（Lead Frame）上（固定裸片的地方也可以称为**衬底**），然后通过金线（Gold Wire）将芯片上方的管脚与引线框架连接，最后通过塑料将其封装起来，如图 3.25 所示。如果从顶层角度来看，相应的内部结构如图 3.26 所示。

也就是说，芯片厂商在进行裸片分销前已经对其完成了一次封装工序，但是很明显，封装制作也需要一定的成本，为满足特定客户的需求，有些芯片厂商将尚未封装的裸片直接出售，由客户自行到邦定（Bonding）[㊀]厂使用金线直接邦定到 PCB 上（或者另外找封装厂商封装芯片，然后作为自己生产的芯片进行宣传，保密性更强一些，也能够增加竞争对手的破解难度），很多遥控器、玩具、液晶显示模组中 PCB 上的那块黑乎乎的凸起状（圆形比较常见）物体就是这种封装形式，具体加工制作过程如图 3.27 所示（模具元件制作过程见 12.1 节）。

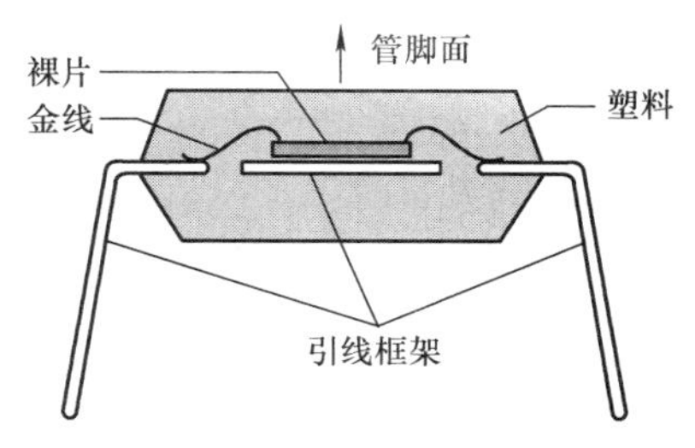

图 3.25　DIP 封装的内部结构

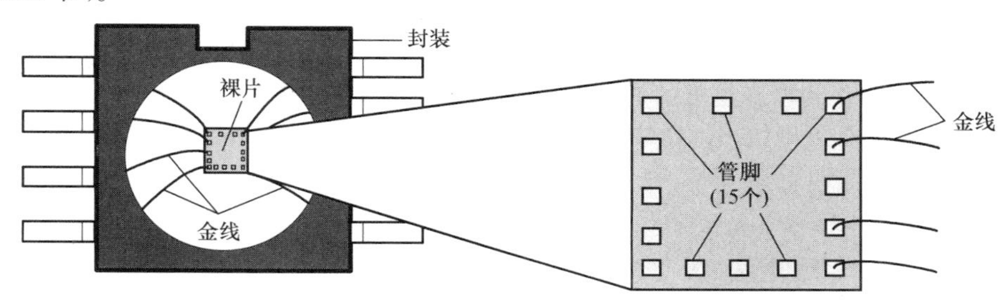

图 3.26　从顶层看到的封装内部结构

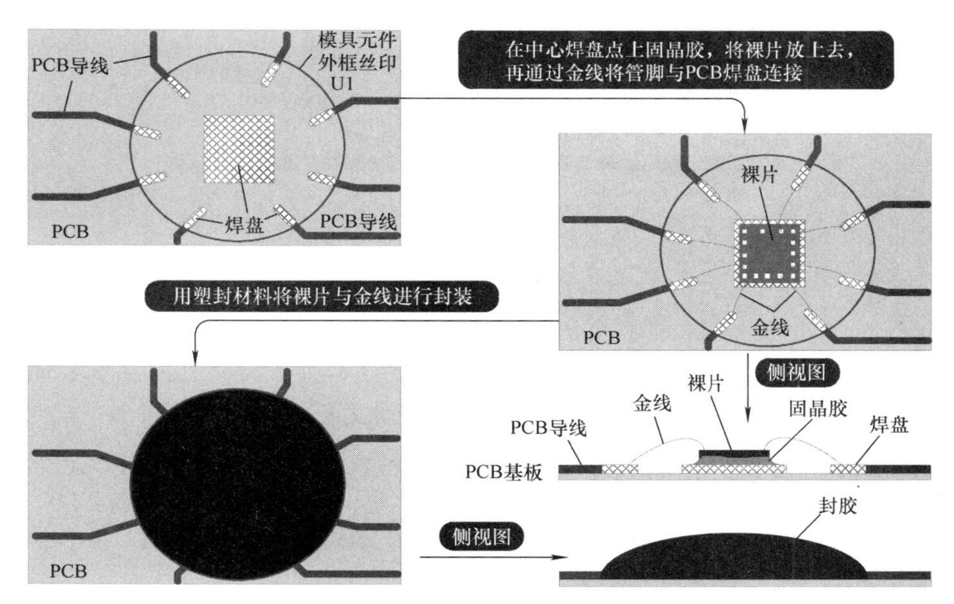

图 3.27　COB 封装加工制作过程

倒装片与模具元件的区别在于，后者的管脚位于裸片上方，需要通过金线将其与 PCB 焊盘连接，而前者的管脚位于裸片下方（相当于将模具元件倒过来），其管脚本身已经预先制作用于焊接的微型焊锡凸块（solder bump），所以能够直接焊接在 PCB 上（非常类似于 BGA 封装的安装形式，但省略了内部金线），最后再进行封装即可，如图 3.28 所示。

㊀ “邦定”是 Bonding 的音译惯称，也常译为“键合”。

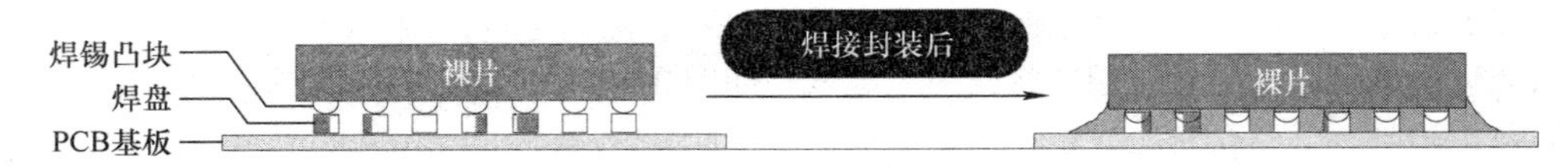

图 3.28　倒置元件安装过程

值得一提的是，在 PADS 9.0 版本之前，模具元件与倒装片分别由逻辑系列“DIE”与“FLP”标识（而非“特殊目的”）。

2.“PCB 封装”标签页

“PCB 封装”标签页用于给元件分配相应的 PCB 封装，如图 3.29 所示。当你在“库”下拉列表中确定 PCB 封装所在封装库后，左下角“未分配的封装”列表中即可显示该库中所有符合筛选条件的 PCB 封装，只需要双击（或选中后单击“分配”按钮）将其添加到右下角“已分配的封装”列表即可完成 PCB 封装的分配操作。如果封装库中的 PCB 封装特别多，你也可以尝试使用“筛选条件”“管脚数”进一步过滤 PCB 封装，当“仅显示具有与元件类型匹配的管脚编号的封装（Show only Decals with pin numbers matching Part Type）”复选框被勾选时，与“管脚”标签页中门管脚及信号管脚编号（或“管脚映射”标签页中物理管脚编号）不匹配的 PCB 封装将不会显示。例如，CAE 封装中的管脚编号均为数字，则仅有字母作为管脚编号的 PCB 封装不会显示。当你对 PCB 封装进行重新分配后，右上角的“重置”按钮将处于可用状态，如果想回到最开始（未重新分配 PCB 封装）的状态，单击该按钮即可。

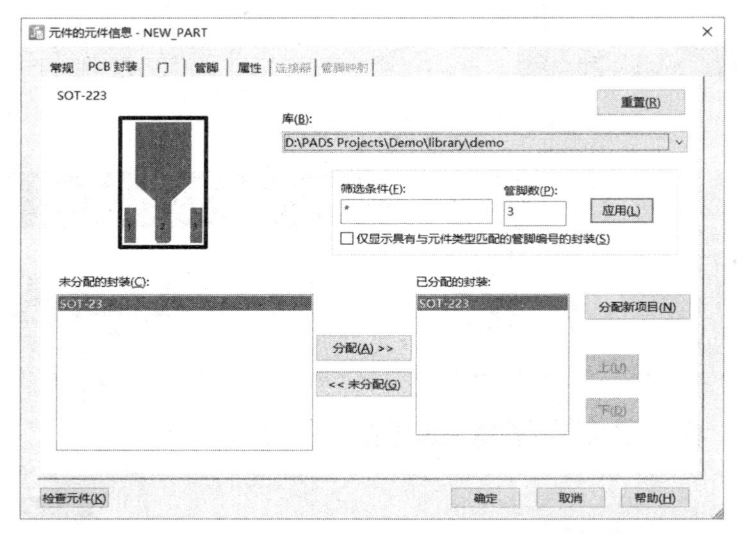

图 3.29　“PCB 封装”标签页

如果实在有必要，你也可以为元件分配暂时还不存在的 PCB 封装（左上角预览区域会显示“NOT FOUND”），后续在 PADS Layout 中再创建同名 PCB 封装即可，只需要单击“分配新项目”按钮，在弹出如图 3.30 所示“分配新的 PCB 封装”对话框中输入想要分配的 PCB 封装名称，再单击“确定”按钮即可。

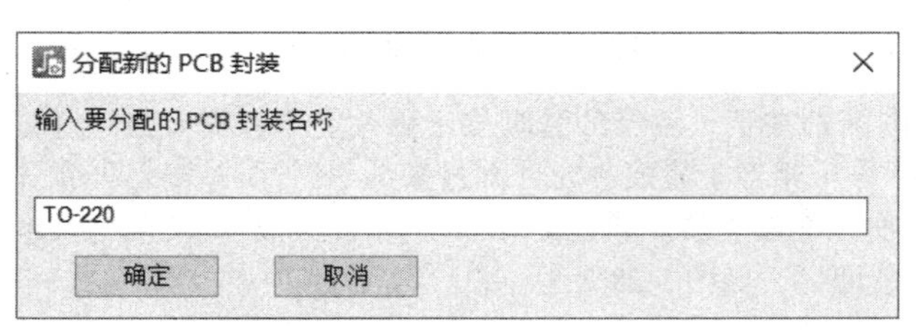

图 3.30　“分配新的 PCB 封装”对话框

需要注意的是，一个元件允许分配多达 16 个 PCB 封装，分配的多个 PCB 封装根据优先级高低依次出现在“已分配的封装”列表中，排在最上面的 PCB 封装优先级最高，其也是从库中添加元件到原理图时的默认 PCB 封装，你可以使用“上”与“下”按钮改变 PCB 封装的使用优先级，但即便添加到设计中的元件默认 PCB 封装并非所需，你仍然随时可以更改，只需要在 PADS Logic 中对元件执行【右击】→【特性】(或直接双击)，在弹出的如图 3.31 所示“元件特性”对话框中，单击下方的“PCB 封装”按钮即可进入如图 3.32 所示“PCB 封装分配”对话框，“库中的备选项”中即可显示元件所有已经分配的 PCB 封装，将其添加到“原理图中的已分配封装”项即可，你还可以选择是否将设计中所有相同类型元件的 PCB 封装都进行替换（而不是仅更新当前选择的元件），只需要在单击“确定”按钮前选中“所有此类型的元件”单选框即可。

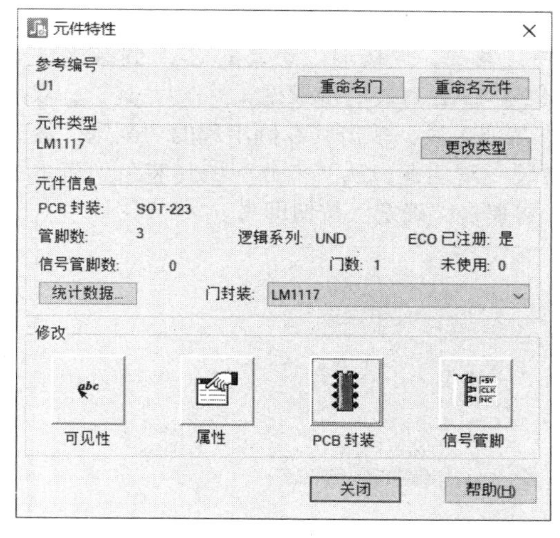

图 3.31　“元件特性”对话框

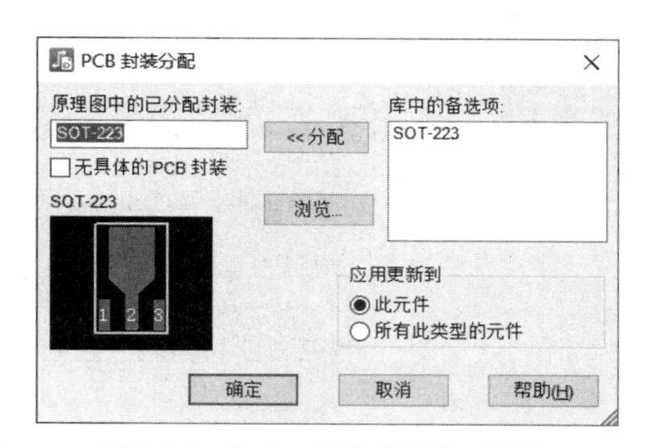

图 3.32　“PCB 封装分配”对话框

3.“门”标签页

“门”标签页如图 3.33 所示，主要用于给元件分配门（CAE 封装），包括门的数量、交换信息及相应的表现形式。

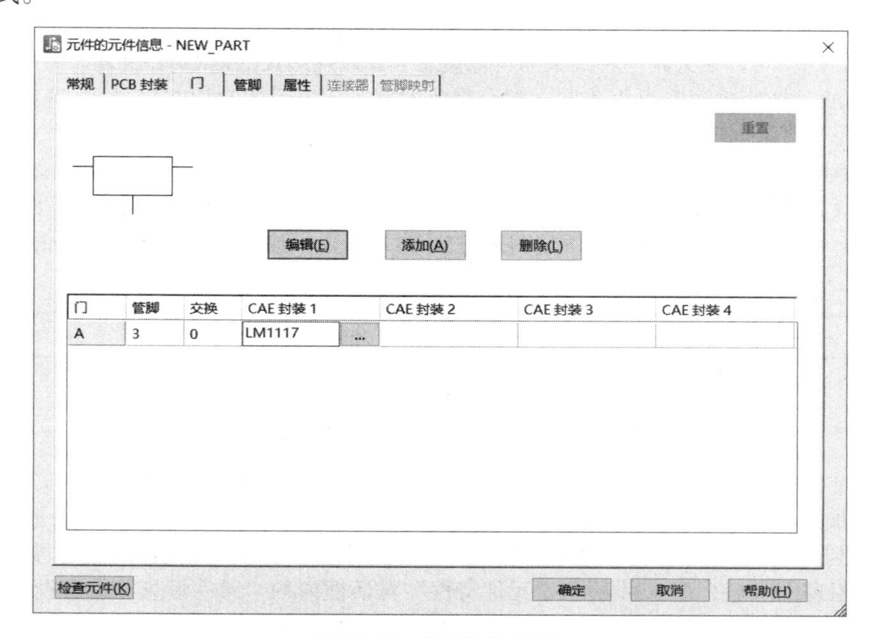

图 3.33　“门”标签页

首先应该明确 PADS 中的元件、门与 CAE 封装之间的关系。什么是门呢？很多初学者在进行原理图设计时，通常会将元器件的原理图符号（即 CAE 封装）绘制成为一个模块，这种方式对于简单的元器件、中小规模芯片是比较适合的。例如电阻、电容、电感、二极管、LM1117、51 单片机等。但是对于很多大规模集成芯片，管脚数量能够轻松过百，将其原理图符号绘制成为单个模块将非常不便于原理图的管理，也会严重影响设计的可读性，此时通常会将整个原理图符号按照功能划分为若干个模块。例如电源模块、存储控制模块、音视频模块、显示驱动模块、USB 模块等。而此处所述的“每一个模块”就对应 PADS 中的一个“门”。

如果你决定仅使用一个模块代表完整的原理图符号，仅需要单击“添加”按钮创建一个门（A）即可。如果你决定将原理图符号分解成多个模块，则可以多次单击“添加”按钮，“门”列会以 A、B、C、D 的形式增加，当你将该元件添加到原理图中时，相应的参考编号将会以形如 U1-A、U1-B、U1-C、U1-D 的方式出现。具体分配 CAE 封装的方式主要有两种：其一，直接输入想要的 CAE 封装名即可（即便相应的 CAE 封装并不存在于封装库中也可以，具体创建 CAE 封装的步骤见 3.3 节）；其二，双击某 CAE 封装列中的单元格（或选中单元格再单击“编辑”按钮）后，单击其右侧出现的“浏览”按钮（三个点）即可弹出图 3.34 所示的“为元件的门 A 分配封装”对话框，从“未分配的封装”列表中找到需要的 CAE 封装并将其添加到“已分配的封装”列表，再单击“确定”按钮即可。

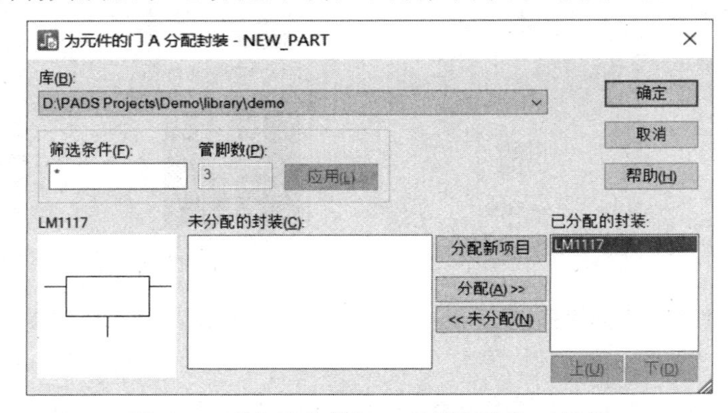

图 3.34 “为元件的门 A 分配封装”对话框

那么“门”与“CAE 封装”之间又有什么关系呢？为什么“门”标签页中添加的每个门对应多个 CAE 封装呢？“门”可以认为是一种抽象的逻辑概念，其表现形式就是 CAE 封装，但是每个“门”对应的 CAE 封装的具体表现形态可以不同。举个简单的例子，电阻的常用 CAE 封装就有折线与矩形两种，当然，你完全可以创建属于自己风格的 CAE 封装，在原理图层面表达的都是一个意思，如图 3.35 所示，其中，矩形与折线符号见国际电工委员会（International Electrotechnical Commission, IEC）标准 IEC 60617-DB《简图用图形符号》(Graphical symbols for diagrams)，中华人民共和国采用矩形符号，对应国家标准为 GB/T 4728.4《电气简图用图形符号 第 4 部分：基本无源元件》(Graphical symbols for electrical diagrams-Part 4:Basic passive components)。

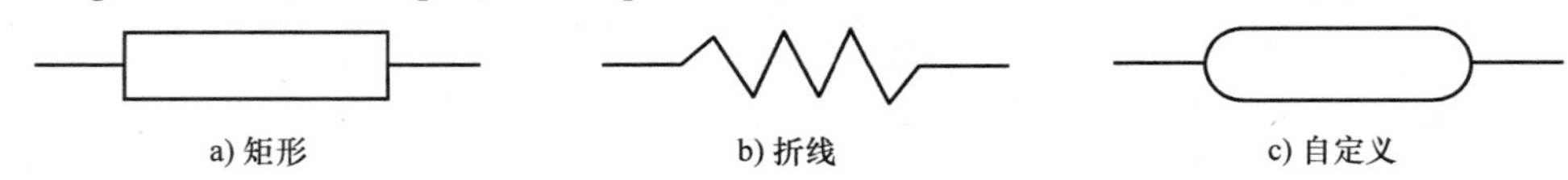

图 3.35 各种形式的电阻器原理图符号

如果你决定仅使用一种 CAE 封装形式，只需要将 CAE 封装添加到“CAE 封装 1”列中即可，这也是当元件添加到原理图中默认使用的 CAE 封装。如果你决定使用多种 CAE 封装形式，只需要将 CAE 封装添加到其他 CAE 封装列即可（一个“门”最多对应 4 个 CAE 封装，但管脚数量必须相等）。当元件添加到原理图中后，图 3.31 所示“元件特性”对话框内的“元件信息”组合框中的“门封装”列表将会列出所有添加的 CAE 封装形式，从中选择合适项即可。

最后总结一下“门”与“CAE 封装”之间的关系。图 3.36 左侧是实际芯片（型号为 74HC08）数据手册给出的原理图符号，你可以按照该符号创建 CAE 封装（即一个模块），这样一个原理图符号即包含所有管脚，此时一个元件类型仅包含了一个门，你可以为其分配最多 4 种 CAE 封装，图 3.36 中添加了 2 种。当然，你也可以采用将其分割为 4 个门的方式，同样可以为每个门分配最多 4 种 CAE 封装，图 3.36 中添加了 IEC 标准、美国国家标准协会（American National Standards Institute, ANSI）/ 电气电子工程师协会（Institute of Electrical and Electronics Engineers, IEEE）标准以及自定义的 3 种 CAE 封装。也就是说，PADS 中描述的“门”与数字电路中的“逻辑门”不一样，并非逻辑器件才可以分割成多个门，如果原理图符号复杂到一定程度，你就可以根据需求将其进行模块划分。

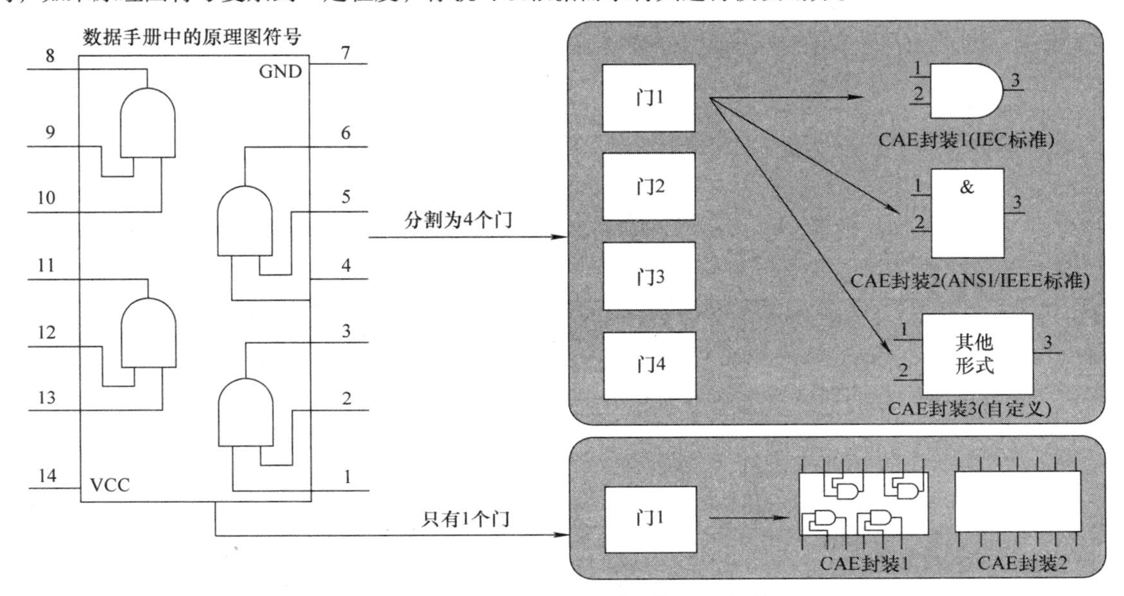

图 3.36　“门”与“CAE 封装”之间的关系

4.“管脚”标签页

“管脚”标签页用于给元件分配管脚，如图 3.37 所示。PADS 要求给元件的管脚选择一个管脚组（Pin Group），其可以是门管脚（Gate Pins）、信号管脚（Signal Pins）、未使用的管脚（Unused Pins）及连接器管脚（Connector Pins）类型之一（管脚总数量不能超过 32767），其中，“连接器管脚”组仅在创建连接器封装时才会出现，详情见 3.5 节，此处暂不赘述。

当你已经为元件分配 PCB 封装时，所有管脚编号默认会对应每一行出现在“编号”列中（你可以对管脚编号进行编辑，虽然默认为纯数字形式，但其也可以接受“带字母的数字”的管脚编号形式，但如果此时 PCB 封装的管脚编号为纯数字，则必须将“带字母的数字”的管脚编号映射到 PCB 封装），并且默认被分配在“未使用的管脚”组（当然，即便暂时并未分配 PCB 封装，你也可以通过右侧的按钮手工添加管脚），此时“管脚组”列中还没有“门管脚”组，只有当你为元件分配了 CAE 封装时才会出现，而“管脚”标签页存在的主要意义是，**将 PCB 封装中的管脚分配到“门管脚”组**。如果 PCB 封装中定义为“门管脚”组的管脚与 CAE 封装中包含的管脚数量不相同，在保存元件类型时会出现类似“门 A 封装 LM1117 具有 3 个端点，但门定义包含 1 个管脚”的错误信息。简单地说，**对于 PCB 封装中需要使用的管脚，通常需要将其分配到“门管脚”组**。当管脚被分配到“门管脚”组时，你还可以选择相应的管脚类型（并非必须）。当然，你也可以在创建或编辑 CAE 封装时设置管脚类型，只不过会使用单个字母显示，具体见表 3.3（详情见 3.3 节）。如果元件相关的管脚非常多，且需要设置的类型信息也不少，你也可以创建一个 .csv 文件（使用 Excel 办公软件即可，只需要在另存为文件时选择保存类型为“*.csv”），并按照“管脚”标签页中定义的列名顺序输入管脚信息，具体如图 3.38 所示。然后再单击“管脚”标签页右侧的“导入 CSV”按钮将该文件导入即可。

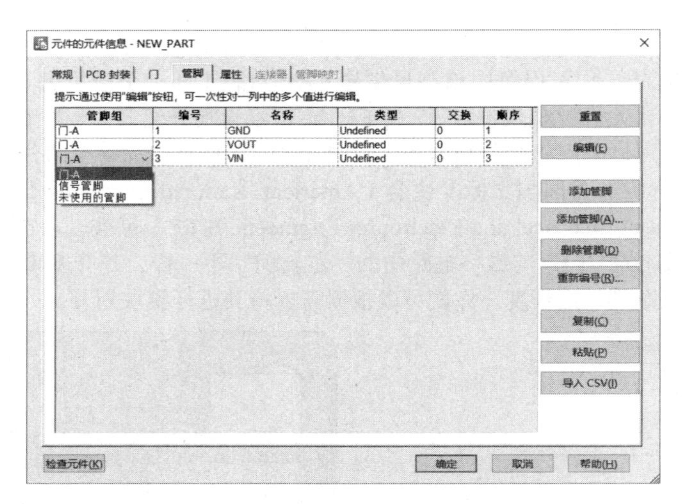

图 3.37 “管脚”标签页

表 3.3 管脚类型

字母	管脚类型	字母	管脚类型
B	双向（Bidirectional）	P	电源（Power）
C	开集（Open Collector）	S	信号源（Source）
G	公共地（Ground）	T	端接器（Termiator）
L	负载（Load）	U	未定义（Undefined）
O	线或连接的源（Or-Tieable Source）	Z	三态（Tristate）

管脚.csv - Microsoft Excel

	A	B	C	D	E	F
1	门-A	1	VBAT	Load	0	1
2	门-A	2	PC13	Load	0	2
3	门-A	3	PC14	Load	0	3
4	门-A	4	PC15	Load	0	4
5	门-A	5	OSC_IN	Load	0	5
6	门-A	6	OSC_OUT	Load	0	6
7	门-A	7	NRST	Load	0	7
8	门-A	8	VSSA	Load	0	8
9	门-A	9	VDDA	Load	0	9
10	门-A	10	PA0	Load	0	10

图 3.38 在 CSV 文件中编辑管脚信息

“信号管脚”组包括不会显示在任何门（CAE 封装）上的管脚，电源与公共地管脚就是其中的典型。举个例子，现在决定创建 74HC08 的 CAE 封装，那么电源与公共地管脚应该怎么处理呢？你可以不在 CAE 封装中添加电源与地管脚，只是在“管脚”标签页中将其分配到“信号管脚”组即可。PADS Logic 中的电源与地管脚的标准信号名称分别为“+5V”与“GND”（你可以在“名称”列中重新定义），如果原理图中存在相同的网络，则表示它们默认连接在一起，PADS 自带的 PREVIEW.SCH 中的 87C256、AM100415、PAL168R 等元件的 CAE 封装中均未显示电源与地管脚，因为元件中已经将其分配到“信号管脚”组。当然，你可以在创建 CAE 封装时添加两个管脚以分别代表电源与地管脚。换言之，“信号管脚”组的使用并非必须，取决于工程师的设计习惯。

“未分配的管脚”组存在的意义又是什么呢？原则上，**PADS 要求 PCB 封装管脚编号必须与 CAE 封装完全对应**，但是如果 PCB 封装的某些管脚本身并无电气特性（不需要进行网络连接），你就可以将其设置为“未分配的管脚”组。例如，有些 PCB 封装会存在一些定位孔，在实际制作时是通过修改焊盘栈参数得到的（即焊盘直径等于钻孔直径，详情见 3.7.2 小节中 RJ45 封装），所以也会存在相应的管脚编号，但你可以将其分配为“未分配的管脚”组，如此一来，在创建相应的 CAE 封装时，也就不需要为这些定位孔焊盘添加对应的管脚。当然，如果你选择将定位孔焊盘管脚分配到“门管脚”组，相应的 CAE 封装中也必须得存在对应的管脚。

“交换”列可以设置同一个门中管脚可以交换的组编码（后续简称为“交换 ID”），取值范围在 0 ~ 99 之间。例如，在元件 74HC08 中，每个门都有两个输入，但是这两个输入管脚并无功能上的区别。在进行 PCB 设计时，你可能会为了布线方便将这两个管脚进行交换，此时即可使用管脚交换功能。如果你将某个管脚对应的交换 ID 设置为“0”，表示该管脚不能交换。如果你想使用管脚交换功能，只需要在管脚对应的“交换”列中填入“非 0”数字即可，**交换 ID 相同即表示可以交换**。例如，多个管脚的“交换”列都设置为 1（1~99 之间的某个数字均可），表示这些管脚可以用于交换。值得一提的是，“门”标签页中的“交换”列也是相同的意思，只不过交换的对象是门。假设现在将 74HC08 的元件分割为 4 个门，从理论上来讲，其中的 4 个（逻辑）门可以交换，所以将“交换”列都设置为 1 即可。

“顺序”列用于标注每个门中管脚的数字（从 1 开始的整数），也就是在创建 CAE 封装时放置管脚的顺序，其与“管脚编号”并非相同的概念。例如，在分割为多个门的 74HC08 元件中，每个门中的管脚顺序都是从 1 开始，但是管脚编号却不会相同。也就是说，在门 A 中，顺序 1 代表的管脚编号可以是 1（或其他），但在门 B 中，顺序 1 代表的管脚编号可能是 4。

5. “属性”标签页

“属性”标签页可以为元件添加属性，如图 3.39 所示，你可以单击“添加”按钮创建新属性，也可以单击“浏览库属性”选择已经定义的属性，此处不再赘述。

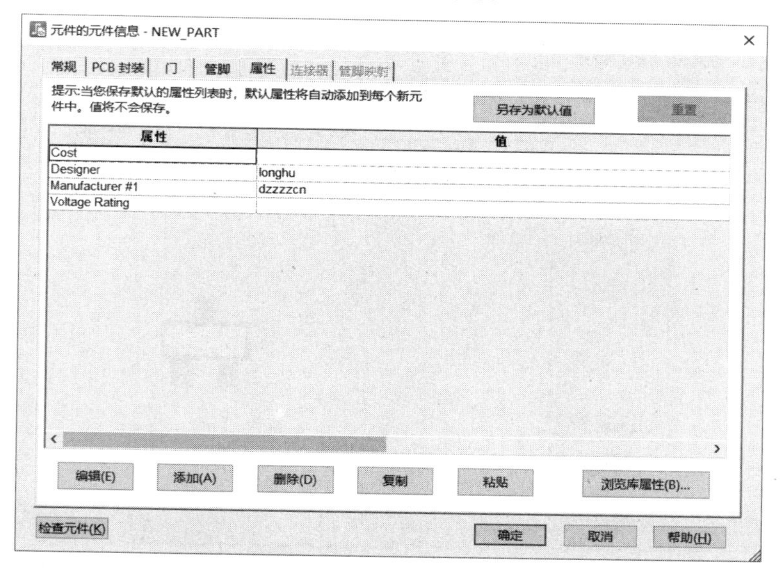

图 3.39　“属性”标签页

6. “管脚映射”标签页

“管脚映射”标签页用于将含字母和数字的（alphanumeric）管脚编号映射到 PCB 封装中的数字（numeric）管脚编号，那么为什么要进行管脚映射呢？假设现在有一个三极管的 PCB 封装，为了能够在 PCB 文件中方便查看管脚对应的电极，你可能希望在 PCB 封装中显示字母 B、E、C，而非数字 1、2、3，具体怎么解决呢？你可以在创建 PCB 封装时使用字母对管脚进行编号即可！问题似乎解决了，但是如果明天又有一个使用相同封装的场效应管，其电极管脚的名称对应为 G、S、D，那你还得再次创建一个完全相同的封装（仅管脚编号不同而已），如果后天再有另一个类似的元器件，你还是得老老实实地重复创建相同的 PCB 封装，对不对？然而请放心，还不到你最窝火的时候。三极管也对应多种不同的 PCB 封装，你后续同样也可能需要针对其他元器件再重复创建一遍，对不对？此时已经“疲于奔命”

的你肯定很需要一套更加灵活的解决方案，既能够在 PCB 封装的管脚中显示字母（与数字），又能够减少创建 PCB 封装的工作量，对不对？管脚映射就是一种比较好的方案，此时，PCB 封装管脚编号仍然还是使用纯数字，但你可以将其映射到**含字母（和数字）**的管脚编号，相应的效果如图 3.40 所示。

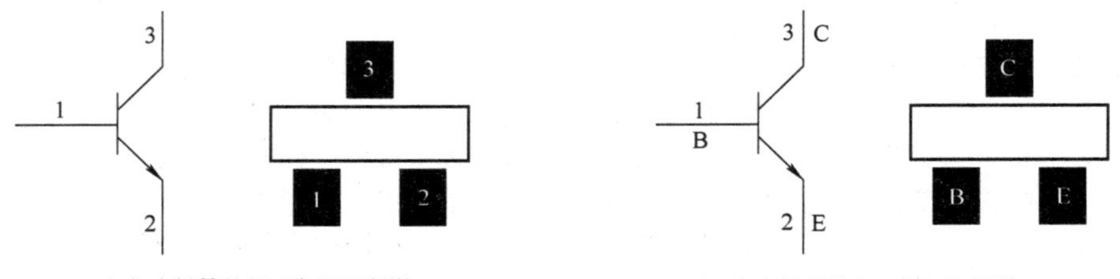

图 3.40　管脚映射前后的效果

如果你想使用管脚映射功能，首先必须勾选“常规”标签页中的“定义元件类型管脚编号到 PCB 封装的映射”项，而且必须分配 PCB 封装后才能正常使用“管脚映射”标签页。以 SOT-23 封装映射管脚号为例，当你将 SOT-23 封装分配到元件后，“管脚”标签页中会出现 3 个管脚，其编号依次为 1、2、3，你需要先将其分别修改为 B、E、C，然后切换到“管脚映射”标签页，刚刚修改的 B、E、C 会出现在左侧“未映射的管脚”列表中，而右侧列表中的“封装”列管脚数量取决于分配的 PCB 封装，你只需要选中某个未映射的管脚，并将其分配到“元件类型”列即可，图 3.41 所示为管脚映射完成之后的效果。需要特别注意的是，**只有数字管脚编号连续的 PCB 封装才能进行正常映射，否则会出现错误提示对话框**。

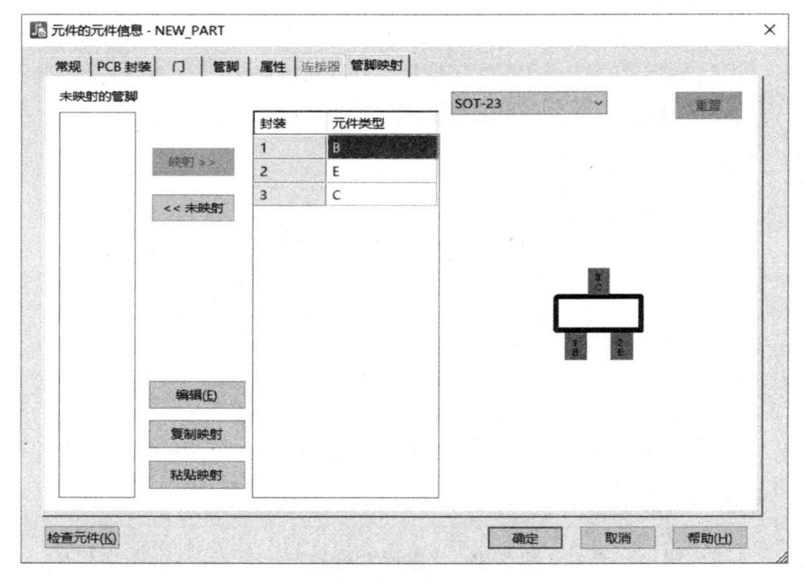

图 3.41　“管脚映射”标签页

7.“连接器”标签页

“连接器”标签页只有在打开（或创建新的）连接器封装时才会有效。连接器元件与多门 CAE 封装的元件（详情见 3.3.3 小节）有些相似，但是其并无门的概念（此时“门”标签页无效），所以也不需要分配 CAE 封装，因为每个管脚都算是一个门，这样可以将多个管脚分布式地放置在原理图中。与多门 CAE 封装的元件有所不同的是，连接器元件中每个管脚的参考编号以类似 J1-1、J1-2、J1-3 的形式增加，图 3.42 为 PADS 自带封装库“connector”中的连接器封装 CON-SIP-1P，其中分配了 5 个管脚形式（相当于给一个门分配的多个 CAE 封装），当你将连接器放置在原理图中时，可以通过执行【右击】→【备选】（或快捷键“Ctrl+Tab”）切换管脚形式，详情见 3.5 节。

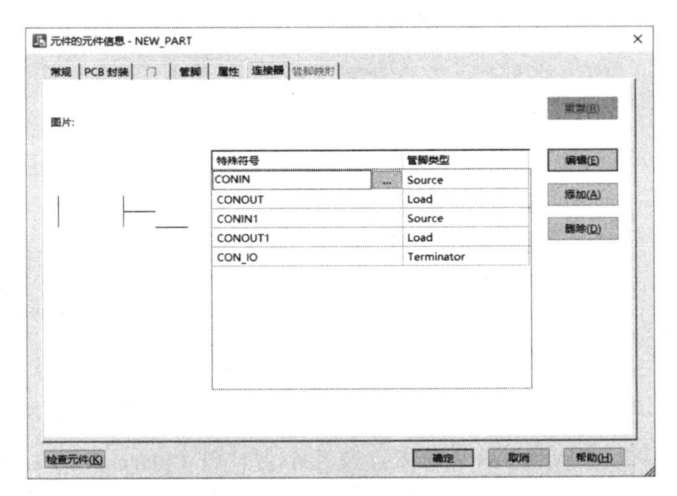

图 3.42　“连接器”标签页

3.2.3　保存元件类型

元件类型信息设置完成后，单击“确定”按钮即可，如果弹出类似如图 3.43 所示的 partedit.err 文件，说明你设置的元件类型信息存在错误或警告，你应该至少将错误消除。“门 A 封装 LM1117 具有 3 个端点，但门定义包含 2 个管脚”表示给元件类型分配的 CAE 封装有 3 个端点（管脚），但是在“管脚”标签页中仅有 2 个管脚被分配到了“门管脚”组，这可能是因为 PCB 封装仅有 2 个管脚（即分配了错误的 PCB 封装），也可能是因为剩下的那个管脚被分配到了“未使用的管脚”组（即分配了错误的管脚组）。

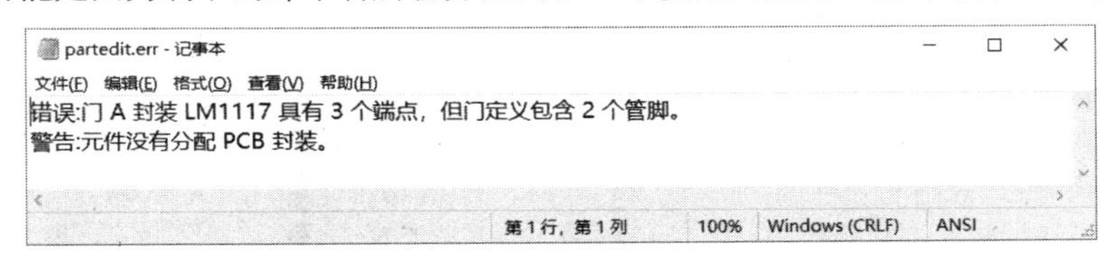

图 3.43　partedit.err

如果元件类型设置不存在任何错误，只需要执行【文件】→【另存为】即可弹出如图 3.44 所示的“将元件和门封装另存为”对话框，从中设置保存的封装库、元件名及 CAE 封装名称，再单击“确定”按钮即可。

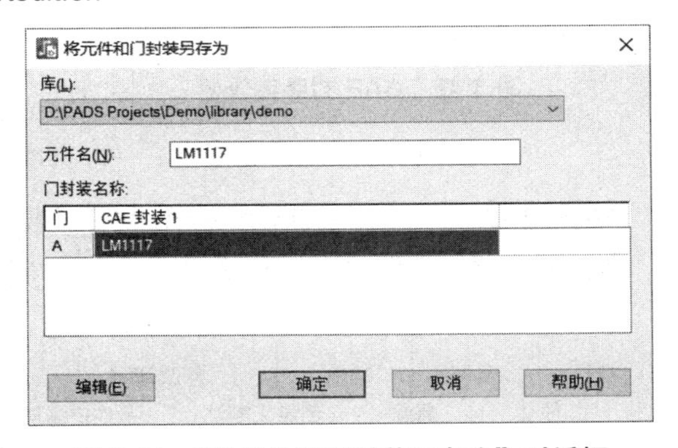

图 3.44　“将元件和门封装另存为”对话框

3.3　CAE 封装

上一节已经详尽描述元件类型相关的细节，本节则开始进行 CAE 封装的创建。**假设你现在仍然处于图 3.19 所示的元件编辑器环境**，执行【编辑】→【CAE 封装编辑器】（或单击元件编辑器工具栏中的“编辑图形”按钮）后可能会出现两种情况，其一，如果你已经在图 3.33 所示的“门”标签页中分配 CAE 封装，PADS Logic 将会弹出如图 3.45 所示的“选择门封装”对话框，其中“门”列表中会列出当前元件中所有分配的门（与“门”标签页中的“门”列一一对应），而“备选封装”列表中则列出最多 4 种封装形式（与“门”标签页中的“CAE 封装 1”“CAE 封装 2”“CAE 封装 3”“CAE 封装 4”列一一对应），选择需要编辑的 CAE 封装再单击“确定”按钮即可进入 CAE 封装编辑器。其二，如果你尚未在“门”标签页分配好 CAE 封装（或者仅填入了不存在的 CAE 封装名称），PADS Logic 将会弹出如图 3.46 所示的对话框，提醒你选定的门封装不存在，同时创建新的 CAE 封装（名称默认为“NEW_PART”），单击“确定”按钮后也会自动进入 CAE 封装编辑器，如图 3.47 所示。

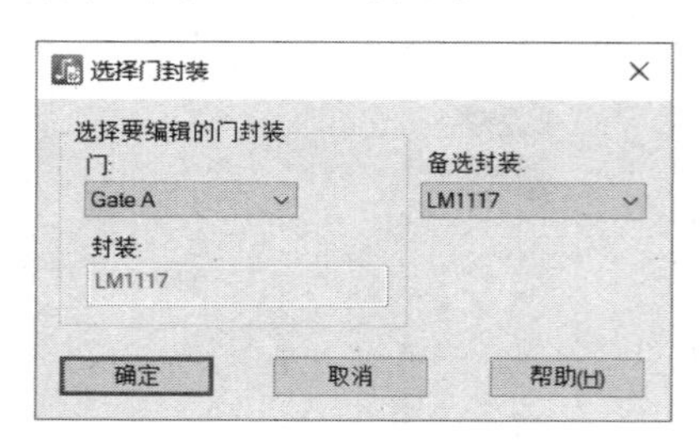

图 3.45 “选择门封装”对话框

图 3.46 提示对话框

默认的 CAE 封装编辑器中会显示一个原点及几个占位符（placeholder），其中“REF”“NEW_PART”分别代表（元件从封装库调出后）参考编号与元件类型名称在原理图中的默认显示位置，“Free Lable 1”“Free Label 2”分别代表第 1 与第 2 属性的默认显示位置。为截图简便起见，后续可能会将这些占位符隐藏起来，只需要执行【设置】→【显示颜色】，在弹出的“显示颜色”对话框中不勾选“名称”组合框中的“参考编号”“元件类型名称”“属性标签”即可，如图 3.48 所示。

CAE 封装编辑器环境中只有符号编辑工具栏（Symbol Editing Toolbar），如图 3.49 所示。

图 3.47 CAE 封装编辑器

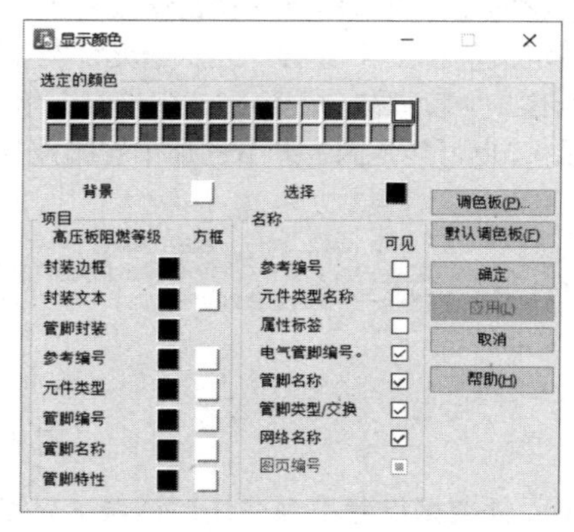

图 3.48 “显示颜色”对话框

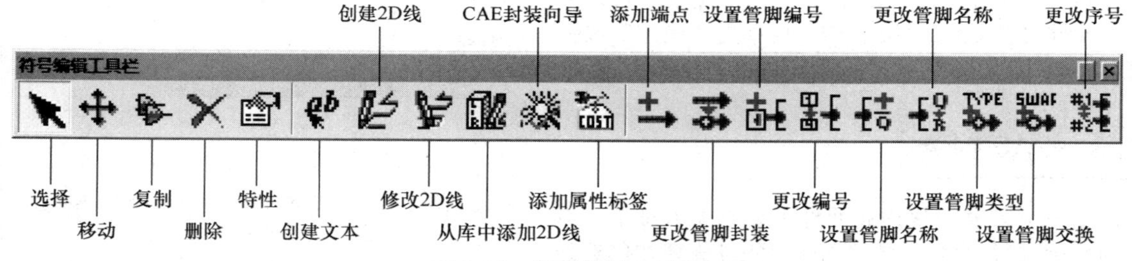

图 3.49 符号编辑工具栏

值得一提的是，你也可以在元件编辑器环境执行【文件】→【新建】，在弹出的如图 3.50 所示“选择编辑项目的类型”对话框中选择“CAE 封装”项进入 CAE 封装编辑器环境，此种方式下新建的 CAE 封装无与之关联的元件类型（即先创建 CAE 封装，再分配到元件类型），相应的符号编辑工具栏如图 3.51 所示。从中可以看到，很多管脚编辑按钮都

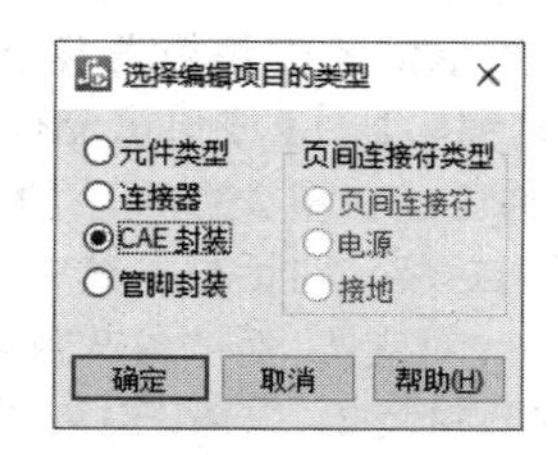

图 3.50 “选择编辑项目的类型”对话框

处于无效状态，为什么会这样呢？因为管脚信息是在元件类型中确定的，如果 CAE 封装并未分配到元件中，对管脚信息的编辑操作并无意义。

图 3.51　符号编辑工具栏

总的来说，正常模式、元件类型编辑环境与 CAE 封装编辑环境之间的关系如图 3.52 所示。当然，你也可以直接从图 3.4 所示的“库管理器”对话框中进入元件或封装编辑环境。

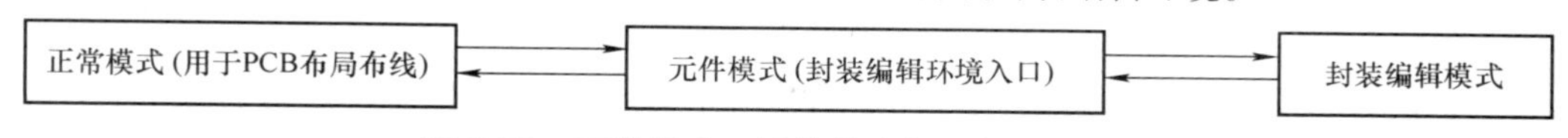

图 3.52　正常模式、元件模式与封装编辑模式

3.3.1　单门单 CAE 封装

单门单 CAE 封装是指元件仅分配了一个门，且只对应一种 CAE 封装形式，大多数比较简单的元器件都可以使用此种封装，本节以创建图 2.2 所示的“LDO 芯片的单门单 CAE 封装”为例详尽阐述整个过程，以下假设你已经进入到 CAE 封装编辑器环境中。

（1）在正式创建 CAE 封装前应该设置合理的设计栅格，这将有利于快速方便地定位绘图，只需要执行【工具】→【选项】→【常规】→【栅格】，并修改“设计”文本框中的数字即可，如图 3.53 所示。需要注意的是，设计栅格不宜设置过小，否则可能会导致设计出来的原理图符号管脚不容易对齐（网络连接后会出现一些小拐角而影响美观），设计栅格也不宜设置过大，以避免创建出来的 CAE 封装过大，如果电容器的 CAE 封装比大规模集成电路还要大，肯定也并不合适，对不对？一般设置为 50mil 或 100mil 即可（无模命令“G”）。另外，文本或占位符的移动间距取决于“标签和文本”栅格（而非“设计”栅格），你也可以根据实际需求设置。

图 3.53　“选项”对话框

（2）获取元器件的管脚编号与管脚名信息。元器件反映在 CAE 封装中的主要信息便是管脚编号及相应的管脚名，其他信息通常并非必须，至于你想将其绘制得有多简洁或多精美并不重要，关键是**准确**。LM1117 对应的管脚信息见表 3.4。

表 3.4　LM1117 的管脚信息

管脚编号	SOT-223/TO-252/SOT-89	
	管脚名	功能描述
1	ADJ/GND	调节 / 公共地
2	V_{OUT}	输出电压
3	V_{IN}	输入电压

（3）绘制 CAE 封装外框。通常情况下，芯片的原理图符号都存在一个标志性的外框（矩形比较常见）。单击符号编辑工具栏中的“创建 2D 线”按钮即可进入绘制 2D 线状态，然后执行【右击】→【矩形】表示将要创建一个矩形 2D 线，如图 3.54 所示。

矩形外框的绘制需要确定 2 个点，单击原点即可确定矩形的左下角，在右上方合适位置再次单击即可确定右上角，一个 2D 线矩形的绘制工作就已经完成，如图 3.55 所示。矩形尺寸可根据管脚名称大小粗略估计一下，如果后续觉得矩形框太大或太小，你可以单击符号编辑工具栏中的“修改 2D 线”按钮，再单击矩形的某个边拖动即可调整。

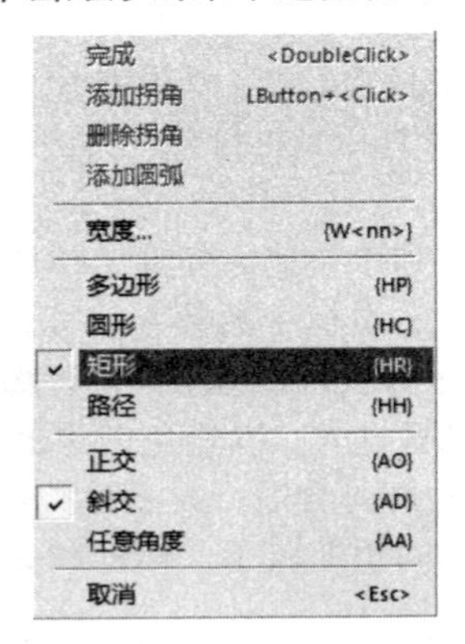

图 3.54　将要创建矩形

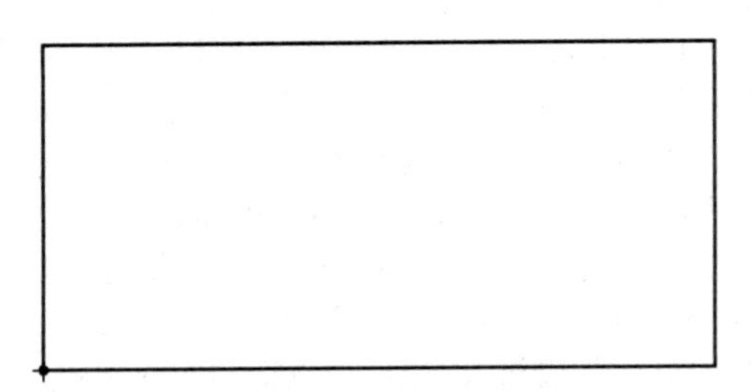

图 3.55　绘制完成的元件外框

需要注意的是，虽然外框的左下角并不一定必须是原点（可以是右上角、中心等位置），但外框的位置总是应该（建议）靠近原点，因为 PADS Logic 中的元件移动是以原点来定位（光标就在 CAE 封装的原点），如果外框过于远离原点，元件在移动时会离光标很远，甚至可能看不到（超出当前工作区域），也就会影响原理图设计效率。

（4）添加管脚。单击符号编辑工具栏中的“添加端点”按钮，即可弹出如图 3.56 所示“管脚封装浏览”对话框，其中显示了当前可供使用的所有管脚形式（管脚形式不影响管脚本身代表的功能），具体如图 3.57 所示。当然，你也可以创建自己喜欢的管脚形式，详情见 3.4 节。

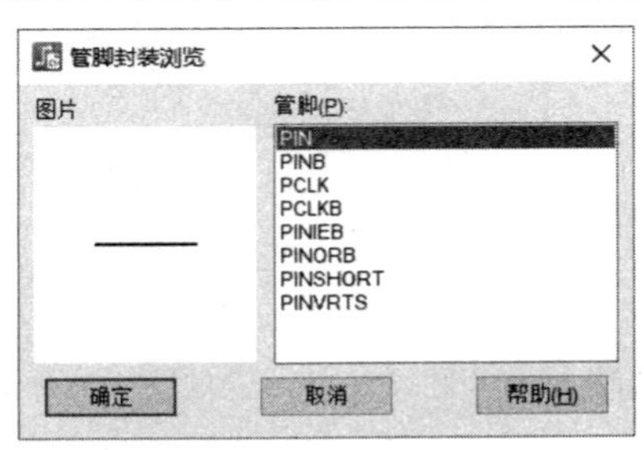

图 3.56　“管脚封装浏览”对话框

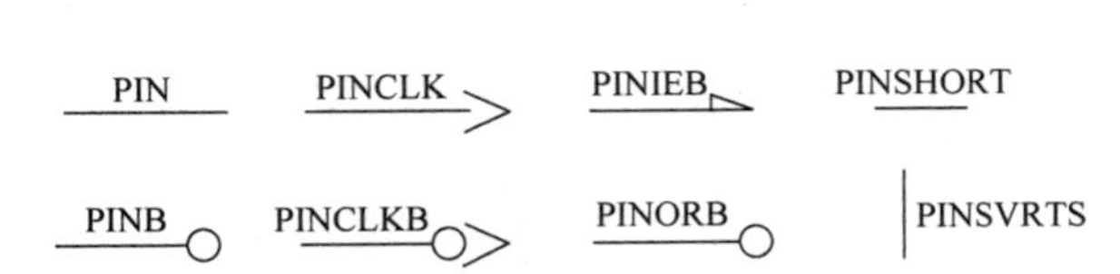

图 3.57　PADS 自带的管脚封装

本例选择“管脚”列表中的第一种管脚（名称为“PIN”），单击“确定”按钮即可进入管脚添加状态，然后依次在适当位置放置三个管脚即可，默认添加的管脚号均为“0”，如图 3.58 所示，其中，“#数字”用于标记管脚的放置顺序（数字总是从 1 开始，每添加一个管脚将会自动加 1），“TYP”表示管脚类型（“U”表示未定义，见表 3.3），“SWP”表示管脚交换 ID，它们分别对应图 3.37 所示的“管脚”标签页中的“顺序”“类型”“交换”列，“NETNAME”为网络名称的占位符。

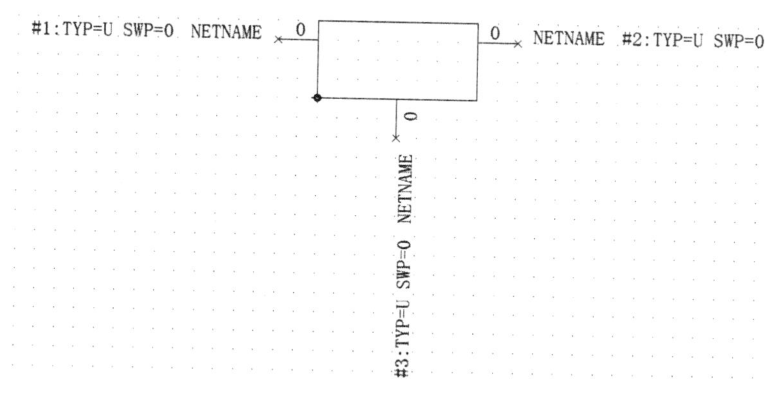

图 3.58　放置管脚后的状态

在放置管脚过程中需要注意几点：其一，管脚是电气对象，不能使用 2D 线代替；其二，管脚带“×”的那一端应该朝外侧，它们是 CAE 封装在原理图中与其他网络之间的有效连接点；其三，你可以根据需要进行旋转、X 镜像、Y 镜像等操作，只需要在放置过程中执行【右击】，在弹出的快捷菜单中选择相应项即可，如图 3.59 所示；其四，如果所有管脚放置完毕，可以选择图 3.59 中的“取消”项（或单击符号编辑工具栏中的“选择”按钮，或快捷键“ESC”）即可退出管脚添加状态。另外，默认添加的管脚会显示管脚类型与交换 ID 信息，后续为节省篇幅可能会将其隐藏（仅在必要时显示），只需要在图 3.48 所示的“显示颜色”对话框中不勾选相应项即可，此处不再赘述。

（5）设置管脚编号。CAE 封装的每个管脚都应该设置惟一的管脚编号，单击符号编辑工具栏中的“设置管脚编号”按钮即可弹出如图 3.60 所示的“设置管脚编号”对话框，从中设置起始管脚编号与增量选项，即可在连续设置管脚编号时自动改变管脚编号，表 3.5 列出了几种参数相应生成的管脚编号范例。

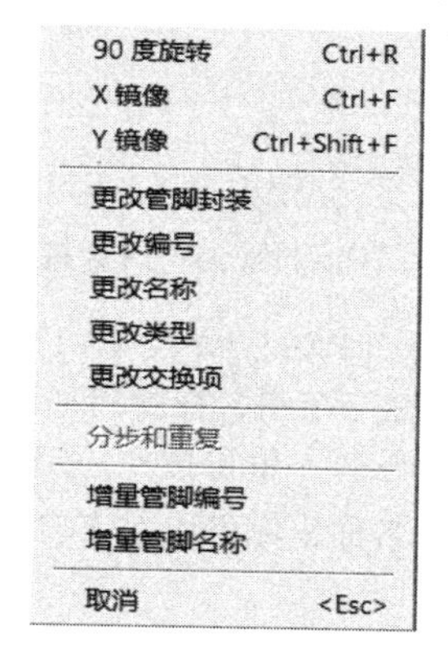

图 3.59　管脚相关的调整选项

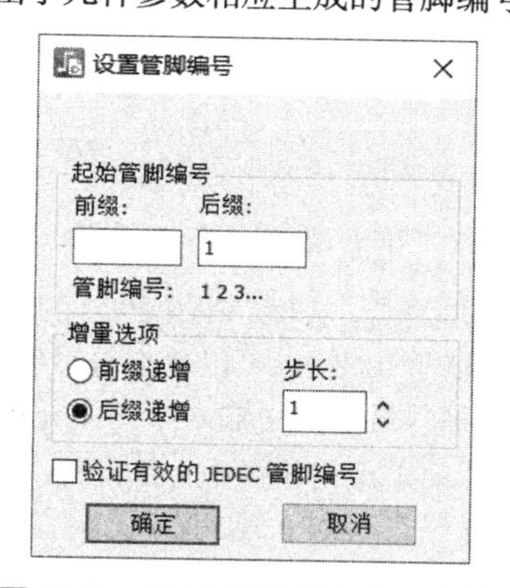

图 3.60　“设置管脚编号”对话框

表 3.5　设置参数后生成的管脚编号范例

前缀	后缀	前缀递增	后缀递增	管脚编号
无	1	无	1	1、2、3、4、5、6、…
无	2	无	2	2、4、6、8、10、12、…
A	1	无	1	A1、A2、A3、A4、A5、A6、…
A	无	1	无	A、B、C、D、E、F、…
A	1	2	无	A1、C1、E1、G1、I1、K1、…

由于本例需要 1、2、3 共 3 个管脚号，图 3.60 所示参数设置正好满足要求，单击“确定”按钮后即可进入设置管脚编号状态，然后依次单击图 3.58 中的下方、右方、左方 3 个管脚的管脚编号“0”即可（单击管脚编号的次序来源于表 3.4，因为下方的管脚 1 是公共地，右侧管脚 2 是输出电压，左侧管脚 3 应该是输入电压），相应的效果如图 3.61 所示。

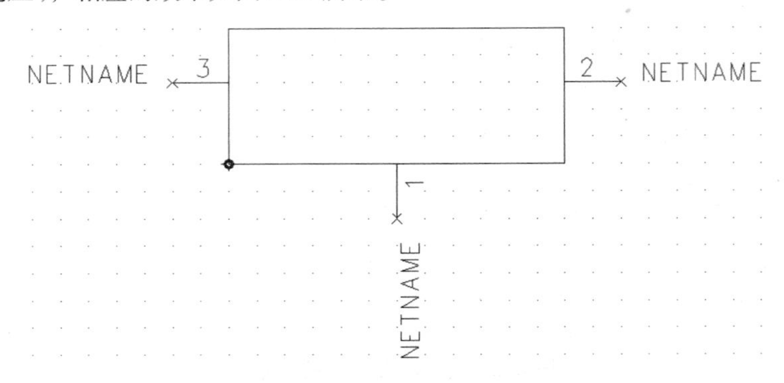

图 3.61　管脚号修改后的状态

如果不小心设置错误的管脚编号，你可以重新执行设置管脚编号的步骤。对于管脚数量非常多的 CAE 封装，如果只是其中某几个管脚编号设置出错，也可以单击符号编辑工具栏中“更改编号”按钮进入更改管脚编号状态，然后单击需要更改的管脚编号，在弹出如图 3.62 所示“Pin Number”对话框中输入正确的管脚编号，再单击“确定”按钮即可。

（6）设置管脚名。每个管脚通常还有一个代表其功能的名称（可选），单击符号编辑工具栏中的“更改管脚名称”按钮即可进入更改管脚名称状态，然后单击管脚名为“1”的管脚，即可弹出如图 3.63 所示“Pin Name”对话框，根据表 3.4 所示信息，应该将其设置为“GND”，再单击“确定”按钮即可。然后“依法炮制”将管脚 2 与管脚 3 对应的管脚名称分别修改为“VOUT”与“VIN”即可。

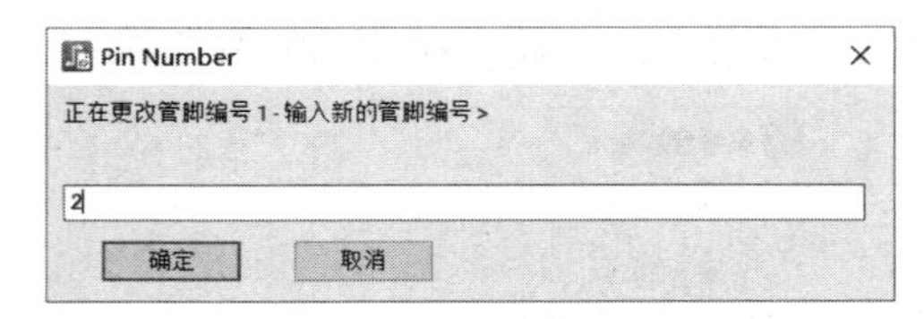

图 3.62　“Pin Number”对话框

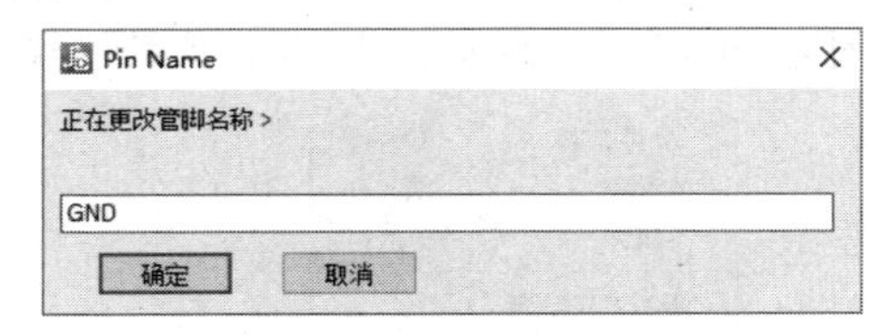

图 3.63　“Pin Name”对话框

值得一提的是，如果 CAE 封装的大量管脚名称很有规律（例如 PA0、PA1、PA2，或 GND1、GND2、GND3 等），你也可以单击符号编辑工具栏中的“设置管脚名称”按钮，在弹出如图 3.64 所示“端点起始名称”对话框中输入第一个管脚名称后，然后连续单击多个管脚，即可按照一定的规律自动修改。另外，如果想使用类似$\overline{\text{RST}}$、$\overline{\text{EN}}$等带上划线的字符串作为管脚名称，你可以在字符串前添加一个反斜杠字符“\”即可。例如，“\RST”与“\EN”。

（7）你也可以根据需求进行管脚类型、管脚交换、更改序号（管脚放置顺序）等操作，相应工具的使用方式相似，此处不再赘述。如果有需要，你也可以添加可选的文字或 2D 线，只需要单击符号编辑工具栏中的相应按钮即可，此处决定不添加，最后的效果如图 3.65 所示。

图 3.64　“端点起始名称”对话框

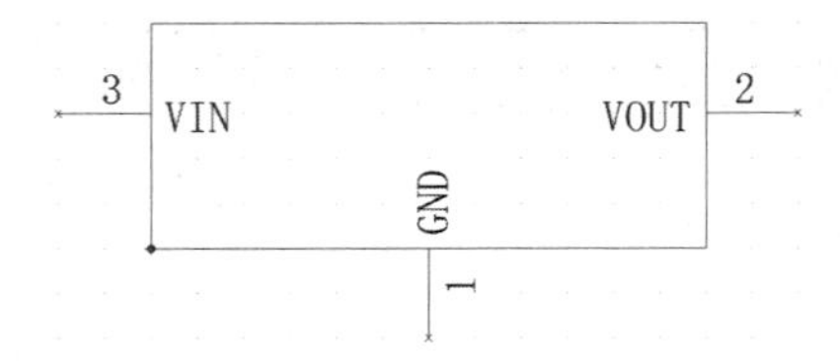

图 3.65　CAE 封装编辑完成后的效果

值得一提的是，你也可以一次性对某个管脚完成编号、名称、交换类、类型方面参数的设置，只需要选择管脚后执行【右击】→【特性】(或直接双击)，在弹出如图 3.66 所示“端点特性”对话框中进行相应编辑即可。

(8) CAE 封装编辑完成后就应该进行保存。执行【文件】→【返回至元件】即可弹出如图 3.67 所示提示对话框，单击“是”按钮表示保留对门的更改，然后又会返回到元件编辑器环境，再执行 3.2.3 小节所示元件类型保存操作即可。

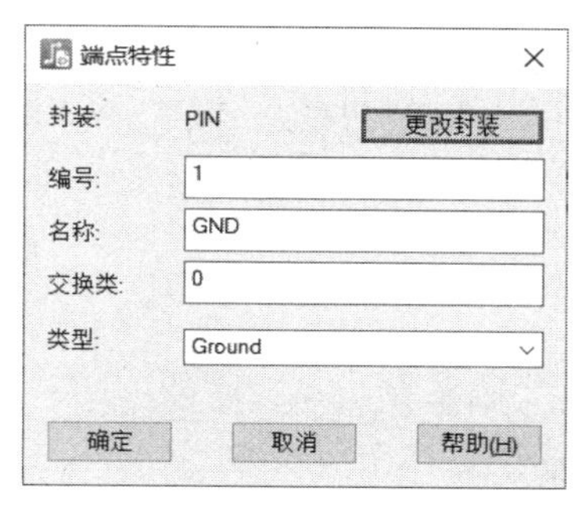

图 3.66 “端点特性”对话框

图 3.67 提示对话框

3.3.2 单门多 CAE 封装

单门多 CAE 封装是指元件仅分配了一个门，但却对应最多 4 个 CAE 封装，这样可以根据不同的需求选择不同的 CAE 封装形式。例如，电阻器常用的 CAE 封装形式就有两种（有些单位也会将横向与竖向元件作为两种形式），逻辑门的常用 CAE 封装也有 ANSI/IEEE 与 IEC 两种标准。当然，你也可以自定义 CAE 封装形式，本小节根据图 3.35 创建单门 3 个 CAE 封装的元件类型，具体步骤如下：

(1) 新建元件类型。在“元件的元件信息”对话框内“门”标签页中的“门 A”行填入“RES-A”、“RES-B”、“RES-C”，它们分别对应的 CAE 封装形式为图 3.35a、3.35b、3.35c，如图 3.68 所示。单击“确定”按钮后将会弹出包含一些警告的 partedit.err 文件，此处不必理会（**其他参数保持默认即可，也是想告诉你：虽然元件类型相关信息并不少，但大多数选项的设置并非必须，除非你想尽善尽美地编辑元件类型**）。

门	管脚	交换	CAE 封装 1	CAE 封装 2	CAE 封装 3	CAE 封装 4
A	0	0	RES-A	RES-B	RES-C	

图 3.68 分配 CAE 封装

(2) 执行【编辑】→【CAE 封装编辑器】即可弹出图 3.69 所示“选择门封装”对话框，在“备选封装”列表中列出了刚刚分配的 3 个 CAE 封装项，你只要逐个选中并编辑 RES-A、RES-B、RES-C 即可，此处不再赘述。

值得一提的是，备选封装中的“<New Decal>”项表示新建更多的备选封装，你也可以好好地利用该选项创建多 CAE 封装（而不需要预先做第 1 步分配 CAE 封装的操作），只需要从元件编辑器环境直接进入 CAE 封装编辑器即可（会弹出图 3.46 所示提示对话框）。当第 1 个 CAE 封装编辑完成并返回到元件编辑器环境后，该 CAE 封装的名称就是“NEW_PART”，紧接着使用相同的方式再次进入 CAE 封装编辑器，此时就会弹出图 3.69 所示对话框，如果你选择“<New Decal>”项，就表示创建更多备选封装，该封装的名称可以在左下角的“封装”文本框中设置，而每个编辑好的备用封装名称会自动填充到图 3.68 所示“门”标

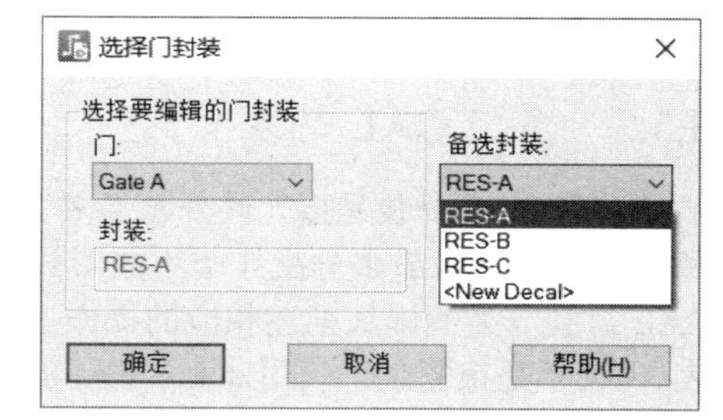

图 3.69 “选择门封装”对话框

签页的各 CAE 封装列中。当然，在图 3.44 所示“将元件和门封装另存为”对话框中保存创建的元件与门封装时，你仍然可以重新设置相应的名称，此处不再赘述。

（3）在元件编辑器环境中的完成效果如图 3.70 所示，三种不同形式的封装以横向排列，与“门”标签页中的排列方向相同。

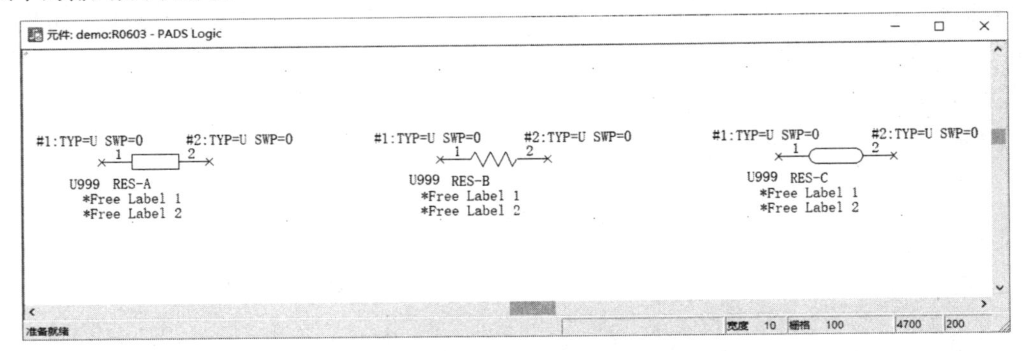

图 3.70 元件编辑器中的效果

为节省篇幅，此处并未详细阐述 CAE 封装创建的具体步骤，因为操作比较简单，此处仅着重提三点注意事项：其一，使用“创建 2D 线”工具绘制斜线时，如果发现总是无法绘出想要的斜线时，首先确定设计栅格是否过大，另外，还可以在创建 2D 线的状态下执行【右击】→【任意角度】设置绘线角度（见图 3.54），因为“正交”选项只能绘制 0°、90°、180°、270° 的 2D 线，“斜交”项还能绘制 45°、135°、225°、315° 的 2D 线，如果你需要绘制其他角度的 2D 线，必须设置为“任意角度”项；其二，绘制椭圆时可以先绘制一个矩形，然后使用“修改 2D 线”工具进入修改 2D 线状态，选中某个线段后执行【右击】→【拉弧（Pull Arc）】，即可将 2D 线段拉成弧形，如图 3.71 所示，相应的效果如图 3.72 所示；其三，不同 CAE 封装仅表现形式不同，它们的管脚数量与编号应该相同。

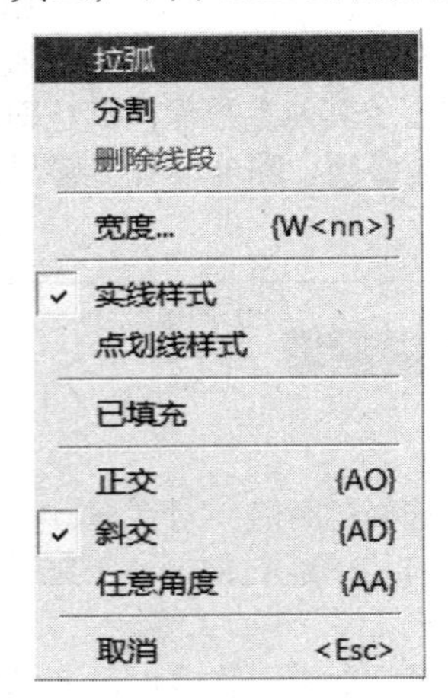

图 3.71 拉弧操作

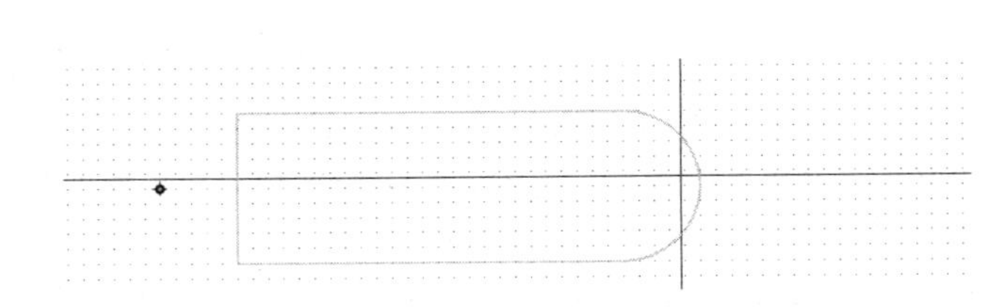

图 3.72 拉弧后的效果

3.3.3 多门 CAE 封装

多门 CAE 封装是指元件分配了多个门，通常用于比较复杂的元器件。例如，CPU、FPGA、DSP 等。每个门仍然可以最多分配 4 个不同形式的 CAE 封装，这与单门 CAE 封装相似。本节以创建“多门单 CAE 封装”为例详细阐述相应的操作过程，单片机型号为 STM32F103C8T6（LQFP48）的管脚定义见表 3.6（不是很复杂，仅用来演示操作流程）。

（1）新建元件类型。在“元件的元件信息”对话框中的“门”标签页中添加两个门，并在“CAE 封装 1”列分别填入“STM32F103_PWR”与“STM32F103_IO”，表示将使用两个门来表示完整的原理图符号，前者包含电源相关的管脚，后者包含其他管脚，如图 3.73 所示。单击“确定”按钮后也会弹出包含一些警告的 partedit.err 文件，此处不必理会。

表 3.6　STM32F103C8T6（LQFP48）的管脚定义

管脚号	管脚名	管脚号	管脚名	管脚号	管脚名	管脚号	管脚名
1	VBAT	13	PA3	25	PB12	37	PA14
2	PC13	14	PA4	26	PB13	38	PA15
3	PC14	15	PA5	27	PB14	39	PB3
4	PC15	16	PA6	28	PB15	40	PB4
5	OSC_IN	17	PA7	29	PA8	41	PB5
6	OSC_OUT	18	PB0	30	PA9	42	PB6
7	NRST	19	PB1	31	PA10	43	PB7
8	VSSA	20	BOOT1	32	PA11	44	BOOT0
9	VDDA	21	PB10	33	PA12	45	PB8
10	PA0	22	PB11	34	PA13	46	PB9
11	PA1	23	VSS1	35	VSS2	47	VSS3
12	PA2	24	VDD1	36	VDD2	48	VDD3

门	管脚	交换	CAE 封装 1	CAE 封装 2	CAE 封装 3	CAE 封装 4
A	0	0	STM32F103_PWR			
B	0	0	STM32F103_IO			

图 3.73　分配两个门

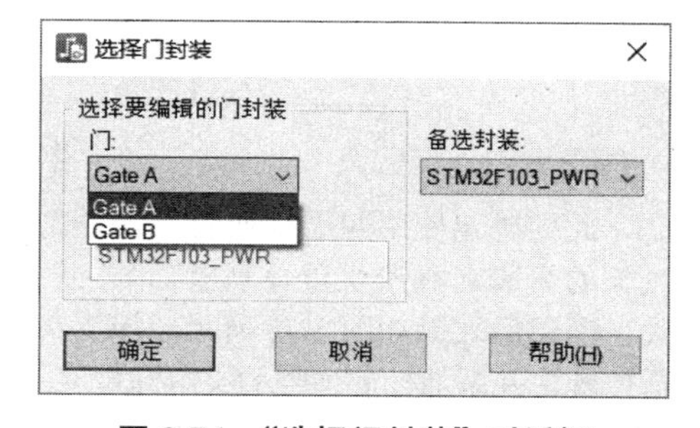

图 3.74　“选择门封装”对话框

（2）执行【编辑】→【CAE 封装编辑器】即可弹出如图 3.74 所示“选择门封装”对话框，在“门”列表中列出了刚刚分配的 2 个门选项，你只要逐个编辑 Gate A 与 Gate B 中的 CAE 封装即可，此处不再赘述。

（3）在元件编辑器环境中完成的效果如图 3.75 所示，两个门纵向排列，与“门”标签页中的排列相同。

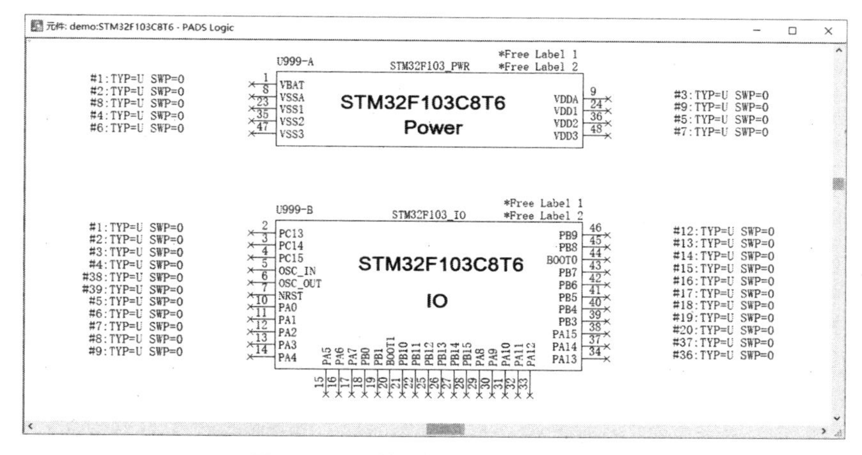

图 3.75　元件编辑器环境中的效果

3.3.4 CAE 封装向导

如果需要创建管脚比较有规律（或接近规律）的 CAE 封装，你可以使用封装创建向导快速创建相应的 CAE 封装。同样以创建 STM32F103C8T6（LQFP48）的 CAE 封装为例，单击符号编辑工具栏中的“CAE 封装向导”按钮即可弹出如图 3.76 所示“CAE 封装向导”对话框，其中的参数项在图 3.77 中已有详细描述。需要注意的是，如果设置的方框最小宽度（或高度）小于根据管脚间距与数量计算出来的宽度（或高度），则以计算出来的数据为准。例如，水平管脚间距为 100mil，上侧管脚的数量为 12，则方框宽度至少不会小于 1300mil（管脚到左右边界的距离也为 100mil）。

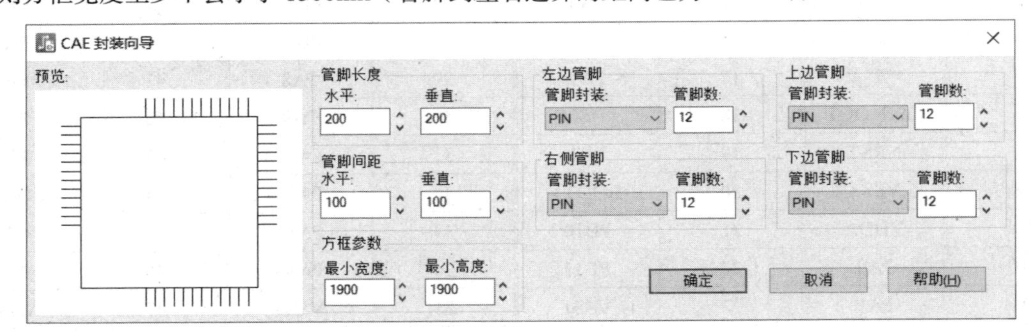

图 3.76 “CAE 封装向导”对话框

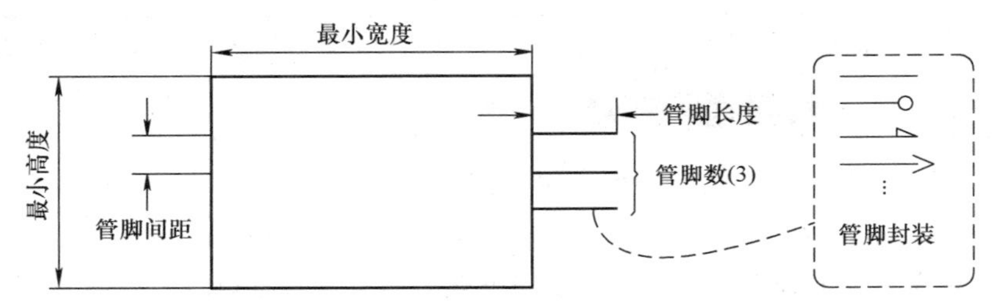

图 3.77 CAE 封装向导参数

此处决定使用四周排列的管脚方式（与实际元器件相同），所以每侧的管脚数量为 12 个，为避免过长的管脚名称产生重叠现象，“方框参数”组合框中的“最小宽度”与“最小高度”值设置得比较大，创建后效果如图 3.78 所示。接下来根据表 3.6 设置管脚号与管脚名称，然后将所有管脚调整到合适位置，并添加标记型号的文本即可，最后完成的 CAE 封装如图 3.79 所示。

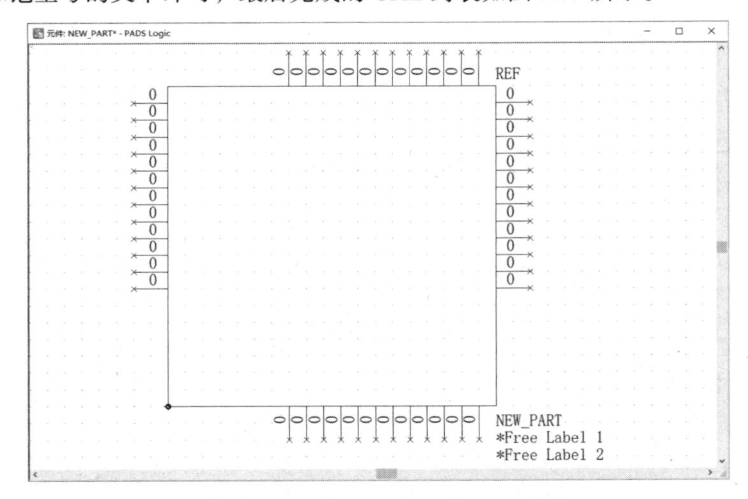

图 3.78 封装向导创建的 CAE 封装

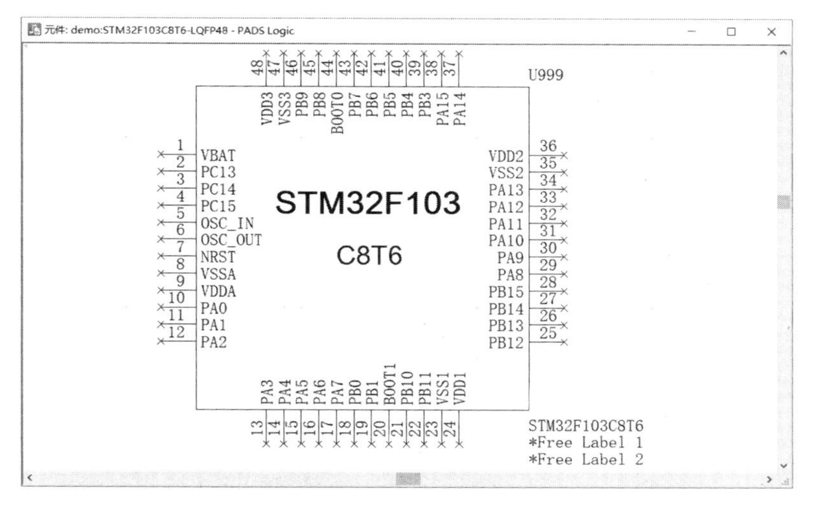

图 3.79　完成后的 CAE 封装

3.4　管脚封装

前面在创建 CAE 封装时提到过所有可供使用的管脚形式（见图 3.57），你也可以根据自己的需求创建全新形式的管脚封装，PADS Logic 会自动创建必要的文本占位符（#E、PNAME、NETNAME、#0：TYP=U SWP=0）与之相关联，你只需要指定代表管脚的 2D 线，并调整好文本占位符的位置即可。本节以创建“开集输出管脚封装”为例详尽讨论相应的创建过程，以下假设你已经进入到元件编辑器环境。

（1）执行【文件】→【新建】，在弹出的“选择编辑项目的类型”对话框中选择“管脚封装”项，再单击“确定”按钮即可进入管脚封装编辑环境，如图 3.80 所示，其中，“#E 与“PNAME”分别为管脚编号与管脚名称的占位符，当创建 CAE 封装添加管脚时，它们分别代表实际管脚编号（默认为“0”）与管脚名称（默认为空）。

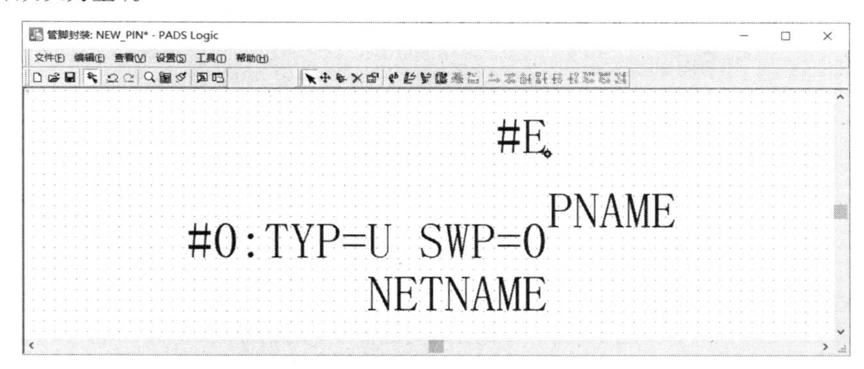

图 3.80　管脚封装编辑环境

（2）管脚封装编辑环境中也存在一个符号编辑工具栏，但是只有文本与 2D 线相关的工具可用，你只需要使用它们创建管脚图形即可，请务必注意：**管脚与网络连接的那一端必须对准原点**。具体的绘图步骤不再赘述，完成后的效果如图 3.81 所示。

（3）管脚封装创建完成后，执行【文件】→【保存…】即可弹出如图 3.82 所示“将 CAE 封装保存到库中”对话框，从中设置需要保存的封装库与名称（此处为“PINOC”）即可，后续当你在 CAE 封装编辑过程中需要添加管脚时，刚刚创建的管脚封装将会出现在“管脚封装浏览”对话框中，如图 3.83 所示。

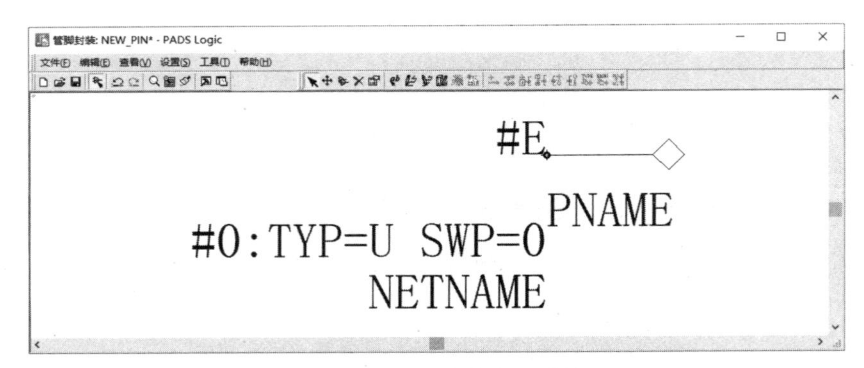

图 3.81　完成后的管脚封装效果

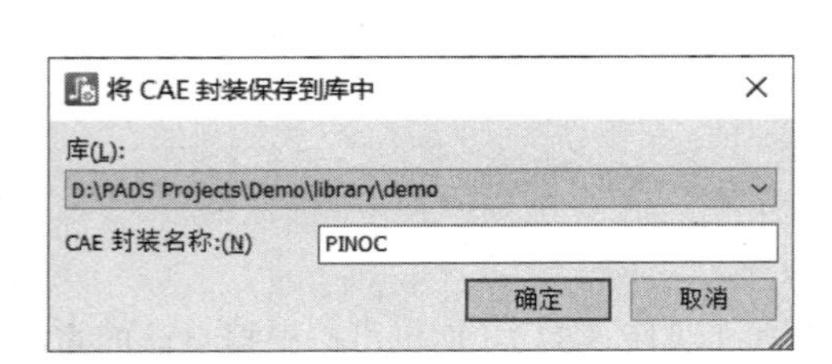

图 3.82　“将 CAE 封装保存到库中”对话框

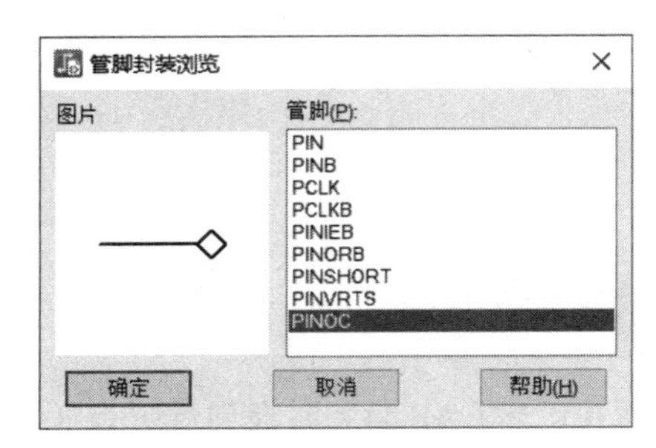

图 3.83　“管脚封装浏览”对话框

（4）如果你需要调整“管脚封装浏览”对话框中“管脚”列表显示的管脚封装，可以在元件编辑器环境中执行【文件】→【管脚列表管理器】，在弹出如图 3.84 所示“管脚封装列表管理”对话框中，使用“分配”与“未分配”按钮对“管脚封装”列表进行编辑即可。需要注意的是，你最多可以分配 100 个管脚封装。

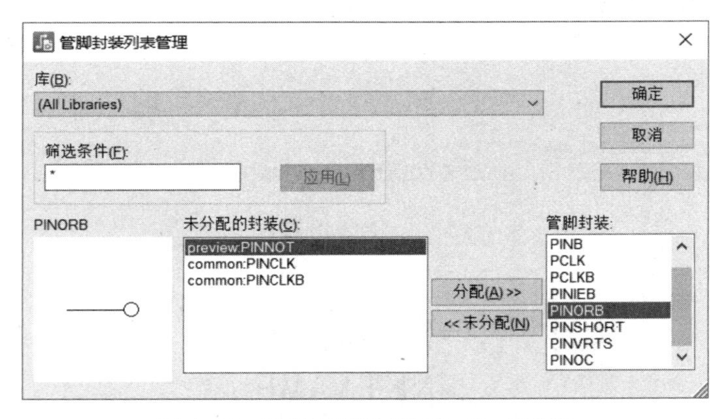

图 3.84　“管脚封装列表管理”对话框

3.5　连接器元件

连接器元件的创建过程与 CAE 封装、管脚封装都有相似之处，与 CAE 封装相似的地方在于，你必须将管脚分配到元件中才能使用（但是连接器并没有“门”，相应的标签页为禁用状态，因为每个管脚都相当于一个门），而与管脚封装相似的地方在于创建方式。本节以创建 10 个管脚的连接器封装为例详细阐述其创建过程，以下假设你已经进入到元件编辑器环境。

（1）执行【文件】→【新建】，在弹出的“选择编辑项目的类型”对话框中选择“连接器”项，再单击“确定”按钮即可进入连接器编辑环境（与元件编辑器环境相同），如图 3.85 所示。

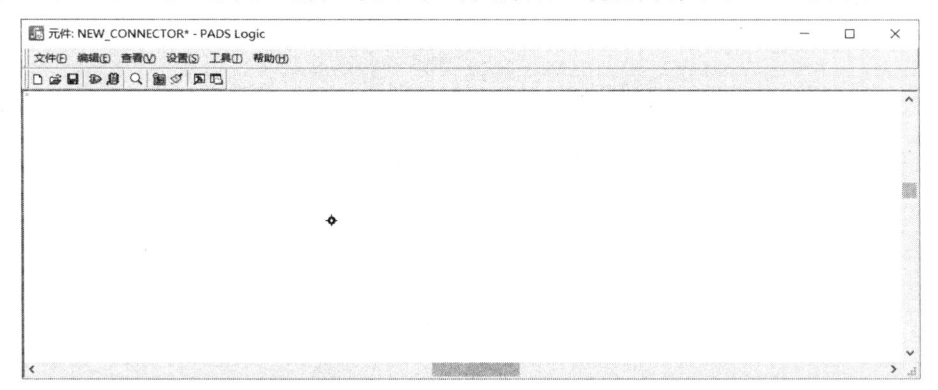

图 3.85　连接器编辑器环境

（2）执行【编辑】→【元件类型编辑器】，在弹出“元件的元件信息”对话框中切换到“管脚”标签页，从中添加需要的管脚即可。图 3.86 中添加了 10 个管脚，表示该连接器有 10 个管脚。你也可以先在“PCB 封装”标签页中分配该连接器的 PCB 封装，然后在“管脚”标签页中将所有编号的管脚分配到“连接器管脚”即可。

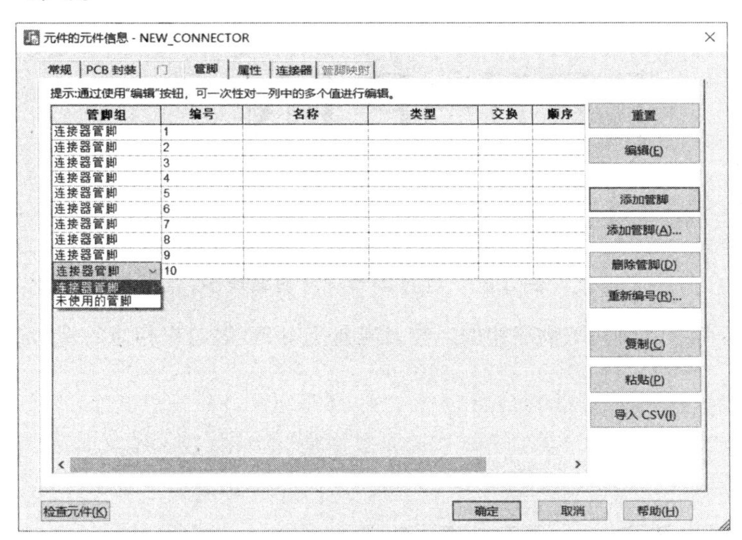

图 3.86　设置连接器的管脚

（3）连接器的管脚虽然已经添加，但是管脚的具体形式（相当于 CAE 封装）是怎么样的呢？你需要在“连接器”标签页中指定，从中根据自己的需要在列表中添加一个或多个特殊符号的管脚（与前节创建的管脚封装不同），这与给元件的门添加一个或多个 CAE 封装相似，后续在将该连接器添加到原理图中时，你可以根据需要选择不同形式的管脚，图 3.87 中添加了 3 种形式。然后单击“确定”按钮即可弹出的一些“连接器管脚封装未找到”警告（可忽略），因为现在只是输入了名称，后续还有待创建相应的管脚（你也可以通过特殊符号栏右侧的三个点按钮查找“已经创建好的连接器管脚”直接分配）。

（4）接下来就应该创建刚刚添加的管脚（如果是从库中分配已经创建的管脚，此步骤不需要）。执行【编辑】→【CAE 封装编辑器】（或单击符号编辑工具栏中的“编辑图形”按钮），即可弹出如图 3.88 所示“选择管脚封装”对话框，从中选择某项再单击“确定”即可进入如图 3.89 所示编辑器环境（与管脚封装编辑环境相似，符号编辑工具栏中的很多工具也处于禁用状态）。

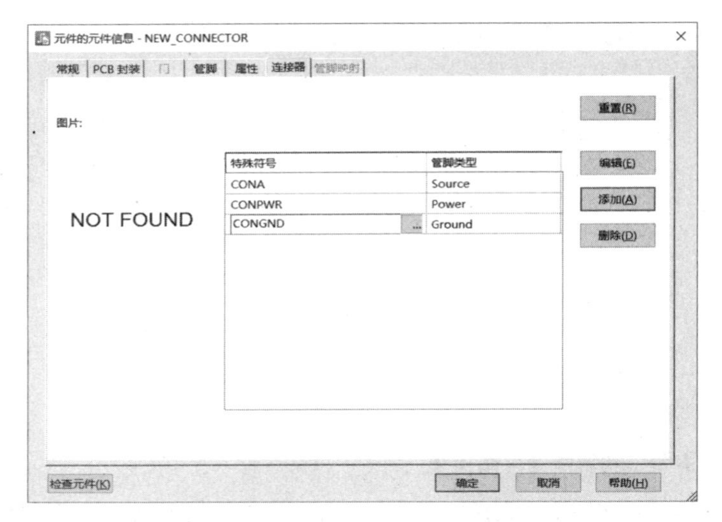

图 3.87 “连接器”标签页中添加原理图符号

图 3.88 “选择管脚封装”对话框

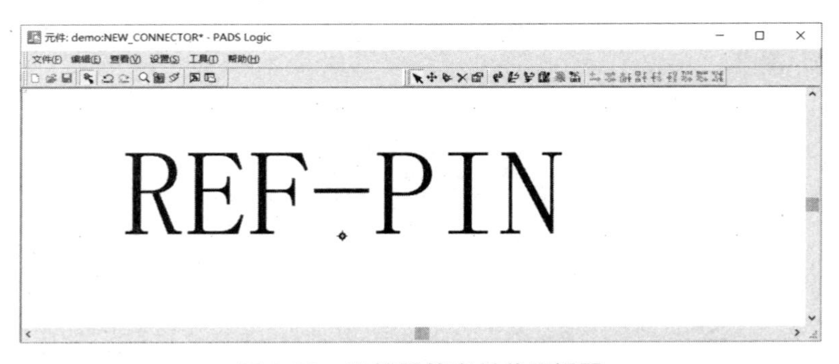

图 3.89 连接器管脚封装编辑器

（5）接下来的步骤与管脚封装创建相似，你只需要使用 2D 线绘出相应的管脚封装即可，完成后的效果如图 3.90 所示。

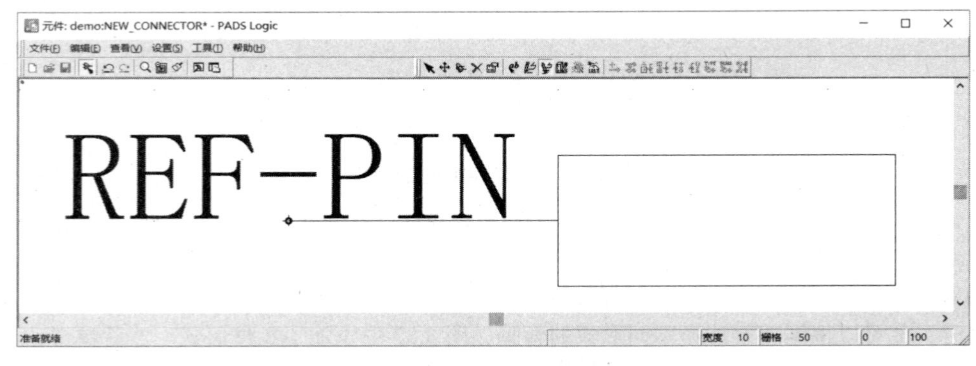

图 3.90 完成后的效果

（6）按照同样的方式编辑其他管脚封装，完成后的效果如图 3.91 所示，之后保存相应的元件类型即可，此处不再赘述。当你在原理图中调用该连接器元件类型时，每一次只会添加一个连接器管脚，连续添加 10 个连接器管脚才算完整放置完该元件类型，图 3.92 所示原理图中已经放置 2 个刚刚创建的连接器，其中包含的 20 个管脚可以分散在不同原理图页，但却仅代表 2 个连接器（对应的 PCB 封装也只是 2 个）。PADS 自带的原理图 PREVIEW.sch 中也添加了一个连接器（J1），你可以自行查看其元件类型属性，只需要选中后执行【右击】→【编辑元件】即可，此处不再赘述。

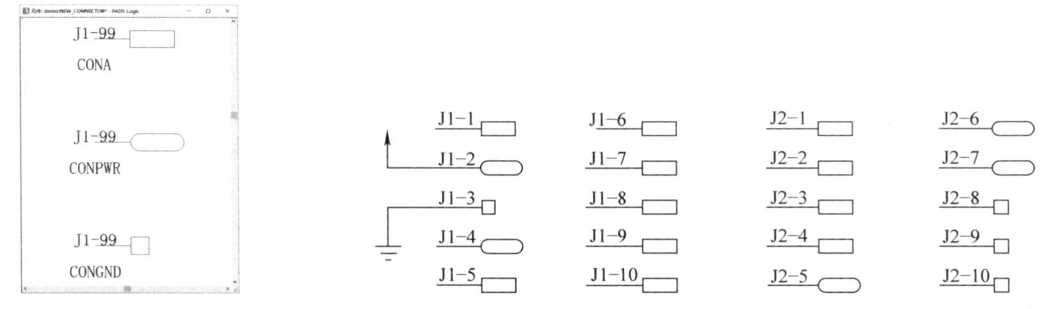

图 3.91 连接器创建完成后的效果　　图 3.92 原理图中放置的 2 个连接器（共 20 个管脚）

3.6 特殊符号

特殊符号（Special Symbols）指的是图 1.19 所示的页间连接符、电源与接地符号，它们已经被分配给 PADS 预定义的元件（默认保存在 common 封装库中，相应的元件名分别为 $OSR_SYMS、$PWR_SYMS、$GND_SYMS），在原理图设计时不必从库中调用，只需要在添加连线时执行【右击】，在弹出的快捷菜单中选择即可，详情见第 4 章。需要注意的是，创建自定义的特殊符号只能通过编辑现有元件的方式来实现。图 1.19 中只有输入（REFIN）与输出（REFOUT）两种风格的页间连接符（连接符本身并无输入与输出的区别，REFIN 与 REFOUT 只是代表左侧与右侧的页间连接符而已），本节以创建新的双向页间连接符（REFINOUT）为例详细阐述相应的步骤。

（1）首先需要打开现有的页间连接符。在元件编辑器环境中执行【文件】→【打开】，在弹出的“选择编辑项目的类型”对话框内选择“页间连接符”组合框中的“页间连接符”，单击“确定”按钮后如图 3.93 所示。

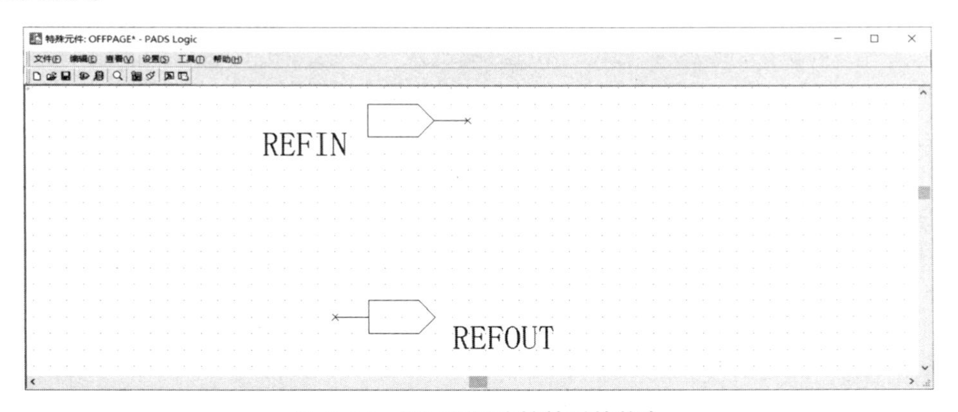

图 3.93 打开页间连接符后的状态

（2）REFIN 与 REFOUT 相当于一个门对应的多个 CAE 封装形式，为了新建 REFINOUT 页间连接符，需要首先新建相应的项。执行【编辑】→【元件类型编辑器】（或单击符号编辑工具栏上的“编辑电参数”按钮），即可弹出图 3.94 所示“为页间连接元件分配备件”对话框，从中添加一个名称为“REFINOUT”的特殊符号项，并设置管脚类型为“Bidirectional”（非必须），再单击“确定”按钮即可。

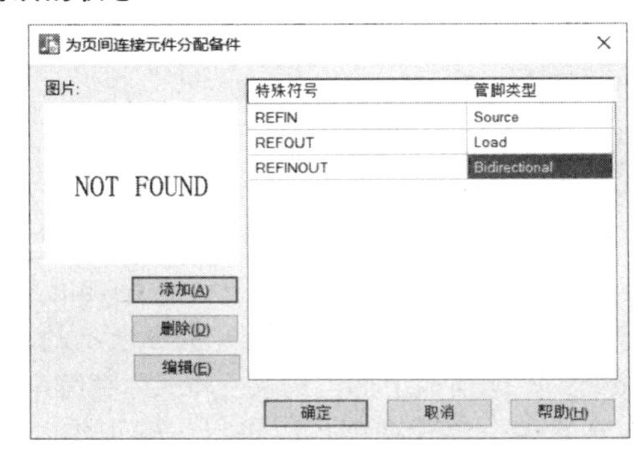

图 3.94 “为页间连接元件分配备件”对话框

（3）接下来就应该编辑“REFINOUT”。执行【编辑】→【CAE 封装编辑器】（或单击符号编辑工具栏上的“编辑图形”按钮)，在弹出如图 3.95 所示“选择管脚封装”对话框中选择“REFINOUT”项，单击“确定”按钮后会提示“选定的门封装不存在 - 创建封装 REFINOUT”，之后将会进入如图 3.96 所示特殊元件编辑器环境中。

图 3.95 “选择管脚封装”对话框

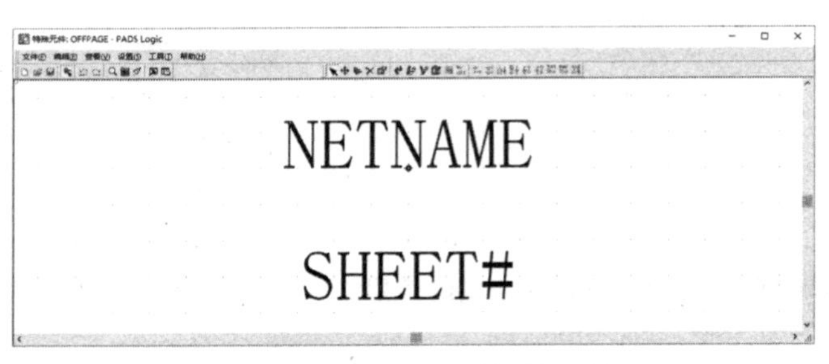

图 3.96 特殊元件编辑器环境

(4)之后的步骤与管脚封装创建过程相似，只需要使用符号编辑工具栏上的“文本”与“2D 线”相关工具创建相应的图形即可，完成的效果如图 3.97 所示。

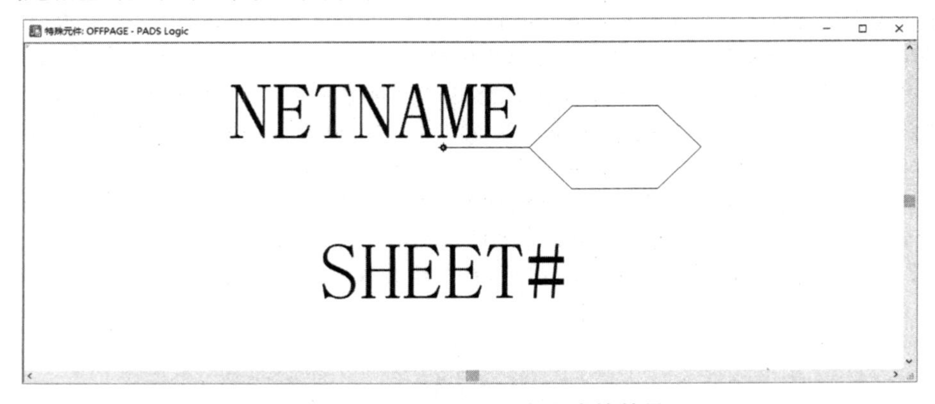

图 3.97 特殊原理图符号完成的效果

(5)执行【文件】→【返回至元件】，在弹出的提示对话框中确认“保留对门的更改”后即可返回元件编辑器环境，相应的效果如图 3.98 所示，然后直接保存即可。值得一提的是，**创建的新特殊符号还不能在原理图中马上使用**，你必须在正常模式下执行【工具】→【从库中更新】，在弹出的“从库中更新”对话框中勾选“页间连接符号”复选框并执行从库中更新设计操作才行，详情见 4.5.7 小节。

如果你很喜欢某原理图中使用的一些特殊符号，也可以执行【工具】→【将页间连接符保存到库中】在弹出如图 1.20 所示“将页间连接符保存到库中”对话框内选择需要保存的项目，再单击“确定”按钮即可进入相应的元件编辑器环境，然后保存即可(默认保存在图 3.6 所示“库列表”对话框中“库”列表的第一个封装库中)。

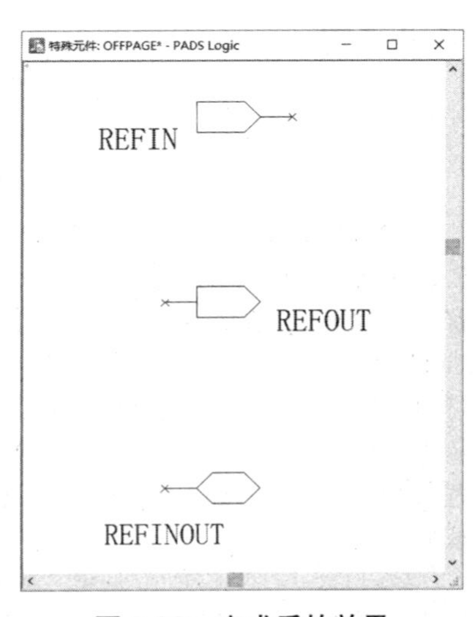

图 3.98 完成后的效果

3.7 PCB 封装

本节主要探讨使用 PADS Layout 创建各种 PCB 封装，首先需要进入相应的编辑环境。在 PADS Layout 中执行【工具】→【PCB 封装编辑器】即可将进入如图 3.99 所示的 PCB 封装编辑器(Decal Editor)，标题栏上的“封装: New”字符串表示当前已经创建新的 PCB 封装，你现在就可以进行编辑工作。当然，你也可以在 PCB 封装编辑器中执行【文件】→【新建封装】再新建另一个 PCB 封装。“Name”与“Type”分别是元件参考编号与元件类型名称的占位符，当你在 PCB 文件中显示这些信息时，它们会以 PCB 封装中的位置出现，你可以在 PCB 封装创建过程中选择将其移开（或隐藏），设计完成后再移到合适的位置即可（当然，也可以不予理会）。

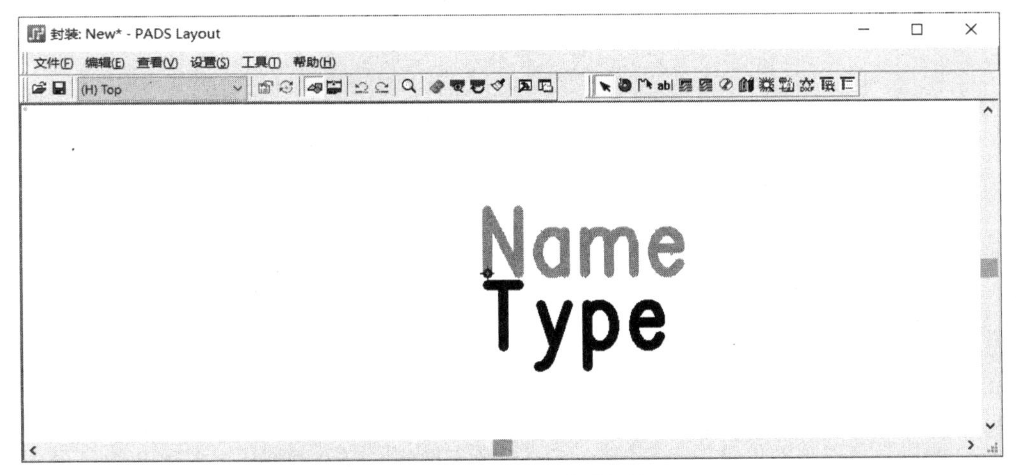

图 3.99　PCB 封装编辑器

PCB 封装编辑器中存在封装编辑器（即标准）、封装编辑器绘图（Decal Editor Drafting）与尺寸标注共3种工具栏，尺寸标注工具栏与正常模式下相同，详情见11.7节，在创建PCB封装时并不常用（非必须），封装编辑器绘图工具栏在 PCB 封装创建过程中必须会使用到，如图 3.100 所示。

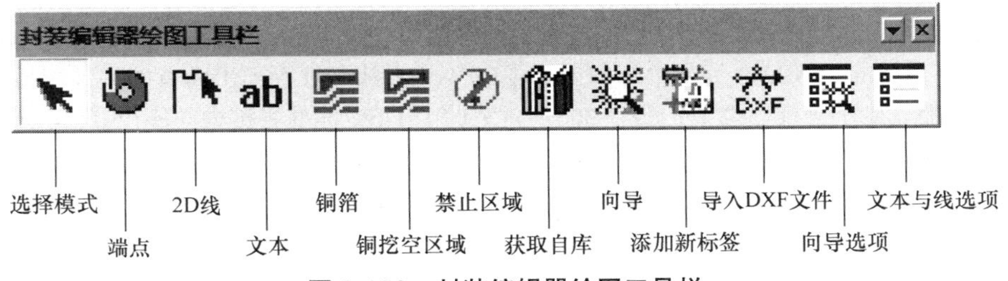

图 3.100　封装编辑器绘图工具栏

3.7.1　工业标准

在正式探讨 PCB 封装创建之前，本小节先介绍两个 PCB 相关的国际标准化组织，即印制电路协会（Institute for Printed Circuits, IPC）与联合电子设备工程委员会（Joint Electron Device Engineering Council, JEDEC）：前者涉及电子行业的设计、PCB 制造、电子组装与测试等各个领域的标准制定，而且不少还替代了军用标准（Military Standards, MIL-STD），后续在讨论 PCB 封装设计、布局布线及后处理过程中都会参考到；后者是电子工业协会（Electronic Industries Alliance, EIA）的半导体标准分支，如今也称为 JEDEC 固态技术协会（Solid State Technology Association），在 PCB 设计方面主要涉及分立元器件、半导体芯片与封装的标准制定。当然，这些标准的执行并非强制，只是从一个侧面让你熟悉标准的具体应用。

本节主要讨论 PCB 封装的创建，所以先引导你初步了解业界常用元器件封装及命名规则，JEDEC 标准在这方面的数据信息相对更全面，相关的标准也易于获取（可从官方网站 www.jedec.org 免费下载），本节参考的最新 JEDEC 标准为 JESD30I（*Descriptive Designation System for Electronic-device Packages*，电子元器件封装的描述性命名系统），其中给出的封装命名规则如图 3.101 所示。当然，你并不一定必须得遵循该标准（本书也并未如此），主要目的还是让你熟悉常用封装的外观以及了解封装名称的来源。

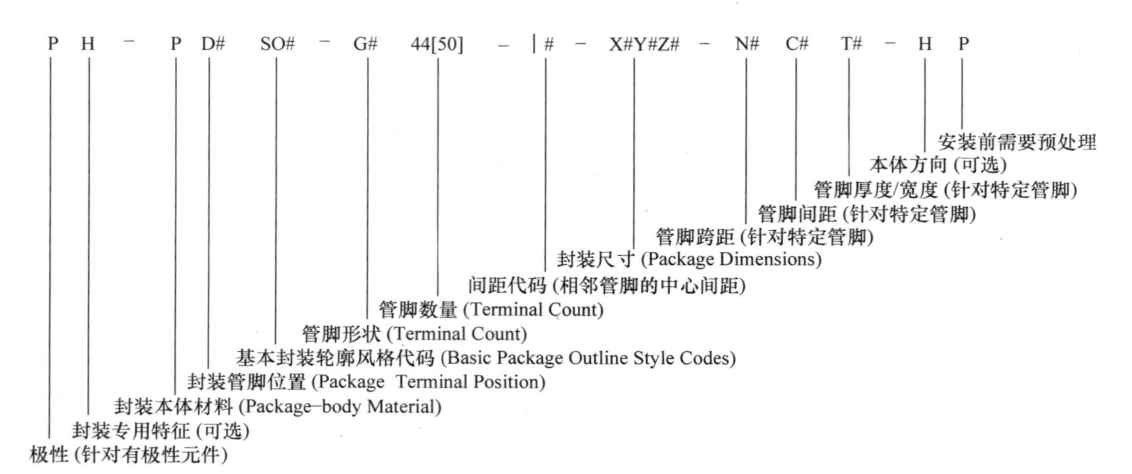

图 3.101 JEDEC 封装命名规则

JEDEC 封装命名规则共包含 14 个字段，本书为节省篇幅，仅重点阐述大多数 PCB 工程师比较常用的几个字段（其他不常接触的字段可自行参考标准），即封装本体材料、管脚位置、基本封装轮廓风格代码，相应的定义分别见表 3.7~ 表 3.9。以常见的“DIP”封装为例，其中的“IP”为“In-Line Package”的缩写（见表 3.9），“D”表示封装管脚位置为“双”（见表 3.8）。再以“PBGA-B”封装为例，其中的“GA”表示“Grid Array”的缩写（见表 3.9），前缀“B”表示“Bottom”（见表 3.8），“P”表示塑料（见表 3.7），后缀“B”表示管脚的形状为球面（Ball）。当然，不是你所熟悉的所有封装名称都遵循最新的 JESD30I 标准。例如，“PLCC”封装中的“CC”是“Chip Carrier”的缩写（旧版标准中有“CC”类），但在最新的 JESD30I 标准中却归属于“FP”类，从名称看不出两者的关系。另外，很多常见封装的命名可能完全不一样。例如，“TO-263”封装的 JEDEC 标准名称为“H-PSIP-G”，很难将二者联想起来。IPC-7351 标准（*Generic Requirements for Surface Mount Design and Land Pattern Standard*，表面安装设计和焊盘标准通用要求）也定义了一些常用贴片封装标准及命名规则，不少也是参考 EIA 或 JEDEC 标准，有兴趣可自行阅读，此处不再赘述。

表 3.7 主流封装本体材料代码

代码	材 料
A	塑料金属混合物（Plastic Metal mix）
C	陶瓷 - 金属密封共烧（Ceramic, metal-sealed, cofired）
E	陶瓷塑料混合物（Ceramic Plastic mix）
G	陶瓷 - 玻璃密封（Ceramic, glass-sealed）
L	玻璃（Glass）
M	金属 - 不含玻璃或陶瓷且完全由金属制作而成的混合电路封装 （Metal – A hybrid circuit package made solely of metal, without glass or ceramic）
P	塑料（模塑化合物、顶部封装和 PCB 类基材） Plastic（molding compound, glob-top, and printed circuit board-like substrates）
S	硅（Silicon）
T	胶带（通常为聚酰亚胺），其中胶带是封装不可分割的一部分 Tape (usually polyimide), where tape is an integral part of the package

表 3.8　管脚位置代码

代码	名称	位　置
A	轴向（Axial）	管脚线在圆柱形、椭圆形或细长箱形封装的两端向主纵轴延伸（例如插件电阻）
B	底部（Bottom）	管脚延伸或穿过底座
D	双（Dual）	管脚位于方形或矩形封装的相对侧（或位于表面的两个平行排）
E	端（End）	管脚是封装端盖（例如，贴片封装的电阻、电容、电感、二极管、自恢复保险丝等）
G	对角（Diagonal）	两个管脚位于封装的对角位置（可能位于封装本体的底面或侧面）
M	多个位置（Multi position）	属于多个管脚组的管脚（无法合并到其他位置前缀代码中）
Q	四周（Quad）	管脚位于方形或矩形封装的四边，或在表面上以正方形或矩形排列
R	辐射状（Radial）	管脚位于封装中心轴等距离的位置
S	单（Single）	管脚位于正方形或矩形封装的一侧或表面
T	三（Triple）	管脚位于方形或矩形封装的三个侧面
U	顶面（Upper）	管脚位于底座（seating plane）相对的封装表面
Z	Z 字形（Zigzag）	管脚交错（staggered）排列于方形或矩形封装的某个表面

表 3.9　基本封装轮廓风格代码

代码	类型	范例图形
AT	阵列类型（Array Type）	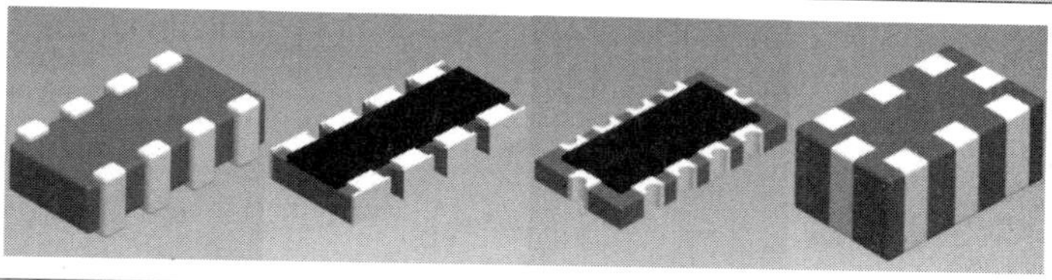
CP	夹紧封装（Clamped Package）	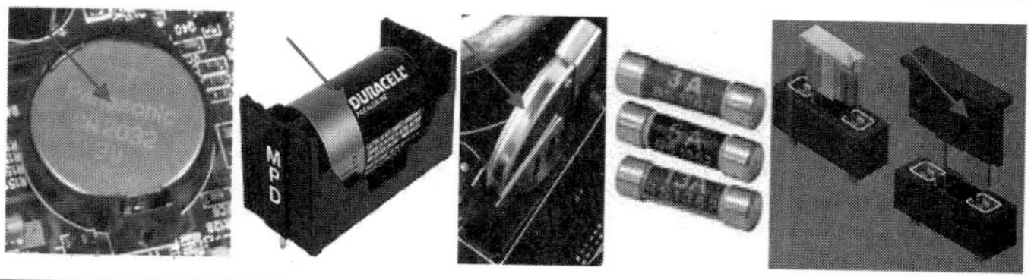
CS	芯片级封装（Chip Scale Package）	 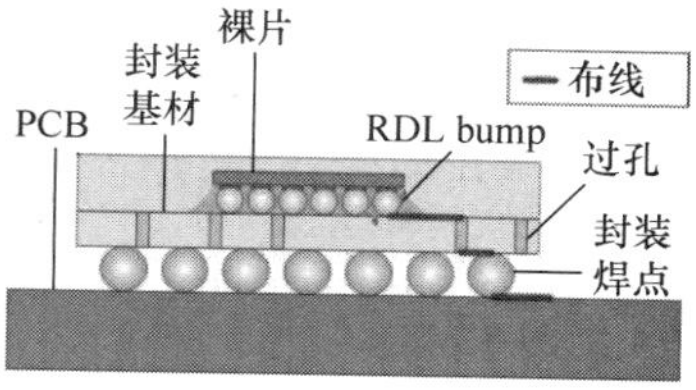 裸片 封装基材 PCB 布线 RDL bump 过孔 封装焊点
CY	圆筒或罐（Cylinder or Can）	

（续）

代码	类型	范例图形
DB	圆盘状纽扣 （Disk Button）	
FM	带金属散热片 或铆钉孔 （Flange Mout）	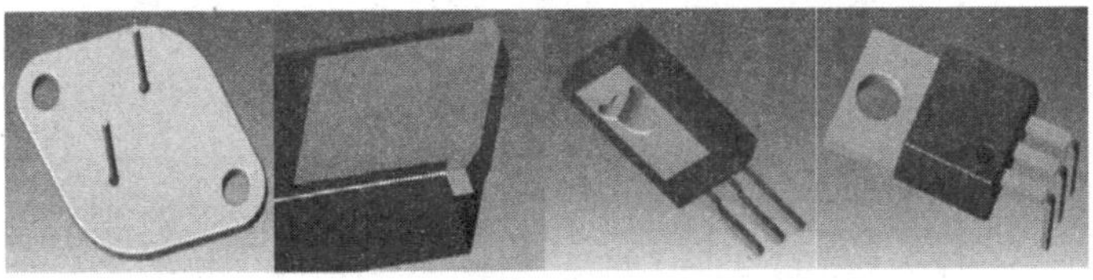
FP	扁平（Flatpack）	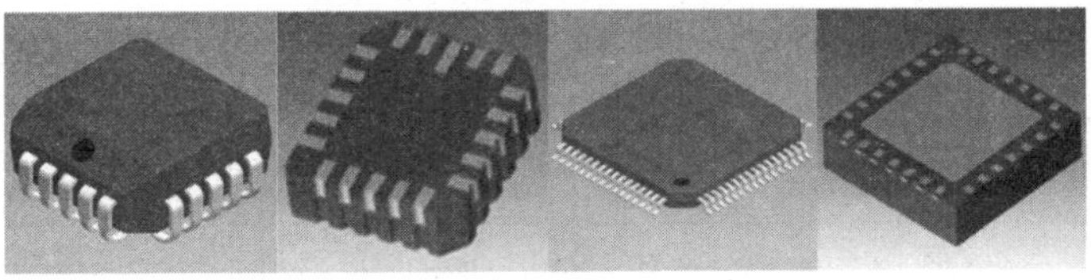
GA	栅格阵列 （Grid-Array）	
IP	直插通孔 （In-Line）	
LF	长柱形 （Long Form）	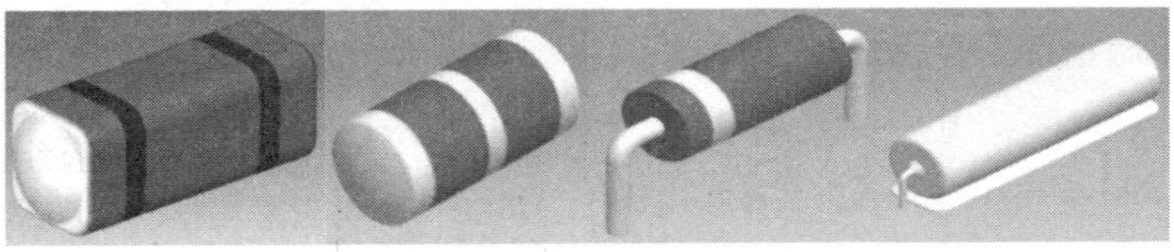
MA	电路模块 （Microelectronic Assem- bly）	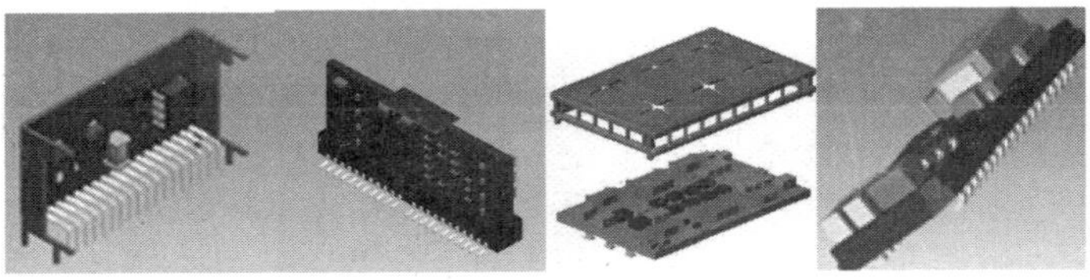
PF	压入配合 （Press Fit）	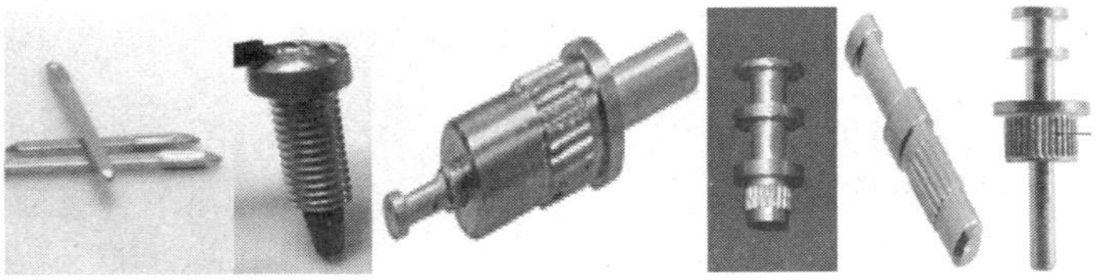

（续）

代码	类型	范例图形
PM	后装或螺柱安装（Post or Stud Mount）	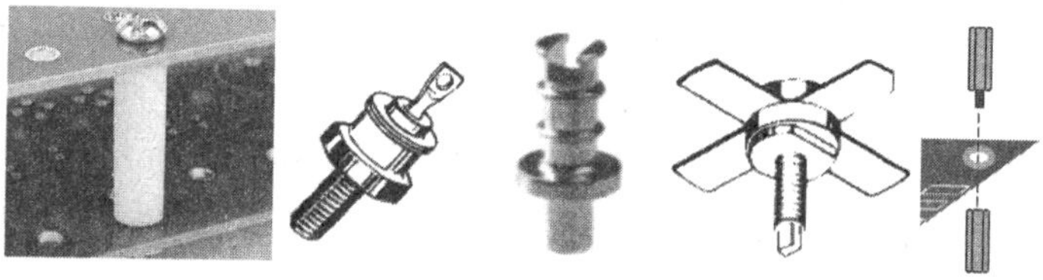
SO	小外形（Small Outline）	
UC	无壳芯片（Uncased Chip）	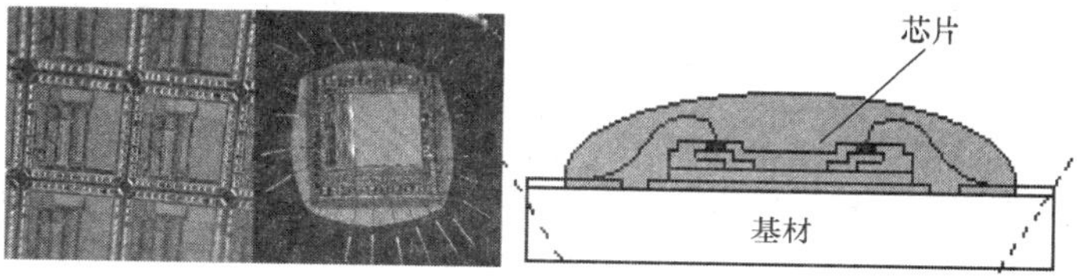
XC	连接器（Connector）	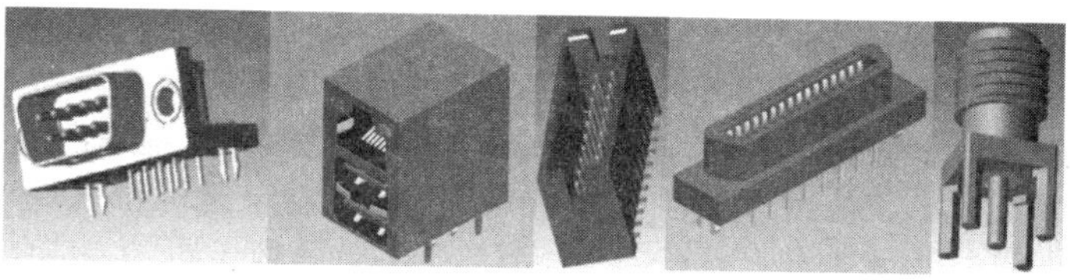
XD	分立器件（Discrete）	
XH	硬件（Hardware）	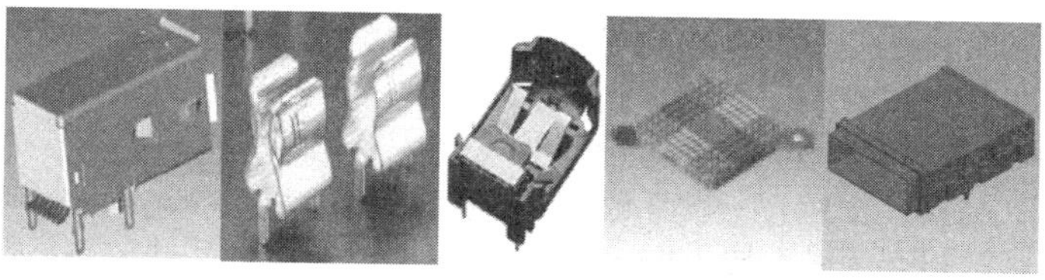
XS	开关（Switch）	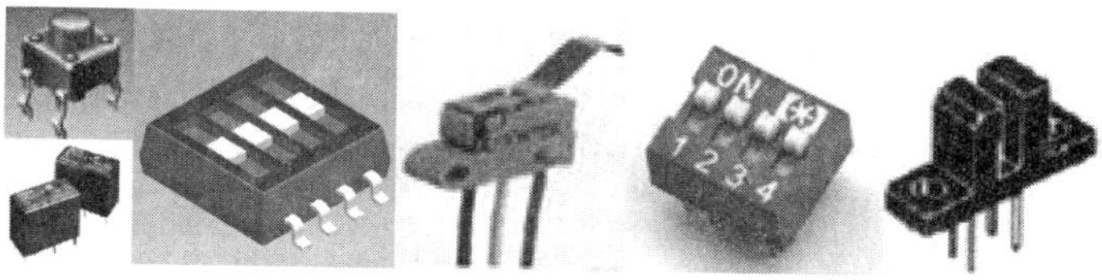

3.7.2　常用 PCB 封装

常用 PCB 封装是指在行业已经大量使用且标准化的封装。例如电阻、电容、电感、二极管、晶体管、集成电路以及标准接插件等。创建 PCB 封装首先需要获得相应元器件的尺寸信息，一般来说主要有两种方式：其一，元器件数据手册中已经给出了推荐的焊盘信息，你只需要照做即可；其二，数据手册仅给出实际元器件的关键尺寸信息，你需要根据这些信息进行适当地坐标计算（或增加设计裕量）才能设计出符合要求的封装。当然，有些情况下可能只有元器件实物（没有数据手册），此时就需要使用游标卡尺进行测量，这并非本书关注的内容。本小节通过几个案例详细介绍手动创建常用 PCB 封装的过程。

1. 插件电解电容封装

第 2 章讨论的小项目中存在一种插件电解电容，从数据手册中获取的尺寸标注信息如图 3.102 所示。

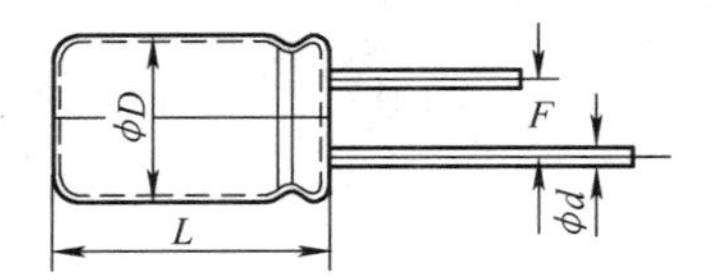

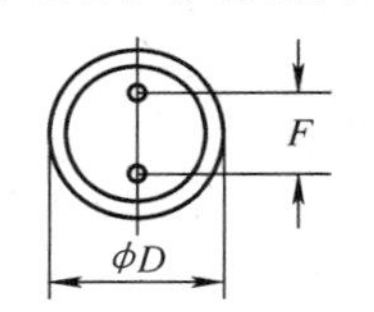

ϕD	5mm
$F\pm0.5$	2.0mm
$\phi d\pm0.1$	0.5mm

图 3.102　电解电容封装尺寸

创建 PCB 封装的关键在于确定每个管脚尺寸（以确定焊盘直径与钻孔大小）及坐标信息，数据手册通常不会直接给出坐标信息，需要你根据现有标注的数据进行简单地计算，具体做法是：**选择元器件中心（或某个管脚）作为参考坐标（0，0），再依次计算出其他管脚的坐标**。首先获取管脚的尺寸数据，从 d 值可以得到元器件管脚的直径为 0.5mm，钻孔的大小可以再增加 0.1mm 的设计裕量（能够提升封装绘制的容错空间），即 0.6mm。之所以不直接使用 0.5mm 作为钻孔直径，是因为无论封装信息本身还是 PCB 钻孔工艺，都会存在一定的公差，增加 0.1mm 能够在适应公差的同时，也更方便该管脚能够顺利地安装在 PCB 上，试想一下，如果插件元器件需要用力压迫才能安装，是不是会影响生产进度呢？当然，设计裕量不一定非得 0.1mm，你可以根据实际需要灵活修改，但是也不需要设置过大，以避免可能出现的波峰焊（详情见 9.1 节）不良，因为液态焊料（波）与管脚接触后，本应该会借助于表面张力的作用沿管脚和钻孔壁向上爬升（称为“毛细作用”），钻孔过大会导致毛细作用不够，焊料容易受重力影响直接回落到焊炉中。焊盘（也称为“孔环”）的大小设置比较灵活，在允许的情况下可以取大一些，这样也能够提升可靠性，此处确定为 1.2mm。其次，获取每个管脚的坐标信息（以横向排列为例）。由于代表管脚间距的 F 值为 2mm，假设以元器件中心为参考，则两个管脚的坐标分别为（−1，0）与（1，0）。

必要的信息已经完全获取，接下来开始创建 PCB 封装（以下假定你已经进入 PCB 封装编辑器）：

（1）更改当前的设计单位为公制。由于刚刚获取的坐标单位是毫米，为方便后述 PCB 封装的创建工作，应该将当前环境的设计单位更改为公制，只需要执行【工具】→【选项】→【全局】→【常规】→【设计单位】→【公制】（或无模命令“UMM”）即可。

（2）层模式设置。一般情况下都是**默认层**（Default Layer）模式，因为其可以转换为**最大层**（Increased Layer）模式，但反过来却不行。执行【设置】→【层定义】即可弹出“层设置”对话框，从中保证“最大层”按钮处于有效状态即可（处于最大层模式时该按钮无效），详情见 6.2 节。此步骤主要影响 PCB 封装的导入操作，因为在最大层模式下创建的 PCB 封装无法导入到默认层模式的 PCB 文件中，详情见 5.3 节。

（3）添加管脚对应的焊盘。单击封装编辑器绘图工具栏中的“端点（Terminal）”按钮即可弹出如图 3.103 所示“添加端点”对话框，

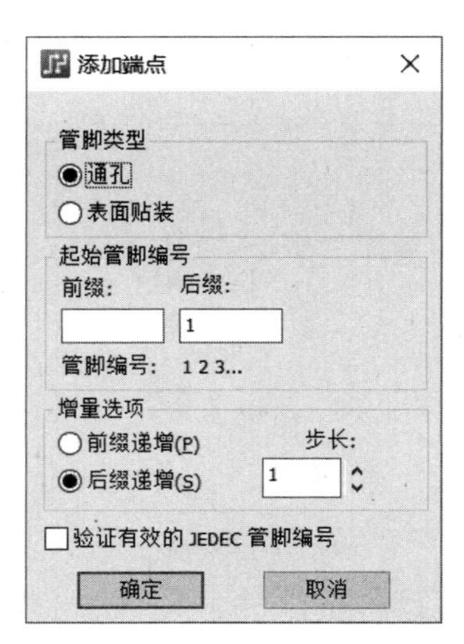

图 3.103　“添加端点”对话框

在“管脚类型”组合框内选中“通孔”单选框，表示当前的焊盘需要钻孔。“起始管脚编号”组合框用于设置具体的管脚编号形式（可以是数字、字母或两者的组合），此处保持默认的后缀“1”即可。“增量选项”组合框用于连续添加多个焊盘时相应管脚编号的变化模式，此处保持默认的后缀递增“1”，表示以 1、2、3…的形式增加管脚编号，然后直接单击“确定”按钮即可进入焊盘放置状态。

（4）在工作区域单击一次即可放置一个管脚编号为 1 的焊盘（也可以单击 2 次放置 2 个焊盘，管脚编号将依次递增），然后单击封装编辑器绘图工具栏中的“选择”按钮（或快捷键“ESC”）即可退出焊盘添加模式，相应的状态如图 3.104 所示。

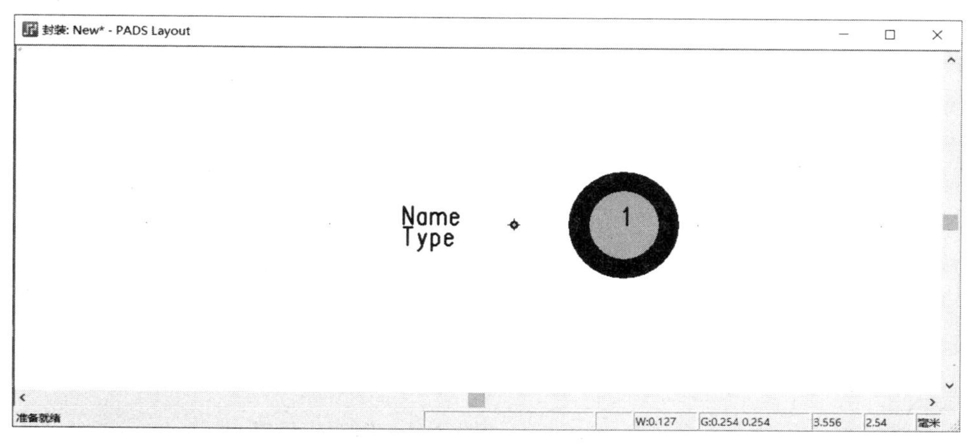

图 3.104　放置一个焊盘后的状态

（5）此时添加的焊盘坐标与尺寸通常都不符合要求，需要进行相应的调整。执行【右击】→【选择端点（Select Terminals）】，以表达你将要选择焊盘对象的决心。选中该焊盘后执行【右击】→【特性】（或直接双击）即可弹出如图 3.105 所示“端点特性”对话框，将刚刚计算出来的管脚 1 的坐标输入到“X”与“Y”文本框中，并单击“应用”（不是“确定”）按钮，然后再单击左下角的“焊盘栈”按钮，即可弹出如图 3.106 所示“管脚的焊盘栈特性”对话框。

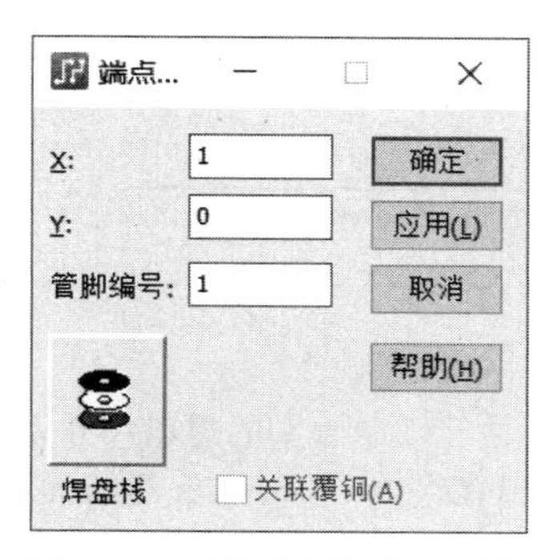

图 3.105　“端点特性”对话框

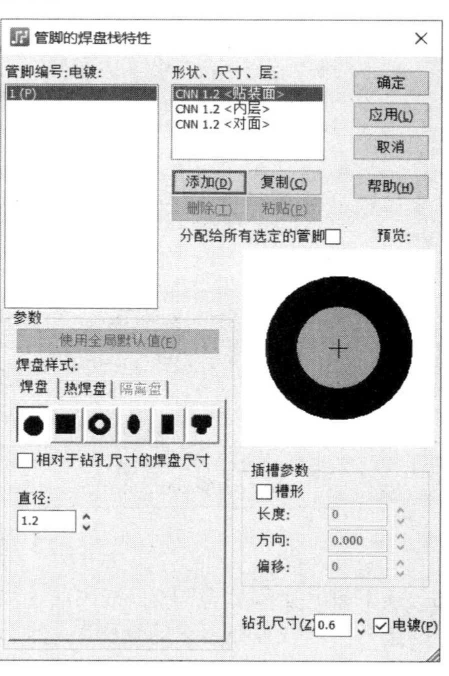

图 3.106　“管脚的焊盘栈特性”对话框

“管脚编号”列表列出了当前选中的管脚（可以是 1 个或多个，此处为 1 个），从中选择某个编号管脚后，此对话框中其他可供编辑的选项都针对该管脚。小括号中的字母“P”代表焊盘的钻孔是电镀（Plated，P）还是非电镀（Non-Plated，NP），与右下角的“电镀”复选框状态对应。所谓“电镀”，是一种让钻孔金属化的材料表面处理工艺，对于 PCB 制造而言，常用的电镀材料有铜、锡、镍、金。更通俗点说，电镀与否决定钻孔是否有能力进行电信号的传输，一般对于定位柱之类性质的钻孔可无需电镀，而对于元器件管脚的钻孔则需要进行电镀。“参数”组合框用于确定焊盘栈的样式，此处选择圆形焊盘（其他参数详情见 6.3 节），并根据前述计算数据在“直径”与“钻孔尺寸”文本框中分别输入“1.2”与“0.6”，单击“确定”按钮后的效果如图 3.107 所示。需要注意的是，**插件焊盘在贴装面**（Mounted Side）、**内层**（Inner Layers）**及对面**（Opposite Side）**都需要定义相应的尺寸**。

图 3.107　管脚 1 设置完毕的状态

值得一提的是，你可能会发现有些 PCB 封装的插件焊盘还设置了第 25 层（Layer 25）的尺寸（例如，此例可能会设置为“2mm”），到底是用来做什么呢？网络上流行的说法如下：第 25 层只有板层定义为平面层（CAM Plane）时才有用，此时生成的 CAM 文档是负片形式，如果不增加第 25 层的焊盘定义，平面层的管脚容易短路（简单地说，就是以负片形式在平面层与焊盘之间增加隔离焊盘）。当然，这只是以前的说法，其实 PADS 早已经将自定义热焊盘与隔离焊盘的功能扩展到平面层中，所以第 25 层已然不再具备原来的功能，而只是作为 3D 元件的外框。也就是说，如果你想在 PADS 3D 中查看设计，但是却并未给元器件分配 3D 模型，PADS 就会试图从 PCB 封装创建一个 3D 模型外框，或者从第 25 层获得 3D 模型外框（如果已经定义），帮助手册中查找到信息如图 3.108 所示。

Layer 25 - 3D Body Outlines

Historically, when using CAM planes (negative planes), positive images of anti-pads would be created in the pad stack on Layer 25. The plane outline would also be added as copper or a 2D line on Layer 25 around the board outline to create a gap from the plane to the board edge. This data would be merged with the CAM layer when the output files were generated for the photo plotter (Gerber files). Over time, the software evolved and “custom thermals and anti-pads” functionality was extended to CAM planes thereby making the use of anti-pads on Layer 25 obsolete.

Layer 25 is currently used for 3D body outlines. If you would like to view your design in the 3D Viewer, and you do not have a 3D model available for the component, the system will attempt to extrude a 3D representation of the component from the data available in the pcb decal. The 3D Viewer will automatically look for a 3D body outline on Layer 25 to use for extruding the shape.

Tip

If no 3D body outline is present on Layer 25, the system will attempt to use the silkscreen image of the component as the basis for the shape extrusion.

图 3.108　第 25 层的作用

（6）接下来开始添加管脚 2，按照前述步骤操作即可。当然，由于 2 个管脚的焊盘尺寸完全相同，你也可以选中已经设置完参数的管脚 1，然后依次执行快捷键“Ctrl+C”与“Ctrl+V”进行焊盘复制与粘贴操作，此时一个相同的焊盘会粘在光标上并随之移动，任意选择一个位置（坐标不需要很精确）单击即可添加一个焊盘，焊盘编号会自动设置为 2（如果需要马上再次放置更多的相同焊盘，只需要执行快捷键“Ctrl+V”即可），焊盘添加完毕后执行快捷键“ESC”退出焊盘添加模式，然后将其坐标设置为（−1，0）即可，相应的状态如图 3.109 所示。

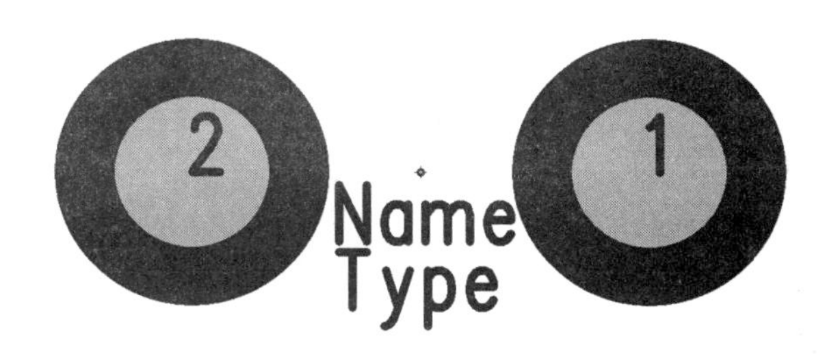

图 3.109　焊盘 2 添加完成的状态

（7）最后一步是添加元器件丝印，对于插件电解电容而言，主要包括元件体外框与方向标记。首先来绘制圆形外框，根据图 3.102 即可获得其直径为 5mm，所以需要绘制以原点为中心、半径为 2.5mm 的圆形。首先确定外框丝印添加在哪一层，在封装编辑器工具栏（标准工具栏）中的“层”列表中选择“丝印顶层（Silkscreen Top）”即可（有些单位或个人会将丝印放在“所有层”，只是设计习惯问题，不必纠结），然后单击封装编辑器绘图工具栏中的“2D 线”按钮即可进入 2D 线绘制状态。紧接着执行【右击】→【圆形】（或无模命令“HC”）表示将要绘制圆形 2D 线，如图 3.110 所示。然后在工作区域绘制一个圆形即可（坐标与大小不需要很准确），相应的状态如图 3.111 所示。

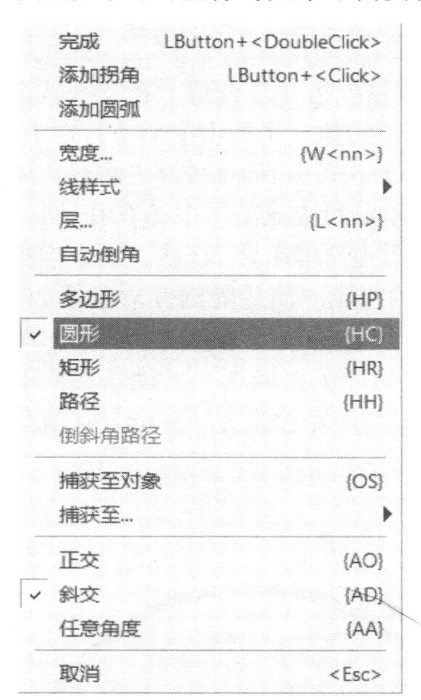

图 3.110　绘制 2D 线状态下右击弹出的快捷菜单

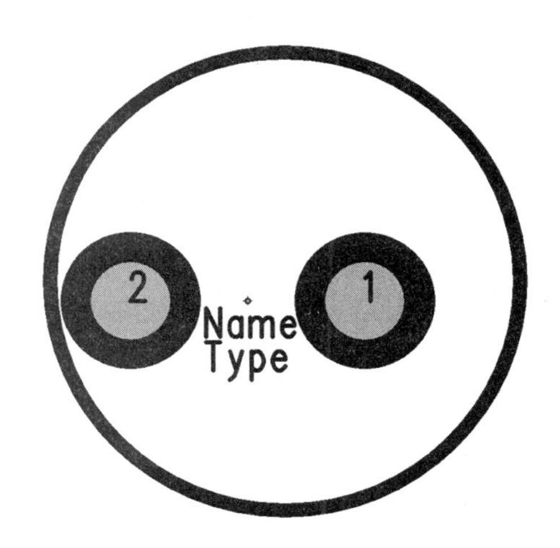

图 3.111　添加圆形 2D 线后的状态

需要注意的是，如果你看不到刚刚绘制的 2D 线，首先确定标准工具栏中的“层”列表查看刚刚的 2D 线绘制在哪一层，然后执行【设置】→【显示颜色】，在弹出“显示颜色设置”对话框中将 2D 线对应层的颜色打开即可，详情见 6.6 节，此处不再赘述。

如果一不小心将绘制的 2D 线放错了板层也没关系，在空闲状态下，执行【右击】→【随意选择】/【选择文本或绘图】，表示你将要选择 2D 线外框，对刚刚绘制的 2D 线外框执行“Shift+ 单击”即可将其选中，然后执行【右击】→【特性】，如图 3.112 所示。在随后弹出如图 3.113 所示“绘图特性”对话框中设置“层”项即可。值得一提的是，你也可以对 2D 线外框执行“Shift+ 双击”进入相应的“绘图特性”对话框。

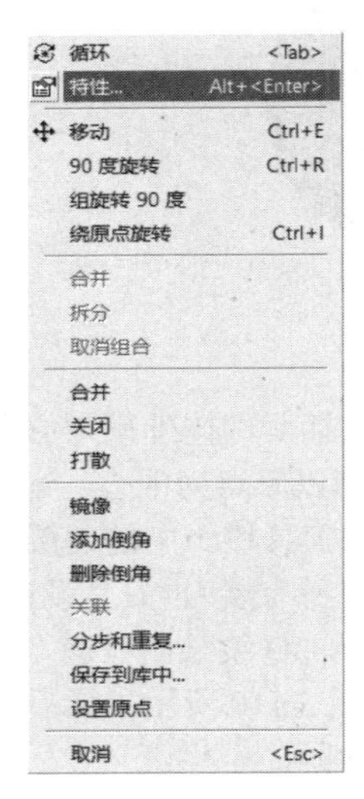

图 3.112　选中外框后右击弹出的快捷菜单

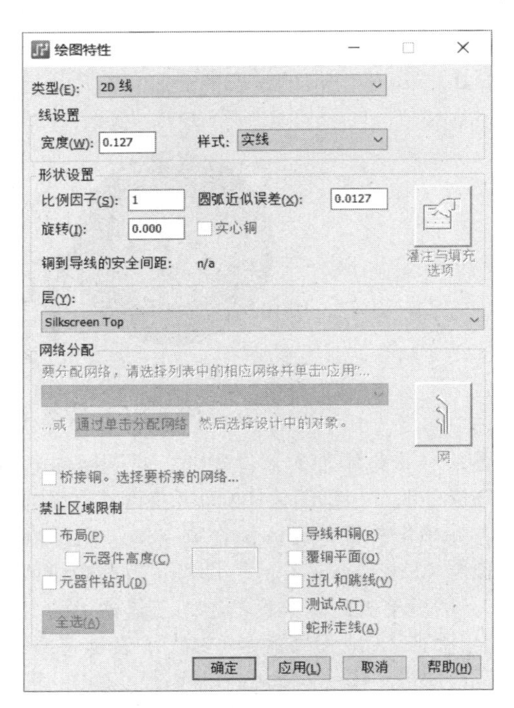

图 3.113　“绘图特性”对话框

（8）到目前为止，丝印外框的尺寸与坐标都并不符合要求，需要进一步调整。在空闲状态下执行【右击】→【随意选择】/【选择文本或绘图】，单击圆形 2D 线外框后执行【右击】→【特性】（或直接双击）即可弹出如图 3.114 所示“绘图边缘特性（Drafting Edge Properties）”对话框（**注意：此处执行“单击”或“Shift+ 单击”后再执行【右击】的效果不同，虽然弹出的快捷菜单中都存在“特性”项，但弹出的对话框却并不相同，前者表示选择某段 2D 线，由于圆形是连续闭合 2D 线，所以肉眼看上去选中的对象并无不同，但如果针对多边形，则仅会选中某个边的线段，而后者则针对连续 2D 线，如果针对多边形，则会选中整个多边形，相当于选中某个边的 2D 线段后执行【右击】→【选择形状】，详情见 1.4.5 小节**），在中心点坐标“XC”与“YC”文本框均输入“0”，而在“半径”文框框中输入“2.5”，表示将刚刚绘制的 2D 线圆形外框的原点设置为（0，0），其半径设置为 2.5mm，完成后的状态如图 3.115 所示。

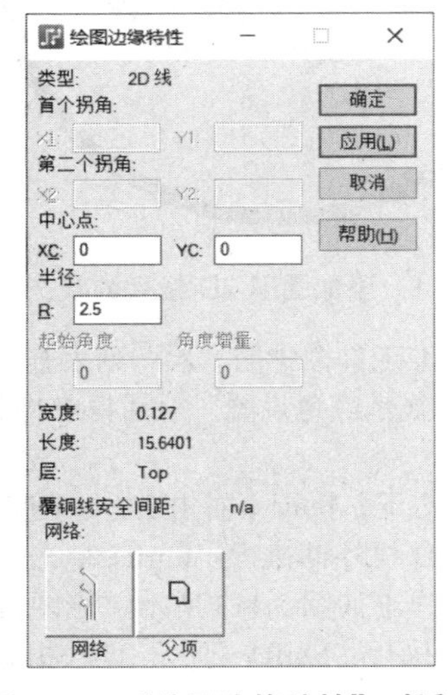

图 3.114　“绘图边缘特性”对话框

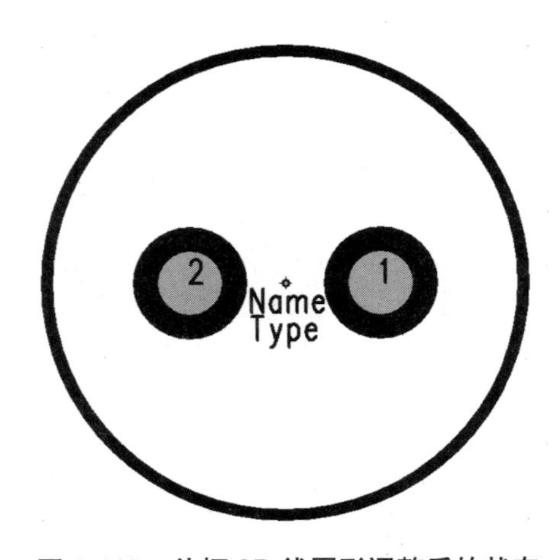

图 3.115　外框 2D 线圆形调整后的状态

（9）然后增加极性标记丝印，此处决定将左半圆进行填充（表示负极），并在右上角绘制一个符号“+”（表示正极），同样使用 2D 线绘制工具即可。符号“+”的绘制比较容易，但如何完成左半圆的填充呢？与 PADS Logic 不同，PADS Layout 并无对 2D 线的填充选项，也无直接绘制半圆的工具，该怎么办呢？你可以采用变通的方法，使用多条 2D 直线密集地排放在左半圆，再将线宽加粗即可。在实际绘制过程中，你可以考虑先设置一个较大的最小显示宽度（见 8.1 节），这样绘制的 2D 线会以细线显示，可以方便你进行选中与编辑操作，绘制完成后再将最小显示宽度改回来即可，完成后的状态如图 3.116 所示。

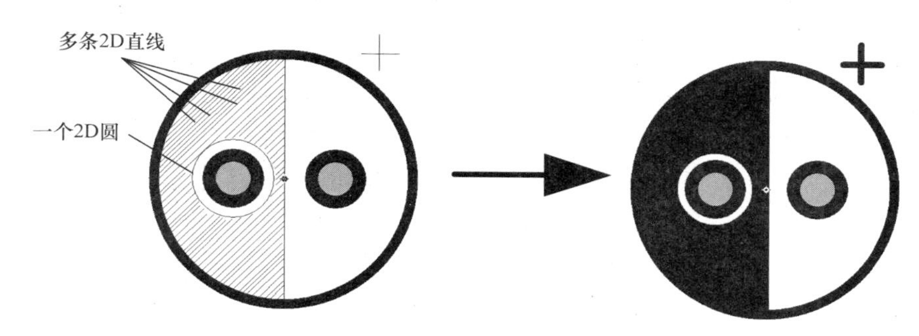

图 3.116　完成后的 PCB 封装

（10）PCB 封装绘制完成后需要保存。执行【文件】→【保存封装】即可弹出如图 3.117 所示“将 PCB 封装保存到库中”对话框，选择封装库并设置 PCB 封装名称（此处为“ECP20D50”）后，再单击“确定”按钮即可。之后，你就可以根据需要将该 PCB 封装分配给元件，此处不再赘述。

（11）PCB 封装保存后，PADS Layout 将会弹出如图 3.118 所示“是否希望创建新的元件类型”提示对话框，你可以根据需要选择即可。如果选择“是”，PADS Layout 将会弹出“元件的元件信息”对话框，此处不再赘述。

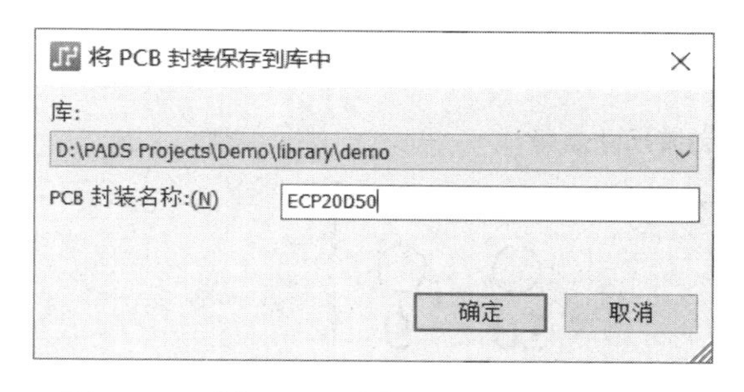

图 3.117　“将 PCB 封装保存到库中”对话框

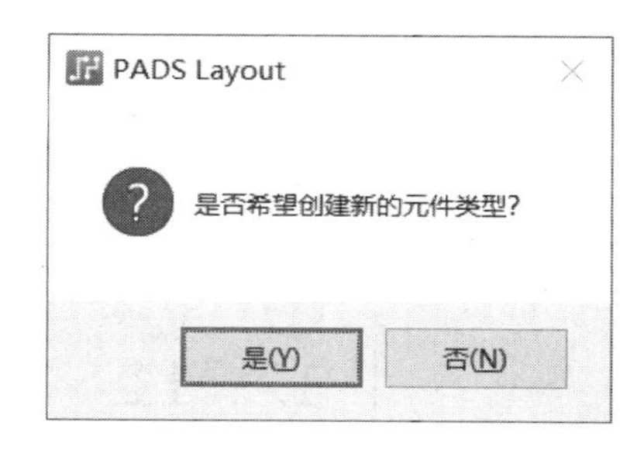

图 3.118　“是否希望创建新的元件类型”提示对话框

2. RJ45 封装

RJ45 接口是最常见的网卡接口，其具体的形式也有很多，本节需要创建带 LED 灯 RJ45 接口的 PCB 封装，相应的尺寸描述信息如图 3.119 所示，其中存在很多 2-ϕ3.25、2-ϕ1.7、4-ϕ0.9、8-ϕ0.9 等标注形式，前面的数字表示有几个同样属性的管脚，ϕ 后面的数据为管脚的直径。例如，“2-ϕ3.25”表示该封装存在 2 个直径为 3.25mm 的定位孔。首先，同样得预先确定焊盘的尺寸，只需要按右下角推荐的 PCB 布局信息设置即可（不需要像前述实例那样增加设计裕量）。其次，确定所有焊盘的坐标，此处决定在创建过程中再计算坐标。值得一提的是，在制作类似 PCB 封装时，特别要注意封装描述的信息是顶层视图（Top View）还是底层视图（Bottom View），否则可能会创建出不符合要求的 PCB 封装。

（1）确定添加的管脚编号。图 3.119 并未指出每个管脚的编号，PCB 封装设计者可以自行确定，**但请务必与 CAE 封装对应**，这一点非常重要。此处定义的管脚编号如图 3.120 所示。

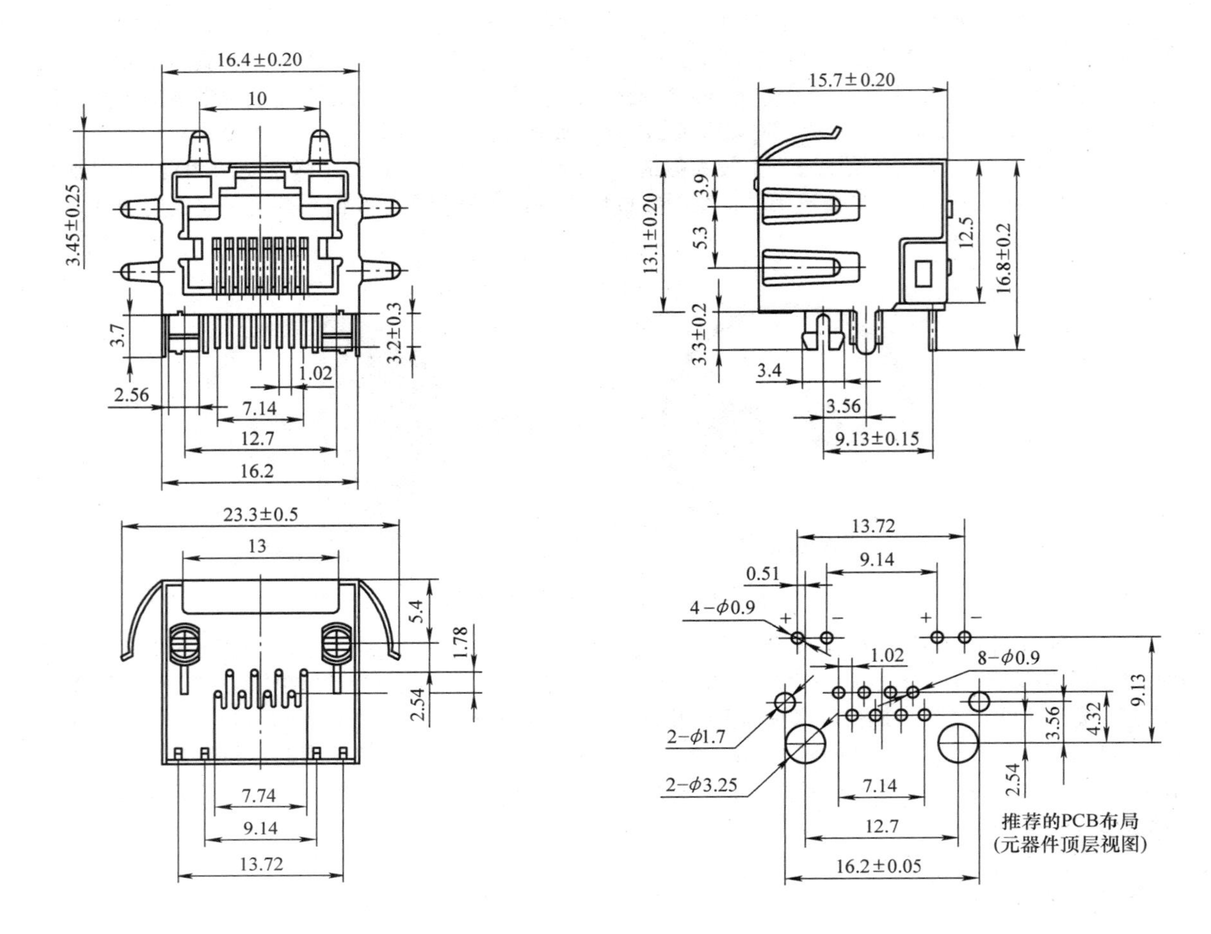

图 3.119　RJ45 封装尺寸信息

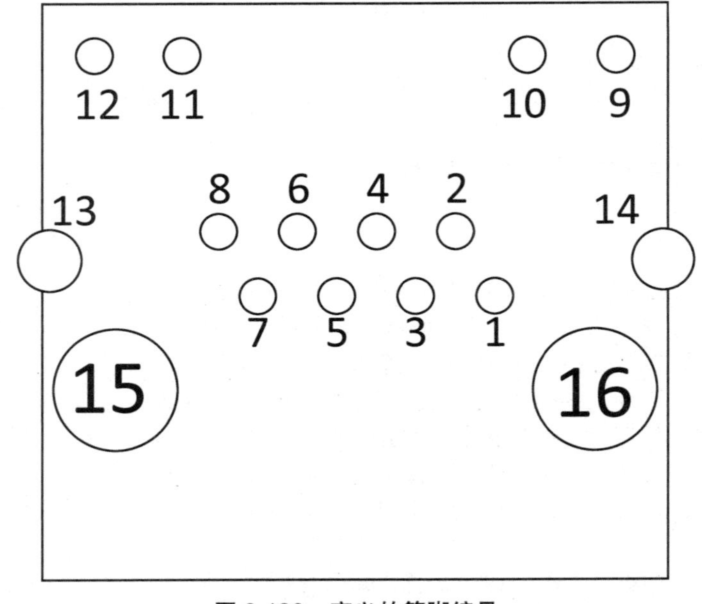

图 3.120　定义的管脚编号

（2）添加管脚对应的焊盘。单击封装编辑器绘图工具栏中的“端点”按钮可弹出如图 3.103 所示“添加端点”对话框，保持其中默认配置并单击“确定”按钮即可进入焊盘放置状态，在工作区域单击 1 次即可添加管脚编号为 1 的焊盘，然后将其确定为原点（也可以从一开始就将元器件的中心作为原点，方法相同），并在相应的“管脚的焊盘栈特性”对话框中设置钻孔尺寸为 0.9mm，焊盘直径为 1.5mm 即可，相应的状态如图 3.121 所示。

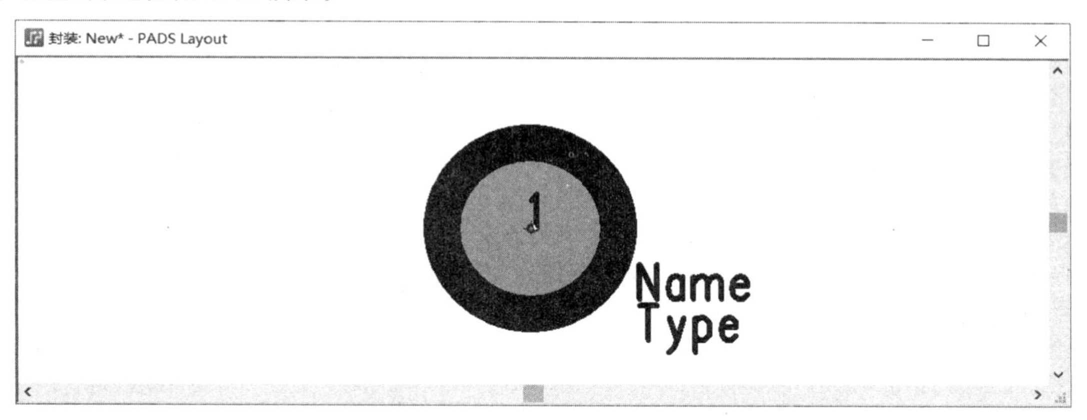

图 3.121　放置一个焊盘后的状态

（3）接下来添加（与管脚 1 位于同一排的）管脚 3、5、7。使用前述复制焊盘再粘贴的方式即可，焊盘之间的间距为 1.02mm × 2=2.04mm。粘贴后的管脚编号依次为 2、3、4，必须重新进行编号调整，只需要选中焊盘后执行【右击】→【端点重新编号】，如图 3.122 所示，在随即弹出“重新编号管脚”对话框中设置起始管脚编号与增量选项，再单击“确定”按钮即可完成焊盘编号的更改。图 3.123 为选中原来管脚 2 后设置的参数，表示将当前的焊盘编号更改为 3，更改后仍然处在焊盘重新编号状态，依次单击剩下的两个管脚即可分别设置管脚编号为 5 与 7。最后执行【右击】→【完成】即可退出管脚编号更改模式，相应的状态如图 3.124 所示。

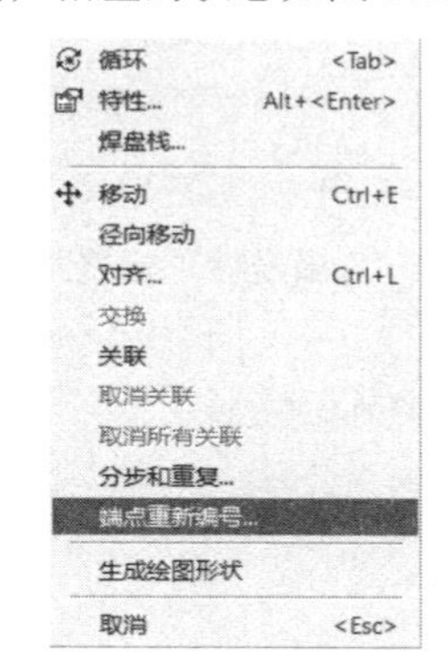

图 3.122　“端点重新编号”选项

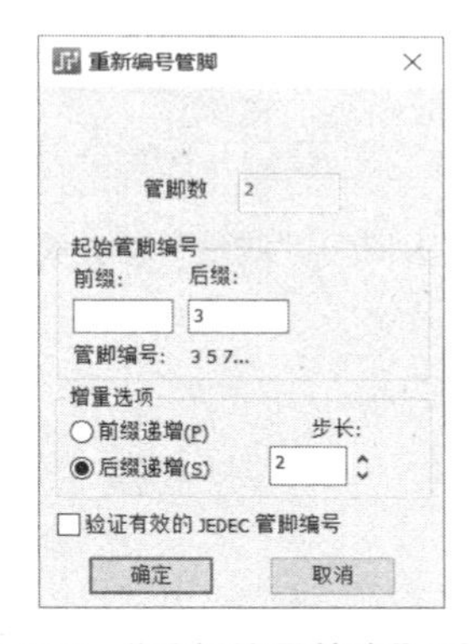

图 3.123　“重新编号管脚”对话框

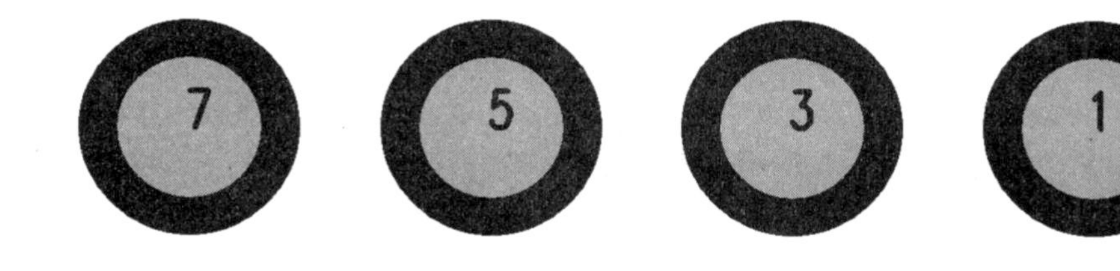

图 3.124　添加管脚 1、3、5、7 后的状态

当然，由于管脚 1、3、5、7 的尺寸与间距相同，你也可以使用更方便的“分步与重复（Step and Repeat）”功能按照一定的方向批量添加多个的焊盘。只需要选中管脚 1 后执行【右击】→【分步和重复】，即可弹出“分步和重复”对话框，其中存在“线性”、“极坐标”、“径向”共 3 个标签页，分别用于在不同坐标系中进行批量焊盘添加操作，“线性”标签页如图 3.125 所示，它以当前选中的焊盘为参考往“上”“下”“左”“右”方向批量增加焊盘，而且可以选择添加的数量以及管脚之间的间距，下方的“管脚编号”组合框用于设置焊盘编号（与图 3.103 所示“添加端点”对话框的作用相似），而且是 3 个标签页共用的参数，此处不再赘述。如果你按照图 3.125 所示参数配置并单击“确定”按钮，相应的状态将与图 3.124 完全相同。

“极坐标”标签页允许以一定的角度增量批量添加焊盘，如图 3.126 所示。极坐标与平面直角坐标都属于二维坐标系，但后者通过一对数字坐标（x，y）在平面中惟一确定每一个点，也是最常用的坐标定位方式，而前者则通过半径（长度）与角度坐标（r，θ）在平面中惟一确定每一个点（坐标的原点则为 PCB 封装编辑器的原点）。“极坐标”标签页中的“方向”组合可以指定焊盘编号递增方式，“已锁定”区域包含计数（添加的焊盘数量）、角度（增量）与角度范围 3 个单选框，它们有一定的关联，在实际设置时应该设定某一项后将其锁定，然后仅需要再设置一项即可（剩下一项会自动计算）。图 3.126 所示参数表示以原点为中心、以当前选择的焊盘为基准逆时针增加 11 个焊盘，每个焊盘的角度增加 30 度，相应的效果如图 3.127 所示（如果你将“计数”值改为“22”，则“角度”值会自动改为“15”）。

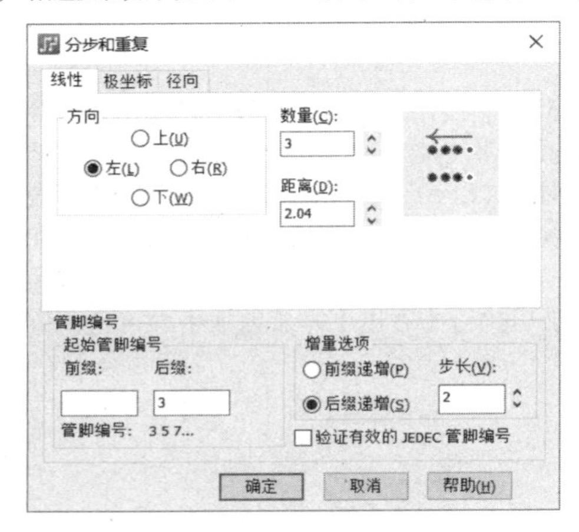

图 3.125 “线性”标签页

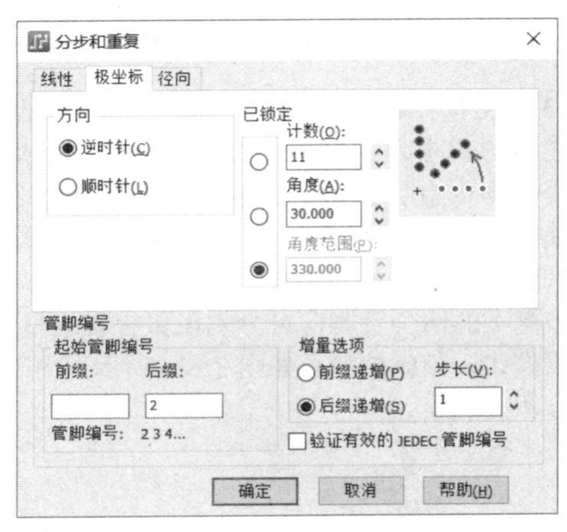

图 3.126 “极坐标”标签页

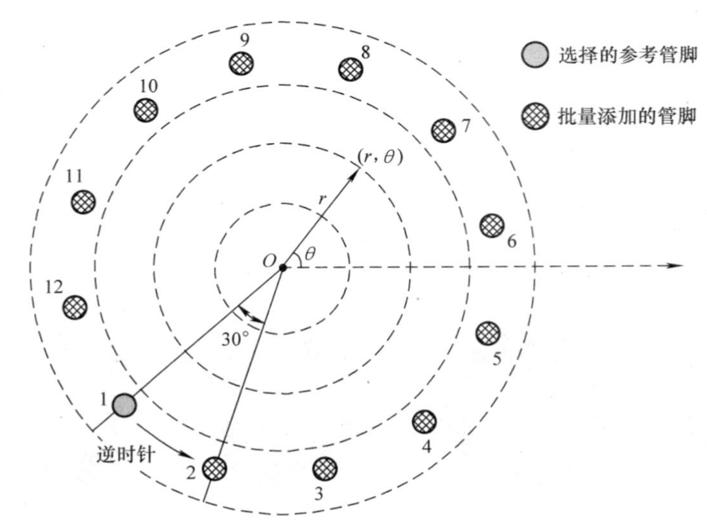

图 3.127 极坐标方式批量增加的焊盘

“极坐标”标签页仅能按一定的角度步长（半径固定）批量增加焊盘，但是如果你想按一定的半径步长（角度固定）批量增加焊盘，则可以使用“径向”标签页，如图 3.128 所示。其中的“方向”表示批量增加焊盘的方向，而具体增加焊盘的坐标就在当前选中的焊盘与原点之间的连接线（或延长线）上，图 3.129 给出了相应参数对应批量增加焊盘后的效果。

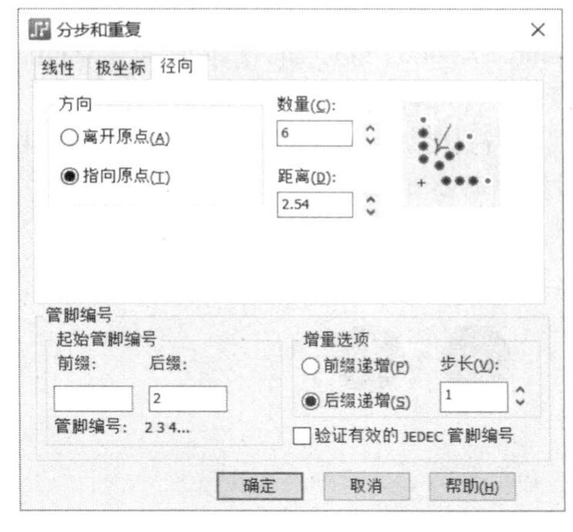

图 3.128 “径向”标签页

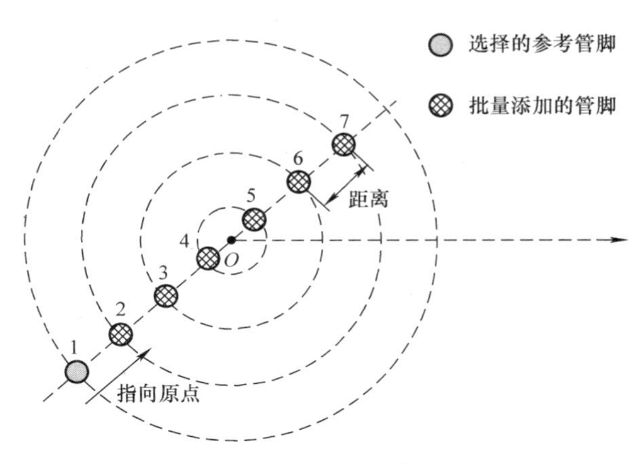

图 3.129 径向方式批量增加的焊盘

值得一提的是，手工移动焊盘时也可以使用“径向”移动方式，只需要选中焊盘后执行【右击】→【径向移动】即可，之后原来选择的焊盘将会消失，并出现一个极坐标系（坐标系具体参数设置见 8.3.1 小节），有一个尺寸相同的虚框焊盘会粘在光标上并随之移动，在合适的位置单击即可，如图 3.130 所示。

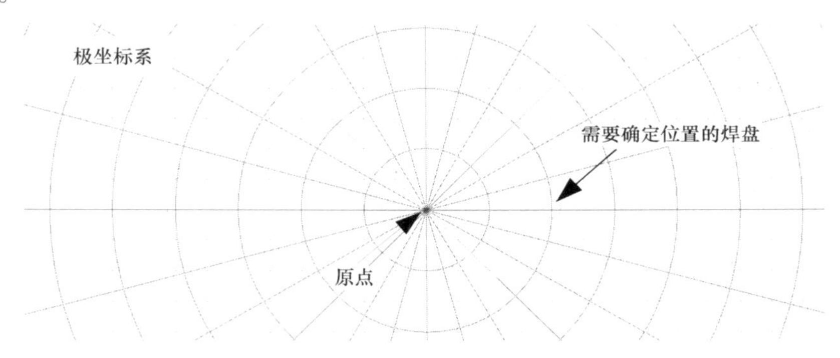

图 3.130 径向移动方式

（4）添加管脚 2、4、6、8。首先复制与粘贴已经放置的焊盘，其编号自动为 2，其与原点（管脚 1）的水平距离为 1.02mm，垂直距离为 4.32mm−2.54mm=1.76mm，所以相应的坐标应为（−1.02,1.76），然后同样再使用“分步和重复”功能添加管脚 4、6、8，完成后的状态如图 3.131 所示。

图 3.131 添加管脚 2、4、6、8 后的状态

（5）添加管脚 9、10、11、12。它们的尺寸与管脚 1 ~ 8 相同，所以使用复制与粘贴功能即可，先确定第 10 脚的坐标，其与原点（管脚 1）的水平距离应为（9.14mm−7.14mm）/2=1mm，垂直距离应为 9.13mm−2.54mm=6.59mm，所以相应的坐标为（1，6.59），继而可得到第 9、11、12 脚的坐标分别为（3.29，6.59）、（−8.14，6.59）、（−10.43，6.59）。

（6）添加管脚 13、14，其钻孔直径为 1.7mm，焊盘直径可设置为 2.4mm。然后先确定第 14 脚的坐标，其与原点（管脚 1）的水平距离为（16.2mm−7.14mm）/2=4.53mm，垂直距离为 3.56mm−2.54mm=1.02mm，所以坐标为（4.53，1.02），之后可顺势计算出第 13 脚的坐标为（−11.67，1.02）。

（7）添加管脚 15、16。由于它们是定位柱性质，所以钻孔不需要电镀，只需要增加两个圆形焊盘，**并将钻孔尺寸与焊盘直径都设置为** 3.25mm **即可**。第 16 脚与原点的水平距离为（12.7mm−7.14mm）/2=2.78mm，垂直距离为 2.54mm，所以相应的坐标为（2.78，−2.54），第 15 脚的坐标则为（−9.92，−2.54），最后完成的状态如图 3.132 所示。

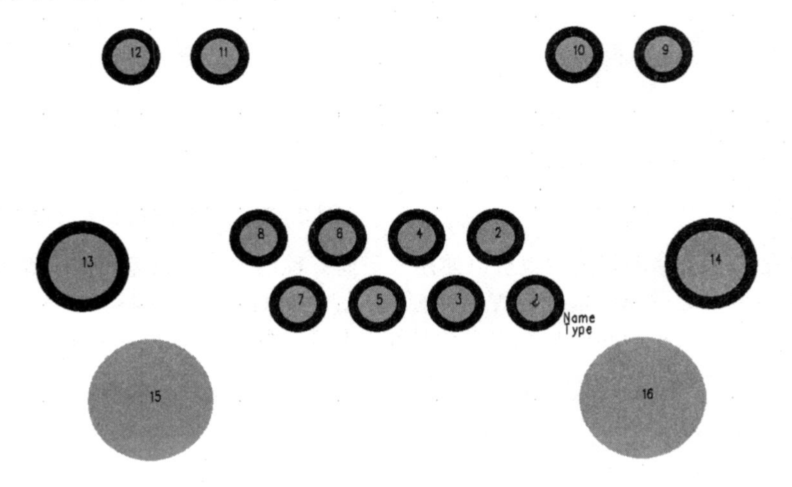

图 3.132　焊盘全部放置完毕后的状态

（8）最后添加丝印，包括器件外框与两个 LED 灯的极性指示。极性指示丝印比较简单，此处不赘述，外框丝印的尺寸应为 16.4mm × 15.7mm，如何精确绘制出相应的尺寸并将其放置在准确的位置呢？当然还是使用前面阐述的坐标设置的办法，所以你得先计算出外框丝印每个角的坐标，重新设置原点将有助于加速这一进程。新原点的 *X* 坐标可以设置在管脚 4 与 5 之间的中心位置，其与第 1 脚的距离为 1.02mm × 3+1.02mm/2=3.57mm，*Y* 坐标可灵活选择，此处以管脚 13 与 14 之间的中心位置为准，其与第 1 脚的垂直距离为 1.02mm，所以新原点的坐标应为（−3.57，1.02）。执行【设置】→【设置原点】后即可进入原点设置状态，然后执行无模命令“S-3.57 1.02”将光标重新定位，之后单击一次（或快捷键“Space”）即可设置新的原点。

新的原点设置完毕后，丝印方框左侧与右侧与原点的距离均为 8.2mm，所以只需要再确定上下两侧与原点之间的距离。从图 3.119 可知，第 13、14 脚与元器件正前方（PCB 封装下方）边界的距离为 5.4mm+3.56mm=8.96mm，所以与器件正后方（PCB 封装上方）边界的距离为 15.7mm−8.96mm=6.74mm，所以方框丝印的左上、右上、左下、右下角的坐标分别为（−8.2,6.74）、（8.2,6.74）、（−8.2，−8.96）、（8.2，−8.96）。

接下来首先使用 2D 线绘制一个矩形（尺寸与坐标不需要很准确），然后双击上方 2D 线段即可弹出“绘图边缘特性”对话框，在“X1”与“X2”文本框中分别输入“−8.2”与“8.2”，在“Y1”与“Y2”文本框中均输入“6.74”，再单击“确定”按钮即可，如图 3.133 所示。然后再处理下方 2D 线段，同样双击后即可弹出“绘图边缘特性”对话框，在“X1”与“X2”文本框中分别输入“8.2”与“−8.2”，在“Y1”与“Y2”文本框中均输入“−8.96”，然后单击“确定”按钮即可。完成丝印添加后的状态如图 3.134 所示。

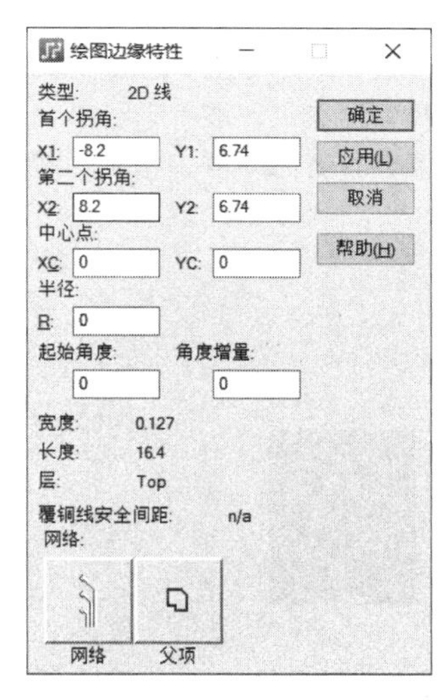

图 3.133　“绘图边缘特性”对话框

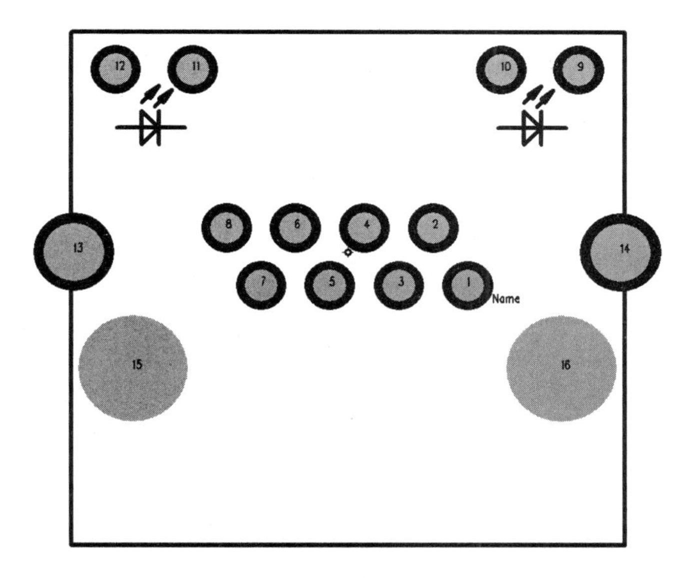

图 3.134　最终完成的 PCB 封装

（9）保存 PCB 封装，并根据实际需求分配给元件类型即可，此处不再赘述。值得一提的是，在设置元件类型信息时，由于管脚 15 与 16 并无电气特性，你可以将其分配到“未使用的管脚”组，在创建 CAE 封装时也就不需要添加对应的 2 个管脚。

3. SOT-23 封装

SOT-23 封装是大多数三极管、场效应管、LDO 等元器件广泛使用的封装，从数据手册中获取的尺寸标注信息如图 3.135 所示，其中，尺寸数据后面跟随的“BSC”表示基本值（BASIC）或中心基本距离（Basic Spacing Between Centers），意味着该数据没有公差（或误差很小到可以忽略），用于表示需要严格保证的距离（例如，元件管脚的中心间距）。首先，确定管脚焊盘宽度，其值对应为 b（0.35 ~ 0.5），实际可取最大值并增加 0.4mm 的设计裕量，即宽度为 0.9mm。管脚焊盘的长度对应为 L（0.4 ~ 0.6），实际可取最大值并增加 0.5mm 设计裕量，即长度为 1.1mm。其次，确定各管脚焊盘的坐标位置。假设以元器件正中心为原点（0，0），第 1 脚与原点的水平距离为 e1 标称值（Nominal）的一半，即 −1.9mm/2=−0.95mm，垂直距离取 E 标称值的一半，即 1.4mm 即可，因此第 1、2、3 脚的坐标分别为（−0.95，−1.4）、（0.95，−1.4）、（0，1.4）。

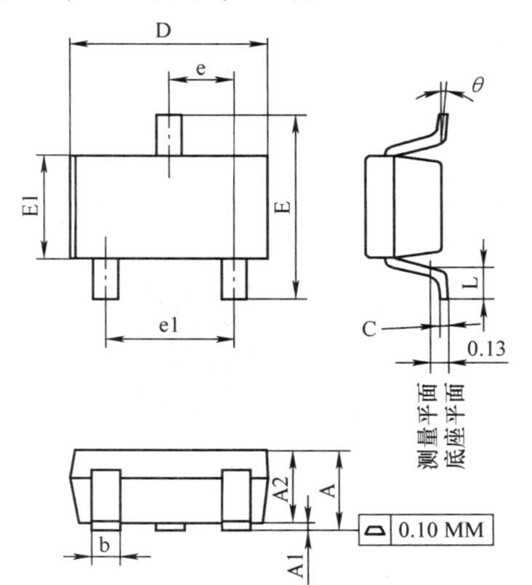

符号	mm		
	最小值	标称值	最大值
A	1.00	—	1.25
A1	0.00	—	0.10
A2	1.00	1.10	1.15
b	0.35	0.40	0.50
C	0.10	0.15	0.25
D	2.80	2.90	3.04
E	2.60	2.80	2.95
E1	1.40	1.60	1.80
e	—	0.95BSC	—
e1	—	1.90BSC	—
L	0.40	—	0.60
0	1°	5°	8°

图 3.135　SOT-23 封装尺寸信息

接下来开始创建 PCB 封装（为节省篇幅，与前述相同的步骤不再赘述）：

（1）在坐标（−0.95，−1.4）处添加编号为 1 的贴片焊盘，相应的管脚焊盘栈参数如图 3.136 所示。需要注意的是，贴片焊盘没有钻孔，所以钻孔尺寸应该设置为 0，在内层与对面层也不需要定义尺寸（均为“0”）。

（2）接下来添加管脚 2 与 3，只需要复制管脚 1 脚并粘贴，再设置相应的坐标即可，相应的状态如图 3.137 所示。

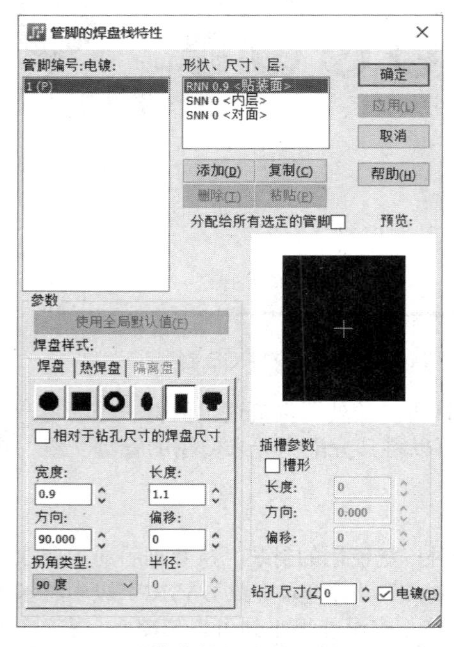

图 3.136 “管脚的焊盘栈特性”对话框

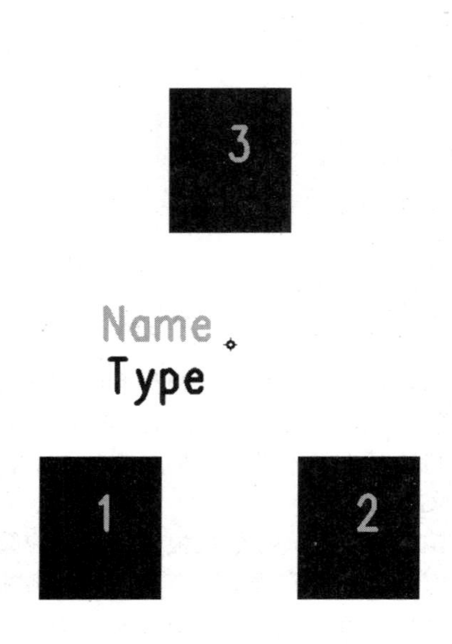

图 3.137 焊盘添加完成后的效果

（3）最后添加元器件外框丝印。首先在封装编辑器工具栏（标准工具栏）中切换当前层为“Silk-screen Top”，表示要将丝印添加到丝印顶层，然后单击封装编辑器绘图工具栏中的“2D 线”按钮即可进入 2D 线绘制状态，执行【右击】→【矩形】（或无模命令“HR”），表示使用 2D 线进行矩形绘制的操作，然后在合适的区域绘制矩形，完成的状态如图 3.138 所示。PCB 封装绘制完成后自行保存即可，此处不再赘述。

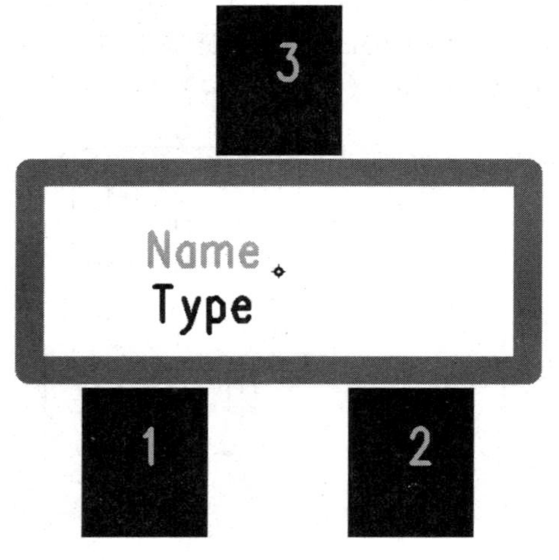

图 3.138 PCB 封装创建完成后的状态

4. SSOP14 封装

SSOP 是集成芯片最常用的封装之一，本节以创建逻辑芯片 74HC08 的 SSOP14 封装为例进行详细阐述，从数据手册中获取元器件的尺寸信息如图 3.139 所示。首先，确定管脚焊盘宽度，其值对应为 b_p（0.25 ~ 0.38），实际取最大值即可（由于管脚间距本来就不是很大，可以考虑不增加设计裕量），即宽度为 0.38mm。管脚焊盘的长度可以 L_p（0.63 ~ 1.03）为依据，实际可取最大值并增加约 0.5mm 设计裕量，即长度为 1.5mm（也可以适当增加更多的设计裕量，例如 1.8mm）。其次，确定各管脚焊盘的坐标位置。假设将左下角管脚 1 作为原点（0，0），则第 1 ~ 7 脚的 *Y* 坐标均为 0，*X* 坐标则按 e 值（0.65mm）等间距增加。例如，管脚 2 的坐标为（0，0.65），管脚 3 的坐标为（0，1.3），其他依此类推。最后确定管脚 8 ~ 14 的坐标，*X* 坐标与管脚 7 ~ 1 对应，*Y* 坐标则取 H_E 最大值 7.9mm 即可，接下来开始创建 PCB 封装：

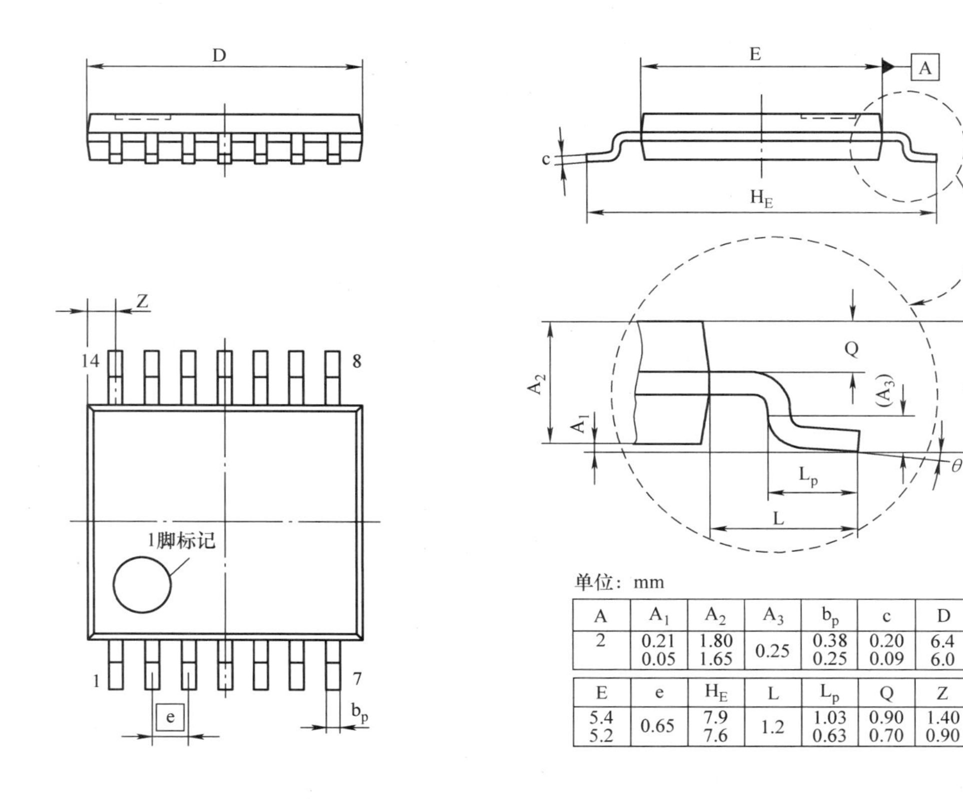

A	A_1	A_2	A_3	b_p	c	D
2	0.21 0.05	1.80 1.65	0.25	0.38 0.25	0.20 0.09	6.4 6.0

E	e	H_E	L	L_p	Q	Z	θ
5.4 5.2	0.65	7.9 7.6	1.2	1.03 0.63	0.90 0.70	1.40 0.90	8° 0°

图 3.139　SSOP14 封装尺寸信息

（1）添加管脚 1 对应的焊盘。单击封装编辑器绘图工具栏中的“端点”按钮，在原点添加管脚编号为 1 的焊盘，相应的焊盘配置参数如图 3.140 所示，其中选择了椭圆焊盘样式，并且将方向旋转了 90 度（默认长度为横轴方向）。

（2）接下来添加管脚 2 ~ 7。由于所有焊盘的尺寸相同，而且焊盘中心间距也相同，你可以使用“分步与重复”功能批量按照一定的方向添加多个相同尺寸的焊盘，相应的效果如图 3.141 所示。

（3）接下来添加管脚 8 ~ 14。复制一个焊盘（其编号自动增加为 8）放置在坐标（3.9，7.9）处，然后使用同样的“分步和重复”功能批量添加焊盘，完成后的效果如图 3.142 所示。

（4）接下来放置丝印。芯片的丝印主要包含两点，其一是所有芯片都有的外框，其二便是管脚 1 的方向标记。外框的具体形式可根据单位的设计规范要求创建，你可以绘制矩形 2D 线包围所有焊盘（当然，也可以参考 D 值与 E 值绘制与本体尺寸相同的矩形，此处不再赘述），将原点设置在 PCB 封装正中心后（非必须），最终的 PCB 封装效果如图 3.143 所示。

图 3.140　“管脚的焊盘栈特性”对话框

3.7.3　异形 PCB 封装

看到过如图 3.144 所示的异形 PCB 封装吗？它们的管脚焊盘并非标准圆、矩形、椭圆等形状，多见于一些电源芯片、按键等元器件，如何来实现这种封装呢？本小节就来详细阐述其创建过程。

图 3.141　第 1 ~ 7 脚完成后的效果

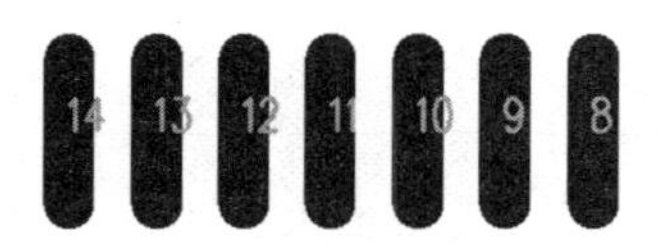

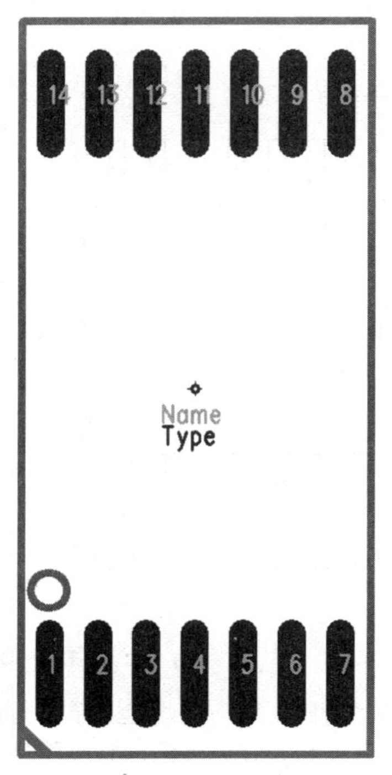

图 3.142　焊盘添加完成后的效果

图 3.143　创建完成的封装

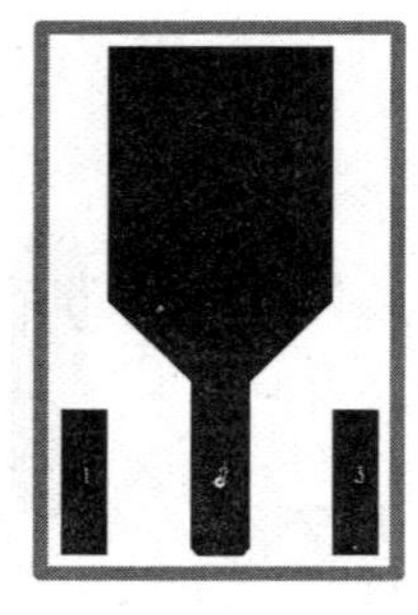

a) SOT-223封装

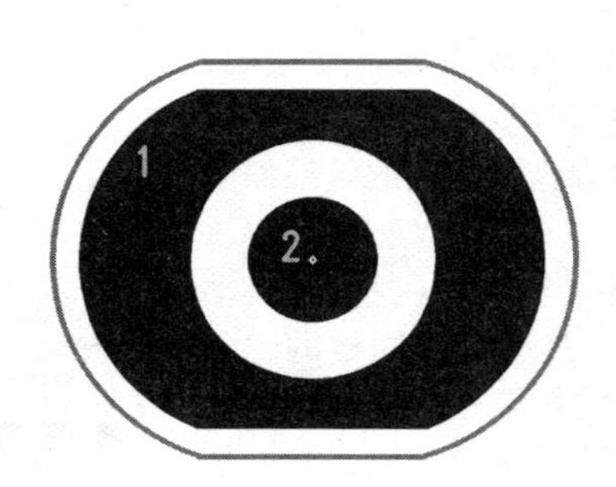

b) 锅仔按键封装

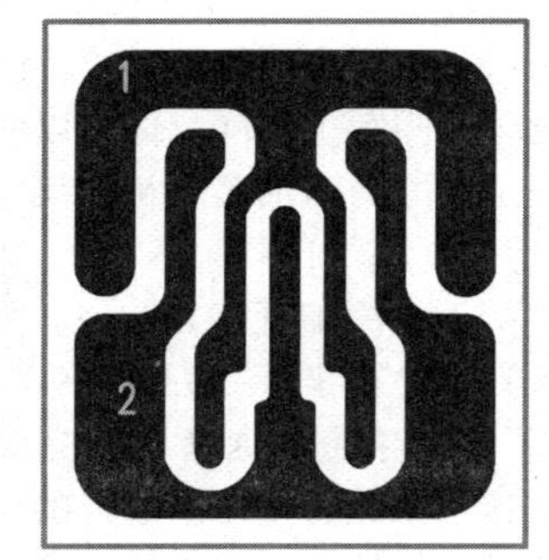

c)硅胶按键封装

图 3.144　异形 PCB 封装

1. SOT-223 封装

第 2 章中阐述的小项目中使用的 LDO 就是 SOT-223 封装，在实物上存在 4 个管脚，中间的第 2 脚与上侧的管脚在芯片内部连接在一起，所以在创建封装时通常会将它们连接起来（非必须），其封装信息描述如图 3.145 所示。首先确定焊盘尺寸，暂时只需要确定下侧 3 个管脚的尺寸即可，其尺寸完全相同。由于 B 值为 0.7mm，因此宽度可取值 0.8mm，长度可适当取大一些，此处定为 2.54mm。再确定焊盘的坐标，以管脚 2 为参考，由于 e 值为 2.3mm，所以管脚 1 与 3 的坐标分别为（−2.3，0）、（2.3，0），接下来开始创建 PCB 封装。

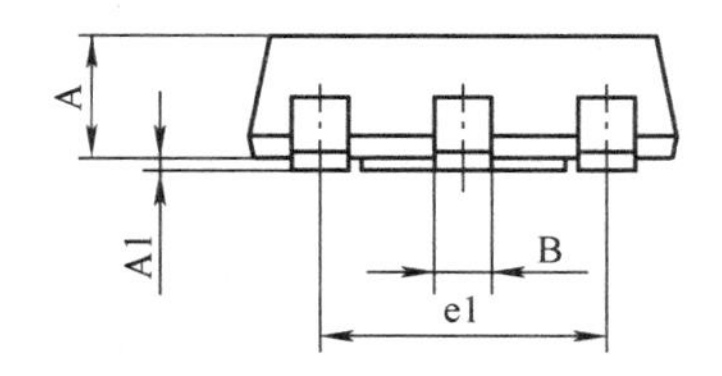

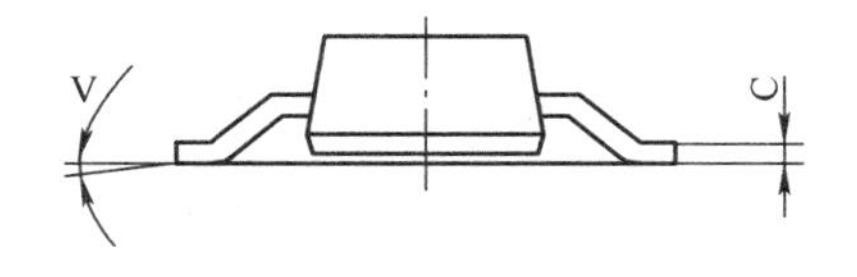

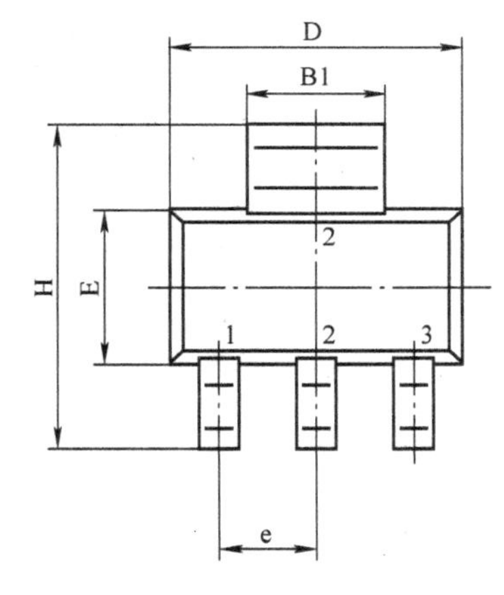

符号	mm			mil		
	最小值	标称值	最大值	标值	标称值	最大值
A			1.8			70.9
A1	0.02		0.1	0.8		3.9
B	0.6	0.7	0.85	23.6	27.6	33.5
B1	2.9	3	3.15	114.2	118.1	124.0
C	0.24	0.26	0.35	9.4	10.2	13.8
D	6.3	6.5	6.7	248.0	255.9	263.8
e		2.3			90.6	
e1		4.6			181.1	
E	3.3	3.5	3.7	129.9	137.8	145.7
H	6.7	7	7.3	129.9	137.8	145.7
V			10°			10°

图 3.145　SOT-223 封装信息

（1）首先按照前述信息添加第 1、2、3 管脚的焊盘，此处不再赘述，完成后的状态如图 3.146 所示。

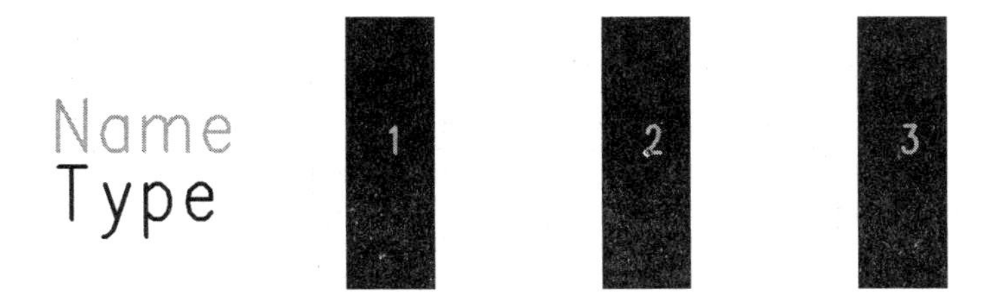

图 3.146　添加焊盘 1、2、3 后的状态

（2）关键的步骤是异形焊盘的创建，通常的方法是**使用铜箔工具绘制一块异形铜箔，再与某个焊盘进行关联**（Associate）。首先在封装编辑器工具栏中确定当前层为“Top”，表示将在顶层添加铜箔对象，然后单击封装编辑器绘图工具栏中的“铜箔”按钮，执行【右击】→【多边形】（或无模命令“HP”）表示将要绘制一个多边形铜箔。按实际需求绘制一个异形铜箔（大小与形状可自行把握，只需要保证管脚 2 能够放到异形焊盘中即可，此处不再赘述），完成后执行【右击】→【完成】，最后将异形铜箔移动到与管脚 2 对齐即可，相应的状态如图 3.147 所示。

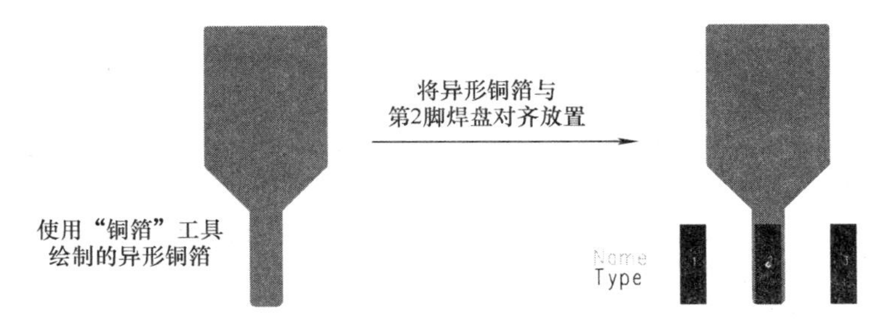

图 3.147　绘制并移动异形铜箔后的状态

（3）到目前为止，异形铜箔还并非焊盘属性，需要将其与焊盘2关联起来才行。执行【右击】→【形状】，选中前述步骤中绘制的异形铜箔，执行【右击】→【关联】（类似图3.112，只不过此时“关联”项处于可用状态）后即进入铜箔待关联状态，然后单击管脚2，铜箔与焊盘即成为一个整体，相应的状态如图3.148所示。

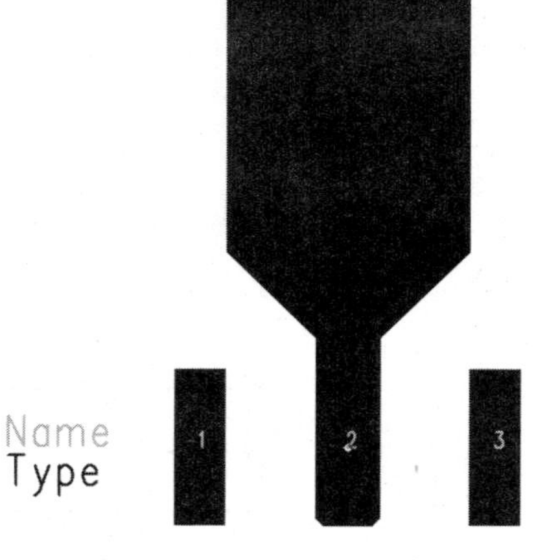

图 3.148　铜箔与焊盘关联后的状态

异形铜箔与焊盘关联后再不是铜箔属性，所以无法以“选择形状”的筛选条件选中，因为其已经是管脚2的一部分。至此SOT-223的异形焊盘已经创建完毕，后续的丝印添加工作不再赘述。

2. 锅仔按键封装

锅仔按键因其形似家里用来炒菜的锅而得名（整体呈凹形的金属圆片），在默认状态下，这口“锅”反向扣在按键封装上，此时只有外环焊盘与锅仔按键存在电气连接，当你按下锅仔按键后，内环与外环将通过“锅”短接在一起，也就能够实现的电信号通断的控制。本节为节省篇幅，后续进行PCB封装创建时不再给出具体尺寸数据，因为实际工作中使用的具体按键封装形式多种多样，关键在于理解其中的操作步骤。

（1）首先创建外环异形焊盘。外环是带挖空区域的类椭圆形焊盘，你可以先使用“铜箔”工具创建一个矩形，选择左（或右）侧线段执行【右击】→【拉弧】将其拉成弧形即可，相应的步骤如图3.149所示。虽然铜箔是网格状的，但并不会影响最终创建的焊盘，因为其与焊盘关联之后会自动成为实心状。当然，你仍然可以在关联操作前通过执行【工具】→【选项】→【栅格和捕获】→【栅格】→【铺铜栅格】，将“铜箔”值改小即可将铜箔显示为实心状，此处不再赘述。

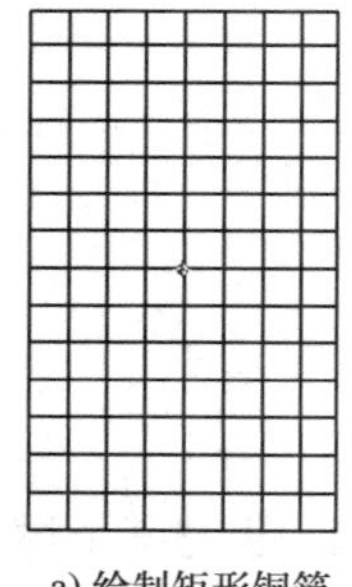

a) 绘制矩形铜箔

b) 拉弧

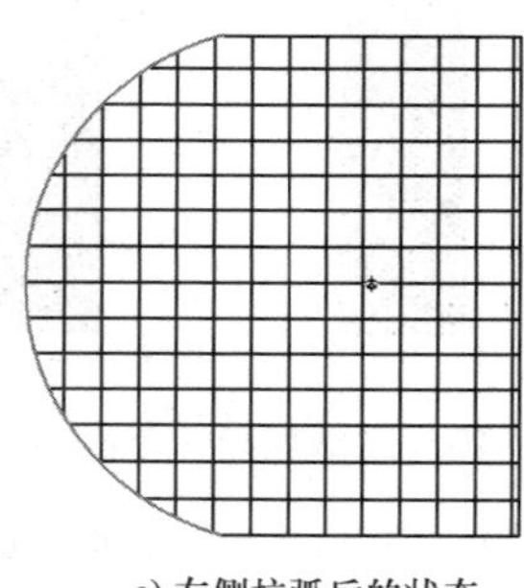

c) 左侧拉弧后的状态

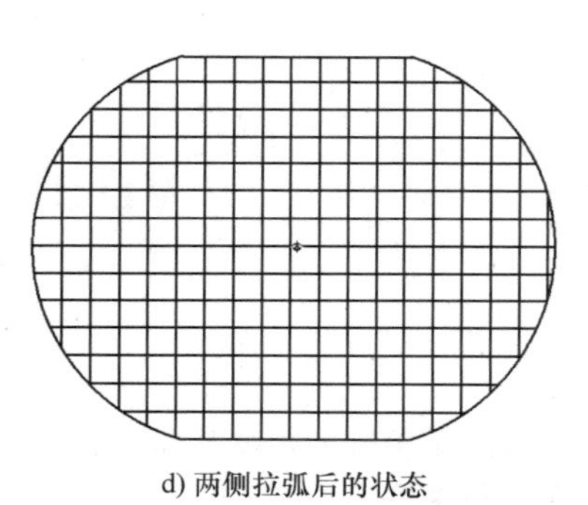

d) 两侧拉弧后的状态

图 3.149　类椭圆形铜箔的绘制

（2）关键的步骤是创建铜箔挖空区域。此处需要使用到铜挖空区域工具。单击封装编辑器绘图工具栏中的“铜箔挖空区域”按钮即可进入铜挖空区域绘制状态，然后像“铜箔”工具那样在类椭图形中心绘制合适大小的圆即可，如图3.150所示。

（3）接下来需要将铜箔与铜挖空区域进行合并操作。同时选中前述创建的类椭圆形铜箔与圆形铜挖空区域，执行【右击】→【合并】即可完成带挖空区域的类椭圆形铜箔的创建工作，如图3.151所示。值得一提的是，右击后弹出的快捷菜单中存在两个“合并”项，上方的英文为“Combine”（下方“合并”项的英文为“Join”，详情见9.2.4小节）。

（4）然后是内圆的绘制，使用“铜箔”工具绘制一个合适的圆形铜箔即可，然后按照SOT-223封装的创建步骤，添加2个用于关联铜箔的小贴片焊盘即可，具体如图3.152所示（内圆焊盘也可以通过添加普通焊盘的形式直接创建），后续关联操作不再赘述。

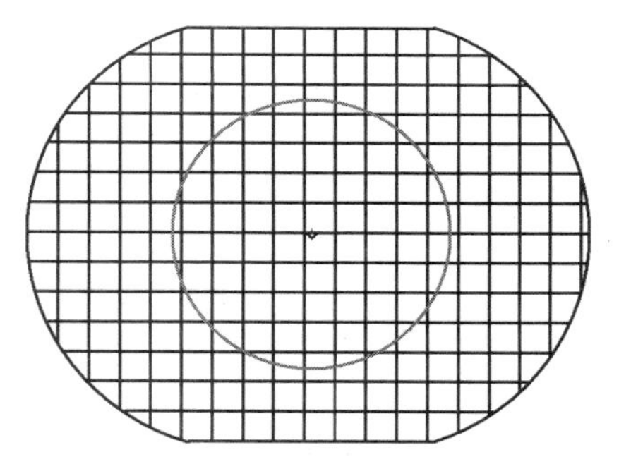

图 3.150　铜箔挖空区域的绘制

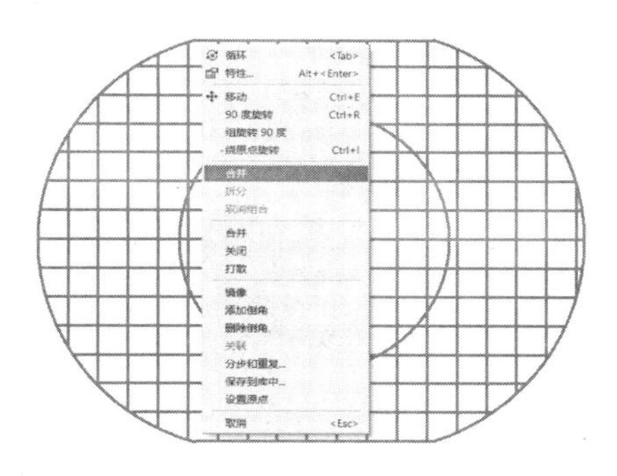

图 3.151　合并铜箔与铜挖空区域

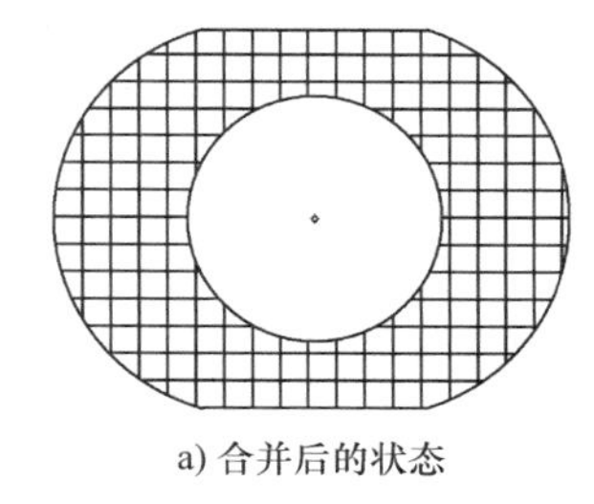

a) 合并后的状态

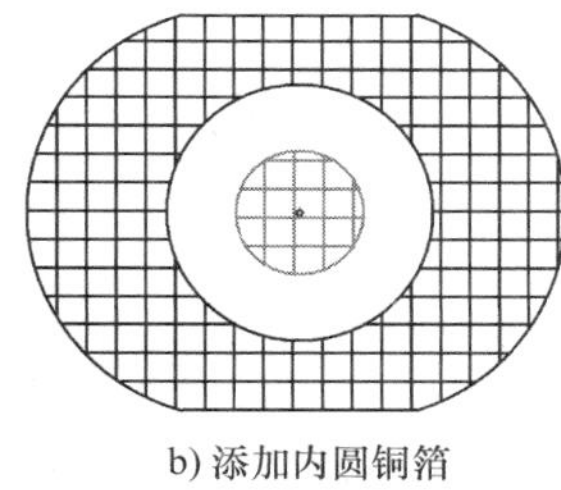

b) 添加内圆铜箔

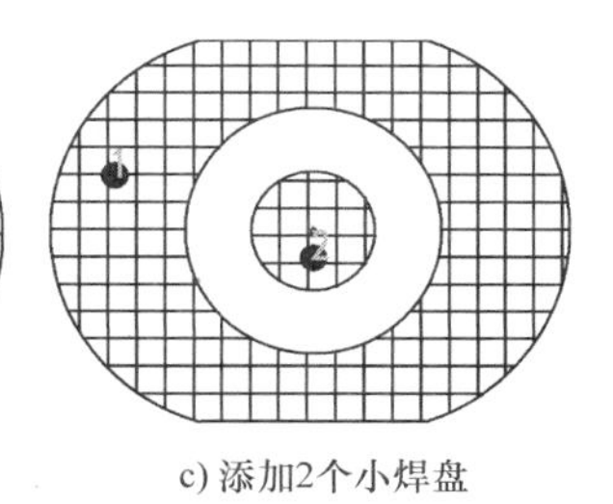

c) 添加2个小焊盘

图 3.152　创建内圆铜箔并添加小焊盘后的状态

3. 硅胶按键封装

硅胶按键在游戏手柄、计算器、键盘中应用非常广泛，它的形状像一顶帽子，帽子边缘并不导电，里面夹着一颗导电黑粒，默认情况下其未与 PCB 焊盘连接。当你按下硅胶按键后，导电黑粒即可将 PCB 封装中的两个焊盘短接。为了确保电气连接的稳定与可靠，通常会使用交错式焊盘绘制相应的封装，这样即便焊盘局部接触不良，也不会影响整个按键的电气连通性。

如果硅胶按键封装比较复杂或很不规则，通常会先使用 AutoCAD 等工具进行绘制，然后像在 PCB 文件中导入板框一样导入 DXF 文件即可，但是导入 DXF 文件的入口不在文件菜单中，而应该单击封装编辑器绘图工具栏中的“导入DXF”按钮，在弹出的“文件导入”对话框中选择相应的DXF文件后，即可弹出如图 3.153 所示“DXF 导入”对话框，单击“确定”按钮后，2D 线绘制的形状就会导入到 PCB 封装编辑环境中，然后进入“绘图特性”对话框并在“类型”列表中选择“铜箔”项即可（与第 2 章将“2D 线”改为“板框”属性的操作相同）。值得一提的是，通常还会在阻焊（Solder Mask）层添加一块覆盖所有焊盘的铜箔，表示按键封装内部区域均不覆盖绿油（“绿油”为阻焊的俗称，实际上，阻焊还有黑、红、白、蓝等多种颜色，只不过绿色应用最为广泛，也因此而得名，后续还会进一步说明），以避免因多次摩擦（或 PCB 变形）而散落的绿油影响电气连接质量。

仍然需要注意的是：要使“绘图特性”对话框中的“类型”列表有效，从 DXF 文件导入的 2D 线必须是首尾相连的闭合曲线。如果导入的形状由多个 2D 线拼接起来，全部选中后再进入“绘图特性”对话框时，“类型”列表将无法修改，也就意味着无法直接将“2D 线”修改为“铜箔”，此时可以考虑使用“合并（Join）”与“关闭（Close）”功能将多条 2D 线合并成闭合曲线，再将其更改为“铜箔”属性即可，详情见 9.2.4 小节。

3.7.4　PCB 封装向导

对于诸如 DIP、SOP、SSOP、TSSOP、QFP、BGA、FBGA 等应用非常广泛的标准封装，你也可以使用 PADS Layout 提供的封装向导（Decal Wizard）快捷地创建相应的 PCB 封装，只需要单击封装编辑绘制工具栏中的“向导”按钮，即可弹出“封装向导”对话框，其中包含了“双（Dual）”“四分之一圆周（Quad）”“极坐标（Polar）”“BGA/PGA”共 4 个标签页及公用封装计算器与封装向导选项，本节将详述各标签页中主要参数的具体意义。

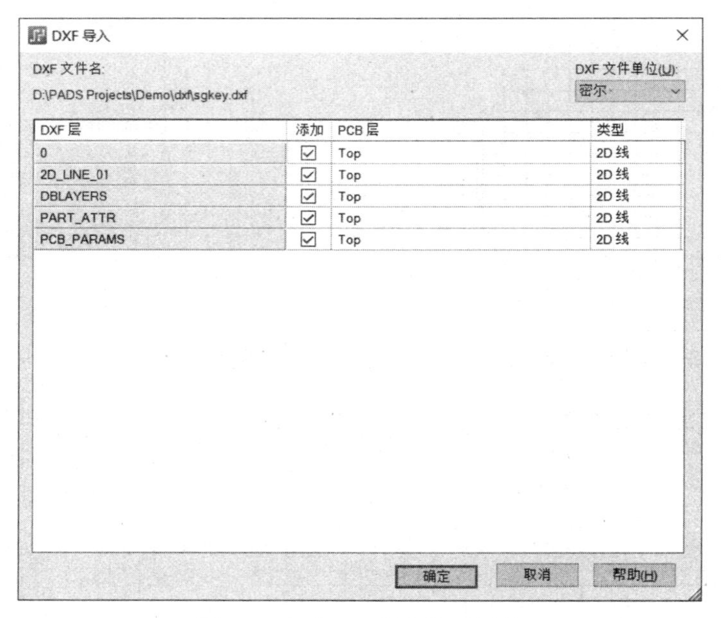

图 3.153 “DXF 导入”对话框

1. “双”标签页

该标签页能够创建 DIP、SOP、SSOP、TSSOP 等由两排管脚构成的 PCB 封装，本节以创建 DIP14 封装为例进行详细阐述，相应的数据手册尺寸信息如图 3.154 所示。首先确定焊盘的尺寸参数，封装管脚的宽度对应 b_1 值（15 ~ 21mil），你可以在最大值的基础上增加一些设计裕量，此例定义为 30mil。焊盘的直径设置比较灵活，此例定义为 55mil 即可。接下来确定各管脚之间的中心间距（不需要像前述步骤那样计算出坐标），管脚 1 ~ 7 及 8 ~ 14 的中心间距为 e 值（100mil），那么上下两排管脚的间距应该选择多少呢？根据不同的生产条件，选择 e_1 值（300mil）或 M_H 值（330 ~ 390mil）都可以，有些单位会在封装库中维护两种不同间距的 PCB 封装，此例选择 350mil 作为演示。

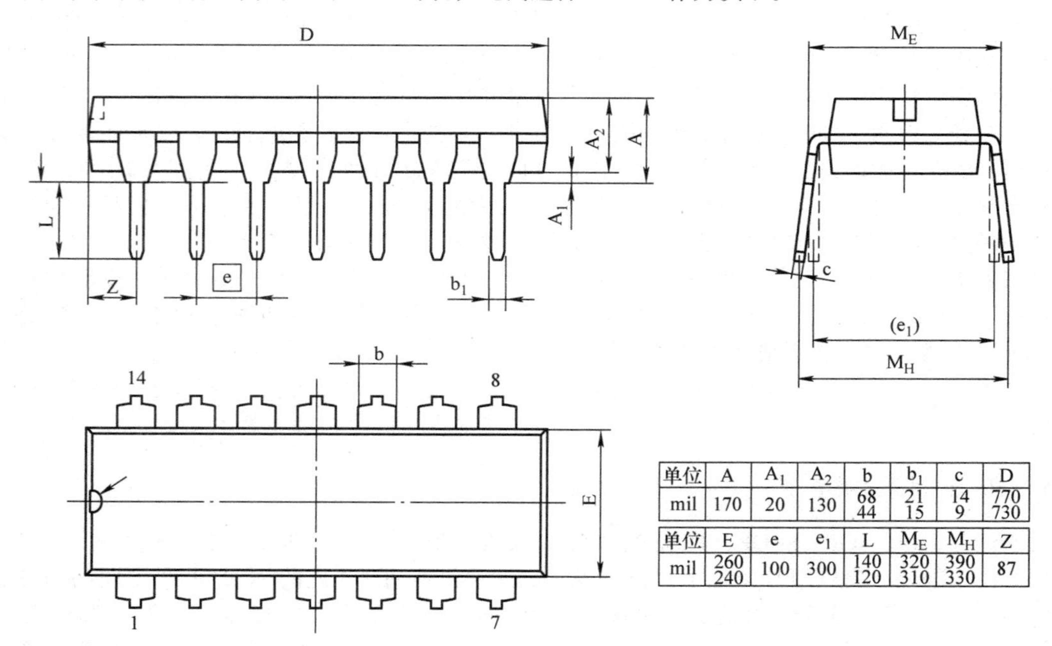

单位	A	A_1	A_2	b	b_1	c	D
mil	170	20	130	68 44	21 15	14 9	770 730

单位	E	e	e_1	L	M_E	M_H	Z
mil	260 240	100	300	140 120	320 310	390 330	87

图 3.154 DIP14 封装信息

接下来讨论“双”标签页参数的具体配置，其中主要包含封装、管脚、布局边框、膜面放大（缩小）尺寸、热焊盘、封装计算器、单位、预览几个部分，如图 3.155 所示。

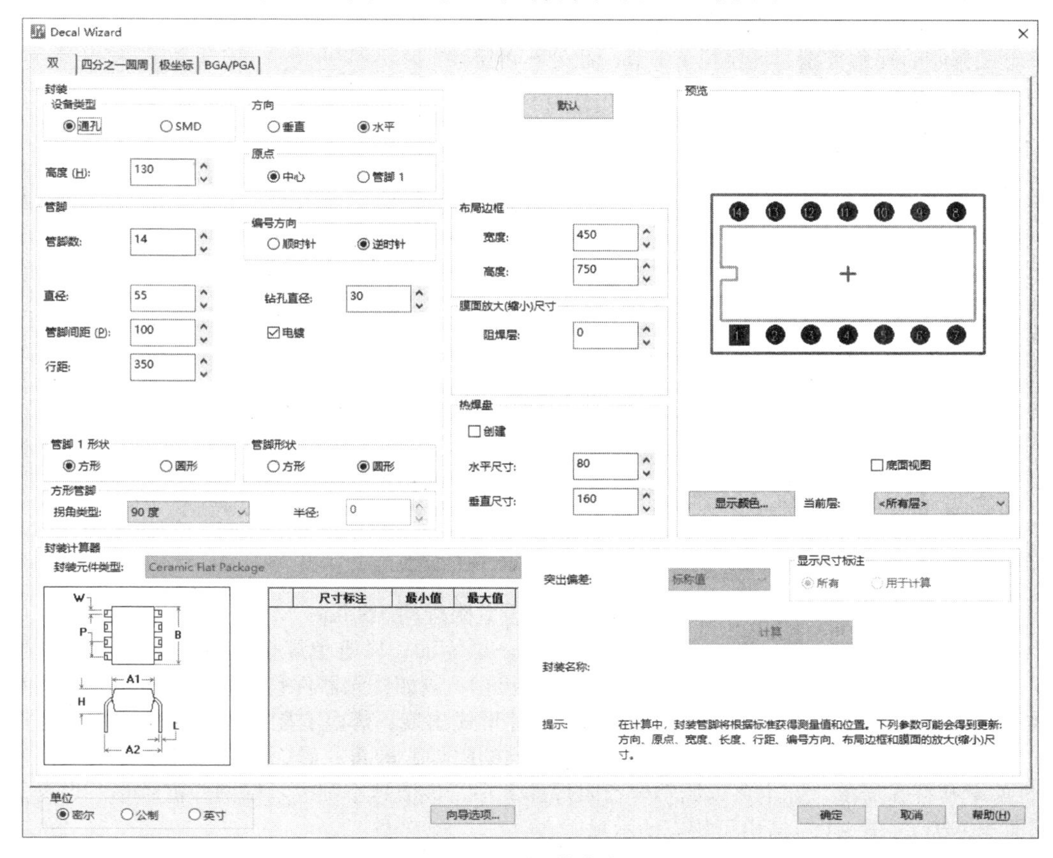

图 3.155　“双”标签页

（1）“单位”组合框位于对话框的左下角，其也是使用封装向导创建 PCB 封装时第一步需要设置的选项，具体设置取决于数据手册中给出的尺寸单位，此例选择“密尔”。

（2）“封装”组合框用于确定封装的大体类型，“设备类型（Device Type）”组合框（笔者注：翻译为“器件类型”比较妥当）用于确定创建插件还是贴片封装，当然，这只是一种大体的元器件分类。例如，SOP、SSOP、TSSOP 等 PCB 封装都可以通过设置为贴片类型来创建。DIP14 为插件类型元器件，当然应该选择“通孔”。“方向”组合框用于确定创建的 PCB 封装的方向为横向还是竖向，正如同 3.7.2 小节中创建电解电容的 PCB 封装，你也可以使用管脚上下排列的方式，这并不会影响封装的最终形式，只不过从库中调出来的 PCB 封装方向不同而已（旋转后的结果仍然一样）。“高度”用于指定元器件的高度，该值会添加到 PCB 封装的 Geometry.Height 属性中。“原点”用于将“元器件中心”还是“管脚 1”设置为原点，其同样也不影响封装的最终形式，只不过在 PCB 设计过程中移动 PCB 封装时，光标的定位会稍有不同，因为 PADS Layout 提供“按原点移动”、“按光标位置移动”、“按中点移动”这 3 种移动元件的选项，如果你选择“按原点移动”项，光标会“在移动 PCB 封装过程中”定位在其创建时确定的原点。如果选择其他移动选项，则会忽略 PCB 封装的原点设置，详情见 8.2 节。

（3）“管脚”组合框主要用于确定管脚的参数，“管脚数”用于指定 PCB 封装的管脚的总数（此例为 14），“直径”用于指定焊盘的直径（此例为 55mil），“管脚间距”用于指定同一排中相邻管脚的间距（此例为 100mil），“行距”用于指定两排管脚之间的间距（此例为 350mil），“编号方向”用于确定上下两排管脚的编号次序，如果选择“顺时针”项，则左上角、右上角、右下角、左下角的编号分别为 1、7、8、14，如果选择“逆时针”项，则左下角、右下角、右上角、左上角的编号分别为 1、7、8、14。

根据数据手册所示信息，你应该选择后者。“钻孔直径”与“电镀”项仅对通孔器件类型有效，“管脚形状”组合框用于设置管脚的焊盘形状，可以是“方形”或“圆形”，如果你需要对管脚 1 进行特殊标记，也可以在“管脚 1 形状”组合框中将其设置为不同的焊盘形状。如果设置管脚形状为“方形”，你还可以设置具体的拐角类型，详情见 6.3 节，此处不再赘述。

（4）“布局边框”组合框并非针对前述 PCB 封装创建过程中绘制的丝印边框，因为布局边框并不放在丝印层，而是放在第 20 层（Layer 20），其与第 25 层相似都是特殊功能层，也是专门用来放置布局外框的层，可以用于有安全间距检测需求的场合，帮助文档给出的相应解释如图 3.156 所示。通常情况下将布局外框设置为包围所有焊盘或元件本体的方框即可。例如，元件布局导致违背安全间距时（例如，元件重叠），你可以使用 PADS Layout 进行必要的推挤，而推挤的依据即布局边框。当然，元件推挤其实并非常用操作，实际进行安全间距检测时也很少会针对布局边框，所以很多 PCB 封装并未（也勿需）创建布局边框，前述手工创建的 PCB 封装即是如此。

Layer 20 - Placement Outlines

When components are placed on a board, it is desired to keep them separated by a specific clearance in order to prevent them from overlapping and creating potential unwanted connections between the copper features of the components. Since some component leads extend beyond the body of the components, a specific outline that includes the desired clearance can be added on Layer 20 to represent the maximum boundary of the component

图 3.156　第 20 层的定义

（5）“膜面放大（缩小）尺寸”组合框主要用于设置阻焊层（Solder Mask）的补偿值（可正可负）。通常 PCB 上不需要焊接元器件的铜箔区域都会覆盖一层绿油，以避免焊接时相邻焊盘出现桥接现象，而阻焊层存在的意义就是为了给绿油开窗（不覆盖绿油）。例如，元器件管脚焊盘通常总是需要焊接元件，其不应该覆盖绿油。请务必注意：**阻焊层以负片形式出现，焊盘有阻焊说明不需要覆盖绿油**。通常情况下，你可以选择给焊盘添加相同尺寸大小相同的阻焊，即将“膜面放大（缩小）尺寸”设置为 0，但是如果有特殊需求，你也可以调整焊盘阻焊的大小，该值越小则表示绿油开窗越小（焊盘上可以加锡的面积越小），图 3.157 给出了相应的示意。

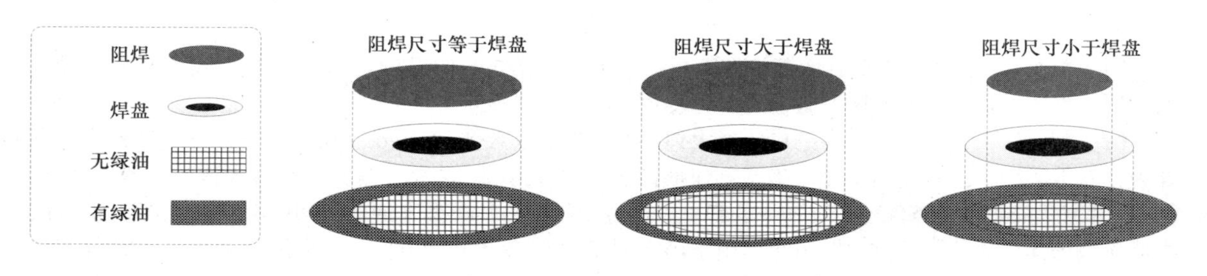

图 3.157　“膜面放大（缩小）尺寸”示意

（6）有些 PCB 封装的底部还存在用于散热的焊盘，你可以通过勾选“热焊盘”组合框中的“创建”复选框添加，然后在“水平尺寸”与“垂直尺寸”中指定相应大小即可。DIP14 封装并无散热焊盘，所以勿需添加。

（7）“预览”组合框用于实时显示修改后的封装形状态，你可以通过修改后观察预览区域进一步理解前述参数的意义，“显示颜色”项可以设置预览区域中封装各对象的颜色，“当前层”项可以将选定的层调到预览区域最上方以供观察，“底面视图”复选框表示是否从封装底部预览 PCB 封装。

（8）按图 3.155 所示对话框参数配置后再单击“确定”按钮，自动创建的 PCB 封装如图 3.158 所示，当然，你也可以在此基础上进行更改，后续的保存过程不再赘述。值得一提的是，此时执行【编辑】→【属性管理器】即可弹出“封装属性”对话框，从中可以看到 Geometry.Height 属性，如图 3.159 所示。

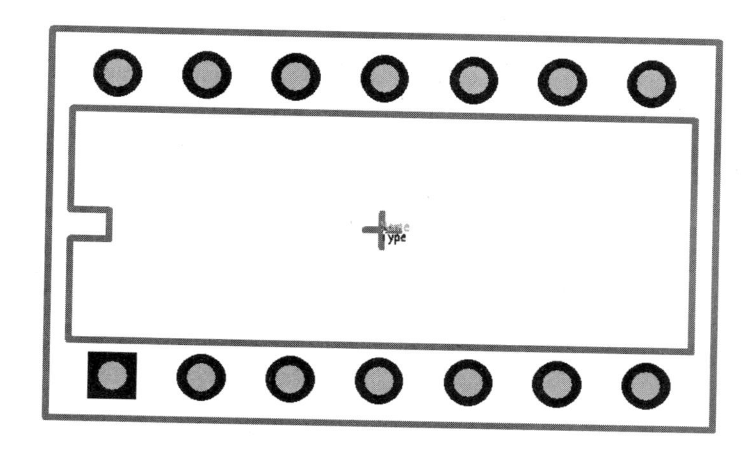

图 3.158　封装向导创建的 DIP14 封装

封装属性: DIP14-350-WIZARD

属性	值
Geometry.Height	130.00mil
CAM.Solder mask.Adjust	
CAM.Paste mask.Adjust	
Designer	longhu

添加(A)　删除(D)　编辑(E)　浏览库属性(B)...

关闭　帮助(H)

图 3.159　“封装属性”对话框

图 3.160 所示为封装向导创建 SSOP14 封装的配置参数，读者可自行分析，此处不再赘述。值得一提的是，“膜面放大（缩小）尺寸”组合框中多了一项“粘贴”（笔者注：英文为“Paste”，术语翻译应该为“助焊”），一般情况下将其设置为与焊盘尺寸相同即可，即将“膜面放大（缩小）尺寸”设置为 0。助焊层并不用于 PCB 制造，主要用于制作钢网以进行机器自动贴片（插件焊盘并不需要）。所谓的“钢网”就是一块钢板，上面对应 PCB 上所有贴片焊盘（助焊层）的孔，实际使用将其蒙在 PCB 上，然后将锡膏刷到 PCB 的每个贴片焊盘上（就像字体印刷一样），然后再将带锡膏的 PCB 送到贴片机中，如图 3.161 所示。

2.“四分之一圆周”标签页

该标签页可以用来创建诸如 TQFP、LQFP、PQFP、QFN 等四周都有管脚的 PCB 封装，本节以创建 QFP160 封装为例进行详细阐述，相应的封装尺寸信息如图 3.162 所示，其中仅提供了公制标注数据。首先确定焊盘的尺寸参数，焊盘的宽度对应 b 值（0.22 ~ 0.4mm），此例选择 0.3mm 即可（由于管脚间距很小，可勿需选择最大值）。焊盘的长度设置比较灵活，此例以 L1 值（1.6mm）为准再增加 0.4mm 的设计裕量，即 2mm。接下来确定每排管脚的中心间距，直接使用 e 值（0.65mm）即可，关键还在于找到上下或左右两排管脚的间距，直接使用 D 值（31.2mm）即可。

图 3.163 为使用封装向导创建 QFP160 封装对应的参数配置，其中的选择了“公制”单位，“封装”组合框中“管脚 1 位置”用于确定 1 脚的起始位置，此例根据封装信息确定为左上即可（当然，也可以设置为底面左侧、右面下侧、顶面右侧，旋转之后的结果都一样）。“管脚”组合框用于确定管脚的参数，大部分选项已经讨论过，QFP 封装四周都有管脚，而且水平与垂直方向的行距可能并不相同，所以需要分别指定，此处不再赘述。

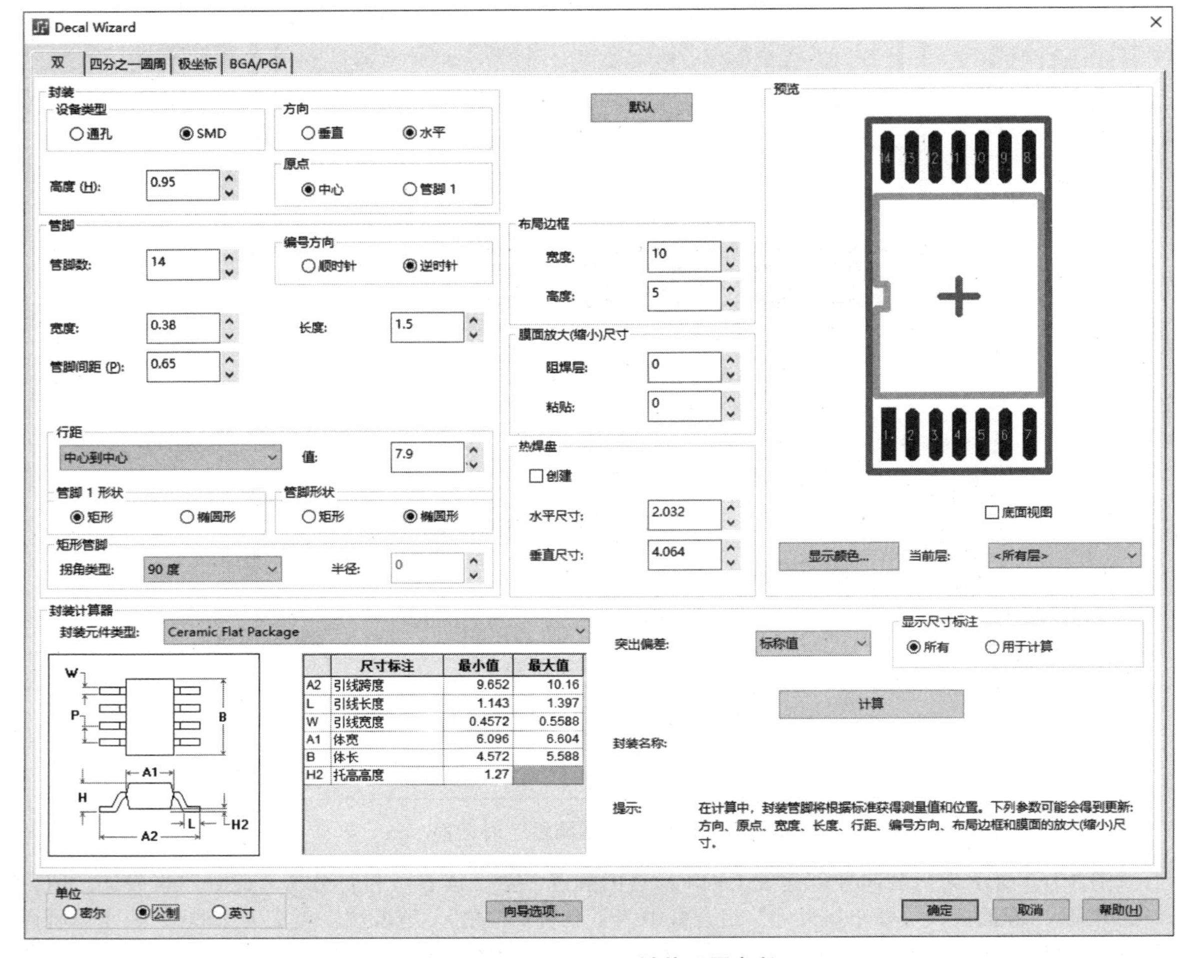

图 3.160　SSOP14 封装配置参数

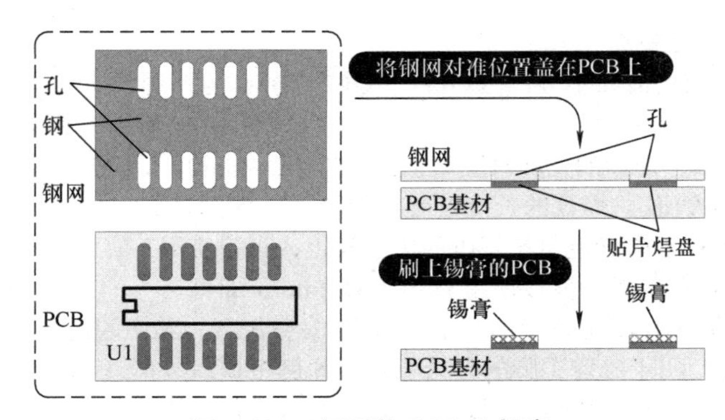

图 3.161　钢网给 PCB 上锡膏

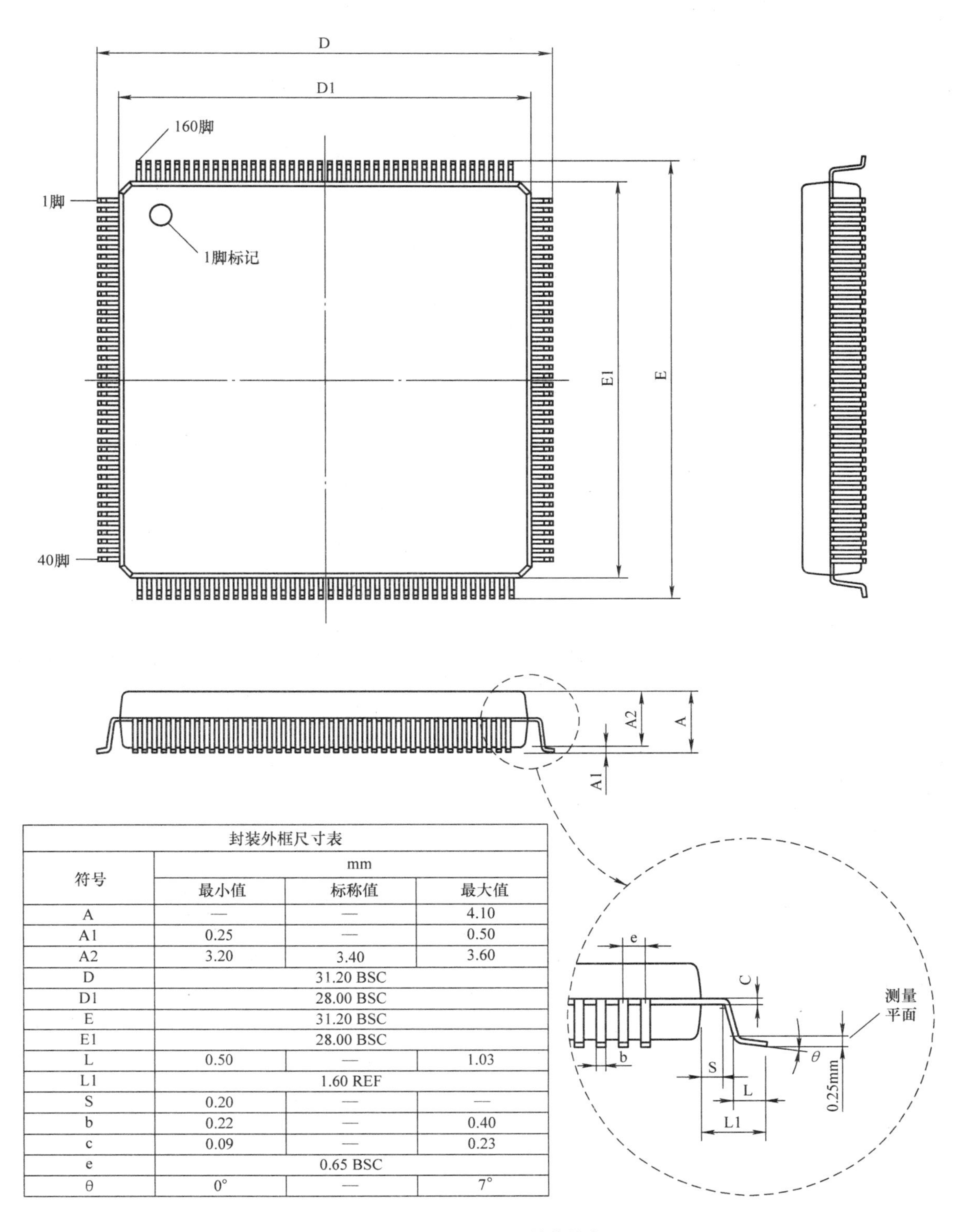

封装外框尺寸表

符号	mm		
	最小值	标称值	最大值
A	—	—	4.10
A1	0.25	—	0.50
A2	3.20	3.40	3.60
D	31.20 BSC		
D1	28.00 BSC		
E	31.20 BSC		
E1	28.00 BSC		
L	0.50	—	1.03
L1	1.60 REF		
S	0.20	—	—
b	0.22	—	0.40
c	0.09	—	0.23
e	0.65 BSC		
θ	0°	—	7°

图 3.162　QFP160 封装信息

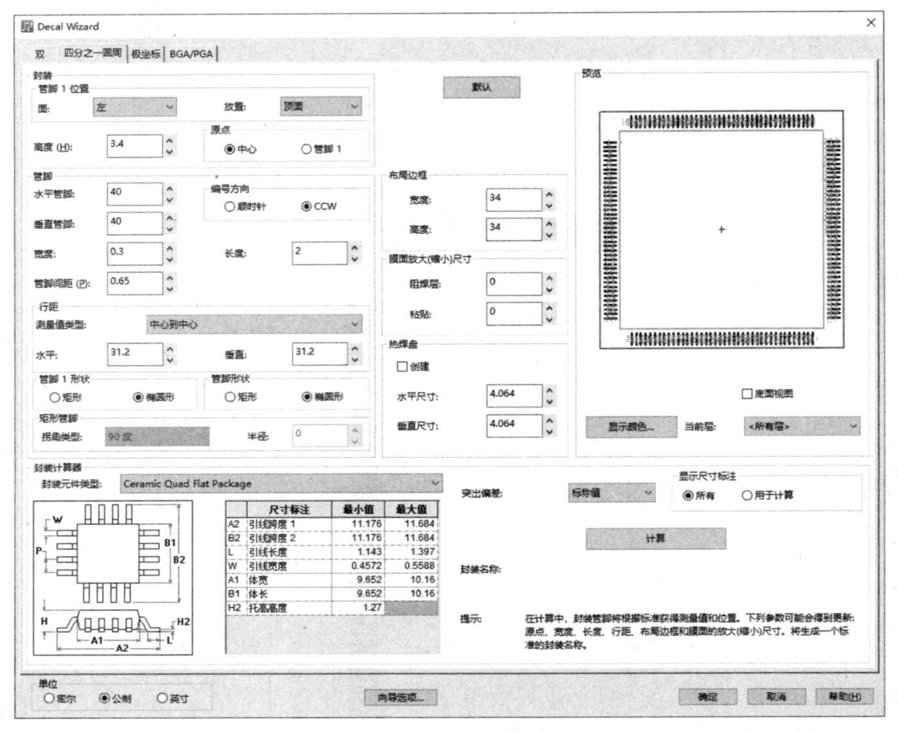

图 3.163 “四分之一圆周”标签页

3. “极坐标”标签页

该标签页用于在极坐标中创建特殊管脚排列的 PCB 封装，如图 3.164 所示。与前述 DIP、QFP 封装有所不同的是，你需要指定管脚的起始角度与半径（极坐标的两个定位参数），此处不再赘述。

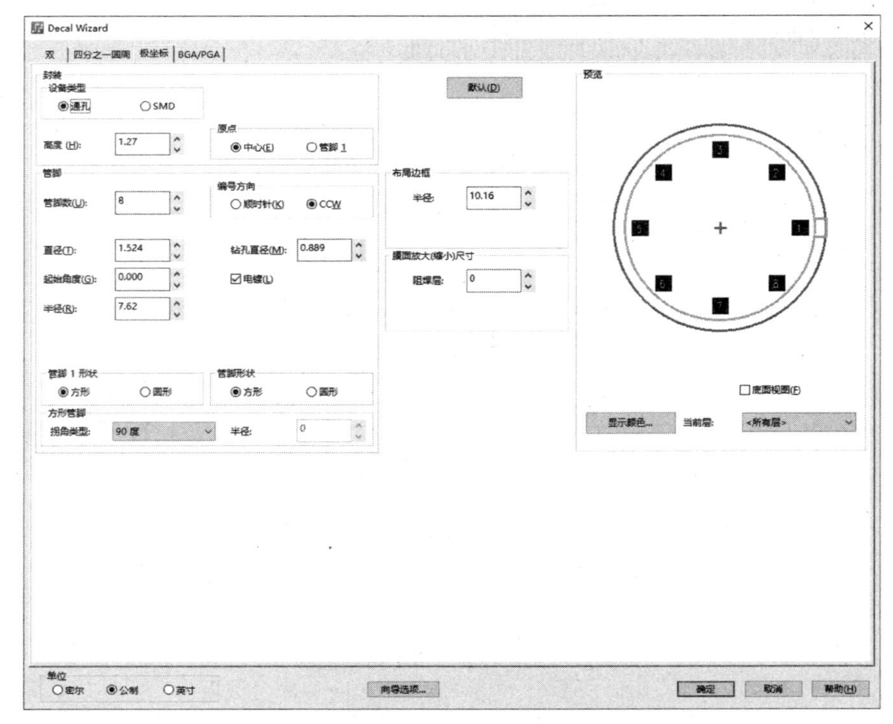

图 3.164 “极坐标”标签页

4. "BGA/PGA" 标签页

BGA（Ball Grid Array，球栅网格阵列）/PGA（Pin Grid Array，插针网格阵列）封装是超大规模集成电路最常使用的封装，它们对应的 PCB 封装相似，但是实际芯片的管脚却有很大的不同。BGA 封装的管脚与大多数贴片元器件相同，一般直接焊接在 PCB 上（需要预先对焊盘进行植球操作，即先在焊盘上涂覆助焊剂，再放置与焊盘直径相匹配的锡球），而 PGA 封装的芯片管脚则呈针状，安装时可以将芯片插入配套的 PGA 插座中，拆卸起来比较方便。这里以如图 3.165 所示的 BGA256 所示数据信息进行封装的实际制作，相应的标签页参数配置如图 3.166 所示。

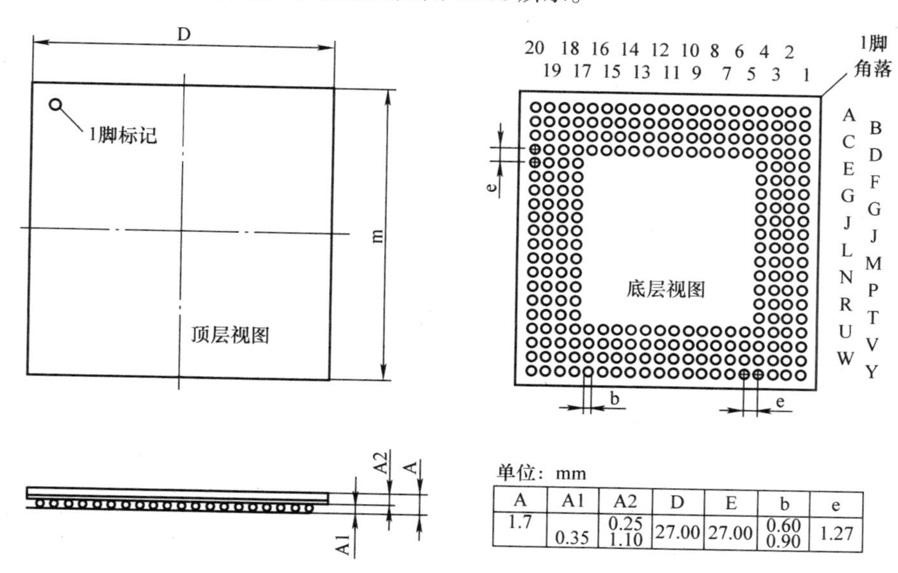

单位：mm

A	A1	A2	D	E	b	e
1.7	0.35	0.25 1.10	27.00	27.00	0.60 0.90	1.27

图 3.165　BGA256 封装

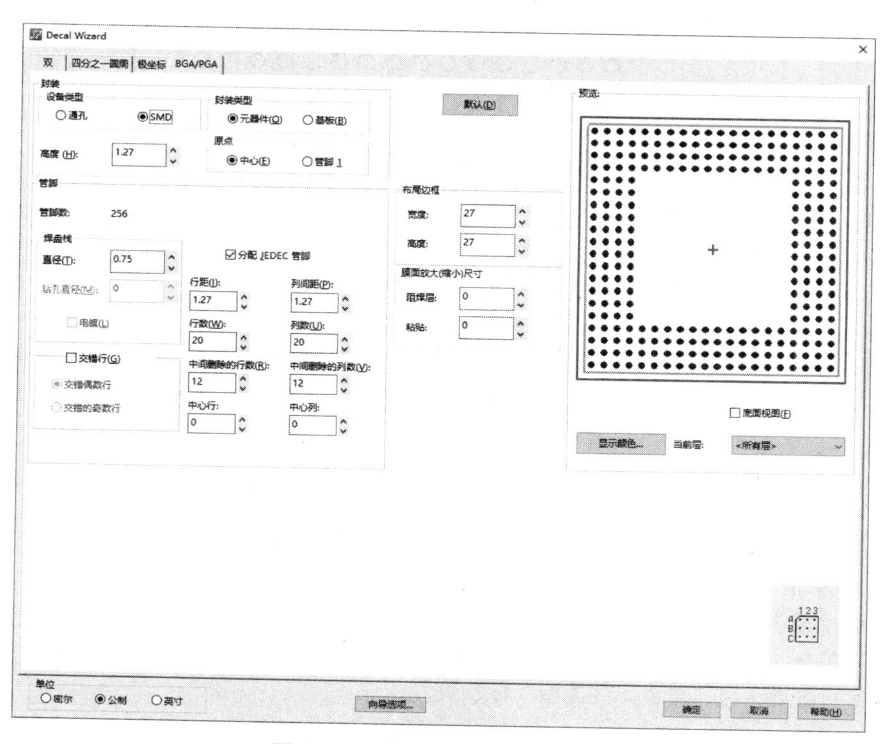

图 3.166　"BGA/PGA" 标签页

“封装类型（Decal Type）”组合框中的“元器件”与“基材（Substrate）”项的主要区别在于管脚列数字编号的次序不同，前者的增加方向为从左至右，后者则恰好相反，因为有时候你可能并不是直接针对芯片制作 BGA 封装，而是制作裸片（Die）的 BGA 衬底，此时元件内部的裸片与衬底通常并不是放在同一层，所以需要将管脚编号进行镜像处理（笔者注：“Substrate”常翻译为“衬底”）。此处是针对芯片制作封装，根据图 3.165 所示底层视图可知，此例应该选择“元器件”项。“行（间）距”与“列间距”项用于指定相邻焊盘的水平与垂直间距，此例设置为 1.27mm 即可。“行数”与“列数”项指定有多少行或多少列管脚。“中间删除的行数”与“中间删除的列数”项用于指定 BGA 封装中心有多少行或列不存在管脚，此例指定为 12 即可。如果均指定为 0，表示均有管脚，则相应的管脚总数量为 20。有些 BGA 封装的中间删除区域还会有几排或几列管脚，只需要在“中心行”与“中心列”项指定相应的数据即可，如图 3.167 所示。

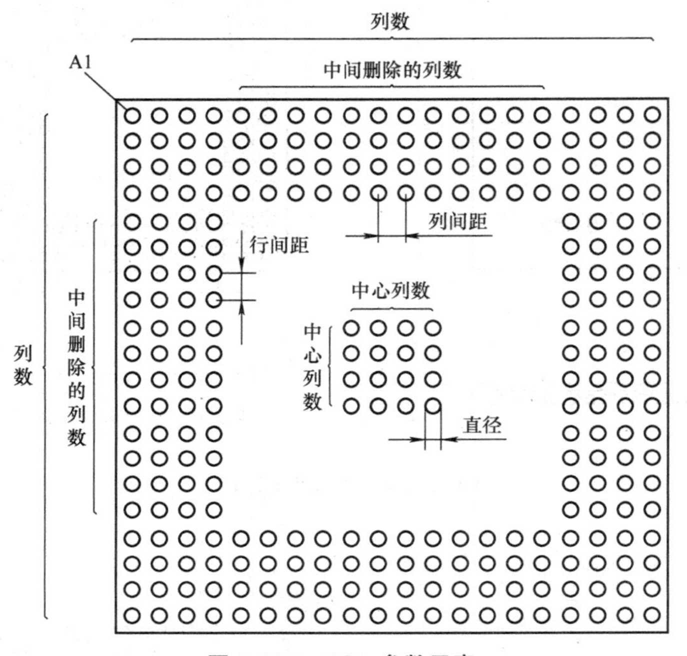

图 3.167 BGA 参数示意

勾选“分配 JEDEC 管脚”复选框表示使用 JEDEC 标准对管脚进行编号，即所有列从 1 开始递增进行编号，以大写字母 A 开始对所有行从上到下进行编号（字母 I、O、Q、S、X、Z 不使用），当行数超过 20 时，第 21、22、23 行分别使用 AA、AB、AC 表示，其他依次类推。假设第 1 列为最左侧，则第 3 行第 3 列对应的管脚编号为 C3，第 21 行第 10 列对应的管脚编号为 AA10。如果不勾选该复选框，则全部管脚均使用数字进行编号。勾选“交错行”允许你选择哪些编号的管脚不出现。假设本来的管脚如图 3.167 所示，当选择“交错偶数行（Stagger Even Rows）”时，则奇数行偶数列与偶数行奇数列焊盘将不出现，这包括 A2、A4、A6、…、B1、B3、B5、…、C2、C4、C6、…等焊盘，而选择“交错奇数行（Stagger Odd Rows）”时则恰好相反。

5. 封装向导选项

该选项位于所有前述“Decal Wizard”对话框中所有标签页的下方，用来对 PCB 封装的其他一些细节进行设置。例如，要不要添加丝印边框？丝印边框放在哪一层？丝印是否需要开口？丝印与管脚焊盘的最小间距是多少？需不需要布局边框？布局边框具体设置多大？等等。单击标签页中的“向导选项”按钮（或在 PCB 封装编辑器环境中执行【工具】→【向导选项】）即可弹出“封装向导选项”对话框，其中包含“全局”与“封装元件类型”标签页。

（1）“全局”标签页如图 3.168 所示，其中部分全局参数示意如图 3.169 所示，此处不再赘述。

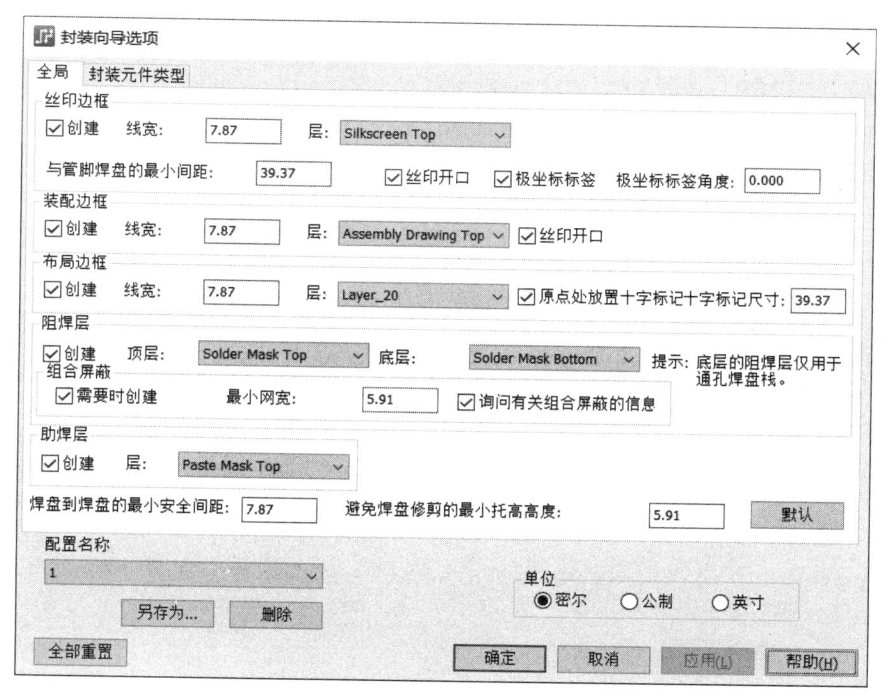

图 3.168　“全局”标签页

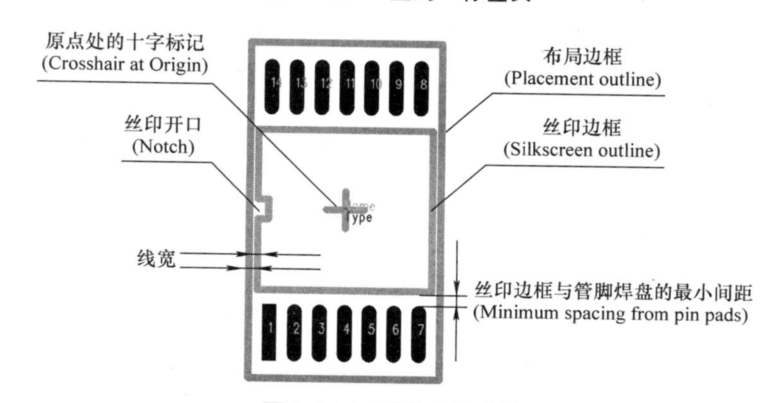

图 3.169　部分全局参数

（2）“封装元件类型”标签页如图 3.170 所示，其中的参数仅用于“双”与“四分之圆周”标签页内的“封装计算器”组合框（仅对贴片元器件有效），什么意思呢？在 3.7.2 小节创建 SOT-23 与 SSOP14 封装时，焊盘的尺寸总是会设置得比实际管脚大一些，如果你将实际安装贴片器件的管脚位置进行放大，相应的细节如图 3.171 所示，也就是说，管脚的趾（Toe）与跟（Heel）通常会比焊盘要小一些，而两面（Side）则可大可小（视管脚间距而定，间距如果足够小，相应的焊盘也可能比管脚小），那究竟将焊盘设置为多大才合适呢？没有惟一的答案，但是你可以按照某些标准来操作。在“封装元件类型”列表中存在很多项，选中某项后，下方的两个表格中将会显示相应的参数（参考自 IPC-7351 标准，你也可以进行更改），“环境”组合框中的正值（负值）表示焊盘相应位置的延伸（内缩）尺寸，如图 3.172 所示。另外，IPC-7351 标准还定义了“庭院（Courtyard）”与“庭院过度布局（Courtyard Excess）”概念，假设 PCB 封装存在一个“包围元件体与所有焊盘的”元件外框边界，在此基础上预留最小安全间距的矩形就是庭院，而元件外框边界到庭院区域边界之间的区域即庭院过度布局。如果将 PCB 封装当作房子，庭院则是周边围墙划定的区域，那么庭院过度布局则为房子到周边围墙之间的距离，其值同样代表着元件布局时的最小间距（值越小表示装配密度越大），也会影响布局边框的大小，如图 3.173 所示。

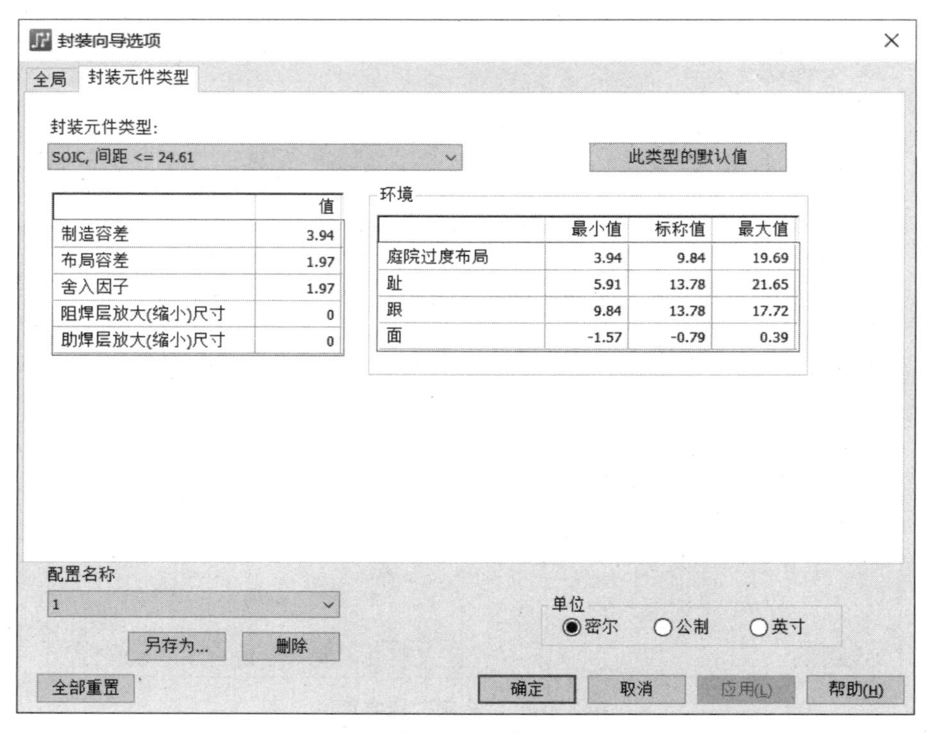

图 3.170 “封装元件类型”标签页

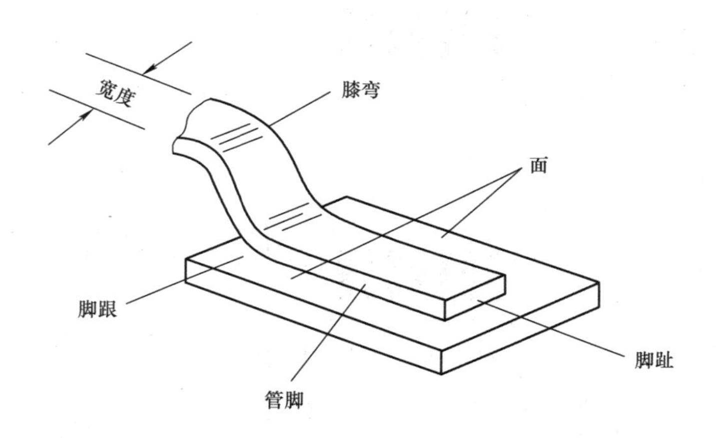

图 3.171 实际的贴片焊盘与管脚

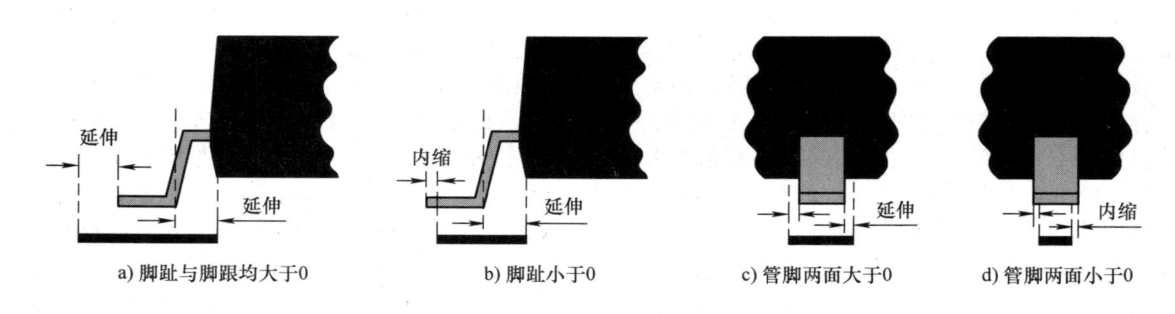

图 3.172 焊盘相对于管脚的延伸与内缩

那么设置各种封装元件类型的数据有什么用呢？当在“双”或“四分之一圆周”标签页中创建 PCB 封装时，你只需要在“封装计算器”组合框的表格中输入数据手册中标记的尺寸信息，然后单击“计算”按钮，“Decal Wizard”对话框即可自动创建符合“封装元件类型”中选定项要求参数的 PCB 封装（而不需要自己根据设计裕量计算各种数据再输入）。值得一提的是，封装计算器并不能将所有参数都能够计算出来（例如，管脚数量无法判断），可能会被更新的参数包括方向、原点、宽度、长度、行距、编号方向、布局边框及膜面放大（缩小）尺寸。

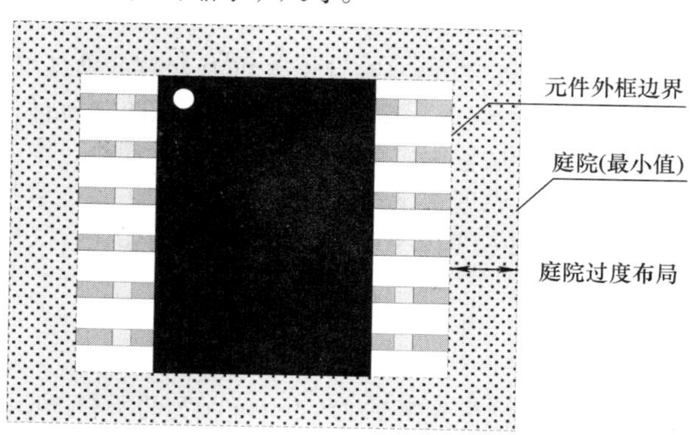

图 3.173　庭院过度布局

第 4 章　PADS Logic 原理图设计

通过第 3 章的学习，你现在应该能够完成 CAE 封装与 PCB 封装的准备工作，并且也已经在 PADS Logic 与 PADS Layout 中加载了相应的封装库，接下来即可使用 PADS Logic 开始进行原理图设计方面的工作。仍然需要提醒的是：**原理设计过程中应该设置合理的设计栅格，本书为了截取图片清晰起见可能会隐藏显示栅格**。值得一提的是，原理图设计涉及的操作比较多，本章行文时将视叙述方便程度选择在 demo.sch（第 2 章中的小项目）或 PREVIEW.SCH（PADS 自带设计文件）中进行演示。

4.1　选项

在正式进行原理图设计之前，你应该预先对 PADS Logic 相关的所有选项配置进行系统了解，其中包含了很多 PADS Logic 的基本概念，后续一些原理图设计操作步骤也可能会涉及其中的配置。当然，你也可以选择跳过该节直接进入原理图设计阶段，因为选项配置工作随时可以根据实际需求在原理图设计过程中进行。如果想进行 PADS Logic 选项配置，你需要在 PADS Logic 中执行【工具】→【选项】，随即弹出的“选项”对话框中包含常规（General）、设计（Design）、文本（Text）、线宽（Width）共 4 个标签页。

4.1.1　常规

“常规”标签页包括显示、栅格、光标、OLE 对象、文本译码及自动备份共 6 个组合框，如图 4.1 所示。

图 4.1　“常规”标签页

1. 显示（Display）

（1）调整窗口大小时保持视图大小不变（Keep view on window resize）：当 PADS Logic 的工作区域发生改变时，视图（在工作区域中看到的对象）将会怎么变化呢？图 4.2a 所示工作区域的正中心有一个填充圆圈，如果该复选框处于勾选状态，调整 PADS Logic 的工作区域大小后的显示效果如图 4.2b 所示，视图（圆圈）尺寸跟随工作区域的大小按比例缩放。否则，调整 PADS Logic 的工作区域大小后的显示效果如图 4.2c 所示，此时圆圈的大小并未发生变化（你只能看到圆圈的一部分）。

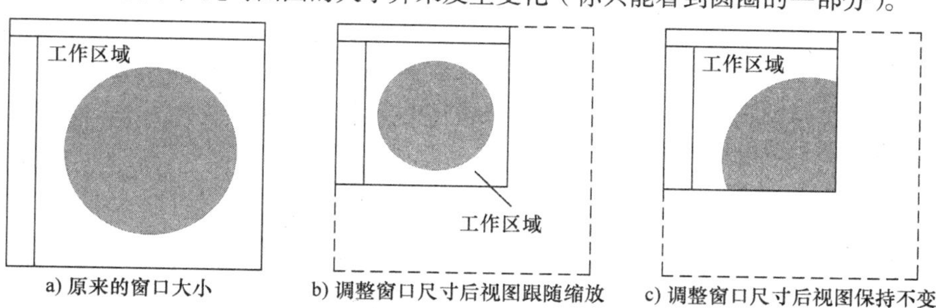

图 4.2　调整窗口尺寸后的不同视图效果

（2）最小显示线宽（Minimum display width）：该文本框用于设置图线最小显示宽度，单位为 mil（与 PADS Layout 不同，PADS Logic 中不能切换其他设计单位）。对于设计中宽度小于该值的图线，PADS Logic 并不显示其真实线宽（仅显示中心线），这样在进行平移或缩放时能够提升的视图刷新速度，低密度且不复杂的原理图文件可能感觉不到区别，但是当原理图非常复杂时，视图的刷新可能会让你明显感觉到迟滞现象（无法即时响应命令），这会严重影响原理图的设计效率。线宽为 30mil 的矩形 2D 线在最小显示宽度分别为 20mil 与 40mil 时的显示效果如图 4.3 所示。如果需要显示原理图中所有图线的真实宽度，将该值设置为 0 即可。

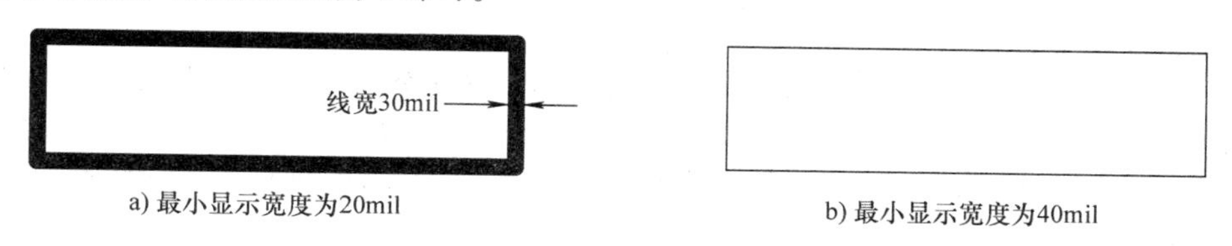

图 4.3　相同图线在不同最小显示宽度下的显示状态

2. 光标（Cursor）

（1）样式（Style）：PADS Logic 提供 4 种光标风格供选择，即正常（Normal）、小十字（Small cross）、大十字（Large cross）、全屏（Full screen），PADS Logic 默认使用正常风格（即箭头型），相应的效果如图 4.4 所示（笔者习惯使用全屏风格）。

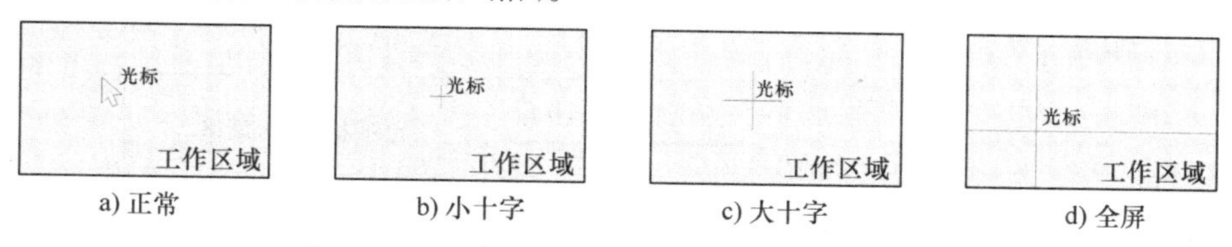

图 4.4　光标样式

（2）斜交（Diagonal）：图 4.4 所示十字光标的样式也称为“正交”类型（即水平与垂直线相交，像一个加号“+”），如果勾选该复选框，十字光标将变成旋转 45° 的十字（像一个乘号“×”），相应的效果如图 4.5 所示。需要注意的是：该复选框对正常样式（箭头）的光标无效。

3. 栅格（Grid）

PADS Logic 提供设计、标签和文本以及显示共 3 种栅格，它们都不区分 *X* 或 *Y* 轴（即 *X* 与 *Y* 轴的栅格总是相等）。

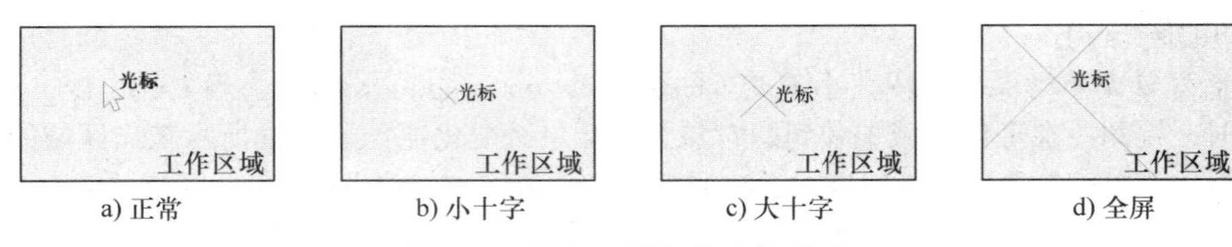

图 4.5　斜交下的各种光标样式

（1）设计栅格：该栅格决定对象（除标签与文本外）的移动间隔，其取值范围在 2 ~ 2000mil 之间，并且必须是 2 的偶数倍，相应的无模命令为“G”。该值不宜设置过小，不然很容易在添加网络连线时出现小拐角而影响原理图的美观，如图 4.6 所示。虽然你仍然可以通过细调连线而去掉这些小拐角，但因此花费的精力却可以通过设置合理的设计栅格而轻松省却。

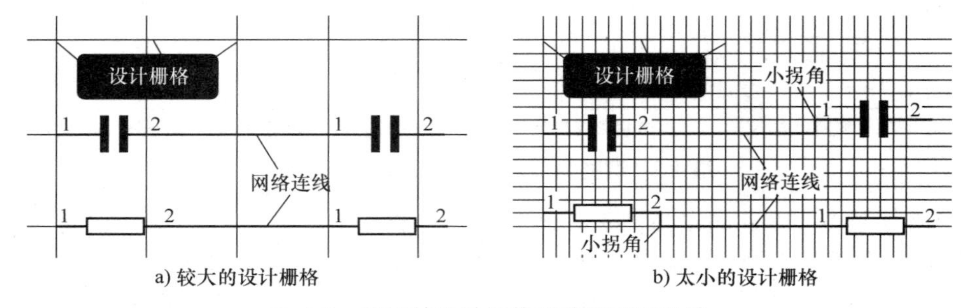

图 4.6　不同的设计栅格影响原理图设计

（2）标签与文本栅格：该栅格决定标签（含参考编号、字段、名称、属性等）与文本的移动间距，其取值范围与设计栅格相同。

（3）显示栅格：该栅格用于辅助设计者观察所用，其取值范围在 10 ~ 9998mil 之间，并且必须是 2 的倍数，相应的无模命令为“GD”。

（4）捕获至栅格：该复选框决定在移动对象时是否自动捕获至最近的设计栅格，如果未勾选该复选框，元件与连线很不容易对齐，同样容易出现连线时的小拐角，所以一般情况下都会勾选该复选框，不同捕获至栅格设置条件下移动元件时对应的效果如图 4.7 所示，其中，元件移动的栅格捕获点以“创建 CAE 封装时定义的原点位置”为参考。

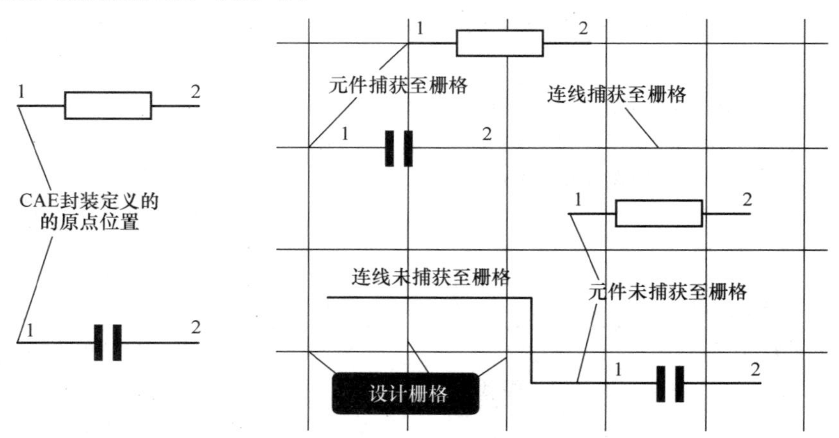

图 4.7　捕获至栅格前后的效果

4. OLE 对象（OLE Object）

社会的快速发展让如今的产业化分工都比较细，每个人都能够专门从事自己所专长的工作，而不必众揽所长。OLE 是一种类似的“拿来主义”，其基本思路是：不必将一个产品的所有工作都完成，如果别人已经开发出可以满足自己需求的功能时，你能够直接拿过来使用。例如，你想在 PADS Logic 里插入一个文档，Mentor Graphics 就不需要自己设计一套文档处理软件，而只需要使用添加 OLE 对象功能插入 Microsoft Word 文档即可，详情见 4.9 节。该组合框主要包含如下 3 个选项：

（1）显示 OLE 对象（Display OLE Object）：该复选框决定是否在设计中显示 OLE 对象，因为设计中含有太多的 OLE 对象时，可能会降低视图的刷新速度。

（2）重画时更新（Update on Redraw）：当你在另一个独立窗口中编辑 OLE 对象时，修改后的对象会在 PADS Logic 刷新（重画）视图时更新。关闭此项可以提升性能。

（3）绘制背景（Draw Background）：你可以选择给插入的 PADS Logic 对象绘制背景颜色，当不选择该复选框时，插入的 PADS Logic 对象的背景呈透明状态。

5. 文本译码（Text Encodeing）

该选项决定文本字符如何被翻译并显示，改变该选项可能会导致出现空白或无法打印的字符。需要注意的是，你无法更改默认的文本编码，其由操作系统的“区域和语言”选项自动设置。

6. 自动备份（Automatic Backups）

相信很多读者都遇到过：由于突然断电，苦心经营的设计成果付之于一“炬”的惨痛经历。与其他 EDA 工具类似，PADS Logic 也提供文档自动备份的功能，这样在系统非正常关机的状况下，能够尽量完整地保存设计文档。该组合框包含如下 5 个选项：

（1）备份时间间隔（Interval）：该选项以分钟为单位，表示两次自动存盘的时间间隔。

（2）备份数量（Number of Backups）：设定自动存盘的文件个数，最多可设置备份 9 个，默认值为 3。

（3）备份文件（Backup File）：该按钮可以修改备份文件保存的路径与名称，单击后即可弹出如图 4.8 所示“备份文件”对话框，从中设置备份路径与名称再单击“保存”按钮即可。

图 4.8 “备份文件”对话框

（4）在备份文件中使用设计名称（Use Design Name in Backup File Name）：假设当前的原理图文件名为 demo.sch，并且设置的备份文件名称为“logic.sch”，如果勾选该复选框，则备份的文件名将会形如 demo_logic1.sch、demo_logic2.sch、demo_logic3、…。否则，备份的文件名将仅以设置的备份文件后面加数字的格式命名，即形如 logic1.sch、logic2.sch、logic3、…。

（5）在设计目录下创建备份文件（Create Backup Files in Design Directory）：如果勾选该复选框，则备份文件的保存路径与当前设计文件相同，否则，备份文件的保存路径是在“备份文件”按钮中设置的路径（默认是 PADS 安装时指定的 PADS Projects 目录下，此例为“D:\PADS Projects”）。

4.1.2 设计

“设计”标签页主要影响原理图设计过程，不合适的配置会导致某些操作无法进行，如图 4.9 所示。

图 4.9 “设计”标签页

1. 参数（Parameters）

（1）结点直径（Tie Dot Diameter）：在原理图设计过程中，为了清晰表达原理图的网络连接意图，如果某个网络包含 3 条及以上支路，PADS Logic 将自动添加一个粗结点以示连接（如果两个网络相交但未连接，则不会添加粗结点）。该选项决定显示结点的直径，其取值范围在 0～100mil 之间。

（2）总线角度偏移（Bus Angle Offset）:该选项用于指定总线抽头（Bus Tap）到总线的起始点距离，其取值范围在 0～250mil 之间，如图 4.10 所示。

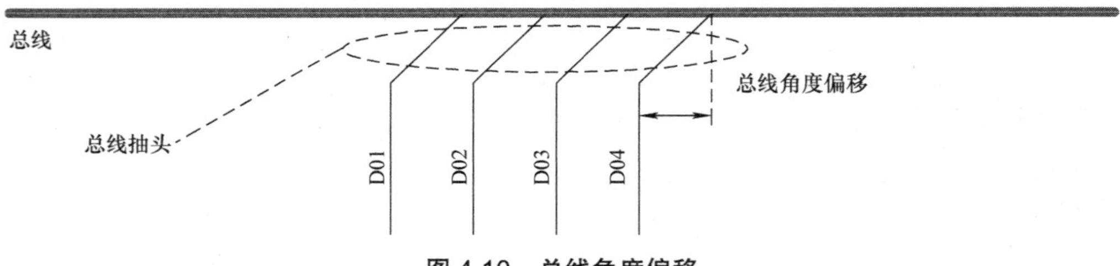

图 4.10 总线角度偏移

2. 选项（Options）

（1）粘贴时保留参考编号（Preserve Ref Des on Paste）：在原理图文件之间进行元件复制时，参考编号到底是如何分配的呢？假设你现在要拷贝一个元件 U4 到另一个原理图（仅含 U1、U5）中，当勾选该复选框时，粘贴出来的元件参考编号就是 U4，如果另一个原理图中已经包含粘贴的元件参考编号（此处为 U1、U4、U5），则粘贴后的参考编号将会是 U2（U1 与 U4 已经被占用）。当未勾选该复选框时，原来的参考编号（U4）总不会保留，粘贴后给元件分配的参考编号为 U2（U1 已经使用）。

（2）允许悬浮连线（Allow Floating Connections）：有些时候，由于同一个网络连接的多个管脚并不是很靠近（或者分布在不同的原理图页中），固执地直接相连肯定不太现实，此时你可以选择仅使用网络名进行连接，因为网络名相同即代表存在电气连接（即便网络并不在同一张原理图页中），也称为悬浮连线（Floating Connection），是一种很流行的连线方式，相应的效果如图 4.11 所示，悬浮连线末端存在的方块表示该连线结束（断开的），但仍然属于同一网络。如果你决定在原理图中采用悬浮连接方式，**必须勾选该复选框**，否则将无法添加悬浮连线，详情见 4.6.4 小节。

图 4.11　悬浮连接

值得一提的是，严格来说，两端都悬空的连线称为悬浮连线，如果仅有一端悬空的连线则称为悬挂连线（Dangling Connection），但本书不做区分。

（3）允许命名子网无标签（Allow Named Subnets Without Labels）：PADS Logic 原理图中的每一个网络都会有一个唯一的网络名（即标签），该复选框用于指定允许在所有情况下删除网络名标签。假设当前有一个网络被命名为"D00"且已经显示出来，如果未勾选此项，删除此标签后的网络名将自动变成"$$$+ 随机数字"的系统网络名。当你勾选此项后，即便删除此标签，网络名仍然保持不变。需要注意的是，在该项未勾选的条件下，你无法删除"与总线抽头连接的"网络或页间连接符的标签，图 4.12 给出了相应状态下弹出的快捷菜单，其中的"删除"项均处于禁用状态。

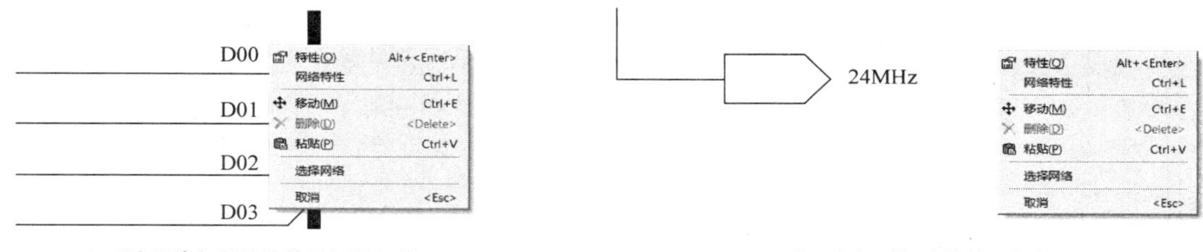

a) 无法删除与总线连接的网络标签　　b) 无法删除与页间连接符的标签

图 4.12　不允许命名子网无标签后的删除状态

（4）允许使用库中的空值覆盖设计中的属性值（Allow Overwriting of Attribute Values in Design with Blank）：当你进行更改元件类型的操作时（例如，从库更新、从库更新选定元件类型、更改类型、ECO 导入等），如果该复选框处于勾选状态，则表示允许库（或其他更新源）中的空白值覆盖设计中属性的值。

3. 图页（Sheet）

（1）尺寸（Size）：该选项用来指定原理图页可供使用的最大空间，PADS Logic 使用一个不可由用户自由编辑（只能选择现有尺寸）的矩形框来表示，原理图页中的所有对象都应该在指定的尺寸范围内（并非强制，但超出尺寸的对象可能无法打印出来）。该下拉列表中可供选择的图页尺寸包括 A、B、C、D、E、F、A0、A1、A2、A3、A4，相应的物理尺寸大小见表 4.1。其中，A0 ~ A4 采用国际标准化组织（International Organization for Standardization，ISO）制订的 ISO 216A 标准；A ~ F 则是美国国家标准学会（American National Standards Institute，ANSI）制订的标准，相应的尺寸示意如图 4.13 所示，其中的信件（Letter）、小报（Tabloid）、分类账（Ledger）为相应图页的型号，也可以理解为典型应用。

（2）图页边界（Sheet Border）：通常情况下，每一张原理图页都会标识其设计单位、设计者、原理图名称、设计版本及日期等信息，它们会以表格的形式组合并放置在某一个角落（例如，右下角），PADS Logic 将这些信息以及设计者确定的原理图页有效范围统称为图页边界（有些绘图软件也称为模板）。当你修改原理图页大小后，原来的图页边界可能与修改后的原理图页尺寸不匹配，此时你可以对其进行调整。PADS Logic 自带 common 库中保存了一些图页边界，你可以单击该选项右侧的"选择"按钮，在弹出如图 4.14 所示的"从库中获取绘图项目"对话框中选择合适项，再单击"确定"按钮即可更换图页边界。需要注意的是，如果更换的图页边界比原理图页还要大，PADS Logic 将会弹出"原理图内容超出可用区域"的提示对话框。

表 4.1　PADS Logic 自带的图页尺寸

代码	物理尺寸 /mm	代码	物理尺寸 /mm
A	215.9 × 279.4（Letter）	A0	841.0 × 1189.0
B	279.4 × 431.8（Tabloid/Ledger）	A1	594.0 × 841.0
C	431.8 × 558.8	A2	420.0 × 594.0
D	558.8 × 863.6	A3	297.0 × 420.0
E	863.6 × 1117.6	A4	210.0 × 297.0
F	711.2 × 1016.0	—	—

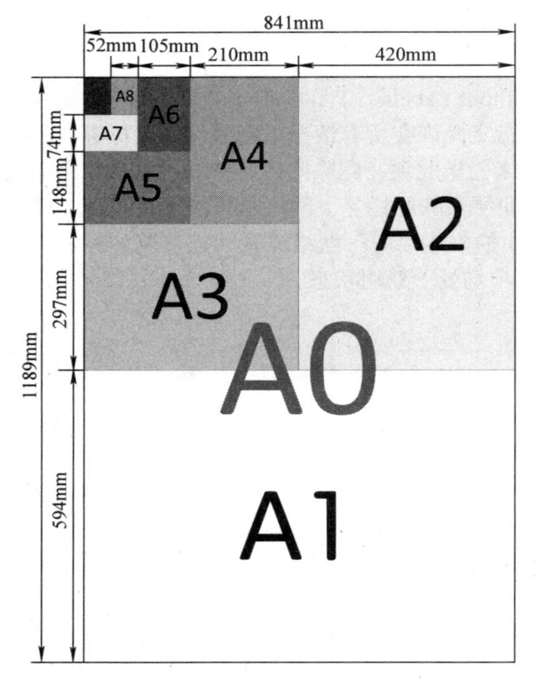

a) ISO标准

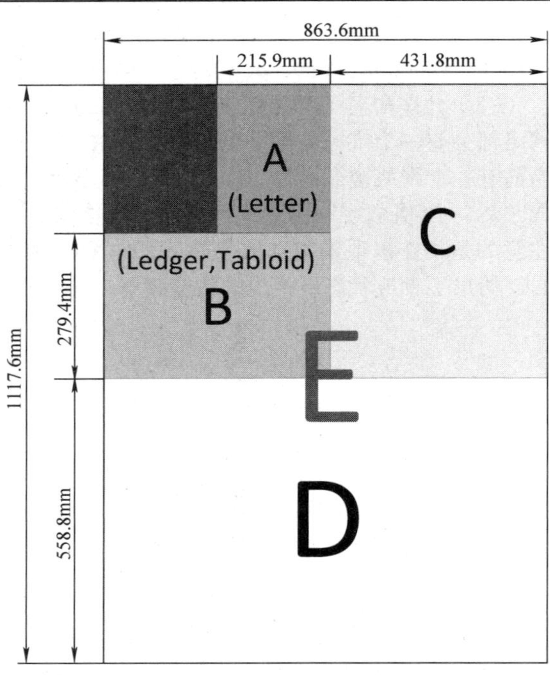

b) ANSI标准

图 4.13　ISO 与 ANSI 图页尺寸标准

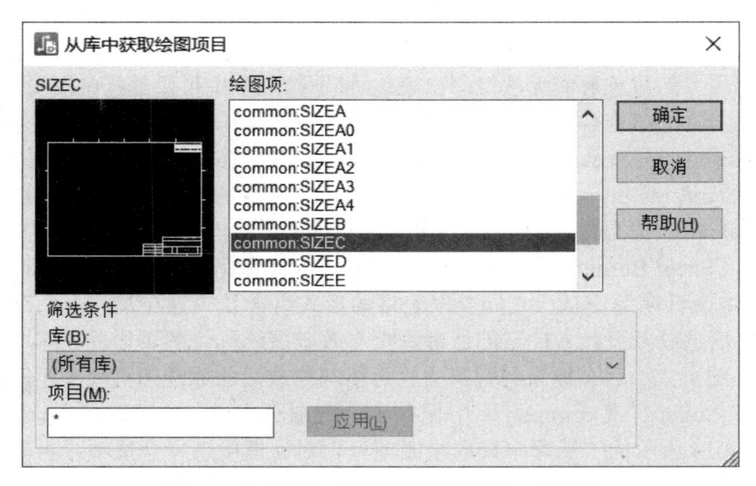

图 4.14　“从库中获取绘图项目”对话框

4. 跨图页标签（Sheet）

（1）显示页间连接图页编号（Show Off-page Sheet Numbers）：一般情况下，当页间连接符或总线显示相应的网络名标签时，仅会显示出该标签。如果你愿意，也可以显示出页间连接符（或总线）连接的其他部分所在的图页编号。例如，第 1、2、3 页中都存在相同标签（此处为“D07”）的页间连接符，那么第 1、2、3 页中显示的名称分别为 D07[2，3]、D07 [1，3]、D07[1，2]，第 1 页的页间连接符显示效果如图 4.15b 所示。当然，如果第 1 页中存在两个相同标签（此处为“D07”）的页间连接符，则第 1 页中显示的标签名为 D07[1，2，3]。

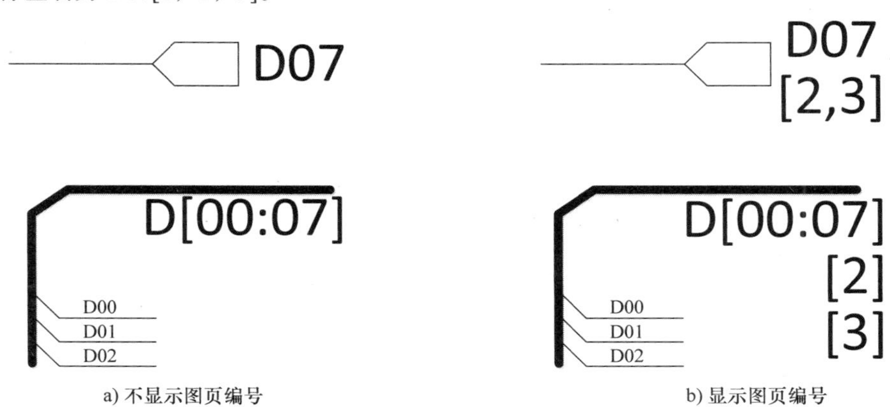

a) 不显示图页编号　　b) 显示图页编号

图 4.15　图页连接图页编号

（2）分隔符（Separators）：该选项用于指定图页编号的分隔符号，默认为方括号 []，你也可以根据自己的习惯指定其他分隔符号，例如，“”、{} 等。

（3）每行页码数（Numbers per Line）：该选项用于指定分隔符中每行显示多少个图页编号，其取值范围必须在 0～99 之间，设置为 0 表示不限制。图 4.15b 所示页间连接符标签的每行页码数可以是 0、2、3、4、5 等（原理图页可能会超过 3，但是除第 2 页和第 3 页外，没有与其连接的页连接符，所以仅显示 2 个页码数），而总线标签的每行页码数为 1。

5. 非 ECO 注册元件（Non ECO Registered Parts）

该组合框用于指定如何处理非 ECO 注册元件。非 ECO 注册元件通常不需要在原理图与 PCB 之间进行正向与反向标注。例如，你在创建定位柱元件时未设置其为“ECO 注册元件”，那么在默认情况下，该元件信息不会包含在网表中，也就不会出现在 PCB 文件中。该组合框则允许你更改 PADS Logic 对**非 ECO 注册元件**的处理方式。

（1）包含在网表中（Include in Netlist）：勾选该项后，**非 ECO 注册元件**信息也将包含在网表中。

（2）包含在 ECO 至 PCB 的更新中（Include in ECO to PCB）：在第 2 章已经提过，导入网络表的操作仅对空白 PCB 文件才有效，对于已经存在电气对象的 PCB 文件，你必须对比原理图与 PCB 文件以生成差异文件（扩展名为 .eco）再将其导入到 PADS Layout 中才行，该选项决定**非 ECO 注册元件**信息是否包含在差异文件中。

（3）包含在 BOM 报告中（Include in BOM Report）：该选项决定**非 ECO 注册元件**信息是否出现在 BOM 报告中。

值得一提的是，通常情况下均保持默认不勾选状态即可，如果你创建的**非 ECO 注册元件**确实需要参与正向或反向标注，应该将其设置为 ECO **注册元件**，这也是创建元件类型时的默认设置，也可以避免由于软件本身的选项配置失误而导致出错。

6. 非电气元件（Non Electrical Parts）

非电气元件是指不存在管脚的元件。例如，一个只是为了跟踪库存的安装螺钉元件。通常情况下，非电气元件也会设置为**非 ECO 注册元件**。该组合框中的选项与“非 ECO 注册元件”组合框相同，一般情况下保持默认不勾选状态即可。

4.1.3 文本

该标签页用于设置原理图中的文本或标签参数，包括字体（Font）、尺寸（Size）、宽度（Width）、粗体（Bold，B）、带下划线（Underlined，U）、斜体（Italicized，I）等，具体可供调整的参数随当前设置的字体而异。执行【设置】→【字体】即可弹出如图 4.16 所示“字体”对话框，从中可以设置“字体样式”为笔划（PADS Stoke Font）或系统，后者还可以在“默认字体”列表中选择已经安装的各种字体，而图 4.17 与图 4.18 分别对应两种字体样式状态下的“文本”类别选项，你可以根据实际需求进行相应调整。

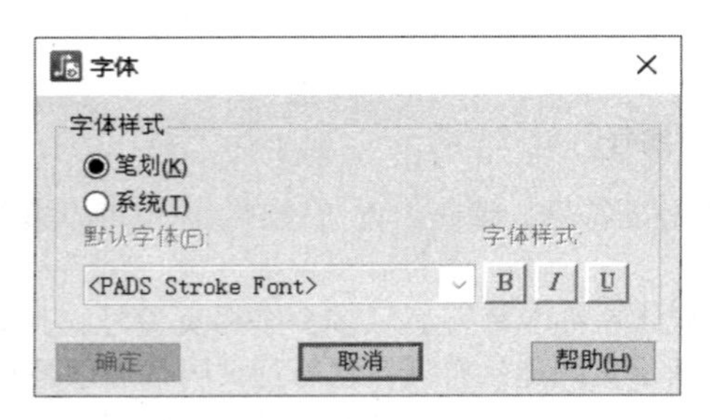

图 4.16 “字体”对话框

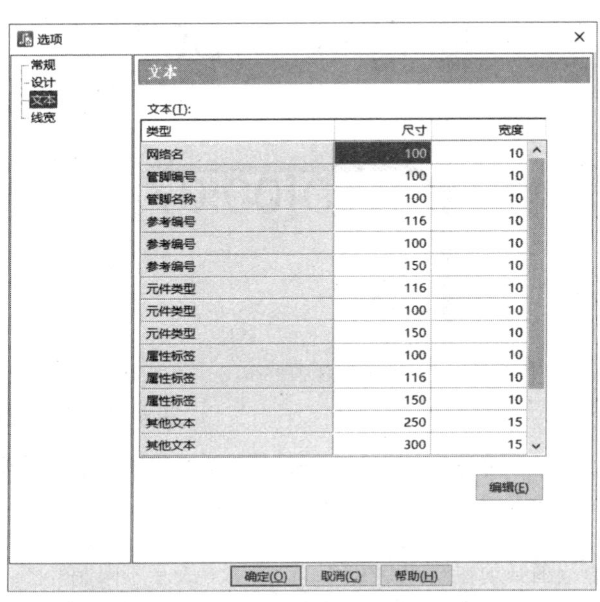

图 4.17 “字体样式”为笔划时的“文本”标签页

图 4.18 “字体样式”为系统时的“文本”标签页

需要注意的是，字体样式分别设置为“笔划”与“系统”时，对应的尺寸单位也有所不同，前者为 mil，后者为点数（Point，pt）。“点数制”是目前国际上最流行的印刷字体的计量方法，此处的“点”并非计算机字形的“点阵”的意思，而是从英文“Point”而来，一般使用小写“pt”来表示（俗称“磅”），其与公制、英制之间的换算关系如下：

1 磅 ≈0.35 毫米 =0.3527 毫米

24 磅 =24 × 0.3527 毫米 =8.4648 毫米

1 英寸 = 72 磅 ≈25.4 毫米

专业排版字号、磅数与实际尺寸对照表如表 4.2 所示，其中的“号数”是中国传统计算汉字活字大小的标准，也称为“号数制”，其包含的号数等级有一号、二号、三号、四号等。在字号等级之间又增加一些字号，并取名为“小几号字”（例如，小四号、小五号）等。号数越大，则字体越小。

表 4.2　专业排版字号、磅数与实际尺寸对照

序号	号数	磅数	实际尺寸 /mm
1	—	72	25.305
2	大特号	63	22.142
3	特号	54	18.979
4	初号	42	14.761
5	小初号	36	12.653
6	大一号	31.5	11.071
7	一号	28	9.841
8	二号	21	7.381
9	小二号	18	6.326
10	三号	16	5.623
11	四号	14	4.920
12	小四号	12	4.218
13	五号	10.5	3.690
14	小五号	9	3.163
15	六号	8	2.812
16	小六号	6.85	2.416
17	七号	5.25	1.845
18	八号	4.5	1.581

如果字体样式为“系统”，你仅可以设置尺寸信息，其取值范围在 1 ~ 72pt 之间，而对于“笔划”字体样式，除了可以设置范围在 10 ~ 1000mil 之间的尺寸（字符串中最高字母的最高端到最底端）外，你还可以指定宽度（Width），其取值范围在 2 ~ 50mil 之间，如图 4.19 所示。

图 4.19　“笔划”字体样式的尺寸与宽度定义

4.1.4　线宽

该标签页主要用于更改原理图中各种对象的线宽，如图 4.20 所示，其中的具体项目数量取决于原理图中的对象类别，新建的原理图中默认仅包含总线、连线、2D 项目。包含的 4 个封装项分别对应于 CAE 封装、连接器、管脚封装，你可以自行更改参数后观察。

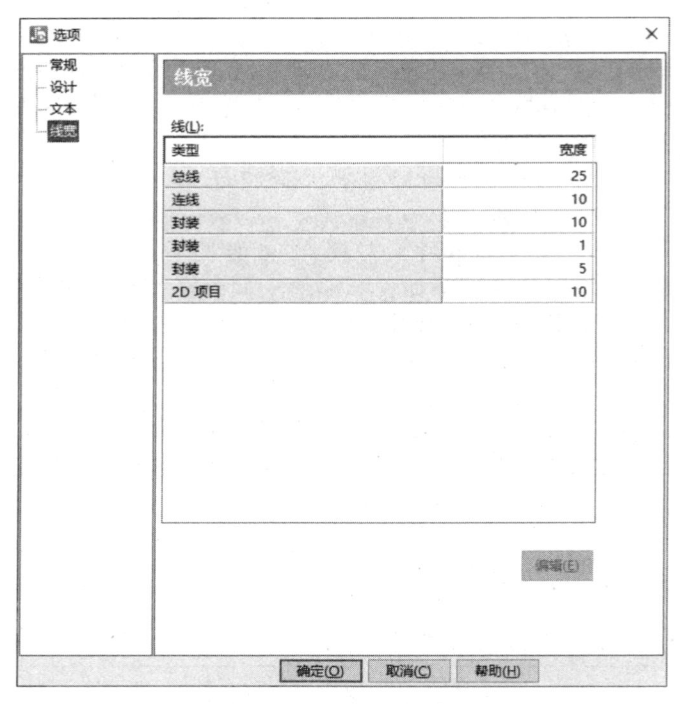

图 4.20 “线宽”标签页

4.2 原理图

如果你想使用 PADS Logic 进行原理图设计，首先需要创建原理图文件。执行【文件】→【新建】（或单击标准工具栏上的“新建”按钮）即可创建一张新的原理图文件，默认的名称为“Untitled”，如图 4.21 所示。

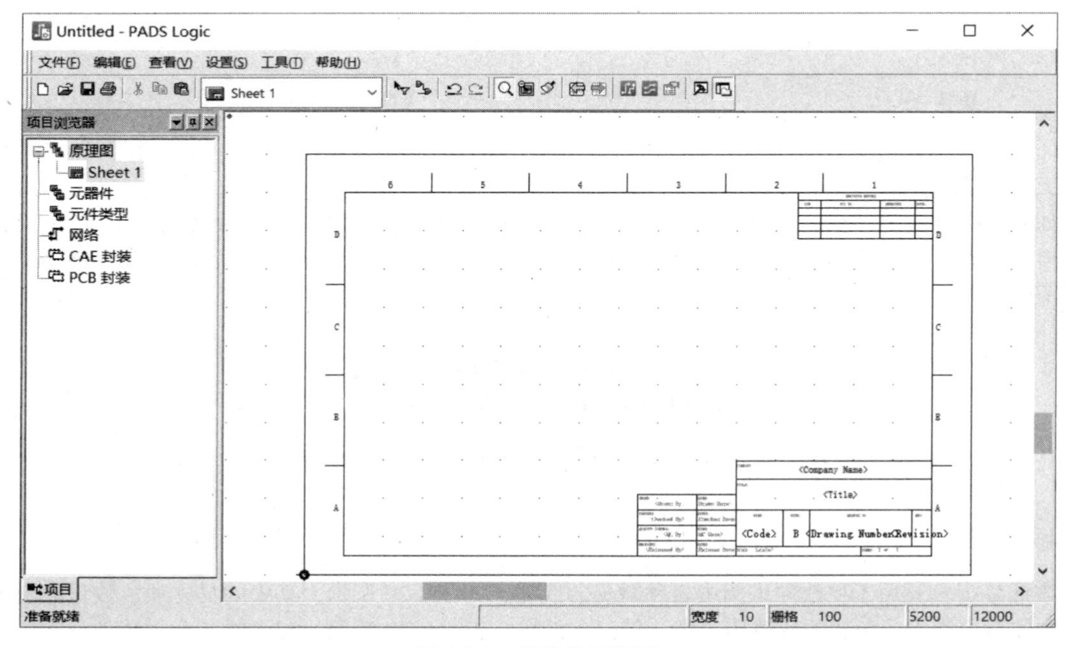

图 4.21 新建的原理图

需要注意的是，新建的原理图包含一张原理图页，其中也存在“包含字段或文本的”图页边界，它们都有对应的字体，如果当前系统未安装原理图页中使用的字体，那么当你新建或打开原理图时，PADS Logic将会弹出如图4.22所示“替换字体”对话框，其中的“字体”与“替换”列默认都是“Verdana”（该字体并未安装），如果你保持不变，下次打开该原理图时仍然会弹出该对话框。当然，你也可以从“替换”下拉列表中选择某一款字体，然后单击“确定”按钮即可。

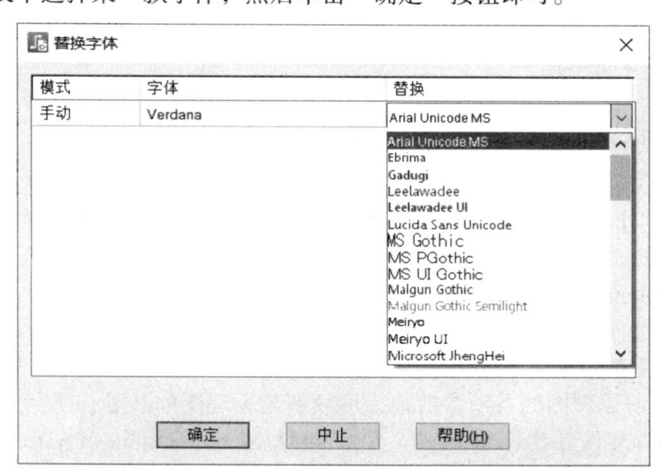

图 4.22　“替换字体”对话框

4.3　原理图页

新建的原理图文件中仅包含一张原理图页（Schematic Sheets），其默认名称为“Sheet 1”，但是对于稍微复杂点的电路，通常还会按照功能将其划分为多个模块并放置在不同原理图页中，一张原理图页很有可能不够用，此时就需要添加更多的原理图页。当然，你也可能需要对原理图页执行其他编辑操作。

4.3.1　编辑原理图页

执行【设置】→【图页】即可弹出如图 4.23 所示“图页”对话框，单击“添加”按钮即可添加更多的原理图页，双击“名称”列中的单元格即可编辑相应的原理图页名称，你也可以选择某个图页后单击“删除”按钮以删除不需要的原理图页。“参考编号起始值”列用于指定：当你往原理图中添加（或复制粘贴）新元件时的参考编号起始值。例如，你设置某个原理图页的起始值为 100，则往该原理

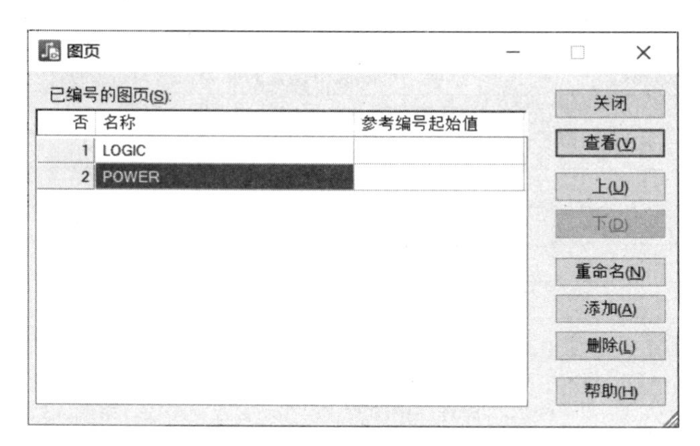

图 4.23　“图页”对话框

图页中添加的元件的参考编号将从 100 开始，即形如 U100、R101 等。如果未设置参考编号起始值，则默认自动使用（从小开始）未被占用的参考编号。例如，现有原理图中的电阻元件的参考编号已经使用的 R1、R3、R5、R6、R8，则连续多次添加相同电阻元件的参考编号自动为 R2、R4、R7、R9 等。

4.3.2 调整原理图页尺寸

如果默认的原理图页尺寸不符合要求，你可以执行【工具】→【选项】→【设计】→【图页】→【尺寸】进行调整，此处不再赘述。

4.3.3 自定义默认设置

虽然你可以通过手动调整的方式更改原理图页（包括原理图边界、显示颜色、栅格、结点直径等其他参数），但是再次创建新的原理图时，一切又回到了原点，你还得将这些参数重新设置，多次执行重复的操作可能会有些烦琐。要解决这个问题，你可以定制 PADS Logic 的默认选项配置，在 PADS 安装目录下（此处为 D:\MentorGraphics\PADS<version>\SDD_HOME\Settings）存在一个 default.txt 文件，其中包含了一些默认的选项配置，当你打开 PADS Logic（或执行【文件】→【新建】）后，该文件会被读入到内存中以开始一个新的原理图设计。

假设现在需要将当前原理图的各项参数作为后续新建原理图的参考，执行【文件】→【导出】即可弹出如图 4.24 所示“文件导出”对话框，定位到 D:\MentorGraphics\PADS<version>\SDD_HOME\Settings 后选中 default.txt（如果不存在，直接输入该名称即可），再单击“保存”按钮即可弹出如图 4.25 所示“ASCII 输出”对话框，在“选择要输出的段（Select Sections to Output）”组合框中选择需要导出的项，具体见表 4.3，再选择相应的版本（此处为“PADS Logic 9.0”），单击“确定”按钮后即可替换原来的 default.txt 文件（如果原来并不存在该文件，PADS Logic 会自行创建）。

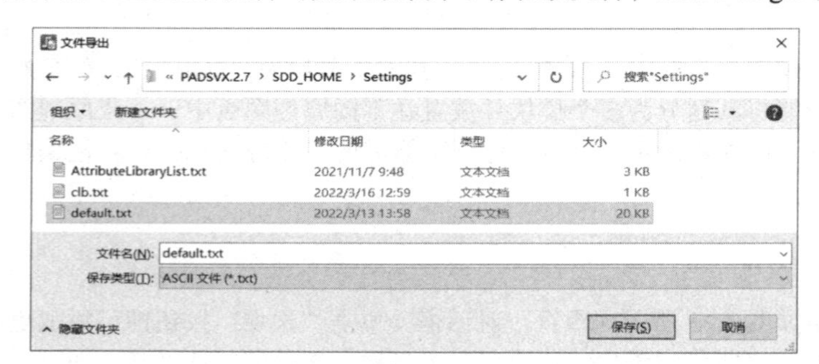

图 4.24 “文件导出”对话框

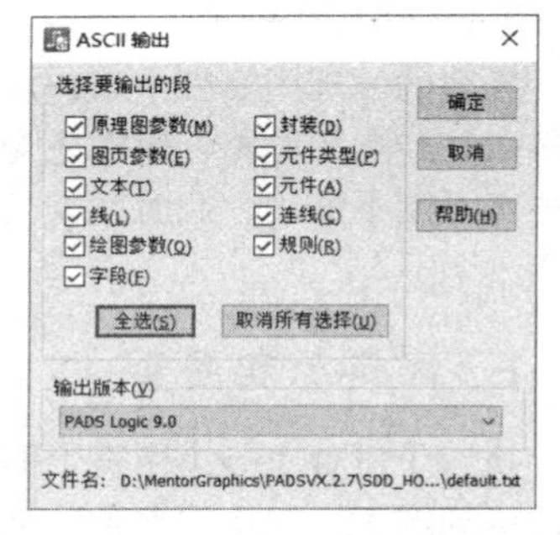

图 4.25 “ASCII 输出”对话框

表 4.3 “ASCII 输出”对话框中可以选择输出的段的含义

段（Sections）	描述（Description）
原理图参数（Schematic Params）	“选项”对话框中设置的参数
图页参数（Sheet Params）	诸如窗口缩放、居中等原理图页信息
文本（Text）	自由文本（含坐标、尺寸等信息）
线（Lines）	2D 线
绘图参数（Plot Params）	绘图窗口中设置的与 CAM 输出相关的配置
字段（Fields）	原理图中使用的字段及其值
封装（Decals）	元件封装及相关的信息
元件类型（Part Types）	诸如制造商、成本、备注等库元件属性
元件（Parts）	原理图中使用的元件及参考编号
连线 (Connections)	原理图中的所有连接（含连线路径、结点、页间连接符标记等）
规则（Rules）	“设计规则”窗口中设置的安全间距、导线及其他规则

值得一提的是，PADS Logic 的“自定义默认设置”功能很强大，即便是当前原理图中已经绘制好的完整电路图，也可以保存到 default.txt 文件以供下次新建原理图时直接使用，就相当于将选中输出项的信息保存在另一张原理图中（以供下次创建原理图时调用）。

4.4　图页边界

原理图页本身默认会自带一个图页边界，如果不符合你的设计要求，也可以进行更换、编辑甚至创建全新的图页边界。

4.4.1　更换图页边界

当你修改原理图页大小后，原来的图页边界大小与新的原理图页尺寸很可能不匹配，此时就需要选择另外一个合适的图页边界。PADS Logic 本身自带的 common 封装库中保存了一些预定义的原理图边界，如果当前原理图页中已经存在默认的图页边界，你可以执行【工具】→【选项】→【设计】→【图页】→【选择】进行调整。你也可以删除原来的图页边界，然后单击原理图编辑工具栏中的“从库中添加 2D 线”按钮，在弹出如图 4.26 所示“从库中获取绘图项目”对话框内的“绘图项”列表选中需要添加的图页边界并单击“确定”按钮，一个图页边界会粘在光标上并随之移动，单击合适位置即可放置。

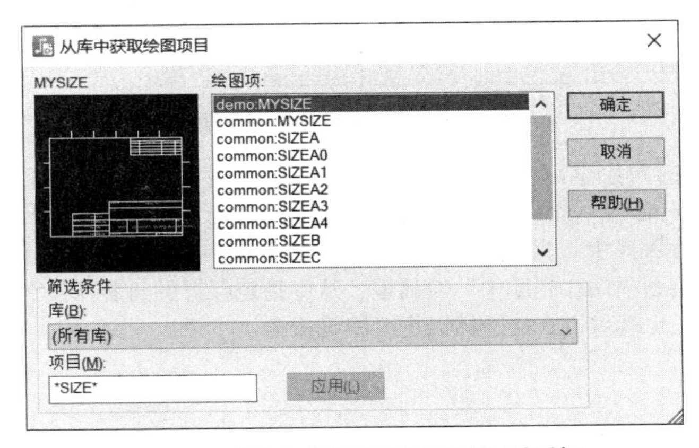

图 4.26　“从库中获取绘图项目”对话框

4.4.2　创建图页边界

如果 PADS Logic 自带的图页边界并不符合你的要求，此时就需要重新创建图页边界，只需要使用原理图编辑工具栏中的创建 2D 线、创建文本、添加字段（Field）等工具尽情挥洒即可，具体步骤不再赘述。值得一提的是，**字段与文本并不相同**，后者通常用于图页边界中不会改变的内容（尽管在 PADS Logic 中你仍然可以修改它们），而前者只是一个占位符，需要你填入内容（不然打印出来就是空白）。在图 4.27 中，单位（COMPANY）、标题（TITLE）、编码（CODE）、尺寸（SIZE）等后面带冒号“：”的对象都是文本，而尖括号（虚线框）内的对象都是字段。举个例子，当你双击“<Company Name>”字段后，即可弹出如图 4.28 所示“字段特性”对话框，往“值”文本框中填入相应的字符串，再单击“确定”按钮后，原来的“<Com-

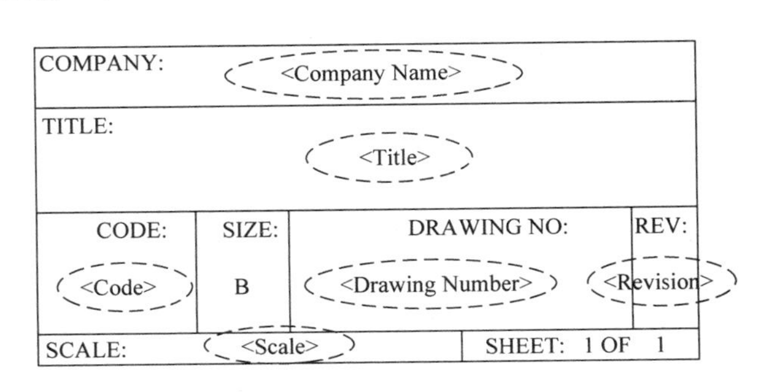

图 4.27　文本与字段

pany Name>”已经替换为刚刚输入的字符串。值得一提的是，“名称”下拉列表中存在一些系统预定义的字段，你无法修改它们（此时“值”文本框处于禁用状态）。例如，当前原理图页名称为“LOGIC”，当你添加名称为“图页名称”的字段时，相应的字段值将自动修改为“LOGIC”。

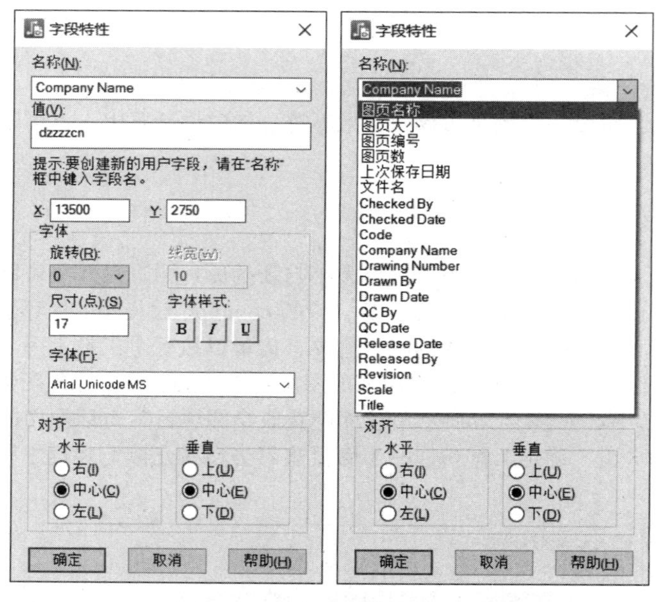

图 4.28 “字段特性”对话框

当图页边界中包含的对象全部按要求绘制完成后，它们还不是一个整体，需要全部选中后执行【右击】→【合并（Combine）】（如果只有一条 2D 线，则无需合并），如图 4.29 所示。

对象合并后需要保存到库中，只需要选中后执行【右击】→【保存到库中】，如图 4.30 所示，即可弹出如图 4.31 所示“将绘图项保存到库中”对话框，从中指定保存的封装库及名称即可，后续在图 4.26 所示对话框中即可看到，也就可以直接选择以更改图页边界。

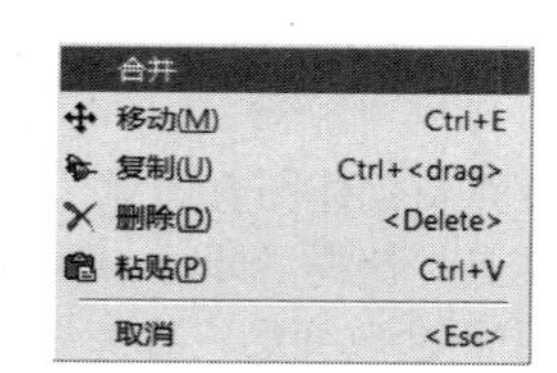

图 4.29 合并选择的对象

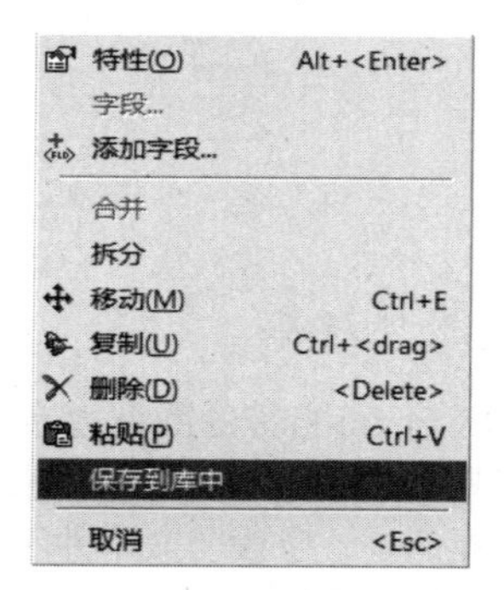

图 4.30 将合并后的对象保存到库中

图 4.31 “将绘图项保存到库中”对话框

4.4.3　编辑图页边界

如果 PADS Logic 自带（或自己创建）的图页边界不符合要求，你也可以进一步编辑，首先将需要编辑的图页边界添加到当前原理图页，然后在空闲状态下执行【右击】→【随意选择】/【选择绘图项】/【选择文档】，将图页边界选中后执行【右击】→【拆分（Explode）】即可（见图 4.30），拆分后的图页边界中的对象不再是一个整体（相当于合并的逆操作），你可以逐一进行更改，待编辑完毕后再执行合并操作并保存到库中即可。

4.5　元件

原理图设计的基本单元就是元件，你需要将的元件从封装库中调入到当前原理图页中，在必要的情况下，还可能需要对其进行旋转、镜像、更改备选封装、更改参考编号、添加属性等操作。

4.5.1　添加元件

单击原理图编辑工具栏中的“添加元件”按钮，即可弹出如图 4.32 所示“从库中添加元件”对话框，通过“筛选条件”组合框设置元件筛选条件，并在“项目”列表中找到需要添加的元件后，将其选中再单击“添加”按钮（或直接双击），一个元件将粘在光标上并随之移动，每单击一次，即可添加一个元件的副本，连续单击可以添加多个类型相同的元件。值得一提的是，如果元件在创建时未分配逻辑系列，PADS Logic 将会在添加元件时弹出“Question”对话框（见图 3.24），提示输入参考编号前缀才能进一步添加元件。另外，“元件名称”列表中列出最近使用的元件（最多 16 个）。

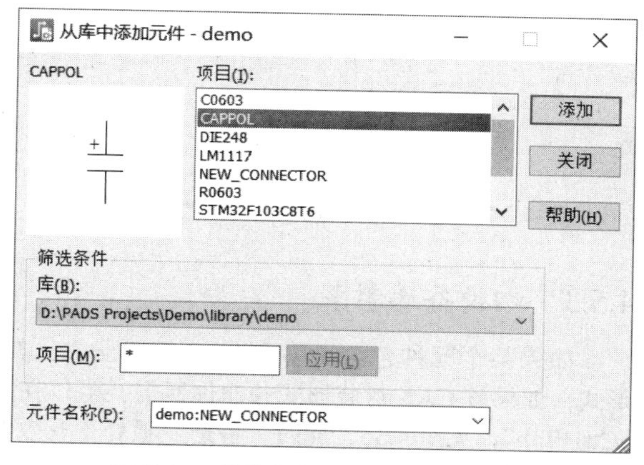

图 4.32　“从库中添加元件”对话框

此时“从库中添加元件”对话框仍然还未关闭，如果需要添加另一个元件，同样双击“项目”列表的相应元件即可。如果需要的元件已经全部添加完毕，可以执行【右击】→【取消】(或快捷键“ESC”）退出元件添加模式，相应的状态类似如图 4.33 所示。如果需要添加的元件与已添加到原理图页中的元件完全相同，你也可以将其选中后执行复制与粘贴操作，之后该元件的一个副本将粘到光标上并随之移动，单击即可放置元件。

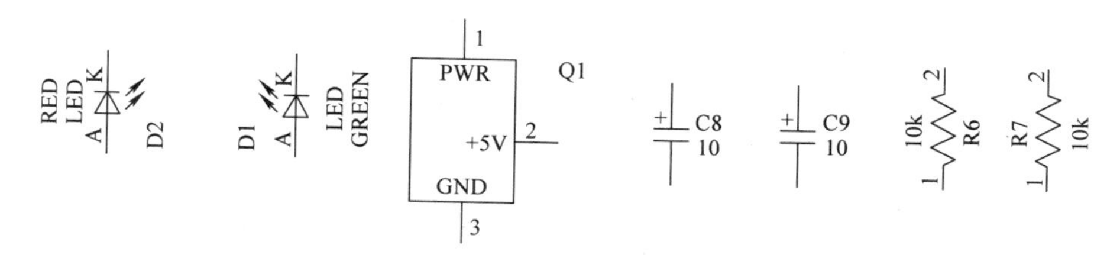

图 4.33　添加元件后的状态

4.5.2　移动、旋转与镜像元件

如果从封装库中调出的元件默认位置与方向（即 CAE 封装创建时的方向）不符合要求，你也可以根据实际需要进行一系列移动、旋转及镜像操作，这些操作可以在元件放置过程中或放置后进行。

如果想移动已经放置的元件，只需要将其选中后执行【右击】→【移动】(或快捷键“Ctrl+E”)，如图 4.34 所示。之后该元件将粘在光标上并随之移动，其状态与刚从库中调出来一样。你也可以使用同样的方法对已经放置的元件进行 90 度旋转、X 镜像、Y 镜像等操作，此处不再赘述。

如果元件正在放置过程中（例如，刚从库中调出，或正在移动过程中），元件正粘在光标上并随之移动，此时你也可以执行右击，在弹出如图 4.35 所示快捷菜单中，选中相应的命令项对元件进行 90 度旋转、X 镜像、Y 镜像等操作。

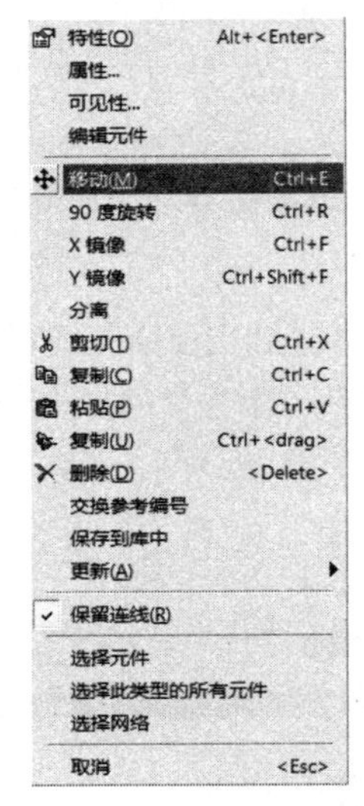

图 4.34　选中元件后右击弹出的快捷菜单

图 4.35　元件操作菜单

4.5.3　切换备选封装

如果某个元件包含了多个 CAE 封装形式，其刚从封装库中调出时会默认使用第 1 种 CAE 封装形式，如果该 CAE 封装形式并非你所需，可以在元件移动过程中执行【右击】→【备选】(或快捷键“Ctrl+Tab”，见图 4.35，此时“备选”项处于有效状态)，每执行一次“备选”命令，即可切换到下一种 CAE 封装形式，到达最后一种 CAE 封装形式时又将返回到第一种封装形式，依此循环。

当然，即便元件当前并不处于移动状态，只需要将其选中后执行【右击】→【特性】(或直接双击)，即可弹出如图 4.36 所示“元件特性”对话框。如果该元件分配了多个 CAE 封装形式，在“元件信息”组合框中的“门封装”列表中就可以进行选择。

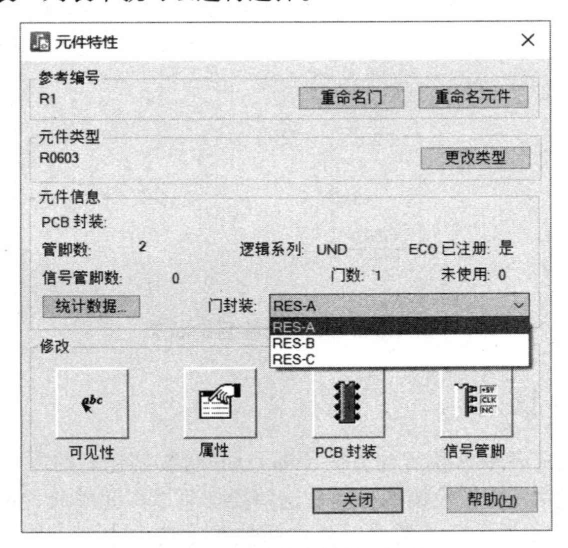

图 4.36　“元件特性”对话框

4.5.4　切换门

如果某个元件包含多个门，则从库中调出门的顺序取决于原理图中已放置的门。举个例子，假设某个元件 U1 包含门 A 与门 B，当原理图中已经放置 U1-A 与 U3-B 时，再次添加该元件时将会调用门 B（即 U1-B），接下来就是 U3-A、U2-A、U2-B、…，依此类推。如果当前调用的门并非你所需，可以在元件移动过程中执行【右击】→【下一个类型（Next Type）】（见图 4.35，此时“下一个类型”项处于有效状态），每执行一次“下一个类型”命令即可切换到下一个门，当切换到最后一个门后将返回到第一个门，依次循环。

但是请注意：切换门后的元件参考编号仍然遵循一定的规律。同样假设当原理图中已经放置 U1-A 与 U3-B，第一次添加该元件时本应该会调用门 B，此时如果多次执行“下一个类型”命令，相应的参考编号将会是 U3-A、U2-A、U2-B、U4-A、U4-B、…。

4.5.5　更改参考编号

PADS Logic 提供多种更改参考编号的方案，但是请务必注意：无论使用哪种方案，更改的新参考编号不能与原理图中已有的元件参考编号相同，否则更改操作将无法继续。

1. 使用参考编号特性对话框

在空闲状态下执行【右击】→【随意选择】/【选择文档】，选中需要更改的元件参考编号后执行【右击】→【特性】（或直接双击），即可弹出如图 4.37 所示“参考编号特性”对话框，在“参考编号”文本框中输入想要的参考编号即可。

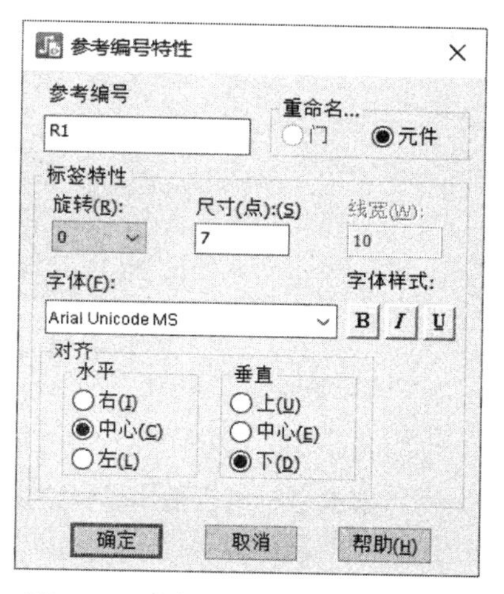

图 4.37　“参考编号特性”对话框

2. 使用“元件特性”对话框

选中元件后执行【右击】→【特性】，在弹出的“元件特性”对话框中，单击“参考编号”组合框中的“重命名元件”按钮（见图 4.36），即可弹出如图 4.38 所示“重命名元件”对话框，从中输入想要的参考编号，再单击“确定”按钮即可。

顺便提一下，重命名门的参考编号的方法也相同，只不过应该单击“参考编号”组合框中的“重命名门”按钮，相应弹出的对话框如图 4.39 所示，从中也可以达到重命名元件的效果。

图 4.38　“重命名元件”对话框

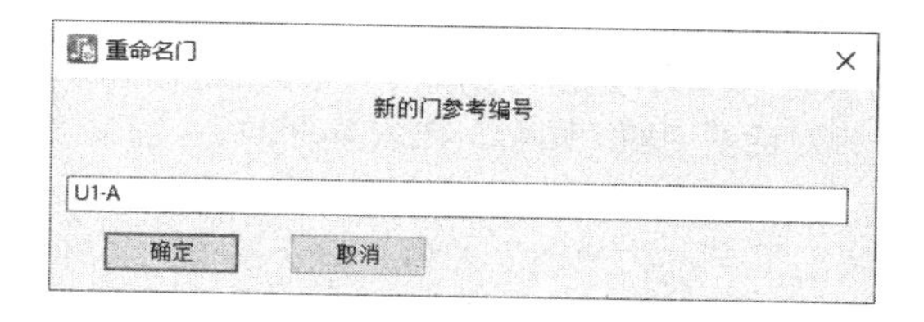

图 4.39　“重命名门”对话框

3. 交换参考编号

有时候你可能需要交换两个元件的参考编号，该怎么做呢？ PADS Logic 不允许同时存在两个相同参考编号，因此你必须首先将第一个参考编号修改为当前原理图还未使用过的参考编号，然后将第二个元件参考编号修改后，再对第一个元件参考编号进行修改，如图 4.40 所示为交换 U10 与 U20 的过程（假设 U99 未使用）。虽然这种方式能够实现参考编号的交换，但毕竟还是有些麻烦，有没有更快捷的方式达到交换参考编号的目的呢？ PADS Logic 可以做到，只需要选中元件后执行【右击】→【交换参考编号】（见图 4.34），再单击需要交换参考编号的元件即可，简单吧！

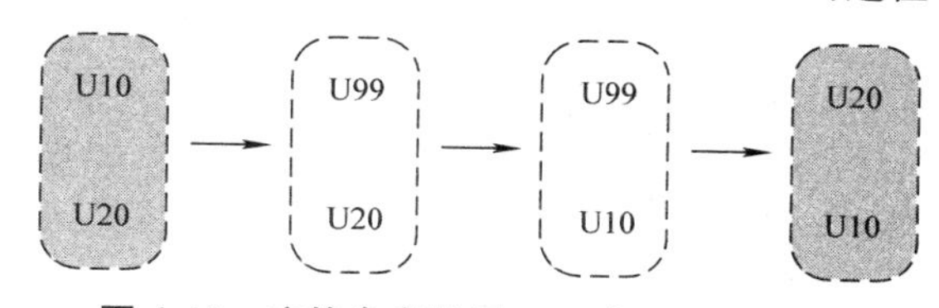

图 4.40　交换参考编号 U10 与 U20 的过程

4. 自动重新编号

如果你想给原理图中所有元件按某种方向全部自动重新编号，单击原理图编辑工具栏中的“自动重新编号元件”按钮即可弹出如图 4.41 所示“自动重新编号元件”对话框，其中，“图页”组合框允许你针对一张或多张原理图页进行编号，“前缀列表”组合框则允许你针对某一类元件进行编号，“优先权”表示自动编号的方向，左起第一个与第二个按钮表示编号的增加方向分别为“从左到右，从上到下”与“从右到左，从上到下”，其他依此类推。

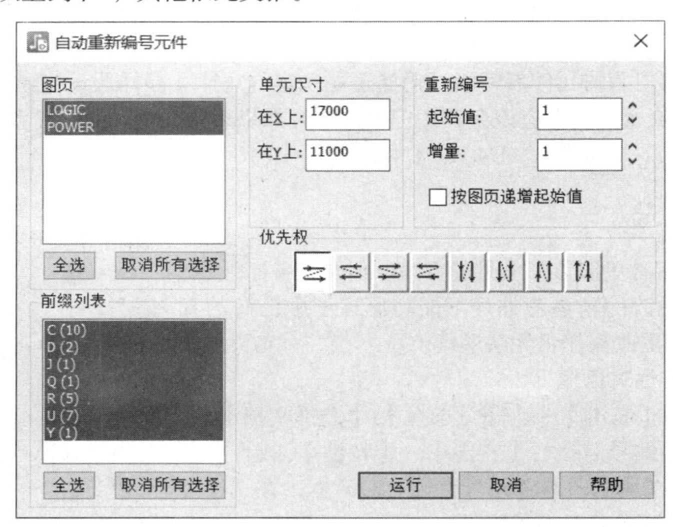

图 4.41 “自动重新编号元件”对话框

“重新编号”组合框用于指定从参考编号的起始值与增量，但是请注意，其中的两个参数是按各自的参考编号前缀来操作。举个例子，当前原理图中已经存在 C1、C2、C3、R1、R2，如果起始值与增量分别设置为 10 与 5，则自动编号后则成为 C10、C15、C20、R10、R15。“按图页递增起始值”复选框表示是否按图页号的顺序自动进行元件编号。举个例子，在勾选该复选框的状态下设置的起始值为 101，那么编号为 1 与 2 的原理图页中的元件将分别 101 与 201 开始编号。由于 PADS Logic 原理图允许的元件参考编号最大值为 32767，如果设置过大的起始值，且原理图页数过多，可能会导致元件参考编号超出允许的范围。例如，当前设置的起始值为 1000，且包含 40 个原理图页，则第 40 张原理图页中的元件参考编号起始值为 40000，这已经远大于 PADS Logic 允许值。需要特别注意的是：此处涉及的“原理图页编号”并非该对话框中的“图页”列表中的顺序，而是指“图页”对话框（见图 4.23）中的编号。

“单元尺寸（Cell Size）”组合框允许你将原理图页划分为多个子单元进行编号，而划分的依据即“在 X 上”与“在 Y 上”的值。举个例子，当前原理图页的长宽均为 10000mil，如果设置 X 与 Y 值均为 10000mil，说明你想把整个原理图分成一个单元（即一个整体）进行自动编号，如果设置 X 与 Y 值均为 5000mil，说明你想将整个原理图分成 4 个单元进行自动编号，如果“优先权”组合框如图 4.41 所示，那么原理图左上角区域的元件会首先以“从左到右，从上到下”策略进行编号，之后依次会跳到右上角、左下角、右下角区域进行编号，相应的效果如图 4.42 所示。

4.5.6 更改元件类型

如果从封装库中调错了元件该如何是好呢？你只需要将其删除后重新调出想要元件即可，但是你也可以直接更改当前元件的类型，只需要选中元件后执行【右击】→【特性】，在弹出的“元件特性”对话框（见图 4.36）中单击“元件类型”组合框内的“更改类型”按钮，即可弹出如图 4.43 所示“更改元件类型”对话框，在“筛选条件”组合框中输入筛选条件后，从“元件类型”列表中选择某个元件，再单击“确定”按钮即可。另外，你也可以决定将当前更改的元件类型更新到此门、此元件还是所有此类型的元件。

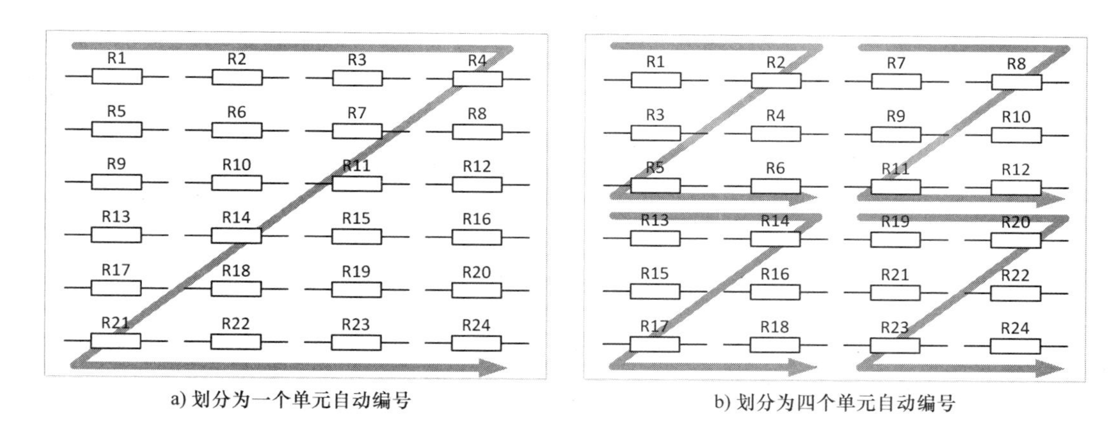

a) 划分为一个单元自动编号　　b) 划分为四个单元自动编号

图 4.42　不同单元数量的自动编号效果

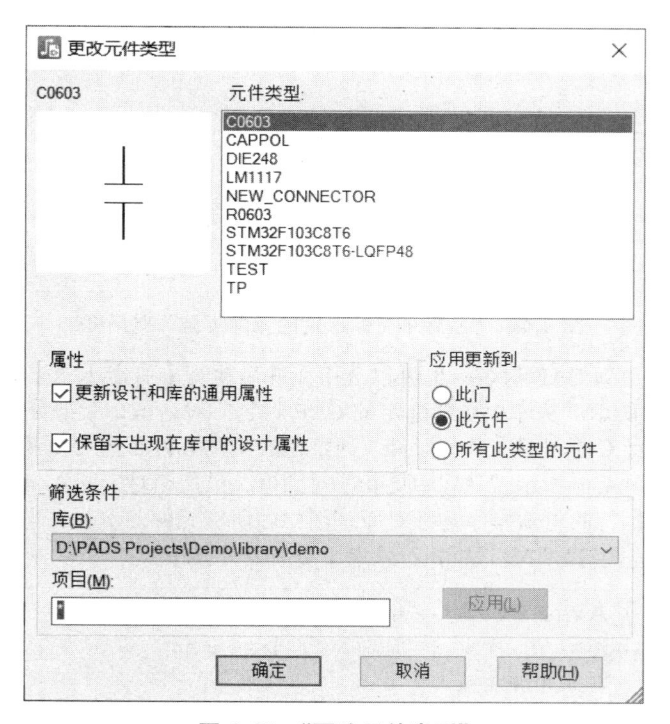

图 4.43　“更改元件类型”

如果新更改的元件（新元件）与原来的元件（旧元件）具备的属性可能会不一样，你还可以指定属性的更新策略。勾选“更新设计和库的通用属性（Update attributes common to design and library）”复选框表示如果新旧元件存在相同的属性，就将新元件的属性值更新到旧元件的属性。如果旧元件具备一些新元件不存在的属性，这些属性应该怎么处理呢？方法是：勾选“保留未出现在库中的设计属性（Preserve attributes in design not present in library）”复选框表示保留（不删除）。

4.5.7　更新元件

有时候，原理图中的元件可能并非最新版本，可能需要从库中更新元件。例如，你已经新建了一个“Designer”属性，它将默认分配给原理图中的所有元件，但是这些属性并未添加到库中，也就会导致原理图与库中的对象存在一定的差异。如果你想以库中的元件版本为准，则可使用“更新元件”功能。选中元件后执行【右击】→【更新】→【元件类型】，即可弹出如图 4.44 所示“从库中更新选定元件类型”对话框。从中你可以选择仅生成对比报告（即先观察结果再决定是否更新），也可以直接从库中更新设计。当选择后者时，“项目”组合框中的各项就会进入有效状态，从中你可以决定属性的更新策略，此处不再赘述。

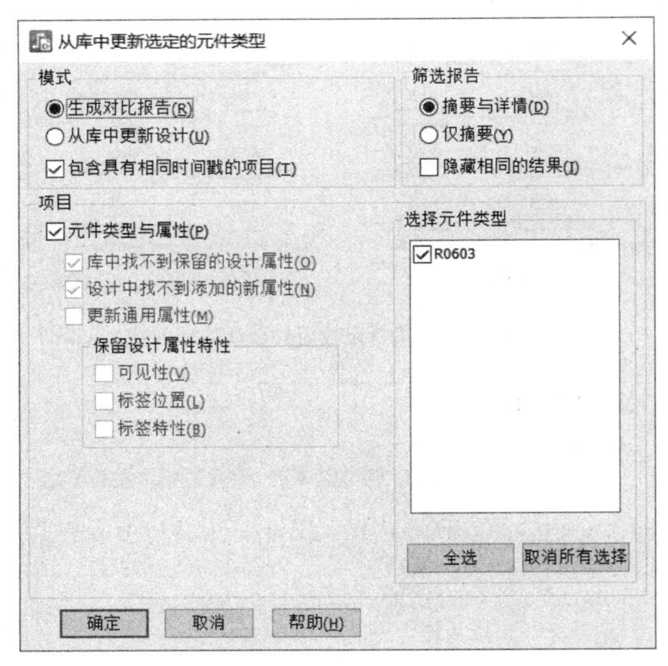

图 4.44 “从库中更新选定的元件类型”对话框

当然，如果你只想更新 CAE 封装，也可以选中元件后执行【右击】→【更新】→【CAE 封装】，随后即可弹出如图 4.45 所示“从库中更新选定的 CAE 封装”对话框，大部分参数与图 4.44 相似，此处不再赘述。如果你想针对原理图中所有元件（而不是选中的元件）进行更新，执行【工具】→【从库中更新】即可弹出如图 4.46 所示“从库中更新”对话框，虽然相对于图 4.44 所示对话框只是增加了几个项目，但该对话框执行的更新操作是针对原理图中的所有元件。例如，当创建新的页间连接符号后，你必须勾选“页间连接符号”复选框执行从库中更新设计操作。

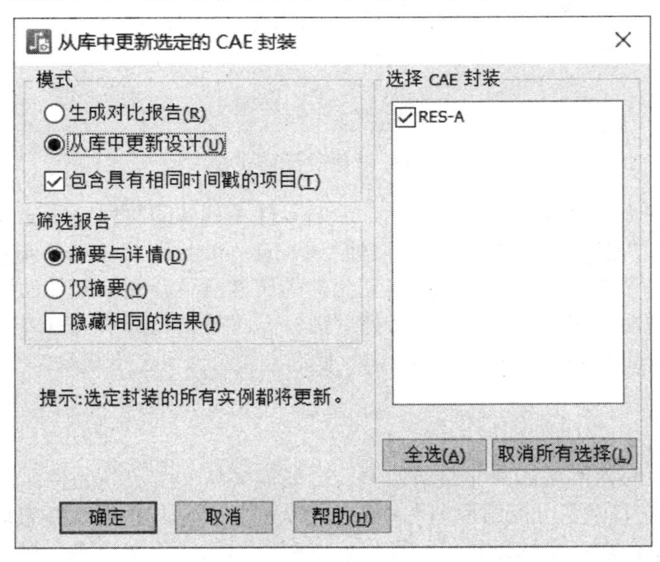

图 4.45 “从库中更新选定的 CAE 封装”对话框

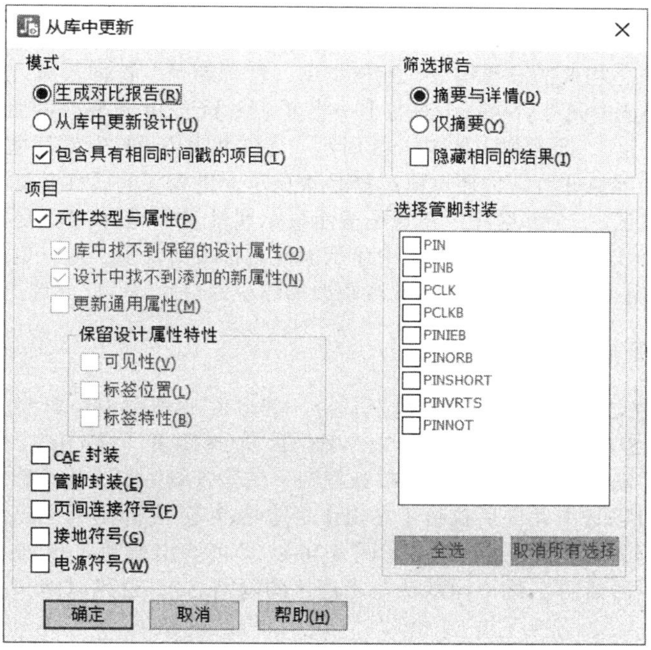

图 4.46　“从库中更新”对话框

4.5.8　更改 PCB 封装

在创建元件类型时已经提过，每个元件可以分配多个 PCB 封装，但是当元件从库中调出时，默认使用是 PCB 封装分配列表中的第一个，如果该 PCB 封装并非你所需，就得进行相应的调整。选中元件后执行【右击】→【特性】，在弹出的“元件特性”对话框（见图 4.36）中单击“修改”组合框内的“PCB 封装”按钮，即可弹出如图 4.47 所示“PCB 封装分配”对话框，如果当前元件分配了更多的 PCB 封装，其将会显示在右侧“库中的备选项”列表中，只需要将其选中后单击“分配”按钮（或直接双击），再单击“确定”按钮即可。同样，你也可以决定将该 PCB 封装分配操作应用更新到此元件还是所有此类型的元件。值得一提的是，“无具体的 PCB 封装（No Specific PCB Decal）”项用于清除分配给当前元件的 PCB 封装。

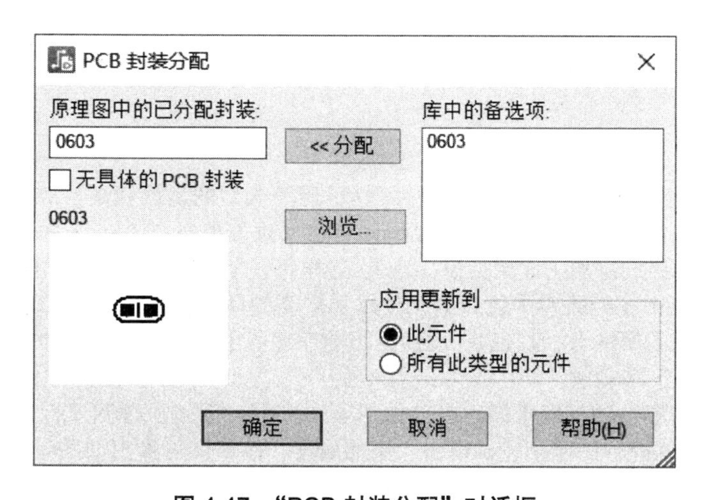

图 4.47　“PCB 封装分配”对话框

4.5.9 更改文本可见性

大多数元件都有与之相关的参考编号、元件类型、管脚编号、管脚名称，你可以决定是否在原理图中显示出来，只需要选中元件后执行【右击】→【可见性】(或单击图 4.36 所示对话框中“修改”组合框内的“可见性”按钮)，即可弹出如图 4.48 所示“元件文本可见性”对话框，在“项目可见性”组合框中勾选需要显示的项目即可。你还可以选择是否显示元件相关的属性名称与属性值，“全部禁用”单选框表示仅显示属性值，“全部启用”单选框表示显示属性名称与值，“无更改”单选框表示保持现有可见性设置不更改。如果你决定在原理图中显示属性名称或属性值，应该勾选右侧“属性”栏中对应的属性项。另外，你还可以决定当前的可见性更改操作是针对此门、此元件还是所有此类型的元件。

4.5.10 更改信号管脚

在编辑元件类型时已经提过，信号管脚默认并不显示在原理图中（典型的例子就是电源与公共地）。你可以打开 PADS 自带的原理图 PREVIEW.SCH，原理图页“LOGIC”中的所有芯片都未显示电源与地管脚，因为在创建元件时已经将其都分配到“信号管脚”组。如果你需要修改（或观察）当前元件的信号管脚，可以选中元件后执行【右击】→【特性】，在弹出的“元件特性”对话框中单击“修改”组合框内的“信号管脚”按钮（参考图 4.36），即可弹出如图 4.49 所示“元件信号管脚”对话框，从中可以编辑信号管脚名称（即默认与之连接的网络名），也可以将其从信号管脚中移除，此处不再赘述。

图 4.48 “元件文本可见性”对话框

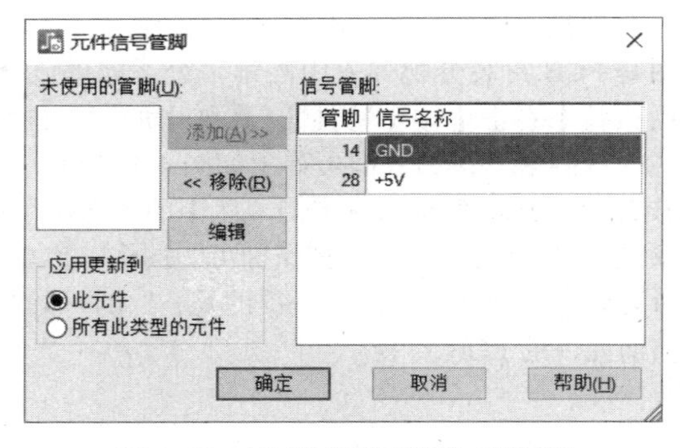

图 4.49 “元件信号管脚”对话框

4.5.11 添加属性

原理图中的很多元件或多或少都会有一些属性，比较典型的属性就是“Value”，其用来显示元器件的值。例如，电阻、电容、电感一般都会赋予该属性。对于类似“Value”这种很常用的属性，通常都是以库为单位进行属性的添加（详情见第 3 章），这样每一个从库中调出的元件都会带有“Value”属性，如果很不幸，你并未在封装库中统一给元件添加需要的属性值（从而导致当前“从库中调入到原理图的”元件并无需要的属性），但又想一次性给当前原理图中的所有元件添加属性，该怎么办呢？你可以使用“属性管理器”来实现。

执行【编辑】→【属性管理器】即可弹出如图 4.50 所示“管理原理图属性”对话框，此处以添加新属性“Designer”为例进行简要阐述。单击“添加属性”按钮即可弹出如图 4.51 所示“添加新属性”对话框（在“浏览库属性”中可以查询 PADS 预定义的所有属性），设置“属性名称”为“Designer”，并设置相应的“属性值”为“longhu”，再单击“确定”按钮，新的属性就添加成功了。

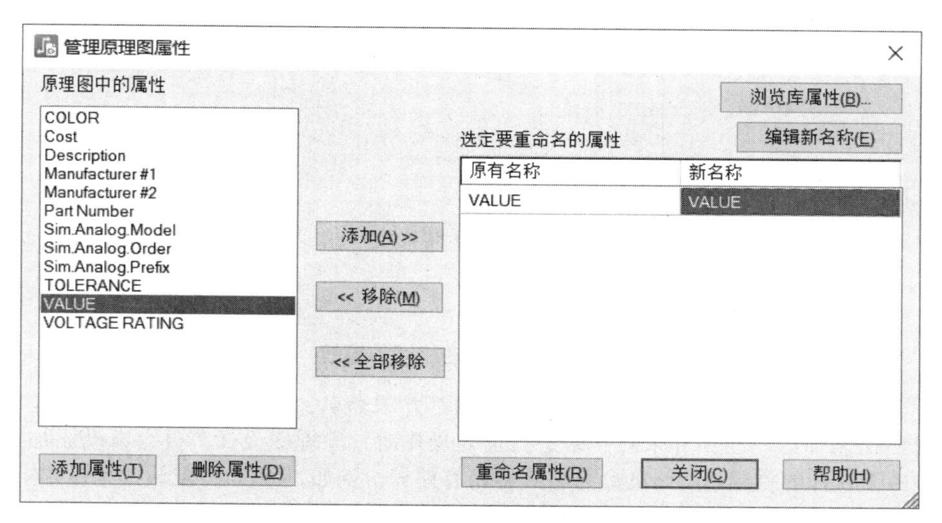

图 4.50　“管理原理图属性”对话框

新属性添加成功后会与当前原理图的所有**元件**自动关联，你可以在“元件特性”对话框（见图 4.36）内单击“修改”组合框中的“属性”按钮，即可进入如图 4.52 所示“元件属性”对话框，刚刚添加的“Designer”就在“属性”列表中。你也可以进行“属性”的删除或编辑操作，但修改后的“属性”仅对**当前元件**有效。

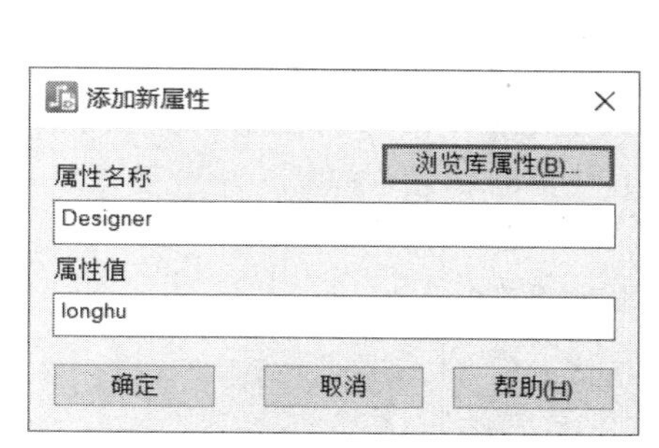

图 4.51　“添加新属性”对话框

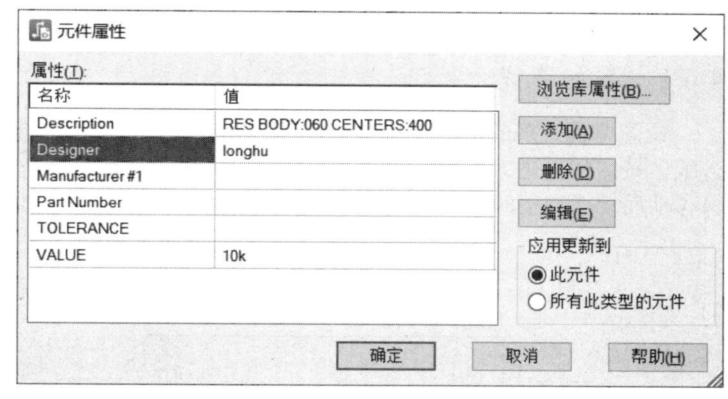

图 4.52　“元件属性”中的“Designer”属性

另外，你也可以按照第 4.5.7 节所示步骤给原理图中的所有元件添加新属性，具体来说，就是先以库为单位添加新属性，然后再执行【工具】→【从库中更新】即可。当然，如果你只是想针对某些元件添加新属性，只需要在元件对应的“元件属性”对话框中进行操作即可，此处不再赘述。

4.6　连线

当元件被放置到原理图中后，你需要使用**连线**（Connection）将元件管脚连接起来（以实现预定的电路功能），就如同面包板上使用**导线**连接元件管脚一样。PADS Logic 提供多种用于原理图页内（或页间）的连接方式，每一条连线都对应一个网络（Net），但同一网络可以包含多条连线。为了方便管理原理图中的每一条连线，PADS Logic 为每一条连线都赋予了一个网络名（即便连线未与任何管脚连接），如果连线的网络名相同，则代表相关的连线已经连接在一起（同属于一个网络）。在图 4.53 所示电路中，虽然左右两侧被赋予网络名 GND 的连线并未直接相连，但是实际上却属于同一个网络（与在两者之间添加一条连线后的状态相同）。换言之，添加新的连线并不代表一定会添加新的网络。

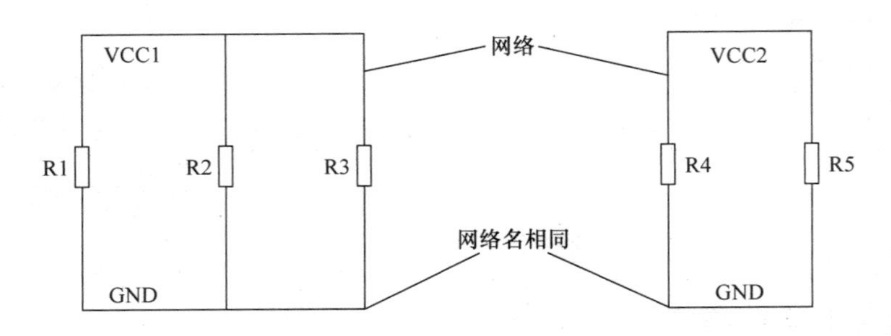

图 4.53　网络名相同的连线

也许你看到过很多原理图中的大多数网络好像都并未命名，但实际上，网络名总是存在的，只是没有被显示出来而已。当你并未对网络进行命名操作时，原理图设计工具会自动添加默认的网络名，只不过由于软件的差异，网络的命名格式会稍有差异。例如，OrCAD 默认以字母“N”开头（如 N77700269、N65658175），而 PADS Logic 默认以符号“$$$”开头（如 $$$1、$$$19259）。也就是说，任何一张原理图中的任何网络都将被一个网络名标识，当你对其进行网络表生成操作时，这些网络连接信息将随元件封装与管脚信息被记录在网络表中。至于是否需要为网络进行重新命名，很大程度上取决于原理图的可读性（方便地显示某个网络所代表的功能）。举个例子，很多电脑主板的原理图通常包含多张原理图页，那么如何才能准确地解读原理图中关键网络的作用呢？一个简单而有意义的网络名正是为此目的而诞生的！例如，电压（如 VDD1.0、AVCC3.3）、有效电平（如 RST_N、EN_#）、输出管脚或功能（如 AOUTL、I2C_SDA）。

4.6.1　添加连线

最简单且直观的网络连接方式便是在元件管脚之间添加连线。单击原理图编辑工具栏中的“添加连线”按钮即可进入添加连线状态，然后单击想要连接管脚（或其他连线），即可从管脚引出一条随光标移动而动态调整的连线，如图 4.54 所示。

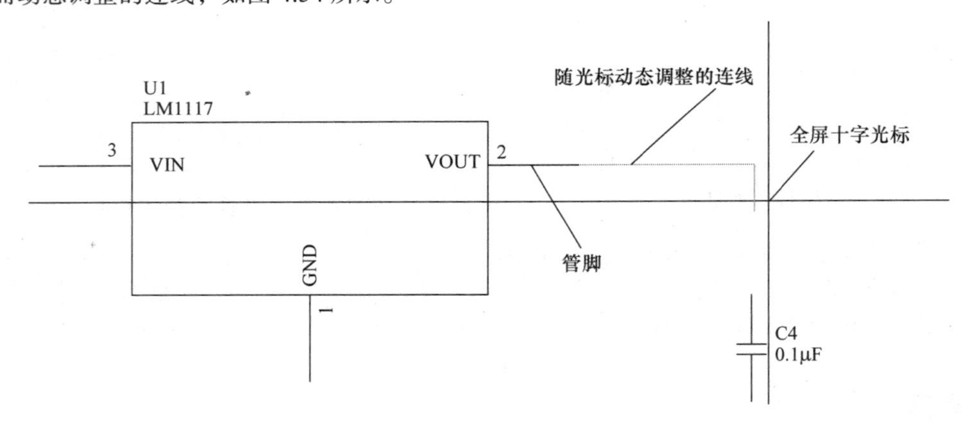

图 4.54　从元件引脚添加连线

如果在连线已经引出的情况下，再找到另一个管脚（或连线）单击一次，两个管脚就被认为连接在一起（具有相同的网络），但此时仍然还处于添加连线状态，接下来即可继续对其他管脚进行连接。如果某管脚与多个管脚都需要连接（说明多个管脚需要与同一个网络连接），在连线状态下单击连线后即可出现一个连接黑圆点（即结点，其直径可通过执行【工具】→【选项】→【设计】→【参数】→【结点直径】进行调整），并且会引出一条跟随光标移动的连线，再单击需要连接的管脚即可。当然，你也可以反过来，先单击需要连接的管脚引出随光标移动的连线，再单击需要连接的连线即可，最后的效果如图 4.55 所示。

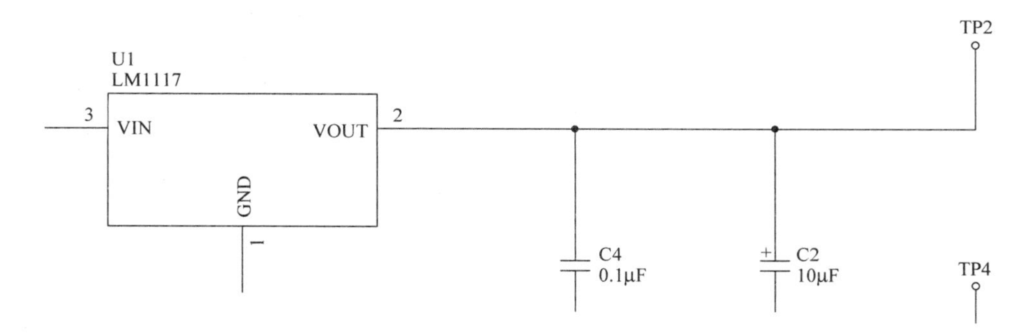

图 4.55　多条连线形成的结点

有些时候，两条连线本应该处于连接状态，但是由于设计者的疏忽却并未连上（未出现结点），类似如图 4.56 所示。此时你可以将某些连线删除后再重新添加连线即可，也可以在添加连线状态下在需要连接处单击两次，但是请注意不要在同一条连线上单击两次，不然会出现图 4.57 所示提示对话框。

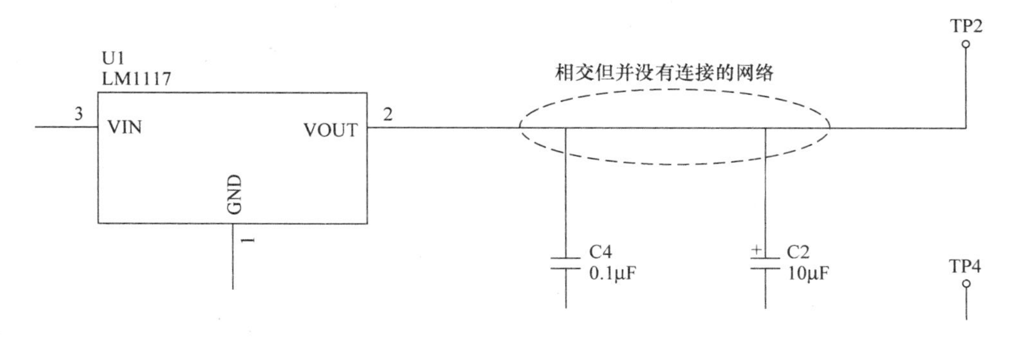

图 4.56　相交但并未连接的网络

有些时候，由于连线过长而需要添加多个拐角，你只需要在连线状态下每单击一次即可确定一个拐角即可。如果你需要删除上一次确定的拐角，可以执行【右击】→【删除拐角】（或快捷键“Backspace”），如图 4.58 所示。删除拐角后仍然还处于添加连线状态，你可以继续移动光标寻找更合适的连线路径。如果想要退出添加连线状态，只需要执行【右击】→【取消】（或快捷键“ESC”）即可。

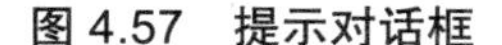
图 4.57　提示对话框

图 4.58　添加连线状态下执行右击弹出的快捷菜单

4.6.2　更改网络名

PADS Logic 会为原理图中添加的每条连线赋予一个网络名，默认采用“$$$+ 随机数字”的命名方式。如果你想给某个网络添加一个有意义的名称，首先在空闲状态下执行【右击】→【随意选择】/【选择连线】/【选择网络】，然后选中需要重命名的网络，执行【右击】→【特性】（或直接双击网络），即可弹出图 4.59 所示“网络特性”对话框，在“网络名”文本框中输入想到重命名的字符串即可。如果

输入的网络名在原理图中已经存在，单击“确定”按钮时还会弹出类似如图 4.60 所示提示对话框，只有当你确定要合并两个网络后，才能最终完成网络名的更改。需要特别注意的是，与 OrCAD、Protel/Altium Designer 等软件不同，PADS Logic 不允许为同一个网络分配多个网络名。

图 4.59 “网络特性”对话框

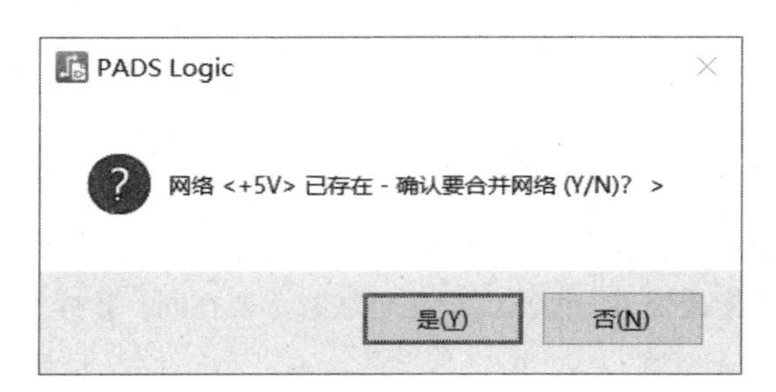

图 4.60 提示对话框

4.6.3 显示网络名

在默认情况下，添加连线的网络名并不会显示，如果你需要将某个网络名称（即网络标签）显示出来，首先在空闲状态下执行【右击】→【随意选择】/【选择连线】，然后选中需要显示网络名的连线，再执行【右击】→【特性】(或直接双击连线)，在弹出如图 5.59 所示“网络特性”对话框中将“网络名标签”复选框勾选即可。但是请务必注意：**“随意选择”项条件下选中的连线必须是与元件管脚最靠近的那一段（“选择连线”项条件下会选中与管脚最靠近的支路），错误选中其他线段将无法显示网络标签**（“网络名标签”复选框处于禁用状态），如图 4.61 所示。

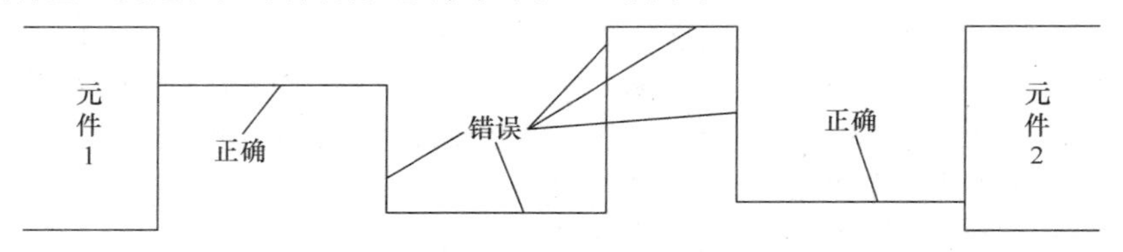

图 4.61 “随意选择”项相应的正确线段选择位置

4.6.4 添加悬浮连线

有时候，由于同一个网络连接的多个管脚并不是很靠近（或者分布在不同的原理图页中），直接添加连线并不太现实，也会严重影响原理图的可读性，此时可以仅使用网络名进行连接，PADS Logic 称这种方式为悬浮连线。如果你决定使用悬浮连线方式，可以按平常添加连线那样从管脚拉出连线，然后在合适的地方直接双击（执行【右击】→【结束】，见图 4.58 所示快捷菜单），该网络的连线过程就已经结束，连线未端将出现一个方块，然后你再根据需要修改或显示网络名即可，相应的状态如图 4.62 所示。

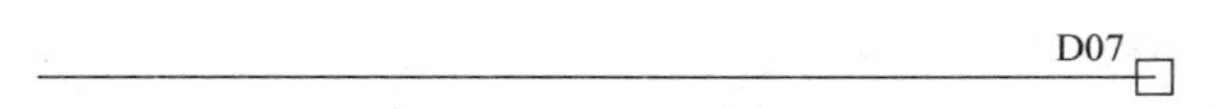

图 4.62 悬浮连接方式

如果想添加两端都悬浮的连线（未直接与任何其他连线或管脚连接），你只需要在工作区域的空白处双击即可拉出连线，后续操作不再赘述。需要注意的是：如果你想要使用悬浮连线方式，必须执行【工具】→【选项】→【设计】→【选项】，确保“允许悬浮连线”复选框处于勾选状态，否则执行【右击】→【结束】操作将不会成功（此时“结束”项处于灰色禁用状态），直接双击也将无法添加悬浮连线。

4.6.5　添加电源与接地符号

电源与接地符号属于特殊符号，但是添加的方式与普通网络相同，只需要在网络连接过程中执行【右击】→【电源】/【接地】（见图 4.58），此时将有一个特殊符号粘在光标上，如图 4.63 所示（此处以添加“接地符号”为例），然后在合适位置单击即可添加。如果当前出现的符号形式并非你所需，也可以在放置前再次执行右击，即可弹出类似如图 4.64 所示快捷菜单，从中选择“备选”项切换形式即可（与切换元件的 CAE 封装形式相似），完成后的状态如图 4.65 所示。

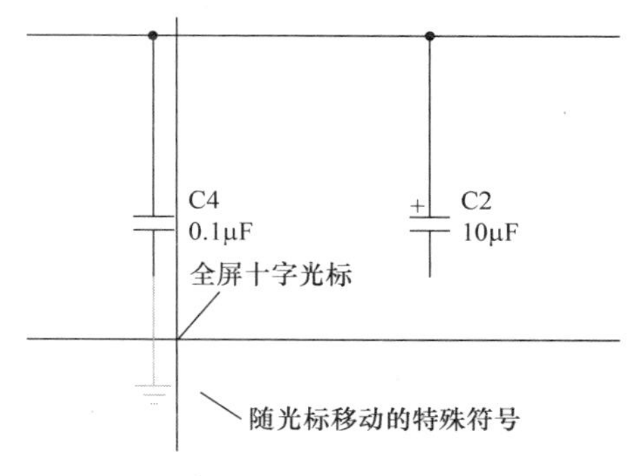

图 4.63　添加接地符号

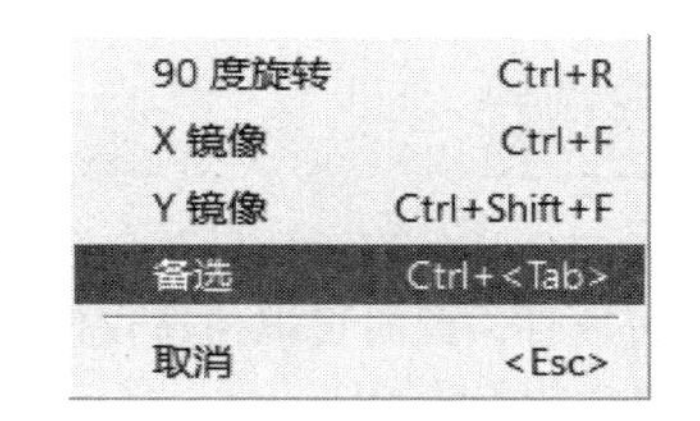

图 4.64　切换备选的特殊符号

需要特别注意的是，当你为连线添加默认的电源备选符号时，有些也会出现 −5V、+12V 等字符，但这些字符并不代表真正的网络名，只是在创建特殊符号时添加的文本而已，相应的元件类型中已经分配了默认的信号名称（即网络名称），你可以在元件编辑器中打开“电源”页间连接符（参考 3.6 节），相应的元件类型默认参数如图 4.66 所示。如果你想在添加电源符号时显示相应的信号名称，只需要执行【右击】→【显示 PG 名称】即可。

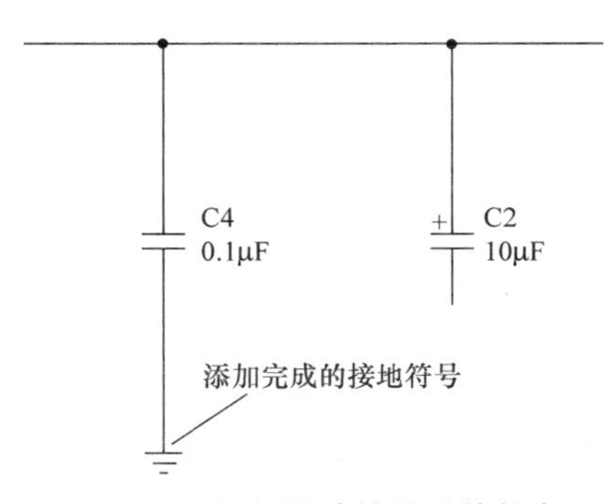

图 4.65　添加接地符号后的状态

值得一提的是，默认分配的信号名称与连线的网络名称可以不相同（并不影响实际使用），只不过从 PADS Logic 导出网络表时将弹出 padsnet.err 文件，其中会列出一项“电源或接地符号使用了不正确的网络名（Power or Ground Symbols Used Wrong Net Name）”错误提示（对于含有多种电源类型的电路系统而言，通常会选择同一种电源符号进行原理图设计，只不过设置的网络名称不同而已，正如第 2 章所示电源模块原理图那样，而每个电源符号仅能设置一个默认信号名称），将其忽略即可。如果你非得消除该错误提示，只需要将已经分配的默认信号名称清除即可。

4.6.6　添加页间连接符

很多原理图包含的元件非常多，网络连接关系也很复杂，所以通常会按功能模块绘制在多个原理图页中以方便管理，页与页之间的网络连接则使用专用连接符号，也就是图 1.19c 所示的页间连接符。页间连接符的添加方式与电源、接地符号相同，只需要在添加连线状态中执行【右击】→【页间连接符】即可。如果当前出现的页间连接符形式并非你所需，也可以在放置前执行【右击】→【备选】进行切换。

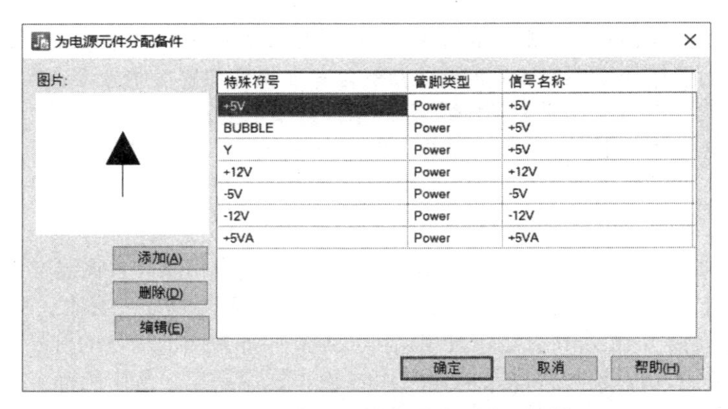

图 4.66 “为电源元件分配备件”对话框

需要特别指出的是：**电源、接地、页间连接符的作用与网络名完全相同，只不过表现形式不一样而已**。换言之，仅使用网络名也可以完成电源、接地及页间连接符的作用，PADS Logic 并未给它们赋予不同于网络名的作用域。

4.7 总线

有些元件的数据或地址总线的数量会非常多，如果仍然使用添加连线的方式连接，会严重降低原理图的可读性，此时可以考虑仅使用一条总线进行简洁连接，本节以 PADS 自带的 PREVIEW.SCH 为例讨论总线相关的操作。

4.7.1 添加总线

总线添加的基本思路是：先绘制总线，然后设置总线包含的信号，再将信号以总线抽头的方式与总线连接。假设现在要将 U7 的输出以总线方式连接，相应的详细步骤如下。

（1）添加总线。单击原理图编辑工具栏上的“添加总线”按钮即可进入总线绘制状态，然后在空白处（不是元件的管脚）单击后即可开始添加总线，移动光标即可控制总线的长度与新的拐角位置。如果需要添加一个拐角，只需要如图 4.67 所示执行【右击】→【添加拐角】（或快捷键“Space”，或直接单击）即可。如果你想取消上一次添加的拐角，只需要执行【右击】→【删除拐角】（或快捷键“Backspace”）即可（与添加连线状态相同）。

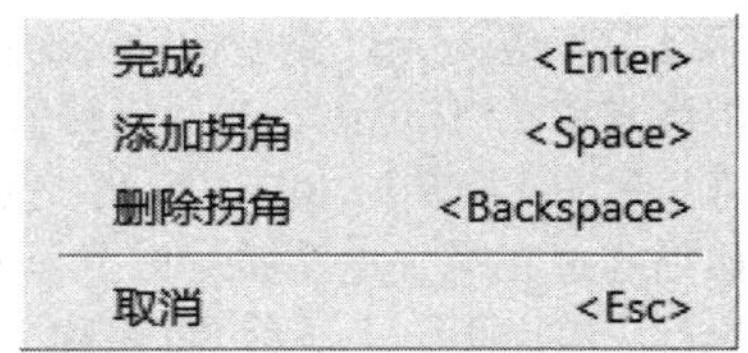

图 4.67 添加总线时执行右击弹出的快捷菜单

当总线绘制完成后，执行【右击】→【完成】（或双击鼠标）即可，完成后的状态如图 4.68 所示。

（2）设置总线包含的信号（网络）。一旦总线添加操作完成，PADS Logic 将立刻弹出“添加总线”对话框，你需要从中确定刚刚绘制的总线包含哪些网络。PADS Logic 允许你添加“位格式（Bit Format）”与“混合网络（Mixed Net）”两种总线类型，前者包含一系列连续且规律的网络（例如，D00、D01、D02、D03、D04、D05、D06、D07，PADS Logic 使用 D[00:07] 统一代表），后者则包含前者，而且还可以加入其他单独且无规律的网络名（例如，RAS、CAS、EN 等）。选择的总线类型不同，在总线上显示的总线名称也会有所不同。

当你选择“混合网络”后，“添加总线”对话框右侧的“添加”“编辑”“删除”“上”“下”按钮将处于有效状态，单击“添加”按钮即可在“总线网络”表格中添加一个新行，如果你只需要添加单独的网络名称，仅需要输入“名称 / 前缀”项即可（“开始”与“结束”列不需要填），如果要添加“位格式”总线，还需要指定开始与结束编号，如图 4.69 所示。当勾选“添加总线名称标签”复选框后，你输入的“总线名称”将会显示在绘制的总线旁边。

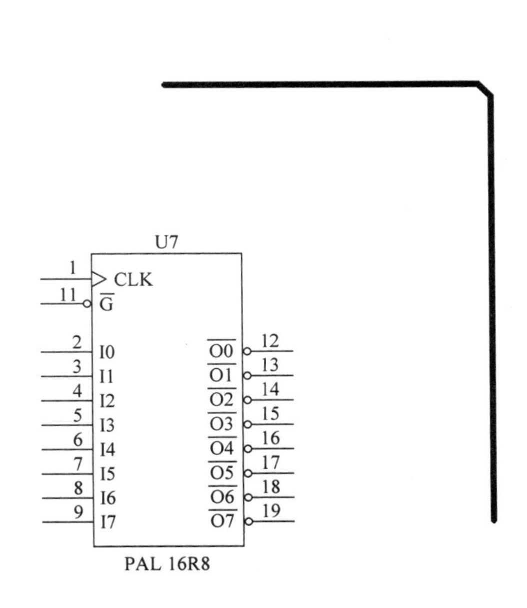

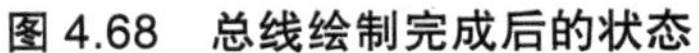

图 4.68 总线绘制完成后的状态

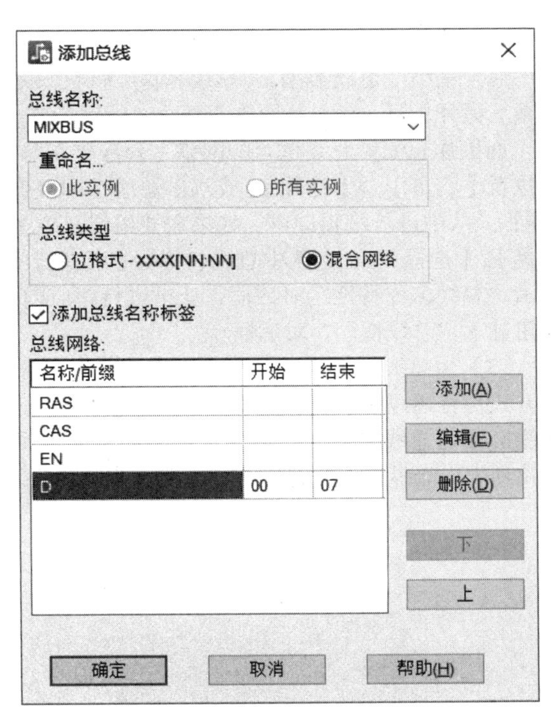

图 4.69 “添加总线”对话框（混合网络）

此处仅需要添加 D00 ~ D07 的“位格式”类型总线，所以选择“位格式”总线类型即可，然后在“总线名称”中按指定格式输入 D[00:07]，如图 4.70 所示。然后单击“确定”按钮，一个代表该总线名称（标签）的小方块会粘在光标上并随之移动，选择合适的位置单击即可放置，最后完成的状态如图 4.71 所示。

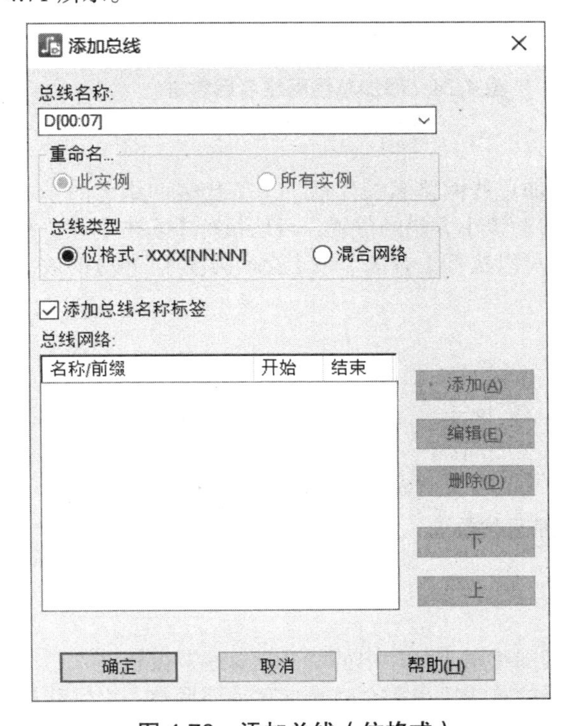

图 4.70 添加总线（位格式）

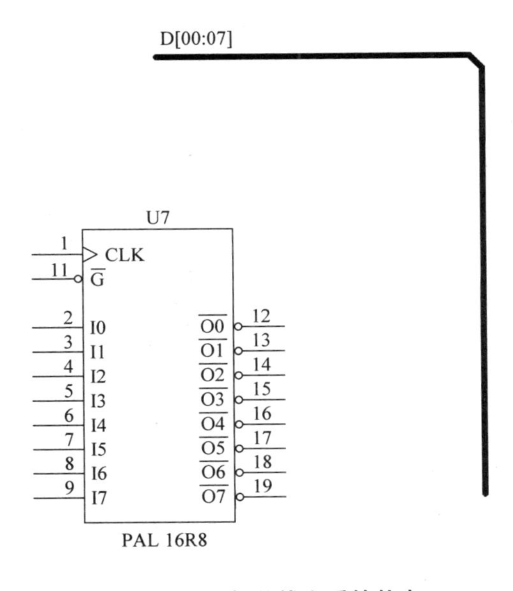

图 4.71 添加总线之后的状态

需要指出的是，如果你添加的是“位格式”总线，“总线名称”即代表具体的网络名，如果添加的是“混合网络”总线类型，“总线名称”仅仅只是一个名称而已，它可以与实际包含的网络名完全没有关系。另外，每一条总线允许有两个总线名标签，它们位于总线的两端。

如果你想编辑总线包含的网络，只需要在空闲状态下执行【右击】→【随意选择】，选中某段总线后执行【右击】→【特性】(或双击总线)即可弹出“总线特性”对话框(与前述“添加总线”对话框相同)，从中进行编辑即可。如果需要编辑总线名称的特性，可以在空闲模式下执行【右击】→【随意选择】/【选择文档】，选中总线名称标签后执行【右击】→【特性】(或直接双击)，即可弹出如图 4.72 所示“总线名称特性”对话框，从中进行相应的修改即可，你还可以单击“总线”组合框中的“总线”按钮进入“总线特性”对话框。

(3)为总线添加连线。当设置完总线中包含的网络后，将需要的网络与总线连接即可，具体的连接方式与普通添加网络的方式一样，只需要引出连线后再单击总线即可，但是单击总线时请务必注意：**连线必须与总线垂直**。之后即可弹出如图 4.73 所示“添加总线网络名”对话框，你可以从“网络名”下拉列表中选择该网络对应的网络名(或直接输入)，再单击“确定”按钮即可。

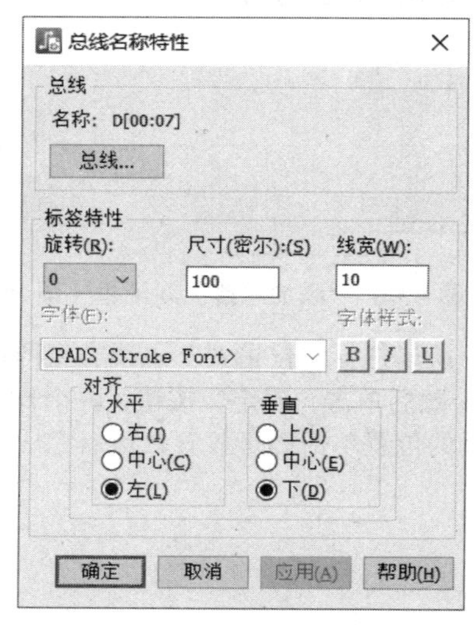

图 4.72 “总线名称特性”对话框

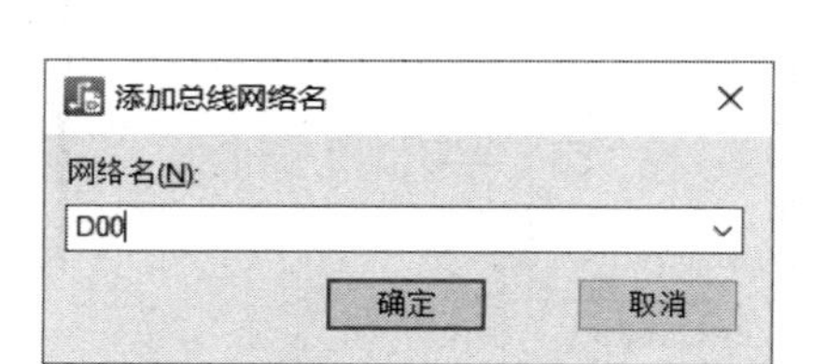

图 4.73 “添加总线网络名”对话框

图 4.74 添加总线网络名后右击弹出的快捷菜单

(4)调整标签位置或总线抽头角度。完成前述添加总线网络名操作后，一个代表网络名的小方块将会出现，但此时并不能随光标移动。如果你需要移动该小方块的位置，可以执行【右击】→【移动】，如图 4.74 所示。如果你需要改变抽头的角度，则可以执行【右击】→【交换角度】，相应的效果如图 4.75 所示。最后完成的总线状态如图 4.76 所示。

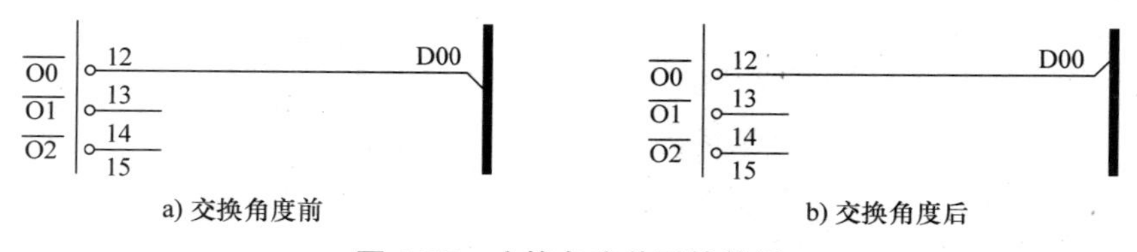

图 4.75 交换角度前后的效果

4.7.2 分割总线

如果想要编辑已经绘制好的总线，你可以单击原理图编辑工具栏中的“分割总线”按钮进入总线分割模式，然后选中需要添加拐角的某段总线，一条新的总线段虚影会随光标移动而调整，之后移动光标确定新的拐角位置再单击一次即可，最后的状态如图 4.77 所示。

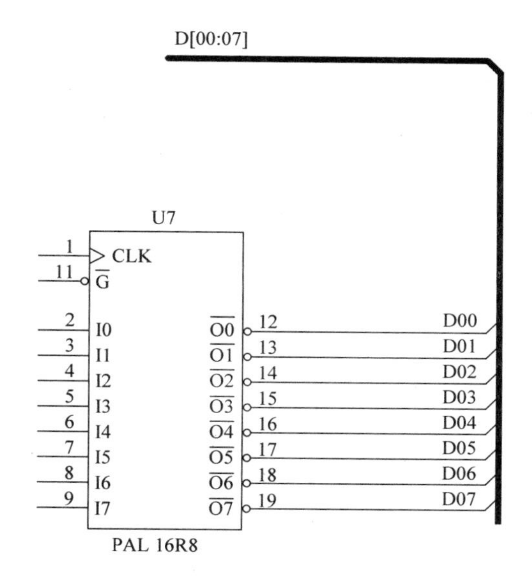

图 4.76　添加总线与连线后的状态

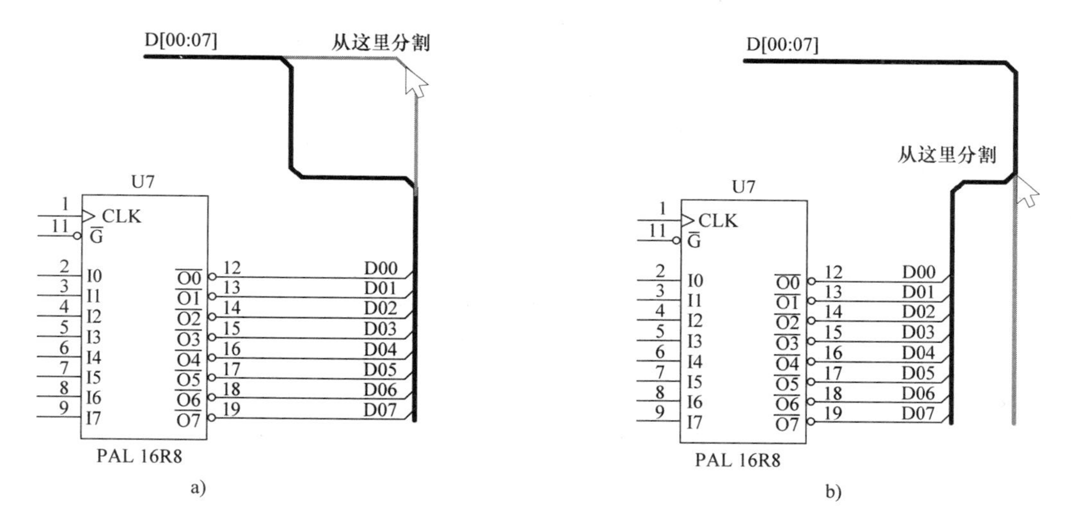

图 4.77　不同位置分割总线后的状态

4.7.3　扩展总线

如果觉得已绘制的总线长度不足以连接所有网络（或者需要延长现有的总线），则需要对总线进行扩展。单击原理图编辑工具栏中的“扩展总线”后再单击总线的某个末端，此时将会进入“接着原来的总线继续绘制”的状态。但是需要注意的是，使用“扩展总线”工具无法缩短总线段，如果你非要这样做，那就只能将该某段总线删除后，再使用“扩展总线”工具进行重新调整了。

4.8　层次化符号

到目前为止，有关原理图设计的基本操作已经介绍完毕，但是很多以往习惯使用 Protel/Altium Designer、OrCAD 等工具设计原理图的读者可能会想：PADS Logic 是否存在层次式原理图设计方式呢？答案是肯定的！层次化原理图的基本设计思路主要有两种，其一为自上而下（Top-Down）设计方式，即先将整个电路系统按照功能划分为若干（不含电路细节的）宏观模块（并建立模块之间的连线），然后再进入每一个模块进行底层细节的电路设计，相应的示意如图 4.78 所示。其二为自底向上（Bottom-Up）设计方式，与自上而下设计方式恰好相反，你应该先把底层原理图的全部电路细节设计完毕，然后生成对应的宏观模块供更高层次的原理图调用并连线即可。

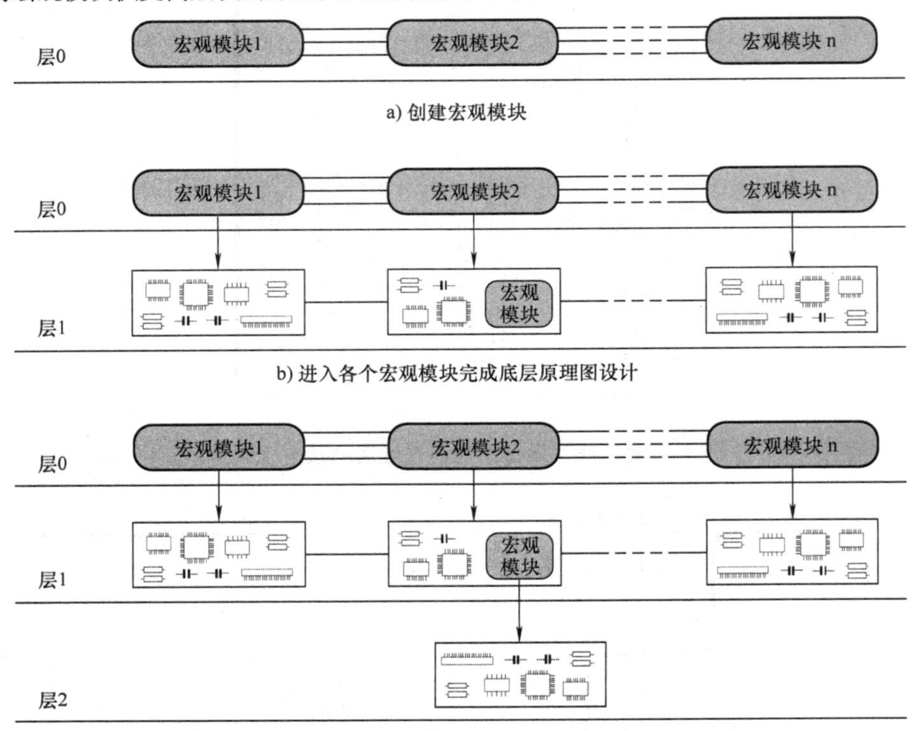

图 4.78　自上而下设计方式

PADS Logic 将不涉及电路细节的宏观模块称为层次化符号（Hierarchical Symbol），每个层次化符号都对应一张原理图页，其中可以进行细节电路设计。当然，你也可以继续创建更多的层次化符号以规划更底层的电路模块设计。由于 PADS Logic 最多仅能管理 1024 张原理图页，并且将顶层的原理图定义为层 0（Level 0），所以你最多可以创建 1024 个层次化符号，本节将详细讨论层次式原理图设计方法。

4.8.1　自上而下设计

在自上而下的设计方式中，你需要在底层原理图设计前预先创建层次化符号，就好比创建一个放置对象的容器一样，后续你就可以进入该容器以完成底层的细节电路设计。以 PADS 自带的 PREVIEW.SCH 为例，现在想要在原理图页“LOGIC”中添加一个层次化符号（此时该原理图页正显示在工作区域中），单击原理图符号编辑工具栏中的“新建层次化符号”按钮，即可弹出如图 4.79 所示“层次化符号向导”对话框，其中大部分参数与 CAE 封装向导相似，此处不再赘述。“层次化图页”组合框中的“图页编号”列表给出了原理图中“除当前原理图页外的”其他原理图页，如果你选择“自上而下”的设计方式，应该选择“<New Sheet>”，这样在创建层次化符号的同时也会创建相应的原理图页。如果你选择“自底而上”的设计方式，则可以选择列表中的某个原理图页项，创建的层次化符号将代表该原理图页。但是请注意，当前的原理图页（此处为“LOGIC”）不会出现在列表中，因为你不应该在原理图页“LOGIC”中放置代表本身的层次化符号。另外，如果某原理图页已经创建了层次化符号，相应的原理图页也不会出现在列表中。

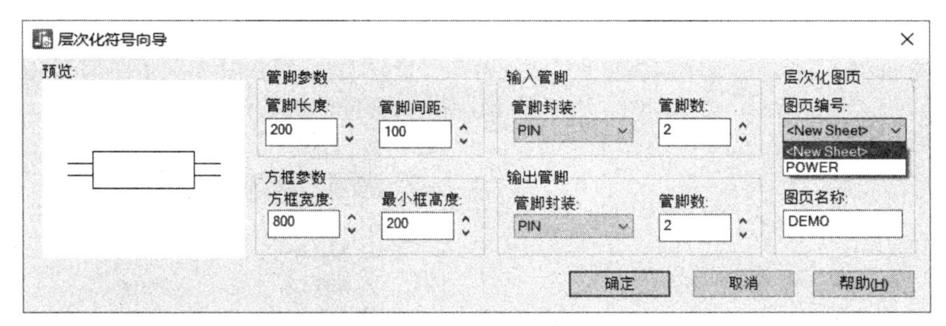

图 4.79 “层次化符号向导”对话框

由于当前采用“自上而下”的设计方式，所以在“图页编号”列表中选择“<New Sheet>”项，并且将图页名称（即层次化符号名称）设置为“DEMO”，其他参数保持默认即可（后续可以随时改动），然后单击“确定”按钮，即可进入如图 4.80 所示层次化符号编辑器环境，其与 CAE 编辑环境相似，但是由于层次化符号并不存在管脚号，所以符号编辑工具栏中与管脚号相关的工具处于不可用状态，你只需要编辑管脚名称即可。PADS Logic 要求层次化符号中的每个管脚都必须有一个名称，其代表底层原理图中的网络名称，底层原理图页中应该有与该管脚名称相同的页间连接符（或网络名）。

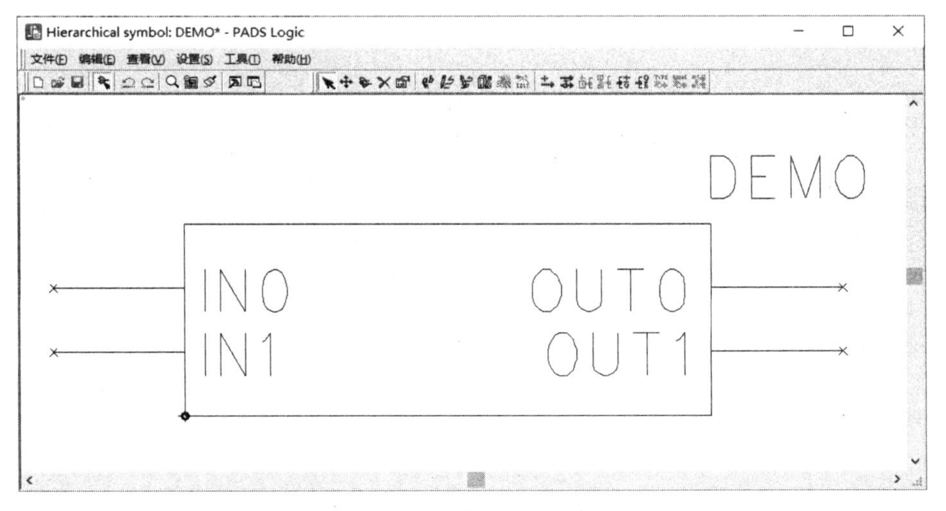

图 4. 80　层次化符号编辑器

当完成层次化符号编辑工作后，执行【文件】→【完成】即可退回到原理图设计环境，此时一个代表刚刚创建的层次化符号的方块会粘在光标上并随之移动（就像移动普通元件一样），找到合适的位置单击即可放置，之后你就可以像普通元件一样对其进行网络连接操作。你还可以在标准工具栏上的“图页”列表中找到层次化符号（对应的原理图）所在的位置，如图 4.81 所示。

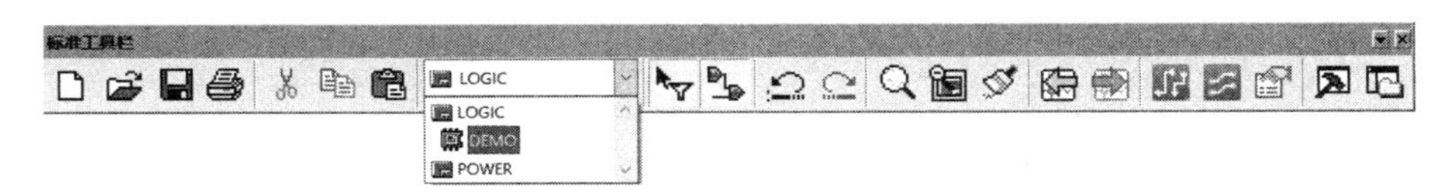

图 4.81　原理图页“LOGIC”下的原理图页“DEMO”

值得一提的是，层次化符号的管脚名称就相当于网络名，如果将管脚与另一个非系统定义（即非形如“$$$+ 随机数字”格式）且名称不同的网络连接，PADS Logic 将会弹出类似如图 4.82“正在合并网络”对话框。如果你从中选择的网络名并非层次化符号中指定的管脚名称，当网络合并后，层次化符号中的管脚名称也会自动更改为合并后的网络名称。

到目前为止，只是创建了一个层次化符号，还并不存在对应的实际电路。在空闲状态下执行【右击】→【随意选择】，然后选择刚刚创建的层次化符号，执行【右击】→【进入下一层】，如图 4.83 所示。然后即可进入一张新的空白原理图，从中进行电路设计即可，此处不再赘述。

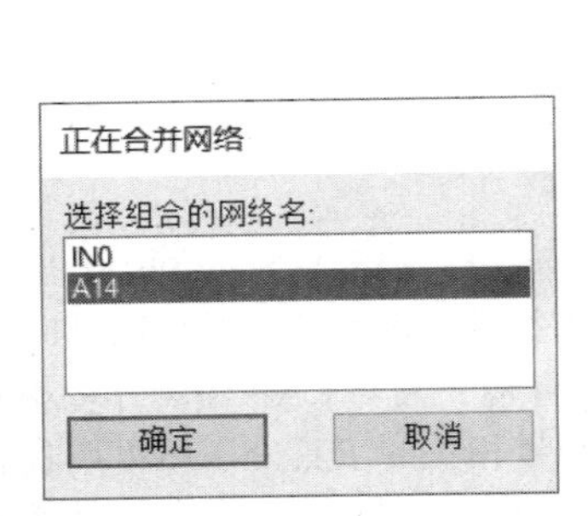

图 4.82 “正在合并网络”对话框

图 4.83 选择层次化符号后执行右击时弹出的快捷菜单

4.8.2 自底向上设计

在自底向上的设计方式中，你需要从已有的原理图页中创建代表其中电路的层次化符号，就好比给原理图创建的容器一样，后续你就可以往上进入该容器以完成顶层的线路连接。以 PADS 自带 PREVIEW.SCH 为例，假设你要在原理图页“POWER”中添加原理图页“LOGIC”的层次化符号，首先进入原理图页“POWER”，然后单击原理图符号编辑工具栏上的“新建层次化符号”，即可弹出类似如图 4.79 所示“层次化符号向导”对话框，只不过“图页编号”列表中仅会存在“LOGIC”项，选择后单击“确定”按钮，即可进入图 4.84 所示层次化符号编辑器，其中自动添加了名称均为“24MHZ”的输入（左侧）与输出（右侧）两个管脚，为什么呢？因为 PADS Logic 会自动根据原理图页“LOGIC”中的页间连接符的类型（见图 3.93）创建层次化符号，左侧添加源（Source）类型，右侧添加负载（Load）类型，而原理图页“LOGIC”中正好存在两个标签为“24MHZ”的页间连接符。换言之，如果你选择的原理图页中不存在页间连接符，图 4.84 中将会显示一个无管脚矩形。

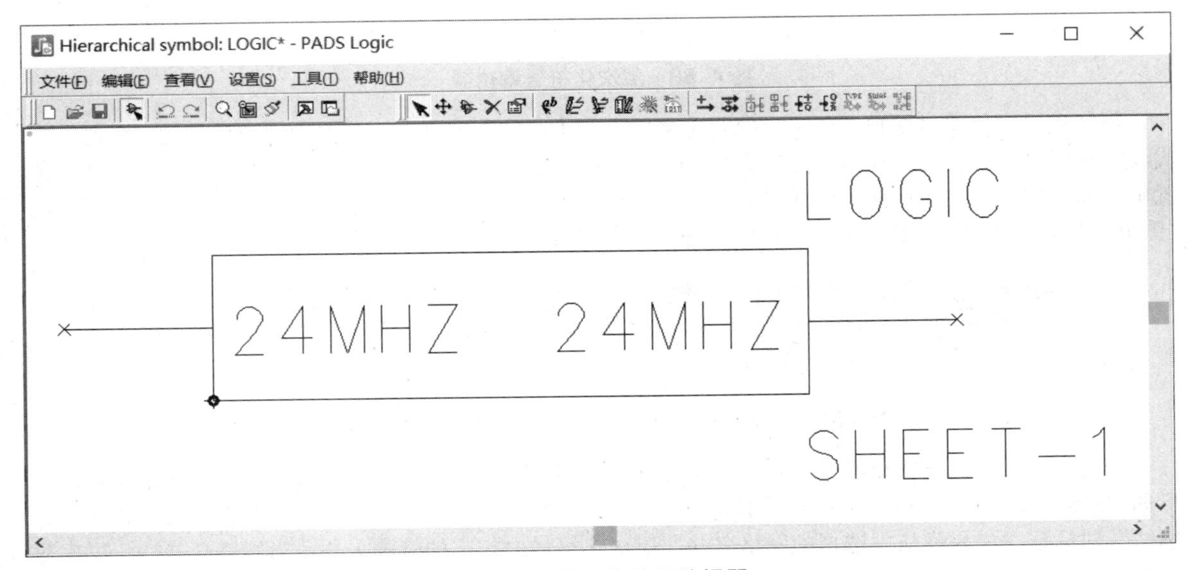

图 4.84 层次化符号编辑器

当你完成层次化符号编辑工作后，执行【文件】→【完成】即可退回到原理图设计环境，此时一个代表刚刚创建的层次化符号的方块会粘在光标上并随之移动，找到合适的位置单击即可放置，之后你就可以像普通元件一样进行网络连接操作。你同样可以在标准工具栏上的“图页”列表中找到层次化符号（对应的原理图）所在的位置，如图 4.85 所示。如果你当前正处于原理图页“LOGIC”中，执行【查看】→【进入上一层】即可切换到原理图页“POWER”中。

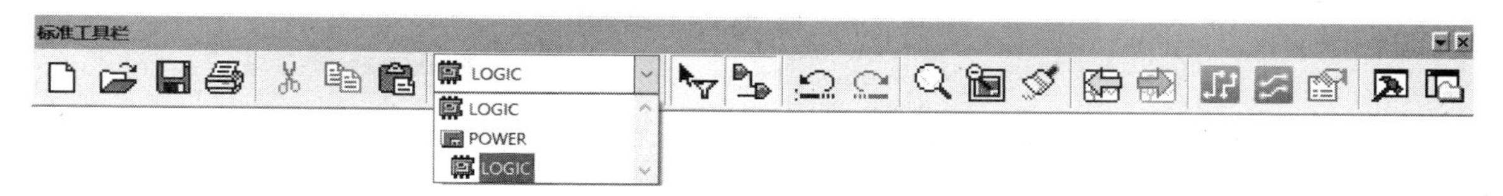

图 4.85　原理图页“POWER”下放置的原理图页“LOGIC”

4.8.3　复制或删除

层次化符号与普通元件一样可以进行复制或删除操作，但是请特别注意，当你粘贴层次化符号时，对应的原理图页也会全部复制并添加为新的原理图页，其中的元件也会按 PADS Logic 的规则自动重新编号。如果复制的层次化符号中也包含了更多层次化符号，所有层次化符号对应的原理图页也会被复制。同样，删除层次化符号也会删除与之相关的原理图页。请务必注意：**层次化符号的复制与删除操作不可撤消**。PADS Logic 会弹出提示对话框供你确定，删除层次化符号时弹出的提示对话框如图 4.86 所示。

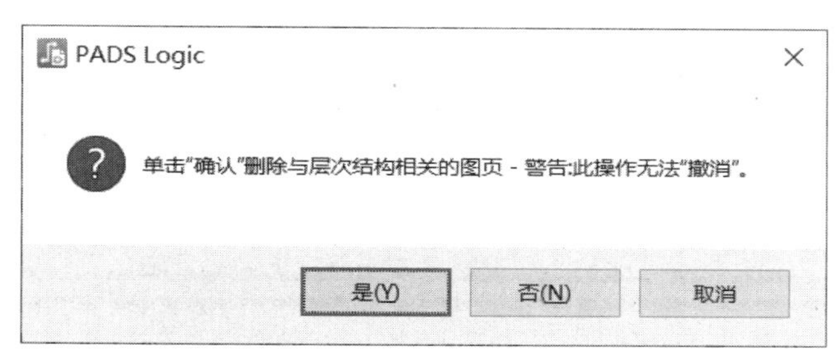

图 4.86　删除层次化符号时弹出的提示对话框

4.9　OLE 对象

有些对象如果使用 PADS Logic 来制作可能并不容易或不太美观，而其他已有的专业工具可能更适合实现（例如，Word 文档、包含 BOM 信息的 Excel 表格、音视频片段等等），此时你可以将其他专业工具作为一个连接嵌入对象插入到 PADS Logic 中。PADS Logic 并不需要理解插入对象的具体格式，只会通过底层的接口与应用程序通信来决定如何显示以及显示哪些内容。需要特别注意的是：**不支持将 PADS Logic、PADS Layout 与 PADS Router 以 OLE 对象的形式插入到其他文件（包括其他 PADS 文件），这可能会导致 OLE 对象工作不正常或无法编辑**。

4.9.1　插入 OLE 对象

假设需要在原理图中写下几行字符串，使用 PADS Logic 中原理图编辑工具栏上的“创建文本”工具也可以实现，但能够显示的格式却很有限，如果你有更高的要求，可以插入一个 Word 文档对象。执行【编辑】→【插入新对象】即可弹出如图 4.87 所示“插入对象”对话框，你可以选择从现有文件创建对象，也可以新建对象。“对象类型”列表中列出了当前计算机中所有可以插入的对象，具体存在哪些类型则取决于安装的软件，如果你的计算机中未安装 Microsoft Word 字处理程序，则列表中也就不会出现该项。

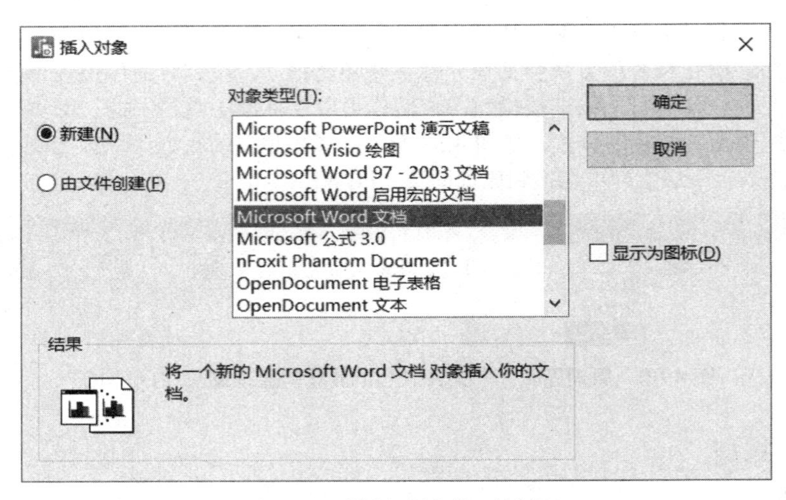

图 4.87 “插入对象”对话框

本例选择“对象类型”列表中的“Microsoft Word 文档”项，再单击“确定”按钮后，PADS Logic 界面会修改为如图 4.88 所示，此时 PADS Logic 原来的工具栏已经切换成了 Word 样式，工作区域中出现了一个矩形框，在其中可以像平常编辑 Word 文档一样编辑这些文字，编辑完成后，只需要单击矩形框之外的区域，PADS Logic 又会切换到原来的界面。

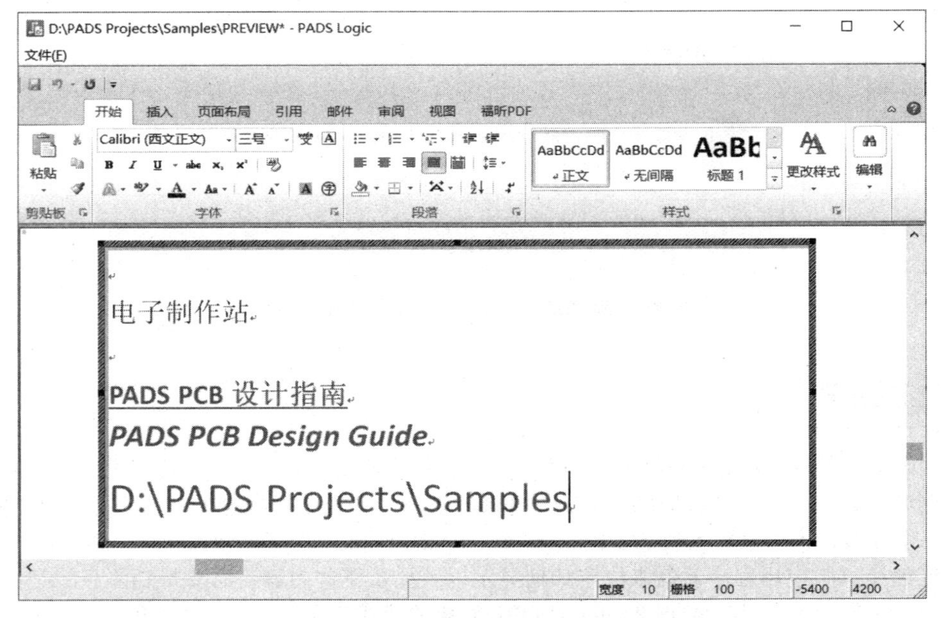

图 4.88 进入 OLE 对象编辑状态后的界面

4.9.2 编辑 OLE 对象

如果你对已经编辑的 OLE 对象的内容不是很满意，仍然可以选中该 OLE 对象，再执行【右击】→【文档对象】→【编辑】(或直接双击 OLE 对象)，如图 4.89 所示，之后界面又回到图 4.88 所示状态。如果执行【右击】→【文档对象】→【打开】，则会单独启动 Word 工具独立进行编辑，完成编辑并关闭后亦可更新到 OLE 对象中。值得一提的是，如果你选中快捷菜单中的“白色背景”项，OLE 对象将显示白色背景，如果再单击一次，去掉前面的“√”，OLE 对象将显示透明背景（你可以看到位于 OLE 对象下面的对象）。

图 4.89　编辑 OLE 对象

4.9.3　删除 OLE

如果你想删除 OLE 对象，只需要将其选中后执行【编辑】→【删除】(或快捷键“Delete”)即可，执行【编辑】→【删除所有 OLE 对象】即可删除原理图中所有存在的 OLE 对象，但是请务必注意：OLE **对象的删除操作不可撤消**，所以在删除 OLE 对象时，PADS Logic 总会弹出如图 4.90 所示提示对话框供你再次确认。

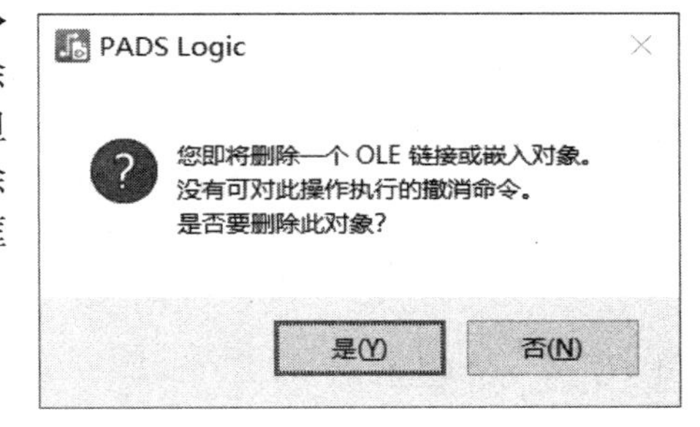

图 4.90　提示对话框

4.10　文件操作

原理图设计只是实际项目运作过程中的一部分工作，很多时候，你还需要根据不同的应用场合进行诸如导入、导出、对比、生成报报告、创建 PDF 文件、归档等方面的文件操作，本节详细阐述比较常用的文件操作。

4.10.1　文件导入

现如今，市面上存在很多可供使用的原理图设计工具，“文件导入”功能主要用于打开其他“非 PADS Logic”绘制的原理图或其他类型文件，具体支持的导入文件类型与相应的扩展名见表 4.4。

表 4.4　PADS Logic 支持的导入文件类型与相应的扩展名

类　型	扩展名	类　型	扩展名
ASCII 文件	.txt	P-CAD 2002-2006 原理图文件	.sch
OLE 文件	.ole	CADSTAR 5-8 原理图文件	.scm
ECO 文件	.eco	CADSTAR 归档文件	.csa
PADS Layout 规则	.asc	OrCAD 7-16.6 原理图文件	.dsn
Protel99 原理图文件	.sch	Protel DXP 原理图文件	.schdoc
Protel 项目文件	.prjpcb	Altium Designer 2004-2008 原理图文件	

举个例子，很多工程师更习惯使用 OrCAD 绘制原理图，而 PCB 设计仍然使用 PADS Layout，所以希望能够充分利用 PADS Logic 与 PADS Layout 之间的原理图驱动功能以提升布局效率（详情见 5.6 节），此时即可将 OrCAD 格式的原理图文件导入到 PADS Logic。执行【文件】→【导入】后即可弹出如图 4.91 所示“文件导入”对话框，单击右下角的“扩展名过滤项”列表，即可弹出表 4.4 所示支持的文件类型，从中选择“OrCAD 7-16.6 捕获文件”项，再选择 OrCAD 原理图文件（扩展名为 .dsn）即可（相应转换后的 PADS Logic 格式原理图也将出现在“与 OrCAD 原理图文件相同的”路径下）

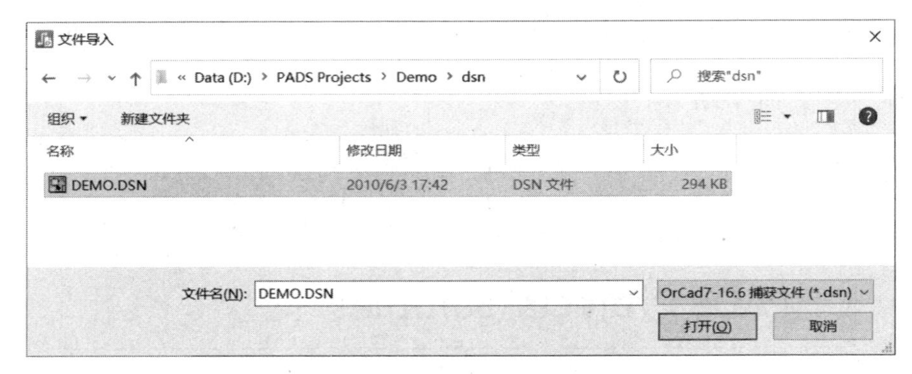

图 4.91 “文件导入”对话框

4.10.2 文件导出

有时候，你正在使用最新版本的 PADS Logic 进行原理图设计，而客户可能还在使用更旧版本的 PADS Logic，也就无法直接打开你设计的原理图，但是，你又不方便要求客户升级 PADS Logic，该怎么办呢？此时可以考虑从当前原理图中导出一份 ASCII 格式的低版本原理图（扩展名为 .txt），客户拿到后直接导入即可，因为 PADS Logic 支持导入 ASCII 文件（见表 4.4），具体导出文件的操作详情参考 4.3.3 小节。另外，PADS Logic 还可以导出 PADS Layout 规则（扩展名为 .asc）与 OLE 文件（扩展名为 .ole），基本操作都相似，此处不再赘述。

4.10.3 原理图对比

有时候，你可能很想知道两个原理图文件存在哪些区别（或者原理图与 PCB 文件是否完全同步），此时就可以使用原理图对比工具。执行【工具】→【对比 /ECO】即可弹出“对比 /ECO 工具”对话框，其中包含“文档”与“对比”标签页，本节将详细阐述其中的参数。

1. “文档”标签页

该标签页主要用于选择需要对比的文件，其可以是原理图文件（扩展名为 *.sch 或 *.asc），也可以是 PADS Layout 导出的 ASCII 文件（扩展名为 .asc），而“输出选项”组合框中则可以选择“生成差异报告”或“生成 ECO 文件”，如图 4.92 所示。

对比/ECO 工具
文档 对比
要进行对比的原始原理图设计
☑ 使用当前原理图设计(C)
原始设计文件 (*.sch, *.asc)(O):
simple_power_b.sch
浏览...
修改的新原理图设计
☐ 使用当前原理图设计(D)
新设计文件 (*.sch, *.asc)(W):
D:\PADS Projects\Demo\simple_power\simple_power_a.
浏览...
输出选项
☐ 生成差异报告(G)
☑ 生成 ECO 文件
ECO 文件名 (*.eco)(F):
simple_power_b.eco
浏览...
运行(R) 取消 帮助(H)

图 4.92 “对比 /ECO 工具”对话框

“要进行对比的原始原理图设计”与“修改的新原理图设计”组合框的作用相同，如果只是想查看差异报告，你可以随意将需要对比的文件路径填入相应文本框即可（如果需要对比的文件之一是当前 PADS Logic 打开的原理图文件，直接勾选某组合框中的“使用当前原理图设计”项，然后在另一个组合框中确定需要对比的文件即可），只需要在查看差异报告时注意差异来源即可。如果你还要生成 ECO 文件（详情见第 5 章）供后续同步所用，则必须严格区分“原始原理图设计”与“新原理图设计”，因为这会影响 ECO 文件内容，也就会影响后续原理图与 PCB 之间的同步结果。当你单击“运行”按钮后，文件对比过程就开始了，差异报告或 ECO 文件将在对比顺利完成后自动打开。

2.“对比”标签页

该标签页用于设置对比的选项，你可以根据自己的需求进行调整，如图 4.93 所示。

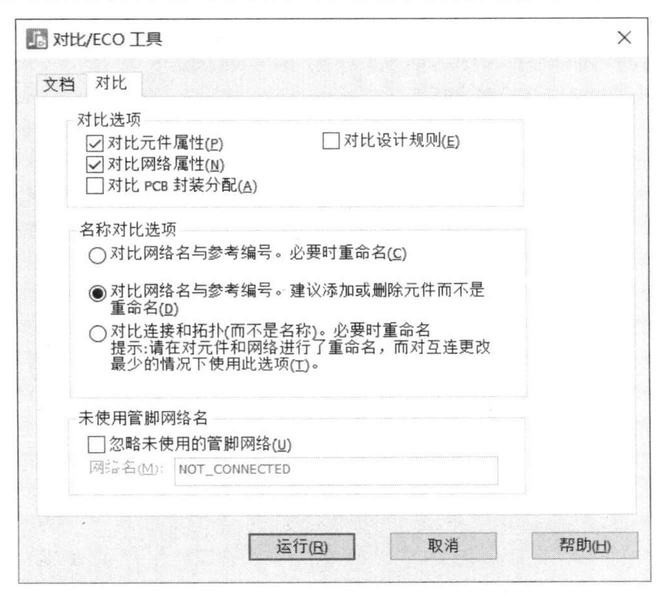

图 4.93　“对比”标签页

“对比选项”组合框用于指定对比的内容，但其中的参数均非必选项。因为对比操作总是会对比与电气对象相关的信息（主要是元件与网络连接关系），而属性、PCB 封装、设计规则却并非必须。例如，一个元件可以分配多个 PCB 封装，而你直接在 PADS Layout 中更换了元件的 PCB 封装（原理图中却并未更改），勾选“PCB 封装”复选框则仍然会以原理图中指定的 PCB 封装为准（导入 ECO 文件后）。再例如，你不想将原理图中更改的元件值更新到 PCB 文件中，只需要清除“对比元件属性”复选框即可。

“名称对比选项”组合框则决定网络名与参考编号的对比细节，第 1 项“对比网络名与参考编号。必要时重命名（Compare Net Names and Reference Designators. Rename as Necessary）”表示对比网络名与参考编号之间的差异，如果你是在对比原理图与 PCB（导出的 ASCII 文件），选择该项后可以通过交换元件位置以最大限度减小已布导线的更改（尽量避免存在差异时导致 PCB 文件中的导线被删除）。第 2 项“对比网络名与参考编号。建议添加或删除元件而不是重命名（Compare Net Names and Reference Designators. Prefer to Add or Delete Parts Instead of Renaming）”表示只有在“网络名称未更改且仅有少数元件参考编号重命名”的条件下会对比网络名与参考编号之间的差异，选择该项后会尽量减少交换元件位置，也就可能会影响 PCB 已布导线（即删除）。第 3 项“对比连接和拓扑（而不是名称）。必要时重命名（Compare Connectivity and Topology (not names). Rename as necessary.）”项表示不对比网络名或参考编号，而是以管脚名称、元件名称等对象进行拓扑之间的对比。

举个例子，假设现在将图 2.2 所示原理图中的网络名“+5V”更改为“5.2V”，且交换元件 C1 与 C2 的参考编号，然后将其与原来的原理图（或 PCB 导出的 ASCII 文件）进行对比。如果你选择第 1 项，对比结果除了显示网络名被修改外，还会直接将元件 C1 与 C2 的参考编号调换（但并不会认为网络连接有差异），这也就意味着，如果 PCB 文件中的 C1 与 C2 存在相关导线，导入 ECO 文件后也不会将其删除。如果你选择第 2 项，对比结果除了显示网络名被修改外，还会列出网络连接有差异（并不会直接调整元件参考编号），这也就意味着，如果 PCB 文件中的 C1 与 C2 存在相关导线，导入 ECO 文件后可能会将其删除。如果你选择第 3 项，对比结果认为两个文件并无差异。换言之，第 1 项与第 2 项只是记录差异的角度不同而已（前者从元件角度，后者从网络角度，逻辑上都正确），但这种记录差异仅在“通过调换参考编号后能减少网络修改量时”才有意义，假设当前设计中存在两个有 100 个管脚的相同元件，将其参考编号调换后，如果采用第 1 项，则元件差异只有一处（无网络差异），如果采用第 2 项，则网络差异会非常多（无元件差异）。

“未使用管脚网络名”组合框用于指定“元件中没有网络连接”的管脚的网络名称，一般在特殊情况下使用（例如，你需要使用 SPECCTRA 工具进行布线）。PADS Layout 不需要处理未使用管脚网络名，所以“忽略未使用的管脚网络”复选框默认处于未勾选状态，这也就意味着未使用管脚网络会被删除。

4.10.4 生成报告

如果有需要的话，你还可以针对当前原理图输出元件统计数据、网络统计数据、材料清单等报告文件。执行【文件】→【报告】，即可弹出如图 4.94 所示“报告”对话框，从“选择输出报告文件”组合框中勾选需要输出的项，再单击“确定”按钮，相应生成的报告将会自动打开。对于“材料清单”项，你还可以单击“设置”按钮进入图 4.95 所示“材料清单设置”对话框设置相应的输出格式，此处不再赘述。

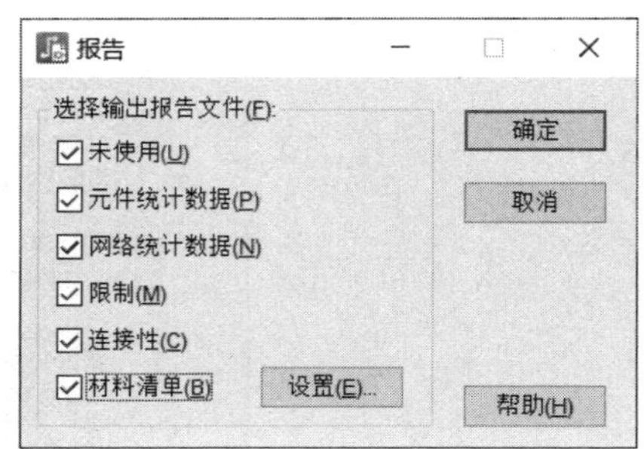

图 4.94 “报告”对话框

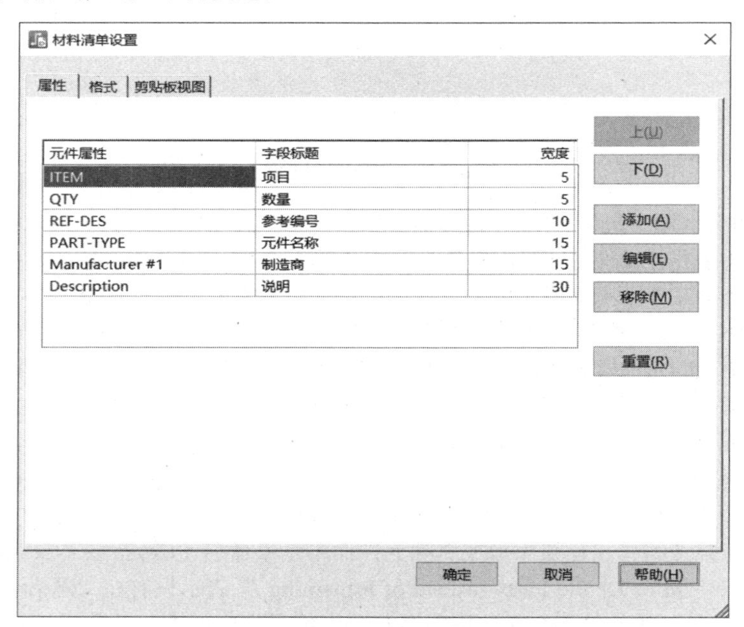

图 4.95 “材料清单设置”对话框

4.10.5 创建 PDF 文件

很多时候，需要查看原理图文件的工作人员可能并不仅限于硬件工程师，而这些工作人员并未安装（甚至从未使用过）PADS，此时采用一种更通用的原理图交流方式显得尤为重要。PDF 是目前流行的一种文件格式，只要安装了 PDF 阅读器即可打开，现在很多浏览器也可直接打开 PDF 文件，所以阅读 PDF 文件几乎已经没有门槛。

在 PADS Logic 中创建 PDF 文件主要存在两种方式。其一，你需要安装 PDF 虚拟打印机，然后执行【文件】→【打印】，在弹出如图 4.96 所示“打印”对话框中的“名称”列表中选择相应虚拟打印机项即可，其他的参数设置不再赘述。

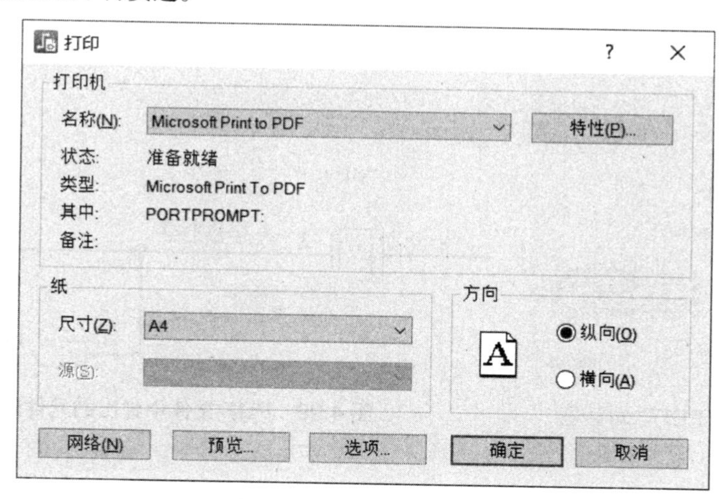

图 4.96 “打印”对话框

其二，使用 PADS Logic 自带的 PDF 文档创建功能。执行【文件】→【生成 PDF】后即可弹出如图 4.97 所示“文件创建 PDF”对话框，设置 PDF 名称及保存路径后，单击“保存”按钮即可弹出如图 4.98 所示“生成 PDF”对话框，从中可以进一步设置 PDF 打印选项。一般情况下，你将需要转换成 PDF 文档的原理图页从“可用”列表添加到“要转换成 PDF 的图页”列表，再单击“确定”按钮即可。

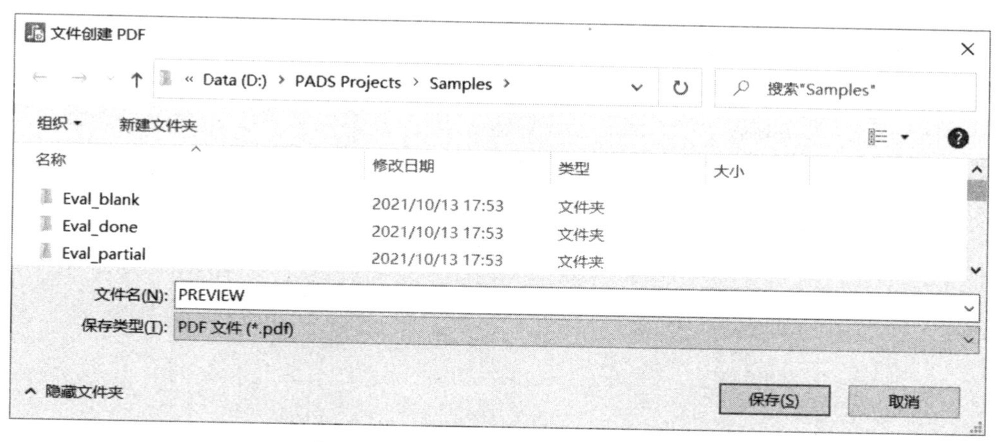

图 4.97 “文件创建 PDF”对话框

需要注意的是，PADS Logic 自带的“生成 PDF”功能是一种“所见即所得”的打印方式，也就是说，它会将你所选择的原理图页中所有肉眼可见的对象都打印出来。如果你需要在 PDF 文件中隐藏某些信息，需要预先对原理图进行相应的处理。例如，有些核心电路不想发给客户，可以将其删除。如果需要对元器件的某些信息进行隐藏，也可以进入“元件特性”对话框修改某些文本的可见性。当然，如果想对所有元件的某种信息进行显示或隐藏，只需要将该信息的显示颜色设置为背景色即可。另外，“超链接”组合框允许将元件属性及网络连接信息包含在 PDF 文件中。当你单击 PDF 文件中的某个网络名时，光标焦点会自行跳往下一个相同的网络名。当你单击某个元件时，PDF 文件还会弹出相关的属性，如图 4.99 所示。

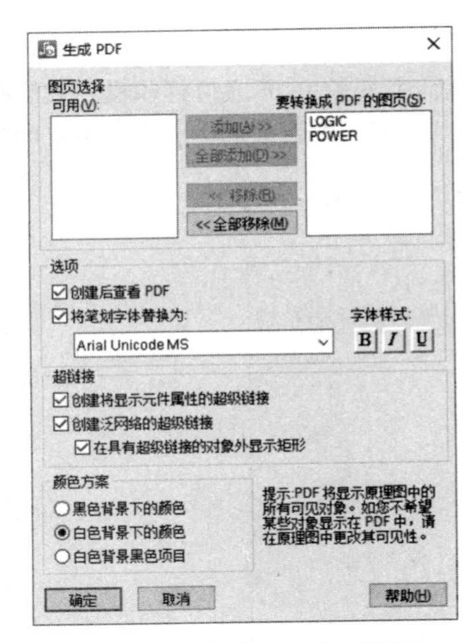

图 4.98 “生成 PDF”对话框

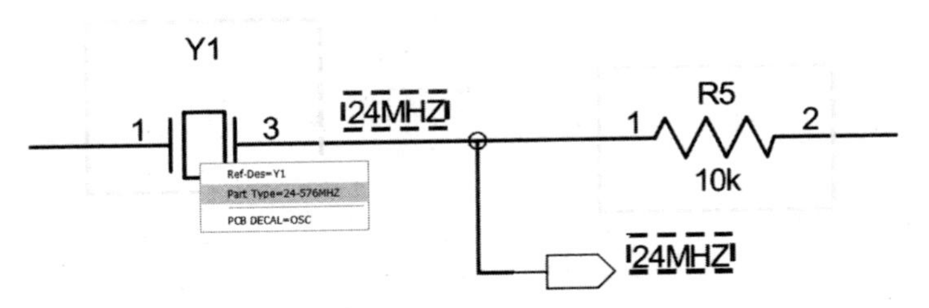

图 4.99 PDF 文件中弹出的元件属性信息

4.10.6 归档文件

上游厂商（一般是指原厂或方案商）给下游厂商发送方案相关的原理图、PCB、BOM 清单等文件时，通常会将其打成一个包（常用的扩展名为 .rar 或 .zip），或者再讲究一点，将这些文件分门别类地放到对应的文件夹中。例如，原理图、PCB、BOM 分别放在 sch、pcb、bom 文件夹中。PADS Logic 的“归档功能”就是对多个文件或文件夹按照一定的结构进行打包归档。

执行【文件】→【归档】后即可弹出如图 4.100 所示“归档”对话框，其中的“PCB 设计”、“原理图”以及“添加库”项可以分别添加需要归档的 PCB 文件、原理图文件以及库文件，而“其他文件”项则可以添加其他必要的文件或文件夹，“目标文件夹”项则用来设置归档的文件最后保存的位置。单

图 4.100 “归档”对话框

击“确定”按钮后，设置的目标文件夹下将会创建 PCBDesign、Logic、Libraries、AdditionalFiles 文件夹，相应选择的文件也会分别拷贝到其中，如图 4.101 所示。当然，如果你勾选“使用 zip 格式压缩”复选框，归档后将仅会出现一个以“.zip”为扩展名的压缩文档，其名称形如 preview20220322100639.zip，其中的数字以“YYYYMMDDHHMMSS”格式给出，依次表示年（Year，Y）、月（Month，M）、日（Day，D）、时（Hour，H）、分（Minute，M）、秒（Second，S）。

图 4.101　归档后创建的文件夹

4.10.7　原理图文件转换

PADS 自带的符号和原理图转换器（Symbol and Schematic Translator for PADS Logic）可以将 CADSTAR、OrCAD、P-CAD 与 Protel/Altium Designer 相关的原理图与库文件转换成 PADS Logic 格式，只需要在 Windows 操作系统的开始菜单中找到并打开“PADS Schematic Translator VX.2.7”，即可弹出如图 4.102 所示“符号和原理图转换器启动”对话框，从中选择需要转换的源设计格式后，再单击“确定”按钮即可弹出如图 4.103 所示“符号和原理图转换器”对话框，其中的“原理图”与“库”标签页可分别用于转换原理图与库文件，而“映射”标签页则用于指定“如何转换不同文件格式中的属性或类型等信息”，因为不同文件格式的管理方式并不同，如果你不希望转换出现错误（或不丢失源文件中的某些重要信息），则应告诉转换器如何进行映射，图 4.104 给出了 OrCAD 与 PADS Logic 之间的逻辑系列映射关系。

图 4.102　“符号和原理图转换器启动”对话框

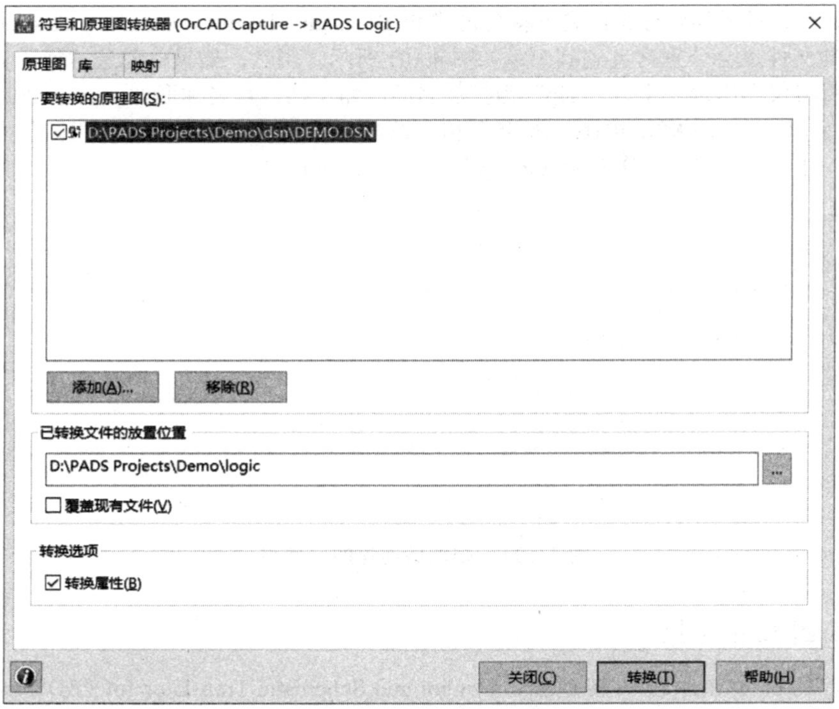

图 4.103 “符号和原理图转换器”对话框

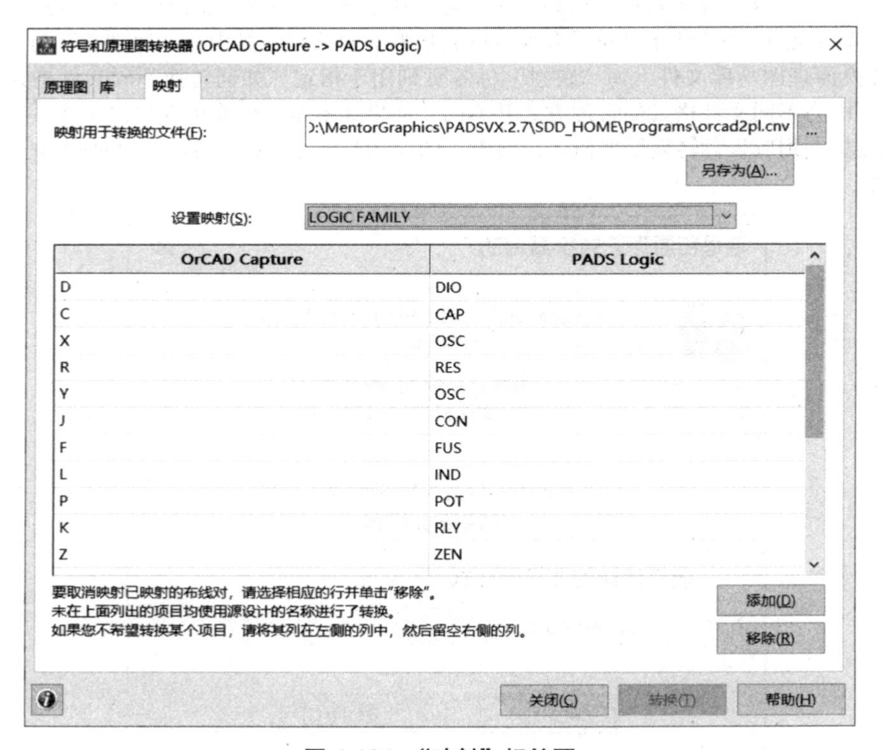

图 4.104 “映射”标签页

第 5 章　原理图与 PCB 同步

原理图设计完毕后就应该进入 PCB 设计阶段，正如第 2 章所述，PCB 设计的主要工作就是在 PADS Layout/Router 中对“存在飞线连接的”PCB 封装进行布局与布线。从电路原理上讲，（PCB 文件中的）PCB 封装与飞线分别对应（原理图文件中的）原理图符号与网络，两种形式表达的意图并无差别，只不过原理图主要用于表达比较抽象的逻辑连接关系（换言之，如果需要对具有一定功能的电路进行分析、设计与交流，原理图的可读性更强），而 PCB 文件是制造实际 PCB 的依据，通常或多或少都会安装一些元器件，所以主要用于表达比较具体的实际元器件之间的连接关系（看得到，也摸得着）。

工程师通常将原理图与 PCB 文件中电气连接关系完全对应的状态称为同步，反之则称为不同步。现在摆在你面前的问题是：PADS Layout 是如何获得（与原理图完全同步的）由飞线连接的 PCB 封装呢？如果原理图与 PCB 之间处于不同步状态，如何将其调整到同步状态呢？要回答这两个问题，你应该先了解一个称为网络表（Netlist）的文件，因为实际的原理图虽然有像第 2 章所示简单的电源电路，也有如智能手机、电脑主板那样复杂的系统，但无论原理图的占用页数、表达形式或设计工具有何差别，其最终与 PADS Layout 对接的都是网络表。

本章首先讨论网络表的基本结构，之后详述各种主流原理图设计工具生成网络表、导入网络表到 PADS Layout、利用网络表使原理图与 PCB 同步等操作。值得一提的是，由于本书内容编排结构的关系，与原理图设计相关的内容都会在本章提前阐述（后续章节将不再与 PADS Logic 相关），其中涉及一些高级操作或尚未讨论的设计规则，如果现阶段的你对 PADS 还不是很熟悉，只需要了解“网络表导入”相关的内容即可，其他正向与反向标注操作可以待后续有一定经验（或有需要时）再来学习。当然，你也可以通读一遍初步了解相关的概念。

5.1　网络表三要素

无论原理图所代表的电路系统有多复杂，最基本的要素即“元件”与“网络”，其他元素都并非必需。换言之，网络表必然会包含描述“元件”与“网络”的信息。当然，有时候为了更方便地使用 PADS Layout 完成某项工作，也可能会将原理图中元件属性、网络属性以及设计规则等信息输出到网络表中，本章将这些非必需信息全部统称为属性。举个简单的例子，如果你需要通过 PCB 文件查看对应元件的值，则可以将元件的“Value”属性也导出到网络表中。

那么网络表具体如何描述元件、网络与属性呢？本节先尝试手工制作图 5.1 所示的简单的电容器并联电路的网络表。

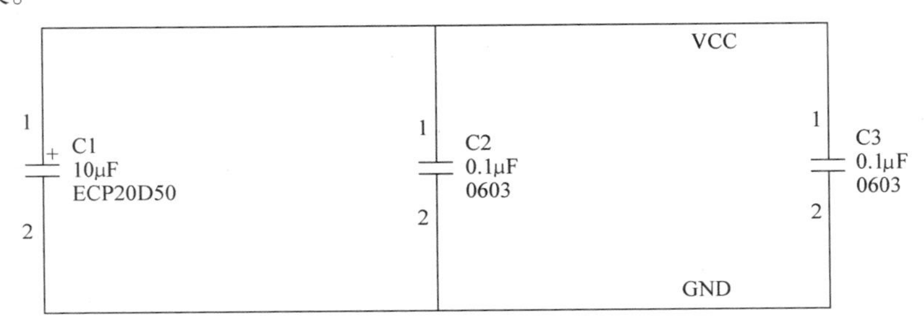

图 5.1　电容器并联电路

5.1.1 元件

网络表中记录元件与 PCB 封装对应关系比较简单，只需要将元件参考编号与对应的 PCB 封装名称列在表格中即可，具体见表 5.1。当 PADS Layout 看到该清单时（即将网络表导入到 PADS Layout 时），就会知道所需封装的抓取类型与数量。简单地说，PADS Layout 根据网络表中所描述的“指令”，将 PCB 封装从封装库中调出来。表 5.1 就相当于告诉 PADS Layout：老兄，马上到封装库中调出 3 个 PCB 封装（2 个 0603、1 个 ECP20D50）到 PCB 中，并使用参考编号给它们标识一下，多谢！

表 5.1 元件参考编号与 PCB 封装名称对应关系

元件参考编号	元件类型	PCB 封装
C1	CAPPOL	ECP20D50
C2	C0603	0603
C3	C0603	0603

5.1.2 网络

PADS Layout（或其他 PCB 设计软件）可以根据网络表中描述的元件信息，正确地将 PCB 封装从封装库中调出来并加载到 PCB 文件中（假定封装库已经正确设置），那么下一步 PADS Layout 需要做的是：（**按照原理图设计者的意图）使用飞线将 PCB 封装的管脚连接起来。**所以你还得在网络表中给出所有 PCB 封装管脚之间的连接关系。图 5.1 所示原理图中包含 VCC 与 GND 共两个网络，你可以分别给出与每个网络连接的所有管脚，具体见表 5.2，其中每一行都代表原理图中某个网络及与之相关的元件管脚。第 1 行表示与网络 VCC 连接的是元件 C1、C2、C3 的第 1 脚，第 2 行表示与网络 GND 连接的是元件 C1、C2、C3 的第 2 脚。虽然本例仅包含两个网络，但更复杂的原理图网络表信息的基本原理就这么简单。

表 5.2 网络名称与元件管脚编号对应关系

网络名称	元件管脚编号
VCC	C1.1 C2.1 C3.1
GND	C1.2 C2.2 C3.2

（导入到 PCB 文件中的）PCB 封装之间的连接关系最初由飞线来表示，它是 PADS Layout 根据网络连接关系自动生成并用来方便后续 PCB 布局布线的细线。当 PADS Layout 读取到表 5.2 所示信息时，就会使用飞线将网络名相同的元件管脚连接起来。每一条飞线都对应原理图中的某个网络，对于原理图中未命名的网络，原理图设计工具都会自动添加默认网络名（否则网络表中将不会有该网络的记录，PCB 设计软件也将读取不到与该网络有关的信息）。当你在具有飞线连接的管脚上完成布线（Route）操作后，飞线通常会自动消失。

5.1.3 属性

无论原理图设计有多复杂，都是通过网络将若干个元件连接起来而形成。网络表中似乎有了“元件”与“网络”两种信息就足够应付 PCB 设计了（事实上也是如此），但有些时候，将原理图中的一些属性导入到 PCB 设计工具中，能够更方便地完成一些特定工作。举个简单的例子，在进行 PCB 焊接时，有些工程师习惯在 PADS Layout 中打印出包含元件值的装配图（对照装配图进行元器件焊接），此时就需要将原理图中的元件值属性输出到网络表中。PADS Logic 预定义的元件值属性名称为“Value”，相应的元件与属性信息见表 5.3。当然，从原理上来讲，你并不需要一定使用“Value”属性，如果你非得使用自定义的“MyValue”属性传递元件值，最终的效果将完全一样，只不过通常情况下并无此必要。

表 5.3 元件与属性

元件参考编号	属性	值
C1	Value	10μF
C2	Value	0.1μF
C3	Value	0.1μF

5.2 网络表生成

前一节只是简单描述了网络表的大体要素，具体到每一款实际的 PCB 设计工具，它们都有自己可以接受的网络表格式。PADS Layout 可以接受 ASCII 数据格式的网络表，相应的文件扩展名为 .asc，简称为 ASCII 文件，其中仅包含字母、数字及常用的符号。本节首先简要分析 PADS Logic 生成的网络表格式，其也是 PADS Layout 能够识别的网络表内容的基本格式。当然，有些工程师也可能会使用 OrCAD、Protel/Altium Designer 等原理图设计工具进行电路设计，它们生成的网络表可能从一开始并不完全符合 PADS Layout 的格式要求，也就需要在将其正式导入到 PADS Layout 前进行一些必要的修改。

5.2.1 PADS Logic

如果你想在 PADS Logic 中生成原理图对应的网络表文件，只需要执行【工具】→【Layout 网表】即可弹出“网表到 PCB”对话框（见图 2.3），其中的“输出文件名”项表示生成网络表文件的保存路径与名称，“选择图页”项则选择需要生成网络表的图页，一般情况下都会全选。“包含子图页”项主要针对层次化符号。“输出格式”则指定网络表对应的版本，可供选择的有 PADS Layout 9.0、PADS Layout 2007.0、PADS Layout 2005.2、PADS Layout 2005.0，对于 PADS VX.2.7 而言，选择 PADS Layout 9.0 即可。“包含设计规则”、“包含元件属性”、“包含网络属性”为可选项，即便全部都不选择，网络表中仍然会包含“元件”与“网络”基本要素。此处仅勾选元件属性，也就意味着想将元件的值也导出到网络表中。

单击“确定”按钮，即可弹出图 5.2 所示 simple_power.asc 文件，第 1 行必须以特定格式“!PADS-product-version-units[-mode][-encoding]!”标识该文件是一个 PADS ASCII 文件，对于 PADS Layout 的网络表，相应的“product”必须为“POWERPCB”，版本则为“V9.0”，单位“units”可以是 MILS、INCHES、METRIC、BASIC，由于 PADS Logic 仅能使用密尔作为设计单位，所以该项总是“MILS”。“CP936”中的“CP”表示代码页（code page），“936”表示代码页编号为“简体中文”，具体见表 5.4。

接下来，网络表文件按类别列出元件、网络及属性信息，所有类别均以两个星号“*”及其中间的控制声明（Control Statements）字符串开始。“*REMARK*”是 PADS 添加的注释行，“*PART*”则开始列出元件及项目信息，每个元件占用 1 行，第 1 列是元件参考编号，第 2 列则以“元件类型@PCB 封装”的格式给出相应的元件类型与 PCB 封装，其中的信息与表 5.1 相似。“*NET*”则表示网络连接信息部分的开始，每一个网络连接信息均以包含关键字“*SIGNAL*”的新行开始，关键字后面跟随网络的名称，紧接着的新行则列出与该网络连接的所有元件管脚，相应的信息与表 5.2 对应。设计规则、元件属性、网络属性信息则在“*MISC*”部分列出，由于之前仅勾选了元件属性，所以其中仅列出了元件的属性值。ASCII 文件最后以“*END*”作为整个文件结束的控制声明，其与第一行的主标题对应。

5.2.2 PADS Designer

PADS Designer 也是 PADS 套件中的一款原理图设计及项目管理工具，其与 PADS Layout 之间的同步操作也很方便，本节还是先来讨论手动导出网络表的操作方式，以下以 PADS 自带的 PADS Designer 项目 preview.prj 为例（路径为 D:\PADS Projects\Samples\preview）。

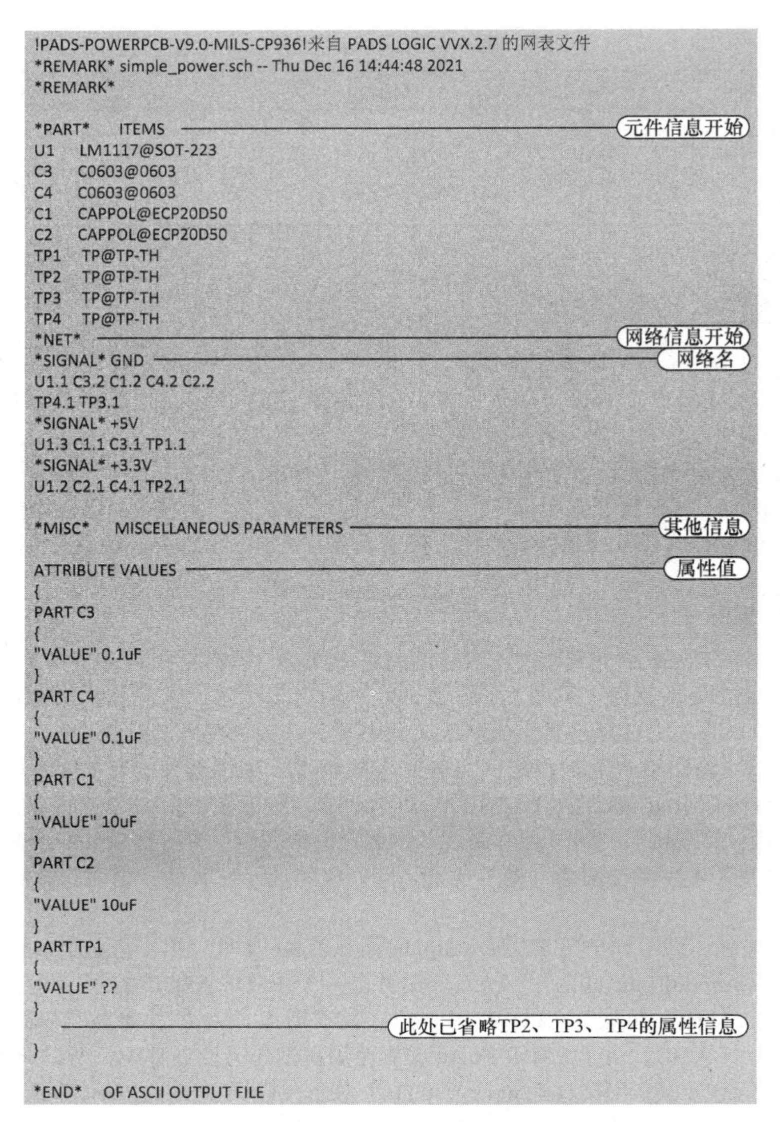
```
!PADS-POWERPCB-V9.0-MILS-CP936!来自 PADS LOGIC VVX.2.7 的网表文件
*REMARK* simple_power.sch -- Thu Dec 16 14:44:48 2021
*REMARK*

*PART*    ITEMS
U1    LM1117@SOT-223
C3    C0603@0603
C4    C0603@0603
C1    CAPPOL@ECP20D50
C2    CAPPOL@ECP20D50
TP1    TP@TP-TH
TP2    TP@TP-TH
TP3    TP@TP-TH
TP4    TP@TP-TH
*NET*
*SIGNAL* GND
U1.1 C3.2 C1.2 C4.2 C2.2
TP4.1 TP3.1
*SIGNAL* +5V
U1.3 C1.1 C3.1 TP1.1
*SIGNAL* +3.3V
U1.2 C2.1 C4.1 TP2.1

*MISC*    MISCELLANEOUS PARAMETERS

ATTRIBUTE VALUES
{
PART C3
{
"VALUE" 0.1uF
}
PART C4
{
"VALUE" 0.1uF
}
PART C1
{
"VALUE" 10uF
}
PART C2
{
"VALUE" 10uF
}
PART TP1
{
"VALUE" ??
}

}

*END*    OF ASCII OUTPUT FILE
```


图 5.2 PADS Logic 导出的网络表

表 5.4 代码页编号

编号	描　述	编号	描　述
1252	西方拉丁语 I（Western Latin I）(默认)	1250	中欧（Central Europe）
932	日语（Japanese）	1251	西里尔语（Cyrillic）
936	简体中文（Simplified Chinese）	1253	希腊语（Greek）

在 PADS Designer 中执行【工具（Tools）】→【PCB 界面（PCB Interface）】即可弹出如图 5.3 所示“PCB 界面”对话框，其中包含“基本”、“高级”与“约束”共 3 个标签页，在“基本”标签页内选择“执行的操作（Process to Run）”组合框中的“创建 Layout 网络表（Create Netlist for Layout）”项，其他参数可根据自己的需求进行必要的修改，此处不再赘述。单击“确定”按钮后，在项目文件下会产生 *.asc、*.fdc、*.ndc、*.p 等多种网络表文件，而 .asc 文件则是可以直接导入到 PADS Layout 的网络表文件。

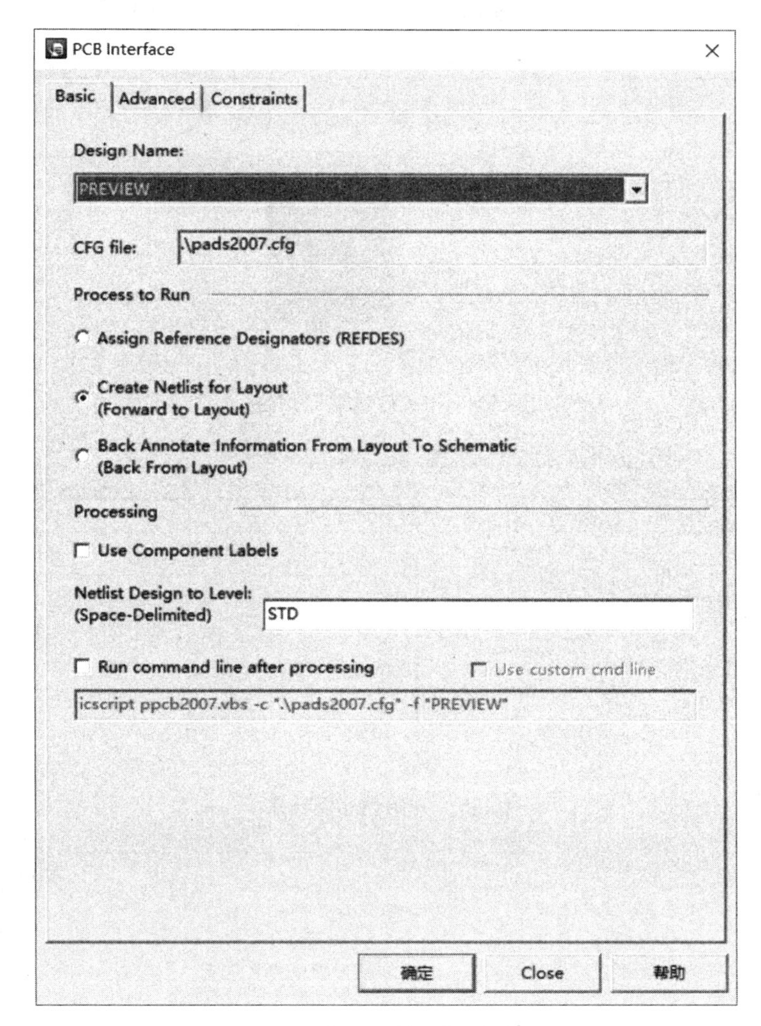

图 5.3　“PCB 界面”对话框

5.2.3　OrCAD

OrCAD 也是业界比较常用的原理图设计工具之一，本节详细讨论如何使用 OrCAD 生成可以导入到 PADS Layout 的网络表（演示版本 OrCAD Capture CIS 17.2），并仍然以与第 2 章所示原理图为基础进行阐述。在正式开始生成网络表之前，**请务必确认** OrCAD **原理图中元件的**“PCB **封装**（PCB Footprint）” **属性与** PADS **封装库中的元件类型对应**（很多初学者将 PCB 封装名称错误填入该属性），否则 PCB 封装的导入将不会成功，这一点非常重要，如图 5.4 所示。

PCB 封装属性确认完毕后即可开始网络表的创建工作。单击 OrCAD 项目管理器中的“.\simple_power.dsn”项目文件，此时“.\simple_power.dsn”应高亮显示，然后执行【工具（Tools）】→【创建网络表（Create Netlist…）】，如图 5.5 所示，表示将要对整个项目进行网络表的创建操作，之后将弹出如图 5.6 所示“创建网络表（Create Netlist）”对话框。为了输出符合 PADS Layout 要求的网络表，首先切换到“其他（Other）”标签页，然后从“Formatters（格式）”列表中选择“orpads2k64.dll”项（比较老的版本中对应为 pads2k.dll 或 orpads2k.dll）。“PCB 封装（PCB Footprint）”组合框用于指定需要导出的属性，默认只有“{PCB Footprint}”，表示仅导出 PCB 封装信息，如果你需要将元件值导出到网络表中，也可以添加“{Value}”项，多个项之间以英文逗号分隔。最后在“网络表文件（Netlist File）”项中指定网络表保存的路径（默认与设计文件相同）与名称（默认与设计文件相同，扩展名为 .asc）即可。

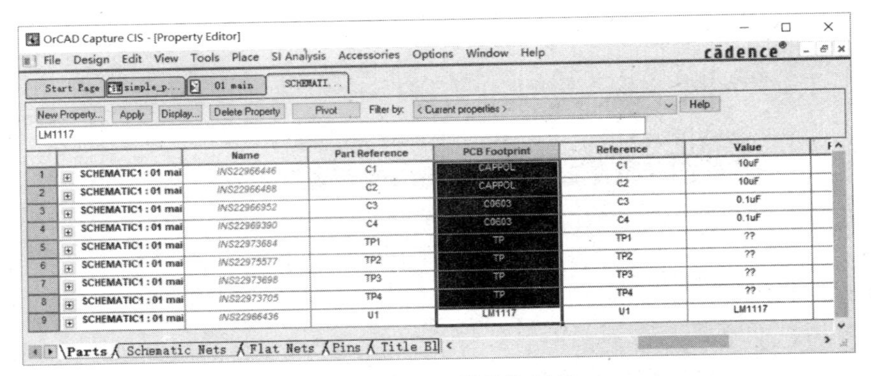

图 5.4 “PCB 封装”属性

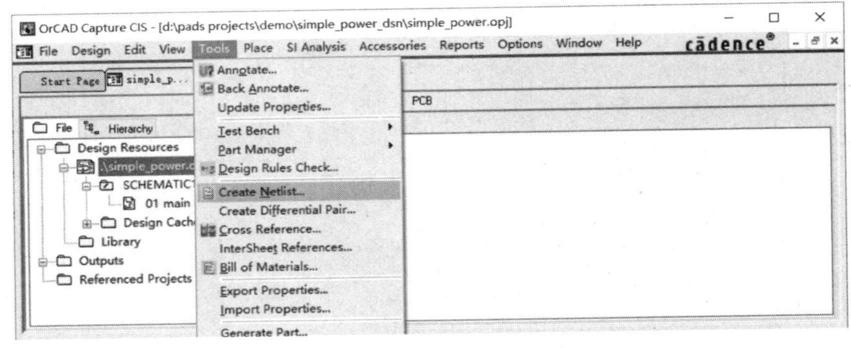

图 5.5 开始创建网络表

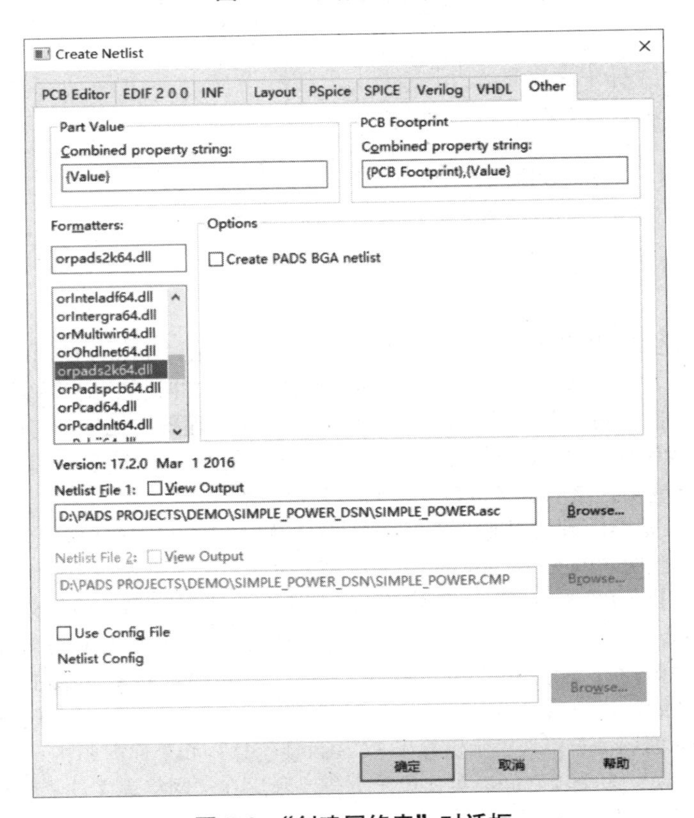

图 5.6 “创建网络表”对话框

网络表输出参数配置完毕后，单击“确定”按钮即可开始生成网络表，如果原理图本身的错误导致网络表生成失败，相应的错误信息会出现在“会话日志（Session Log）”窗口中，你需要按照提示信息进行原理图的修改直到网络表成功生成，此处不再赘述。如果网络表生成成功，图 5.5 所示“Outputs”项中会出现一个网络表文件（此处为“simple_power.asc”），你也可以在图 5.6 所示对话框内设置的路径中找到，网络表文件打开后的内容如图 5.7 所示。

```
d:\pads projects\demo\simple_power_dsn\simple_power.asc
 1: *PADS2000*
 2: *PART*
 3: C1              CAPPOL,10uF
 4: C2              CAPPOL,10uF
 5: C3              C0603,0.1uF
 6: C4              C0603,0.1uF
 7: TP1             TP,??
 8: TP2             TP,??
 9: TP3             TP,??
10: TP4             TP,??
11: U1              LM1117,LM1117
12:
13: *NET*
14: *SIGNAL* +3.3V
15: U1.2 C2.1 TP2.1 C4.1
16: *SIGNAL* +5V
17: U1.3 C1.1 TP1.1 C3.1
18: *SIGNAL* GND
19: U1.1 C1.2 C2.2 TP3.1 TP4.1 C4.2 C3.2
20: *END*
```

图 5.7　OrCAD 生成的网络表

与图 5.2 所示网络表格式相比，OrCAD 生成的网络表主要存在两处差异。其一是主标题“PADS2000”，你只需要将“!PADS-POWERPCB-V9.0-MILS-CP936!”拷贝过来替换即可。需要特别注意的是，**在第一次将网络表导入 PADS Layout 时，主标题替换的操作并非必须，但是在后续与 PCB 文件进行网络表对比时却必须执行，否则网络表对比操作将会失败**（后述）。其二是元件值的位置，虽然与图 5.2 所示并不相同，但是实践证明，PADS Layout 还是支持这种方式的元件值导入，所以不需要做任何修改，很快你将会看到具体的网络表对比操作过程。

5.2.4　Protel/Altium Designer

相对于 OrCAD 与 PADS Logic，使用 Protel/Altium Designer 进行原理图设计与 PADS Layout 交互的场合比较少，但网络表生成的基本思路仍然相似。如果你使用的工具是 Altium Designer，选中需要导出网络表的项目文件，再执行【设计（Design）】→【为工程创建网络表（Create Netlist For Project）】→【PADS】即可。如果使用的工具为 Protel，执行【设计（Design）】→【创建网络表（Create Netlist）】后将弹出如图 5.8 所示“创建网络表（Netlist Creation）”对话框，从“输出格式（Output Format）”列表中选择“PADS ASCII”项（其他可根据自己的原理图设计设置需求进行相应选择），然后单击“OK”按钮即可。

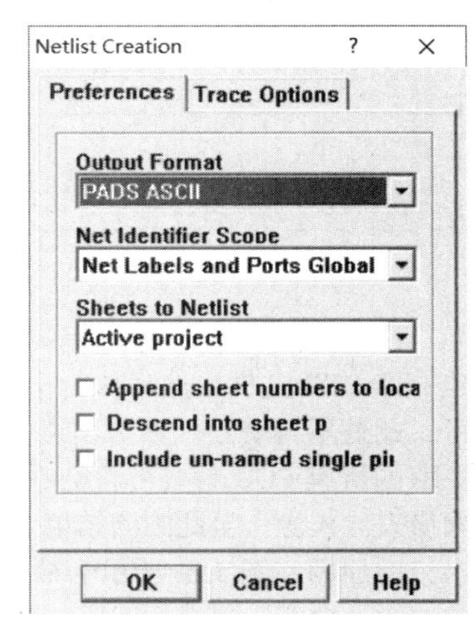

图 5.8　“创建网络表”对话框

无论你使用 Protel 还是 Altium Designer，执行前述操作后即可生成后缀名分别为 .prt 与 .net 的两个文件，前者包含元件与封装信息，后者包含网络与连接管脚信息，所以你需要将两个文件的内容合成一个 .asc 文件才行，具体操作如下：**先将 .prt 文件的后缀改为 .asc，将其打开后删除结尾的 *end* 字样，然后再打开 .net 文件，删除其中开头的“*PADS-PCB*”后，将剩下的内容复制到 .asc 文件后面即可**。具体的操作示意如图 5.9 所示，此处不再赘述。

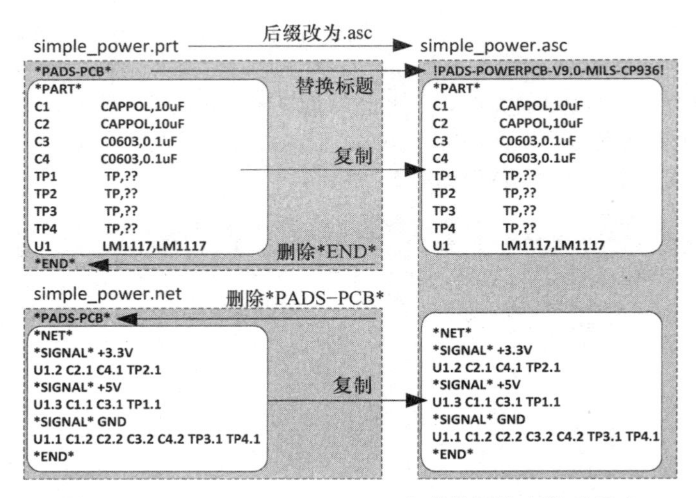

图 5.9 Protel/Altium Designer 生成的网络表修改示意

5.3 网络表导入

符合 PADS Layout 要求格式的网络表文件创建完毕后，就应该将其导入到 PADS Layout 中，PADS Layout 将网络表中记录（且已加载封装库中已经存在）的封装抓取出来，并遵从网络表中记录的网络连接信息以飞线进行连接，相应的示意如图 5.10 所示。

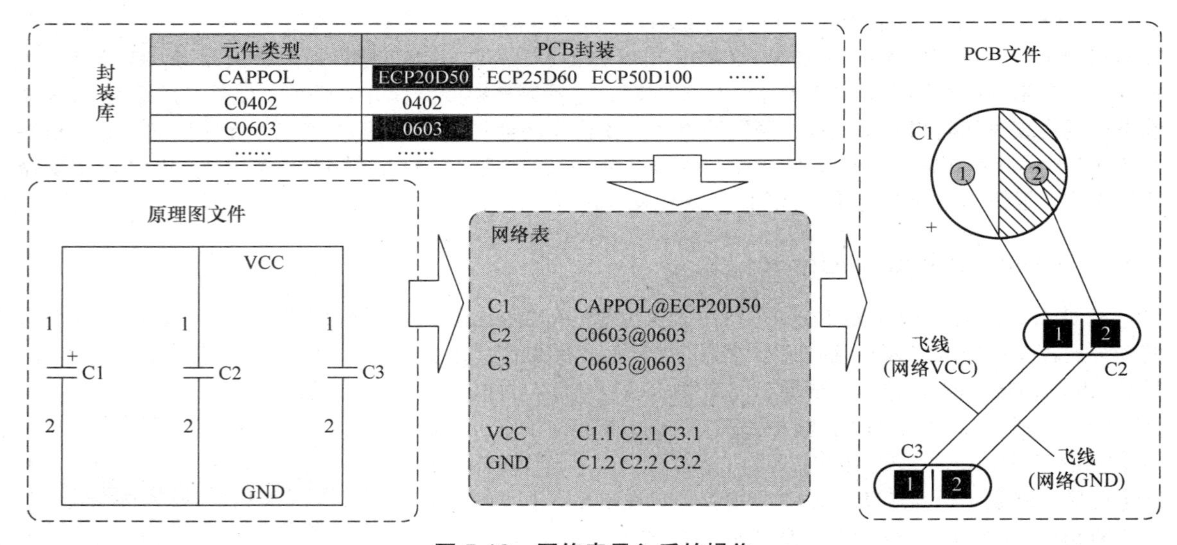

图 5.10 网络表导入后的操作

网络表导入到 PADS Layout 的具体过程在 2.3.1 小节已经详细阐述，你只需要在 PADS Layout 中新建一个 PCB 文件，然后执行【文件】→【导入】，在弹出的“文件导入”对话框中选择网络表文件即可，此处不再赘述。如果网络表导入 PADS Layout 后，所有需要的 PCB 封装都从封装库中正确抓取，抓取的所有 PCB 封装都将会在原点重叠放置（PCB 封装创建时定义的原点与 PCB 文件的原点重叠），网络表导入操作至此圆满结束。如果网络表导入后出现错误，PADS Layout 将会弹出 ascii.err 文件提示出错的原因，图 5.11 所示为故意将网络表中的元件对应封装库移除后（只需要不勾选图 3.6 中封装库的“允许搜索”复选框即可）弹出的 ascii.err 文件，你可以大致浏览一下。与此同时，PADS Layout 还会弹出如图 5.12 所示对话框，提示你找不到的数据会被忽略。

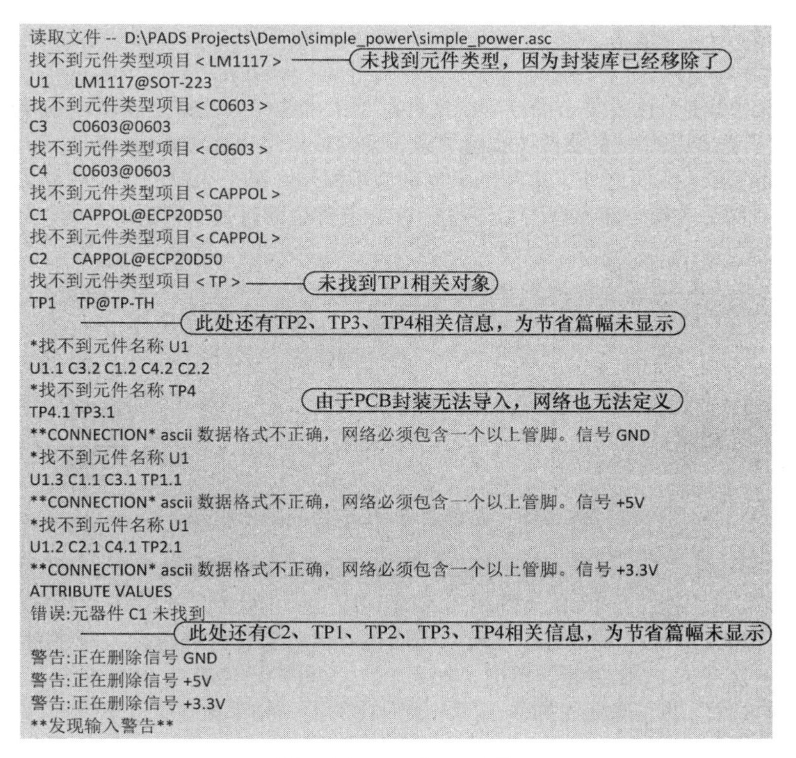

图 5.11　ascii.err 文件

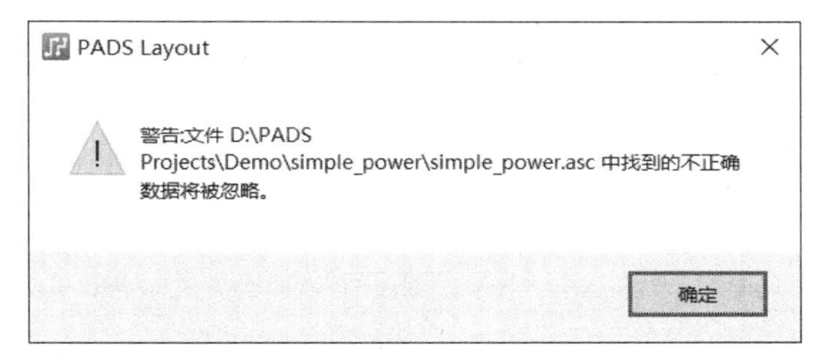

图 5.12　提示对话框

当然，导致 PADS Layout 无法抓取（或抓错）PCB 封装的原因有很多，笔者总结了一些常见原因及其解决方案，见表 5.5。

表 5.5　PCB 封装抓取不正常的原因及解决方案

序号	原　　因	解决方案
1	未加载 PCB 封装对应的封装库	图 3.6 中加载封装库
2	封装库未被允许搜索	图 3.6 勾选“允许搜索”复选框
3	封装库不存在相应的元件类型与 PCB 封装（包括名称出错，或元件分配的 PCB 封装只有名称）	确保元件名称正确 创建对应的元件类型与 PCB 封装
4	封装库的优先级设置不正确	图 3.6 中调整优先级
5	PCB 封装的层属性不一致（处于默认层模式的 PCB 文件无法加载以最大层模式创建的 PCB 封装）	要么将当前 PCB 文件改为最大层模式，要么以默认层模式重新创建 PCB 封装

5.4 正向标注

实际项目运作过程中，比较复杂的原理图文件都不太可能一次性完全设计合理或正确，而是会在后续调试中不断地进行电路原理图的更改（也就修改了元件或网络连接关系），此时，新的原理图与原来的 PCB 文件之间就会存在不相同之处，这种情况也称为**不同步**。举个简单的例子，如果将图 5.1 所示电容器 C2 的管脚 1 与管脚 2 互换，新原理图文件与旧 PCB 文件之间将处于不同步状态，如图 5.13 所示。

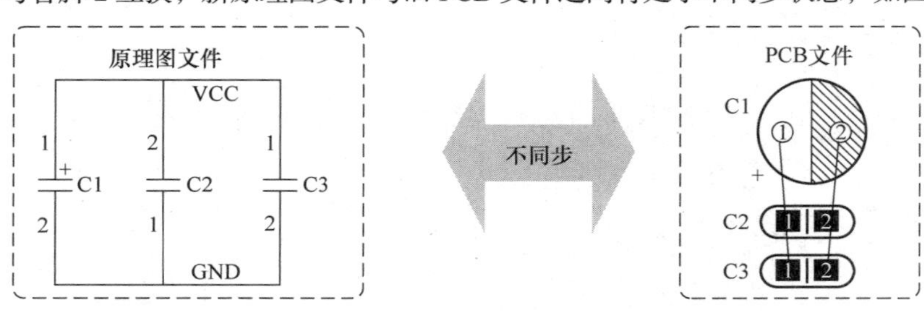

图 5.13 原理图与 PCB 之间的不同步

PADS 中的正向标注（Forward Annotating）是指“将 PCB 文件修改为与新原理图完全同步”的操作，那怎么样才能完成原理图与 PCB 文件之间的同步呢？你可能会尝试执行“从新原理图导出网络表，再导入到 PCB 文件中”的操作，但是却发现并不成功，所以需要特别注意：**网络表导入仅适用于往空白 PCB 文件中第一次导入 PCB 封装的情况，如果 PCB 文件中已经存在 PCB 封装，必须进行“网络表对比，再导入差异文件”的正向标注操作。**网络表对比的差异结果被保存在 ECO 文件（扩展名为 .eco）中，你得将 ECO 文件导入到 PADS Layout 中才能最终完成原理图与 PCB 之间的同步。

为了深入理解原理图与 PCB 文件之间的正向标注原理，假设你已经按第 2 章所述顺利将所有 PCB 封装全部导入到 PADS Layout 中，相应的状态如图 2.21 所示（此时原理图与 PCB 文件处于同步状态）。接下来决定对原理图进行修改，包括删除原来的元件 C1、将参考编号 U1 修改为 U2，将网络 +3.3V 重命名为 +2.8V，将元件 C2 的容值修改为 22，如图 5.14 所示，然后将原理图文件另存为“simple_power_new.sch”（以区别于原来的原理图文件），后续会将其与 PCB 文件进行对比。

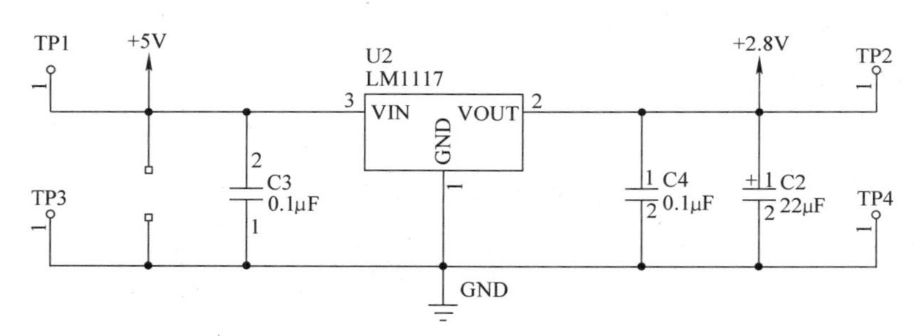

图 5.14 修改后的原理图 simple_power_new.sch

5.4.1 网络表对比

要想通过原理图修改 PCB 文件，PADS Layout 必须得知道两者的差别在哪里，因此对比两个文件的差异是其中一个重要步骤。由于现在要将新的原理图更新到 PCB 文件，所以首先需要对比两者的网络表，该操作可以在 PADS Logic 或 PADS Layout 中进行（菜单命令相同，对话框也相似），有所不同的是，PADS Logic 与 PADS Layout 中可以选择自己的格式文件（.sch 或 .pcb）。当然，它们都可以接受通用的 .asc 文件。也就是说，如果你在 PADS Logic 中执行原理图与 PCB 文件对比工作，必须先从 PCB 文件中导出 .asc 文件，反过来，如果在 PADS Layout 中与原理图对比，则必须从原理图文件中导出 .asc 文件，本质上仍然都是对比网络表。

本节所述对比操作均在 PADS Layout 中进行，因为最终生成的 ECO 文件也是要导入 PADS Layout 中。假设当前 PADS Layout 中已经按前述步骤正确导入的网络表，执行【工具】→【对比 /ECO】即可弹出“对比 /ECO 工具”对话框，其中包含“文档”、“对比”、“更新”3 个标签页，详述如下。

1.“文档”标签页

该标签页用于设置需要对比的文件以及结果输出文件的路径与名称，如图 5.15 所示（大部分选项与图 4.92 相同），由于需要生成 ECO 文件，所以需要特别注意区分“原始设计”与“新设计”。本例是通过修改原理图文件更新 PCB 文件，前者为修改后的“新设计”，相应的 ASCII 文件为“simple_power_new.asc”，后者为原始未修改的文件，相应的 PCB 文件为“simple_power.pcb”。值得一提的是，“生成用于反向标注原理图的 ASCII 文件”项可以指定适用于反向标注到 PADS Designer 原理图的 ASCII 文件（对 PADS Logic 无效），详情见 5.5.2 小节。

图 5.15　“文档”标签页

2.“对比”标签页

该标签页用于控制文件对比参数，如图 5.16 所示（大部分选项与图 4.93 相同）。“对比选项”组合框主要指定需要对比的参数，根据自己的需求勾选对应项即可。如果勾选“仅对比 ECO 注册元件”项表示不对比非电气元件。“ECO 注册属性”是在 PADS Layout“属性辞典”中新建属性时勾选了“ECO 已注册”项的属性（见图 1.35），如果你正在对比 PCB 文件，还可以勾选“对比元件布局”或“对比网络计划”，前者将包含元件的位置差异信息，后者会包含网络拓扑信息。

3.“更新”标签页

该标签页允许你选择在对比完成后是否自动将 ECO 文件导入（更新）到 PADS Layout，如图 5.17 所示。如果勾选“更新选项”组合框中的“更新原始设计”项，PADS Layout 会将对比产生的 ECO 文件自动导入到PCB文件中，也就省略了手工导入ECO文件的步骤。请特别注意，只有当你勾选“文档”标签页内“要进行对比和更新的原始设计”组合框中的“使用当前 PCB 设计”复选框以及“输出选项”组合框中的“生成 ECO 文件”复选框，该项才处于有效状态，惟有如此，PADS Layout 才能决定将生成的 ECO 文件导入到哪个文件中。当你勾选“更新原始设计”复选框后，还可以勾选“更新原始设计前暂停”复选框，这样可以在自动导入 ECO 文件前先观察差异报告或 ECO 文件的内容。

对比/ECO 工具
文档
对比
更新
对比选项
仅对比 ECO 注册元件(P)
对比元件布局(C)
仅对比 ECO 注册属性(A)
对比网络计划(S)
对比元件封装(D)
名称对比选项
对比网络名与参考编号。必要时重命名(N)
对比网络名与参考编号。建议添加或删除元件而不是重命名(E)
对比连接和拓扑(而不是名称)。必要时重命名
提示:请在对元件和网络进行了重命名，而对互连更改最少的情况下使用此选项(T)。
未使用的管脚
忽略未使用的管脚网络(U)
网络名(M):
NOT_CONNECTED
属性与设计规则对比级别
对比属性
对比设计规则
对比类型
PADS Logic 对象类型
PADS Logic 对比对象
对比元件和网络属性
运行(R)
取消
帮助(H)

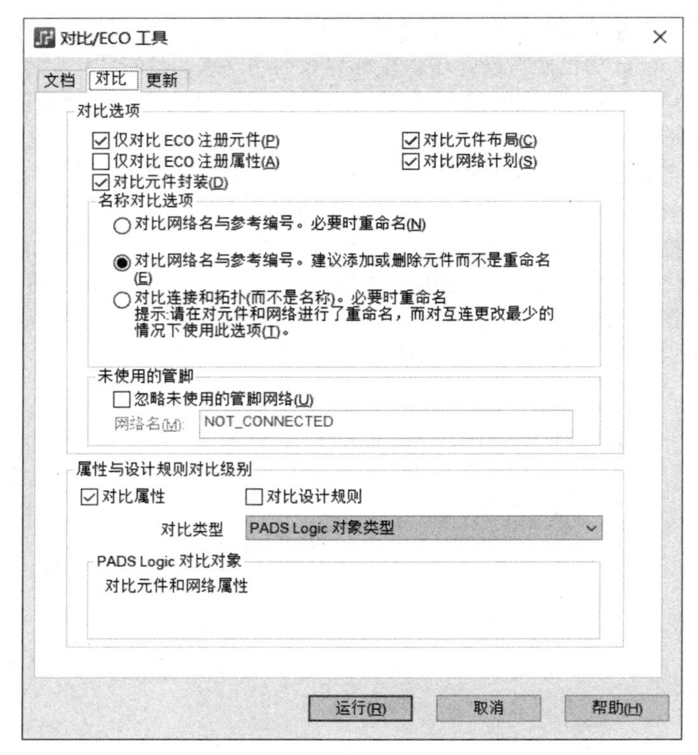

图 5.16 “对比”标签页

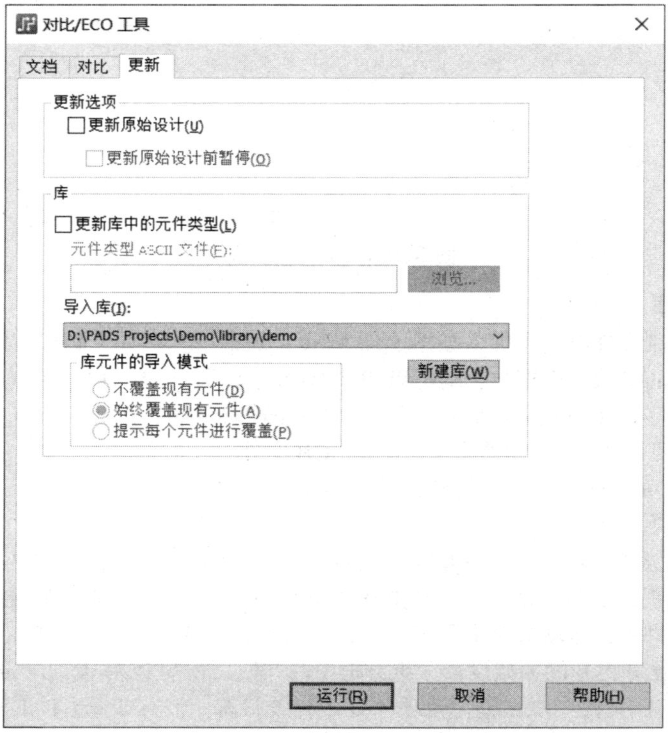

对比/ECO 工具
文档
对比
更新
更新选项
更新原始设计(U)
更新原始设计前暂停(O)
库
更新库中的元件类型(L)
元件类型 ASCII 文件(F):
浏览...
导入库(I):
D:\PADS Projects\Demo\library\demo
库元件的导入模式
新建库(W)
不覆盖现有元件(D)
始终覆盖现有元件(A)
提示每个元件进行覆盖(P)
运行(R)
取消
帮助(H)

图 5.17 “更新”标签页

图 5.18 的 a、b、c 分别所示为未勾选“更新原始设计”项、仅勾选“更新原始设计”项、勾选“更新原始设计前暂停”项的情况下，单击“运行”按钮弹出的“处理状态”对话框，图 5.18a 表示生成的 ECO 文件，但需要你自己手动导入，图 5.18b 表示生成的 ECO 文件已经直接导入了，而且没有出现错误，也就意味着此时原理图与 PCB 之间是同步的，图 5.18c 表示 ECO 文件已经生成，只有单击“继续”按钮后才会将 ECO 文件导入。

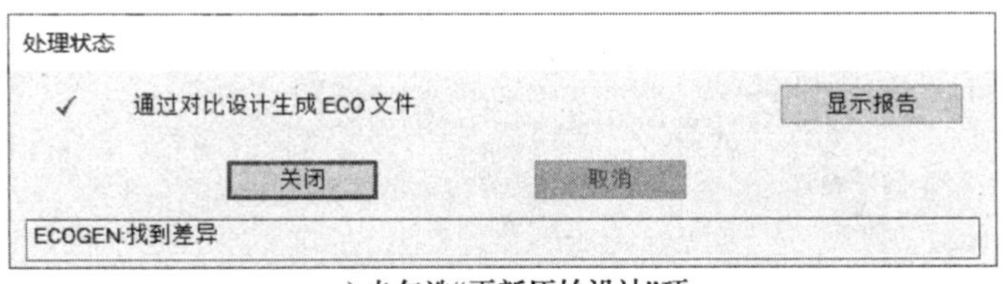

a) 未勾选“更新原始设计”项

b) 仅勾选“更新原始设计”项

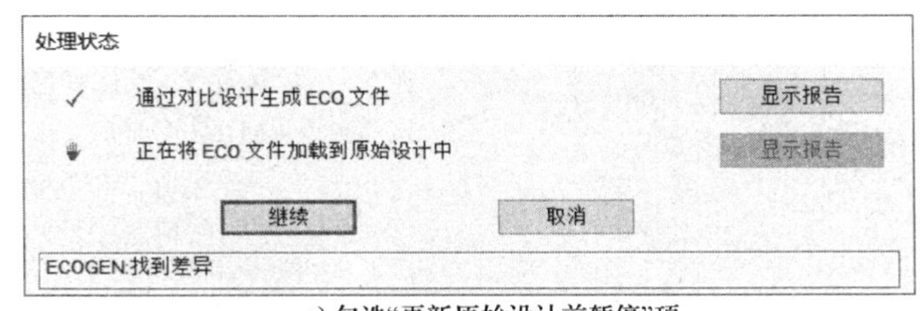

c) 勾选“更新原始设计前暂停”项

图 5.18　“处理状态”对话框

当然，文件对比过程中也可能会出错。例如，你从 OrCAD 中导出网络表后不进行主标题的修改而直接与 PCB 文件对比，将会出现如图 5.19 所示“ECOGEN 失败”提示。

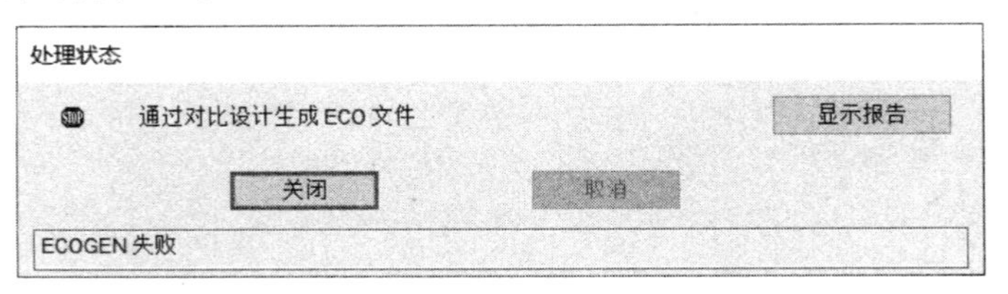

图 5.19　ECOGEN 失败

5.4.2　报告分析

文件对比操作完成后会生成一些报告文件，很多工程师并未对报告文件加以重视，继而导致一旦项目出现问题而无法解决的状况。实际上，报告文件的基本阅读能力对于快速定位与解决软件使用过程中的问题有着非凡的意义，这也是本书的撰写初衷：不仅需要知道软件如何操作，更要理解实际操作的原理。熟悉这些报告表达的含义将非常有助于深入理解原理图与 PCB 文件同步的基本原理，也能够解决实际工作中一些看似很棘手的问题。

你可以单击“处理状态”对话框中的“显示报告”按钮查看生成的报告，之后将会弹出 3 个文件，其名称分别是 Layout.rep、simple_power.eco、Layout.log，详细阐述如下。

1. Layout.rep

该文件列出两个文件之间的差异信息，具体内容如图 5.20 所示。所有的差异文件均以主标题“*PADS-ECO-V10.0-MILS*”开头，“*REMARK*”是 PADS 为该报告添加的注释，ecogtmp0.asc 与 ecogtmp1.asc 分别为原始网络表与新网络表的临时副本，而之后分多个子项列出具体的差异信息，一般情况下都有原设计（Old Design）与新设计（New Design）两项。

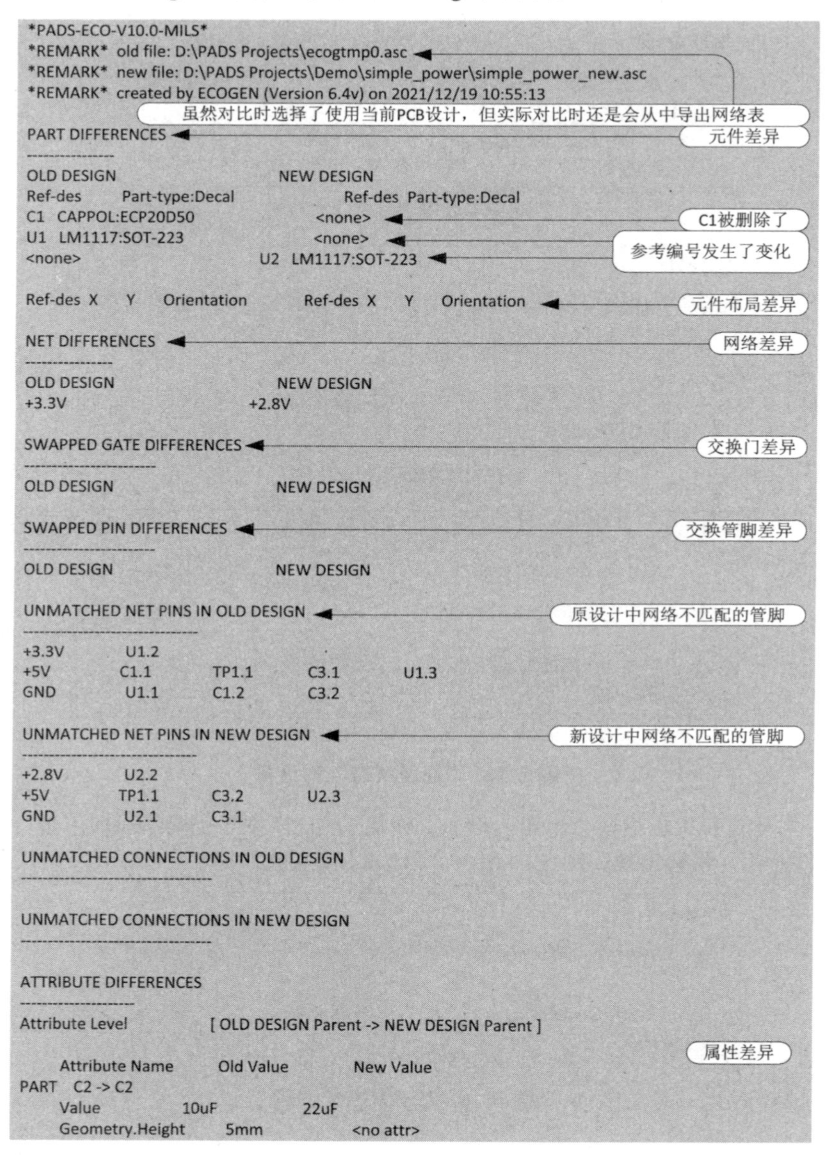

```
*PADS-ECO-V10.0-MILS*
*REMARK*  old file: D:\PADS Projects\ecogtmp0.asc
*REMARK*  new file: D:\PADS Projects\Demo\simple_power\simple_power_new.asc
*REMARK*  created by ECOGEN (Version 6.4v) on 2021/12/19 10:55:13

PART DIFFERENCES
---------------
OLD DESIGN                          NEW DESIGN
Ref-des     Part-type:Decal                  Ref-des  Part-type:Decal
C1  CAPPOL:ECP20D50                      <none>
U1  LM1117:SOT-223                       <none>
<none>                              U2  LM1117:SOT-223

Ref-des  X    Y    Orientation        Ref-des  X    Y    Orientation

NET DIFFERENCES
---------------
OLD DESIGN                          NEW DESIGN
+3.3V                           +2.8V

SWAPPED GATE DIFFERENCES
------------------------
OLD DESIGN                          NEW DESIGN

SWAPPED PIN DIFFERENCES
-----------------------
OLD DESIGN                          NEW DESIGN

UNMATCHED NET PINS IN OLD DESIGN
--------------------------------
+3.3V         U1.2
+5V           C1.1        TP1.1        C3.1         U1.3
GND           U1.1        C1.2         C3.2

UNMATCHED NET PINS IN NEW DESIGN
--------------------------------
+2.8V         U2.2
+5V           TP1.1       C3.2         U2.3
GND           U2.1        C3.1

UNMATCHED CONNECTIONS IN OLD DESIGN
-----------------------------------

UNMATCHED CONNECTIONS IN NEW DESIGN
-----------------------------------

ATTRIBUTE DIFFERENCES
---------------------
Attribute Level           [ OLD DESIGN Parent -> NEW DESIGN Parent ]

      Attribute Name          Old Value          New Value
PART   C2 -> C2
      Value              10uF           22uF
      Geometry.Height         5mm             <no attr>
```


图 5.20　Layout.rep

（1）元件差异（Part Differences）：该子项用于列出两个设计中存在差异的元件参考编号及类型。如果元件仅存在于某个设计，则另一列中会标注为“<none>”，当元件的参考编号、类型或 PCB 封装被修改时，相应的信息都会以新行给出，而两个设计中参考编号与类型完全相同的元件则不予列出。图 5.20 中列出了 4 行，第 1 行表示原设计中存在元件 C1，但新设计中却没有（即已删除），第 2 行与第 3 行结合起来分析可知元件的参考编号**可能**被互换了，第 4 行表示两个文件中的元件布局差异，因为在图 5.16 中已经勾选“对比元件布局”复选框（未勾选则无此行），又由于对比的对象是 PCB 文件与原理图，而后者并不存在 PCB 封装位置等信息，所以并未列出具体的元件布局差异信息。

（2）网络差异（Net Differences）：该子项用于列出不存在的网络的名称，或匹配但名称不同的网络（包括原设计中“已在新设计中合并的网络”）。如果仅仅是网络分割操作（即不改变现有网络，只是增加一些支路。例如，电容器 C1 两端再并联一个电容器），相关的差异信息会在管脚差异子项中列出（后述）。存在差异的网络将按字母顺序排列在原设计列下，但在连续列出多个合并网络时除外，而该子项最后则列出原设计中不存在的网络。图 5.20 中仅列出了一行，也就表示原文件中的网络名 +3.3V 被修改为 +2.8V。

（3）交换门差异（Swapped-Gate Differences）：该子项用于列出两个设计中被交换的门的元件管脚参考编号及与相应的门管脚，不存在交换门差异则为空。

（4）交换管脚差异（Swapped-Pin Differences）：该子项用于列出两个设计中被交换的管脚信息及相应交换的管脚，不存在交换管脚差异则为空。

（5）原设计中网络不匹配的管脚（Unmatched Net Pins in Old Design）：该子项用于列出不存在于新设计中（或与新设计中网络连接不相同）的原设计管脚，每行都会列出存在差异的网络名称以及与之相关的管脚。如果原设计的某个网络不存在于新设计，则与该网络相关的所有管脚都会列出来。由于前面已经将 U1 改为 U2（并且网络名 +3.3V 修改为 +2.8V），对比工具认为两个文件的连接关系并不相同，所以图 5.20 列出了不匹配的网络名及与之相关的管脚。

（6）新设计中网络不匹配的管脚（Unmatched Net Pins in New Design）：该子项用于列出不存在于原设计中（或与原设计中网络连接不相同）的新设计管脚，每行都会列出存在差异的网络名称以及与之相关的管脚。如果新设计的某个网络不存在于旧设计，则与该网络相关的所有管脚都会列出来。

（7）属性差异（Attribute Differences）：该子项仅用于列出两个设计中都存在的对象的属性差异，如果某个属性仅存在于一个设计中，则另一个设计中将会标记为“<no attr>”，如果属性存在但没有值，则会标记为“<no value>”。图 5.20 中的信息表示 C2 的值由 10μF 修改为了 22μF。

（8）原设计中网络不匹配的管脚对（Unmatched Net Pin Pairs in Old Design）：该子项用于列出不存在于新设计，或连接到了其他网络，或连接在相同计划网络（same scheduled net）的不同位置的原设计管脚对，也是在 ECO 处理过程中会被删除的管脚对，每行会列出网络名以及与之相关的管脚对。如果新设计中不存在某个网络，则与该网络相关的所有管脚对将会被列出。

（9）新设计中网络不匹配的管脚对（Unmatched Net Pin Pairs in New Design）：该子项用于列出不存在于原设计（或连接到了其他网络，或连接在相同计划网络的不同位置）的新设计管脚对，也是在 ECO 处理过程中会添加到网络的管脚对，每行会列出网络名以及与之相关的管脚对。如果原设计中不存在某个网络，则与该网络相关的所有管脚对将会被列出。

（10）规则差异（Rules Differences）：该部分会以小标题（Subheading）的方式列出两个设计中的规则差异，其中包括规则名称（Rule Name）、旧值（Old Value）与新值（New Value）共 3 列，使用的设计单位会显示在“RULES DIFFERENCES”后面的小括号中，每一项规则的差异信号包括对象的类型、原设计中的对象名称、新设计中的对象名称（与原设计相同则不显示）以及规则类型。需要注意的是：**只有在对比时选择“对比规则”项才会出现该差异信息**。假设某规则差异如图 5.21 所示，表示原设计中的网络类 CLASS1 的布线规则已经改变，包括名称由原来的“CLASS1”修改为“MYCLS”，管脚共享（Pin Share）及可用层（Valid Layers）已经发生变化，而其他布线的规则并未改变。（关于管脚共享、可用层的概念详情见第 7 章）

```
RULES DIFFERENCES (Values in mils)
          Old Object Name -> New Object Name -> Rule Type
          Rule Name          Old Value          New Value
NETCLS    CLASS1 -> MYCLS    ROUTING
          PIN_SHARE          ON                 OFF
          VALID_LAYERS       Top                Bottom
```

图 5.21　规则差异信息

（11）网络类差异（Differences in Net Classes）：该子项用于列出不存在某个设计（或匹配但名称不同）的网络类。假设某网络类差异信息如图 5.22 所示，也就意味着网络类 CLASS1 被重新命名为 MY-

CLASS，而 CLASS2 被移除，并且在新设计中添加了一个名为 NEWCLS 的新网络类。

```
NET CLASS DIFFERENCES
Old Design          New Design
CLASS1              MYCLASS
CLASS2              <none>
<none>              NEWCLS
```

图 5.22 网络类差异信息

（12）类网络被移除（Classes Nets That Were Removed）：该子项用于列出新设计中网络被删除的网络信息（包括不存在于新设计中的网络，或不在相同网络类中的网络），每一行都会列出网络被移除的网络类名与移除的网络。如果网络类不存在于新设计中，则该网络类中的所有网络都会被列出。假设某“类网络被移除”差异信息如图 5.23 所示，也就意味着，原设计网络类 CLASS1 中的网络 $$$1879、$$$1906、$$$1928、$$$1920 不存在于新设计的网络类 CLASS1 中（删除了），原设计网络类 CLSMESH 中的网络 GND 与 VCC 不存在于新设计的网络类 CLSMESH 中（删除了）。

```
REMOVED CLASS NETS

CLASS1          $$$1879     $$$1906     $$$1928
                $$$1920
CLSMESH         GNC         VCC
```

图 5.23 “类网络被移除”差异信息

（13）类网络被添加（Classes Nets That Were Added）：该子项用于列出原设计中将要被添加网络的网络类信息（包括不存在于原设计中的网络，或不在相同网络类中的网络），每一行都会列出网络被添加的网络类名与添加的网络。如果某网络类不存在于原设计中，则该网络类中的所有网络都会被列出。假设某“类网络被添加”信息如图 5.24 所示，也就意味着，网络 ANDROID、BAJOR、SPOT、DATA00、DATA01 将会被添加到新设计的网络类 CLASS1 中，网络 ZORG、GND2 将会被添加到新设计的网络类 CLSMESH 中。

```
ADDED CLASS NETS

CLASS1          ANDROID     BAJOR     SPOT
                DATA00      DATA01
CLSMESH         ZORG        GND2
```

图 5.24 “类网络被添加”差异信息

（14）管脚对组差异（Differences in Pin-Pair Groups）：该子项用于列出不存在某个设计（或者匹配但名称不同）的管脚对组。假设某“管脚对组差异”信息如图 5.25 所示，也就意味着管脚对组 GROUP1 被删除，管脚对组 GROUP2 被重命名为 GROUPB，新设计中还添加了一个新管脚对组 NEWGRP。

```
PIN-PAIR GROUP DIFFERENCES
Old Design          New Design
GROUP1              <none>
GROUP2              GROUPB
<none>              NEWGRP
```

图 5.25 “管脚对组差异”信息

（15）组中被删除的管脚对（Pin Pairs That Were Removed From Groups）：该子项用于列出不存在新设计（或不在同一个组）的管脚对，假设某“组中被删除的管脚对”信息如图 5.26 所示，则表示管脚对组 GROUP1 中的 5 个管脚对被删除，管脚对组 GLMESH 中的 R102.1-C2.2 管脚对被删除。

```
REMOVED GROUP PIN-PAIRS

GROUP1       U2.2-U1.2 U3.3-U2.2 U3.2-U4.2
             U1.5-U2.5 U4.5-U1.5
GLMESH       R102.1-C2.2
```

图 5.26　“组中被删除的管脚对”信息

（16）组中被添加的管脚对（Pin Pairs That Were Added to Groups）：该子项用于列出不存在于原设计（或不在同一个组）的管脚对，假设某“组中被添加的管脚”信息如图 5.27 所示，则表示管脚对组 G 中添加了两个管脚对，而 R29.2-U23.17 管脚对也被添加到管脚对组 DASL 中。

```
UNMATCHED GROUP PIN-PAIRS

G          U2.2-U1.2 U3.2-U2.2
DASL       R29.2-U23.17
```

图 5.27　“组中被添加的管脚对”信息

2. simple_power.eco

该文件用于保存工程变更相关的指令，PADS Layout 在导入后会根据其中的指令进行网络表相关对象的修改工作，具体如图 5.28 所示，其开头与 Layout.rep 文件相同，后面跟随的指令则以两个星号“*”包围，具体描述如下：

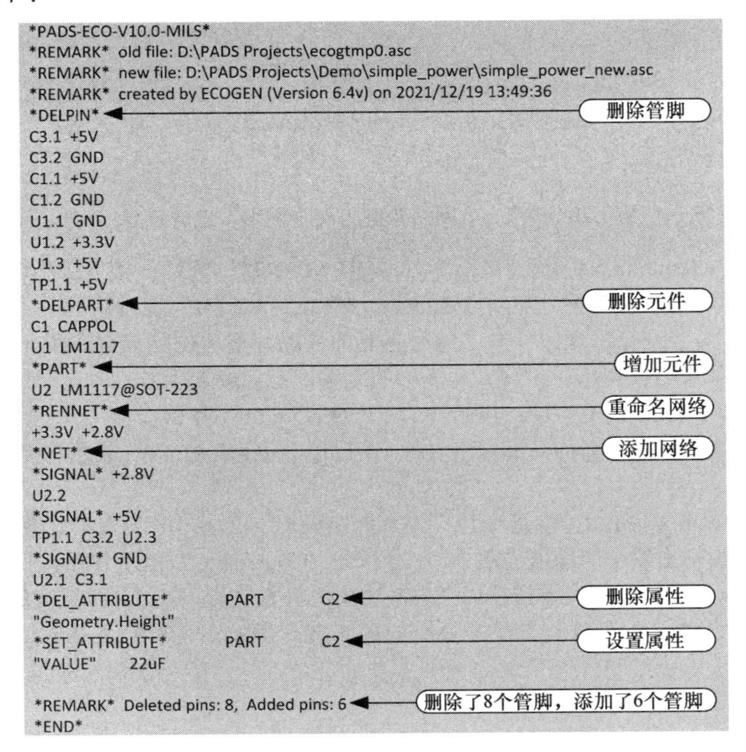

```
*PADS-ECO-V10.0-MILS*
*REMARK* old file: D:\PADS Projects\ecogtmp0.asc
*REMARK* new file: D:\PADS Projects\Demo\simple_power\simple_power_new.asc
*REMARK* created by ECOGEN (Version 6.4v) on 2021/12/19 13:49:36
*DELPIN*
C3.1 +5V
C3.2 GND
C1.1 +5V
C1.2 GND
U1.1 GND
U1.2 +3.3V
U1.3 +5V
TP1.1 +5V
*DELPART*
C1 CAPPOL
U1 LM1117
*PART*
U2 LM1117@SOT-223
*RENNET*
+3.3V +2.8V
*NET*
*SIGNAL* +2.8V
U2.2
*SIGNAL* +5V
TP1.1 C3.2 U2.3
*SIGNAL* GND
U2.1 C3.1
*DEL_ATTRIBUTE*      PART      C2
"Geometry.Height"
*SET_ATTRIBUTE*      PART      C2
"VALUE"      22uF

*REMARK* Deleted pins: 8, Added pins: 6
*END*
```


图 5.28　simple_power.eco

（1）给网络添加管脚（Add a Pin to the Net）：该指令以“*NET*”开始，接下来会以“*SIGNAL* netname”格式依次列出管脚添加的网络，其中，“netname”是给添加管脚的网络名称，接下来以“ref1.pin1 ref2.pin2”格式列出该网络相关的管脚，如果网络名称不存于（导入 ECO 文件的）设计中则会被添加。图 5.28 中，第 1 个添加的网络是“+2.8V”（相关的管脚为 U2.2），第 2 个添加的网络是“+5V”（相关管脚为 TP1.1、C3.2、U2.3），第 3 个添加的网络是“GND”（相关的管脚为 U2.1、C3.1）。

（2）添加元件（Add a Part）：该指令以“*PART*”开始，接下来会以“refdes parttype”格式依次列出添加元件参考编号（refdes）与类型（parttype）。当元件添加到 PCB 文件中后，相应的 PCB 封装会放置在原点（0，0）位置，如果板框存在的话，则会以板框的左下角位置作为参考点放置。图 5.28 中添加了一个元件 U2。

（3）合并两个网络（Join Two Nets Together）：该指令以“*JOINNET*”开始，接下来会以“OLDNET0 OLDNET1”格式依次列出合并的网络，其中的“OLDNET0”与“OLDNET1”分别是需要合并的两个网络名称，并且合并后的网络名称为“OLDNET1”。例如，“+3.3V VOUT”表示原来的两个网络名分别为 +3.3V 与 VOUT，后来将这两个网络合并为一个，并且将网络名定义为了 VOUT。

（4）删除元件（Delete a Part）：该指令以“*DELPART*”开始，接下来会以“refdes parttype”格式依次列出删除元件参考编号与类型。图 5.28 中删除了 C1 与 U1。

（5）从网络中删除某个管脚（Delete a Pin from a Net）：该指令以“*DELPIN*”开始，接下来会以“refdes.pinnumber signame”格式依次列出删除元件的管脚号与网络名称。例如，“C2.1 +3.3V”表示 C2 的第 1 脚与网络 +3.3V 之间的连接被断开。

（6）更换元件的类型（Change a Component’s Part Type）：该指令以“*CHGPART*”开始，接下来会在新行以“refdes oldparttype newparttype”格式依次列出更换元件的参考编号、原元件类型、新元件类型。例如，“C2 C0603 C0805”表示将 C2 的元件类型由原来的 C0603 修改为 C0805。

（7）将一个网络分割为两个网络（Split a Net into Two Nets）：假设在一条连接线中串入一个元件，原来的网络就会分割成两部分，差异信息则会依次给出原网络与相关管脚以及新网络与相关管脚。该指令以“*SPLITNET*”开始，而差异信息的格式如图 5.29 所示。

```
*SIGNAL* oldsigname
ref1.pin1 ref2.pin2
*SIGNAL* newsigname1
ref3.pin3 ref4.pin4
```

图 5.29 “将一个网络分割为两个网络”差异信息

（8）重命名元件（Rename a Part）：该指令以“*RENPART*”开始，接下来会在新行以“oldrefdes newrefdes”格式依次列出原参考编号与新参考编号。例如，“U2 U1”表示将元件参考编号 U2 修改为 U1。需要注意的是，为了避免出现元件参考编号重复的情况，重名校验只有在所有重命名元件信息全部导入后才会进行，如果有任何错误出现，列表中的元件都不会被重命名。

（9）重命名网络（Rename a Net）：该指令以“*RENNET*”开始，接下来会在新行以“oldname newname”格式依次列出原网络名称与旧网络名称。例如，“+2.8V +3.3V”表示将网络 +2.8V 重命名为 +3.3V。

（10）交换门（Swap a Gate）：该指令以“*SWPGATE*”开始，接下来会在新行以“refdes.gate1 refdes.gate2”格式依次列出发生门交换的两个门。例如，“U6.A U6.C”表示 U6 的门 A 与门 C 已经交换。

（11）交换管脚（Swap Pins）：该指令以“*SWPINS* 开始，接下来会在新行以“refdes pin1.pin2”格式依次列出发生管脚交换的元件参考编号及交换的管脚。例如，“U5 9.8”表示 U5 的第 9 与第 8 脚已经交换。

3. Layout.log

该文件主要列出 ECO 对比过程中的一些结果日志，具体如图 5.30 所示。

5.4.3　ECO 文件导入

到目前为止，你已经完成了两个文件的对比操作，并且已经获得生成的报告文件，其中就包括保存了对比差异信息的 ECO 文件，接下来就可以将其导入到 PADS Layout 中了。在 PADS Layout 中执行【文件】→【导入】即可弹出如图 5.31 所示“文件导入”对话框，从中选择刚刚生成的 simple_power.eco 文件，再单击“打开”按钮即可导入。

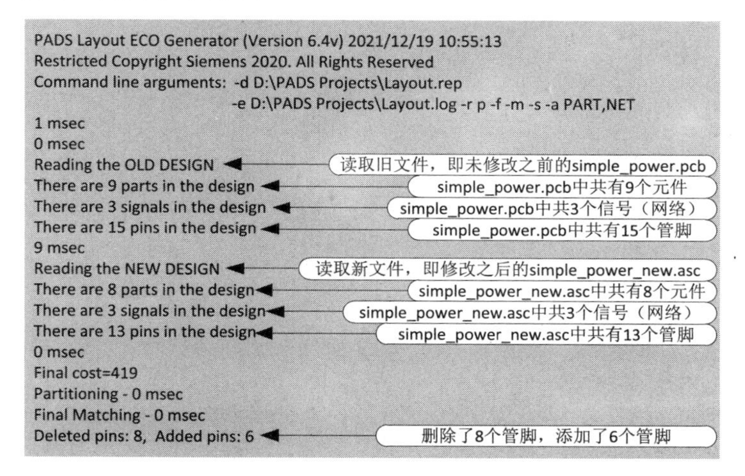

图 5.30　Layout.log 文件

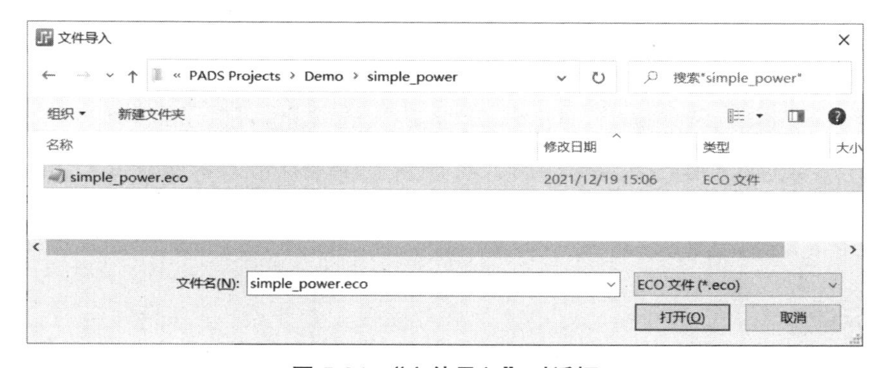

图 5.31　“文件导入”对话框

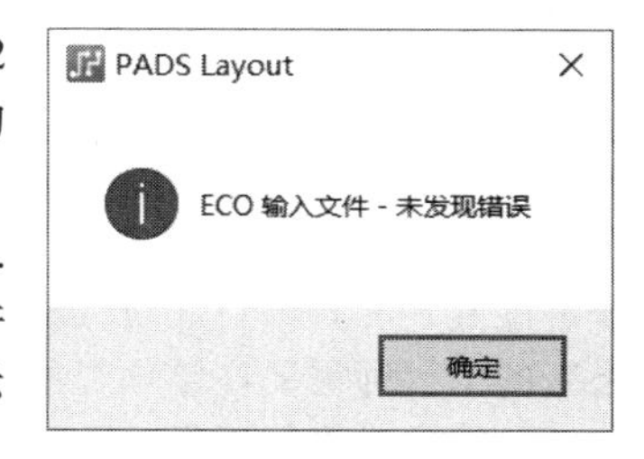

图 5.32　提示对话框

如果 ECO 文件导入后未出现任何错误，PADS Layout 将弹出如图 5.32 所示提示对话框，提醒你未发现错误，换言之，当前的 PCB 文件与新的原理图已经处于同步状态。

如果 ECO 文件导入过程中出现任何错误，PADS Layout 将弹出 eco.err 文件。举个最简单的例子，你在 PADS Layout 中新建一个 PCB 文件（里面什么也没有），然后将前述 ECO 文件导入，即可弹出如图 5.33 所示 eco.err 文件。

当原理图（或 PCB 文件）发生更改时，原理图与 PCB 就会出现差异之处。为方便项目管理，一般都会选择将原理图与 PCB 文件进行同步处理，否则可能会给后续 PCB 升级与维护带来很大的困难，这也揭示了实际工作过程中需要加以重视的一个问题：**当你在已有的原理图与 PCB 文件进行二次开发的时候（尤其在接手别人的项目时），一定注意不要立刻直接修改原理图，而是应该先确认原理图与 PCB 文件是否处于同步状态，即先进行网络表对比（不要导入 ECO 文件）**。如果你在“本来就不处于同步状态的原理图与 PCB 文件”的基础上进行二次开发，后续正向标注时很容易出现严重的设计错误。

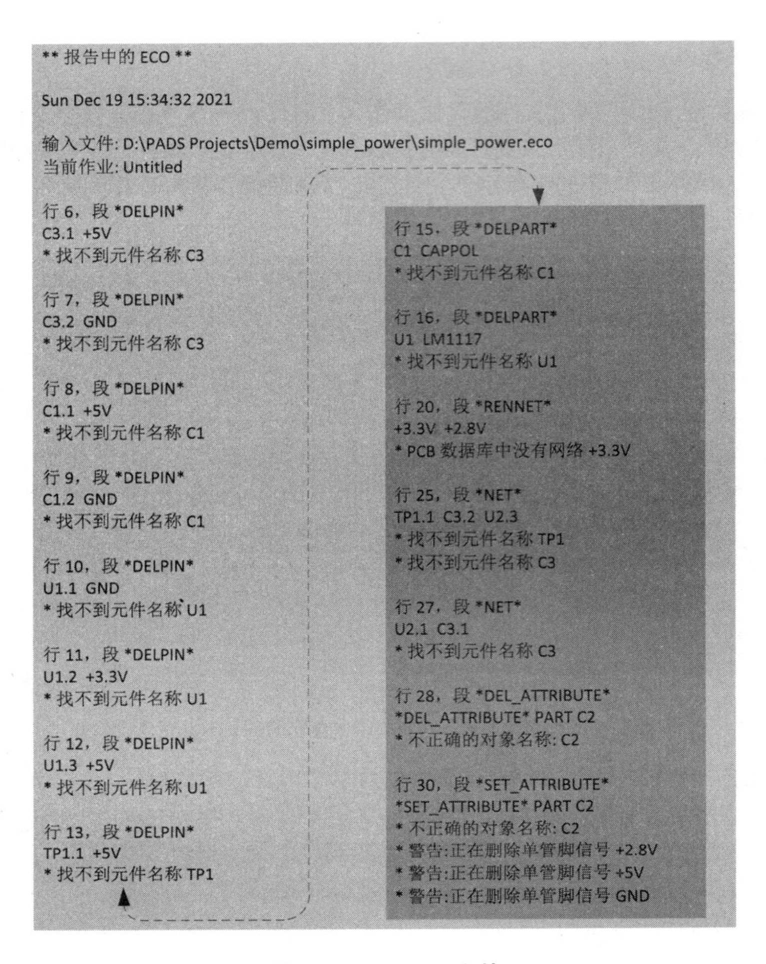
** 报告中的 ECO **

Sun Dec 19 15:34:32 2021

输入文件: D:\PADS Projects\Demo\simple_power\simple_power.eco
当前作业: Untitled

行 6，段 *DELPIN*
C3.1 +5V
* 找不到元件名称 C3

行 7，段 *DELPIN*
C3.2 GND
* 找不到元件名称 C3

行 8，段 *DELPIN*
C1.1 +5V
* 找不到元件名称 C1

行 9，段 *DELPIN*
C1.2 GND
* 找不到元件名称 C1

行 10，段 *DELPIN*
U1.1 GND
* 找不到元件名称 U1

行 11，段 *DELPIN*
U1.2 +3.3V
* 找不到元件名称 U1

行 12，段 *DELPIN*
U1.3 +5V
* 找不到元件名称 U1

行 13，段 *DELPIN*
TP1.1 +5V
* 找不到元件名称 TP1

行 15，段 *DELPART*
C1 CAPPOL
* 找不到元件名称 C1

行 16，段 *DELPART*
U1 LM1117
* 找不到元件名称 U1

行 20，段 *RENNET*
+3.3V +2.8V
* PCB 数据库中没有网络 +3.3V

行 25，段 *NET*
TP1.1 C3.2 U2.3
* 找不到元件名称 TP1
* 找不到元件名称 C3

行 27，段 *NET*
U2.1 C3.1
* 找不到元件名称 C3

行 28，段 *DEL_ATTRIBUTE*
DEL_ATTRIBUTE PART C2
* 不正确的对象名称: C2

行 30，段 *SET_ATTRIBUTE*
SET_ATTRIBUTE PART C2
* 不正确的对象名称: C2
* 警告:正在删除单管脚信号 +2.8V
* 警告:正在删除单管脚信号 +5V
* 警告:正在删除单管脚信号 GND

图 5.33　eco.err 文件

5.5　反向标注

到目前为止，相信你已经有能力（也有意愿）让项目相关的原理图与 PCB 文件始终保持同步状态，这当然是项目设计与管理中的理想状态，但是很不幸，总会有一些工程师不愿意因为一点点的修改而进行“修改原理图、生成网络表、同步 PCB 文件”的烦琐操作，而是选择直接在 PADS Layout 中进行 PCB 修改，这样一来，原理图与 PCB 文件又已经处于不同步状态。

乍看起来好像问题不大，只要项目负责人能够理得清楚即可，但项目经过多次版本变更之后将会非常混乱，一旦项目负责人离职，接手该项目的工程师就会对其中的变更比较迷惑，更严重的是，如果新的工程师需要在该项目的基础上进行二次开发，那么选择“修改原理图、生成网络表、同步 PCB 文件”的方式将行不通，因为原来的原理图与 PCB 文件本身并不同步。如果你需要在其基础上进行二次开发，那么可供选择的方案主要有两种：其一，延续上一位项目负责人的“遗志”，直接在 PCB 文件中修改；其二，先根据 PCB 文件修改对应的原理图文件直至同步（PCB 文件肯定不能修改，因为它与实际产品对应），也称为反向标注（Backward Annotating），然后在“处于同步状态的原理图与 PCB 文件”的基础上进行二次开发。

从项目维护的角度来看，合理的项目开发文档尽量规范化，且不会因为团队中某成员的因素（如离职）而受到影响，而始终坚持将原理图与 PCB 同步能够最大限度降低沟通成本。如果你对工作的态度足够严谨，理应会选择第二种选择，本节讨论 PADS Layout 与各种原理图设计工具之间的反向标注操作。

5.5.1　PADS Logic

如果你的原理图设计工具是 PADS Logic，实现与 PADS Layout 同步的具体方法有几种，但基本原理都相同，即通过对比原理图与 PCB 文件产生 ECO 文件，再将其导入到 PADS Logic 即可。假设现在的原理图为图 5.14 所示 simple_power_new.sch（PCB 文件仍然为图 2.21 所示的那个），但现在却根据 PCB 文件来更新原理图（反向标注），具体操作如下：

（1）获取需要对比的 PCB 文件的 ASCII 文件。使用 PADS Layout 打开需要对比的 PCB 文件，然后执行【文件】→【导出】即可弹出如图 5.34 所示“文件导出”对话框，从中确定 ASCII 文件保存的路径与名称（此处为“simple_power.asc”）后，单击“保存”按钮即可弹出如图 5.35 所示“ASCII 输出”对话框，单击“全选”按钮即可勾选“段”组合框中所有项，再选择“格式”下拉列表中的“PADS Layout VX”项，同时勾选“展开属性”组合框内的“元件”与“网络”复选框，表示将 PCB 文件中所有对象导出，最后单击“确定”按钮，即可生成相应的 simple_power.asc 文件。

图 5.34　“文件导出”对话框

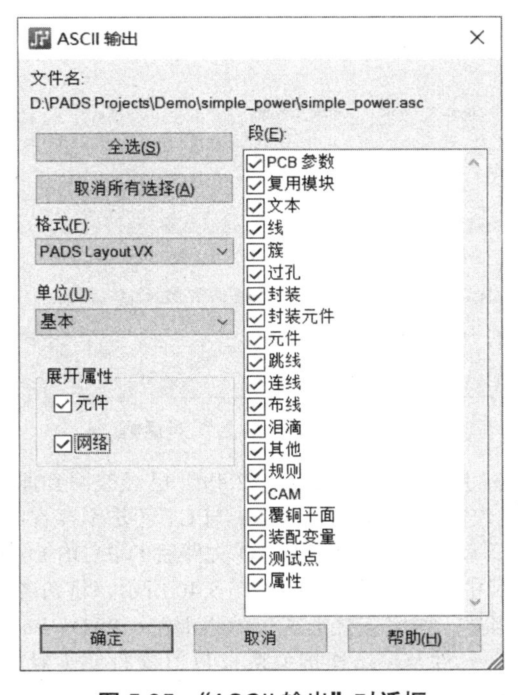

图 5.35　“ASCII 输出”对话框

（2）与原理图进行对比。假设你现在已经使用 PADS Logic 打开需要反向标注的原理图文件，从中执行【工具】→【对比 /ECO】即可弹出“对比 /ECO 工具”对话框，按图 5.36 所示进行配置后单击“运行”按钮，即可生成相应的 simple_power.eco 文件。需要注意的是，“原始设计文件”中应该指定需要反向标注的原理图文件（如果当前原理图已经打开，可以勾选使用“当前原理图设计”项），而“新设计文件”中应该指定刚刚从 PCB 文件导出的 simple_power.asc 文件，**切不可弄反**，因为现在是在进行“以 PCB 文件信息为参考来修改原理图”的操作，所以原理图才是原始文件。

图 5.36　PADS Logic 中的“对比 /ECO 工具”对话框

（3）将 ECO 文件导入到 PADS Logic。完成前一步操作后，你应该还在 PADS Logic 中，执行【文件】→【导入】，在弹出如图 5.37 所示“文件导入”对话框中选择刚才生成的 simple_power.eco，再单击“打开”按钮即可。如果 ECO 导入操作不存在错误，PADS Logic 将会弹出如图 5.38 所示提示“ECO 输入已完成”的对话框。

图 5.37　“文件导入”对话框

此时原理图的状态如图 5.39 所示，虽然网络“+2.8V”已经改回到原来的“+3.3V”，C2 的容值也已经改回到“10μF”，但 U1 与 C1 还是不存在呀，什么情况？其实你仔细观察一下就会发现，导入 ECO 文件后的 PADS Logic 还创建了一张新的原理图页，其中原点附近的电路如图 5.40 所示，将两者合起来就是图 2.2 所示原理图。当然，网络连接形式仍然很混乱，PADS Logic 并不能保证有多美观，只能保证元件及网络连接关系与 PCB 文件完全对应，所以你还需要进一步调整，此处不再赘述。

图 5.38　“ECO 输入已完成”提示对话框

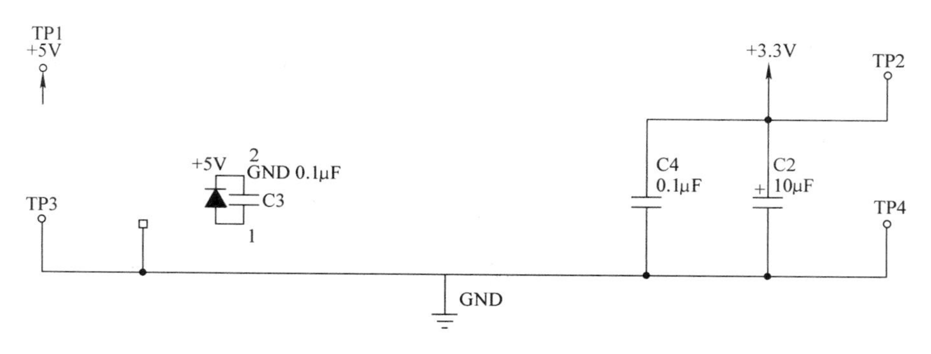

图 5.39　更新后的原理图

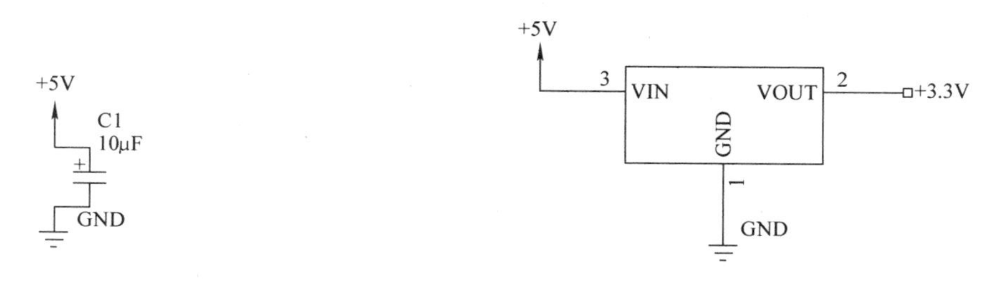

图 5.40　新添加的原理图页中的原理图

5.5.2　PADS Designer

如果你使用的原理图设计工具是 PADS Designer，“将 PADS Layout 设计的 PCB 文件的信息反向标注到原理图”的流程与 PADS Logic 相似，只不过你需要在 PADS Layout 中进行网络表对比，并且必须勾选图 5.15 所示“文档”标签页中“生成用于反向标注原理图的 ASCII 文件”复选框。另外，你仍然还得特别注意，**此时的原始设计文件应该是原理图，新设计文件应该是 PCB 文件**。以 PADS Designer 自带例程为例（路径为 D:\PADS Projects\Samples\preview），首先从该项目中导出 ASCII 文件（见 5.2.2 小节），然后在 PADS Layout 中将其与 PCB 文件进行对比，具体的配置如图 5.41 所示（假设当前 PCB 文件名为 preview.pcb），

单击“运行”按钮后，即可生成 preivew_back.asc 与 preview_back.eco 文件，将其拷贝到 PADS Desinger 项目路径下，并将它们修改为与项目名相同，即 preview.asc 与 preview.eco（如果不希望覆盖原来从 PREVIEW.prj 导出的网络表文件 preview.asc，可以将其先重命名），然后选择图 5.3 所示“PCB 界面”对话框内“执行的步骤”组合框中的“从 Layout 反向标注信息到原理图（Back Annotate Information From Layout To Schematic）”项，再单击“确定”按钮，即可完成反向标注操作。

5.5.3　OrCAD/Protel/Altium Designer

如果你使用的原理图工具是 OrCAD、Protel/AD 之类（非 PADS Logic 与 PADS Designer），该怎么将 PCB 修改信息反向标注到原理图呢？此时生成的 .eco 或 .asc 文件都将无效，因为这些原理图设计工具并不支持这些文件，该怎么办呢？差异文件 Layout.rep 中就能找到答案。本节以 OrCAD 为例进行讨论，其他工具的反向标注原理相似。

假设现在要根据图 2.21 所示 PCB 文件来反向标注 simple_power_new.sch，其中的 OrCAD 原理图与 PADS Layout PCB 文件处于不同步状态，本节的目的就是要将它们两者之间修改成同步。实际上该工作的主要内容就是前述 Layout.rep 文件的实际应用，通过该维护项目可以使你更加深刻地理解 Layout.rep 文件。需要注意的是，具体的方式可以灵活多样，但是从“元件”或“网络”差异信息入手最常用，本节也仅关注这两方面的差异信息。

图 5.41 PADS Layout 中的“对比 /ECO 工具”对话框

为方便描述，以下使用表格的方式列出每一步的操作结果，序号 1 是从原始的 Layout.rep 文件提取的差异信息，后续序号是进行每一步原理图修改后再与 PCB 文件进行对比获得的差异信息，然后再循环修改直到完全同步，见表 5.6（未考虑属性值）。表 5.7 是实际项目中总结出来的其他反向标注例子，每一个序号代表一个完整的更改案例（共 3 个案例），你可以自行分析，此处不再赘述。

表 5.6 从原始 Layout.rep 文件中提取的信息

序号	项 目	PCB	原理图
1	元件差异	C1 CAPPOL:ECP20D50	<none>
		U1 LM1117:SOT-223	<none>
		<none>	U2 LM1117:SOT-223
	网络差异	+3.3V	+2.8V
	网络不匹配的管脚	+3.3V U1.2	+2.8V U2.2
		+5V C1.1 TP1.1 C3.1 C1.3	+5V TP1.1 C3.2 C2.3
		GND U1.1 C1.2 C3.2	GND U2.1 C3.1
	以上是原始的差异信息，由于网络差异信息比较少，所以先从此入手先将原理图中的网络名“+2.8V”修改为“+3.3V”，然后在原理图中重新生成网络表与 PCB 进行对比（对下简称“重新对比”），相应的差异信息见序号 2		
2	元件差异	C1 CAPPOL:ECP20D50	<none>
		U1 LM1117:SOT-223	<none>
		<none>	U2 LM1117:SOT-223
	网络不匹配的管脚	+3.3V U1.2	+3.3V U2.2
		+5V C1.1 TP1.1 C3.1 C1.3	+5V TP1.1 C3.2 C2.3
		GND U1.1 C1.2 C3.2	GND U2.1 C3.1
	网络差异信息已经消除，而网络不匹配的管脚差异信息相对比较复杂，所以还是从元件差异信息入手，由于 U1 与 U2 的元件类型与 PCB 封装完全一样，且各自仅存在自己的文件中，所以考虑将 U2 改为 U1 后再进行重新对比，相应的差异信息如下		

（续）

<table>
<tr><th>序号</th><th>项　　目</th><th>PCB</th><th>原理图</th></tr>
<tr><td rowspan="7">3</td><td>元件差异</td><td>C1 CAPPOL:ECP20D50</td><td><none></td></tr>
<tr><td rowspan="2">网络不匹配的管脚</td><td>+5V　C1.1 C3.1</td><td>+5V　C3.2</td></tr>
<tr><td>GND　C1.2 C3.2</td><td>GND　C3.1</td></tr>
<tr><td colspan="3">元件差异信息进一步减少，虽然并未对网络不匹配的管脚信息进行相应的原理图修改，但是其中的差异信息也减少了，借此也是想告诉你：很多差异之间存在一定的关联，如果首先从网络不匹配的管脚信息入手进行更改会增加困难。值得一提的是，为降低复杂度，本例选择的案例比较简单，实际项目中的差异信息有可能会超过百条，对于类似前述 U1 与 U2 这类元件差异信息的实际情况可能并非简单的参考编号替换（实际的网络连接可能完全不相同），那么一旦交换参考编号将会引起更多的网络不匹配管脚差异信息，也就是说，有些信息所代表的差异性内容只需要一小部分就可以判断，而另有一些则需要参考更多信息才能确定两个文件之间区别的真正原因，但方法总是相同，需要你在实际项目中细节体会
由于元件差异中只有一项，所以可以在原理图中添加一个参考编号为 C1、元件类型与 PCB 封装分别为 CAPPOL 与 ECP20D50 的元件，你只需要复制 C2 即可（暂时不用进行网络连接，不能因为你确实知道原来的原理图是怎么连接就直接将其并联在 +5V 与 GND 网络之间，因为实际项目中你不太可能知道这些信息，还是得一步步来），然后再进行重新对比，相应的差异信息如下</td></tr>
<tr><td rowspan="2">网络不匹配的管脚</td><td>+5V　C1.1 C3.1</td><td>+5V　C3.2</td></tr>
<tr><td>GND　C1.2 C3.2</td><td>GND　C3.1</td></tr>
<tr><td colspan="3">至目前为止，只有不匹配网络管脚信息中存在差异信息，首先分析 C3 的网络连接差异。在 PCB 文件中，C3 的 1 脚与 2 脚分别与 +5V 与 GND 相连，而原理图中却恰好相反，所以先在原理图中将 C3 的 1 脚与 2 脚连接调转过来，然后再进行重新对比，相应的差异信息见序号 4</td></tr>
<tr><td rowspan="3">4</td><td rowspan="2">网络不匹配的管脚</td><td>+5V　C1.1</td><td></td></tr>
<tr><td>GND　C1.2</td><td></td></tr>
<tr><td colspan="3">现在仅存在一项差异信息，在 PCB 文件中，C1 的 1 脚与 2 脚分别与 +5V 与 GND 相连，而原理图中刚刚添加 C1 却并没有这么做，所以在原理图中将 C1 的 1 脚与 2 脚分别与 +5V 与 GND 网络相连，最后就是完全同步状态</td></tr>
</table>

表 5.7　其他反向标注的例子

<table>
<tr><th>序号</th><th>项　　目</th><th>PCB</th><th>原理图</th></tr>
<tr><td rowspan="2">1</td><td>元件差异</td><td>C1　C0603</td><td>C9　C0603</td></tr>
<tr><td colspan="3">原理图中元件 C9 的参考编号与 PCB 中元件 C1 的参考编号不一致，将原理图中的参考位号 C9 改为 C1 即可</td></tr>
<tr><td rowspan="3">2</td><td>网络差异</td><td>5V</td><td>5V_22966442</td></tr>
<tr><td>网络不匹配的管脚</td><td>5V　C1.2</td><td>5V　C1.2</td></tr>
<tr><td colspan="3">虽然存在网络差异信息，但查看了一下 OrCAD 原理图，也并未发现有何不妥，但是网络不匹配的管脚为什么也报告差异呢？并无不同呀！仔细检验一下，发现网络 5V_22966442 是第 2 页 OrCAD 原理图中标注为 5V 的网络，但由于没有分页符（OrCAD 中是 Off-page Connector），所以在生成网络表时，第二页原理图中的网络 5V 被自动修改成 5V_22966442，所以需要在第 2 页原理图中为 5V 网络添加分页符，使其在电气上真正实现连接</td></tr>
<tr><td rowspan="13">3</td><td rowspan="4">元件差异</td><td>C1　C0603</td><td><none></td></tr>
<tr><td>C3　C0603</td><td><none></td></tr>
<tr><td><none></td><td>C1　C0603</td></tr>
<tr><td><none></td><td>C3　C0603</td></tr>
<tr><td>网络差异</td><td>5V</td><td>5VD</td></tr>
<tr><td rowspan="4">网络不匹配的管脚</td><td>3_3V　C3.2</td><td>3_3V　C1.2</td></tr>
<tr><td>5V　5V.1　C1.2</td><td>5V　5V.1</td></tr>
<tr><td>GND　C3.1　C1.1</td><td>5VD　C3.2</td></tr>
<tr><td></td><td>GND　C3.1　C1.1</td></tr>
<tr><td colspan="3">差异信息牵涉的地方较多，将其全部浏览一下，发现网络差异只有一行，可以从此入手先将原理图中的网络 5VD 重命名为 5V，再进行重新对比，相应的信息如下所示</td></tr>
<tr><td rowspan="2">元件差异</td><td>C1　C0603</td><td>C3　C0603</td></tr>
<tr><td>C3　C0603</td><td>C1　C0603</td></tr>
<tr><td colspan="3">从剩下的元件差异信息很容易可以看出，原理图与 PCB 中的位号 C1 与 C3 恰好相反，所以将原理图中的位号 C1 与 C3 调换过来过来即可，所以仍然提醒一下，很多差异信息之间存在一定的关联，具体反向标注时应该从容易看出差异之处入手</td></tr>
</table>

5.6 自动标注

前述手动进行原理图与 PCB 文件之间的正向或反向标注方式适合于所有原理图工具（包括非 PADS Logic）与 PCB Layout 之间，是一种通用的标注方式，但是如果你使用的原理图设计工具是 PADS Logic 或 PADS Designer，由于其与 PADS Layout 同属于 PADS，它们之间具有非常强大的交叉选择与同步能力，也称为自动标注（Automatical Annotation）。

5.6.1 PADS Logic

要想在 PADS Logic 与 PADS Layout 之间实现自动标注，首先需要将原理图与 PCB 文件进行链接，假设现在你已经分别使用 PADS Logic 与 PADS Layout 打开需要自动标注的文件，如图 5.42 所示。

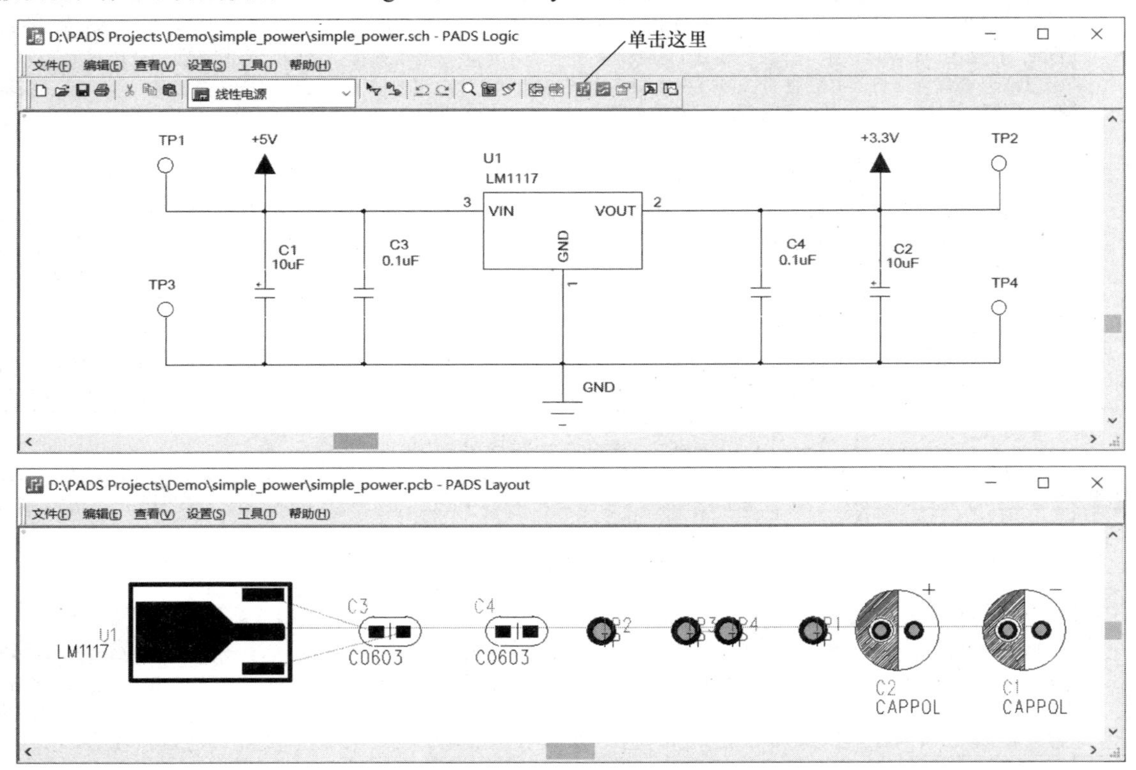

图 5.42　同时打开原理图与 PCB 文件

然后在 PADS Logic 中执行【工具】→【PADS Layout】(或单击标准工具栏上的“PADS Layout”按钮)，即可弹出如图 5.43 所示“PADS Layout 链接”对话框，其中的“文档”标签页内会自动显示与之链接的 PCB 文件的名称。如果在弹出该对话框前同时打开了多个 PCB 文件，一定要在此标签页中确认与原理图链接的 PCB 文件是否正确，如果答案是否定的，你可以单击“新建”按钮，创建一个新的 PCB 文件，或单击“打开”按钮，打开另一个已有 PCB 文件与之链接。

如果在执行链接 PADS Layout 操作前未打开任何 PCB 文件，则会弹出如图 5.44 所示“连接到 PADS Layout”，在其中新建或打开 PCB 文件即可，此处不再赘述。

假设原理图与 PCB 文件已经链接，当你在原理图中选择一个或多个对象时，图 5.45 所示“选择”标签页的“发送选择”组合框内的下拉列表中会显示相应选择的一个或多个对象，而在已链接 PCB 文件中的相应对象就也会同样处于选中状态，这种方式非常有利于进行快速选中元件或按模块进行 PCB 布局，也称为原理图驱动设计（schematic-driven design）。如果已经勾选“接收选择”复选框，当你在 PCB 文件中选中一个或多个对象时，已链接的原理图中相应对象也将进入选中状态，方便吧！

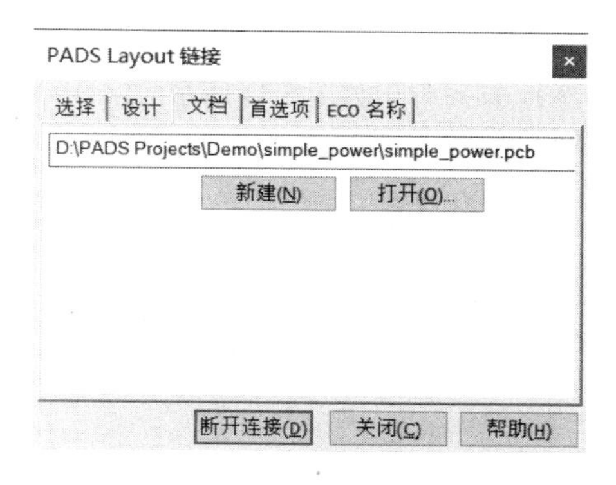

图 5.43　“文档”标签页

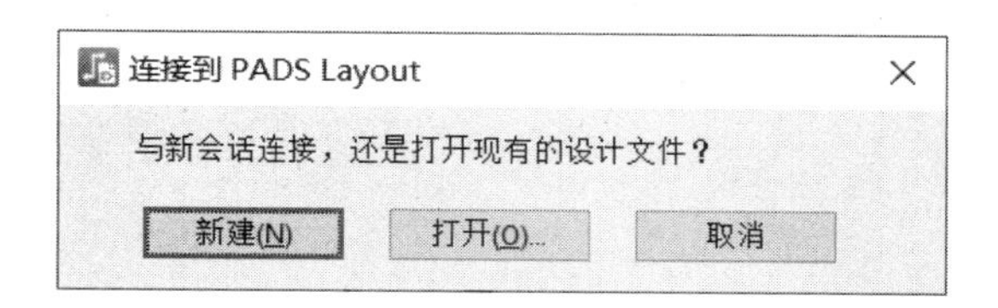

图 5.44　“连接到 PADS Layout”对话框

“设计”标签页中可以实现前述网络表导入、对比、正向标注与反向标注功能，如图 5.46 所示。假设现在已经将原理图链接到一个空的 PCB 文件，只需要单击“发送网表”按钮，即可快速完成网络表的导入工作，而不需要执行“先在 PADS Logic 中进行网络表导出，再到 PADS Layout 中导入 .asc 文件”的烦琐步骤，“在网表中包含设计规则”项则表示是否将设计规则导入到 PADS Layout。如果你只需要对比原理图与 PCB 文件，则单击“比较 PCB”按钮即可；如果需要正向标注，则单击“同步 ECO 至 PCB”按钮即可；如果需要实现反向标注，则单击“同步 PCB 至 ECO”按钮即可。

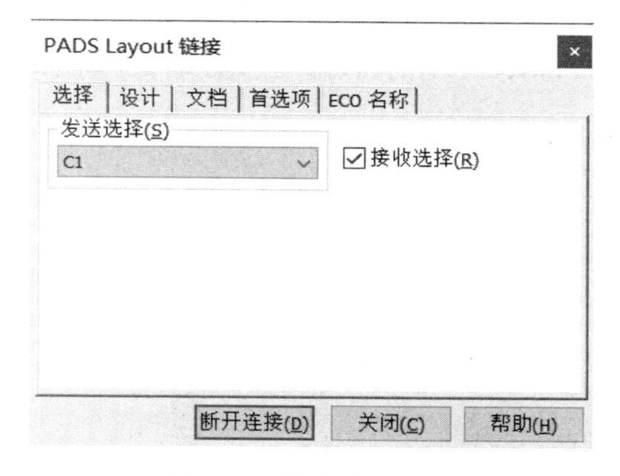

图 5.45　“选择”标签页

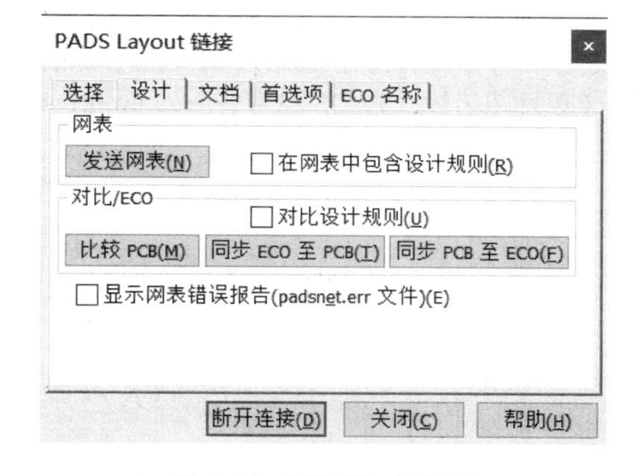

图 5.46　“设计”标签页

对比过程中可以调整的对比参数分别在“首选项”与“ECO 名称”标签页中，分别如图 5.47 与图 5.48 所示，其中的参数与图 4.93 完全相同，此处不再赘述。

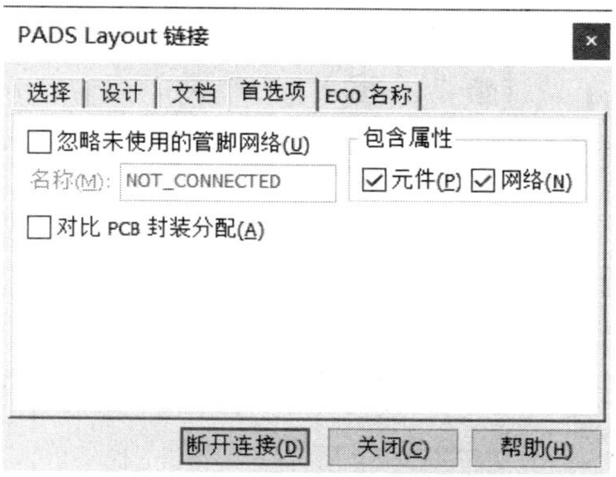

图 5.47　“首选项”标签页

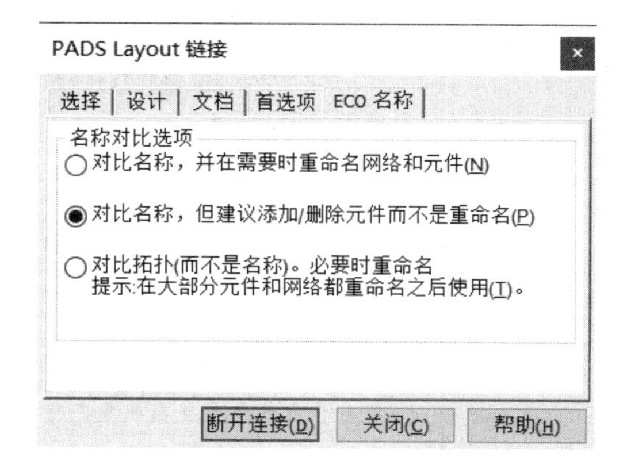

图 5.48　“ECO 名称”标签页

顺便提一下，PADS Logic 也可以与 PADS Router 进行链接，只需要在 PADS Logic 中执行【工具】→【PADS Router】(或单击标准工具栏上的“PADS Router”按钮)，即可弹出如图 5.49 所示“PADS Router 链接”对话框，但其中的交互功能很有限，仅限于实现原理图与 PCB 文件中对象的交互选择功能。

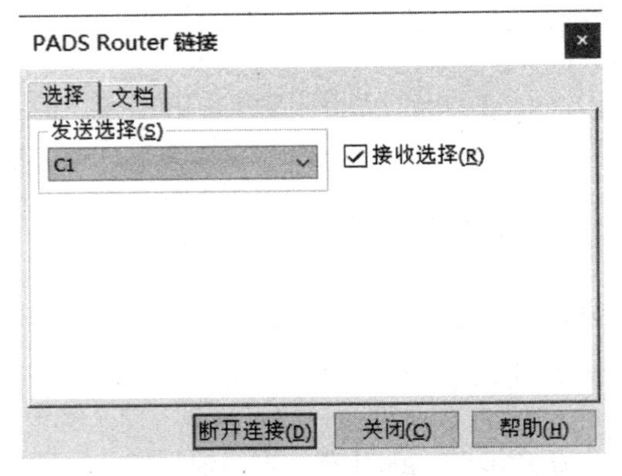

图 5.49 “PADS Router 链接”对话框

5.6.2 PADS Designer

如果你想在 PADS Designer 与 PADS Layout 之间实现自动标注，同样需要先将原理图与 PCB 文件进行链接，假设现在已经分别使用 PADS Designer 与 PADS Layout 打开各自需要链接的文件，如图 5.50 所示（原理图仍然以 PADS 自带的 preview.prj 文件为例）。

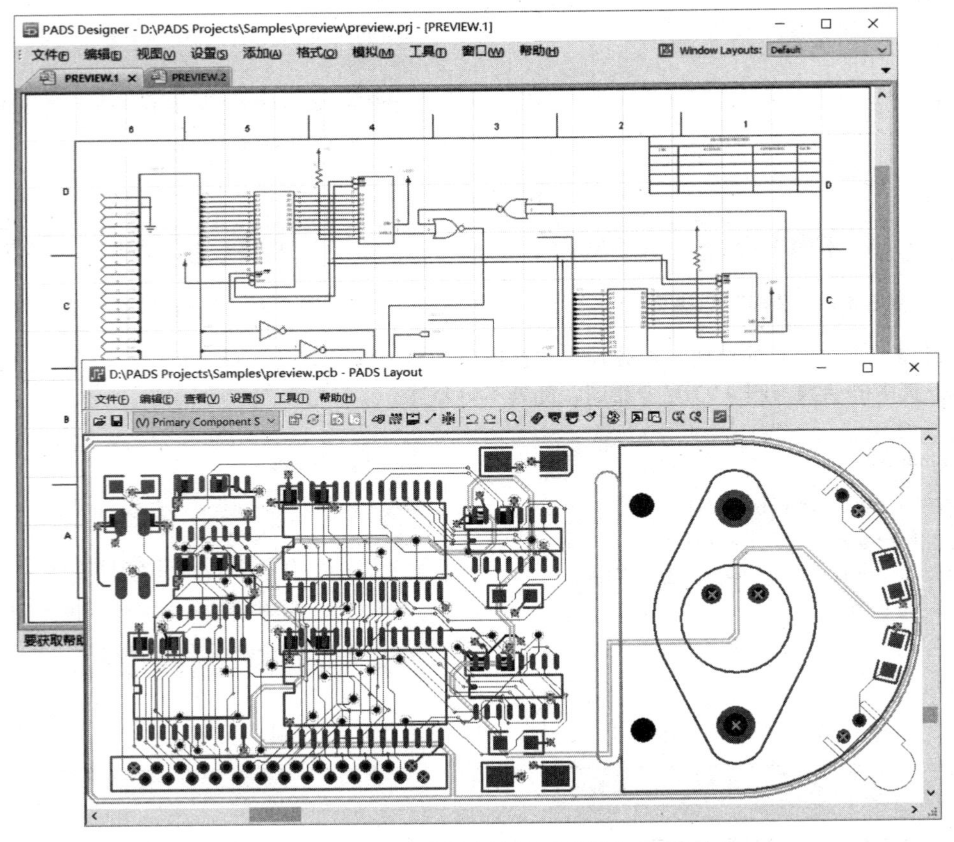

图 5.50 同时打开需要连接的原理图与 PCB 文件

然后在 PADS Layout 中执行【工具】→【PADS Designer】，即可弹出“PADS Designer Link”对话框，首先在“文档”标签页中的“PADS Designer 项目文件”组合框内指定需要链接的 PADS Designer 项目文件（此处为“preview.prj”），然后单击右侧的“连接”按钮，如果原理图与 PCB 连接成功，该按钮名称将会更改为“断开连接”，相应的状态如图 5.51 所示。之后单击下方的“对比设计”“正向同步修改至 PCB”“反向标注自 PCB”按钮，即可完成文件对比、正向标注及反向标注操作，此处不再赘述。

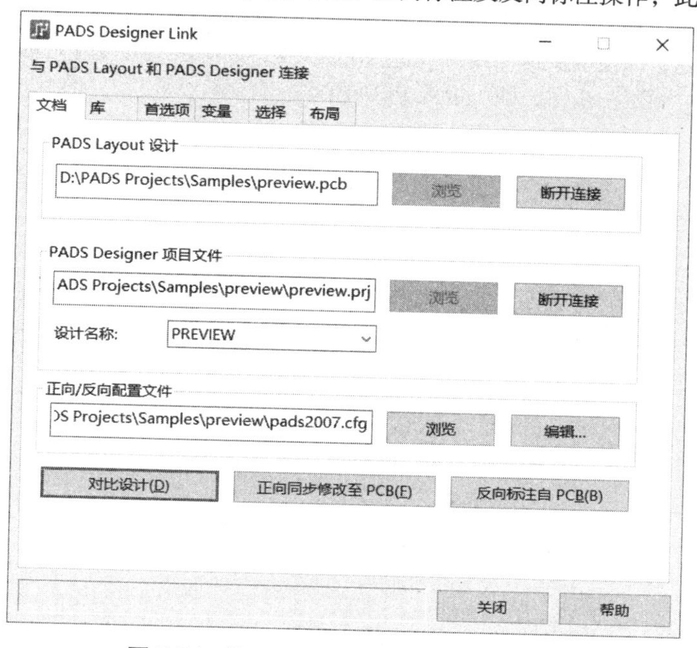

图 5.51　“PADS Designer Link”对话框

5.7　ECO 模式

5.5 节是通过“先修改原理图使其与 PCB 不同步，然后根据 PCB 文件来修改原理图”的方式讨论反向标注操作，但是在实际项目中，更多不同步原因很可能是由于设计者直接修改 PCB 文件中的电气对象（也就修改了网络表）而导致。为了避免意外地修改 PCB 文件的网络连接关系，PADS Layout 不允许设计者在普通布局布线模式下进行与网络表相关对象的修改，否则会弹出如图 5.52 所示提示对话框。如果在特殊场合下非得这么做，你必须首先进入 ECO 模式，在该模式下进行的修改都将以指令的形式记录在 ECO 文件中，后续只需要将其导入 PADS Logic 即可仍然保证原理图与 PCB 文件的同步，本节详细讨论 ECO 模式的具体使用方式。

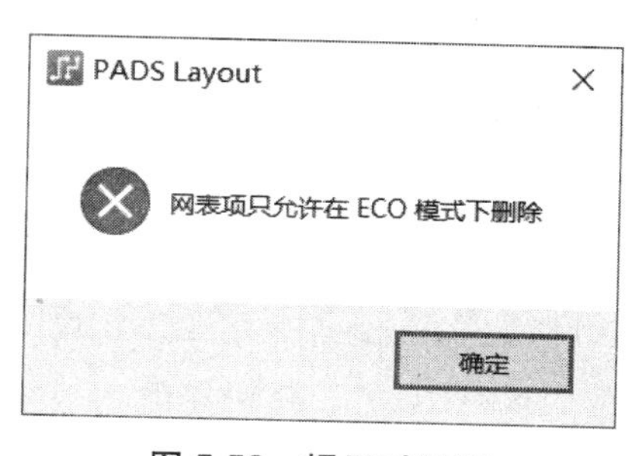

图 5.52　提示对话框

5.7.1　进入 ECO 模式

如果想进入 ECO 模式，只需要在 PADS Layout 中执行【查看】→【工具栏】→【ECO 工具栏】（或单击标准工具栏上的“ECO 工具栏”按钮），即可弹出如图 5.53 所示“ECO 选项”对话框，从中你可以设置在 ECO 模式下的修改是否（或如何）写入到 ECO 文件。“编写 ECO 文件（Write ECO file）”复选框表示是否将 ECO 模式中的修改写入到 ECO 文件，如果你需要将修改反向标注到原理图中，则必须勾选该复选框。“附加到文件（Append to file）”复选框决定你在 ECO 模式中的修改是追加到已有 ECO 文件结尾（相当于多个 ECO 文件放在一个文件中，也就会出现多个“*PADS-ECO-V10.0-MILS*”

与“*END*”字符串，其中包含每一次进入ECO模式所做的修改指令），还是覆盖原来的ECO文件内容重新记录，因为你可以根据需要多次进入或退出ECO模式，如果觉得前面所做的修改不再使用，可以选择清除该项，此时原来的ECO文件内容将会被清空。“文件名”文本框用于指定ECO文件的路径与名称。“关闭ECO工具箱后编写ECO文件（Write ECO File After Closing ECO Toolbar）”复选框允许你选择何时将ECO模式中所做的修改写入指定的ECO文件，如果将其勾选，每次退出ECO模式即会将修改内容写入ECO文件，但是同时会清除撤消缓冲区，也就意味着退出ECO模式后无法执行撤消操作。如果不将其勾选，即使多次退出或再次进入ECO模式，所做的修改总是可以撤消。ECO选项参数设置完毕后，单击“确定”按钮，即可进入ECO模式。

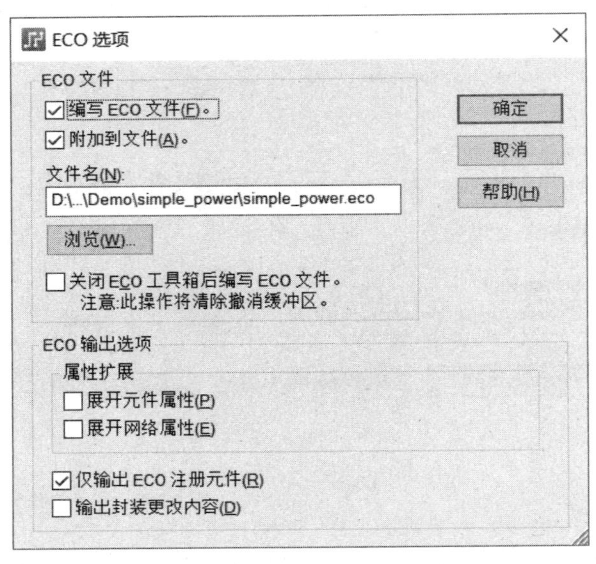

图 5.53 “ECO 选项”对话框

5.7.2 ECO 模式操作

进入ECO模式后，相应的环境将出现ECO工具栏，如图5.54所示，其中大多数工具都对应着5.4.2小节所述ECO文件的某条指令，本小节将详细讨论这些工具的使用方式。

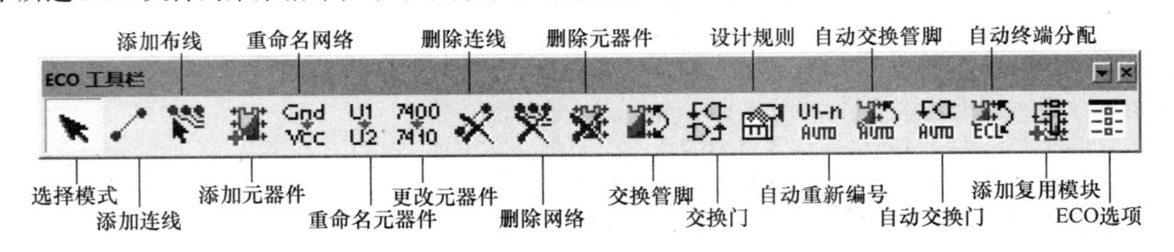

图 5.54 ECO 工具栏

（1）添加连线（Add Connection）：该工具用于在两个元件管脚之间添加网络连线（在PADS Layout中表现出来的就是飞线），单击后即可进入添加连线状态，然后单击某个元件管脚后即可引出一条随光标移动而调整的飞线，接下来只需要在另一个管脚上单击即可添加连线，连续单击多个管脚也会建立相同的网络连接。如果当前的网络连接已经完成（需要对其他网络的管脚对进行连接操作），执行右击后，在弹出如图5.55所示快捷菜单中选择“取消”项即可（此时仍然处于添加连线状态）。你也可以单击“重命名当前网络”项（仅当新的连线添加后才有效），在弹出如图5.56所示“重命名网络”对话框中输入新的网络名称即可（最长47个字符）。如果需要退出添加连线状态，再次单击工具栏上的“添加连线”按钮（或快捷键“ESC”）即可。

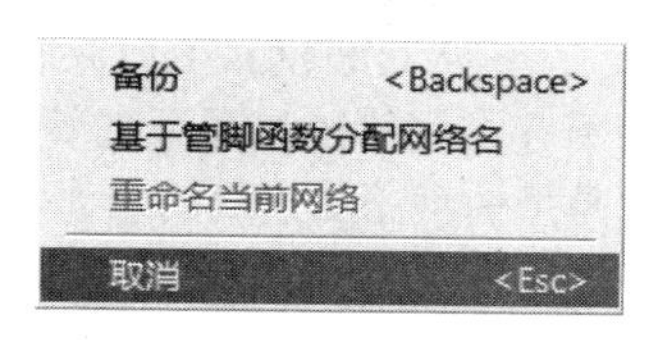

图 5.55　进入添加连线状态后右击弹出的快捷菜单

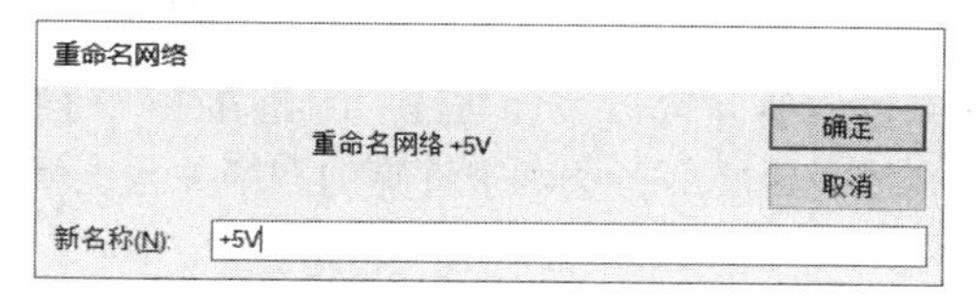

图 5.56　“重命名网络”对话框

图 5.55 所示快捷菜单中的“基于管脚函数分配网络名”项表示在添加连线是否使用管脚函数（翻译不妥，应该是“管脚功能（Pin Function）”，相当于 LM1117 的管脚名称 GND、VOUT、VIN）进行新添加网络命名，这取决于两个管脚的具体状态。如果两个连接的管脚均未定义管脚名称，则 PADS Layout 将自动为添加的连线分配形如 $$$234 之类的网络名称。如果两个连接的管脚之一已经定义管脚名称，则该管脚名称自动成为添加的新连线的网络名，图 5.57 所示添加连线后的网络名称会自动命名为 VIN（假设 SOT-223 封装的第 1 ~ 3 管脚的名称依次为 GND、VOUT、VIN，而电容器的封装均未定义管脚名称）。

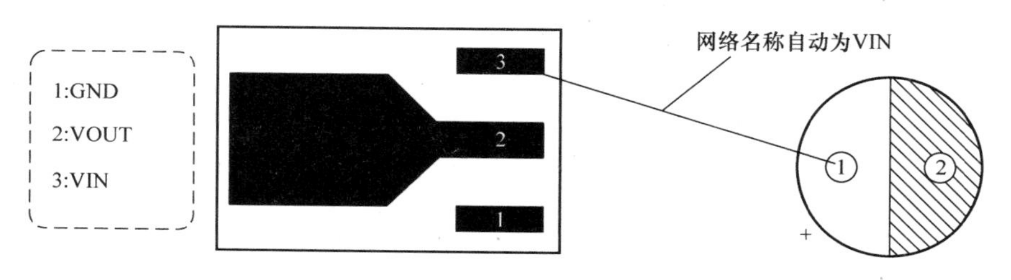

图 5.57　某个管脚已经定义管脚名称

如果两个连接的管脚都已经定义管脚名称，按图 5.58 所示添加连线后，由于两个管脚定义的名称不一致，PADS Layout 会弹出如图 5.59 所示“定义网络名称”对话框，从中你可以决定添加的网络名称。

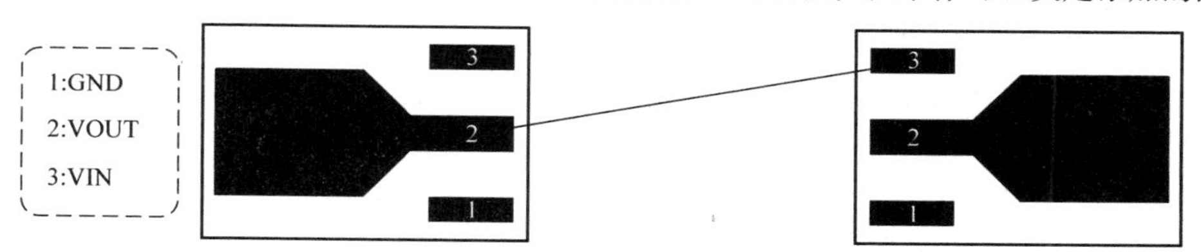

图 5.58　两个管脚都已经定义管脚名称

当然，如果两个管脚本身就有各自的网络连接关系（网络名称不同），无论你是否选择“基于管脚函数分配网络名”，添加连线后都将弹出类似如图 5.60 所示“定义合并网络的名称”对话框，从中需要决定合并后的网络名称（图 5.59 中的管脚原来并无网络连接，所以不存在合并网络的说法）。

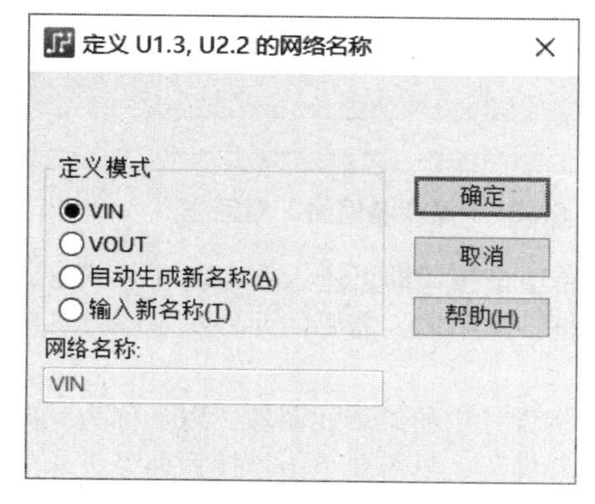

图 5.59　“定义网络名称”对话框

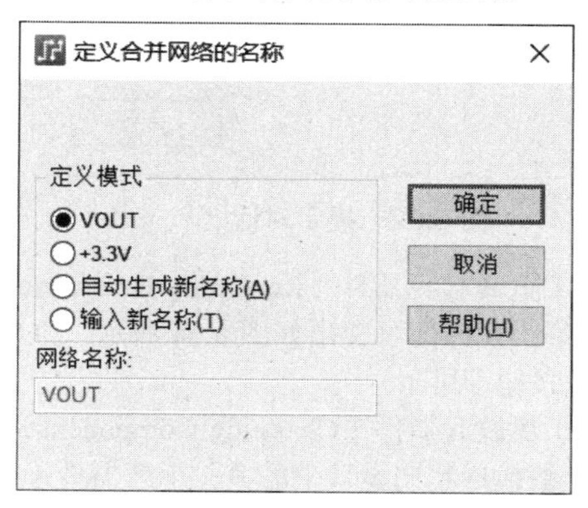

图 5.60　“定义合并网络的名称”对话框

（2）添加导线（Add Route）：添加导线就是 PCB 布线操作，在正常布线模式下，只有存在网络连接关系的管脚才可以添加布线，但是在 ECO 模式中，你可以给不存在网络连接关系的管脚进行布线，一旦布线完成之后，这两个管脚的网络关系也就建立了，相当于是另一种添加连线的操作。

（3）添加元件（Adding Component）ECO 模式中添加元件的操作与 PADS Logic 相似，单击后即可弹出图 5.61 所示“从库中获取元件类型”对话框，选择需要添加的元件再单击“添加”按钮，一个 PCB 封装将会粘在光标上并随之移动，在合适位置单击即可完成并结束元件放置操作，如果需要再次添加元件，则需要再次单击“添加”按钮。

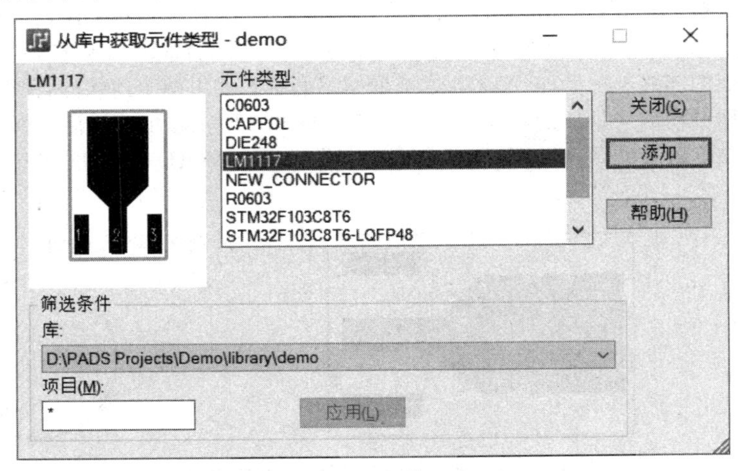

图 5.61 “从库中获取元件类型”对话框

值得一提的是，选择的元件类型在设计中已经存在（例如，连续添加两次相同的元件），PADS Layout 将弹出如图 5.62 所示提示对话框。如果选择的元件类型并不存在于设计，但封装却存在于设计中，就会弹出“封装 < 名称 > 已经存在于设计中，已跳过从库中加载，将使用设计中的数据”对话框（仅当元件类型管脚数量一致时）。另外需要注意的是，如果当前 PCB 文件处于“默认层”模式，你将无法添加处于“最大层”模式的 PCB 封装。

（4）重命名网络（Changing Reference Designators）：单击该按钮即可进入重命名网络状态，然后单击某个管脚或飞线即可弹出如图 5.63 所示“重命名网络”对话框，从中输入需要的网络名再单击“确定”按钮即可。

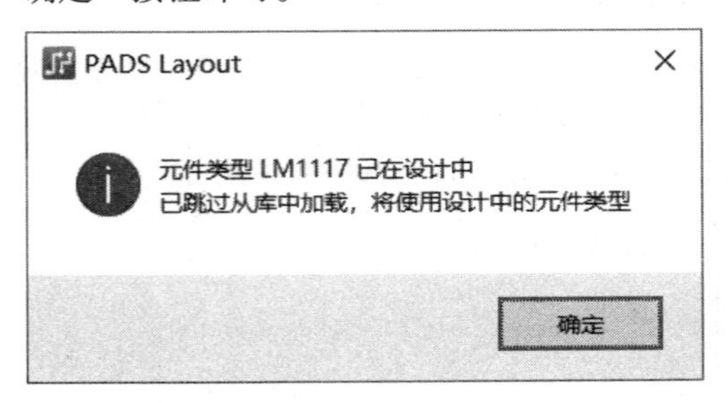

图 5.62 提示对话框

图 5.63 “重命名网络”对话框

（5）重命名元器件（Renaming Reference Designators）：单击该按钮即可进入重命名元件状态，然后单击某个元件即可弹出如图 5.64 所示“重命名元件”对话框，从中输入需要的元件参考编号再单击“确定”按钮即可。

（6）更改元器件（Changing Component）：如果你只是想将设计中的某个元器件（以下称为“原始器件”）替换成相同设计中的另一个元器件（以下称为“目标器件”），只需要单击该按钮即可进入更改元器件状态，然后首先单击需要更改的原始器件，再单击目标器件即可，此时 PADS Layout 将弹出如图 5.65 所示“更改元器件”对话框，你可以根据需要进行操作的确认。如果需要将多个原始器件同时替换为相同的目标器件，你可以先选中多个原始器件，然后再进入更改元器件状态，随后再选择目标器件，之后也将弹出图 5.65 所示对话框供你选择，此处不再赘述。

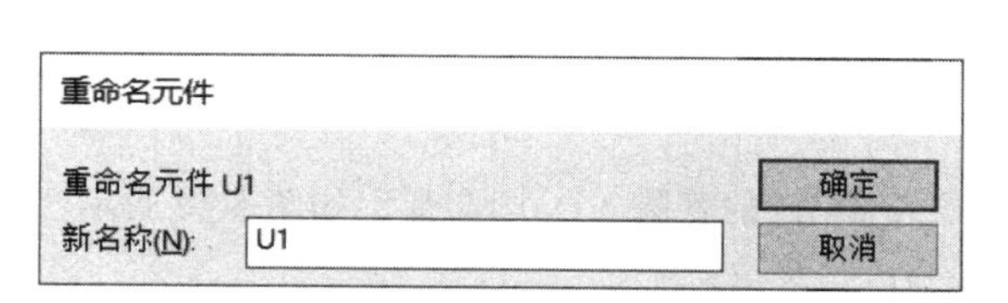

图 5.64　“重命名元件”对话框

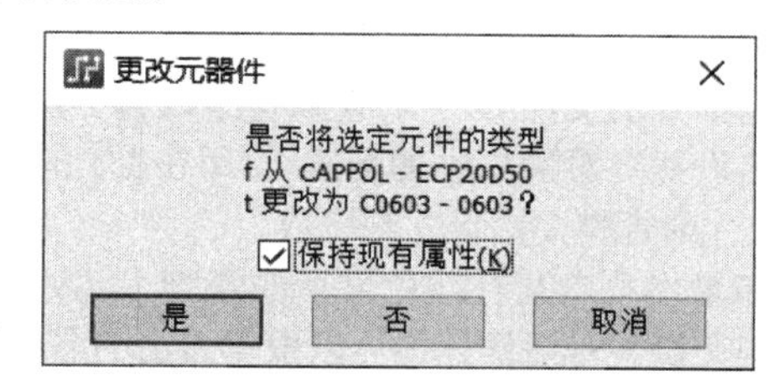

图 5.65　“更改元器件”对话框

如果需要的目标器件并未存在于当前设计，你可以在进入更改元器件状态后，单击原始器件后执行【右击】→【浏览库】，如图 5.66 所示，之后 PADS Layout 将弹出类似如图 5.61 所示“从库中获取元件类型”对话框（只不过其中的“添加”按钮会变成“替换”按钮），找到需要的目标器件再单击“替换”按钮即可。

（7）删除连线（Delete Connection）：单击该按钮即可进入连线（飞线）删除状态，然后单击某飞线即可。

（8）删除导线（Delete Route）：单击该按钮即可进入导线删除状态，然后单击某个导线即可。

（9）删除元器件（Delete Connection）：单击该按钮即可进入元器件删除模式，然后单击某个元件，即可弹出如图 5.67 所示“删除元件”对话框，你还可以决定是否删除与该元器件相关的布线，最后单击“确定”按钮即可。

图 5.66　浏览库

图 5.67　“删除元件”对话框

（10）交换管脚（Swapping Pins）：如果你想交换管脚，首先需要在元件类型中定义交换 ID，以 preview.pcb 中的元件 U5（CD4001B）为例，相应的管脚分配信息如图 5.68 所示，其中每个门中都定义了管脚交换 ID 值 1，这也就意味着，门 -A 的管脚 1 与管脚 2、门 -B 的管脚 5 与管脚 6、门 -C 的管脚 8 与管脚 9、门 -D 的管脚 12 与管脚 13 分别可以交换。

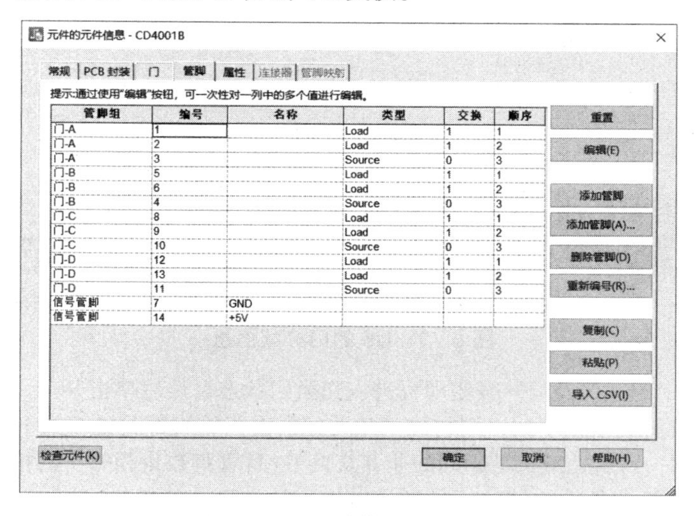

管脚组	编号	名称	类型	交换	顺序
门-A	1		Load	1	1
门-A	2		Load	1	2
门-A	3		Source	0	3
门-B	5		Load	1	1
门-B	6		Load	1	2
门-B	4		Source	0	3
门-C	8		Load	1	1
门-C	9		Load	1	2
门-C	10		Source	0	3
门-D	12		Load	1	1
门-D	13		Load	1	2
门-D	11		Source	0	3
信号管脚	7	GND			
信号管脚	14	+5V			

图 5.68　U5 的管脚分配信息

单击 ECO 工具栏中的“交换管脚”按钮即可进入交换管脚状态，然后单击 U5 某个元件管脚，此管脚将处于选中状态。如果该管脚未定义非 0 交换 ID，则该门中的其他管脚将以另一种互补颜色显示。如果该管脚定义了非 0 交换 ID，则该门中相同交换 ID 的管脚会处于亮显状态，其他与非 0 交换 ID 不同（包括 0 值交换 ID）的管脚将会以另一种互补颜色显示（具体的普通、选择、亮显颜色取决于“显示颜色设置”对话框中的配置），单击 U5 的管脚 1 后的状态如图 5.69 所示。如果你再单击高亮显示的管脚 2，则管脚交换将立刻完成。

如果你单击互补颜色显示的管脚（此处为未定义交换 ID 的管脚 3），则会弹出如图 5.70 所示“确认管脚交换”对话框，你可以根据自己的需求决定是否进行交换。

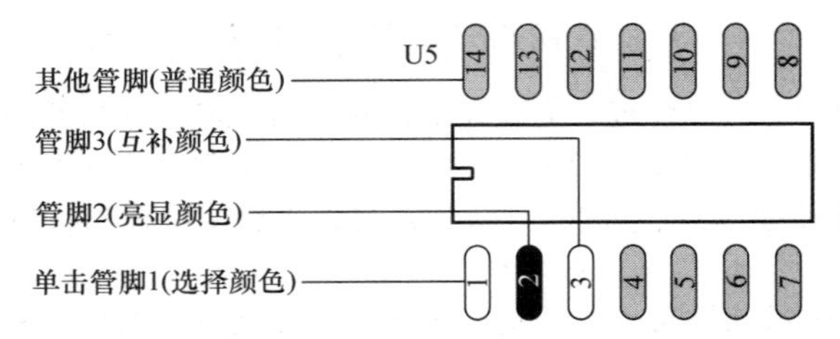

图 5.69　在管脚交换状态下单击管脚 1 后的状态

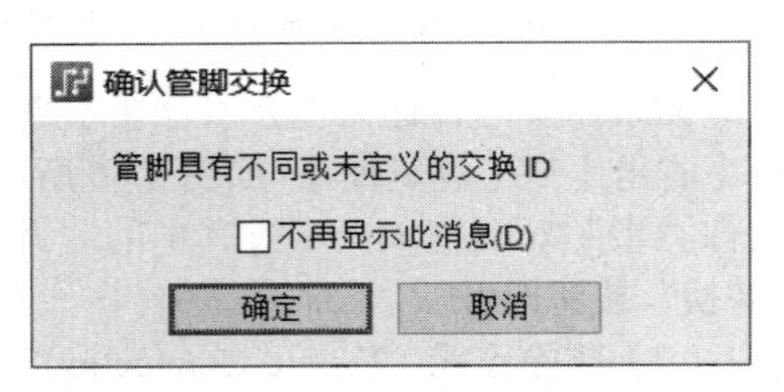

图 5.70　“确认管脚交换”对话框

另外，还有一个自动交换管脚（Auto Swap Pins）工具，单击该按钮，即可根据最短总未布线管脚对长度（shortest total unrouted pin pair lengths）自动交换所有具有相同非 0 交换 ID 的管脚，此处不再赘述。需要特别注意的是，已经设置管脚对设计规则，或被粘住（glued down）的连接器，或者存在相关处于保护（protected）导线与复用单元的管脚无法参与管脚交换。

（11）交换门（Swapping Gates）：如果你想交换门，首先需要在元件类型中定义交换 ID，同样以 preview.pcb 中的元件 U5 为例，相应的门分配信息如图 5.71 所示，其中的每个门都定义了门交换 ID 值 1，这也就意味着，门 -A、门 -B、门 -C、门 -D 可以互相交换。

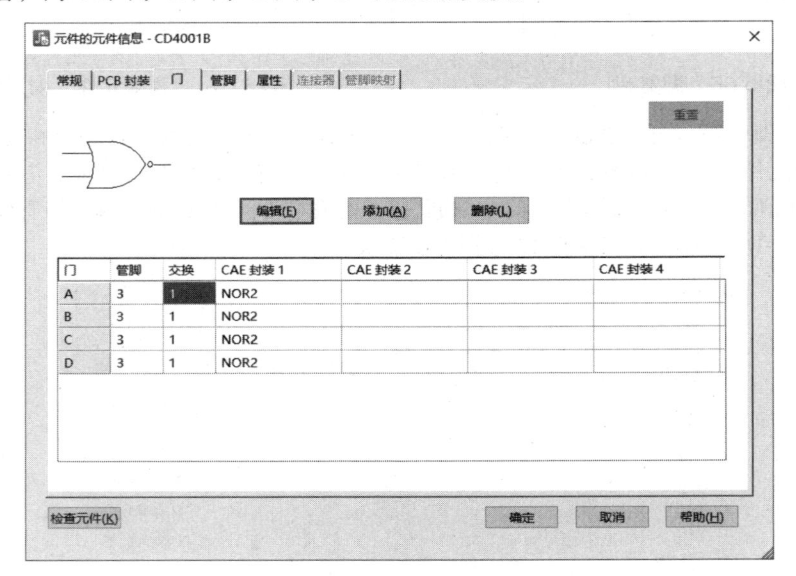

门	管脚	交换	CAE 封装 1	CAE 封装 2	CAE 封装 3	CAE 封装 4
A	3	1	NOR2			
B	3	1	NOR2			
C	3	1	NOR2			
D	3	1	NOR2			

图 5.71　U5 的门分配信息

单击 ECO 工具栏中的“交换门”按钮即可进入交换门状态，然后单击某个元件管脚，此管脚将处于选中状态。如果该管脚属于某个门，则与该门相关的所有门管脚都将处于选中状态，如果元件中的其他门与选中的门在同一封装、定义了相同的非 0 交换 ID 且管脚数量相等，则相应的门的所有门管脚都将处于高亮状态，不符合条件的门的管脚则显示为互补颜色。单击 U5 的管脚 1 后的状态如图 5.72 所示，管脚 4 ~ 6、8 ~ 10、11 ~ 13 分别属于另外 3 个门，它们都将处于亮显状态。

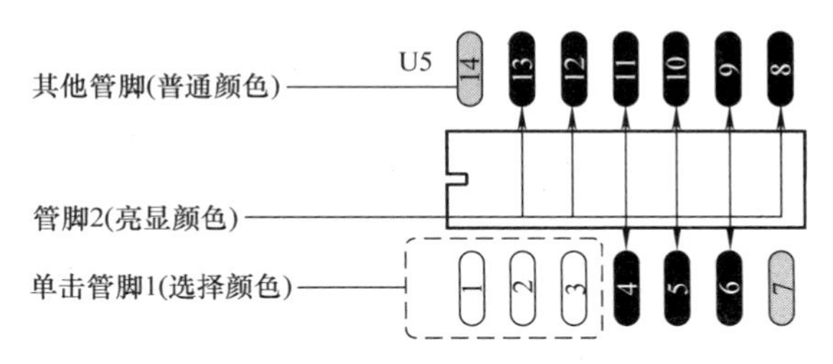

图 5.72　在门交换状态下单击管脚 1 后的状态

另外，还有一个自动交换门（Auto Swap Gate）工具，单击该按钮即可根据最短总未布线管脚对长度自动交换所有门，此处不再赘述。需要特别注意的是，如果管脚已经设置管脚对设计规则，或者存在相关处于保护（protected）导线，或在物理设计复用（physical design reuse）中，门交换操作将无法完成。

（12）自动重新编号（Auto Renumbering）：单击该按钮即可弹出如图 5.73 所示"自动重新编号"对话框，大部分参数与图 4.41 所示对话框相似，有所不同的是，PCB 文件中的元器件可以放置在顶层与底层，如果你想对两层元器件都进行重新编号，只需要勾选"两面连续编号"复选框即可，如果想对两层放置的元器件单独重新编号，清除"两面连续编号"复选框（此时"底面"组合框中的"起始位置"与"增量"项将处于有效状态），并指定各层的参考编号起始位置与增量即可。需要注意的是，如果 PCB 文件中的顶层（或底层）不存在元件，对话框中"顶面"（或"底面"）组合框将无效。

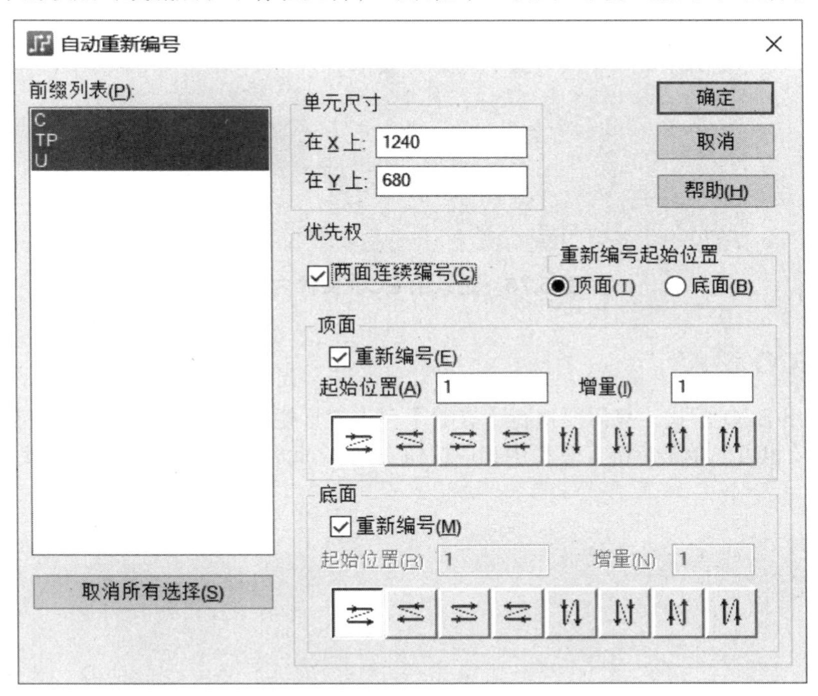

图 5.73　"自动重新编号"对话框

5.7.3　记录与对比产生 ECO 文件

当工程修改完成后，只需要将生成的 ECO 文件导入到 PADS Logic 中即可完成反向标注操作。有人可能会想：跟两个文件比较而产生的 ECO 文件好像差不多！的确很相似，但是使用 ECO 模式记录的 ECO 是更好一种方式，为什么这么说呢？举个例子，假设有 5 个并联的电容器，为方便描述将其以"参考编号从左至右依次增加的"方式排列，对应的 PCB 文件中也同样如此，如图 5.74 所示。

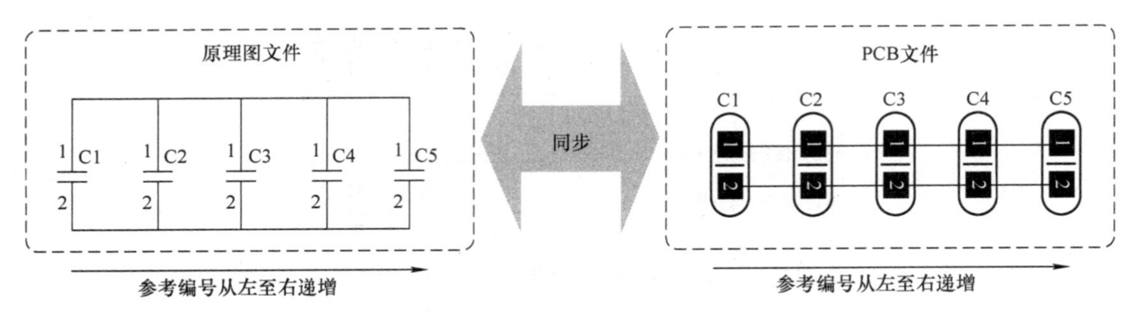

图 5.74　同步的原理图与 PCB

现在你使用 ECO 模式中“自动重新编号”功能将 PCB 文件中的参考编号全部反过来编号（即从左至右递减的方式），从设计的角度来讲，此时原理图与 PCB 并不同步，因为 PCB 中的元件有各自不同的空间位置。当你将 ECO 模式中记录的 ECO 文件导入到 PADS Logic 后，原理图文件中的元件参考编号也将以“从左至右递减”的方式修改，也就达到想要的同步效果。但是如果你使用手工对比两个文件的方式（自动标注操作中的“同步 PCB 至 ECO”也是如此），结果却是“没有差异”，仅仅从电气方面来判断，报告结果并没有问题，因为这些电容器的类型与网络连接关系完全相同，但很明显，对比结果并非你所需。之所以记录 ECO 文件的方式会能够达到想要的同步效果，是因为其会记录每次修改前后的参考编号，具体内容如图 5.75 所示：

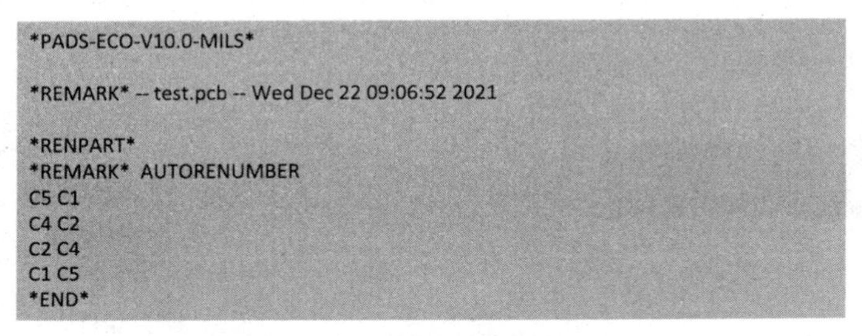

```
*PADS-ECO-V10.0-MILS*

*REMARK* -- test.pcb -- Wed Dec 22 09:06:52 2021

*RENPART*
*REMARK*  AUTORENUMBER
C5 C1
C4 C2
C2 C4
C1 C5
*END*
```

图 5.75　记录的 ECO 文件内容

5.7.4　退出 ECO 模式

如果你想退出 ECO 模式，只需要执行【查看】→【工具栏】以显示或隐藏（除标准工具栏外的）任意工具栏即可（也可以单击标准工具栏中相应按钮实现），此时 ECO 工具栏将会隐藏起来。

第 6 章　PADS Layout 预处理

当网络表顺利导入到 PADS Layout 之后，就可以正式开始进行 PCB 布局布线方面的设计工作了，与原理图设计相似，很多时候，你可能还需要在此之前进行一些必要的预处理操作（包括叠层、焊盘栈、钻孔对、跳线、显示颜色、启动文件、设计规则、选项等参数的配置），以符合不同项目的特殊需求以及设计者本身的工作习惯。当然，这些预处理操作的实施并非总是必需，因为默认的配置也许已经能够满足需求。值得一提的是，由于“设计规则”与“选项”配置涉及的内容比较多，所以本书决定在第 7 章与第 8 章分别单独进行详尽阐述，你可以根据自己的习惯选择是否在 PCB 布局布线前进行阅读，而本章的内容则主要集中在叠层、焊盘栈、钻孔对、跳线、显示颜色、启动文件的配置。

6.1　PCB 生产工艺流程

如果能够简单了解一下多层 PCB 生产工艺流程，将非常有助于深刻理解 PADS Layout 预处理存在的意义。需要注意的是，PCB 的具体分类依据有很多，包括但不限于结构（层数）、材料（有机或无机）、软硬程度（刚性或柔性）、适用范围等，本节仅针对目前应用最广泛的基于刚性玻璃纤维基板的 PCB，当然，实际 PCB 制造所需的工序非常多，本节仅简要阐述与预处理操作关系比较密切的那些工序。

6.1.1　内层线路

多层 PCB 由多个板层叠加起来，所以 PCB 制造流程都是从单个板层开始，它通常是单面或双面覆有铜箔的基材，如图 6.1 所示。其中，基材的主要作用是物理支撑与电气绝缘，比较常用的基材类型是代号为 FR4 的玻璃纤维环氧树脂覆铜板，而基材上覆着的铜箔就是 PCB 实现电气连接的基础，你在 PCB 布局布线时完成的线路图最终将会由铜箔“绘制”而成。

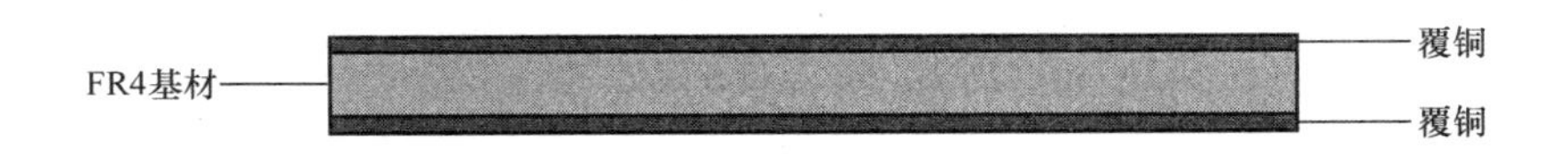

图 6.1　双面覆有铜箔的 FR4 基材

怎么样在整块铜箔上绘出想要的线路呢？首先你需要将 PCB 文件的每一层导线图形“绘制”到每一张菲林（film），从肉眼观察的角度来看，绘制完毕的菲林通常就是上面有黑色（或棕色）图形的透明塑料薄片（与以前老式相机所用胶卷的概念相似），按具体形式可分为正片与负片，如图 6.2 所示。所谓“正片”是指你看到的黑色（或棕色）图形就是实际铜箔（即后续蚀刻工序中需要保留的铜箔区域），优点是所见即所得。“负片”则恰好相反，你在菲林上看到的黑色（或棕色）图形就是无铜箔区域（即后续蚀刻工序中需要被去掉的铜箔区域），在特定的场合下能够节省文件尺寸与处理时间。假设某板层是一块“只存在一个钻孔的”大面积铜箔，使用正片方式需要大量存储空间来记录铜箔信息（因为你需要使用光圈“绘制”菲林，也就需要相应的光圈尺寸与坐标信息，详情见 11.9.1 小节），但使用负片方式则只需要记录一个钻孔的信息即可。当然，并没有规定哪个板层必须得使用正片或负片，而且由于存储设备的快速发展，不同文件大小之间的差别几乎可以忽略，所以很多工程师更喜欢使用正片（以下描述均以正片菲林为例）。

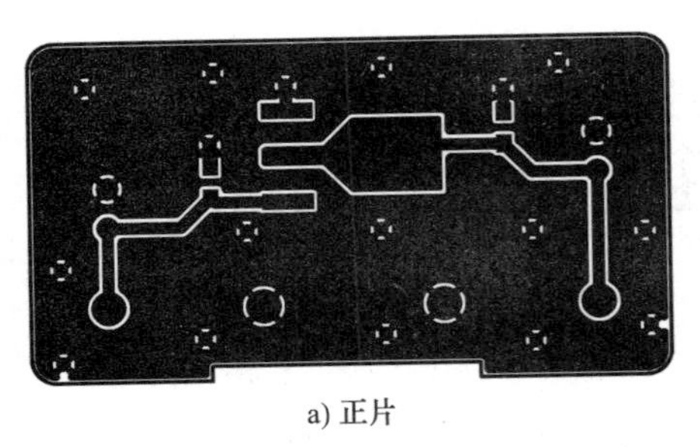
a) 正片

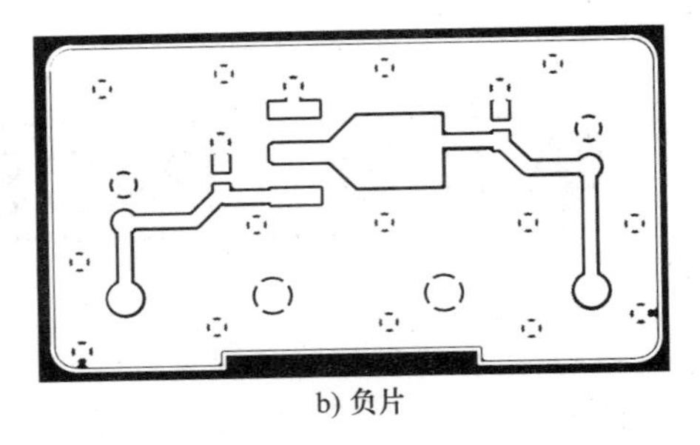
b) 负片

图 6.2　不同形式的菲林

为了完全按照 PCB 文件进行线路绘制，你需要使用蚀刻法选择性地去除铜箔，同时还得保护需要保留的铜箔不受蚀刻，所以在蚀刻前会将抗蚀膜以热压的方式贴到铜箔表面形成保护层，此时整块铜箔都处于受保护状态（也就意味着蚀刻药液无法腐蚀掉铜箔）。接下来，将菲林覆盖在已经贴上抗蚀膜的基板后进行紫外线曝光，此时被菲林图形遮挡的抗蚀膜仍然还存在，而其他抗蚀膜则已经被紫外线分解。然后在显影工序中将曝光后的基板放在化学槽中清洗不需要（曝光后）的抗蚀膜。换言之，经过显影工序后，现在有保护作用的抗蚀膜图形与（正片）菲林相同。紧接着，将显影后的基板放到蚀刻液中，将露出的铜箔腐蚀掉就得到了所需要的线路。最后，在去膜工序中利用强碱溶液褪除抗蚀膜而露出线路图形，整个内层线路制作过程示意如图 6.3 所示。

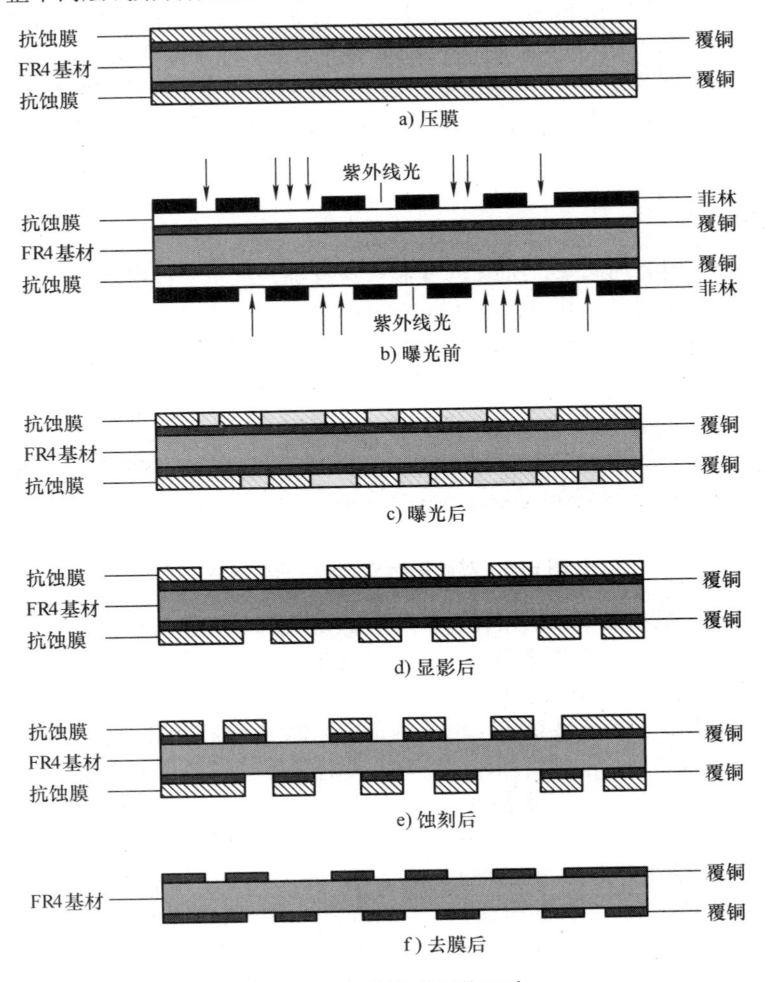

图 6.3　内层线路制作工序

6.1.2　层压

内层线路制造完成后需要使用热压方式将多张基板压成多层板，即压合工序。多张基板之间使用预浸环氧树脂薄片连接起来，也称为半固化片或预浸层（prepreg），其也起到物理支撑与绝缘的作用，你可以理解为两层基板或基板与大片铜箔（此时铜箔通常是最外层）之间的粘合剂，而原来本身覆铜的基材则称为芯层（core）。预浸层与芯层总是交替叠放，它们具有相同的介质常数，在压合工序中，预浸层受挤压而流动并凝固，形成绝缘层的同时将多个基板粘合在一起，其厚度决定了相邻芯层的间距。以 6 层板为例，比常较用的层压方式有 2 种，可以将 3 个双面覆铜的芯层通过 2 个预浸层粘合起来，也可以先使用 1 个预浸层粘结 2 个双面覆铜的芯层，然后在外层再使用 2 个预浸层粘合铜箔层，如图 6.4 所示。

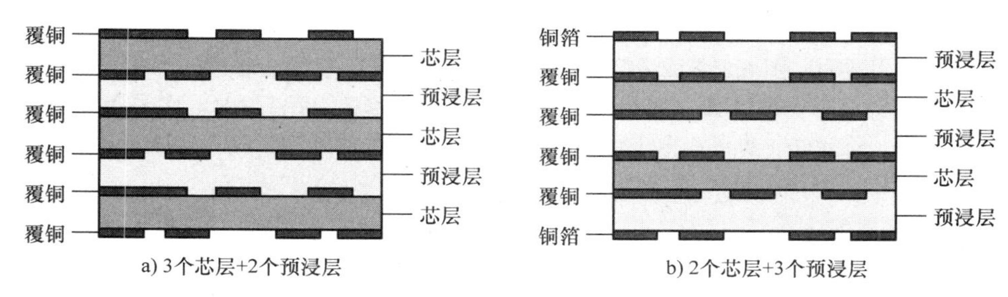

图 6.4　6 层板的 2 种层压方式

6.1.3　钻孔

到目前为止，多个基板只是被压合形成为一个整体，但各个板层的线路之间暂时并不存在电气连接，为此还需要制作金属化过孔。首先通过装配车间进行钻孔穿透内部的各层（与不同的铜箔层相接触），如图 6.5 所示。钻孔完毕后通过化学沉积的方式使钻孔表面沉积厚度约几十微英寸的化学铜，之后还会进一步镀上更厚的铜以保护化学铜不被后续工序破坏，此时各层铜箔导线才真正存在电气连接关系。

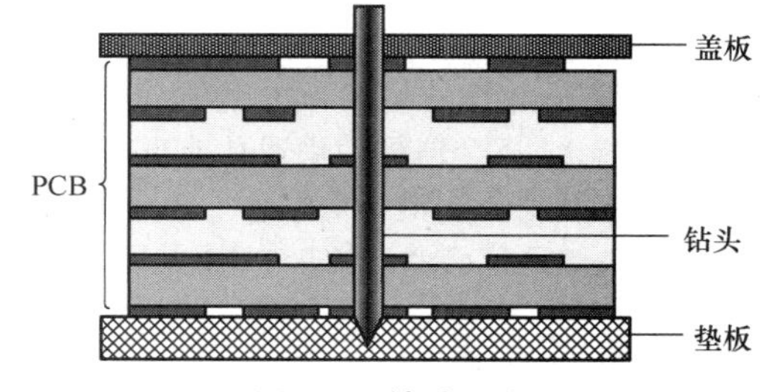

图 6.5　钻孔工序

高密度互连（High Density Interconnection，HDI）PCB 中使用钻孔很小（一般不大于 0.2mm）的盲埋孔，此时通常采用激光成孔方式。激光成孔的次数（阶数）也是 HDI PCB 的划分依据之一，阶数越高，工艺越复杂，因为压合的次数也越多。图 6.6a 为 1 阶 PCB，因为在压合工序后进行 1 次激光成孔即可，图 6.6b 为 2 阶 PCB，因为将第 2 ~ 7 层压合后需要进行 1 次激光成孔工序，紧接着将第 1 与第 8 层压合后需要再进行一次激光成孔工序，即 2 个一阶工艺。

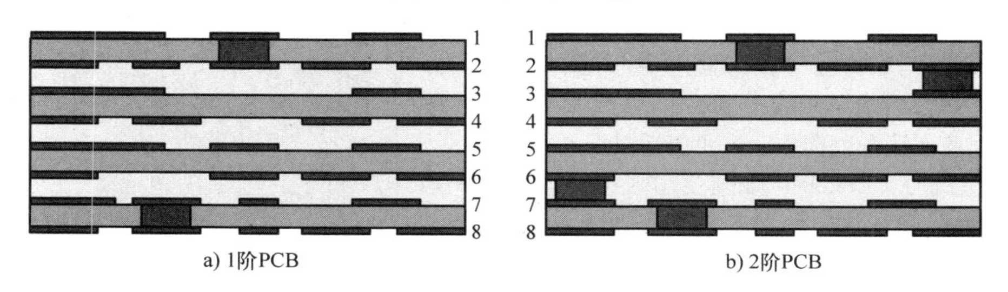

图 6.6　HDI PCB

经过钻孔工序后，如果外层表面还是整块铜箔（没有线路），同样需要进行压膜、曝光、显影、蚀刻等工序，此处不再赘述。

6.1.4 丝印

丝印工艺主要包括阻焊与字符。阻焊（Solder Mask）俗称为“绿油”，用于将 PCB 上（除需要焊接的通孔与焊盘之外）的所有线路及铜箔覆盖住，防止焊接时造成桥接现象，同时也可以达到保护 PCB 的目的。阻焊层的制作也需要进行曝光、显影等步骤，刚开始时将 PCB 所有地方（包括焊盘）都刷上阻焊油，然后将（根据 PCB 文件中导出的阻焊层图形绘制的）菲林放在 PCB 上进行曝光、显影等步骤。仍然需要注意的是，阻焊层的菲林通常是负片形式，即需要去除绿油的区域为黑色（或棕色），而需要保留绿油的区域为透明，图 6.7 所示为第 2 章小项目对应的顶层阻焊的菲林。

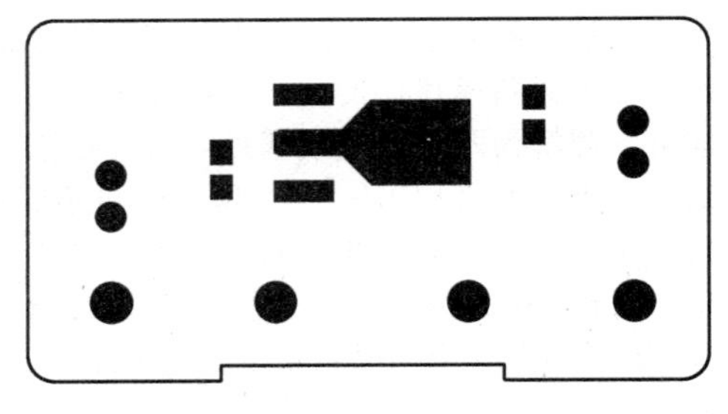

图 6.7 顶层阻焊的菲林

字符的处理相对简单一些（无需菲林），只需要在 PCB 上印上元件编号、名称等字符即可。最后为了方便后续焊接，还会进一步对铜箔进行电镀或沉铜之类的表面处理工序，此处不再赘述。

6.2 叠层

当一座高楼平地而起时，开发商对其都会有预期规划的类型（例如写字楼、酒店、公寓等），每一栋楼房的楼层也有其独特的配置方式，有的将第二层作为食堂，第四层做为展厅，其他楼层作为办公区域出租，所有的楼层配置可以看作是楼房的“叠层”。同样，PCB 也有其相应的叠层，或者说，PCB 叠层就是楼房楼层的压缩版。

在进行 PCB 设计过程中，你经常会看到单面、四层、八层、二十层甚至更多板层的 PCB（相当于楼房的楼层），也会面临将 PCB 的哪一些层作为平面层（地或电源）或布线层的抉择（相当于楼层使用功能的选择），还会遇到使用通孔或盲埋孔的场合（相当于电梯的配置），也许刚刚还在为项目应该作为高速板还是普通板设计而发愁（相当于楼房类型）等其他方方面面与 PCB 相关的问题，其实这些都与叠层相关，而你已经正忙于 PCB 叠层的配置工作。

6.2.1 叠层配置

在 PADS Layout 中执行【设置】→【层定义】即可弹出如图 6.8 所示“层设置（Layers Setup）”对话框，从中可以根据项目需求进行叠层的相关配置。

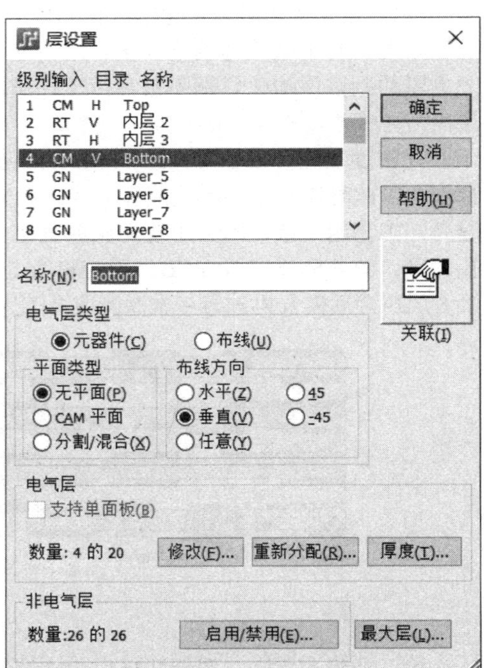

图 6.8 “层设置”对话框

1. 板层列表（Layer List）

该列表框显示已经配置的所有板层参数，你可以从中选择板层进行相应的设置，“层设置”对话框中大部分选项都是针对被选中的板层。当选择不同的板层时，其他选项会相应有所改变（换言之，如果要配置某板层的相关参数，首先应该在“板层列表”内选中该层），修改选项后的信息也会简要地反应在该列表框中，主要包括以下 4 类信息。

（1）板层编号（Level）：该列使用阿拉伯数字惟一标识每一个板层。（笔者注：原列名为“级别”）

（2）类型（Type）：该列使用两个英文字符缩写显示相应的板层类型，电气层（即存在铜箔的板层）相关的类型见表 6.1，它们随该对话框中“电气层类型”与“平面类型”组合框内的参数配置而变化（笔者注：原列名为“输入”）。

表 6.1 电气层相关的类型

板层类型	描 述
CM	元件与无平面（Component and No Plane）
CP	元件与 CAM 平面（Component and CAM Plane）
CX	元件与分割 / 混合平面（Component and Split/Mixed Plane）
RT	布线与无平面（Routing and No Plane）
PL	布线与 CAM 平面（Routing and CAM Plane）
RX	布线与分割 / 混合平面（Routing and Split/Mixed Plane）

（3）方向（Direction）：该列使用单个字符显示板层的布线方向，主要包括水平（Horizontal，H）、垂直（Vertical，V）、任意（Any，A）、45（/）、-45（\），具体显示的字符随该对话框中“布线方向”组合框内的参数配置而变化。（笔者注：原列名为“目录”，对应英文简称“Dir”并非代表“Directory”）

（4）名称（Name）：该列用于显示板层的名称，顶层与底层默认分别为 Top 与 Bottom，其他大部分**可以**作为电气层的板层则默认以“Layer_+ 数字”的格式命名。当你添加更多电气层时，中间层将使用“内层（Inner_Layer）_+ 数字”的格式命名。

2. 名称（Name）

当板层数量很少时，你可以简单地使用默认的“内层 2”“内层 3”“内层 4”等作为每一个板层的名称，但是当层数达到 10 层甚至更多时，每一层都会有特定的配置类型（或作为布线层，或作为电源或地平面），此时层与层之间的切换与定位将显得非常困难，就像你想与新同学交流或联系时，班上同学是命名为 A0、A1、A2…方便，还是以各个不同的姓名称呼更好呢？很明显是后者！同理，“对每个板层赋予一个有意义的名称”能够更方便地定位需要的板层。

当你在“板层”列表框内选中某层后，该板层对应的行将会高亮显示，此时即可在“名称”文本框中输入该板层对应的名称。例如，PADS 自带的 preview.pcb 文件中，第 1、2、3、4 层分别被命名为主要元件层（Primary Component Side）、地平面（Ground Plane）、电源平面（Power Plane）、次要元件层（Secondary Component Size）。需要注意的是，名称仅仅只是名称而已，假设某一板层的名称被设置为“地平面”，但是却并不妨碍实际将其作为电源平面或布线等其他用途，只要你具备将简单问题复杂化的“大无畏”精神。

3. 电气层类型（Electrical Layer Type）

该组合框仅在“板层”列表中选择指定范围内的**电气层**才会出现，从中可以指定当前选中的板层的电气层类型是“元器件”还是“布线”。当你指定电气层的数量后，指定范围内的第一层与最后一层的默认电气层类型为“元器件”，也就意味着可以用于元器件布局（当然，你也将电气层类型修改为“布线”）。例如，默认的 2 层板中，编号为 1 与 2 的板层默认分别为顶部与底部元件层。当你添加更多的电气层时，最后一个电气层将成为新的底层。例如，现在将叠层数配置为 4，则编号为 1 与 4 的板层分别为顶层与底部元件层，而内层的电气层类型总是“布线”，因为你不太可能在内层放置元器件。值得一提的是，并非所有编号的板层都是电气层，最后一个电气层下面都是非电气层，它们主要将文本或图线对象应用于特定用途（例如，装配、阻焊或助焊层等）。

如果你将某电气层的电气层类型设置为“元器件”，该对话框右侧将出现一个“关联（Associations）”按钮，单击即可弹出如图 6.9 所示“元器件层关联性（Component Layer Associations）”对话框，从中可以为该元器件层关联丝印、助焊层、阻焊层、装配等文档层，通常不需要做任何修改。值得一提的是，该对话框设置的关联层会反应在 CAM 输出

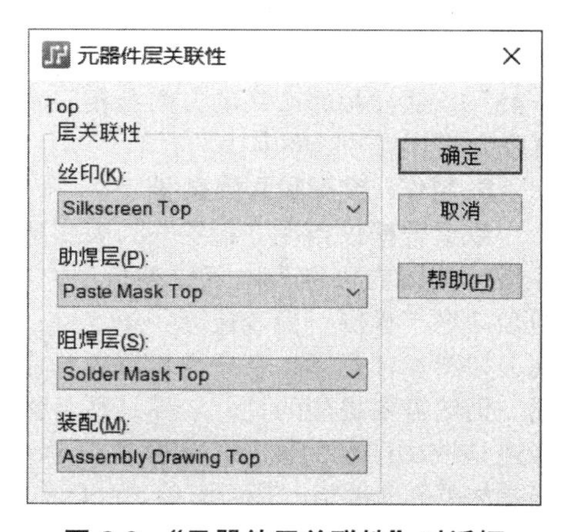

图 6.9 “元器件层关联性”对话框

阶段。例如，你将顶层丝印与顶层关联，那么当你添加顶层丝印文档作为 CAM 输出时，顶层丝印上的所有对象将会自动添加到 CAM 文档中，详情见 11.9.3 小节。

4. 平面层类型（Plane Type）

该组合框针对所有电气层，其中包括无平面、CAM 平面、分割 / 混合共 3 种选项，“无平面”类型板层一般指信号布线层，也是在 PCB 设计过程中使用得最多的类型。“CAM 平面”类型板层一般以负片形式输出 CAM 文档。在实际 PCB 设计过程中，一般会把地平面（Ground）设置为“CAM 平面”。“分割 / 混合”类型板层可以用来处理电源和地层（其中也可以布线），一般以正片形式输出 CAM 文档。当然，设置电气层的平面类型并非必须，换言之，即便将所有电气层都设置为“无平面”类型，你仍然可以将某个电气层作为电源或地平面来设计，主要取决于设计者的习惯。

当某电气层被定义为“CAM 平面”或“分割 / 混合”类型板层时，对话框右侧即可出现“分配网络（Assign）”按钮，单击后即可弹出如图 6.10 所示“平面层网络（Plane Layer Nets）”对话框，从中你可以为该平面层分配网络，后续“与该板层分配网络相同的”过孔或通孔焊盘将自动与该板层产生电气连接，详情见 11.3 节。

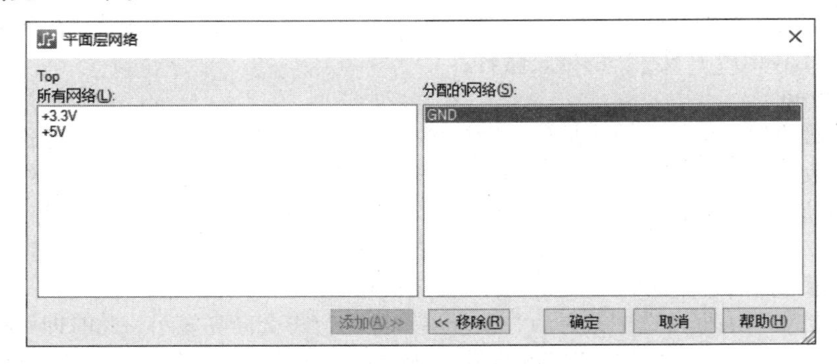

图 6.10 “平面层网络”对话框

5. 布线方向（Routing Direction）

该组合框用于设置电气层的布线方向，具体的选项刚刚已经讨论过。需要注意的是，该选项的设置会影响手工或自动布线的性能。例如，你在某板层的大多数布线都是垂直的，但是却选择了水平布线方向，布线修改性能相对慢一些。同样，选择“任何”布线方向也会对布线修改性能产生不利的影响。笔者在实际进行 PCB 设计时几乎未关注过该项，也并未具体对比过高密度 PCB 设计时的性能损失，但是如果你决定使用自动布线，还是得好好规划各板层的布线方向。例如，两个相邻的电气层都是布线层，则应该将布线方向分别设置为“水平”与“垂直”（或“45”与“-45”），这样相邻布线的方向为相互垂直，也就能够最大限度降低相邻信号线的串扰。

6. 制作、装配和文档类型

该组合框仅当在“板层”列表中选择非电气层（包括不在指定范围内可作为电气层的板层，例如，当前为 4 层板，但是却在“板层”列表选择了第 5 层、第 6 层等）时才会出现，如图 6.11 所示，从中可以设置相应的类型，此处不再赘述。仍然需要提醒的是，名称只是名称而已，板层的具体用途还是取决于你的设置，通常按照默认设置直接使用即可，但是如果你非要将“顶层阻焊（Solder Mask Top）”作为“底层助焊（Paste Mask Bottom）”用途也未尝不可（理论上可以

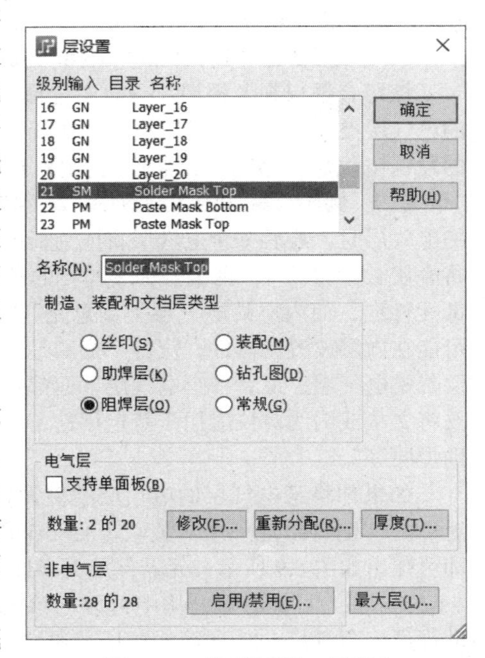

图 6.11 “层设置”对话框

实现），一般情况下无此必要。

7. 电气层（Electrical Layers）

PADS Layout 默认新建的 PCB 文件为两层板配置，如果要进行更多板层的 PCB 设计，就必须增加板层，该组合框可以修改电气层相关信息，详细描述如下：

（1）修改（Modify）。增加或删除板层的入口相同，只需要单击该按钮，在弹出如图 6.12 所示“修改电气层数（Modify Electrical Layer Count）”对话框中输入所需要的层数（范围为 2 ~ 20）即可。假设你输入“4”，表示将其改为 4 层板，单击“确定”按钮即可弹出如图 6.13 所示“重新分配电气层（Reassign Electrical Layer）”对话框，从中可以将某个电气层的数据移到其他层（因为现在的电气层数量不同）。

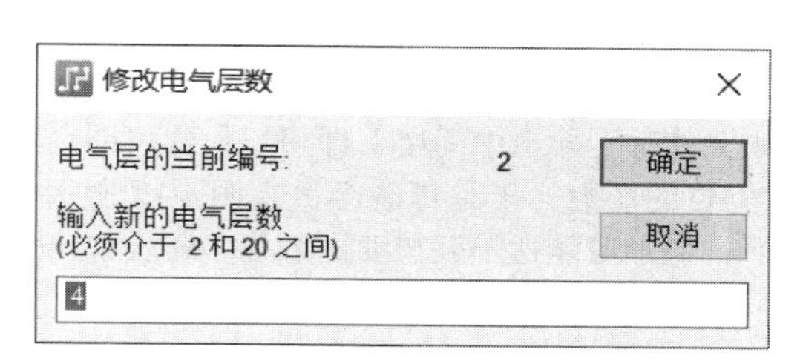

图 6.12　“修改电气层数”对话框

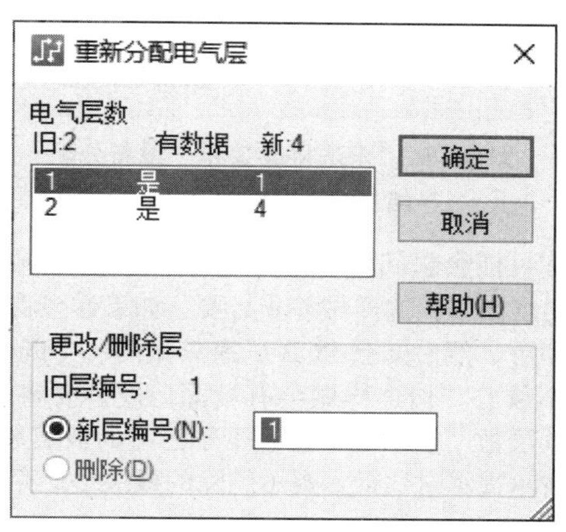

图 6.13　“重新分配电气层”对话框

“电气层数”列表中包含了旧板层号、是否有数据以及新板层编号共 3 列信息，图 6.13 告诉你，原来有 2 个电气层（旧：2），现在修改为了 4 层（新：4）。原来的板层 1 上存在数据（包括布线、元件、文本等任何对象，如果你新建一个 PCB 后马上进入该对话框，“有数据”列将会显示“否”），其仍然对应新叠层中的板层 1。原来的板层 2 上也存在数据，修改后该层的数据将移动第 4 层（底层）。如果层数比较多，默认的电气层重新分配方案不满足你的需求，你也可以选中某板层后，在下方“更改 / 删除层”组合框中自行指定新叠层板层编号，之后再单击“确定”按钮即可，图 6.8 所示对话框中的“板层”列表中的信息也会实时更新。

（2）重新分配（Reassign）：假设现在正在设计一块叠层数为 12 的 PCB 板，在设计完毕后觉得其中某两个板层调整一下顺序，效果可能会更好，该怎么办呢？你可以通知 PCB 厂家按要求来做，但这仅限于紧急情况（例如，PCB 制作厂商已经将内层基板蚀刻完毕，但尚未压合），但一般而言，厂家都希望你拿出设计完成的 PCB 文件（或 CAM 文件），以避免可能存在的风险。当然，你也可以在 PADS Layout 中将任意板层的数据调换。

单击“重新分配”按钮即可进入如图 6.14 所示“重新分配电气层”对话框（与图 6.13 相同），假设现在要将第 2 层与第 3 层的数据调换，只需要在“电气层数”组合框中分别选择第 2 与第 3 层，然后在“更改 / 删除层”组合框中将“新层编号”项分别设置为“3”与“2”，再单击“确定”按钮即可。

值得一提的是，“新叠层”列中的板层序号不可重复。例如，你同时将第 2 与第 3 层都分配给第 2 层，单击“确定”按钮时将会弹出如图 6.15 所示“无法将层 3 和 2 重新分配给层 2（Cannot reassign both 2 and 3 layers to layers 2）”提示对话框。

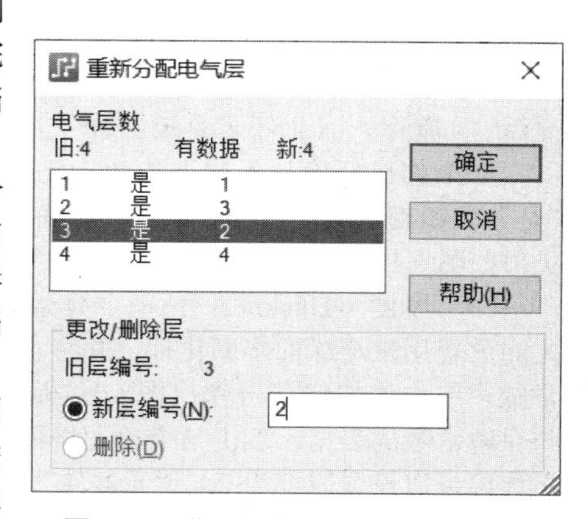

图 6.14　“重新分配电气层”对话框

同样，“新叠层”列也不能超过现有的电气层范围，如果你在图 6.14 中输入新层编号 6，则会弹出如图 6.16 所示“无效的层编号。所有层必须介于 1 和 4 之间（Invalid layer number 6. All Layers must be between 1 and 4）”提示对话框。

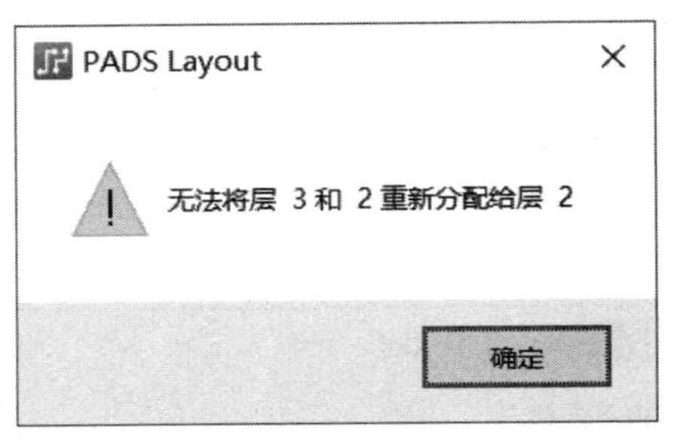

图 6.15 “无法将层 3 和 2 重新分配给层 2”提示对话框

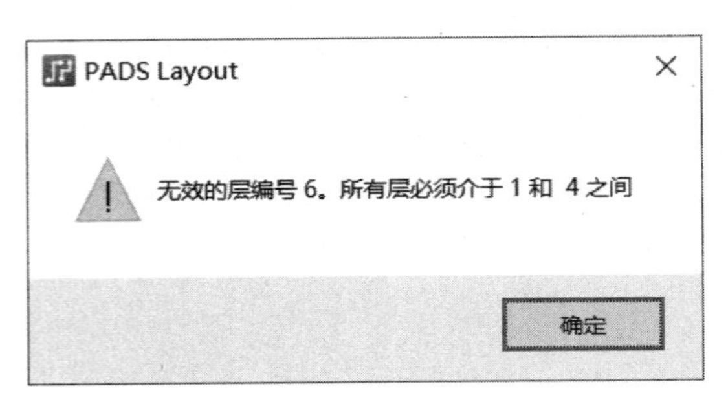

图 6.16 “无效的层编号”提示对话框

你可能会想问：如何将板层减少呢？例如，将 4 层板改为 2 层板（或多层改为少层）！其实从生产的角度而言，这样做并非必要，如果你想将 4 层板做成 2 层板，只需要在外层（例如 Top 和 Bottom）布线即可，然后知会 PCB 厂家只做两层（或生成 CAM 文件时不导出中间层）即可。但你可能会不甘心或不放心，怕这样做会有纰漏，硬是要将板层减到想要的层数，于是可能会进入图 6.12 所示“修改电气层数”对话框，输入少于已有的板层数量（如 2），但却**可能**达不到想要的效果，还会弹出如图 6.17 所示提示对话框，提示删除的板层中还存在数据。

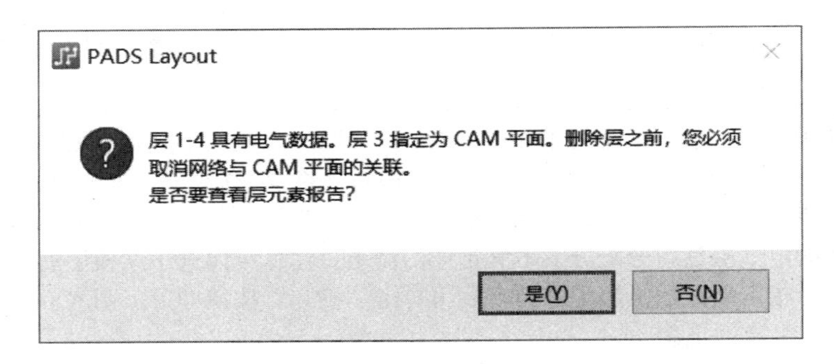

图 6.17 提示对话框

其实降低板层数量的方法很简单，图 6.17 所示对话框已经给出的一些提示，基本思路就是：将需要删除的电气层上的对象完全删除（包括给平面分配的网络），然后再按照你刚刚使用的方法进入“重新分配电气层”对话框，此时不存在对象的电气层对应的“有数据”列将显示“否”，并且“新”列将显示“< 删除 >”（而不再是板层编号），然后单击“确定”按钮即可。

如果你已经确认板层上的数据已经完全删除，但 PADS Layout 还是弹出提示对话框，可以单击“是”按钮查看层信息报告，看看到底是哪里出现问题，其中会列出每一层存在的对象名称及其坐标，类似如图 6.18 所示。

（3）厚度（Thickness）：一个典型的四层板是在两个“表面都有铜箔且中间为玻璃纤维的”基板之间放置用来绝缘的半固化片，并将它们压合在一起制造而成，而每一层材料都有相应的厚度及介电常数。单击该按钮即可弹出图 6.19 所示“层厚度（Layer Thickness）”对话框，其中有一个设置层厚与介电常数的表格，双击某个单元格再设置相应的参数即可。“覆盖层（Coating）”是针对阻焊层（无阻焊层可以设置厚度为 0）。“元器件”与“平面”主要针对铜箔，铜厚度单位与当前 PCB 设计中使用的单位一致，你也可以使用盎司（oz）。盎司本身是一个重量单位，其与克（g）之间的换算关系为：1oz≈28.35g。PCB 行业也使用盎司表示厚度，而 1oz 表示重量为 1oz 的铜均匀平铺在 1 平方英尺（square

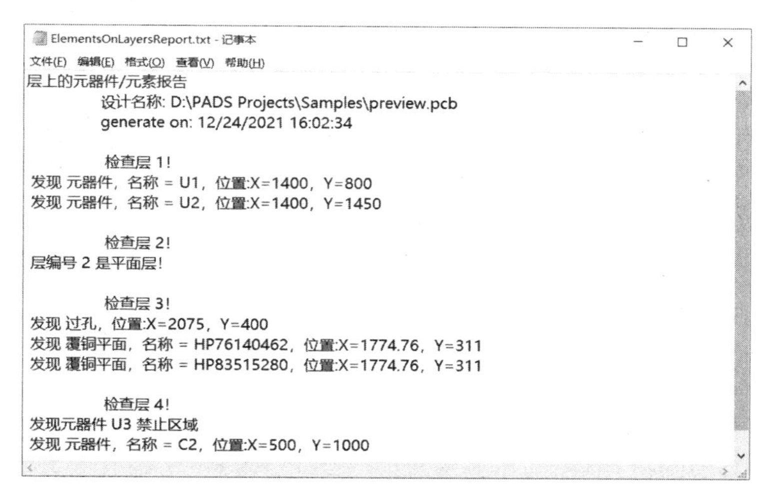

ElementsOnLayersReport.txt - 记事本

文件(F) 编辑(E) 格式(O) 查看(V) 帮助(H)

层上的元器件/元素报告

设计名称: D:\PADS Projects\Samples\preview.pcb

generate on: 12/24/2021 16:02:34

检查层 1!

发现 元器件，名称 = U1，位置:X=1400，Y=800

发现 元器件，名称 = U2，位置:X=1400，Y=1450

检查层 2!

层编号 2 是平面层!

检查层 3!

发现 过孔，位置:X=2075，Y=400

发现 覆铜平面，名称 = HP76140462，位置:X=1774.76，Y=311

发现 覆铜平面，名称 = HP83515280，位置:X=1774.76，Y=311

检查层 4!

发现元器件 U3 禁止区域

发现 元器件，名称 = C2，位置:X=500，Y=1000

图 6.18　板层数据报告

层厚度

名称	类型	厚度	介电常数
	覆盖层	0	3.3
Primary Component Side	元器件	1.4	1
	基板	8	4.5
Ground Plane	平面	2.1	4.5
	半固化片	8	4.5
Power Plane	平面	2.1	4.5
	基板	8	4.5
Secondary Component Side	元器件	1.4	1
	覆盖层	0	3.3

确定　取消　帮助(H)　编辑(E)

板厚度:

31 mil

铜厚度单位:　○ 重量(盎司)　◉ 设计 (mil)

图 6.19　“层厚度”对话框

foot，简写为 sq.ft 或 ft^2）的面积上所达到的厚度，即使用单位面积的重量表示铜箔的平均厚度，如果换算成常用的厚度单位，铜厚 1oz 约为 0.035mm（1.35mil）。

需要注意的是，层厚参数并不会影响实际 PCB 设计，完全可以不予理会，实际工作中很少会修改它们，如果没有特殊的要求，PCB 制造厂家会按照通用工艺进行生产，你只需要指定最终的 PCB 厚度（1.6mm 最常用）即可。在对铜厚或层间距有特殊要求的场合下，一般会将 PCB 工艺文档随 PCB 生产文件一起发给 PCB 制造厂家。例如，某款 PCB 的布线需要承载大电流，希望提升布线铜厚达到目的，某款 PCB 中存在大量高速信号，希望通过层间距控制阻抗。

在高速 PCB 设计过程中，像传输线之类的信号线可能会对相邻的布线产生串扰，你可以使用网络类、网络或管脚对等设计规则设置安全间距，如果希望后续在验证设计（见 11.8.3 小节）阶段能够检查出诸如阻抗（Impedance）、延迟（Delay）、布线长度、菊花链（Daisy Chaining）、并行布线（Parallel Routing）之类特性的报告，则应该按照实际的情况进行厚度设置，但这种情况也并不多见，因为你可以使用 PADS 套件中更专业的 Hyperlynx 完成这项工作。

（4）支持单面板（Single-side Board）。该选项仅对双面板有效。当你选择该项时，“修改”按钮将处于禁用状态，后续在验证设计阶段不会针对“带有非电镀钻孔的元件管脚”进行连接性检查，而放置在顶层的元件与跳线将被视为通过焊点与底层焊盘连接。另外，在进行 CAM 文档输出时，无论你在焊盘栈中如何定义，所有通孔管脚与过孔都将被视为非电镀。

8. 非电气层（Nonelectrical Layers）

在默认情况下，无论是在图 6.8 所示“层”列表，或是在标准工具栏上的“层”列表，或是在“显示颜色”对话框等显示所有板层的地方，其中出现的板层数量都是 30，即便很多非电气层并未使用到。例如，对于图 6.8 所示对话框，“层”列表中显示了 30 个编号的板层，但是你并未使用到第 5 ~ 20 层。如果你不愿意被未使用的非电气层干扰，可以选择将其隐藏起来。单击“启用 / 禁用”按钮后，即可弹出如图 6.20 所示“启用 / 禁用层（Enable/Disable Layers）”对话框，其中显示了所有非电气层，如果想隐藏某一层，只需要清除该层对应“启用”列中的复选框即可。

启用/禁用层

#	启用	有数据	名称	类型
15	☑	否	Layer_15	常规
16	☑	否	Layer_16	常规
17	☑	否	Layer_17	常规
18	☑	否	Layer_18	常规
19	☑	否	Layer_19	常规
20	☑	是	Layer_20	常规
21	☑	否	Solder Mask Top	阻焊层
22	☑	否	Paste Mask Bottom	助焊层
23	☑	否	Paste Mask Top	助焊层
24	☑	是	Drill Drawing	钻孔
25	☑	否	Layer_25	常规
26	☑	是	Silkscreen Top	丝印
27	☑	是	Assembly Drawing Top	装配图
28	☑	否	Solder Mask Bottom	阻焊层
29	☑	否	Silkscreen Bottom	丝印
30	☑	是	Assembly Drawing Bottom	装配图

确定 取消 帮助(H)

图 6.20 “启用 / 禁用层”对话框

9. 最大层（Max Layers）

你可能会想：能够修改的电气层数最大值为 20，是不是少了点？如果板层数量超过 20 该怎么办呢？此时你可以单击“最大层”按钮，即可弹出如图 6.21 所示“增加最大层数”对话框，其中提醒所有非电气层的层编号将增加 100。单击“确定”按钮后，此时“层设置”对话框如图 6.22 所示，其中，“电气层”组合框中显示可以修改的最大电气层数量为 64，而“非电气层”组合框中显示可以修改的最大层数量为 186，应该足够你使用了吧！表 6.2 给出了默认层与最大层模式下的板层差别。

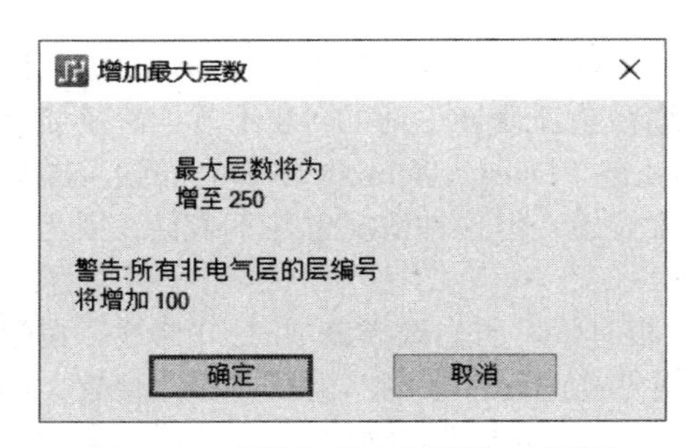

图 6.21 “增加最大层数”对话框

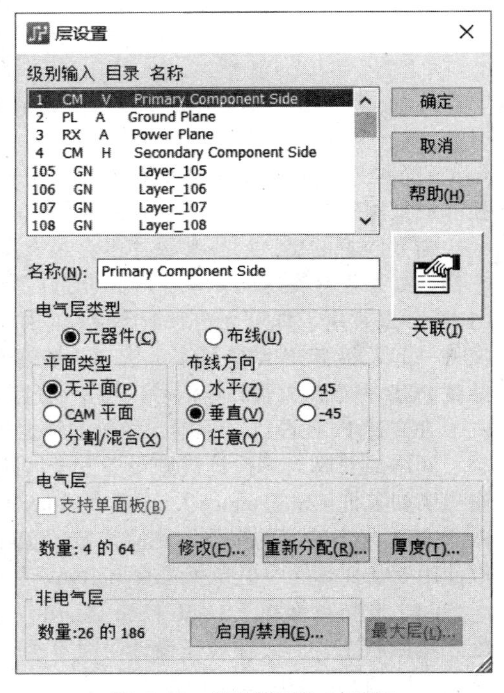

图 6.22 “层设置”对话框

表 6.2 默认层与最大层模式下的板层

默认层模式板层编号	名称	最大层模式板层编号
1 ~ 20	可设置为电气层	1 ~ 64
—	无	105 ~ 119
20	第 20/120 层（Layer_20/Layer_120）	120
21	顶层阻焊（Soler Mask Top）	121
22	底层助焊（Paste Mask Bottom）	122
23	顶层助焊（Paste Mask Top）	123
24	钻孔绘图（Drill Drawing）	124
25	第 25/125 层（Layer_25/Layer_125）	125
26	顶层丝印（Silkscreen Top）	126
27	顶层装配绘图（Assembly Drawing Top）	127
28	底层阻焊（Solder Mask Bottom）	128
29	底层丝印（Silkscreen Bottom）	129
30	底层装配绘图（Assembly Drawing Bottom）	130

6.2.2 叠层的一般考虑

众所周知，使用不同结构或材料的楼房能够在某方面获得更大的优势。例如，地震频发区域要求房屋具有一定的抗震性，所以使用的材料大多为钢材或木材，而砖制材料的使用则相对较少。PCB 叠层同样也有类似的考虑，尤其是在高速或高频 PCB 设计中，不合理的叠层配置将会严重影响信号完整性（Signal Integrity，SI）与电源完整性（Power Integrity，PI），所以简要阐述叠层配置过程中的考虑因素对保证 PCB 性能有着非常积极的意义，大体来说主要包括以下几个方面：

1. 总层数

通常工程师在进行 PCB 设计前总会首先解答一个问题：该产品的 PCB 应该使用几层板来设计呢？成本是影响总层数的主要因素，通常越多的层数会导致越高的成本。举个简单的例子，原厂给出的某个方案采用 4 层板，但客户觉得成本太高，想改成 2 层板。当然，这种修改通常不考虑电磁干扰（Electro Magnetic Interference，EMI），因为板层越少，EMI 越不容易控制。相反，如果需要获得更好的 EMI 性能，则会通过增加平面层的方式来实现。

2. 电源与地平面数量

不是所有的 PCB 都需要电源与地平面，对于按键板、控制板之类简单的应用，或者只需要考虑功能实现的产品，一般会优先采用双面甚至单面板，由于信号线的频率比较低，电源消耗的电流也比较小，只需要将信号连通即可（想做得更好一点，适当将电源与地加粗即可），并不需要单独的电源与地平面。但是对于高频或高速 PCB 设计，电源与地平面的数量直接影响 SI 与 PI，它们主要用来确保每条信号都存在完整的返回路径，从而控制信号之间的串扰以及降低电源内阻（改善 PI）。换言之，电源与地平面数量过少将很难控制阻抗。举个例子，如果 8 层 PCB 仅有一对电源与地平面就显得过少，这意味着至少存在 3 层相邻的信号层，即使采用相互垂直的布线方式，串扰的控制依然很难达到预期的效果。

3. 叠层次序

即便允许使用数量足够的电源与地平面，你也要善加利用，否则将无法达到更好的效果，这主要由设计者本身的经验决定。叠层次序配置的基本原则是：确保每个信号层都有相应的返回路径，避免相邻的板层都是信号层，如果可能的话，尽量让电源与地平面成为相邻板层，以保证电源阻抗足够低。当然，如果想达到更好的 EMI 性能，你也可以考虑将地平面放到最外层。另外，叠层分配最好以中心线为基准对称，包括层数、绝缘层厚度、预浸层类别、铜箔厚度、电气分布类型（即信号层还是平面层等），因为当多个基材经过热压工艺后冷却时，内层与外层的不同张力会使 PCB 产生不同程序的弯曲，PCB 越厚，（具有两个不同结构的）基板的弯曲风险就越大。

6.2.3 常用叠层

本节介绍一些业界常用的经典 PCB 叠层配置，从中你也可以了解实际叠层的配置方法及各自的优缺点。需要指出的是，这些 PCB 叠层并非实际进行 PCB 设计时的惟一选择，你可以根据前述叠层的一般考虑进行微调。在叙述过程中，本节以“（顶层）层 01- 层 02-…- 层 n（底层）”的格式描述叠层，板层名称后面的阿拉伯数字均代表板层编号。例如，“S01-GND02-S03-PWR04-GND05-S06”表示 6 层板叠层，第 1、3、6 层为布线层（代号分别为 S01、S03、S06），第 4 层为电源层（代号为 PWR04），第 2、5 层为地平面层（代号分别为 GND02、GND05）。另外，本节仅涉及最高 10 层 PCB 层叠配置，更多板层的配置原理也相似，基本思路还是通过插入更多的电源或地平面层（为信号层提供完整的返回路径）。

1. 四层板

四层板的经典叠层是“S01-GND02-PWR03-S04”，顶层与底层为信号布线层，而中间两层分别为电源与地平面，如图 6.23 所示。高速或高频等关键信号线应该优先布线在离地平面相邻的信号线，以便阻抗能够更容易得到控制。电源与地平面相邻能够使得电源的内阻较小。当然，如果希望获得更好的 EMI 性能，你可以考虑将外面两层定义为地平面，而里面两层为布线层。由于顶层或底层一般用来放置元件，PCB 封装的放置也会破坏地平面的完整性（也就达不到理想中的屏蔽效果），所以元件密度不宜太高，由于此时已经不存在完整的电源平面，相应的电源阻抗较大一些。如果需要进一步改善性能，你可以考虑在内部布线层（或外部地平面）分割一部分作为电源，代价是可用布线空间会更加紧张，需要折中考虑。

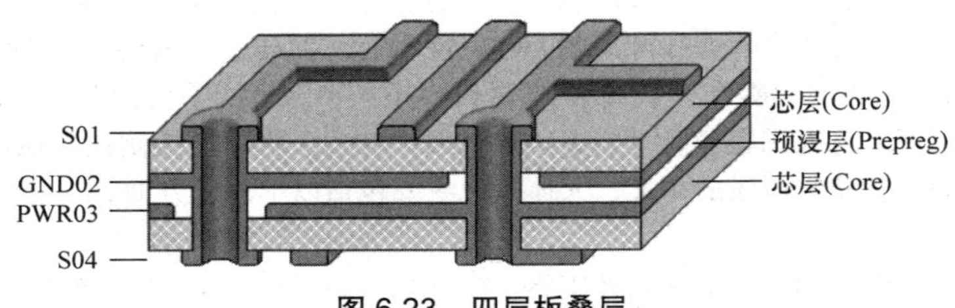

图 6.23 四层板叠层

2. 六层板

六层板的常用叠层是“S01-GND02-S03-S04-PWR05-S06”，第 2 与第 5 层分别为地与电源平面，其它均为布线层。由于地与电源平面并非相邻板层，电源内阻较大，关键信号在第 1 层布线。第 3 层与第 4 层的布线方向应该尽量相互垂直，以最大化削弱磁场耦合引起的串扰现象。如果想获得更佳的性能，可以添加更多的地平面。例如，叠层“S01-GND02-S03-PWR04-GND05-S06”中的每层布线都有良好的地平面，当然，布线空间会少一层，而且叠层结构并非对称。如果希望获得更好的 EMI 性能，你可以考虑将最外两层作为地平面层，但是可用的布线空间就减少了。当然，还有一种叠层是“S01-S02-GND03-PWR04-S05-S06”，其将第 3、4 层作为地与电源平面，而其它层为信号布线层，这样可以获得较好的电源平面内阻，但相邻的布线方向不应该平行，不适合高速或高频应用场合。

3. 八层板

八层 PCB 的经典叠层为“S01-GND02-S03-GND04-PWR05-S06-GND07-S08”，每个板层都是良好的布线层，它们都有较好的地平面，S03 层为最佳布线层，可优先安排关键信号线。有些方案的电源种类比较多，单一电源平面可能无法满足要求，你可以考虑将 GND02 换成 PWR02，此时第 S03 与 S06 为最佳布线层。当然，如果你需要增加更多的布线层，可以优先考虑将 GND04 换成布线层。如果由于成本原因需要更多的布线层，可以考虑的叠层为“S01-S02-S03-GND04-PWR05-S06-S07-S08”或“S01-S02-GND03-S04-S05-PWR06-GND07-S08”，但是它们都不适合高速 PCB 应用场合。

4. 十层板

十层 PCB 的经典叠层是“S01-GND02-S03-S04-GND05-PWR06-S07-S08-GND09-S10”，电源种类不多时可优先采用该方案，而且可布线的层数也比较多。另外，你也可以使用叠层“S01-GND02-S03-

GND04-S05-GND06-PWR07-S08-GND09-S10”实现更好的布线环境。如果电源种类比较多，你可以采用叠层“S01-GND02-S03-S04-PWR05-GND06-S07-S08-PWR09-S10”，只是将电源平面替换地平面而已。如果对产品的性能要求很高（成本预算大），则可以采用叠层“S01-GND02-S03-GND04-PWR05-PWR06-GND07-S08-PWR09-S10”。

6.2.4　叠层理论

尽管前文已经对多层 PCB 的叠层配置进行初步阐述，但好学的你肯定还会存在很多亟待解决的问题，为什么会存在这么多不同的叠层？作为一个叠层需要满足什么样的要求呢？为什么多层板中通常总是存在地平面与电源平面？不能将所有层作为布线层吗？为什么要尽量将地平面与电源平面相邻放置呢？什么是信号完整性？电源完整性又是什么呢？什么是返回路径？为什么说返回路径可以保证阻抗的连续性？为什么要保证阻抗的连续性呢？电源内阻指的又是什么呢？这些问题的答案就是本节需要讨论的内容。需要注意的是，本节主要以高速数字 PCB 设计为例进行阐述，但是其中阐述的思想同样适用于高频模拟 PCB 设计。

1. 传输线与阻抗

为了更好地理解叠层配置的基本思想，你应该对低频与高频信号在实际传输时的区别有所了解。假设有一颗驱动芯片（A）向负载芯片（B）发送低频信号，低频信号电流在布线层从 A 传输到 B，然后在地平面层经展开的弧线路径返回到 A，每条弧线上的电流密度与该路径上的电导相对应，如图 6.24 所示（仅展示多层 PCB 中的布线层与地平面层）。也就是说，在低频电路中，信号电流沿着最小电阻路径前进与返回。

如果驱动芯片发出高频信号时，信号电流的返回路径又是怎么样的呢？随着信号频率的提升，地平面呈现的感抗将随之增加，其值比低频时的电阻要大得多，高频信号的返回电流沿着电感最小路径前进，而非电阻最小路径（本质上并无冲突，概括来讲，电流沿着回路阻抗最小的路径前进）。电感最小的返回路径就紧贴在信号布线下方，这样能够使信号电流路径与返回电流路径之间的回路面积最小化，从而减小回路电感（因为电感与环路面积成比正），如图 6.25 所示。

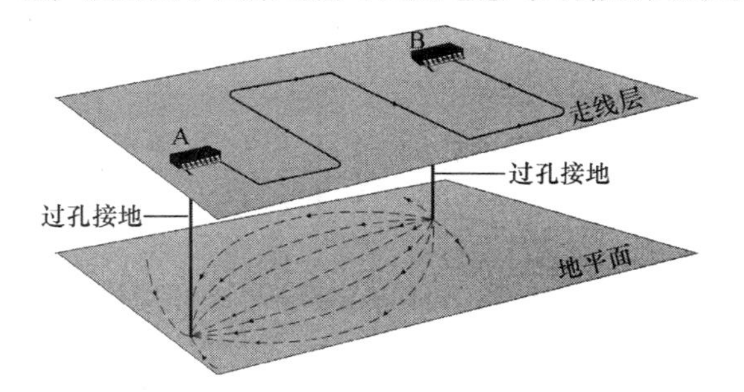

图 6.24　低频信号的电流路径

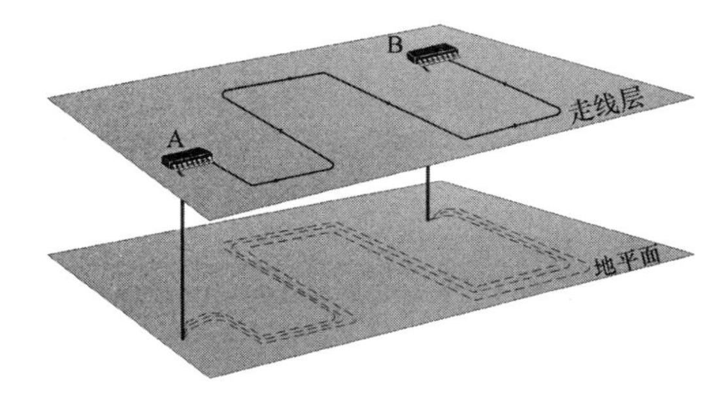

图 6.25　高频信号的电流路径

典型的 PCB 导线及其返回电流密度分布如图 6.26 所示。

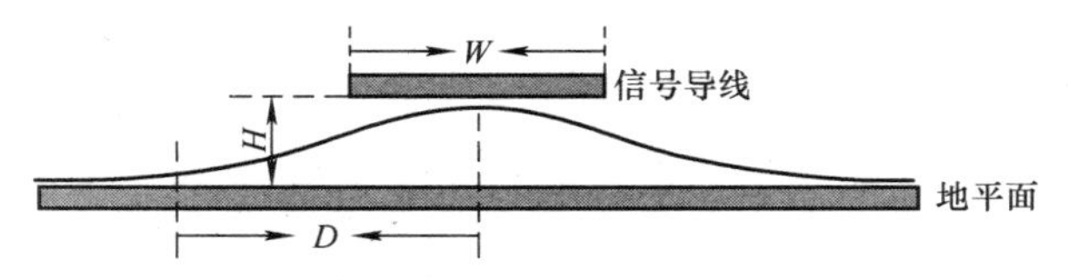

图 6.26　高频信号导线下的电流密度分布

返回平面（地平面）上一个距离信号线 D 英寸的点与返回电流密度之间的关系近似为

$$i(D)=\frac{I_0}{\pi H}\cdot\frac{1}{\left[1+\left(D/H\right)^2\right]} \tag{6.1}$$

式中，I_0 为总的信号电流，单位为安培（A）；H 为导线在地平面上方的高度，单位为英寸（in）；D 为地平面上与信号线的垂直距离，单位为英寸（in）；$i(D)$ 为信号电流密度，单位为安培每英寸（A/in）。很明显，最大电流密度就处于导线的正下方，而导线两侧的电流密度则会显著地下降。如果返回电流距离信号导线越远，驱动信号与返回信号路径之间的总回路面积就会越大，从而使环路电感增加。

另外，返回路径紧贴在导体下面也可以加强信号路径与返回路径之间的互感，从而进一步降低环路电感。假设两个回路的信号路径与返回路径包含的面积相等，它们各自的自感分别为 L_a 与 L_b，当两条路径分隔得比较远时，环路总电感为 L_a+L_b，而当两条路径靠得比较近时，由于流过支路 a 与 b 中的电流方向相反，所以产生的磁场方向相反并且会相交（产生了互感），它们起到相互削弱的作用（假设支路 a 与 b 之间存在互感 M，相应的环路总电感为 L_a+L_b-2M），如图 6.27 所示。

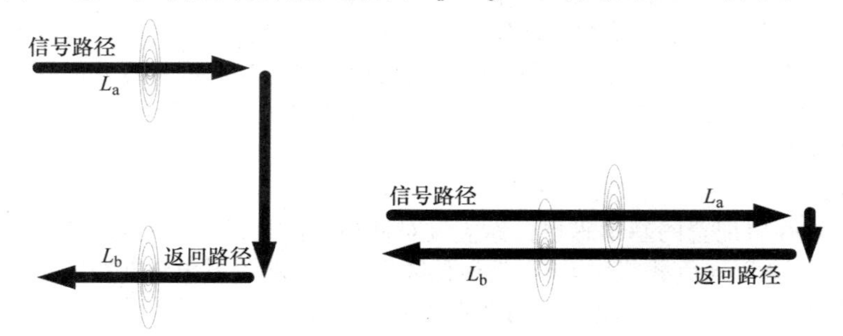

图 6.27　互感影响环路总电感

如果信号导线对应的地平面层存在镂空区域（例如，开了个槽）会发生什么情况呢？由于镂空位置无法通过电流，所以返回电流将绕着镂空区域形成返回路径，如图 6.28 所示。很明显，此时环路面积增加了，也就增加了整个信号回路的环路电感，继而容易引起信号反射、串扰、电磁辐射等问题。

以信号串扰问题为例，假设有两条信号线如图 6.29 所示，虽然在进行 PCB 布线时已经下意识地将两条信号线拉开了比较大的距离，理论上它们好像不会相互干扰，但是从地平面可以看到，它们的返回路径已经混在一起，也就形成了信号之间相互干扰。

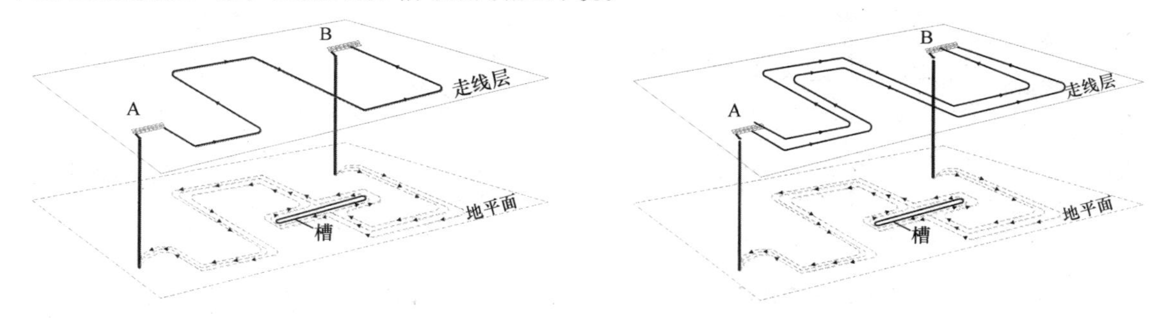

图 6.28　镂空位置附近的回流路径　　　　图 6.29　镂空区域引发的串扰

你可能会说：谁会那么蠢又那么巧无缘无故开个槽呢？好像确实如此，但是当你在顶层放了一个插件连接器，而信号布线时又从中穿过（这是非常有可能的），如果连接器管脚的间隙太小，那么对地平面（覆铜平面）进行灌注时，连接器下方对应的地平面层就很有可能形成镂空区域，如图 6.30a 所示。再例如，你在地平面布了一条与信号线相互垂直且比较长的导线（在没有平面层时，这种导线很常见，因为你需要相互垂直布线以降低相邻信号线的串扰），那么地平面的这条导线产生的效果与开槽相同，如图 6.30b 所示。

也就是说，虽然从电路网络连接的角度来讲，两个芯片的地管脚的的确确连接在一起，但是由于信号的频率越高时，返回路径呈现的感抗将可能会比较大，此时两个芯片的地管脚并不如你想象的那样是有效连接在一起的，而可以看成是由很多小电容（PCB 布线与地平面之间的分布电容）与电感（及互感）网络组成的，如图 6.31 所示。

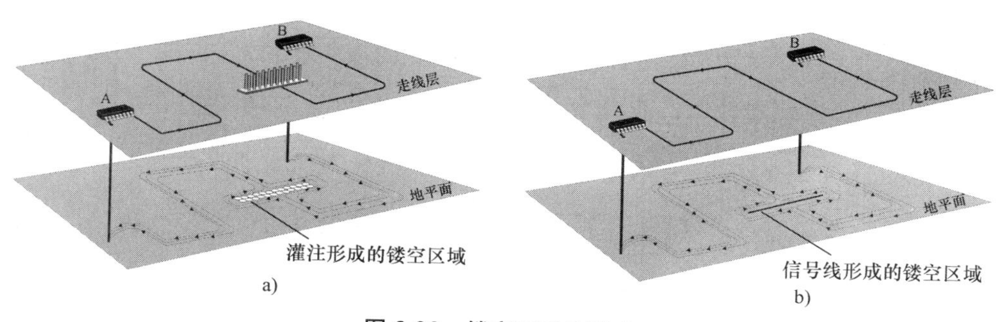

图 6.30　镂空区域的形成

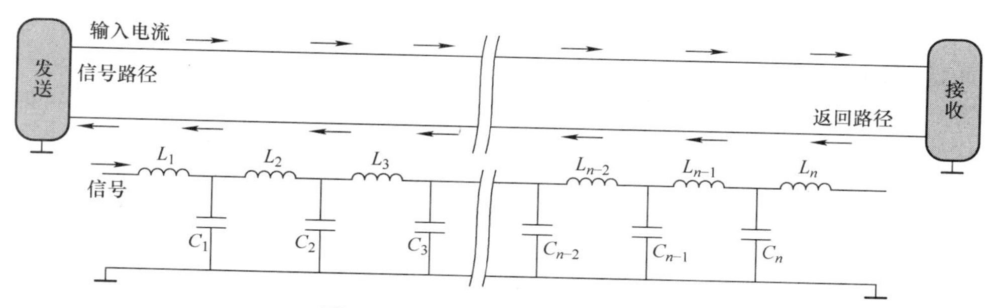

图 6.31　公共地不是有效的短接

当你把地平面的返回路径当成公共地时，通常认为其是所有电流的汇合点，返回电流从公共地的某一点流入，然后（穿越似的）再流到另一处有公共地节点的地方。然而在高频应用场合下，这种观点很明显不成立，因为返回电流紧靠着信号电流，所以在高频或高速应用时通常不使公共地的概念，取而代之的是传输线（Transmission Line），它是由任意两条具有一定长度的导线组成的，其中一条标记为信号路径，另一条为返回路径，图 6.32 所示展示了信号在传输线上的传播方式。

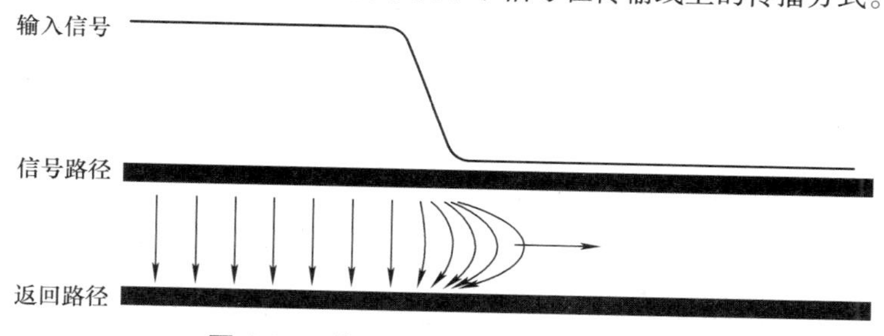

图 6.32　信号在传输线上的传播方式

当信号从驱动源输出时，构成信号的电流与电压将传输线当成一个阻抗网络，其会在两条线之间产生电压，同时电流在信号路径与返回路径之间流动，这样两导线带上电荷并产生电压差建立了电场，而两导线之间的电流回路产生了磁场。你只要把电池两端分别与信号路径与返回路径连接，就能把信号施加到传输线上，突变的电压产生突变的电场和磁场，这种场在传输线周围的介质材料中以变化电磁场的速度传播。换言之，信号在线缆中的传输过程其实就是电磁场的建立过程。

虽然信号路径与返回路径的每一小段都有相应的局部自感（互感）与电容，但对于信号来说，当其在传输线上传播时，实际传播的是从信号路径到返回路径的电流回路，从这种意义上讲，所有信号电流都经过一个回路电感，它是由信号路径和返回路径构成的。如果把理想的分布传输线简化近似为一系列 LC 电路时，其中的电感就是回路电感，如图 6.33 所示。

只看这个 LC 电路，很难想象信号是如何传输的，乍一看，可能会认为其中存在很多谐振，但是当各元件是无穷小时情况会怎么样呢？信号沿传输线传播时，在每个节点上都会受到一定的阻抗，也称为瞬态阻抗（Instantaneous Impedance），可由式（6.2）来计算。

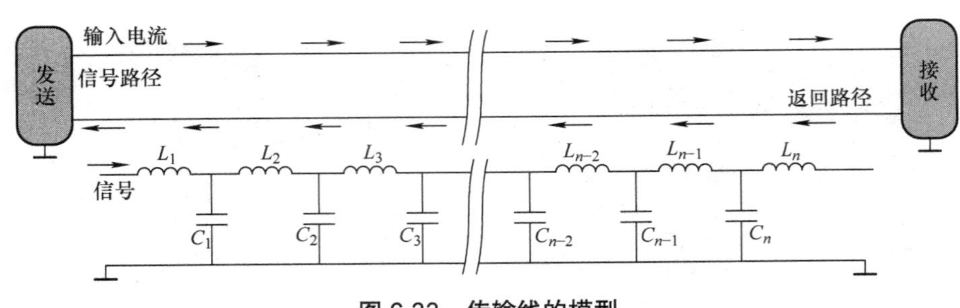

图 6.33　传输线的模型

$$Z_n = \sqrt{L_n / C_n} \tag{6.2}$$

式中，L_n 与 C_n 分别表示信号每一跨度的单位电感与单位电容。

如果每个节点的瞬态阻抗都一样，则认为传输线具有一定的特性阻抗（Characteristic Impedance），这是传输线的特点之一，其值与瞬态阻抗相同。同轴电缆就是一种典型的传输线，如果某同轴电缆的特性阻抗为 75Ω，也就意味着信号在这条电缆上传播时看到的瞬态阻抗都是 75Ω。相反，如果信号看到的瞬态阻抗总是变化的，就不能认为传输线存在特性阻抗。当然，也有其他特性阻抗的电缆，例如，300Ω 的电视天线、100 ~ 130Ω 的双绞线。PCB 布线也有特性阻抗，通常在 50 ~ 100Ω 左右，自由空间也有约 377Ω 的特性阻抗（其值与自由空间的磁导率及介电常数有关）。

传输线的瞬态阻抗是信号沿传输线传播时受到的阻抗。如果传输线的横截面均匀，沿线瞬态阻抗将处处相等，但是在阻抗突变处，瞬态阻抗就会发生变化。例如，当信号传播到开路的末端时，它所受到的瞬态阻抗是无穷大的，而如果末端存在分支，则信号在分支点处受到的瞬态阻抗就会下降。在进行 PCB 布线时，有很多情况可能会导致信号所感受到的瞬态阻抗发生变化。例如，线宽变化、返回路径平面上的镂空区域、返回路径层切换、分支线等。

通常可以根据导线的几何特征判断其是否有特性阻抗，如果导线上任何一处的横截面都相同，则称为均匀传输线（Uniform Transmission Line），如果整条导线中的几何结构或材料属性发生了变化，传输线就不均匀。例如，间距变化的两条导线，没有返回路径的导线。图 6.34 所示为 PCB 设计中常见的几种均匀传输线。在高速或高频 PCB 设计中，通常需要对关键信号线的阻抗进行控制，相应的 PCB 也称为阻抗受控的 PCB，这主要体现在两个方面：其一，让信号在传播时看到的阻抗总是一定；其二，按照设计的需求调整信号传播时看到的具体阻抗值。

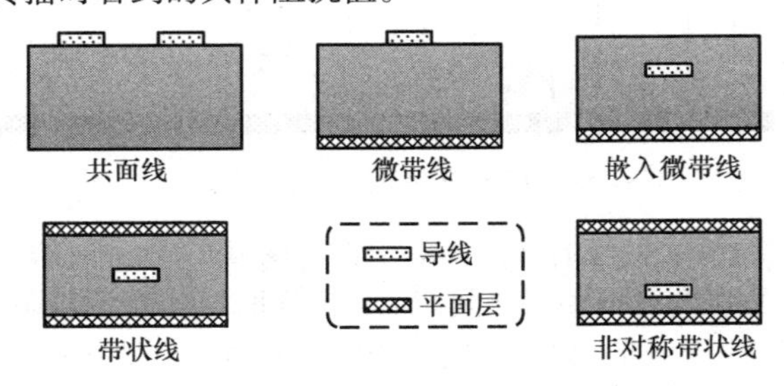

图 6.34　均匀传输线

2. 信号完整性

为什么要花费这么多的篇幅讨论传输性的阻抗呢？因为在高速或高频 PCB 中，如果关键信号的阻抗不受控，很可能会引起信号的反射。反射回来的信号与原来的信号叠加将会破坏信号传输的质量，也就是前文提到的信号完整性。为了更直观地理解反射对信号产生的影响，先来展示一种高速 PCB 设计中很有可能遇到的一种方波信号，如图 6.35 所示。

可以看到，方波信号中存在明显的振铃与过冲（或欠冲），它们就是由于阻抗不匹配而导致的信号反射造成的。通常使用反射系数（Reflection Coefficient）衡量瞬态阻抗发生改变的程度，相应的符号为 ρ。假设方波入射（Incident）信号在传输过程中会经过两个不同的阻抗区域 Z_1 与 Z_2，如图 6.36 所示。

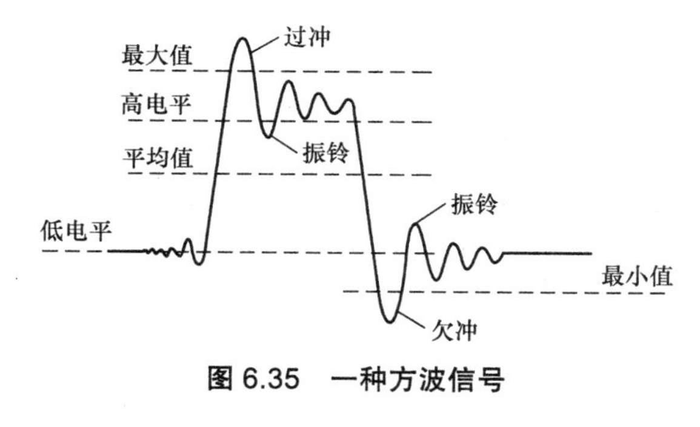

图 6.35　一种方波信号

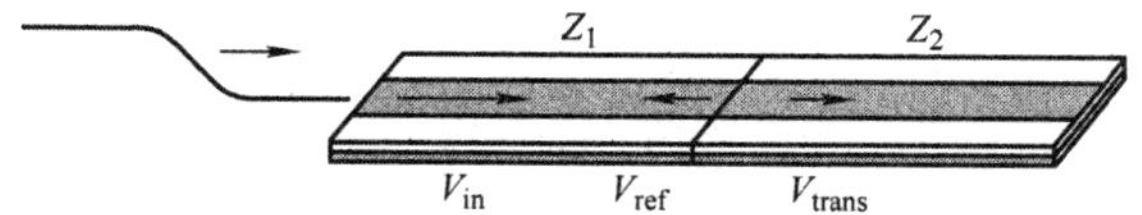

图 6.36　阻抗突变与信号的反射

反射系数的定义是反射回来的信号与入射信号幅度的比值，如式（6.3）所示。

$$\rho=\frac{V_{ref}}{V_{in}}=\frac{Z_2-Z_1}{Z_2+Z_1} \tag{6.3}$$

很明显，两个区域的阻抗差异越大（越不匹配），反射回来的信号就会越大。当 $Z_2=0$ 时，$\rho=-1$，当 $Z_2=\infty$ 时，也就是说，的变化范围在 −1 ~ 1 之间。例如，电压幅值为 1V 的方波信号沿特性阻抗为 50Ω 的线缆传播，则其所受到的瞬态阻抗为 50Ω，如果它突然进入特性阻抗为 75Ω 的线缆时，反射系数为（75Ω − 50Ω）/（75Ω + 50Ω）= 20%，反射回来的电压量为 20% × 1V = 0.2V，那么你在输入端可以测量到幅值为 1V + 0.2V = 1.2V 的电压。

另外，如果在高速或高频信号布线时不注意阻抗控制，电信号在传输过程中看到的瞬态阻抗一旦大于 377Ω（自由空间的特性阻抗），电磁波就有可能会辐射到自由空间，这就是电磁辐射的基本原理，所以在进行高速或高频 PCB 设计时，你总是应该通过“为信号层配置相应的平面层作为完整返回路径”以控制阻抗。

3. 电源完整性

信号完整性指的是传输信号的质量，而电源完整性是指电源供电的质量，因为在高速或高频 PCB 应用中，供电电源会遭到很多干扰或噪声的“入侵”而变得很不稳定，继而影响电路的稳定工作。为了透彻理解噪声给电源完整性带来的危害，先来观察图 6.37 所示电路的行为。当开关 S_1 闭合或断开时，在电阻 R_1 与 R_2 的分压下，电阻 R_2 两端的电压（V_{DD}）都会实时跟随变化（即波动很大），你可以认为开关的切换动作已经产生电源噪声。

如果你在 V_{DD} 与公共地之间并联一个电容器 C_1，由于 C_1 的储能作用，电容器的充放电行为将使 V_{DD} 的变化更加平缓一些，如图 6.38 所示。

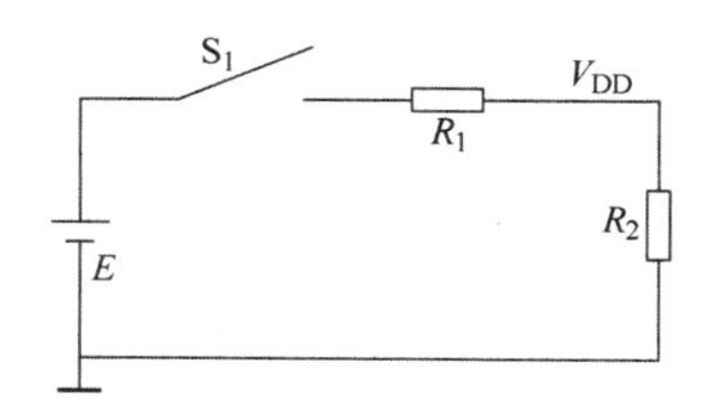

图 6.37　开关带来的噪声

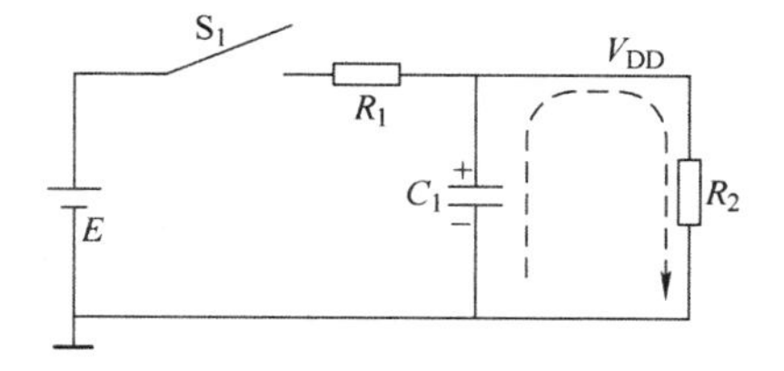

图 6.38　并联电容器 C_1 后的电路

当然，你也可以将产生电源噪声的开关 S_1 放在如图 6.39 所示的位置，同理，C_1 也可以在一定程度上削弱扰动对 V_{DD} 带来的影响，你可以将这种改善理解为“C_1 通过将噪声旁路到公共地（而不会进一步影响远端的直流电源）而获得”，所以也称 C_1 为旁路电容。

开关 S_1 与电阻 R_2 是噪声的主要来源，它们在数字芯片中广泛存在，如果将它们等效为芯片内部，相应如图 6.40 所示。

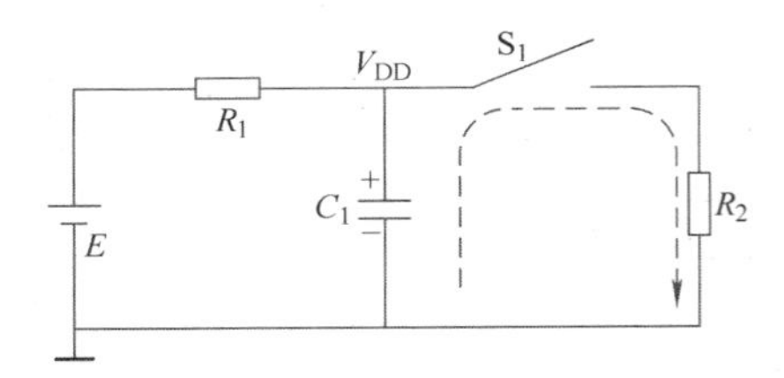

图 6.39　开关位置变换后的电路

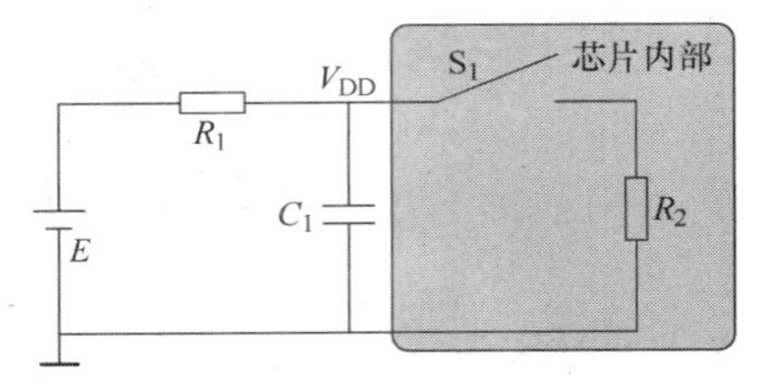

图 6.40　将噪声来源等效为芯片内部

在数字逻辑芯片中，开关通常由三极管或场效应管（Metal-Oxide Semiconductor Field Effect Transistor，MOSFET）完成。以 CMOS 集成电路为例，芯片内部电路如图 6.41 所示，上侧是 PMOS 管，下侧是 NMOS 管，从开关的角度来看，PMOS 管相当于 PNP 三极管，输入为“1”时截止，输入为“0”时导通；而 NMOS 则相当于 NPN 三极管，输入为“1”时导通，输入为“0”时截止。电容 C_L 为芯片内部等效负载电容（一般为数 pF），是数字集成电路中客观存在的极间分布电容，即便输出未连接额外的负载，芯片进行开关动作时也会消耗一定的电能（电荷量）。

假设芯片逻辑输入电平由高（1）至低（0）变化（由低至高变化相似），上侧 PMOS 管导通，下侧 NMOS 管截止，此时电源端子 V_{DD} 对负载电容 C_L 的充电电流通路如图 6.42 所示。

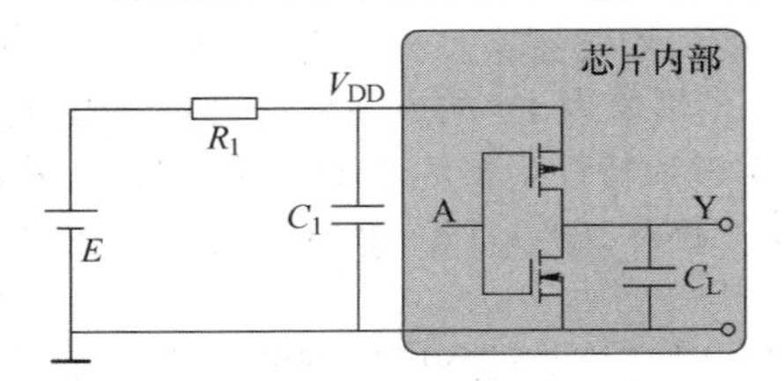

图 6.41　反相器代替开关噪声来源

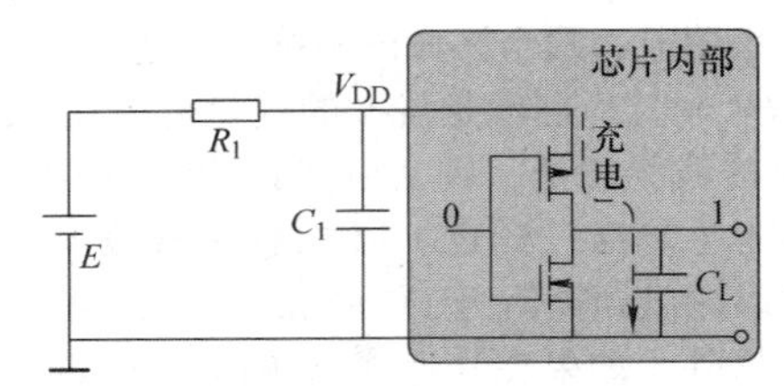

图 6.42　供电端子对负载电容充电

由于负载电容 C_L 两端的电压不能突变，因此瞬间的充电电流（电荷）也不小，这个充电电流即来自于电源 V_{DD}，如果附近恰好存在 C_1，则由 C_1 中储存的电荷提供此消耗，也就可以避免芯片内部产生的噪声“入侵”更远处的直流电源 E，如图 6.43 所示。

你可能会说：就算旁路电容 C_1 离芯片太远（或不存在），不是还有直流电源 E 提供 V_{DD} 吗？也应该可以承担提供电能的责任呀？没错，当芯片产生的噪声成分属于低频是可以的，但是数字电路处于高低电平切换时的情况将完全不一样，因为开关的切换会产生谐波丰富的高频成分。需要注意的是，谐波频率的高低并非指信号的切换频率，而取决于高低电平切换的上升或下降率，即上升时间 t_r（rising time）与下降时间 t_f（falling time），具体来说，是电平从高电平的 10% 到 90% 之间过渡所需要的时间，如图 6.44 所示。

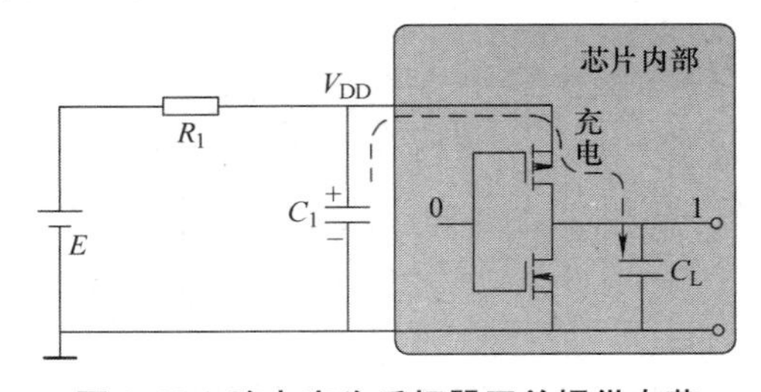

图 6.43　路电容为反相器开关提供电荷

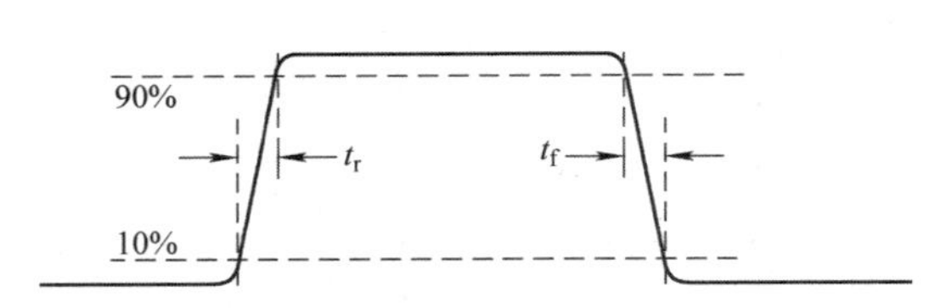

图 6.44　升时间与下降时间

高低电平的过渡时间越短，则产生的谐波（高频）成分越丰富，所以低频（与“低速”含义不同）开关并不意味着高频成分少，信号频率为 1MHz 方波存在的高频谐波成分比同频率正弦波要高得多，因为方波的高低电平切换时间非常短，而正弦波则相对非常缓慢。

因此，数字逻辑电路应该使用如图 6.45 所示的高频等效电路。其中，L_1、L_2、L_3、L_4 就是线路（包括过孔、管脚、导线）在高频下的等效电感，它们横亘在直流电源、旁路电容 C_1 及芯片供电端子 V_{DD} 的线路之间，线路越长则等效电感越大，这些等效电感对高频信号相当于高阻抗，使得 V_{DD} 供电端子无法及时获取足够电荷继而导致 V_{DD} 瞬间下降（即变差）。也就是说，在开关导通瞬间对负载电容 C_L 进行充电时，移动的电荷量也很大，如果电源 V_{DD} 供电端子在这一瞬间无法提供足够的电荷，就会导致 V_{DD} 不稳定。

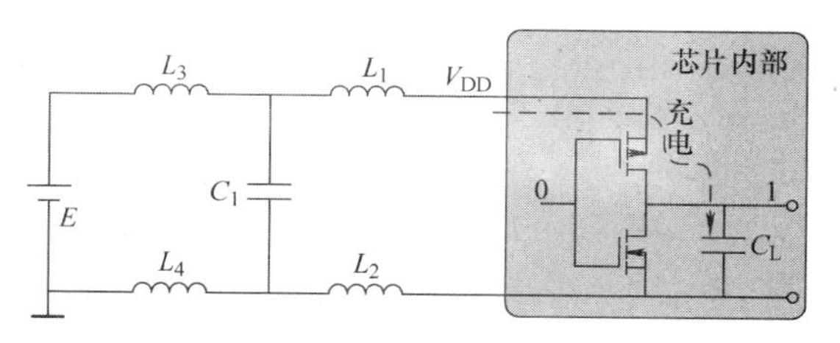

图 6.45　高频等效电路

大规模数字集成电路中会存在成千上万个等效开关同时切换，这些切换产生的瞬间电流都将使原本看似平稳的电源电压不再干净，继而使得芯片工作不再稳定，类似如图 6.46 所示。为了保证芯片能够及时获取足够的电荷量，你必须将旁路电容尽量地靠近芯片，使旁路电容与芯片之间的管脚或导线的分布电感越小。电路规模越大的芯片（如奔腾处理器），同一时间切换的逻辑会更多，相应也需要更多的电荷量进行消耗电能的补充，外部需要并接的旁路电容量自然也更大。

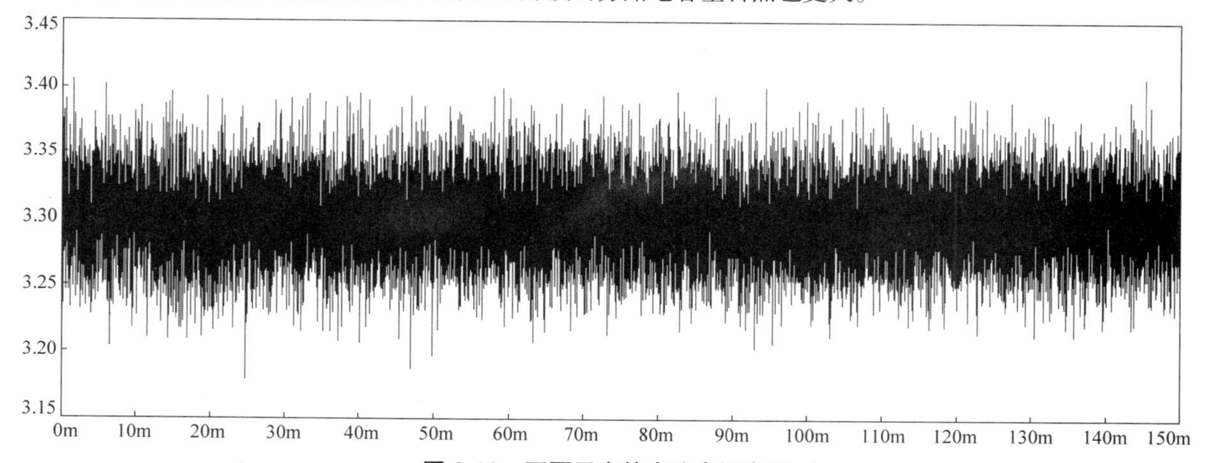

图 6.46　不再干净的直流电源电压

旁路电容所起的作用与现实生活中的扑灭**小火灾**的水龙头一样：假设家里出现了**小火灾**（相当于高频电源扰动），从家里的水源处（相当于旁路电容）取水灭火肯定反应最快，而非第一时间拔打 119 电话。119 火警扑灭火灾的能力（相当于外部电源 V）肯定最强，它对于大火灾（相当于低频电源扰动）更最合适，但是对于频繁出现的**小火灾**几乎没什么用处，反应时间跟不上，等你赶过来时什么都烧完了（电路工作出现异常），还是家里的水龙头管用，虽然水源比较小，但对于**小火灾**却是足够。

有人可能就会说：搞那么麻烦做什么，为什么要并联这么多小电容？不就是那么些个储能电容，在附近并联一个 10μF 或 100μF 的大电容不就都解决了么？以一个抵千百个，PCB 布局布线更简单！理想很丰满，现实很骨感。从单纯储能角度而言并不存在问题！但旁路电容还有另外的一个重要功能：**为每个高频信号提供良好的低阻抗返回路径，从而控制信号之间的串扰。**

假设某系统中的门 A、B、C 使用相同的供电电源，如图 6.47 所示。当门 C 的输出切换为高电平时，电源电压 V_{DD} 将对负载电容 C_L 充电，该电流回路将产生瞬间的噪声电压（用电感 L_1、L_2 等效），如果同一时间门 A 的输出也切换为高电平，则门 C 产生的噪声电压将叠加在 V_{DD} 上，从而影响到门 A 输出电平。

也就是说，其他门的噪声电压（也称为共路噪声）被传递到门 A 的输出端，同一时间逻辑切换越多，产生的共路噪声越大，一旦叠加在 V_{DD} 上的共路噪声超过芯片的噪声容限，电路将无法有效地判断高低电平而导致异常。换言之，此时直接供给数字逻辑芯片的电源不再是 V_{DD}，而是叠加了一个噪声电

压 V_{L1}，如图 6.48 所示。

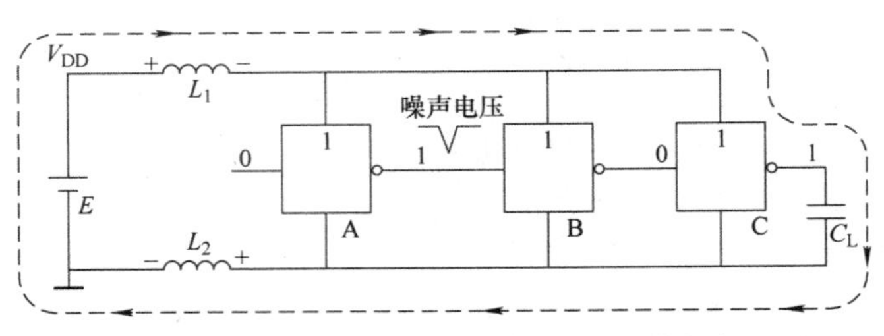

图 6.47　负载电容瞬间充电产生共路噪声

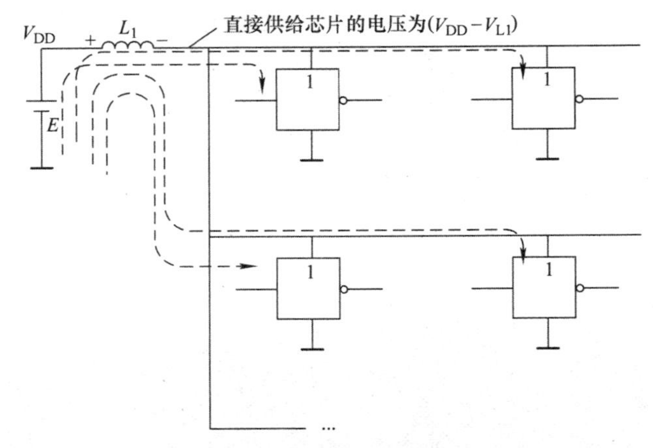

图 6.48　共路噪声的叠加

CMOS 电路本质上可以看作比较器，它将输入电压 V_{IN} 与阈值电压 V_T 比较。对于门 B 来讲，如果瞬间噪声电压过大（电压降得非常厉害），原来本是逻辑“1”的输入电平 V_{IN} 很有可能低于阈值电压 V_T 而被识别为逻辑“0”，门 B 输出可能会出现逻辑“1”（原本的逻辑是输入逻辑“1”则输出逻辑“0”），如图 6.49 所示。

负载电容 C_L 放电时对电路系统也有影响。当门 A 输出低电平时，C_L 放电行为将在地线瞬间产生共路噪声电压（用 L_1 等效），如图 6.50 所示。

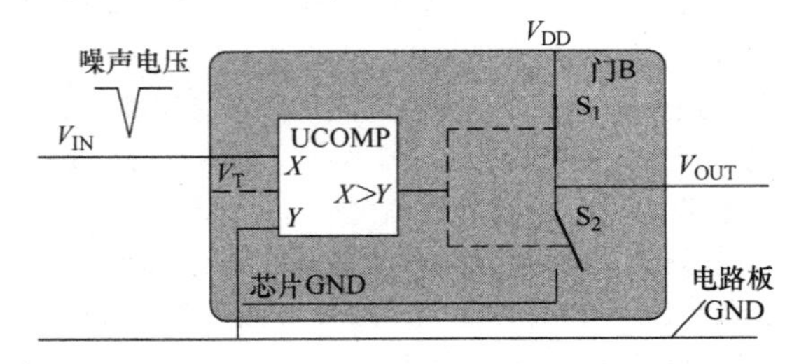

图 6.49　共路噪声对门 B 输入的影响

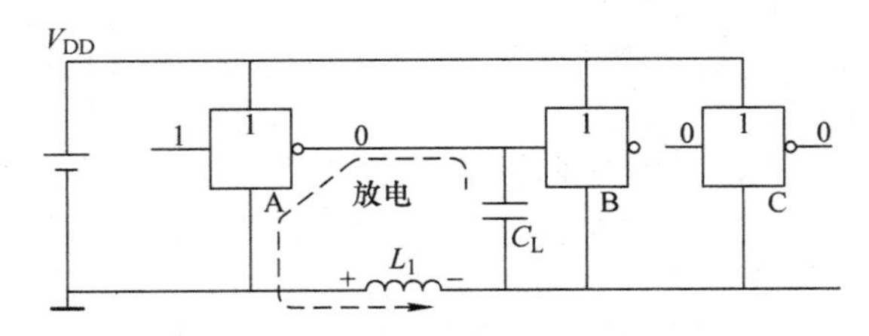

图 6.50　负载电容放电产生的共路噪声

对于门 C 而言，相当于芯片内部 GND 电位下降了，而它的输入 V_{IN} 可能来自另一个其他芯片，参考的公共地电位还是电路板 GND（前者波涛汹涌，后者波澜不惊），如图 6.51 所示。本来门 C 在输入为逻辑“0”时应该输出逻辑“1”，一旦地线上的共路噪声过大（负压）将改变原来的比较阈值（下降了），使得门 C 认为输入为逻辑“1”，继而导致门 C 输出仍然是逻辑“0”。很明显，共路噪声已经严重影响附近数字电路系统的正确逻辑判断。

为了改善共路噪声带来的影响，通常都会在每个芯片附近放置合适容值的旁路电容，由旁路电容建立电源与地之间的低阻抗回路，这样高频噪声就不会影响到其他门的正常工作，如图 6.52 所示。

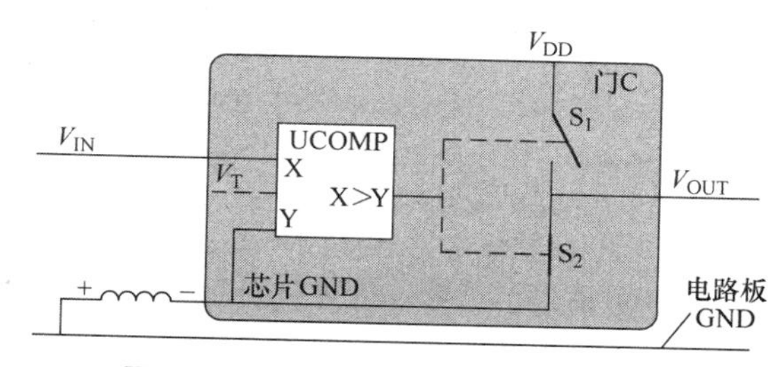

图 6.51 共路噪声对门 C 输入的影响

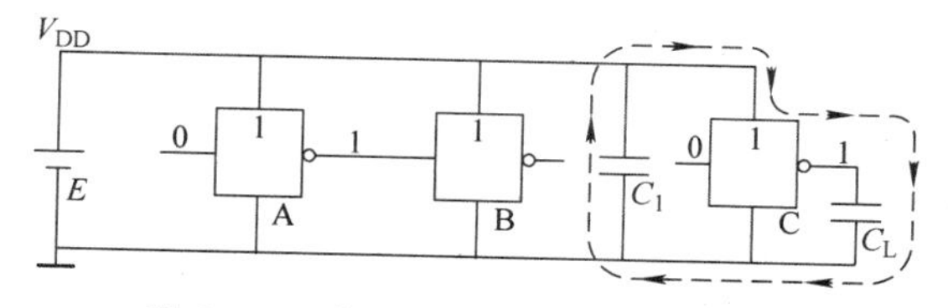

图 6.52 增加旁路电容后的噪声回路

很容易可以联想到多层板的叠层配置结构，如果电源与地都使用一个单独的平面，相当于供电电源的线宽加粗了，也就可以降低供电源线的阻抗。如果进一步使电源平面与地平面靠近，两者之间的互感就会越大，环路总电感将进一步减小，最终由噪声导致的电压瞬间波动将越小，这也是使用平面层带来的好处之一。所以在高速 PCB 设计中，设计者总会为每个信号层分配电源平面与地平面，并配合旁路电容来为每一个芯片提供良好的低阻抗回路，如图 6.53 所示。

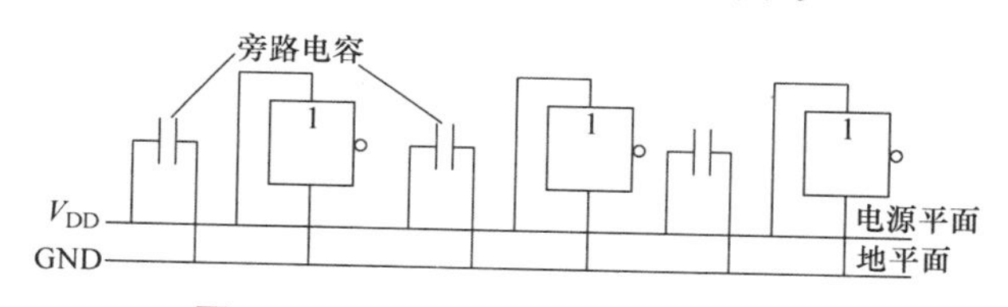

图 6.53 平面层进一步减小分布电感

6.3 焊盘栈

很多较低的楼层中可能只会配置楼梯，而另外一些较高的楼层则会配置电梯以方便用户，楼梯或电梯的基本作用是联系上下层（传递信息），它们在所有楼层之间的结构形成了一个电梯栈。同样，PCB 焊盘栈是焊盘在所有 PCB 板层中的结构，不同应用场合下对焊盘栈的配置参数也会存在不同的要求。

6.3.1 焊盘栈的结构

焊盘栈就是指焊盘的结构，而焊盘可以划分为插件与贴片两类。插件焊盘的结构最为复杂，其中包含一个钻孔，完整结构如图 6.54 所示。如果焊盘栈需要完成电气连接的作用，相应的钻孔内壁总是会以电镀形式存在。如果需要与某一层进行电气连接，相应层总会存在一个焊盘作为过渡。顶层与底层阻焊可以给阻焊层“开窗”，这样才能够正常完成元器件管脚的焊接。在多层板 PCB 中，如果插件焊盘与某平面层无电气连接，则需要添加隔离焊盘（其与阻焊层同样使用负片的方式表达）。如果插件焊盘与某个平面层存在电气连接，通常会使用热焊盘连接（非必须，也可以全部覆盖连接）。值得一提的是，过孔也算是一种特殊的焊盘，其结构与插件焊盘非常相似，只不过不像插件焊盘那样需要安装管脚，所以通常并不需要给相应的阻焊层“开窗”。

贴片焊盘不存在钻孔（所以也不需要电镀），仅在某一个外表层存在阻焊层“开窗”的焊盘，如果在表层需要与平面连接，也可以使用热焊盘的方式，但同样也并非必须。

6.3.2 焊盘栈配置

在 PADS Layout 中执行【设置】→【焊盘栈】(或在 PCB 文件中选择某焊盘或过孔，执行【右击】→【特性】) 即可弹出如图 6.55 所示“焊盘栈特性”对话框，首先你应该从左上角“焊盘栈类型”组合框中确定需要观察或修改的对象类型。如果选择“封装”类型，则表示针对当前 PCB 文件中所有 PCB 封装管脚的焊盘栈（虽然你可以从中修改焊盘栈后通过“选中 PCB 封装将其另存到库中”的方式更新原来封装库中的 PCB 封装，但是在实际项目运作过程中，进入 PCB 封装编辑器环境修改并更新 PCB 封装会更常用一些）。如果选择“过孔”类型，则表示针对当前 PCB 文件中所有过孔的焊盘栈，相应如图 6.56 所示。无论你选择哪一种焊盘栈类型，可供配置的参数大体相似，本节将结合两种焊盘栈类型共同讨论“焊盘栈特性”对话框中的参数。值得一提的是，有些参数仅在某种焊盘栈类型被选中时才有效。

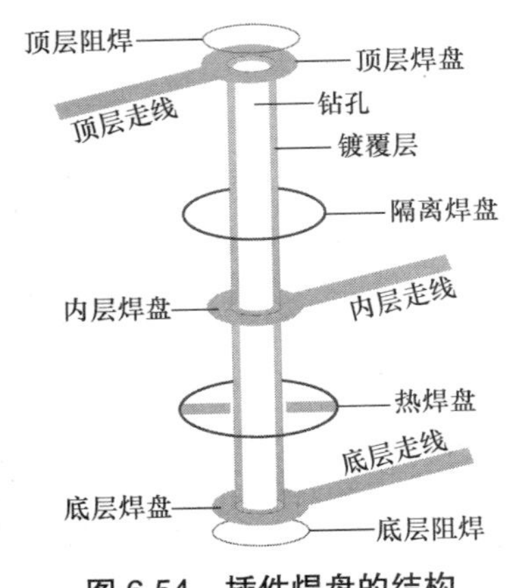

图 6.54 插件焊盘的结构

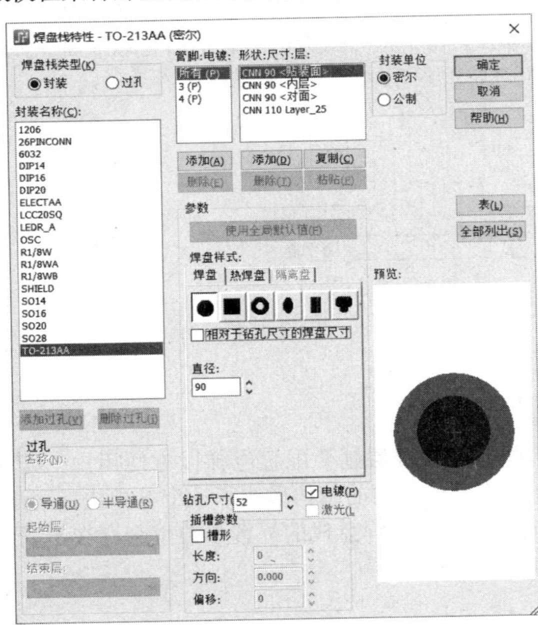

图 6.55 “封装”类型焊盘栈

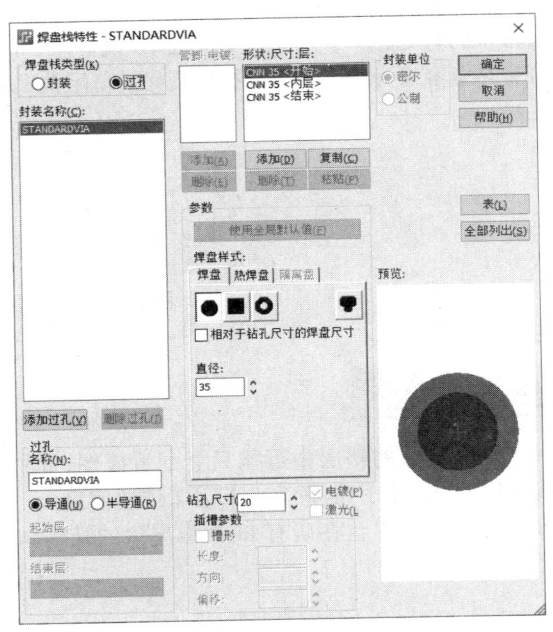

图 6.56 “过孔”类型焊盘栈

1. 添加 / 删除过孔（Add/Delete Via）

当你选择“过孔”焊盘栈类型后，左侧“封装名称”列表内将会列出当前 PCB 文件中使用的所有过孔类型，单击后即可处于高亮状态，其他选项则显示该过孔相应的配置参数。如果你想添加新的过孔类型，只需要单击左下方的“添加过孔”按钮，此时“过孔”组合框内的“名称”文本框中原来的内容（此处为“STANDARDVIA”）会被清空，从中可以输入新过孔的名称。过孔的类型分为导通（Through）与半导通（Partial），前者表示直通孔，后者表示盲埋孔。默认添加的过孔是直通孔，如果需要添加盲埋孔，还需要设置起始层（Start layer）与结束层（End layer）。

如果你想删除某类型过孔，只需要在“封装名称”列表中选择需要删除的过孔，然后单击“删除过孔”按钮即可。但是请务必注意，如果选中的过孔在当前 PCB 文件中已经被使用，此时“删除过孔”将处于禁用状态，这意味着你无法删除已经使用的过孔。

2. 管脚：电镀：(Pin : Plated :)

该列表只有当选择“封装”类型的焊盘栈时才有效（因为过孔并无管脚）。当你从左侧“封装列表”中选择某个 PCB 封装后，该列表将显示所有管脚编号及其电镀状态，如果列表中仅存在“所有（P）”项，表示该 PCB 封装中的所有焊盘的参数相同，并且均为电镀状态（“P”表示电镀，“NP”为非电镀）。如果 PCB 封装中的某些管脚参数并不相同，则会在列表中全部列出。如果你只需要编辑其中某个特定的管脚（而非针对所有管脚），可以单击下方的“添加”按钮，即可弹出如图 6.57 所示“添加管脚”对话框，从中选择需要编辑的一个或多个管脚后，再单击“确定”按钮即可将其添加到“管脚：电镀：”列表中，随后即可将其选中并进行参数修改。需要注意的是，已经添加到“管脚：电镀：”列表中的管脚不会出现在“添加管脚”对话框中。另外，你无法删除“所有（P）”项，仅能够删除从“添加管脚”对话框中加入的自定义管脚。换言之，删除自定义管脚并不意味着该管脚从 PCB 封装中删除，而是使用“所有（P）”项指定的焊盘栈参数替换删除的管脚参数。

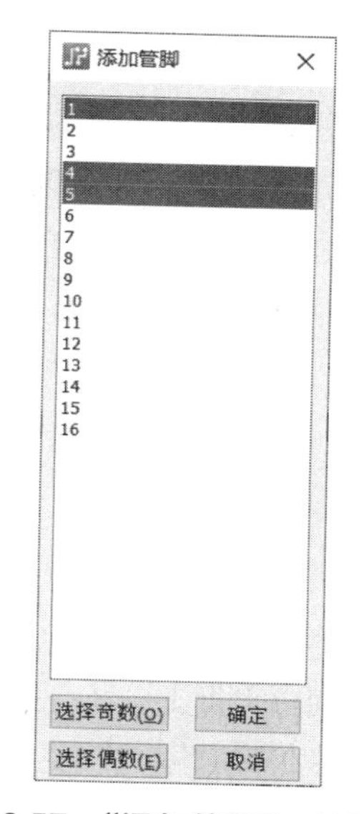

图 6.57　“添加管脚”对话框

3. 形状：尺寸：层：(Shape : Size : Layer :)

当你在“管脚：电镀：”列表中选择了管脚后，该列表中就会显示所有已经配置的各层焊盘栈参数，如果选择“封装”类型焊盘栈，该列表默认将出现贴装面（Mounted Side）、内层、对面（Oppsite Side）项，如果选择“过孔”类型焊盘栈，该列表默认将出现开始层、内层、结束层项（导通过孔类型的开始层与结束层分别对应顶层与底层，半导通过孔类型的开始层与结束层则分别对应设置的起始层与结束层）。

如果想设置其他层的焊盘栈参数，只需要单击列表下方的“添加”按钮，即可弹出图如 6.58 所示“添加层”对话框，从“层”列表中选择需要设置的层，再单击“确定”按钮即可将其添加到“形状：尺寸：层：”列表中。如果想删除某一层信息，只需要将其选中后再单击“删除”按钮即可，但是请注意：**默认的层无法删除，而只能删除自己添加的层。**

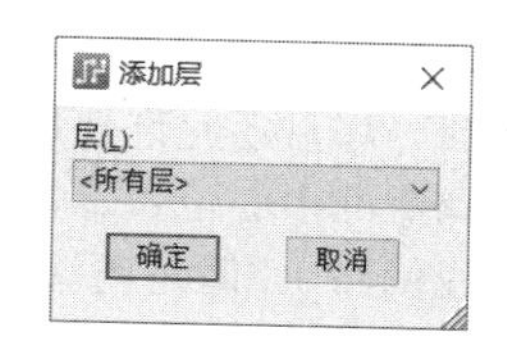

图 6.58　“添加层”对话框

“复制”与“粘贴”按钮并非针对焊盘栈层（你只能通过“添加”按钮添加更多的层），而是针对焊盘栈参数。例如，你想将某一层的焊盘栈参数 A 设置为与另一层的焊盘栈 B 相同，可以在该列表中选择焊盘栈 B，单击“复制”按钮后，焊盘栈的参数就已经被复制，然后选择需要设置为相同参数的焊盘栈 A，再单击“粘贴”按钮即可。

4. 封装单位 (Decal Units)

该组合框用于指定参数的度量单位是密尔（mil）还是毫米（mm），但是当你选中“过孔”焊盘栈类型（或进入 PCB 封装编辑器环境）时，该组合框将处于禁用状态。需要注意的是，切换单位可能会导致尺寸精度丢失。

5. 参数 (Parameters)

当你在“形状：尺寸：层：”组合框内选中的某一层焊盘栈后，该组合框中显示了该焊盘相关的形状与尺寸参数。“焊盘样式”组合框中包含了普通焊盘、热焊盘、隔离盘共 3 种类型，详细描述如下：

（1）普通焊盘可以选择的形状包括圆形（Round）、方形（Square）、环形（Annular）、椭圆形（Oval）、矩形（Rectangular）、怪形（Odd）共 6 种（“椭圆”与“矩形”仅当选中的焊盘栈类型为“封装”时才会出现），每一种形状可以设置的参数会有所不同，具体如图 6.59 所示。

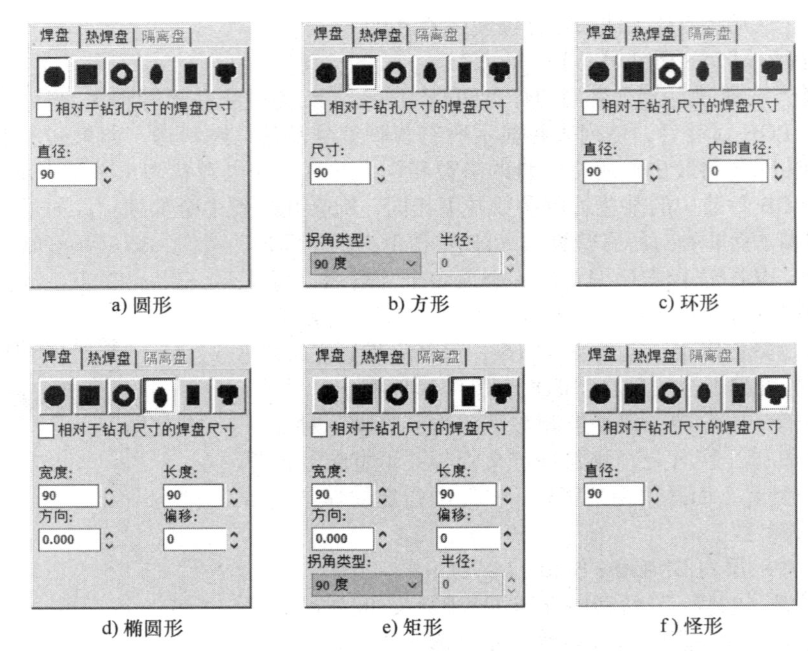

a) 圆形　b) 方形　c) 环形

d) 椭圆形　e) 矩形　f) 怪形

图 6.59　普通焊盘的 6 种形状及可设置的参数

“圆形”与“怪形”焊盘最简单，只需要指定直径即可，后者仅仅只是一个指定直径的圆环，其作用就如同隔离焊盘一样。换言之，“怪形”焊盘指定直径的圆环区域内并无铜箔，通常用于标志气隙检查区域（Airgap Checking Areas），使用场合相对较少。“环形”是介于“圆形”与“怪形”之间的焊盘形状，你需要进一步指定内部直径（如果内部直径为 0，则为“圆形”焊盘，如果内部直径等于焊盘直径，则为“怪形”焊盘）。“方形”焊盘的尺寸参数针对长与宽，因为它们的值相等，你还可以进一步指定拐角的半径及类型（90°、倒斜角、圆角），而“矩形”焊盘则需要分别指定长度与宽度。“矩形”与“椭圆”焊盘还允许使用“方向”参数进行旋转，0° 与 90° 分别表示平行与垂直元件本体，如果钻孔不在焊盘的中心位置，你还能够以长度方向的中心线为基准设置偏移值（正值为偏下或偏左，负值为偏上或偏右），但是请注意，允许设置的最大偏移值为长度的一半，具体的参数示意如图 6.60 所示（以通孔焊盘为例）。

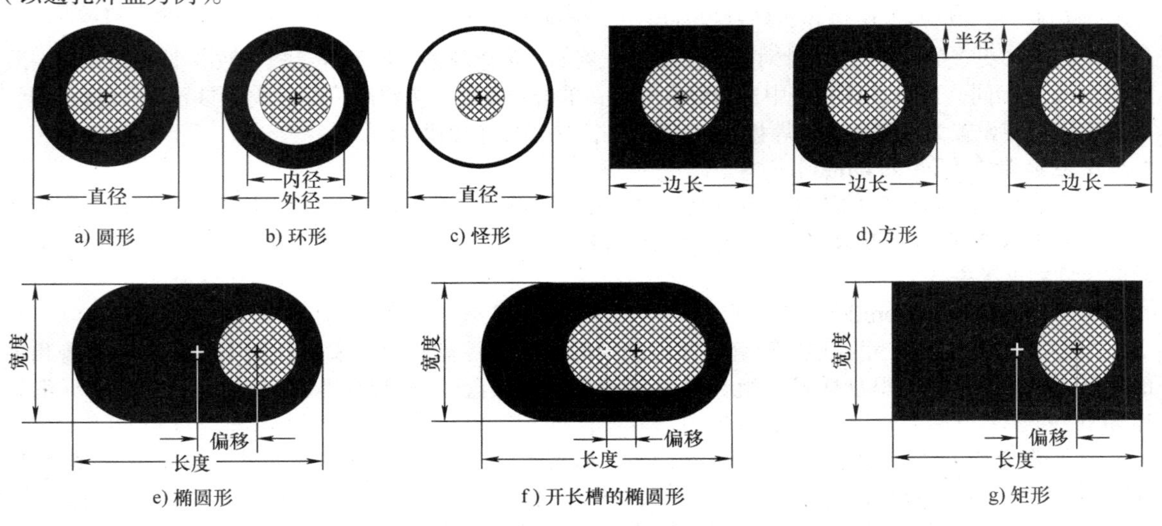

a) 圆形　b) 环形　c) 怪形　d) 方形

e) 椭圆形　f) 开长槽的椭圆形　g) 矩形

图 6.60　焊盘形状的参数

值得一提的是，在默认情况下，所有尺寸值都是焊盘的实际尺寸，如果你勾选了“相对于钻孔尺寸的焊盘尺寸（Pad size Relative to Drill Size）”复选框，则输入的尺寸应该减去钻孔尺寸。假设焊盘直径为 35mil，钻孔直径为 20mil，则相对于钻孔尺寸的焊盘尺寸则为 15mil。

（2）热焊盘只有两种“圆形”与“方形”两种形状，它们可供调整的参数相同，如图 6.61 所示，调整内部直径（尺寸）与外部直径（尺寸）即可控制内焊盘与平面层的间隙，开口（Spokes）用于设置焊盘与平面层通过多少根铜箔连接，其取值范围在 0 ~ 255 之间。你还可以设置开口角度与宽度，具体参数如图 6.62 所示。需要注意的是，如果你勾选“过孔覆盖（Flood Over）”复选框，也就意味着焊盘与平面层会完全连接，此时除“内部直径（尺寸）”外的参数项都将处于禁用状态。

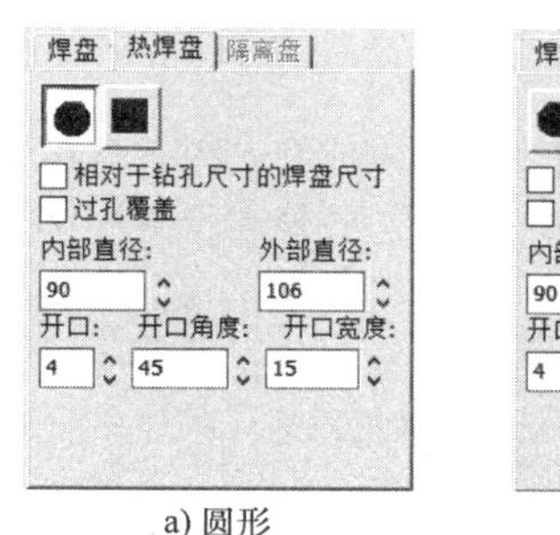

a) 圆形

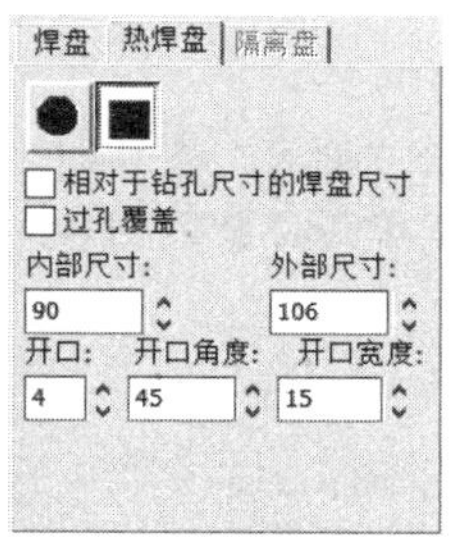

b) 方形

图 6.61　热焊盘可供调整的参数

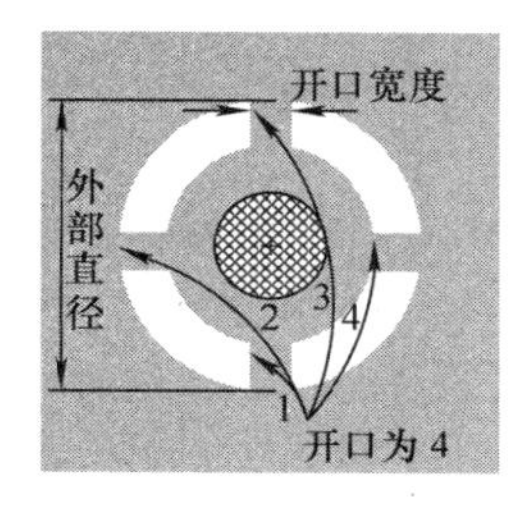

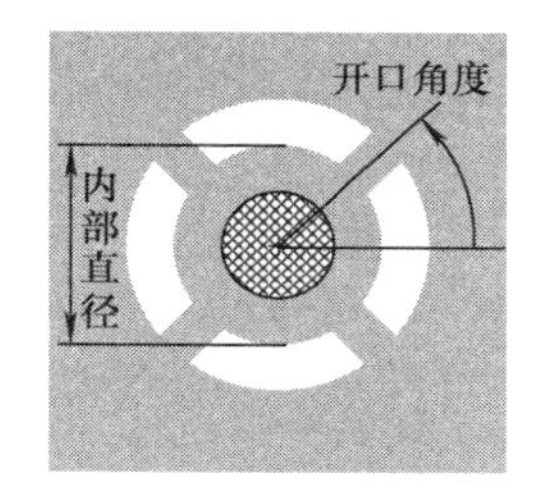

a) 圆形热焊盘

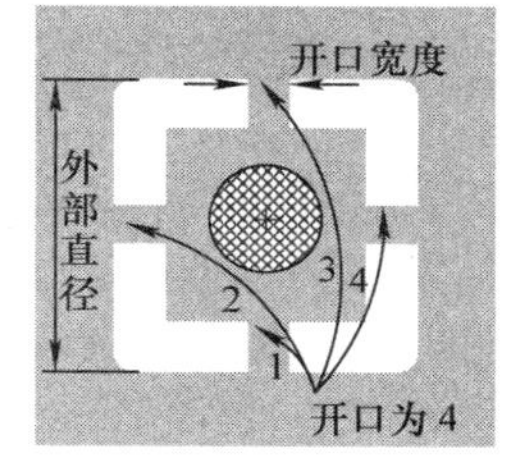

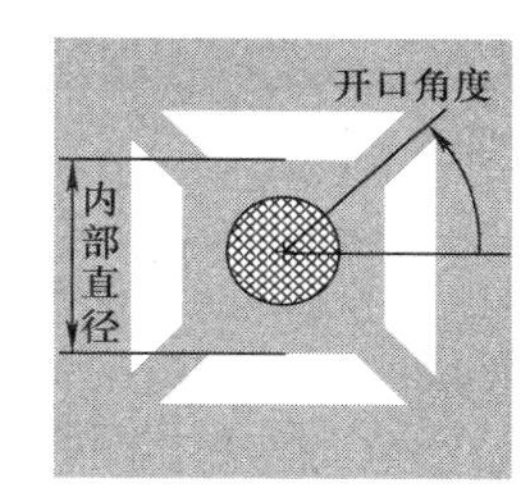

b) 方形热焊盘

图 6.62　热焊盘的参数

另外，当你选择热焊盘样式时，“使用全局默认值（Use Global Defaults）”复选框将处于有效状态，如果将其勾选，热焊盘中的参数将自动使用“选项”对话框中“铜箔平面 / 热焊盘”标签页的参数，详情见 8.6.1 小节。

（3）隔离焊盘与热焊盘样式相似，也仅有“圆形”与“方形”类型可选，只需要指定直径或尺寸（长宽）。仍然需要提醒一下，由于隔离焊盘通常使用负片表达，所以指定直径或尺寸区域内并无铜箔。另外，此时“使用全局默认值”复选框也处于有效状态，将其勾选后，隔离焊盘中的参数由“焊盘到铜箔”与“过孔到铜箔”安全间距决定，详情见 8.6.1 小节。需要特别注意的是，隔离焊盘的设置仅当“形状：尺寸：层：”列表中选择内层时有效。

6. 钻孔相关

“钻孔尺寸”项用于指定**成品**钻孔的直径（贴片焊盘应该设置为 0），此值也是最终的成品孔径（PCB 制造商通常会加大电镀孔的尺寸，以匹配在此指定的钻孔直径，因为钻孔镀覆层也有一定的厚度，通常约 1~2mil）。“电镀”复选框用于设置钻孔是否作为电气连接的媒介，像定位柱之类的钻孔应该设置为非电镀。

7. 插槽参数（Slot Parameters）

前文假设所有钻孔都是圆形，但你也可以指定槽形钻孔，只需要勾选“槽形”复选框再指定参数即可。槽形在外形上就像一个椭圆（相当于一个长方形与两个圆形的叠加），相关的参数与椭圆形焊盘相似，但是请特别注意，槽形的偏移方向与椭圆焊盘恰好相反，因为后者以整个焊盘的中心作为参考，而前者以左侧槽孔（可以当作一个圆，其直径与钻孔尺寸相同）作为参考。假设将某个椭圆焊盘及相应的槽形孔偏移值均设置为 70mil，也就相当于偏移值均为 0 的效果，如图 6.63 所示。

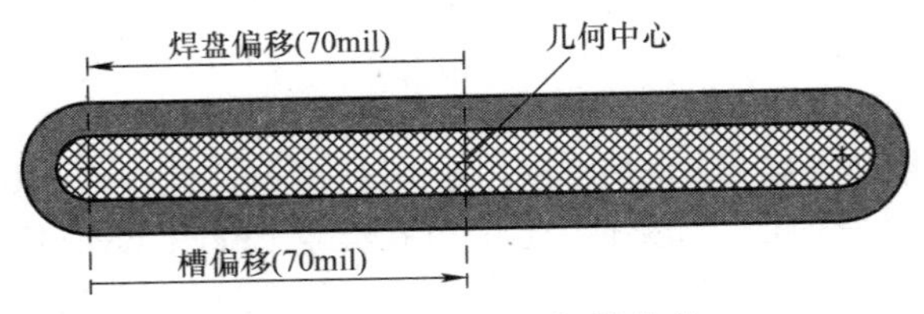

图 6.63　焊盘偏移与槽偏移

8. 焊盘栈报告列表（List）

当完成焊盘栈设置后单击“列表”按钮时，可以生成在“封装名称”列表中选择对象的报告，如果需要所有对象的报告，可以单击“全部列表”按钮，名称为“STANDARDVIA”的过孔的焊盘栈报告如图 6.64 所示。

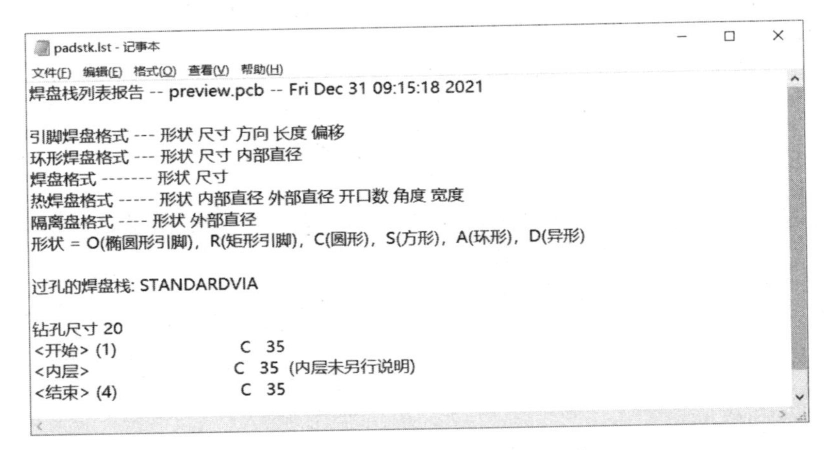

padstk.lst - 记事本
文件(F) 编辑(E) 格式(O) 查看(V) 帮助(H)
焊盘栈列表报告 -- preview.pcb -- Fri Dec 31 09:15:18 2021

引脚焊盘格式 --- 形状 尺寸 方向 长度 偏移
环形焊盘格式 --- 形状 尺寸 内部直径
焊盘格式 ------- 形状 尺寸
热焊盘格式 ----- 形状 内部直径 外部直径 开口数 角度 宽度
隔离盘格式 ---- 形状 外部直径
形状 = O(椭圆形引脚)，R(矩形引脚)，C(圆形)，S(方形)，A(环形)，D(异形)

过孔的焊盘栈: STANDARDVIA

钻孔尺寸 20
<开始> (1)　　C 35
<内层>　　C 35 (内层未另行说明)
<结束> (4)　　C 35

图 6.64　过孔的焊盘栈参数报告

6.3.3　焊盘栈的一般考虑

在实际 PCB 设计过程中，你不能“天马行空”似地随意配置焊盘栈，还需要考虑可制造性、性能、设计需求等因素。例如，你不应该配置 PCB 厂商无法制造出来的过孔，不能使焊盘的直径过小，也不能在电流很大或高速 PCB 设计场合使用不符合要求的过孔。那么到底哪些因素会影响焊盘栈的可制造性呢？焊盘的直径应该最小配置为多少呢？过孔的载流量怎么估算呢？焊盘栈又是如何影响高速信号呢？焊盘栈的一般考虑因素主要包含以下几个方面。

1. 钻孔直径

通孔（或过孔）都需要进行钻孔工序，而钻孔的主要参数是直径。孔径不宜过大，因为会占用更多的布线空间（对于插件封装的管脚，孔径过大还会影响波峰焊的质量），所以设计者通常会倾向于使用较小的孔径。但孔径过小会明显提升制造成本，因为与坚固的大钻头相比，钻头越小越容易折断，如果孔径足够大，生产加工时可以把多个板叠起来，一次全部钻通而节省生产时间（成本）。另外，从生产工艺的角度来讲，直径过小的钻孔将无法被制造出来，其最小值受限于钻孔的长度（对于通孔就是板厚）与孔径的比值，简称厚径比，因为细而深的钻孔无法保证电镀工序的一致性。例如，某 PCB 厂商要求该比值不大于 6，那么当板厚为 1.8mm 时，孔径的最小值只能做到 0.3mm。即便盲埋孔可以做到 0.1mm 的直径尺寸，但也存在厚径比的限制，表 6.3 与表 6.4 分别为 IPC-2221A 给出的盲孔与埋孔的最小钻孔尺寸。

表 6.3　盲孔的最小钻孔尺寸

层厚	一级	二级	三级
< 0.10mm	0.10mm	0.10mm	0.20mm
0.10 ~ 0.25mm	0.15mm	0.20mm	0.30mm
0.25mm	0.20mm	0.30mm	0.40mm

表 6.4　埋孔的最小钻孔尺寸

层厚	一级	二级	三级
< 0.25mm	0.10mm	0.10mm	0.15mm
0.25 ~ 0.5mm	0.15mm	0.15mm	0.20mm
0.5mm	0.15mm	0.20mm	0.25mm

2. 焊盘尺寸

焊盘是每个具备电气连接作用的通孔的一部分，对于布线过孔，焊盘通常是一个圆环状的垫片，对于 PCB 封装的管脚，焊盘的具体形状有很多，但所起的作用都是钻孔至信号线的过渡连接。焊盘的尺寸不能过大，这与钻孔过大将占用过多布线空间的道理相同，但是焊盘尺寸也不可过小，因为钻孔工艺存在一定的偏差，不可能每次都恰好钻在焊盘的正中心，这样就会存在最小内孔环与外孔环，其定义如图 6.65 所示。

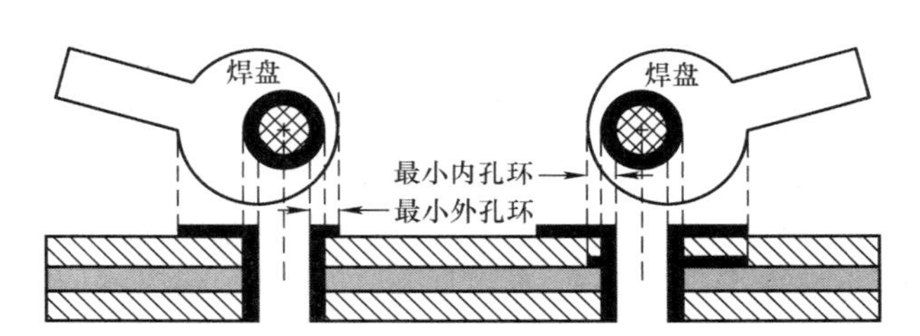

图 6.65　钻孔的偏差导致的最小孔环

如果配置的焊盘尺寸过小，在钻孔时就可能会导致孔环太小（焊接时容易破损）或直接破环的现象，IPC-2221A 也给出了添加泪滴（Filleting）、拐角布线（Corner Entry）与关键孔（Key Holing）3 种优化后的焊盘形状，如图 6.66 所示，它们的目的都是引入附加的焊盘区域（以避免焊盘与导线出现开路现象）。

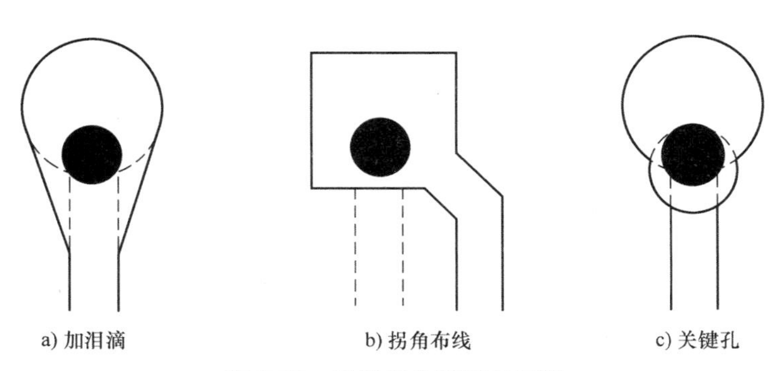

图 6.66　改进焊盘形状态示例

当然，在实际进行焊盘配置时，你还是应该给焊盘尺寸预留足够的设计裕量，IPC-2221A 给出的最小焊盘直径估算公式见式（6.4）：

$$D = a + 2b + c \tag{6.4}$$

式中，D 为最小焊盘直径；a 为成品孔径的最大值；b 为孔环要求的最小值；c 为标准制作公差，IPC-2221A 给出的最小孔环与焊盘标准最小制作公差分别如表 6.5 与表 6.6 所示。

假设成品孔径为 20mil，按照 A 级生产等级估算，则外层最小焊盘直径应为 20 +（2 × 1.97）+ 16 ≈ 40（mil），如果考虑到钻孔镀覆层厚度，还可以更小一些（即减去 2 个单位的镀覆层厚度），因为镀覆层本身也算是孔环的一部分。当然，不同的标准会有不同的估算方法，你只需要了解即可。

表 6.5　最小孔环

孔环	尺寸
内层支撑孔	0.025mm/0.98mil
外层支撑孔	0.050mm/1.97mil
外层非支撑孔	0.150mm/5.91mil

表 6.6　互连焊盘标准最小制作公差

A 水平	B 水平	C 水平
0.4mm/16mil	0.25mm/9.84mil	0.2mm/7.9mil

3. 载流能力

载流能力是大电流应用场合下比较关心的话题，过孔的载流能力不够会导致温升过高而影响 PCB 的稳定性，但是关于载流能力推荐规则的差别比较大，本节的数据主要参考 IPC-2221A，其中给出导线载流 I 的估算公式见式（6.5）：

$$I = k \cdot \Delta T^{0.44} \cdot A^{0.725} \tag{6.5}$$

式中，I 为电流，单位为安培（A）；ΔT 为温升，单位为摄氏度（℃）；A 为导线的截面积，单位为平方密尔（mil^2）；k 为修正系数，一般内层导线取 0.024，外层导线取 0.048。

式（6.5）同样可以推广到过孔，只需要计算出过孔电镀层的截面积即可。过孔镀覆层可以看作是一个圆环，假设内半径与外半径分别为 r 与 R，则圆环的面积计算公式为 $\pi[(R+r)\times(R-r)]$。对于电镀过孔而言，假设成品钻孔直径为 a，镀覆层厚度为 t_p，如图 6.67 所示，则 $R + r = a + t_p$，$R - r = t_p$，将其代入到式（6.5），即可整理出过孔的载流能力计算公式如下：

$$I = k \cdot \Delta T^{0.44} \cdot \left[\pi \cdot \left(a + t_p\right) \cdot t_p\right]^{0.725} \tag{6.6}$$

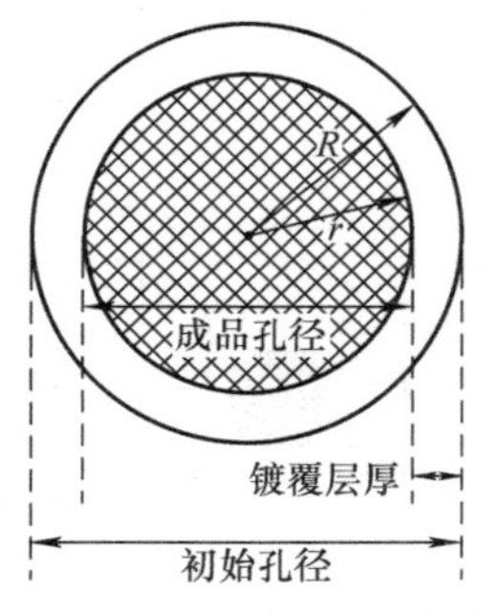

图 6.67　圆环的面积参数

表 6.7 为笔者在温升为 10℃，镀覆铜厚为 1mil，$k = 0.024$ 的前提下计算出来的数据，仅供参考。值得一提的是，多个过孔并联时的具体情况要复杂得多，建议在计算结果的基础上预留足够的设计裕量，必要的时候应该进行过孔温升测试。

表 6.7　过孔载流值

成品孔径 /mil	过孔载流 /A
10	0.64
20	1.38
30	1.83
40	2.24
50	2.62

4. 寄生参数

在高速或高频 PCB 设计中，你还需要考虑插件焊盘或过孔的寄生电感与电容对信号产生的影响。寄生电感主要会影响旁路电容吸收高频噪声能力（详情见 6.2.4 小节），其大小主要取决于钻孔的长度与直径，前者为决定性因素。另外，每个电镀钻孔对公共地都存在一定的寄生电容，如图 6.68 所示。

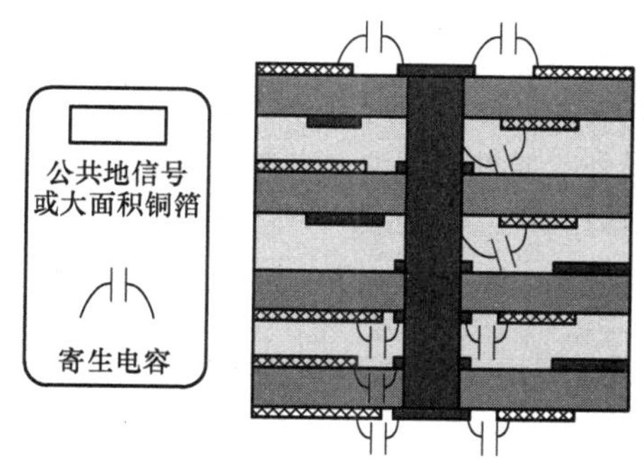

图 6.68　电镀钻孔对公共地的寄生电容

寄生电容的大小主要取决于焊盘（或镀覆层）与公共地之间的距离，所以降低电镀钻孔寄生电容的有效方法便是提升焊盘（或钻孔）与公共地信号之间的距离（大面积公共地铜箔可以加大隔离焊盘的直径）。当然，这可能会对高速信号的返回路径产生不利的影响，因为高频与高速信号的返回路径本应该紧贴着信号线，拉开信号线与返回路径（公共地）之间的距离将会增加环路面积（也就会影响阻抗），所以需要折中考虑。

焊盘栈的寄生电感与电容共同构成一个低通滤波器，其等效电路如图 6.69 所示，当高速数字信号经过时会延长其上升时间（即电压从 10% 上升到 90% 所花费的时间，下降时间的定义相似），也就降低了电路的速度，如图 6.70 所示。虽然单个焊盘栈引起的上升时间变化的作用可能并不是很明显，但是很多高速信号本身的周期还不到 1ns，如果布线中多次使用过孔进行板层切换，也就会严重影响传输信号的质量。

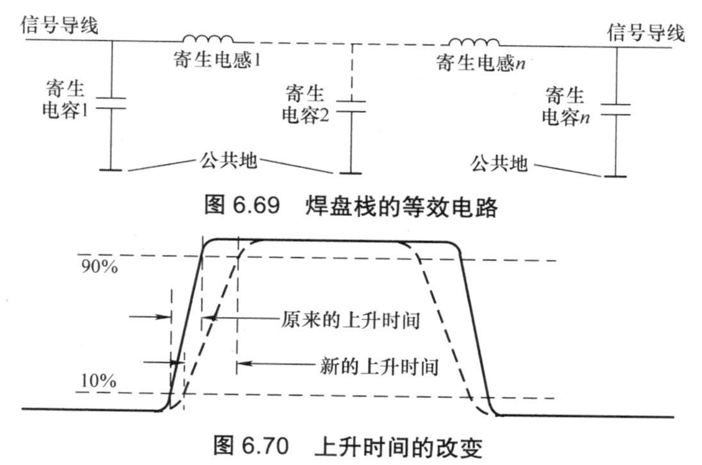

图 6.69　焊盘栈的等效电路

图 6.70　上升时间的改变

6.4　钻孔对

钻孔对的定义主要针对需要使用盲埋孔的 PCB 设计（仅使用直通孔的 PCB 不需要定义钻孔对），PCB 厂商使用数控钻孔（NC Drill）文件中的数据完成钻孔工序。如果 PCB 存在盲埋孔，你还必须定义盲埋孔的起始层与结束层信息，每一个定义的钻孔对都对应一份数控钻孔文件，它们将随 CAM 文件一起发送给 PCB 厂商。换言之，即便你已经在“焊盘栈特性”对话框中定义盲埋孔并在布线时使用，但是如果未定义相应的钻孔对，也就意味着无法导出完整的 CAM 文件。

在 PADS Layout 中设置钻孔对非常简单，执行【设置】→【钻孔对】即可弹出“钻孔对设置”对话框，如果想添加新的钻孔对，只需要单击“添加”按钮，在“钻孔对列表”中出现的新行中选择“起始层”与“结束层”的对应板层即可。图 6.71 中定义了 4 个钻孔层对，第一个是通孔，第二、三个是盲孔，第四个是埋孔。

值得一提的是，如果你未定义任何钻孔对，则可以在“焊盘栈特性”对话框中添加任意盲埋过孔，也可以在布线时使用，一旦你已经定义任何钻孔对（即便只是直通钻孔对），“焊盘栈特性”对话框中只能添加与钻孔对相匹配的盲埋孔，否则，PADS Layout 认为定义的过孔不合法而被禁止（例如，钻孔对定义如图 6.71 所示，而你想添加第 1 层到第 3 层的盲孔），同时会弹出如图 6.72 所示提示对话框。另外，如果你已经更改 PCB 叠层（即电气层）数量，并且决定使用盲埋孔，也应该同时更新钻孔对的参数设置。

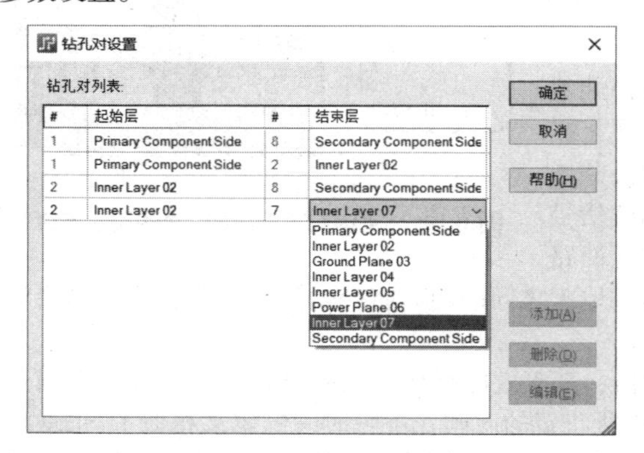

图 6.71 “钻孔对设置”对话框

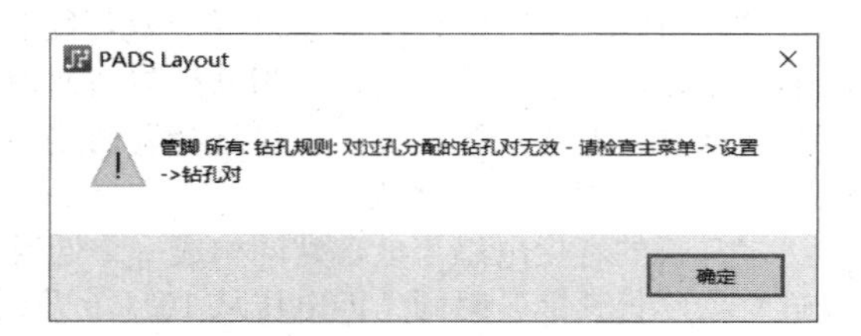

图 6.72 提示对话框

6.5 跳线

PADS Layout 允许在布线时加入跳线，也允许在已有导线中加入跳线，并且可以实时修改。如果你想添加跳线，只需要在布线过程中执行【右击】→【添加跳线】即可，而添加的跳线参数则需要提前进行设置。执行【设置】→【跳线】即可弹出如图 6.73 所示的“跳线”对话框，其中的很多参数与“焊盘栈特性”对话框相似，本节主要介绍两者的不同之处。

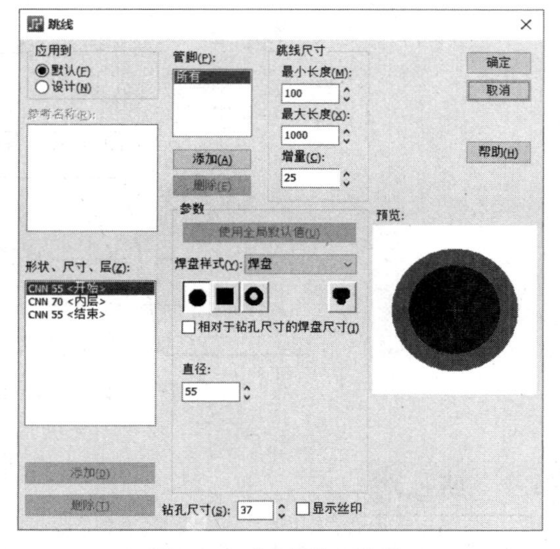

图 6.73 “跳线”对话框

应用到（Apply to）

该组合框指定需要设置的跳线参数对象，如果选择为“默认”项，则当你在 PCB 文件中添加一个跳线时，相应参数的跳线将会被添加。如果选择“设计”项，则表示你将要对 PCB 文件中已经添加的跳线进行查看或编辑。如果当前设计中还未添加任何跳线，此时对话框中所有的设置项均为禁用状态。如果当前 PCB 设计中存在跳线，“参考名称”列表中将会出现使用的跳线参考编号（例如 JMP1、JMP2），你可以通过选择某个跳线进行参数的修改。

在 PCB 文件中添加或调整跳线时，跳线 2 个管脚之间的间距可以控制，这取决于“跳线尺寸”组合框中的“最小长度”与“最大长度”文本框，而间距控制步长则取决于“增量”文本框，如图 6.74 所示。图 6.73 中的参数配置表示，你可以增加的默认跳线长度在 100～1000mil 之间，管脚间距调整步长为 25mil。

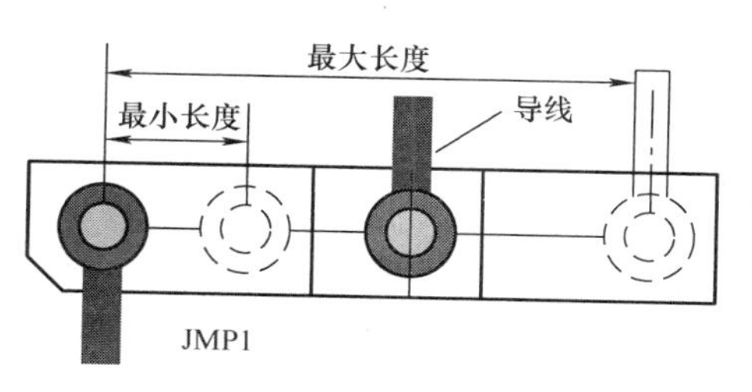

图 6.74　跳线参数

6.6　显示颜色

在对房屋进行装修时，每个人都有自己不同的偏好，其中就包含颜色的配置。PCB 设计同样如此，你可以根据自己的习惯设置不同的对象颜色，当然，如果你觉得默认的颜色也能够接受，也完全可以不予理会，但对显示颜色的合理配置可以提高设计效率，因为有些时候，默认的颜色可以无法（或更好地）显示你想要观察的对象，在不同设计阶段配置不同的颜色能够提升效率。例如，在进行元器件布局时，通常会隐藏参考编号、属性、元件类型等对象，当需要进行丝印调整时，通常会将参考编号显示出来。

如果你想给对象配置不同的显示颜色，只需要在 PADS Layout 中执行【设置】→【显示颜色】，即可弹出“显示颜色设置”对话框（见图 2.20），从中可以对指定板层上的对象进行颜色设置。

1. 选定的颜色（Selected Color）

就像绘画需要准备颜料一样，该组合框提供了一些系统预定义的颜色供你选择，如果觉得这些颜色都不符合要求，也可以更换颜色，只需要从中选择某个“需要更换颜色的”方块，然后单击右侧的“调色板”按钮即可弹出“颜色”对话框（与图 1.14 相似），从中可以配置想要的颜色。如果觉得还是系统预定义的颜色更方便，你也可以直接单击“默认调色板”按钮，所有方块的颜色又会恢复默认颜色。

2. 层 / 对象类型（Type/Object Types）

当你已经选定颜色准备作画时，画布自然必不可少。同样，当已经在“选定的颜色”组合框中确定某种颜色后，你就可以在“层 / 对象类型”表格中“作画”（设置颜色），它是以矩阵方式将层与层对象组织起来，每一行代表一个板层，板层的数量与图 6.8 所示“层列表”完全相同（如果不想显示某些未使用的板层，可以使用图 6.20 所示“启用 / 禁用层”对话框将其隐藏起来）。如果你需要对某层的对象颜色进行设置，首先应该将该层的对象显示出来（即勾选“#”列的复选框，否则该层对象将被隐藏）。除“#”列外，其它每一列都代表一种对象，行与列交叉单元格就是要配置颜色的对象所在位置。例如，你要把顶层的导线（Trace）全部设置为绿色，该怎么操作呢？首先在“选定的颜色”组合框单击绿色方块，然后在横向顶层（Top）与纵向导线的交叉单元格处单击即可，如图 6.75 所示。值得一提的是，关闭某层颜色并不影响原来的颜色配置，如果后续再将该层颜色重新打开，相应的对象又会以原来的颜色显示。

有时候，你可能并不在乎板层对象上的具体颜色，只是想将所有颜色打开（例如，观察某个对象是否存在），或者关闭所有颜色（将所有对象设置与背景颜色相同），也可以对所有层一次性分配颜色，只需要单击“分配全部”按钮即可弹出图 6.76 所示“为所有层分配颜色”对话框。

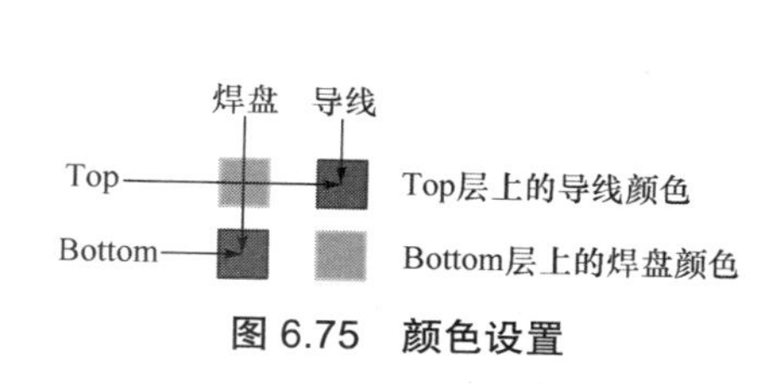

图 6.75　颜色设置

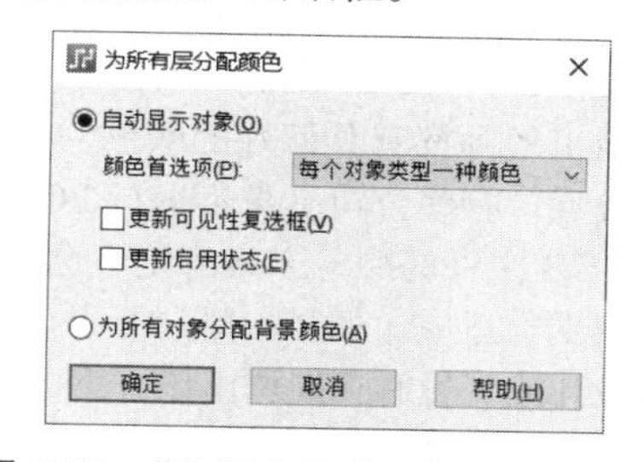

图 6.76　“为所有层分配颜色”对话框

当你选择“为所有对象分配背景颜色”单选框时，表示将所有层与对象的颜色设置为与背景颜色相同（关闭所有层的显示颜色）。当你选择“自动显示对象”单选框时，就意味着你想为所有层中（与背景色相同）的对象分配颜色，“颜色首选项”列表则用来确定自动分配颜色的策略，其中包括“每个对象类型一种颜色”“每层一种颜色”“选定的颜色”3 种选项。“选定的颜色”项表示以你在“选定的颜色”组合框中确定的颜色分配所有层对象的颜色，换言之，所有之前未分配颜色的对象都将显示为同一种颜色。“每个对象类型一种颜色”项表示为每一列分配不同的颜色，“每层一种颜色”项则表示为每一层分配不同的颜色，这两种策略使用“与最近的方块颜色相同的”颜色，如果没有最近的方块颜色，就会按从左至右、从上到下的顺序使用调色板中的颜色。

以“每个对象类型一种颜色”项为例，假设每个未分配颜色单元格在每列都存在相邻的颜色（不同编号代表不同的颜色，无编号的黑色方块代表未分配颜色），则自动分配前后的颜色状态如图 6.77 所示。

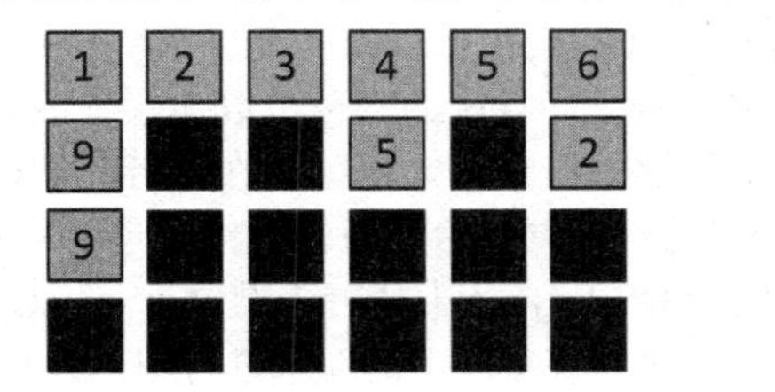

a) 自动分配颜色前

b) 自动分配颜色后

图 6.77　每个未分配颜色单元格都有最近的颜色

假设每个未分配颜色单元格在每列都不存在相邻的颜色，则自动分配前后的颜色状态如图 6.78 所示。需要注意的是，自动分配颜色策略的执行会自动跳过在“其他”组合框中设置的“背景”“亮显”“选择”颜色，这也是为了方便设计者更好地观察 PCB 对象。例如，你设置的背景颜色为编号 2，则编号 2 对应的颜色不会被自动分配。

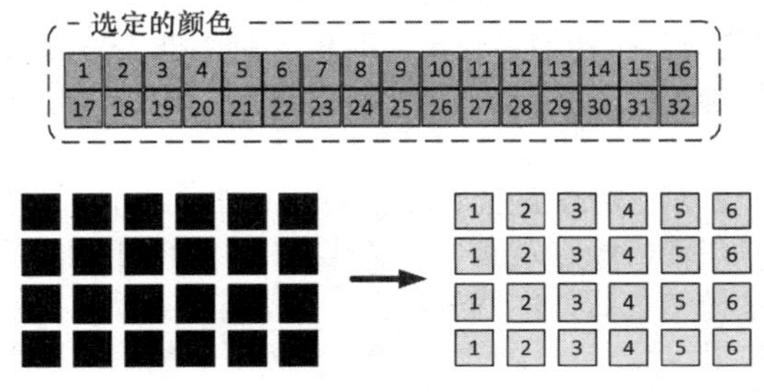

图 6.78　每个未分配颜色单元格都没有最近的颜色

你还可以一步隐藏满足特定条件的板层，如果勾选了“更新可见性复选框”复选框，仅当板层存在对象时，“层 / 对象类型”矩阵中的“#”列的可见性复选框才会被勾选，而不存在对象的板层都将被关闭。勾选“更新启用状态”复选框则表示隐藏不包含对象的非电气层（即图 6.20 所示“启用 / 禁用层”对话框中的层）。

3. 其他（Other）

该组合框用来设置不在“层 / 对象类型”表格应用范围内的对象，包括背景、板框、选择（Selections）、连线（飞线）、亮显，但颜色的设置方法仍然相同。如果 PCB 文件中某些对象（或刚刚创建的绘图对象）不可见时，可以观察对象的显示颜色是否与背景色相同（或显示颜色是否打开）。另外，在移动对象时应该会出现一个随光标移动的对象虚框，如果该虚框看不见，可能是因为其颜色与背景色相同，此时你可以尝试更换“选择”复选框的颜色。

4. 配置（Configuration）

每一位工程师都有其偏好的颜色，在实际学习与工作当中，你可能经常需要对其他工程师的 PCB 文件进行查看，有些公司本身不进行 PCB 设计，而选择将这部分工作外包。无论是哪种情况，最终在你手中的 PCB 文件的颜色方案肯定不会相同，如果未预先对显示颜色进行统一配置，你可能会要花费一些时间辨别与适应（例如，哪层是顶层或底层等）。当然，你也可以对常用的颜色配置进行保存，在下次进行设计或查看时直接调出该方案即可，这样就节省了适用不同方案颜色的宝贵时间。

当所有对象的显示颜色调整完毕后，单击“保存”按钮即可弹出如图 6.79 所示的“保存配置”对话框，从中输入便于记忆的方案名称（此处为“8Layer_Color”），然后单击“确定”按钮，即可在“配置”组合框内的下拉列表中看到刚刚给出的方案名。当你使用 PADS Layout 打开其他 PCB 文件时，该方案仍然还存在，从该列表中选中后单击“确定”或“应用”按钮即可更新颜色方案。

图 6.79 “保存配置”对话框

5. 显示网络名称（Show Net Name On）

你还可以选择是否在导线、过孔或管脚对象中显示网络名称，只需要勾选相应的复选框即可，相应的无模命令分别为“NNT”“NNV”“NNP”。需要注意的是，只有当你打开了“层 / 对象类型”表格中的“网络名”列颜色，并且该列被分配了“与背景色不相同的”颜色时，网络名称才会显示出来。

6.7 启动文件

大多数 PCB 设计软件在新建 PCB 文件后均有一个默认的叠层配置（一般默认都是两层板），如果由于工作性质导致所涉及的设计项目均是 4 层及以上且有相同的特殊要求时，那么每次进行新建 PCB 文档的操作后，都需要对板层、过孔、颜色方案、默认间距、线宽等参数进行重复配置操作，也就会浪费宝贵的时间，此时你可以设置启动文件，也就是将经常要用到的叠层方案、过孔等信息保存起来，下次新建 PCB 文件时直接调用即可（与 PADS Logic 中自定义默认配置相似）。

如果你想自定义启动文件，可以在选项参数配置完毕后执行【文件】→【另存为启动文件】，在弹出图 6.80 所示“另存为启动文件”对话框中设置相应的启动文件名称（此处为“8Layer_Startup”），同时保持默认的路径（此处为“D：\MentorGraphics\PADSVX.2.7\SDD_HOME\Settings”，否则后续无法正常加载）。之后再单击“保存”按钮，即可弹出如图 6.81 所示“启动文件输出”对话框，从中你可以选择将当前 PCB 文件中的哪些选项配置保存到启动文件，可供选择的项目具体见表 6.8。“单位”列表中可选“基本”或“当前”，后者可以保存更多的信息（例如，栅格位置），“启动文件描述”项中输入该方案的描述（此处为“8 Layer PCB Startup File”）。一切设置就绪后，单击“确定”按钮即可保存新的启动文件。

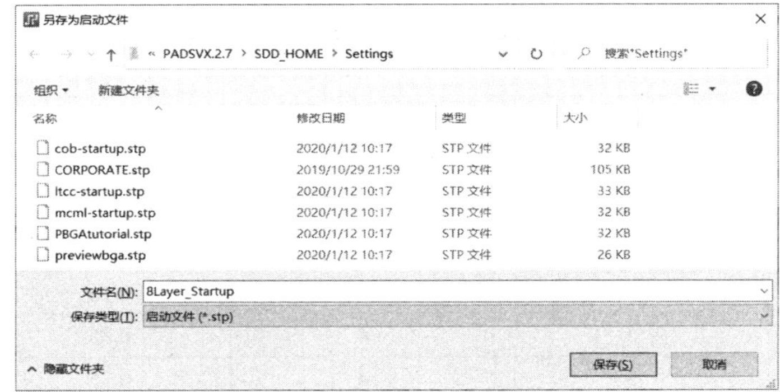

图 6.80 “另存为启动文件”对话框

图 6.81 “启动文件输出”对话框

表 6.8 “启动文件输出”对话框中可以选择输出的段的含义

段（Sections）	描述（Description）
PCB 参数（PCB Parameters）	诸如显示颜色、层定义、栅格等全局信息
过孔（Vias）	诸如过孔类型、跳线、焊盘栈定义等过孔信息
层数（Layers Data）	“层定义”对话框中设置的板层数量、名称、布线方向、电气类型等信息
规则（Rules）	诸如安全间距、布线、高速等设计规则信息
CAM	CAM 信息
属性（Attributes）	诸如属性辞典、设计中赋给对象的属性及属性状态（只读、系统、ECO 注册、隐藏）等信息。但是属性值不会保存

如果你想使用刚刚保存的启动文件，执行【文件】→【设置启动文件】即可弹出如图 6.82 所示“设置启动文件”对话框，“起始设计”列表中已经列出所有可选的启动文件，刚刚保存的“8Layer_Startup.stp”也在其中，将其选中后，右侧“说明”组合框中显示了刚刚设置的启动文件描述信息，单击“确定”按钮即可将该启动文件应用到当前的 PCB 设计。如果每次新建的 PCB 文件均使用相同的启动文件，也可以勾选“不再显示此消息（Don’t display again）”选项，这样再次新建 PCB 文件时也就不再弹出“设置启动文件”对话框，而是直接应用所选择的启动文件。表 6.9 列出了其中 4 种启动文件对应的典型配置，其中，“多芯片组 - 层压”对应英文为“Multichip Module-Laminate”，简写为“MCM-L”。

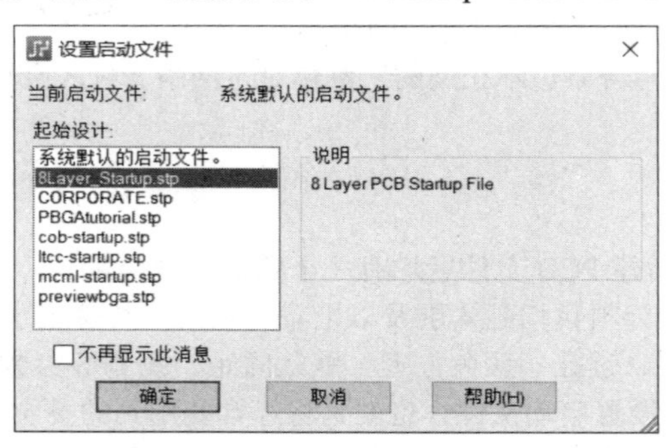

图 6.82 “设置启动文件”对话框

表 6.9 启动文件的典型配置

文件项	系统默认 启动文件	板上芯片（COB） 启动文件	低温共烧陶瓷 启动文件	多芯片组 - 层压 启动文件
文件名	default.asc	cob-startup.stp	ltcc-startup.stp	mcml-startup.stp
单位	mils	mils	mils	mm
设计栅格	100 × 100	5 × 5	1 × 1	0.005
过孔栅格	25 × 25	5 × 5	1 × 1	0.005
板层数量	2	2	13	2
导线宽度	12	3	4	0.05
过孔（开始 / 内层 / 结束）				
标准（直通孔）	55/55/55	30/30/30	55/55/55	0.2/0.2/0.2
微型（盲埋孔）	无	无	6/4/6	无
安全间距				
导线到导线	6	3	5	0.35
导线到过孔	6	3	4	0.35
过孔到过孔	6	3	4	0.35

第 7 章　设计规则

如果要求设计一款导线宽度与导线之间的距离（以下简称“线距”）均不小于 8mil 的 PCB，你会怎么做呢？导线宽度的设置相对比较容易做到，只需要在每次拉线时设置线宽即可（尽管会有些麻烦），但是如何保证线距符合设计要求呢？苦思一番的你可能会考虑设置合适的设计栅格，再加上肉眼观察达到设计目的，这对于比较简单的 PCB 也许勉强行得通，但是对于“包含成百上千个元器件及网络的”PCB 却几乎无能为力，而通过设计规则却可以很容易做到。

规则也称为约束（Constraint），设计规则就是在 PCB 设计时必须遵循的（通常是为满足可制造性或设计性能等因素的）要求，就如同玩游戏时需要遵循的规则一样。不是要保证整板线距不小于 8mil 吗？那就设置一个“线距不小于 8mil”的设计规则，在后续布线过程中，PCB 设计工具将会实时监控你的布线行为，一旦出现违背设计规则（后续简称“违规”）的情况，PCB 设计工具将会禁止继续操作或给出警告，这样就不用浪费时间使用肉眼低效率地观察成千上万的导线了。当然，在实际 PCB 设计过程中，你还会遇到很多与设计规则相关的问题，包括但不限于：为什么每次拉出的导线都不是想要的线宽（总是需要无休止地进行线宽重新设置）？为什么 PCB 制造厂商通知你设计的 PCB 无法生产出来？如何确保 PCB 中成百上千个元器件的间距合理呢（避免空间干涉而无法安装元器件）？为什么别人可以将过孔添加到焊盘上，你却不行呢？明明已经在“焊盘栈特性”对话框中定义了几种过孔，为什么在布线时始终无法添加呢？为什么有些板层无法布线呢？怎么样进行 BGA 封装的扇出呢？如何才能进行差分线或等长线布线呢？等等。

要想在 PADS Layout 中进行设计规则的配置，执行【设置】→【设计规则】即可弹出如图 7.1 所示“规则”对话框，其中包含了各种类型对象的设计规则设置入口。本章首先对实际 PCB 中的所有设计规则的类别进行详尽阐述，然后再探讨 PADS Layout 将设计规则赋予各种对象的操作方式（这些设计规则的基本概念也适用于其他 PCB 设计工具）。

特别提醒：**如果你想让配置的设计规则在 PCB 设计过程中有效，必须进入 DRC 开启模式，只需要执行【工具】→【选项】→【设计】→【在线 DRC】→【防止错误】（或无模命令“DRP”）即可。**

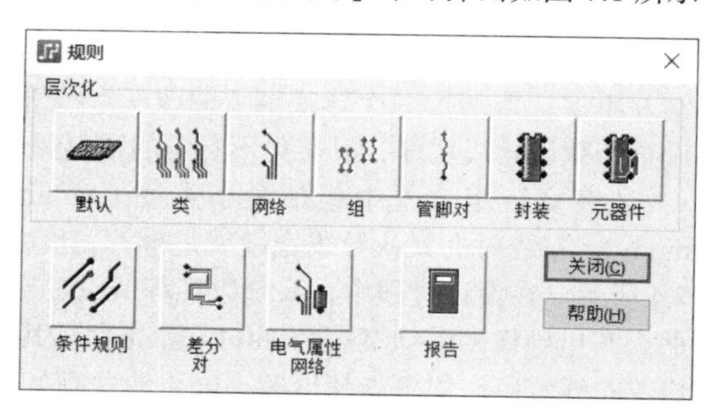

图 7.1　“规则”对话框

7.1　规则类别

PADS Layout 对所有设计规则进行了分类，以方便设计者进行设计规则的配置。单击图 7.1 所示“规则”对话框中的“默认”按钮，即可弹出如图 7.2 所示“默认规则”对话框，其中，安全间距、布线、高速、扇出、焊盘入口是 PADS Layout 定义的 5 大类设计规则，你也可以为感兴趣的对象生成相应的设计规则报告。

7.1.1　安全间距

安全间距（Clearance）是应用最为频繁与重要的设计规则，可以这么说，即便其他设计规则不存在，PCB 设计过程仍然还是可以顺利完成，但安全间距设计规则却不可或缺。单击图 7.2 所示对话框内的“安全间距”按钮即可弹出如图 7.3 所示“安全间距规则：默认规则”对话框，从中可以定义 PCB

中导线、焊盘（直通孔焊盘，对应英文为“Through Hole Pad”）、SMD（表贴焊盘，对应英文为“Surface Mount Device Pad”）、过孔及各种对象之间的安全间距与导线宽度，大体可分为 4 部分。

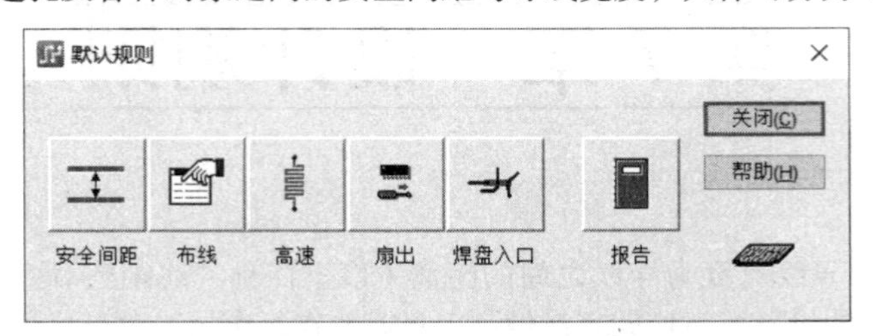

图 7.2 “默认规则”对话框

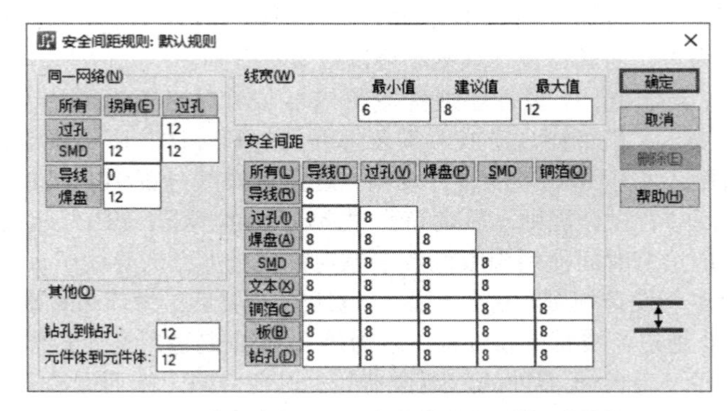

图 7.3 “安全间距规则：默认规则”对话框

1. 线宽（Trace Width）

初学者在进行 PCB 设计时，经常会遇到这样的情况：PCB 上大部线导线的宽度为 8mil（或其他宽度），而拉出来的线宽总是并非所需，所以每次都得使用无模命令“W”进行导线的宽度修改，对于偶尔的线宽修改可以忍受，但是对于某一款具体的电路模块或整个电路系统而言，大多数导线的宽度通常差不多，若每拉一次导线都要修改一次线宽，岂不是太浪费时间？其实，你可以将需要的导线宽度设置为默认导线宽度，以避免不必要的重复操作。

“线宽”组合框中包括最小宽度（Minumum）、推荐宽度（Recommended）及最大宽度（Maximum），布线时的默认导线宽度就是推荐宽度，最小宽度和最大宽度可以限制调整线宽的极限值，如图 7.4 所示。在设计过程中，系统以推荐值设置导线默认宽度，图 7.3 所示对话框中设置的推荐值为 8mil，那么布出导线的默认宽度为 8mil（除非存在其他更高优先级的设计规则，后述），你可以在布线过程中修改布线宽度，但不能超出最小值与最大值范围，否则，修改导线宽度的命令将无效。

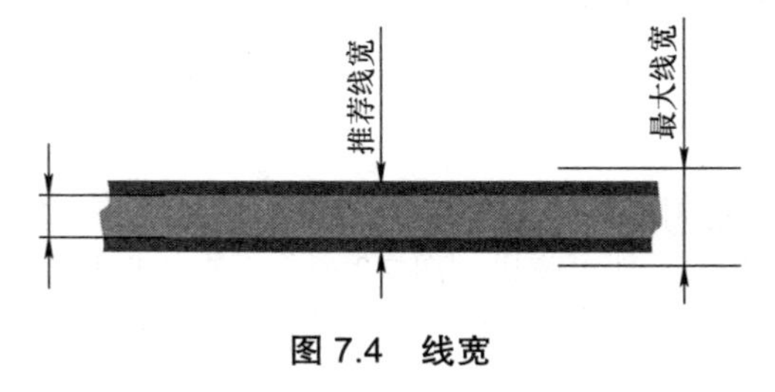

图 7.4 线宽

在实际进行 PCB 设计时，具体的线宽该怎么样确定呢？主要从以下几个角度考虑：

（1）可生产性。你不能为了将 PCB 布通而无限制地降低线宽，这可能会导致 PCB 良率下降（或根本无法生产）。从 PCB 生产工艺流程可以看到，导线是通过蚀刻液将不需要的铜箔腐蚀掉而形成，这就意味着线宽过小将不能保证一致性。虽然不同 PCB 厂商的制造水平不相同，但是通常情况下，PCB 设计时只要保证导线宽度不小于 6mil 即可（一般厂商都可以制造），只有在保证可生产性的基础上才能再考虑其他因素。对于高密度 PCB 设计，你可以从 PCB 厂商获取制造能力方面的数据。

（2）载流量。如果导线需要流过比较大的电流，需要考虑导线的载流量，不同厚度与宽度导线的载流量不同，载流量过小会引起导线（铜箔）发热，严重情况下将出现烧毁现象，具体可以根据式（6.5）计算，表 7.1 为笔者在温升为 10，$k = 0.048$ 的前提下计算出来的外层导线载流量数据，仅供参考（1oz ≈ 1.35mil）。例如，USB 2.0 的最大额定电流约为 500mA，理论上在铜厚为 0.5oz 的条件下使用宽度为 10mil 的导线即可，但为了保证一定的设计裕量，可以适当加大线宽或更改铜厚为 1oz（比较常见的铜厚）

表 7.1　外层导线的载流值

线宽 /mil	铜厚 /mil		
	0.675	1.35	2.7
10	0.5A	0.8A	1.4A
20	0.9A	1.4A	2.4A
30	1.2A	1.9A	3.2A
40	1.4A	2.3A	3.9A
50	1.7A	2.8A	4.6A
60	1.9A	3.2A	5.3A
80	2.4A	3.9A	6.5A
100	2.8A	4.6A	7.7A
120	3.2A	5.3A	8.7A

（3）阻抗：很多高速信号都要求阻抗匹配，以便达到较高传输速率的同时改善 EMI 特性。高速信号的不匹配会导致信号在传输线上多次反射，从而导致产品性能的不稳定。例如，USB 2.0 要求差分阻抗为 90Ω。如果对阻抗有严格的要求，你可以将要求的阻抗匹配信息以设计文档形式随 PCB 生产文件下单，PCB 制造厂商会根据文档要求进行阻抗控制与测试，只不过成本更高一些。

（4）可靠性。很多信号线的电流很小，并且对阻抗也无特殊要求，但考虑到可靠性，也会增加导线的宽度。例如，单面板上的导线宽度建议大于 12mil，以加强导线连接的牢固性。

2. 间距（Clearance）

该组合框用于指定属于不同网络对象的安全间距，其中以行和列给出 PADS Layout 中存在的对象，两个对象所在行、列交叉处的单元格中即可设置相应的安全间距。例如，你想设置导线之间的最小安全间距为 8mil，只需要在第一行“导线”与第一列“导线”交叉单元格中输入“8”即可。每个列头或行头都是一个按钮，它可以用来设置某个对象与其他所有对象的安全间距。例如，现在要设置铜箔与其他所有对象之间的安全间距为 12mil，只需要单击行头的“铜箔”按钮即可弹出如图 7.5 所示“输入铜安全间距”对话框，从中输入“12”再单击“确定”按钮即可。

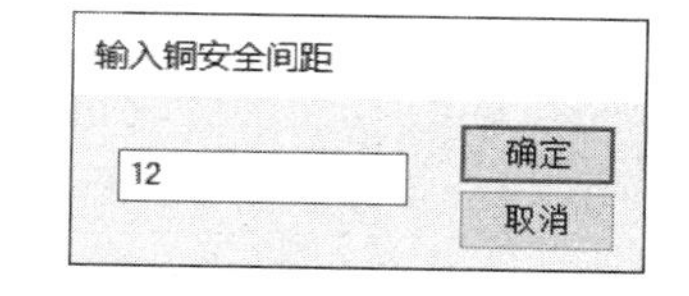

图 7.5　“输入铜安全间距”对话框

图 7.6 展示了部分对象之间的安全间距示意，仅供参考。值得一提的是，“铜箔到过孔 / 焊盘 / SMD/ 钻孔”安全间距也被用来产生默认的热焊盘与隔离焊盘，详情见 8.6.1 小节。另外，“SMD 到过孔”安全间距也代表“SMD 到 SMD”与“SMD 到焊盘”安全间距，“过孔到过孔”安全间距也代表“过孔到焊盘”与“焊盘到焊盘”安全间距。

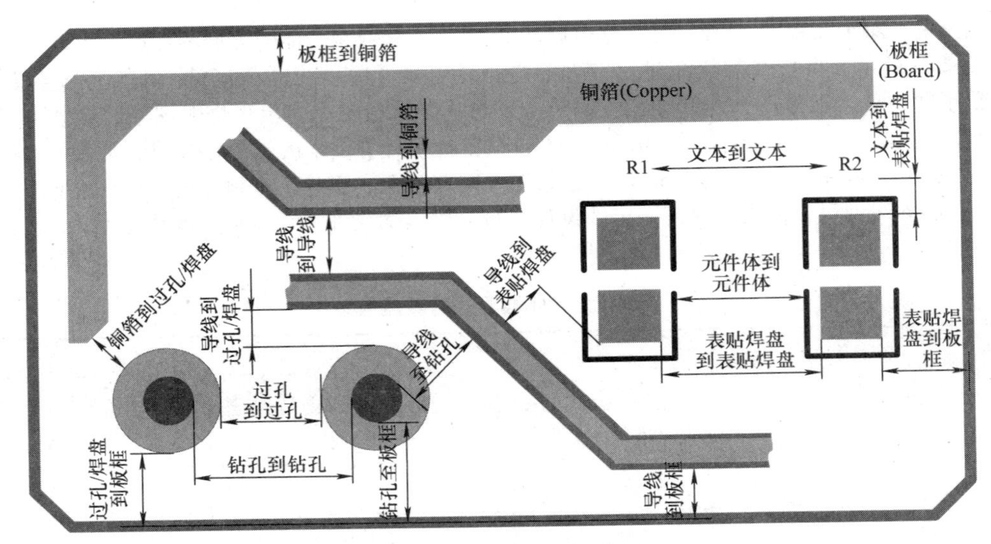

图 7.6　安全间距示意

在实际进行 PCB 设计时，具体的安全间距该怎么样确定呢？以线距为例，主要从以下几个角度考虑：

（1）可生产性。与线宽相似，你不能为了布通 PCB 而无限制地降低安全间距，这可能会导致 PCB 生产良率下降（或根本无法生产）。一般情况下，保证线距不小于 6mil 即可。

（2）串扰。间距越小的导线将会产生更多的串扰，业界比较著名的“3*W*”规则就是为了降低串扰，其表示当线宽为 *W* 时，如果导线中心间距大于 3 倍线宽可大大降低信号串扰，如图 7.7 所示。值得一提的是，在关键高频或高速信号布线时可以考虑应用“3*W*”规则，普通信号线并无太大的必要，因为这会降低布线密度（带来的好处却不大），也就间接提升了成本。

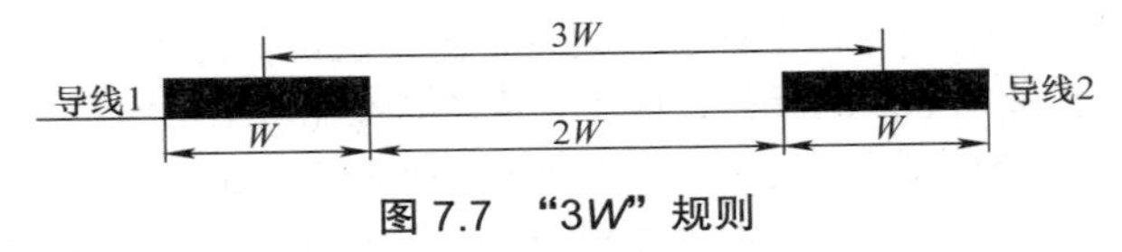

图 7.7　“3*W*”规则

（3）电气间距。有些情况下，你还得考虑导线之间的压差，如果线距过小的同时压差过大，很可能产生“短路”的效果，IPC-2221A 给出了 PCB 导线的一些最小电气间距数据，见表 7.2，仅供参考。

表 7.2　PCB 导线最小电气间距

导线间电压（直流或交流峰值）	内层导线	外层导线（无涂层，海平面到 3050m）	外层导线（永久性聚合物涂层）
0 ~ 15V	0.05mm	0.1mm	0.05mm
16 ~ 30V	0.05mm	0.1mm	0.05mm
31 ~ 50V	0.1mm	0.6mm	0.13mm
51 ~ 100V	0.1mm	0.6mm	0.13mm
101 ~ 150V	0.2mm	0.6mm	0.4mm
151 ~ 170V	0.2mm	1.25mm	0.4mm
171 ~ 250V	0.2mm	1.25mm	0.4mm
251 ~ 300V	0.2mm	1.25mm	0.4mm
301 ~ 500V	0.25mm	2.5mm	0.8mm
> 500V	0.0025mm/V	0.005mm/V	0.00305mm/V

3. 相同网络（Same Net）

该组合框用来设置同一网络中两个对象的安全间距，这些对象包括过孔（Via）、SMD、导线、焊盘与拐角。图 7.8a 表示当“过孔到 SMD”安全间距为 0 时，处于 SMD 之外的过孔（相同网络）允许与 SMD 接触（但不能相交），图 7.8b 为“焊盘到拐角”安全间距示意，其中，拐角是指出入焊盘（或过孔）的导线的首个弯曲点（First Trace Bend Point），即首个拐角（First Corner）。值得一提的是，与 PADS Layout 不同，PADS Router 会将“焊盘到拐角”安全间距应用到导线的每个拐角，详情见 10.3.2 小节。

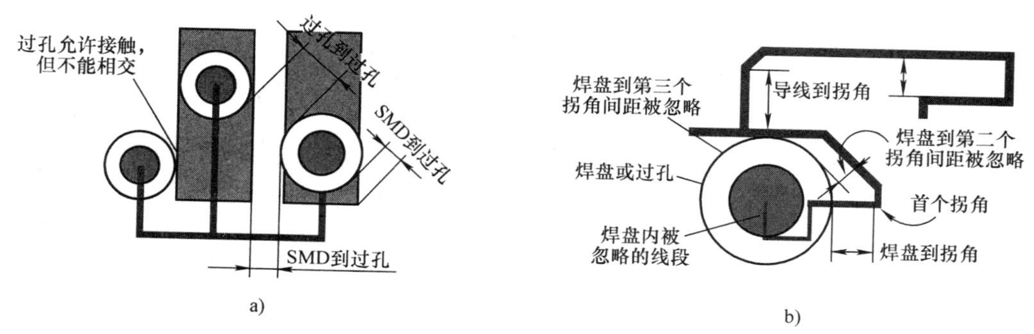

图 7.8　相同网络对象的间距

4. 其他（Other）

该组合框只有两个安全间距，“钻孔到钻孔”表示两个钻孔边缘之间的最小距离，“元件体到元件体”表示两个元件边缘之间的最小距离。需要特别说明的是，元件体（Component Body）被定义为外层（顶层或底层）、丝印层或所有层（也称为“第 0 层”）上所有 2D 线能延伸的区域，换言之，元件体本身可能会比实际元器件更小（DIP/SOP/QFP 等 PCB 封装就是此种情况的典型），但是在线规则检查也将第 20 层（Layer 20）外框视为元件体的一部分（通常情况下，添加的第 20 层外框至少不会比元件本体更小）。

假设元件并未定义第 20 层外框，如果元件体与元件体接触且未违反其他安全间距规则（元件体范围内包含了整个 PCB 封装中的对象），则使用“元件体到元件体”安全间距值。如果元件体与另一个元件的焊盘接触，“元件体到元件体”安全间距值是指焊盘与元件体之间的间距。如果元件的焊盘与另一个元件的焊盘接触（元件体范围内未包含所有焊盘），则“元件体到元件体”安全间距值是指焊盘到焊盘的安全间距，如图 7.9 所示。

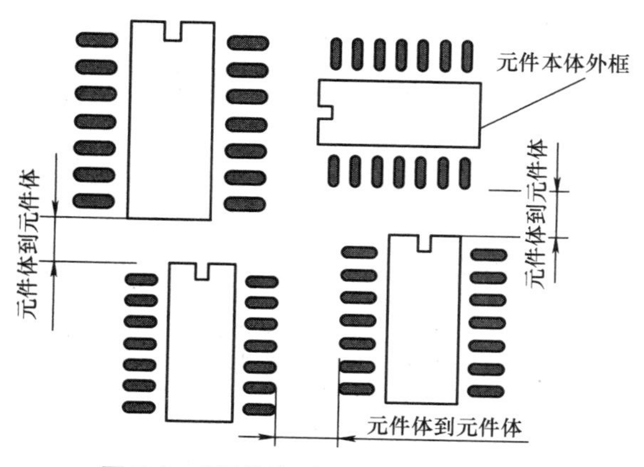

图 7.9　“元件体到元件体”安全间距

7.1.2　布线

“布线（Routing）”设计规则主要定义飞线的连接拓扑、手动或自动布线选项以及板层与过孔配置。

单击图 7.2 所示对话框中的“布线”按钮即可弹出如图 7.10 所示“布线规则：默认规则”对话框，其中主要包括以下几部分。

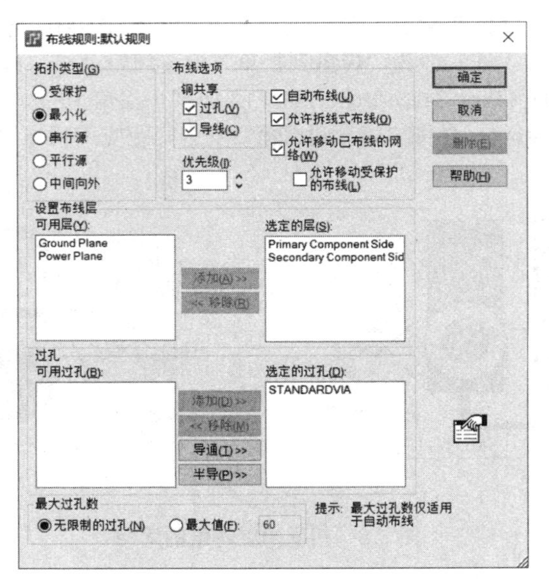

图 7.10 “布线规则：默认规则”对话框

1. 拓扑类型（Topology）

在进行 PCB 布线时，飞线可以提供可视化的管脚之间电气连接关系，如果某网络与多个 PCB 封装管脚存在电气连接关系，飞线以什么次序依次连接相关的 PCB 封装管脚呢？答案取决于设置的拓扑类型。该组合框用来设置进行交互布线或移动元件时，元器件管脚之间的飞线连接方式，而所谓的拓扑，是指源端（Source）、负载（Load）与端接器（Terminator）之间的连接方式，包括如下 5 个选项。

（1）受保护（Protected）：选择该项后，飞线的连接方式不会动态地改变。

（2）最小化（Minimized）：选择该项后，所有飞线均以最短距离连接，并且将实时根据长度进行相应调整。

（3）串行源（Serial Source）：选择该项后，飞线以“信号源 1- 信号源 2…- 负载 1- 负载 2- 端接器 1- 端接器 2-…”的顺序连接，如图 7.11a 所示。

（4）平行源（Parallel Source）：该拓扑与“串行源”拓扑相同，只不过每个信号源会单独负载连接，如图 7.11b 所示。

（5）中间向外（Mid-driven）：该拓扑将网络分成两个分支，并分别串行源方式连接，如图 7.11c 所示。

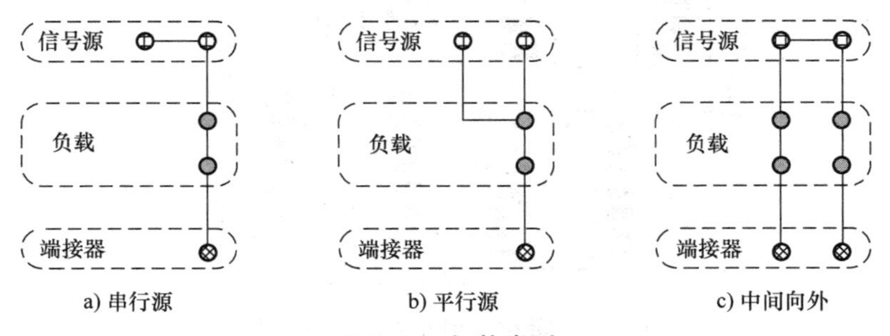

图 7.11 拓扑类型

值得一提的是，如果你尝试将拓扑更改为串行源、平行源、中间向外类型后，可能会发现飞线的连接方式并未发生任何改变，因为这些拓扑类型仅当你已经为元件设置正确的管脚类型（见表 3.3）才会有效，而系统默认的管脚类型为“未定义”。

2. 布线选项（Routing Options）

（1）铜皮共享（Copper Sharing）：该组合框指定是否允许过孔或导线与其他对象共享铜，相应的布线效果如图 7.12 与 7.13 所示。需要注意的是，帮助文档虽然指出该选项仅能用于 PADS Router，但其对 PADS Layout 同样有效。换言之，当未勾选该复选框时，你将无法按照图 7.12b 或图 7.13b 那样布线（在 DRC 开启模式下）。

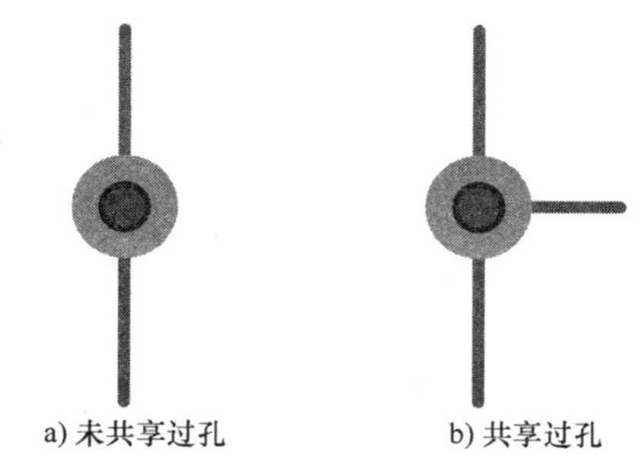

图 7.12　共享过孔前后的效果

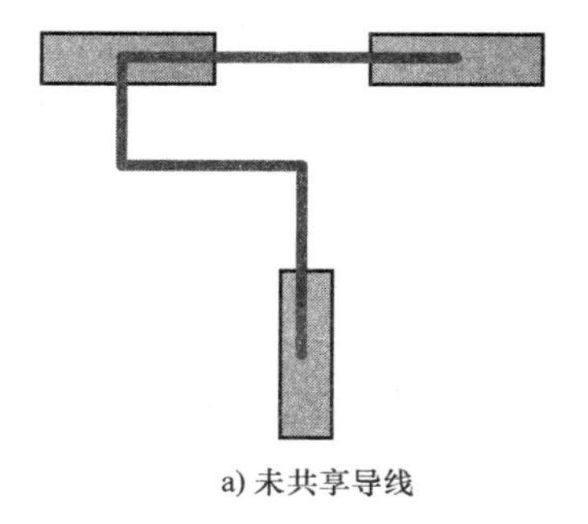

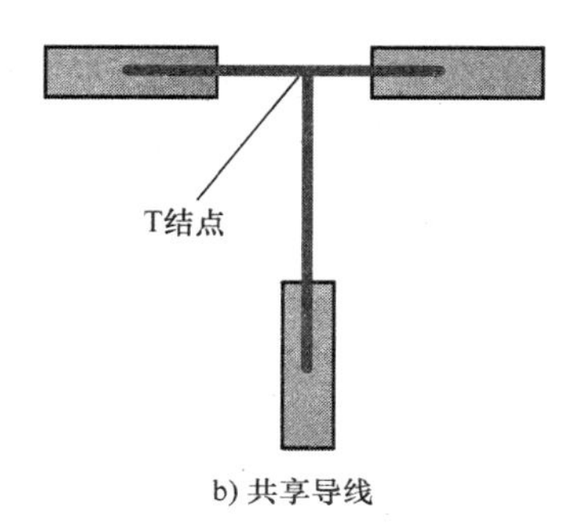

图 7.13　共享导线前后的效果

（2）优先级（Priority）：该选项用于设置布线优先级，其取值范围在 0 ~ 100 之间（0 表示优先级最低，100 表示优先级最高）。需要注意的是，该选项在仅用于 SPECCTRA 布线器，对于 PADS Router 无效。

（3）自动布线（Auto Route）：该选项决定是否允许自动布线器为网络布线。

（4）允许拆线式布线线（Allow Ripup）：对于已经完成布线的网络，该选项决定是否允许将导线删除并重新布线。

（5）允许移动已布线的网络（Allow Shove）：该选项决定是否允许移动未受保护的导线（为新的导线提供布线空间）。

（6）允许移动受保护的走线（Allow Shove Protected）：对于一些关键信号网络，大多数设计者会选择优先布线，为了避免后续受到其他布线操作的影响（例如，布线推挤或自动布线），布线完成后会立刻将其设置为保护状态，默认情况下不允许移动。如果勾选该复选框，即便导线处于受保护状态，也允许将其移动以获得更多的布线空间。

3. 层约束（Layer Biasing）

该组合框用于设置允许布线与添加过孔的板层，左侧“可用层”列表显示当前设计中所有可供添加导线与过孔的有效板层，换言之，此列表中的板层不允许添加导线或过孔。当你在“可用层”列表选择板层再单击“添加”按钮（或直接双击）后，即可将板层添加到右侧代表“允许添加导线或过孔的板层”的“选定的层”列表。如果你发现切换到某一层后无法布线，可以确认一下是否已经将相应的板层添加到“选定的层”列表。

4. 过孔（Vias）

该组合框与“设置布线层”相似，用来设置布线时哪些过孔类型能被当前设计所使用。只有添加到“选定的过孔”列表中的过孔类型才能被使用。

5. 最大过孔数（Maximum Number of Vias）

该选项用于指定自动布线时可以使用的过孔数量最大值，可以选择默认“无限制的过孔”或指定 0 ~ 50000 范围内的某个整数。

7.1.3 高速

“高速（High Speed）”设计规则主要定义在设计验证阶段需要进行动态电性能验证（Electrodynamic Checking，EDC）时的参数，实际 PCB 设计中应用得比较少，因为你可以使用 PADS 套件中更专业的 Hyperlynx 完成此项工作。单击图 7.2 所示对话框中的“高速”按钮，即可弹出如图 7.14 所示“高速规则：默认规则”对话框，主要包括以下几个选项。

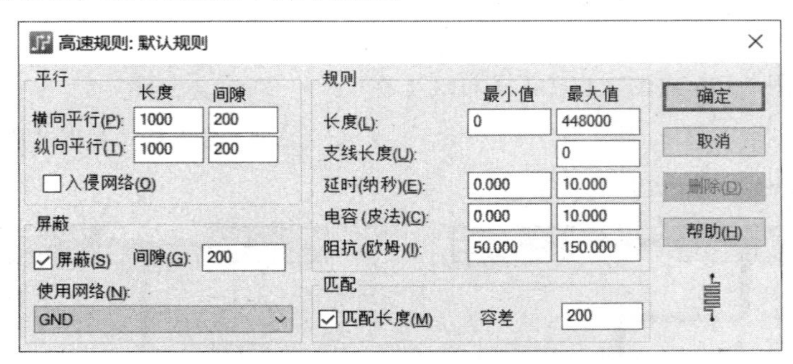

图 7.14 “高速规则：默认规则”对话框

1. 平行（Parallelism）

该组合框用于控制平行线之间的串扰，因为多条信号线的平行长度越长，间距越小，则串扰会越大，所以需要限制布线信号的最大平行长度与间距。其中，“横向平行（Parallelism）”项用于设置位于同一板层上两条平行线的参数，“纵向平行（Tandem）”则于设置不同板层上两条平行线的参数。勾选“入侵网络（Aggressor）”项表示是否设置为攻击者，因为串扰会有攻击者（Aggressor）与受害者（victim），前者表示串扰的来源。默认规则中通常不勾选该项，因为默认规则对所有对象都有效，所以一般会设置为受害者。在实际进行设计验证时，通常会选择某个网络或管脚对作为攻击者（以分析对受害者的串扰影响程度）。

2. 屏蔽（Shielding）

该组合框仅当 PCB 中存在平面层时才有效，如果你勾选“屏蔽”复选框，表示需要对连接到平面层的导线进行自动布线，以避免选定的网络免受电磁干扰，“间隙”则用于指定屏蔽与屏蔽网络之间的间距，“使用网络”列表中可以选择使用哪个网络进行屏蔽，其中的网络数量取决于你在“层设置”对话框时为平面层分配的网络（见图6.10）。需要注意的是，该组合框对不存在平面层的设计无效，而且 PADS Layout 无法对屏蔽网络进行自动布线，也不能检测屏蔽规则。

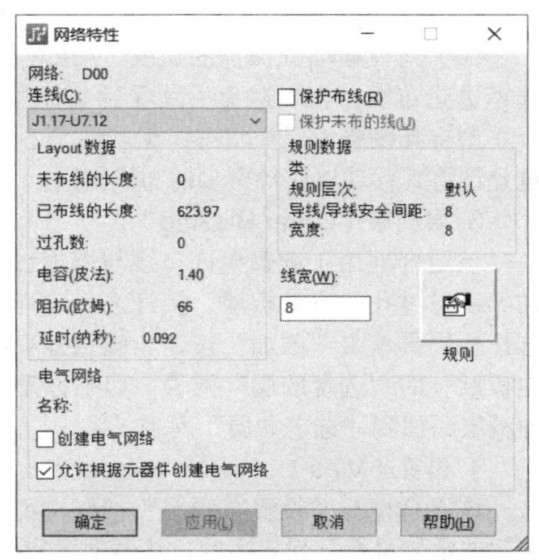

图 7.15 “网络特性”对话框

3. 规则（Rules）

该组合框限制高速布线的长度、支线长度、延时、电容、阻抗。其中，支路是指导线被分成两路而形成的 T 型结（T-Junction），它会使导线的阻抗发生变化，所以需要限制其长度以降低可能存在的反射。延时、电容、阻抗值取决于导线参数以及“层厚度”对话框中设置的板材参数及相邻的平面层，这些值可以在管脚对或网络特性对话框中看得到，图 7.15 所示为 preview.pcb 文件中网络 D00 对应的“网络特性”对话框，其中，电容为 1.4pF，阻抗为 66，延时为 0.092ns。

4. 匹配（Matching）

高速 PCB 设计时经常可能会需要进行等长布线，也就是业界常说的长度匹配。如果你希望匹配情况能够检查出来，可以勾选“匹配长度”复选框，然后在“容差”文本框中输入容差值即可。需要注意的是，

PADS Layout 并不检查长度匹配规则。

7.1.4　扇出

“扇出（Fanout）”设计规则主要针对 SOIC 或 QUAD（PADS Router 还可以针对 BGA）之类的表面贴装封装的自动扇出操作，如图 7.16 所示（具体扇出操作见 10.7 节）。当你改变任何一项参数后，下方预览窗口将实时呈现出相应的状态。需要注意的是，该对话框的参数仅在 PADS Router 中有效。

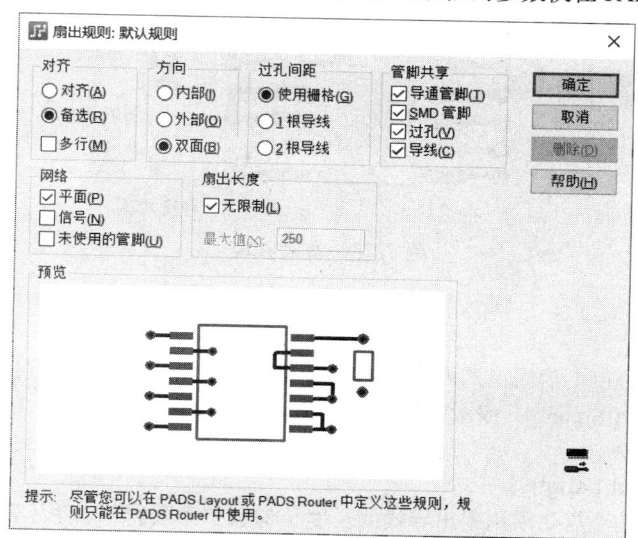

图 7.16　“扇出规则：默认规则”对话框

1. 对齐（Alignment）

该组合框用于设置扇出过孔的对齐方式，“对齐”表示以 PADS Router 中的扇出栅格对齐，图 7.17a 就是其中一种扇出效果。“备选”表示以交错方式（Stagger）排列扇出过孔。例如，第一个管脚扇出到左侧，第二个管脚扇出到右侧，其他依此类推，如图 7.17b 所示。“多行”表示将封装每侧的扇出过孔排列成两排，如图 7.17c 所示。

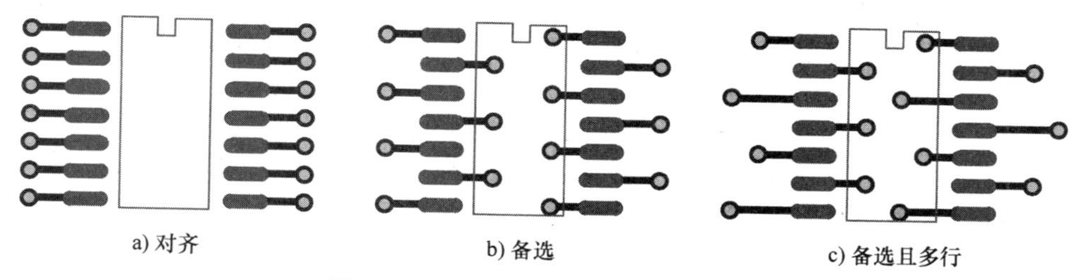

a) 对齐　　b) 备选　　c) 备选且多行

图 7.17　SOIC 封装的对齐扇出效果

2. 方向（Direction）

该组合框用于设置扇出过孔的添加方向，可以设置为内侧（Inside）、外侧（Outside）、双面（Both sides），图 7.17a 为外侧方向，图 7.17b 与图 7.17c 为双面，表示扇出过孔添加在元件内外两侧。

3. 过孔间距（Via Spacing）

该组合框用于设置添加的扇出过孔的间距，你可以选择当前设置的扇出栅格（Use Grid）、过孔之间可以布 1 条导线的距离（1 Trace）、过孔之间可以布 2 条导线的距离（2 Trace）。

4. 管脚共享（Pin Sharing）

该组合框用于指定“在 PADS Router 中对相同网络进行布线时节省扇出过孔的”焊盘共享方式。勾选“导通管脚（Through Pins）”复选框表示：如果在进行扇出时附近恰好存在插件元件管脚，则将该管脚作为扇出过孔（不额外添加过孔）。勾选“SMD 管脚”复选框表示：当多个 SMD 管脚共用一个扇出过孔可以节约成本时，则直接将 SMD 管脚连接，如果不勾选该项，表示为每一个 SMD 管脚添加过孔。勾选“过孔”表示多个 SMD 管脚可以共用一个扇出过孔。“导线（Trace）”表示多个 SMD 管脚可以共用一条导线（再连接到扇出过孔），具体参数示意如图 7.18 所示。

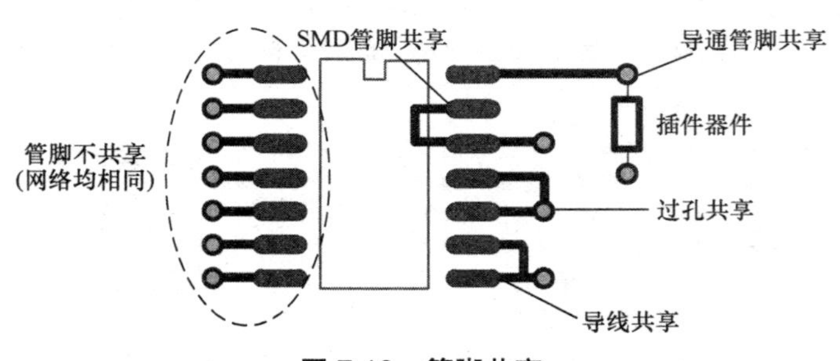

图 7.18　管脚共享

5. 网络（Nets）

该组合框用于指定可以创建扇出的网络类型。“平面（Plane）”表示仅针对“与分配给平面层的网络相同”的管脚，“信号（Signal）”表示有网络名称的管脚，“未使用的管脚（Unused Pins）”表示除平面与信号两类之外的管脚。

6. 扇出长度（Fanout Length）

该组合框用于设置是否需要限制扇出导线的长度，勾选“无限制”表示不需要，如果实在有必要，你可以清除“无限制”复选框，再往“最大值”文本框中输入限制值即可。

7. 删除

“删除”按钮用于删除非默认的扇出规则，所以该按钮在图 7.16 所示“扇出规则：默认规则”对话框中无效。

7.1.5　焊盘入口

焊盘入口（Pad Entry）是导线第一次进入（或退出）焊盘边缘的那个点，其质量由焊盘入口的角度衡量。理想的焊盘入口的角度通常不小于 90°，图 7.19 给出了一个不符合要求的焊盘入口，因为焊盘入口的下方角度大于 90°，但上方却小于 90°。

无论焊盘的具体形状如何，所有进出管脚与过孔的导线应该以理想状态存在，“焊盘入口”规则用于设置导线与焊盘的连接方式以及是否可以 SMD 焊盘上添加过孔，如图 7.20 所示。需要注意的是，该规则仅在 PADS Router 中有效。

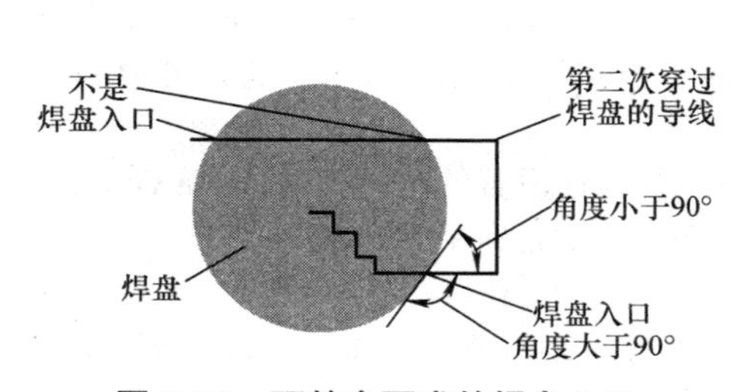

图 7.19　不符合要求的焊盘入口

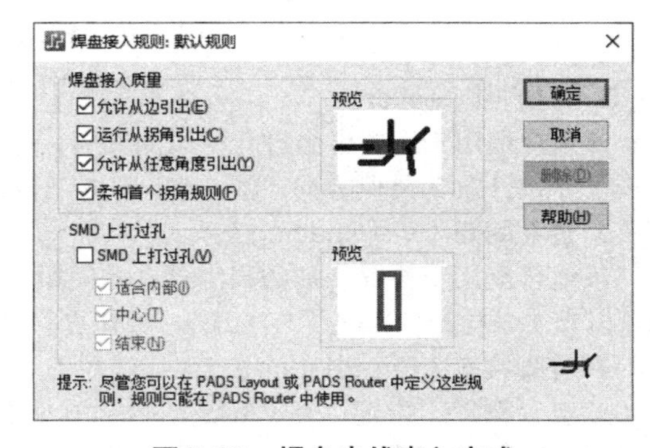

图 7.20　焊盘走线出入方式

1. 焊盘接入的质量（Pad Entry Quality）

该组合框用于设置导线如何与焊盘连接，其中包含4个选项。勾选“允许从边引出（Allow Side Exit）”复选框表示允许从焊盘的长侧（Long Side）引出导线，仅对矩形类焊盘（含椭圆焊盘）有效。勾选“运行从拐角（Allow Corner Exit）”复选框表示允许从焊盘的拐角引出导线，仅对矩形类焊盘有效（笔者注：“运行”翻译有误，应为“允许”）。勾选“允许从任意角度引出（Allow Any Angle Exit）”复选框表示允许从焊盘的任意角度引出导线（不必是45°或90°）。勾选“柔和首个拐角规则（Soft First Corner Rúles）”复选框表示允许PADS Router为了保证导线布通率而忽略首个拐角安全间距，并以小于90度的导线与焊盘连接（可能会产生酸角，详情见11.1.1小节），具体如图7.21所示（“N/A”是“Not Applicable”的缩写，表示不适用或无意义）。

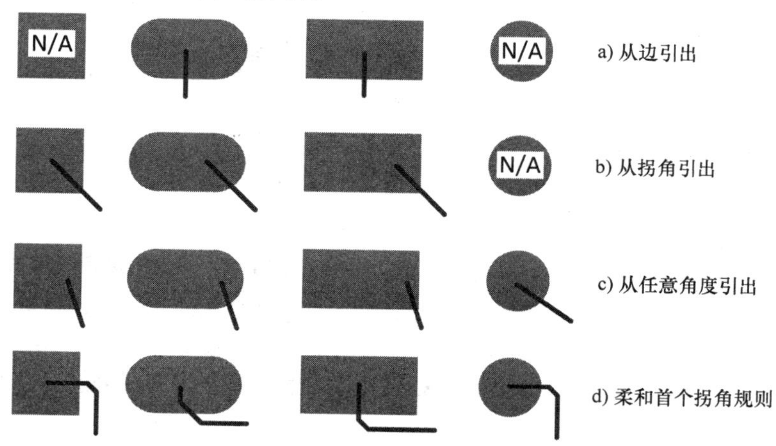

图7.21 首个拐角规则

什么是“柔和”呢？PADS的设计规则可分为硬规则（Hard）和软规则（Soft）两类，“硬规则”即便在布线无法完成时也不可能违背。例如，所有的安全间规则及过孔配置规则。“软规则”在无法完成布线时会被忽略。例如，扇出规则、元器件板层的布线限制。当然，有些规则是可以在硬软两类进行切换。例如，等长匹配布线时需要设置长度规则，但是如果你在PADS Layout中执行【选项】→【布线】→【调整/差分对】→【布线到长度约束】并勾选“需要完成导线时忽略长度规则”复选框，PADS Router为了完成布线可以违背该规则，详情见8.5.2小节。相同网络的首个拐角规则也同样如此，如果你需要忽略该规则，可以在PADS Router中执行【查看】→【特性】→【焊盘入口】并勾选“需要时，忽略首个拐角规则以完成布线”复选框，详情见10.3.9小节。

2. SMD上打过孔（Via at SMD）

该组合框用于设置是否允许能够在SMD焊盘上放置过孔。勾选“SMD上打过孔”复选框后还可以进一步指定过孔添加的位置。“适合内部（Fit Inside）”项表示过孔完全放在SMD焊盘内。“中心（Center）”表示过孔的位置限制在焊盘中心。“结束（Ends）”项表示过孔添加在长轴两端（对于矩形或椭圆形焊盘）或某侧的中心位置（对于方形焊盘），该选项对于圆形焊盘无效，具体如图7.22所示。

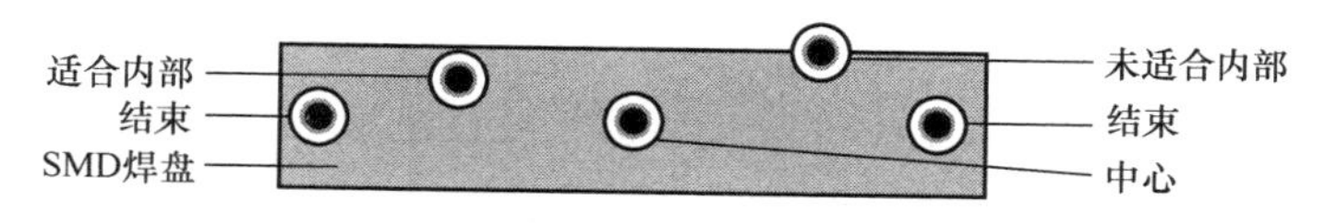

图7.22 SMD上打过孔

7.1.6 报告

如果你想以报告的形式查看当前所有已经设置的设计规则，只需要单击图7.2所示对话框中的“报告”按钮，即可弹出如图7.23所示“规则报告”对话框，其中包含的选项如下。

1. 规则类型（Rule Types）

该组合框用于指定报告的设计规则类别，将需要的设计规则选中即可，此时相应的按钮呈“凹陷”状态。勾选右侧“默认规则”复选框表示报告每个设计规则类别中的默认规则（如果未勾选该复选框，报告中不会出现与默认规则相同的设计规则）。

2. 输出对象选择

当你确定需要输出报告的规则类别后，还可以进一步选择一个或多个比较关心的对象，只需要在管脚对、组、元器件、网络、类、封装组合框中选择相应的对象即可。图 7.23 所示配置表示报告所有默认安全间距及元件 R1 相关的设计规则。

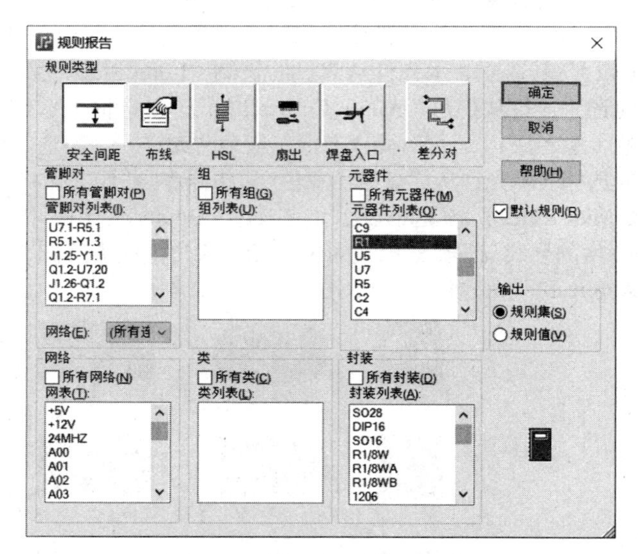

图 7.23 “规则报告”对话框

3. 输出（Output）

该组合框用于设置输出报表的内容，“规则值（Rule Values）”项表示仅报告不同于默认规则的所有规则（此时“默认规则”复选框自动未勾选且处于禁用状态），“规则集（Rule Sets）”项则可以报告所有设计规则（可自行选择是否勾选“默认规则”复选框）。当“规则报告”对话框内的参数设置完毕后，单击“确定”按钮即可弹出 rules.rep 文本文档，图 7.23 所示配置生成的报告如图 7.24 所示。

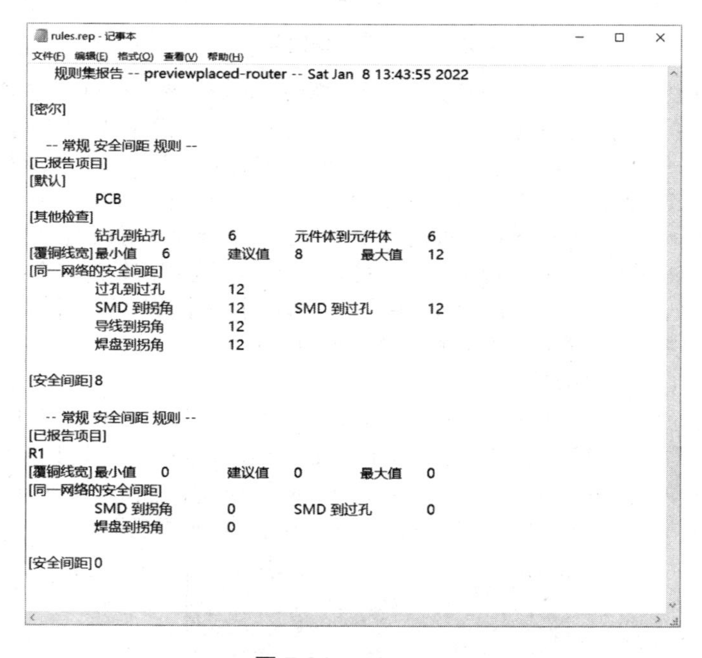


```
    规则集报告 -- previewplaced-router -- Sat Jan  8 13:43:55 2022

[密尔]

   -- 常规 安全间距 规则 --
[已报告项目]
[默认]
          PCB
[其他检查]
          钻孔到钻孔          6          元件体到元件体          6
[覆铜线宽] 最小值     6      建议值     8          最大值       12
[同一网络的安全间距]
          过孔到过孔          12
          SMD 到拐角          12         SMD 到过孔              12
          导线到拐角          12
          焊盘到拐角          12

[安全间距] 8

   -- 常规 安全间距 规则 --
[已报告项目]
R1
[覆铜线宽] 最小值     0      建议值     0          最大值       0
[同一网络的安全间距]
          SMD 到拐角          0          SMD 到过孔              0
          焊盘到拐角          0

[安全间距] 0
```

图 7.24 rules.rep

7.2 规则层次

前文已经简要介绍 PADS 中的设计规则类别，但是对于大多数并不简单的项目，PCB 涉及的对象非常繁多（包括但不限于 PCB 封装、导线、管脚、过孔、钻孔、丝印、铜箔、板框等），那么在 PCB

设计过程中，如何保证每个对象都符合设计要求呢？逐项设置肯定效率太低，而且不容易做到覆盖所有对象。PADS 当然不会只提供半套解决方案，其将所有对象按类别划分为默认（Default）、类（Class）、网络（Net）、组（Group）、管脚对（Pin Pairs）、封装（Decal）、元器件（Component），并按照设计规则优先级组织为一个基本层次结构，如图 7.25 所示。你可以按对象类别统一进行设计规则的赋予，但上一层次的设计规则将被下一层次的设计规则覆盖（即越往下优先级越高）。例如，“网络”层与“类”层对同一个对象分别设置了不同的安全间距，则 PADS 会按照“网络”层设置的安全间距对该对象进行设计规则检查。本节详细讨论各种规则层次的特点及设计规则赋予操作，包括并未包含在基本层次结构中的 2 个特殊规则：条件（Conditional）与差分对（Differential Pairs）。

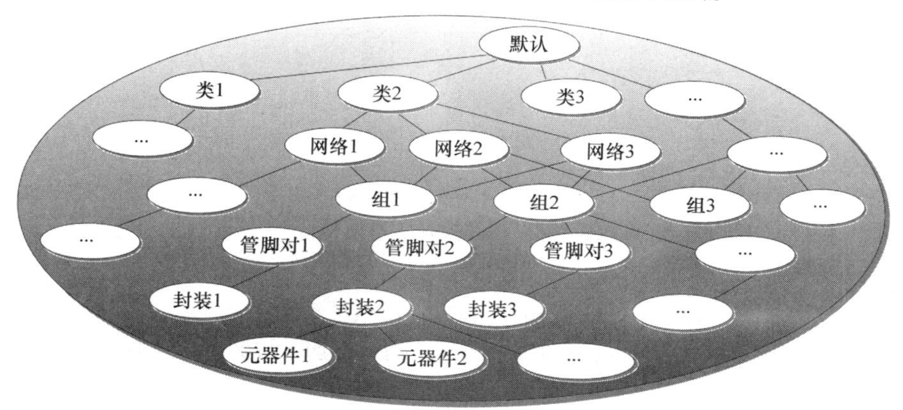

图 7.25　设计对象的基本层次结构

7.2.1　默认

默认设计规则具有整体性，其适用于 PCB 中大多数对象，因为并不是所有对象都需要特殊的设计规则，这样你就不需要特意针对所有对象赋予相同的规则。但默认设计规则的优先级最低，如果 PCB 中某个对象未被赋予其他规则，则相应的设计规则均以默认设计规则为准。一旦对象被赋予了其他任何不同的设计规则，默认规则将被新的规则覆盖。例如，当前 PCB 文件中设置的默认安全间距为 8mil，如果在优先级更高的“网络”对象类别中设置某网络间距为 10mil，则该网络的安全间距为 10mil（而非 8mil）。

7.2.2　类

类是指一个或多个被赋予相同设计规则的网络的集合。例如，同一块芯片的所有数据总线的设计规则通常相同，你可以将所有数据总线加入到一个类中（再一次性赋予设计规则），而没必要单独对多个网络赋予相同的设计规则，也就提升了设计效率。图 7.26 所示 PCB 中存在一个类 1，其中包含 3 个网络，后续给该类赋予的设计规则将对其中的网络都有约束力。

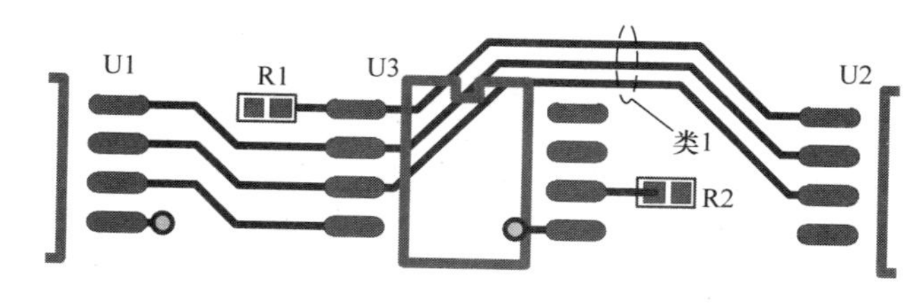

图 7.26　类的定义

要想在 PADS Layout 中设置类的设计规则，单击图 7.1 所示对话框中的“类”按钮即可弹出如图 7.27 所示“类规则”对话框，此时安全间距、布线、高速、报告按钮默认处于灰色禁用状态，因为当前 PCB 文件中还尚未创建类，也就无法进行相应的规则设置。下面详细介绍如何创建新类并给其赋予设计规则。

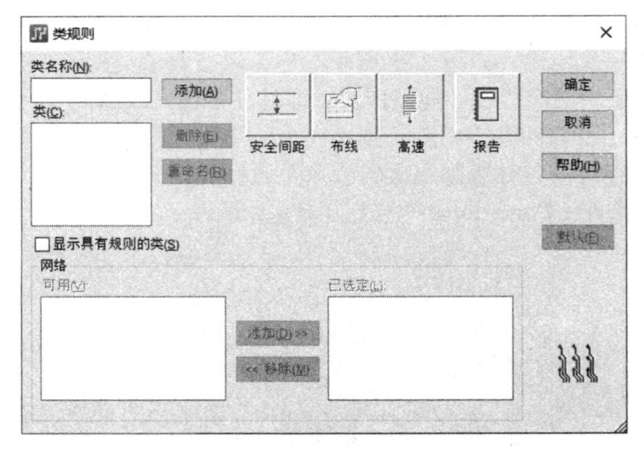

图 7.27 “类规则”对话框

（1）创建新类。在“类名称”文本框中输入想要的类名（此处为“CLASS0”），然后单击“添加”按钮即可创建一个名为“CLASS0”的新类。如果在“类名称”文本框为空白的前提下直接单击“添加”按钮，PADS Layout 将弹出如图 7.28 所示提示对话框，提示是否使用唯一的名称创建新类，如果你单击“确定”按钮，系统将使用“CLASS_+“数字”的格式自动命名（例如 CLASS_0、CLASS_1、CLASS_2 等），而新建的类将会出现在“类”列表中。

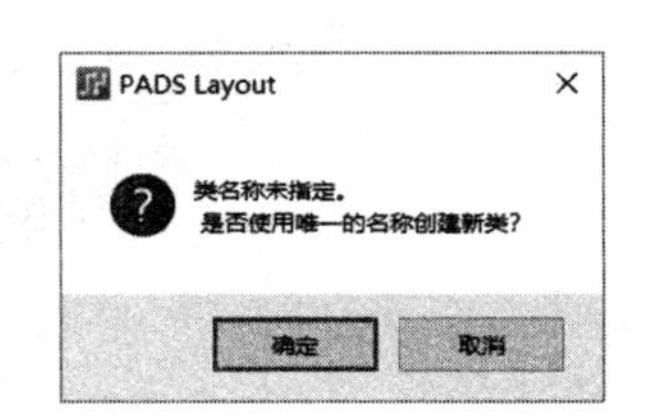

图 7.28 “类名称未指定”提示对话框

（2）将网络添加到类中。建立新类并将其选中后，对话框中的设计规则入口按钮都已经处于可用状态，表示现在可以设置类的设计规则，同时下侧的“网络”组合框已经变成可用状态，但是刚刚新建的类目前还是空的，你需要将网络添加到类中。在“类”列表中选择需要添加网络的类（此处为“CLASS0”），“可用”列表中列出了当前 PCB 中的所有网络，从中将需要的网络移到“已选定”列表中即可。假设现在已经将网络 A00~A15 共 16 个网络移到类“CLASS0”中，相应的状态如图 7.29 所示。

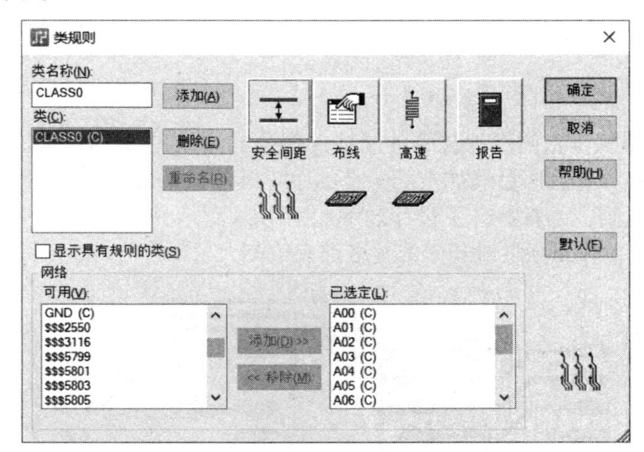

图 7.29 新建类并添加网络后的状态

有时候，当前 PCB 文件可能已经创建很多类，但是你可能只是想显示已经设置规则的类，此时只需要勾选“显示具有规则的类”复选框即可。刚刚创建的类尚未进行设计规则设置，勾选该复选框后将不会出现在“类”列表中。

需要说明的是，一个网络只能存在于一个类中。如果你已经为某个类添加网络 A，在其他类中添加网络时，网络 A 将不会出现在“可用”列表中，因为类与类之间的优先级别相同，不可以将一个网络同时赋予多个类再设置规则，就像长官不可以向同一个士兵同时发送两个相反命令一样。

（3）设计规则设置。在“类”列表中选择需要设置设计规则的类，然后单击“安全间距”“布线”“高速”按钮即可进行相应的设置，其基本操作与默认规则设置完全一样，此处不再赘述。值得一提的是，按钮下面的图标已经暗示当前对象已经设置的设计规则层次，“布线”与“高速”按钮下面的图标与图 7.1 中的“默认”按钮相同，表示尚未对当前选中的类设置布线与高速规则，“安全间距”按钮下面的图标与图 7.1 中的“类”按钮相同，表示已经对当前选中的类设置不同于默认规则的安全间距。

当已经为类赋予相应的设计规则后，有些类名（或网络名）后面会跟随包含一个大写字母的小括号，其暗示该类（或网络）已经设置不同于默认规则的设计规则，具体来说，字母“C”表示安全间距规则（Clearance），字母“R”表示布线（Routing）规则，字母“H”表示高速（High speed）规则。

（4）清除类的设计规则。如果你想删除给某个类分配的设计规则（即恢复到默认规则），该怎么办呢？是不是需要对照默认安全间距值逐个对比再修改呢？当然不需要。如果某个类已经设置不同于默认规则的规则，当你选中该类对象后，右侧“默认”按钮将处于有效状态，单击后即可弹出如图 7.30 所示提示对话框，再单击“是”按钮即可。

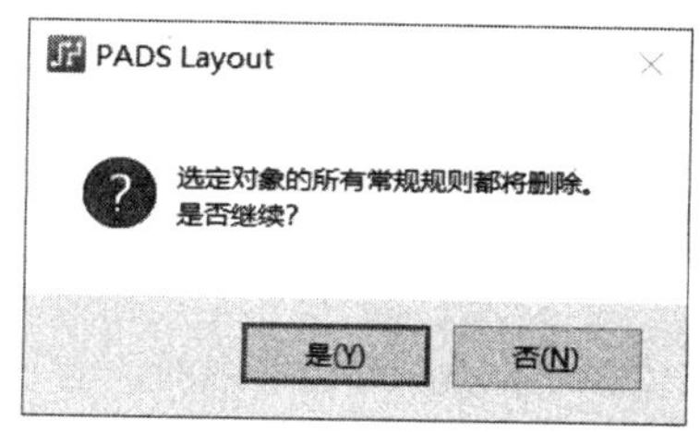

图 7.30　提示对话框

7.2.3　网络

类规则是针对一组具有相同设计规则的网络，而网络规则是针对每个单独的网络，就像放大镜一样，网络规则能够更细致地对每个网络进行特殊设置，所以其优先级比类规则更高。网络是具有电气连接关系的管脚对的集合，而所谓的“管脚对”，是指 2 个管脚及与之相关的连接（已布线或未布线），其可以是某网络，也可以是某网络的一部分。图 7.31 所示网络 2 仅连接 U3 与 R2（包含 1 个管脚对），而网络 1 则包含 2 个管脚对。

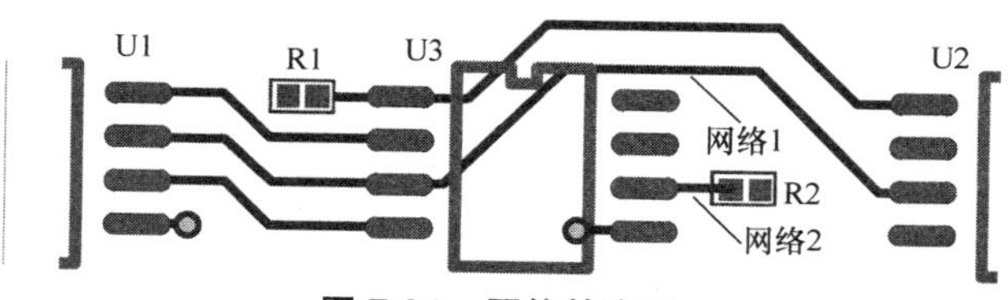

图 7.31　网络的定义

如果想要设置网络的设计规则，单击图 7.1 所示“网络”按钮即可弹出如图 7.32 所示“网络规则”对话框，从“网络”列表中选择一个或多个网络，再单击右侧的设计规则入口按钮即可设置，此处不再赘述。

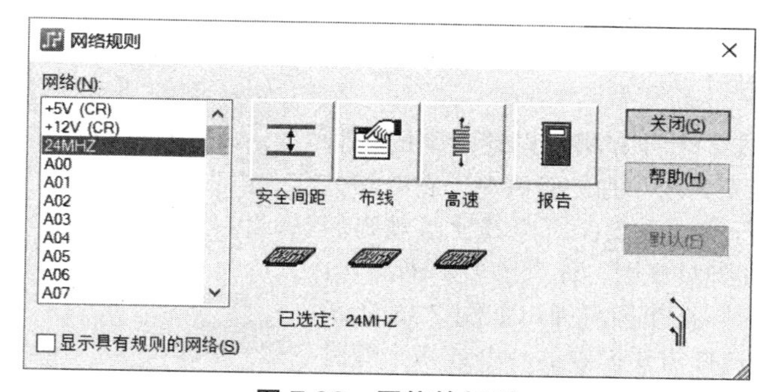

图 7.32　网络的规则

7.2.4 组

“放大镜”搜索完网络后，再对网络中包含的管脚对进行定位，图 7.33 所示网络 1 包含 U1.7-U3.3、U3.3-U2.3 共 2 个管脚对。很明显，网络的进一步细分就是管脚对，所以管脚对规则比网络规则具有更高的优先级，而组（Group）则是具有相同设计规则的管脚对的集合，因此，组规则比网络规则的优先级更高，但比管脚对规则的优先级要低。

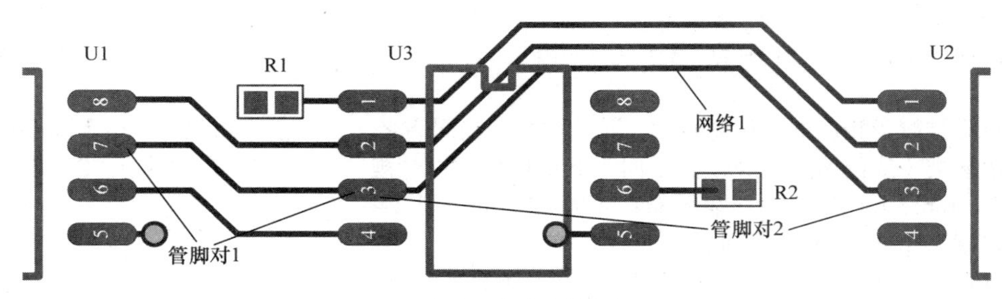

图 7.33　组与管脚对

设置组规则的操作与类相似，即先创建一个组，再往其中添加管脚对并设置相应的设计规则即可。单击图 7.1 所示对话框中的“组”按钮即可弹出如图 7.34 所示“组规则”对话框，其中已经创建一个名为“GROUP0”的组，并在其中添加了 2 个管脚对。值得一提的是，如果你仅对某个网络中的管脚对感兴趣，也可以选中“连线”组合框内“来自网络”列表中的某个网络，这样“可用”列表中就仅会显示与该网络相关的管脚对，也就过滤掉很多无关的管脚对。需要说明的是，一个管脚对仅能存在于一个组中，这与一个网络仅能存在于一个类中的道理相同。

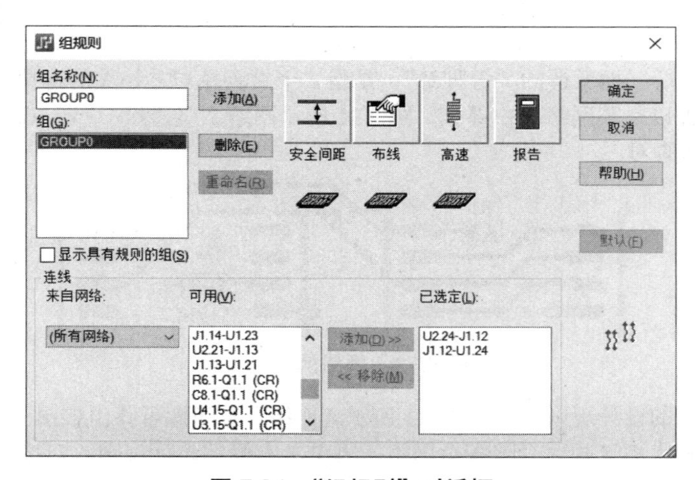

图 7.34　“组规则”对话框

7.2.5 管脚对

组规则是针对一个或多个具有相同设计规则的管脚对，而管脚对规则设是针对每个单独的管脚对，它能够更细致地对每个管脚对进行特殊设置，所以其比组规则的优先级更高。要想设置管脚对规则，你只需要单击图 7.1 所示对话框中的“管脚对”按钮即可弹出如图 7.35 所示“管脚对规则”对话框，选择需要设置的一个或多个管脚对，再设置相应的设计规则即可，此处不再赘述。

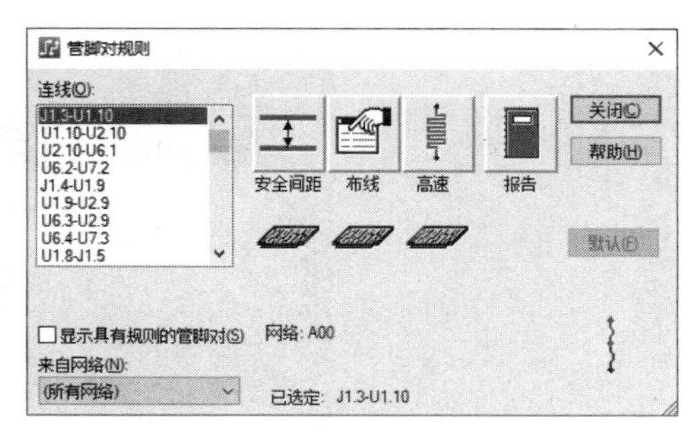

图 7.35　“管脚对规则”对话框

7.2.6　条件

在有些时候，你可能会符合某些条件的对象设置另外不同的规则。例如，内层导线需要适当加宽，或内层导线与铜箔的安全间距与外层不同，或将电源平面与板框的安全间距加大，或特意设置两个网络之间的安全间距等等，这些需求只能使用条件规则来实现。如果你能够将需求转换成为条件语句，那么就可以使用条件规则来实现。以业界流传广泛的“20H”规则为例，该规则可以解释为：如果将电源平面与地平面的层间距定为 1 个单位，则电源平面的边缘至少内缩 20 个单位（相对于地平面）可以明显抑制边缘辐射效应（仅适用于高速或高频 PCB），如图 7.36 所示。“20H”规则转换为条件语句即：如果电源网络在电源平面层，则将其与板框之间的安全间距设置为层间距的 20 倍（假设地平面与板框的间距为 0）。

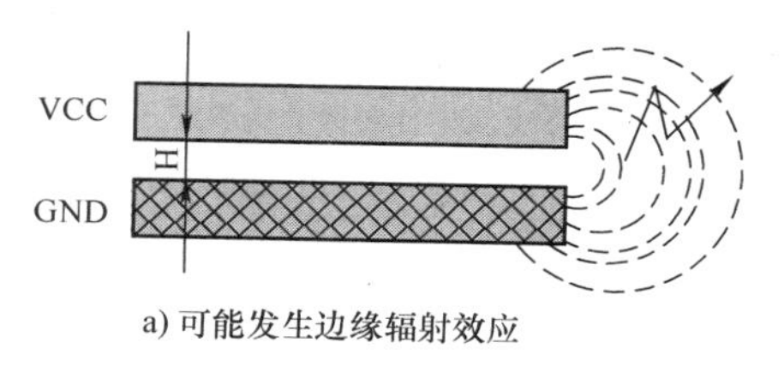

a) 可能发生边缘辐射效应

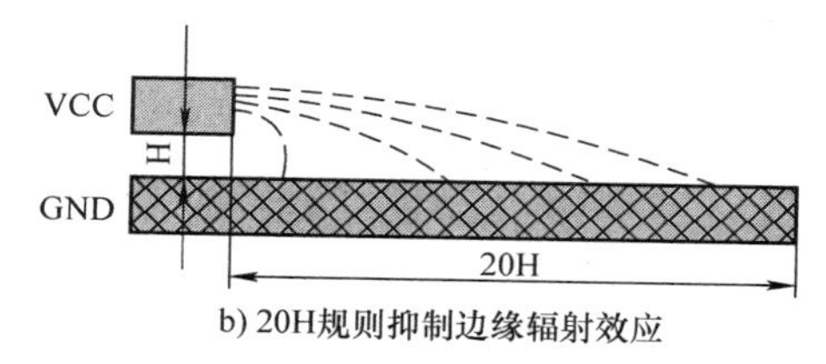

b) 20H规则抑制边缘辐射效应

图 7.36　“20H”规则

PADS 将需要设置规则的对象称为源规则对象（Source Rule Object），而需要符合的条件对象则称为针对规则对象（Against Rule Object）。在“20H”规则中，电源网络为规则对象，而板层则为针对规则对象。

要想设置条件规则，单击图 7.1 所示对话框中的“条件规则”按钮即可弹出如图 7.37 所示“条件规则设置”对话框，首先你应该定义源规则对象与针对规则对象，前者可以是当前设计中的某层、类、网络、组、管脚对，后者还可以是某个板层。例如，为了实现“20H”规则，你首先在“源规则对象”组合框中选中相应的电源平面网络（此处为“VCCINT”），而在“针对规则对象”组合框内选中板层（此处为“Power Plane 03”）。再例如，你想设置“当某信号线布在 Inner Layer 04 时，相应导线与铜箔的安全间距为（不同于默认规则的）12mil”条件规则，那么应该选择“该信号线对应的网络”作为源规则对象，而将板层“Inner Layer 04”作为针对规则对象。值得一提的是，如果在“针对规则对象”组合框内未选中“层”单选框，此时“应用到层”列表将处于有效状态，你可以指定当前设置的条件规则仅适用于某个板层（默认为所有板层）。

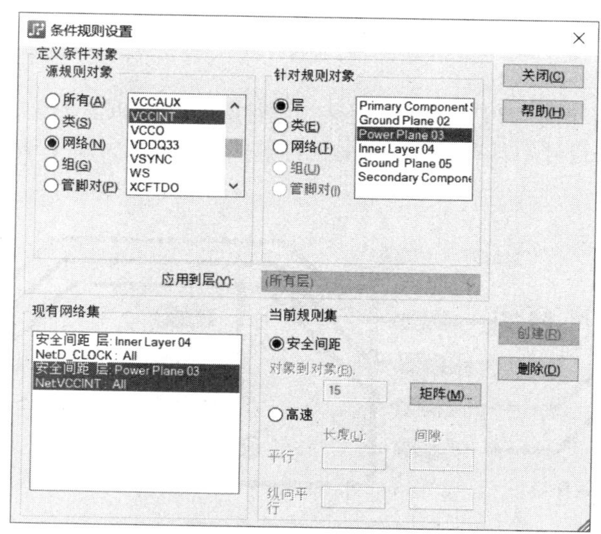

图 7.37　“条件规则设置”对话框

当已经确定“源规则对象”与“针对规则对象”后，还可以在“当前规则集”组合框中指定需要设置的设计规则是“安全间距”还是”高速”类别，然后单击右侧“创建”按钮，你所设置的条件规则将会出现在“现有网络集”列表中。例如，现在想设置安全间距设计规则，只需要从“现有网络集”列表中选择需要设置条件规则的网络集，然后单击“矩阵”按钮，即可弹出类似如图 7.3 所示对话框，从中设置相应的规则即可。图 7.37 中创建了 2 个条件规则，第一项表示设置在板层“Inner_Layer 04”中网络 D_CLOCK 的安全间距规则，第二项表示设置板层“Power Plane 03”中网络 VCCINT 的规则（选中后单击“矩阵”按钮设置“铜箔到板框”安全间距值即可实现“20H”规则）。

条件规则的优先级比较复杂，帮助文档给出了完整的 33 层优先级，见表 7.3。

表 7.3　完整的优先层级

优先级	规则类别	优先级	规则类别
1	默认规则	18	指定层中针对类的组规则（条件）
2	指定层中默认安全间距规则（条件）	19	针对网络的组规则（条件）
3	类规则	20	指定层中针对网络的组规则（条件）
4	指定层中类安全间距规则（条件）	21	针对组的组规则（条件）
5	网络规则	22	指定层中针对组的组规则（条件）
6	指定层中网络安全间距规则（条件）	23	针对类的管脚对规则（条件）
7	组规则	24	指定层中针对类的管脚对规则（条件）
8	指定层中组安全间距规则（条件）	25	针对网络的管脚对规则（条件）
9	管脚对规则	26	指定层中针对网络的管脚对规则（条件）
10	指定层中管脚对安全间距规则（条件）	27	针对组的管脚对规则（条件）
11	针对类的类规则（条件）	28	指定层中针对组的管脚对规则（条件）
12	指定层中针对类的类规则（条件）	29	针对管脚对的管脚对规则（条件）
13	针对类的网络规则（条件）	30	指定层中针对管脚对的管脚对规则（条件）
14	指定层中针对类的网络规则（条件）	31	封装规则（不在 PADS Layout 中使用）
15	针对网络的网络规则（条件）	32	元器件规则（不在 PADS Layout 中使用）
16	指定层中针对网络的网络规则（条件）	33	差分对规则（仅线距值有效）
17	针对类的组规则（条件）	34	—

7.2.7　封装

多个元件可能会使用相同的 PCB 封装，封装规则针对元件的 PCB 封装，如果你已经对某 PCB 封装设置封装规则，则整个设计中具有相同封装的元件都使用该规则，图 7.38 中包含 2 种封装，但是却包含 5 个元件。

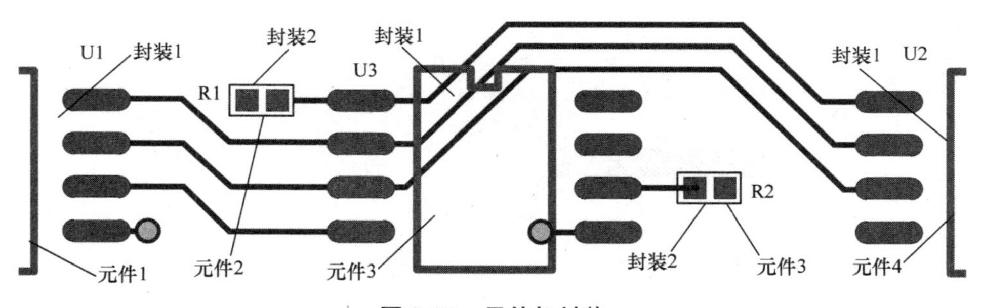

图 7.38　元件与封装

要想设置封装规则，只需要单击图 7.1 所示对话框中的“封装”按钮，即可弹出如图 7.39 所示“封装规则”对话框，选择需要设置的一个或多个封装，再设置相应的设计规则即可，此处不再赘述。值得一提的是，封装规则仅在 PADS Router 中有效。

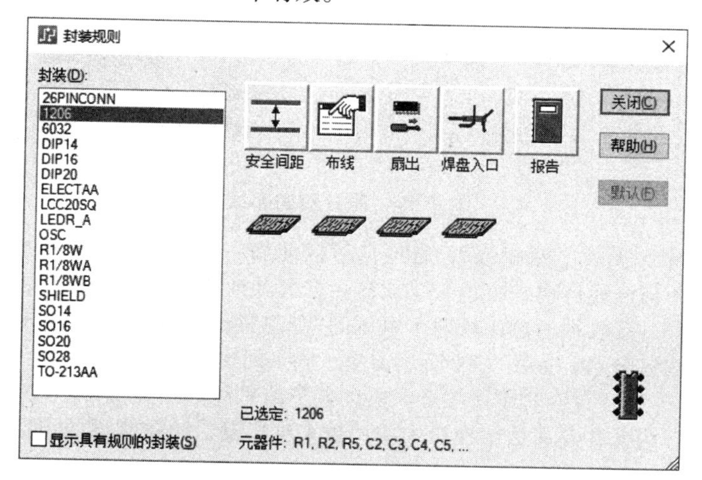

图 7.39　“封装规则”对话框

7.2.8　元器件

元器件规则针对 PCB 中的每一个元件，因为多个元器件可能会对应同一个 PCB 封装，所以元器件规则可以对 PCB 封装进行更细致的设置。图 7.38 中存在 5 个元器件，但却只有 2 种 PCB 封装，因为元器件规则能够分别针对每个元器件进行单独的规则设置，所以其比封装规则的优先级更高。

要想设置封装规则，只需要单击图 7.1 所示对话框中的“元器件”按钮，即可弹出如图 7.40 所示“元器件规则”对话框，选择需要设置的一个或多个元件（参考编号），再设置相应的设计规则即可，此处不再赘述。值得一提的是，封装规则仅在 PADS Router 中有效。

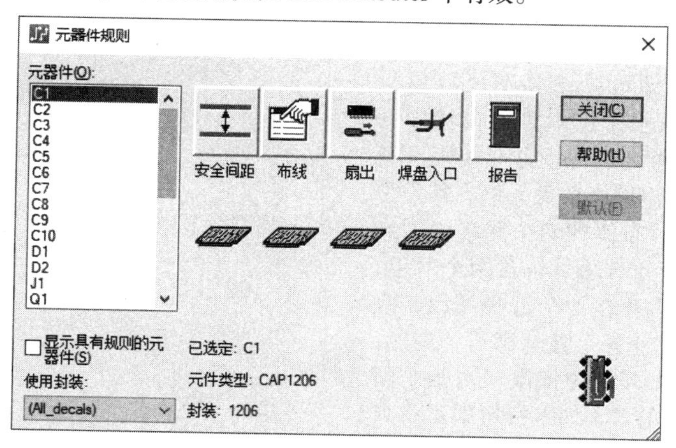

图 7.40　“元器件规则”对话框

7.2.9　差分对

差分对规则是优先级最高的设计规则，而差分对是指两个网络或管脚对的集合，但是与一般的类或组有所不同的是，差分对通常都会有一定的差分阻抗要求，所在在实际布线时一般会遵循“平行等长对称”的原则，典型的差分布线示意如图 7.41 所示。假设从 U1 到 U2 进行差分对布线，两条信号线首先会经过起始区（Start Zone），然后到集合点（Gathering Poing）开始在可控间隙区域（Controlled Gap Area）进行布线，当到达目的地后会通过分离点（Split Point）过渡到结束区（End Zone）。

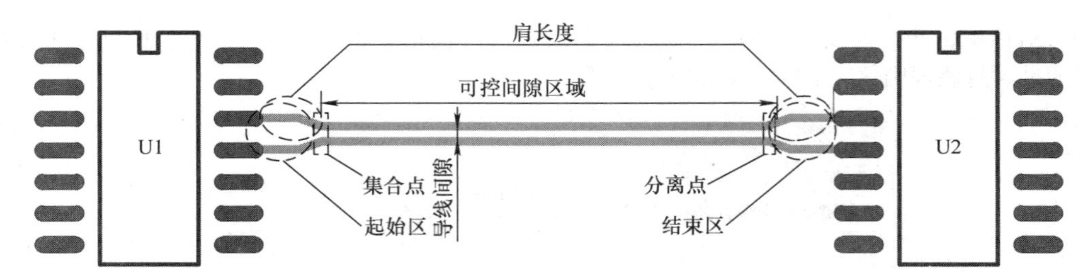

图 7.41　差分对的布线

在数字逻辑电路中（模拟电路相似），普通信号仅使用一条信号线传输一个信号（另一条线为公共地）差分对使用两条信号线传输一个信号（同样存在公共地线），即驱动端发送两个等值、反相（相位相差 180 度）的信号，接收端通过比较两个电压的差值判断逻辑状态为“0”还是“1”，承载差分信号的那一对导线就称为差分对，如图 7.42 所示。由于同一时刻流过差分对信号线上的电流相反（产生的电磁场方向也相反），并且布线时靠得很近，所以差分信号线都是强耦合，这使得差分线在结构上具备较强的抗干扰能力，因而在高速数字接口中应用越来越广泛，比较常见的包括 DDR（CLK、DQS）、HDMI（CLK、DATA）、SATA（DATA）、MIPI、USB 等。

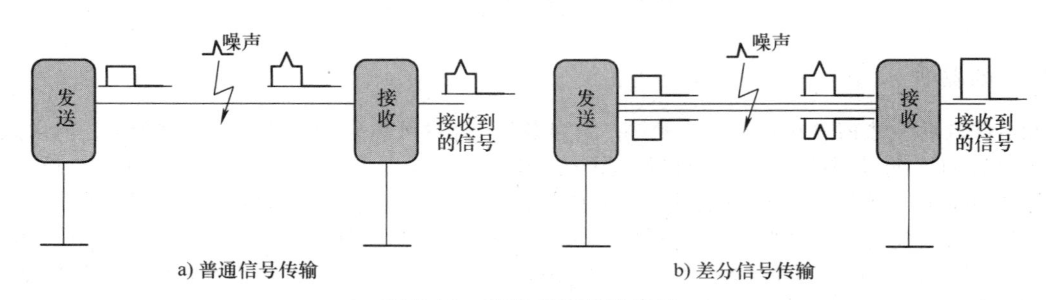

图 7.42　差分对传输的信号

如果想设置差分对规则，只需要单击图 7.1 所示“差分对”按钮即可弹出如图 7.43 所示“差分对”对话框，从中可以对当前设计中的网络、管脚对或电气网络进行差分对规则设置（电气网络见 7.3 节）。以网络对象为例，首先你应该将需要进行差分对布线的两个网络添加到“对”列表中，由于差分对总是包含两个对象，所以“可用”列表旁边存在两个选择按钮，只需要选中网络并单击“选择”按钮即可（当然，也可能直接在“可用”列表中依次双击两个网络）。网络选定后再单击“添加”按钮即可将其添加到“对”列表中。

差分对确定后再设置差分对布线时的规则，首先应该在“对”列表中选择需要设置的差分对（此时应高亮显示），然后在“对特性”组合框中设置参数。一般情况下，差分对都有宽度与间隙的要求，只需要在“按层设置布线对的线宽和间隙”组合框中设置即可。如果对布线长度还有要求，可以在“线长”组合框中设置相应的长度范围。

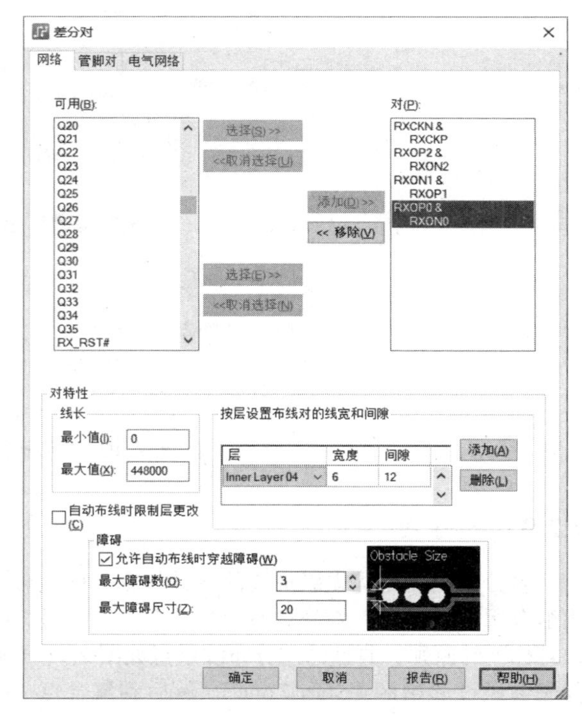

图 7.43　“差分对”对话框

勾选“自动布线时限制层更改”复选框表示自动布线时不允许换层（对交互式布线无约束力）。“障碍”组合框也仅对自动布线有效，其中的参数决定是否允许差分对自动绕开一些障碍，如果允许的话，还需要进一步设置该差分对可以绕过最大障碍数以及最大尺寸（Obstacle Size）。需要注意的是，“障碍”组合框不考虑起始区与结束区的障碍数与尺寸。

7.3　电气网络

旧版本 PADS 将电气网络（Electical Nets）称为关联网络（Associated Nets），其主要用来将多个逻辑上有关联的网络定义为一个整体来设置长度（Length）、差分对（Differential pair）、等长（Matched Length）规则。举个例子，假设现在需要进行高速数据总线等长布线，如果每条数据线上都串联了一个匹配电阻，等长规则该怎么设置呢？由于数据线都被分割成为了两部分，按照单个网络的方式设置等长规则并不适用，此时你可以将“被匹配电阻分割的网络”定义为一个电气网络，并设置相应的差分对或长度匹配规则即可，而电气网络的长度就是其中包含的所有网络与分立元件（Discrete Components）的总长度。图 7.44 展示了一个电气网络的简单例子，其中包含了 5 条网络。需要注意的是：平面网络（Plane Nets）不能作为电气网络的一部分，而且电气网络仅能通过仅存在两个管脚的元件，或者多管脚元件中的恰好仅存在两个管脚的门（Gate）。

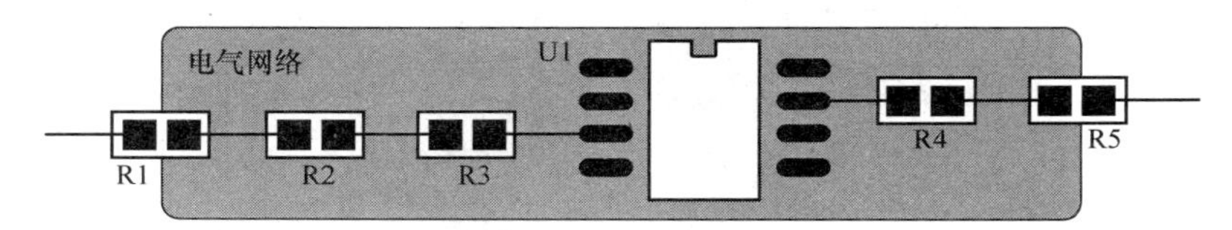

图 7.44　元件与网络构成的电气网络

7.3.1　创建电气网络

本节以图 7.45 所示的简单串联网络为例演示电气网络的创建操作，你可以通过选择符合要求的一个或多个元件（例如 R1、R1 与 R2），或一个或多个网络，再执行【右击】→【创建电气网络】即可，如图 7.46 所示。如果电气网络创建成功，“输出窗口”会显示类似“已创建下列电气网络：$$$7252^^^”的信息，类似如图 7.47 所示。

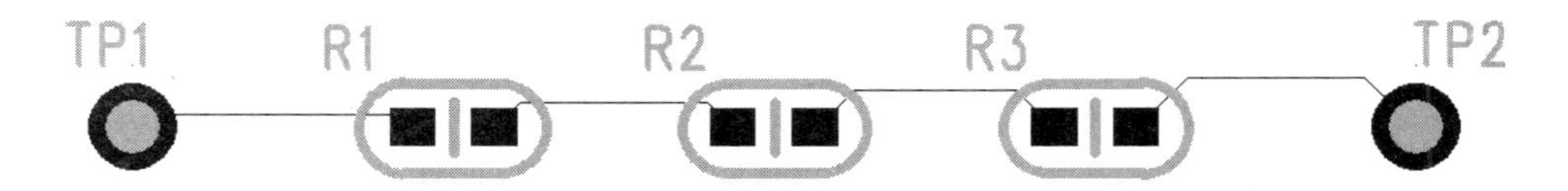

图 7.45　简单的串联网络

当然，你也可以执行【设置】→【电气网络】，在弹出如图 7.48 所示“电气网络”对话框中指定元件的参考编号前缀（Reference Designator Prefixes）即可自动创建电气网络（此处为“R”），其中，“阈值”组合框能够限制每个电气网络的最大网络数量（Maximum Net Count Per Electrical Net）及最大非平面网络管脚数（Maximum Non-Plane-Net Pin Count）。

值得一提的是，“疏散类型（Discrete Type）”列中的电容器、连接器、二极管、电感器、电阻类别只是为了方便所用，任何种类的元件参考编号前缀都可以填入到任意类别中，多个前缀以逗号分隔。参考编号前缀存在多种表达形式。例如，“R”代表所有参考编号形式为“R< 非空数字 >”的元件（如 R1、R100），“#R”代表所有参考编号形式为“< 非空数字 >R< 非空数字 >”元件（如 1R2、3R100），“#_R”代表所有参考编号形式为“< 非空数字 >_R< 非空数字 >”元件（如 1_R2、3_R100）。

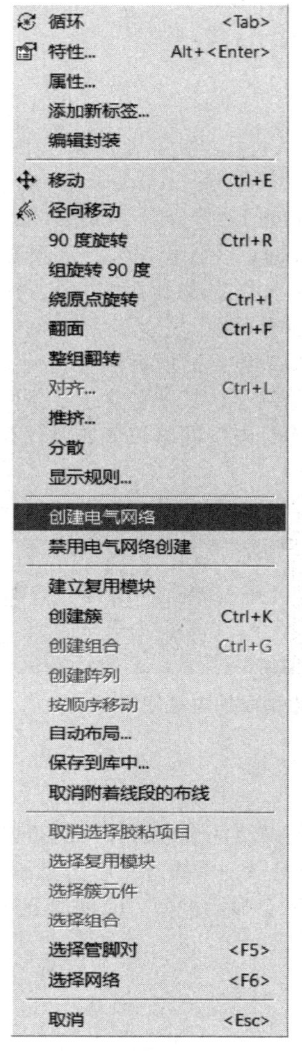

a) 选择元器件创建电气网络

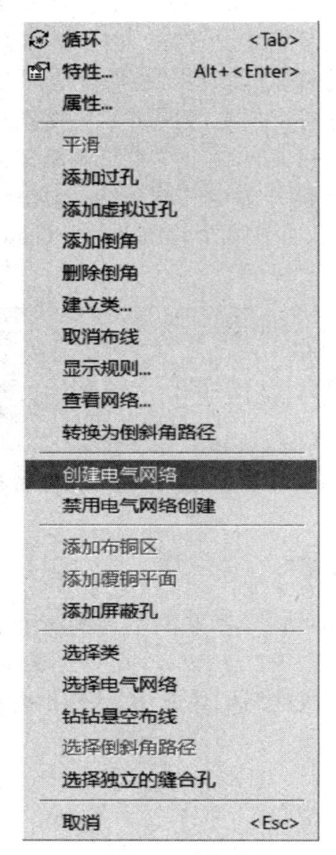

b) 选择网络创建电气网络

图 7.46　创建电气网络

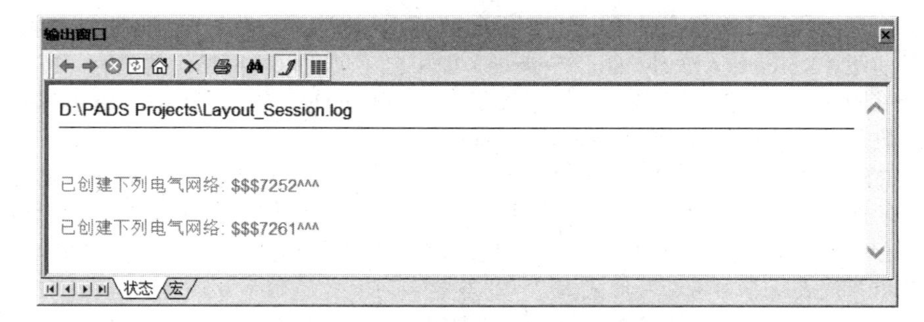

图 7.47　“输出窗口”中的提示信息

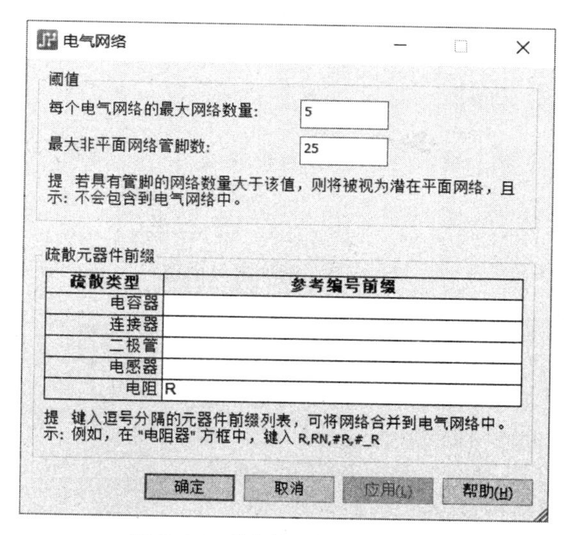

图 7.48　“电气网络”对话框

当然，如果想顺利自动创建电气网络，你还需要在“元器件特性”对话框中勾选“允许根据参考编号前缀和网络创建电气网络（Allow Electrical Net Creation by Refdes Prefix and Nets）”复选框（默认处于勾选状态），如图 7.49 所示。

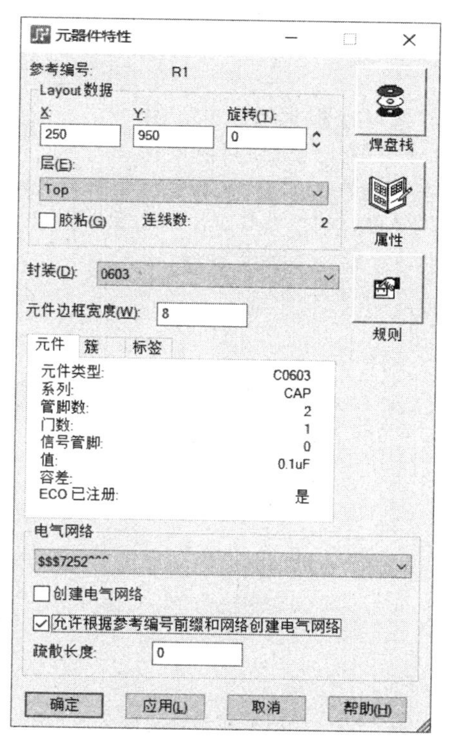

图 7.49　“元器件特性”对话框

7.3.2　编辑电气网络

如果你想删除某个电气网络，需要先选中该电气网络，再执行【右击】→【删除电气网络】即可，如图 7.50 所示。而为了选中电气网络，你可以首先选中电气网络包含的某一个网络，然后如图 7.46b

所示执行【右击】→【选择电气网络】即可。

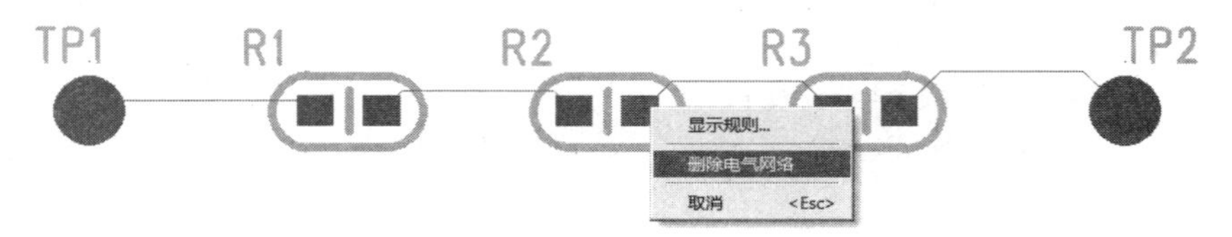

图 7.50　删除电气网络

如果你不希望某个元器件成为电气网络的一部分，只需要选中某个元器件，再执行【右击】→【禁用电气网络创建】即可，该操作同时会清除“元器件特性”对话框中的“允许根据参考编号前缀和网络创建电气网络”复选框。例如，当你选中图 7.50 中的 R2 执行“禁用电气网络创建”操作后，原来的完整电气网络将被分割为 2 部分。你也可以选中某个网络执行【右击】→【禁用电气网络创建】使其不再成为电气网络的一部分，该操作会同时清除“网络特性”对话框中的“创建电气网络（Create Electrical Net）”与“允许根据元器件创建电气网络（Allow Electrical Net Creation by Components）”复选框，如图 7.51 所示。

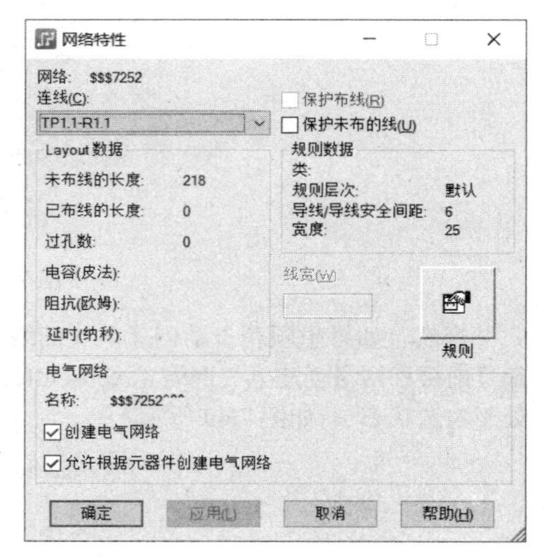

图 7.51　“网络特性”对话框

7.3.3　给电气网络分配设计规则

当电气网络创建完成之后，你可以根据需求赋予相应的设计规则。如果需要创建差分对设计规则，只需要在图 7.43 所示对话框中切换到“电气网络”标签页，PCB 文件中所有已经创建的电气网络都会出现在“可用”列表中，其他操作与为网络或管脚对创建差分对规则相同，如图 7.52 所示。

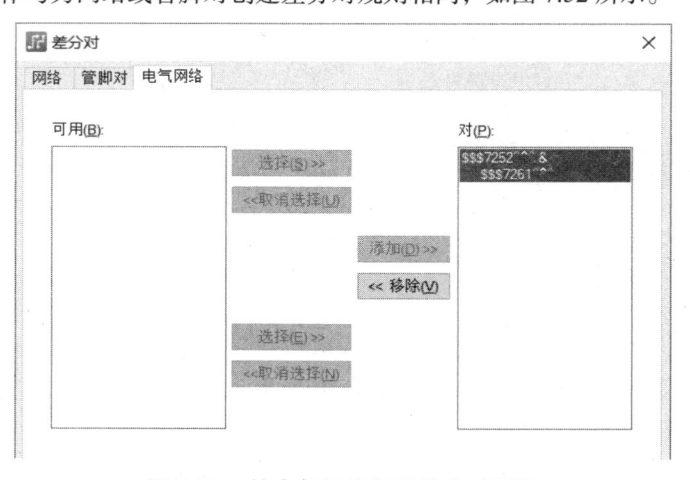

图 7.52　给电气网络创建差分对规则

如果你需要为电气网络创建长度匹配规则，单击图 7.1 所示对话框中的“电气属性网络”按钮，即可弹出如图 7.53 所示“电气网络规则”对话框，在“电气网络”列表中选择需要设置的一个或多个电气网络，再单击“高速”按钮，在弹出如图 7.54 所示“高速规则”对话框中设置匹配规则即可，此处不再赘述。当你为某电气网络设置高速规则后，“电气网络”列表中的相应项名称后会自动添加字符串“（H）”，右侧“默认”按钮同时将处于可用状态，单击即可清除相应的规则。

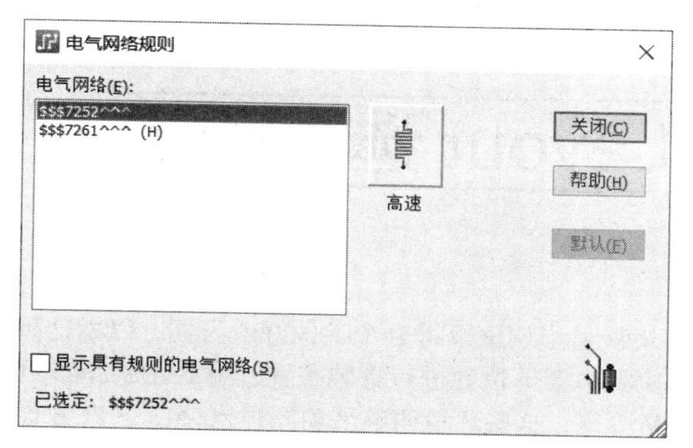

图 7.53　“电气网络规则”对话框

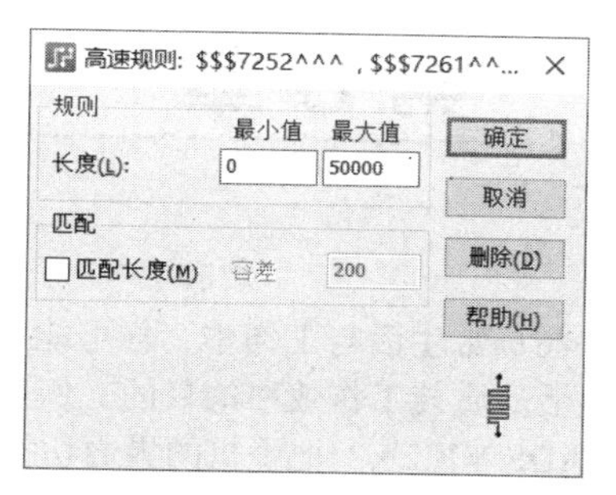

图 7.54　“高速规则”对话框

7.4　高度限制

对于结构比较复杂的 PCB 设计，通常结构工程师会在某些区域绘制一些阴影图形并指示相应的限高，实际布局时只需要观察一下即可。当然，你也可以在 PCB 文件中设置限高规则，这些限高规则能够在验证设计时检查出来。如果你想为整个元件层设置相同的限高规则，只需要执行【工具】→【选项】→【文本和线】→【板上元器件高度限制】，在“顶面”与“底面”文本框中分别输入底面与顶层的高度即可，详情见 8.7 节。如果你想设置某个区域的高度，则需要使用绘图工具栏中的“禁止区域”工具。当你在某个区域绘制完禁止区域后（绘制操作与 PCB 封装设计过程中绘制铜箔相同），PAD Layout 将会自动弹出如图 7.55 所示“添加绘图”对话框（也可以选中禁止区域后执行【右击】→【特性】进入该对话框），在“禁止区域限制”组合框内勾选“布局”与“元器件高度”复选框，并在其中输入相应的限高值即可（此处为“400mil”）。

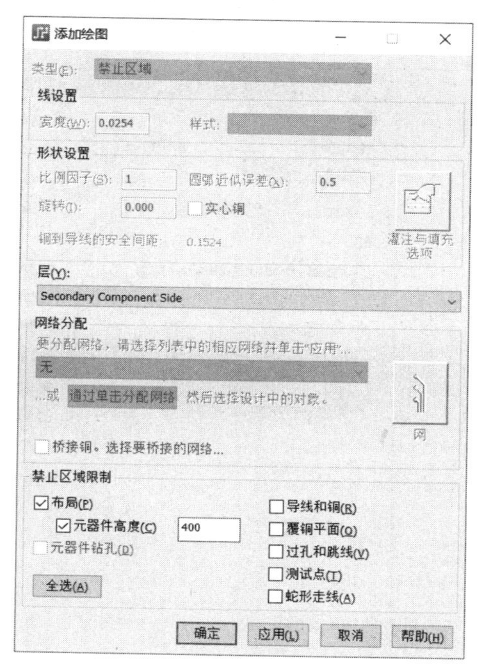

图 7.55　“添加绘图”对话框

值得一提的是，为了让违背限高规则的元件能够在设计验证阶段被检查出来，你必须为其分配 Geometry.Height 属性，详情见 11.8.1 小节。

第 8 章　PADS Layout 选项配置

在日常生活与工作中，你可能会经常对周边环境做适当调整以符合个人偏好或习惯，以期达到提升生活品质与工作效率的目的。例如，对住房内的家具电器等位置进行重装布置、将 PADS 2005 升级到 PADS VX.2.x、把手机的界面切换成另外一种风格等等，这些环境调整活动同样也存在于 PCB 设计过程中，PADS Layout 称其为选项配置。初学者遇到的很多问题都与选项配置有关。例如，为什么无论线宽设置多大，显示出来的导线还是很细？如果不习惯公制（mm）单位，如何切换成英制设计单位（mil 或 inch）？为什么绘制出来的铜箔是网格（而非实心）状？如何将插件管脚与铜箔以十字形花孔连接？如何创建弧状的蛇形线？等等。

当然，PADS Layout 选项配置本身涉及的内容很庞杂，初学者不太可能通读本章一遍即可完全理解所有参数存在的真正意义（即便是有着多年 PADS 使用经验的工程师，也不太可能理解所有选项，因为常用的并不多），也没有必要这么做，“学”与“用”结合起来才能有效地领会其中的精髓，在学习与工作中遇到问题时可以将该部分当作参考手册进行查阅。本章的目的在于详细阐述所有选项参数的来龙去脉，让你不仅知道如何在 PCB 设计工作中进行恰当配置操作，更会结合实例让你理解为什么这么做。

在 PADS Layout 中执行【工具】→【选项】即可弹出如图 8.1 所示“选项”对话框，当你在左侧列表中选择某个类别时，右侧会显示该类别下所有可供配置的选项。每个类别均控制着 PCB 设计过程中某一类环境参数。例如，“全局”类选项影响全局相关的参数，“布线”类选项控制着 PCB 布线时的参数。新安装 PADS 的选项参数均为默认配置，很可能无法完全符合你的要求，所以正式进行 PCB 设计之前应该进行恰当设置，这也是高质高效完成 PCB 设计的前提条件。

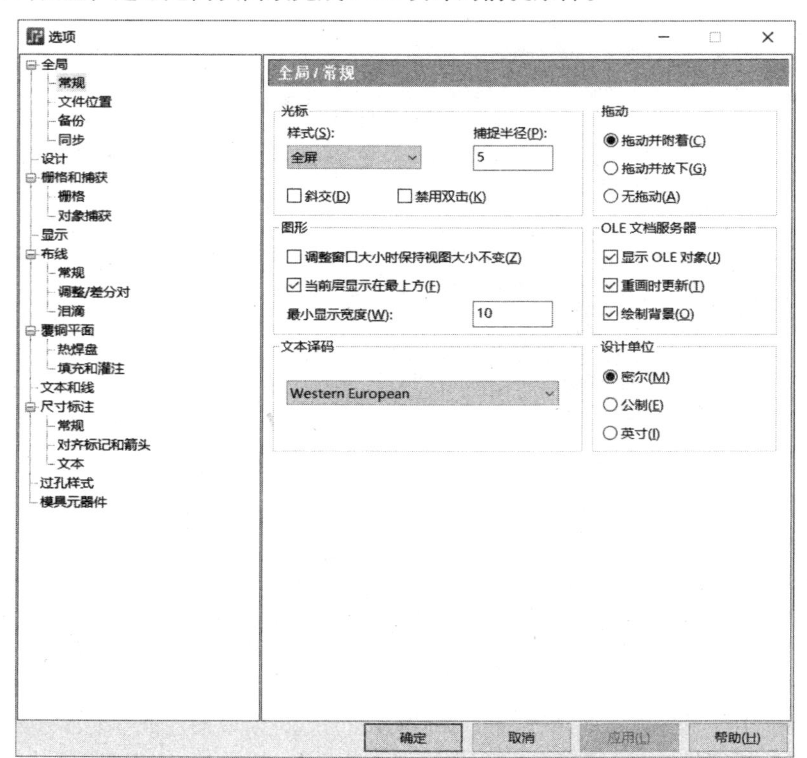

图 8.1 “选项”对话框

8.1 全局

全局（Global）参数设置主要针对整体设计而言，也就是说，无论你处在 PADS Layout 中的何种状态，都将遵循该处的参数设置。例如，你已经设置某种光标风格，那么在布局、布线、创建或编辑 PCB 封装时的光标都将为该风格。

8.1.1 常规

该标签页中大多数参数与 PADS Logic 相同（详情见 4.1.1 小节），为节省篇幅，本节仅对不同之处进行详细讨论。

1. 光标（Cursor）

（1）捕捉半径（Pick Radius）：该文本框设置选择对象时允许离对象最远的距离，单位为像素（pixel），默认值为 5。假设捕捉半径设置为 r，如果在 A 点单击时，则“以 A 点为中心、半径为 r 范围内的”元器件 U1 将会被选中（捕捉到），元器件 U2 由于在该范围之外而不会被选中，如图 8.2 所示。

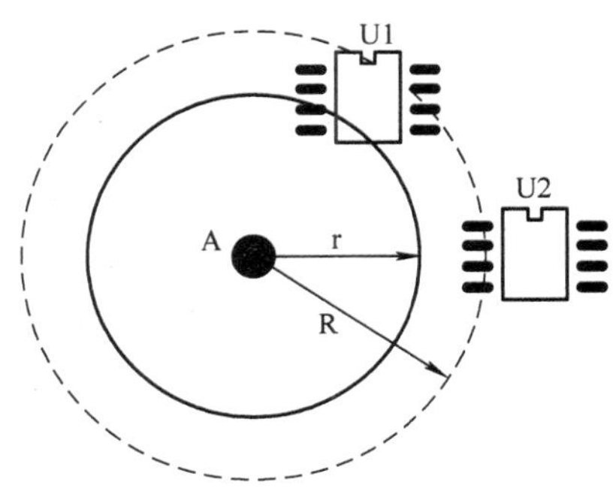

图 8.2 光标与捕捉半径

值得一提的是，捕捉半径不宜设置太小，不然选择对象时就需要更准确地单击，从而导致相同的操作执行需要花费更多的精力。当然，也不宜设置过大太，否则很容易误选无关对象。同样如图 8.2 所示，当捕捉半径设置为 R 时，那么在 A 点单击后，在“以 A 点为中心、半径为 R 范围”内的元器件 U1 与 U2 都将被选中，如果需要选择的对象为 U1，你将不得不被迫取消之前的选择操作（以再次重新选择）。

（2）禁用双击（Disable Double Click）

“双击”操作在诸如打开对象特性对话框、完成多边形绘图等场合会使用到。当然，这些操作通常也可以使用“选择右击弹出的快捷菜单项”方式代替。如果勾选该复杂框，则表示设计过程中执行的双击操作将被视为无效，具体如何选择取决于你的习惯。

2. 对象拖动方式（Drag Moves）

在 PCB 设计过程中，对象拖动操作应用得非常频繁。例如，元器件的布局、丝印位置的调整、过孔与导线的优化等等，PADS 提供了 3 种对象拖动方式，具体描述如下：

（1）拖动且附着（Drag and Attach）：选中对象时按住鼠标左键并拖动，被拖动的对象将粘在光标上（即便松开鼠标左键）并随之移动，将对象移动到合适位置后单击即可放下该对象。系统默认选择该项。

（2）拖动并放下（Drag and Drop）：在拖动选择的对象时，不能松开鼠标左键。松开左键时拖动完成（松开鼠标左键时的位置即对象的新位置）。

（3）不使用拖动（No Drag Moves）：选择该项表示不允许使用鼠标左键执行拖动对象操作，因为有时候对象的布局可能会非常密集，而如果需要一次性移动多个对象，此时该怎么办呢？你可能会尝试拖动鼠标左键选择某个区域中的对象，但是如果左键按下的第一个点上也存在对象时，PADS 认为你要对该对象进行移动操作，也就无法获取想要的效果。

以图 8.3 为例，假设现在仅需要选中所有只有 2 个焊盘的电阻封装，你可以尝试“在虚线矩形框左上角位置按下左键，然后再往右下角拖动鼠标，当想要选择的封装所在区域被全部覆盖时松开左键”操作，这在图 8.3a 中将会成功，但是在图 8.3b 中却是移动 U1 的操作。为了让同样的区域对象选择操作在图 8.3b 中也有效，你只需要选择“不使用拖动”项即可。当然，此时你仍然可以使用“先选中对象，然后执行【右击】→【移动】(或快捷键“Ctrl+E”，或单击设计工具栏上的“移动”按钮)”的方式移动对象。

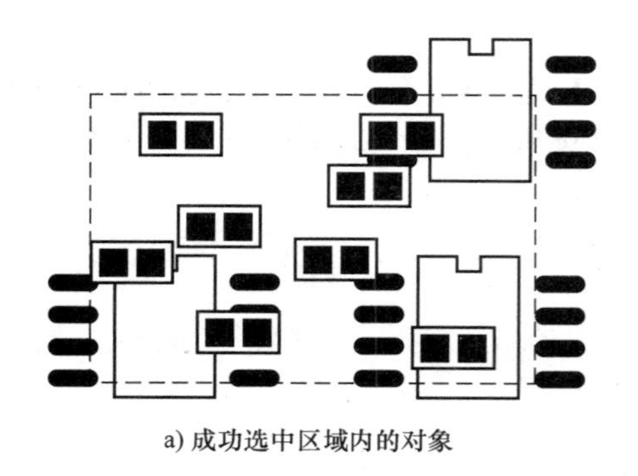

a) 成功选中区域内的对象

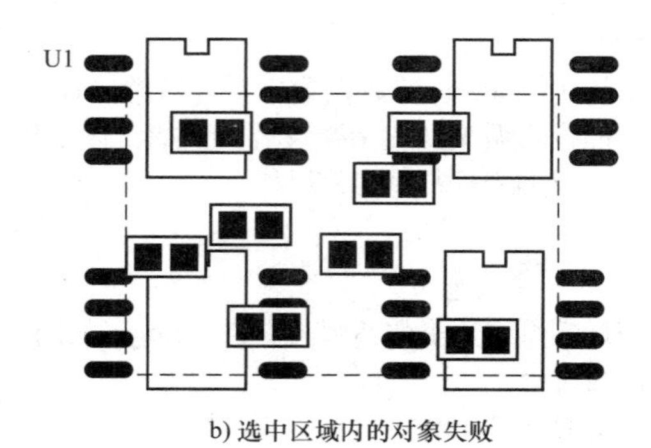

b) 选中区域内的对象失败

图 8.3　不同情况下选择区域对象的结果

3. 图形（Drawing）

（1）当前层显示在最上方（Active Layer Comes to Front）：标准工具栏中存在一个“层”列表，如果你希望切换到某层时，该层的对象也会显示在最上方，则应该勾选该复选框，否则切换到另一层时视图将不会发生变化。图 8.4a 为默认显示顶层的状态，也是在不勾选该复选框条件下再切换到其他任意层的状态（视图不会变化），图 8.4b 为勾选该复选框时切换到底层的显示状态，此时底层器件焊盘与导线已经显示在最上方。

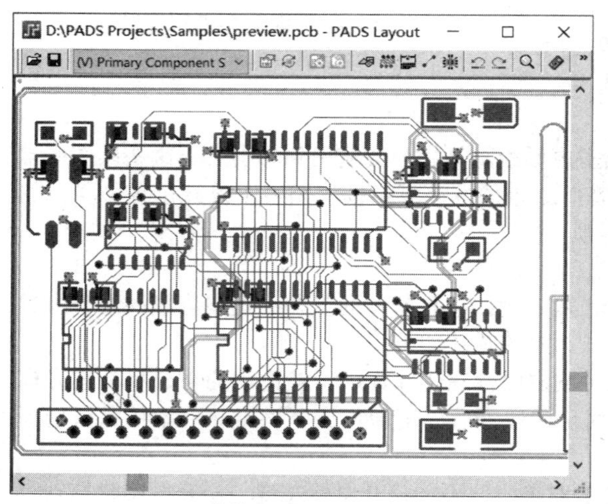

a) 当前层为顶层时的状态

b) 切换到底层的显示状态

图 8.4　不同条件下切换当前层后的状态

（2）最小显示宽度（Minimum Display）：设置图线最小显示宽度，其单位为当前设计的单位。对于 PCB 文件中大于该选项值的图线，PADS 按实际宽度显示（若该选项被设置为 0，所有图线都以实际宽度显示）。对于 PCB 文件中小于该值的图线，系统不显示其真实线宽而仅显示其中心线，这样做的好处是图像的刷新速度将更快，低密度 PCB 文件可能感觉不到区别，但高密度 PCB 文件中的对象非常多，窗口刷新操作会出现迟滞（无法即时响应命令）现象，也就会严重影响 PCB 设计效率。

例如，你将最小显示宽度设置为 8mil，则所有线宽小于 8mil 的导线都将会显示一条细线。如果你发现图线（无论修改线宽为多大）总是仅显示为一条细线时，可以尝试减小“最小显示线宽”值。图 8.5a 与图 8.5b 为分别将“最小显示线宽”值设置为 1mil 与 20mil 后的显示效果。当然，你也可以使用无模命令“R”。例如，“R 20”表示将“最小显示宽度”值设置为 20mil。

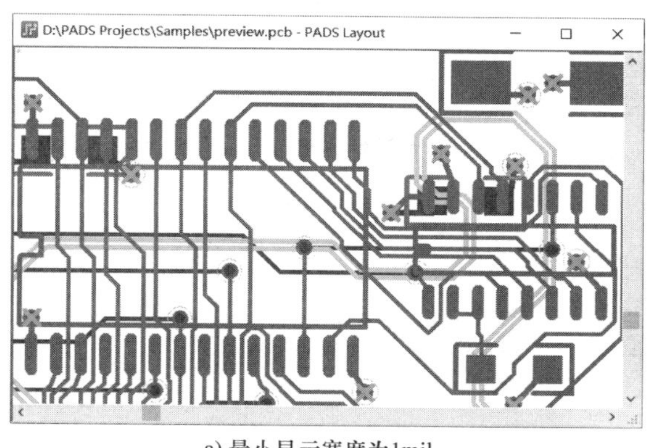

a) 最小显示宽度为1mil　　b) 最小显示宽度为20mil

图 8.5　不同最小显示宽度的显示效果

8.1.2　文件位置

在安装 PADS 软件时，PADS 安装程序要求你提供程序安装路径（本书为“D:\MentorGraphics\”）与项目默认保存路径（本书为“D:\PADS Projects\”），PADS 软件将会按照提供的路径配置设计、库、复用模块、CAM、基本脚本等文件的存放位置，类似如图 8.6 所示。例如，当你新建 PCB 文件后马上保存该文件时，弹出的“文件另存为”对话框中默认的当前路径就是“D:\PADS Projects\”（如果当前 PCB 文件本身就已经保存在其他路径，再次另存为该文件时将不会是默认路径）。当然，你也可以根据自己的需求进行路径的修改，只需要双击“位置”列中的文本框再输入路径（或单击右侧出现的带 3 个点的“浏览”按钮，在弹出的“浏览文件夹”对话框中选择路径）即可。

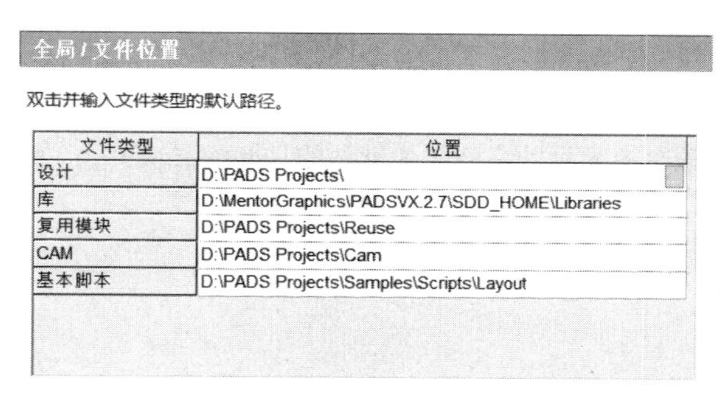

图 8.6　“文件位置”标签页

8.1.3　备份

该标签页包含文件备份相关的选项，如图 8.7 所示，其中的参数与 PADS Logic 基本相同，只不过备份名称有所不同。假设当前 PCB 文件名称为 preview.pcb，在默认情况下，备份文件名依次为 Layout1.pcb、Layout2.pcb、Layout3.pcb、…。如果你勾选“在备份文件名中使用设计名称”复选框，备份文件名将依次为 preview_Layout1.pcb、preview_Layout2.pcb、preview_Layout3.pcb、…。值得一提的是，只有当进行更改或完成一项操作后才会创建备份，如果只是一直打开 PCB 文件而不进行任何操作，也就意味着 PCB 文件并未被修改，文件的备份操作也就没有意义。

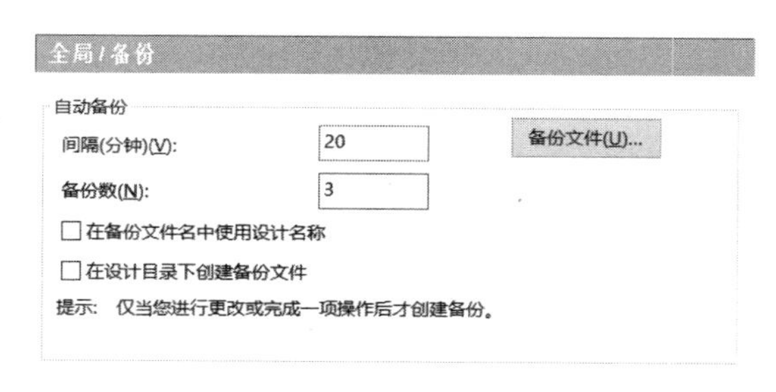

图 8.7　“备份”标签页

8.1.4　同步

在实际 PCB 设计过程中，布局、平面分割、丝印调整、尺寸标注等工作通常在 PADS Layout 中完成，而布线工作则在 PADS Router 中进行，这样就可能出现“需要多次将同一个 PCB 文件在某个工具中关闭，再在另一个工具打开”的情况，因为两个工具不能同时打开同一个 PCB 文件，否则再次打开（已打开的）文件的那个工具仅处在只读模式，也就意味着修改的内容无法保存。同步模式（Synchronization Mode）就是为了方便两个工具编辑同一个 PCB 文件而出现的，但是请注意：两个工具仍然不能同时编辑同一个 PCB 文件，所以 PADS Layout 与 PADS Router 的标准工具栏上各有一个将当前设计传递到对方的按钮，如图 8.8 所示。

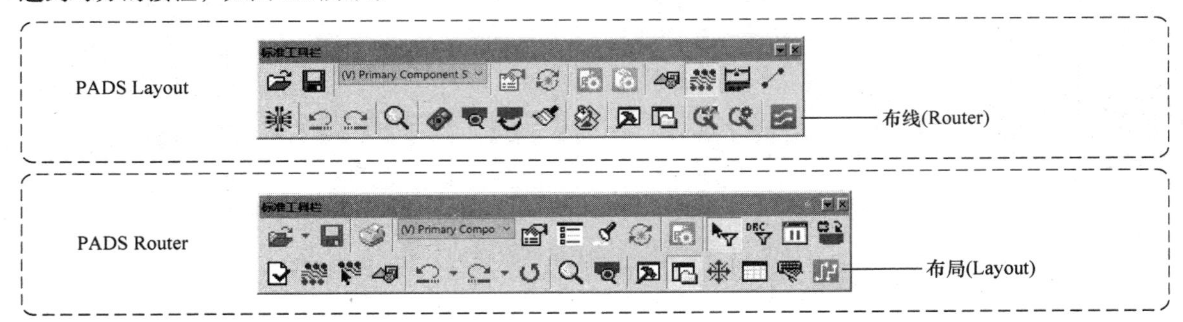

图 8.8　传递设计按钮

当你在 PADS Layout 中完成某项工作后想切换到 PADS Router 中时，只需要单击标准工具栏上的“布线”按钮即可在 PADS Router 中打开该文件，同时 PADS Layout 将关闭当前文件（工具并未关闭，标题栏上显示的文件名为默认的“default.pcb”），如图 8.9 所示。

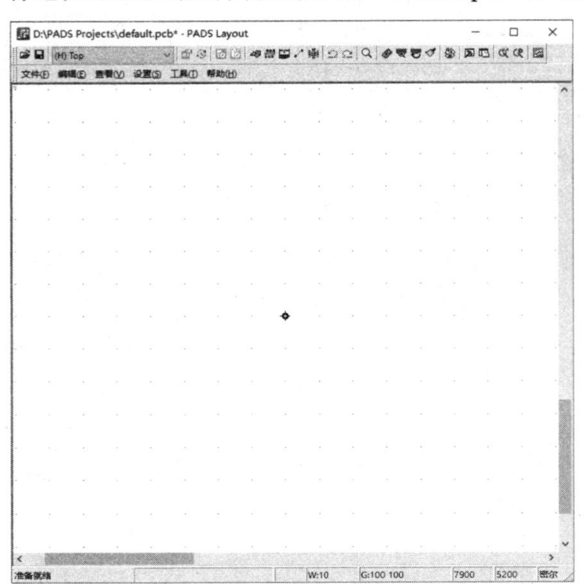

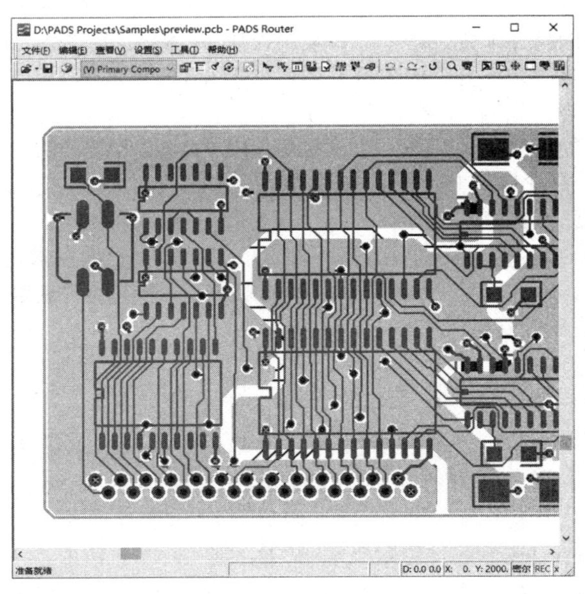

图 8.9　从 PADS Layout 中将设计传递到 PADS Router 后

反过来，单击 PADS Router 标准工具栏上的“布局”按钮即可在 PADS Layout 中打开该文件，同时 PADS Router 将关闭当前文件（工具并未关闭，标题栏上显示的文件名为默认的“Untitled”），如图 8.10 所示。换言之，标准工具栏上的“布线”与“布局”按钮在同一时刻仅有一个处于有效状态。

当然，以上所述还并非同步模式的体现，所谓“同步”，是指当你在 PADS Layout 或 PADS Router 中修改 PCB 文件后，另一个工具也会同步修改（移动滚动条、修改标准工具栏中“层”列表、修改栅格等操作也同步）。换言之，此时同一个 PCB 文件同时在 PADS Layout 与 PADS Router 中被打开。

为了进入同步模式，你必须在图 8.11 所示“全局 / 同步”标签页中勾选“启用”复选框，单击“确定”或“应用”按钮后将会弹出如图 8.12 所示提示对话框，要求重启 PADS Layout 才能使同步模式生效。如果你照做后，再使用前述相同的方式在 PADS Router 与 PADS Layout 之间传递文件时，相应的状态如图 8.13 所示。当你在其中某个工具中进行文件编辑时，另一个工具中的文件也会同步更新。当然，同一时刻你仍然只能在其中之一进行编辑（此时另一个工具中的很多命令处于禁用状态，因为这些命令的执行可能会导致两者不同步），处于活动状态的那个工具下方状态栏的“同步模式”指示器中会显示“活动”，而另一个工具的状态栏则显示“非活动”。当需要切换到另一个工具进行编辑时，必须单击标准工具栏上的传递设计按钮（将文件传递到对方，相当于转交控制权），同时本身的很多编辑命令也将无法使用，除非后续对方再将文件传递过来。还是那句话，两个工具不能同时编辑同一个 PCB 文件。

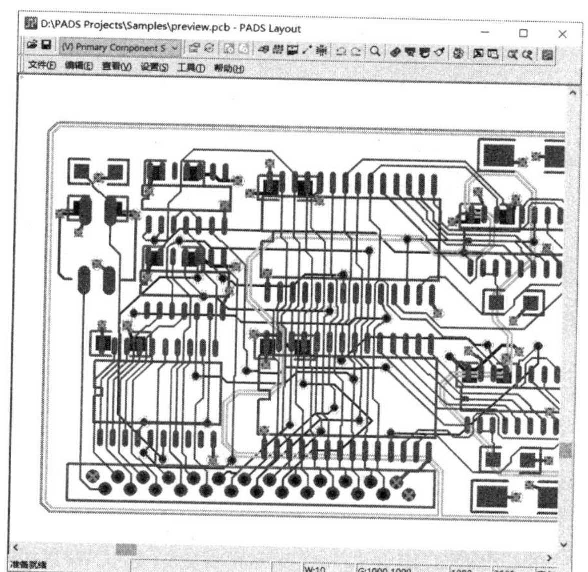

图 8.10　从 PADS Router 中将设计传递到 PADS Layout 后

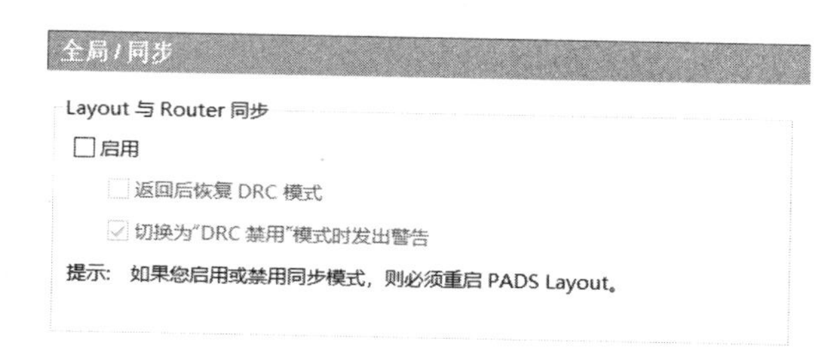

图 8.11　“全局 / 同步”标签页

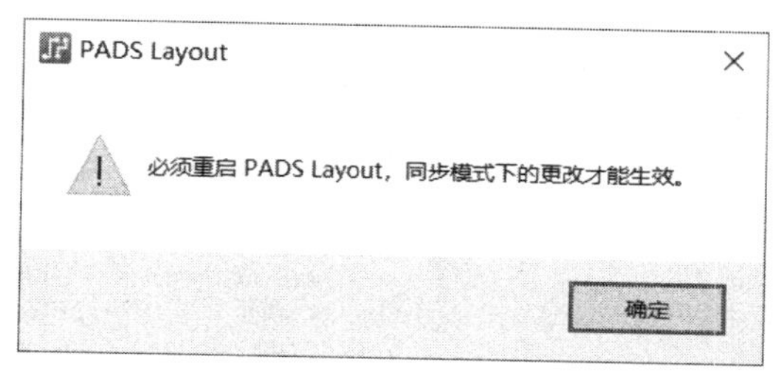

图 8.12　“必须重启 PADS Layout”提示对话框

图 8.11 所示“同步”标签页中的“返回来恢复 DRC 模式”（关于“DRC 模式”的概念见 8.2 节）复选框表示：**当你将 PCB 文件从 PADS Router 回传到 PADS Layout 时如何设置 DRC 模式（开启、警告、忽略、禁用之一）**。如果勾选该复选框，PADS Layout 的 DRC 模式会恢复到“切换 PADS Router 之前的”模式。需要注意的是，当你的设计比较复杂时，从 PADS Layout 切换到 PADS Router 之后，恢复 DRC 模式可能会花费一些时间，此时建议不勾选该项。

从 PADS Layout 切换到 PADS Router 之后，PADS Layout 默认将进入 DRC 禁用模式，如果你勾选“切换为‘DRC 禁用’模式时发出警告”复选框，并且 PADS Layout 本身并未进入 DRC 禁用模式，此时切换到 PADS Router 后将会弹出如图 8.14 所示提示对话框。

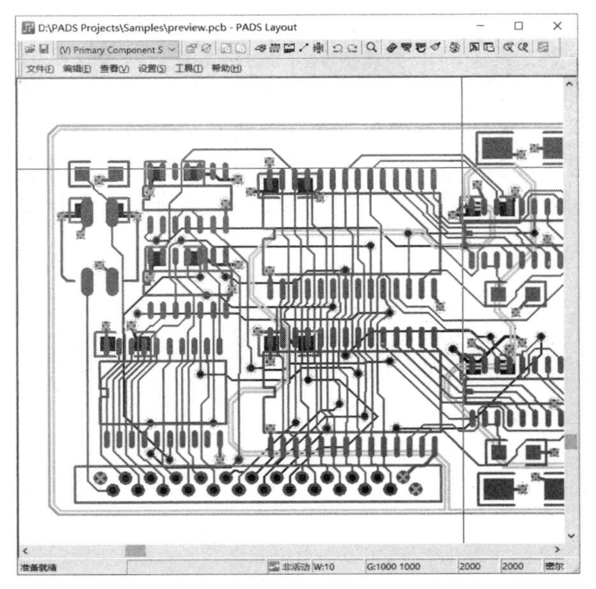

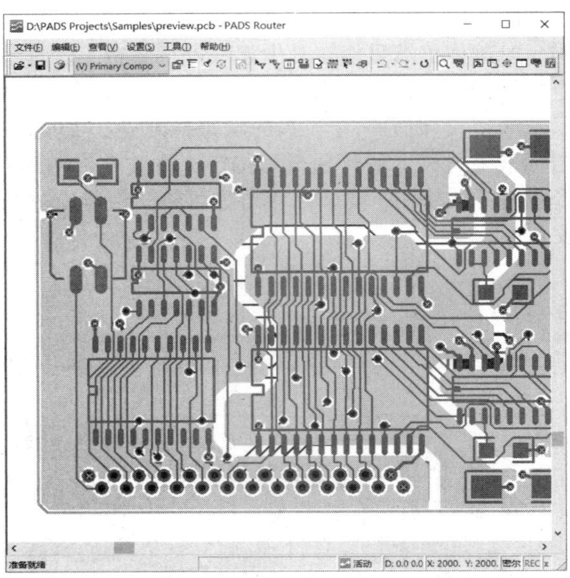

图 8.13　处于同步模式的 PADS Layout 与 PADS Router

8.2　设计

该标签页主要针对设计模式下元器件布局、布线、绘图等操作，如图 8.15 所示，从中你可以决定在布置元器件时是否将飞线最短化、元器件是否进行推挤、是否打开在线设计规则检查（Design Rule Check, DRC）等。

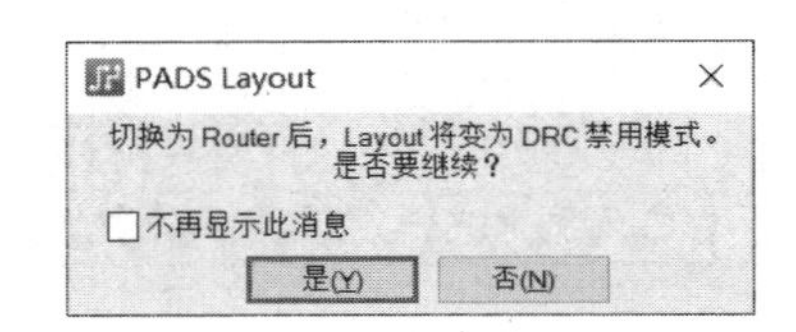

图 8.14　“Layout 将变为 DRC 禁用模式”提示对话框

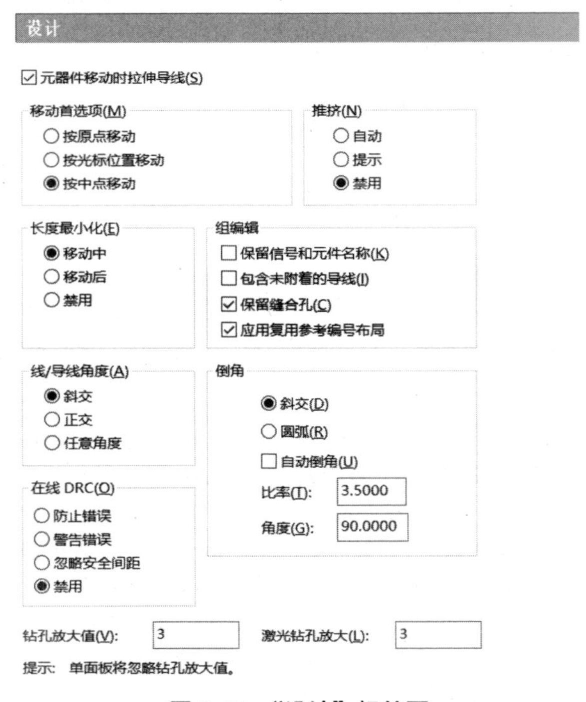

图 8.15　“设计”标签页

1. 元器件移动时拉伸导线（Stretch Traces During Component Move）

该复选框允许你决定：在移动元器件时，与管脚相连的导线应该如何处理。如果勾选该项，导线在移动完成后仍然保持连接关系，如图 8.16a 所示。否则，已经布好的导线将不会随元器件移动而移动，如图 8.16b 所示。

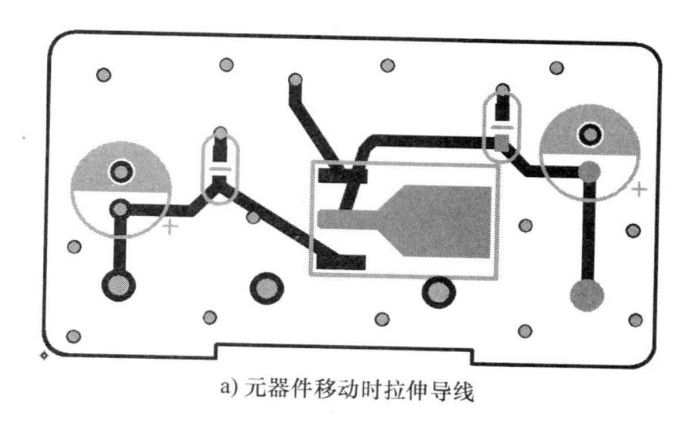

a) 元器件移动时拉伸导线

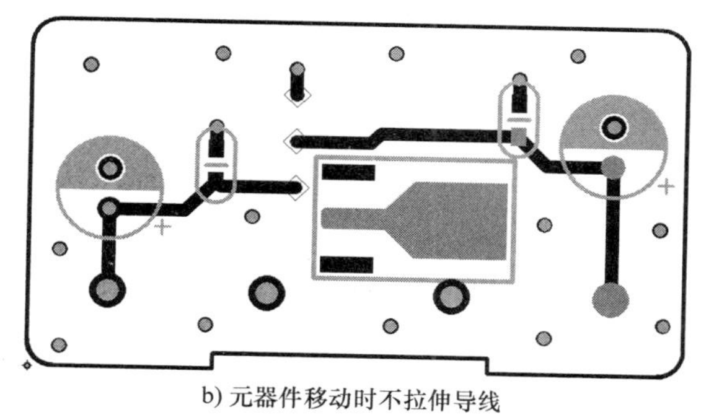

b) 元器件移动时不拉伸导线

图 8.16　元器件移动时导线的状态

2. 移动首选项（Move Preference）

该组合框用于设置移动元件时光标在元件上的位置，“按原点移动（Move By Origin）”项表示光标会自动定位在元件的原点上，该原点是在创建 PCB 封装时设定的原点，如图 8.17a 所示。“按光标位置移动（Move By Cursor Location）”项表示保持在“执行移动命令时”光标相对元件所在的位置（即便光标离移动的元件很远。例如，你通过执行快捷键“Ctrl+E”对其移动，此时光标却并不在元件附近），如图 8.17b 所示。“按中点移动（Move By Midpoint）”项表示光标会定位在元件的中心，如图 8.17c 所示。

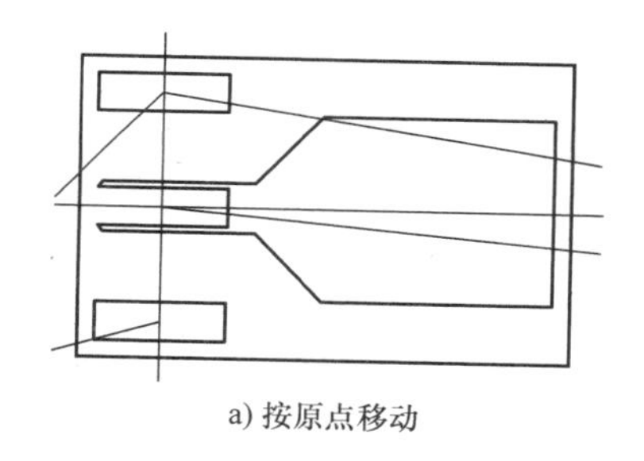

a) 按原点移动

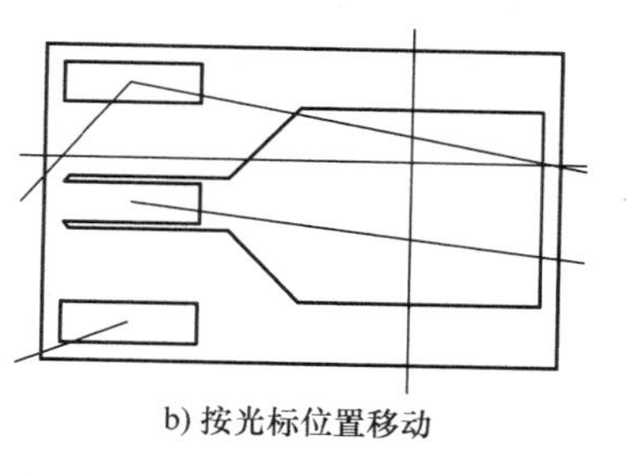

b) 按光标位置移动

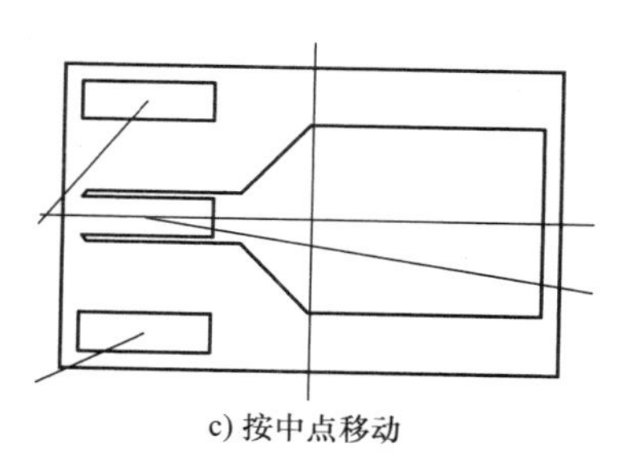

c) 按中点移动

图 8.17　不同移动首选项的效果

3. 飞线长度最小化（Length Minimize）

在进行元器件布局时，经常需要实时查看飞线的状态，以确定元器件之间的连接关系，继而选择较优的布局方式。换言之，如果不存在飞线提示元器件之间网络连接，优良的布局就得需要更多的努力才能获得。该组合框用来设置飞线最小化的过程是否进行以及何时进行。“移动中（During Move）”项表示在元器件移动过程中，PADS Layout 会实时计算以重新确定飞线的最小化连接，“移动后（After Move）”项表示飞线长度最小化连接仅在元器件移动完成后进行，相对“移动中”项会少消耗一些显存（Display Memory）。“关闭（Off）”项表示 PADS Layout 不会重新计算并更新飞线连接。需要注意的是，无论选择哪种选项，具体如何重新进行飞线连接，还与布线设计规则中设置的拓扑类型有关（详情见 7.1.2 小节）。

图 8.18a 与图 8.18b 分别是选择“移动中”与“禁用”项时，将贴片电容封装从左侧移到右侧的效果，虽然图 8.18a 所示的飞线连接是最短的，但在图 8.18b 中，无论你如何移动元器件，飞线仍然会按照初始的方式连接。

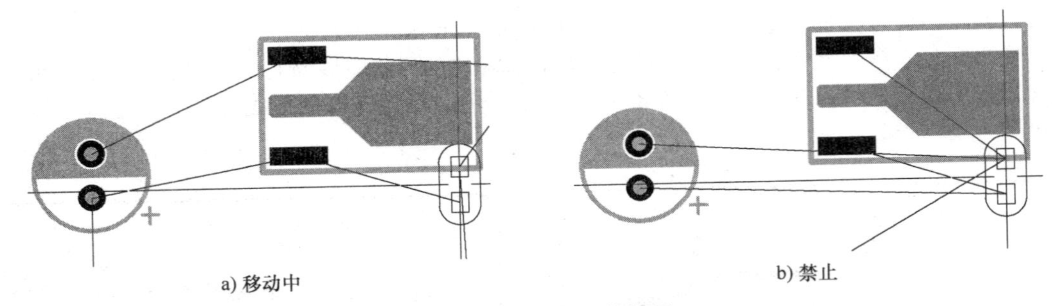

a) 移动中　　b) 禁止

图 8.18　飞线最小化效果

4. 线 / 导线角度（Line/Trace Angle）

该组合框设置添加或移动线（Line）或导线（包括拐角或焊盘入口）时的角度变化方式。“斜角（Diagonal）”项表示仅采用 45 度的整数倍（无模命令“AD”），这也是最常用的模式。“正交（Orthogonal）”项仅采用 90 度整数倍（无模命令“AO”）。“任意角度（Any Angle）”项表示可以是任何角度（无模命令“AA”），图 8.19 给出了 3 种选项下布线时不同的角度效果。

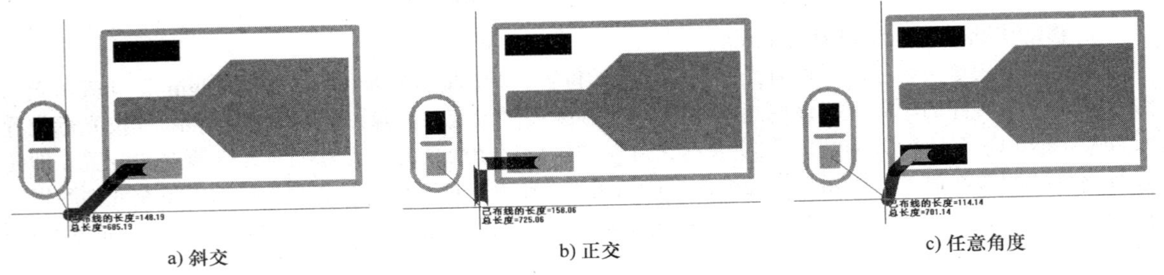

a) 斜交　　b) 正交　　c) 任意角度

图 8.19　布线时的角度效果

5. 在线设计规则检查（On-Line Design Rule Check, On-Line DRC）

第 7 章讨论设计规则时已经特别强调过，如果你想让设置的设计规则在 PCB 设计过程中起到作用，必须进入 DRC 开启模式，这样 PADS Layout 才会实时检查与规避可能出现的错误。当然，你可以进一步决定系统如何处理违反设计规则的操作，具体包含以下 4 个选项。

（1）防止错误（Prevent Errors）：此模式要求最为严格（无模命令“DRP”），此时 PADS Layout 会严格根据你设置的设计规则控制布局布线操作，凡是违反设计规则的操作都将会被禁止。例如，你想将某个元件移动并叠加到另一个元件上，但是单击时却放不下，元件仍然粘在光标上，相当于提醒你换个位置（或者已经放下，但被推挤了，具体行为取决于本标签页中“推挤”组合框的设置）。由于设计工具栏上的动态布线（Dynamic Route）、草图布线（Sketch Route）、自动布线（Auto Route）、总线布线（Bus Route）工具都需要根据设计规则自动调整导线，所以只有进入 DRP 开启模式时才能使用。

（2）警告错误（Warn Errors）：此模式相对“防止错误”模式宽松一些（无模命令“DRW”），此时 PADS Layout 也会实时监测布局布线时是否违反设计规则，但是当出现违反设计规则操作时并不会禁止，而是弹出如图 8.20 所示“安全间距违规”对话框。以移动元器件为例，如果选择“忽略”按钮，则表示允许出现安全间距错误，也就是“继续操作”的意思。选择“取消”按钮则表示取消之前违反设计规则的操作，此时你需要调整元器件的位置重新布局。如果选择“解释”按钮，则会弹出如图 8.21 所示“布局违规”对话框，其中显示了违反设计规则的详细信息。

图 8.20　“安全间距违规”对话框

（3）忽略安全间距（Ignore Clearance）：PADS Layout 在此模式下将忽略安全间距（无模命令“DRI”）。例如，元器件可以接触（违反了安全间距规则），但不允许重叠。再例如，布线过程中将不考虑安全间距，但是不允许交叉走线，如图 8.22 所示，尽管光标已经往右移了很多，但是由于网络并不相同，导线就不能直接跨过去。

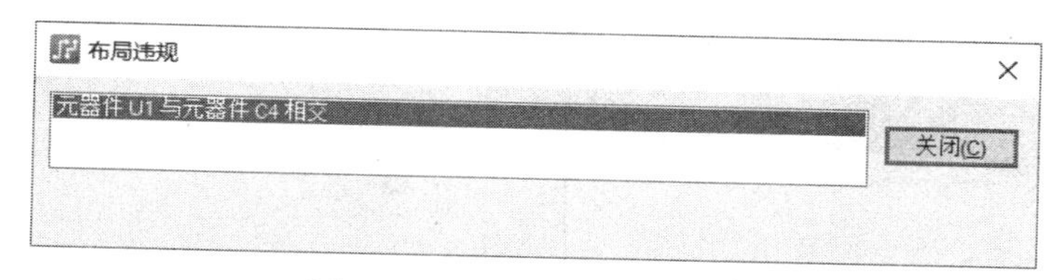

图 8.21　“布局违规”对话框

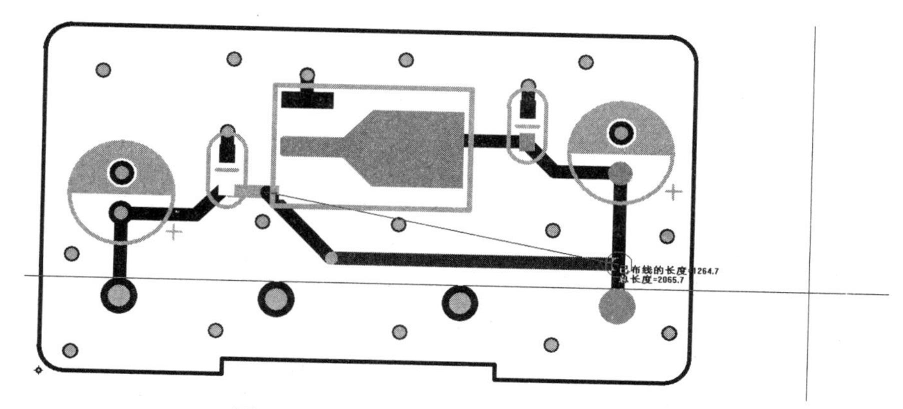

图 8.22　忽略安全间距时不允许交叉布线

（4）禁止（Off）：该模式完全关闭 DRC 模式（无模命令“DRO”），此时 PADS Layout 允许违反设计规则的操作出现。

6. 推挤（Nudge）

当你想移动某个元器件时，如果确定的新位置已经存在一个或多个元器件时，PADS Layout 认为该操作违反最小安全间距设计规则，你可以决定系统如何处理这种情况，具体包含如下 3 个选项：

（1）自动（Automatic）：PADS Layout 会自动按设计规则把占用新位置的元器件推挤到新位置。在图 8.23 中，将电源芯片往右移放置在贴片电容位置后，该贴片电容被自动推挤到下侧。

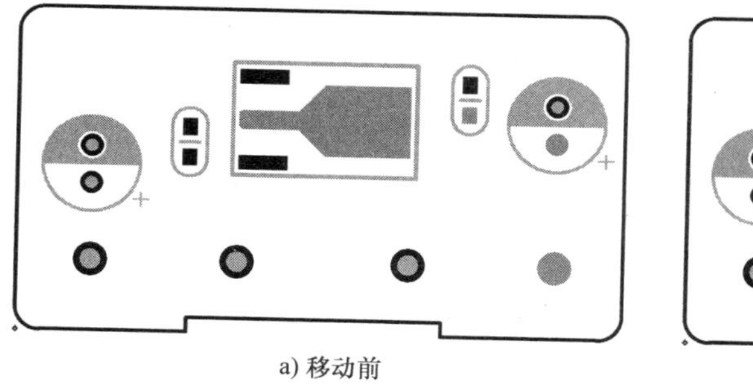

a) 移动前

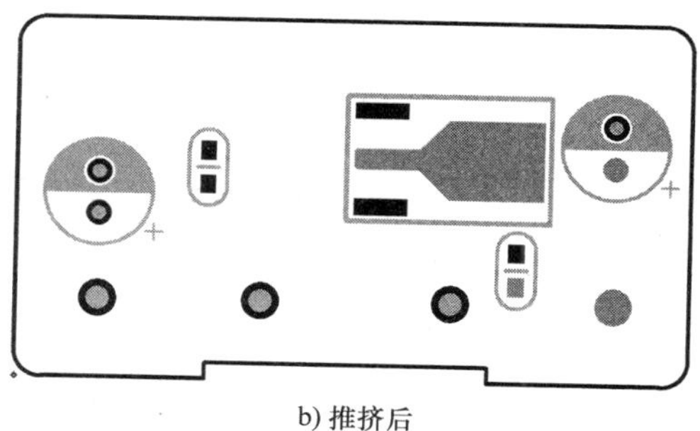

b) 推挤后

图 8.23　自动推挤效果

（2）提示（Prompt）：选择该项后，PADS Layout 并不会自动推挤元件，而是弹出如图 8.24 所示“推挤元件和组合（Nudge Parts and Unions）”对话框，从“方向”组合框中选择推挤方向后，再单击“运行”按钮即可开始推挤，如果对推挤效果不满意，也可以单击“撤消”按钮取消。

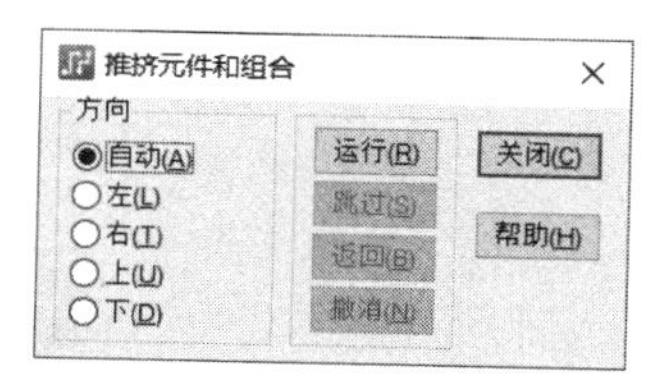

图 8.24　“推挤元件和组合”对话框

（3）禁用（Off）：选择该项也就意味着 PADS Layout 关闭自动推挤元件功能，如果此时处于 DRC 关闭模式，也就允许出现元器件重叠的情况，相应的效果如图 8.25 所示。

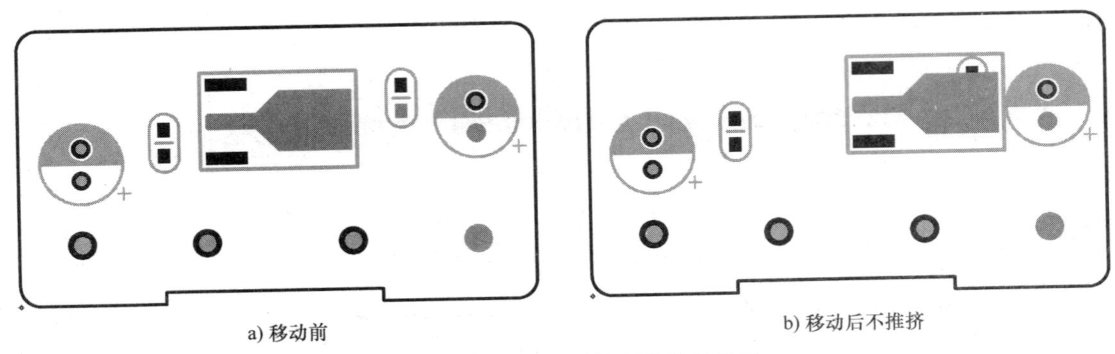

a) 移动前　　b) 移动后不推挤

图 8.25　禁用推挤后的元件移动效果

7. 组编辑（Group Editing）

这里所谓的“组”并非设计规则中的组，而是多个处于选中状态的对象的集合。例如，当你使用左键拖动一个矩形框时，矩形框区域内处于选中状态的所有对象就形成了一个组，该组合框用来设置选择与编辑组时的一些参数，主要包含 4 个选项。

（1）保留信号和元件名称（Keep Signal and Part Names）：PADS Layout 的编辑菜单栏中存在“复制”与“粘贴”两个命令，如果你需要将当前 PCB 文件中的组（即多个对象）复制并粘贴到另一个新 PCB 文件时（**注意：只能在 ECO 模式下进行，因为已经修改电气连接关系**），元件的参考编号与网络名称会怎么变化呢？如果不勾选该项，表示不保留原来的网络名称与元件参考编号。假设有两个内容完全相同的 PCB 文件 a.pcb 与 b.pcb，当你将 a.pcb 中的内容全部粘贴到 b.pcb 后，则后者将存在两份电路连接完全相同的对象，但是它们的网络名与元件参考编号并不会相同，如图 8.26 所示。

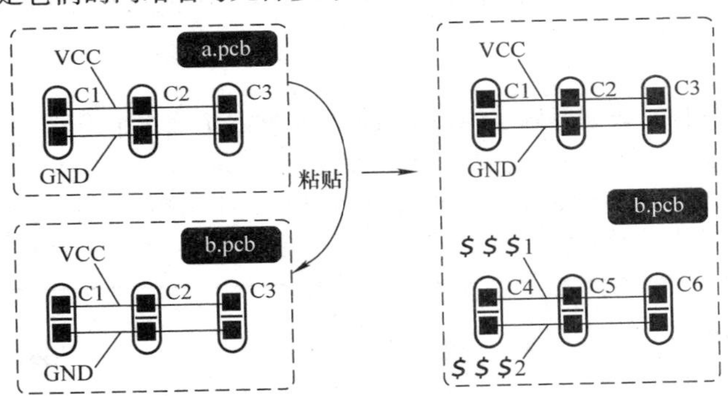

图 8.26　不保留信号和元件名称时的粘贴效果

如果勾选该项，则表示保留原来的网络名称与元件参考编号，但是如果元件参考编号已经存在，则仍然会按惟一性原则顺序更新，但网络名称则可以相同（即并联在一起），如图 8.27 所示。

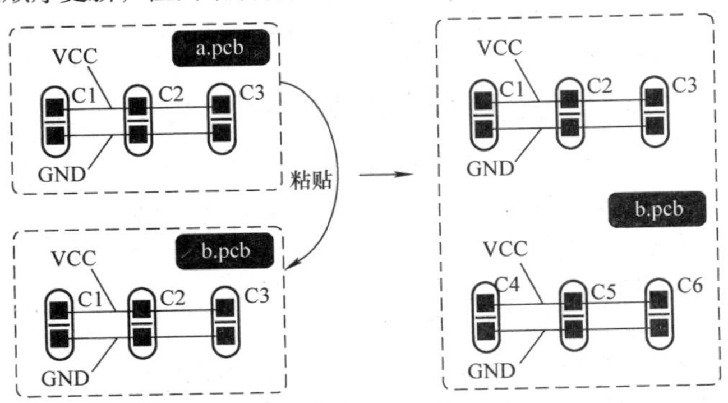

图 8.27　保留信号和元件名称时的粘贴效果

（2）包含未附着的导线（Include Traces Not Attached）：如果你现在要选择一个矩形区域中的多个对象（组），穿过该矩形区域且未与组内任何元件存在电气连接关系的导线就是未附着的导线，如图 8.28 所示。那么，你是否希望 PADS Layout 也将该导线作为组的一部分而被选中呢？勾选该项表示肯定的答复。

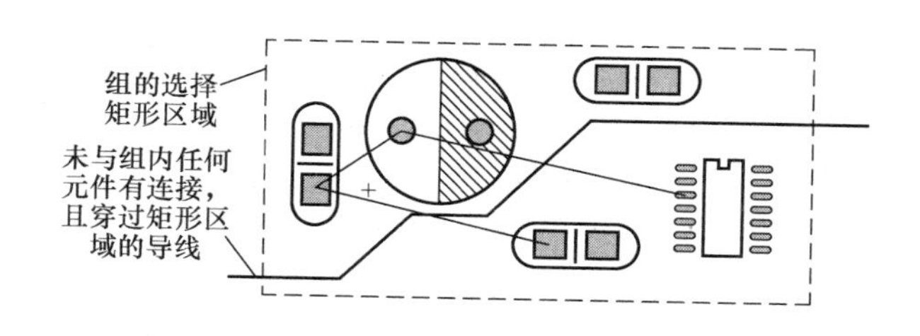

图 8.28　未附着的导线

（3）保留缝合孔（Keep Stitching Vias）：缝合孔也是过孔，与一般的信号导线过孔不同之处在于特性，图 8.29 所示为某缝合过孔的特性对话框，其中的“缝合”复选框处于被勾选状态（信号过孔通常情况下不会自动勾选，但你仍然可以手动勾选）。

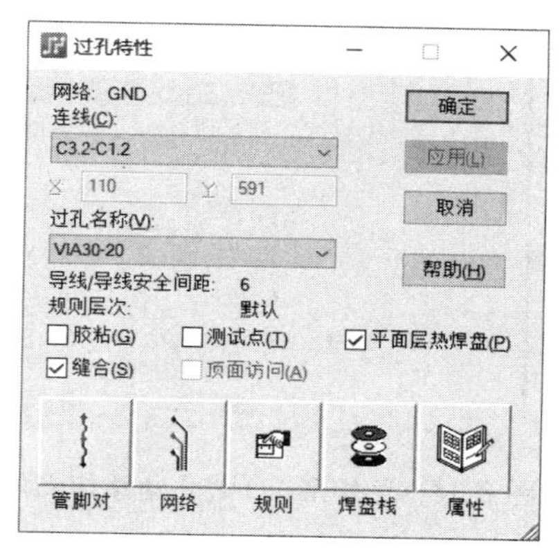

图 8.29　“过孔特性”对话框

“保留缝合孔”项仅在 2 种情况下有效，其一为 ECO 模式下的删除连接、删除器件、交换管脚、交换所有管脚、更换元器件操作，其二为取消布线（Unroute）操作。举个简单的例子，你在 ECO 模式中将某个元器件删除，在通常情况下，与该元器件连接的所有导线及导线上的过孔都会被删除（元器件被删除意味着与之相连的网络不再存在，以原来网络名义添加的一些导线或过孔自然也将不存在），但是如果已经勾选该项，并且将导线上的过孔设置为缝合过孔，则该过孔将会保留（前提是该过孔仍然与某网络相关，有些网络可能与多个元器件存在电气连接关系，所以将某元器件删除并不意味着与其相关的所有网络都会被删除），即便导线仍然已经被删除。

（4）应用复用参考编号布局（Apply Reuse Ref Des Placement）：“复用”是指多个对象及其布局布线信息的集合。假设电路系统中存在一个非常关键的模块，如果采用手工布局布线，不一定每次都能保证模块都能正常工作，该怎么办呢？如果另一个旧项目的 PCB 文件中已经存在完全相同且验证过的模块，你就可以将其定义为“复用”，然后在新的 PCB 文件中直接调用即可，这样能够保证所有布局布线都能够完全一致。

该选项仅用于“创建相似复用”命令。所谓“创建相似复用”是指当你已经在当前文件中创建或添加复用之后，然后根据该复用查找当前 PCB 文件中“是否存在其他电路结构相似的模块”，如果答案是肯定的，PADS Layout 就会以“原来复用中的布局布线信息”为参考对结构相似的电路模块进行布局布线，那么元件参考编号的位置（布局）该怎么处理呢？如果勾选“应用复用参考编号布局”项，相似模块中的元件参考编号位置将与复用中对应元件的参考编号位置完全一样，相应的效果如图 8.30 所示（关于“创建相似复用”操作见 12.2.2 小节。

8. 倒角（Miters）

有时候，你可能想要对拐角进行倒角操作。以矩形 2D 线为例，如图 8.31 所示选择拐角后执行【右击】→【添加倒角】，即可弹出如图 8.32 所示“添加倒角”对话框，从中输入倒角半径值即可完成倒角操作，至于倒角后的具体效果则取决于“倒角”组合框中的参数。PADS Layout 允许你进行斜交或圆弧倒角，只需要选中相应的单选框即可，相应的效果如图 8.33 所示。

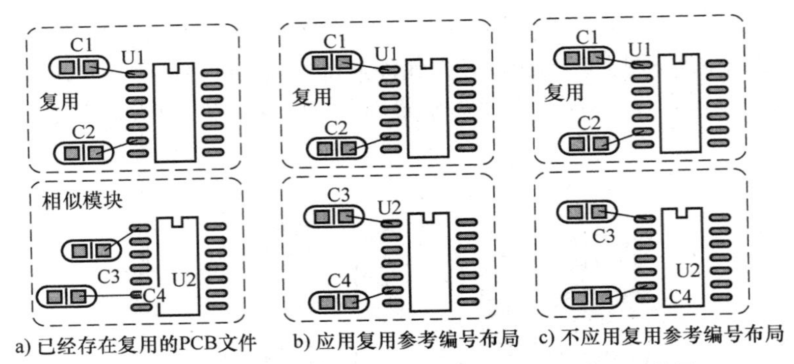

a) 已经存在复用的PCB文件　b) 应用复用参考编号布局　c) 不应用复用参考编号布局

图 8.30　创建相似复用后不同元件参考编号的布局效果

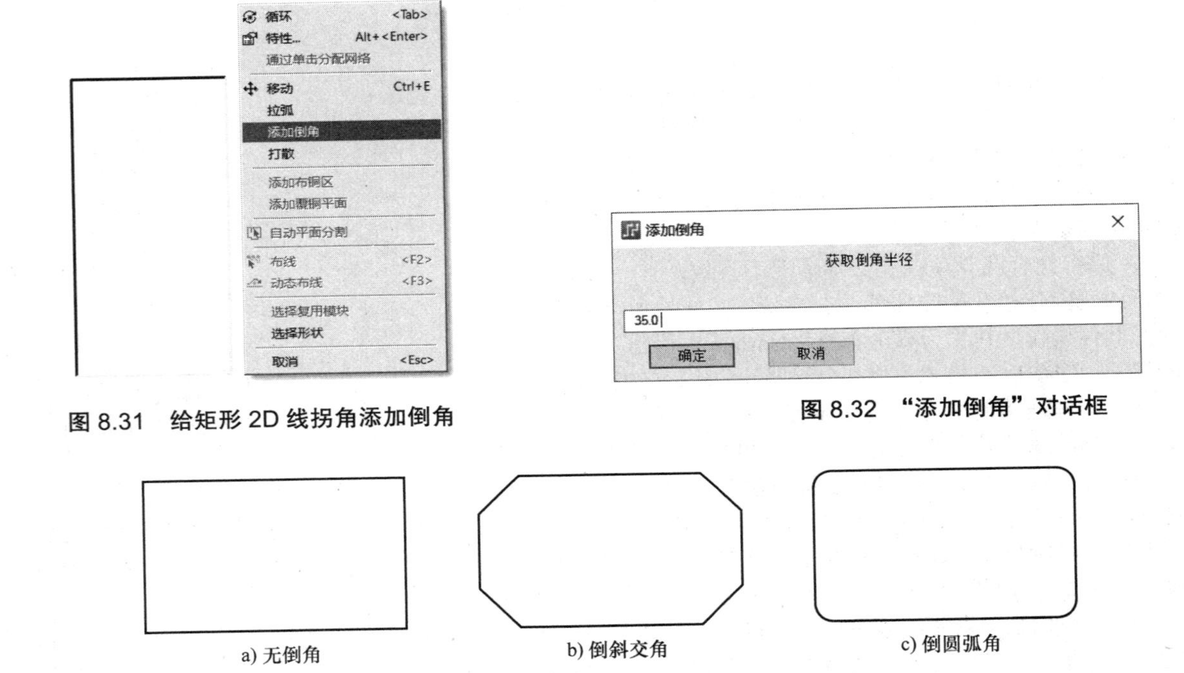

图 8.31　给矩形 2D 线拐角添加倒角

图 8.32　“添加倒角”对话框

a) 无倒角　b) 倒斜交角　c) 倒圆弧角

图 8.33　倒角效果

“自动倒角”复选框用于设置绘制拐角的过程中是否自动倒角，其仅对绘图对象（例如 2D 线、禁止区域、铜箔、板框等）有效。同样以绘制 2D 线为例，相应的效果如图 8.34 所示，至于“自动倒角”将会添加多大的倒角，则取决于你设置的“比率”值，其决定倒角的大小（斜交倒角时）或半径（圆弧倒角时），相应的定义如图 8.35 所示。如果针对绘图对象（例如铜箔、2D 线、禁止区域等）添加倒角，倒角大小（或半径）为线宽与比率的乘积，如果针对导线添加倒角，则倒角大小（或半径）为线宽的一半与比率的乘积。例如，同样在“比率”值为 5 时，为宽度 10mil 的 2D 线添加的倒角半径为 50mil，而为宽度 10mil 的导线添加的倒角半径为 25mil。

“角度”文本框用来设置可以添加倒角的拐角的最大角度（超过最大角度的拐角将不会添加倒角）。其仅对导线有效。如果你需要对导线添加倒角，只需要选中管脚对或网络后执行【右击】→【添加倒角】即可，详情见 10.4.3 小节。

9. 钻孔放大值（Drill Oversize）

钻孔放大值是给电镀钻孔增加的一个补偿值，但是其并不会影响实际的钻孔大小（不影响 CAM 输出时的钻孔绘图或 NC 钻孔输出文件）。如果你已经在“覆铜平面 / 热焊盘”标签页（见 8.6.1 小节）中勾选“对热焊盘与隔离焊盘使用设计规则”复选框，钻孔放大值就会影响钻孔与铜箔（覆铜平面）的安全间距，因为钻孔工序总会存在一些公差，添加钻孔补偿值也就能够间接增加钻孔与铜箔的安全间距，这样即便钻较大的孔也不会出现问题（“焊盘栈特性”对话框中定义的钻孔尺寸为成品尺寸，PCB 制造商为满足该尺寸通常会钻大一点的孔），安全间距与 Latium 验证时也会使用该值，详情见 11.8 节。简单地说，钻孔放大值就是增加铜箔与钻孔之间的隔离焊盘直径，其值是从焊盘中心测量所得（而非边缘），如图 8.36 所示。例如，你设置钻孔放大值为 3mil，这也就意味着钻孔与铜箔之间的安全间距会增加 1.5mil（如果对隔离焊盘使用设计规则）。需要注意的是，单面板并不存在电镀钻孔，所以会忽略钻孔放大值。

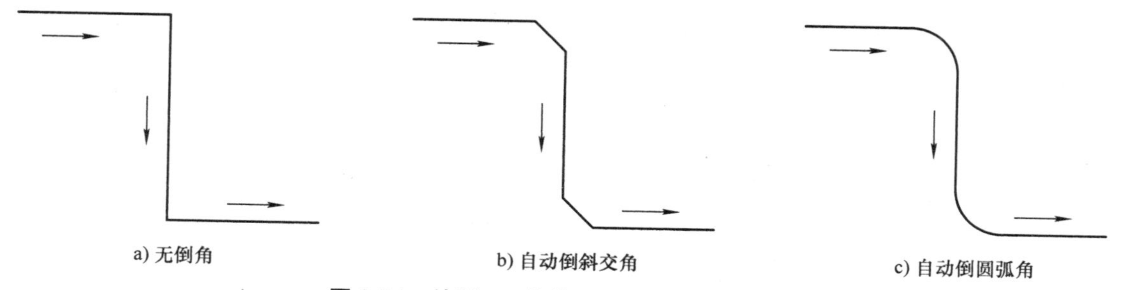

图 8.34　绘制 2D 线的过程中自动倒角效果

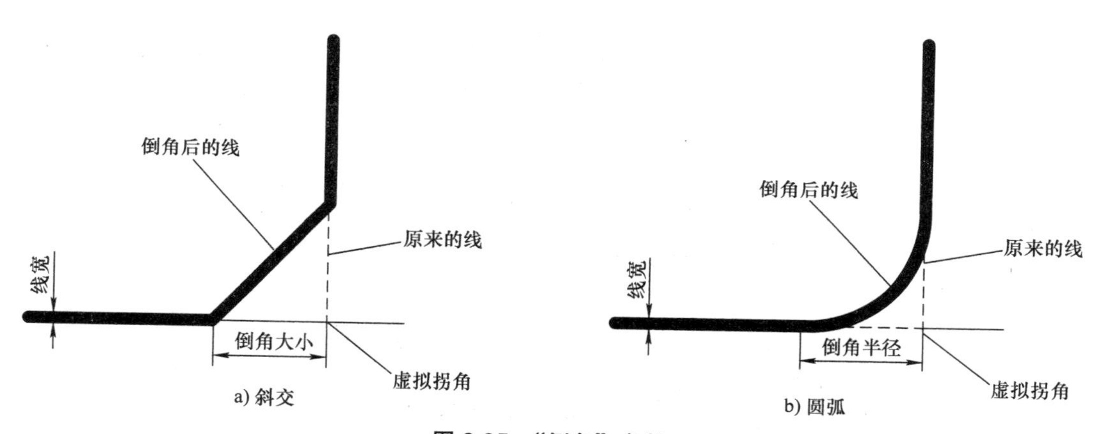

图 8.35　“倒角”参数

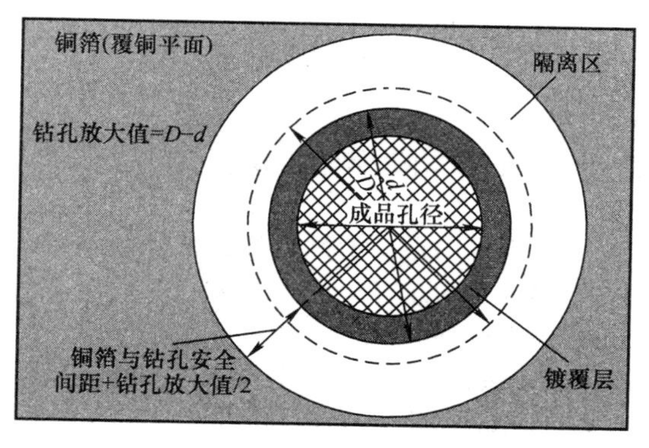

图 8.36　钻孔放大值

8.3 栅格和捕获

栅格是工作区域内用来方便设计人员观察、定位、设计的网格，从中可以设置平面直角坐标与极坐标的栅格参数。

8.3.1 栅格

PADS Layout 提供工作栅格与显示栅格，后者主要用于辅助对象定位，你可以用肉眼观察到，前者则主要用来控制对象移动的最小距离，以协助进行 PCB 对象的布局，你无法用肉眼看到，但会影响 PCB 设计过程中的每个环节，合理的设计工作栅格能够有效提升设计效率。根据影响对象的不同，工作栅格又可进一步划分为设计（Design）、过孔（Via）、扇出（Fanout）及填充（Hatch，PADS 中翻译为“铺铜”）4 种，相应的标签页如图 8.37 所示。

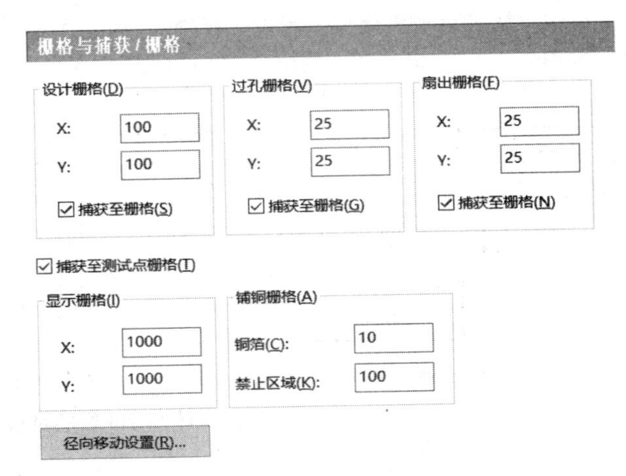

图 8.37 “栅格”标签页

1. 设计栅格（Design Grid）

设计栅格影响元器件、导线及绘图对象（例如文本、2D 线、铜箔等）的布局，你可以设置 X、Y 轴的间距。“捕获至栅格”复选框表示移动对象时是否对齐栅格，有助于使对象排列整齐（就像火车只能行驶在轨道一样，所以对象将以离散的方式移动，但是你可以通过设置更小的设计栅格缩小移动间距），具体含义如图 8.38 所示。

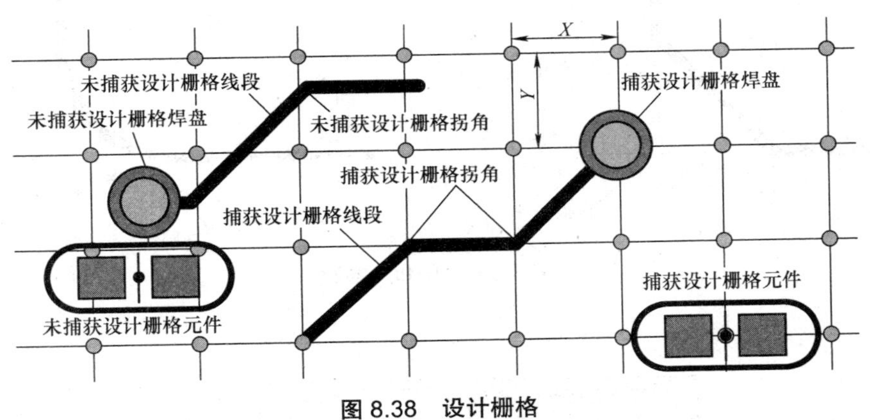

图 8.38 设计栅格

2. 过孔栅格（Via Grid）

过孔栅格仅影响第一次放置的过孔，如果后续过孔需要进行移动调整，仍然还是以设计栅格为准。

3. 扇出栅格（Fanout Grid）

扇出栅格用于控制扇出过孔或模具（Die）上衬底邦定焊盘（Substrate Bond Pads, SBP）的布局，需要注意的是，扇出栅格仅用于 PADS Router。

4. 捕获到测试点栅格（Snap to Test Point Grid）

PADS Router 存在一种 PADS Layout 所没有的测试点栅格，该复选框用于打开或关闭 PADS Router 中的“捕获到测试点栅格”选项，具体的测试点栅格必须到 PADS Router 中才能设置，详情见 10.3.11 小节。

5. 填充栅格（Hatch Grid）

填充栅格决定大面积形状（主要是铜箔与禁布区，本节以铜箔为例进行描述）的填充方式，你肯定见过以大面积铜箔填充的 PCB，但有些却铜箔却是网格状，填充栅格能够调整网格的间距。更具体点说，添加的铜箔是网格还是实心形式取决于填充栅格大小与线宽，如果绘制铜箔时使用的线宽小于填充栅格，则表现出来的就是网格状，反之就是实心状。图 8.39 所示为填充栅格分别为 10mil 与 100mil 时的铜箔填充效果（线宽为 10mil）。

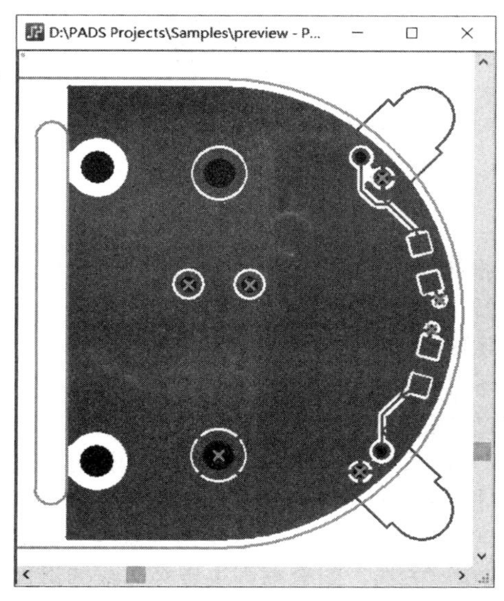

a) 填充栅格为10mil　　b) 填充栅格为100mil

图 8.39　不同填充栅格时的铜箔效果

6. 显示栅格（Snap to Test Point Grid）

显示栅格在 PADS 中以点阵的形式呈现，如图 8.40 所示。实际设计过程中，通常将显示栅格与设计栅格设置为相同或整数倍关系。如果想关闭显示栅格，只需要将该项设置为 0 即可。

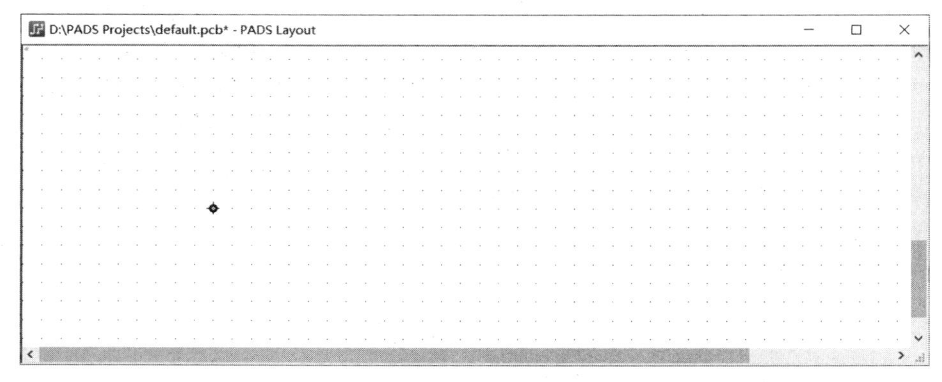

图 8.40　显示栅格

7. 径向移动设置（Radial Move Setup）

对象平移操作是实际 PCB 设计中使用得较多的操作，但某些特殊的场合却需要进行径向移动操作，其在 3.7.2 小节中已经简单讨论，而径向移动时自动生成的极坐标系的具体参数则由此处决定。单击“径向移动设置”按钮即可弹出如图 8.41 所示“径向移动设置”对话框，其中的主要参数示意如图 8.42 所示，详细介绍如下。

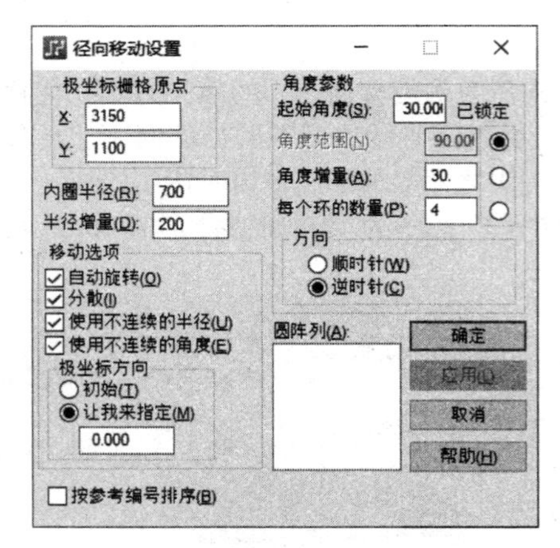

图 8.41 “径向移动设置”对话框

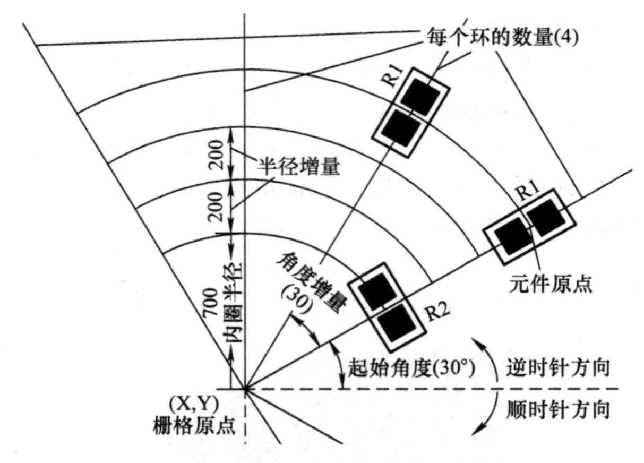

图 8.42 极坐标参数示意

（1）极坐标栅格原点（Polar Grid Origin）：该组合框用于设置（X，Y）坐标作为极坐标的栅格原点（以当前设计单位为准），当你进行对象的径向移动时，极坐标系原点会固定为该坐标。

（2）内圈半径（Inner Radius）：极坐标系中与原点最靠近的那个圆环的半径，此值必须大于 0。

（3）半径增量（Delta Radius）：极坐标系中相邻圆环的径向距离，此值必须不小于 0。

（4）角度参数（Angular Parameters）：该组合框中的“角度范围（Angle）”、“角度增量（Delta Angle）”与“每个环的数量（Sites Per Ring）”用于设置极坐标系中“以原点为起点的”径向线数量（与图 3.126 所示对话框中相似），径向线数量越多，对象的移动间距就会越小。“起始角度”用于设置第一条径向线的起始角度（以度为单位），其取值范围为 0.000~359.999。以右向水平线为基准，如果设置起始角度为 30°，则第一条径向线与水平线之间的角度为 30° “方向”组合框则决定径向线的增加方向为顺时针还是逆时针，因为你并不需要一定得像图 3.130 那样在所有方向都增加径向线，也可以是某个角度范围，此时极坐标系中会出现很多以原点为中心的圆弧（只是圆环的一部分）。图 8.42 中的极坐标角度范围是 90°，相应的方向为逆时针，如果方向设置为顺时针，径向线将会集中显示在右下方（直角平面坐标系中的第三、四象限）。

（5）移动选项（Move Option）：该组合框决定如何移动对象。勾选“自动旋转（Auto Rotate）”项表示移动对象时会自动调整其角度，如图 8.42 所示，当 R1 移动到另一个位置时，R1 的轴向方向会自动旋转（以保持径向线与元件的相对角度），你还可以进一步通过“极坐标方向（Polar Orientation）”组合框指定相对角度，如果你选择“初始”项，则相对角度与初始角度相同。如果选择“让我来指定（Let me Specify）”，则相对角度将调整为设置的值，图 8.42 所示的 R2 为指定 90° 后的径向移动效果。勾选“分散（Disperse）”项时，如果选中多个重叠元件，则移动时会自动分散元件。“使用不连续的半径（Use Discrete Radius）”与“使用不连续的角度（Use Discrete Angle）”复选框的意义与普通栅格中“捕获至栅格”复选框存在的意义相似，只不过你能够独立控制径向与角度的栅格捕获与否。

8.3.2 对象捕获

刚刚已经提过，对象的移动能够以栅格为基准进行捕获，但你也能够以对象为基准进行捕获，而每一种对象类型都会使用惟一的标记，只需要在如图 8.43 所示“对象捕获”标签页中勾选“捕获至对象”复选框，然后再勾选“显示标记”复选框并设置“捕获半径”即可。当你在创建或编辑绘图对象（例如铜箔、禁布区、2D 线等）、移动元器件或使用

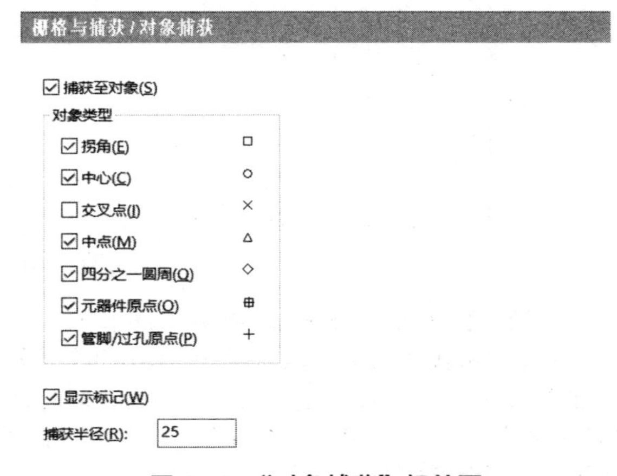

图 8.43 “对象捕获”标签页

无模命令“Q”进行测量时，如果光标附近存在可以捕获位置的对象，PADS Layout 将会显示该对象相应的类型标记。

以移动元器件为例，当光标移动到绘图对象某侧中点、某拐角与焊盘原点时，相应位置将分别出现一个三角形、正方形与十字形捕获标记，如图 8.44 所示

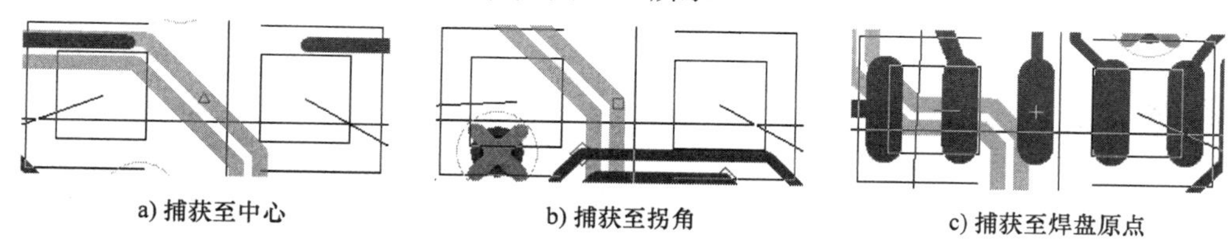

a) 捕获至中心　　b) 捕获至拐角　　c) 捕获至焊盘原点

图 8.44　不同的捕获对象显示的不同标记

如果在移动元器件过程中，你发现捕获选项暂未打开也没关系，执行【右击】→【捕获至对象】后同样能够进入捕获至对象模式（图 8.43 所示对话框中的“捕获至对象”复选框状态也会同步更新），如图 8.45 所示，菜单中还可以查到打开各种对象标记的无模命令。

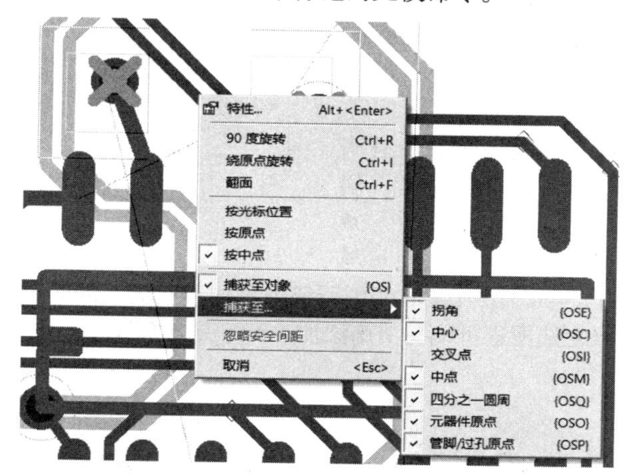

图 8.45　临时进入“捕获至对象”模式

8.4　显示

6.6 节中已经提过，PADS Layout 允许在导线、过孔、管脚对象中显示相应的网络名称（或管脚编号），而显示的文本大小则由图 8.46 所示“显示”标签页中“网络名 / 管脚编号文本”组合框内的“最小值”与“最大值”文本框决定，其单位均为像素。如果你已经设置“在导线中显示网络名称”，网络名称会在导线上多个等间隙的位置重复显示，具体显示的数量取决于视图缩放大小，但相邻网络名称的最大间隙则由“导线网络名称之间的最大间隙”项决定，单位为像素，相应的效果如图 8.47 所示。

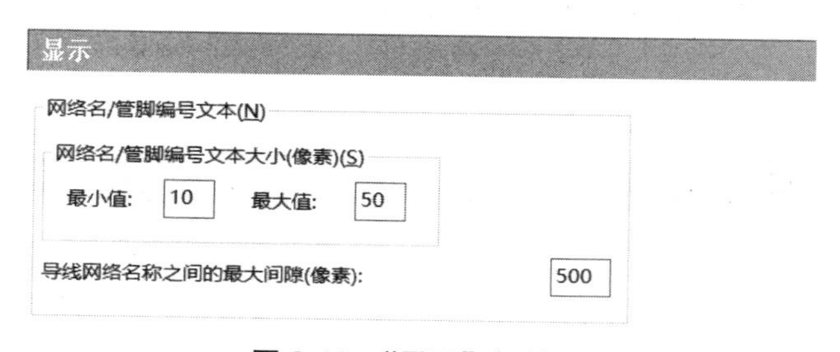

图 8.46　“显示”标签页

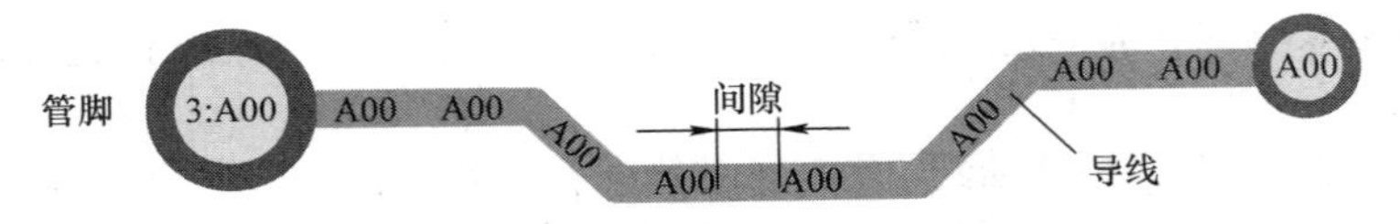

图 8.47　显示网络名与管脚编号

8.5　布线

布线类选项允许你添加或显示泪滴、设置合适的布线层对、特殊显示被保护的对象等，也是实际 PCB 设计时比较常用的参数，其中包括常规、调整 / 差分对与泪滴共 3 个标签页。

8.5.1　常规

该标签页中的选项主要针对普通信号布线时操作，如图 8.48 所示。

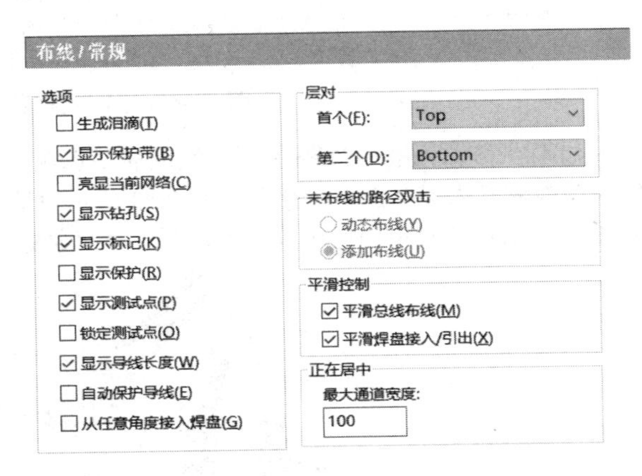

图 8.48　“常规”标签页

1. 选项（Options）

（1）生成泪滴（Generate TearDrops）：泪滴可以使焊盘（或过孔）与导线之间圆滑过渡，同时也使得焊盘连接更牢固。如果勾选该项，PADS Layout 将在布线过程中自动为焊盘（或过孔）与导线的连接处添加泪滴，图 8.49a 与图 8.49b 分别所示为添加泪滴前后的效果。值得一提的是，你可以在 PCB 设计完成后再打开该复选框进行统一泪滴添加（而不是在布线过程中实时添加泪滴），详细操作见 11.1 节。

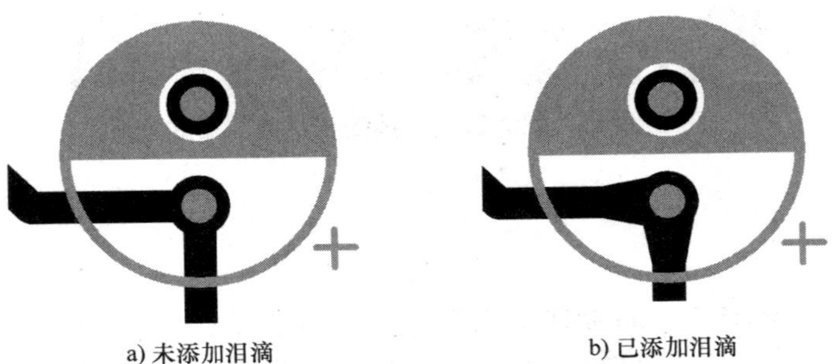

a) 未添加泪滴　　b) 已添加泪滴

图 8.49　添加泪滴前后的效果

（2）显示保护带（Show Guard Band）：如果你进入 DRC 开启模式，也就意味着 PADS Layout 会实时监控每个操作是否违反设计规则，而保护带主要针对安全间距而言，其表现形式为布线末端的八边形，图 8.50a 与图 8.50b 分别所示为勾选该项前后的状态。

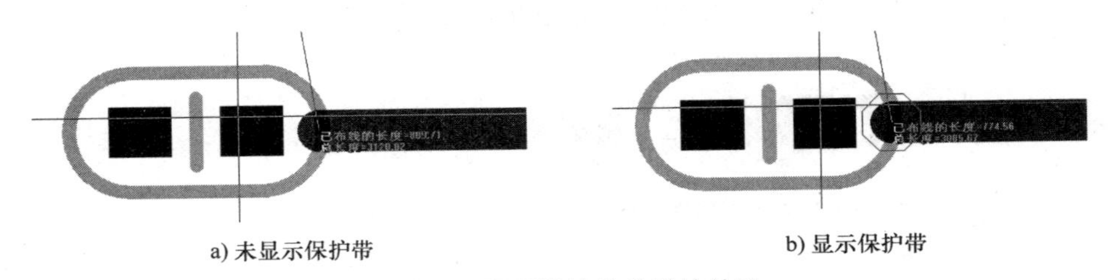

a) 未显示保护带　　b) 显示保护带

图 8.50　显示保护带前后的效果

（3）高亮当前网络（Highlight Current Net）：如果勾选该项，当你对管脚对进行布线时，与该管脚对相关的网络会以另一种互补颜色（Complementary Color）高亮显示以区别于其他导线。

（4）显示钻孔（Show Drill Holes）：勾选该项表示 PADS Layout 会以另一种互补颜色显示所有焊盘（或过孔）的钻孔，否则全部以实心显示，相应无模命令为“DO”。图 8.51a 与图 8.51b 分别所示为显示钻孔前后的效果。

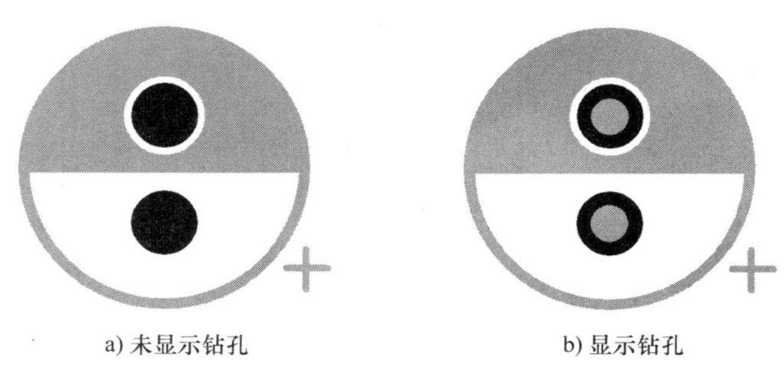

a) 未显示钻孔　　　　b) 显示钻孔

图 8.51　显示钻孔前后的效果

（5）显示标记（Show Tacks）：所谓的“标记”是指将导线“钉”在其位置的一个小菱形，其通常出现在导线的拐角处（布线过程中会出现在添加的每个拐角处），如图 8.52 所示。如果该标记妨碍布线或查看设计，则可以关闭该选项，这样 PCB 设计文件看起来会更整洁。

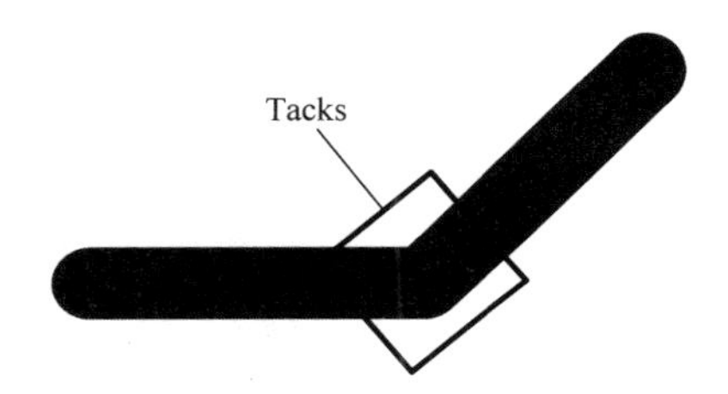

图 8.52　拐角的标记

（6）显示保护（Show Protection）：在 PCB 设计过程中，关键网络的布线通常需要花费较多的精力，为避免后续错误操作意外将其更改（从而导致重新布线），你可以选择将某些已经完成的导线保护起来，只需要先选中已布完导线所在网络（或管脚对，此处以网络为例），执行【右击】→【特性】即可弹出如图 8.53 所示“网络特性”对话框，从中勾选“保护布线”复选框再单击“确定”按钮即可。

图 8.53　“网络特性”对话框

你无法对受保护的导线进行移动、删除、平滑、添加导线等编辑操作，如果当前已经勾选“显示保护线”复选框，那么在正常视图模式下，受保护的线仅会显示轮廓线，反过来，在轮廓视图模式下（可使用无模命令“O”切换模式），受保护的导线会以实心线显示，而其他未受保护的导线反而以轮廓线显示，这样可以很直观地区分受保护的导线。图 8.54a 为正常视图模式，当你使用切换到轮廓显示模式后，相应的效果如图 8.54b 所示。

（7）显示测试点（Show Test Point）：在 PCBA 完成焊接装配后，有时候还需要使用测试夹具检测功能是否正常，而测试夹具是通过元件焊盘或过孔进行信号采集。如果焊盘或过孔被标记为测试点，也就意味着需要阻焊层进行“绿油开窗”（以便将铜箔裸露出来）。如果你需要在 PADS Layout 中添加测试点，只需要选中焊盘或过孔，再执行【右击】→【添加测试点】即可，如果你已经勾选“显示测试点”复选框，此时已经添加测试点的焊盘或过孔中会显示一个折线箭头，如图 8.55 所示。

如果你选择某个测试点并执行【右击】→【特性】，在弹出如图 8.29 所示“过孔特性”对话框中的“测试点”复选框将处于勾选状态，“顶面访问”复选框也将处于有效状态，其决定测试夹具从顶层还是底层采集信号（默认为底层采集，此时过孔的底面铜箔是裸露的），如果勾选“顶面访问”复选框则表示从顶层采集信号，在定义 CAM 文件时需要特别注意。

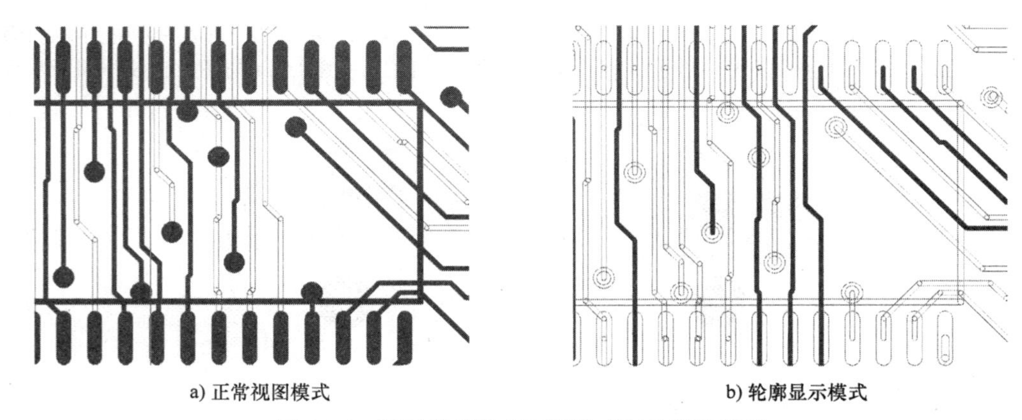

a) 正常视图模式　　　　b) 轮廓显示模式

图 8.54　受保护导线在不同模式下的显示效果

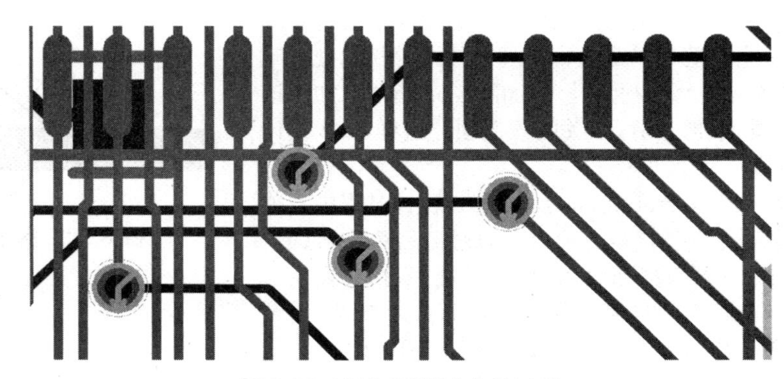

图 8.55　添加了测试点的过孔

（8）锁定测试点（Lock Test Point）：PCB 测试点通常与测试夹具配套，一般在进行 PCB 修改时尽量不会移动已经添加的测试点，这样同一款测试夹具能够适用于 PCBA 的多个更新版本。你可以勾选“锁定测试点”复选框以避免出现意外移动测试点的情况，在后续移动已经添加测试点的过孔或管脚时，PADS Layout 将弹出如图 8.56 所示“警告：测试点已锁定”提示对话框，你可以根据实际情况决定是否需要继续移动。如果从中勾选“禁用锁定测试点”复选框（并单击“确定”按钮），则表示同时清除该标签页中的“锁定测试点”复选框。另外，如果单击“取消”按钮，该测试点将自动进入胶粘状态，再次移动时将弹出如图 8.57 所示对话框。

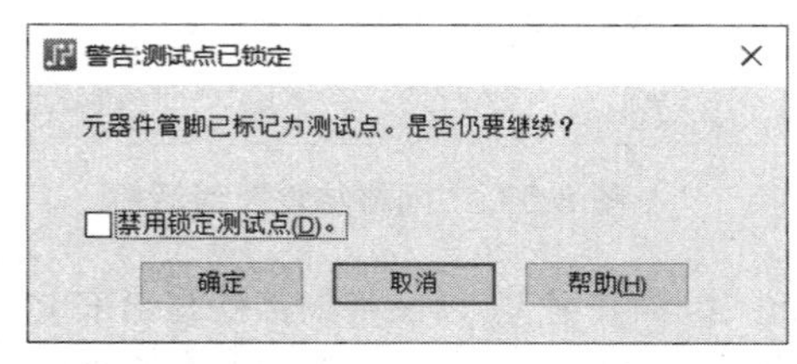

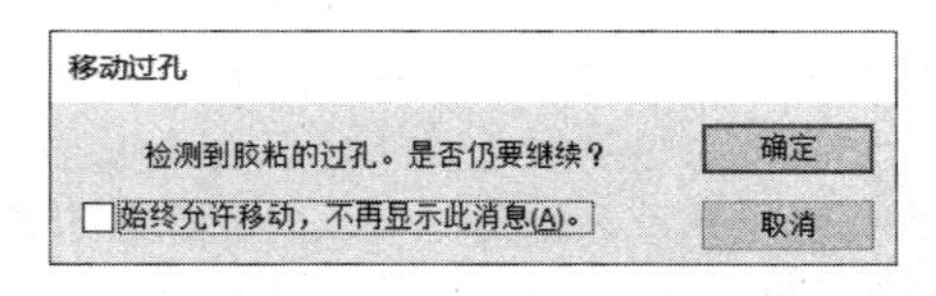

图 8.56　“警告：测试点已锁定”对话框　　　　图 8.57　“移动过孔”对话框

值得一提的是，当你执行“取消网络或管脚对的布线”、“删除导线、过孔、跳线”、“改变导线某部分所在的板层”操作时，锁定的测试点都将不会被删除（关于测试点详情见 11.5 节）。

（9）显示导线长度（Show Trace Length）：如果勾选该复选框，在布线过程中可以实时显示总长度（Total）与已布线的长度（Routed），如图 8.58 所示，相应的切换快捷键为“Ctrl + PageUp”。

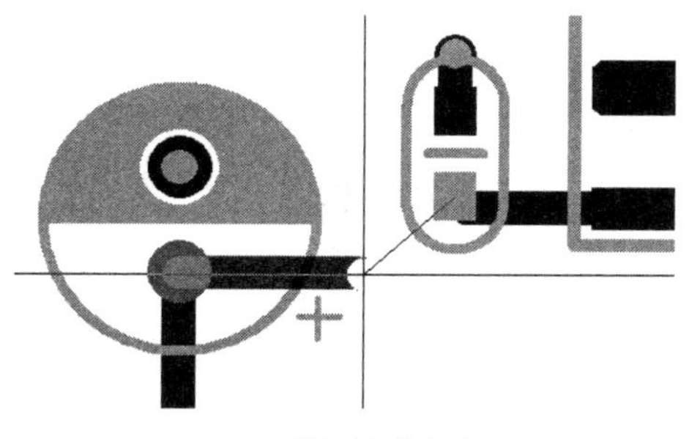

a) 不显示导线长度

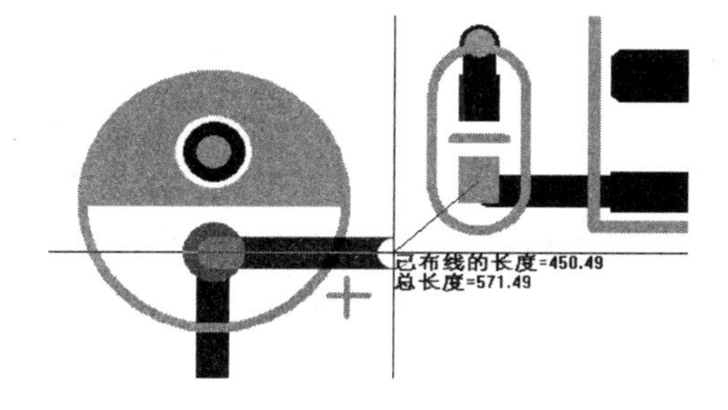

b) 显示导线长度

图 8.58　显示导线长度前后的效果

（10）自动保护导线（Auto Protect Trace）：勾选该复选框后，每一条经过平滑、拉伸、移动等修改操作的导线都会被自动保护。如果同时已经将本标签页中的“显示保护”复选框勾选后，你将发现每一条修改的导线都仅会显示其轮廓。

（11）从任意角度接入焊盘（Any Angle Pad Entry）：如果勾选该项，无论“设计”标签页内的“线 / 导线角度”组合框中的具体选择是什么，PADS Layout 都将允许导线以任何角度进出焊盘，相应的效果如图 8.59 所示。一般不建议勾选该项。

图 8.59　从任意角度接入焊盘

2. 层对（Layer Pair）

在多层 PCB 布线的过程中，你可能需要频繁地在两个板层之间来回切换（尤其是高速、高频等关键信号线，在超过两个以上板层进行布线的行为应该被禁止，因为过多的层切换可能会破坏完整的返回路径，从而使阻抗突变而产生信号完整性问题），而两个来回切换的布线板层就可以称为布线层对。以 6 层 PCB 叠层“S01-G02-S03-S04-P05-S06”为例，假如顶层（S01）中某关键信号线必须添加过孔才能布通，那么你应该优先选择在 S01 与 S03 之间进行板层切换，因为它们都与地平面相邻，也就能够更容易保证返回路径的完整性。即便你要处理非关键信号线，也通常不会在 S01、S03、S04、S06 板层之间随意切换，仍然还是存在预先规划布线层对。例如，当 S01、S03 的空间不够用，也可以安排在 S04、S06 层布线。也就是说，S01 与 S03、S04 与 S06 都可以分别称为布线层对，如图 8.60 所示。

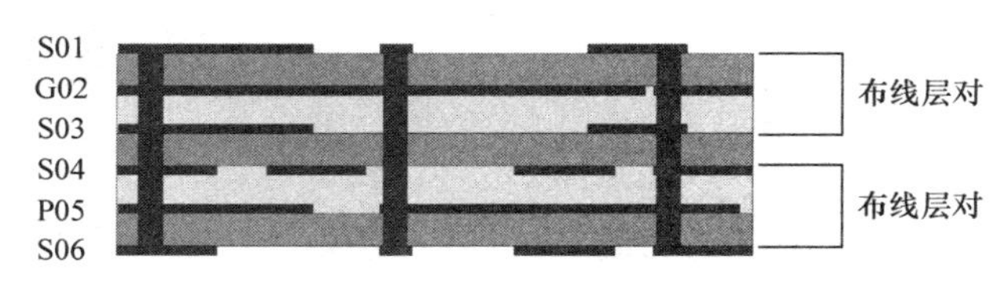

图 8.60　线层对

“层对”复选框允许你选择两个板层作为布线层对，只需要在“首个”与“第二个”列表中选择相应板层即可。由于任意时刻只能设置一对布线层，如果在不同的布线阶段设置不同的层对，也就能够在添加布线过孔时更方便地切换布线层，为什么这么说呢？假设现在你正在层 S01 布线，现在要切换到层 S03 布线，通常情况下会怎么做呢？你可以使用无模命令“L”切换板层（当然，也可以更改标准工具栏的“层”列表选项，效果相同，但是由于不太方便而很少这么做）。例如，执行无模命令“L3”即可切换到层 S03，也就意味着同时添加一个布线过孔，如果需要再次切回到 S01 层布线，再执行无模命令“L1”即可添加过孔返回到层 S01。这种层切换操作偶尔为之亦无不可，但是当层切换操作太过频繁时，就很明显会影响布线效率。

如果你将层 S01（首个）与 S03（第二个）设置为布线层对，层切换过程将会变得非常简单。假设你现在仍然在层 S01 布线，只需要执行【右击】→【层切换】（或快捷捷“F4”）即可自动添加过孔并切换到层 S03，再次执行相同的操作即可切换到层 S01，如图 8.61 所示。还有一种更常用的层切换方式，你只需要在布线过程中执行“Shift+ 单击”操作，同样可以达到层切换效果。当然，要使布线层对有效的前提是：你已经在“布线”设计规则中将布线层设置为允许布线与添加过孔。例如，你已经设置层 S01 与 S03 为布线层对，但是却仅将层 S01 与 S06 设置为允许布线与添加过孔，那么实际的布线层对仍然是 S01 与 S06。

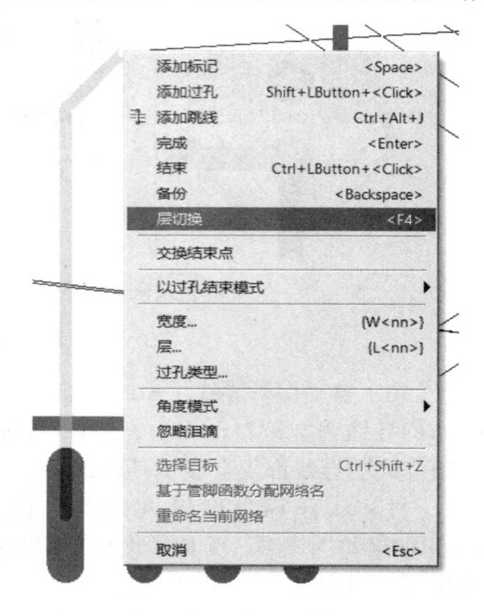

图 8.61　层切换操作

值得一提的是，如果当前布线层并不属于设置的布线层对，进行层切换操作后将自动切换到“首个”列表指定的层中。同样设置以 S01（首个）与 S03（第二个）为布线层对，如果当前布线层为 S04，进行层切换后就会进入层 S01。

3. 未布线的路径双击（Unrouted Path Double Click）

如果你需要在 PADS Layout 中进行 PCB 布线，通常情况下会首先进入布线模式，再单击需要布线的管脚（或先选择要布线的管脚，再进入布线模式）即可，但是你也可以直接双击飞线进入布线模式，该组合框则决定双击后进入“动态布线”还是“添加布线”模式。需要注意的是，该组合框仅当进入 DRC 开启模式才有效，否则将处于禁用状态（因为“动态布线”工具仅在 DRC 开启模式下才能使用）。

4. 平滑控制（Smoothing Control）

平滑是 PADS 用于优化导线的命令，能够自动删除导线中不需要的拐角与线段，以及让导线在障碍物中间对齐。如果你想要平滑导线，只需要选择导线（或网络），执行【右击】→【平滑】即可，如图 8.62 所示，相应平滑后的效果如图 8.63 所示。当然，平滑后的导线很可能并非你所需，所以通常情况下不会使用平滑命令，而“平滑控制”组合框则用来控制执行平滑命令后的行为。

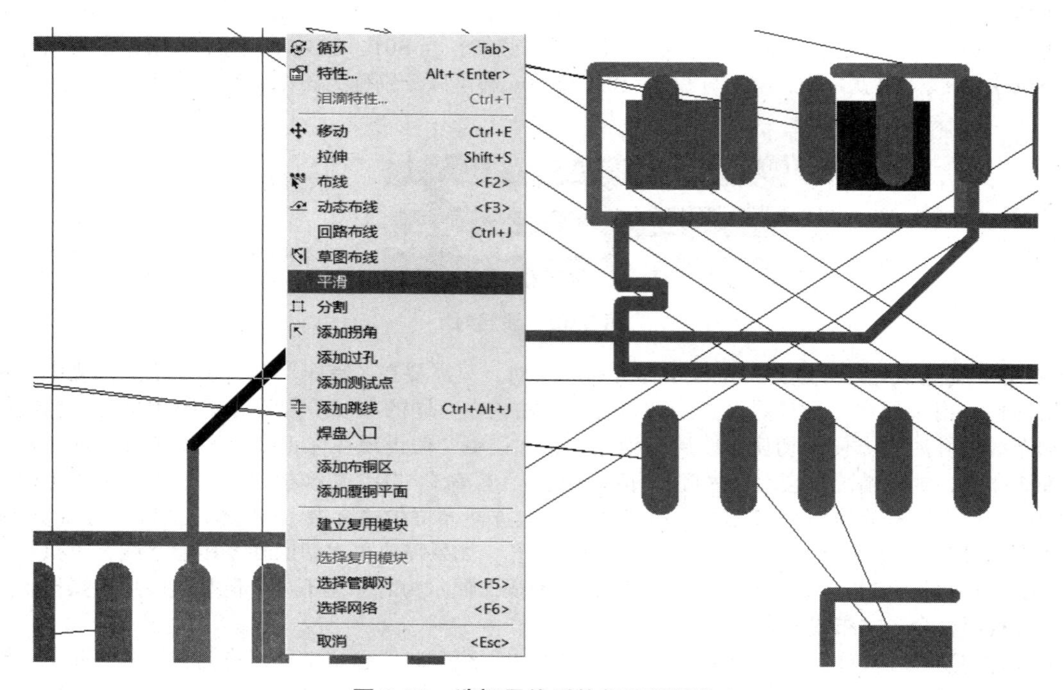

图 8.62　选择导线后执行平滑操作

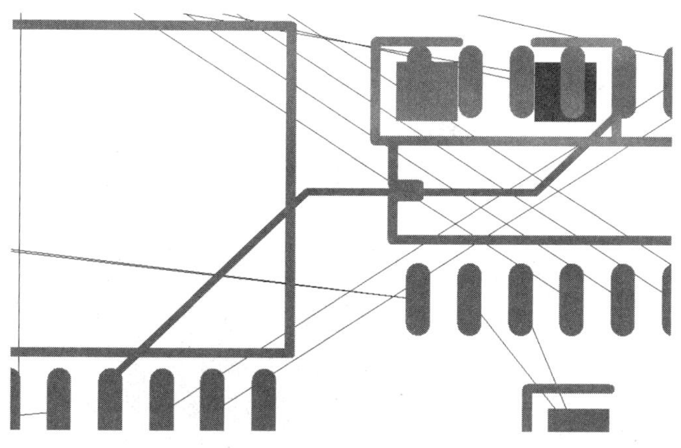

图 8.63　平滑后的效果

（1）平滑总线布线（Smooth Bus Route Traces）：PADS Layout 可以对多个管脚同时进行布线，也称为总线布线（Bus Route）。简单地说，如果未勾选该项，PADS Layout 不会在导线添加完成后进行平滑操作（总线布线操作完成后的状态即最终状态）。否则，PADS Layout 还会“自作多情”地自动进行导线平滑操作。需要注意的是，该选项仅对总线布线操作有效。

（2）平滑焊盘接入 / 引出（Smooth Pad Entry/Exit）：当你对导线进行平滑操作时，该选项会将“以90度进入或离开焊盘的”导线转变为45度后进入或离开焊盘，图8.63就是勾选该项后的导线平滑效果，如果未勾选该项，同样的导线平滑操作后的效果如图 8.64 所示，此时焊盘进入或离开的导线并未发生改变。

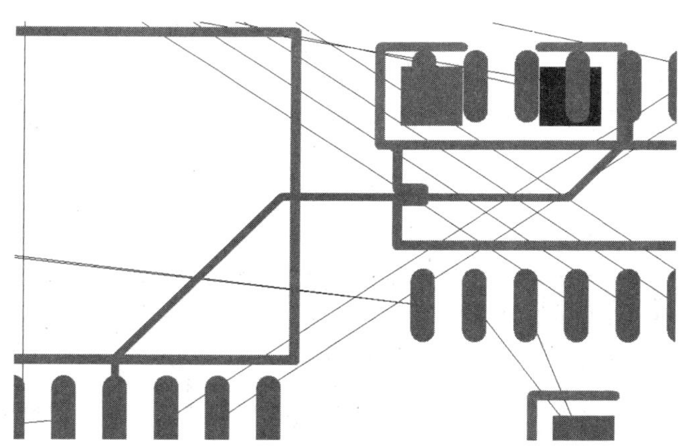

图 8.64　不平滑焊盘接入与引出导线

5. 正在居中（Centering）

PADS Router 自动布线器能够对器件管脚或过孔之间的导线进行均匀分布优化处理，“最大通道宽度”表示最大可以优化的通道数，超过该数量则不进行优化处理。图 8.65 所示为居中处理前后的效果，其中的通道数为 2。请特别注意：该组合框仅在 PADS Router 中有效。

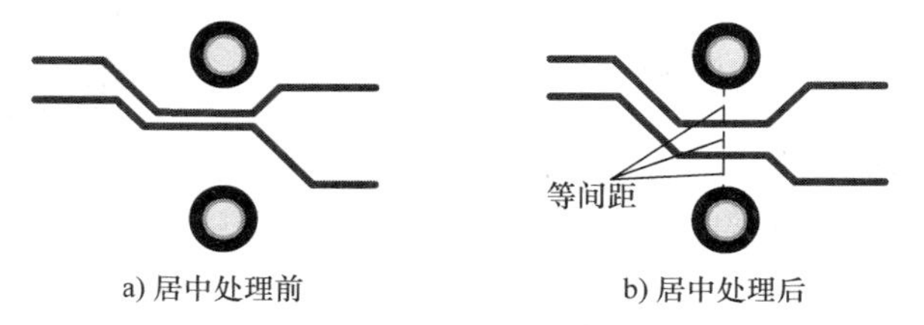

图 8.65　正在居中

8.5.2 调整 / 差分对

该标签页主要控制差分线与等长线（即蛇形线）的布线参数，如图 8.66 所示。但是请特别注意，所有设置的参数仅在 PADS Router 中才有效。

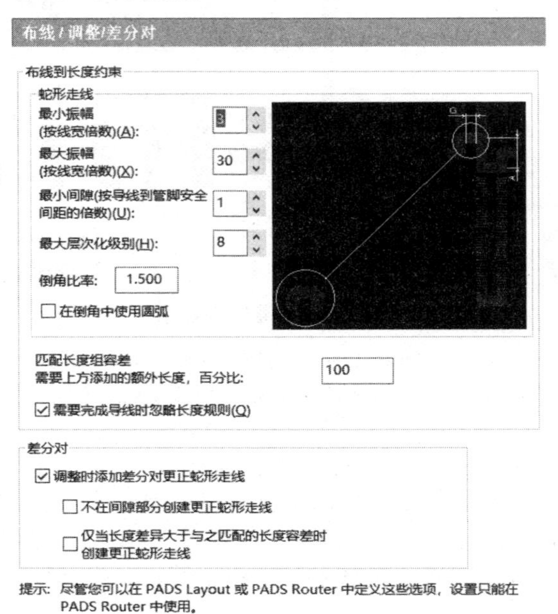

图 8.66 “调整 / 差分对”标签页

1. 蛇形走线

蛇形线（Accordion）是高速 PCB 设计中经常使用的布线方式，其主要目的是为了调节延时以满足系统的时序要求。蛇形线会破坏信号质量，布线时应该尽量避免使用。但有时候为了保证信号存在足够的建立或保持时间（或者减小同组信号之间的时间偏移），往往不得不故意进行绕线。图 8.67 给出了 3 种蛇形线方案，图 8.67a 是最常见的一种，也是本组合框中参数的控制对象，详细描述如下。

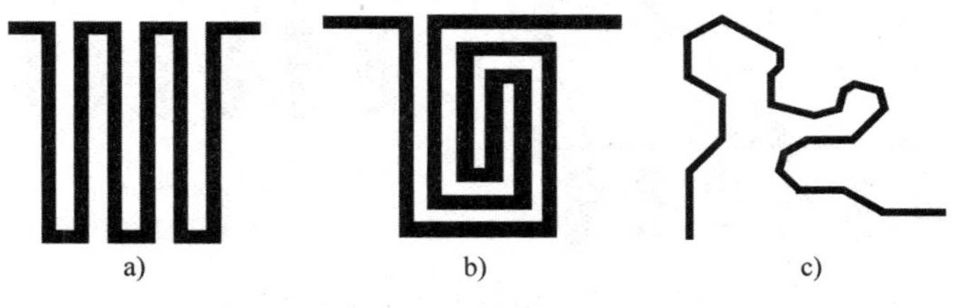

图 8.67 3 种蛇形线

（1）最小振幅（Minimum Amplitude）/ 最大振幅（Minimum Amplitude）：所谓的“振幅”，是指蛇形线的高度，其定义如图 8.68 所示。此两项参数同时作用于水平或垂直振幅，其衡量单位是“按（相同网络的）导线到拐角安全间距的倍数”。振幅过大也会增加串扰，因为产生串扰的路径也增加了。值得一提的是，如果相同网络的导线到拐角安全间距被设置为 0，最小振幅为该项值与导线宽度的乘积。

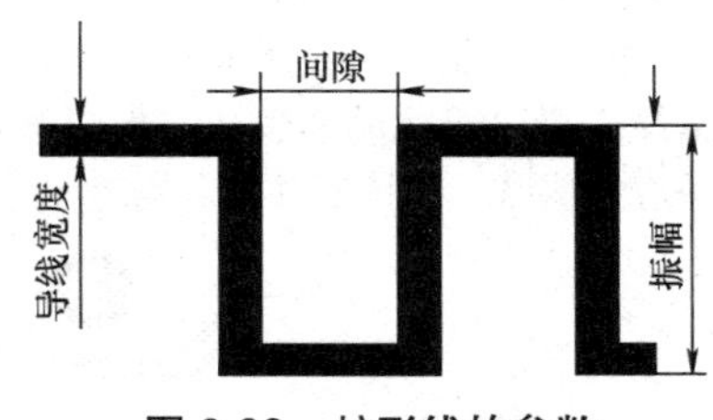

图 8.68 蛇形线的参数

（2）最小间隙（Minimum Gap）：所谓的“间隙”，是指相邻平行蛇形线的间距，如图 8.68 所示。间隙过小会带来严重的串扰，其单位是“按（相同网络的）导线到拐角安全间距的倍数”。（笔者注：

翻译有误，并非"导线到管脚安全间距"，相应的英文为"trace to corner clearance"）。值得一提的是，如果导线到拐角安全间距被设置为 0，最小间隙则为该项值与导线宽度的乘积。

（3）最大层次化级别（Max Hierarchy Level）：PADS Router 第一次布线时会使用常规水平（或垂直）蛇形方案，如果长度仍然不够，蛇形线方向将旋转 90° 并在该方向建立起额外长度的蛇形线。PADS Router 会持续不断地以这种方式添加蛇形线，直到达到设置的最大层次数。图 8.69 所示为层次为 1、2、3 时相应的蛇形线。

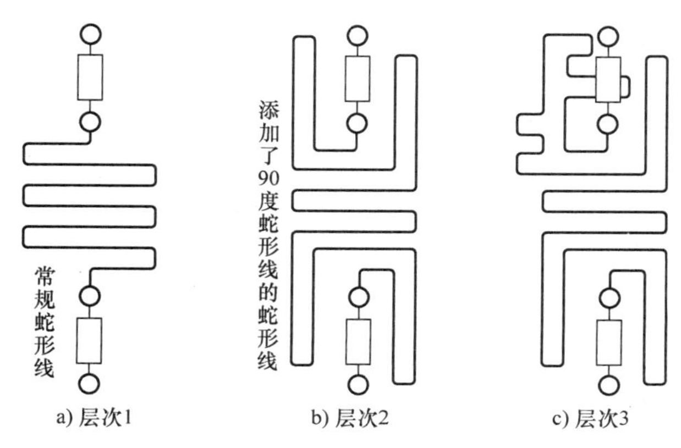

图 8.69　不同层次的蛇形线效果

（4）倒角比率（Miter Ratio）：PADS Router 添加蛇形线时会给拐角添加一定的倒角（而不会使用直角作为拐角），此文本框决定添加的倒角大小。

（5）在倒角中使用圆弧（Use Arcs in Miters）：如果勾选该项，则使用圆弧作为倒角（而非斜角），图 8.70 所示为勾选该项前后的蛇形线效果。

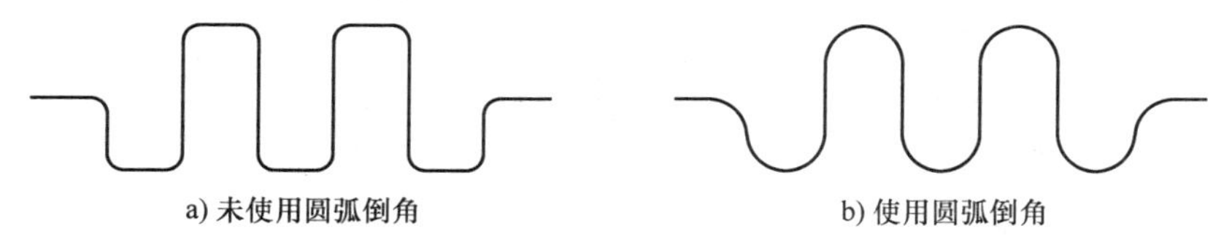

图 8.70　使用圆弧倒角前后的效果

（6）匹配长度组容差需要上方添加的额外长度（Extra length added above required by matched length tolerance）：蛇形线通常用来完成长度匹配的目的，而"长度匹配"就意味着至少存在 2 条信号线构成的匹配长度组（一般是总线），实际布线时通常会将其中某条网络的布线长度作为参考（以对组内其他网络进行布线）。然而，虽说是等长布线，但或多或少还是会（也允许）存在一些公差，其定义为组内最长与最短导线长度之差，而布线最长的网络也称为主导网络（Leader Net）。该选项用来在"已设置匹配长度公差"的基础上添加的额外长度，其单位为百分比。例如，你将该项分别设置为 0 与 100，则蛇形线的长度分别为"主导网络的布线长度与公差的差"与"主导网络的布线长度"。

（7）需要完成导线时忽略长度规则（Ignore Length Rules When Required to Complete Traces）：如果结束蛇形布线时会违反长度规则，勾选该项表示忽略（以完成布线）。

2. 差分对

该组合框主要针对差分对（Differential Pairs）布线（创建差分对并设置规则的操作详情见 10.6 节），其中包含以下参数：

（1）调整时添加差分对更正蛇形走线（Add Diff Pair Correction Accordions When Tuning）：勾选该复选框后，如果差分对并不满足等长匹配条件，允许系统添加校正蛇形线。

（2）不在间隙部分创建更正蛇形走线（Do Not Create Correction Accordions in Gap Portion）：勾选该复选框后，如果差分对的两条导线正在可控间距区域，不允许添加额外的校正蛇形线。

（3）仅当长度差异大于与之匹配的长度容差时创建更正蛇形线（Create Correction Accordions Only When Length Differnce is Greater When the Matched Length Tolerance）：勾选该复选框后，如果差分对的两条导线长度差距在容忍值范围内时，不添加额外的校正蛇形线。

8.5.3 泪滴

泪滴可以加强导线与焊盘（或过孔）之间连接，有效降低钻孔公差引起的孔环过小问题，还能够避免出现 PCB 生产时可能出现的酸角（详情见 11.1.1 小节），相应的标签页如图 8.71 所示，各项参数详细介绍如下：

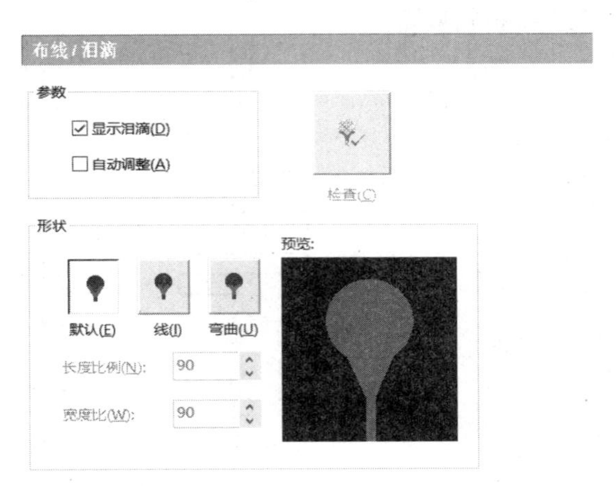

图 8.71 “泪滴”标签页

1. 形状

该组合框设置泪滴的形状是默认（Default）、线（Line）还是弯曲（Curved），它们的主要区别在于泪滴的外边沿（高频或高密度 PCB 设计时可以优先选择“线”或“弯曲”泪滴），相应的效果如图 8.72 所示。当单击某种泪滴按钮后，相应的泪滴形状将显示在预览区。如果选择“线”或“弯曲”泪滴，你还可以进一步设置泪滴的长度（L）与宽度（W），这可以通过指定长度比例（Length Ratio）与宽度比例（Width Ratio）完成，它们分别表示长度与宽度相对于焊盘直径的百分比。以设置泪滴长度为例，假设长度比例为 200（即焊盘长度的 200%），而焊盘的直径为 60mil，则泪滴长度为 120mil。需要注意的是，长度比例与宽度比例的最大值分别不能超过 1000 与 100。

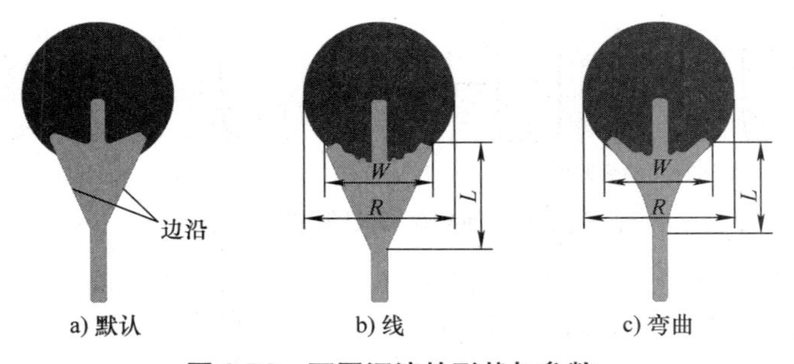

图 8.72 不同泪滴的形状与参数

需要特别注意的是，仅当提前勾选“布线 / 常规”标签页中的“生成泪滴”复选框，该组合框中修改的参数才会对后续布出的导线有效。换言之，如果当前 PCB 文件中已经布好导线，你想通过“修改形状组合框中的参数以改变泪滴形状的操作”将不会成功，而只能通过编辑泪滴操作来完成，详情见 11.1.3 小节。

2. 参数

（1）显示泪滴（Display Teardrop）：一般情况下，仅当已经添加泪滴时才有必要显示泪滴，在布局布线时隐藏泪滴可以提升视图刷新速度。该复选框在应用时需要注意几点：其一，只有当已经添加泪滴后，勾选该复选框才会显示泪滴；其二，如果已经添加泪滴，即便将泪滴隐藏，泪滴在 CAM 输出时仍然还是存在（除非将泪滴删除）；其三，在验证设计阶段应该将泪滴显示出来，以便系统能够检查到可能出现的违反安全间距设计规则的情况，因为验证设计仅会检查肉眼可见的区域（详情见 11.8.1 小节）；其四，如果对已经添加泪滴的区域进行覆铜平面灌注操作，必须将泪滴显示出来，否则灌注时将不会考虑泪滴的存在，也就可能会出现违反安全间距设计规则的情况。图 8.73a 所示为显示泪滴时的灌注效果，此时导线旁边的铜箔会根据设计规则自动避开泪滴，图 8.73b 所示为不显示泪滴时的灌注效果，此时铜箔只是以“导线到铜箔”安全间距为依据创建铜箔，但是已经添加的泪滴仍然会存在于生产文件中，这样很容易引起短路现象，如图 8.73c 所示。

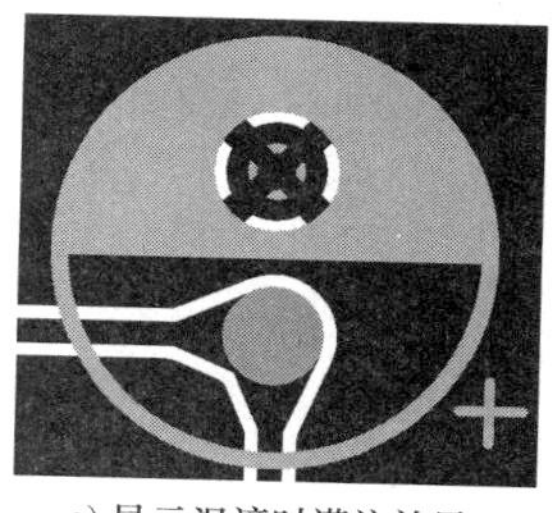

a) 显示泪滴时灌注效果

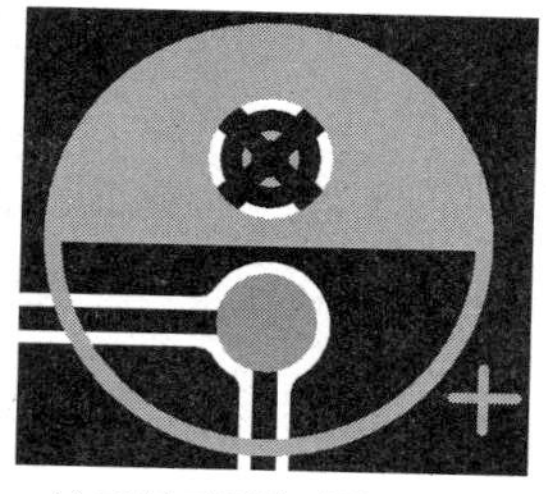

b) 不显示泪滴时灌注效果

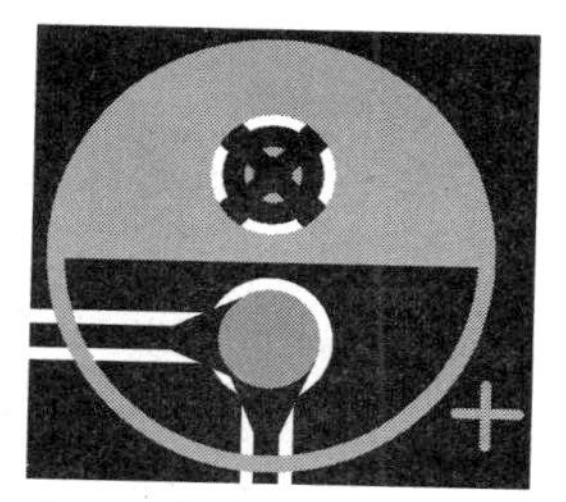

c) 实际生产的效果

图 8.73　泪滴显示与隐藏时的灌注效果

（2）自动调整（Auto Adjust）：虽然你可以指定泪滴的长度，但是有些时候，由于首个拐角与焊盘很近（与焊盘最近的导线段很短），或者导线拐角本身就在焊盘或过孔范围内，此时 PADS Layout 将无法添加长度符合要求的泪滴，那么你可以有两种选择：其一，不满足需求的地方就不添加泪滴；其二，让 PADS layout 自动根据实际情况调整添加的泪滴长度，只要勾选该复选框即可。

3. 检查（Check）

该按钮仅在“布线 / 常规”标签页中的“生成泪滴”处于勾选状态时才有效，用来检测在设计中添加泪滴后出现的错误并报告相应的结果。单击该按钮后即可弹出如图 8.74 所示“检查泪滴”对话框，单击“开始”按钮即可在“位置”列表中给出所有错误，如果未勾选“禁用平移”复选框，当你在“位置”列表中双击某错误项时，PADS Layout 将自动将“该错误对应的区域”平移到正中心以供观察。

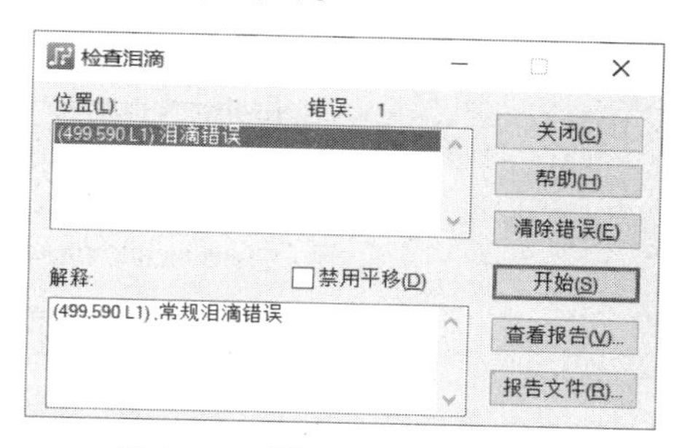

图 8.74　“检查泪滴”对话框

8.6　覆铜平面

在 PCB 设计的后处理阶段，经常需要进行平面分割相关的操作，此选项类别包含与覆铜平面（Copper Planes）相关的参数。值得一提的是，大多数参数只有在重新灌注之后才能获得相应的效果，因为 PADS Layout 需要根据设计规则重新计算覆铜平面区域。

8.6.1　热焊盘

在 PCB 设计过程中，经常需要“对覆铜平面进行灌注操作”以创建大面积铜箔（通常是电源或地网络），而焊盘（或过孔）与铜箔之间则通过热焊盘（Thermals）连接，“热焊盘”标签页主要用于控制热焊盘的具体连接形式，相应的标签页如图 8.75 所示。

1. 热焊盘形状与尺寸（Thermal Shape and Size）

贴片与通孔焊盘（或过孔）都可能会与大面积铜箔直接相连，该表格能够分别设置两种热焊盘的形状（参数相同），详细描述如下：

（1）开口宽度（width）：该选项指定热焊盘与大面积铜箔连接区域的宽度，如图 8.76 所示。

（2）开口最小值（Min.Spoke）：该选项设置与铜箔连接的热焊盘开口最小数量，其取值范围在 1~4 之间。图 8.76 所示热焊盘的开口数量为 4，但是有时候为了保证设计规则，PADS Layout 会适当地减少开口数量，此时系统将给出警告。

（3）热焊盘形状。PADS Layout 可以给圆形（Round）、方形（Square）、矩形（Rectangle）和椭圆（Oval）分别指定不同的热焊盘形状态，包括正交（Orthogonal）、斜交（Diagonal）、过孔覆盖（Flood

Over)、无连接（No Connect）4 种，图 8.77 所示为通孔热焊盘的各种形状。如果你将某种焊盘设置成为“过孔覆盖”形状，可能会发现有些焊盘的热焊盘仍然还是十字形状，因为每种焊盘都对应四种热焊盘，你应该将通孔或贴片焊盘对应的所有热焊盘形状都进行相应设置才行。

覆铜平面 / 热焊盘

	通孔热焊盘	SMT 热焊盘
开口宽度	15	10
开口最小值	2	2
圆形焊盘	斜交	斜交
方形焊盘	斜交	斜交
矩形焊盘	斜交	斜交
椭圆焊盘	斜交	斜交

- ☐ 给已布线元器件焊盘添加热焊盘
- ☑ 显示通用覆铜平面指示器(I)
- ☑ 更新未布的线的可见性(V)
- ☑ 更新热焊盘指示器的可见性(I)
- ☑ 移除未使用的焊盘(E)
  - ☐ 在起始和结束层上保留过孔焊盘(Y)
  - ☐ 在内层非电源平面层上保留焊盘(N)
- ☐ 对热焊盘和隔离盘使用设计规则(D)

图 8.75　“热焊盘”标签页

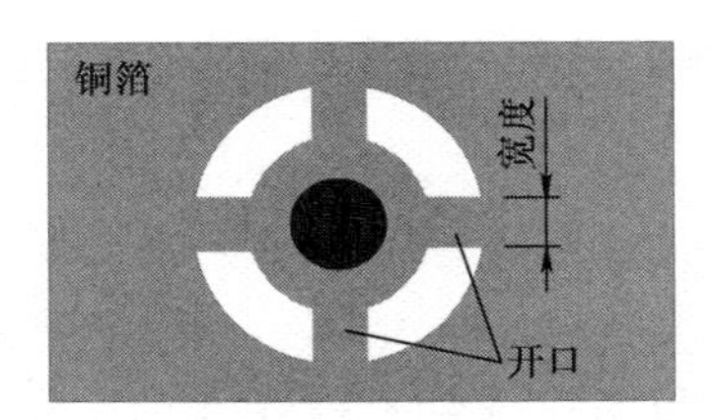

图 8.76　热焊盘的参数

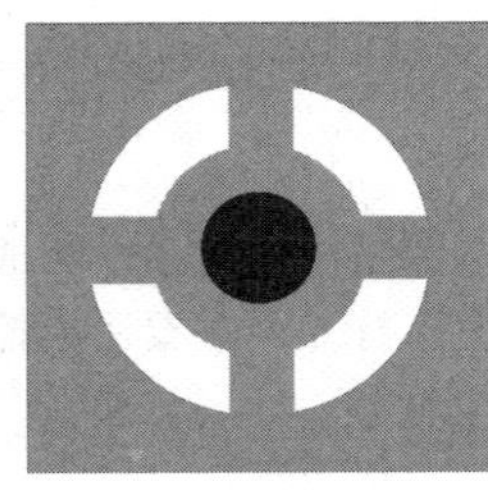

a) 正交

b) 斜交

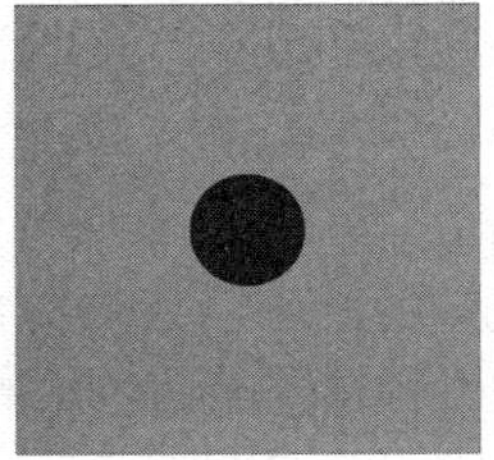

c) 过孔覆盖

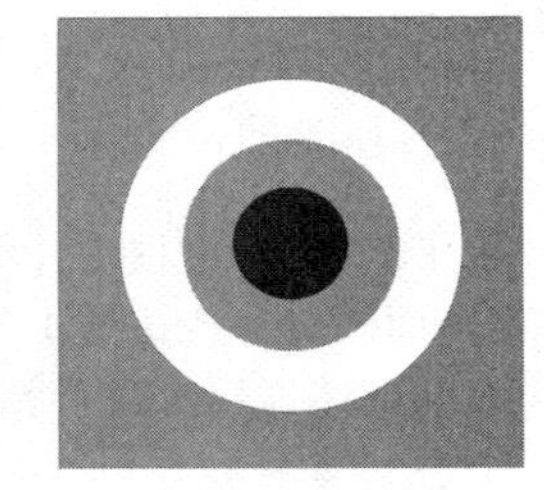

d) 无连接

图 8.77　热焊盘形状

2. 给已布线元器件焊盘添加热焊盘（Routed Pad Thermals）

热焊盘一般仅添加在未布线的焊盘上，如果某个焊盘已经存在相关导线，PADS Layout 通常不会为其添加热焊盘。换言之，此时即便已经对焊盘参数进行设置，也不会出现热焊盘，但是如果你执意要添加热焊盘，可以勾选此复选框。图 8.78a 与图 8.78b 的布线完全一样，它们都已经对两个贴片焊盘进行扇出操作，但前者未勾选该项，所以 PADS Layout 并未给焊盘添加热焊盘，后者则已经勾选该项。

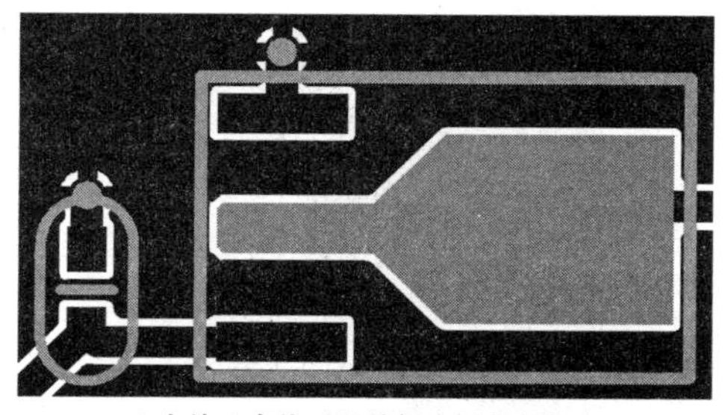

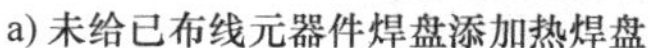

a) 未给已布线元器件焊盘添加热焊盘

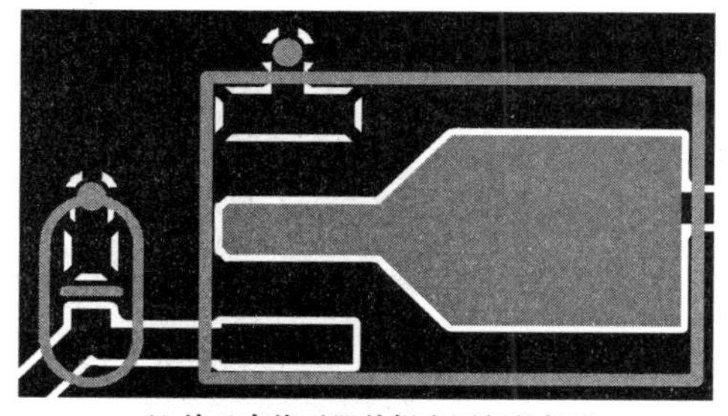

b) 给已布线元器件焊盘添加热焊盘

图 8.78 给元器件焊盘添加或不添加热焊盘的效果

3. 显示通用覆铜平面指示器（Show General Plane Indicators）

覆铜平面通常都有网络特性，如果某个焊盘栈（焊盘或过孔）与覆铜平面的网络特性相同，当你勾选该项时，焊盘栈的中心将会显示一个小的“×”形状的指示器（仅用于方便识别，与热焊盘的意义不同），图 8.79 给出了相同焊盘在勾选该项前后的效果。值得一提的是，在 PADS VX.2.4 版本之前，该复选框仅对“分割 / 混合”与“CAM 平面”类型板层有效。

a) 未显示通用覆铜平面指示器

b) 显示通用覆铜平面指示器

图 8.79 覆铜平面指示器的效果

4. 更新未布的线的可见性（Update Unroute Visibility）

勾选该复选框后，如果信号线与分割 / 混合平面层已经存在连接，PADS Layout 将会隐藏相关的飞线。

5. 更新热焊盘指示器的可见性（Update Thermal Indicator Visibility）

勾选该项后，如果当前设计中的热焊盘状态更改，热焊盘指示器会实时更新。例如，你将某覆铜平面的网络特性清除，那么原来“与该覆铜平面连接的”焊盘栈就不会再有热焊盘，理论上也就不会再显示热焊盘指示器。但是如果未勾选该项，热焊盘指示器的状态将不会实时更新。

6. 移除未使用的焊盘（Remove Violating Thermal Spokes）

在定义焊盘栈结构时，通常都会定义外层与内层的焊盘参数。以直通孔焊盘栈为例，当多层 PCB 文件中存在该焊盘栈时，所有板层都会存在一个焊盘，但是很有可能该直通焊盘栈仅在某一层存在信号连接，此时其他板层的焊盘并未使用到，图 8.80 所示焊盘栈连接了顶层与底层，所以中间 2 层各存在一个未使用的焊盘。

如果勾选该复选框后，内层未使用的焊盘将会被删除（相当于使用隔离焊盘替代）。以 PADS 自带的 preview.pcb 的电源层菲林为例，其中存在多个与电源层并无电气连接的插件焊盘。如果你未勾选该复选框，就意味着不移除未使用的焊盘，也就会出现很多独立的焊盘，如图 8.81a 所示。如果你选择移除未使用的焊盘，这些独立的焊盘就会被隔离焊盘代替（被删除），也就会变成一个个“空洞”，如图 8.81b 所示。

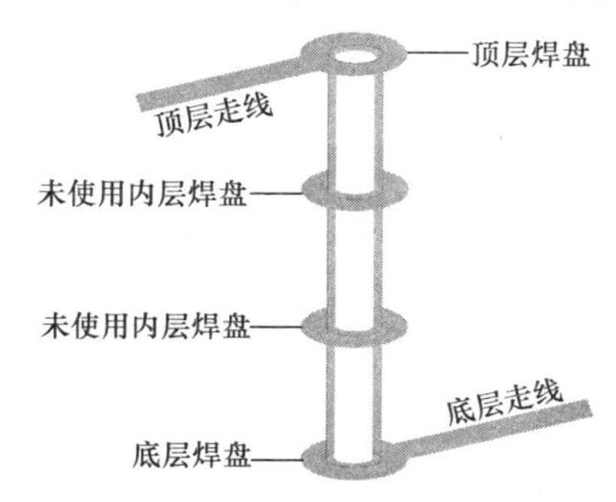

图 8.80 未使用的焊盘

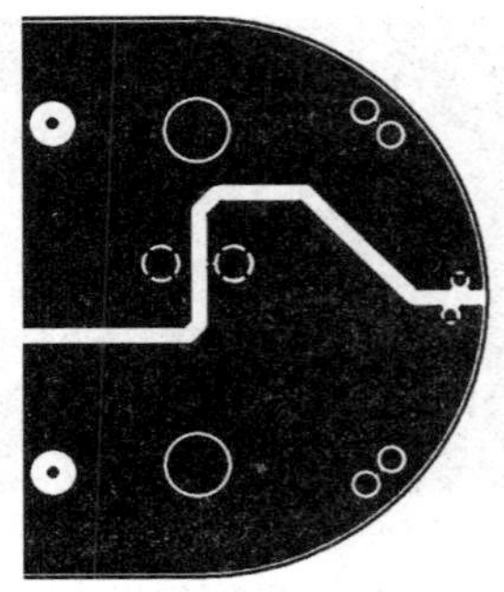

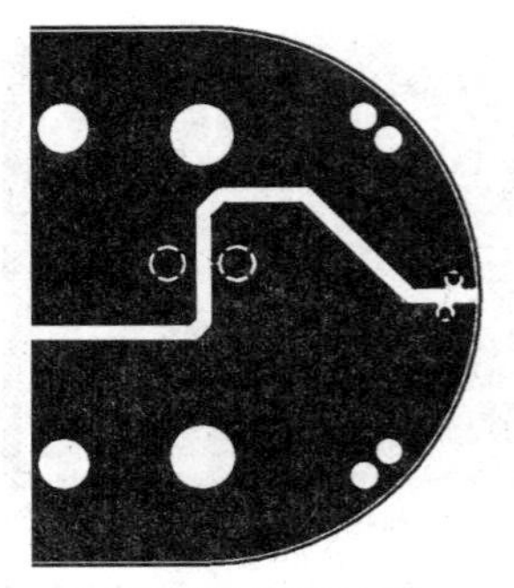

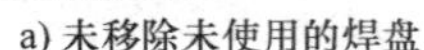
a) 未移除未使用的焊盘　　b) 移除未使用的焊盘

图 8.81　移除未使用焊盘前后的效果

如果内层并非平面层，你可以选择保留该层的焊盘，即便该焊盘未在该层存在任何导线或铜箔连接，只需要勾选“在内层非电源平面层上保留焊盘（Preserve Pads on Inner No Plane layers）”复选框即可。如果未使用的焊盘属于半导通孔，起始层与结束层也可能存在未使用的焊盘，如果你想保留它们（就如同保留插件焊盘中的两个外层焊盘一样），可以勾选“在起始和结束层上保留过孔焊盘（Preserve Via Pads on Start and End Layers）”复选框。

值得一提的是，在 PADS VX.2.4 版本之前，“移除未使用的焊盘”复选框仅对“分割 / 混合”类型板层有效，之后的版本则将该功能扩展到“无平面”类型板层，这也就意味着，如果该复选框处于勾选状态，所有“无平面”与“分割 / 混合”类型内层中未与导线（或覆铜平面）连接的焊盘都将被移除。

7. 对热焊盘和隔离盘使用设计规则（Use Design Rules for Thermals and Antipads）

6.3 节已经提过，你可以为每个焊盘栈定义热焊盘参数，而对于焊盘栈内层，你还可以定义隔离焊盘参数，但是如果你并未定义这些参数时，焊盘栈与平面层又会怎么连接呢？未定义隔离焊盘时是否会出现短路现象呢？不会！如果你勾选该复选框，PADS 能够根据设计规则自动生成相应的热焊盘与隔离焊盘，但是如果未勾选该复选框，情况又会有所不同，具体见表 8.1。举个例子，假设你并未在焊盘栈中自定义隔离焊盘与热焊盘，并且也并未勾选该复选框（不使用设计规则），如果“铜箔到过孔”安全间距值为 8mil，对于 +12V 网络覆铜平面中存在的 +5V 过孔（焊盘直径 35mil，钻孔直径 20mil），其相应的隔离焊盘直径为 2 × 8mil + 35mil = 51mil，而热焊盘的“铜箔到焊盘”或“铜箔到过孔”安全间距则由相应的设计规则决定。

表 8.1　热焊盘和隔离焊盘的参数

自定义焊盘栈	使用设计规则	实际参数
		元件插件钻孔的隔离焊盘默认直径 =“铜箔到焊盘安全间距值” × 2 + 焊盘直径 默认过孔的隔离焊盘默认直径 =“铜箔到过孔安全间距值” × 2 + 过孔焊盘尺寸 热焊盘默认的“铜箔到焊盘”或“铜箔到过孔”安全间距由相应的设计规则决定
√		以自定义的隔离焊盘与热焊盘参数为准
	√	元件焊盘与过孔的隔离焊盘直径 =“铜箔到钻孔”安全间距值 × 2 + 钻孔尺寸 热焊盘默认的“铜箔到焊盘”或“铜箔到过孔”安全间距由相应的设计规则决定
√	√	元件焊盘与过孔的隔离焊盘直径 =“铜箔到钻孔”安全间距值 × 2 + 钻孔尺寸（忽略自定义焊盘栈参数） 热焊盘的内部直径与焊盘尺寸相同，外部直径取决于“铜箔到焊盘”安全间距（对于元件管脚）或“铜箔到过孔”安全间距（对于过孔）

8.6.2　填充和灌注

大多数 PCB 文件中都存在大面积铜箔，其可能存在于“CAM 平面”类型板层，也可能是通过绘图工具栏中“覆铜平面”工具在“无平面”与“分割 / 混合”类型板层中创建而成，而后者通常都需要使用灌注与填充操作（CAM 平面为负片输出，不需要灌注与填充），其概念已经在 1.6.2 小节详细讨论过。简单地说，填充操作一般用于查看设计，灌注操作则会根据设计规则重新生成铜箔，只有在对覆铜平面进行灌注之后，填充操作才会有效，而图 8.82 所示“填充和灌注”标签页中的选项主要针对覆铜平面的灌注与填充。

覆铜平面 / 填充和灌注

填充

查看(V)　◉ 正常　○ 无填充　○ 用影线显示

方向(D)　◉ 正交　○ 斜交　☑ 与禁止区域的布线方向不同(K)

☐ 文件加载时自动填充(A)

灌注

最小填充区域(R): 0

平滑半径(U): 0.50

显示模式(M)　◉ 覆铜边框　○ 填充边框

自动分割间隙(G): 6

☑ 移除碎铜(C)

☐ 在嵌入覆铜平面中创建挖空区域(C)

保存为 PCB 文件

◉ 覆铜平面多边形边框(C)

○ 所有覆铜平面数据(A)

☑ 提示放弃覆铜平面数据(M)

☑ 在 PADS Router 中启用动态覆铜修复

提示：一旦您为 PADS Router 启用或禁用动态覆铜修复，您必须重启 PADS Router。

图 8.82　“填充和灌注”标签页

1. 填充（Hatch）

该组合框用于设置填充区域的显示效果，可自行根据习惯设置，不同的选择并不影响实际 PCB 的生产。

（1）查看（View）：该组合框用于设置填充的显示形式，可以为正常（Normal）、无填充（No Hatch）、使用影线显示（See Through），相应的效果依次如图 8.83 所示。

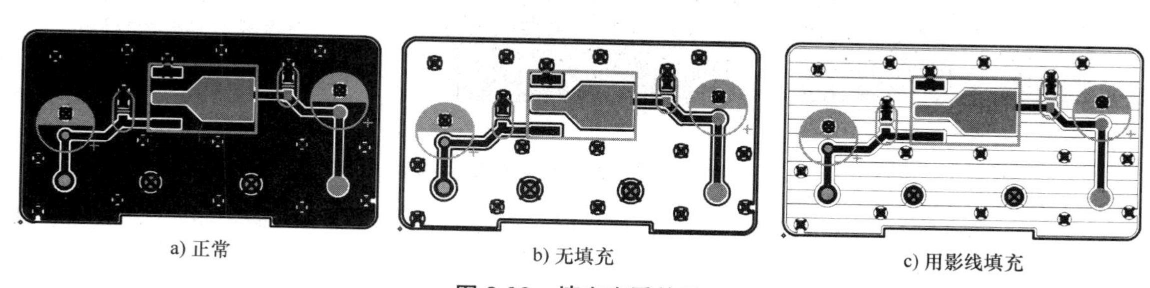

a) 正常　　b) 无填充　　c) 用影线填充

图 8.83　填充查看效果

（2）填充方向（Direction）：该组合框用于设置填充的显示方向，可以为正交（Orthogonal）、斜交（Diagonal）。由于禁止区域也是以填充方式显示，你可以勾选“与禁止区域的布线方向不同（Reverse for keepout）”复选框使覆铜平面与禁止区域的填充方向相反（即覆铜平面为正交填充，则禁止区域为斜交填充，反之亦然）以方便查看，相应的效果如图 8.84 所示。

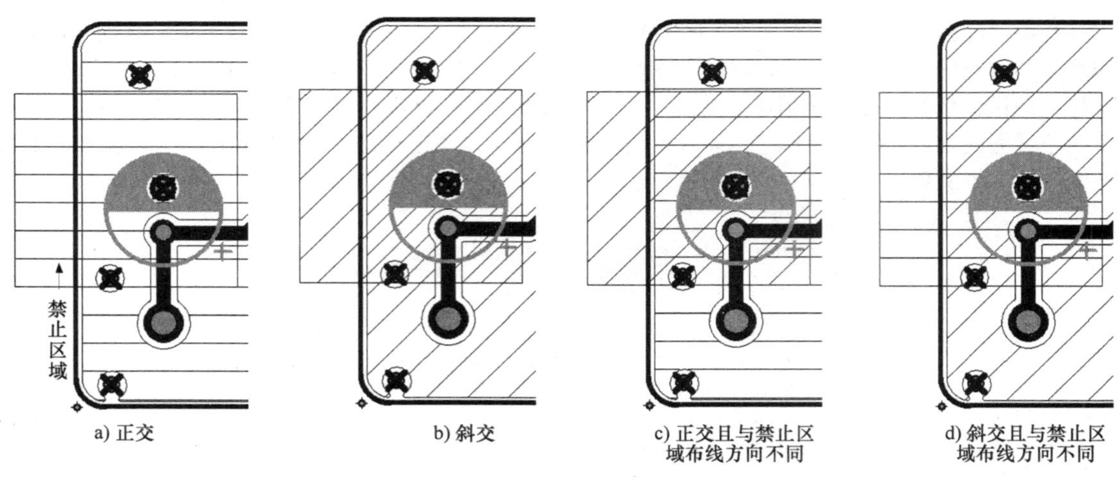

a) 正交　b) 斜交　c) 正交且与禁止区域布线方向不同　d) 斜交且与禁止区域布线方向不同

图 8.84　填充方向

（3）文件加载时自动填充（Autohatch on file load）：大多数场合下，填充只是为了方便查看设计所用，所以 PCB 文件并不会保存覆铜平面的填充效果，换言之，当你重新打开 PCB 文件后，原来已经灌注过的覆铜平面仍然处于未填充状态（如果你需要查看填充效果，则应该手动使用填充操作），但是如果勾选该复选框，打开 PCB 文件时将会自动进行填充操作。此选项默认不勾选，因为填充操作通常只在必要的情况下才需要进行。

2. 灌注（Flood）

（1）最小铺填充区域（Min.Hatch Area）：在进行灌注操作时，PADS Layout 会根据设计规则自动避让障碍物以创建大面积铜箔区域，但是有些区域创建的铜箔面积非常小，如果你不希望小于某个面积的铜箔存在，可以在该文本框输入限制值，其单位为平方（当前设计单位）。例如，你不希望灌注形成面积小于 $9mm^2$ 的铜箔区域，则输入 3 即可（假设当前设计单位为 mm）。

（2）平滑半径（Smoothing Radius）：该文本框用于控制覆铜平面的拐角半径（corner radius），设置较大的平滑半径能够获得较大的拐角半径，其值为覆铜平面的线宽与平滑半径的乘积，取值范围在 0~5 之间。图 8.85a~c 分别所示为平滑半径为 0.1、1、5 时灌注的效果。

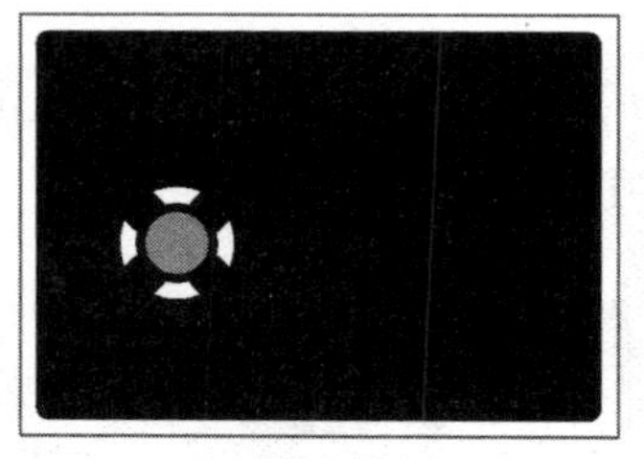
a) 平滑半径为0.1

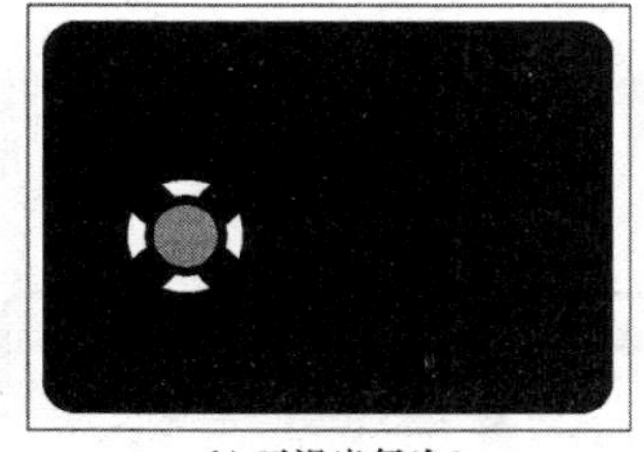
b) 平滑半径为1

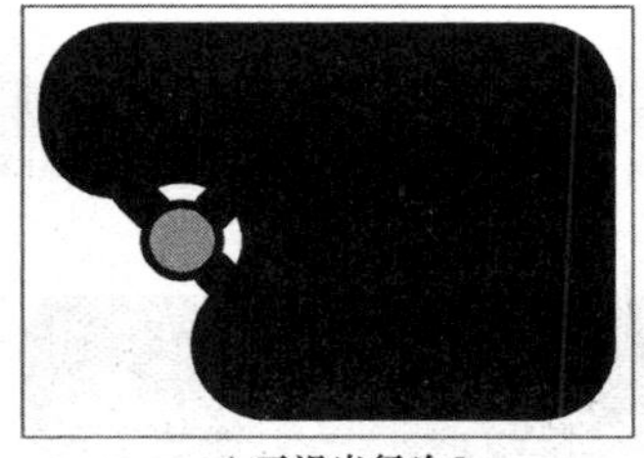
c) 平滑半径为5

图 8.85　不同平滑半径后的灌注效果

（3）显示模式（Display Mode）：当进行灌注或填充操作之后，如果需要查看的操作已经完成，则填充效果会影响接下来的设计阶段，此时你应该将填充的效果关闭。如果选择“覆铜边框”项，则表示不填充（仅显示覆铜平面边框），如果选择“填充边框”项，则表示显示填充效果。你可以使用无模命令“PO”在两种显示模式之间进行切换，相应的效果如图 8.86 所示。

值得一提的是，在 PADS VX.2.4 版本前，该选项仅对“无平面”类型板层的灌注区域有效，对于“分割 / 混合”类型板层则需要使用无模命令“SPO”，但是在最新的 PADS VX 版本中，该无模命令已经被取消。换言之，无模命令“PO”对“无平面”或“分割 / 混合”类型板层的覆铜平面均有效。

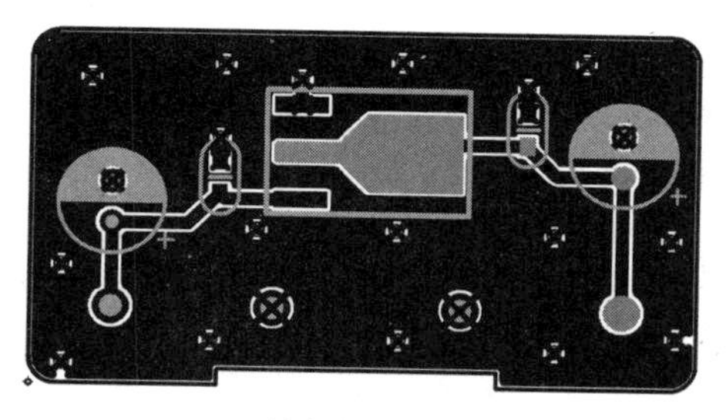

a) 填充边框显示模式

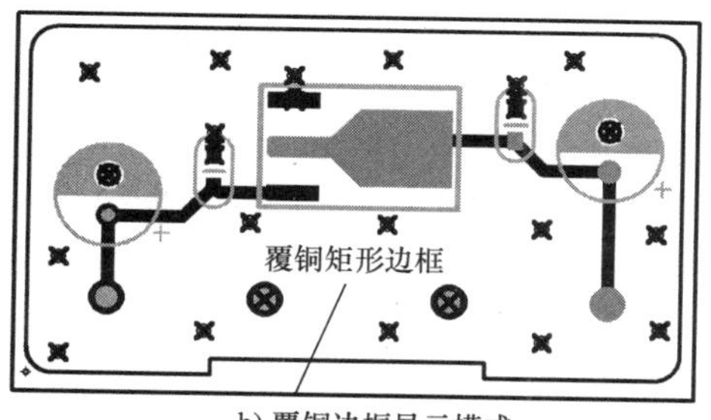

b) 覆铜边框显示模式

图 8.86　显示模式

3. 自动分割间距（Auto Separate Gap）

当你使用“自动平面分割”工具对平面层进行分割时，不同覆铜平面边框的外边沿间距取决于该值，图 8.87 中设置的自动分割间距为 25mil。值得一提的是，如果你将该值设置为 0，也就意味着自动分割间距为固定的 10mil（不可修改）。关于“自动平面分割”操作详情见 11.3.2 小节。

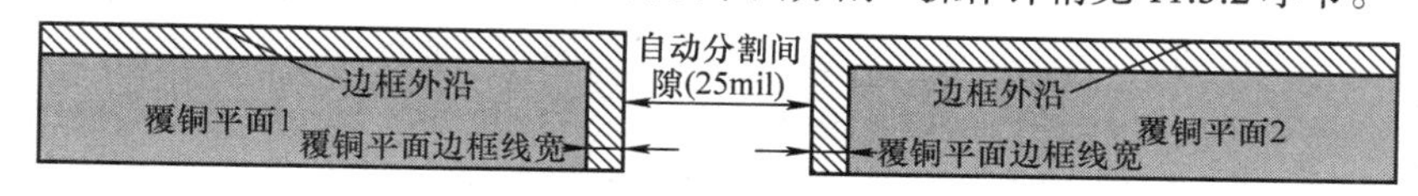

图 8.87　自动分割间距

4. 移除碎铜（Remove Isolated Copper）

碎铜也称为孤铜或死铜，是 PCB 中未与任何网络存在电气连接的铜箔，一般不允许出现在设计中。当你对覆铜平面进行灌注操作时，PADS Layout 会根据设计规则自动生成大面积铜箔，但有时候可能会产生一些碎铜，勾选该复选框能够自动将其移除（对静态铜箔无效），具体的效果如图 8.88 所示。

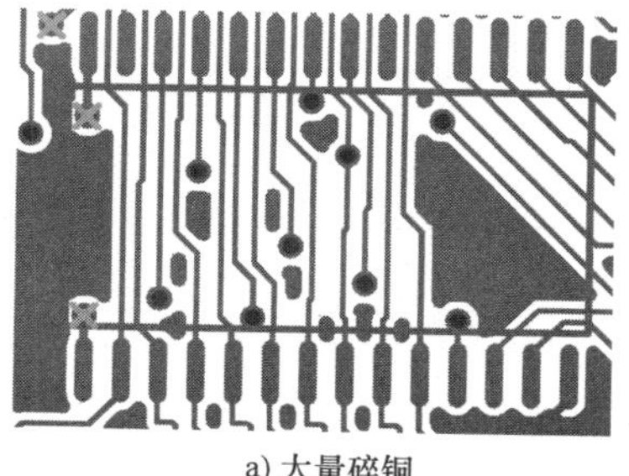

a) 大量碎铜

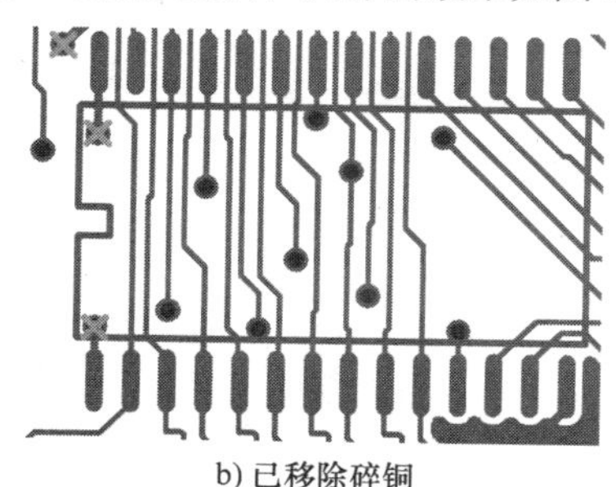

b) 已移除碎铜

图 8.88　移除碎铜前后的效果

5. 在嵌入覆铜平面中创建挖空区域（Create Cutouts Around Embedded Copper Planes）

一般情况下，如果你需要在覆铜平面中创建挖空区域时，需要使用绘图工具栏中的“覆铜平面挖空区域”工具在覆铜平面中创建挖空区域，但是在勾该复选框后，如果你在覆铜平面 A 中创建另一个覆铜平面 B 时（即两个嵌套的覆铜平面），PADS Layout 认为你想创建挖空区域，也就会自动根据覆铜平面 B 创建挖空区域，相应的效果如图 8.89 所示。

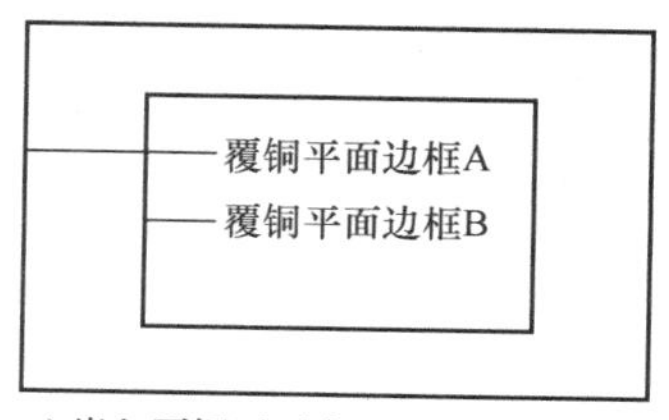

a) 嵌入覆铜平面中不创建挖空区域

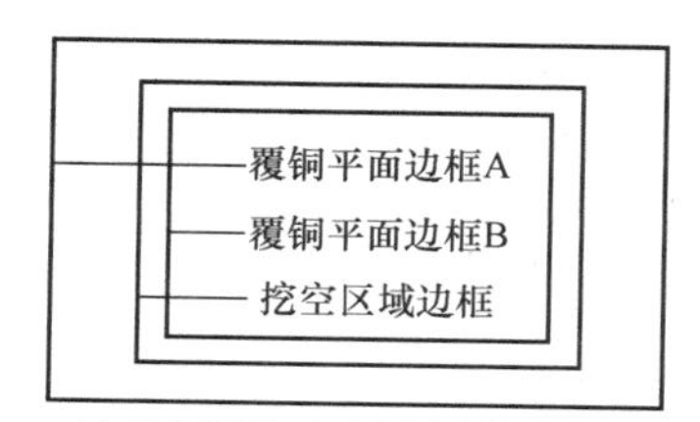

b) 嵌入覆铜平面中创建挖空区域

图 8.89　勾选“嵌入覆铜平面中创建挖空区域”复选框前后的效果

6. 保存为 PCB 文件（Save to PCB File）

该组合框用于指定 PCB 文件中的平面层数据保存形式，有如下 2 个选项（需要注意的是，由灌注或填充形成的铜箔总是不会保存，因为你可以通过填充的方式重新生成）。

（1）覆铜平面多边形边框（Plane Polygon Outline）：选择该项后，PCB 文件仅会保存“分割 / 混合”类型板层上的多边形轮廓，但不包括热焊盘与隔离焊盘，这样保存后的 PCB 文件占用更小的磁盘存储空间，打开文件时的加载速度也更快。如果勾选“提示放弃覆铜平面数据（Prompt to Discard Plane Data）”复选框，在保存 PCB 设计时将弹出如图 8.90 所示“放弃覆铜平面数据”提示对话框，你可以根据自己的需求进行相应的选择。

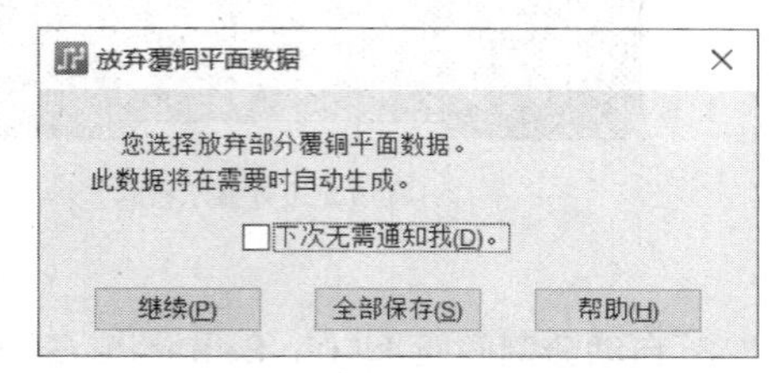

图 8.90 “放弃覆铜平面数据”提示对话框

（2）所有覆铜平面数据（All Plane Data）：选择该项后，PCB 文件会保存所有分割 / 混合层的数据，也就会占用较大的磁盘存储空间。

7. 在 PADS Router 中启用动态覆铜修复（Enable Dynamic Copper Healing in PADS Router）

所谓的“动态覆铜修改”，是指当你进行对象修改（例如，元器件移动，重新布线等等）而已经改变原来的覆铜区域形状时，系统将自动按照设计规则实时调整覆铜区域，而不需要使用灌注操作。该选项仅用于PADS Router，与10.2.5小节中“正在填充”标签页内的“启用动态覆铜修复”复选框对应。

8.7 文本和线

PADS Layout 的绘图工具栏上有 2D 线、铜箔、禁止区域、覆铜平面等绘制工具，而“文本和线”标签页则用来控制绘制参数，如图 8.91 所示，你也可以单击绘图工具栏最右侧的“文本和线选项”按钮直接进入，详细描述如下。

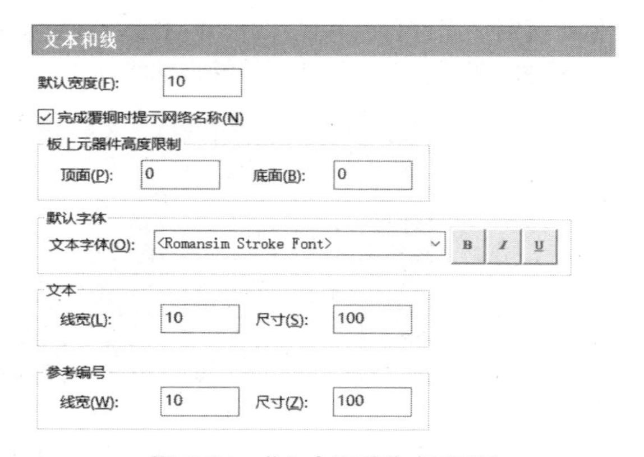

图 8.91 “文本和线”标签页

1. 默认宽度（Default Width）

当使用绘图工具栏中的绘图工具（例如,2D 线、铜箔、铜箔挖空区域、禁止区域、覆铜平面、覆铜平面挖空区域等等）添加新的绘图对象时，绘图对象的默认线宽由该文本框决定，此值同样以“W：线宽”的格式显示在状态栏中。

2. 完成覆铜时提示网络名称（Prompt for Net Name at Completion of Copper）

在第 2 章中使用“覆铜平面”工具绘制矩形框后，PADS Layout 会自动弹出“绘图特性”对话框，就是因为该复选框默认处于勾选状态的缘故。如果不勾选复选框，“绘图特性”对话框就不会自动弹出，你得选择绘图对象后执行【右击】→【特性】(或“Shift+ 双击”）才行。

3. 板上元器件高度限制（Board Component Height Restriction）

该组合框用来整体设置顶层（Top）与底层（Bottom）所允许的最大高度（使用当前设计单位），后续在验证设计阶段可以检查 PCB 上的元器件高度是否超出范围。需要注意的是，该项仅对已经分配 Geometry.Height 属性的元器件才有效。另外，如果想针对某个区域特别设置高度限制，你应该先使用“禁止区域”工具绘制限高区域，然后在“元器件高度”文本框中输入限高值（使用当前设计单位）即可，详情见 7.4 节。

4. 默认字体（Default Font）

当你使用绘图工具栏中的“文本”工具添加文字对象时，“文本字体”列表中选择的字体即默认字体。假设当前的配置如图 8.91 所示（即字体为“Romansim Stroke Font”)，则添加的文本默认特性如图

8.92 所示，其中的“字体”列表中默认也是“Romansim Stroke Font”。

5. 文本（Text）

该组合框用来设置绘图文本的线宽（Line Width）与尺寸（Size），均使用当前设计的单位，如图 8.93 所示。

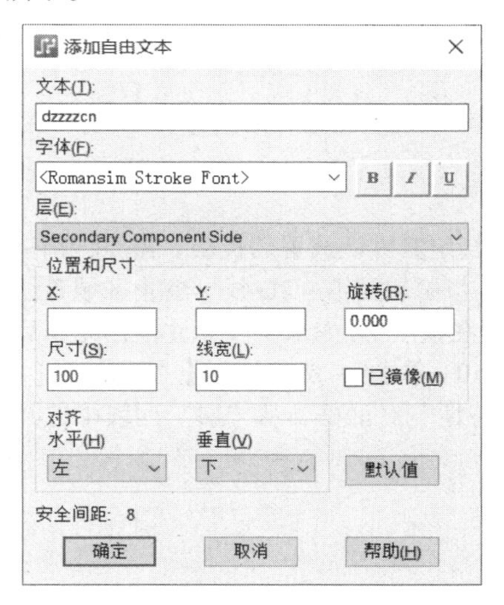

图 8.92　“添加自由文本”对话框

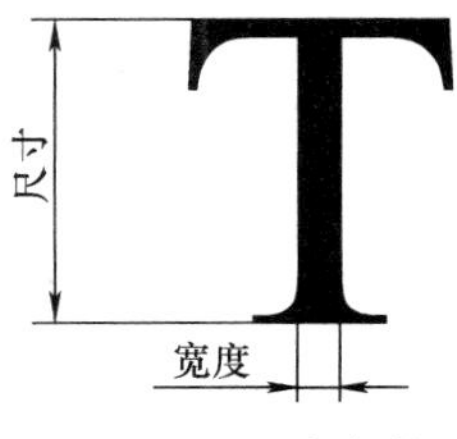

图 8.93　文本参数

6. 参考编号（Reference Designators）

该组合框用来设置元器件参考编号、管脚编号与管脚名称的默认文本线宽和尺寸。如果你需要更改参考编号的线宽与尺寸，直接双击参考编号即可弹出如图 8.94 所示“元件标签特性”对话框，从中进行必要的更改即可。

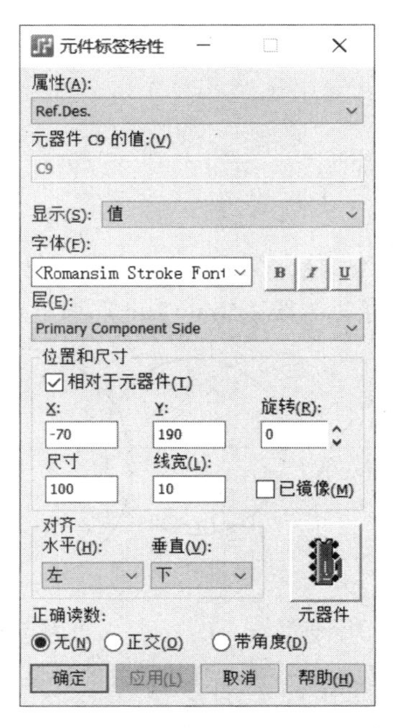

图 8.94　“元件标签特性”对话框

8.8 尺寸标注

有时候，你可能需要使用尺寸标注工具对 PCB 文件中的对象进行标注，而该标签页中的参数能够控制尺寸标注的具体行为（关于尺寸标注的操作详情见 11.7 节）。

8.8.1 常规

该标签页用于指定显示标注文字和线的图层、尺寸界线的外观以及测量圆的尺寸，如图 8.95 所示，详细描述如下：

1. 层（Layers）

尺寸标注产生的对象是文本与 2D 线，该组合框可以分别指定其默认放置的板层。需要特别注意的是，尺寸标注操作会忽略标准工具栏上“层”列表中的设置（与添加铜箔、2D 线、禁止区域等绘图对象不同，你不能试图通过“层”列表控制标注文本与 2D 线所在板层）。如果尺寸标注操作完毕后发现放置板层有误，你可以对尺寸标注生成的 2D 线对象执行“Shift+ 单击”，然后执行【右击】→【特性】（或执行“Shift+ 双击”）即可弹出如图 8.96 所示“尺寸标注特性”对话框，从“层”列表中选择想要的板层即可。

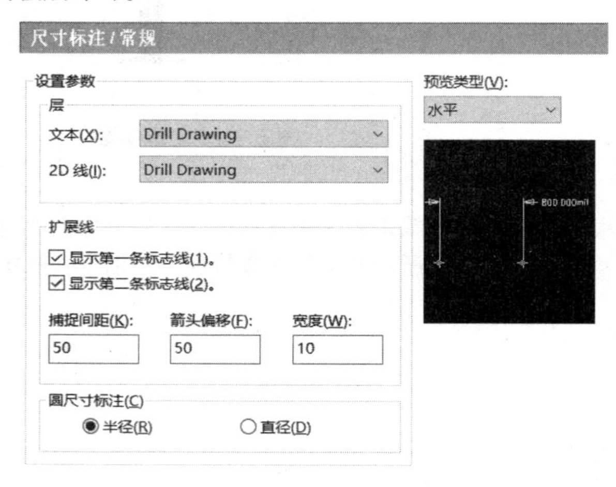

图 8.95 “常规”标签页

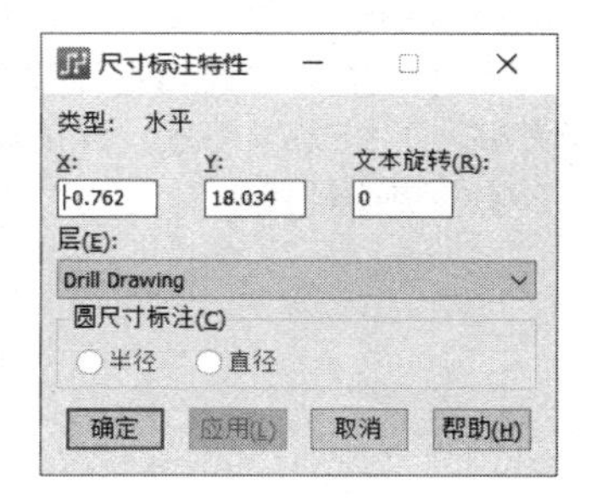

图 8.96 “尺寸标注特性”对话框

2. 扩展线（Extension Lines）

扩展线是指进行尺寸标注时从两个测量点引出的 2D 线，如图 8.97 所示，你可以通过“显示第一条标志线（Draw 1st）”与“显示第二条标志线（Draw 2nd）”复选框决定其是否在尺寸标注时显示。

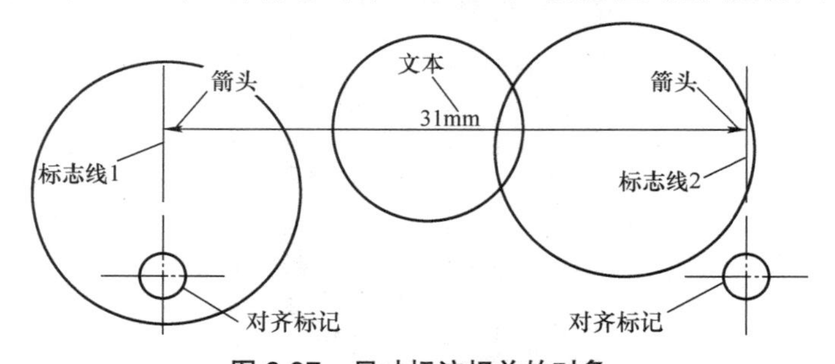

图 8.97 尺寸标注相关的对象

为了能够更精确地进行尺寸标注，实际操作时都会捕获到对象的某个点（例如，拐角、中心、任意点、交叉点等），而每个捕获点默认都会对应一个“圆圈与十字叠加”对齐标记（可以在“对齐标记和箭头”标签页中修改），而标志线与对齐标记之间的距离也称为捕捉间距（Pick Gap），“箭头偏移

（Arrow Offset）”则代表标志线超出标注箭头位置的长度，如图 8.98 所示。

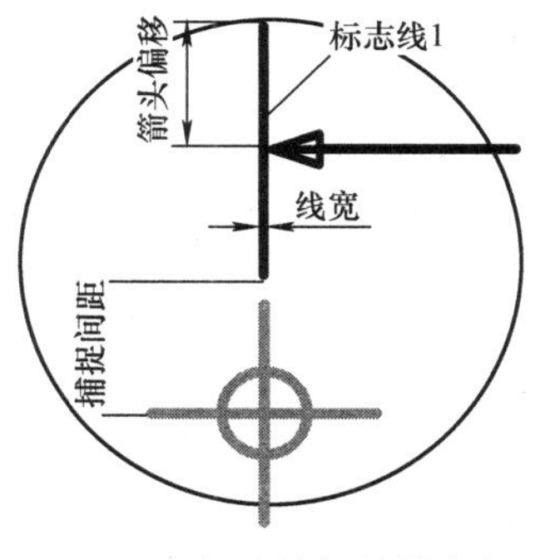

图 8.98　标志线相关的参数

3. 圆尺寸标注（Circle Dimension）

当你使用圆弧类型尺寸标注工具时，测量的数据是直径（Radius）还是半径（Radius）由该组合框决定。

4. 预览类型（Preview Type）

预览区域是常规、对齐标记和箭头标签页共用区域，其中会实时显示参数配置后的效果，你只需要在下拉菜单中选择需要观察的预览类型即可，其中包含水平（Horizaontal）、垂直（Vertical）、对齐（Aligned）、角度（Angular）、圆形（Circular）共 5 种选项，图 8.99 给出了相应大概的显示效果，细节方面仍然会随参数配置有所不同。

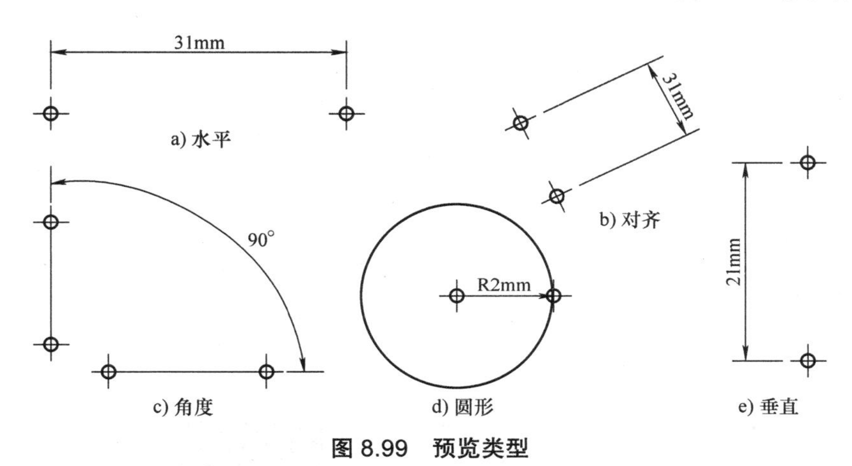

图 8.99　预览类型

8.8.2　对齐标记和箭头

该标签页用于指定尺寸标注产生的对齐标记（Alignment）和箭头（Arrows）的外观，如图 8.100 所示。

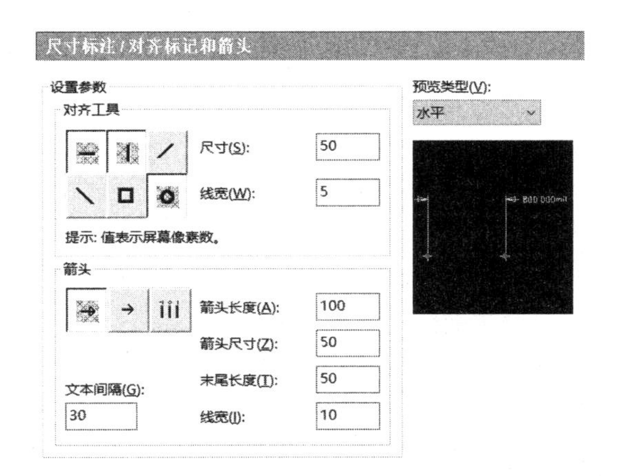

图 8.100　“对齐标记和箭头”标签页

1. 对齐工具（Alignment Tool）

对齐工具是指进行尺寸标注操作时方便捕获对象的标记，你可以使用该组合框中的任意个形状来代表（也可以不需要对齐标记），默认选择的是水平、垂直与圆圈，而尺寸与线宽分别为对齐标记的长度与线宽，其单位为屏幕像素数。换言之，对齐标记的大小不会随视图缩放而改变。

2. 箭头（Arrows）

该组合框用于设置箭头的外观，图 8.101a 与图 8.101b 分别为不同形式的箭头，图 8.101c 表示无箭头的基准线（Datum Line），这种基准线以某条扩展线为作为基准（相应的文本为 0），而右方或上方扩展线上标注的尺寸为正值，左方或下方扩展线上标注的尺寸为负值。

如果你决定使用图 8.101a 与图 8.101b 所示箭头形式，还可以进一步设置箭头的长度、尺寸、最小末尾长度（Tail Length）、线宽度及文本间隔（Text Gap），具体如图 8.102 所示。

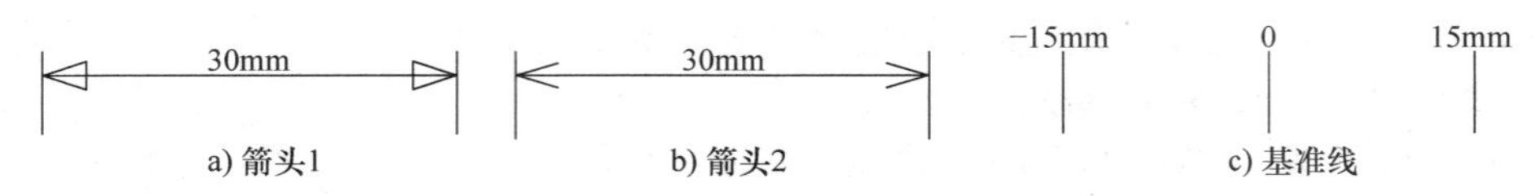

图 8.101 不同的箭头形式

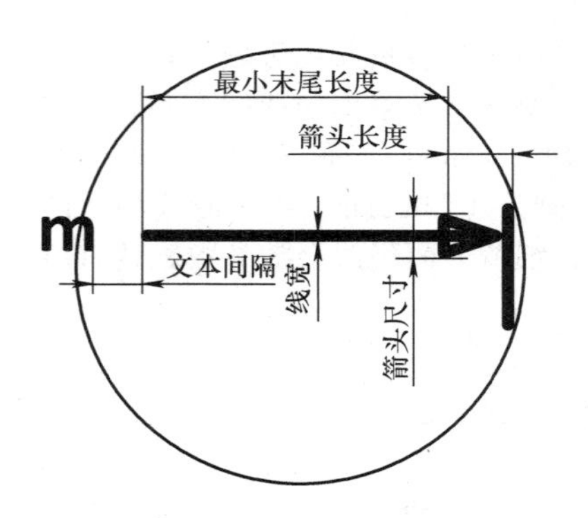

图 8.102 箭头的参数

8.8.3 文本

该标签页用于指定标注文本的尺寸、精度、方向、默认位置等参数，如图 8.103 所示。

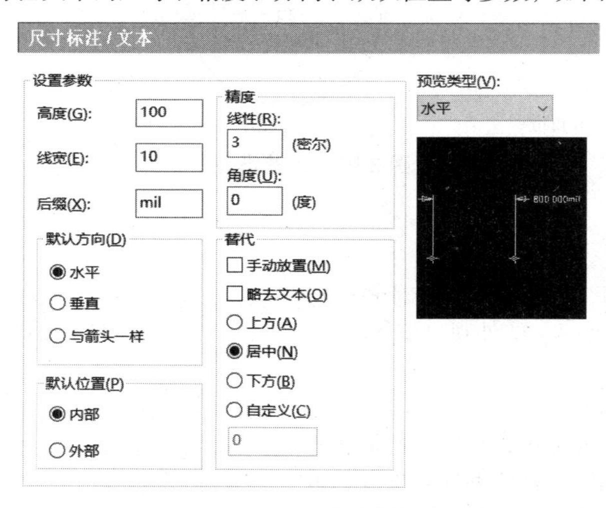

图 8.103 “文本”标签页

1. 设置参数（Setting parameters）

（1）高度（Height）：该文本框设置尺寸标注中的文本高度。

（2）线宽（Line Width）：该文本框设置字体的线宽。

（3）后缀（Suffix）：该文本框设置文本中的单位（例如 mil、mm），如图 8.104 所示。

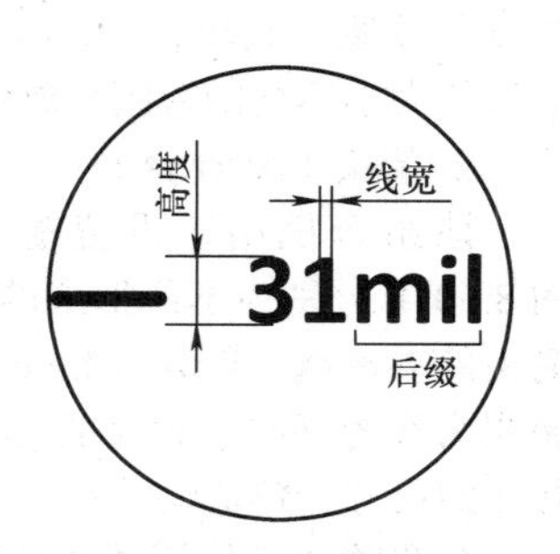

图 8.104 设置参数

2. 精度（Precision）

该选项组设置测量对象时的精度，“线性”文本框主要针对长度。例如，“3”表示精确到小数点后 3 位小数。“角度”文本框当然是针对角度，其取值范围是 0 ~ 15 之间的整数。

3. 默认方向（Default orientation）

该选组合框用于指定文本相对于箭头的方向，可以选择水平（Horizontal）或垂直（Veritical），如

图 8.105 所示。

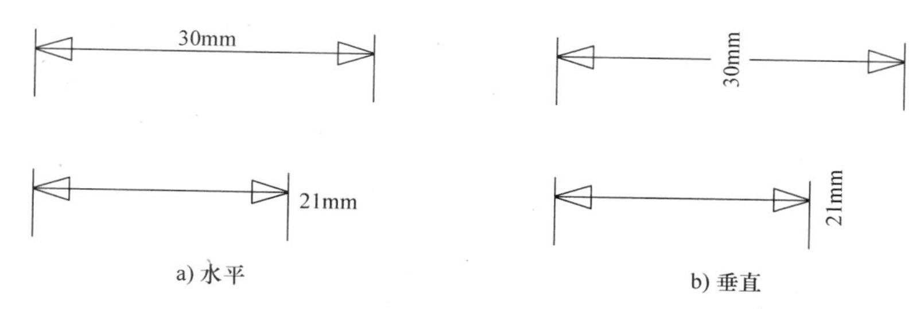

图 8.105　文本默认方向

4. 默认位置（Default position）

该组合框用于指定文本相对于箭头的位置，可以选择内部（Inside）或外部（Outside），如图 8.106 所示。

图 8.106　文本默认位置

5. 替代（Displacement）

该组合框用于指定文本的放置方式。"手动放置（Manual Position）"项表示文本粘贴在光标上，你可以自由选择摆放位置。"略去文本（Omit Text）"项表示不添加文本。"上方"、"居中"、"下方"表示文本相对于箭头线的位置，如图 8.107 所示。"自定义"项则允许你自定义文本位置，正值、0、负值分别对应上方、居中、下方位置。

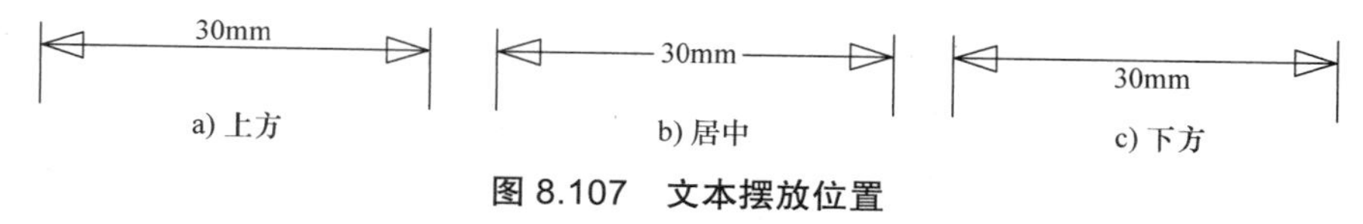

图 8.107　文本摆放位置

8.9　过孔样式

你是否看到有些导线被旁边的过孔跟随着围起来？还有很多 PCB 的边框周围或大面积铜箔都添加了大量过孔（就像第 2 章中添加缝合过孔一样）？ PADS Layout 称前者为屏蔽孔（Shielding Via），后者为缝合孔（Stitching Via）。PADS 中的过孔主要用于布线、缝合与屏蔽，布线过孔用于完成不同板层信号线之间的电气连接，而除此之外的过孔（根据用途的不同）则称为缝合（或屏蔽）过孔，也称为自由过孔（因为你可以在 PCB 设计中任何区域添加）。为了区别于布线过孔，缝合（或屏蔽）过孔的特性对话框中总会勾选"缝合"复选框（见图 8.29）。

缝合过孔通常被用来连接多个板层上的地平面，一般会以阵列形式添加以确保连接牢固（或保证信号切换板层时的返回路径连续），而屏蔽过孔则用于围绕某个网络、管脚对或铜箔区域以起到屏蔽作用。在实际 PCB 设计过程中，你可以使用人工添加过孔（即复制过孔再粘贴），也可以自动按一定的设计规则为导线、管脚对或铜箔区域添加过孔（详情见 11.4 节）。如果你决定使用自动添加过孔方式，必须在"过孔样式（Via Patterns）"标签页中进行相应的设置，相应如图 8.108 所示。

1. 当屏蔽时（When Shielding Area）

该组合框用于控制屏蔽过孔的添加，包括屏蔽过孔的网络、类型及间距，详细描述如下。

（1）从网络添加过孔（Add Vias From Net）：如果想进行自动添加屏蔽过孔操作，首先需要确定屏蔽过孔所属的网络（通常情况下是公共地网络），你只要从该列表中选择即可。

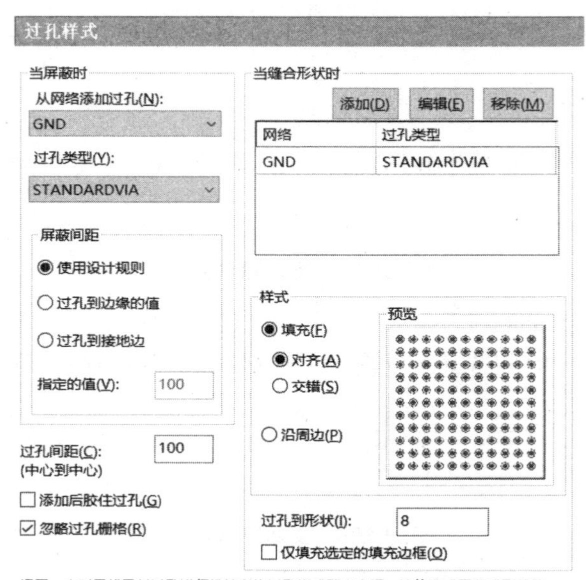

图 8.108 “过孔样式”标签页

（2）过孔类型（Via Type）：该列表用于确定自动添加的屏蔽过孔的类型。

（3）屏蔽间距（Shielding Spacing Area）：该组合框用于指定屏蔽过孔与被屏蔽对象（导线或铜箔）之间的距离。如果选择“使用设计规则”项，则表示使用“过孔到导线”或“过孔到铜箔”安全间距，以导线作为屏蔽对象的效果如图 8.109 所示。值得一提的是，在该选项下进行自动添加屏蔽过孔操作时应该进入 DRC 开启模式，否则添加的屏蔽过孔不会考虑与其他对象（例如，除“需要屏蔽的导线”之外的导线）的安全间距，也就可能导致违反安全间距规则的情况。

如果选择“过孔到边缘的值（Via to Edge）”或“过孔到接地边（Via to Ground Edge）”项，你还需要在“指定的值”文本框中输入指定值，其取值范围在 0 ~ 1000mil 之间，相应的参数示意如图 8.110 所示，也就是说，“屏蔽过孔到屏蔽导线”的距离就是“过孔到接地边”与“铜箔到导线”的距离之和。值得一提的是，如果指定“过孔到边缘的值”比设计规则约束中设置的“过孔到导线”或“过孔到铜箔”安全间距还要小，你应该进入 DRC 关闭模式，否则当系统检测到安全间距冲突时，自动添加屏蔽过孔的操将不会成功。

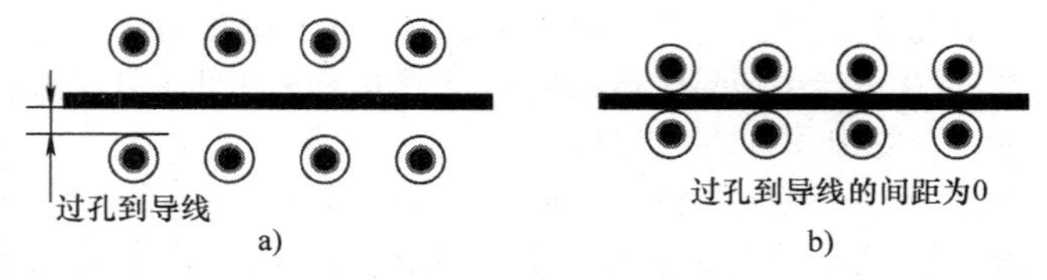

图 8.109 屏蔽过孔到导线之间的安全间距

2. 当缝合形状时（When Stitching Shapes）

该组合框用于控制自动添加缝合过孔时的参数，包括屏蔽过孔的网络、类型、间距及样式等参数，需要注意的是，添加缝合过孔时应该进入 DRC 开启模式，详细描述如下：

（1）添加 / 编辑 / 移除：当你针对不同的网络自动添加缝合过孔时，相应的过孔类型会是哪一种呢？如果当前 PCB 文件中仅定义了一个过孔，缝合过孔自然别无选择，但是如果已经定义多个过孔类型，PADS Layout 将使用哪种呢？此组合框允许你针对“需要添加缝合过孔的网络”指定相应的过孔类型。

你可以单击“添加”按钮添加一个或多个网络及对应的过孔类型，也可以进行编辑或移除操作。

（2）样式（Pattern）：该组合框用于控制缝合过孔在形状（主要指铜箔与覆铜平面）中如何排列，可以选择填充或沿周边方式，前者还可以选择对齐或交错方式，相应的效果如图 8.111 所示。值得一提的是，当选择“沿周边”项时，如果形状中存在挖空区域，缝合过孔不会沿着挖空区域的边缘添加过孔，相应的效果如图 8.112a 所示。如果你需要图 8.112b 所示效果，可以将 PADS 安装路径（本例为 D:\MentorGraphics\PADSVX.2.7\SDD_HOME\Programs\）下 powerpcb.ini 文件中的“VS_StitchVoids”值修改为“1”，如图 8.113 所示，然后重新启动 PADS Layout 即可。

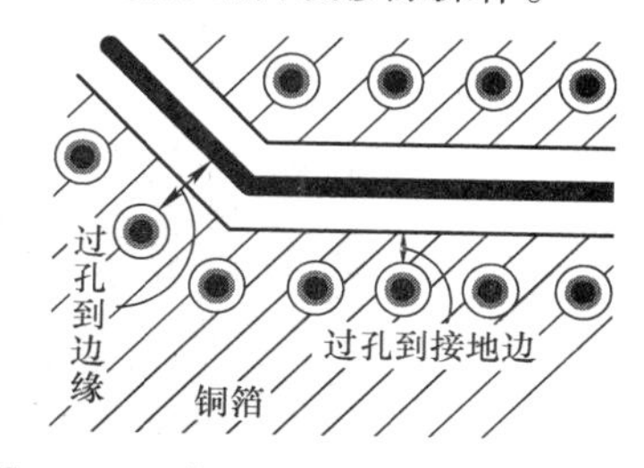

图 8.110　“过孔到边缘”与“过孔到接地边”的安全间距

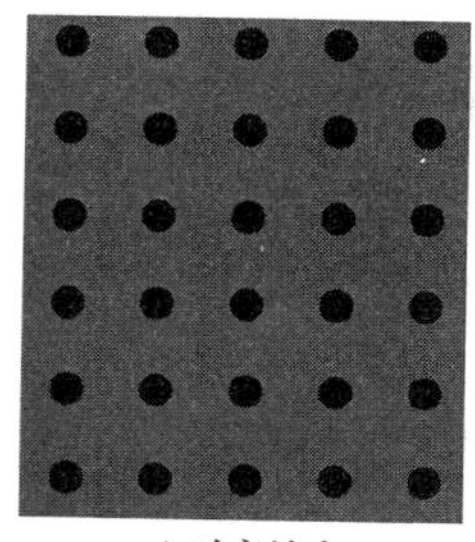

a) 对齐填充

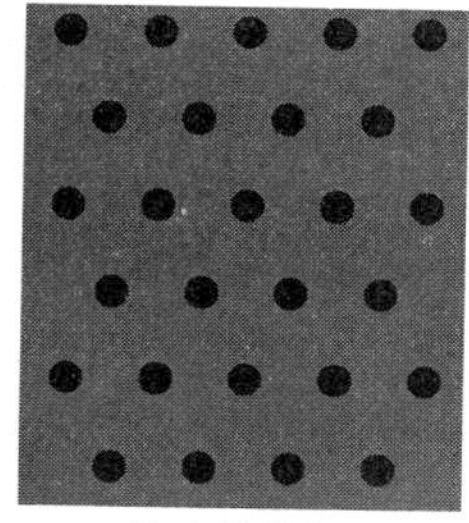

b) 交错填充

c) 沿周边填充

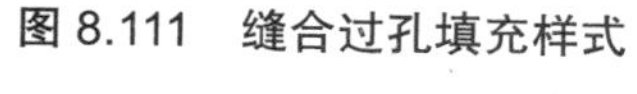

图 8.111　缝合过孔填充样式

a) 沿挖空区域周边填充

b) 不沿挖空区域周边填充

图 8.112　有挖空区域时的沿周边填充效果

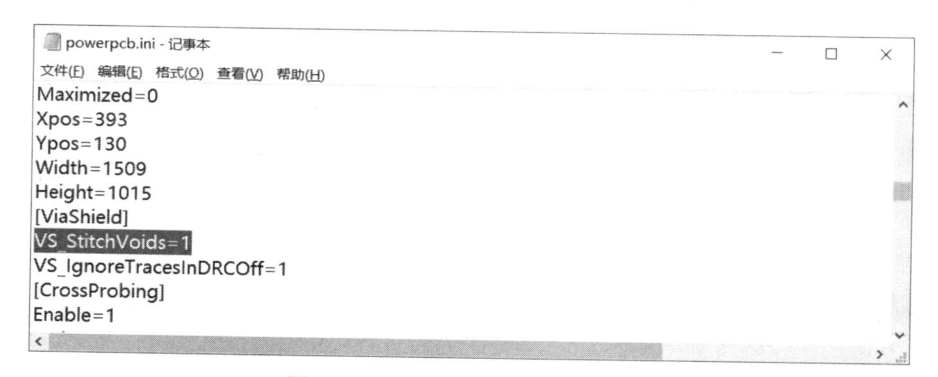


```
Maximized=0
Xpos=393
Ypos=130
Width=1509
Height=1015
[ViaShield]
VS_StitchVoids=1
VS_IgnoreTracesInDRCOff=1
[CrossProbing]
Enable=1
```

图 8.113　修改 VS_StitchVoids 值

（3）过孔到形状（Via to Shape）：该文本框用来设置形状与过孔之间的距离，其取值范围在 0 ~ 1000mil 之间，其概念与屏蔽过孔时设置的“过孔到接地边”项相同（见图 8.110），默认值与默认设计规则的“铜箔到过孔”安全间距一致。

（4）仅填充选定的填充外框（Fill Selected Hatch Outline Only）：如果勾选该复选框，表示自动添加缝合孔操作仅对当前选中的填充区域有效，否则表示对当前所有区域都有效，相应的效果如图 8.114 所示。

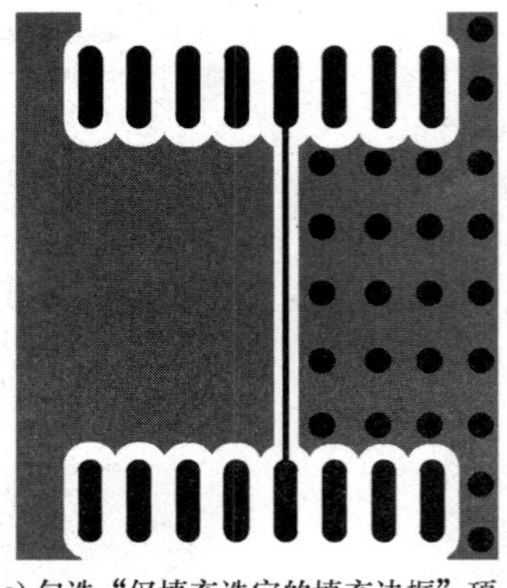

a) 勾选“仅填充选定的填充边框”项

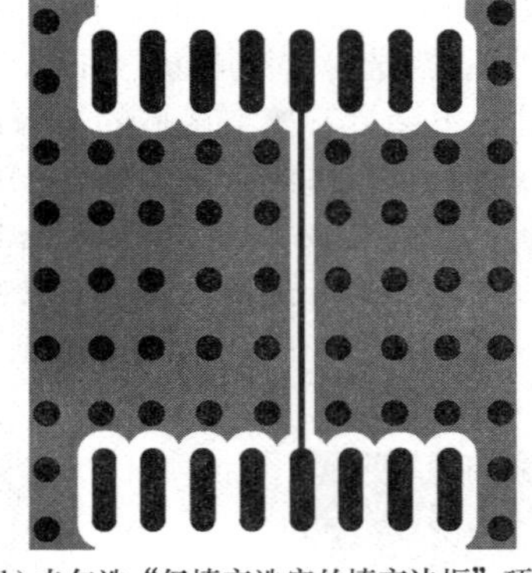

b) 未勾选“仅填充选定的填充边框”项

图 8.114　勾选“仅填充选定的填充边框”复选框前后的填充效果

3. 通用选项（General Options）

该组合框中的参数对屏蔽过孔与缝合过孔同时有效，主要包括以下参数：

（1）忽略过孔栅格（Ignore Via Grid）：当你在进行自动添加（缝合或屏蔽）过孔操作时，如果该复选框处于勾选状态，系统会忽略“栅格”标签页中“捕获到过孔栅格”的设置，而仅取决于“屏蔽间距”组合框与“过孔到形状”文本框的设置。

（2）过孔间距（Via Spacing）：该选项用于设置过孔之间的距离，其取值范围在 0~1000mil 之间。值得一提的是，虽然该间距为过孔中心距，但是如果设置为 0（或任意小于过孔半径值），添加的过孔会如图 8.115 所示那样接触（但不会重叠）。当然，使用该项设置时必须同时勾选“忽略过孔栅格”项，否则会由于“添加的过孔捕获到过孔栅格”而导致间距与设置的数值不相同。另外，如果你指定的过孔间距值小于过孔直径与设计规则中指定的“相同网络过孔到过孔安全间距”之和，应该进入 DRC 关闭模式，以避免违背安全间距设计规则的一些过孔不会被添加（可能仅会添加部分过孔）。

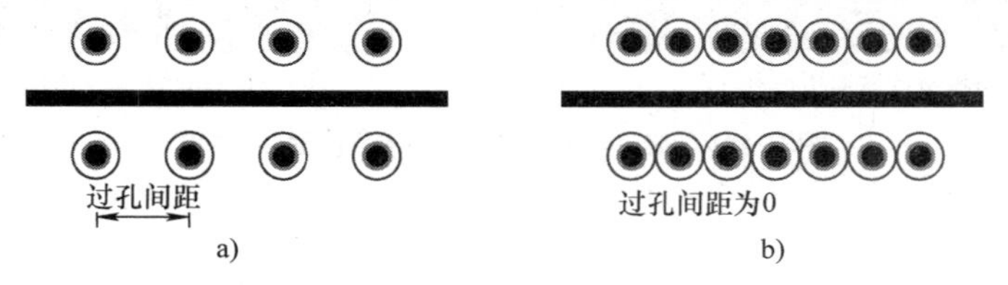

图 8.115　过孔间距

（3）添加后胶住过孔（Glue Via as They Are Added）：勾选该复选框后，自动添加的过孔将被锁定而不可移动。如果进入该过孔的特性对话框（见图 8.29），你将会发现“胶粘（Glued）”复选框已处于勾选状态。

8.10　模具元器件

模具元器件（Die Component）对应的 PCB 封装与普通 PCB 封装属于同一类对象（但具体创建方式不同，详情见 12.1 节），PADS 将模具（裸片）上的管脚称为芯片邦定引脚（Chip Bond Pad, CBP），模具放在模具标志（Die Flag）上（即一个焊盘），而金线则将 CBP 与周围的衬底邦定管脚（Substrate Bond Pad, SBP）焊盘进行连接，如图 8.116 所示。当你使用 BGA 工具栏创建模具元件时，“模具元器件”标签页可以指定模具元件相关的参数，如图 8.117 所示。

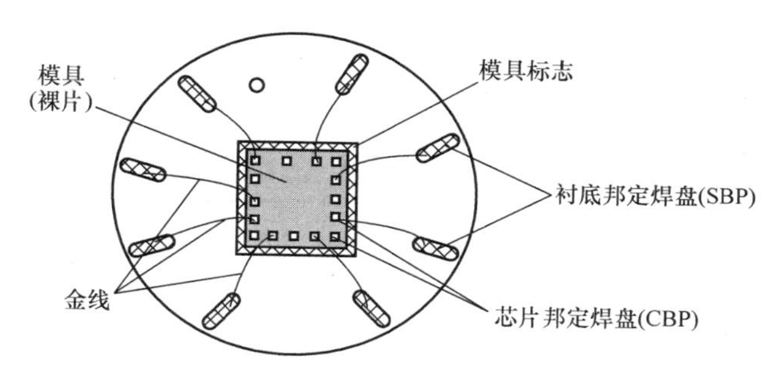

图 8.116　模具元件

1. 在层上创建模具数据（Create Die Date On Layer）

当你使用“模具向导”与“打线向导”工具创建模具元件时，可以分别指定模具边框和焊盘（Die outline and pads）、打线（Wire Bond）、SBP 参考（SBP Guides）放置的板层。

2. 打线编辑器（Wire Bond Editor）

（1）捕获 SBP 至参考（Snap SBP to Guide）：勾选该复选框后，调整的 SBP 会自动对齐到 SBP 环。以图 8.118 为例，只要光标处于捕捉带 1 与捕捉带 2 之间，SBP 将自动对齐到中间的 SBP 环，而捕捉阈值决取决于“捕捉阈值（Snap Threshold）”文本框。

（2）保持 SBP 焦点位置（Keep SBP Focus）：勾选该复选框后，无论将 SBP 调整至何处，SBP 的方向会自动对齐（聚焦）至 CBP。在图 8.118 中，将 SBP 分别拖动到 A、B、C 三点后，SBP 方向自动调整与打线方向一致。

（3）显示 SBP 安全间距（Show SBP Clearance）：勾选该复选框后，正在调整的 SBP 周围将显示安全间距警戒带。

（4）显示打线长度和角度（Show Wire Bond Length and Angle）：勾选该复选框后，如果你正在调整 SBP，光标旁边将显示打线长度与角度信息。

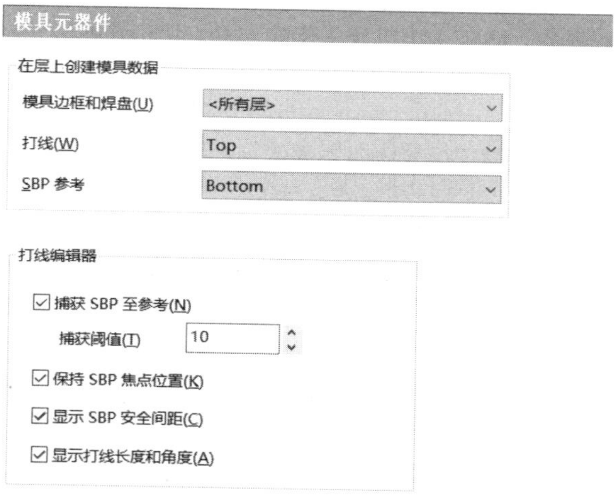

模具元器件

在层上创建模具数据

模具边框和焊盘(U)　<所有层>

打线(W)　Top

SBP 参考　Bottom

打线编辑器

☑ 捕获 SBP 至参考(N)

捕获阈值(T)　10

☑ 保持 SBP 焦点位置(K)

☑ 显示 SBP 安全间距(C)

☑ 显示打线长度和角度(A)

图 8.117　“模具元器件”标签页

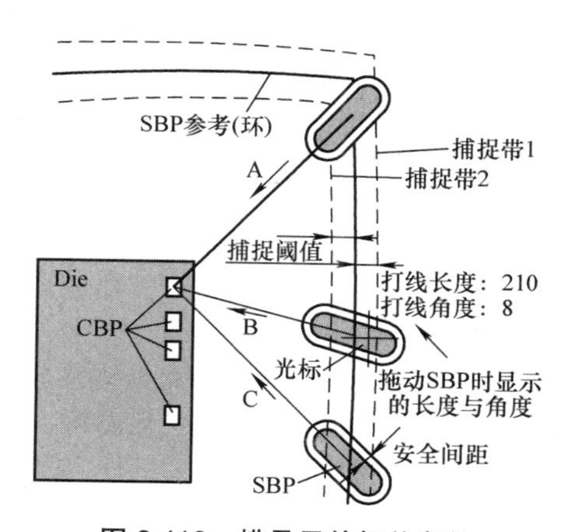

图 8.118　模具元件相关参数

第 9 章　PADS Layout 布局

布局是指元件规划与放置的过程，是 PCB 设计过程中非常重要的环节，其好坏直接影响布线的最终效果，不恰当的布局可能会导致设计失败或生产效率降低，所以合理的布局是 PCB 设计成功的第一步。本章首先介绍关于 PCB 布局的一些基本原则，然后详细阐述 PADS Layout 的实际布局操作。值得一提的是，虽然在 PADS Layout 中也可以进行布线操作，但本章并未涉及此方面的内容，因为对于大多数比较简单的应用，第 2 章中介绍的布线操作已经完全足够使用，而更复杂的布线操作通常都会在 PADS Router 中进行（详情见第 10 章），当你已经熟悉 PADS Router 布线操作后，PADS Layout 布线操作也相通。

9.1　布局总则

相信你或多或少会在网络上搜索一些关于 PCB 布局布线的经验、技巧或规范方面的资料，其中的信息很多且很杂，不同单位、产品、区域的要求可能会不一样，有时候也会发现针对同一方面的规则不同（甚至截然相反）。元件布局需要考虑包括可制造性、可靠性与可测试性等多种因素，对这些内容的详细讨论已经超出本书的范围，本节仅简要阐述一些常见的布局总则，希望能够起到抛砖引玉的效果。

1. 次序

布局次序是指根据元件的重要性而决定的布局先后顺序，通常的原则如下：

（1）对位置或结构有严格要求的元件（例如，开关、插座、接口等）优先布局。

（2）遵循先难后易、先大后小的原则。核心元件（或体积较大）的元件应该优先布局，相关的周边元件则以核心元件为中心摆放在周围。

（3）宏观层面以“功能模块”为单位布局，微观层面以“信号流向”为依据布局。

2. 板层

板层是指元件放置在顶层还是底层（为方便行文描述，本节分别使用 A 面与 B 面表示），主要针对波峰焊（Wave Solder）与回流焊（Reflow Oven）工序，前者主要针对插件元件或管脚间距较大的贴片元件，后者主要针对贴片元件，简单了解这些工序将有助于透彻理解 PCB 设计过程中需要注意的可制造性问题。

波峰焊工序将“A 面已经插装元件的”PCB 夹在传送带之间，B 面管脚依序经过焊液波峰即可完成焊接，多余的焊液由于其黏性而剥离，如图 9.1 所示。值得一提的是，波峰焊工序也适用于焊接管脚间距较大与管脚数量较少的贴片器件，但在进入波峰焊工序前会使用红胶粘在 PCB 上。

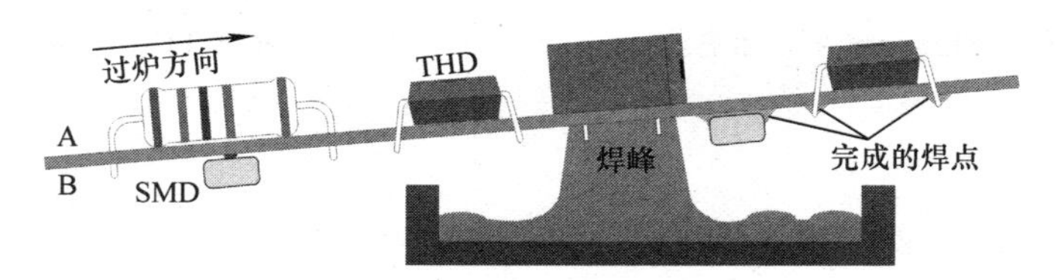

图 9.1　波峰焊工序

回流焊工序主要针对贴片器件，首先通过钢网给 PCB 贴片焊盘刷上锡膏，然后送入到自动贴片机中将元件准确地放置在焊盘上（锡膏的黏性能够将元件粘到焊盘上），最后再通过传送带送入回流焊。

锡膏在合适温度下熔化后，元件由于自身的重力而重新定位（正常情况下，元件将完全接触焊盘），冷却后锡膏固化完成元件焊接，如图 9.2 所示。

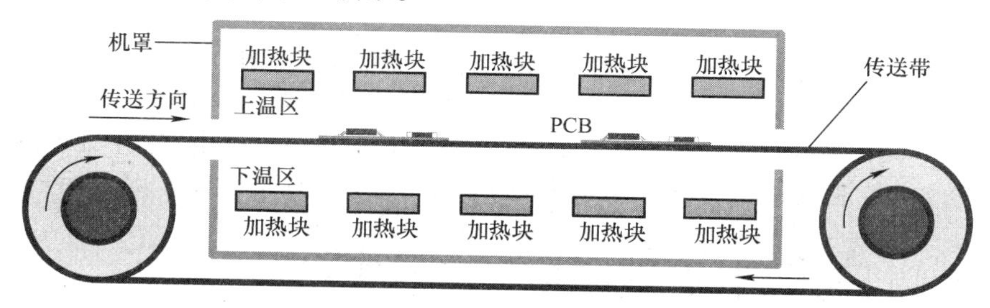

图 9.2　回流焊工序

PCB 上元件的放置板层决定了生产工序，工序越少，相应的成本自然会越低，所以应该尽量仅使用单面插件或单面贴片的组装方式，这样生产时仅需要一道焊接工序即可，分别如图 9.3a 与图 9.3b 所示。对于插件与贴片器件混装的应用场合，尽量考虑在 A 面放置插件元件，而在 B 面放置贴片元件，如图 9.3c 所示。如果 B 面贴片元件的管脚间距比较大，也可以使用红胶将元件粘在焊盘上（点胶工序），后续能够仅使用一道波峰焊工序完成焊接。值得一提的是，红胶也需要经过回流焊工序将其高温固化（并不能直接通过波峰焊工序），所以严格来讲也是两道工序。

如果需要两道焊接工序，通常其中一道是回流焊（虽然理论上也存在双面安装插件元件的情况，但并非推荐的组装方式）。如果两道工序都是回流焊，也就意味着 A 面与 B 面都只有贴片元件，此时在 PCB 布局时尽量将体积或重量较大的器件（例如，LQFP、BGA 封装的集成电路）集中放置在 A 面，而 B 面则放置体积较小的器件（例如，贴片电容、贴片电阻、贴片二极管等），回流焊工序中可依次处理 B 面与 A 面，避免由于重力因素而导致（体积或重量较大的）元件出现焊接不良现象，如图 9.3d 所示。

如果两道工序中的另一道是波峰焊，也就意味着 PCB 上同时存在（管脚间距较小的）贴片与插装元件，此时你可以尽量将贴片与插件元件放在同一面，如图 9.3e 所示。当然，也有可能 A 面与 B 面都存在间距较小的贴片（无法使用波峰焊），如图 9.3f 所示，由于通常的焊接流程是完成回流焊后再进行波峰焊，为了避免波峰焊工序影响已经完成回流焊的 B 面贴片器件，通常会将 PCB 放到锡炉托盘（过炉治具）中再过波峰焊，其目的就是遮住贴片元件而仅露出插件管脚，所以在 PCB 布局时需要特别注意：**贴片元件切勿过于靠近插件元件的焊盘。**

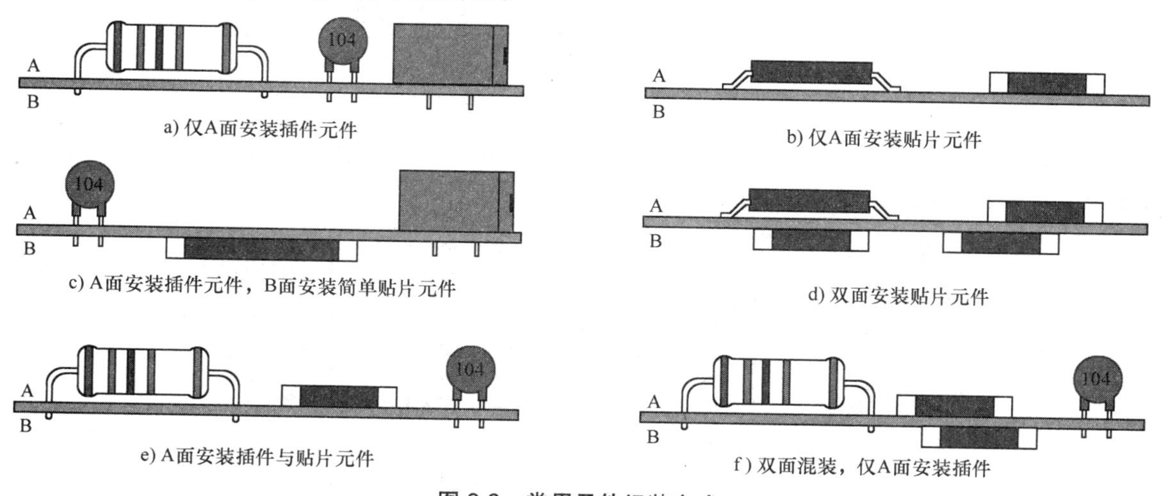

图 9.3　常用元件组装方式

值得一提的是，很多 PCB 设计规范中要求“元件离板边应大于 5mm”，其主要目的就是为了满足传送带固定 PCB 的需求，当然，即便实际 PCB 板边并未满足该要求，也可以使用托盘来解决生产问题。换言之，很多规范都只是一种优选项（建议），并非必选项（强制），具体实施取决于单位的要求。

3. 方位

一般来说，同类型元件的排列方向尽量一致可以保证 PCBA 美观性，虽然这种要求并非必须，但是在某些情况下，元件的具体方位会影响焊接与检验，主要表现如下：

（1）如果需要使用波峰焊工序焊接贴片元件，PCB 布局时应该尽量让“多个处于同一直线上的”管脚垂直于传送方向，避免前面的元件挡住后面的元件而导致漏焊现象，如图 9.4 所示。

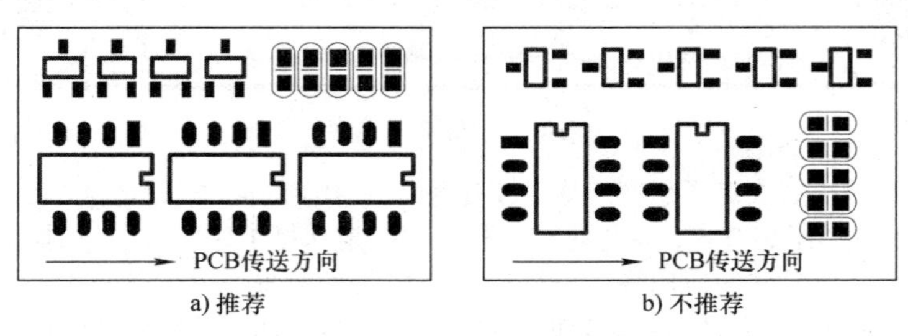

图 9.4　元件方向影响波峰焊

（2）较狭长的 PCB 上放置元件时，应该尽可能将元件长轴方向平行于 PCB 短轴方向，这样当 PCB 产生变形时，元件受到的应力会更小一些（体积较大的陶瓷电容尤其需要注意，由于受力面积比较大，容易导致扭曲破裂现象，所以尽量选择体积较小的陶瓷电容），如图 9.5 所示。

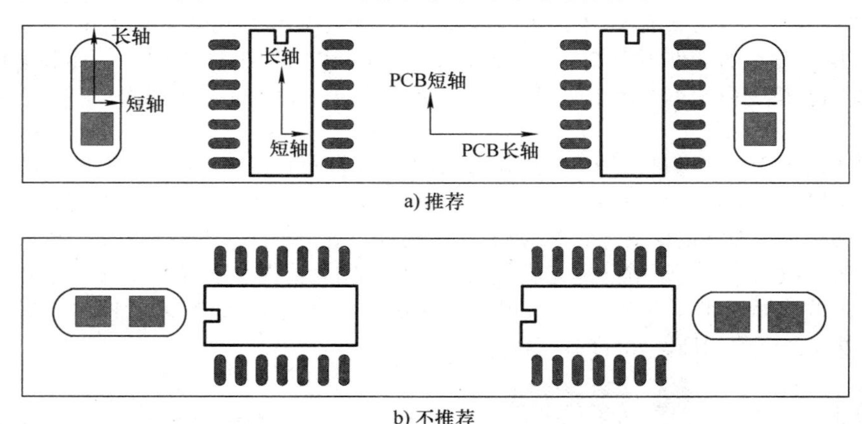

图 9.5　狭长 PCB 上的元件放置

（3）电阻、电容等周边体积较小的贴片元件应与芯片垂直放置，后续芯片维修（例如，更换）时能够避免将周边元件也意外拆掉，如图 9.6 所示。

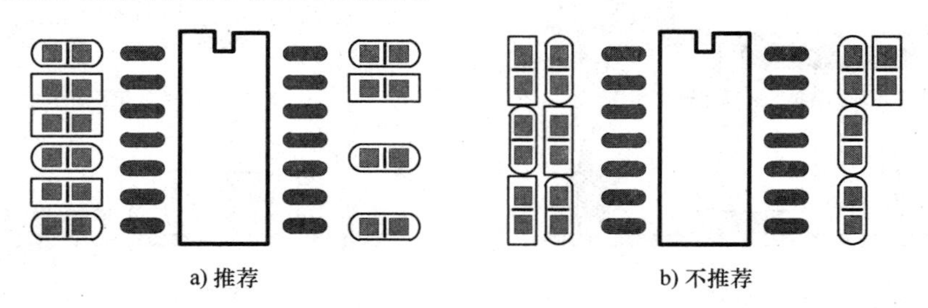

图 9.6　芯片周边元件的放置

（4）元件布局时尽量统一方向，存在正负极标记的元件更是如此，这样能够方便后续对焊接完成的 PCBA 进行快速检验，如图 9.7 所示。

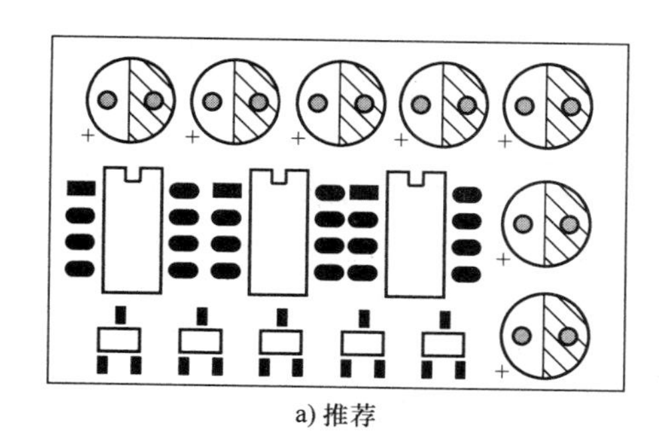

a) 推荐

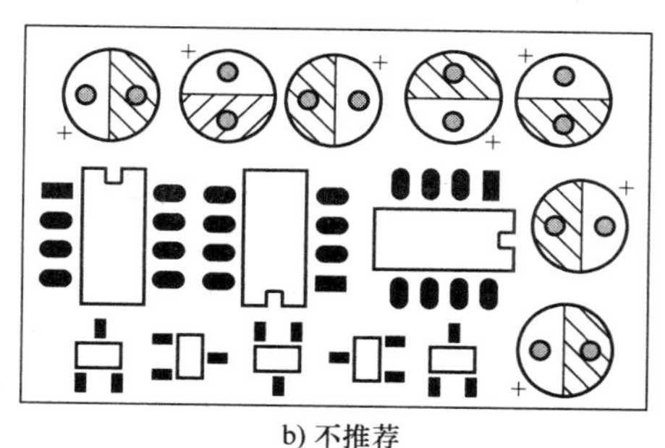

b) 不推荐

图 9.7　元件统一方向布局

4. 间距

间距涉及的内容比较多，包括但不限于可制造性、可测试性、可靠性、热设计等多方面，元件不允许碰撞或重叠是最基本的要求，否则可能会导致生产困难甚至无法安装。当然，特定条件下也存在一些特定的间距要求，主要描述如下：

（1）很多资料都列出了一些元件布局的最小间距数据，大多数来源于 IPC 标准，除非你所在单位需要按照标准进行自动贴片或插件，否则无需过多关注，更不需要死记硬背。以 PQFP 封装元件为例，IPC-7351 给出了在装配密度等级为 A、B、C 时，相应的庭院过度布局推荐数据（即元件之间的推荐最小间距）分别为 0.5mm、0.25mm 与 0.1mm。

（2）对特定环境比较敏感的元件应该远离特定环境，以免影响元件的正常工作。例如，热敏元件不应该放置在大功率发热元件周围。

（3）如果接插件需要经常进行插拔操作，其周围尽量不要放置贴片元件，避免因插拔时产生的应力而损坏。

（4）瞬态抑制二极管（Transient Voltage Suppressor, TVS）、压敏电阻等保护元件应该尽量靠近接口放置。

（5）去耦（旁路）电容应该靠近功能模块的电源供电端布局，以充分发挥削弱共路噪声的效果。

（6）阻抗匹配电阻或电容的布局一定要分清信号的源端与终端。一般情况下，串联匹配电阻靠近发送端放置，并联匹配电阻则靠近接收端放置，多负载的终端匹配通常放置在信号最远端，如图 9.8 所示。

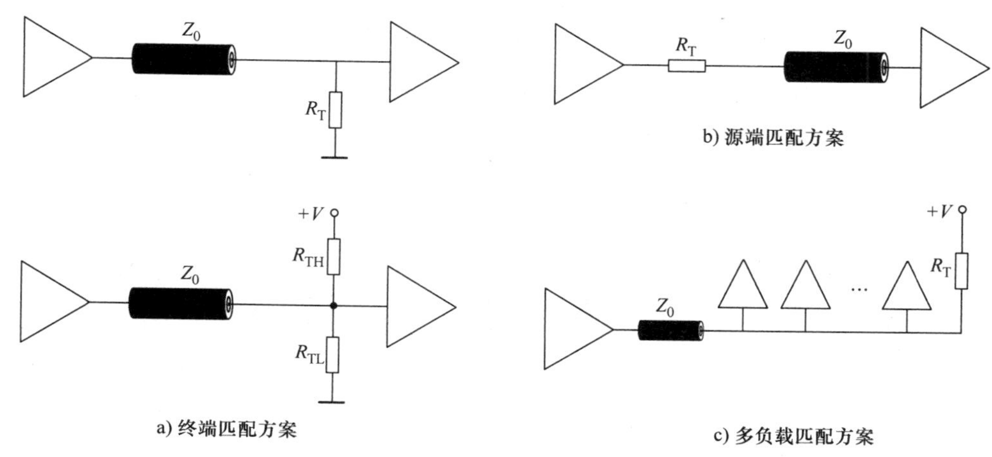

图 9.8　不同的阻抗匹配方案

（7）不同类别的信号（例如，高频与低频、高压与低压、大电流与小电流、数字与模拟等）应该尽量分开。输入与输出相关的元件尽量远离，以避免形成反馈而相互干扰。图 9.9 给出了某实例的典型布局。

（8）同种类型电源的元件管脚应该尽量靠在一起，以方便后续进行电源平面的分割。

5. 基准点

基准点（Fiducial Mark）也称为光学定位孔（俗称“Mark 点”），其作用是为自动贴片机放置元件提供统一的位置参考定位点，通常是周围存在一定空旷区域（无绿油、导线、丝印等对象）的圆形焊盘，如图 9.10 所示。IPC-7351 推荐的基准点直径为 1.0mm（相同 PCB 上的基准点直径差异不应该超过 25μm），而空旷区域的半径至少应该为基准点半径的 2 倍，以便在贴片机光源照射下提供较高的对比度（避免贴片机无法准确识别）。

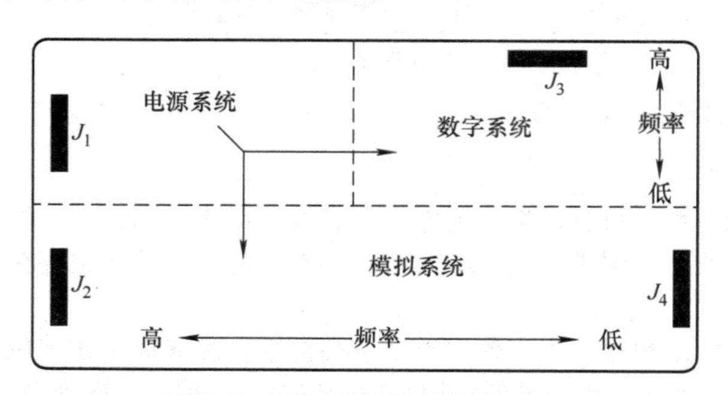

图 9.9　不同类型信号尽量分开

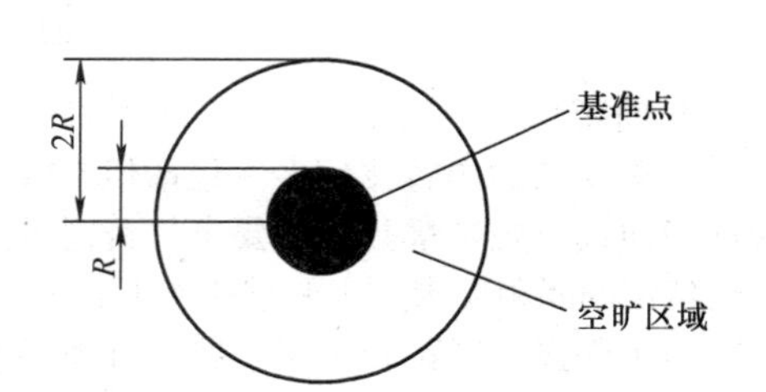

图 9.10　基准尺寸与间距要求

根据在 PCB 上所起的作用，基准点可分为拼板、全局、局部 3 大类。拼板基准点用于确定各个单独 PCB 上的所有电路特征的位置（含 x 与 y 坐标偏及旋转偏移），其数量至少为 2，而且应该放在 PCB 对角位置且尽可能地分开。全局基准点用于更精确地确定每个元件的位置，其数量至少为 3，而且应该以“L”形放置在 PCB 上且尽可能地分开，如图 9.11 所示。值得一提的是，如果 PCB 两面都有贴装元件，则每一面均应该放置相应的基准点。

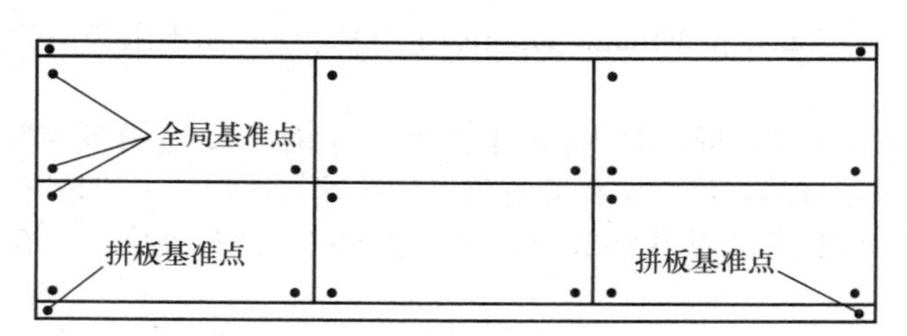

图 9.11　拼板与全局基准点

局部基准点用来更精确地定位单个元件，主要用于诸如 QFP、CSP、BGA 等管脚密度较大的元件，其数量至少为 2，通常放置在元件封装的对角线上且应该避免被元件本体遮挡，如图 9.12 所示。当然，即便你并未在 PCB 中添加任何基准点，自动贴片工序依然可以完成，因为贴片人员会在 PCB 上选择几个较小的焊盘作为基准点，但可能会存在坐标偏移或生产效率低下的可能。

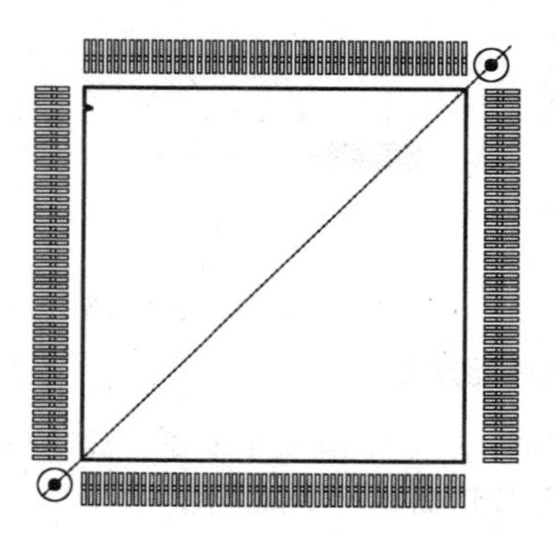

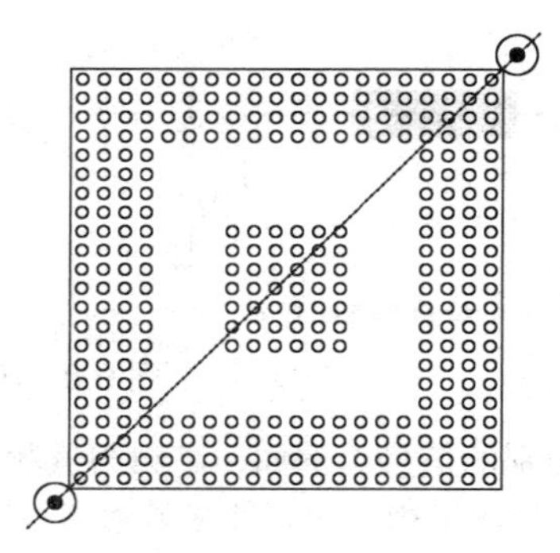

图 9.12　局部基准点

9.2 板框

板框代表着 PCB 的实际形状。一般情况下，所有的元件与导线都应放置在板框内，而且板框只能放在第 0 层（即所有层）。在第 2 章已经介绍一种板框的创建方式，即通过直接将闭合 2D 线转换为板框类型完成，但是更多结构复杂的板框通常是由多条 2D 线拼接而成的，也就意味着无法使用如此快捷的方式直接转换成板框，本节将详细讨论更多的板框创建与编辑操作。值得一提的是，一个 PCB 设计文件中最多只能创建一个板框。

9.2.1 创建板框

“将闭合 2D 线修改为板框类型”并非创建板框的惟一方式，你也可以使用绘图工具栏上的“板框与挖空区域”工具根据 2D 线“依葫芦画瓢”描出板框，本节仍然以创建第 2 章所示板框为例，详细讨论所有步骤如下：

（1）初始化板框状态。单击绘图工具栏中的“板框与挖空区域”按钮即可进入板框绘制状态，此时光标右下角将出现一个字母“v”。执行【右击】→【多边形】表示将要绘制多边形板框（与绘制 2D 线时弹出的快捷菜单相似，见图 3.110）。为方便截图观察，本节将结构图 2D 线的宽度设置大一些（例如 8mil），这样板框绘制时呈现的细线与较粗的 2D 线之间存在一定宽度对比（需要在“选项”对话框中将“最小显示宽度”设置为 8mil 或更小，否则 2D 线也将会显示为细线）。

（2）开始绘制板框。本例从左下角开始进行板框的绘制。在合适位置单击后向右拖动鼠标，即可出现一条随光标移动而延伸的细线。如果想在移动光标过程中添加拐角，只需要单击即可。如果添加了错误的拐角，只需要执行快捷键“Backspace”将其删除即可。当到达右下角需要添加圆弧时，如图 9.13 所示执行【右击】→【添加圆弧】后即可出现一个圆弧，调整到合适位置单击即可。值得一提的是，在添加圆弧前应该首先使用光标移动到添加圆弧的方位，以确认圆弧的添加方向，否则可能会添加反方向的圆弧，如图 9.14 所示。

（3）编辑板框特性。当板框绘制操作需要结束时，执行【右击】→【完成】（或直接双击），PADS Layout 将自动闭合板框，同时退出板框绘制状态。如果你想进一步编辑板框的特性，只需要对板框执行“Shift+ 单击”（或选中板框任意一段后执行【右击】→【选择形状】）将整个板框选中，然后执行【右击】→【特性】即可弹出“绘图特性”对话框，从中更改需要的参数即可。

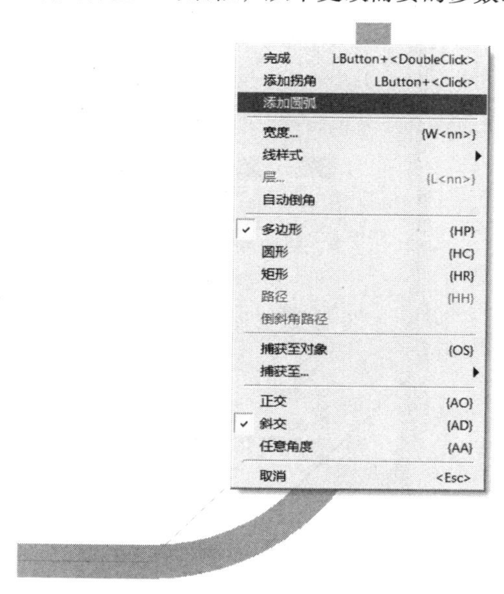

图 9.13　添加圆弧

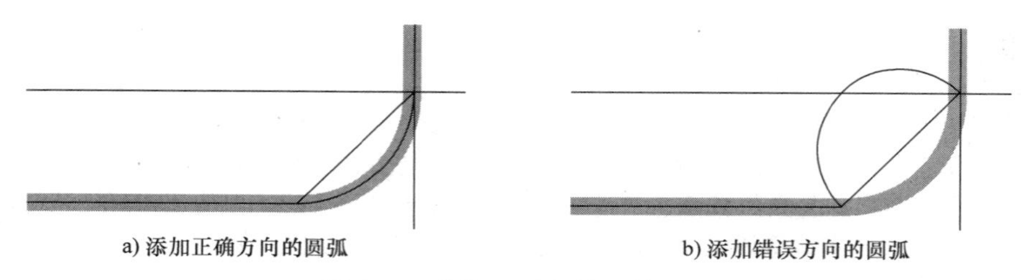

a) 添加正确方向的圆弧　　　　b) 添加错误方向的圆弧

图 9.14　添加正确与错误的圆弧

9.2.2　编辑板框

在项目运作过程中，你经常可能需要对结构进行修改，如果修改后的板框与原有的差别非常大，重新导入结构再进行板框描绘也是可行的一种方式，但是如果板框修改之处很小时，这种办法就不太适用了，因为有些结构很复杂，完整描绘需要花费很多时间，此时只需要在已有的板框上进行更改即可。

1. 移动与推弧

前节讨论过执行【右击】→【添加圆弧】的方式来添加圆弧，但你可以先使用板框斜线代替（不需要很精确，后续可以进一步编辑），相当于给直角添加斜倒角的效果，此时应如图 9.15 所示。

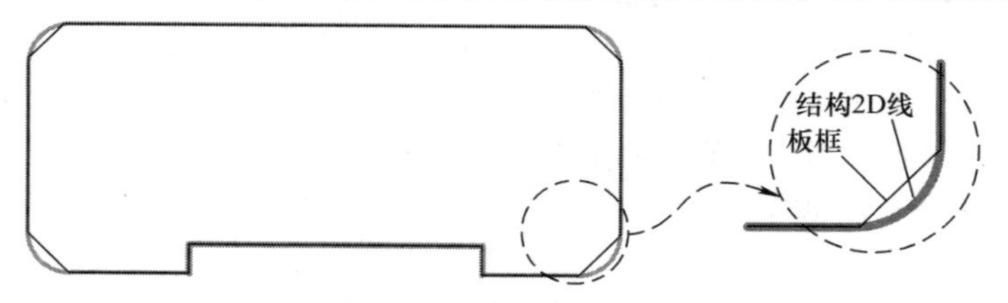

图 9.15　初步绘制完成的板框

如果之前添加的斜线段位置并不完全合适，你可以选中该线段后执行【右击】→【移动】/【移动一个角度】进行调整。之后你可以将斜线段转换为圆弧，只需要选中该线段后执行【右击】→【拉弧】，如图 9.16 所示，该线段将会变成圆弧，拖动光标调整其大小即可（与 2D 线的拉弧操作完全相同）。

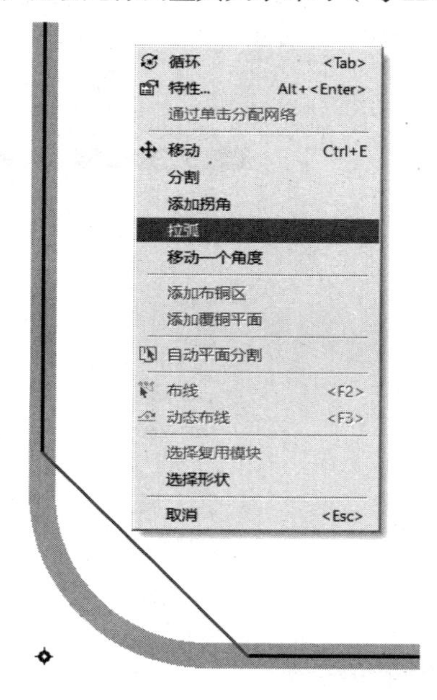

图 9.16　斜线拉弧

值得一提的是，如果斜线段长度很小，你可能需要将板框线宽设置为较小值才能进行正常拉弧，否则将出现整个板框都会被拉弧的现象，如图 9.17 所示。

2. 分割

如果需要创建图 9.18 所示板框，该怎么办呢？该板框仅在前述板框的基础上增加了一个缺口，你可以使用分割与移动操作完成。首先如图 9.19a 所示单击板框线的某一点（此时该板框线应高亮显示），然后执行【右击】→【分割】，表示需要对该线段进行分割操作，完成后状态如图 9.19b 所示。然后按照相同的方式再添加一个分割点，如图 9.19c 所示。完成分割操作后的板框与要求的板框并不太相同，需要进一步移动拐角调整。选中某个拐角后，与拐角相关的两条线段将处于高亮状态，然后【右击】→【移动】操作即可调整，调整完成后如图 9.19d 所示，如果缺口的宽度或位置不符合要求，你只需要选中相应板框线后执行【右击】→【移动】再进一步调整即可。

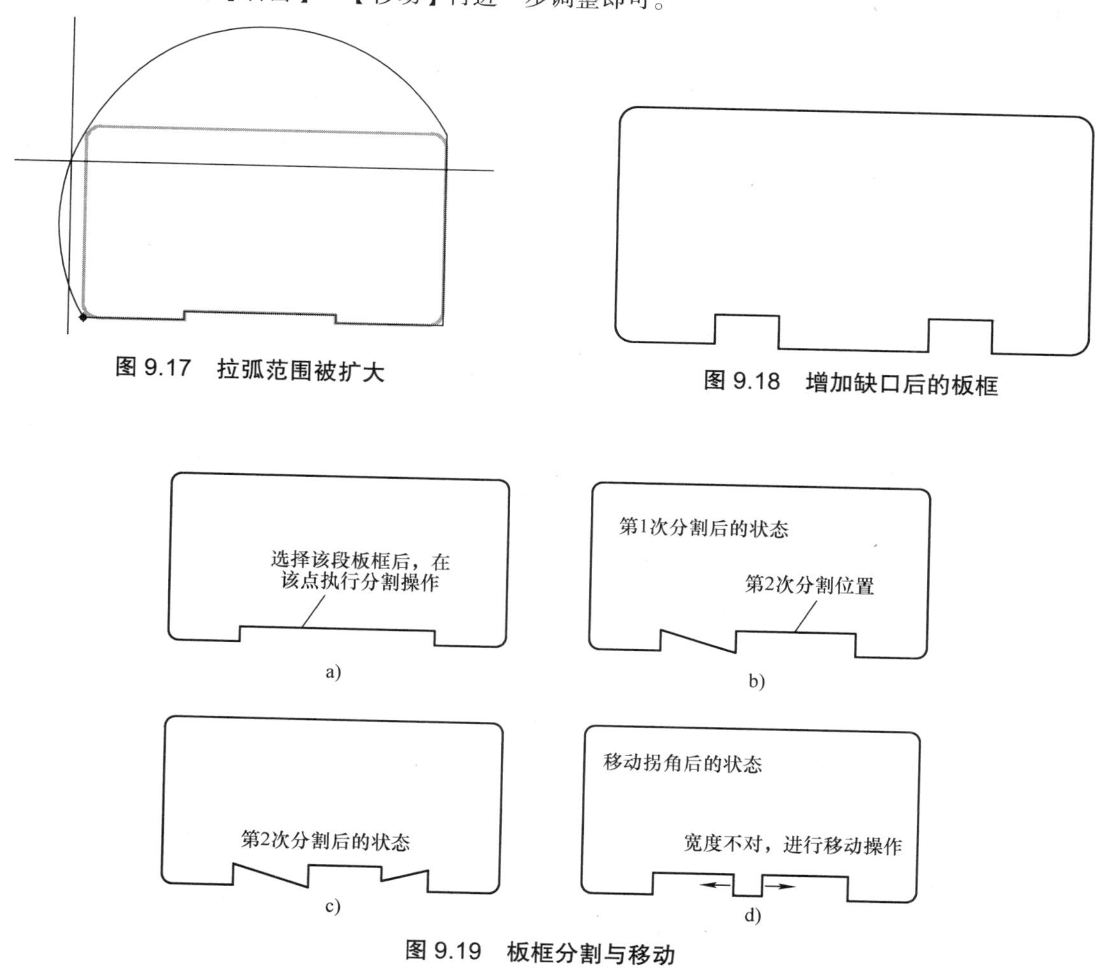

图 9.17　拉弧范围被扩大

图 9.18　增加缺口后的板框

图 9.19　板框分割与移动

9.2.3　创建板框挖空区域

很多板框内部都会有一些定位孔或槽，你同样可以使用绘图工具栏中的“板框与挖空区域”按钮添加。在板框已经绘制完成的前提下（不存在板框的情况下无法创建板框挖空区域），单击“板框与挖空区域”按钮即可弹出如图 9.20 所示对话框，提示板框已经存在，是否建立板框挖空区域。单击“确定”按钮即可进入板框挖空区域的绘制状态，具体操作与板框绘制完全相同，本书不再赘述。值得一提的是，创建的板框挖空区域必须完全位于板框内，如果板框挖空区域处于板框之外或与板框相交，PADS Layout 将会弹出如图 9.21 所示警告对话框。

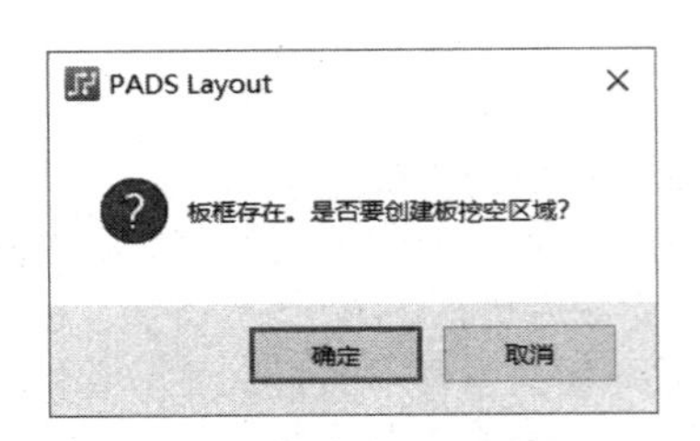

图 9.20　提示对话框

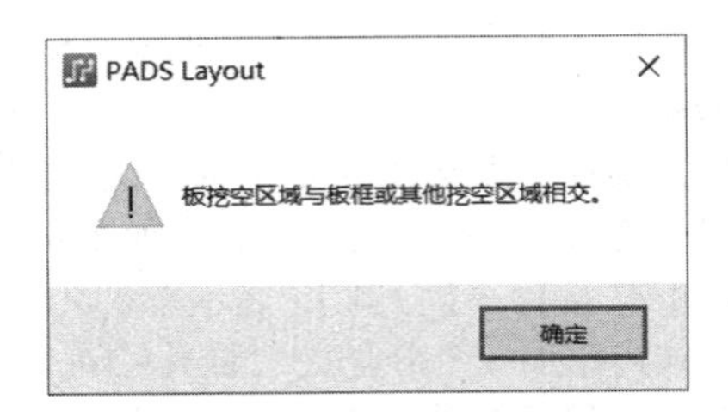

图 9.21　警告对话框

9.2.4　将非闭合 2D 线转换为板框

如果导入到 PADS Layout 的结构图是闭合曲线，直接将其转换为板框类型即可，如果并非闭合曲线，你可以先将其修改为闭合曲线，只需要使用“合并（Join）”与“关闭（Close）”操作即可，前者表示将多条独立 2D 线合并为完整的一条（非闭合曲线），后者表示将多条独立 2D 线闭合起来（成为一条闭合曲线）。需要注意的是，要想使这 2 个命令有效，必须精细调整独立 2D 线的接触部分的距离，图 9.22 所示 3 种情况可以合并或关闭，但图 9.23 所示情况则无法完成合并或关闭。

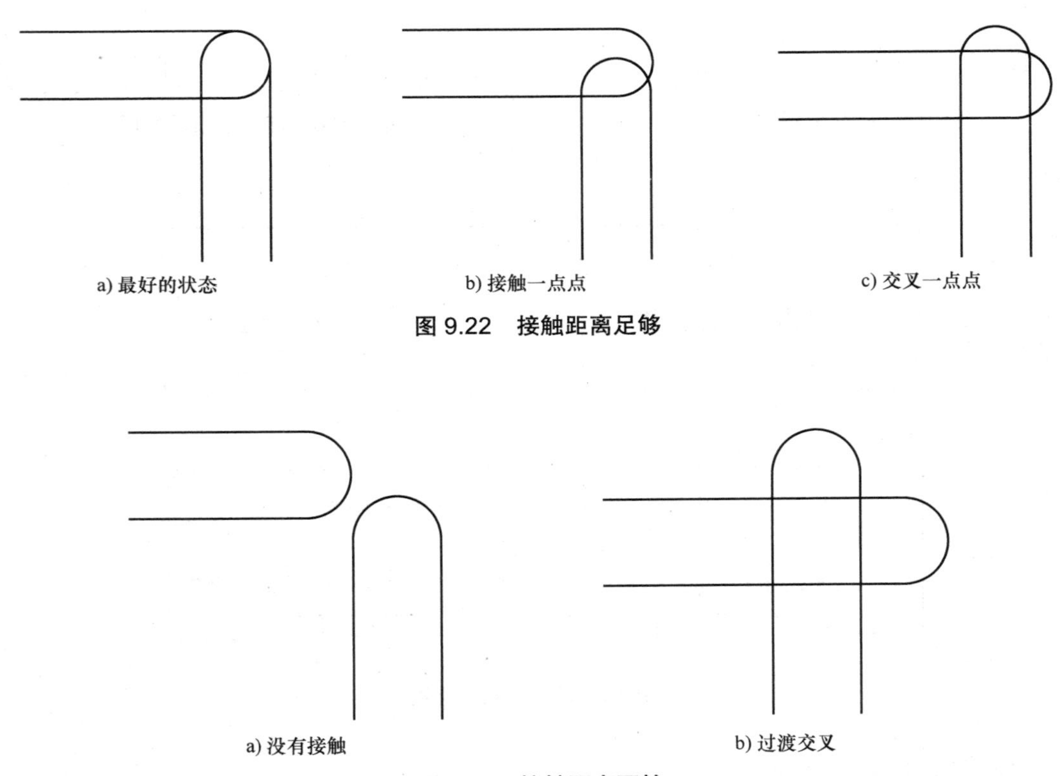

图 9.22　接触距离足够

a) 没有接触　　b) 过渡交叉

图 9.23　接触距离不够

举个简单的例子，如果你直接使用 2D 线绘制一个矩形，则可以直接将其改为板框类型，但是如果使用 4 条 2D 线拼成一个矩形，你将无法更改类型，除非先使用“关闭”功能将其闭合，具体如图 9.24 所示。当 2D 线闭合之后，再将其选中并更改为板框类型即可。当然，“合并”与“关闭”命令的执行也存在一些限制，你不能将其用于放置在不同板层的 2D 线，也不能用于 2D 圆（因为 2D 圆本身就是闭合曲线）。

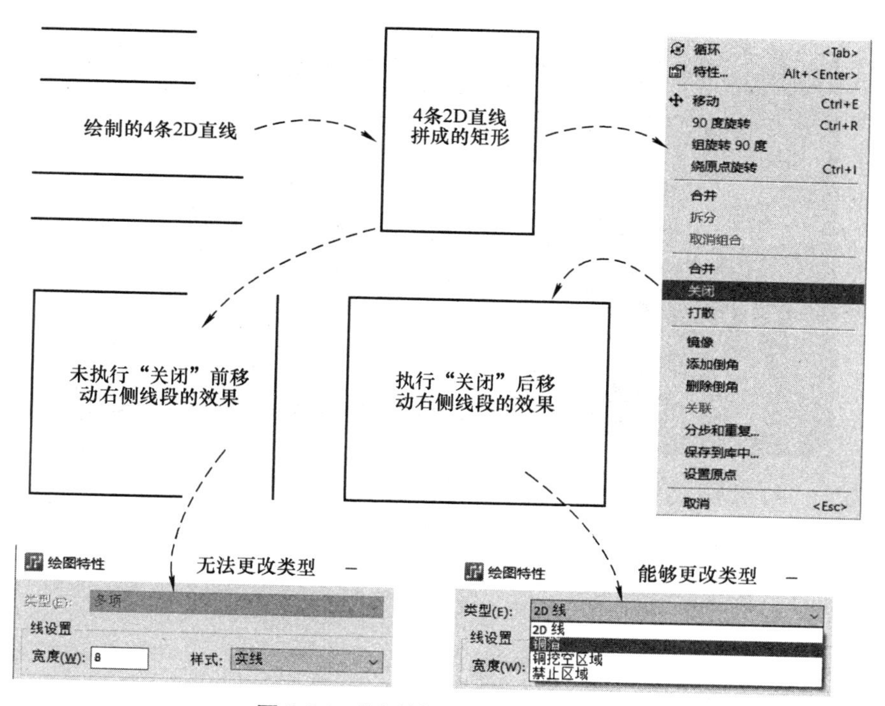

图 9.24　“合并”与“关闭”操作

9.3　禁止区域

板框绘制完成后，接下来就应该进行元件布局，在某些特殊的情况下，PCB 的某些区域可能会禁止出现某些对象（例如，导线、铜、覆铜平面、过孔、跳线、测试试点等），此时绘图工具栏中的“禁止区域”工具就有其发挥空间，你可以使用它在 PCB 中标注禁止放置元件或布线等对象的特殊区域。禁止区域是定义某些对象不能放置在其中的区域，表明在该区域不应该做（做了可能会出错）什么事情的标识。

禁止区域的创建与板框、2D 线、铜箔的绘制过程完全相同，此处不再赘述。禁止区域绘制完成后，即可弹出如图 9.25 所示“添加绘图”对话框，从中可以设置禁止区域所在板层、元器件的高度以及限制对象，后续在设计验证阶段即可检查出潜在的违规。

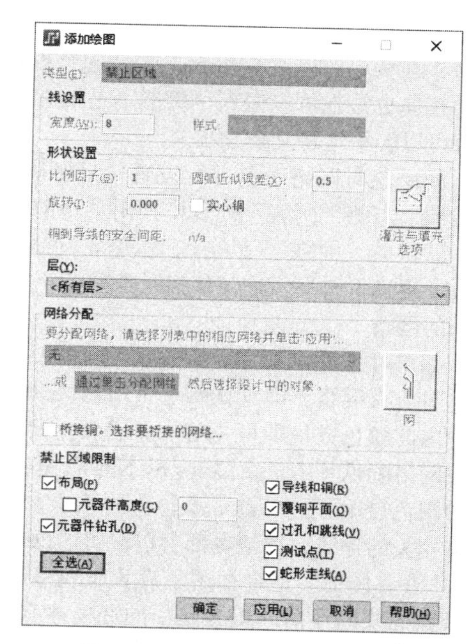

图 9.25　“添加绘图”对话框

需要注意的是：禁止区域的绘制并非必须。对于自动布局而言，PADS Layout 需要禁止区域标识哪些地方不能放置元件，对于手动布局而言却无必要。例如，导入的结构中通常会有 2D 线示意（例如，某区域的限高信息），虽然其并非以禁止区域的形式存在，但只要你心里有数即可。然而，巧妙地使用禁止区域可以方便地完成一些工作。例如，现在想获得如图 9.26 所示在顶层覆铜平面开一个矩形窗口（该区域没有铜箔）的效果，应该怎么做呢？你可以使用“覆铜平面挖空区域”工具来实现，但也可以在顶层创建一个禁止区域，再勾选“禁止区域限制”组合框内的“覆铜平面”复选框即可（表示该区域限制覆铜平面的存在）。

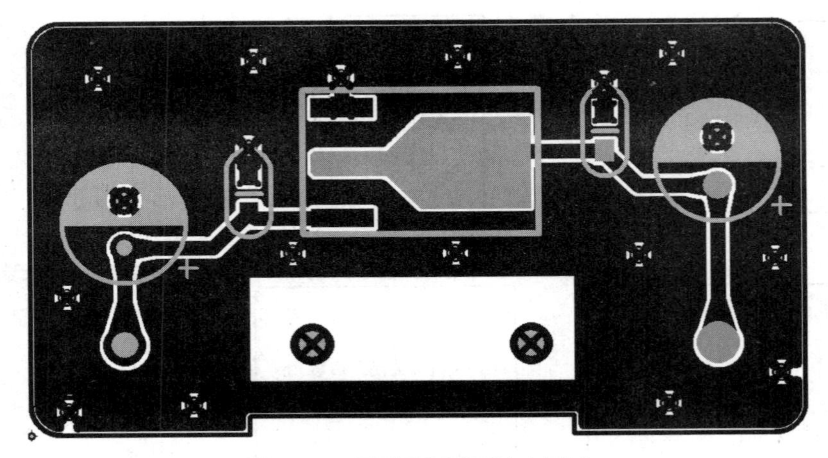

图 9.26　顶层覆铜平面挖空区域

再例如，你现在创建一个基准点的 PCB 封装，在进行封装创建时就可以放置一个圆形的禁止区域（对应空旷区域），并设置不允许铜箔、导线、过孔等作为限制对象，一旦 PCB 设计导致禁止区域内存在不期望的对象，后续验证设计阶段即可检查出来。

9.4　网络颜色

有经验的工程师在进行 PCB 设计时，总是会重点关注高速、高频、电源等网络的布线，如果按照 PADS Layout 默认的环境配置，所有元件管脚显示为同一种颜色，也就很不容易甄别各类网络，继而很难进一步优化布局。举个简单的例子，当前设计中存在多种类型的电源，后续需要在电源平面中进行合理地分割，所以在布局时通常会有意识地将“相同电源网络的”元件尽量靠拢，但你怎么才能够轻易地将某种电源网络聚集起来呢？逐个查看网络名称算是一种办法，但效率会非常低下，使用原理图驱动布局也勉强可以做到，仍然不是很方便，但是如果将某种网络的管脚颜色设置为与普通颜色不同，也就可以轻松地将其辨别出来。

如果想对网络颜色进行设置，只要执行【查看】→【网络】即可弹出如图 9.27 所示“查看网络”对话框，左侧“网表”列表中列出了当前设计中的所有网络，“选择依据”列表可以过滤其中显示的网络，默认的“网络”项表示显示所有网络，而“平面网络”项则表示仅显示在“层设置”对话框中为“CAM 平面”与“混合 / 分割”类型板层分配的网络，“具有规则的网络”项则表示已经设置网络或类规则的网络。

如果你想设置某个网络的颜色，需要先将其添加到右侧“查看列表”列表中（“默认”项的颜色设置针对所有网络，即默认颜色），将其选中后再单击“按网络（焊盘、过孔、未布的线）设置颜色”组合框内的颜色方块即可（与“显示颜色设置”对话框中分配颜色的操作相同）。当然，你必须勾选“启动按网络配色（Enable Color by Net）”复选框，这样与该网络相关的焊盘、过孔、覆铜平面将会以你设置的颜色显示。如果进一步勾选“导线上包含网络颜色（Include Net Colors on Traces）”复选框，与该网络相关的导线、铜箔也都会以设置的颜色显示。

“查看详情”组合框用于设置飞线显示细节，只有勾选“导线以及下列未布的线”复选框后，“查看未布的线的详情”组合框中的选项才有效，“所有”项表示显示网络相关的所有飞线，“除已连接的平面网络外的所有网络（All Except Connected Plane Nets）”项表示不显示与平面层存在连接关系的飞线。例如，你通过缝合过孔与平面层连接，则缝合过孔上不会显示飞线。“未布线的管脚对（Unrouted Pin Pairs）”项表示仅显示网络中未布线的管脚对，“无”项表示隐藏该网络相关的所有飞线。例如，对于（设计与验证完成的）PCB 文件中存在的一些飞线（不影响功能），只需要将所有网络对应的“查看详情”组合框内设置为“无”项即可隐藏起来。

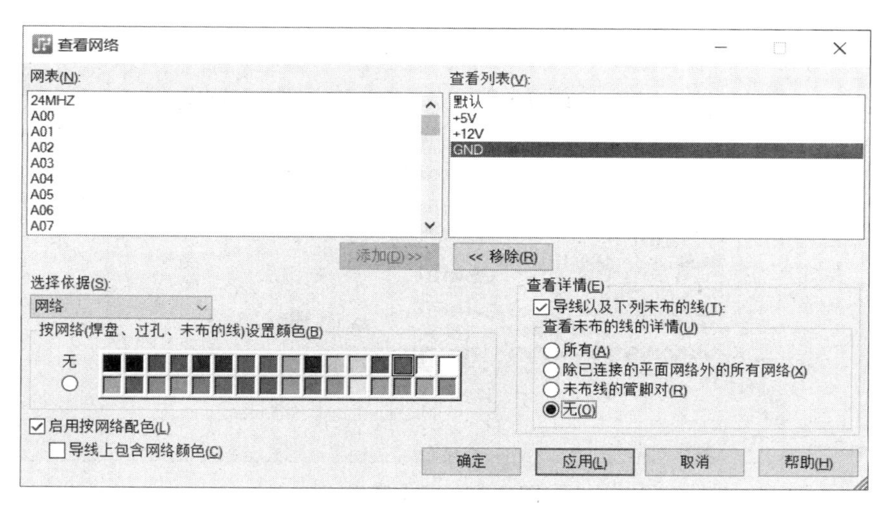

图 9.27　“查看网络”对话框

9.5　元件

元件操作是 PCB 设计过程中最基本的技能，主要包括移动、旋转、翻面、对齐、胶粘、推挤等，熟悉这些操作可大幅度提升 PCB 的设计效率。需要注意的是，大部分操作都应该保证元件不处于胶粘状态下，否则相应的操作可能会失败。

9.5.1　移动

在 PCB 设计过程中，你经常需要对元件不断地进行移动，特别是在 PCB 设计布局阶段，由于元件的布局对于后续布线效果有很大的影响，因此需要对元件的位置进行多次修改，也就需要大量的元件移动操作，其中主要包括普通移动、径向移动、交换位置、顺序移动等。

1. 普通移动

普通移动是在不改变元件方位的状态下对元件的平移操作，只需要选中元件后单击设计工具栏中的“移动”按钮（或执行【右击】→【移动】，或快捷键“Ctrl+E”），元件将会粘在光标上并随之移动，移动到合适位置后单击即可完成元件的移动操作。当然，对于比较精细的调整，也可以使用数字键盘上的左、右、上、下方向键移动，每按一次方向键，元件在指定方向上便移动一个设计栅格单位。

2. 坐标移动

在 3.7.2 小节中进行 PCB 封装设计时，已经讨论过使用坐标的方式精确定位丝印，这种方式同样也适用于需要精确定位元件的场合。选中元件后执行【右击】→【特性】，在弹出的“元器件特性”对话框中的“Layout 数据”组合框内的“X”与“Y”文本框中输入相应的坐标，再单击“确定”按钮即可。

3. 径向移动

径向移动也称为轴向移动，其能够在极坐标系中将元件移动某个指定角度或半径。选中元件后单击设计工具栏中的“径向移动”按钮（或执行【右击】→【径向移动】），即可出现一个极坐标系网格，具体参数可通过执行【工具】→【选项】→【栅格和捕获】→【栅格】→【径向移动设置】调整，详情见 8.3.1 小节），如图 9.28 所示。

4. 顺序移动

如果你已经选中多个元件，执行普通移动操作即可将其同时移动，当然，你也可以选择逐个移动元件的方式，只需要执行【右击】→【按顺序移动】，PADS Layout 将会弹出如图 9.29 所示提示对话框，通知你是否继续移动下一个元件，从中还可以决定是否按参考编号升序移动。

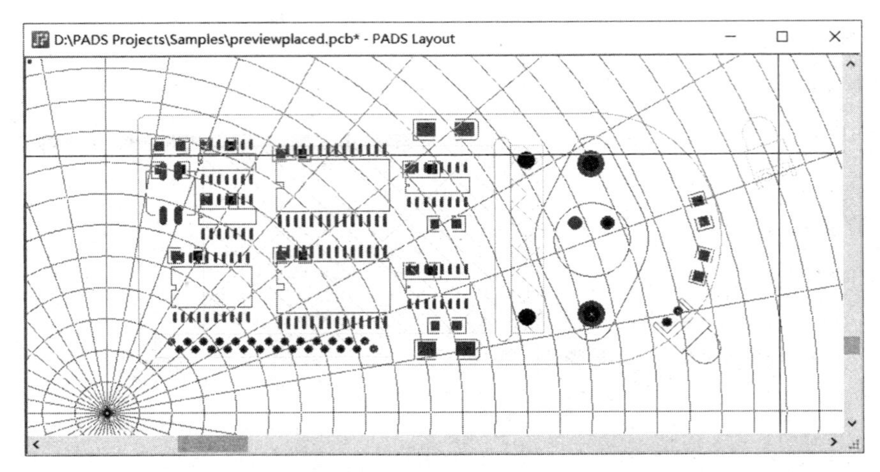

图 9.28 径向移动

5. 交换位置

有时候，你可能觉得 2 个元件调换一下位置可能会优化布局，该怎么办呢？不嫌麻烦就把元件 A 移动到元件 B，再把元件 B 移动到原来元件 A 的位置。当然，你也可以直接交换元件的位置，只需要先选中需要交换的元件之一，然后单击设计工具栏上的“交换元件”按钮，再单击另一个需要交换的元件，PADS Layout 将会弹出如图 9.30 所示提示对话框，单击“是”按钮即可完成元件位置交换。

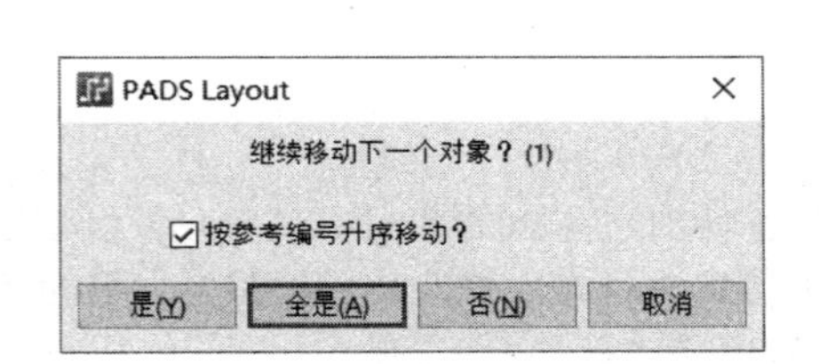

图 9.29 提示对话框

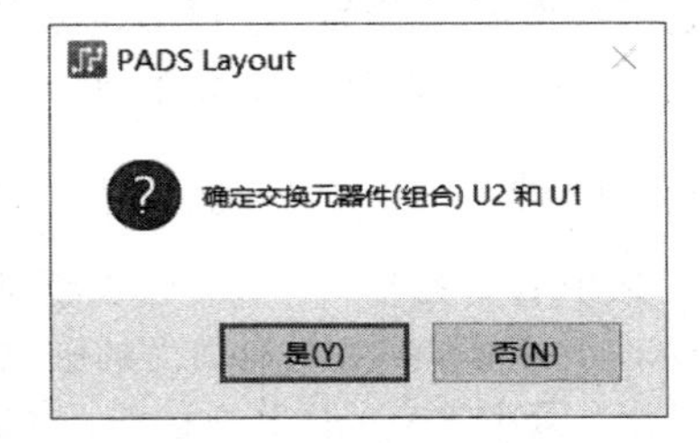

图 9.30 提示对话框

9.5.2 旋转

旋转也是常用的元件操作，其中包含 90 度旋转、按组旋转、按原点旋转等操作，详细介绍如下：

1. 90 度旋转（Rotate 90）

选中需要旋转的一个或多个元件，然后执行【右击】→【90 度旋转】，相应的元件即可围绕“各自 PCB 封装创建时定义的”原点逆时针旋转 90 度。你也可以进入元件对应的“元器件特性”对话框，在“旋转”文本框中输入需要旋转的角度即可。

2. 组旋转 90 度（Rotate Group 90）

选中需要旋转的一个或多个元件，然后执行【右击】→【组旋转 90 度】即可将一个或多个元件整体逆时针旋转 90 度。与“90 度旋转”操作有所不同的是，“组旋转 90 度”操作还需要单击以确定一个坐标点，你选中的一个或多个元件就以该点为参考进行旋转（元件之间的相对位置不会变化），相应的状态如图 9.31 所示。

3. 绕原点旋转（Spinning）

有些特殊的元件摆放位置可能并非 90 度的整数倍，此时得使用更精细的绕原点旋转方式，只需要执行【右击】→【绕原点旋转】，元件即可围绕自身原点随光标旋转。当然，旋转的角度增量取决于设计栅格，栅格设置越大，则增量也会越大（对于需要微调的元件，应该设置较小的设计栅格）。

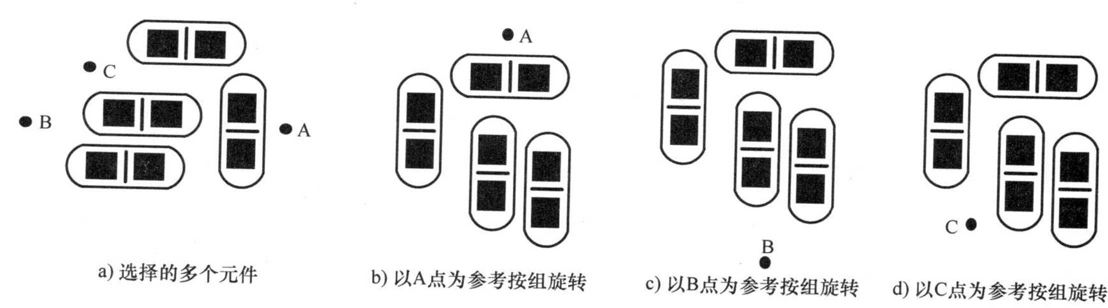

a) 选择的多个元件　b) 以A点为参考按组旋转　c) 以B点为参考按组旋转　d) 以C点为参考按组旋转

图 9.31　组旋转 90 度

9.5.3　翻面

并非所有的元件都会放置在同一板层（顶层或底层），翻面操作可以将元件放置到当前所在板层的对面板层，选中需要翻面的一个或多个元件，然后执行【右击】→【翻面】即可。当然，你也可以在“元器件特性”对话框中的“层”列表选择需要放置的层即可。当你将元件翻面后，元件将会以自身的原点为基准进行镜像显示。但是，如果当前处于 DRC 开启模式，而元件翻面后会违反安全间距设计规则，翻面操作将会被取消。

9.5.4　对齐

元件布局应该尽量做到排列整齐，这也是 PCB 设计最基本的要求。选中需要对齐的多个元件后，执行【右击】→【对齐】即可弹出如图 9.32 所示“元件对齐”对话框，其中包括 6 种对齐方案。需要注意的是，所有对齐方案均以最后选中的元件作为基准进行对齐操作，图 9.33 给出了几种居中对齐效果，其中箭头所指为最后单击的那个元件。

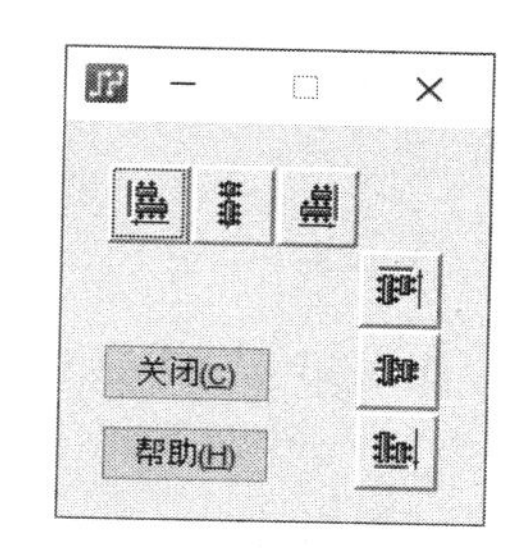

图 9.32　“元件对齐”对话框

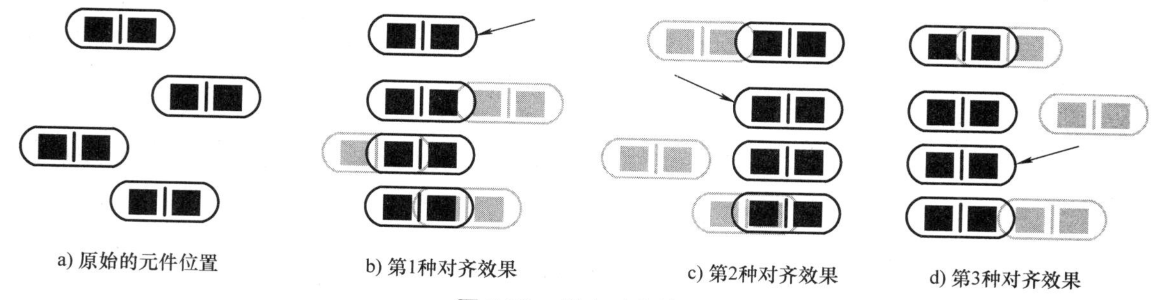

a) 原始的元件位置　b) 第1种对齐效果　c) 第2种对齐效果　d) 第3种对齐效果

图 9.33　居中对齐效果

9.5.5　胶粘

在实际的 PCB 布局过程中，通常会对结构位置存在严格要求的元件优先布局，这些元件的错误放置可能导致外壳无法安装的情况，所以一旦放置完成，后续都不希望对其位置再有所改变。但人不是机器，如果意外将其移动而自己又不知道，该如何避免呢？你可以将其设置为胶粘状态，只需要在“元器件特性”对话框中勾选“胶粘”复选框即可，当后续试图移动胶粘元件时，PADS Layout 将会弹出如图 9.34 所示提示对话框。值得一提的是，如果你发现无法选中 PCB 文件中的某个元件，可以进入“选择筛选条件”对话框中的“对象”标签页，确定一下“胶粘元件”复选框是否处于勾选状态。

9.5.6 推挤

推挤主要针对处于重叠状态下的多个元件，需要注意的是，推挤操作不会移动胶粘元件（包括测试点）或板框外部的元件，也不会将板框内的元件推挤到板框，更不会对设计复用（关于“设计复用”详情见 12.2 节）中的元件进行推挤。另外，在进行推挤操作前应该设置合适的设计栅格，过大的栅格将可能导致元件推挤不成功（因为不存在足够的空间）。

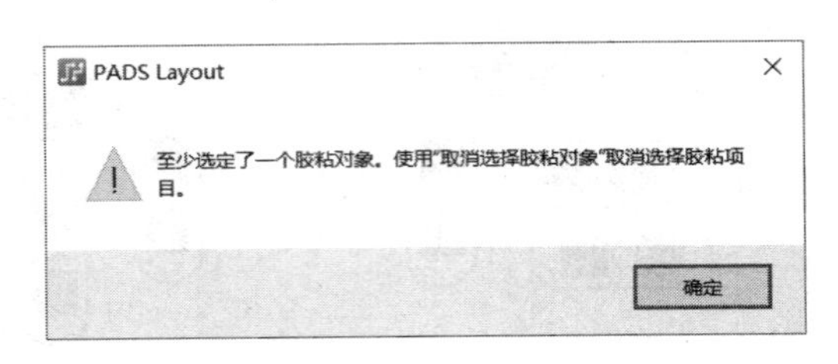

图 9.34　提示对话框

1. 推挤单个元件

选择重叠元件中的某一个，执行【右击】→【推挤】后即可弹出如图 9.35 所示“推挤元件和组合”对话框，同时将要被推挤的元件会高亮显示，从“方向”组合框中确定需要推挤的方向，再单击“运行”按钮即可。

2. 推挤所有元件

如果你想一次性推挤 PCB 文件中所有重叠的元件，执行【工具】→【推挤元器件】后即可弹出如图 9.36 所示对话框，单击“是”按钮即可开始推挤操作。

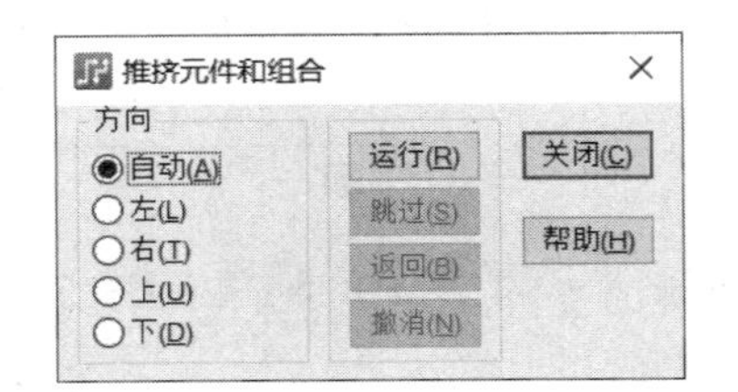

图 9.35　“推挤元件和组合”对话框

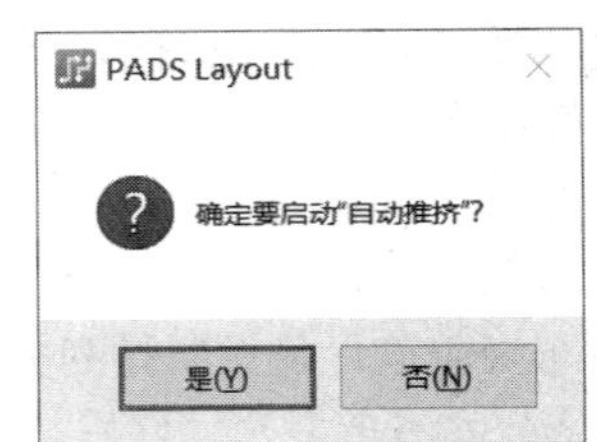

图 9.36　提示对话框

9.5.7 分散

分散操作主要用于将元件分散放置在板框之外，需要注意的是，分散操作对胶粘元件无效。

1. 分散单个或多个元件

选中一个或多个元件某一个，执行【右击】→【分散】后即可弹出如图 1.47 所示“确定要开始分散操作”提示对话框，单击“是”按钮即可分散元器件。

2. 分散所有元件

执行【工具】→【分散元器件】后同样会弹出如图 1.47 所示提示对话框，单击“是”按钮即可分散所有元器件。

9.6 组合与阵列

组合（Union）是多个关联密切的元件的集合，其中的元件距离、旋转角度、放置板层等特性都是固定的，芯片及其周围放置的旁路电容就是比较常见的例子。简单地说，当你对组合进行移动时，组合内的元件特性不变（非常类似于针对多个元件的操作），只不过创建元件组合后，你将无法单独移动属于某个组合的元件（也就能够有效地避免意外移动元件的情况），否则将会弹出如图 9.37 所示警告对话框。本节详细讨论如何创建、编辑、删除组合操作。值得一提的是，大多数针对元件的操作同样适用于组合，此处不再赘述。

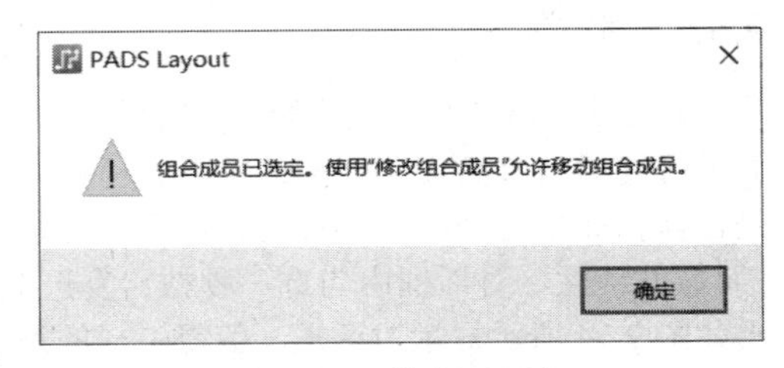

图 9.37　警告对话框

9.6.1 创建组合

如果你想创建元件组合，只需要选中多个元件，然后执行【右击】→【创建组合】，即可弹出如图 9.38 所示“组合名称定义”对话框，在文本框中输入组合名称，再单击“确定”按钮即可。以 PADS 自带的 previewplaced.all 文件为例，你可以将 U1 与 C1 创建为组合。

图 9.38 “组合名称定义”对话框

如果你想选中创建的组合，可以在空闲状态下执行【右击】→【选择组合 / 元器件】(或在“选择筛选条件”对话框中勾选“对象”标签页内的“组合”复选框)，再单击组合即可。当然，你也可以先选中某个元件，如果该元件属于某个组合，则可以进一步执行【右击】→【选择组合】选中该组合。

9.6.2 创建相似组合

有些时候，原理图中的多个模块的网络连接关系非常相似(电路结构相同，只是网络名称不同)，当你已经对其中某个模块创建组合之后，也可以进一步快速对其他模块创建相似组合。同样以 PADS 自带的 previewplaced.pcb 文件为例，选中前述已经创建的组合后执行【右击】→【创建相似组合】，即可弹出如图 9.39 所示提示对话框，单击“是”按钮后，PADS Layout 又会弹出图 9.40 所示“确定要分散新的组合”的提示对话框。如果你单击“是”按钮，U2 与 C2(也可能是其他参考编号的旁路电容，因为网络连接完全相同)将会被创建为相似组合，并分散在板框外。如果你单击“否”按钮，则会再次弹出如图 9.41 所示“是否保留基项”提示对话框，提示是否需要保留“将要创建相似组合的元件”的原来位置。举个例子，你将 U2 旋转 180° 再执行“创建相似组合”命令，如果选择保留基项，表示 U2 的位置不会变化，而电容的位置将会出现在右下角，如果选择不保留基项”，U2 会自动旋转 180°(与最初选中的组合相同)，而电容的位置会放出现在左上角，如图 9.42 所示。

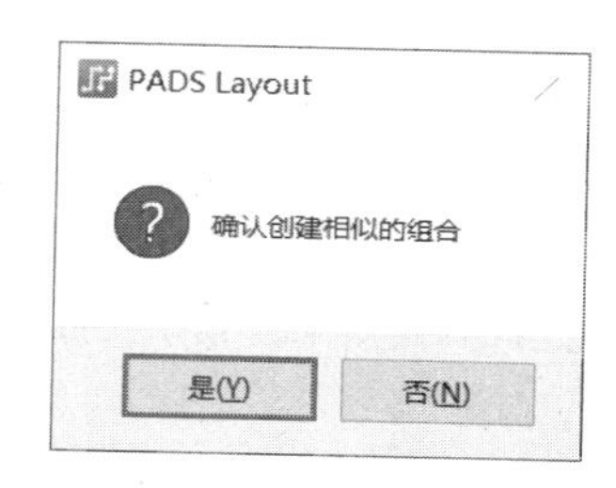

图 9.39 创建相似的组合提示对话框

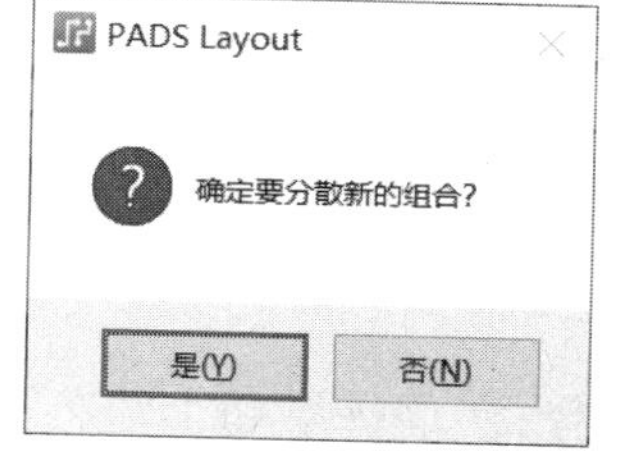

图 9.40 分散新的组合提示对话框

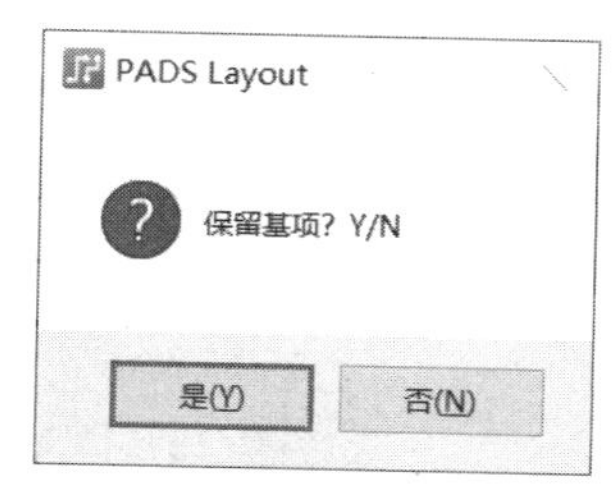

图 9.41 “是否保留基项”对话框

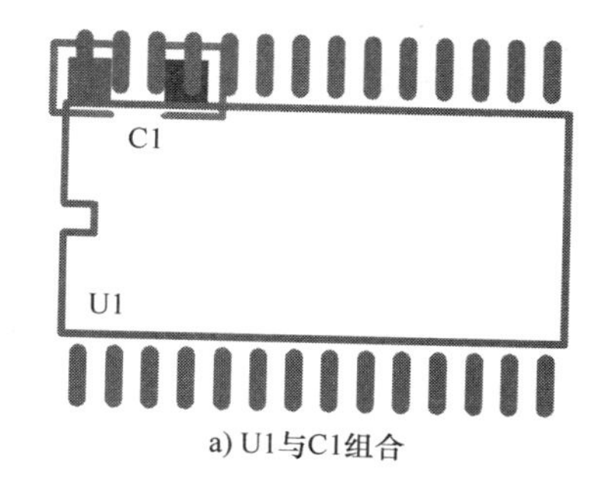

a) U1与C1组合

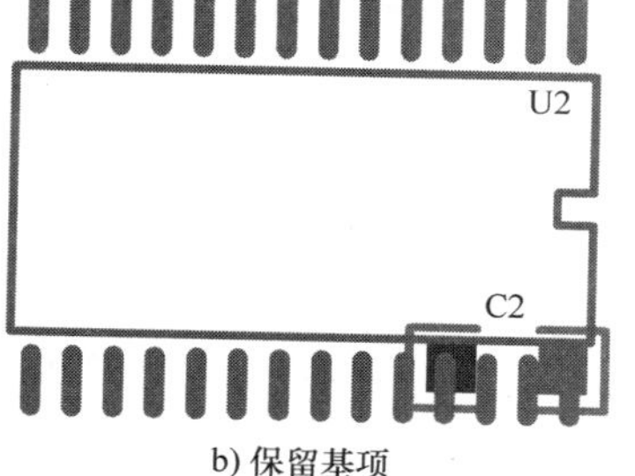

b) 保留基项

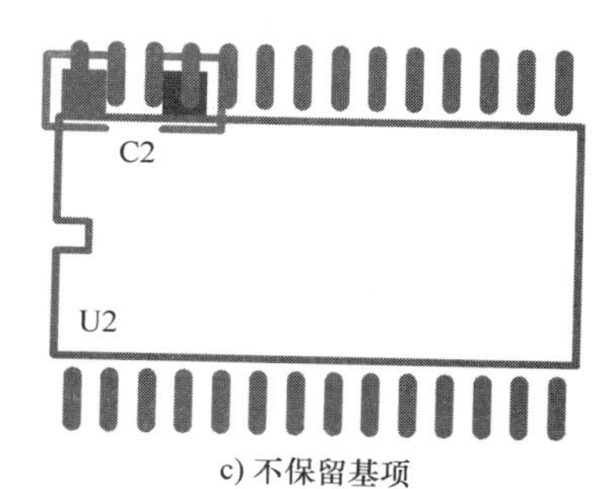

c) 不保留基项

图 9.42 保留基项前后创建的相似组合

9.6.3 创建元件阵列

元件阵列（Component Array）也是组合，只不过你能够将选中的元件以某种规律放置在平面坐标或极坐标中，就相当于在创建 PCB 封装时使用“分步和重复”功能批量添加焊盘一样。选中需要创建元件阵列的多个元件，然后执【右击】→【创建阵列】即可弹出“创建阵列”对话框，其中包含“平面”与“圆”标签页，如图 9.43 所示。“圆”标签页用于创建极坐标元件阵列，其中的参数可以参考图 8.41，此处以“平面”标签页为例进行阐述。

平面元件阵列是以行列方式等间距排列，“距离”组合框用于指定“行至行”以及“列至列”间距，“数量”组合框则用于指定每行与每列的数量，如图 9.44 所示，其中的每个十字代表阵列中元件可以放置的坐标。“排序依据”组合框决定元件在平面中的排列次序，选择“行”表示按行（从下至上）放置，而每行则从左至右放置，选择“列”表示按列（从左至右）放置，而每列则从下至上放置，相应的几种效果如图 9.45 所示。

“对齐方式”项可以选择以元件原点（或中点）与平面中的十字坐标对齐，如果你需要旋转元件，也可以勾选“旋转”复选框并往“方向”文本框中输入角度即可，“计算”按钮则以“元件体到元件体”安全间距自动计算出元件“以最小间距放置时”的参数。对于平面坐标，你可以选择“距离（Distances）”或“所有”，也就能够自动填充“距离”与“数量”组合框中的参数。勾选“按参考编号排序”复选框表示将选中的元件以参考编号作为排序依据，否则以选中的次序进行放置，图 9.46 展示了 2 种不同的元件阵列效果，其中元件的选中次序为 C6 ~ C1（均以“行”为排序依据）。

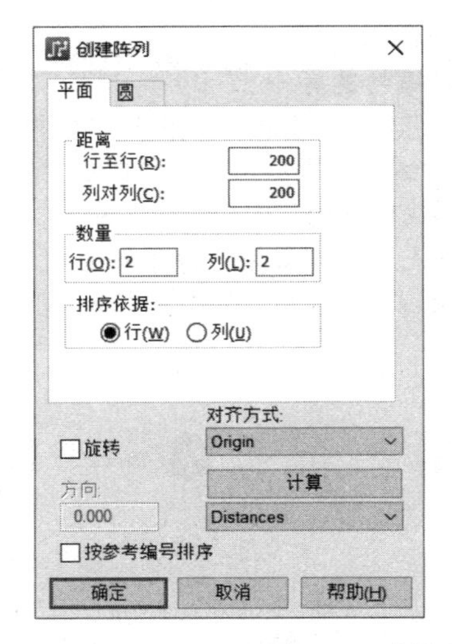

图 9.43 “创建阵列”对话框

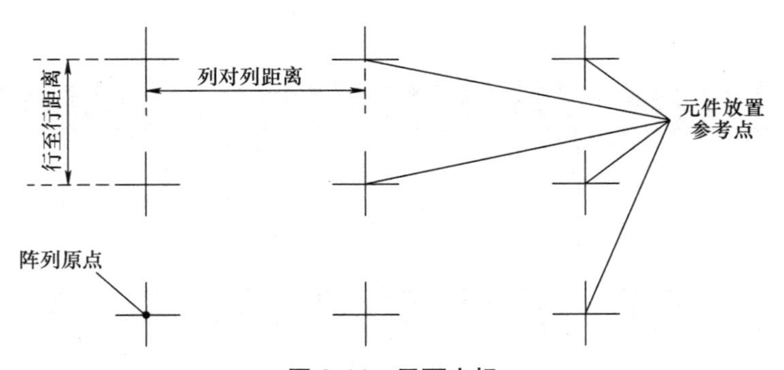

图 9.44 平面坐标

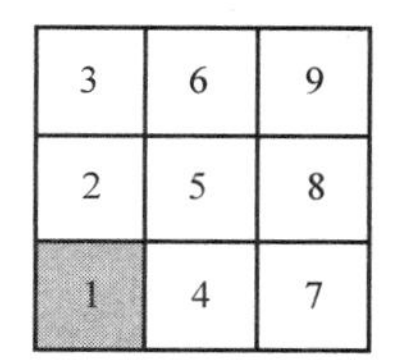

a) 按行排序的2种效果　　b) 按列排序的2种效果

图 9.45　排序依据

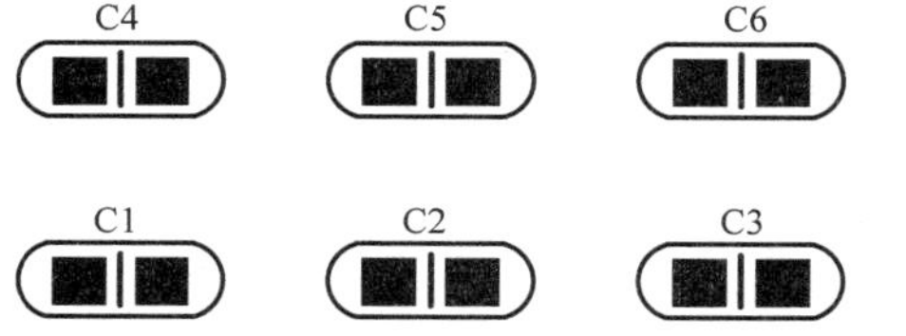

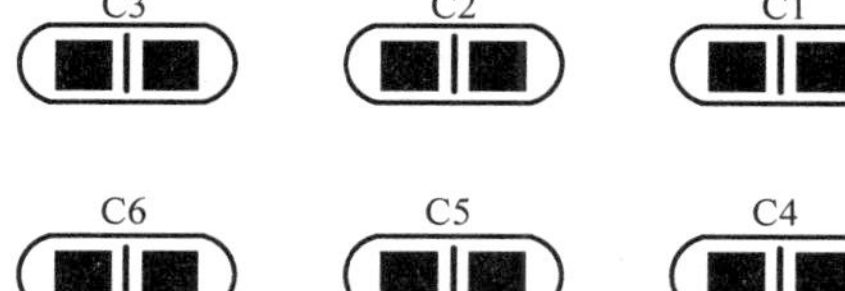

a) 以元件参考编号排序　　b) 不以元件参考编号排序

图 9.46　以元件参考编号排序前后的效果

9.6.4　编辑组合

如果在组合创建后还需要进一步优化其中的元件布局，可以选中该组合后执行【右击】→【修改组合成员】，然后你就能够（像普通元件一样）对组合中的元件进行操作，优化完成后再次执行【右击】→【修改组合成员】即可（对元件阵列无效）。如果你想将元件从组合中撤消，只需要选中元件后执行【右击】→【从组合中打散】即可，但是请注意：一定要先执行“修改组合成员”命令。

如果想将其他元件加入到已经创建的组合，首先需要在“选择筛选条件”对话框中勾选“元件”与“组合”项，然后选中某个组合以及一个或多个需要加入到该组合的元件，再执行【右击】→【创建组合】即可弹出如图 9.47 所示对话框，再单击“是”按钮即可。

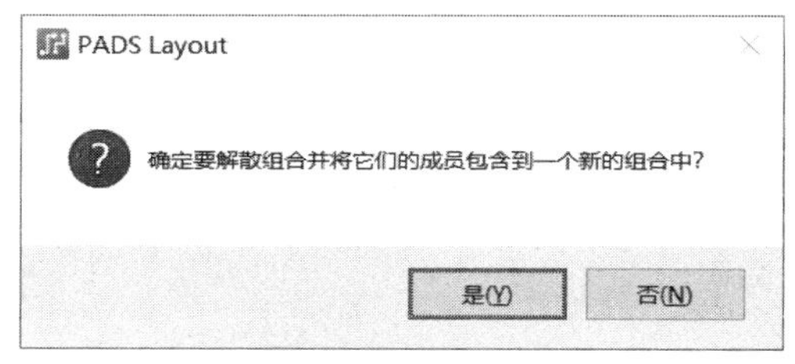

图 9.47　提示对话框

9.6.5　删除组合

删除组合并非将组合中的元件从网络表中删除，而是将已经创建的元件组合打散，只需要选中组合后执行【右击】→【打散】即可，快捷菜单中还包含“打散所有组合”与“打散所有相似组合”命令，此处不再赘述。

9.7　簇

簇（Clusters）也是多个元件的集合，但是与组合不同，其并不关注元件之间的相对位置，而是以电气连接关系为基础的多个元件、组合或其他簇的集合，主要适用于大型 PCB 布局场合。举个例子，某个电路系统非常复杂，包含电路模块与元件都非常多，此时你可以将所有电路模块各自创建为簇，然后以簇为单位进行宏观布局，之后再将其打散后按常规方式布局即可。

9.7.1　创建簇

簇的创建过程与组合相似，选中需要创建簇的元件后，执行【右击】→【创建簇】即可弹出如图

9.48 所示“簇名称定义”对话框，从中输入需要的簇名称再单击“确定”按钮即可。以 PADS 自带的 prewview.sch 与 previewnet.pcb 为例，现在要将原理图页“POWER”中对应的所有元件创建为簇，首先使用原理图驱动功能在 PADS Logic 中选中该原理图页中的所有元件，此时 PADS Layout 中相应 PCB 封装将处于选中状态，执行前述创建簇操作后将会进入簇视图模式（选中的元件将会消失，取而代之的是一个圆圈），如图 9.49 所示，之后你可以对簇进行布局操作。如果想要退出簇视图模式以观察或移动簇中的元件，执行【查看】→【簇】即可切换到正常模式。

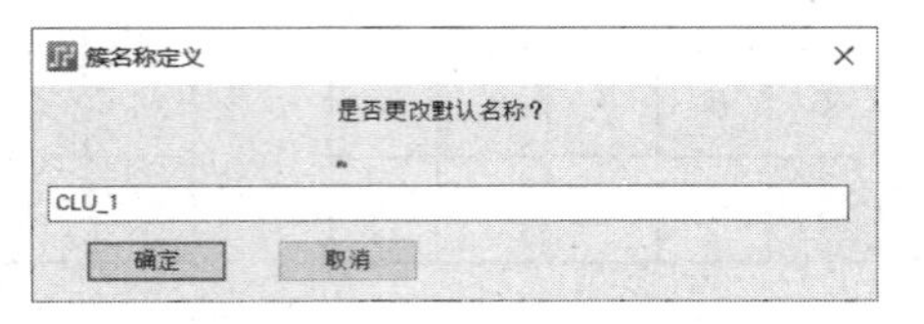

图 9.48 “簇名称定义”对话框

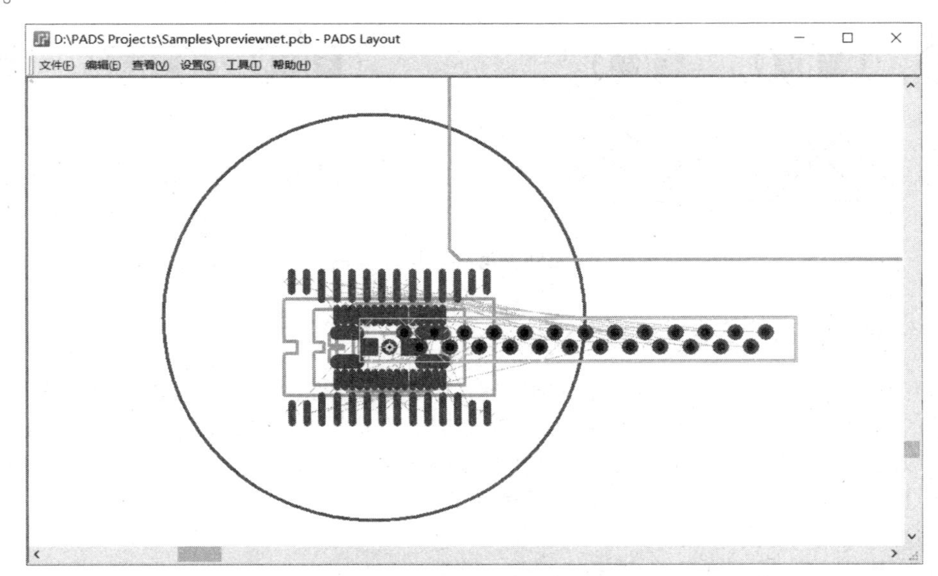

图 9.49 创建簇后的效果

9.7.2 编辑簇

如果你需要对已经创建的簇进行编辑，选中该簇后执行【右击】→【编辑手册（Edit Manual）】，如图 9.50 所示。之后簇中的元件将会以高亮状态显示，而其他不属于该簇的元件则显示为正常颜色，此时单击高亮状态的元件即可将其移出簇，而单击其他正常颜色的元件则会将其添加到该簇，完成编辑后执行【右击】→【完成】即可。同样，你也可以打散选中的簇或打散当前 PCB 文件中的所有簇。

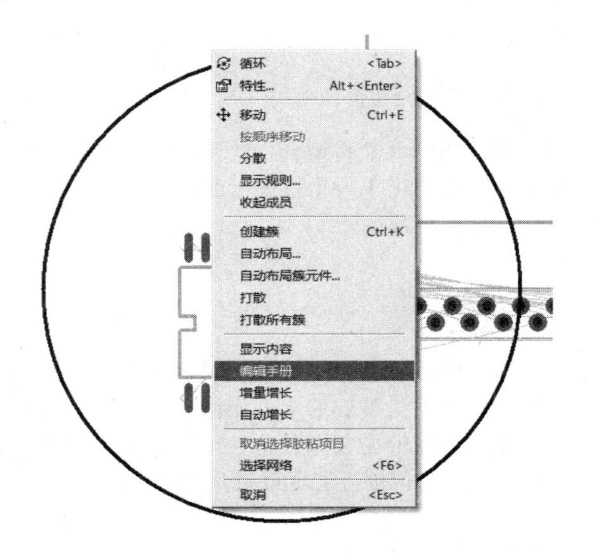

图 9.50 编辑簇

当然，你也可以执行【工具】→【簇管理器】，在弹出如图 9.51 所示“簇管理器”对话框中对现有的簇进行添加、删除或打散等操作，其中，左右两侧列表的作用相同，当前设计文件中的元件、组合、簇的前缀分别以“com”“UNI”“CLU”标识。举个例子，现在需要将元件 J1 添加到簇 CLU_1 中，首先选中左侧列表内的“CLU CLU_1”项再单击“展开”按钮（或直接双击），该列表中将会出现属于该簇的所有元件，然后在右侧列表内选中“com J1”项，再单击“<<”按钮即可将其添加到簇 CLU_1 中，

最后单击“确定”按钮即可，如图 9.52 所示。当然，你也可以将某个元件从簇中移除或打散簇，此处不再赘述。

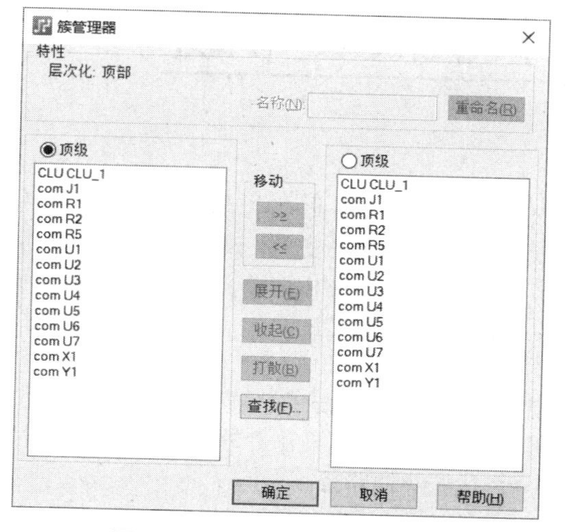

图 9.51　“簇管理器”对话框

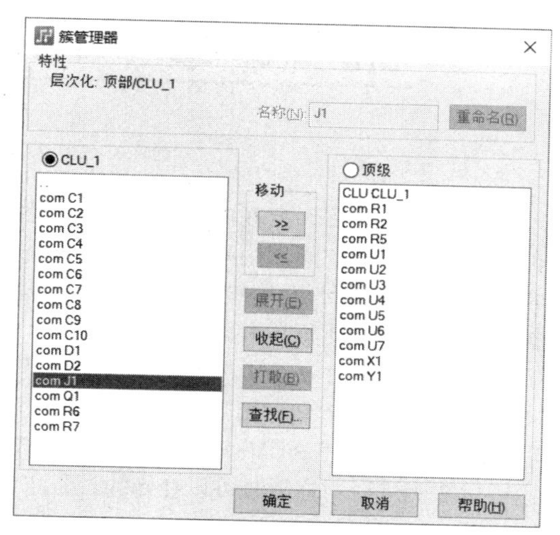

图 9.52　添加 J1 到簇 CLU_1 后状态

9.7.3　自动布局

执行【工具】→【簇布局】即可弹出如图 9.53 所示“簇布局”对话框，“自动对簇布局”组合框中存在“创建簇”“放置簇”“放置元件”3 个按钮，分别对应自动创建新簇、在板框中进行簇布局、在板框中进行元件布局 3 种操作。以自动元件布局操作为例，首先单击“放置元件”按钮（必要的时候单击“设置”按钮进行参数设置），再单击“运行”按钮之后将会弹出如图 9.54 所示“簇布局状态”对话框，PADS Layout 会将板框外的元件自动布局到板框内。如果自动布局期间出现安全间距违规，则会弹出如图 9.55 所示“布局违规”对话框。

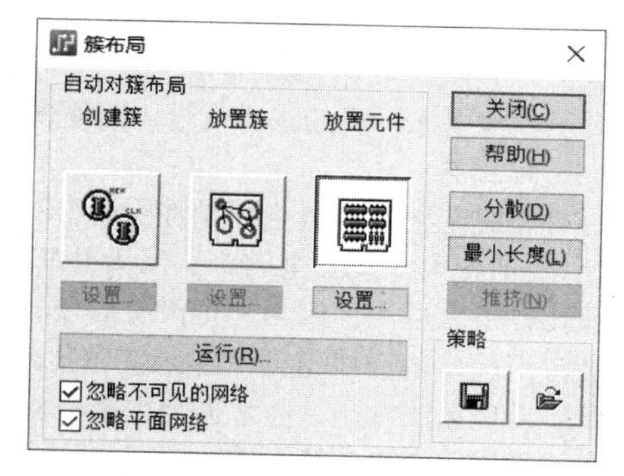

图 9.53　“簇布局”对话框

值得一提的是，进行自动元件布局操作前应该设置合理的设计栅格（例如 50mil 或 100mil）。如果设计中存在必须放置在特定位置的元件（例如，接插件、定位孔等），必须提前进行手动布局，并将其设置为胶粘状态。如果 PCB 板框内存在不允许放置元件的区域，则应该绘制禁止区域，并在相应的“绘图特性”对话框内的“禁止区域限制”组合框中勾选“布局”复选框。

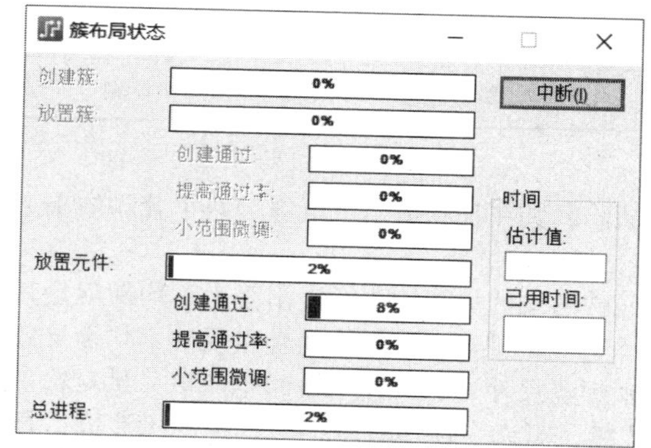

图 9.54　“簇布局状态”对话框

图 9.55　“布局违规”对话框

第 10 章　PADS Router 布线

元件经过布局后，存在电气连接关系的管脚之间暂时以飞线连接，籍此向你暗示后续应该使用真实的导线将其代替，而使用导线代替飞线的过程就是布线。布线是顺利完成产品设计的关键步骤，也通常是整个 PCB 设计过程中技巧最多且工作量最大的环节。对于简单的 PCB 设计，在考虑安全间距的前提下，只需要保证所有网络的连通性即可，但对于高频或高速等复杂 PCB 设计，还可能需要考虑串扰、阻抗匹配、辐射等问题。

本章首先简要介绍 PCB 布线的基本原则，然后再详细讨论 PADS Router 的选项参数与特性对话框，最后再结合实例阐述 PADS Router 常用的布线操作。值得一提的是，布线操作并非必须在所有元件布局完毕后才能进行，你随时可以在布线过程中调整元件布局以优先导线路径。

10.1　布线总则

布线的基本规则涉及的内容比较多，通常情况下，高频、高速、模拟小信号、载流量大等网络应该优先布线，以避免后续无足够空间完成符合要求（如过孔最少、长度最短、等长匹配等）的布线，对于其他要求不高的普通信号，即便多添加一些过孔（或布线长度更长）也可以接受。

1. 工艺

布线工艺的考量主要是在保证 PCB 可制造性的同时降低成本，主要体现在导线、过孔（或插件焊盘）、钻孔尺寸及安全间距，因为并非所有 PCB 的设计要求相同。例如，在简单的按键 PCB 中使用盲埋孔就不太适当，因为完全没有必要，而一块高密度 PCB 使用直径过大的布线过孔也不合适，因为其会占用较多的布线空间。如果要求比较高，一定要与厂家确认是否具备相应的生产能力（如果厂家接单后发现无法生产，通常也会主动与你沟通）。一般若无特殊要求，你可以按照大多数 PCB 厂商可以接受的通用生产工艺能力进行 PCB 设计，主要参数见表 10.1，仅供参考。

表 10.1　通用生产工艺

项　　目	最小值	项　　目	最小值
导线最小线宽	6mil	最小钻孔直径	12mil
导线与导线最小间距	6mil	过孔与过孔最小间距	6mil
导线与焊盘最小间距	10mil	焊盘与焊盘最小间距	6mil
导线与过孔最小间距	6mil	最小单边孔环	6mil

2. 焊盘入口

（1）回流焊工序中可能会出现元件偏移、立碑缺陷，其在片状电阻、电容等两个管脚的小型元件中最为常见，相应的效果如图 10.1 所示。

导致元件偏移与立碑缺陷的具体原因有很多，元件两端的焊锡熔化后表面张力不均衡就是其中之一，对于 PCB 设计而言，你能够做的就是尽量使两个焊盘的热容量相同，避免其受热不均衡导致锡膏熔化时间存在差异，所以在创建封装时应该尽量保证焊盘尺寸一致，在布线时也应该尽量对称（避免线宽差异过大）。如果某个焊盘需要与较宽的导线连接，可以先使用较窄的导线作为过渡以进行热隔离，如图 10.2 所示。

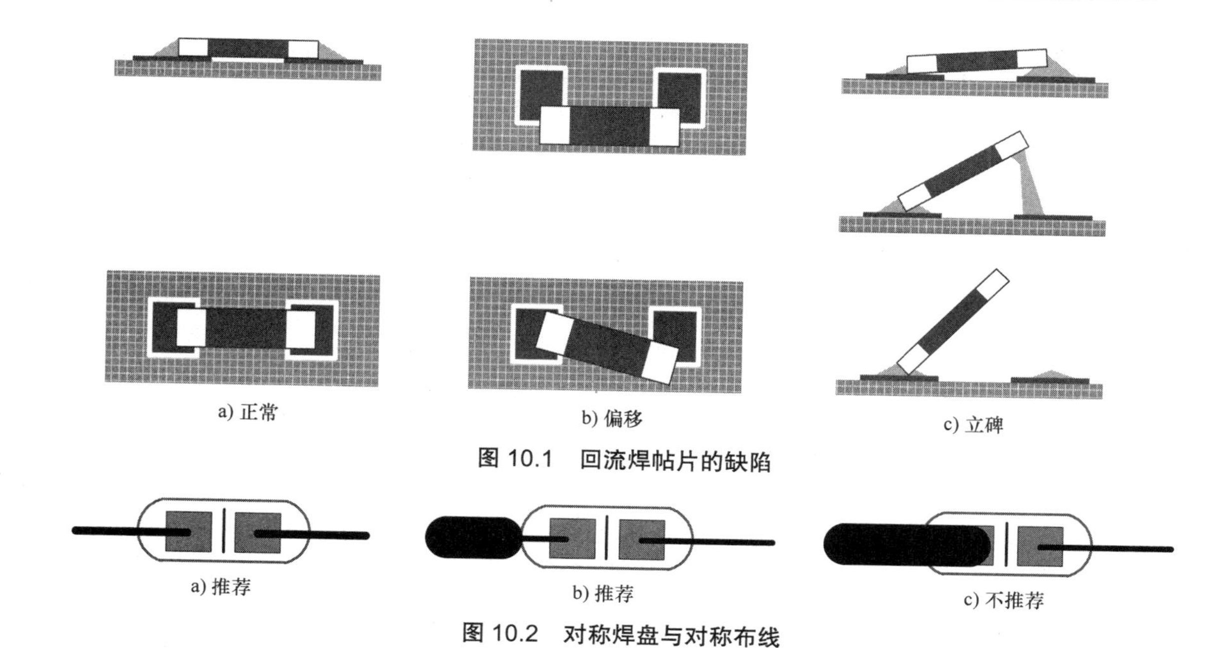

a) 正常　b) 偏移　c) 立碑

图 10.1　回流焊帖片的缺陷

a) 推荐　b) 推荐　c) 不推荐

图 10.2　对称焊盘与对称布线

（2）对于需要与大片铜箔连接的焊盘，尽量使用热焊盘（除非载流量无法满足需求），如图 10.3 所示。

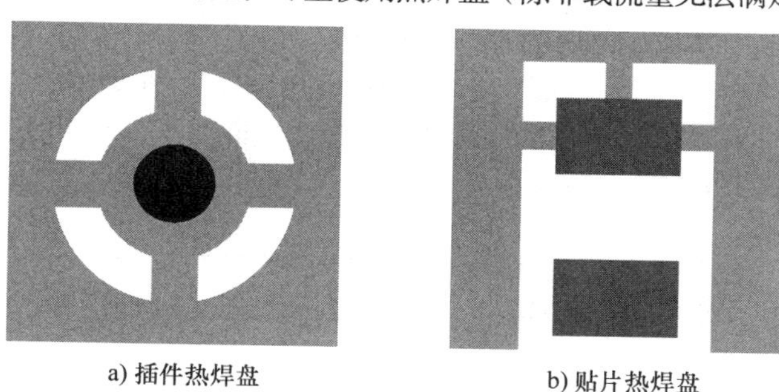

a) 插件热焊盘　b) 贴片热焊盘

图 10.3　使用热焊盘与大面积铜箔连接

（3）如果两个相邻管脚的网络相同，禁止两者直接相连（尤其是管脚间距比较小的芯片），因为后续检验时很容易被误认为是焊接短路生产问题，如图 10.4 所示。

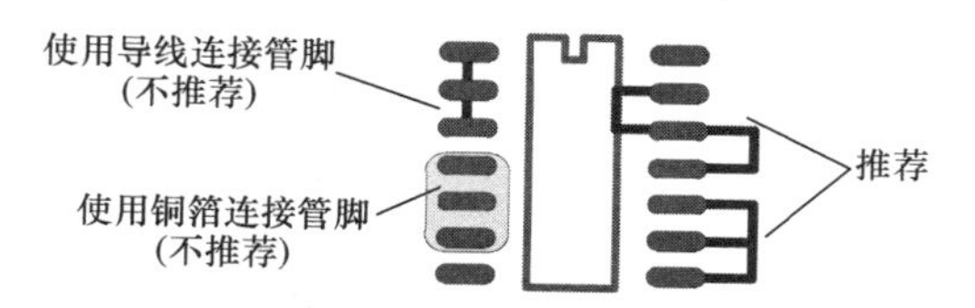

图 10.4　网络相同的相邻管脚的连接方式

（4）焊盘与导线形成的夹角尽量不小于 90°，以避免蚀刻工序中出现酸角现象（关于酸角详情见 11.1.1 小节），如图 10.5 所示。

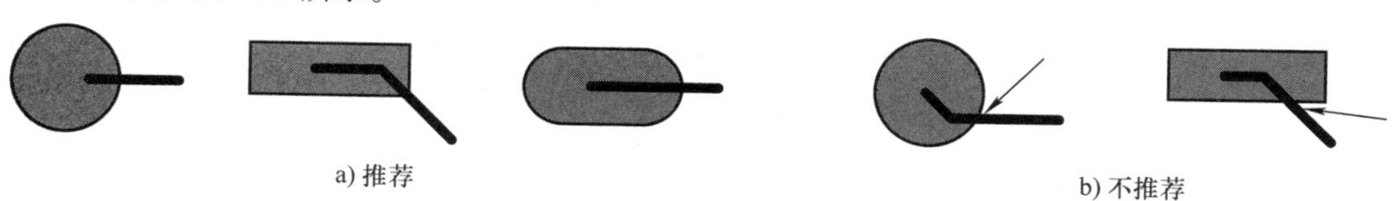

a) 推荐　b) 不推荐

图 10.5　焊盘与导线之间的夹角

3. 信号完整性

信号串扰以及返回平面不连续容易导致信号完整性问题，实际进行 PCB 布线时可遵循以下规则：

（1）相邻层的导线方向应尽可能相互垂直，以降低不同板层导线之间产生的串扰。当然，在高频或高速等关键信号应用场合下，尽量避免将相邻板层均作为布线层（可在多个布线层之间插入隔离地平面）。另外，导线段之间尽量使用 135° 拐角连接（圆弧形拐角更佳），小于 90° 的导线拐角应该禁止使用，以避免产生不必要的辐射（在蚀刻工序中也容易产生酸角）。

（2）尽量避免出现悬浮的导线分支（stub），还要防止不同板层信号线形成环路，以避免出现辐射干扰，如图 10.6 所示。

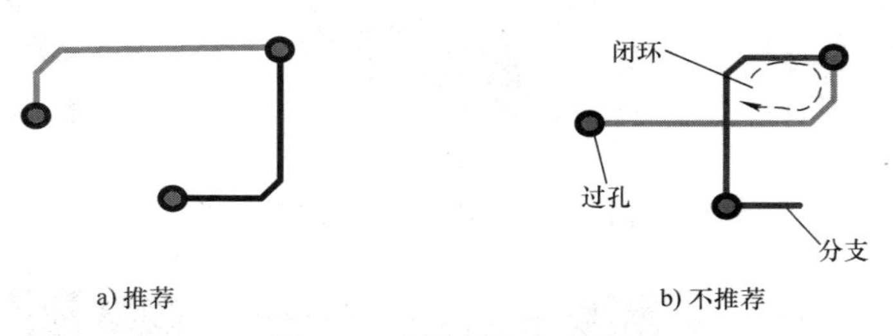

图 10.6 避免闭环与分支

（3）如果由于客观因素而无法为信号层分配单独的返回平面（例如，单面板，双面板），可以给关键信号线配置接地保护导线。当然，在已经存在返回平面的前提下，没有必要为距离足够远的两条信号导线插入接地保护导线，因为其耦合度通常已经很低，插入保护导线反而会增加串扰路径。

（4）关键信号的返回路径不应该存在密集过孔、槽、垂直于信号的布线等对象，以最大限度降低环路面积，因为环路面积越小，对其他信号造成的串扰会越小，对外潜在辐射的可能性越小，抗干扰能力也会更强。有阻抗要求的信号线更要保证阻抗连续，尽量少或不使用过孔，线宽尽量保持一致，如果实在无法做到，也应该尽量缩短线宽不一致区域的长度。

（5）除特殊要求的导线外（如等长线、高频线），所有导线的长度应该尽可能短，以削弱可能产生的串扰。过长的导线分支可能会导致高速或高频信号反射，应该尽可能缩短。例如，使用多片 DDR2 SDRAM 扩展数据总线时通常会采用远端星形（即 T 形）拓扑，此时应该使分支长度最短。同理，使用多片 DDR3 SDRAM 扩展数据总线时通常会采用菊花链拓扑，此时也要求分支长度最短（即 Fly-by 拓扑），如图 10.7 所示。

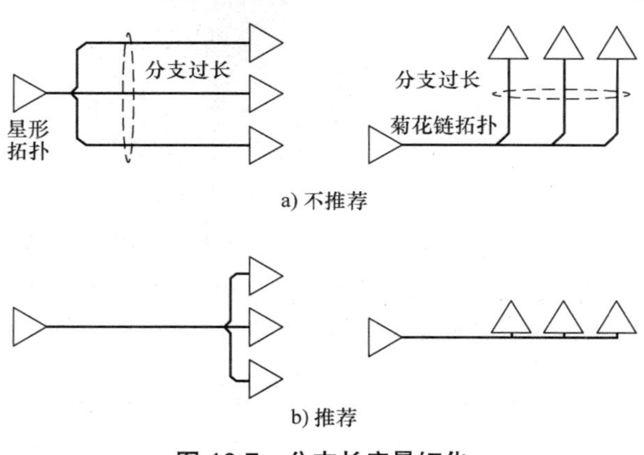

图 10.7 分支长度最短化

4. 电源完整性

电源系统的完整性与否也会间接影响信号的完整性，所以严格说来，电源完整性也属于信号完整性的范畴，但由于其中涉及的内容也不少，所以决定将其单独汇总出来，主要描述如下：

（1）每一个功能模块（或芯片）的电源与地线之间添加去耦电容，去耦电容的布线宽度尽量宽而短，以充分发挥去耦效果，如图 10.8 所示。多个功能模块共用电源时可能会导致电源线较长，此时应该保证电源与地之间的环路尽量小。另外，为避免共路噪声干扰元件的正常工作，尽量先对电源进行去耦，如图 10.9 所示。

（2）对于需要扇出的旁路电容，尽量缩短扇出导线的长度，使用多个过孔加强连接则效果更佳，相同网络（电源与电源、地与地）的过孔间距应该尽可能加大，不同网络（电源与地）的过孔间距应尽可能减小，以进一步增强电源与地线之间的互感（降低环路电感），如图 10.10 所示。

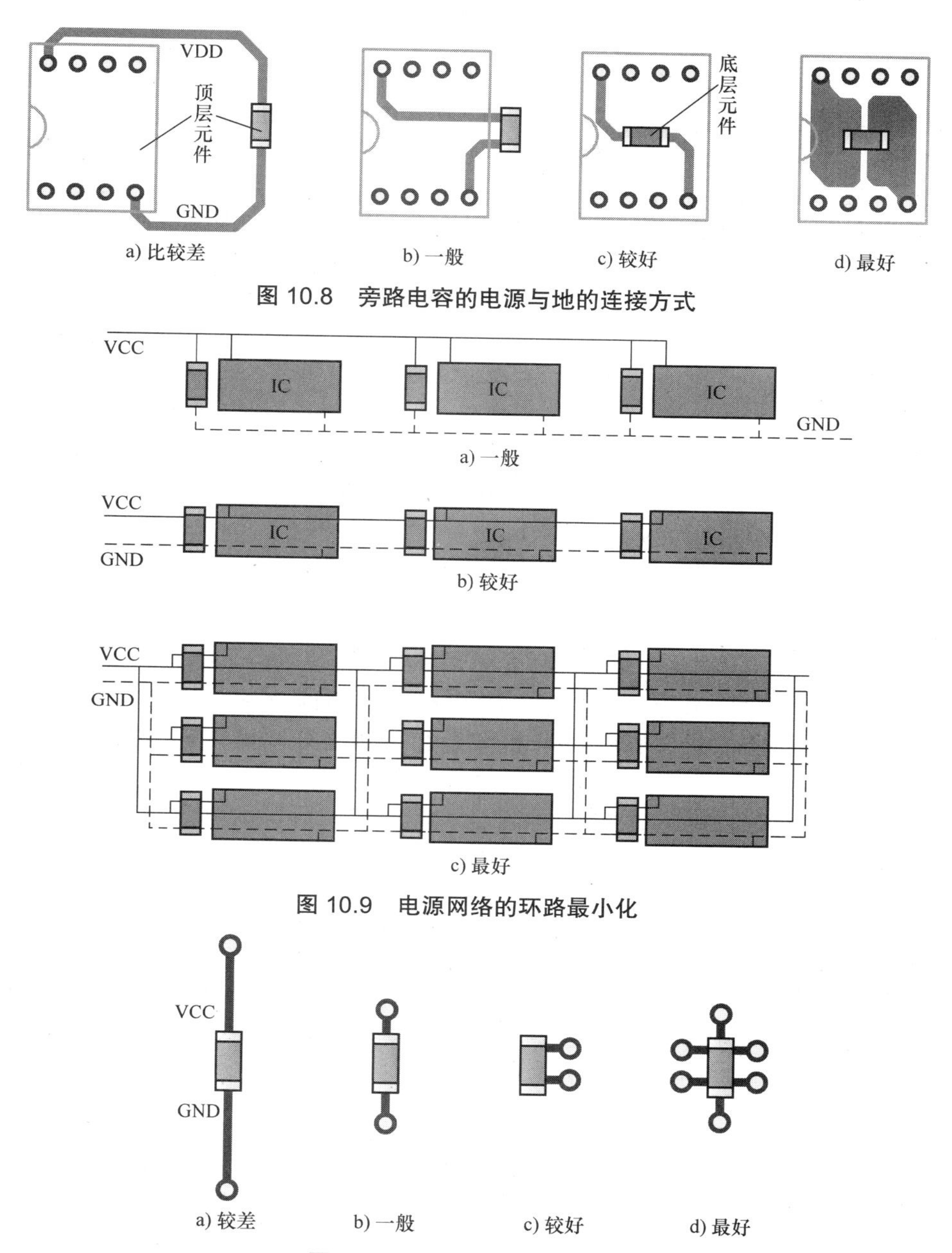

a) 比较差　b) 一般　c) 较好　d) 最好

图 10.8　旁路电容的电源与地的连接方式

a) 一般

b) 较好

c) 最好

图 10.9　电源网络的环路最小化

a) 较差　b) 一般　c) 较好　d) 最好

图 10.10　扇出过孔放置方式

（3）高频或高速 PCB 设计中通常会使用多点接地方案（将各自的接地点就近与地平面连接），因为此时电源与地平面都不再是理想的纯电阻性质，分布电感的存在会使得环路阻抗增加，多点接地能够最大限度地降低环路阻抗，如图 10.11 所示。

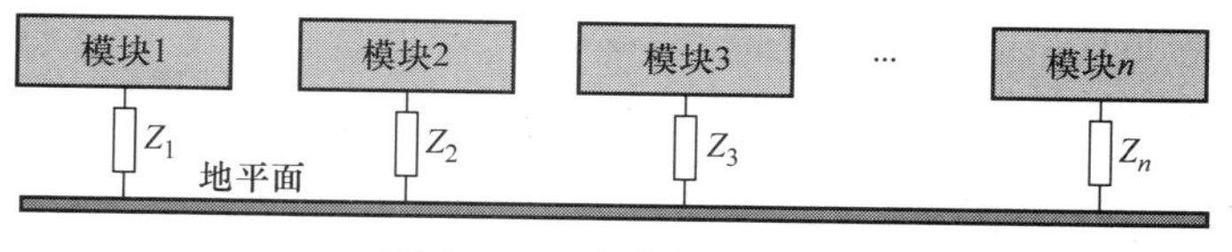

图 10.11　多点接地方案

但是在处理低频模拟信号的场合中却通常采用单点接地方案，因为此时地线呈现的阻抗并不高，所以更应该集中精力避免共路噪声的影响。单点接地方案主要存在并联接地与串联接地两种形式，如图 10.12 所示。在并联单地接地方案中，地电流独立的每个模块之间不存在串扰，也是低频应用的优选方案，但缺点是布线会比较复杂，因为你需要对每个模块都使用单独的导线与主电源连接。串联单点接地是一种折中方案，你可以根据电路的抗干扰能力将多个模块先并联在一起，再与单点接地处连接，当然，此时会产生一些共路噪声，离单点接地平面越远的节点产生的共路噪声更大，因为其是多个地电流产生噪声的叠加，所以一定要将抗干扰能力最弱的模块放置在离单点接地最近的位置。

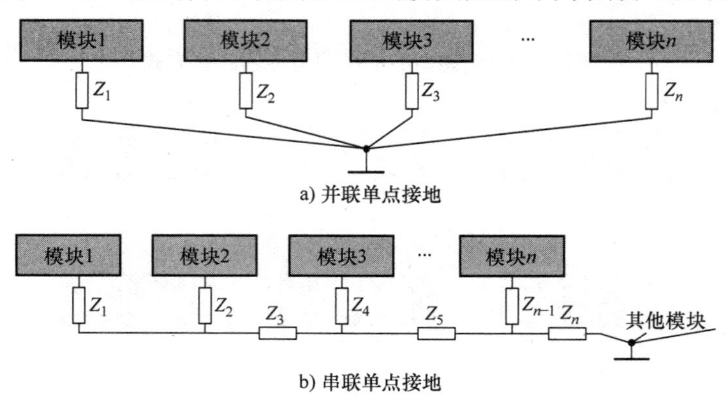

a) 并联单点接地

b) 串联单点接地

图 10.12 单点接地方案

（4）如果设计中存在多个独立的电源，并且其都存在相应的参考平面，尽量避免电源层区域发生重叠以减少不同电源之间的干扰（尤其是电压相差很大的电源之间），实在无法避免时可考虑添加中间隔离平面层。

10.2 选项

在初次使用 PADS Router 进行布线时，你可能会感到有些生硬（或者说不太灵活），这极有可能是因为未进行合适的选项参数配置而导致。执行【工具】→【选项】（或快捷键“Ctrl+Enter”）即可弹出如图 10.13 所示“选项”对话框，当你在左侧列表中选择某个类别时，右侧将显示该类别下的所有可供配置的选项，每个类别均控制着 PCB 设计过程中某一类环境参数，本节将对其进行详细阐述。需要注意的是，与 PADS Layout 完全相同的参数将不再赘述。

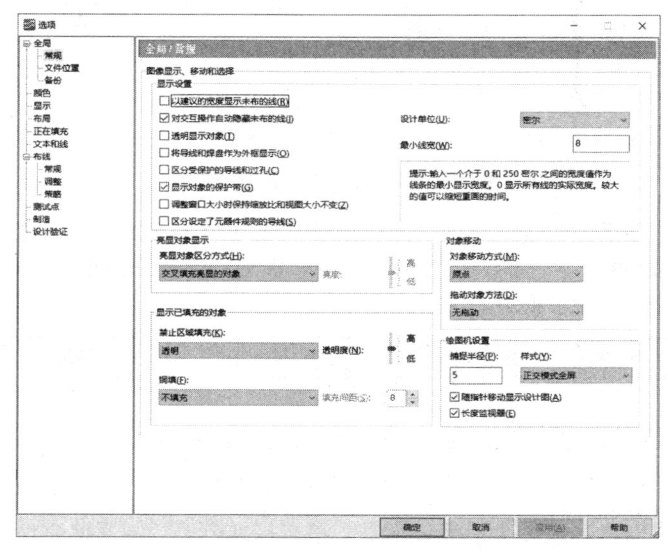

图 10.13 “选项”对话框

10.2.1　全局

该类选项用于对 PADS Router 进行全局设置（对于所有打开的 PCB 文件都有效），其中包含常规、文件位置及备份共 3 个标签页。

1. 常规

该标签页见图 10.13，其中包含的选项主要描述如下：

（1）以建议的宽度显示未布的线（Show Unroutes at Recommended Width）：在默认情况下，未布线（飞线）的表现形态是一条很细的线，如果勾选该复选框，未布线将会以设计规则中设置的推荐导线宽度显示，这样你在未布线前就能够观察到布线完成后的默认宽度，相应的效果如图 10.14 所示。

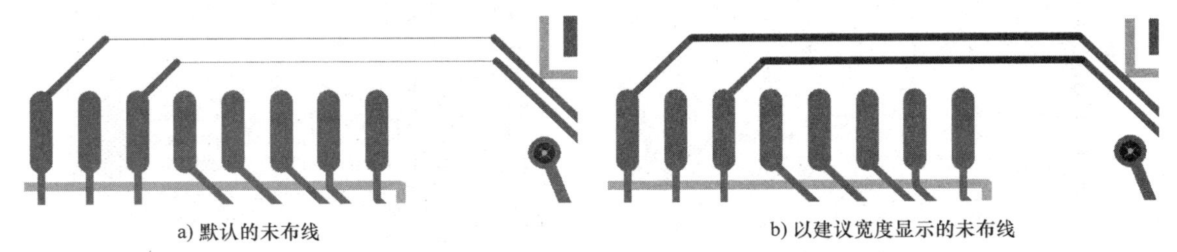

a) 默认的未布线　　　　b) 以建议宽度显示的未布线

图 10.14　勾选“以建议的宽度显示未布的线”复选框前后的效果

（2）对交互操作自动隐藏未布的线（Auto-Hide Unroutes for Interactive Actions）：交互操作主要针对导线的布线与编辑，如果勾选该复选框，除当前正在布线的管脚对飞线外，其他无关的飞线将处于隐藏状态。否则，无论在哪种状态下，飞线均会处于显示状态，相应的效果如图 10.15 所示。值得一提的是，该选项在元器件移动时也有效。

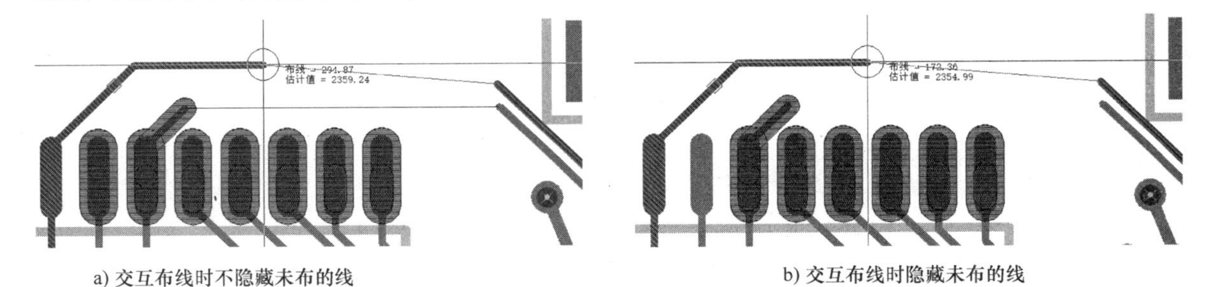

a) 交互布线时不隐藏未布的线　　　　b) 交互布线时隐藏未布的线

图 10.15　勾选“对交互操作自动隐藏未布的线”复选框前后的效果

（3）透明显示对象（Make Objects Transparent）：当你勾选该复选框后（无模命令“T”），工作区域中的显示对象将以导线为主，所有板层中可能阻挡其完整显示的焊盘、过孔等对象都将透明显示，相应的效果如图 10.16 所示。

（4）将导线和焊盘外框显示（Show Traces and Pads as Outlines）：勾选该复选框即可进入外框显示模式（无模命令“O”），此时所有对象仅会显示外框，相应的效果如图 10.17 所示。

（5）区分受保护的导线和过孔（Distinguish Protected Traces and Vias）：该复选框类似于 PADS Layout 的“选项”对话框内“布线 / 常规”标签页中的“显示保护”复选框（见图 8.48），只不过对过孔同样有效。如果勾选该复选框，在正常视图模式下，受保护的导线仅会显示轮廓线，反过来，在轮廓视图模式下，受保护的导线将以实心线显示，而其他未受保护的导线反而以轮廓线显示，这样可以很直观地辨别哪些导线处于受保护状态（受保护的过孔总是以外框模式显示），如图 10.18 所示。

（6）显示对象的保护带（Show Guard Bands on Object）：当你勾选该复选框后进行交互式布线时，布线周围的对象将出现保护带以显示相应的安全间距，用来提醒保护带以内的区域不可布线。当你调整安全间距时，保护带的宽度也会随之变化。如果未勾选该复选框则不会出现保护带，相应的效果如图 10.19 所示。

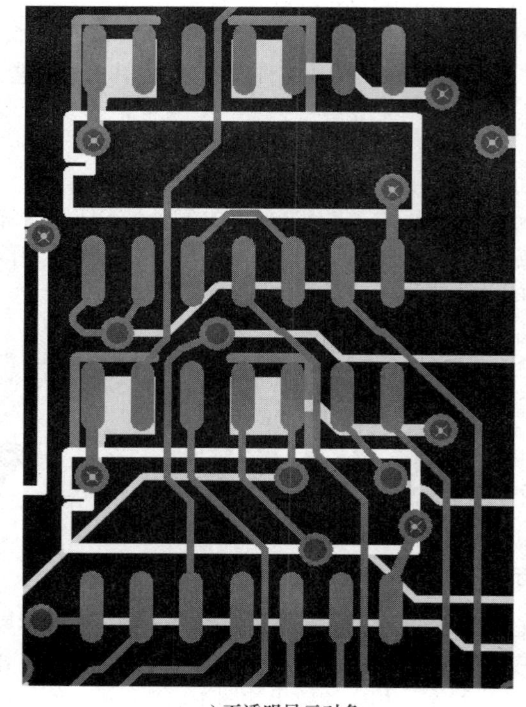

a) 不透明显示对象　　b) 透明显示对象

图 10.16　勾选“透明显示对象”复选框前后的显示效果

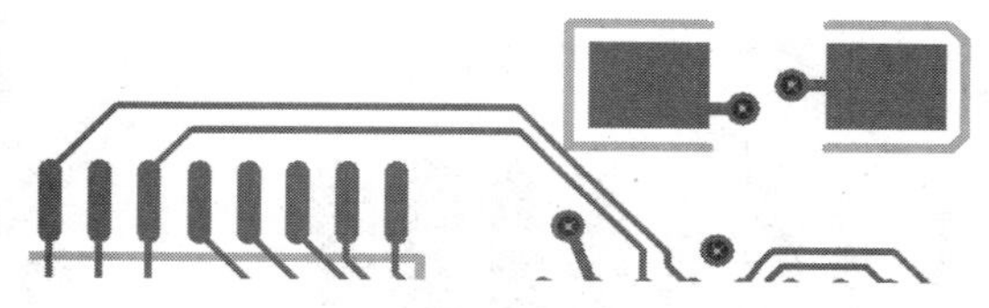

a) 正常显示模式　　b) 外框显示模式

图 10.17　勾选“将导线和焊盘外框显示”复选框前后的显示效果

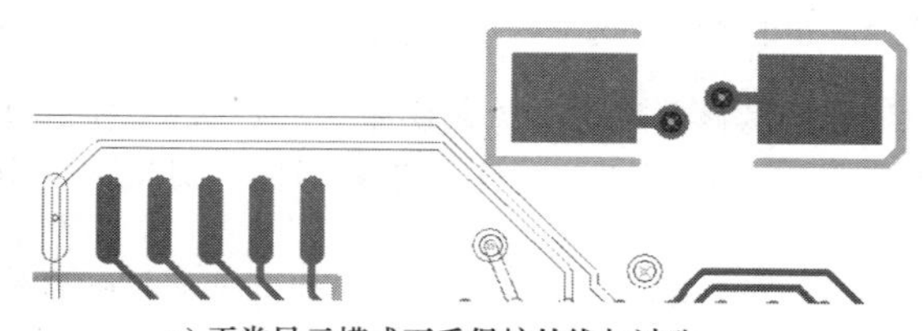

a) 正常显示模式下受保护的线与过孔

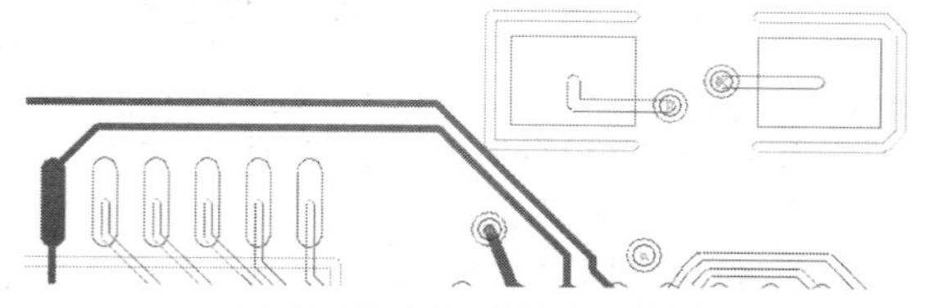

b) 外框显示模式下受保护的线与过孔

图 10.18　勾选“区分受保护的导线和过孔”复选框前后的显示效果

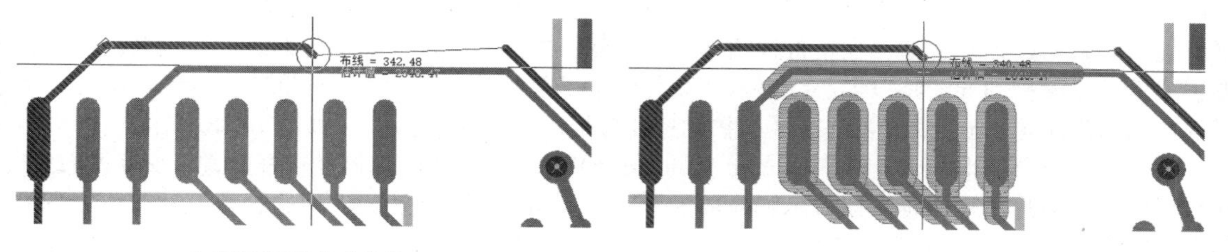

a) 不显示对象的保护带　　b) 显示对象的保护带

图 10.19　勾选“显示对象的保护带”复选框前后的效果

（7）调整窗口大小时保持缩放比和视图大小不变（Maintain Scale and View on Window Resize）：该选项等同于 PADS Logic 中“选项”对话框内“常规”标签页的“调整窗口大小时保持视图大小不变”复选框（见图 4.1），PADS Layout 中“选项”对话框内也存在对应的选项（见图 8.1），此处不再赘述。

（8）区分设定了元器件规则的导线（Distinguish Component Rules Traces）：当你勾选该复选框后，与“已设置‘元器件’规则的元件”连接的导线将与普通导线的显示方式不同，相应的效果如图 10.20 所示。

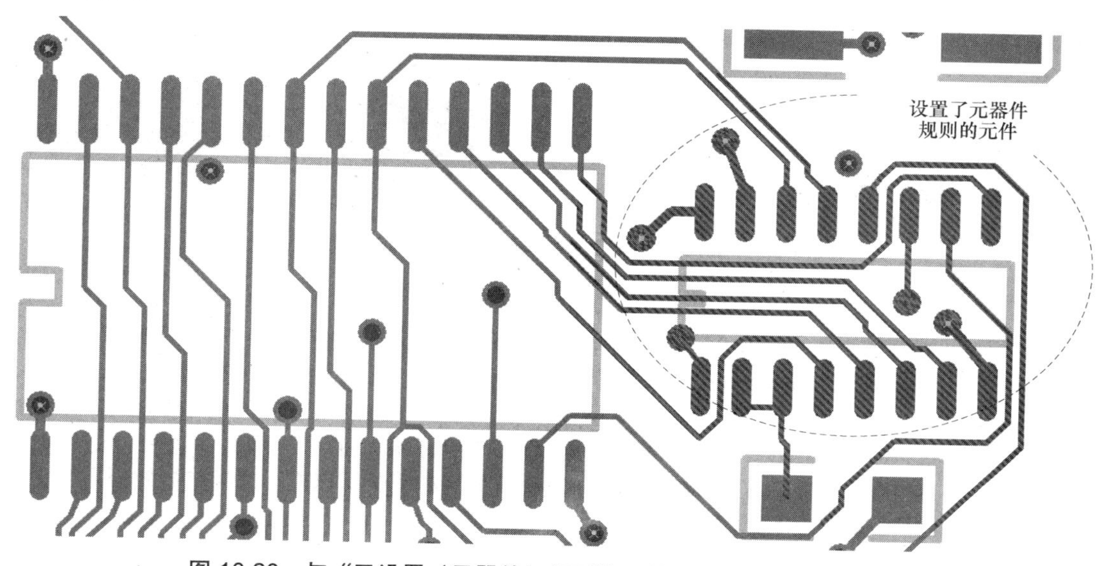

图 10.20　与“已设置‘元器件’规则的元件”连接的导线显示效果

（9）最小线宽（Minimum Line Width）：该文本框等同于与 PADS Layout 的“选项”对话框内“最小显示宽度”文本框（见图 8.1），对于 PCB 文件中大于该值的图线，PADS Router 按实际宽度显示（若该选项被设置为 0，所有图线都以实际宽度显示），对于 PCB 文件中小于该值的图线，PADS Router 不显示其真实线宽而仅显示其中心线。

（10）亮显对象区分方式（Distinguish Highlighted Objects by）：高亮显示某个对象是一种操作，在 PADS Router 中可以执行【编辑】→【查找】，在弹出如图 10.21 所示“查找”对话框中选择“操作”列表中的“亮显”项后，再通过“查找条件”列表找到对象，单击“应用”或“确定”按钮即可。当然，你也可以在选中对象后执行【编辑】→【亮显】获得相同的效果。

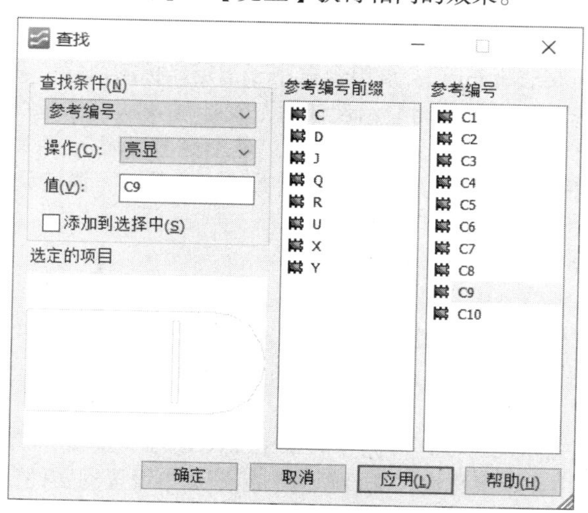

图 10.21　“查找”对话框

当某个对象处于亮显状态时，你还可以额外指定某种区分别于其他对象的显示方式，相应的“亮显对象区分方式”列表中包含 4 种选项。“禁用亮显（Turning Off Highlighting）”项表示禁止使用亮显操作，即便你已经将某个对象设置为亮显状态。“交叉填充亮显的对象（Crosshatching Highlighted Object）”项表示处于亮显状态的对象将以另一种方式填充，相应的效果如图 10.22 所示。“暗显其他对象的颜色（Dimming Other Object Colors）”与“灰显其他对象（Displaying other object in gray）”项相似，处于亮显示状态的对象都会以正常颜色显示，但前者会将其他对象的颜色变得更暗（以突出显示亮显对象），你还可以调节暗显的程度，而后者会将其他对象都显示为灰色。

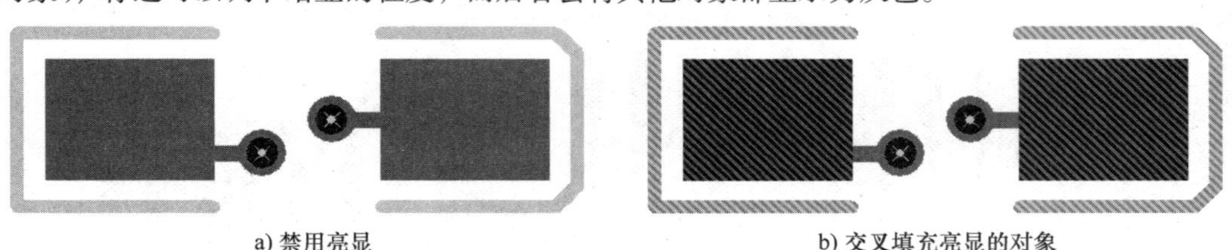

a) 禁用亮显　　b) 交叉填充亮显的对象

图 10.22　交叉填充亮显的对象

（11）显示已填充的对象（Filled Object Display）：该组合框用于指定禁止区域与铜箔的填充方式，其中包括不填充（No Fill）、实线（Solid）、透明（Transparent）、正交填充（Orthogonal Hatch）、斜交填充（Diagonal Hatch）、正交交叉填充（Orthogonal Crosshatch）、斜交交叉填充（Diagonal Crosshatch）共 7 种选项，相应的效果如图 10.23 所示。值得一提的是，当你选择“透明”项时，右侧的“透明度”调节器将变得有效，你可以通过它调节填充透明度（透明度最高相当于不填充，透明度最低相当于实线填充）。另外，当你选择各种正交填充时，“填充间距”项会变得有效，你可以通过它控制填充线的间距。

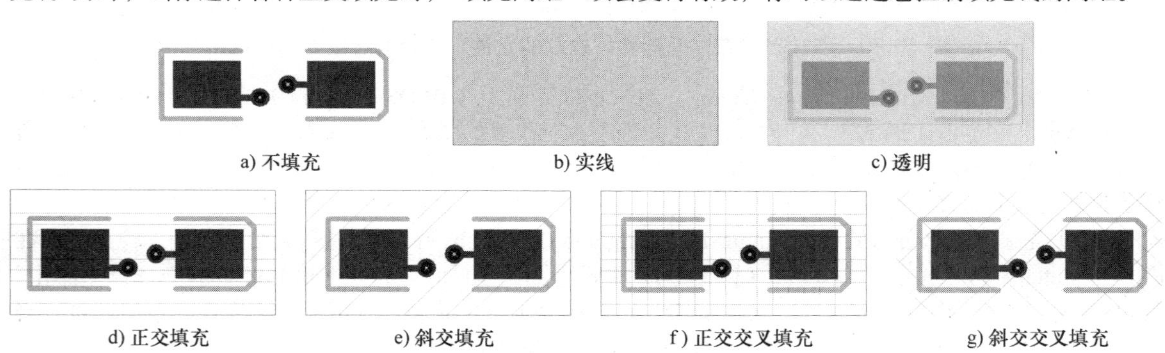

a) 不填充　　b) 实线　　c) 透明

d) 正交填充　　e) 斜交填充　　f) 正交交叉填充　　g) 斜交交叉填充

图 10.23　已填充对象的填充效果

（12）绘图机设置（Pointer Settings）：该组合框用于指定光标的风络，其中的捕获半径与样式参数与 PADS Layout 相同，勾选“随指针移动显示设计图”复选框表示当你布线或移动对象时，如果将光标放置在工作区域四周附近，视图会跟随光标平移（以显示更多区域），否则，只能自行手动平移工作区域。“长度监视器”复选框表示是否在光标旁边显示布线长度数据，详情见 10.4.1 小节和 10.5.3 小节。（笔者注：此组合框名称应为“光标设置”）。

2. 文件位置（File Location）

该标签页用来对 PADS Router 相关的文件类型及其默认路径进行设置，等同于 PADS Layout 中“选项”对话框内的“全局 / 文件位置”标签页，只不过能够设置路径的文件类型有所不同而已，具体如图 10.24 所示。请注意：备份文件的保存路径也在此标签页中设置，而并非在“备份”标签页中。

3. 备份（Backups）

该标签页用来设置文件备份的选项，等同于 PADS Layout 的“选项”对话框内的“全局 / 备位”标签页，如图 10.25 所示，其中显示了你在“文件位置”标签页中设置的文件备份保存路径。勾选“包括扩展程序目录”复选框表示为设计中包含的 3D 支持文件创建备份文件夹。

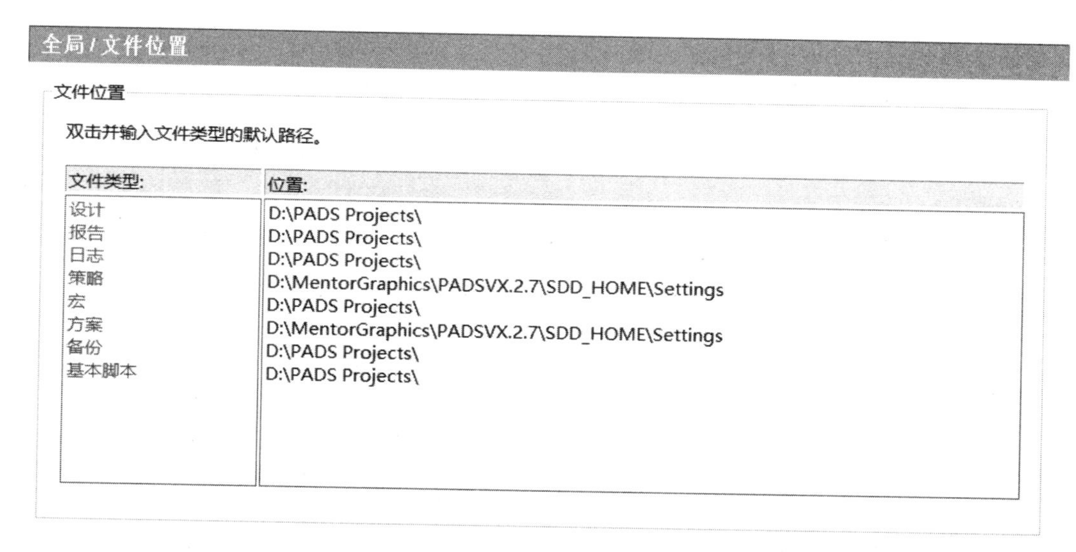

图 10.24　“文件位置”标签页

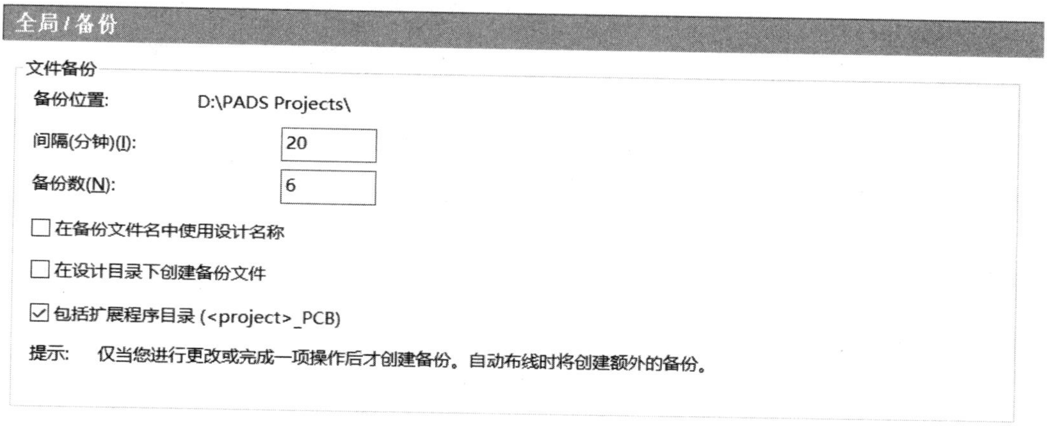

全局 / 备份
文件备份
备份位置:　D:\PADS Projects\
间隔(分钟)(I):　20
备份数(N):　6
☐ 在备份文件名中使用设计名称
☐ 在设计目录下创建备份文件
☑ 包括扩展程序目录 (<project>_PCB)
提示:　仅当您进行更改或完成一项操作后才创建备份。自动布线时将创建额外的备份。

图 10.25　“备份”标签页

10.2.2　颜色

该标签页用来对 PCB 文件中的对象进行颜色显示配置，如图 10.26 所示。与 PADS Layout 有所不同的是，你还可以设置测试点、热焊盘及保护带的显示颜色。

10.2.3　显示

该标签页等同于 PADS Layout 的“选项”对话框的“显示”标签页，用于设置网络（或管脚）对象中显示相应的名称（或管脚编号）的参数，如图 10.27 所示。

10.2.4　布局

该标签页用于控制“在 PADS Router 中对元件进行布局时的”行为，如图 10.28 所示。

（1）优化网络拓扑（Optimize Net Topology）：该组合框等同于 PADS Layout 的“选项”对话框内“设计”标签页的“长度最小化”组合框（见图 8.15），用于指定元件布局时的飞线最小化行为。

（2）设置角度增量（Set Angle Increment）：当你使用旋转（Spin）操作时，该参数决定对象旋转的最小角度，其取值范围在 0~360 之间。

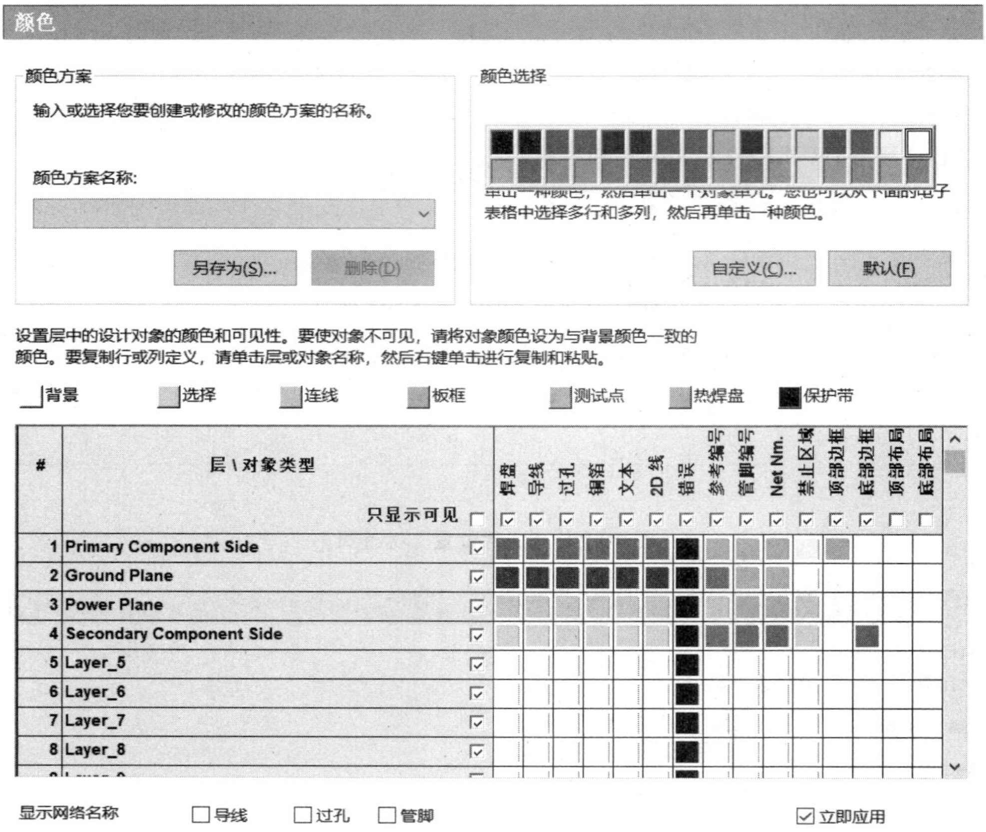

颜色

颜色方案

输入或选择您要创建或修改的颜色方案的名称。

颜色方案名称:

另存为(S)... 删除(D)

颜色选择

单击一种颜色，然后单击一个对象单元。您也可以从下面的电子表格中选择多行和多列，然后再单击一种颜色。

自定义(C)... 默认(F)

设置层中的设计对象的颜色和可见性。要使对象不可见，请将对象颜色设为与背景颜色一致的颜色。要复制行或列定义，请单击层或对象名称，然后右键单击进行复制和粘贴。

背景 选择 连线 板框 测试点 热焊盘 保护带

#	层\对象类型		焊盘	导线	过孔	铜箔	文本	2D线	错误	参考编号	管脚编号	Net Nm.	禁止区域	顶部边框	底部边框	顶部布局	底部布局
	只显示可见	☐	☑	☑	☑	☑	☑	☑	☑	☑	☑	☑	☑	☑	☑	☐	☐
1	Primary Component Side	☑															
2	Ground Plane	☑															
3	Power Plane	☑															
4	Secondary Component Side	☑															
5	Layer_5	☑															
6	Layer_6	☑															
7	Layer_7	☑															
8	Layer_8	☑															

显示网络名称 ☐导线 ☐过孔 ☐管脚 ☑立即应用

图 10.26 “颜色”标签页

显示

网络名/管脚编号文本

网络名/管脚编号文本大小(像素)

最小值: 50 最大值: 100

导线网络名称之间的最大间隙(像素): 100

图 10.27 “显示”标签页

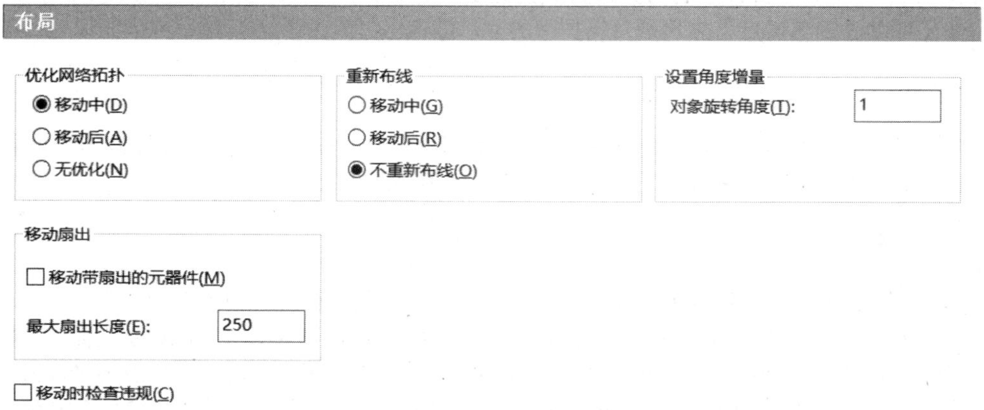

布局

优化网络拓扑

- ◉ 移动中(D)
- ○ 移动后(A)
- ○ 无优化(N)

重新布线

- ○ 移动中(G)
- ○ 移动后(R)
- ◉ 不重新布线(O)

设置角度增量

对象旋转角度(T): 1

移动扇出

☐ 移动带扇出的元器件(M)

最大扇出长度(E): 250

☐ 移动时检查违规(C)

图 10.28 “布局”标签页

（3）重新布线（Reroute Traces）：此组合框类似于 PADS Layout 的“选项”对话框内“设计”标签页的“元器件移动时拉伸导线”复选框（见图 8.15）。当指定为“移动中”时，（原来与元件连接的）导线会在元件移动期间总是与其相连并实时根据元件的状态调整。当指定为“移动后”时，（原来与元件连接的）导线在元件移动中期间将被隐藏，但在移动后会重新连接。当指定为“不重新布线”时，（原来与元件连接的）导线会在元件移动后全部被删除（与元件连接的只有飞线）。

（4）移动扇出（Move Fanouts）：前面已经提过，扇出是从贴片焊盘拉出的那一段导线（通常还会添加一个过孔），如果某个元件已经扇出完毕，你想将“包含元件、短导线及过孔的”所有对象进行整体移动，可以先选中所有（需要移动的）对象再执行移动操作吗？ PADS Router 中行不通（PADS Layout 中可以）！此时你可以勾选“移动带扇出的元器件”复选框，这样即便你仅仅移动元件，与之相关的扇出也会随元件移动并保持不变，你还可以进一步指定“最大扇出长度（Maximum fanout length）”值，该值仅在扇出导线不大于此值的情况下才有效。

图 10.29 所示元件的扇出短导线包含 2 个过孔，与焊盘中心的距离分别为 90mil 与 180mil。假设你已经勾选了“移动带扇出的元器件”复选框，如果设置的“最大扇出长度”值小于 90mil，则移动元件时将不存在导线与其同时移动。如果设置值在 90~180mil 之间，则只有过孔 1 及其与元器件之间的导线会与元件同时移动。如果设置值大于 180mil 时，过孔 2、过孔 1 及导线都将会与元件同时移动。

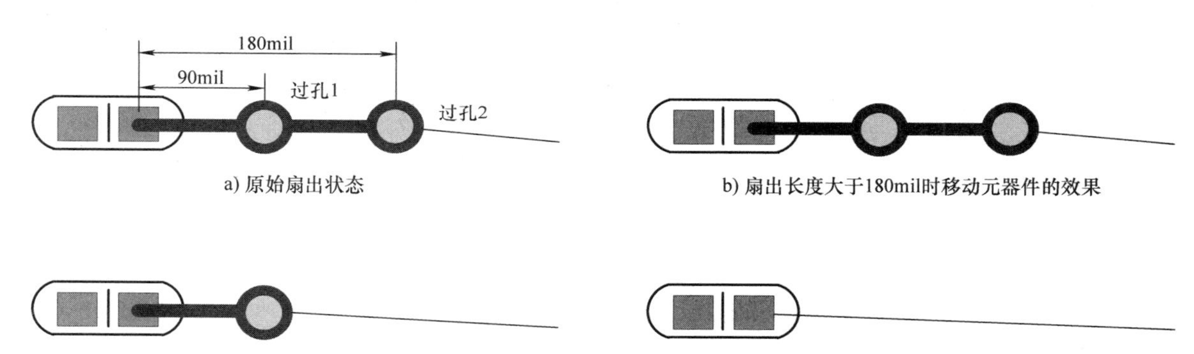

a) 原始扇出状态

b) 扇出长度大于180mil时移动元器件的效果

c) 扇出长度在90~180mil时移动元器件的效果

d) 扇出长度小于90mil时移动元器件的效果

图 10.29　设置不同扇出长度时移动元器件的效果

（5）移动时检测违规（Check Violatioins During Move）：当勾选该复选框后移动或旋转元器件时，PADS Router 将实时根据设计规则对附近的其他对象进行调整。否则，根据设计规则调整附近其他对象的行为仅在元件完成移动（或旋转）操作之后进行。

10.2.5　正在填充

该标签页的所有选项与 PADS Layout 的“选项”对话框内的“覆铜平面”类别选项对应，具体如图 10.30 所示，此处不再赘述。

10.2.6　文本和线

该标签页的所有选项与 PADS Layout 的“选项”对话框中“文本和线”类别选项对应，具体如图 10.31 所示，此处不再赘述。

10.2.7　布线

该类标签页用于控制在 PADS Router 中进行布线时的具体行为，其中包含布线、调整及策略共 3 个标签页，其中，“策略”标签页见 12.3 节。

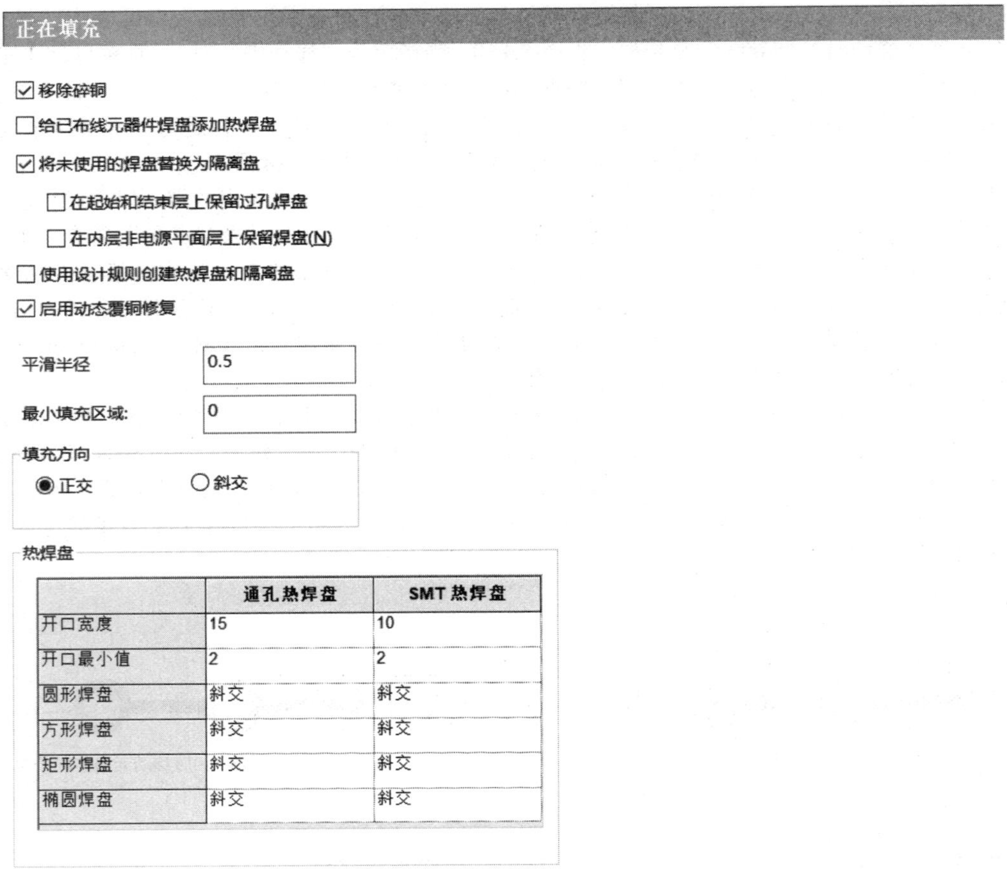

正在填充

☑ 移除碎铜

☐ 给已布线元器件焊盘添加热焊盘

☑ 将未使用的焊盘替换为隔离盘

☐ 在起始和结束层上保留过孔焊盘

☐ 在内层非电源平面层上保留焊盘(N)

☐ 使用设计规则创建热焊盘和隔离盘

☑ 启用动态覆铜修复

平滑半径 0.5

最小填充区域: 0

填充方向

◉ 正交 ○ 斜交

热焊盘

	通孔热焊盘	SMT 热焊盘
开口宽度	15	10
开口最小值	2	2
圆形焊盘	斜交	斜交
方形焊盘	斜交	斜交
矩形焊盘	斜交	斜交
椭圆焊盘	斜交	斜交

图 10.30 “正在填充”标签页

文本和线

默认宽度(F): 10

☑ 完成覆铜时提示网络名称

图 10.31 “文本和线”标签页

1. 常规（General）

常规标签页如图 10.32 所示，其中包含的选项主要描述如下：

（1）布线角度（Routing Angle）：该组合框等同于 PADS Layout 的“选项”对话框内“设计”标签页的“线 / 导线角度”，选项“正交”“斜交”“任意角度”对应的无模命令分别为“AO”“AD”“AA”。

（2）动态布线（Dynamically Route）：如果未勾选该复选框，在进行 PCB 布线时，你需要手工添加导线的每个拐角与指定导线的每个路径，此时的布线效果与 PADS Layout 的“添加布线”工具相似。如果勾选该复选框，PADS Router 能够根据光标移动位置自动添加导线拐角与避让障碍物以寻找合适的路径，也就能够节省大量的布线时间。值得一提的是，差分对布线时总是以动态方式进行布线。

（3）重新布线时允许回路（Allow Loops When Rerouting）：当你对已经布好的导线重新布线时，原来已经布好的导线应该怎么处理呢？如果想要删除原来导线，则应该清除该复选框，如果你有特殊的目的（例如，想通过多条导线加粗导线），则可以勾选该复选框，这样原导线会在新导线添加后仍然保留，相应的效果如图 10.33 所示。

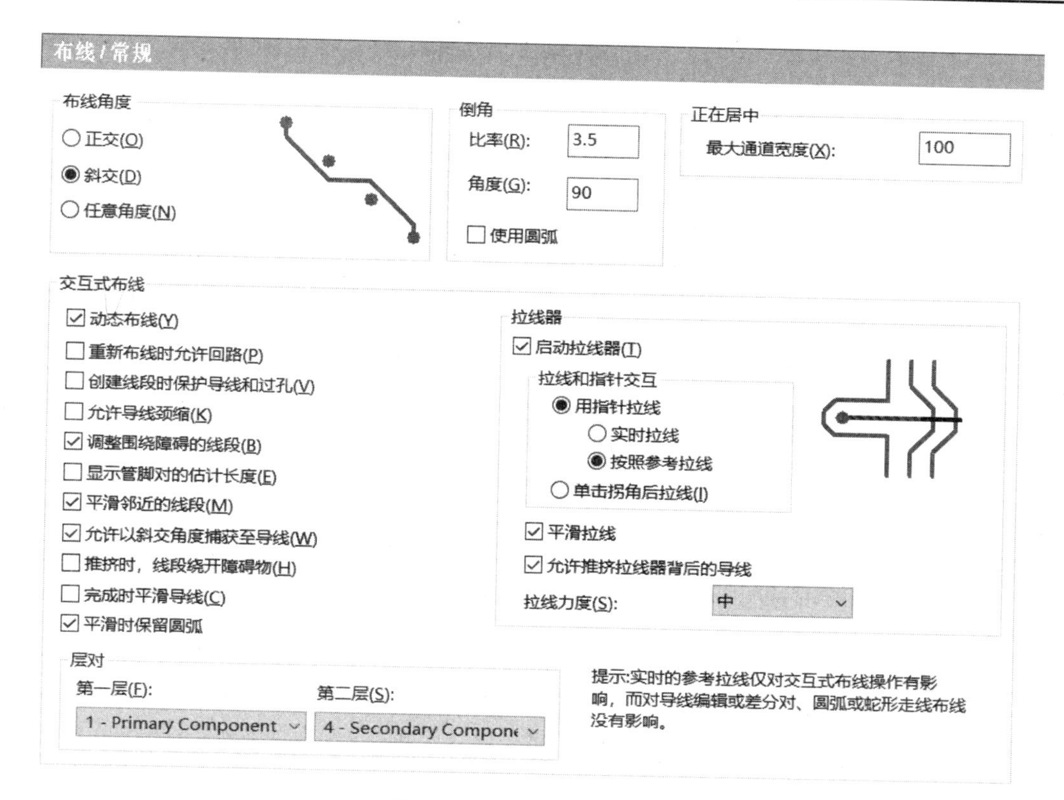

图 10.32　“常规”标签页

图 10.33　勾选“重新布线时允许回路”复选框前后的效果

（4）创建线段时保护导线和过孔（Protect Traces and Vias When Creating Segments）：勾选该复选框后，添加的导线与过孔都会自动进入保护状态。

（5）允放导线颈缩（Allow Trace Necking）：当 PADS Router 无法按照设计规则完成布线时，该选项可以决定是否允许自动调整导线宽度。以图 10.34 为例，如果按照设计规则，从管脚拉出的导线宽度应该为 50mil，但是由于管脚间距本身就不足 50mil，也就无法满足设计规则需求而拉出导线，同时会提示你“无法使用线宽 50 引出管脚 / 过孔（Cant Exit a Pin/Via With Trace With 50）”。当你勾选复选框后，PADS Router 为了完成布线会自动将线宽设置为较小值以完成导线引出，在添加一个拐角后才会恢复到原来的 50mil 线宽。

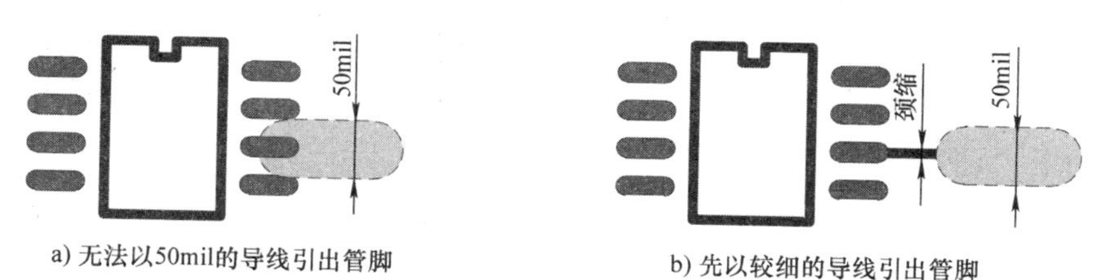

图 10.34　勾选“允许导线颈缩”复选框前后的效果

（6）调整围绕障碍的线段（Adjust Trace Segments Around Obstacles）：此复选框仅当“动态布线”复选框未勾选时才有效。在布线过程中，如果已布导线的继续前进方向存在无法移动的障碍物（例如元件管脚），PADS Router 会怎么做呢？如果未勾选该复选框，障碍物的存在会导致 PADS Router 无法按光标引导方向继续布线，如果勾选该复选框，PADS Router 会自动绕过该障碍物并以光标为目的地添加导线，相应的效果如图 10.35 所示（鼠标箭头代表布线时的路径引导方向）。

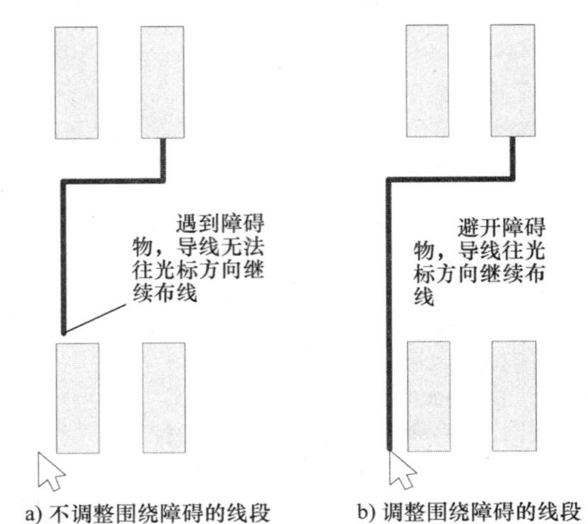

图 10.35　勾选“调整围绕障碍的线段”复选框前后的效果

（7）显示管脚对的估计长度（Show Estimated Length of Pin Pair）：当你在“全局 / 常规”标签页中勾选“长度监视器”复选框后，（在布线过程中）光标附近会出现长度监视器以实时显示已布线长度与估计长度。如果勾选该复选框，估计长度值为当前管脚对已布线长度与飞线长度总和，否则，估计长度值为整个网络的总长度（网络已布线长度与飞线长度的总和），详情见 10.4.1 小节。

（8）平滑邻近的线段（Smooth Adjacent Segments）：你可以控制导线被编辑时，相邻的线段（Segments）具体如何调整。以图 10.36 所示拉伸（Stretch）线段为例，当未勾选复选框时，导线拉伸操作完成后，相邻导线段并不会做出改变，只不过会根据拉伸操作延伸而已。如果勾选该复选框，同样的拉伸操作完成后，相邻的导线段将会自动调整。值得一提的是，该复选框对添加或移动拐角操作无效。

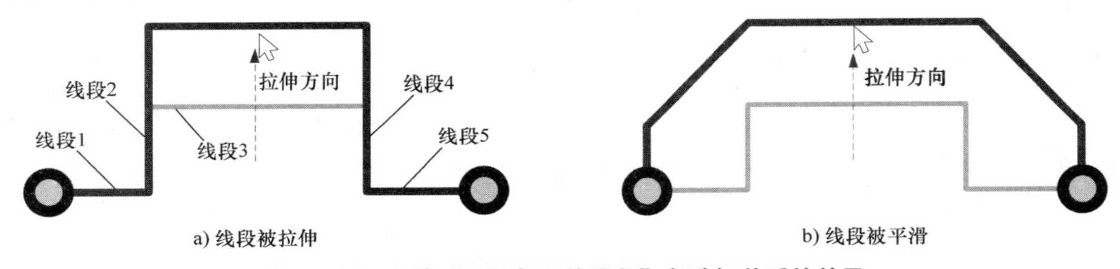

图 10.36　勾选“平滑邻近的线段”复选框前后的效果

（9）允许以斜交角度捕获至导线（Allow Diagonal Snap to Traces）：该复选框仅当对导线进行编辑，且布线角度设置为“斜交”或“任意角度”时才有效。例如，当拉伸某段导线使其靠近栅格点时，导线将自动捕获到该栅格点并产生一个斜角。

（10）推挤时，线段绕开障碍物（Push Segments Away From Obstacles）：勾选该复选框表示在由布线遇到障碍时将自动推开线段，相应的效果如图 10.37 所示。

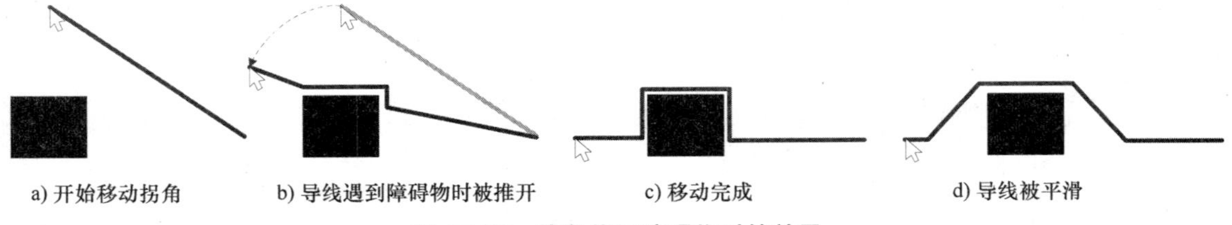

图 10.37　线段绕开障碍物时的效果

（11）完成时平滑导线（Smooth Traces on Complete）：该复选框与 PADS Layout 的“选项”对话框内“布线 / 常规”标签页的“平滑总线布线”复选框相似，只不过对普通布线也有效。当勾选该复选框后，PADS Router 将在完成布线操作后自动调整已布导线。一般情况下不建议选择该项，因为无论在布线过程中如何精心地调整路径，PADS Router 都会在结束布线操作后毫不留情地自动调整，这样你的心血也就毁于一旦。

（12）平滑时保留圆弧（Preserve Arcs During Smooth）：平滑是一种操作，只需要在选中导线后执行【右击】→【平滑导线样式】，PADS Router 将自动对已布导线进行平滑。如果你已经在导线中添加圆弧，该复选框可以决定是否保留圆弧，相应的效果如图 10.38 所示。

图 10.38　平滑时保留圆弧的效果

（13）拉线器（Plower）：该组合框用于设置 PADS Router 布线推挤功能，推挤布线可以在布线时自动移动未处于保护状态的导线、过孔与测试点，能够为添加的新导线与过孔腾出空间，相应的效果如图 10.39 所示。

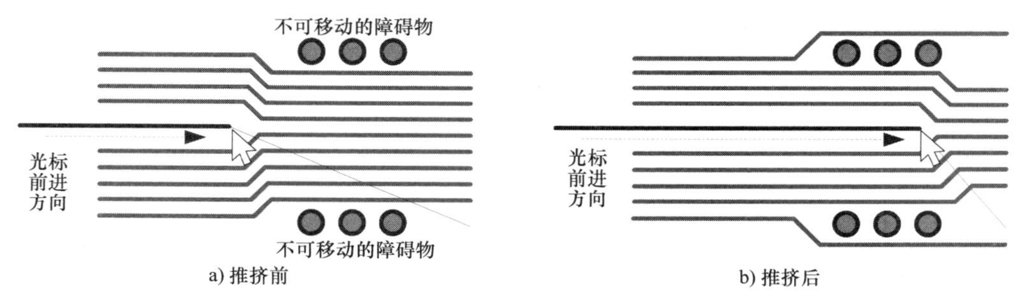

图 10.39　推挤布线

需要注意的是，你无法推挤处于保护状态的测试点与复用对象，但是在必要的情况下，你可以选择推挤受保护的导线，只需要在“设计 特性”对话框中进行设置即可，详情见 10.3.3 小节。另外，PADS Router 在推挤圆弧时不会保留圆弧，而是在取消圆弧的同时添加新的导线段，相应的效果如图 10.40 所示。

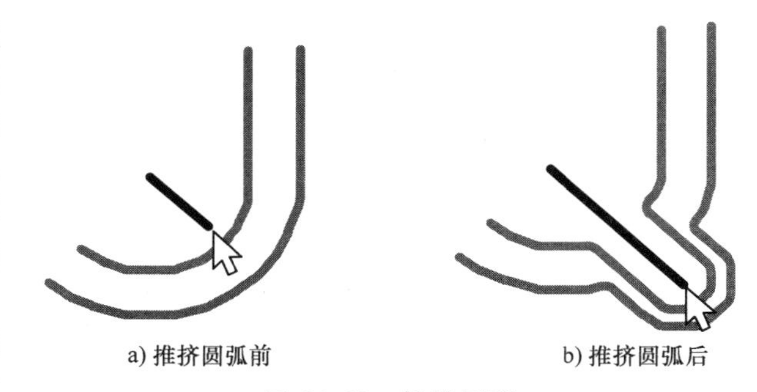

图 10.40　推挤圆弧

如果你想使用推挤布线，首先需要勾选“启动拉线器”复选框，在具体的推挤布线过程中，如果你想在光标移动时就能够推挤对象，可以选中“用指针拉线（Plow With Pointer）”单选框，你还可以进一步选择“实时拉线（Real-time plowing）”还是“按照参考拉线（Guided Plowing）”，前者的推挤效果随光标实时显示，而后者只有当你已经确定潜在路径并存在空旷区域后才会显示推挤效果，如图 10.41 所示。

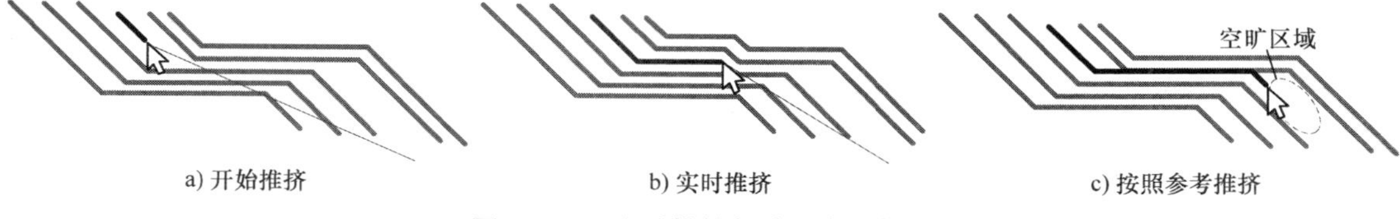

图 10.41　实时推挤与按照参考推挤

如果你只是想在单击（添加拐角）时推挤对象，则可以选择“单击拐角后拉线（Plow After Corner Click）”项。勾选“平滑拉线（Plow Traces Smoothly）”复选框表示推挤时对导线进行平滑操作。勾选“允许推挤拉线器背后的导线（Allow Pushing of Trace Behind Plower）”复选框表示不仅会推挤光标方向的导线（因为光标方向就是布线方向），也会推挤光标方向相反位置的导线。“拉线强度（Plower Strength）”项用于设置推挤的强度，可以选择高、中、低。强度越高，布线时能够推挤的对象就越多。

2. 调整（Tune）

该标签页与 PADS Layout 的“选项”对话框中“布线 / 调整 / 差分对”标签页相同，如图 10.42 所示，此处不再赘述。

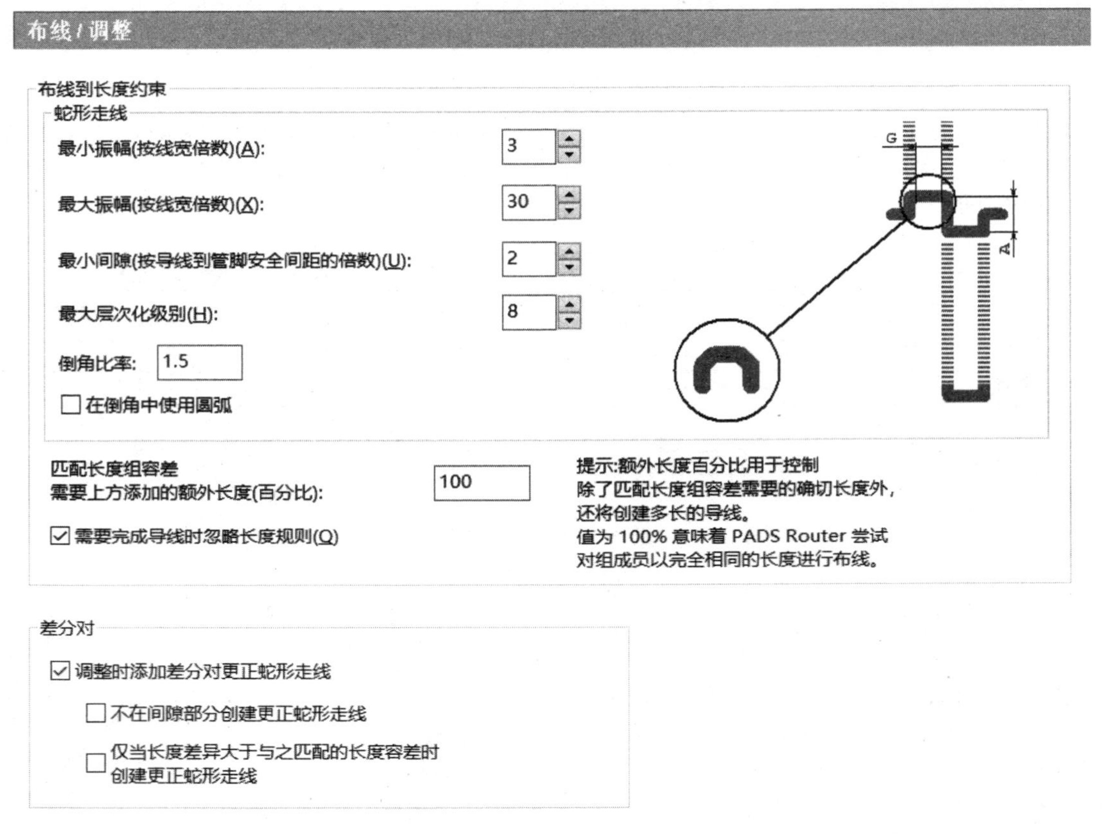

图 10.42 “调整”标签页

10.2.8 测试点

该标签页如图 10.43 所示，其中的参数与 PADS Layout 的“DFT 审计”对话框参数对应，详情见 11.5.4 小节，此处不再赘述。

10.2.9 制造

该标签页的参数主要用于设计验证阶段，如图 10.44 所示，需要注意的是，PADS Router 并不具备完整的可制造性检查，这需要在 PADS Layout 才能够完成。该标签页中的“焊盘和导线尺寸”、“酸角检测”及“检测到铜丝”组合框可参考 PADS Layout 的“制造”设计验证（详情见 11.8.7 小节），其他选项可参考 PADS Layout 的“间距”设计验证（详情见 11.8.1 小节），此处不再赘述。

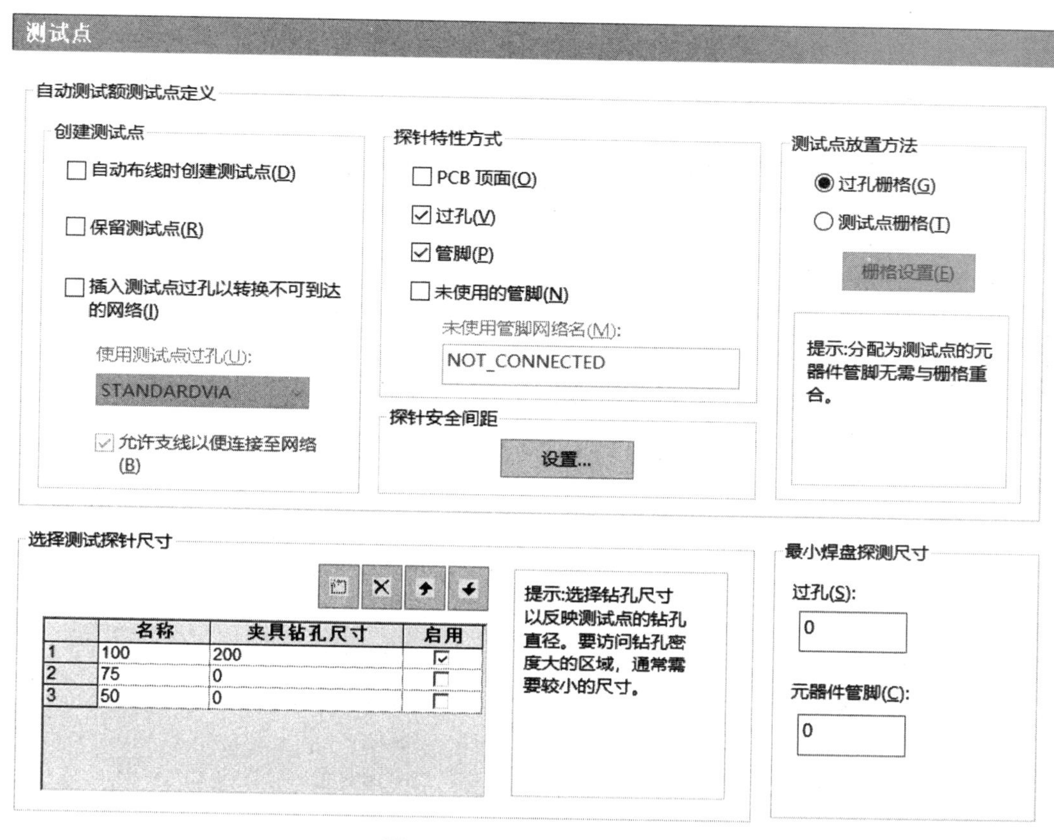

图 10.43　“测试点”标签页

制造

焊盘和导线尺寸

最小焊盘尺寸(P): 3

最小线宽(T): 3

钻孔安全间距

孔与孔之间的最小间距(O): 12

电镀钻孔的容许量(D): 3

酸角检测

最大区域尺寸(S): 3

对象间最大角度(A): 89.9999

元器件装配

元器件间的最小间距(N): 12

顶面的最大元器件高度(X): 0

底面的最大元器件高度(B): 0

检测到铜丝

最小宽度(W): 3

图 10.44　“制造”标签页

10.2.10 设计验证

该标签页如图 10.45 所示，其中大多数参数与 PADS Layout 的“设计验证”对话框参数对应，详情见第 11.8 节，此处仅简要阐述“差分对”复选框，此选项可以检查差分对的最小与最大长度、间隙（线距）、障碍物的数量与尺寸、受控间隙最小长度及最大不规则导线长度，相应的参数示意如图 10.46 所示。其中，“受控间隙最小长度”项用于指定受控间隙（无障碍物）布线的长度占差分对布线总长度的百分比。“最大不规则导线长度”项用于指定“由于障碍物的存在而无法按设计规则所要求的间隙进行布线的”那段导线的长度。

设计验证

设计验证方案
输入或选择您要定义或修改的方案的名称。
设计验证方案名称(H):
另存为(S)... 删除(E)

执行检查
☐ 只检查可视对象和层(Y)
☐ 仅位于可见的工作空间中(W)

检查设计
☑ 对象安全间距(J)
☑ 所有对象的网络(N)
☑ 对象相对板框(B)
☐ 板框外文本(T)
☑ 禁止区域限制(K)
☐ 分割/混合平面平面层中未使用的焊盘(U)
☐ 同一网络限制(M)
☐ 最小/最大线宽(R)
☐ 网络、管脚对和电气网络长度
☐ 差分对(D)
受控间隙最小长度(L): 80.00 %
最大不规则导线长度(X): 500

☐ 自动测试违规(A)
☐ 最大过孔数
☑ 制造(F)
☐ 酸角(P)
☐ 铜丝(C)
☐ 钻孔安全间距(I)
☐ 导线和焊盘尺寸(Z)
☐ SMD 上打过孔违规(V)
☐ 布局边框(O)
☑ 元器件高度限制(G)

图 10.45 “设计验证”标签页

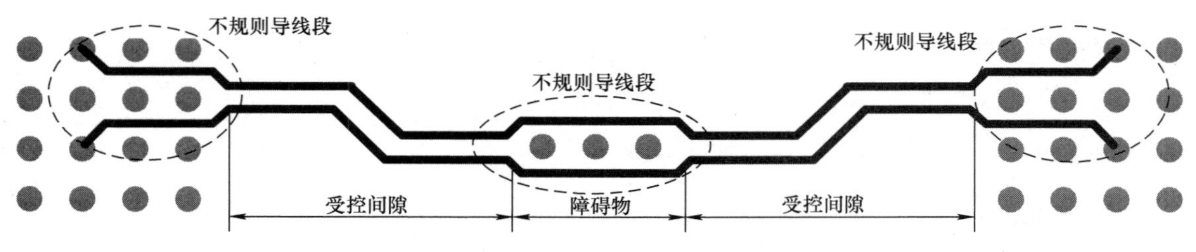

图 10.46 差分线相关的检查项

10.3　特性

PADS Router 的“特性”对话框与 PADS Layout 有所不同，因为 PADS Router 主要用于布线，所以“特性”对话框也更侧重于展现设计规则。例如，当你选中某网络后执行【工具】→【特性】，弹出的“特性”对话框能够显示该网络对应的设计规则，当你选中元器件后，相应“特性”对话框则会展示元器件对应设计规则。你也能够在未选中任何对象的前提下执行【工具】→【特性】，此时将弹出如图 10.47 所示“设计 特性”对话框，其中包含所有默认设计规则。

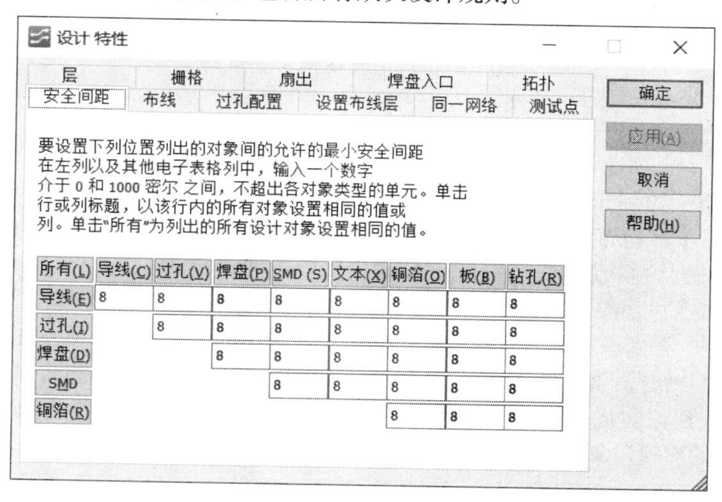

图 10.47　“设计　特性”对话框

10.3.1　安全间距

该标签页如图 10.47 所示，其中的参数用于设置不同网络对象之间的安全间距，等同于 PADS Layout 中“安全间距规则：默认规则”对话框内的“安全间距”组合框（见图 7.3）。

10.3.2　同一网络

该标签页如图 10.48 所示，其中的参数用于设置相同网络对象之间的安全间距，等同于 PADS Layout 中“安全间距规则：默认规则”对话框内的“同一网络”组合框（见图 7.3）。值得一提的是，PADS Router 中的“焊盘到拐角”安全间距并不仅仅针对首个拐角，如图 10.49 所示。

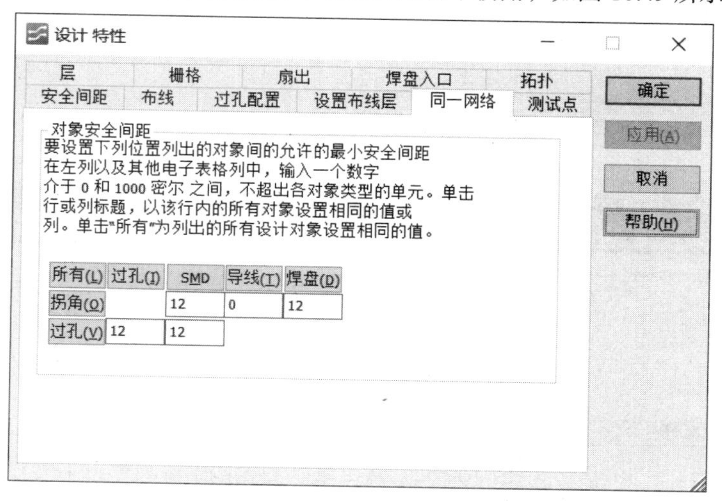

图 10.48　“同一网络”标签页

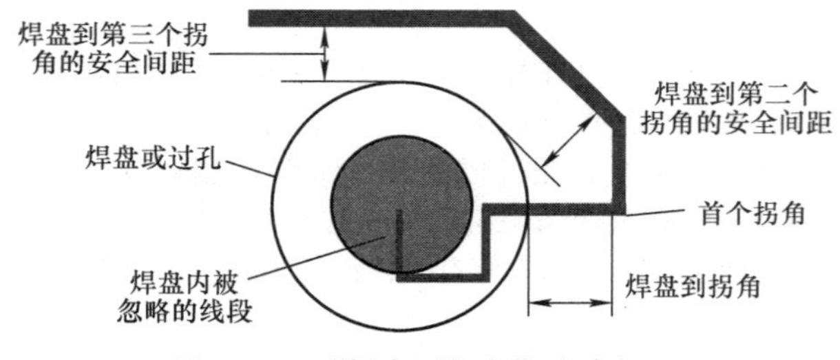

图 10.49 “焊盘到拐角”安全间距

10.3.3 布线

该标签页主要用于控制布线行为，如图 10.50 所示。你可以在 PADS Router 中使用自动布线，只需要执行【工具】→【自动布线】→【开始】(或单击布线工具栏上的“启动自动布线”按钮）即可，但是如果你未勾选“允许自动布线”复选框，输出窗口中将会出现警告，自动布线也将不会继续执行。通常情况下，布线过程中或多或少会对已布导线或拐角进行删除操作，但是你必须勾选“允许取消导线布线”复选框，否则删除导线时将在输出窗口出现相应的警告信息，如图 10.51 所示。另外，如果“选项”对话框的“布线 / 常规”标签页内的“启动拉线器”复选框被勾选，你还必须勾选该标签页中的“需要时推挤导线以完成连线”复选框才能正常进行推挤布线，在必要的情况下，你也可以勾选“需要时推挤受保护的导线”复选框以对受保护的导线进行推挤。

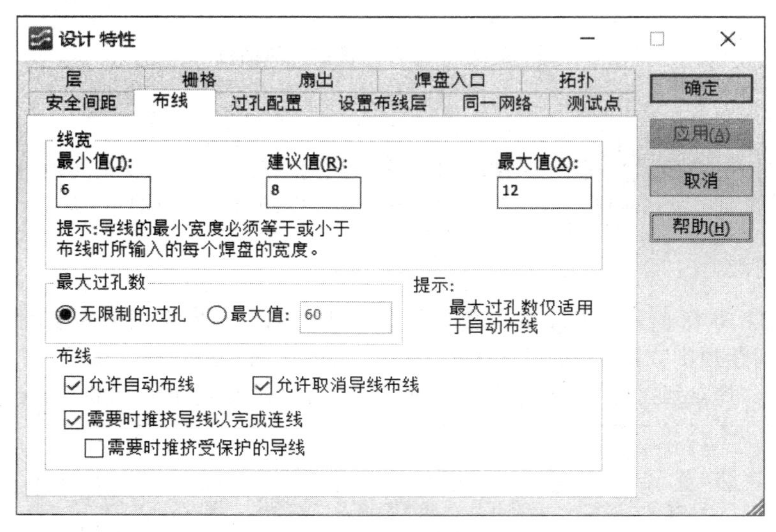

图 10.50 “布线”标签页

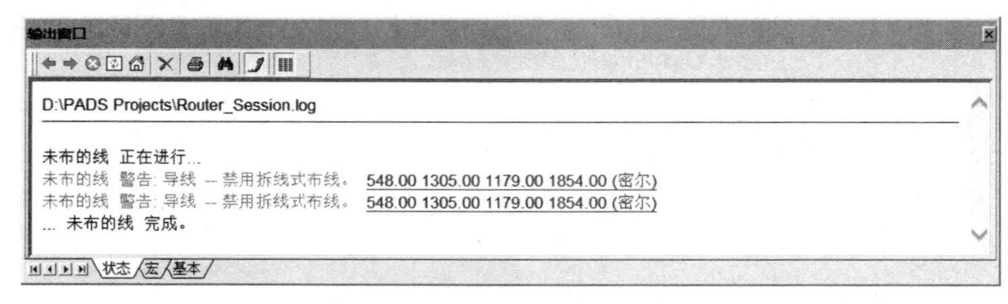

图 10.51 “输出窗口”对话框

10.3.4　层

该标签页给出当前设计中的所有板层相关的信息，如图 10.52 所示，其中，“层”列显示每个板层的名称，勾选板层对应的“布线”列复选框表示能够在板层布线，“方向”列表示板层指定的布线方向，“类型”列表示板层类型，你只能在 PADS Layout 中进行更改。“成本（Cost）”列表示在该层布线的成本，其取值范围在 0~100 之间，板层设置的成本值越高，自动布线器会努力更少地使用相应板层的布线空间。

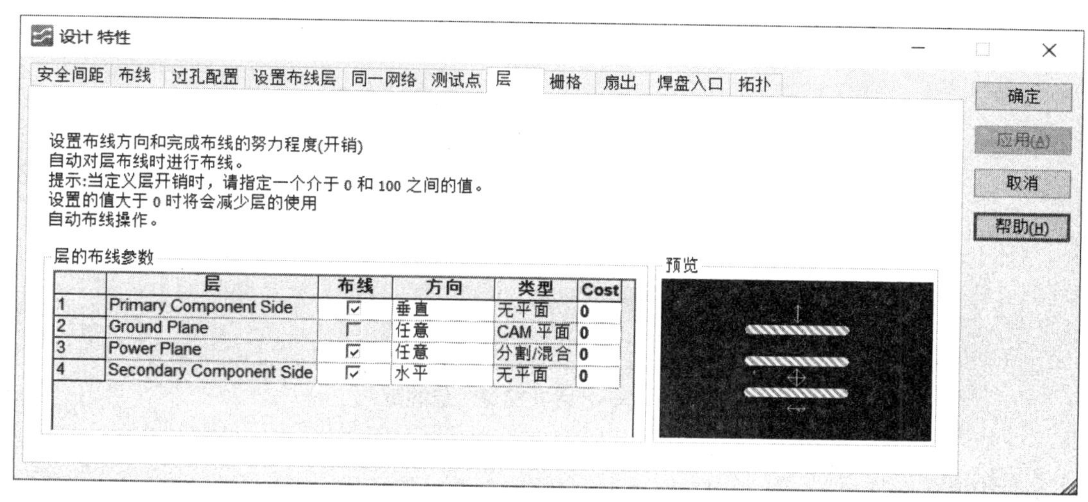

图 10.52　“层”标签页

10.3.5　设置布线层

该标签页能够指定哪些层可以用于布线，如图 10.53 所示。其与“层”标签页中的“布线”列有所不同的是，后者用于设置整个设计可用的布线层，前者则可以仅针对某个对象（如果在选中某个对象的情况下进入“特性”对话框）。

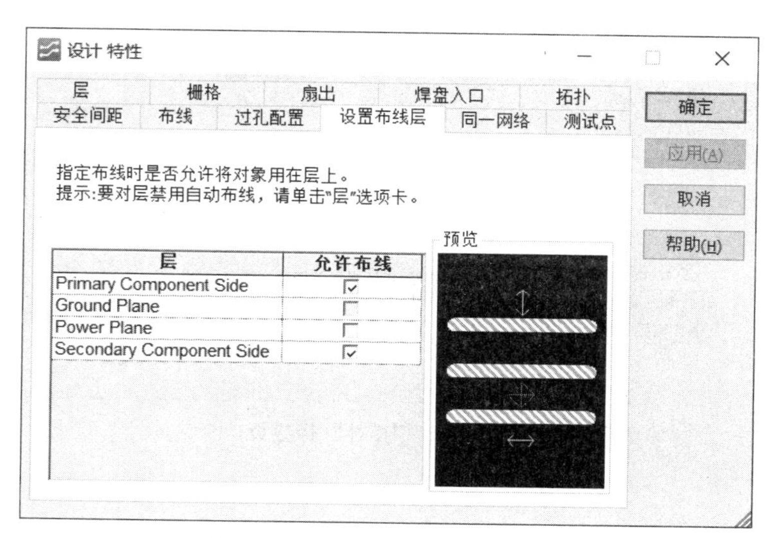

图 10.53　“设置布线层”标签页

10.3.6 过孔配置

该标签页列出当前设计中所有已经配置过孔的类型及起止层，如图 10.54 所示，从中你可以指定在布线时可以使用的过孔，只需要勾选“允许”列中的复选框即可。

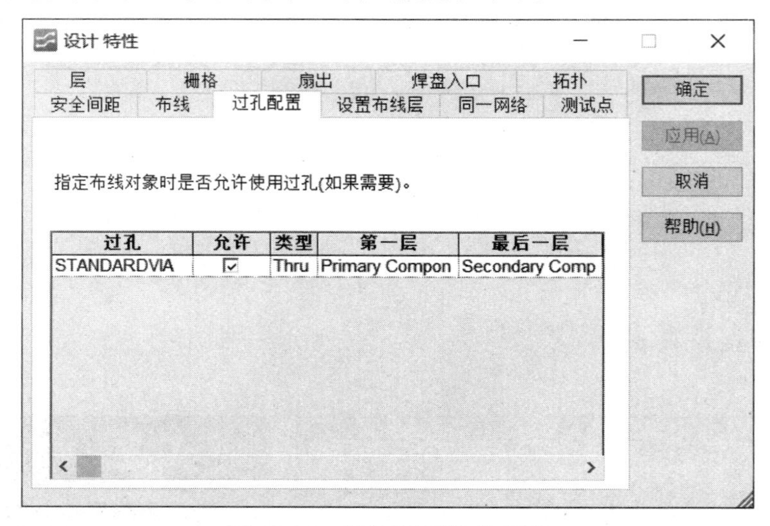

图 10.54 “过孔配置”标签页

10.3.7 拓扑

该标签页如图 10.55 所示，其中，“允许接点位于（Allow junctions on）”组合框等同于 PADS Layout 的“布线规则：默认规则”对话框的“铜共享”组合框（见图 7.10），“最大支线长度”选项用于指定产生 T 结（T-Junction）的导线最大长度（网络拓扑类型为“最小化”时无效），如图 10.55 所示。

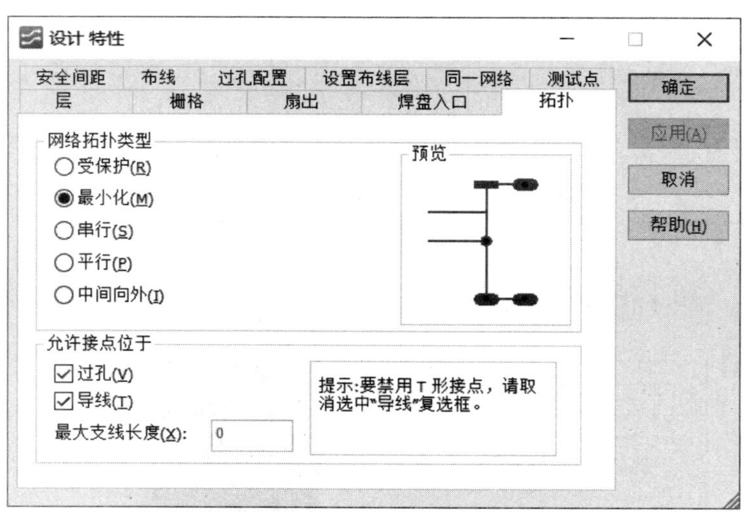

图 10.55 “拓扑”标签页

10.3.8 扇出

该标签页用于控制元器件扇出时的行为，如图 10.56 所示，类似于 PADS Layout 中“扇出规则：默认规则”对话框（见图 7.16），但能够设置的参数更多（元件扇出操作详情见 10.7 节）。

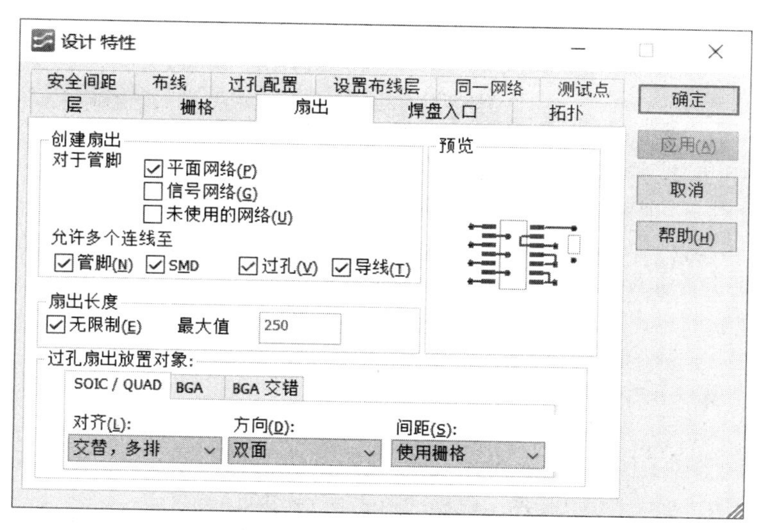

图 10.56　“扇出”标签页

10.3.9　焊盘入口

该标签页用于设置布线时焊盘入口的规则，如图 10.57 所示，等同于 PADS Layout 的“焊盘接入规则：默认规则”对话框（见图 7.20）。

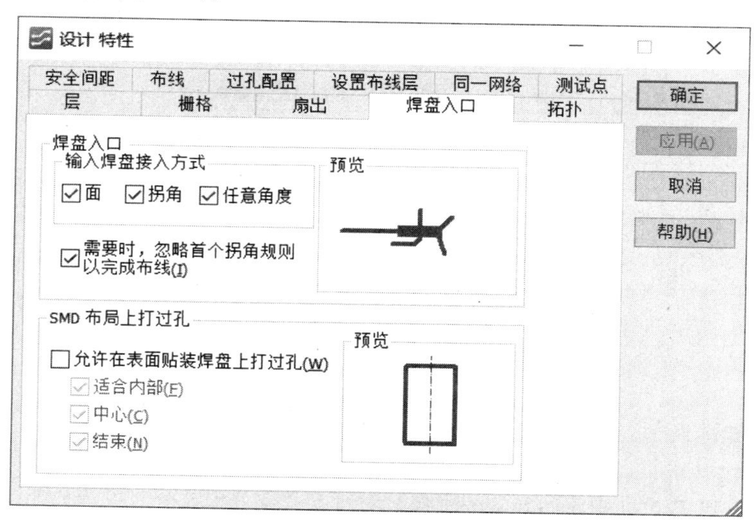

图 10.57　“焊盘入口”标签页

10.3.10　测试点

该标签页用于设置测试点之间的安全间距，如图 10.58 所示，等同于 PADS Layout 中“DFT 审计”对话框内“特性”标签页的“最小探测距离”组合框，详情见 11.5.4 小节。

10.3.11　栅格

该标签页用于设置各种栅格，如图 10.59 所示，其中，布线栅格相当于 PADS Layout 的设计栅格，只不过仅用于布线而已。

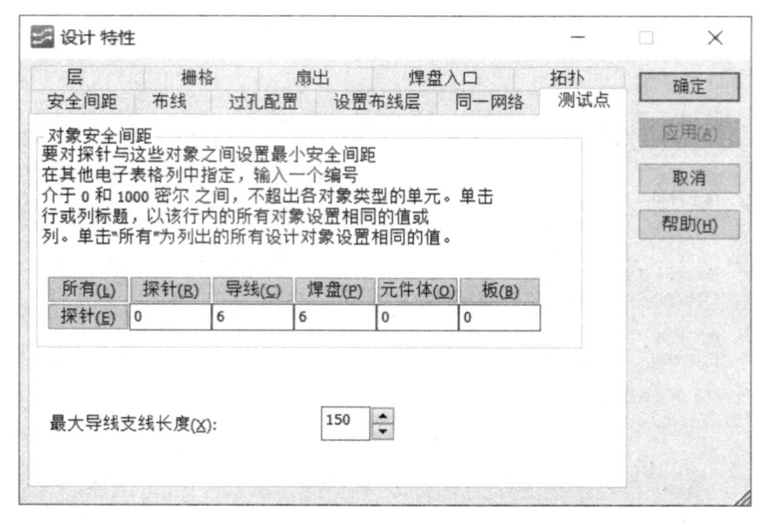

图 10.58 “测试点”标签页

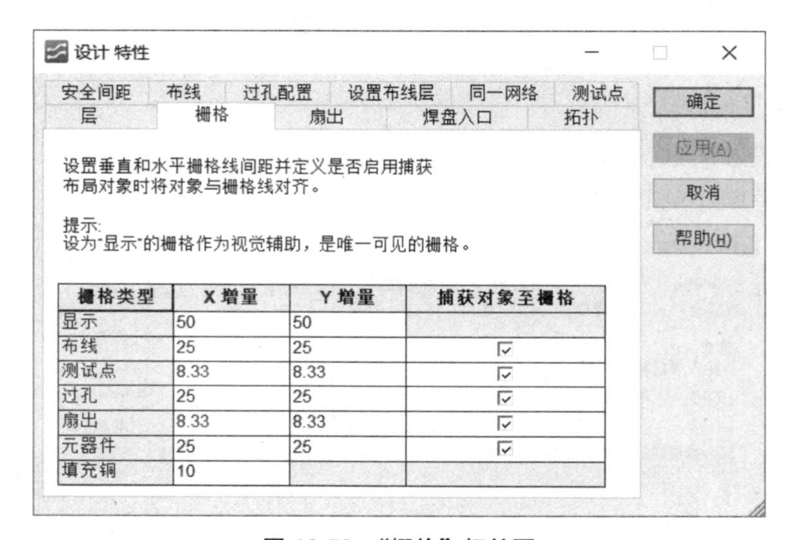

图 10.59 “栅格”标签页

10.4 常规布线

常规布线操作是 PCB 设计中使用最多的操作，对所有“未分配差分对或等长匹配设计规则的网络”的布线操作都属于常规布线。

10.4.1 创建导线

创建导线是 PCB 布线最基本的操作，但具体涉及的问题却可能会很多，详细描述如下：

1. 设置布线栅格

布线是相对比较精细的工作，所以通常情况下会设置比较小的布线栅格（例如 1mil），只需要在图 10.59 所示“栅格”标签页中设置即可。当然，清除“捕获对象至栅格”列中布线栅格对应的复选框也可以达到相同的效果，具体取决于你的设计习惯。

2. 确定可布线板层

为了能够在板层上创建导线，你需要在“设计 特性”对话框内的“层”或“设置布线层”标签页中设置允许布线的板层。PADS Router 会阻止你在“不允许布线的”板层上执行布线操作，并在输出窗口显示“无法从某板层开始布线，当前层已对网络（或管脚对）设限”的提示信息。

3. 开始布线

选中网络飞线、已布导线或具有网络特性的管脚、铜箔对象，然后执行【右击】→【交互式布线】（或单击布线编辑工具栏上的“交互式布线”按钮，或快捷键“F3”），此时会从选中对象引出一段导线，其长度与方向均随光标移动而实时调整，其初始宽度取决于该网络的设计规则，你可以在布线过程中执行右击，在弹出如图 10.60 所示快捷菜单中选择“宽度”项进行修改，其中显示了导线宽度的最小值、建议值与最大值，单击即可切换导线宽度。如果你需要更改为最小值与最大值之间的某个宽度值，可以从快捷菜单中选择“设置”项（无模命令“W”），在弹出如图 10.61 所示“命令参数”对话框中输入导线宽度值，再单击“确定”按钮（或快捷键“Enter”）即可。需要特别注意的是，输入的宽度值不可超过最小值与最大值，否则在光标附近会提示“线宽更改失败”信息。如果需要的线宽确实超出最小值与最大值范围，必须先设置相应的设计规则，只需要进入“特性”对话框内的“布线”标签页中更改“最小值”与“最大值”即可。

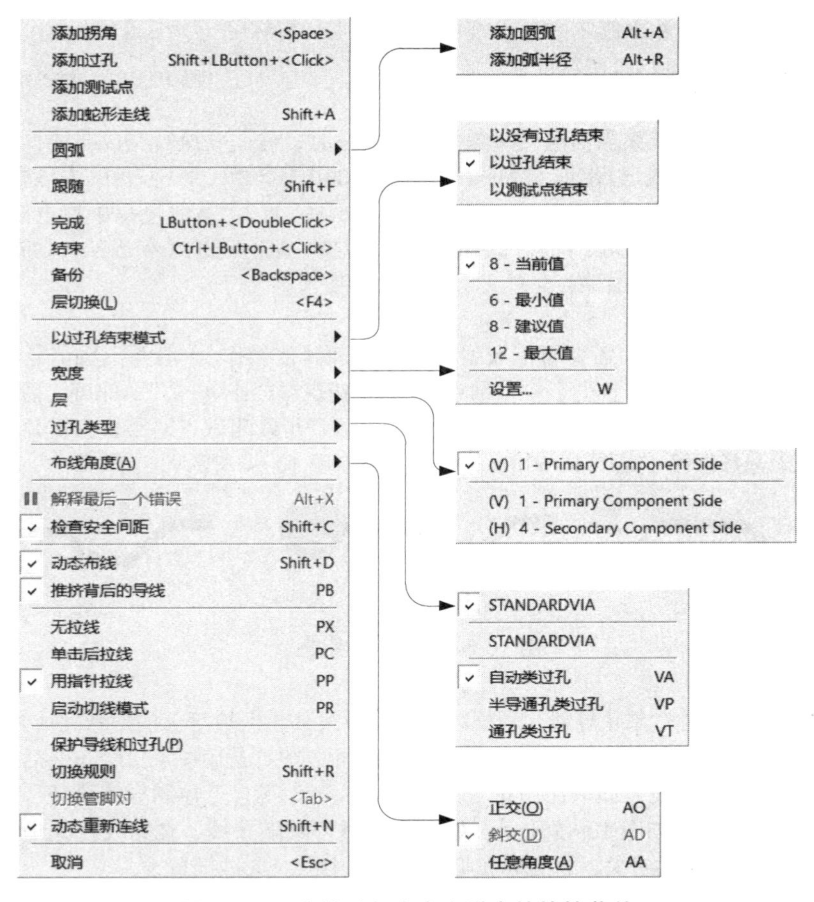

图 10.60　布线过程中右击弹出的快捷菜单

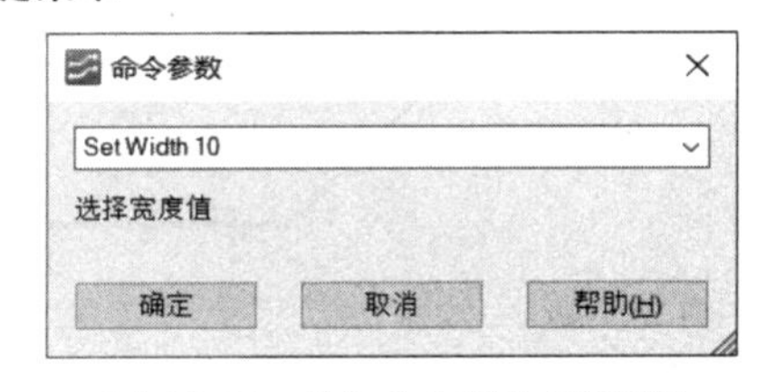

图 10.61　“命令参数”对话框

如果想在布线过程中添加拐角，只需要执行【右击】→【添加拐角】（或直接单击，或快捷键“Space”）即可。如果想要取消刚刚添加的拐角，只需要执行【右击】→【备份】（或快捷键“Backspace”）即可。值得一提的是，如果你已经在“选项”对话框的“全局 / 常规”中勾选“长度监视器”复选框，（在布线过程中）光标附近会显示该网络已布导线的长度（Routed Length，Rt）

与估计长度（Estimated Length，Et）。以图 10.62 为例，其中包含 2 个管脚对 A—B 与 B—D，已布导线 A—B 的长度为 500mil，已布导线 B—C 的长度为 100mil，而飞线 C—D 的长度为 200mil，则已布导线长度为 100mil（B—C 段），而估计长度可以是针对整个网络 A—D 的长度（800mil）或当前布线管脚对 B—D 的长度（300mil），你可以使用快捷键“Shift+E”切换。

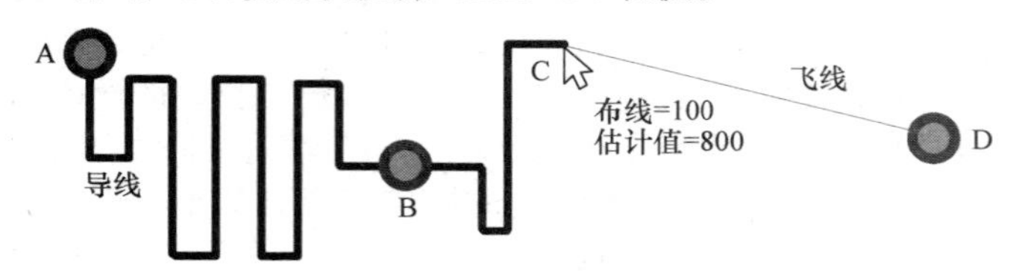

图 10.62　长度监视器

需要特别注意的是，PADS 中定义拐角并不仅仅是指类似 135° 形状的可见拐角。两条不同线宽的导线相交处就是一个拐角，未完全布好的导线也会存在拐角，甚至有些地方可能会存在肉眼不容易发现的小拐角，图 10.63 给出的几个常见拐角所在位置。

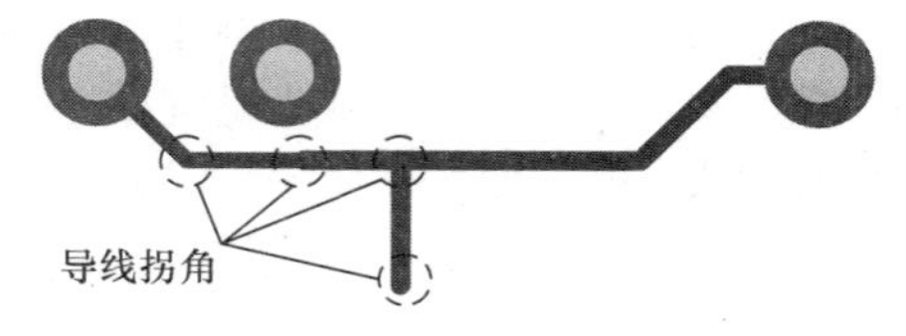

图 10.63　导线拐角

4. 完成布线

当导线创建完成且需要结束当前电气对象的布线状态时，你需要执行完成布线操作，主要包含两种方式：其一，如果当前布线已经到达另一个相同网络的电气对象，只需要单击该电气对象，PADS Router 会将导线与其连接，并退出当前网络的布线状态；其二，在布线过程中执行双击操作，PADS Router 将自动寻找“与当前布线属于同一网络的”电气对象并进行连接（相当于自动布线），同时退出当前网络的布线状态，只不过布线路径可能不会满足你的要求。

5. 结束布线

结束布线是指在布线过程中需要暂停布线（以便处理其他操作），但并不取消已经创建导线的操作，只需要在布线过程中执行【右击】→【结束】（或快捷键“Ctrl+ 单击”）即可。需要注意的是，你可以选择结束布线模式，包括以没有过孔结束、以过孔结束与以测试点结束，只需要执行【右击】→【以过孔结束模式】选择即可（见图 10.60），相应的效果如图 10.64 所示。

a) 以没有过孔结束　　b) 以过孔结束　　c) 以测试点结束

图 10.64　结束布线模式

6. 跟随布线

跟随布线可以根据指定对象（导线、板框、铜箔、导线禁止区域等）的形状完成相似形状的布线。举个例子，假设现在需要对包含多个信号的总线进行布线，当完成某一条信号布线后，其他信号线通常需要挨着已布信号进行布线，如果使用正常的布线方式，你得自己控制导线路径，此时使用跟随布线会更快一些，相应的效果如图 10.65 所示。如果你想进行跟随布线，在布线过程中执行【右击】→【跟随】，然后单击需要跟随的对象，之后导线将会贴着选中的对象进行布线。

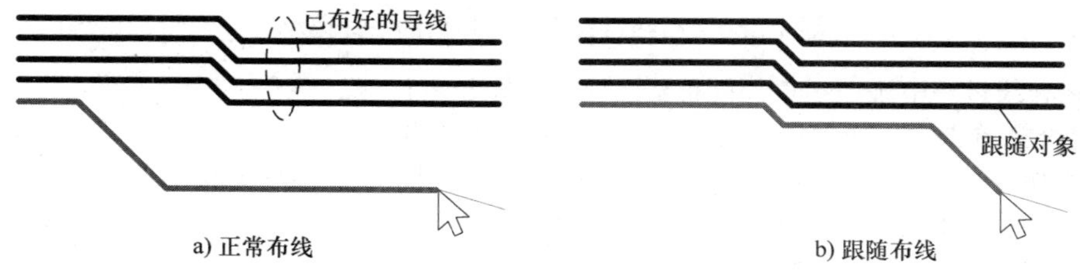

a) 正常布线　　b) 跟随布线

图 10.65　跟随布线

10.4.2　添加布线过孔

如果你想在布线过程中添加过孔，只需要执行【右击】→【添加过孔】(或快捷键“Shift+ 单击”)即可。当然，也可以执行【右击】→【层切换】(无模命令“L”)，如果切换的板层与当前布线的板层不同，PADS Router 也将会自动添加可用过孔。如果当前设计存在多个可用过孔，你可以执行【右击】→【过孔类型】选择需要使用的过孔。如果布线过程中需要使用盲埋孔，首先需要在 PADS Layout 中进行相应的焊盘栈定义，然后在 PADS Router 中设置可以使用的过孔类型，只需要执行【右击】→【过孔类型】→【自动类过孔】/【半导通类过孔】即可（通常情况下会选择使用“自动类过孔”，这样 PADS Router 能够根据当前的布线层自动使用盲埋孔）。

为了保证盲埋孔的顺利添加，首先得确保需要使用的盲埋孔在当前设计中处于可用状态，只需要在“设计 特性”对话框内的“过孔配置”标签页中设置即可（见图 10.54）。其次，为了更快捷方便地添加盲埋孔，建议在“选项”对话框内的“布线”标签页中设置合理的布线层对。举个例子，假设 8 层 PCB 中可用的过孔类型包括 VIA1-8（通孔）、VIA1-2（盲孔）、VIA7-8（盲孔），如果你当前正在第 1 层布线，并且想添加 VIA1-2，在将“第 1 层”与“第 2 层”设置为布线层对的前提下，只需要执行【右击】→【添加过孔】(或快捷键“Shift+ 单击”) 即可（与添加直通过孔的操作相同），因为 PADS Router 会根据布线层对判断你将要在第 2 层布线，也就会自动添加可用的走线盲孔。如果你并未设置正确的布线层对，那么使用同样的操作将会添加 VIA1-8，为了添加想要的 VIA1-2，你得使用“层切换”命令手工将当前板层切换到第 2 层（无模命令“L 2”)，但是会麻烦一些。

10.4.3　添加圆弧

在高频 PCB 设计过程中，如果你想进行圆弧（而非 135°）布线，只需要在布线过程中执行【右击】→【圆弧】→【添加圆弧】，此时一段圆弧导线会粘在光标上，其弧长与方向均随光标位置而变化，确定合适位置后再单击即可进入普通布线状态。你也能够以指定的半径添加圆弧，首先使用无模命令“RAD”定义内侧圆弧的半径（例如“RAD 100”)，然后在布线过程中执行【右击】→【圆弧】→【添加弧半径】，此时一段指定半径的圆弧导线会粘在光标上，你可以移动光标控制其方向与弧长。需要注意的是，弧长的控制增量与布线角度有关，当布线角度分别为“正交”“斜交”“任意角度”时，你能控制的弧长增量分别 1/2 圆、1/4 圆、任意长度，相应的效果如图 10.66 所示。

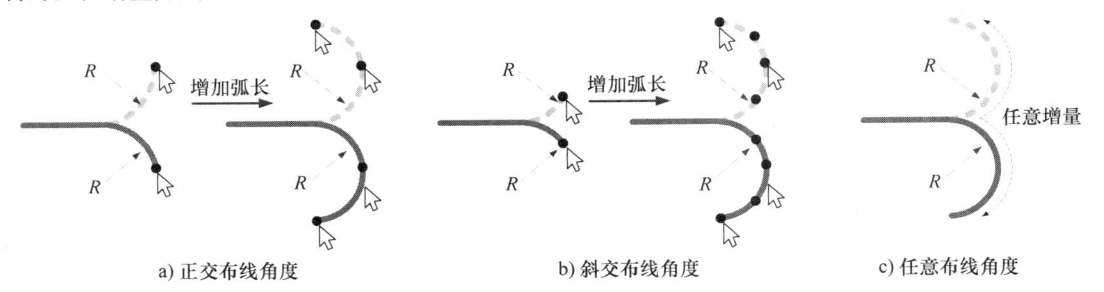

图 10.66　弧长控制增量

如果想让 PCB 文件中的所有导线都采用圆弧过渡方式，该怎么办呢？逐个布线并添加圆弧的操作效率将非常低，此时你可以先在 PADS Router 中使用“正常的斜角布线方式”创建并优化好导线，然后返回 PADS Layout 中进行批量添加圆弧倒角即可。首先在 PADS Layout 中通过执行【工具】→【选项】→【设计】→【倒角】设置“倒角”参数，类似如图 10.67 所示（选中“圆弧”单选框表示将要对导线添加圆弧倒角，设置的“比率”值越大，添加的圆弧也会越大，“角度”值为“180”表示添加倒角操作针对所有角度不大于 180 度的拐角），然后选中 PCB 中所有已布导

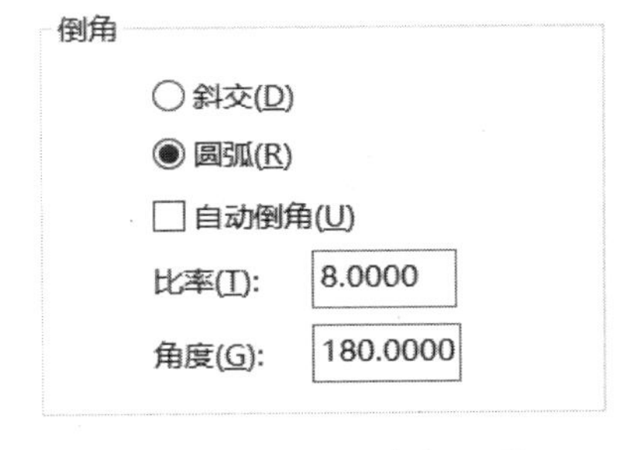

图 10.67　倒角参数配置

线，并执行【右击】→【添加倒角】即可，相应的效果如图 10.68 所示。当然，有些导线可能由于太短（与拐角太近）而无法添加符合要求的倒角，此时你可以手动选中该拐角，然后执行【右击】→【转换为圆弧】即可将其修改为圆弧。

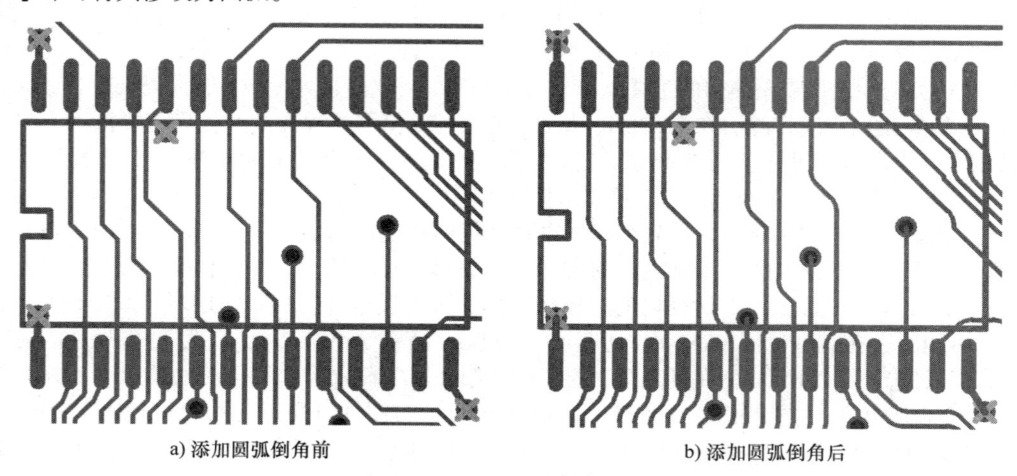

图 10.68　添加圆弧倒角前后的效果

10.4.4　编辑导线

通常来说，除关键信号外，绝大多数普通信号只需要布通即可，这也就意味着，已经创建的导线在路径方面不太可能处于最佳状态，所以编辑导线几乎是所有 PCB 布线时必须使用的操作，也可以称为优化导线，本节简要讨论一些常用的导线编辑操作。

1. 拉伸（Stretch）

拉伸操作是 PADS Router 中对导线进行优化的最常用操作，只需要选择某段导线后执行【右击】→【拉伸】(或快捷键“Shift+S”）即可，如图 10.69 所示。如果你需要将拐角拉伸为圆弧，执行【右击】→【拉伸圆弧】即可。

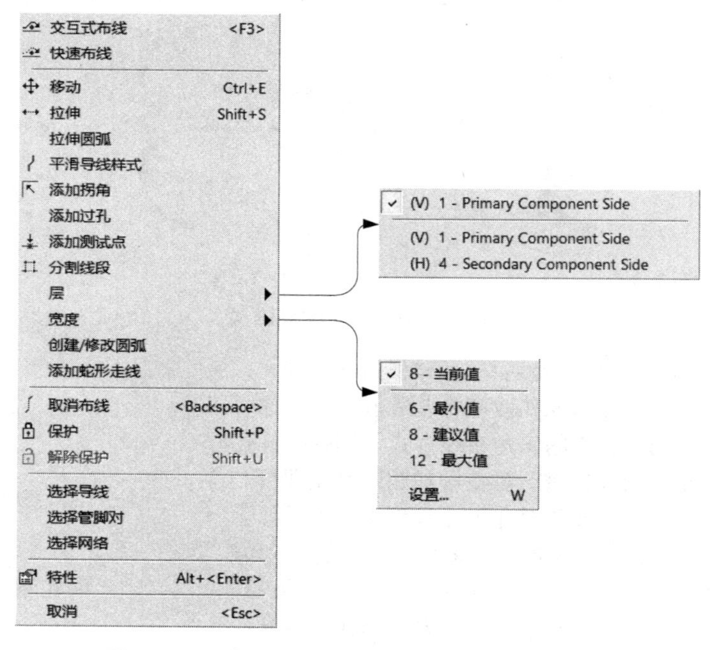

图 10.69　选中导线某段后右击弹出的快捷菜单

2. 移动（Move）

虽然你可以在选中导线段后执行【右击】→【移动】（或快捷键“Ctrl+E”）对其进行移动操作，但该操作更常用于对过孔的移动（以达到优化布线的目的）。

3. 重新布线（Rerouting）

重新布线是对原来的导线进行路径重定义，同样使用常规布线方式即可，如果你未勾选“选项”对话框中“布线”标签页的“重新布线时允许回路”复选框，当新路径的导线创建完成后，原来的导线将会自动消失。当然，你也可以尝试使用“快速布线”工具，只需要选中原来的导线后执行【右击】→【快速布线】即可重新定义导线路径，相应的效果如图 10.70 所示。

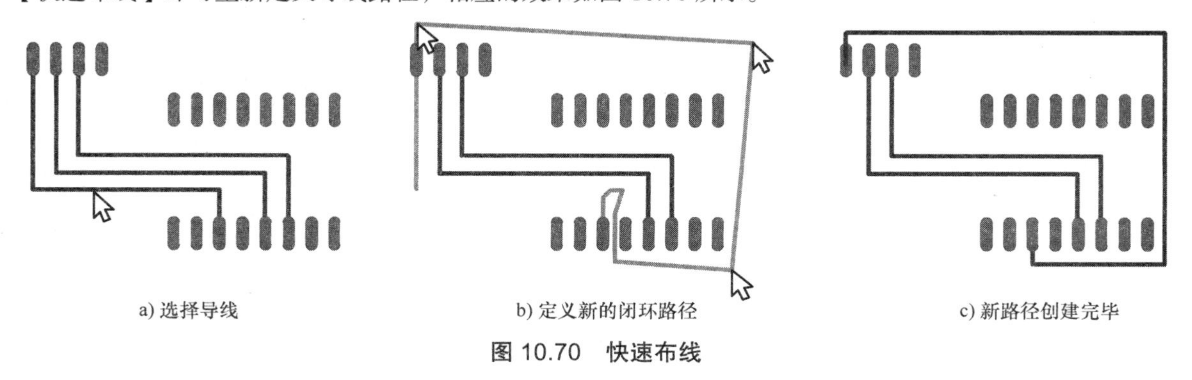

a) 选择导线　　b) 定义新的闭环路径　　c) 新路径创建完毕

图 10.70　快速布线

4. 保护（Protect）

有些信号线可能需要较精细地调理，当其布线完成后不希望被后续的推挤布线或意外操作而破坏，此时你可以选中需要保护的导线或网络，然后执行【右击】→【保护】（或快捷键“Shift+P”）即可。

5. 删除

要想删除未受保护的导线，只需要选中导线后执行【右击】→【取消布线】（或快捷键“Backspace”）即可。值得一提的是，PADS Layout 中删除导线的快捷键为“Delete”。

10.5　等长布线

等长布线是为了满足特定长度需求而进行的布线操作，其主要手段是通过在布线中添加蛇形线以满足同组导线等长的目的。值得一提的是，常规布线也能够添加蛇形线，只要在布线过程中执行【右击】→【添加蛇形走线】即可，本节主要针对“已设置布线长度限制设计规则的”总线。需要注意的是，你可以在 PADS Layout 或 PADS Router 中创建长度匹配网络组，但等长布线操作只能在 PADS Router 中进行。

10.5.1　创建长度匹配的网络组

既然将要执行等长布线操作，首先得确定等长布线操作针对哪些网络，主要实现方式有 3 种。其一，在 PADS Layout 中新建一个类，然后将有长度匹配要求的网络添加进去，并在该类对应的“高速规则”对话框中勾选“匹配长度”复选框即可（见图 7.14）。其二，空闲状态下，在 PADS Router 中执行【右击】→【选择网络】，然后选中需要创建长度匹配的多个网络（数量必须大于 1），然后执行【右击】→【创建匹配长度的网络组】即可，此时在“项目浏览器”窗口中的“网络对象”项下的“匹配长度的网络组”项中将会创建一个名为“MLNetGroup1”的组，你刚刚选中的网络就在其中。以 previewplaced.pcb 为例，假设选中 D00~D07 共 8 个网络，相应的效果如图 10.71 所示。你也可以重命名组名，只需要将其选中后执行【右击】→【重命名】即可。

对于包含多个管脚对的网络，你也可以针对网络中的管脚对创建匹配长度组，操作步骤与创建匹配长度的网络组相似，只需要选中多个管脚对后执行【右击】→【建立长度匹配的管脚对组】，“项目浏览器”窗口内的“匹配长度的管脚对组”项中将出现默认名为“MLPinPairGroup1”的项。

其三，在“项目浏览器”窗口中，选中需要创建长度匹配规则的网络，然后执行【右击】→【复制】(或快捷键“Ctrl+C”)后，再选中“匹配长度的网络组”项并执行【右击】→【粘贴】(或快捷键“Ctrl+V”)，如图 10.72 所示，之后也会创建一个名为“MLNetGroup1”的组，相应的效果与图 10.71 完全相同。

图 10.71 “项目浏览器”窗口中的匹配长度的网络组

a) 复制网络　　b) 粘贴网络

图 10.72 在“项目浏览器”窗口中创建匹配长度的网络组

10.5.2 设置等长匹配规则

当你已经确定需要等长布线的网络之后，还得设置符合要求的等长匹配规则。在 PADS Layout 中，你需要设置创建的类的高速规则（见图 7.14）。其中，“规则”组合框内的“最小值”与“最大值”项可以设置长度范围，长度具体值取决于元件布局，一般以同组中最长的网络为准，通常情况下你需要预先将该网络初步布线后以估计长度范围。“匹配”组合框内可以设置多条导线的长度容差，其值取决于同组网络允许的最大延时差（即总线接口时序参数）。而在 PADS Router 中，你可以选中刚刚创建的“MLNetGroup1”项，执行【右击】→【特性】即可弹出如图 10.73 所示（与图 7.14 对应），从中进行相应的设置即可。

10.5.3 添加蛇形线

对“已经设置等长匹配规则的”网络布线方式与常规布线相同，在布线过程中，如果需要添加蛇形线，执行【右击】→【添加蛇形走线】即可，此时移动光标即可添加默认规则定义的的对称蛇形线，添加的蛇形线方向取决于“与蛇形线连接的最近一段常规导线”。例如，常规布线为水平，则添加的蛇形线也为水平方向，相应的效果如图 10.74 所示。

如果蛇形线各个区域的幅度并不相同，你可以在布线过程中控制光标以调整蛇形线的幅度（不可更改导线间隙，只能由“选项”对话框中“布线 / 调整”标签页内的“最小间隙”参数决定）。例如，在添加第一个前半周期蛇形线时，使用光标控制蛇形线的振幅，后续在每个拐角处控制振幅即可添加完全自定义的蛇形线，如图 10.75 所示。

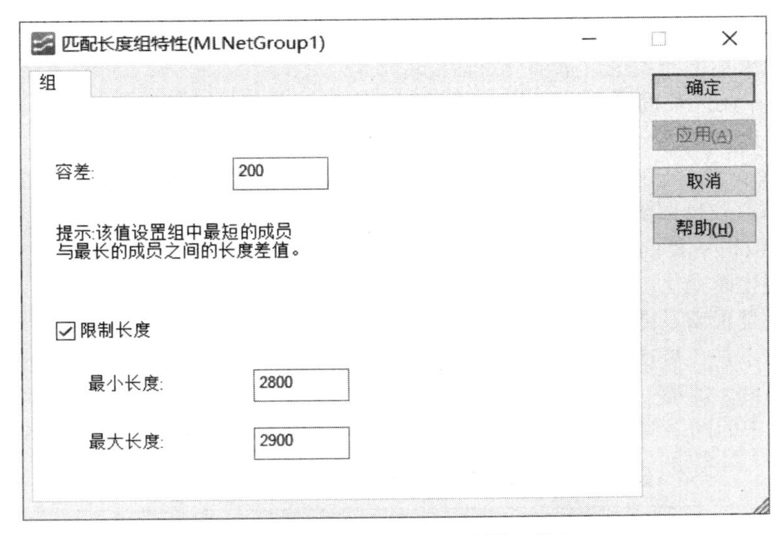

图 10.73　“匹配长度组特性”对话框

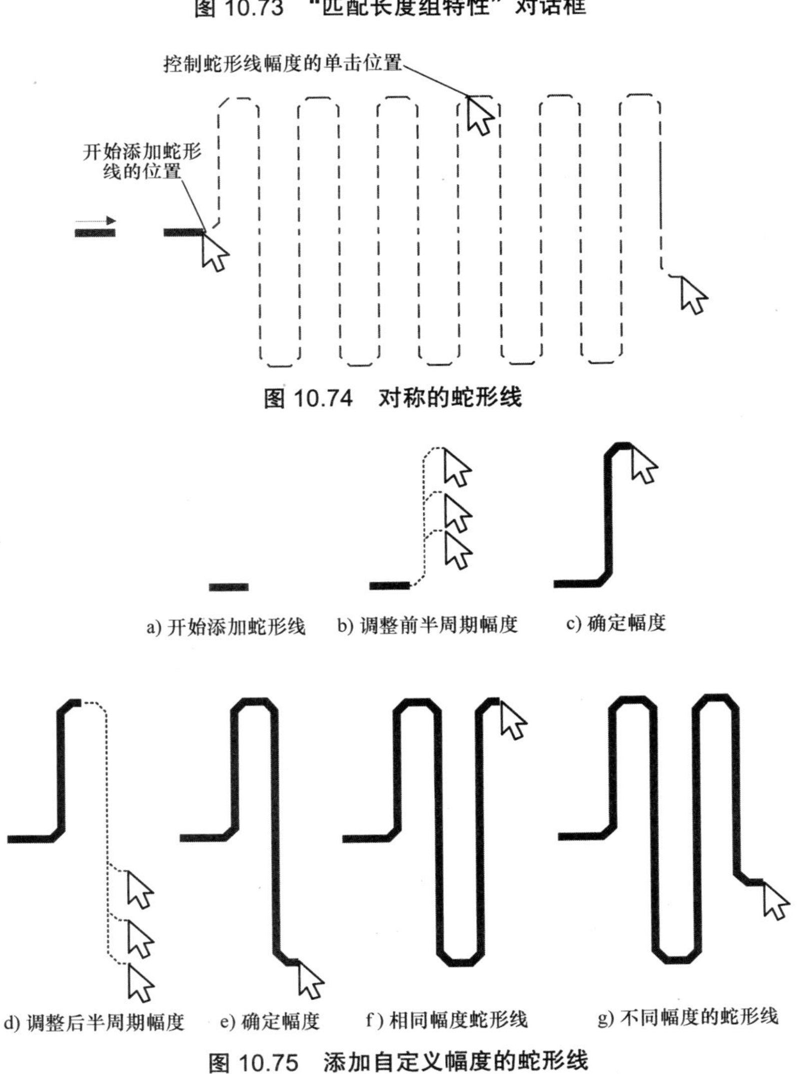

图 10.74　对称的蛇形线

图 10.75　添加自定义幅度的蛇形线

那么如何确定添加的蛇形线长度是否满足要求呢？在布线过程中，如果你已经勾选“选项”对话框内“全局 / 常规”标签页中的“长度监视器”复选框，在光标附近会出现一个长度监视器，其中显示了给该网络设置的最小长度、最大长度、已布线长度以及进度指示器（高度为5个像素，其长度跟随已布线长度变化而变化），如图 10.76 所示。值得一提的是，长度监视器的颜色会随着已布线长度变化而变化，你通过进度指示器颜色即可判断蛇形线长度是否满足需求，具体见表 10.2。一般情况下，可以考虑添加比要求长度更长一些的蛇形线，这样即便后续需要稍微减小长度，只需要将蛇形线修改为直线即可。值得一提的是，“电子表格”窗口内的“网络长度监视器”标签页中也会实时列出长度匹配网络组中的网络相关参数，颜色定义也与长度监视器相同，如图 10.77 所示。

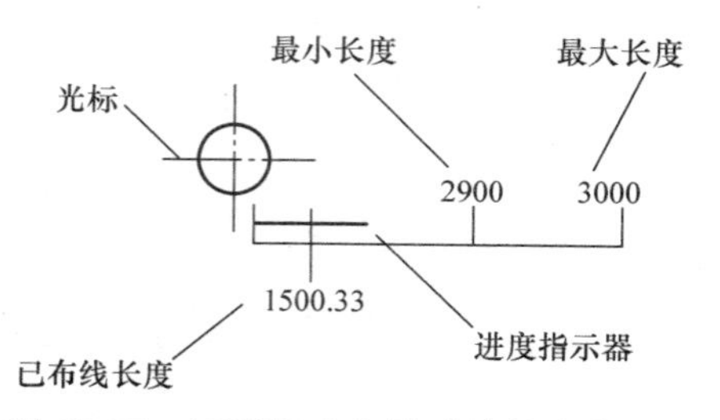

图 10.76　匹配长度布线时的长度监视器

表 10.2　匹配长度布线时长度监视器的颜色含义

颜色	含　义
黄色	已经完成的导线长度小于设置的最小长度（Minimum Length）
绿色	布线长度符合规则中设置的长度
暗绿色	布线长度达到了最大导线长度（Maximum Length）的 90%
红色	已经完成的导线超出最大长度

电子表格

网络长度监视器　网络

	名称	标记对象	估计长度	未布线的长度	已布线的长度	限制长度	长度最小值	长度最大值	网络类	长度匹配的组	容差	边缘
1	D00	□	600.36	0	600.36	□	2900	3000		MLNetGroup1	200	2299.64
2	D02	□	620.24	0	620.24	□	2900	3000		MLNetGroup1	200	2279.76
3	D01	□	570.24	0	570.24	□	2900	3000		MLNetGroup1	200	2329.76
4	D03	□	570.24	0	570.24	□	2900	3000		MLNetGroup1	200	2329.76
5	D04	□	600.36	590.53	0	□	2900	3000		MLNetGroup1	200	2299.64
6	D05	□	550.36	540.58	0	□	2900	3000		MLNetGroup1	200	2349.64
7	D06	□	600.36	590.53	0	□	2900	3000		MLNetGroup1	200	2299.64
8	D07	□	550.36	540.58	0	□	2900	3000		MLNetGroup1	200	2349.64

选定的对象　错误　网络长度监视器　电气网络长度监视器

图 10.77　“电子表格”窗口

当添加的蛇形线长度已经满足要求时，你可以退出蛇形线添加模式而进入常规布线模式，只需要执行【右击】→【完成蛇形走线绘制（Complete Accordion）】（或直接双击）即可，之后的布线操作与常规布线相同。值得一提的是，如果你想添加圆弧蛇形线，只需要勾选“选项”对话框中“布线 / 调整”标签页内的“在倒角中使用圆弧”复选框即可。

10.5.4　添加虚拟管脚

虚拟管脚（Virtual Pins）用于辅助需要对分支网络进行等长布线的场合，最常见于多片存储器扩展应用场合。以两片 DDR2 SDRAM 芯片扩展数据总线（时钟、控制、地址线共用）的方案为例，在默认情况下，共用信号的飞线连接可能会如图 10.78a 或图 10.78b 所示，但是实际布线时更希望飞线如图 10.78c 所示，因为此类扩展电路的布线连接通常采用远端 T 形（星形）拓扑，布线时要求 T 结点到 U2、U3 的长度尽量短且相等，而添加虚拟管脚就可以获得这种效果。

如果你想添加虚拟管脚，只需要选中某个网络，然后执行【右击】→【添加虚拟过孔】即可（虚拟管脚本身与布线过孔的意义相同，在布线完成后可不作其他处理），此时一个过孔粘在光标上并随之移动，在合适位置处单击即可放置，而每个虚拟管脚的中心均会出现如图 10.79 所示标记。

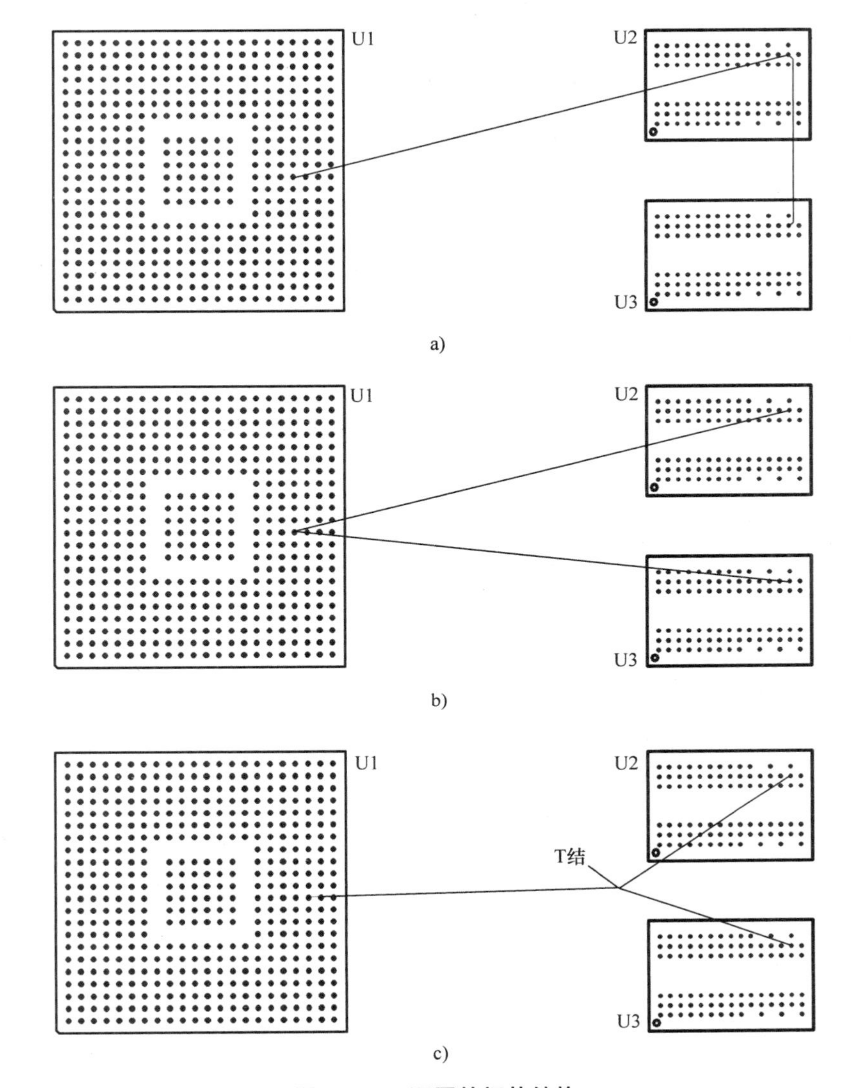

图 10.78　不同的拓扑结构

你可能会想：使用普通过孔应该也能实现相似的功能吧？细心调整线路的确可以，但是不容易做到，而虚拟管脚存在的真正意义是:**PADS将其视为一个元件管脚**（所以才称为“虚拟管脚”）。既然网络中已经添加管脚，也就会存在相应的管脚对。例如，当你添加一个虚拟管脚 VP1 后，该网络中的管脚对会由原来的 2 个（U1.W11-U3.P8，U3.P8-U2.P8）变成 3 个（U3.P8-VP1，VP1-U2.P8，U1.W11-VP1，每个管脚对都包含 VP1）。你可以将虚拟管脚转换为普通过孔（只需要在 PADS Layout 中选中虚拟过孔后执行【右击】→【转换为过孔】即可），然后分别进入两者的“特性”对话框确认“管脚对”组合框中的信息，如图 10.80 所示。

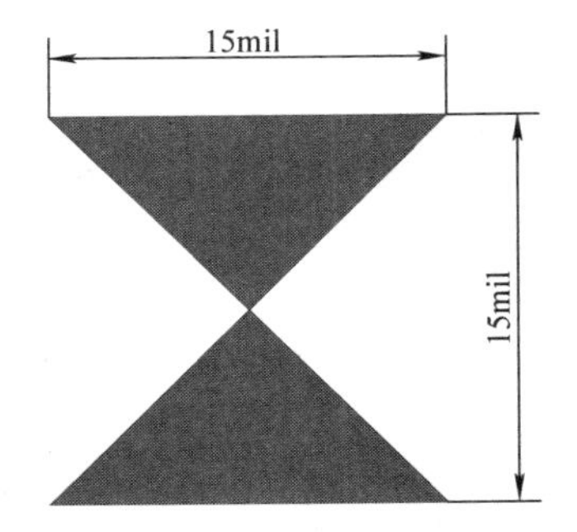

图 10.79　虚拟管脚标记

既然虚拟管脚已经产生新的管脚对，你也就能够针对两个分支（VP1-U2.P8，U3.P8-VP1）创建匹配长度的管脚对组，也就能够实现两个分支等长的目的，对不对？而普通过孔添加后，PADS 不会将其视为一个元件管脚，也就不会影响原来的拓扑结构，相应的效果如图 10.81 所示。

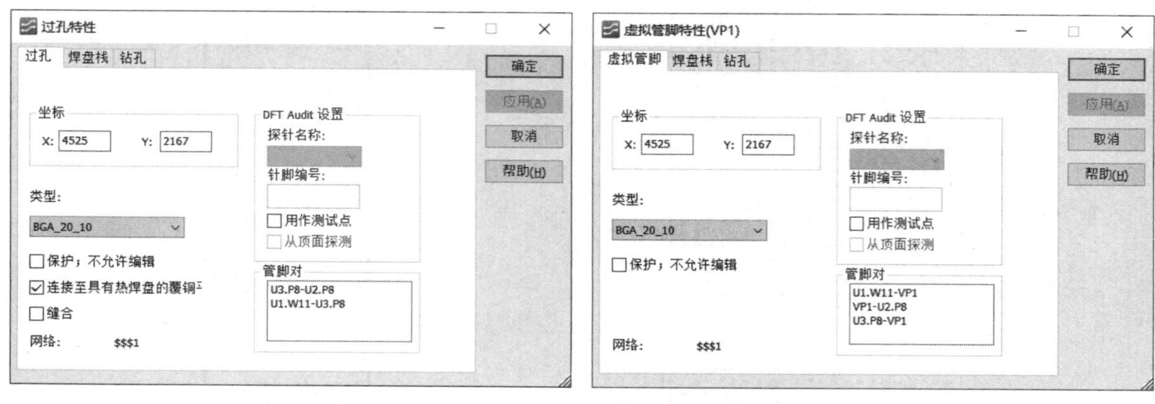

图 10.80　过孔与虚拟管脚的特性对话框

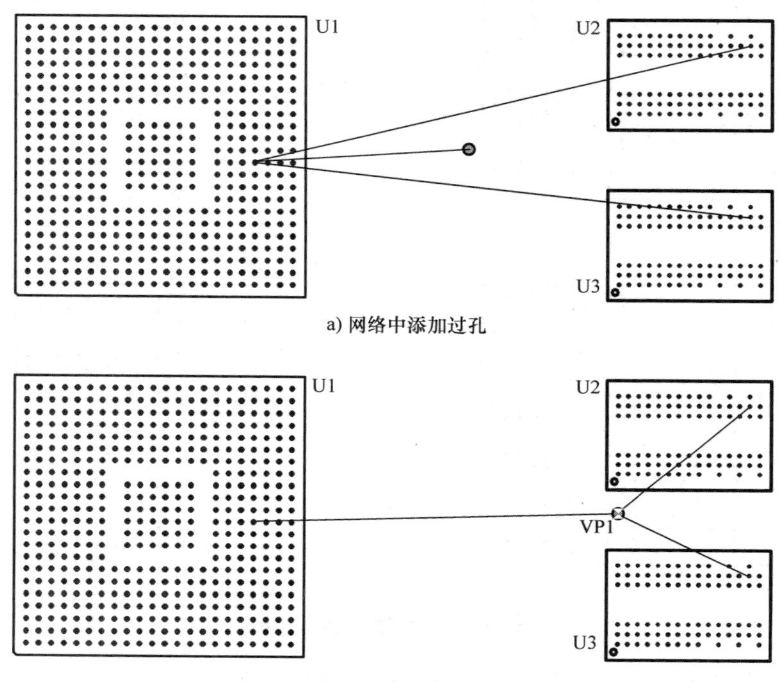

a) 网络中添加过孔

b) 网络中添加虚拟过孔

图 10.81　普通过孔与虚拟过孔的区别

需要特别注意的是，如果你想在网络中添加虚拟管脚后实现图 10.81b 所示星形连接（starburst pattern）效果，必须保证网络未布线、未设置管脚对规则，并且当前网络的拓扑已经设置为“最小化”类型，这样 PADS 才会以虚拟管脚为中心连接其他元件。否则，添加的虚拟管脚仅会与最近的元件连接，也就无法创建出虚拟管脚到 U2、U3 之间的管脚对。值得一提的是，只有在网络中添加的第一个虚拟管脚才会建立星形连接（此时该网络的拓扑会自动设置为“受保护”类型），后续添加的多个虚拟过孔仅会与最近的虚拟管脚产生飞线连接。当你已经删除网络中的所有虚拟管脚后再重新添加虚拟管脚（还是网络中的第一个虚拟管脚），仍然不会创建星形连接，你必须先将该网络拓扑重置为“最小化”类型。

当然，如果当前需要添加虚拟管脚的网络确实已经布线（也不方便或不想将其删除），你也可以尝试对飞线进行手动重新规划拓扑，只需要选中飞线后执行【右击】→【重新规划】，然后单击该网络中的另一个电气对象（虚拟管脚也可以）即可。

10.6　差分对布线

差分对布线主要针对双端信号传输线，与常规布线有所不同的是，差分对采用两根信号线来传输一个信号，而且通常会有一定的特性阻抗要求。为了保证差分线的抗干扰能力及信号完整性，差分对布线总是会遵循“平行等长对称”的原则。需要注意的是，你可以在 PADS Layout 或 PADS Router 中创建差分对网络组，但差分对布线操作只能在 PADS Router 中进行。

10.6.1　创建差分对

首先得确定差分对布线操作针对哪两个网络，主要实现方式有 3 种。其一，在 PADS Layout 中创建差分对规则，详情见 7.2.9 小节。其二，在PADS Router中，选中需要进行差分对布线的网络（此例为“DM0”与“DP0”），然后执行【右击】→【创建差分网络】，在“项目浏览器”窗口的“差分对”项下会出现以选中网络命名的组（此处为“DM0<->DP0”），如图 10.82 所示。其三，在“项目浏览器”窗口的“网络”项内找到并选中需要创建差分对的两个网络，将其复制到“差分对”项下即可（效果与方式二相同）。

图 10.82　创建的差分对

10.6.2　设置差分对规则

在 PADS Router 中创建差分对之后，你还需要设置差分对布线规则。在“项目浏览器”窗口内选中刚刚创建的差分对“DM0<->DP0”，然后执行【右击】→【特性】，即可弹出如图 10.83 所示“差分对特性”对话框，在“按层设置布线对的线宽和间隙”组合框中设置线宽与线距，该规则默认针对所有层，如果差分对布线时需要换层，你也可以单击“添加”按钮为指定层设置不同的参数（以保持阻抗的一致性）。

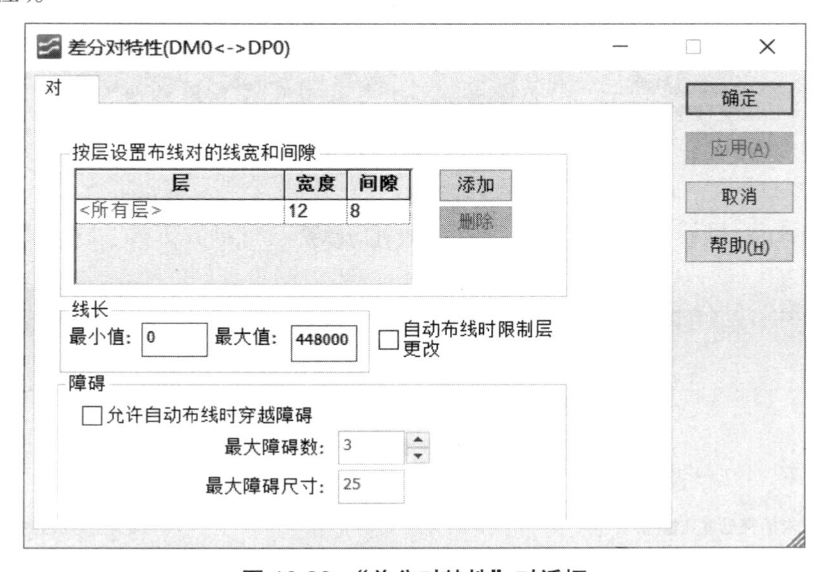

图 10.83　“差分对特性”对话框

10.6.3　添加差分对线

现在开始添加差分对线，具体操作与常规布线相同，但仍然切记**提前设置合理的布线栅格**。选中需要布线的某个差分对管脚，然后执行【右击】→【布线】(或快捷键“F3”)，此时两个管脚将同时引出导线（选中管脚所在的网络将高亮显示），并在管脚附近按照设置的线宽与线距规则布线，如图 10.84 所示。

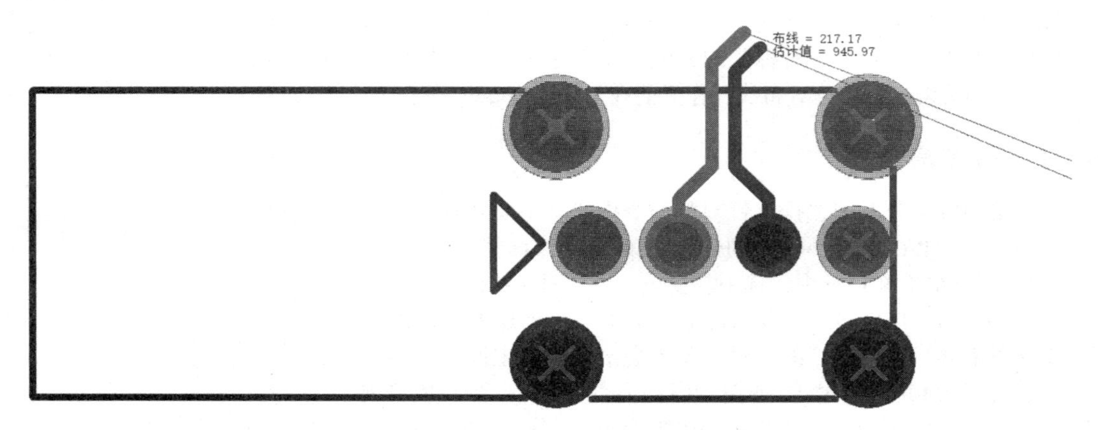

图 10.84　开始添加差分线

理想的差分对布线不存在任何过孔对，但是由于布局结构、板层等原因，有时候你可能会发现无法在单面布通，此时就需要添加过孔对，具体操作方法与常规布线一样，只需要在差分对布线过程中执行【右击】→【添加过孔】(或快捷键“Shift+ 单击”)即可。值得一提的是，差分对添加的过孔对存在垂直（perpendicular）、−45（minus 45）、45（plus 45）、左侧平行（parallel left）、右侧平行（parallel right）共 5 种样式，具体如图 10.85 所示。过孔样式是以“开始布线时选中的管脚对所在网络”为参考，你可以通过执行【右击】→【切换导线】(或快捷键“Tab”)切换参考网络。例如，“左侧平行”样式表示将另一个网络的过孔放置在选中网络添加的过孔左侧。默认的垂直过孔对样式能够提供最好的对称性，你可以通过执行【右击】→【过孔样式】进行切换。另外，“设计 特性”对话框内“栅格”标签页的“捕获对象至过孔栅格”项也会影响过孔对的添加位置，图 10.86 为相应的效果。

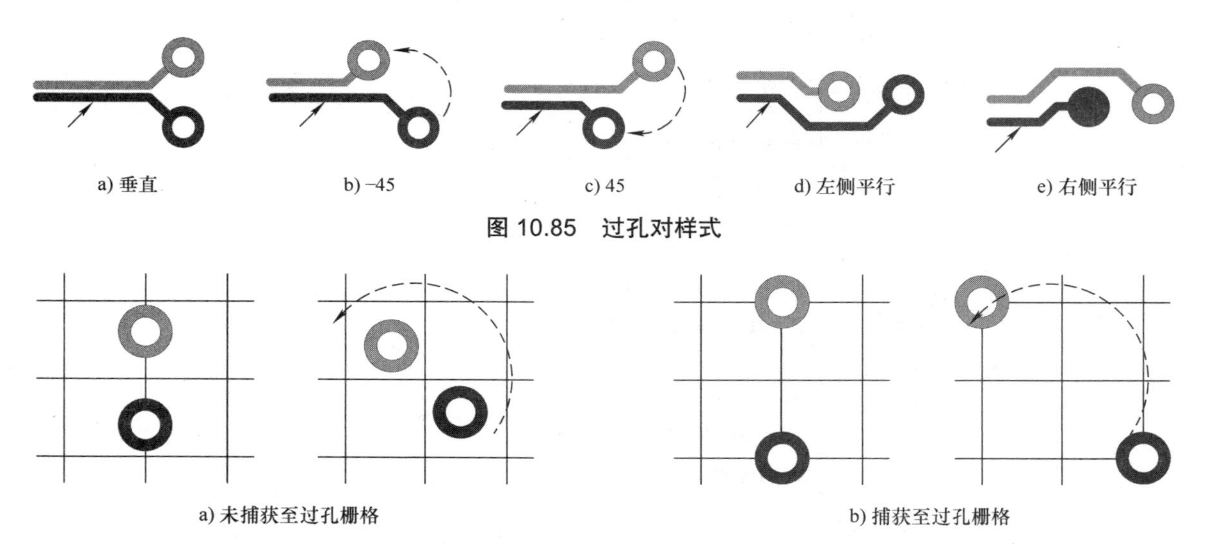

a) 垂直　b) −45　c) 45　d) 左侧平行　e) 右侧平行

图 10.85　过孔对样式

a) 未捕获至过孔栅格　b) 捕获至过孔栅格

图 10.86　捕获至过孔栅格前后添加过孔对的效果

当差分对已经接近目的地时，需要退出差分对布线模式，你可以执行【右击】→【单独布线（Route Separately）】(或快捷键“Shift+Z”)，之后的布线操作与常规布线相同，最后完成的效果如图 10.87 所示。

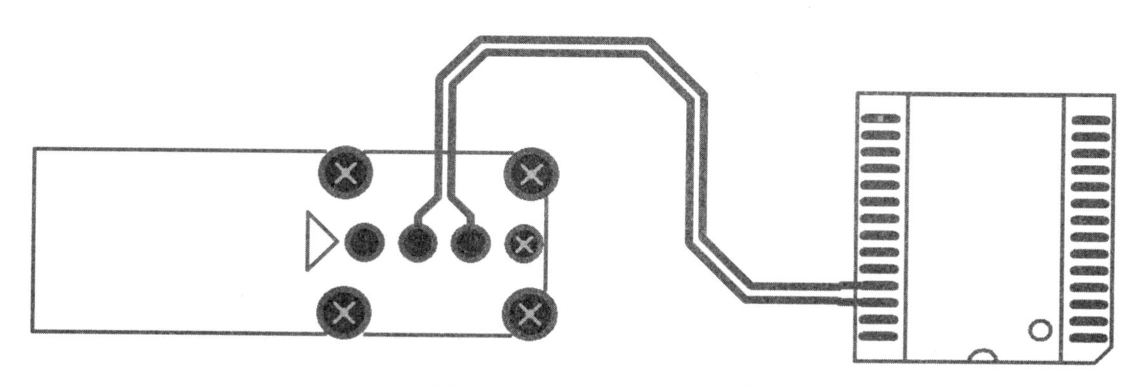

图 10.87 差分对布线效果

10.6.4 添加带蛇形线的差分线

有些情况下，多组差分对同样需要进行等长布线，你可以在如图 10.83 所示“差分对特性”对话框中修改“线长”组合框内的参数，然后在差分对布线过程中执行【右击】→【添加蛇形线】即可。值得一提的是：执行该操作前需要至少单击一次以确定差分对导线拐角，否则该选项将处于禁用状态，而且不要在单击位置马上执行该操作（在单击后移动光标延伸出一段导线），否则操作执行不会成功。另外，如果需要结束蛇形线添加模式，执行【右击】→【完成蛇形线走线绘制】即可，相应的效果如图 10.88 所示（相邻差分对导线的间距则由“选项”对话框中“布线 / 调整”标签页内的“最小间隙”参数决定）。

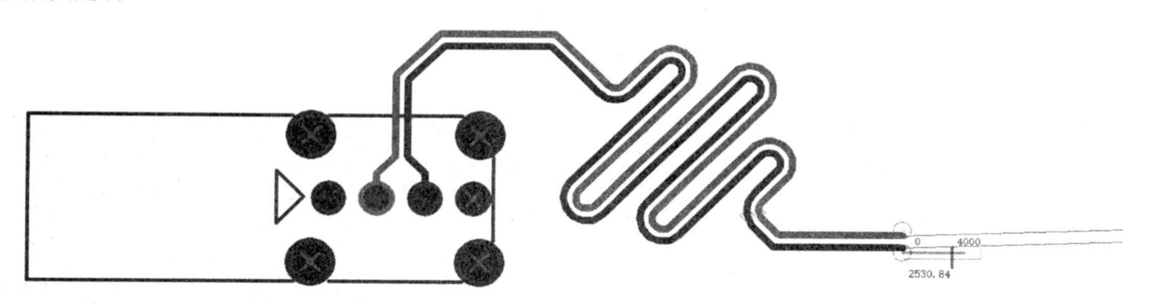

图 10.88 带蛇形线的差分线

10.7 BGA 扇出

扇出操作在高密度 PCB 封装（例如 BGA）等场合应用非常多，有时候成百上千的管脚需要进行扇出，手工进行扇出不仅效率低下，而且扇出后的效果不整齐且容易出错，而自动扇出则可完美地解决该问题。本节以 BGA 封装扇出为例详细阐述相应的操作步骤。

扇出操作的关键在于初始化设计环境。首先初始化全局环境，在图 10.59 所示“栅格”标签页中配置较小的扇出过孔栅格（例如 1mil）。另外，保证当前设计中存在合适的扇出过孔类型（至少手工扇出时能够成功），扇出过孔直径过大将导致扇出失败。如果当前设计中存在多个可用的过孔，你可以暂时在图 10.54 所示“过孔配置”标签页中仅勾选需要作为扇出的过孔。

其次，初始化需要扇出器件的特性。选中需要执行扇出操作的 BGA 封装，执行【右击】→【特性】（或直接双击），在弹出的“元器件 特性”对话框中先切换到“焊盘入口”标签页（参考图 10.57），清除“允许在表面贴装焊盘上打过孔”复选框，因为勾选该复选框可能会导致自动扇出的过孔添加在焊盘上，这很容易导致虚焊的风险，如果过孔较小（比焊盘还小），你将看不到自动扇出的过孔（而误以为扇出操作失败）。再切换到“扇出”标签页，在“对于管脚”项中设置需要扇出的管脚，可以是一般的信号网络的管脚、已经分配给平面层的网络的管脚或不存在网络的管脚（此处全选表示扇出所有管脚）。清除“允许多个连线至”项下的 4 个复选框，以确保 PADS Router 将会为每个焊盘添加一个扇出过孔。在“过孔扇出放置对象”组合框中设置相应的样式，如图 10.89 所示。完成配置后单击“确定”按钮即可。

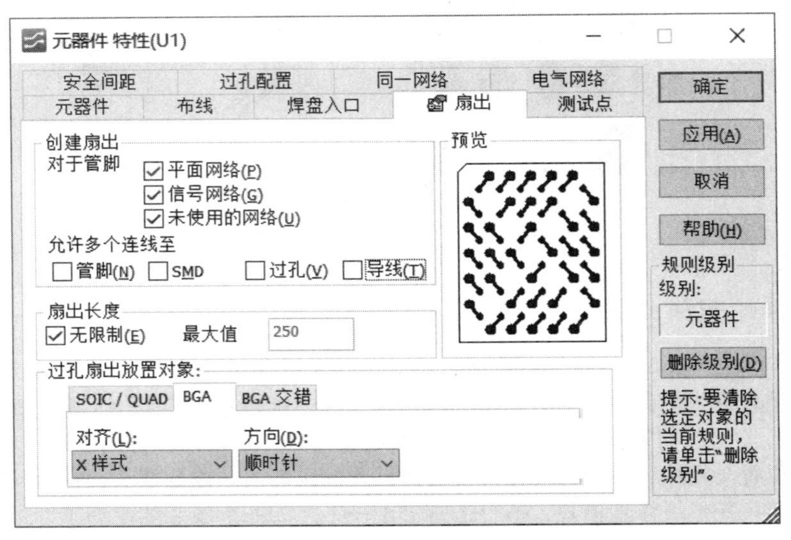

图 10.89　扇出参数设置

接下就即可进行 BGA 扇出操作。选中需要扇出的 BGA 封装并执行【右击】→【扇出】，PADS Router 将会开始 BGA 自动扇出的过程，图 10.90 所示为几种不同样式扇出后的效果，扇出的导线宽度取决于相应的设计规则。

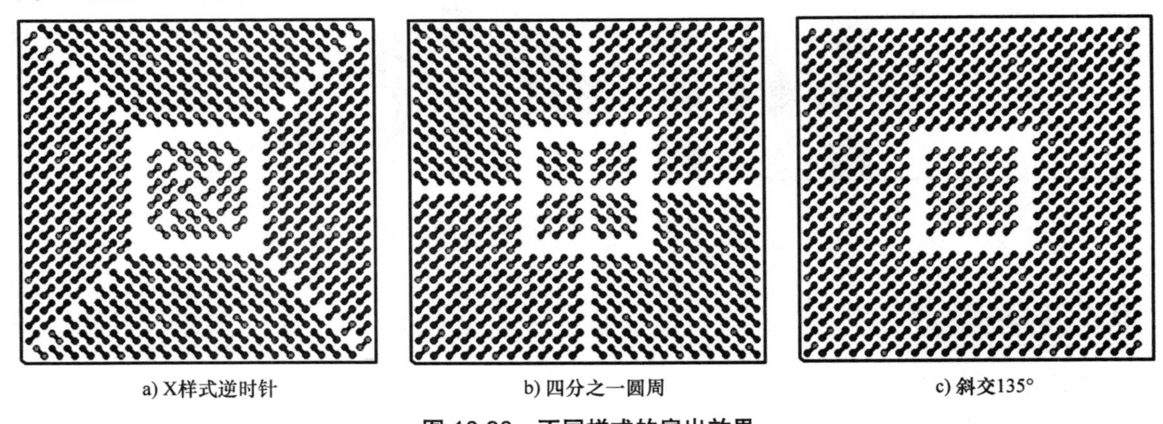

a) X样式逆时针　　b) 四分之一圆周　　c) 斜交135°

图 10.90　不同样式的扇出效果

第 11 章　PADS Layout 后处理

完成布局布线并不意味着 PCB 设计过程已经结束，还有很多后处理操作需要进行，其中涉及可生产性、可测试性、稳定性、正确性、美观性等方面。本书将布局布线阶段之后进行的操作统称为后处理，具体处理的主要对象包括泪滴、铜箔、覆铜平面、缝合与屏蔽过孔、测试点、丝印、尺寸标注、设计验证、CAM 文件。

11.1　泪滴

泪滴（Teardrops）也称为焊盘圆角（Pad Fillet），通常是一个用来加强导线与焊盘栈接合处连接的“V”形铜箔，泪滴通常用于元件的插件管脚，但是添加在 SMD 焊盘也能够带来同样的好处，图 11.1 展示了两种焊盘在添加泪滴后的状态。

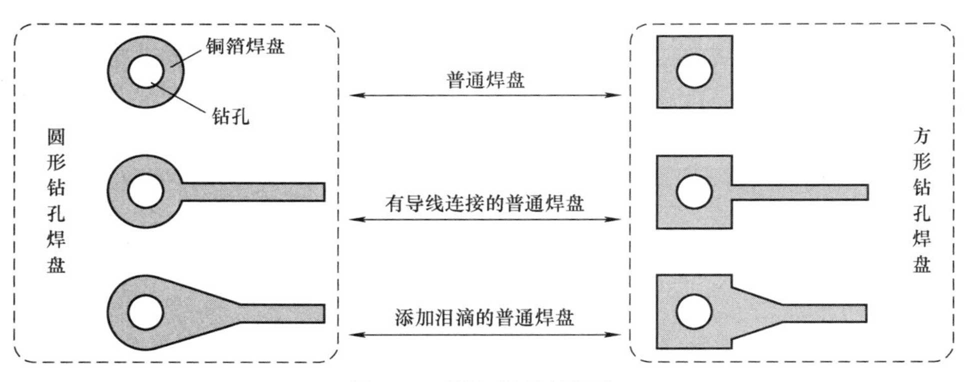

图 11.1　添加泪滴的焊盘

11.1.1　使用泪滴的好处

泪滴能够为许多诸如提升产量（Improving Yield）、防止酸角（Preventing Acid Traps）和降低柔性电路应力（Reducing Flex Circuit Stress）等问题提供解决方案。

1. 提升产量

一块典型的 PCB 可能包含上百个钻孔，制造商为了提升产量（降低单板生产成本），通常会选择将多块 PCB（3、4 块或更多）叠在一起同时钻孔。但是随着 PCB 堆叠的数量增加，钻孔机“偏离”其中心线位置的可能性也会增加，因为钻机必须钻得越远，也就更有可能偏离其预期路径。换言之，离钻孔机更远的焊盘上更有可能会形成一个偏离中心的孔，如图 11.2 所示。尽管差异通常只有千分之几英寸，但这种微小的移动可能会导致钻孔与焊盘边缘相切，如果相切现象发生在导线与焊盘的连接位置，可能会引起破坏或开路现象。

添加泪滴能够加大导线与焊盘之间的连接区域，可以补偿一定的钻头位置偏移，即便导线出入的焊盘边缘与钻孔相切，也能够避免出现开路现象（如果导线出入的焊盘边缘未与钻孔相切，最多只会造成破坏，但电气连接性仍然还是可以保证），这种技术对圆形与方形通孔焊盘都有效，如图 11.3 所示。

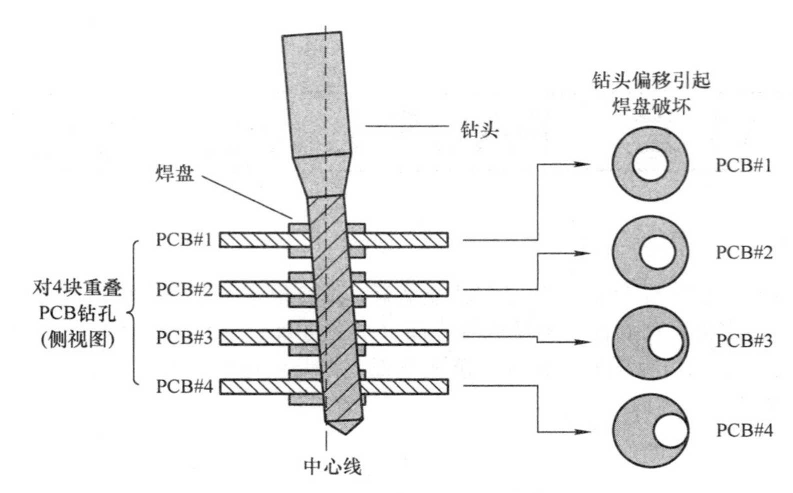

图 11.2 对多块 PCB 同时钻孔

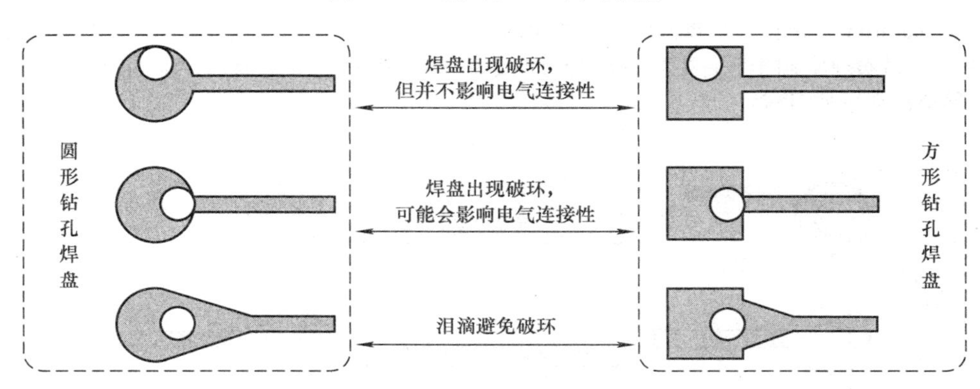

图 11.3 泪滴避免焊盘破环现象

2. 防止酸角

在蚀刻工序中，如果导线与焊盘的接合处存在锐角，可能会引起蚀刻溶液（酸）堆积并过度蚀刻（over-etch）接合处，也就会使导线的宽度轻微变窄，从而创建一个更容易断裂的连接（潜在的故障点），也会略微降低导线的载流能力。如果往导线与焊盘的连接处添加滴泪即可消除潜在的问题，如图 11.4 所示。值得一提的，防止酸角与“钻孔是否偏离焊盘中心”无关，所以对贴片焊盘同样也有效，如图 11.5 所示。

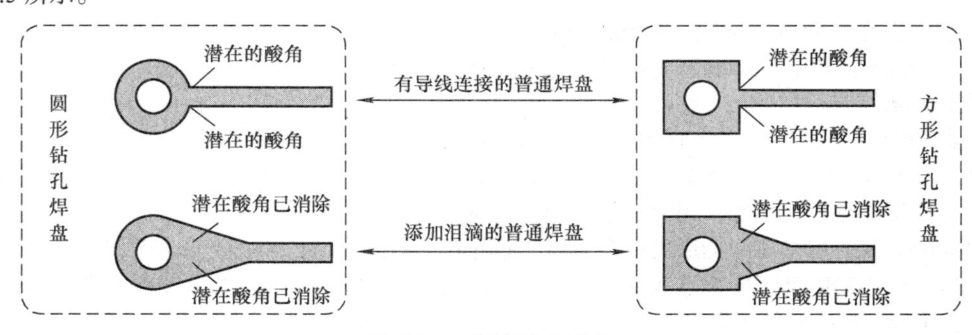

图 11.4 泪滴防止酸角

3. 降低应力

降低应力在柔性 PCB 上体现得更明显。当柔性 PCB 弯曲时，导线出入焊盘的位置可能需要承受一定的应力，如果弯曲次数足够多，最终可能会导致连接断裂和失效。添加泪滴能够补充额外的表面积，也就提升了 PCB 承受反复应力的能力，如图 11.6 所示。同样值得一提的是，降低应力与“钻孔是否偏离焊盘中心”无关，所以对贴片焊盘同样也有效。

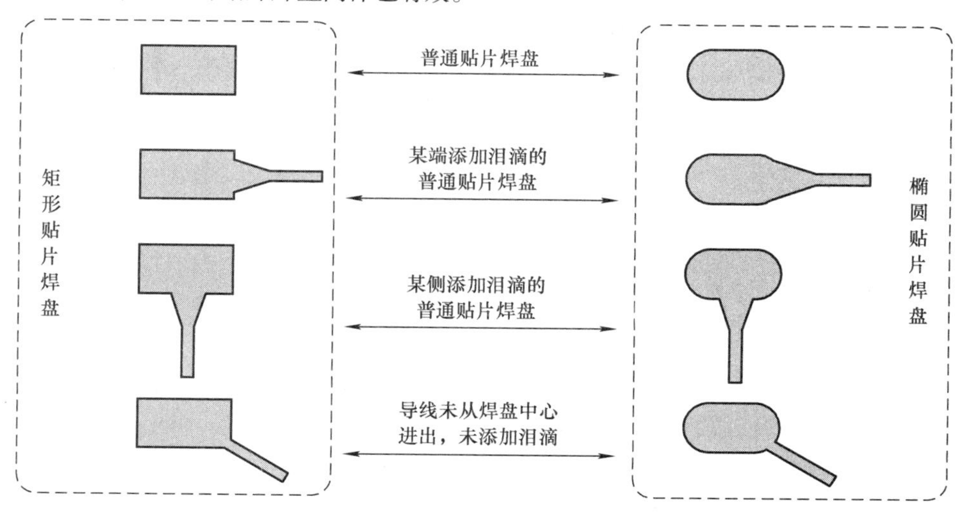

图 11.5　贴片焊盘上的泪滴

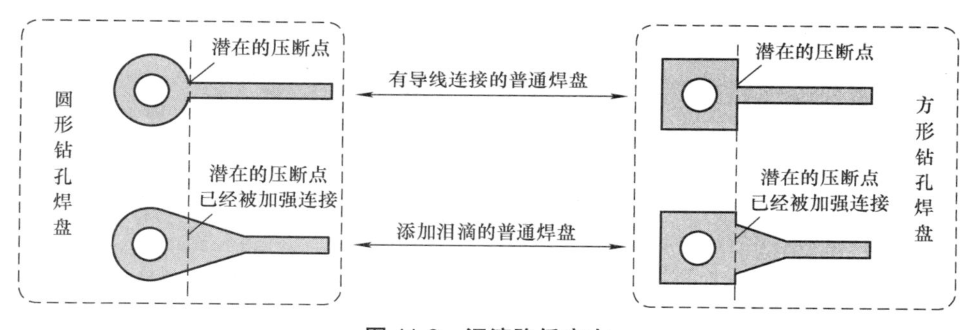

图 11.6　泪滴降低应力

11.1.2　生成泪滴

如果你想为焊盘栈生成泪滴，只需要执行【工具】→【选项】→【布线】→【常规】→【选项】并勾选“生成泪滴”复选框即可，此时 PCB 文件中的所有（符合要求的）焊盘栈都将会被添加泪滴。当然，如果你想将添加的泪滴显示出来，还必须执行【工具】→【选项】→【布线】→【泪滴】→【参数】并勾选“显示泪滴”复选框。需要特别注意的是，显示泪滴与否并不影响泪滴的添加，已经添加的泪滴在生产文件中总是会随导线而存在。

当某个管脚焊盘被添加泪滴后，相应特性对话框中的“泪滴”复选框将处于勾选状态，如图 11.7 所示。如果你不希望为某个管脚添加泪滴，只需要清除该复选框即可。值得一提的是，如果从焊盘到进出导线的首个拐角之间的距离太小，PADS Layout 可能不会为其添加泪滴，但是“管脚特性”对话框中的“泪滴”复选框仍然还是处于勾选状态，泪滴仍然会在布线调整后自动添加，如图 11.8 所示。

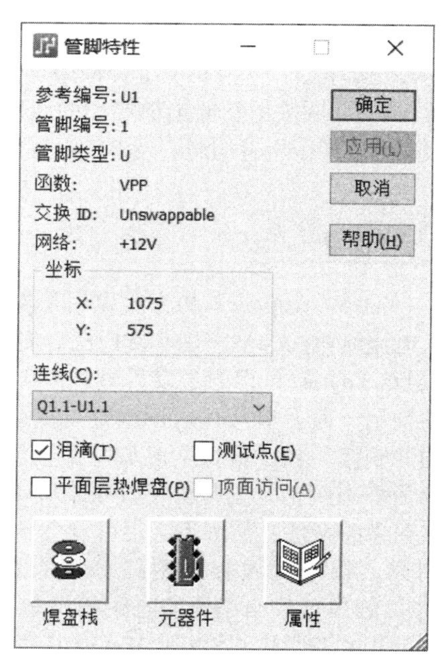

图 11.7　“管脚特性”对话框

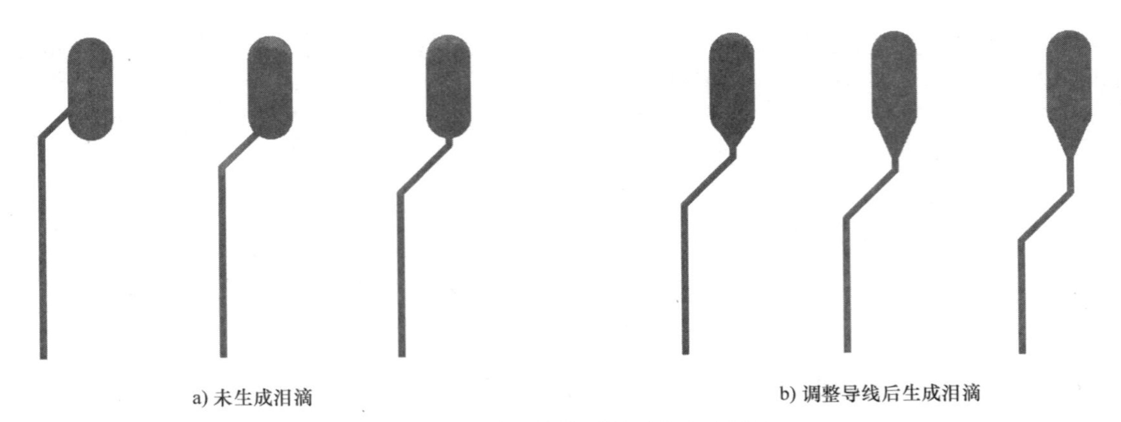

图 11.8 调整导线前后的泪滴生成效果

11.1.3 编辑泪滴

如果需要在添加泪滴后调整其参数，你可能会执行【工具】→【选项】→【布线】→【泪滴】进入“泪滴”标签页进行设置，但是却发现没有任何效果，因为该标签页中的参数仅在第一次生成泪滴时才有效。如果你想调整已经添加的泪滴参数，应该使用泪滴编辑操作，这需要进入如图 11.9 所示“泪滴特性”对话框，你可以选中某个管脚后执行【右击】→【泪滴特性】(或快捷键“Ctrl+T”)即可（选中某导线执行快捷键“Ctrl+T”也能达到同样的效果，此时对话框的名称为“泪滴特性 导线”)。需要特别注意的是，你必须执行【工具】→【选项】→【布线】→【常规】→【选项】并勾选“生成泪滴”复选框，否则将无法进入“泪滴特性”对话框。

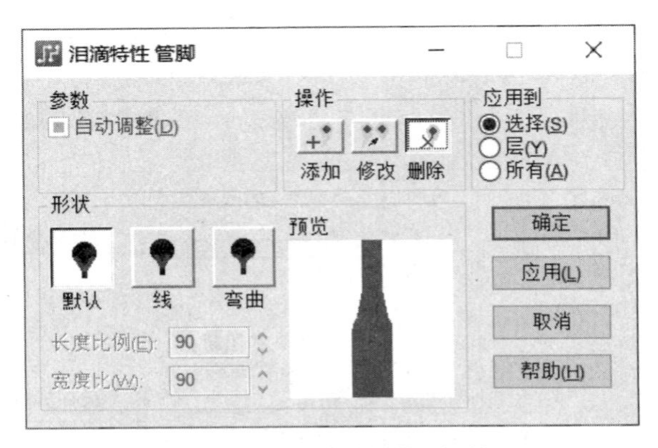

图 11.9 “泪滴特性”对话框

“泪滴特性”对话框中可以完成泪滴添加、修改与删除操作，只需要在“操作”组合框中单击相应的按钮即可，“应用到”组合框用于设置泪滴操作针对的对象，“选择”项表示仅应用于你所选择的对象，“层”项表示针对当前层中的所有泪滴，你可以通过标准工具栏上的“层”列表进行切换。“所有”项表示应用于所有泪滴。当参数设置完成后，只需要单击“确定”或“应用”按钮即可完成泪滴的编辑。

11.2 铜箔

铜箔（Copper）的主要作用是加宽导线以提升载流量及连接稳固性，在开关电源、功率放大器等大电流应用场合中应用非常广泛。需要注意的是，PADS Layout 可以通过多种方式产生实际 PCB 中的铜箔，而本节所述之铜箔是指由绘图工具栏中的“铜箔”或“铜挖空区域”工具创建而成，也称为静态铜箔，这是由于其本身并无自动避让电气对象的特性，使用不当很可能会导致短路现象。例如，某个区域存在网络分别为 GND、VDD、VCC 的焊盘，当添加静态铜箔覆盖这些焊盘时，也就相当于网络 GND、VDD、VCC 都被短接起来，如图 11.10 所示。

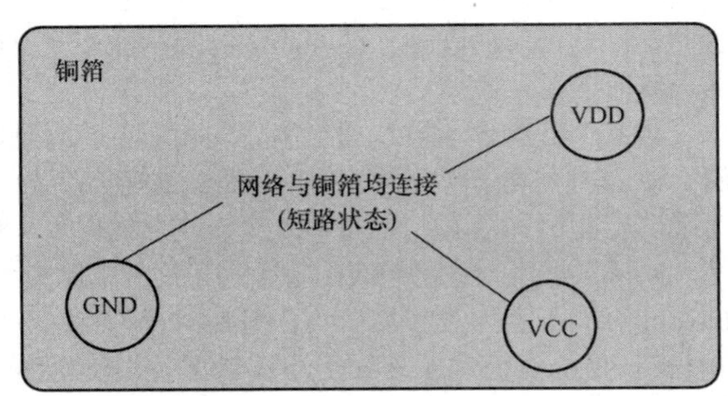

图 11.10 静态铜箔短接网络不相同的焊盘

11.2.1　创建铜箔

静态铜箔的添加必须在 DRC 关闭模式下才能进行，单击绘图工具栏上的“铜箔”工具即可进入静态铜箔绘制状态，如果当前并不在 DRC 关闭模式下，PADS Layout 将弹出如图 11.11 所示提示对话框，单击“确定”按钮即可切换至 DRC 关闭模式。

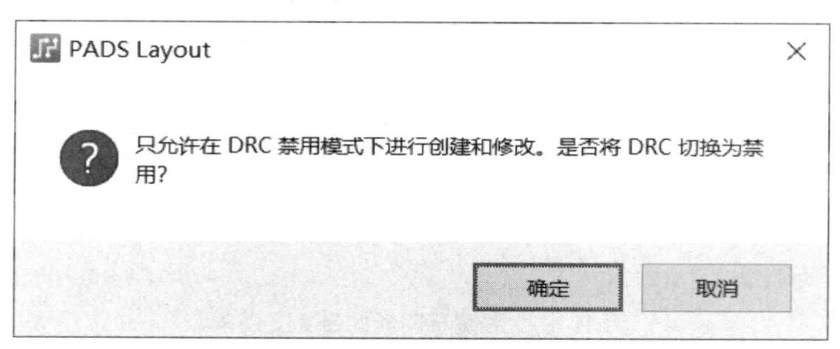

图 11.11　提示对话框

本节以第 2 章所示项目为例详细讨论静态铜箔的添加方法。首先根据需要绘制的铜箔大小设置合适的设计栅格，然后再设置铜箔需要添加的板层（板层也可以在后续更改），只需要修改标准工具栏中的“层”列表即可（此例为“Top”，相应的无模命令为“L1”）。然后执行【右击】→【多边形】，表示将要绘制一个多边形状的静态铜箔，再按照图 11.12 所示绘制一个闭合多边形（与绘制 2D 线操作相同），绘制完成后执行【右击】→【完成】即可。

在铜箔绘制过程中请注意：铜箔线的某部分不能与另一部分相交，否则 PADS Layout 将会弹出类似如图 11.13 所示“自交叉多边形（Self-Intersecting Polygons）”提示对话框。举个例子，尝试以图 11.14 所示路径创建的铜箔即为自交叉多边形。当然，线宽过大也可能会导致自交叉多边形的出现，图 11.15a 与 b 分别展示了线宽不同时形状对应的自交叉现象。

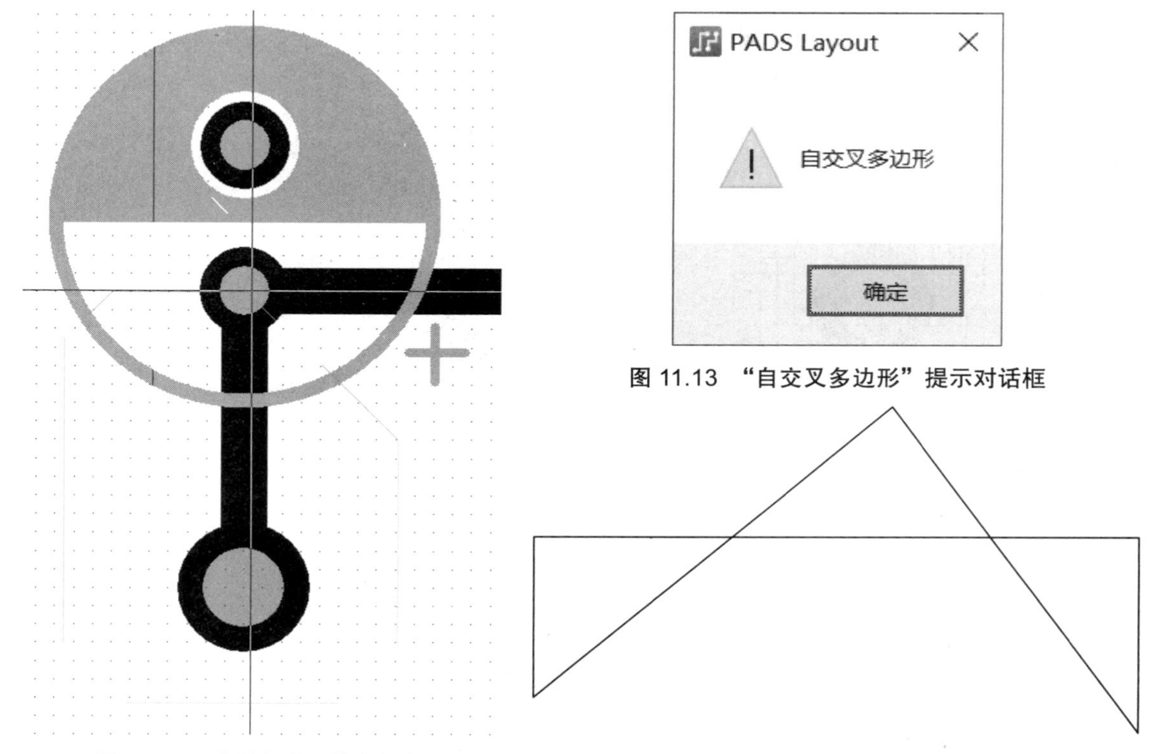

图 11.12　绘制多边形静态铜箔

图 11.13　“自交叉多边形”提示对话框

图 11.14　自交叉多边形路径

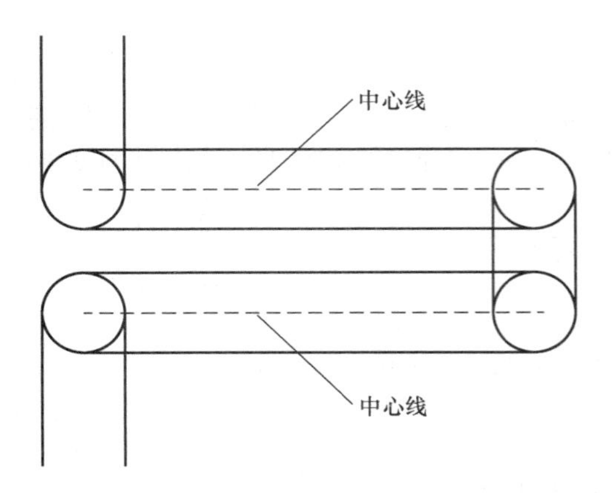

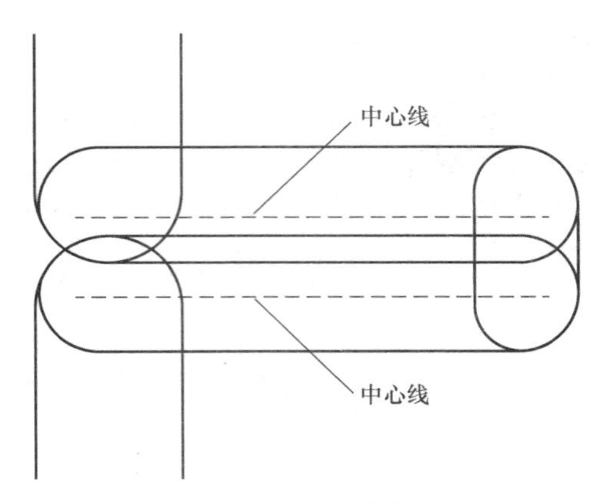

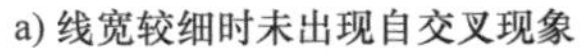
a) 线宽较细时未出现自交叉现象　　b) 线宽较粗时出现自交叉现象

图 11.15　线宽不同时的自交叉现象

取决于你设置的 PADS Layout 选项参数，绘制完成的铜箔可能是如图 11.16a 所示网格形态（由于铜箔的填充栅格设置过大，或铜箔线宽过小），如果想获得如图 11.16b 所示实心形态，只需要执行【工具】→【选项】→【栅格和捕获】→【栅格】→【铺铜栅格】并将“铜箔”值减小（或提升铜箔形状线宽）即可。

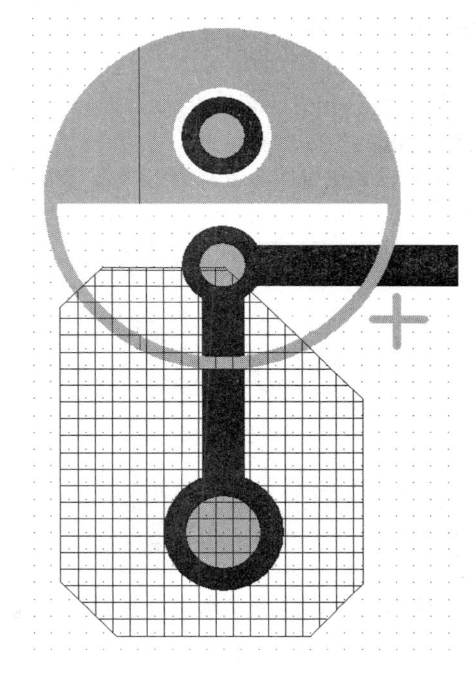

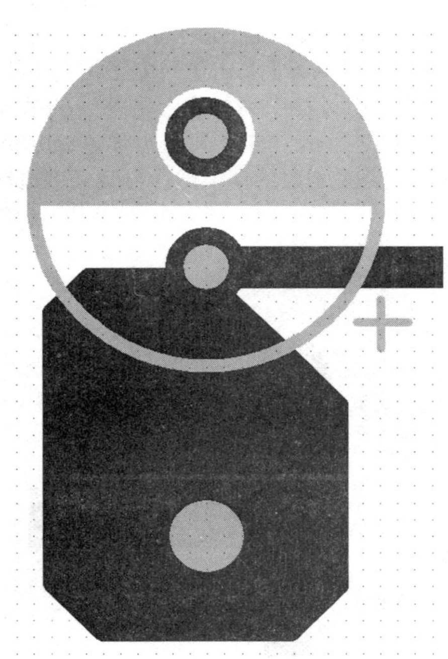

a) 网格状铜箔　　b) 实心铜箔

图 11.16　静态铜箔的实际效果

按照相同的方法绘制静态铜箔加粗其他导线，最后完成的效果如图 11.17 所示。

11.2.2　给铜箔分配网络

由于刚刚是在导线位置添加静态铜箔，所以必须给铜箔分配与该导线相同的网络，不然后续进行设计校验时，PADS Layout 会认为导线与铜箔不属于同一个网络而出现安全间距违规。如果你已经执行【工具】→【选项】→【文本和线】并勾选“完成覆铜时提示网络名称”复选框，当静态铜箔绘制完毕后，PADS Layout 将自动弹出类似如图 7.55 所示“添加绘图”对话框（“类型”列表中显示为“铜箔”），你也可以通过选中某块铜箔后执行【右击】→【特性】进入如图 11.18 所示相似的“绘图特性”对话框，从“网络分配”组合框的列表中选择需要分配的网络（或者单击“通过单击分配网络”按钮进入网络选择状态，然后单击 PCB 文件中的某个导线或焊盘）即可，你还可以单击右侧的“网”按钮打开该网络对应的特性对话框。

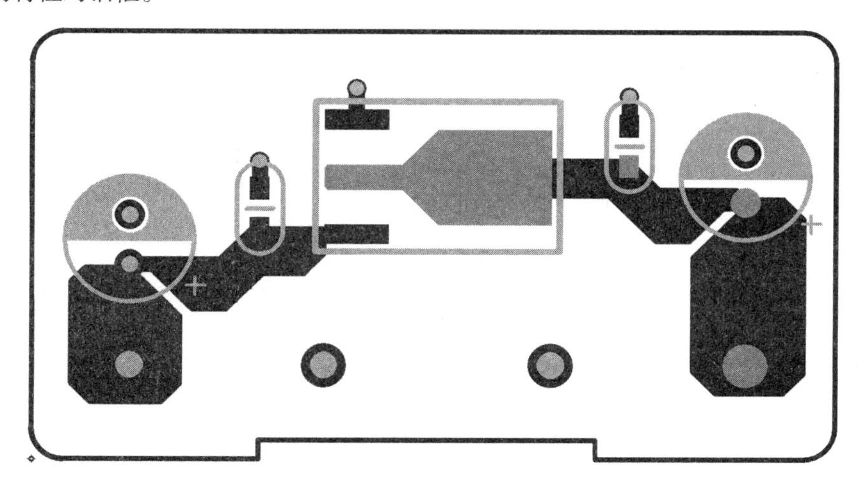

图 11.17　静态铜箔绘制完成后的效果

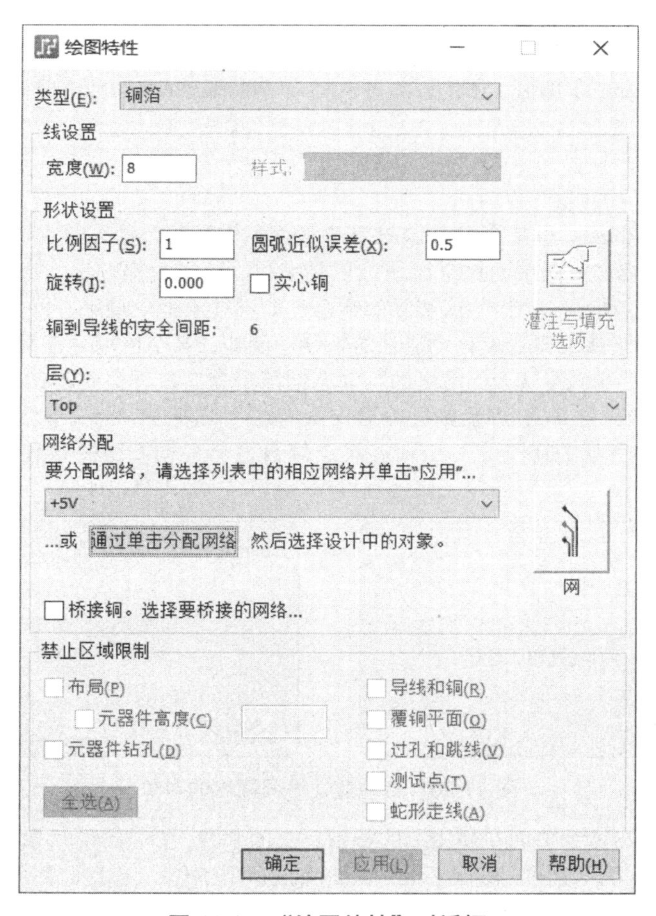

图 11.18　“绘图特性”对话框

“绘图特性”对话框中的其他一些参数也值得注意。“宽度”就是指绘制铜箔的线宽，将其值加大可以更容易得到实心铜箔，当然，勾选“实心铜”复选框也可以将铜箔直接转换为实心铜箔（不会受到铜箔线宽或填充栅格参数的影响）。“铜到导线的安全间距”项用于显示当前设置的“铜箔到导线”安全间距。

“比例因子”项可以用来扩大（大于 1 时）或缩小（小于 1 时）铜箔形状（铜箔线宽并不会缩放），其值总是为 1。当你设置其为 0.5，表示需要将铜箔尺寸缩小为原来一半，如果设置其为 2，则表示将铜箔尺寸扩大到原来的 2 倍，但是当你单击“确定”按钮后，铜箔尺寸一旦缩放完毕，“比例因子”项仍然将恢复为 1。换言之，“比例因子”项总是以当前的铜箔尺寸为参考进行修改。值得一提的是，扩大后的圆弧半径不能超过 14in，或其中心超出数据库区域坐标（−28，−28）到（28，28）in。

“圆弧近似误差”项用于指定缩放圆弧的允许近似误差。当你使用绘图工具栏中的工具创建圆状对象时，从微观的角度来看，整个圆是由无数条直线拼成，而“圆弧近似误差”是指近似线段到实际圆弧的垂直距离，如图 11.19 所示。

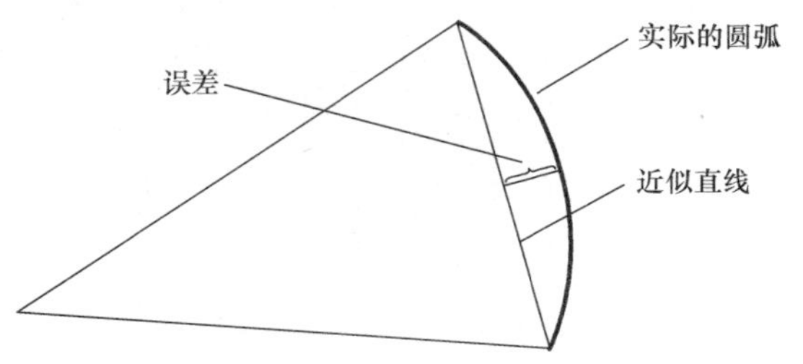

图 11.19　圆弧近似误差

值得一提的是，**后续一定要在设计校验阶段进行安全间距的检查**（详情见 11.8 节），一旦出现违反设计规则的情况，必须进一步对铜箔进行编辑，相应的操作与板框编辑相同，此处不再赘述。

11.2.3　创建铜箔挖空区域

铜箔挖空区域的创建方法基本思路就是：单击绘图工具栏上的“铜箔挖空区域”工具，然后在已经创建的静态铜箔的合适位置创建一个铜箔挖空对象，最后将铜箔与铜箔挖空区域同时选中再执行【右击】→【合并（Combine）】即可，详情可参考 3.7.3 小节的锅仔按键封装的创建过程，此处不再赘述。

11.3　覆铜平面

覆铜平面（Copper Plane）也是产生实际 PCB 中大面积铜箔的一种手段，其创建过程主要由绘图工具栏中的“覆铜平面”或“覆铜平面挖空区域”工具完成。值得一提的是，这些工具只是创建一个区域，你还必须通过执行“灌注”操作生成实际的铜箔（如同往水池中灌水一样）。覆铜平面也称为“动态铜箔”，它具有根据网络或障碍对象自动避让的特性。例如，某个区域存在网络分别为 GND、VDD、VCC 的焊盘，当你使用“分配了 GND 网络的”动态铜箔覆盖这些焊盘时，GND 焊盘将会自动与动态铜箔连接在一起，而 VDD 与 VCC 焊盘则会根据安全间距自动避让，也就不会出现短路的现象。如果你将动态铜箔的网络更改为 VDD 时，GND 与 VCC 焊盘也会根据安全间距自动避让，相应的效果如图 11.20 所示。

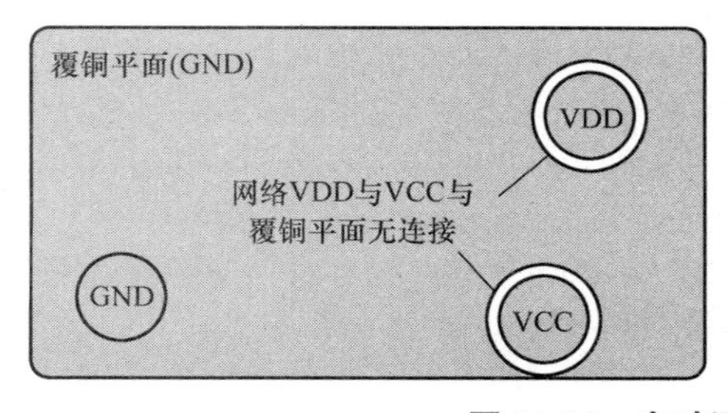

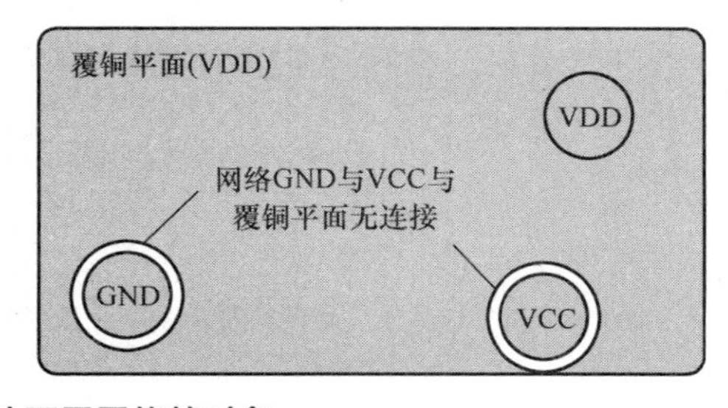

图 11.20　自动避让不同网络的对象

表 11.1 列出了铜箔与覆铜平面在使用上的差别，总的来说，静态铜箔主要用于提升导线宽度（包括散热焊盘），虽然你也可以使用“覆铜平面”工具完成这项工作，但通常情况下还是会选择静态铜箔（特殊情况下只能使用静态铜箔，例如创建 PCB 封装时），而覆铜平面更适合在电气连接复杂的情况下

自动生成大面积铜箔（可能还需要进行多块平面区域分割），因为其可以根据设计规则自动避让障碍对象。虽然从理论上来讲，静态铜箔也可以完成动态铜箔的功能，但付出的时间成本却要多得多，而且操作难度也会更大。本节将分别介绍“无平面”“混合 / 分割”“CAM 平面”类型板层中覆铜平面的创建方式。

表 11.1　铜箔与覆铜平面的使用特征

特　　征	静态铜箔	覆铜平面
未分配网络时可以形成铜箔吗？	√	√
自动填充吗？	√	
在 PCB 封装编辑器中可以创建吗？	√	
在非电气层可以创建吗？	√	√
已布线的焊盘上可以添加热焊盘吗？		√
当使用“移除碎铜”功能时，必须至少包含一个相同网络的电气对象吗？		√
会自动规避网络不相同的对象吗？		√
会根据“热焊盘”选项参数产生热焊盘开口（spoke）吗？		√
能够根据设计规则生成热焊盘与隔离焊盘吗？		√
必须要进行灌注操作才能填充吗？		√
能生成焊盘栈设置的自定义热焊盘与隔离焊盘吗？		√
能移动内层未使用的焊盘吗？		√
能够根据板框的形状自动生成吗？		√
能使用“自动平面分割”工具进行分割吗？		√
能够将填充外框保存在设计中吗？		√

11.3.1　无平面

“无平面”类型板层的覆铜平面创建过程在第 2 章已经讨论，本节先使用覆铜平面来完成前述静态铜箔加粗导线宽度的过程，然后再进一步深入探讨与覆铜平面密切相关的重要参数。

1. 创建覆铜平面

单击绘图工具栏上的“覆铜平面”工具，然后按图 11.12 所示绘制一个多边形，完成后的状态如图 11.21 所示。此时覆铜平面呈现空心形态（不像静态铜箔那样是网格或实心），因为你尚未对其进行灌注操作（后述），但是在正式灌注之前，你还应该为其分配一个网络，这样 PADS Layout 才能根据分配的网络生成铜箔（如果未给覆铜平面分配网络，你仍然可以对其进行灌注操作，但由此生成的铜箔将不与任何网络连接）。

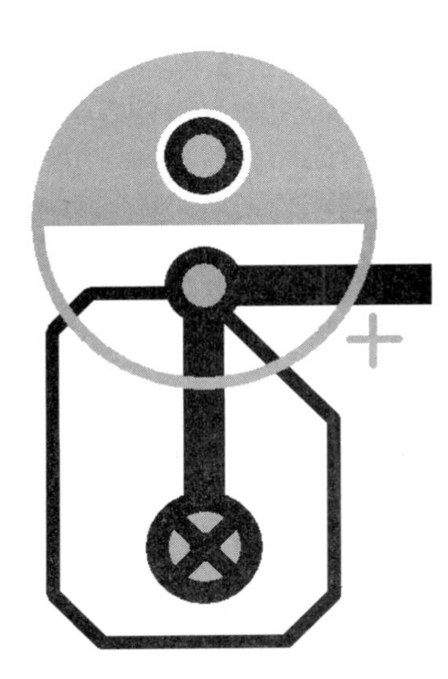

图 11.21　覆铜平面绘制的多边形

按照同样的方式在其他导线周围绘制多边形覆铜平面，相应的效果如图 11.22 所示。

2. 为覆铜平面分配网络

如果你已经执行【工具】→【选项】→【文本和线】并勾选“完成覆铜时提示网络名称”复选框，当覆铜平面创建完毕后，PADS Layout 将会自动弹出类似如图 7.55 所示“添加绘图”对话框（“类型”列表中显示“覆铜平面”），从“网络分配”组合框的列表中选择需要分配的网络即可（左右两侧的覆铜平面网络分别为 +5V 与 +3.3V）。

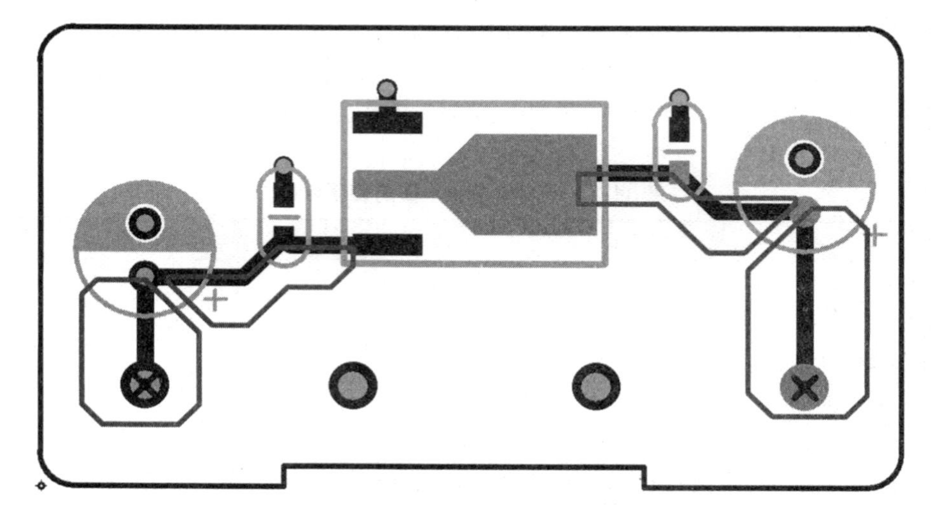

图 11.22　覆铜平面绘制完成后的状态

3. 灌注覆铜平面

前述创建的覆铜平面只是定义了动态铜箔生成的范围，但到目前为止还并未产生动态铜箔，必须进一步执行灌注操作。执行【工具】→【覆铜平面管理器】即可弹出如图 11.23 所示“覆铜平面管理器”对话框，从中你可以选择“填（充）”或“灌（注）”操作，其区别在 1.6.2 小节已经讨论过。简单地说，对于新创建的覆铜平面（或覆铜平面中的电气对象或设计规则修改后），应该使用灌注操作重新生成动态铜箔，如果只是为了观察覆铜效果，只需要使用填充操作即可。

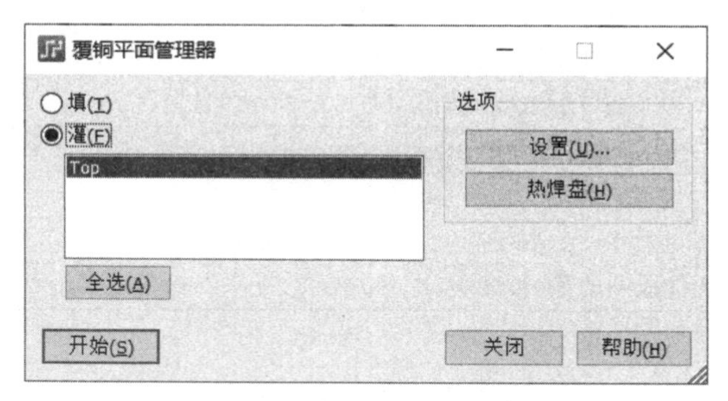

图 11.23　“覆铜平面管理器”对话框

“灌（注）”与“填（充）”相关的概念为灌注边框（Pour Outline）与填充边框（Hatch Outline），前者为“使用覆铜平面相关工具创建的覆铜平面”的边框线，其定义了可以灌注的区域，后者表示“对覆铜平面进行灌注后的铜箔形状”的边框线，其由 PADS Layout 根据设计规则自动规避障碍物形成。换言之，填充边框区域总是不可能超出灌注边框。图 11.24b 为已灌注（或已填充）的覆铜平面的显示效果（只有在灌注后才会出现填充边框），图 11.24c 为已灌注但未填充的覆铜平面的显示效果（如果你未勾选“选项”对话框内“覆铜平面 / 填充和灌注”标签页中的“文件加载时自动填充”复选框，这就是重新打开“包含已灌注覆铜平面的 PCB 文件”的默认显示效果），至于图 11.24a 所示覆铜平面是否已灌注或填充则无法判断，因为即便灌注或填充操作已经完成，你仍然可以使用无模命令“PO”切换到覆铜边框（灌注边框）显示模式，但显示模式并不影响实际的 PCB 生产文件。

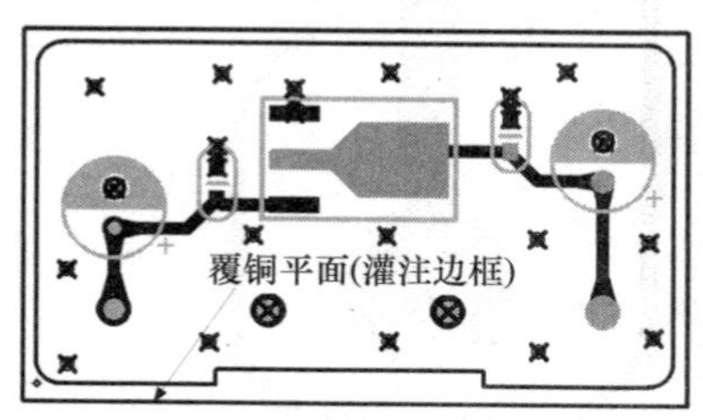

a) 创建的覆铜平面

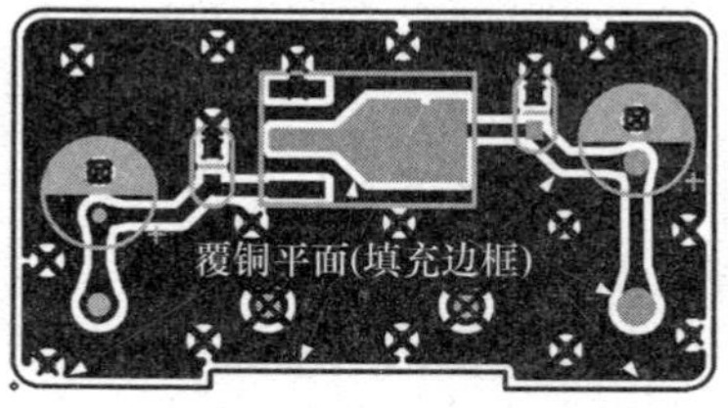

b) 已灌注或填充的覆铜平面

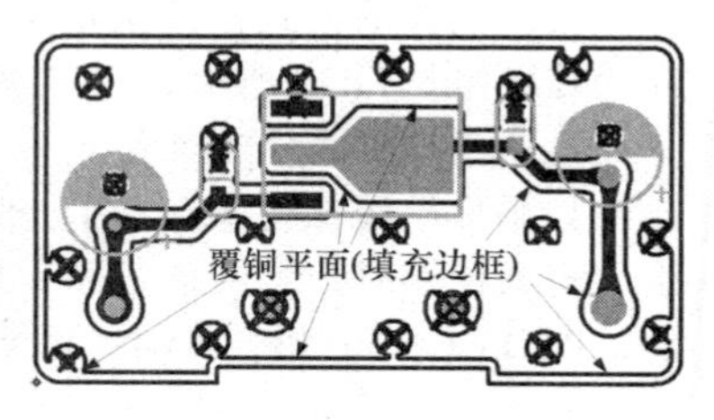

c) 已灌注但未填充的覆铜平面

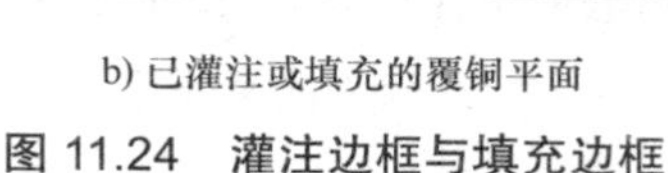

图 11.24　灌注边框与填充边框

如果你在多个板层创建了覆铜平面，“覆铜平面管理器”对话框的列表中将会出现相应的板层（此例仅有“Top”），你可以根据需求选择想要灌注的板层（当然，也可以全部选择，只需要单击“全选”按钮即可）。值得一提的是，如果创建的覆铜平面还尚未进行灌注操作，当你选择“填”项时，相应列表中将为空，因为填充覆铜平面的依据是灌注操作（根据设计规则计算出来的）结果，既然还尚未对覆铜平面进行灌注操作，填充操作自然也就无法进行。单击“设置”与“热焊盘”按钮即可分别直接进入 PADS Layout 选项对话框中的“热焊盘”与“填充和灌注”标签页，其中的参数配置会影响动态铜箔的生成效果，详情见 8.6 节。

此例选择灌注操作，单击“开始”按钮后灌注操作即可完成，相应的状态如图 11.25 所示。当然，你也可以仅对某覆铜平面进行灌注或填充，只需要选中该覆铜平面后，执行【工具】→【灌注】/【填充】即可。如果你想返回到图 11.22 所示灌注边框显示模式，只需要执行无模命令“PO”即可。

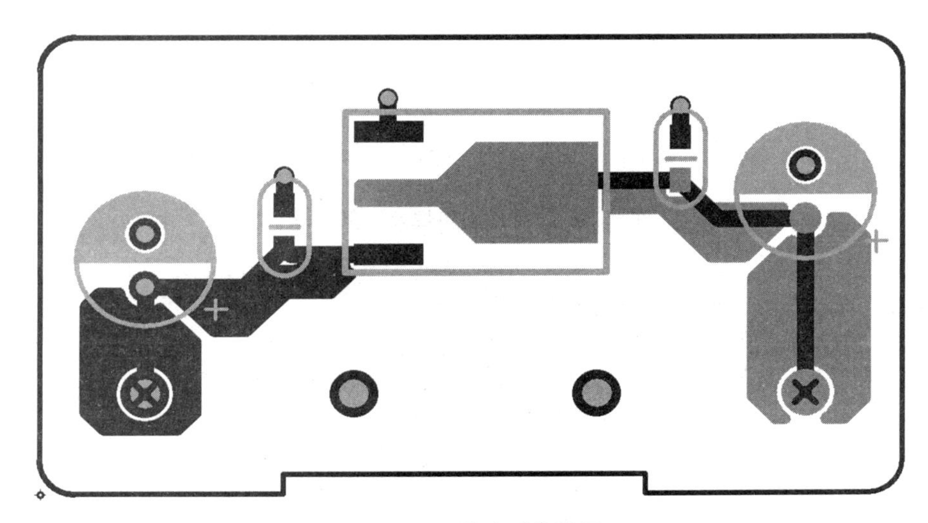

图 11.25　灌注后的效果

4. 进一步调整覆铜平面

如果你足够细心，就会发现图 11.25 与图 11.17 之间存在很大的不同，后者的铜箔完全覆盖管脚，而前者则并非如此，为什么呢？因为当你为覆铜平面分配某个网络后，PADS Layout 将会为其中具有相同网络且满足以下条件之一的管脚（或过孔）添加热焊盘（具体参数取决于“选项”对话框中的“覆铜平面 / 热焊盘”标签页）：

（1）如果某个元件管脚并无导线连接，而该管脚的网络与（包围该管脚的）覆铜平面相同。

（2）虽然某个元件管脚与导线有连接，但该管脚的网络与（包围该管脚的）覆铜平面相同，而且在“覆铜平面 / 热焊盘”标签页中勾选了“给已布线元器件焊盘添加热焊盘”复选框。

（3）在对覆铜平面进行灌注操作时，如果过孔的网络与（包围该过孔的）覆铜平面相同。

当然，PADS Layout 会给焊盘（或过孔）添加热焊盘的总前提是：焊盘（或过孔）特性对话框的“平面层热焊盘”复选框处于勾选状态，表示其有资格获得热焊盘，如图 11.26 所示。如果你清除该复选框状态，即便满足以上条件，仍然不会存在真正的电气连接。

由于默认情况下，PADS Layout 会给通孔与 SMD 焊盘添加“斜交”热焊盘，所以焊盘与覆铜平面不会全部（覆盖）连接，又由于“覆铜平面 / 热焊盘”标签页中的“给已布线元器件焊盘添加热焊盘”复选框默认处于未勾选状态，而你现在却是在管脚已经布线的情况下添加覆铜平面，所以 PADS Layout 不会给相应的管脚添加热焊盘。如果你想获得全部覆盖连接的效果，只需要将圆形通孔焊盘（插件电解电容封装）与矩形贴片焊盘（贴片电容封装）的热焊盘设置为“过孔覆盖”，如图 11.27 所示，然后再重新灌注即可。当然，如果 PCB 文件中还有其他形状的焊盘，也必须进行同样的设置。

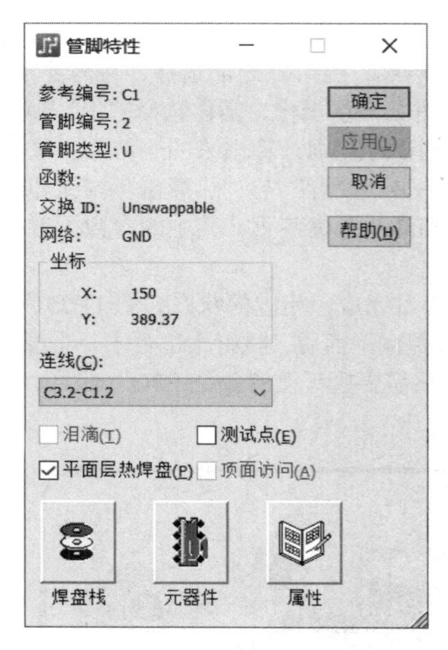

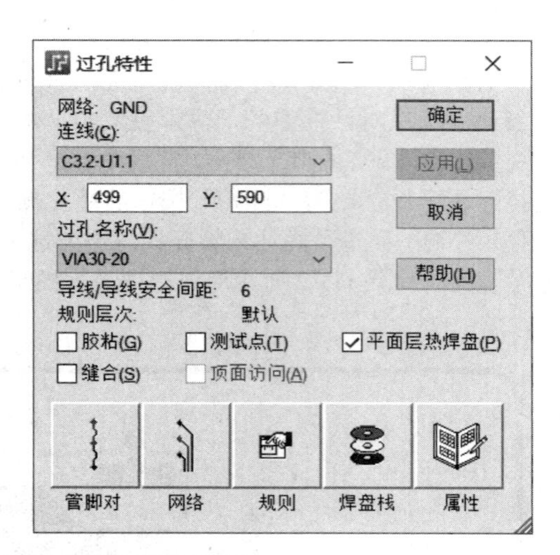

图 11.26 “平面层热焊盘”复选框

虽然通过修改“覆铜平面 / 热焊盘”标签页中热焊盘参数可以获得“焊盘与覆铜平面全部覆盖连接”的效果，但是这种方式还存在一个缺陷，其作用域是整个设计中的焊盘（或过孔），但是有时候，你可能只是希望过孔与覆铜平面全部覆盖连接（而焊盘却不需要，因为全部覆盖连接的散热速度快，容易导致焊接质量问题），该怎么办呢？你也可以通过更改覆铜平面参数来实现！在完成覆铜平面区域创建后进入类似如图 11.18 所示“绘图特性”对话框，此时“形状设置”组合框中的“灌注与填充选项”按钮已经处于可用状态，单击后即可弹出如图 11.28 所示“灌注 填充选项”对话框，只需要将“过孔全覆盖”复选框勾选即可，表示过孔全覆盖连接仅限于该覆铜平面范围，相应的效果如图 11.29 所示。当然，如果仅希望给指定的管脚添加特殊的热焊盘，则可以在创建 PCB 封装时设置相应的热焊盘参数，并且不勾选“选项”对话框内“覆铜平面 / 热焊盘”标签页中的“对热焊盘和隔离盘使用设计规则”复选框。

	通孔热焊盘	SMT 热焊盘
开口宽度	15	10
开口最小值	2	2
圆形焊盘	过孔覆盖	斜交
方形焊盘	斜交	斜交
矩形焊盘	斜交	过孔覆盖
椭圆焊盘	斜交	斜交

图 11.27 热焊盘的参数

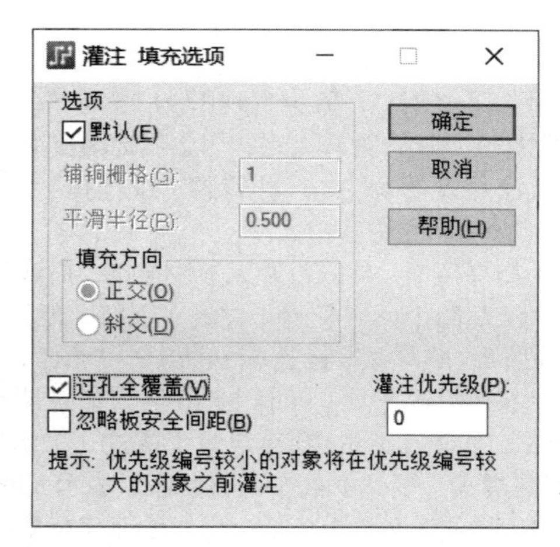

图 11.28 “灌注 填充选项”对话框

“选项”组合框中的参数与 PADS Layout 中“选项”对话框内的“覆铜平面 / 填充和灌注”标签页的“灌注”与“方向”组合框对应（见图 8.82），如果你勾选“默认”复选框，也就意味着沿用“选项”对话框中设置的参数。当然，你也可以清除该复选框以针对性设置当前覆铜平面的选项。“忽略板安全间距”复选框能够控制覆铜平面的覆注区域，相应的效果区别如图 11.30 所示（通常无需勾选，因为在板框外添加铜箔并无意义，对你有用的对象通常都在板框之内）。

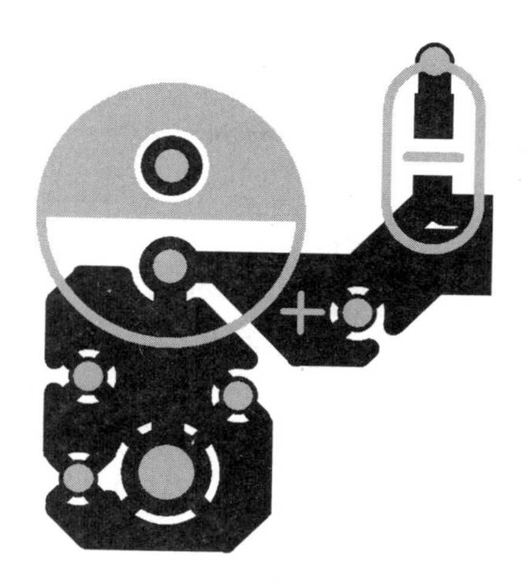

a) 未勾选"过孔全覆盖"

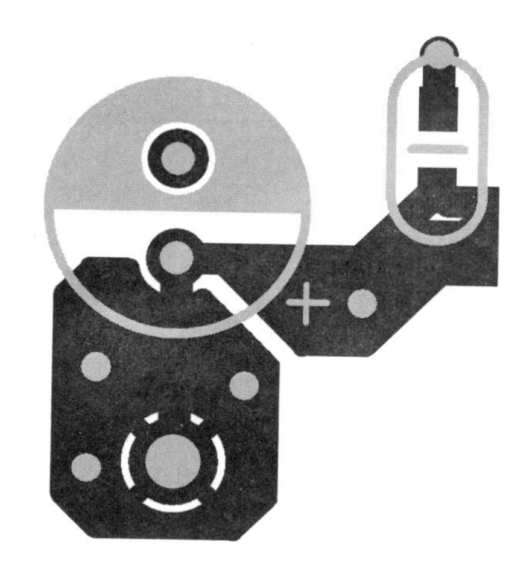

b) 勾选"过孔全覆盖"

图 11.29　勾选"过孔全覆盖"前后的效果

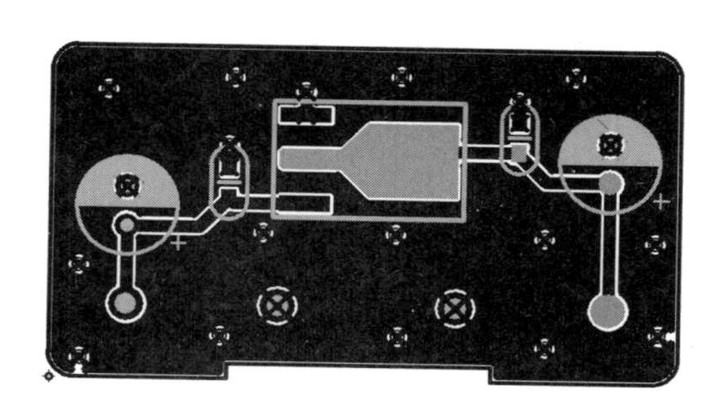

a) 未勾选"忽略板安全间距"

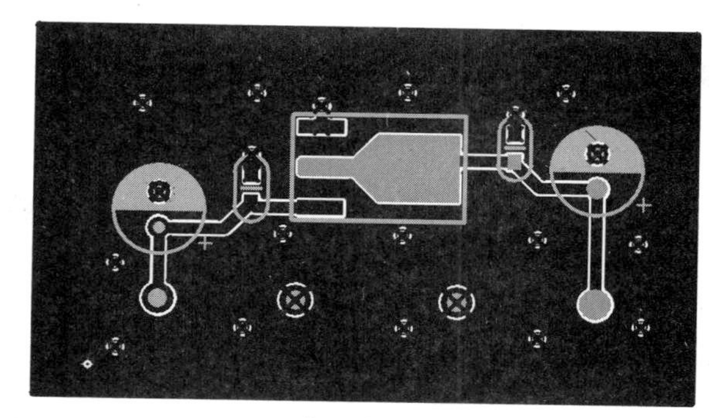

b) 勾选"忽略板安全间距"

图 11.30　"忽略板安全间距"前后的效果

"灌注优先级"是一个非常重要的参数，你可以通过它方便快捷地将平面划分为多个区域。举个例子，假设现在需要在某个覆铜平面内部再创建一块不同网络的覆铜平面，如图 11.31 所示，该怎么办呢？你可能会尝试使用"覆铜平面挖空区域"工具创建一个挖空对象，将其与覆铜平面合并后，再往挖空区域中创建另一个覆铜平面。这种方式当然可以实现，但是却比较麻烦（尤其是划分的覆铜平面形状比较复杂时更是如此）。但是如果充分利用覆铜平面的灌注优先级，你就能够很轻松地完成该项工作。

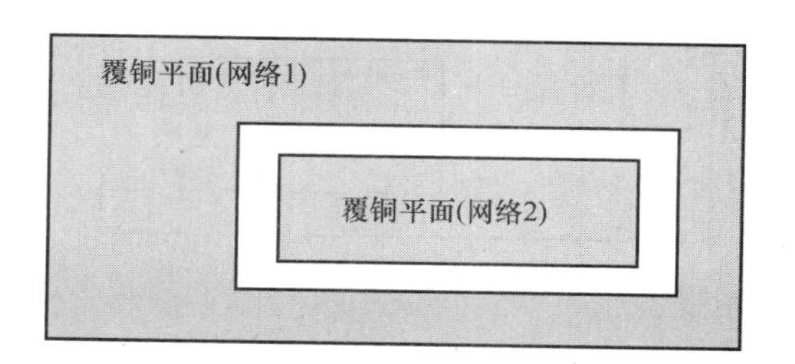

图 11.31　嵌套的覆铜平面

灌注优先级，顾名思义，就是决定覆铜平面的灌注先后顺序，其取值范围在 0~250 之间，数字越小则优先级越大，相应的覆铜平面将会得到优先灌注。当同一板层的多个覆铜平面区域重叠、相交或包含时，设置不同的灌注优先级将得到不同的效果。例如，你想获得如图 11.31 所示的嵌套覆铜平面，只需要通过"覆铜平面"工具创建两个嵌套的覆铜平面，然后再将中间那块覆铜平面设置为更高优先级（数字更小），再进行灌注操作即可，如图 11.32 所示。如果两个覆铜平面的优先级反过来，中间那块覆铜平面就已经没有存在的意义，因为其优先级更低（数字更大），又由于其创建在另一块覆铜平面内部，当 PADS Layout 先灌注完外面那块覆铜平面后，所有的空间都已经被使用，内部覆铜平面也就无法获得灌注的机会。

你可能想问：如果嵌套的两块覆铜平面的灌注优先级相同，最后会形成什么形状的覆铜平面呢？由于 PADS 此时并不能确定障碍或围绕障碍的区域，为了避免冲突，重叠或共同部分会被定义为不灌注区域（即创建带挖空区域的覆铜平面），相应的效果如图 11.33 所示。

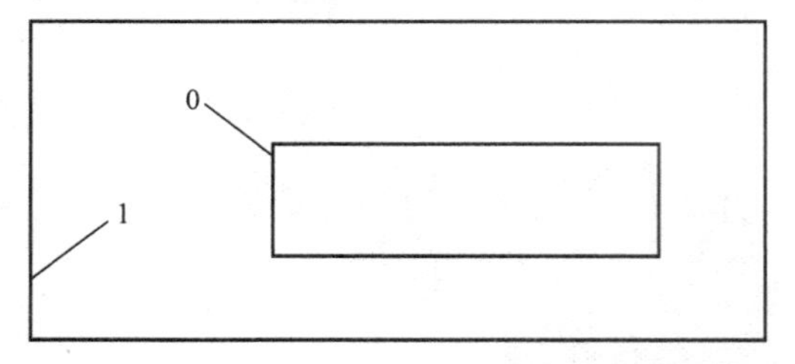

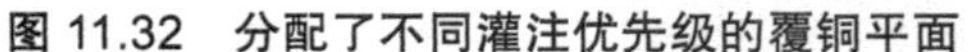

图 11.32　分配了不同灌注优先级的覆铜平面

图 11.33　相同的灌注优先级的两块覆铜平面

图 11.34 展示了两种更复杂覆铜平面的划分效果，在图 11.34a 为三个互相重叠且已经设置灌注优先级的覆铜区域，当进行灌注操作时，优先级为 0 与 1 的覆铜平面将会依序被灌注，最后灌注优先级为 2 的覆铜平面时，由于其中有部分区域已经被优先级为 0 与 1 的覆铜平面占据，所以优先级为 2 的覆铜平面会根据“铜箔到铜箔安全间距”进行自动避让，你也可以自行分析图 11.34b 所示覆铜平面的结果。如果覆铜平面太多而导致优先级比较多，你也可以尝试选中某个覆铜平面（状态栏左下角会以类似“P:0”、“P:1”的格式显示该覆铜平面的灌注优先级），然后执行【右击】→【置于最上层（Bring to front）】或【置于最下层（Send to back）】快速设置优先级，最上层表示优先级最高（数字最小）。

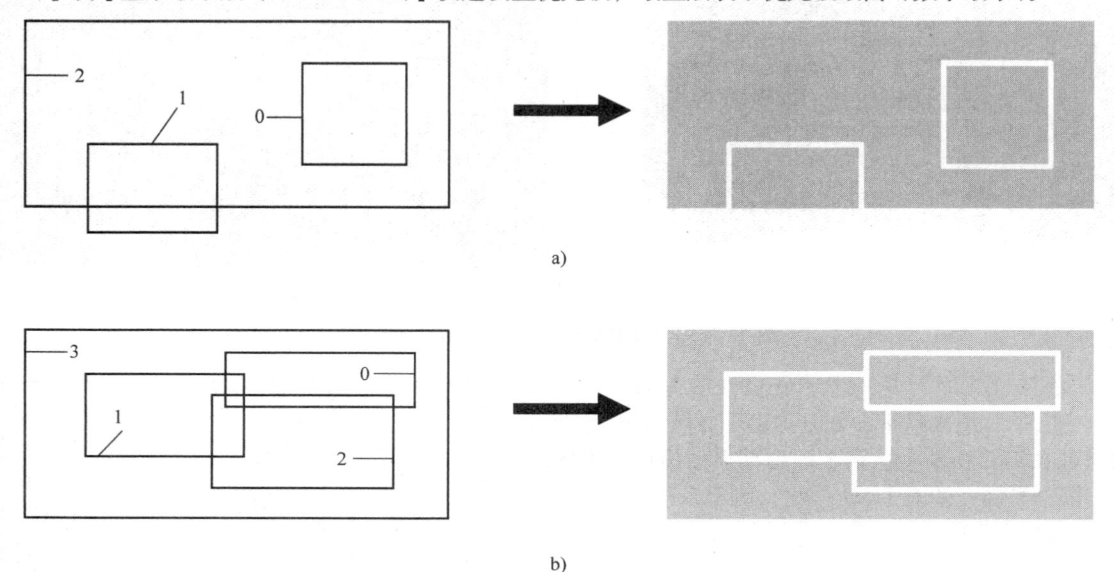

图 11.34　灌注优先级带来的效果

使用灌注优先级最大的好处是极大地简化了复杂覆铜平面形状的创建过程，如果不使用灌注优先级，你如何实现图 11.34b 所示的平面划分呢？你只能像图 11.35 所示那样依次绘制三个不同形状的覆铜平面（更复杂的覆铜平面则需要花费更多的时间成本），但使用灌注优先级却简单得多，你只需要绘制三个简单的矩形即可。

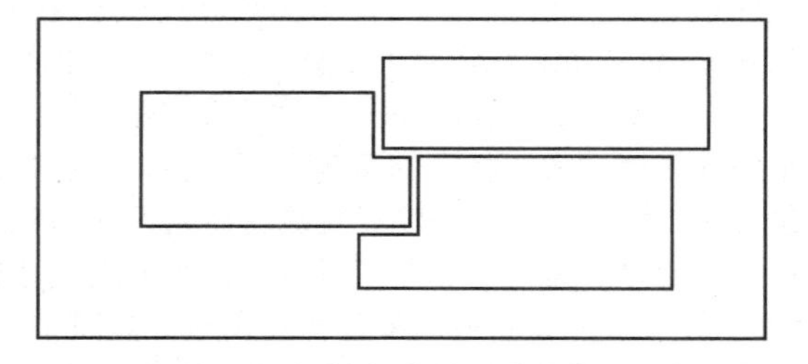

图 11.35　比较复杂的平面形状绘制

多块覆铜平面对应的填充边框间距取决于“铜箔到铜箔”安全间距与灌注优先级。如果两块相邻覆铜平面的优先级不相同，则“铜箔到铜箔”安全间距即填充边框间距，因为第一块覆铜平面被灌注后，第二块覆铜平面会将“已经灌注的覆铜平面区域”作为障碍进行区域计算。如果两块相邻覆铜平面的优先级相同，则“铜箔到铜箔”安全间距表示各自以相邻灌注边框线外边沿到铜箔之间的距离，因为每个覆铜平面都将另一个覆铜平面的灌注边框作为障碍进行自身区域计算。假设“铜箔到铜箔”安全间距为 25mil，覆铜平面的灌注边框外沿之间的间距为 6mil，如果灌注优先级不相同，则填充边框之间的外边沿距离为 25mil，如果灌注优先级相同，则填充边框之间的外边沿距离为 25mil+25mil-6mil=44mil，如图 11.36 所示。

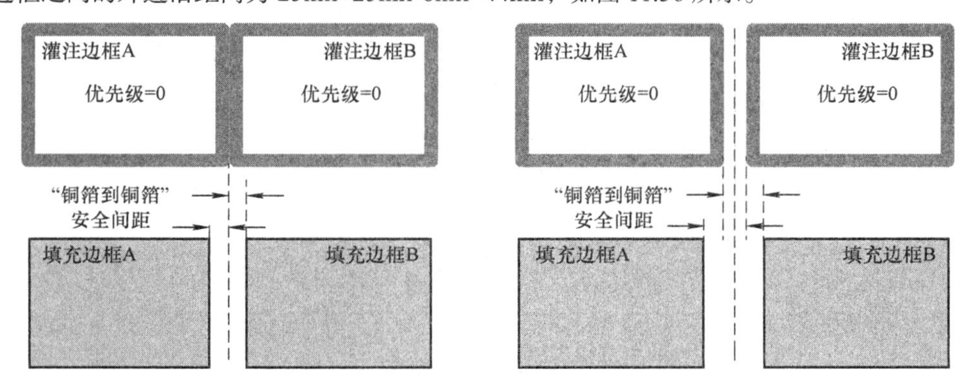

图 11.36 覆铜平面对应的“铜箔到铜箔”安全间距

11.3.2 混合 / 分割

在 PADS VX.2.4 版本之前，你需要使用“覆铜灌注（Copper Pours）”与“平面区域（Plane Areas）”工具分别为“无平面”与“分割 / 混合”类型板层创建覆铜平面，之后的版本则将两种工具统一为“覆铜平面（Copper Planes）”。换言之，在最新 PADS 版本中，“无平面”类型板层的覆铜平面创建操作同样也适用于“混合 / 分割”类型板层，本节使用另一种方式进行覆铜平面的创建操作，你可以选择适合自己习惯的方式。

在第 2 章中已经讨论过在“无平面”类型板层创建覆铜平面的操作，只需要使用“覆铜平面”工具绘制一个包围着板框的覆铜平面即可，这样做的好处就是简单（也是最常见的方式）。当然，你也可以快速绘制一个与板框形状相同的覆铜平面形状（尽管并非必须），本节以 PADS 系统自带的 previewrouted.pcb 为例详细讨论，具体步骤如下：

1. 初始化绘制状态

首先你应该设置好合适的设计栅格，然后将标准工具栏中的“层”列表切换到“混合 / 分割”平面类型的板层（此例为“Power Plane”），表示你要对该板层进行覆铜平面的创建。previewrouted.pcb 文件中已经为该板层分配了网络 +5V 与 +12V，为了方便进行后续进行平面的划分，你可以将其赋予不同的网络颜色，只需要执行【查看】→【网络】，在弹出的“查看网络”对话框中进行相应的设置即可，详情可参考 9.4 节。另外，你也可以将 PCB 文件中与平面分割不太相关的对象（例如，文本、参考编号、导线、禁止区域等）隐藏，以避免分散你的注意力，此时的状态类似如图 11.37 所示，其中，右上朝向的箭头均指向 +5V 网络特性的过孔或焊盘，左下朝向的箭头均指向 +12V 网络特性的过孔或焊盘，后续需要通过平面划分将这两个网络完全隔离。

2. 创建覆铜平面

单击绘图工具栏中的“覆铜平面”工具，沿着板框在内部创建一个相同形状的覆铜平面即可（具体操作与板框绘制相似），相应效果如图 11.38 所示。当然，你也可以使用一种更快捷的方式创建相同的覆铜平面，对板框执行“Shift+ 单击”即可选中整个板框，然后执行【右击】→【创建覆铜平面】即可，而覆铜平面与板框的间距则取决于“选项”对话框中“覆铜平面 / 填充和灌注”标签页内指定的“自动分割间隙”值。需要注意的是，板框与覆铜平面线（即灌注边框）通常都有一定的宽度，而该间隙值是指板框内边沿与灌注边框外沿之间的距离，如图 11.39 所示。换言之，在“自动分割间隙”为固

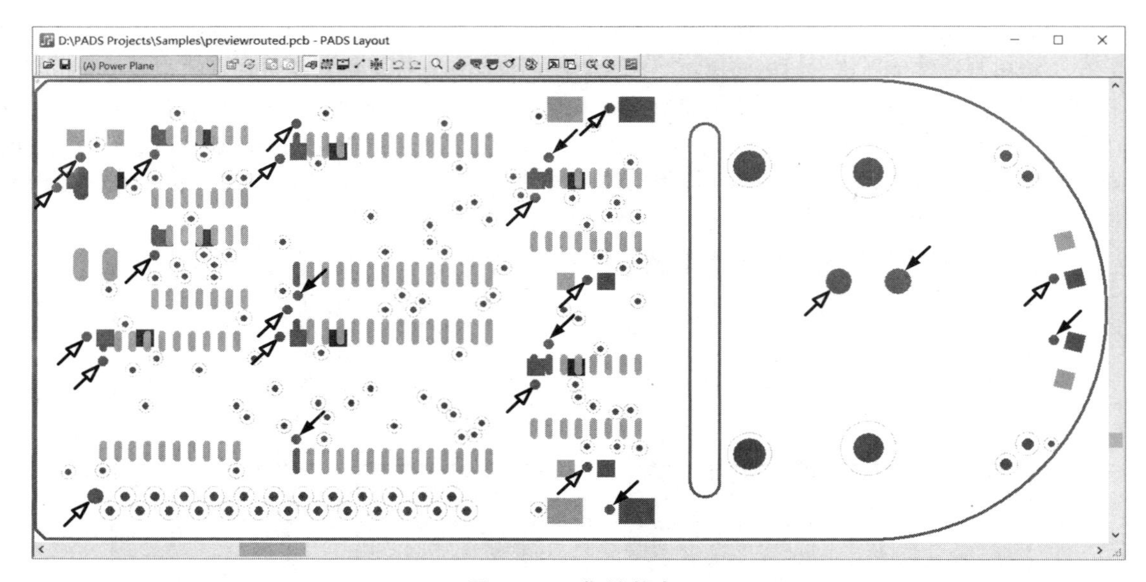

图 11.37　初始状态

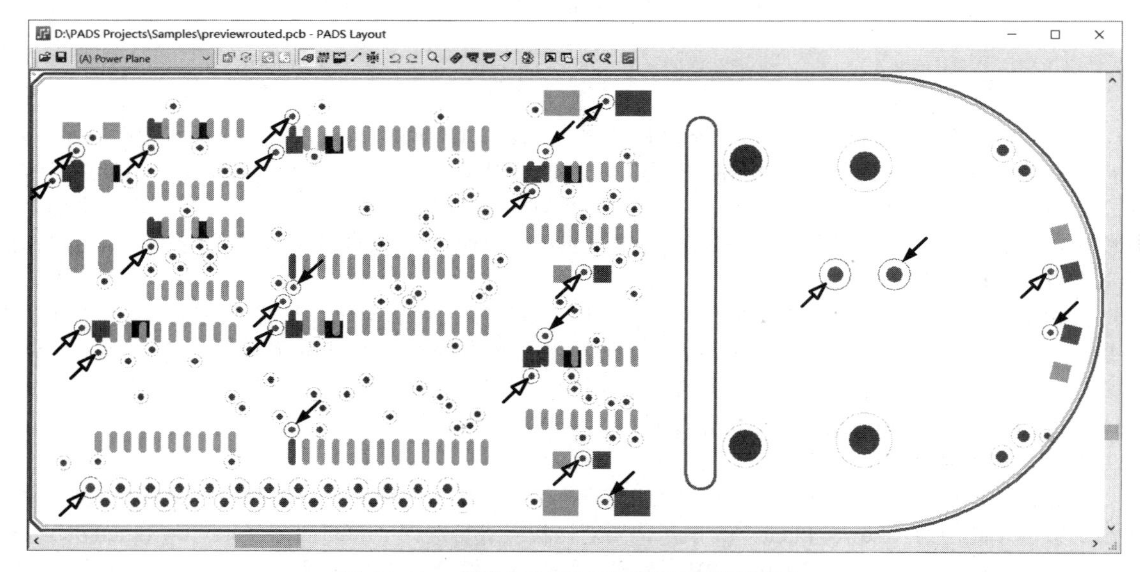

图 11.38　创建与板框形状相似的覆铜平面

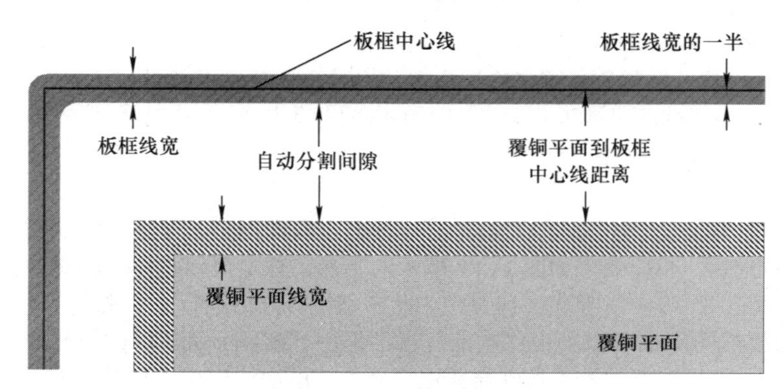

图 11.39　自动分割间隙

定值的前提下，如果用来绘制板框或灌注边框的线宽越小，覆铜平面本身的面积将越大。当然，最终灌注后的覆铜平面（即填充边框）与板框的间距由“铜箔至板框（中心线）安全间距”与“灌注边框外边沿至板框（中心线）距离”之中**较大值**决定，表 11.2 给出了 4 种情况下灌注边框与填充边框到板框中心线之间的实际距离。

表 11.2　灌注边框与填充边框到板框中心线中心线之间的实际距离

参　数	案例 A	案例 B	案例 C	案例 D
板框线宽	10mil	10mil	10mil	10mil
自动分割间隙	25mil	10mil（0）	25mil	10mil
“板框到铜箔”安全间距	50mil	50mil	0	0
结　果	**案例 A**	**案例 B**	**案例 C**	**案例 D**
板框到灌注外框	30mil	15mil	30mil	15mil
板框到填充外框	50mil	50mil	30mil	15mil

举个例子，在案例 A 中，板框内边沿与灌注边框外沿之间的距离为 25mil（即自动分割间隙），而板框线宽的一半为 5mil，所以板框到（自动生成的）灌注外框的间距为 30mil。又由于“板框到铜箔”安全间距（50mil）大于自动分割间距，所以板框到填充外框的间距以较大值 50mil 为准。值得一提的是，将“自动分割间隙”值设置为 0 或 10mil 的效果相同。

如果覆铜平面创建后进入图 11.18 所示“绘图特性”对话框，你会发现“网络分配”组合框内的网络列表中只有 +5V 与 +12V，它们是在“层设置”对话框中分配给该板层的网络，此时你可以暂时选择不分配网络，因为后续分割平面时还有机会选择。

3. 分割覆铜平面

接下来开始对刚刚创建的覆铜平面进行分割。单击绘图工具栏上的“自动平面分割”工具，然后如图 11.40 所示在覆铜平面边框上（A 点）单击一下确定分割的起点，之后将会出现一条随光标移动的细线，你需要做的就是利用该细线将所有 +12V 网络特性的过孔或焊盘包围起来（同时将 +5V 网络特性的过孔或焊盘排除在外），最后在覆铜平面边框上（B 点）双击确定分割的结束点即可。

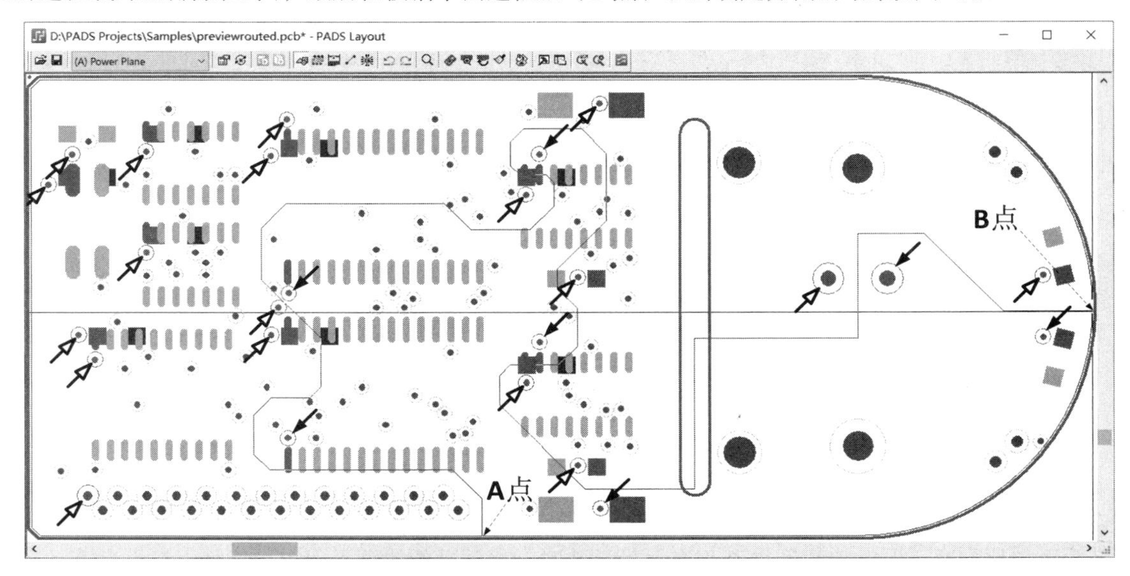

图 11.40　分割覆铜平面

4. 给覆铜平面分配网络

自动平面分割结束后，两个覆铜平面将会独立分开，并且立刻弹出如图 11.41 所示“为选定的多边形分配网络”对话框，同时包围“所有 +12V 网络特性的过孔或焊盘”的覆铜平面会进入高亮状态，以提示你为该覆铜平面选择网络，此时只需要确定为 +12V 即可。单击“确定”按钮后，PADS Layout 又会弹出图 11.42 相同的对话框，同时另一个包围“所有 +5V 网络特性的过孔或焊盘”的覆铜平面会进入高亮状态，此时只需要确定为 +5V 即可，单击“确定”按钮后的效果如图 11.43 所示。当然，即便你将覆铜平面的网络分配错了（或反了）也没有关系，之后再进入每个覆铜平面对应的“绘图特性”对话框中重新选择网络即可。

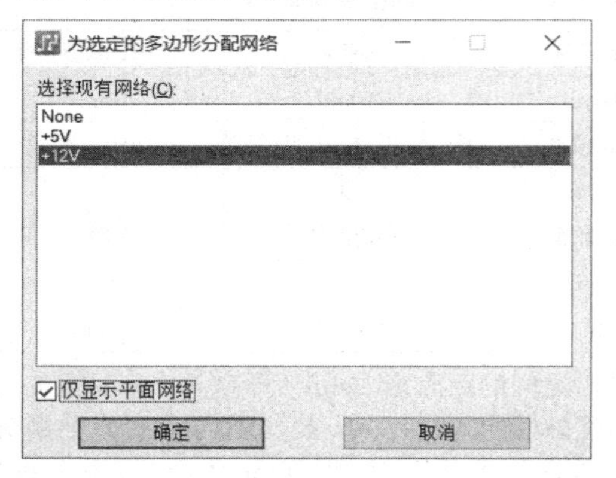

图 11.41　分配 +12V 网络

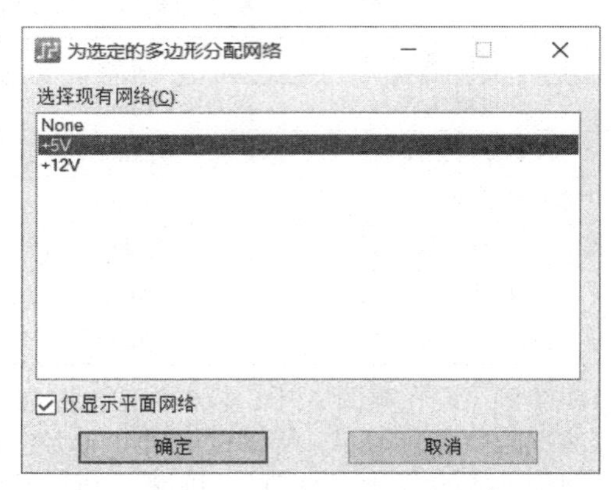

图 11.42　分配 +5V 网络

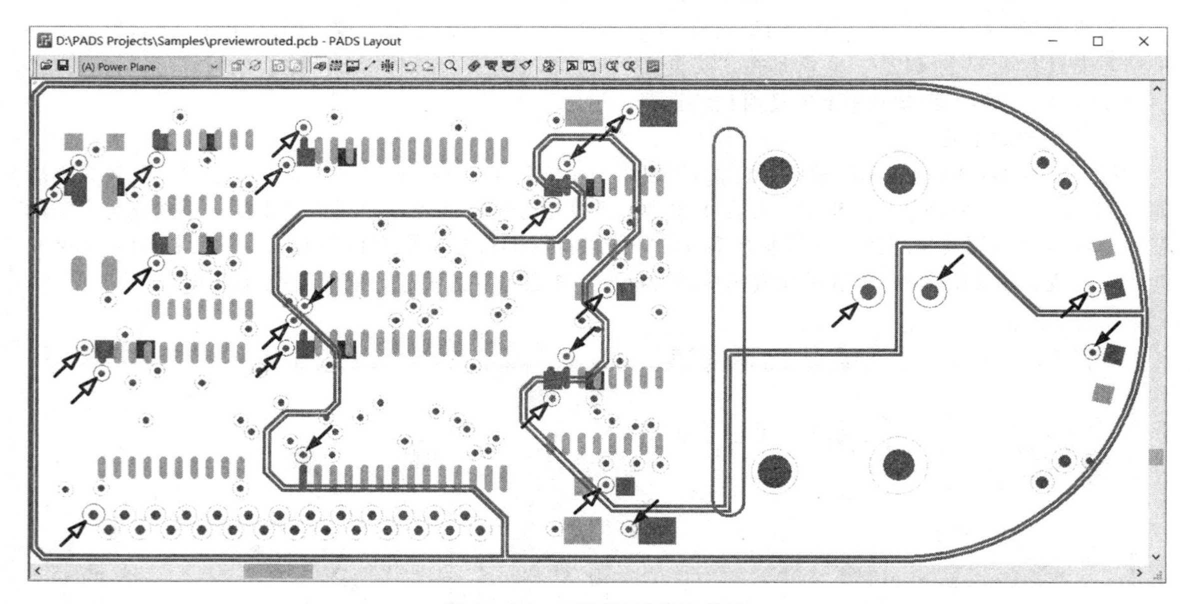

图 11.43　平面分割后的效果

值得一提的是，“自动分割平面”工具不能用于创建如图 11.33 所示那种完全嵌套的覆铜平面，因为其中一个覆铜平面是从另一个灌注边框的 2 个点分出来。

5. 对覆铜平面进行灌注

之后需要对覆铜平面进行灌注，相应的效果如图 11.44 所示，从中你可以观察灌注后的覆铜平面是否连续（当然，你并不需要使用肉眼观察，因为在设计验证时能够自动检查出来）。例如，当分割的覆铜平面区域比较窄，同时该窄区域又存在大量过孔时，灌注后的覆铜平面很可能处于断开状态（即未满足基本的电气连通要求），此时你需要对覆铜平面进行编辑（以加粗该区域的覆铜平面宽度，当然，也可以调整导致问题的过孔位置），相应的操作与编辑板框相似，但是请特别注意，一定要进入灌注外框显示模式才行。简单地说，只能在图 11.43（而不是图 11.44）所示状态下编辑覆铜平面（相应的切换无模命令为“PO”）。

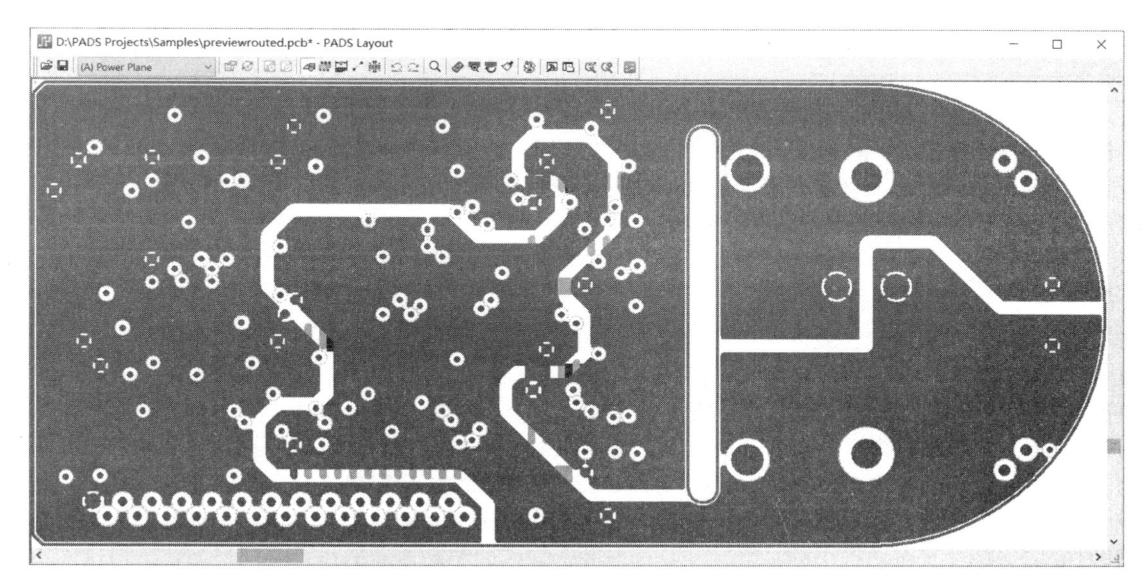

图 11.44　灌注后的覆铜平面状态

11.3.3　CAM 平面

CAM 平面以负片形式出现（无即是有，有即是无），默认即代表大面积铜箔，所以不需要覆铜平面创建及灌注操作，你只需要使用 2D 线在该平面上绘制相应一个平面区域，后续在 CAM 文件输出时将该 2D 线选择输出即可。以 preview.pcb 为例，如果你在地平面绘制一个矩形框，PCB 文件中看到的内容与实际生产的内容分别如图 11.45a 与图 11.45b 所示。

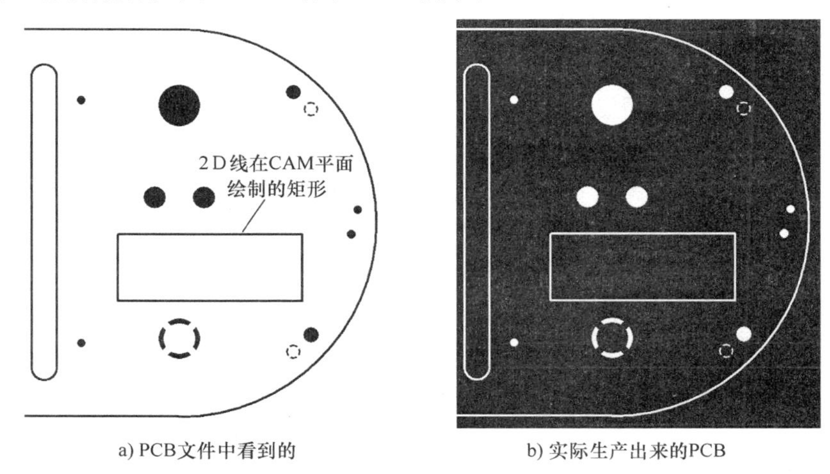

图 11.45　PCB 文件中看到的与实际生产出来的内容

需要特别注意的是，PADS Layout 并不会检查这种平面分割是否会引起短路现象。例如，你在“层设置”对话框中给某个 CAM 平面类型板层分配了 GNDA 与 GNDB 两个网络，但是即便将这两个网络都通过焊盘（或过孔）与该 CAM 平面层连接，PADS Layout 认为没有出现短路现象。也就是说，你必须自己手工检查是否存在短路问题，对于图 11.45 所示平面分割方案，你必须确保中间那个平面区域仅存在 GNDA 或 GNDB 网络之一的焊盘（或过孔）与其连接，而外面那个平面区域恰好相反，如果不小心漏掉了一个（在某个平面区域中同时存在 GNDA 与 GNDB 网络的过孔），短路问题就出现了。总体来说，如果你需要对平面进行分割操作，建议使用“无平面”或“混合 / 分割”类型板层，而不推荐使用“CAM 平面”类型板层。

11.4 缝合与屏蔽过孔

缝合与屏蔽过孔在 PCB 中的表现形式相同，它们都是用来连接多个板层平面（通常是地网络）的过孔，缝合过孔通常会以阵列形式添加以确保连接牢固（或保证信号板层切换时的回流路径连续），而屏蔽过孔则围绕某网络、管脚对或铜箔区域以避免受到相邻信号线的干扰，你可以根据自己的习惯选择使用手动或自动添加这些过孔。

11.4.1 手动添加

使用手动方式添加缝合或屏蔽过孔的操作相同，由于缝合或屏蔽过孔需要与某个网络相关，所以你应该首先选中某个网络、管脚对或飞线，然后执行【右击】→【添加过孔】，一个新的过孔将会粘在光标上并随之移动，在合适位置（通常是不存在电气连接对象的空当，也可以是与过孔网络相同的导线或铜箔等对象）单击即可添加缝合或屏蔽过孔。如果当前 PCB 文件中已经存在符合要求的过孔（例如，布线时候已经添加的走线过孔），你也可以将其选中后依次执行复制（或快捷键“Ctrl+C”）与粘贴（或“快捷键 Ctrl+V”）命令，一个新的过孔同样将粘在光标上并随之移动。值得一提的是，如果布线过孔对应的“特性”对话框中的“缝合”复选框并未勾选，粘贴之后的过孔也同样如此，但这并不影响过孔作为缝合或屏蔽功能。

11.4.2 自动添加缝合过孔

要自动添加符合要求的缝合过孔，首先应该在“选项”对话框的“过孔样式”标签页中设置相应的参数（非必须），以便让 PADS Layout 明确知道“你需要怎么做”。以 PADS 自带的 preview.pcb 为例，假设缝合过孔相关的参数设置如图 8.108 所示，首先选中某个**已经分配网络的**（如果未分配网络，PADS Layout 将无法确定过孔的网络，而过孔必须与某个网络相关）铜箔或覆铜平面（必须是灌注或填充后的覆铜平面，而不能是灌注或填充边框），然后执行【右击】→【覆铜平面内过孔阵列】即可（如果当前 PCB 文件中存在多种类型过孔，而你又并未在“选项”对话框的“过孔样式”标签页中设置相应的过孔类型，PADS Layout 将弹出默认使用某个过孔的提示对话框），在此之前，你还可以选择覆铜区域内过孔阵列模式，如图 11.46 所示。

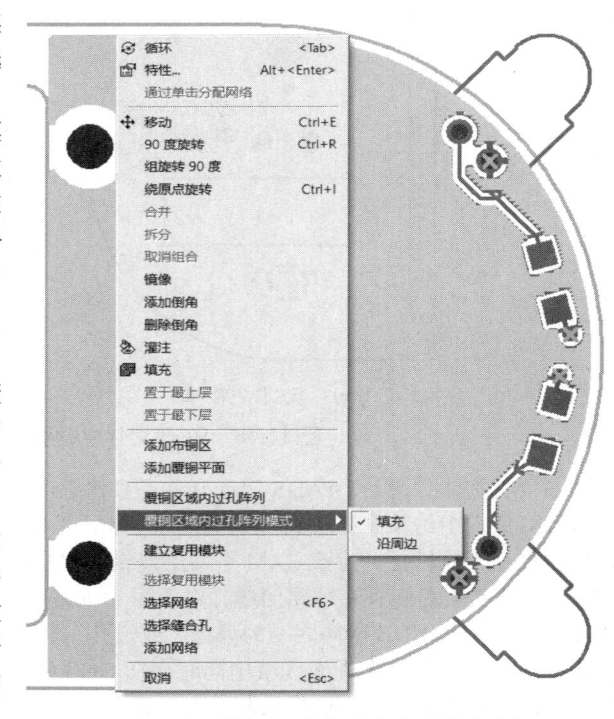

图 11.46 覆铜区域内过孔阵列模式选择

图 11.47a 与图 11.47b 分别为在“填充”模式与“沿周边”模式下添加缝合过孔阵列的效果，左侧无过孔填充是因为元器件 X1 本身存在禁止区域，你可以将其选中后执行【右击】→【编辑封装】进入封装编辑器进行察看。

11.4.3 自动添加屏蔽过孔

与自动添加缝合过孔不同，自动添加屏蔽过孔时必须在“选项”对话框的“过孔样式”标签页设置相应的网络与过孔类型，否则在后续操作时会弹出如图 11.48 所示提示对话框。

以 PADS 自带的 preview.pcb 文件中的 CLKIN 网络为例（为方便观察效果，已对该导线进行了一些调整），假设屏蔽过孔相关的参数设置如图 8.108 所示，选中 CLKIN 网络后执行【右击】→【添加屏蔽孔】，如图 11.49 所示，相应的屏蔽过孔添加效果如图 11.50 所示。

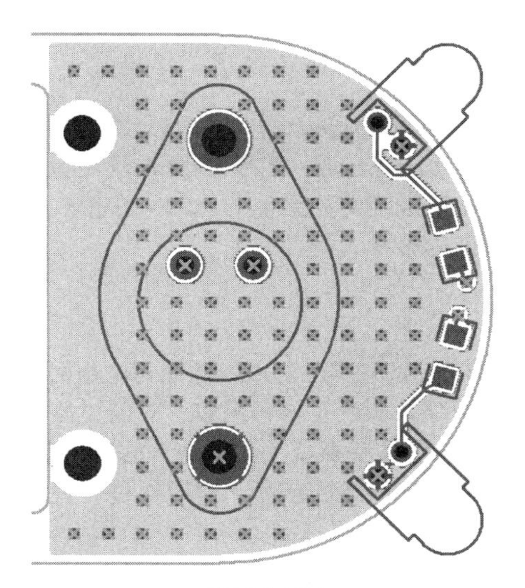

a)“填充”模式

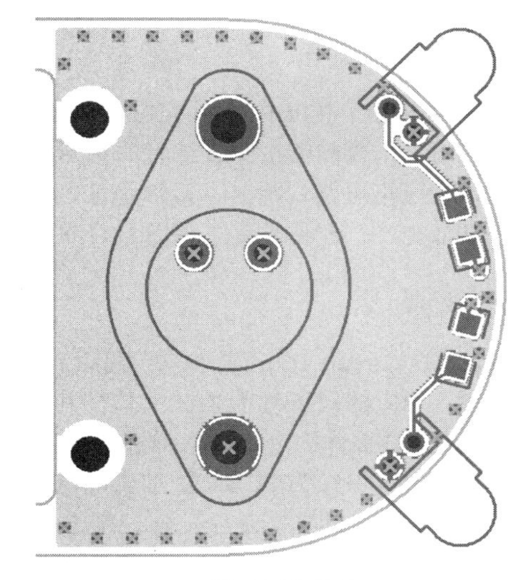

b)“沿周边”模式

图 11.47　在覆铜区域中以不同过孔阵列模式添加缝合过孔的效果

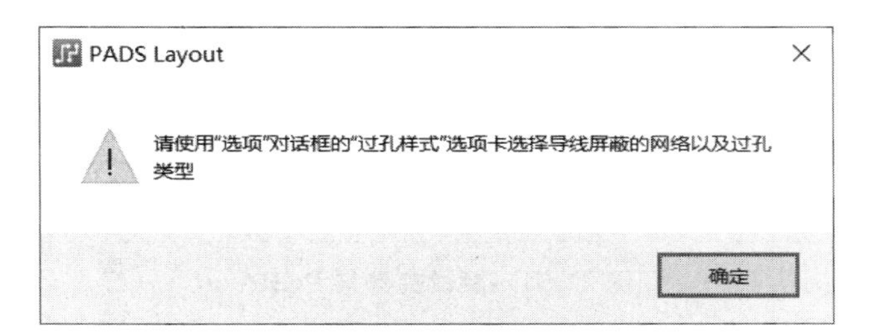

图 11.48　提示对话框

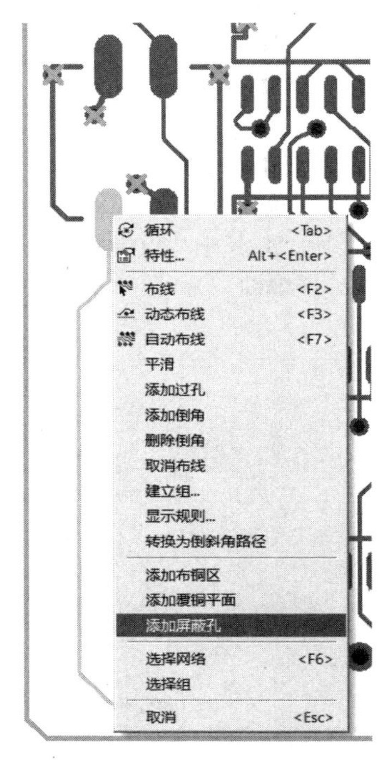

图 11.49　添加屏蔽孔操作

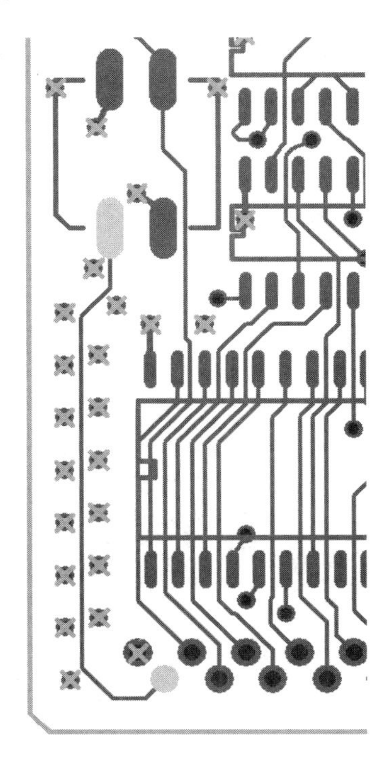

图 11.50　添加屏蔽孔后的效果

11.5 测试点

完成元器件装配后的 PCB 称为 PCBA（Printed Circuit Board Assembly），也是最终安装到产品中的模块，但是 PCBA 是否能够按照设计者的意图完成相应的功能呢？或许由于 PCB 本身制造工艺或元器件装配错误导致线路短路、断路、接触不良、功能异常等问题呢？如果你的 PCBA 在正式安装到产品前需要进行功能测试，通常需要在 PCB 设计过程中添加合适的测试点。

11.5.1 在线测试

在线测试（In Circuit Testing，ICT）可以直接对 PCBA 上的元器件的电气性能与电路网络连接情况进行全面检查，相应的设备称为测试夹具，其包含了若干弹簧探针及信号采集、判断、显示电路。当 PCBA 放到测试夹具中并固定之后，弹簧探针会与 PCBA 中的某些裸露（无绿油）的铜箔点进行接触，测试夹具则通过弹簧探针为 PCBA 施加供电电源、输入或采集需要的信号，然后通过一些设定好的测试程序即可判断 PCBA 的功能是否正常，相应的结构类似如图 11.51 所示。

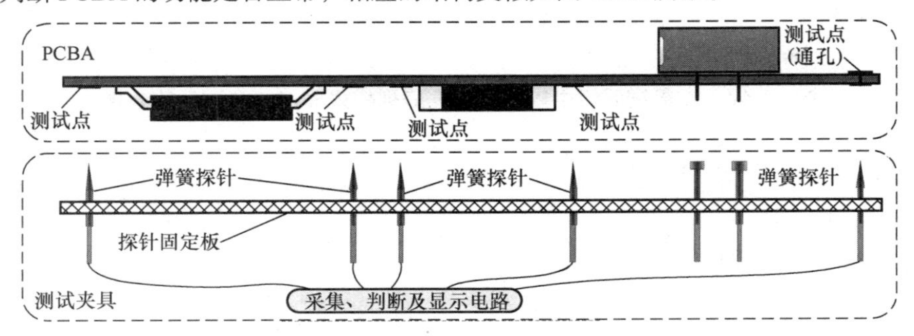

图 11.51 测试夹具与 PCBA

弹簧探针与 PCBA 接触的部分就称为测试点，它通常是 PCB 封装的管脚或过孔，也可以是你自己设计的“仅包含一个焊盘的”PCB 封装，总之，测试点通常总是与电路网络相关，并且未被覆盖绿油（需要与弹簧针良好接触），以便测试夹具向 PCBA 输入测试信号与采集输出信号。

11.5.2 添加测试点

要将 PCB 封装的管脚或过孔添加为测试点，只需要将其选中后执行【右击】→【添加测试点】即可，PADS Layout 将会以带折线箭头的圆圈以标识，图 11.52 为已经添加测试点的过孔，相应的“过孔特性”对话框中的“测试点”复选框也会处于勾选状态，如图 11.53 所示，其中“顶层访问”复选框并未勾选，表示测试点添加在底层（即底层的过孔表面处于裸露状态，即绿油“开窗”状态），也就意味着探针应该从底层采集信号。

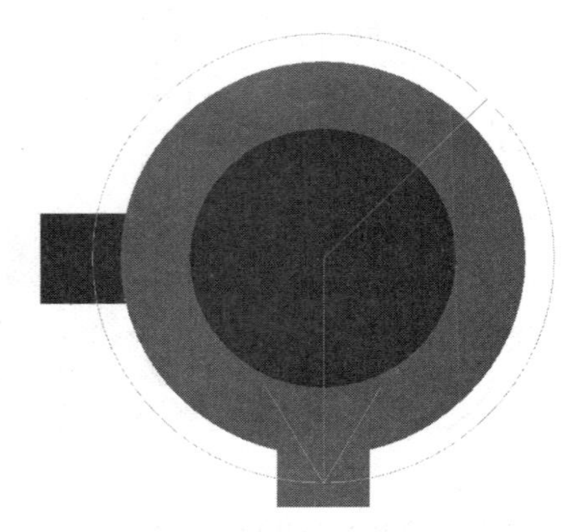

图 11.52 已经添加测试点的过孔

图 11.53 “过孔特性”对话框

PCB 封装管脚也可以作为信号的出入口，即便通孔已经被装配元器件，也可以使用平头或凹头弹簧探针采集信号，但你无法为埋孔添加测试点，因为弹簧针无法接触到内层信号线。另外，添加的测试点并不一定会在 PCB 制造过程中体现出来，你还必须在输出生产文件时进行相应的设置，详情见 11.9 节。

11.5.3　对比测试点

如果你设计的 PCB 需要进行在线测试，那么在进行版本更迭时，通常都不希望已有的测试点位置发生变化，这样即可重复利用已经制作完成的测试夹具，但是对 PCB 进行重新设计或优化时，如果意外改变了测试点的状态，如何能够及时获得相应的信息呢？你可以对比两个 PCB 文件中的测试点，这需要你导出另一个 PCB 文件的 ASCII 文件。

此处以 preview.pcb 为例阐述测试点的对比过程。假设你在当前 PCB 文件中添加一些测试点，然后执行【文件】→【导出】，在弹出如图 11.54 所示“文件导出”对话框中设置保存路径与文件名（此处为“preview_testpoints.asc”），再单击“保存”按钮即可弹出如图 11.55 所示“ASCII 输出”对话框，从中单击“全选”按钮勾选“段”组合框内的所有项目（“测试点”项此时也处于勾选状态），“格式”中选择“PowerPCB V3.0”，并将“单位”设置为“当前”，然后单击“确定”按钮即可导出 ASCII 文件。

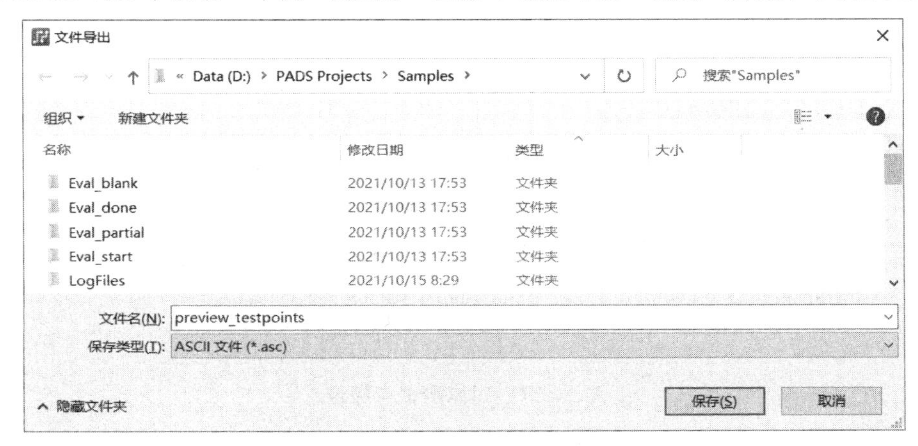

图 11.54　“文件导出”对话框

接下来在当前 PCB 文件中删除或修改测试点，然后执行【工具】→【对比测试点】，即可弹出如图 11.56 所示“对比测试点”对话框，选择刚刚导出的 preview_testpoints.asc 文件，再单击“打开”按钮即可弹出类似如图 11.57 所示的对比测试点报告，其中的“输入文件”是用来对比测试点的 ASCII 文件，而“数据库”是指当前 PCB 文件。

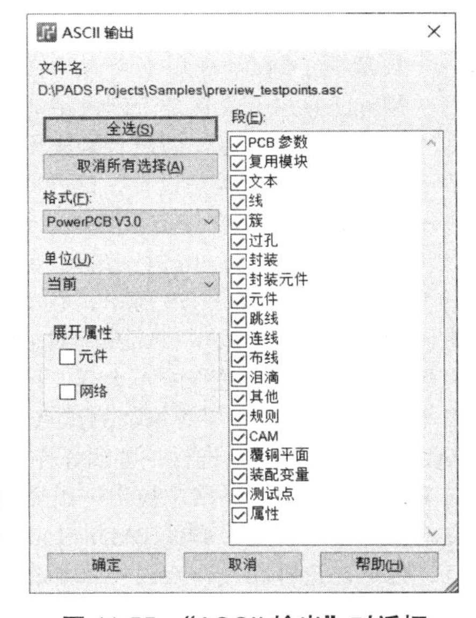

图 11.55　“ASCII 输出”对话框

11.5.4　DFT 审计

手动添加测试点很难应付复杂的在线测试需求。对于一款比较复杂的 PCB，如果现在要求所有网络都能够被测试，你怎么能够确定所有网络已经添加测试点呢？又如何确定添加的测试点是否符合要求（例如，由于测试点距离过近导致相邻探针干涉，由于探针无法到达测试点而无法输入或采集信号，等等）呢？这就是可测试性设计需要解决的问题，DFT 审计能够分析设计中所有网络的可访问性，并能够根据设置的参数自动添加测试点，然后创建一份审计报告。

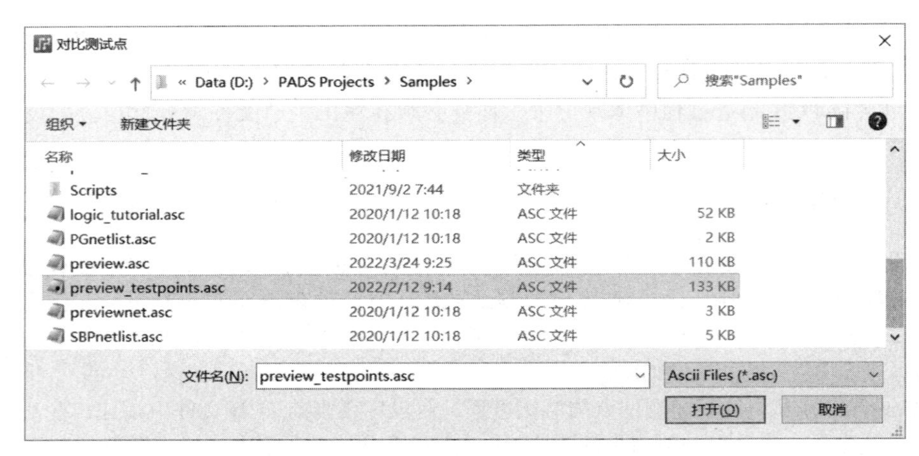

图 11.56　选择需要对比的 .asc 文件

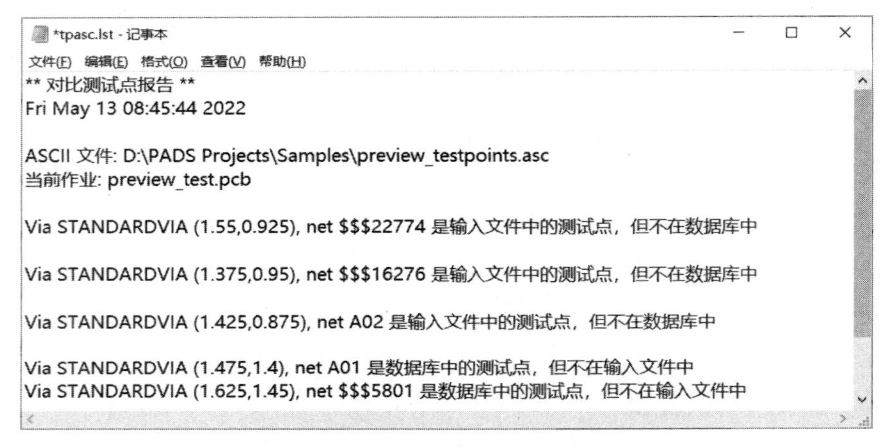

图 11.57　对比测试点报告

如果想对当前 PCB 设计进行 DFT 审计，只需要执行【工具】→【DFT 审计】即可弹出“DFT Audit”对话框，其中包含“选项”“特性”“分配”这 3 个标签页。特别值得一提的是，在进行 DFT 审计参数设置时应该咨询自动化测试工程师。

1. 选项（Options）

该标签页用于设置是否创建测试点、过孔点放置方法、探测方式等参数，如图 11.58 所示。

（1）创建测试点。该组合框用于指定 DFT 审计时创建测试点的策略。需要注意的是，DFT 审计过程中添加的测试点都是过孔，这样不会影响原理图与 PCB 的同步状态。如果不勾选其中任何复选框，表示仅对当前 PCB 文件进行测试点分析。当设置完参数后运行 DFT 审计时，PADS Layout 会自动将设计传输到 PADS Router 进行分析，但是你也可以通过执行【工具】→【PADS Router 链接】的方式进行 DFT 审计，如图 11.59 所示，在“选项”组合框内选中“DFT”项后单击“设置”按钮，同样能够进入图 11.58 所示“DFT Audit”对话框，此时“布线时创建”复选框才处于有效状态。“保留测试点”复选框表示在审计过程中不会对“已经被当作测试点的”管脚或过孔进行重新分配、移动、删除、修改等操作。“对现有导线添加测试点”项表示对“探针无法访问且已经完成布线的”网络添加测试点。PADS Router 可能会进行一些相邻导线的推挤操作，以便给添加的测试点腾出足够的空间，你也可以允许 PADS Router 从网络中拉出一条短导线（创建分支）再添加测试点过孔，只需要勾选“允许拉支线”复选框即可。当然，即便 PADS Router 进行了很多尝试，一些网络可能仍然无法添加符合要求的测试点，你可以选择将测试点过孔添加在板框之外，后续自己手工对这些测试点进行重新布局，只需要勾选“对不可到达的网络添加板外测试点过孔”复选框即可。

图 11.58　“选项”标签页

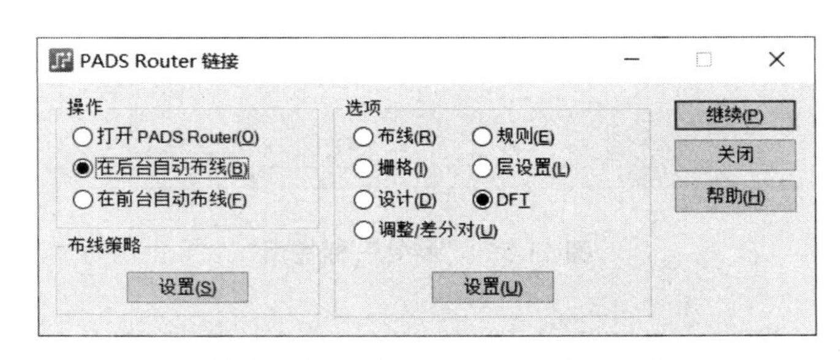

图 11.59　“PADS Router 链接”对话框

（2）过孔点放置方法。如果 DFT 审计过程中需要在当前设计中添加测试点过孔，你可以指定按“过孔栅格”或“测试点栅格”进行放置。

（3）探测方式。勾选“PCB 顶面”表示探针可以从顶面或底面进行探测，因为管脚总是可以从底层进行探测。如果在特殊情况下仅需要从顶面进行探测，可以在底层创建一个限制放置测试点的禁止区域。你还可以选择“过孔”、“管脚”与“未使用的管脚”作为测试点的添加位置。

（4）可用针脚直径。该组合框用于指定探针的参数，你可以从中添加最多 15 个不同类型的探针，最上面的探针会在 DFT 审计过程中被优先使用。“名称”列用于指定探针的型号，当测试点被分配时，相应的名称会以“DFT.Nail Diameter”属性添加到过孔（或管脚），类似如图 11.60 所示。“夹具钻孔尺寸”则用于计算探针的安全间距，其直径通常情况下会稍大于探针尺寸，这样将探针按装在固定板上时才不会造成空间干涉。

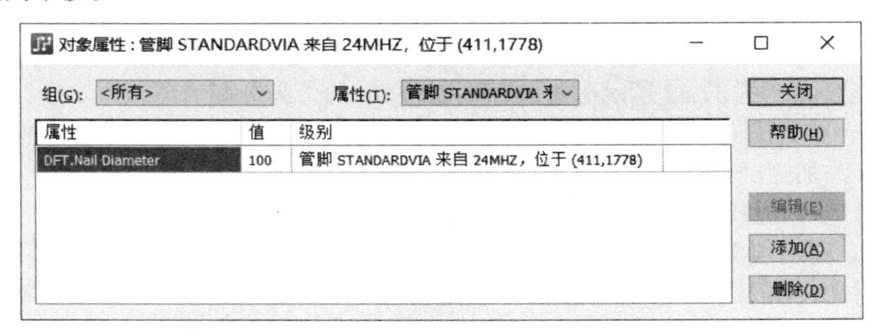

图 11.60　“DFT.Nail Diameter”属性

（5）最小焊盘探测尺寸。焊盘尺寸如果过小，可能会导致探针与其形成不良连接，你可以分别针对“过孔”与“元器件管脚”设置最小值（0 表示不限制）。

2. 特性（Properties）

该标签页用于设置最小探测距离以及需要添加测试点的网络，如图 11.61 所示。

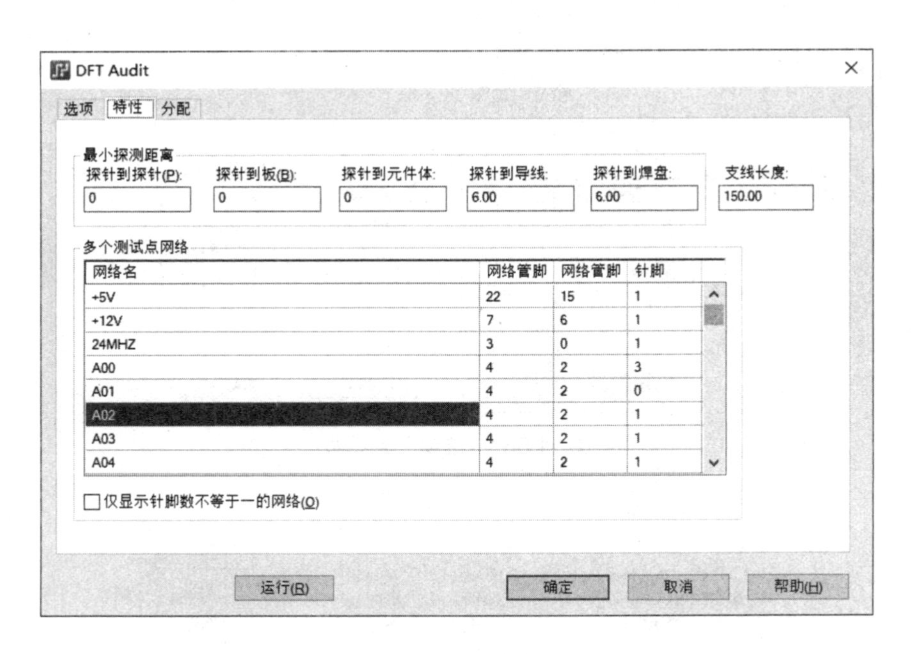

图 11.61 “特性”标签页

（1）最小探测距离（Probe Minimum Distances area）。板层通常也会存在可能妨碍探针正常访问的对象（例如，其他探针、元件本体、焊盘、定位孔、板框边沿、导线等），这意味着测试点应该与其他对象之间保持一定的距离，只需要在该组合框中进行相应设置即可。

（2）支线长度（Stub Length）：刚刚已经提过，PADS Router 可能会在必要时以“允许拉支线”的方式添加测试点过孔，你可以在该文本框指定支线的最大长度。

（3）多个测试点网络。你需要对设计中所有网络都添加测试点吗？或者有些网络其实并不需要进行测试？如果需要添加测试点，是不是所有网络都仅需要一个测试点呢？还是需要针对某些网络添加多个测试点？这些测试点添加时的具体行为都可在该组合框中进行设置，其中的列表展示了当前设计中所有的网络名、网络管脚与网络过孔（第 3 列名称对应的英文为“net vias”），你可以通过设置“针脚（nail pins）”的数值决定是否需要为网络添加测点（默认情况下，所有针脚数量均为 1，如果你不希望为某个网络添加测试点，将其设置为 0 即可）。

3. 分配（Assignment）

在默认情况下，所有元器件的管脚都可以作为测试点，所有过孔类型都可以作为测试点过孔，你可以在图 11.62 所示“分配”标签页中指定某些元件不能（或优先）分配测试点，或某些过孔不能（或优先）作为测试点过孔。图 11.62 所示配置表示不能将 C3 的管脚分配为测试点（会针对相关网络额外添加测试点过孔），并且优先可以将 C1、C6 的管脚分配为测试点（如果设计要求对相关网络添加测试针脚，则勿需额外添加测试点过孔）。

完成 DFT 审计参数配置后，单击左下方的“运行”按钮，即可弹出如图 11.63 所示“PADS Router Monitor”对话框，同时会调用 PADS Router 完成 DFT 审计过程，审计完成后将自动根据你的设置在 PCB 中分配测试点（或添加测试点过孔），同时会弹出 dftvias.rpt 与 dftaudit.rpt 报告文件，分别如图 11.64 与图 11.65 所示，从中你可以根据审计结果对当前 PCB 文件中的测试点进行必要的调整。

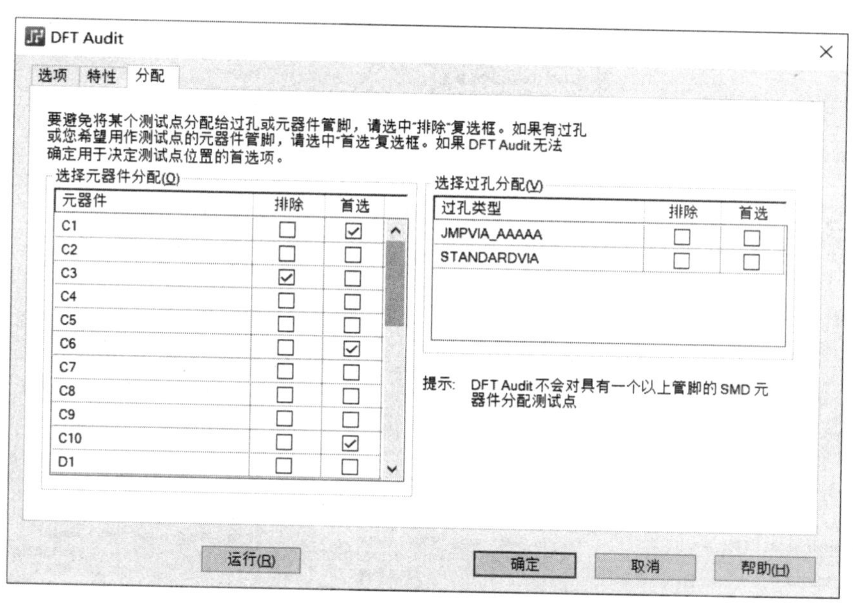

图 11.62 "分配"标签页

图 11.63 "PADS Router Monitor"对话框

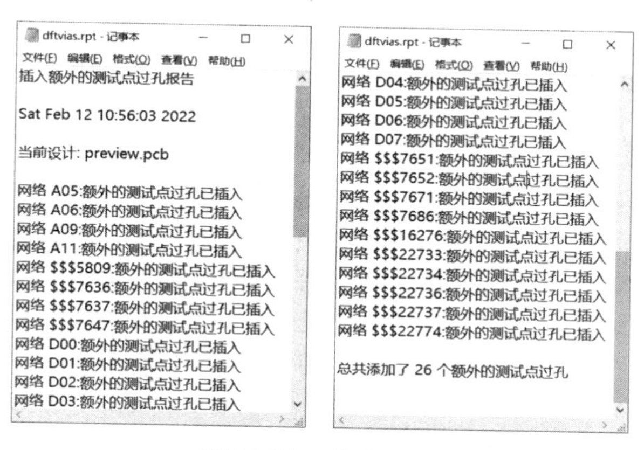

插入额外的测试点过孔报告

Sat Feb 12 10:56:03 2022

当前设计: preview.pcb

网络 A05:额外的测试点过孔已插入
网络 A06:额外的测试点过孔已插入
网络 A09:额外的测试点过孔已插入
网络 A11:额外的测试点过孔已插入
网络 $$$5809:额外的测试点过孔已插入
网络 $$$7636:额外的测试点过孔已插入
网络 $$$7637:额外的测试点过孔已插入
网络 $$$7647:额外的测试点过孔已插入
网络 D00:额外的测试点过孔已插入
网络 D01:额外的测试点过孔已插入
网络 D02:额外的测试点过孔已插入
网络 D03:额外的测试点过孔已插入

网络 D04:额外的测试点过孔已插入
网络 D05:额外的测试点过孔已插入
网络 D06:额外的测试点过孔已插入
网络 D07:额外的测试点过孔已插入
网络 $$$7651:额外的测试点过孔已插入
网络 $$$7652:额外的测试点过孔已插入
网络 $$$7671:额外的测试点过孔已插入
网络 $$$7686:额外的测试点过孔已插入
网络 $$$16276:额外的测试点过孔已插入
网络 $$$22733:额外的测试点过孔已插入
网络 $$$22734:额外的测试点过孔已插入
网络 $$$22736:额外的测试点过孔已插入
网络 $$$22737:额外的测试点过孔已插入
网络 $$$22774:额外的测试点过孔已插入

总共添加了 26 个额外的测试点过孔

图 11.64 dftvias.rpt

图 11.65 dftaudit.rpt（部分）

11.6 丝印

元件封装导入到 PADS Layout 并完成布局后，相应的元件参考编号通常会显得杂乱无章，如果你需要将其显示在最终生产的 PCB 上，通常需要进行相应调整以保证 PCB 外观的整齐与美观。另外，大多数场合下还需要增加一些诸如板名、版本号、日期、公司标记、重要的网络名、白油等文本或图线，这些在丝印工序中需要印刷的对象统称为丝印，本节则详细讨论这些对象的添加或调整操作。

11.6.1 统一修改参考编号

通常情况下，元件参考编号是首先需要调整的对象，但是在正式调整之前，应该先修改字体字号等参数，因为默认的设置很有可能无法满足你的需求。通常情况下，都会按顶层或底层分开两次进行统一修改参考编号字体的操作，本节以顶层参考编号调整为例进行详细阐述。首先需要选中顶层元件的所有参考编号，你可以在“显示颜色设置”对话框中仅打开顶层与丝印顶层的“参考编号”列（要确保“类型”与“属性”列处于隐藏状态，否则后续容易误选其他标签对象），如图 11.66 所示。“同时打开顶层与丝印顶层”是为了保证所有元件参考编号都处于显示状态，因为当前文件中使用的 PCB 封装可能并未统一标准（在创建 PCB 封装时，元件参考编号占位符可能被放在顶层或丝印层），相应的效果如图 11.67 所示。

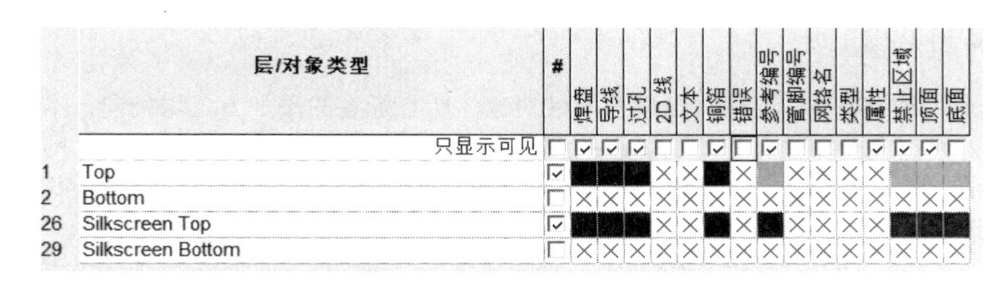

图 11.66　显示颜色设置

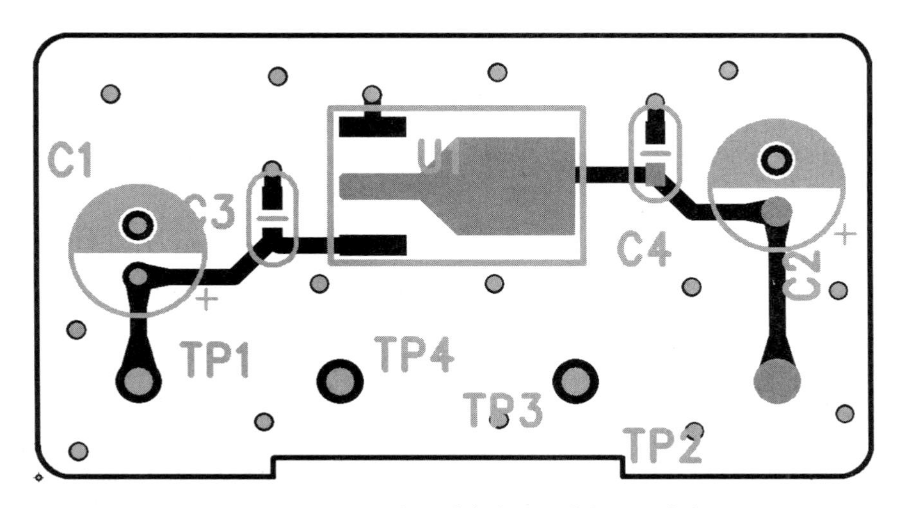

图 11.67　顶层所有元件参考编号全部显示出来

紧接着，执行【编辑】→【筛选条件】进入“选择筛选条件”对话框，仅选中“对象”标签页中的“标签”项，表示后续仅选择标签对象，然后执行【右击】→【全选】(或拖动一个包围所有参考编号的矩形框)即可选中所有参考编号(此时应高亮显示)。然后执行【右击】→【特性】，即可弹出“元件标签特性”对话框(见图 2.58)，从中设置字体与尺寸大小即可，此处不再赘述。

11.6.2　调整参考编号位置

参考编号的位置调整与元件操作相似，选中需要调整的参考编号再执行移动、旋转、镜像等操作即可，设计工具栏上也存在一个“移动参考编号”按钮，空闲状态下单击它即可进入连续移动参考编号状态(动作模式)。值得一提的是，调整参考编号时应该设置合适的设计栅格。

为了保证 PCB 丝印外观清晰明了，调整元件参考编号时应当尽量遵照以下原则：

(1)字体大小应该统一，尽可能排列齐整且避免重叠，原则上应该只有两种方向(例如，均朝左向与下向，而非各个朝向都存在)。

(2)不要放置在焊盘或元件本体的下方，以避免元件组装后遮挡视线。

(3)尺寸不能太小，字符宽度不能太大，以避免文字印刷效果不清晰。

(4)对于元器件较密集的 PCB，如果元器件周围已经不存在多余空间，可以考虑“以元器件布局位置”为准调整参考编号并放置到较远处，再通过线段以提示其所对应的元器件，类似如图 11.68 所示。

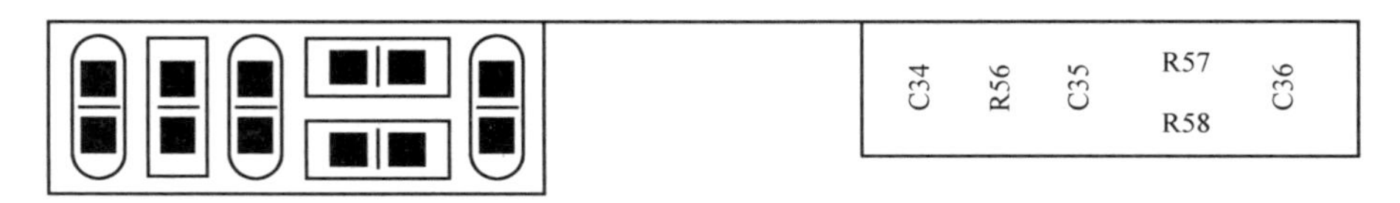

图 11.68　元器件密集时的参考编号位置调整方式

11.6.3 添加新标签

标签包含元件参考编号、元件类型以及属性对象，所有标签的添加方式均相同，本节以元件参考编号为例详细讨论相应的操作。为什么要添加元件参考编号呢？因为有时候某些元件的参考编号并未显示（或者不小心删掉了，因为参考编号标签不属于网表项，你可以自由删除），此时你需要重新添加相应的标签。选中某个元件后执行【右击】→【添加新标签】，在弹出如图 11.69 所示“添加新元件标签”对话框的“属性”列表中选择“Ref.Des.”项，再单击“确定”按钮即可添加参考编号标签，你也可以更改相应的板层、字体与尺寸等参数。

作为另一种添加标签方式的补充，你也可以选中元件后执行【右击】→【特性】进入如图 11.70 所示“元器件特性”对话框，如果当前元件并不存在对应的参考编号，在“标签”组合框的“标签”列表中将无法找到“Ref.Des.”项，此时你从中选择“< 新 >”项，表示将要添加新的标签，然后单击列表下方的“元件标签属性（Part Label Properties）”大按钮，同样也可以进入图 11.69 所示对话框，从“属性”列表中选中“Ref.Des.”项，再调整相应的参数即可。

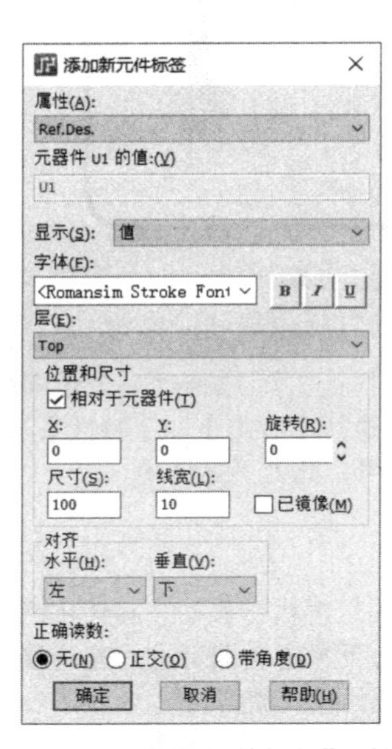

图 11.69 “添加新元件标签”对话框

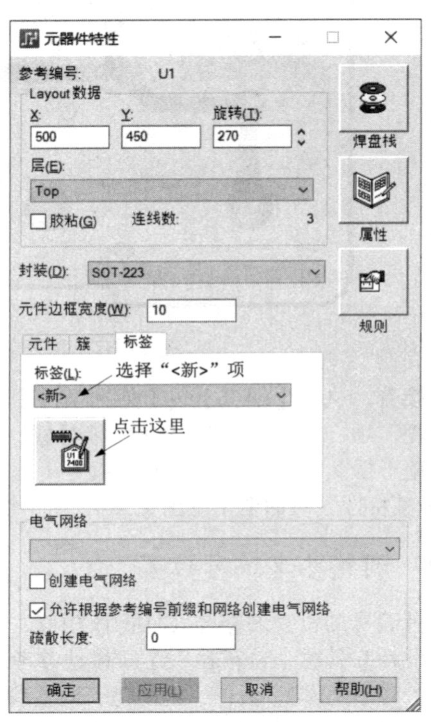

图 11.70 “元器件特性”对话框

11.6.4 添加文本与 2D 线

添加文本的操作已经在第 2 章详细讨论，只需要使用绘图工具栏上的“文本”工具创建即可，至于文本放置在所有层（第 0 层）还是丝印层，取决于个人的习惯与工作单位的 PCB 设计规范，此处不再赘述。添加 2D 线的操作与文本相似，只不过应该使用绘图工具栏上的“2D 线”工具，自行摸索即可，此处不再赘述，本节仅重点介绍如何添加白油。

白油也是丝印，只不过通常是以一块块的形式存在，主要作用是电气绝缘。例如，某些元器件底部为金属材料，为了防止组装时破坏 PCB 上的绿油而发生导线短接现象，可能会添加一块白油（相当于在阻焊绿油的基础上再加一层保险），这种情况在无源晶体、插座、PCB 模组（例如 FM 收音模组、蓝牙模组、2.4G 模组等，需要焊接在其他 PCB 上）等 PCB 封装中比较常见。有些单位可能会有自己的封装设计规范。例如，在接插件的所有焊盘周围都添加白油。常见的白油添加位置如图 11.71 所示。

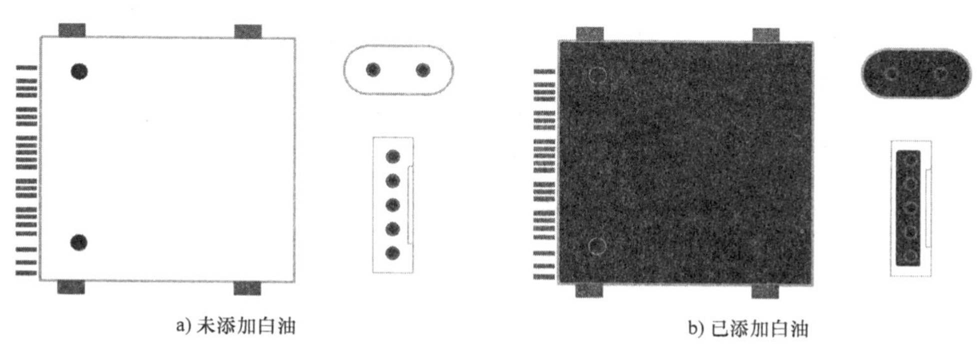

a) 未添加白油　　b) 已添加白油

图 11.71　添加白油前后的 PCB 封装

在第 3 章进行插件电解电容封装创建时已经提过，PADS Layout 本身无法创建填充的添加大块白油，所以你可能会尝试使用多条线宽比较粗的 2D 线来实现，这种方式虽然可行，但比较麻烦，比较常用且实用的解决方案则是使用“铜箔”工具绘制一块静态铜箔（不需要分配网络）并放置在丝印层，然后在后续输出生产文件时将丝印层的铜箔选中即可，具体见 11.9 节。

11.7　尺寸标注

你可以对 PCB 设计中某些对象的关键尺寸信息进行标注，有些工程师在 PCB 封装创建时也会对关键尺寸进行标注。需要说明的是，尺寸标注是可选操作（并不影响 PCB 的实际生产），标注的数据可以是任意两点间的水平、垂直或者任意角度之间的长度尺寸，也可以是测量出来的角度或圆形的半径和直径，本节详细讨论 PADS Layout 中提供的各类尺寸标注方式。

11.7.1　水平 / 垂直

水平与垂直标注方式相似，为节省篇幅，本节以板框的水平标注为例详细阐述相应的操作步骤。在正式进行标注前，你可以在“选项”对话框的“尺寸标注”类别标签页中自定义对齐标记、扩展线以及显示数据等对象的具体形式，其中的参数对于所有标注方式都有效，详情见 8.8 节。

1. 确定筛选条件

确定筛选条件可以更方便快速地选中想要的对象，本例以板框作为标注对像，所以只需要在空闲状态下执行【右击】→【选择板框】即可。

2. 确定需要标注的类型

单击尺寸标注工具栏上的“水平”按钮，表示你将要对板框进行水平尺寸的标注操作。

3. 确定捕获模式、测量风格与边沿选项

此时你已经处于水平标注模式，随时可以开始进行标注过程，但在此之前，你还需要确定标注的捕捉模式（Snap Mode）、测量风格（Measurement Style）与边沿选项（Edge Preference）。所谓的“捕获模式”，是当你单击想要标注的对象（此例为板框）以确定某个标注位置时，PADS Layout 是否需要自动以某种方式定位到某个特定点，可供选择的模式有 8 种：捕获至拐角点（Snap to Corner）、捕获至中点（Snap to Midpoint）、捕获至任意点（Snap to Any Point）、捕获至中心（Snap to Center）、捕获至圆 / 弧（Snape to Circle/Arc）、捕获至交叉点（Snap to Intersection）、捕获至四分之一圆周（Snap to Quadrant）、不捕获（Do Not Snap），具体的含义如图 11.72 所示。其中，“不捕获”模式表示以单击的位置作为标注点，其与“捕获至任意点”的区别在于：后者要求捕捉的对象必须存在（不能在空白处），前者表示可以选择工作区域中任意点作为标注起点或终点（包括空白处）。

“捕获模式”只能宏观上进行标注点定位，但是大多数情况下，标注对象会有一定的宽度，你是想将标注参考点设置为外边沿（Outer Edge）、内边沿（Inner Edge）还是中心（Centerline）呢？也就是需要确定标注的“边沿模式”，它们的区别如图 11.73 所示。

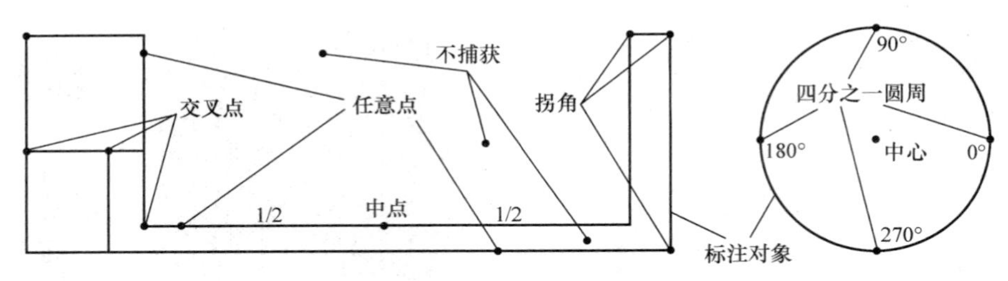

图 11.72　各种捕获模式的含义

另外，如果需要在同一种尺寸标注模式下对多个对象进行连续标注时，你还应该确定“测量风格”。例如，水平标注方式只需要连续确定两个点即可完成标注定位，但是如果你连续单击了 3 个点，那么单击第 3 个点的用意是为了对“第 1 点与第 3 点”还是“对第 2 点与第 3 点”之间的长度进行标注呢？前者表示总会使用第一个点作为标注的起点，也称为基准线（Baseline）风格，后者表示总会以上一个点作为标注的起点，也称为连续（Continue）风格，它们的区别如图 11.74 所示，其中的数字①②③④表示连续标注对象的单击次序。

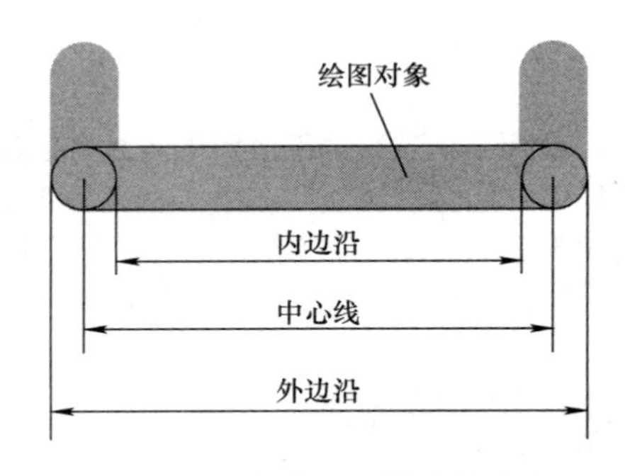

图 11.73　各种边沿模式的含义

想要设置尺寸标注的捕获模式、边沿模式与测量风格，只需要进入某尺寸标注模式后执行右击，在弹出如图 11.75 所示快捷菜单中选择相应项即可（选中项左侧将出现一个“勾”作为标记）。

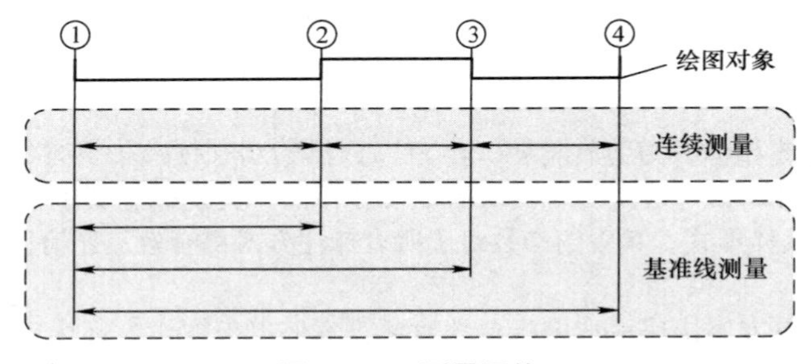

图 11.74　测量风格

需要特别注意的是：通常情况下，你只需要设置捕获模式。如果你未设置边沿模式，默认使用中心线模式。如果你不需要连续标注，测量风格也无需设置，这样每次标注都需要 2 次定位（多次连续标注动作将不会共用定位点）。另外，每个定位点都可以单独设置不同的捕获模式、边沿模式与测量风格，以适应每个标注点的不同要求。例如，现在需要测量板框拐角到某个定位柱中心距离，你就可以首先设置捕获模式为“捕获至拐角”，再将板框拐角作为第一个标注定位点，接下来调整捕获模式为“捕获至中心”，再将定位柱作为第二个标注定位点即可。

4. 开始标注

你现在已经完成所有与水平标注模式相关的设置，后续只需要连续单击 2 个点，即可自动生成一个带延伸线与标注数据的双向箭头，并粘在光标上随之移动（见图 2.65），调整好合适的位置再单击即可（见图 2.66）。如果你在已经确定尺寸标注结果后需要再次调整（例如，需要将尺寸数据再往板框外部移一些，但标志线的位置不变化，

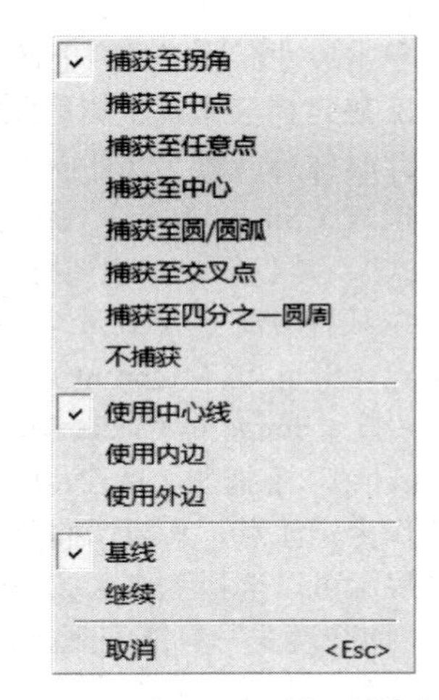

图 11.75　进入尺寸标注模式后右击弹出的快捷菜单

仅长度发生变化），只需要选中标注箭头后执行【右击】→【移动】（或快捷键“Ctrl+E”）即可。

需要注意的是，既然你要进行水平标注，选择的 2 个点之间的水平距离不应该为 0。例如，你连续单击 X 坐标相同的两个点，PADS Layout 就会弹出如图 11.76 所示提示对话框，以提醒你重新选择第 2 个点。当然，你也不能选择两个相同的点，否则将会弹出如图 11.77 所示提示对话框

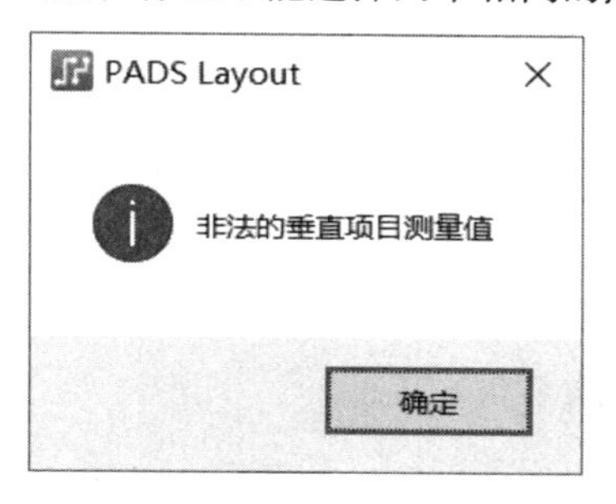

图 11.76　提示对话框

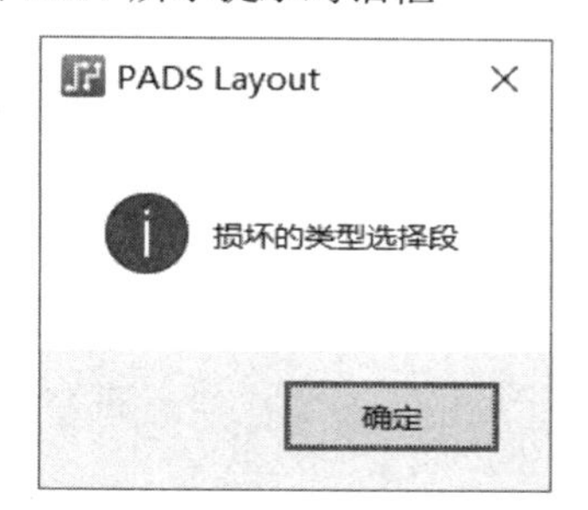

图 11.77　提示对话框

11.7.2　对齐 / 旋转

水平（或垂直）标注方式可以用来对任意两个点之间的水平（或垂直）距离进行标注，但如果你想标注 2 个点之间的直线距离，就得使用对齐标注方式，图 11.78 展示了几种对齐标注的效果，具体的标注过程与水平（或垂直）标注相同，此处不再赘述。

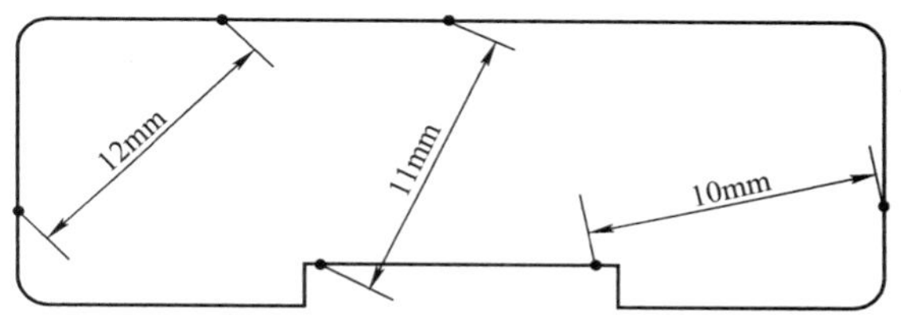

图 11.78　对齐标注的效果

旋转标注方式的功能比对齐标注更强大，其不仅可以测量直线距离，也可以测量任意角度之间的距离。当你在该模式下选中 2 个点后，PADS Layout 会弹出如图 11.79 所示“角度旋转”对话框，其中的数字表示“起点与终点确定的”射线在平面坐标系的夹角（简单地说，夹角与两个点的选择次序有关），如图 11.80 所示。如果你保持默认的角度，测量的结果即两个点之间的直线距离（与对齐标注方式的结果相同），如果你输入另一个不同的角度，标注线会进行相应角度的旋转后再测量（默认情况下，标注线与 2 个点确定的直线相互垂直）。例如，你想进行垂直标注，可以输入 90 或 270，如果输入 0 或 180，则表示进行水平标注，图 11.81 展示了几个不同旋转角度的测量结果。

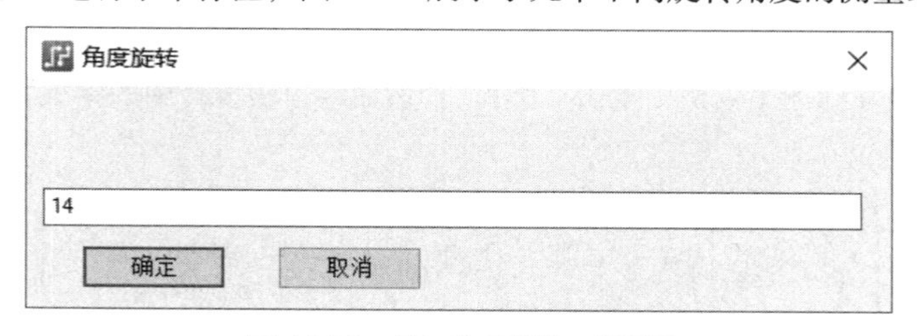

图 11.79　“角度旋转”对话框

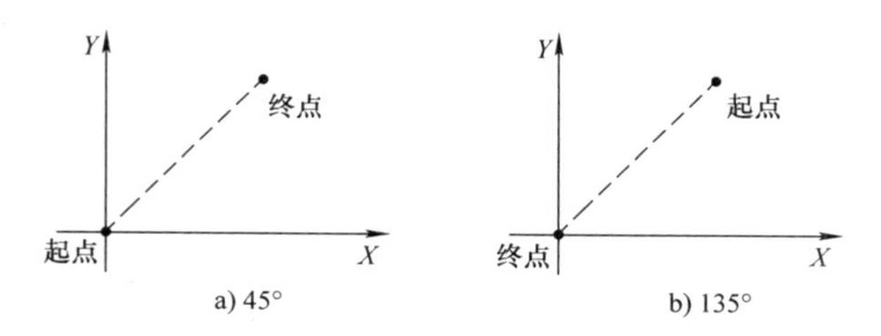

图 11.80　2 个点在平面坐标系中的不同夹角

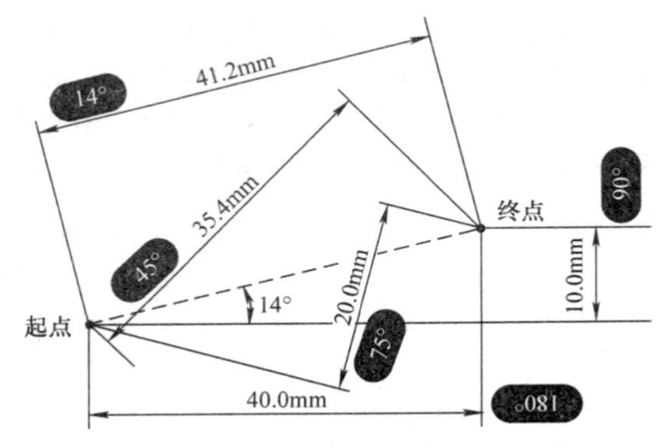

图 11.81 旋转角度不同的标注效果

11.7.3 角度

角度标注方式可以用来标注两条线段之间的夹角，由于夹角由两个线段的相对位置形成，所以你需要连续确定 4 个点，前 2 个点与后 2 个点分别用于确定一个线段，图 11.82 给出了两种标注效果，其中的数字表示 4 个点的单击顺序，之所以标注了多个角度，是因为系统会随着光标的移动而显示不同方向的夹角（共 4 个角度）。值得一提的是，由于需要在绘图对象的每个线段确定 2 个点，所以可以考虑将“捕获模式”设置为“捕获到任意点”，这样可以方便定位。另外，角度标注时无法设置边沿模式，因为只要相同即可获得相同的结果。

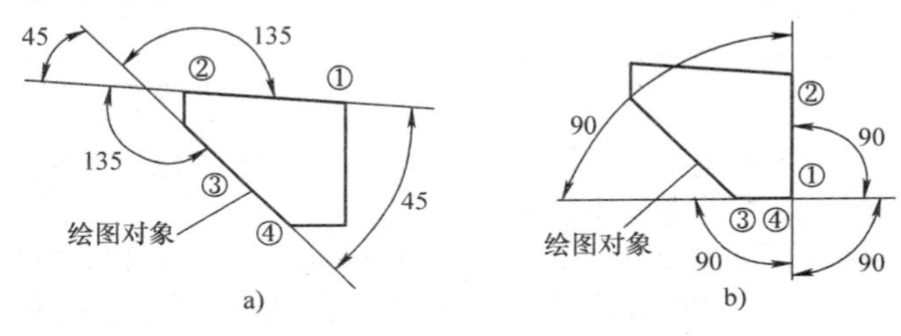

图 11.82 角度标注效果

11.7.4 圆弧

圆弧标注主要针对选定圆或圆弧的半径（Radius，R）或直径（Diameter，D），你可以执行【工具】→【选项】→【尺寸标注】→【常规】，在“圆尺寸标注”组合框中设置需要标注的数据。圆弧标注的操作方式非常简单，在尺寸标注工具栏中单击“圆弧”，然后再单击设计中的圆或弧对象即可，相应的效果如图 11.83 所示。

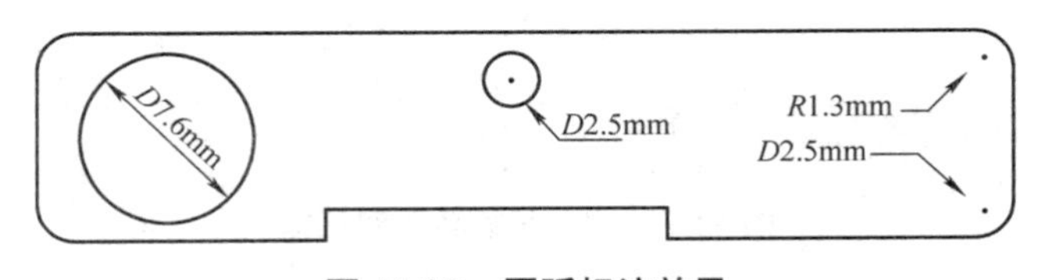

图 11.83 圆弧标注效果

11.7.5 自动

对于一些形状规则的对象（例如直线段、圆、弧等），你可以使用自动标注加快标注速度，只需要单击需要标注的对象即可。值得一提的是，自动标注方式的结果完全取决于标注的对象。例如，你单击水平（或垂直）板框，标注结果与水平（或垂直）标注操作完全相同。如果你单击圆弧，则标注结果与圆弧标注相同。当然，自动标注无法标注不同对象之间尺寸。

11.7.6　引线

引线标注方式也很简单，但与之前所有标注方式的数据（长度、角度）有所不同的是，引线标注方式只是从单击的对象引出一条线，具体显示什么内容则由自己决定，主要用于对额外信息进行备注。单击尺寸标注工具栏上的“引线”按钮后，再单击需要标注的对象即可引出一条线，在合适位置执行【右击】→【完成】（或直接双击）后，即可弹出如图 11.84 所示“文本值”对话框，从中输入你想要备注的字符串即可，图 11.85 给出了几种引线标注效果。

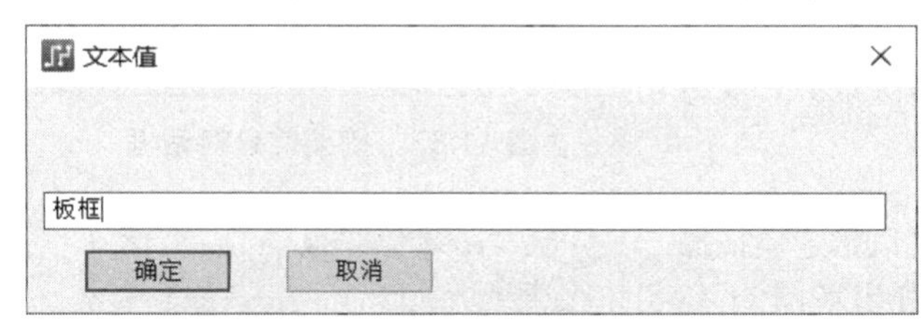

图 11.84　“文本值”对话框

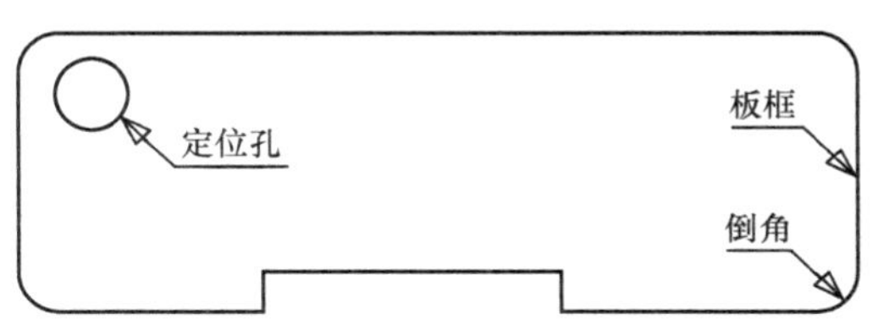

图 11.85　引线标注方式的效果

11.8　设计验证

经过前述各种后处理操作后，PCB 设计工作已经快要接近尾声，为了保证设计的 PCB 符合可生产性与功能性等要求，通常情况下总会对其进行设计验证，以便发现可能存在的设计违规。PADS Layout 提供了安全间距、连接性、高速、最大过孔数、平面、测试点等检查类别，你可以根据自己的需求进行检验。值得一提的是，**安全间距与连接性的检查通常必须执行，其他项则可选**。

如果你想进行设计验证操作，只需要执行【工具】→【验证设计】即可弹出如图 11.86 所示“验证设计”对话框，然后在“检查”组合框内选择检查的项目，再单击“开始”按钮即可开始设计验证过程。如果“显示摘要提示”复选框处于勾选状态，在每次验证完成后，PADS Layout 都会弹出类似如图 11.87 所示提示信息窗口。“位置”列表中显示了所有检查到的违规错误详细信息（含坐标、板层与错误类型），如果你未勾选“禁用平移”复选框，双击其中某项错误后，PADS Layout 会将“该错误对应的位置”自动平移到工作区域中心（相应位置会插入独特的错误标记予以标识，后述）。当你选中某一项错误后，“解释”列表中进一步显示该违规错误的细节信息，“清除错误”按钮则可以清除“位置”列表中的所有错误标记（并非清除 PCB 文件中的真正出错对象）。

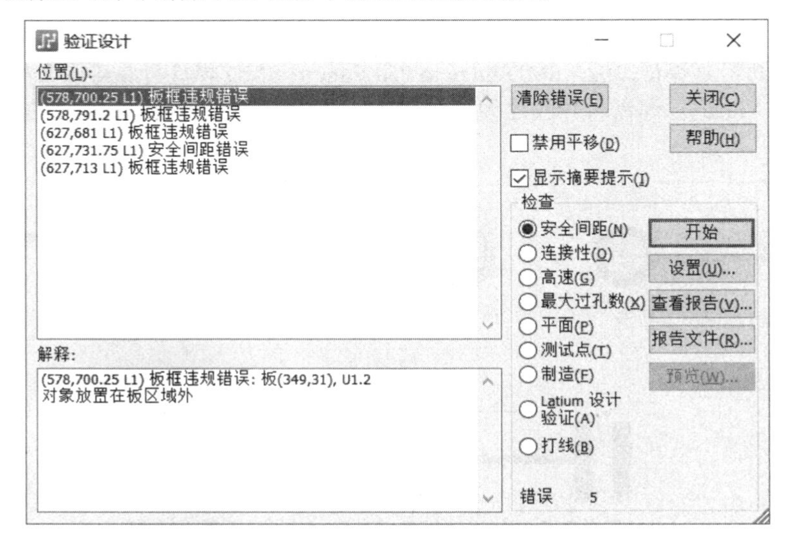

图 11.86　“验证设计”对话框

11.8.1 安全间距

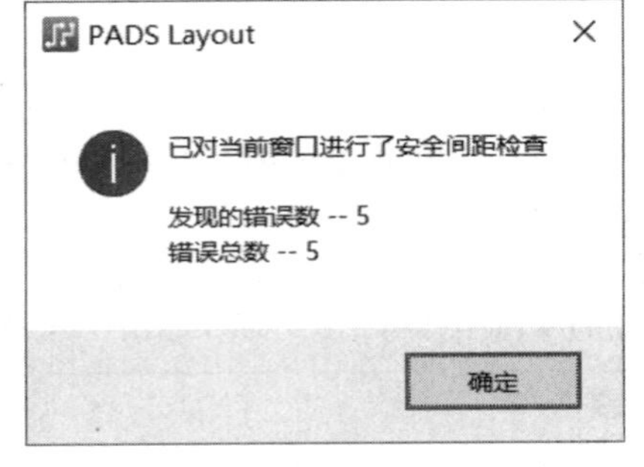

图 11.87 摘要信息对话框

你可能想要问：为什么要进行安全间距检查呢？不是只要在布局布线过程中一直保证进入 DRC 开启模式即可吗？如果你的确可以做到这一点，（理论上）安全间距确实能够得到保证，但是有些操作只能在进入 DRC 关闭模式下才能使用（例如，创建静态铜箔），或者有时候为了布局布线的方便可能会暂时进入 DRC 关闭模式，又或者在某个阶段修改了设计规则等等，所以通常情况下，你还是应该在 PCB 设计完成后（发给 PCB 制造厂商前）进行安全间距检查。

1. 安全间距检查设置

当你决定进行“安全间距”项验证时，还可以指定验证操作针对的对象，只需要单击“设置”按钮即可弹出如图 11.88 所示“安全间距检查设置”对话框，其中包含以下选项：

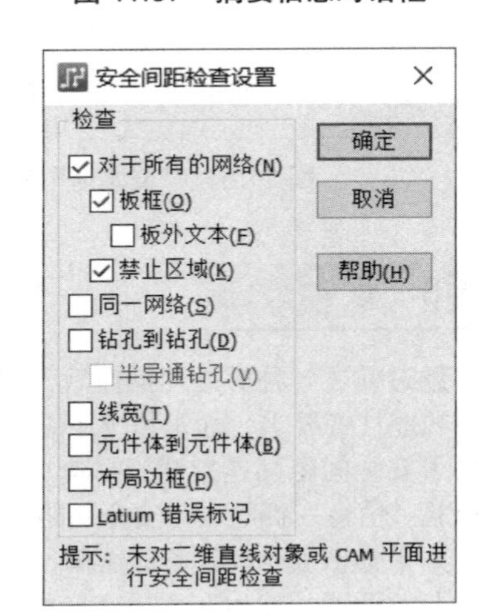

图 11.88 “安全间距检查设置”对话框

（1）对于所有的网络（Net to All）：该复选框默认处于勾选状态，表示对 PCB 中所有网络进行间距检查。

（2）板框（Board Outline）：勾选该复选框表示对网络对象（管脚、过孔、导线、铜箔）与板框（或板框挖空区域）进行安全间距检查。举个例子，有些 PCB 封装在布局时会正常延伸到板框之外，PADS Layout 也会作为一项错误，此时你也可以选择不对该项进行验证。

（3）板外文本（Off Board Text）：勾选该复选框后，如果 PCB 板框外存在文本（Text）对象，PADS Layout 会将其标记为安全间距错误，一般情况可不用勾选。

（4）禁止区域（Keepout）：该复选框并非针对禁止区域与其他对象之间的安全间距，而是针对禁止区域设置的限制对象。例如，你设置某个禁止区域不允许存在导线与铜箔，但实际进行 PCB 设计时却并未遵守该规则，PADS Layout 会认为出现安全间距违规。再例如，你设置某个禁止区域的元器件高度最大值为 5mm，但其中某个元件的高度大于该值（由 Geometry.Height 属性决定，未分配该属性的元件不做检查），PADS Layout 同样认为出现了安全间距违规。

（5）同一网络（Same Net）：勾选该复选框表示对同一网络的电气对象进行安全间距检查，包括焊盘边沿到焊盘边沿（Pad Edge to Pad Edge）、焊盘边沿到导线内拐角（Pad Edge to Inside Corner of Trace）、SMD 焊盘边沿到焊盘边沿（SMD Edge to Pad Edge）、SMD 焊盘边沿到导线内拐角（SMD Edge to Inside Corner of Trace）、焊盘与导线之间的锐角（Acute Angle Between Pad and Trace），如图 11.89 所示。

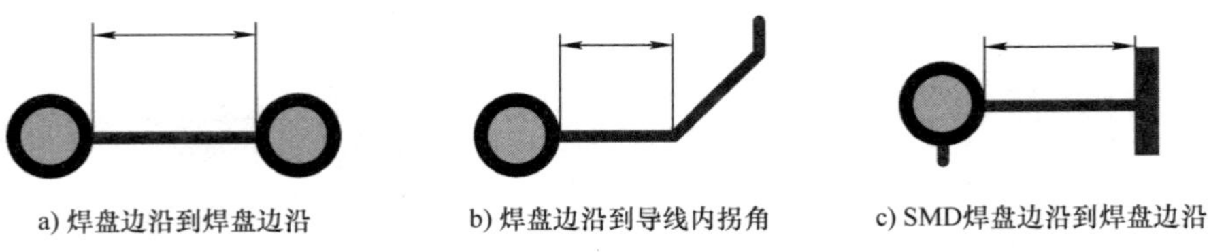

a) 焊盘边沿到焊盘边沿　b) 焊盘边沿到导线内拐角　c) SMD焊盘边沿到焊盘边沿

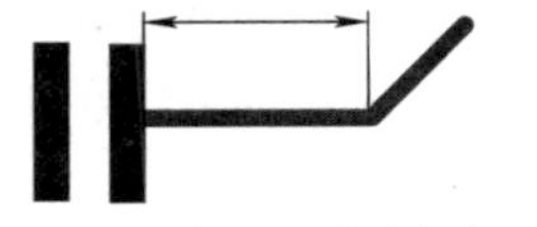

d) SMD焊盘边沿到导线内拐角

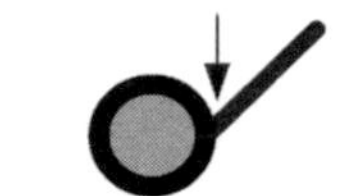

e) 焊盘与导线之间的锐角

图 11.89 同一网络安全间距

（6）钻孔至钻孔（Drill to Drill）：该项检查所有钻孔之间的安全距离，对于电镀类钻孔，其直径为焊盘栈中定义的钻孔尺寸与钻孔放大值之和。值得一提的是，虽然钻孔通常总是包含一个起始层与结束层（钻孔对），但该检查报告仅针对钻孔对的某一层。换言之，一个钻孔对仅会最多报告一个错误。

（7）半导通钻孔（Partial Via Drills）：该复选框针对诸如在相同坐标、不同钻孔尺寸或共享同一层（例如，VIA1-2 与 VIA2-4）的盲埋过孔，其仅在“钻孔至钻孔”复选框处于勾选状态时才有效。

（8）线宽（Trace Width）：在“安全间距规则：默认规则”对话框中，你可以设置当前布线宽度的最小值与最大值，勾选该复选框表示检查 PCB 文件中使用的导线宽度是否在此范围内，一般情况下无需勾选。

（9）元件体到元件体（Body to Body）：元件体外框的定义在 7.1.1 小节已经详细描述，但是与在线规则检查（DRC）不同，勾选该复选框并不会检查元件外框与焊盘之间的安全间距，也不会检查第 20 层的布局边框（对应单独的复选框）。

值得一提的是，虽然 PADS Router 也能够进行安全间距验证，但是其并不会进行该项检查，仅会根据布局外框进行组装验证（避免元件干涉）。由于“元件体到元件体”错误仅存在于 PADS Layout 中，所以该错误在 PADS Router 中会被转换为“布局边框”错误（反过来，PADS Router 中的“布局边框”错误在 PADS Layout 中将保持不变，并不会转换为“元件体到元件体”错误）。换言之，当 PADS Router 打开一个 PCB 文件时，PADS Layout 中定义的“元件体到元件体”安全间距值会被转换为“元件最小间距（Minimum spacing between component）”值，但 PADS Layout 定义的“元件边框最小间距”是针对“用于定义元件体外框的”图线边缘，而 PADS Router 却是使用“创建布局边框的图线”的中心线进行布局外框的验证，这种定义方面的微小差别意味着：当你从 PADS Router 中回到 PADS Layout 时，可能需要重新进行元件间距验证。

（10）布局边框（Placement Outline）：在默认与最大层模式下，该项检查分别针对第 20 层与第 120 层中的布局边框。

（11）Latium 错误标记（Latium Error Markers）：该复选框用于检查设计中的 Latium 规则，详情见 11.8.8 小节。

2. 错误标记

当设计验证发现安全间距错误时，PADS Layout 将会在相应位置插入一个错误标记以协助你定位分析。安全间距验证时可能产生的错误标记如图 11.90 所示。值得一提的是，PADS Layout 与 PADS Router 对同一个错误可能会显示不同的标记。例如，PADS Layout 中的“钻孔到钻孔”错误会在 PADS Router 中显示为“制造”错误（见 11.8.7 小节），PADS Layout 中的“元件高度”错误会在 PADS Router 中显示为“组装”错误，反过来，PADS Router 中的“组装”错误在 PADS Layout 中会被转换为“禁止区域”错误。图 11.91 给出了一个检查实例。

图 11.90　安全间距检查可能出现的错误标记

3. 注意事项

请务必注意：**安全间距验证仅检查当前工作区域中显示的对象**。例如，当前 PCB 文件中存在两个重叠的直通过孔，理论上肯定会出现安全间距错误，但是如果该重叠位置并未出现在当前工作区域中，PADS Layout 将不会对其进行安全间距检查。再例如，虽然重叠的直通过孔位置处于当前工作区域，但是如果你将所有过孔对象隐藏，PADS Layout 同样不会对其进行安全间距检查。

为了保证所有对象的安全间距违规错误都能够被检查出来，你必须执行【查看】→【全局显示】，这会将整个 PCB 中的所有对象缩放到完全显示状态，如果你仅对板框内的对象感兴趣，也可以执行

【查看】→【板】(或快捷键“Home”),这会将整个板框显示在当前工作区域中。另外,你还必须在“显示颜色设置”对话框中将所有需要检查的对象的颜色打开(不能与背景色相同)。

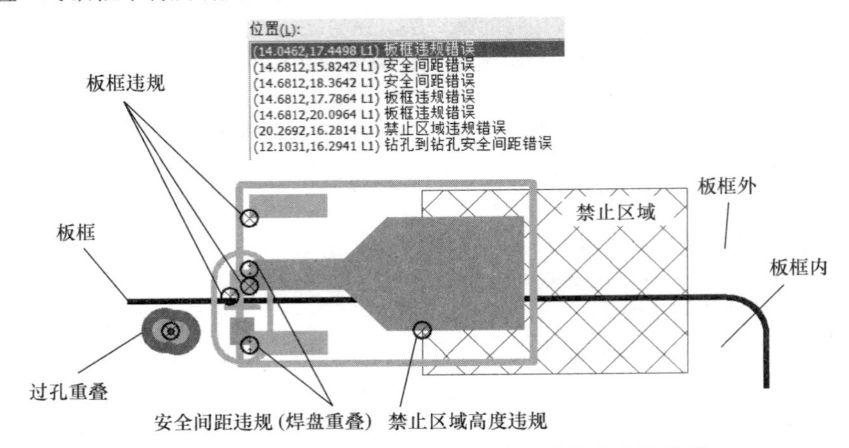

图 11.91 实际 PCB 文件在设计验证阶段查出的错误

11.8.2 连接性

网络连通是 PCB 设计最基本的要求,最终目的是将 PCB 文件中所有飞线替换为具有实际电气连接作用的铜箔对象,连接性(Connectivity)验证主要用于确认是否存在尚未布线的遗漏网络,包括焊盘钻孔尺寸比焊盘尺寸还要大的情况。

1. 连接性检查设置

连接性验证的设置比较简单,在“检查”组合框内选中“连接性”项,然后单击“设置”按钮即可弹出如图 11.92 所示“连接性检查设置”对话框。11.4 节中已经提过,缝合过孔通常是用来连接各板层平面的过孔,所以理论上缝合过孔通常会与静态或动态铜箔(覆铜平面)存在电气连接关系,如果添加的缝合过孔并未与任何铜箔连接,则称为独立缝合过孔(Isolated Stitching Vias)。假设 preview.pcb 文件中存在网络特性为 GND 但并未与其他任何铜箔连接的缝合过孔(与 CAM 平面网络相同,也就意味着与 CAM 平面板层有电气连接),你是否希望 PADS Layout 将其视为连接性错误呢?勾选“忽略独立缝合孔的 CAM 平面层连线(Ignore CAM Plane Connection for Isolated Stitching Vias)”复选框表示肯定的答复。

2. 错误标记

当进行设计验证操作后发现连接性错误时,PAD Layout 会在相应位置插入如图 11.93 所示错误标记,图 11.94 显示了对某 PCB 文件进行连接性检查后的结果。其中,子网(Subnet)与电路理论中“支路”概念不同,它表示网络中构成完整片段的管脚对弧岛(每个弧岛的设计规则相同)。如果某个网络中存在至少一个被分配不同规则(包括导线宽度差异)的管脚对,该网络将被自动划分为子网,如果两个具有相同规则的管脚对被另一个不同设计规则的管脚对分隔,这些管脚对将会被认为是单独的子网。举个简单的例子,同样是包含 3 个管脚对的网络,在图 11.95a 中存在 2 个子网,而在图 11.95b 中却存在 3 个子网。

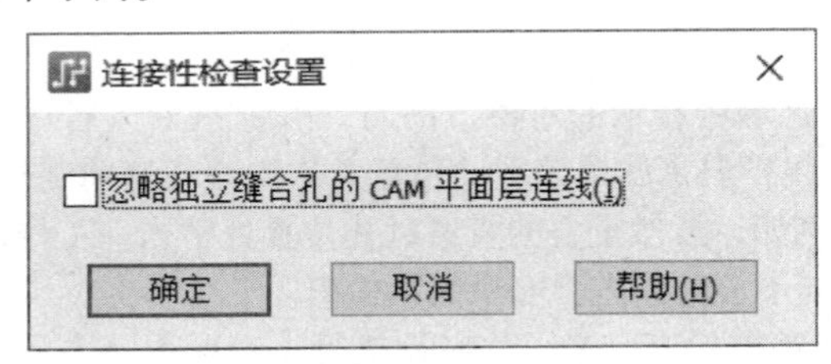

图 11.92 “连接性检查设置”对话框

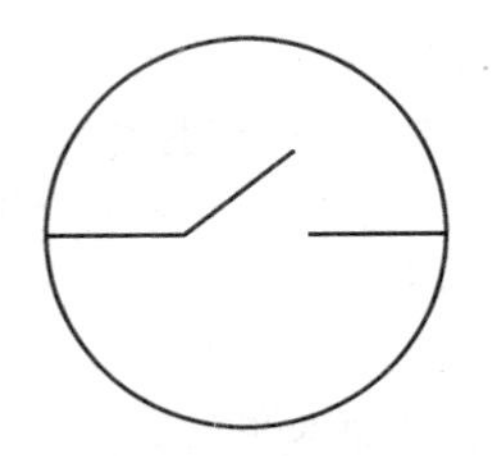

图 11.93 连接性错误标记

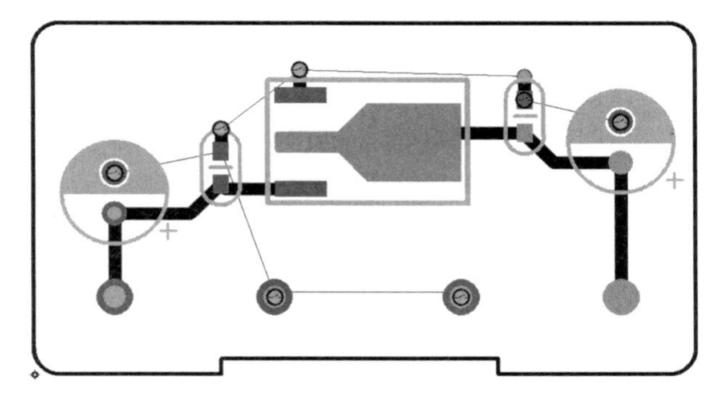

图 11.94　实际 PCB 中的检查出来的连接性错误

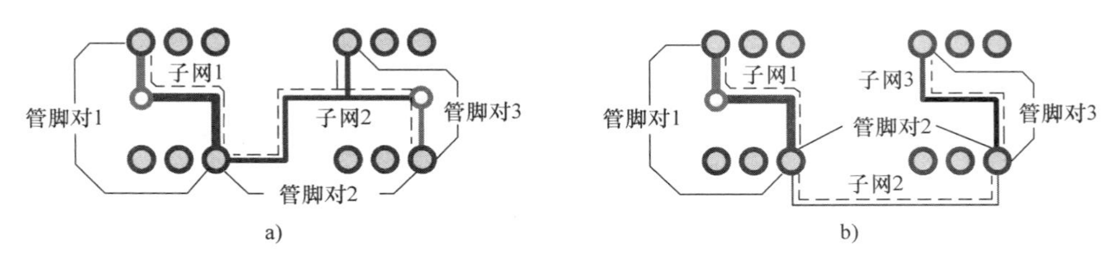

图 11.95　同一个网络中存在的子网

3. 隐蔽性子网错误

如果某个网络并未实际进行布线，进行连接性验证时当然会出现子网错误，但是，有些子网错误可能相对而言不容易观察出来，一些可能会导致隐蔽性子网错误的对象如下：

（1）未分配的网络。覆铜平面层通常都会被分配一个网络，而所有处于覆铜平面内，且与覆铜平面网络相同的过孔（或焊盘）通常会自动产生电气连接，但是如果你并未给覆铜平面分配网络，多个过孔（或焊盘）之间实际上并不存在电气连接，也就会出现连接性错误。

（2）非常小的飞线。有时候，明明所有网络都已经使用导线连通，但 PADS Layout 依然会报告子网错误，此时你可以考虑是否出现了一些非常小的飞线，这种情况通常出现在焊盘范围内（导线看似已经与焊盘连接，但并未与焊盘中心完全连通），你可以在“显示颜色设置”对话框中关闭所有层的颜色，然后将“连线（飞线）”配置为显眼的颜色后再查看即可。

（3）元件的非电镀管脚。如果某个插件元件的管脚在原理图中存在网络连接，但是对应 PCB 封装的焊盘却是非电镀类型，这样无论如何，你将无法使用导线将其正常连接，也就会出现子网错误。

（4）无平面热焊盘的焊盘或过孔。有时候可能会出现这种情况：元件管脚或过孔的网络明明与分配给覆铜平面的网络相同，而且也处于该覆铜平面范围内，但是管脚或过孔却总是与覆铜平面不存在任何连接，此时就会出现子网错误提示。如果进入管脚或过孔的特性对话框，你会发现其中都存在“平面层热焊盘”复选框（见图 11.26），如果其并未处于勾选状态，即便网络与覆铜平面相同，仍然不会存在真正的电气连接。

11.8.3　高速

该项验证也称为动态电性能验证（Electrodynamic Checking，EDC），主要用来检查特定网络或类是否满足高速规则，因为高速 PCB 上的导线会像传输线一样向相邻导体“传播”干扰，你可以在网络类、网络或管脚对管脚连接的基础上设置安全间距，然后使用高速验证来报告阻抗、延迟、导线长度、菊花链和并行布线等特性，因为这些问题可能会引发串扰，并在原型设计中产生代价高昂的问题，而你可以使用该项对整个 PCB 或特定网络进行检查。

1. 动态电性能验证

在“检查”组合框内选中“高速”项，然后单击“设置”按钮即可弹出如图 11.96 所示“动态电性能检查”对话框，任务列表中存在一个“默认”项，表示对整个 PCB 中的网络进行检查，你也可以添加感兴趣的网络或类进行检查，只需要单击“添加网络”或“添加类”按钮即可。对于任务列表中的每一项，你都可以设置需要检查的项目，包括电容、阻抗、平行、纵向平行导线、长度、延时、分支、回路。单击“规则”按钮能够直接进入“规则”对话框（见图 7.1），而“参数”按钮则可进入如图 11.97 所示“EDC 参数”对话框，从中可以根据自己的项目设置叠层相关参数，因为 EDC 检查的结果与其直接相关，你还可以设置感兴趣的报告内容。需要注意的是，在执行 EDC 之前，你必须在“层设置”对话框中指定平面层，对于 2 层板，可以暂时指定其中一个板层作为平面层。

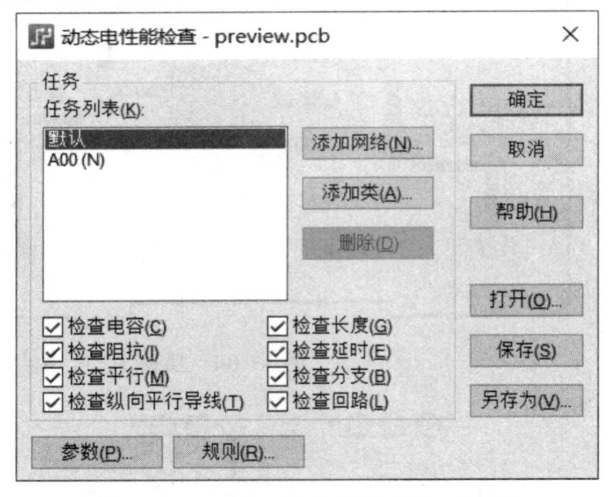

图 11.96 “动态电性能检查”对话框

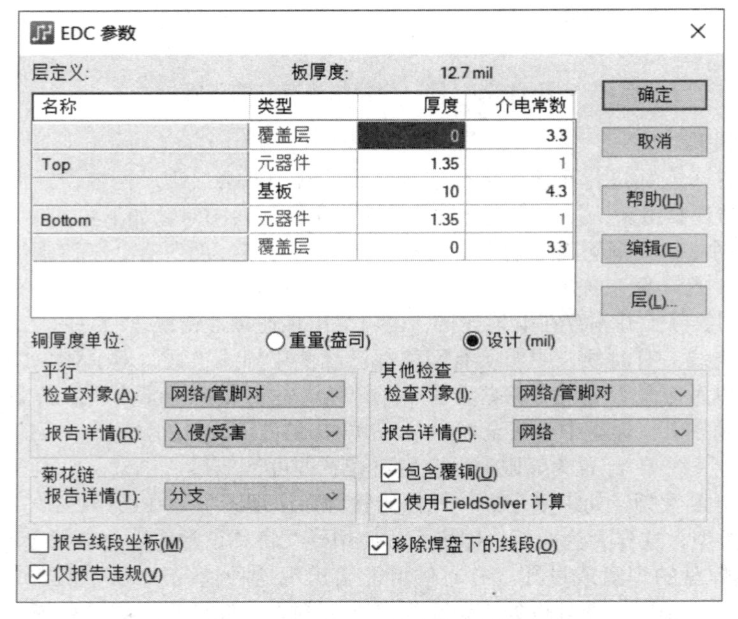

图 11.97 “EDC 参数”对话框

2. 错误标记

当设计验证发现高速违规错误时，PADS Layout 会在相应位置插入如图 11.98 所示错误标记，图 11.99 显示了一些在 preview.pcb 中发现的分支与回路违规。

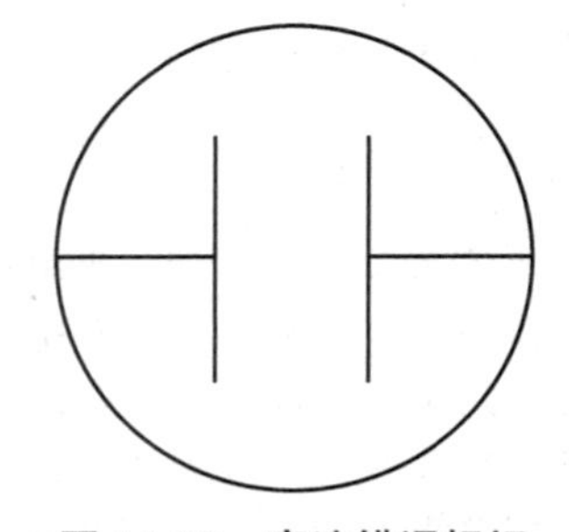

图 11.98 高速错误标记

11.8.4 最大过孔数

在图 7.10 所示“布线规则：默认规则”对话框中，你可以设置当前 PCB 文件中可以使用的最大过孔数（Maximum Via Count），该检查项用来确认实际使用的过孔数量是否超过该值。“最大过孔数”检查项并无更多的设置，如果实际使用的过孔数量超出设置值，PADS Layout 将插入图 11.100 所示错误标记。图 11.101 设置的最大过孔数为 20 个，而实际却使用了 42 个过孔。

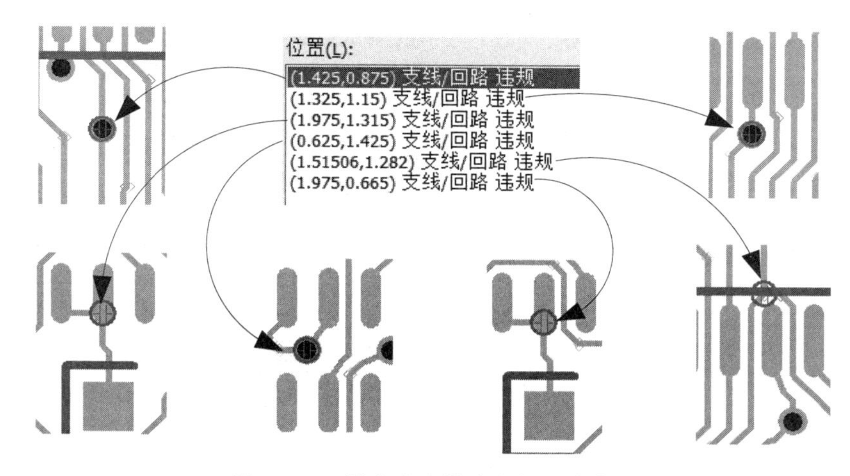

图 11.99　检查出来的分支与回路违规

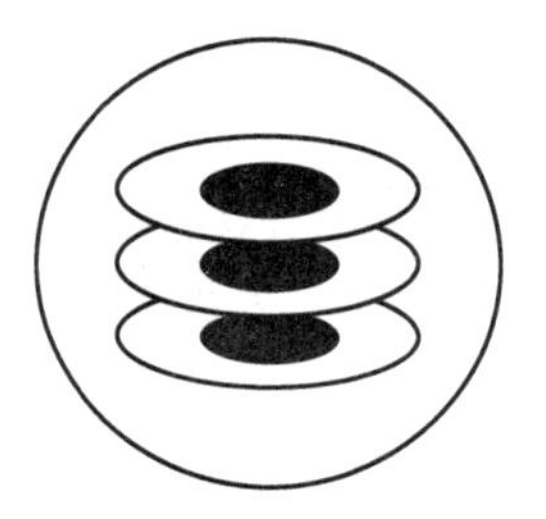

图 11.100　最大过孔数违规错误标记

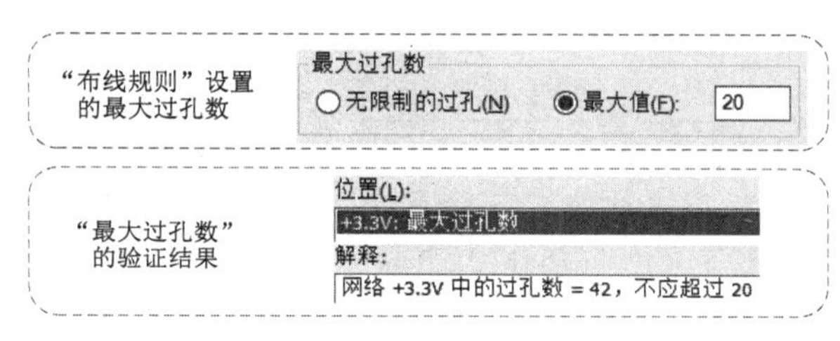

图 11.101　最大过孔数设置与验证结果

11.8.5　平面

该项验证严格来说也属于安全间距与连接性验证，只不过仅针对平面层。在“检查”组合框内选中“平面”项后，单击“设置”按钮即可弹出如图 11.102 所示“混合平面层设置”对话框，从中可以设置检查的类型。“仅检查热焊盘连接性”项表示检查设计中是否存在“分割 / 混合”或“CAM 平面”相关的热焊盘，用于查找未在特性对话框中勾选“平面层热焊盘”复选框的管脚或过孔，或查找不在覆铜平面区域内的管脚（热焊盘不会连接）。“仅检查安全间距和连接性”项则用于检查设计中是否存在“分割 / 混合”平面安全间距或网络连接错误，如果选中该项，你还可以勾选“同层连接性”复选框，以确保平面区域在“分割 / 混合”平面上连续，这样可以保证特定网络的平面区域必须彼此存在铜箔连接（而无需进入另一层）。举个例子，假设某设计中存在仅赋予一个网络的平面层，其由于过孔密集而被分割成为 2 个部分（该平面层呈断裂状态），这会不会造成连接性问题呢？如果你勾选“同层连接性”复选框，PADS Layout 认为是一个错误，即便在其他板层已经使用过孔与导线将这 2 个部分连接起来。值得一提的是，如果需要查看平面验证后出现的间距或连接性错误，必须返回到图 11.86 所示“验证设计”对话框中选择“安全间距”或“连接性”项。

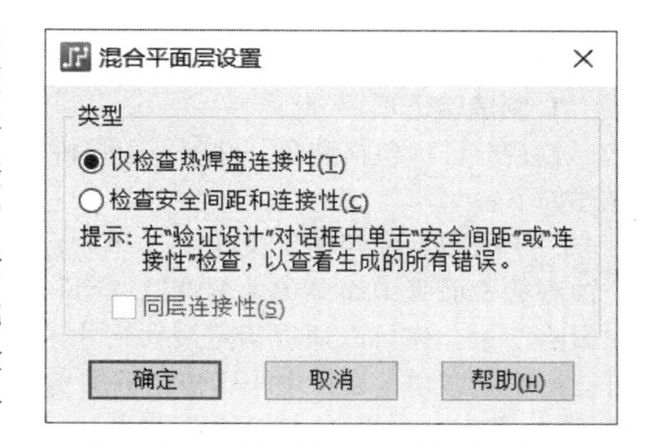

图 11.102　“混合平面层设置”对话框

11.8.6　测试点

该项会对整个设计执行测试点检查，包括探针间距、用于探测的最小通孔 / 焊盘尺寸、SMD 管脚探测、元件安装板层上元件管脚的测试点、每个网络的测试点数量、探针直径设置，并与“DFT 审计”对话框中设置的参数比较。该检查项不存在更多的设置，在“检查”组合框内选中“测试点”项后，单击“开始”按钮即可弹出如图 11.103 所示“PADS Router Monitor”对话框，完成检查后出现的所有测试点错误将出现在“验证设计”对话框中，其错误标记与连接性错误标记相同。图 11.104 所示为对 preview.pcb 进行测试点验证后的结果，以第一个测试点错误为例，DFT 设计要求对每个网络都可以进行测试，而设计中却并未给该网络添加测试点，如果你手动为该网络添加测试点后，相应的错误项将会消失（当然，你也可能会因此获得更多违规错误，因为测试点的添加还要考虑探针间距）。

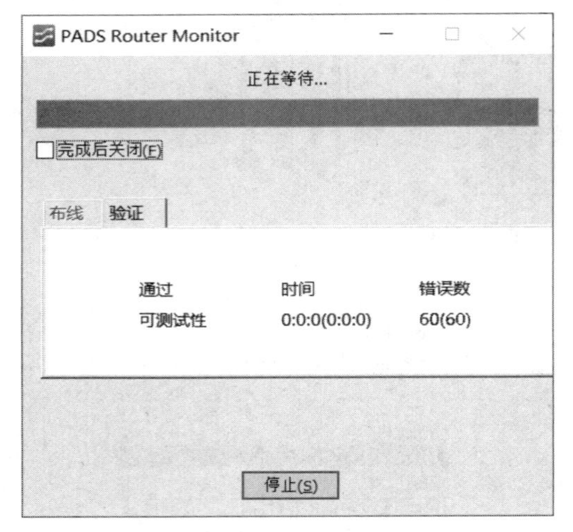

图 11.103 “PADS Router Monitor”对话框

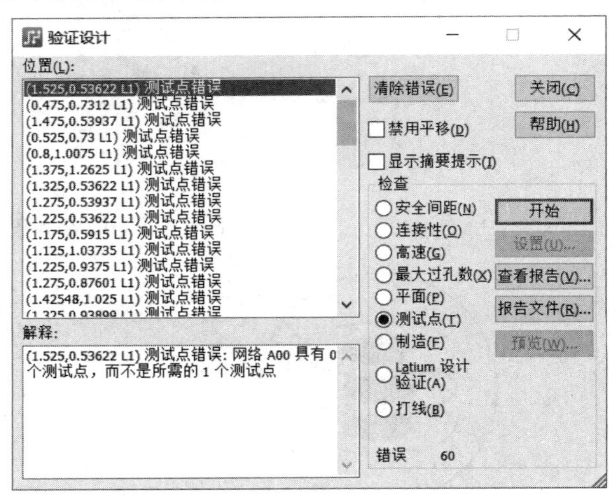

图 11.104 测试点验证结果

11.8.7 制造

你可以使用 PADS Layout 中的 CAM 文件，或者从第 3 方工具（CAM350）反向标注的错误执行面向制造设计（Design For Fabrication，DFF）检查。

1. 制造验证项目

制造验证项包括酸角、细丝、阻焊桥、残缺热焊盘、孔环、焊盘丝印、导线宽度 / 焊盘尺寸，简要描述如下：

（1）酸角：酸角的定义在 11.1 节中已经初步涉及，它在所有可见的电气层上都可能会存在，是由于蚀刻的表面张力而导致蚀刻液被“困”住的某个区域，这种被“困”住的蚀刻液会导致过度腐蚀从而影响产量。你可以通过指定最大尺寸（Maximum Size）与最大角度（Maximum Angle）标记设计中可能出现的酸角（设计中小于该值的酸角将会被标记），其定义如图 11.105 所示，其中，最大角度范围在 0°~89° 之间。

图 11.105 酸角的最大尺寸与最大角度

（2）细丝：细丝主要会出现在电气层与阻焊层。电气层中的铜箔细丝是由于宽度非常小（以致于可能会脱落）的铜箔区域，在 PCB 蚀刻工序前应该尽可能被消除，以避免出现制造缺陷，你可以通过指定最小覆铜（Minimum Copper）进行标记，如图 11.106a 所示。阻焊层中的细丝是由于宽度非常小（以致于可能会脱落）的阻焊区域，这些阻焊细丝脱落后四处飘浮，并且可能会掉落到本来需要焊接的区域，你可以通过指定最小膜面（Minimum Mask）值进行标记，如图 11.106b 所示（阻焊层为负片形式，两个焊盘过于靠近将会导致细丝）。

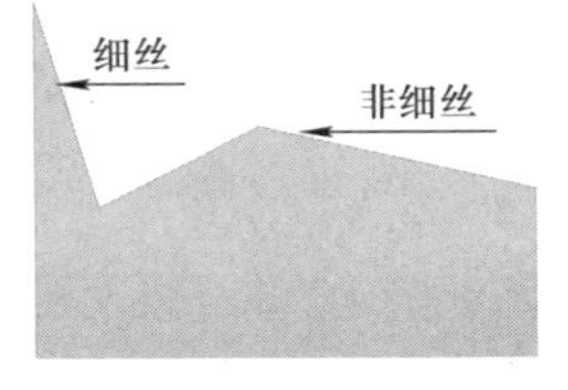

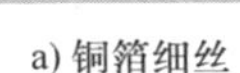
a) 铜箔细丝

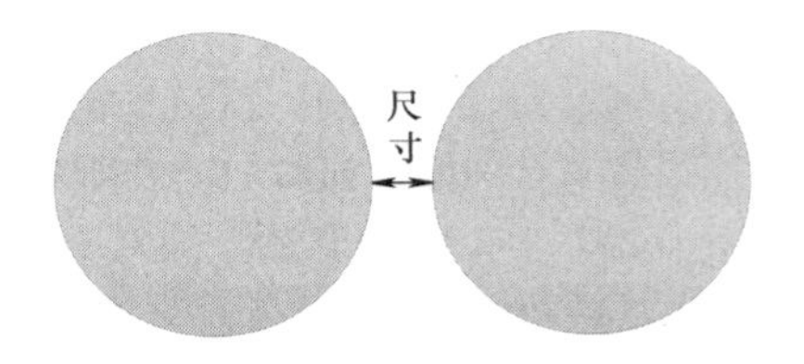

b) 膜面细丝

图 11.106　铜箔与膜面细丝

（3）阻焊桥：在阻焊层制造工序中，如果焊盘的阻焊层膜面的开口过大，与其相邻的电气对象（例如导线、铜箔、过孔等）可能也会处在膜面范围内，如果其与焊盘靠得太近，原本需要覆盖绿油的电气对象就会被错误“开窗”，在焊接时容易出现焊料短接现象。你可以通过指定最小间隙（Minimum Gap）标记焊料能够桥接并导致短路的最大距离（如果相邻电气对象与焊盘之间的距离大于此值，即便阻焊层将其暴露，也不会被识别为阻焊桥），如图 11.107 所示。

（4）残缺热焊盘：很多设计中的 CAM 平面（负片形式）都会饱受热焊盘问题的困扰，因为系统无法验证这些热焊盘是否能与铜箔平面形成良好的连接（而仅能判断是否连接）。残缺热焊盘会在所有可见的 CAM 平面层中被检查，以便验证每个热焊盘与 CAM 平面是否有效连接，你可以通过指定最小开口（Minimum Spoke）与最小安全间距（Minimum Clearance）进行标记，前者为不能被其他对象阻碍的开口数，任何不足的开口数都将被视为残缺（热焊盘开口数量的有效范围在 1~4 之间，如果你指定为 4，也就意味着所有开口都不能被阻碍），后者为热焊盘开口附近不能被其他对象阻碍的区域的百分比，任何间距较小的开口都被视为残缺。在图 11.108 中，由于钻孔与热焊盘太过靠近违反最小安全间距，从而导致左侧开口附近失去了与平面层的良好连接。

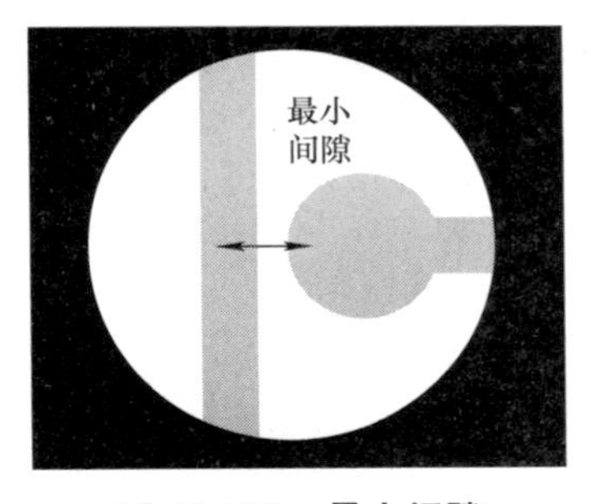

图 11.107　最小间隙

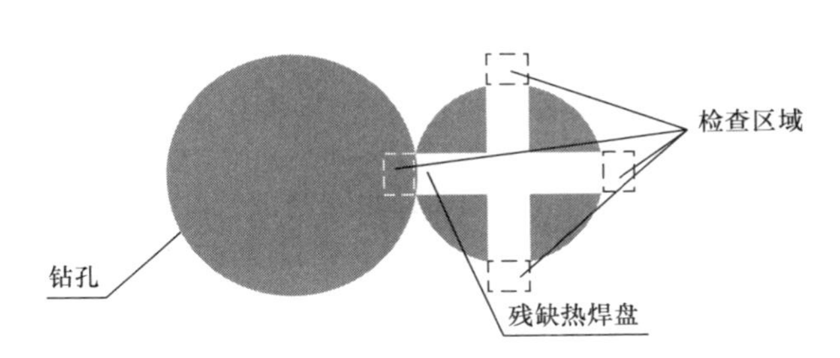

图 11.108　残缺热焊盘

（5）孔环：在 11.1.1 小节已经提过，厂商在进行钻孔工序时，通常会尽量将多块 PCB 堆叠起来一起进行加工以提高产量，但由此可能导致钻头在较远处会偏离理想的中心线。为了保证最终形成的孔环不致于太小，你可以提前对比不同层的数据以检查孔环的大小与偏移，可供选择的检查项包括焊盘、阻焊和钻孔，具体见表 11.3，值得一提的，分析孔环钻孔尺寸时不会考虑“选项”对话框中设置的“钻孔放大值”。

表 11.3　孔环检查类型

孔环检查类型	检　查
焊盘到膜面	（针对指定值）检查焊盘与其阻焊开口之间的安全间距，检查层对象为电气层（顶层与底层）及其对应的阻焊层
钻孔到膜面	（针对指定值）检查钻孔与其阻焊开口之间的安全间距，检查层对象为钻孔层（顶层与底层）及其对应的阻焊层
钻孔到焊盘	（针对指定值）检查钻头与其相关焊盘之间的安全间距（即焊盘尺寸与钻孔尺寸之差），检查层对象为所有存在的电气层

（6）焊盘丝印。一般来说，丝印不允许放置在焊盘上，该项检查允许你通过对比电气层（顶层与底层）及关联的丝印层数据设置安全间距，如图 11.109 所示。

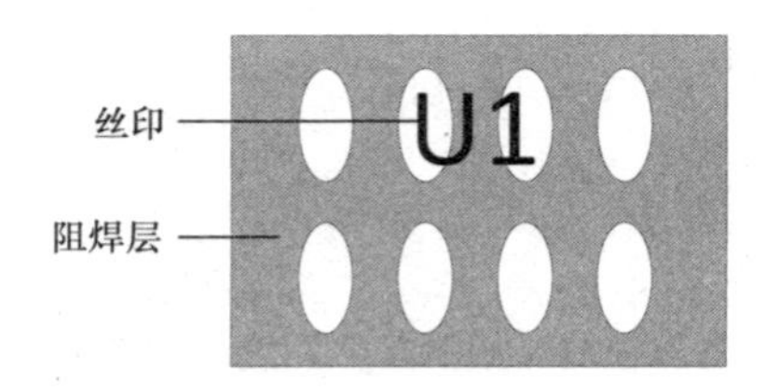

图 11.109　对比丝印层的数据

（7）导线宽度 / 焊盘尺寸：PCB 制造厂商都有其制造极限，其中包含的指标有很多，导线宽度与焊盘尺寸就是其中两个，宽度过小的导线或尺寸过小的焊盘将无法制作。你可以通过该项检查电气层上的小导线或焊盘，宽度小于指定最小值的导线或直径小于指定最小直径的焊盘都将会被标记。

2. 制造检查设置

想要设置前述的制造检查项，在“检查”组合框内选中“制造”项后，单击“设置”按钮即可弹出如图 11.110 所示“制造检查设置”对话框，选中“运行制造检查”单选框后，勾选想要进行验证的检查项即可。值得一提的是，由于残缺热焊盘仅针对 CAM 平面，所以“残缺热焊盘”复选框在未定义 CAM 平面层的 PCB 文件中无效。

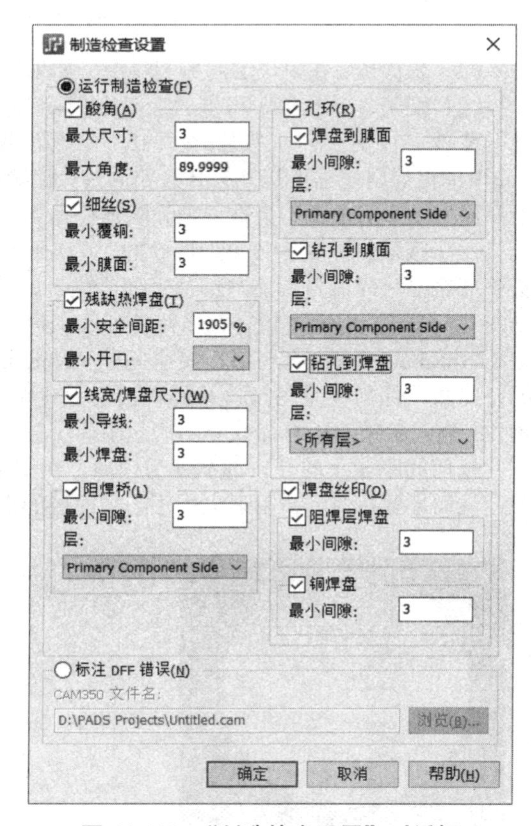

图 11.110　“制造检查设置”对话框

当然，如果你决定使用第 3 方 CAM 软件（CAM350）检查制造性错误，可以选中“标注 DFF 错误”单选框，并指定用于反标 DFF 错误的 CAM350（.cam）文件即可。值得一提的是，该 CAM350 文件最初也是由 PADS Layout 从原 PCB 文件中导出，你只需要执行【文件】→【导出】，在弹出的“文件导出”对话框中指定“保存类型”为“CAM350 文件（*cam）”，并设置保存文件名，如图 11.111 所示。再单击“保存”按钮后，即可弹出如图 11.112 所示“CAM350 Link”对话框，从中设置相应的选项再单击“确定”按钮即可。当你在 CAM350 中对该文件进行制造检查之后，就可以在图 11.110 所示对话框中指定该文件（将 DFF 错误反标到 PADS Layout 中），此处不再赘述。

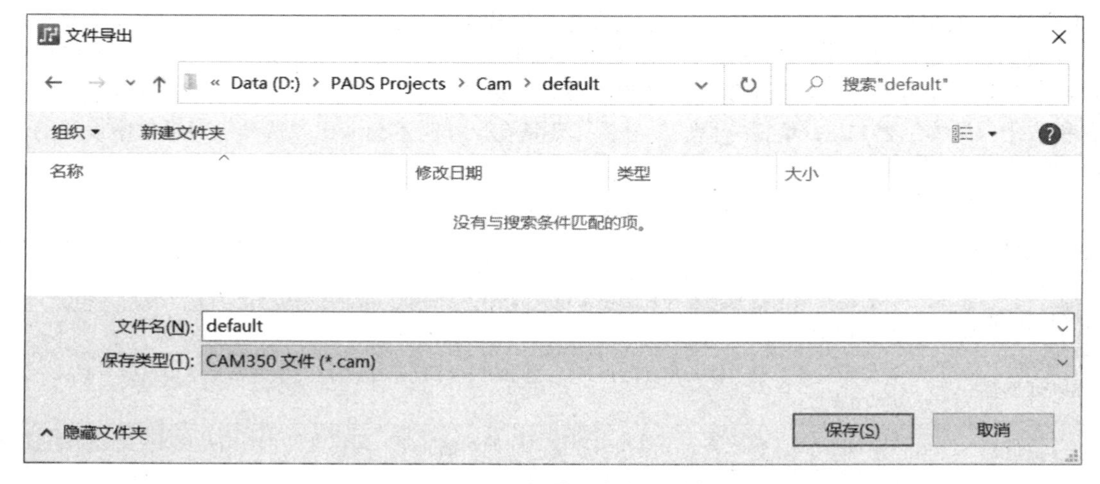

图 11.111　“文件导出”对话框

3. 错误标记

当设计验证过程中发现 DFF 错误时，PADS Layout 会在相应位置插入如图 11.113 所示错误标记，图 11.114 显示了在 preview.pcb 中发现的 DFF 错误。

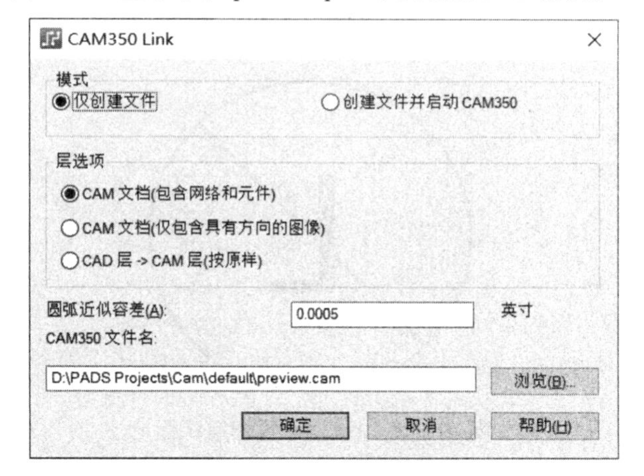

图 11.112　“CAM350 Link”对话框

图 11.113　制造错误标记

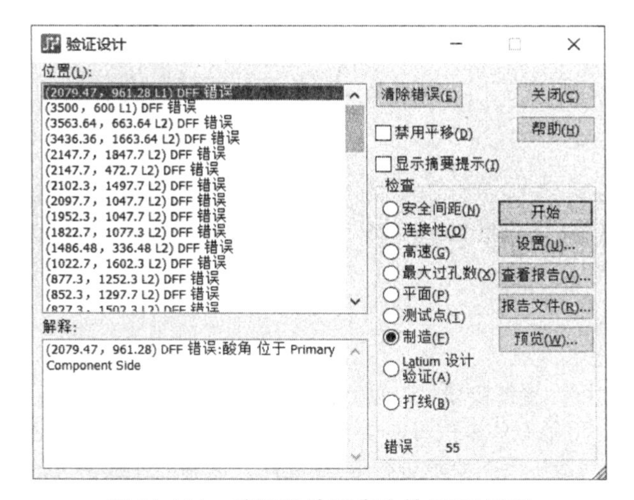

图 11.114　验证设计时产生的 DFF 错误

11.8.8　Latium

有些设计规则可以在 PADS Layout 中定义，但却仅能在 PADS Router 中使用，包括调整 / 差分对、扇出、焊盘入口规则。该项可以检查 PADS Router 中的高级功能，包括元器件安全间距规则、元器件布线规则、差分对规则以及 SMD 上过孔规则，在“检查”组合框内选中“Latium 设计验证”项后，单击“设置”按钮即可弹出如图 11.115 所示“Latium 检查设置”对话框，从中勾选需要检查的项即可，此处不再赘述。当设计验证发现 DFF 错误时时，PADS Layout 会在相应位置插入如图 11.116 所示错误标记以协助定位分析。

11.8.9　打线

打线（Wire Bonds）主要用于 BGA 模式下的模具元件创建环境（模具元件的创建详情见 12.1 节），该项用于检查打线方面的数据是否符合要求，在“检查”组合框内选中“打线”项后，单击“设置”按钮即可弹出如图 11.117 所示“打线检查设置”对话框，从中勾选需要检查的项即可。当在设计验证过程中发现打线违规则错误时，PADS Layout 会在相应位置插入如图 11.118 所示错误标记以协助定位分析。

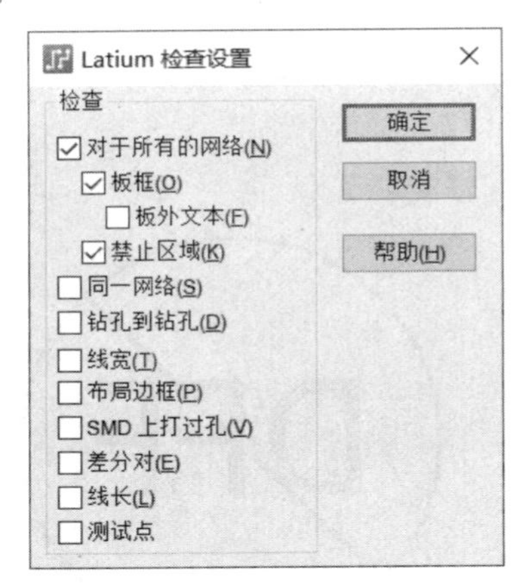

图 11.115 “Latium 检查设置”对话框

图 11.116 Latium 检查错误标记

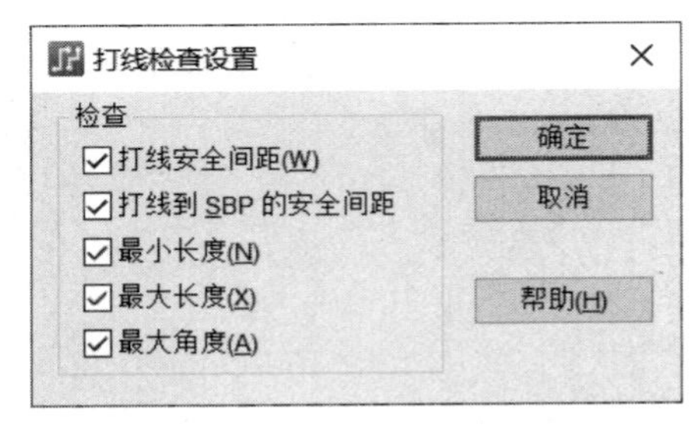

图 11.117 “打线检查设置”对话框

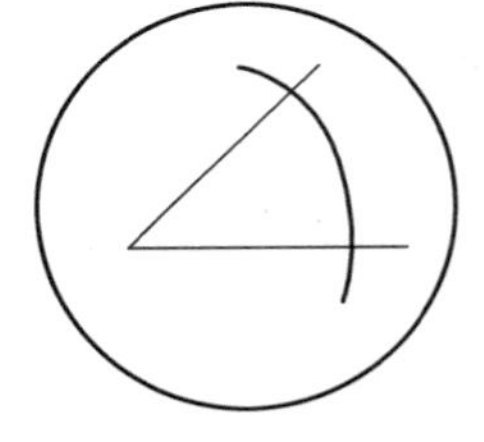

a) 最大角度错误标记

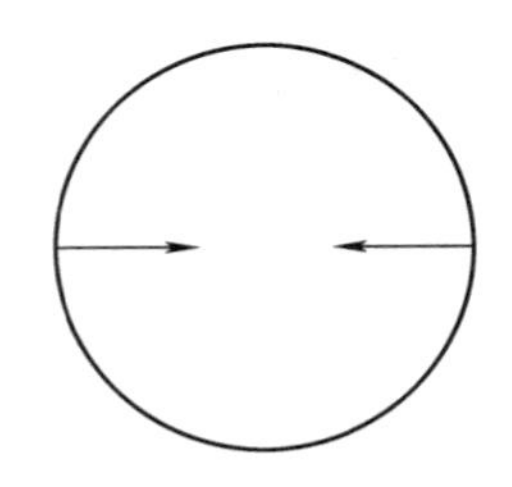

b) 最小或最大长度错误标记

图 11.118 打线检查错误标记

11.9 CAM 文档

当你设计的 PCB 经过设计验证阶段后，就可以将其发送给 PCB 制造厂商进行生产，完整的 PCB 设计流程算是告一段落了，但是有些单位可能会有一些特殊的保密要求，不希望直接将 PCB 文件外发，而且如果你并未按照 PCB 制造厂商的要求进行 PCB 设计，可能会导致制造的 PCB 不符合要求（例如，你创建一个图形放到顶层，本意是在 PCB 生成相应的丝印，制造商却认为你想将其作为铜箔）。如果你想准确表示自己的 PCB 设计意图，又想获得一定的保密性，可以从 PCB 原文件中导出生产文件（再发送给制造商），这些文件中仅包含一些描述 PCB 文件的指令或文字，PADS 将其统称为 CAM 文档。

11.9.1 Gerber 文件

要提到 CAM 文档，Gerber 文件肯定无法绕开，它与 ASCII 文件一样是一种文件格式，其中包含了光电绘图仪（Photo Plotter，简称“光绘仪”）创建 PCB 布线图（例如，在菲林上）的图形数据，所以也称为光绘文件。当然，不同 PCB 设计软件导出的 Gerber 文件的扩展名可能并不相同（例如，Protel/DXP 可以是 .gtl,.gbl,.gbo 等等，而 PADS Layout 则以 .pho 为主），但它们通常都会遵从一定的格式，比较常见的是 RS-274-D（早期格式）与 RS-274-X（目前最常用的扩展 Gerber 格式）

光绘仪又是如何在菲林上创建 PCB 布线图呢？那就要涉及另一个重要概念：光圈（Aperture）！光圈的尺寸与形状决定了绘制的图形，当快门（一个控制进光量的闸门）依次打开与关闭时，光线透过光圈就能够将光圈的影像曝光在菲林上，该操作也称为闪绘（Flash）。当然，如果在快门打开的同时也移动光圈，也就能够在菲林上曝光出连续的线段图形，该操作也称为绘制（Draw）。图 11.119 所示导线能够分解为几个步骤来实现，首先选择直径为 70mil 的光圈，然后分别定位到坐标（2550，1250）与

（1100，1000）各进行一次闪绘操作，接下来选择直径为 30mil 的光圈，分别在坐标为（1100，1000）与（1350，1250）以及坐标为（1350，1250）与（2550，1250）之间进行绘制操作即可。

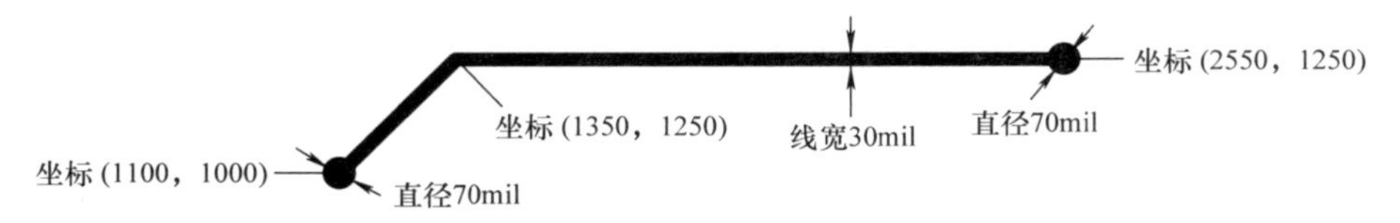

图 11.119　导线示例

Gerber 文件中使用 D 码代表光圈号以及控制功能（其他还有 N 码、G 码、M 码等）。例如，D01 表示打开快门时移动，D02 表示关闭快门时移动，D03 表示闪绘操作，从 D10 开始（最大通常为 D999）的 D 码与光圈号对应（非控制命令）。对于图 11.119 所示导线示例，Gerber 文件的内容如图 11.120 所示。首先选择 D12（70mil 圆形）对应的光圈，然后分别移动到坐标（2550，1250）与（1100，1000）进行闪绘（D03）操作，然后更改 D13（30mil 圆形）对应的光圈，从坐标（1100，1000）开始依次经（1350，1250）、（2550，1250）进行线段绘制操作，如果某个坐标保持不变（例如，水平或垂直移动），只需要给出变化的那个坐标即可（M02 表示文件结束）。

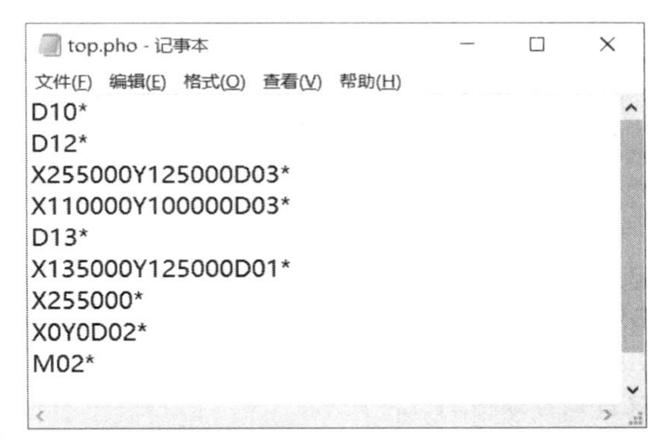

图 11.120　Gerber 文件内容

你可能会问：为什么 D12、D13 分别表示直径为 70mil、30mil 的光圈呢？对于所有的 Gerber 文件都是这样吗？并不是！D 码与光圈号的对应关系通常由系统自动生成的（当然，你也可以手动添加、删除或修改），在图 11.121 所示“光绘图机设置”对话框中，左侧“D 码”列表是根据当前 PCB 文件自动生成的 D 码（越复杂的 PCB 文件产生的 D 码会越多，因为需要的不同尺寸或形状的光圈也越多），表示光绘图机要完成当前绘图操作需要的 D 码类型。当你从列表中选择某一项 D 码后，“形状”组合框中会显示该 D 码对应的光圈参数，“Flash”项表示当前可以使用的光圈形状只有 7 种。很明显，D12 对应的形状为圆形，其宽度（直径）为 70mil。这些定义会通过扩展名为 .rep 的文件给出，图 11.120 使用 D 码定义如图 11.122 所示。当 PCB 设计文件被修改后，新的对象很有可能需要新的光圈类型，处于勾选状态的“动态增大（Augment on-the-fly）”复选框表示自动将相应的 D 码添加到“D 码”列表。未勾选该复选框可能会导致所需 D 码缺失的现象，后续生成的 CAM 文档也将不完整，“重新生成（Regenerate）”按钮则可以用来手工清除“D 码”列表，并重新将当前 PCB 文件中所有需要的 D 码自动添加到“D 码”列表。

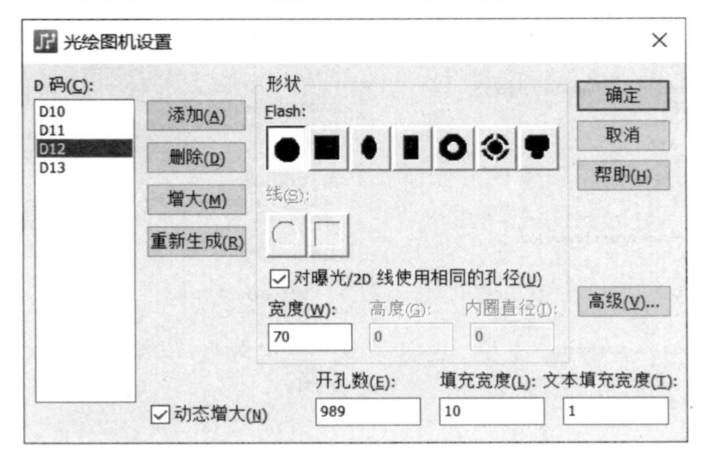

图 11.121　“光绘图机设置”对话框

单击图 11.121 所示对话框中的“高级”按钮，即可弹出如图 11.123 所示“光绘图机高级设置”对话框，从中可以控制 Gerber 文件的具体格式。“单位”项用来设置 Gerber 文件中的测量单位（“英语”表示 mil，“公制”表示 mm），“数字个数”组合框是为了约定前导零与后导零的个数，即整数位与小数位的个数（此例为 3.5 格式），其与“消零”组合框共同决定如何解释数字。例如，采用 3.5 格式记录的数字“02500000”表示 25.00，如果消除前导零，记录的数字则为“250000”。“坐标”组合框用于设置光绘图机使用的模式，以便正确地解释 Gerber 文件中的坐标。“输出格式”组合框中可选的格式为 RS-274-D 或 RS-274X，图 11.120 为 RS-274-D 格式的 Gerber 文件内容，RS-274-X 格式的 Gerber 文件内容如图 11.124 所示。

RS-274-X 格式增强了多边形填充处理、正负图层复合、自定义码等功能，相应 Gerber 文件前面部分给出了模式设置参数，“G04”为注释命令，“%IN“gerber_demo.pcb”*%”表示设计的名称，“%MOIN*%”表示模式单位为英寸（“MOMM”表示毫米），“%FSLAX35Y35*%”表示消除前导零（Leading，L）、使用绝对坐标（Absolute，A）、

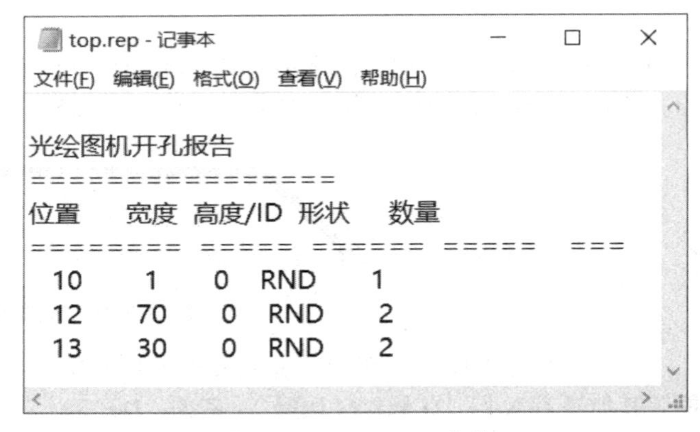

```
top.rep - 记事本
文件(F) 编辑(E) 格式(O) 查看(V) 帮助(H)

光绘图机开孔报告
=================
位置    宽度  高度/ID  形状    数量
======== ===== ====== =====  ===
 10      1      0   RND      1
 12     70      0   RND      2
 13     30      0   RND      2
```

图 11.122　top.rep 文件

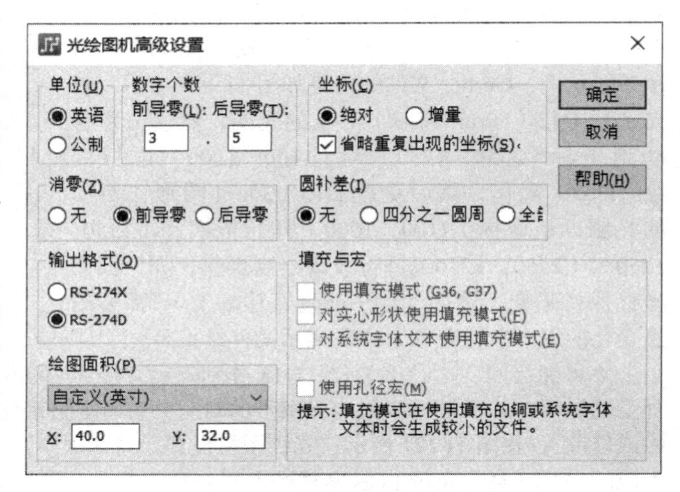

图 11.123　“光绘图机高级设置”对话框

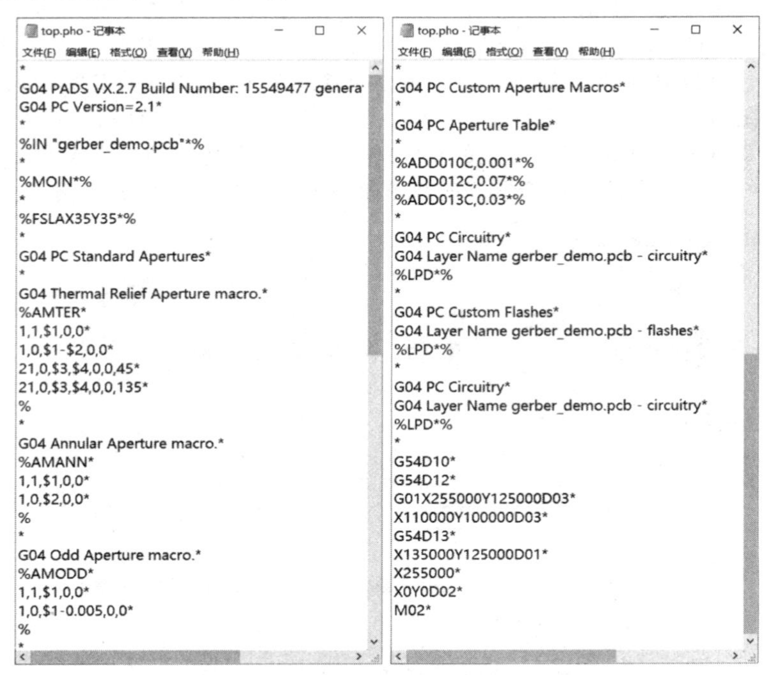

```
top.pho - 记事本
文件(F) 编辑(E) 格式(O) 查看(V) 帮助(H)
*
G04 PADS VX.2.7 Build Number: 15549477 genera
G04 PC Version=2.1*
*
%IN "gerber_demo.pcb"*%
*
%MOIN*%
*
%FSLAX35Y35*%
*
G04 PC Standard Apertures*
*
G04 Thermal Relief Aperture macro.*
%AMTER*
1,1,$1,0,0*
1,0,$1-$2,0,0*
21,0,$3,$4,0,0,45*
21,0,$3,$4,0,0,135*
%
*
G04 Annular Aperture macro.*
%AMANN*
1,1,$1,0,0*
1,0,$2,0,0*
%
*
G04 Odd Aperture macro.*
%AMODD*
1,1,$1,0,0*
1,0,$1-0.005,0,0*
%
*
```

```
top.pho - 记事本
文件(F) 编辑(E) 格式(O) 查看(V) 帮助(H)
*
G04 PC Custom Aperture Macros*
*
G04 PC Aperture Table*
*
%ADD010C,0.001*%
%ADD012C,0.07*%
%ADD013C,0.03*%
*
G04 PC Circuitry*
G04 Layer Name gerber_demo.pcb - circuitry*
%LPD*%
*
G04 PC Custom Flashes*
G04 Layer Name gerber_demo.pcb - flashes*
%LPD*%
*
G04 PC Circuitry*
G04 Layer Name gerber_demo.pcb - circuitry*
%LPD*%
*
G54D10*
G54D12*
G01X255000Y125000D03*
X110000Y100000D03*
G54D13*
X135000Y125000D01*
X255000*
X0Y0D02*
M02*
```

图 11.124　RS-274-X 格式的 Gerber 文件

X 与 Y 坐标都使用 3.5 格式（X 与 Y 可使用不同的分辨率）。接下来使用光圈宏（Aperture Macro，AM）字段定义了一些标准光圈，再使用光圈描述（Aperture Description，AD）字段自定义一些光圈，相关信息包含在符号“%”之间，第一个符号“%”后面就是光圈名，每个光圈宏定义语句以块结束符（End of Block，EOB）星号“*”分隔，你只需要了解一下即可。例如，“%ADD012C，0.07*%”表示定义 D12 码的圆（“C”表示圆，“R”表示“矩形”，“O”表示椭圆，“P”表示正方形），其直径为 70mil。最后那部分则与图 11.120 所示 RS-274-D 格式的数据对应。很明显，RS-274-X 格式 Gerber 文件中包含了光圈的定义，而 RS-274-D 格式 Gerber 文件中仅包含了 D 码。

11.9.2　CAM 文档类型

CAM 文档有哪些类型呢？需要给 PCB 制造商发送哪些文档呢？PCBA 组装厂又需要哪些文档呢？PCBA 制造商只需要生产 PCB 所需要的生产文件，从 PCB 生产流程来看，需要的生产文件如下：

（1）电气层光绘文件：电气层包括 PADS Layout 定义的无平面（布线）、混合 / 分割以及 CAM 平面板层。简单地说，几层板 PCB 就需要几份电气层光绘文件，PCB 制造商需要它们来制作菲林。

（2）数控钻孔（NC Drill）文件：PCB 进行压合之后需要进行钻孔工序，那需要哪些钻头呢？这些钻头需要在哪些位置钻孔呢？数控钻孔文件主要包含了钻头大小及相应的钻孔坐标数据，数控钻床需要该文件完成 PCB 钻孔工序。对于仅使用通孔的 PCB 板而言，只需要一份数控钻孔文件即可，而对于使用盲埋孔的 PCB，每一个钻孔对都对应一份数控钻孔文件。

（3）钻孔绘图（Drill Drawing）文件：该文件也称为分孔图，其中使用不同的符号表示不同的钻孔（PADS Layout 会自动添加钻孔数据表），主要用于生产人员核对数控钻孔。

（4）阻焊层（Solder Mask）光绘文件：该文件决定 PCB 上需要覆盖绿油的区域，PCB 制造商需要该文件制作菲林。通常情况下，除所有焊盘（包括插件与贴片）外的区域都需要覆盖绿油。但是需要注意的是，阻焊层光绘文件是负片形式，你在菲林上看到的恰好是那些不需要覆盖绿油的对象，其数量最多为 2（顶层与底层各对应一份文件）。

（5）丝印层（Silkscreen）文件：PCB 上需要印刷的丝印由该文件提供，数量最多为 2（顶层与底层各对应一份文件）。

如果 PCB 制造完成后交由 PCBA 组装厂进行元件装配，也需要一些文件来辅助进行生产，简单描述如下：

（1）助焊层（Paste Mask）文件：助焊层俗称“钢网层”，相应的文件并不用于 PCB 制造，主要针对表面贴元器件（SMD）贴片所用，钢网上的孔对应着 PCB 上 SMD 焊盘，数量最多为 2（顶层与底层各对应一份文件）。

（2）装配层（Assembly）文件：主要用于装配焊接时的元件定位，用于指明元件在 PCB 中布局的位置，你可以将元件外框、参考编号以及元件值等信息加入进去。当然，PCBA 制造商也可以直接使用（包含元件外框与参考编号的）丝印层，然后结合物料清单（Bill of Material，BOM）确定每个元件的具体信息。

（3）坐标（Coordinate）文件：该文件主要用于自动贴片机使用，其中包含每个元件的参考编号与相应的坐标等信息。

11.9.3　定义 CAM 文档

想要生成 PCB 制造商需要的 CAM 文件，首先需要定义每个 CAM 文件需要输出哪些对象，PCB 原文件中的所有对象都可以由你自由决定是否需要输出。例如，当你定义顶层布线层的 CAM 文件时，一般情况下，文本与 2D 线对象并不需要输出，但是如果你有特殊的需求，也完全可以将其输出。换言之，CAM 文件的正确性由你自己决定，PCB 制造商只会以你所发送的 CAM 文件为依据进行 PCB 制造。

执行【文件】→【CAM】即可弹出如图 11.125 所示“定义 CAM 文档”对话框，从中可以定义需要的 CAM 文件。已经定义的 CAM 文档将会出现在“文档名称”列表中（默认是空的），当你从该列表中选中需要生成的 CAM 文档后，单击“运行”按钮即可生成相应的 CAM 文件，“CAM 目录”项可以指定生成 CAM 文件的保存路径，默认的“default”表示指定的工作路径（此例为 D:\PADS Projects\Cam\default），图 11.126 为相应路径下生成的 CAM 文件，其中包括光绘文件（.pho）、D 码定义文件（.rep）、钻孔文件（.drl）、钻孔坐标文件（.lst），本节详细介绍如何定义这些 CAM 文档。

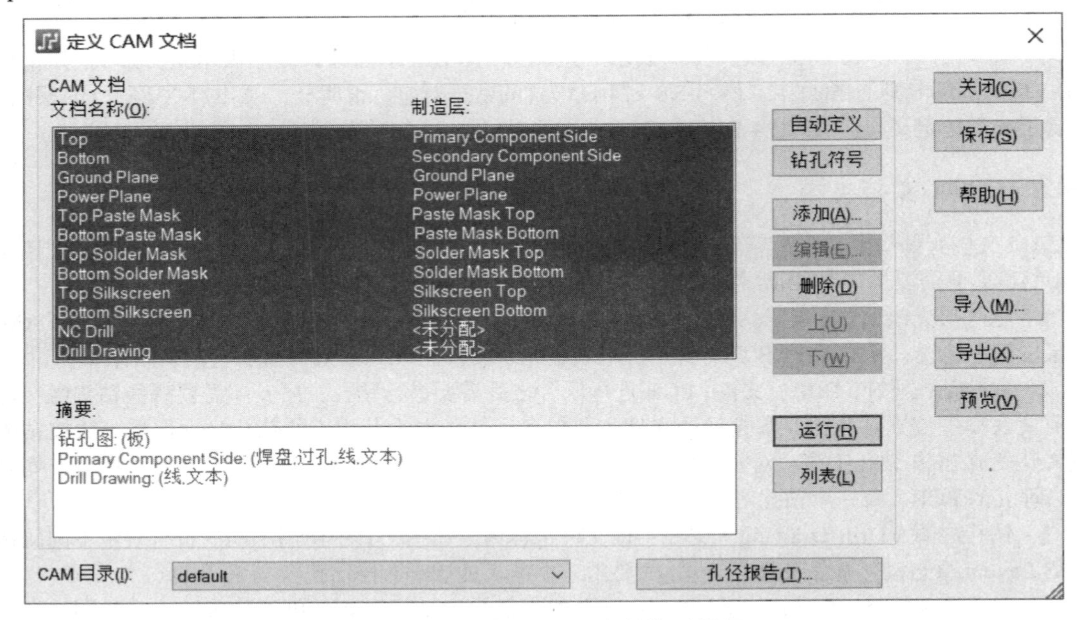

图 11.125 “定义 CAM 文档”对话框

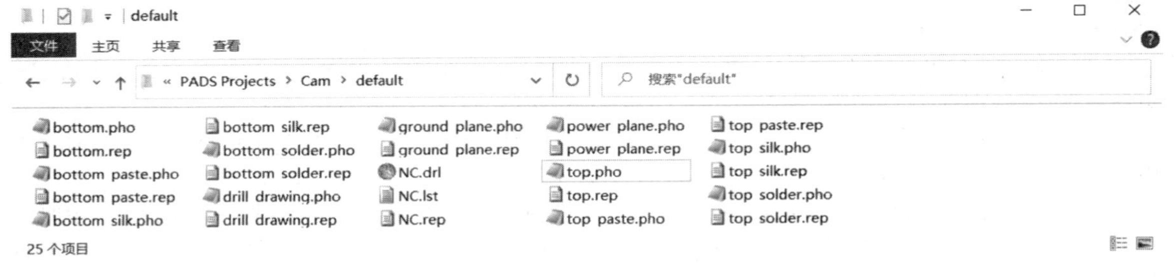

图 11.126 工作路径下的 CAM 文件

1. 布线层 CAM 文档

本节以顶层布线层为例详细阐述相应 CAM 文档的定义过程，相应的步骤如下：

（1）添加文档：单击图 11.125 所示“添加”按钮，即可弹出如图 11.127 所示“添加文档”对话框，从中可以初步定义 CAM 文档的名称、类型、输出文件与制造层。“文档名称”表示给当前文档取的名称，该名称会显示在图 11.125 所示“文档名称”列（此处为“Top”）。每一个 CAM 文档都会对应一个类型，PADS Layout 将其分为 10 类，你可以从“文档类型”列表中选择，具体见表 11.4。其中，“验证照片”类型用于检查 PADS Layout 生成的 RS-274-X 格式光绘文件，而“自定义”类型与其他文档类型惟一不同的是，后者是系统已经给该类型设置的一些输出层或层对象，而前者未做任何设置。换言之，其他文档类型都可以使用“自定义类型”方式定义，只不过你需要多花些时间而已。

顶层布线属于“布线 / 分割平面”，从“文档类型”列表内选中该项后即可弹出如图 11.128 所示“层关联性”对话框，从中选中“Primary Component Side”项即可。“输出文件”项表示最终生产的 CAM 文件的名称，其会根据文档类型进行命名（默认为“art001.pho”），你可以保持默认，也可以进行更改（此处为“top.pho”）。“制造层”仅在使用“CAM350 Link”对话框转换为 CAM350 文件时才有用，保持默认即可。“摘要”文本框中显示了当前 CAM 文档的选项。

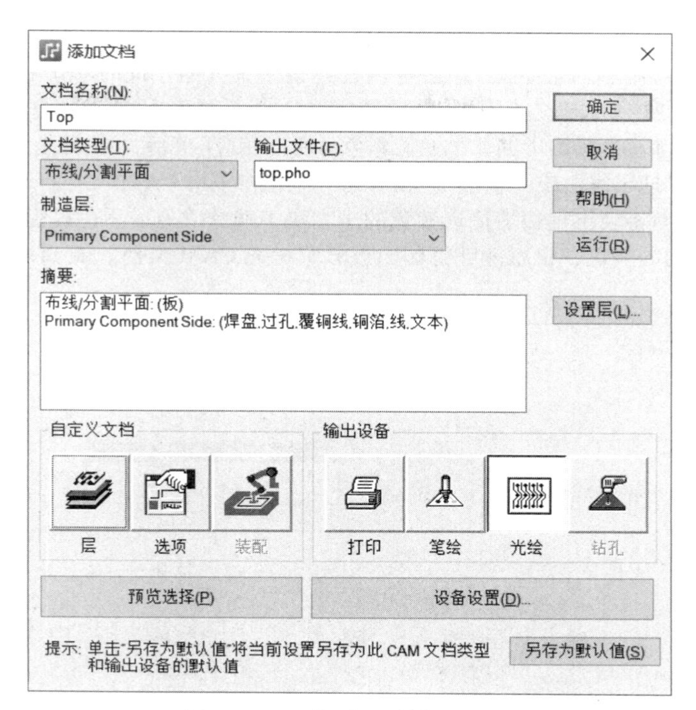

图 11.127　“添加文档”对话框

表 11.4　CAM 文档类型

文档类型	描　述
自定义（Custom）	用户自定义 CAM 输出类型
CAM 平面（CAM Plane）	适用于定义为 CAM 平面的板层（负片）
布线 / 分割平面（Routin / Split Plane）	适用于定义为走线或分割 / 平面层的板层（正片）
丝印（Silkscreen）	丝印层，最多只有 2 层（即顶层与底层）
助焊层（Paste Mask）	助焊层，最多只有 2 层（即顶层与底层，仅用于贴片元件）
阻焊层（Solder Mask）	阻焊层，最多只有 2 层（即顶层与底层，也是负片）
装配（Assembly）	装配绘图文档，通常总会包含元件外框（可能在顶层、丝印层或第 20 层）
钻孔图（Drill Drawing）	包含钻孔位置的文件（钻孔表会自动添加）
数控钻孔（NC Drill）	包含钻孔位置与坐标信息，为 PCB 制作必需文件 （盲埋孔的每个钻孔对都有相应的文件）
验证照片（Verify Photo）	检查 PADS Layout 生成的 RS-274-X 格式光绘文件

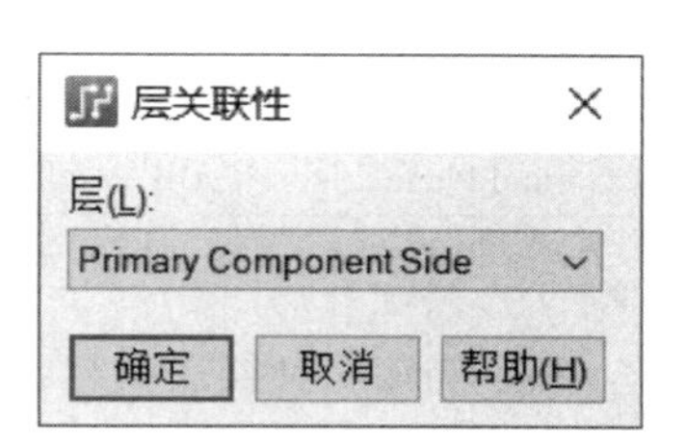

图 11.128　“层关联性”对话框

（2）自定义层文档：当你已经确定“文档类型”后，系统默认会将该层的某些对象作为该层 CAM 文档输出。例如，图 11.127 所示对话框中的“摘要”文本框内就显示：放在顶层的焊盘、过孔、覆铜线、铜箔、线、文本将作为 CAM 文档输出（相当于一个模板）。但是默认的设置可能并不满足你的需求（例如，你不想将默认选中的“文本”与“线”对象添加到顶层布线的 CAM 文档），此时单击“自定义文档”组合框中的“层”按钮即可弹出如图 11.129 所示“选择项目”对话框，从中可以自由定义需要输出的项目。左侧“可用”列表中包含当前 PCB 文件中所有使用的板层，如果你想要输出的对象在某层中，先将其添加到右侧“已选定”列表中，然后在“主元件面上的项目”组合框中勾选相应的对象即可。

对于“已选定”列表中的每一层，你可以设置不同的输出项目。每个勾选的项目右侧都有一个颜色方块，由于图 11.127 中“输出设备”组合框内已经设置为光绘（此时单击右下方“设备设置”按钮，即可弹出如图 11.121 所示“光绘图机设置”对话框，默认的 D 码列表为空，只有在生成 CAM 文档后才会出现相应的 D 码），其输出的菲林并无彩色，所以相应的颜色方块都是黑色。如果你在“输出设备”组合框内选中“打印机”或“笔绘”，表示你可能想将该层 CAM 文档打印出来，此时在左下角“选定的颜色”组合框中将会出现很多待选颜色的小方块（就像“显示颜色设置”对话框一样），你可以给每个项目分配不同的颜色，也就能够打印出五彩缤纷的 CAM 文档。表 11.5 给出了其他电气层的项目配置。

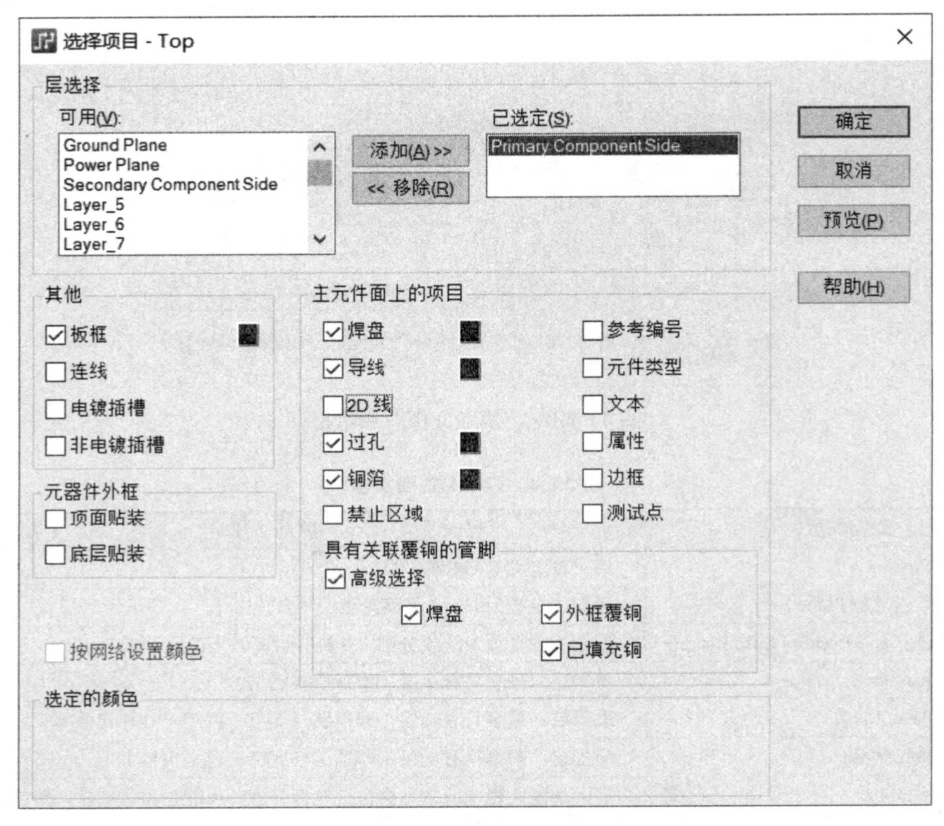

图 11.129 “选择项目”对话框

表 11.5 所有电气层的项目配置

文档名称	文档类型	输出文件名	其他	主元件面上的项目
Top	布线 / 分割平面	top.pho	板框	焊盘、导线、过孔、铜箔、高级选择（所有）
Bottom	布线 / 分割平面	bottom.pho		
Ground Plane	CAM 平面	ground_plane.pho		
Power Plane	布线 / 分割平面	power_plane.pho		

（3）自定义文档选项：对于不同的输出设备，你还可以定义绘图选项，只需要单击图 11.127 所示“添加文档”对话框内“自定义文档”组合框中的“选项”按钮，即可弹出如图 11.130 所示“绘图选项”对话框（不同输出设备对应的绘图选项对话框相同，只不过有些选项仅对特定的输出设备才有效），其中的选项与普通打印参数相似，你可以自行摸索，此处不再赘述。值得一提的，“对齐”列表

内包含居中、左下、右下、左上、右上、调整为合适大小、偏移共 7 种选项，如果你想按 PCB 文件原比例 1:1 打印（例如，工程师想将 CAM 文档打印出来与产品外壳进行对比，以判断接口布局位置是否准确），切勿选择“调整为合适大”项。另外，当你选择除“调整为合适大”之外的选项时，“X 偏移”与“Y 偏移”项将会变得有效，调整其值后的状态也会在“预览”区域中显示，对于光绘文件而言，偏移值也会在坐标文件中反应出来。例如，你将“X 偏移”指定为 1000，则光绘文件中的所有 X 坐标都会加上 1000。

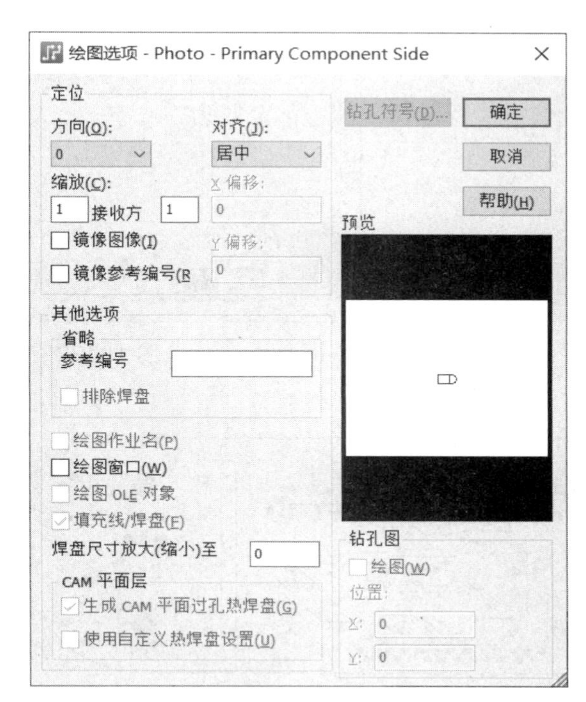

图 11.130　“绘图选项”对话框

（4）CAM 文档预览：当你已经完成 CAM 文档定义后，单击图 11.127 所示“确定”按钮，即可回到图 11.125 所示“定义 CAM 文档”中看到你定义的文档。通常情况下，你应该对定义的 CAM 文档进行预览，以确认相应的 CAM 文档是否正确，为此你可以在 CAM 文档列表内选中需要预览的文档，然后单击“预览”按钮（或在“定义 CAM 文档”对话框中单击“预览选择”按钮，或在“选择项目”对话框中单击“预览”按钮），即可弹出如图 11.131 所示“CAM 预览”对话框，从中可以实时查看 CAM 文档的效果（对于布线层即相应的菲林）。你可以对视图进行缩放，也可以单击“设置”按钮，在弹出如图 11.132 所示“CAM 预览设置”对话框中调整预览的效果，其中，“可见”项表示是否隐藏该层 CAM 文档，“相反”表示是否以互补的方式显示 CAM 文档（正片的相反就是负片），“方向”表示是否以图 11.130 所示“绘图选项”对话框中定义的缩放比例与方位显示。图 11.133 给出了其他电气层的 CAM 文档预览效果。

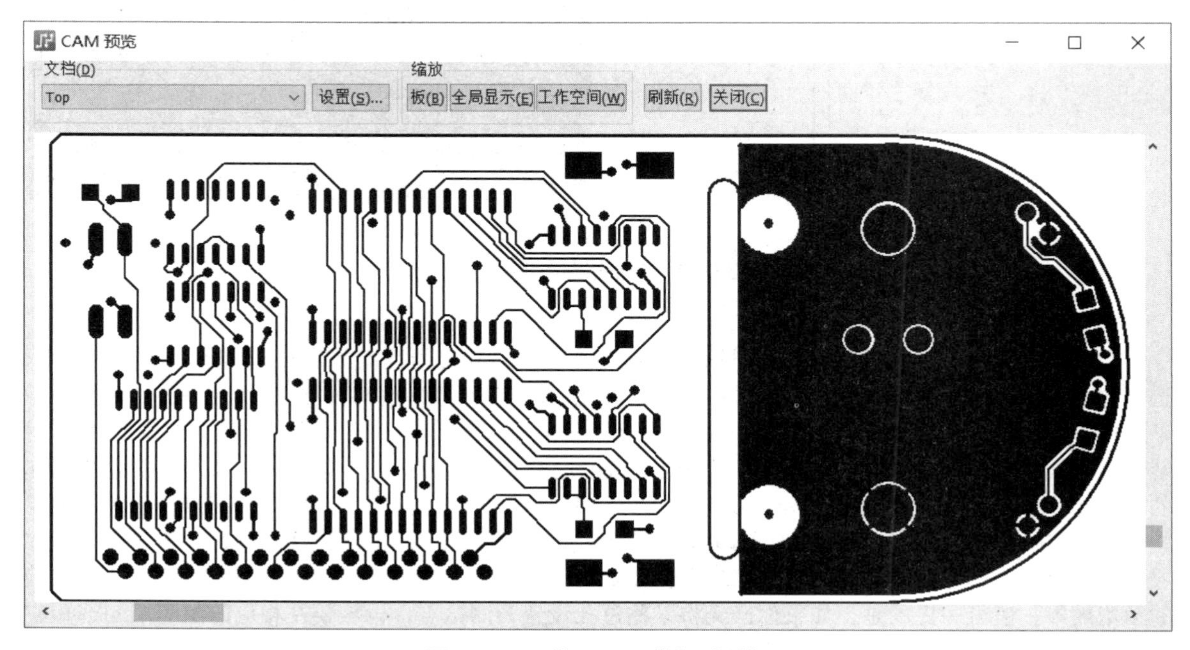

图 11.131　“CAM 预览”对话框

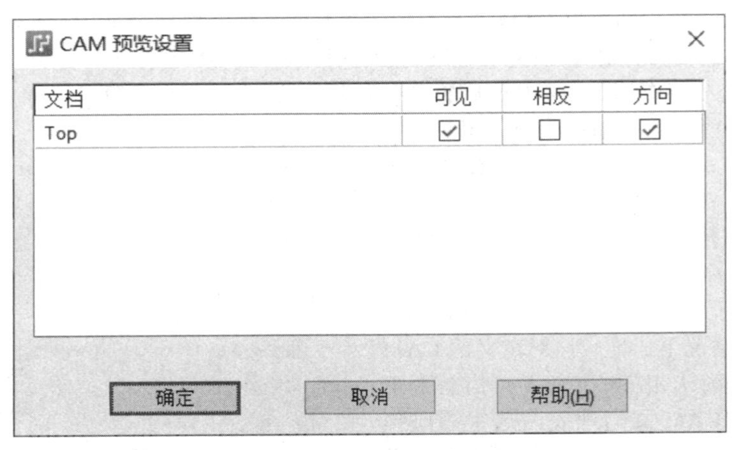

图 11.132 “CAM 预览设置”

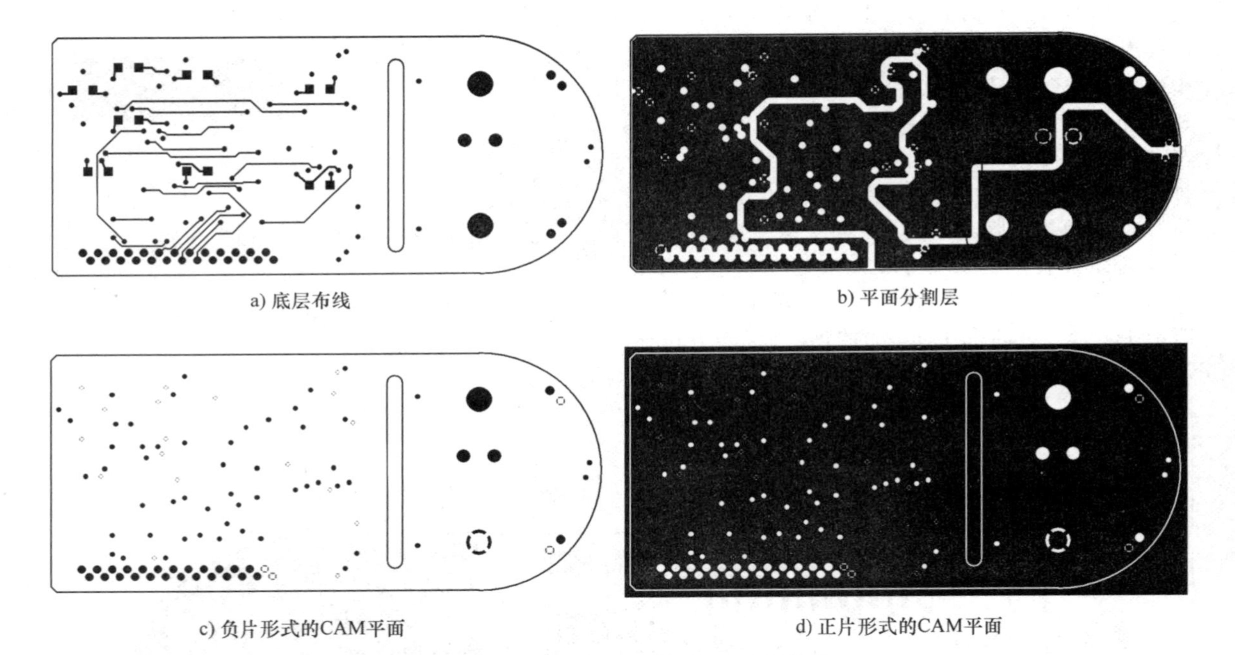

a) 底层布线　　b) 平面分割层

c) 负片形式的CAM平面　　d) 正片形式的CAM平面

图 11.133 其他电气层的 CAM 文档预览

2. 阻焊层 CAM 文档

顶层与底层阻焊 CAM 文档的定义见表 11.6，除了选中相应元器件板层中的“焊盘”项外，还可以选择“助焊层”中的焊盘与铜箔，这样在默认情况下，所有焊盘都会作为创建阻焊层菲林的依据。但是在特殊情况下，即便不是焊盘的对象也可能需要“开窗”（例如，有些工程师也可能会在创建 PCB 封装时，手工在阻焊层创建静态铜箔以表示阻焊，这也是很常见的实现方式）。当然，最终还是取决于你的 PCB 设计方式，本节所有层的定义都只能作为参考。例如，你也可以使用 2D 线工具在阻焊层创建“开窗”区域，只需要勾选相应的对象即可。对于系统自带的 preview.pcb 文件而言，是否选择“阻焊层”的对象并不影响最终的 CAM 文档（预览效果相同），图 11.134 给出了顶层与底层阻焊 CAM 文档的预览效果。值得一提的是，如果你已经将某些过孔设置为测试点，也需要在相应的阻焊层勾选相应“测试点”项目，但是要注意添加的测试点在顶层还是底层（默认底层访问）。

表 11.6　阻焊层的定义

文档名称	文档类型	输出文件名	其他	主元件面上的项目
Top Solder Mask	阻焊层	top_solder.pho	板框	Primary Compoent Side：焊盘 Solder Mask Top：焊盘、铜箔
Bottom Solder Mask	阻焊层	bottom_solder.pho		Secondary Compoent Side：焊盘 Solder Mask Bottom：焊盘、铜箔

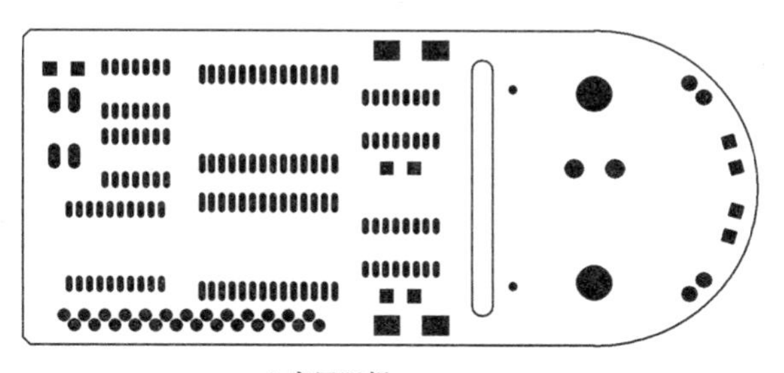

a) 底层阻焊

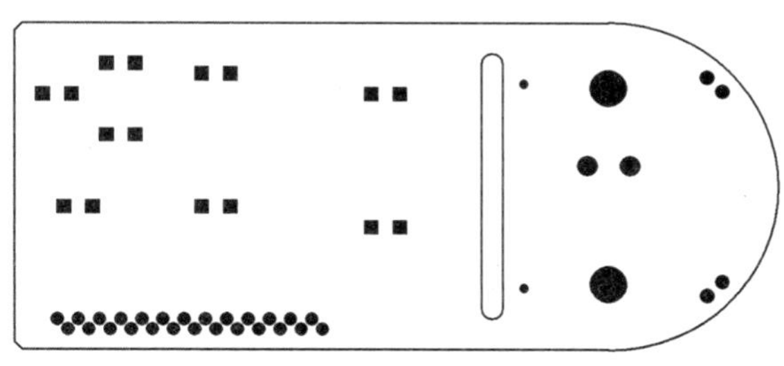

b) 顶层阻焊

图 11.134　顶层与底层阻焊 CAM 文档预览效果

3. 助焊层 CAM 文档

前面已经提过，PCB 制造商其实并不需要助焊层文件，但是通常来说，工程师会将所有可能使用到的 CAM 文档定义好，生成所有 CAM 文档后再全部打包发送给 PCB 制造商（即便某些文件可能使用不到）。顶层与底层助焊 CAM 文档的定义见表 11.7，除了选中相应元器件层的“焊盘”项外，还可以选择“助焊层”中的焊盘与铜箔，这样在默认情况下，所以焊盘都会作为创建助焊层（钢网）的依据。当然，最终需要选择的项目还是取决于你的 PCB 设计方式，对于系统自带的 preview.pcb 文件而言，是否选择“助焊层”的对象并不影响最终的 CAM 文档（预览效果相同），图 11.135 给出了顶层与底层助焊 CAM 文档的预览效果。

表 11.7　助焊层的定义

文档名称	文档类型	输出文件名	其他	主元件面上的项目
Top Paste Mask	助焊层	top_paste.pho	板框	Primary Compoent Side：焊盘 Paste Mask Top：焊盘、铜箔
Bottom Paste Mask	助焊层	bottom_paste.pho		Secondary Compoent Side：焊盘 Paste Mask Bottom：焊盘、铜箔

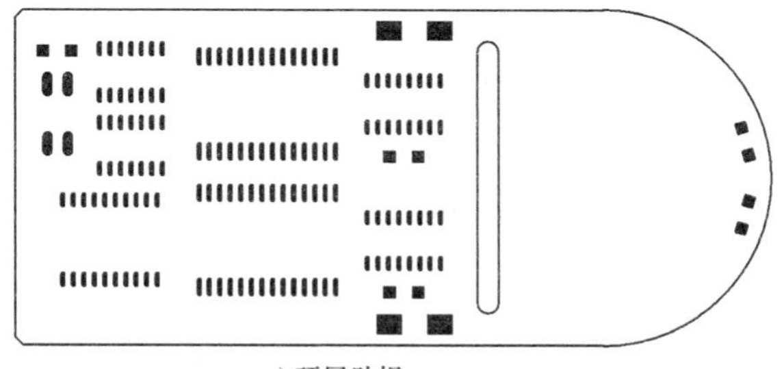

a) 顶层助焊

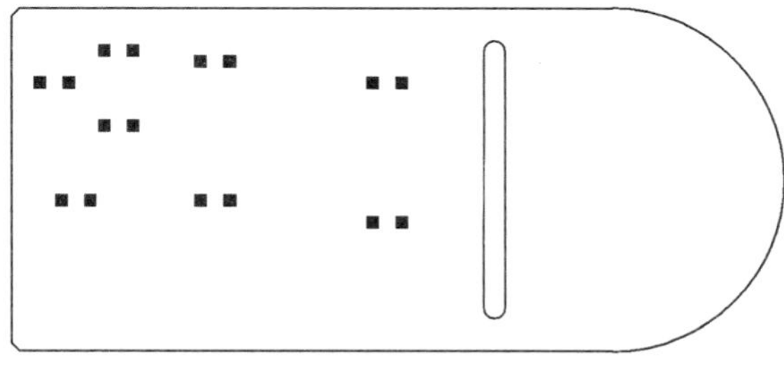

b) 底层助焊

图 11.135　顶层与底层助焊 CAM 文档预览效果

4. 丝印层 CAM 文档

顶层与底层丝印 CAM 文档的定义见表 11.8，其中已经选择元器件层与丝印层的所有 2D 线、文本、外框、参考编号，主要是为了避免丝印放置层的不统一（例如，有些工程师习惯将参考编号放在丝印层，有些则习惯放在顶层），从理论角度来讲，如果你选择给 PCB 制造商发送 CAM 文档，丝印放在任意层都可以，只要在定义 CAM 文档时选择相应的项目即可。另外，顶层丝印之所以还添加了第 20 层（Layer_20）的 2D 线，是因为（preview.pcb 文件中的）元器件 X1 的 PCB 封装本身就已经在第 20 层放置 2D 线布局方框（一般情况下布局方框并不需要勾选，此处也是想提醒一下：CAM 文档的输出对象完全由你作主），图 11.136 给出了顶层与底层丝印 CAM 文档的预览效果。

表 11.8　丝印层的定义

文档名称	文档类型	输出文件名	其他	主元件面上的项目
Top Silkscreen	丝印	top_silk.pho	板框	Primary Compoent Side：2D 线、文本、参考编号、边框 Silkscreen Top：2D 线、文本、参考编号、边框 Layer_20：2D 线
Bottom Silkscreen	丝印	bottom_silk.pho		Secondary Compoent Side：2D 线、文本、外框、参考编号 Silkscreen Bottom：2D 线、文本、参考编号、边框

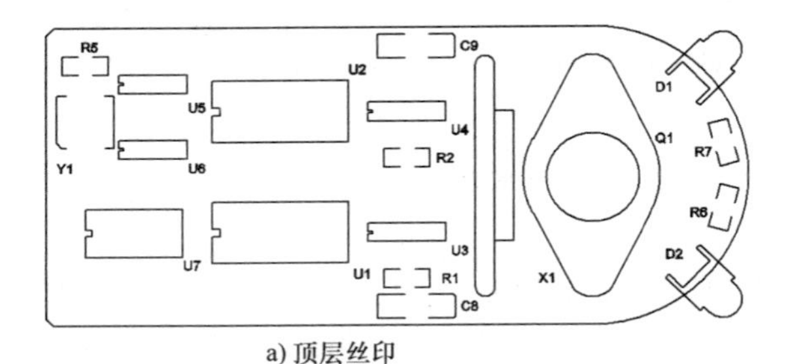

a) 顶层丝印

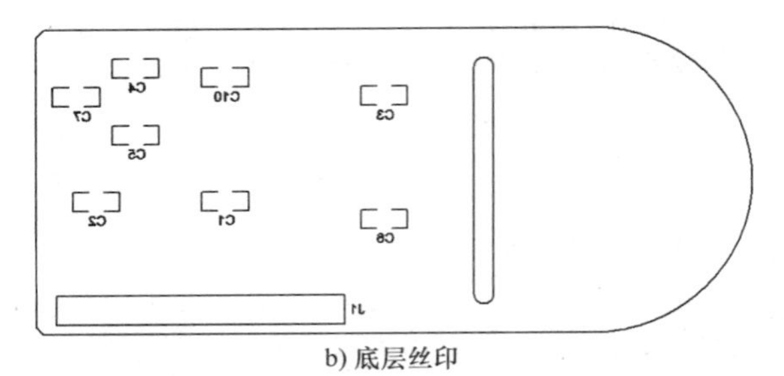

b) 底层丝印

图 11.136　顶层与底层丝印 CAM 文档预览效果

5. 钻孔绘图层 CAM 文档

钻孔绘图 CAM 文档的定义见表 11.9，主要选择元器件层中的焊盘与过孔即可，对于 preview.pcb 文件而言，“绘图层”中的“2D 线”与“文本”本就处于默认勾选状态，其实不勾选（不输出）这些信息也可以。图 11.137 给出了钻孔绘图 CAM 文档的预览效果（尺寸标注信息默认放置在“绘图层”），右侧是当前 PCB 文件中所有使用的钻孔数据表。如果你此时进入图 11.130 所示“绘图选项”对话框，右上角的“钻孔符号”按钮将处于可用状态，单击后即可弹出如图 11.138 所示“钻孔符号”对话框（也可以单击“定义 CAM 文档”对话框中的“钻孔符号”按钮进入），其中的钻孔数据与 CAM 文档预览中的数据完全对应。值得一提的，如果图 11.137 所示左侧的钻孔绘图与右侧钻孔数据表重叠，你可以设置“绘图选项”对话框参数将其分开，只需要调整“定位”组合框内的“X 偏移”与“Y 偏移”或“钻孔图”组合框内的“位置”参数即可，前者针对钻孔绘图，后者针对钻孔数据表。

表 11.9　钻孔绘图层的定义

文档名称	文档类型	输出文件名	其他	主元件面上的项目
Drill Drawing	丝印	drill_drawing.pho	板框	Primary Compoent Side：焊盘、过孔 Drill Drawing：2D 线、文本

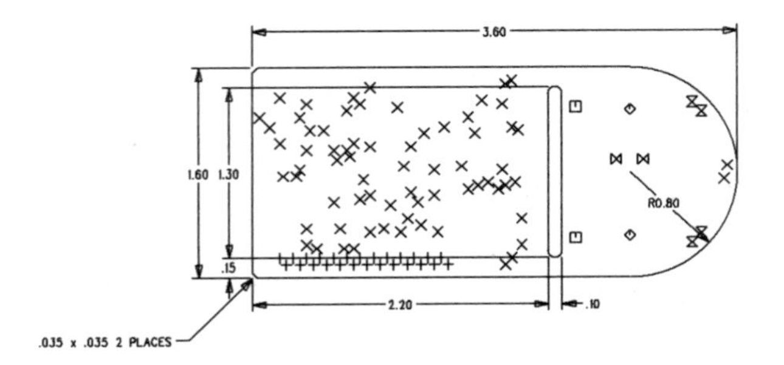

				TOL
28	26	+	YES	+/-0.0
20	70	×	YES	+/-0.0
110	2	□	NO	+/-0.0
100	2	◇	YES	+/-0.0
37	4	⧗	YES	+/-0.0
52	2	⋈	YES	+/-0.0

图 11.137　钻孔绘图层 CAM 文档预览效果

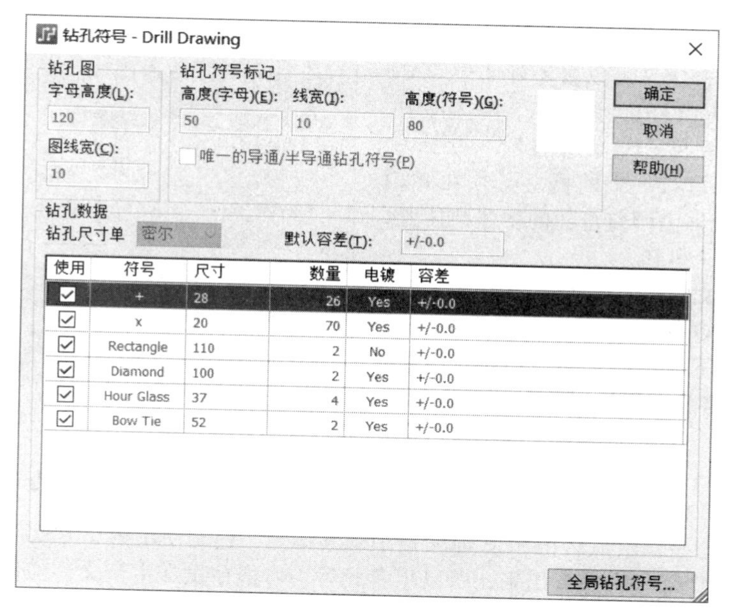

图 11.138 “钻符符号”对话框

6. 数控钻孔 CAM 文档

在定义数控钻孔 CAM 文档时，“输出设备”组合框中仅“钻孔”按钮有效，当你单击右下侧的“设备设置”按钮后，即可弹出如图 11.139 所示“NC 钻孔设置”对话框，从中可以自定义数控钻孔文档的记录方式，一般情况下没必要更改。你还可以单击“自定义文档”对话框内的“选项”按钮进入图 11.140 所示“NC 钻孔选项”对话框，在“孔”组合框中选择需要进行钻孔的对象即可（通孔、电镀管脚与非电镀管脚默认均处于勾选状态）。值得一提的是，对于使用盲埋孔的 PCB 文件，此时“钻孔对”列表将处于有效状态，你必须针对每一个钻孔对分别输出相应的数控钻孔文件。

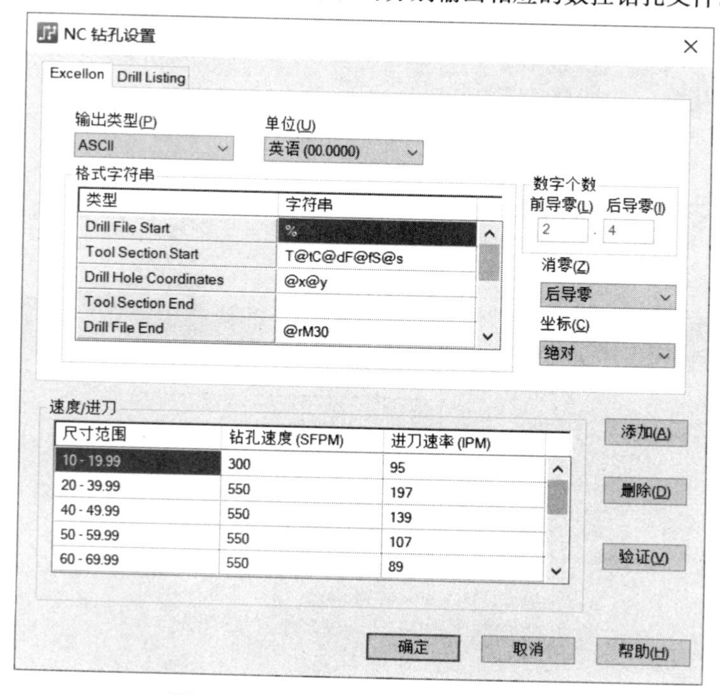

图 11.139 “NC 钻孔设置”对话框

7. 装配层 CAM 文档

装配层 CAM 文档定义可以参考丝印层 CAM 文档。例如，你想将元件值也显示在装配文件中，只需要勾选某层（取决于对象放在哪一层）的"属性"项即可，但是有一个前提：必须在 PCB 文件中预先将所有元件值调整合适的字体与位置，不然显示的效果会乱七八糟。

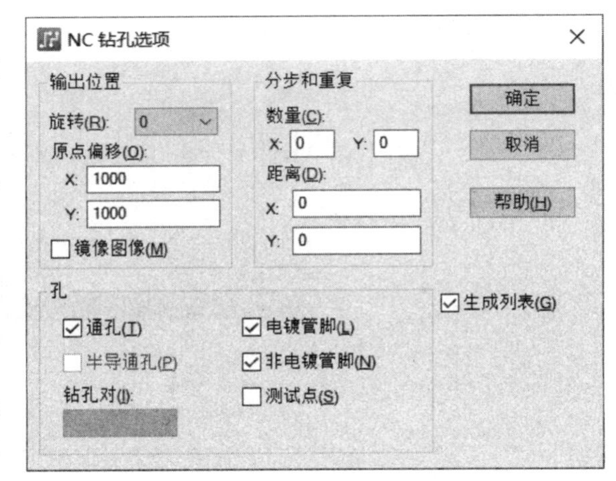

图 11.140 "NC 钻孔选项"对话框

8. 验证 Gerber 文档

为什么要验证 Gerber 文档呢？不是在定义 CAM 文档时预览一下就可以了吗？请特别注意：**预览的结果并不一定是实际输出的结果，只能作为参考！** 认识到这一点非常重要！笔者曾经在 PCB 打样时就遇到过：预览中的 CAM 文档完全正确，但是收到的 PCB 样板却出现了大片铜箔，导致 PCB 打样失败。这些铜箔虽然在 PCB 原文件中观察不到，但是使用第 3 方软件（例如，CAM350）打开相应的 CAM 文档却很容易看出来，所以笔者此后均习惯在发送生产文件前使用第 3 方软件进行 CAM 文档验证。以 CAM350 V12.1 为例，你仅需要执行很简单的"自动导入"操作即可（并不需要对该工具了解太多），从中执行【File】→【Import】→【AutoImport】即可弹出"AutoImport Directory"对话框，将其定位到生成 CAM 文件的路径中（此处为 D:\PADS Projects\Cam\default），如图 11.141 所示，然后单击"Finish"按钮即可将路径下的所有 CAM 文件导入到 CAM350，相应的效果如图 11.142 所示。左侧"Navigation Pane"窗口中的"Layers"项内将出现所有 CAM 文件对应的层，单击即可显示在工作区域中，双击某项将仅显示该项，你也可以单击圆圈改变改层的显示颜色，此处不再赘述。

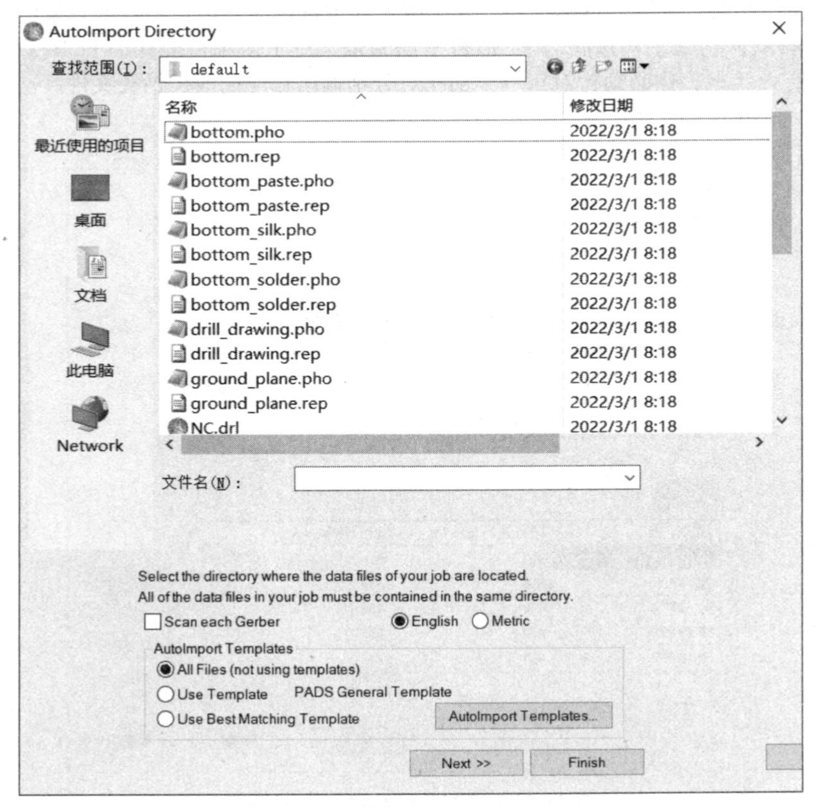

图 11.141 "AutoImport Directory"对话框

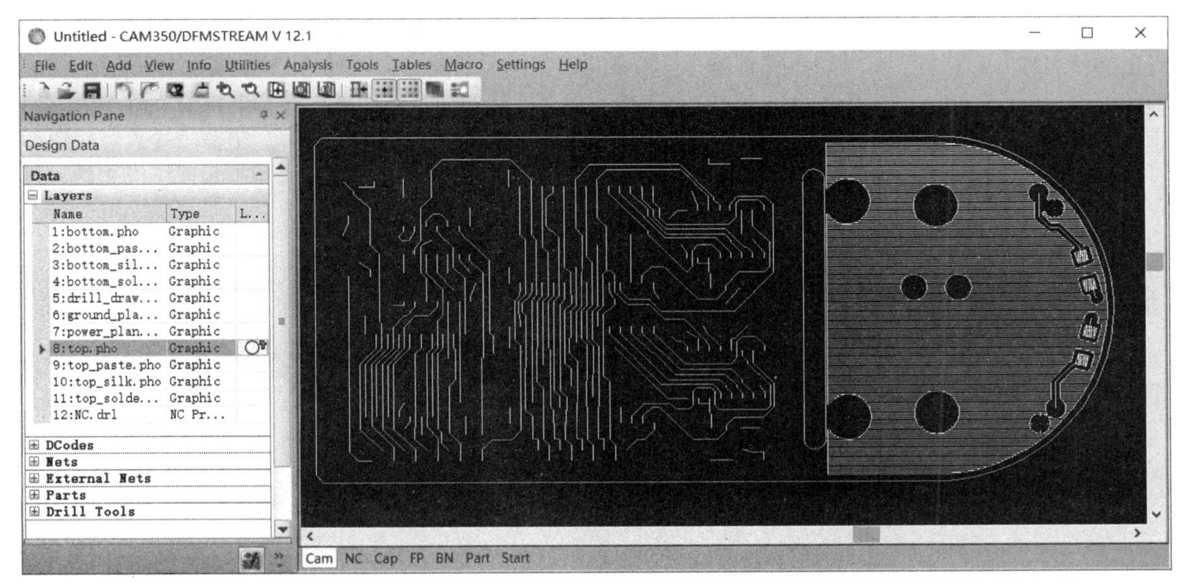

图 11.142　CAM350 导入到 CAM 文件后的效果

当然，验证 CAM 文件的操作也可以在 PADS Layout 中进行，只需要在“定义 CAM 文档”对话框中选择“验证照片”文档类型，在弹出如图 11.143 所示“光绘图机输出文件名”对话框内选中需要验证的 CAM 文件，再单击“打开”按钮，然后预览该文件即可。当然，一次仅能验证一个文件。

光绘图机输出文件名

« Data (D:) › PADS Projects › Cam › default　　搜索"default"

组织 ▾　新建文件夹

名称	修改日期	类型	大小
bottom.pho	2022/2/13 10:17	PHO 文件	6 KB
bottom_paste.pho	2022/2/13 10:17	PHO 文件	2 KB
bottom_silk.pho	2022/2/13 10:17	PHO 文件	52 KB
bottom_solder.pho	2022/2/13 10:17	PHO 文件	3 KB
drill_drawing.pho	2022/2/13 10:17	PHO 文件	36 KB
ground_plane.pho	2022/2/13 10:17	PHO 文件	4 KB
power_plane.pho	2022/2/13 10:17	PHO 文件	75 KB
top.pho	2022/2/13 10:17	PHO 文件	38 KB
top_paste.pho	2022/2/13 10:17	PHO 文件	6 KB
top_silk.pho	2022/2/13 10:17	PHO 文件	93 KB
top_solder.pho	2022/2/13 10:17	PHO 文件	7 KB

文件名(N): top.pho　　光绘图机文件 (*.pho)

打开(O)　取消

图 11.143　“光绘图机输出文件名”对话框

9. 导出 / 导入配置

通常情况下，PCB 设计工程师都有其固定的设计习惯，这也就意味着，如果需要设计的 PCB 叠层相同，相应 CAM 文档的定义也不会有太多的变化，如果你要设计 10 款叠层相同的 PCB 文件，也就意味着需要重复进行 CAM 文档的定义，这肯定非常烦琐，此时你可以从“已经完成 CAM 文档定义的 PCB 文件”导出配置模板，再将配置模板导入到新的 PCB 文件即可。

单击图11.125所示“定义CAM文档”对话框中的“导出”按钮，即可弹出如图11.144所示“CAM导出文件名称”对话框，从中设置保存路径（默认为设置的工作路径，此处为“D:\PADS Projects\Cam\default”）与名称（此处为“layer4.cam”），再单击“保存”按钮即可。如果在另一个PCB文件中需要使用该CAM配置模板，可以首先进入图11.125所示“定义CAM文档”对话框中，单击“导入”按钮即可弹出如图11.145所示“CAM导入文件名称”对话框，从中找到刚刚保存的CAM配置模板文件，再单击“打开”按钮即可。

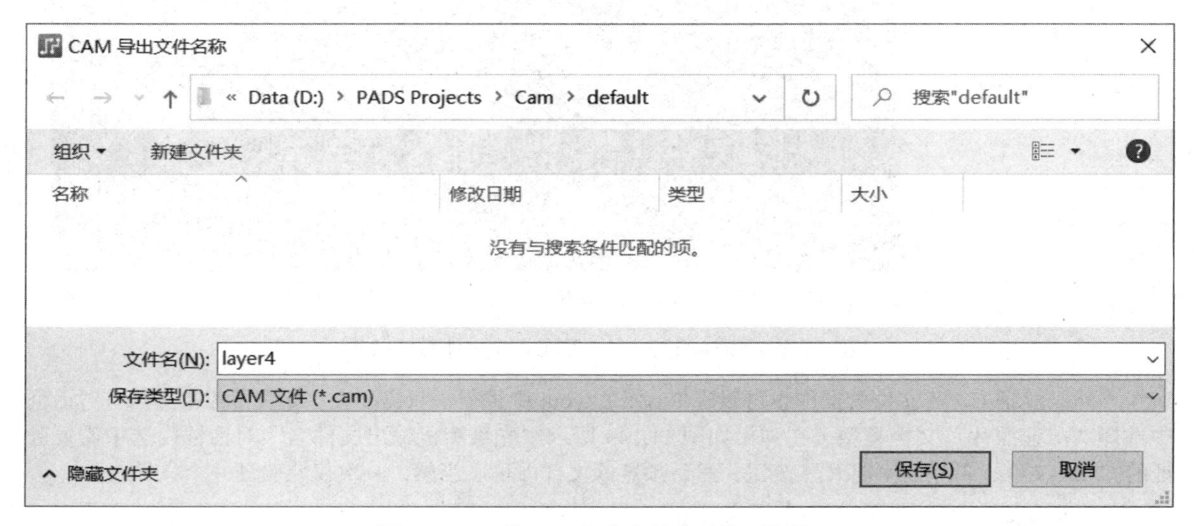

图 11.144 “CAM 导出文件名称”对话框

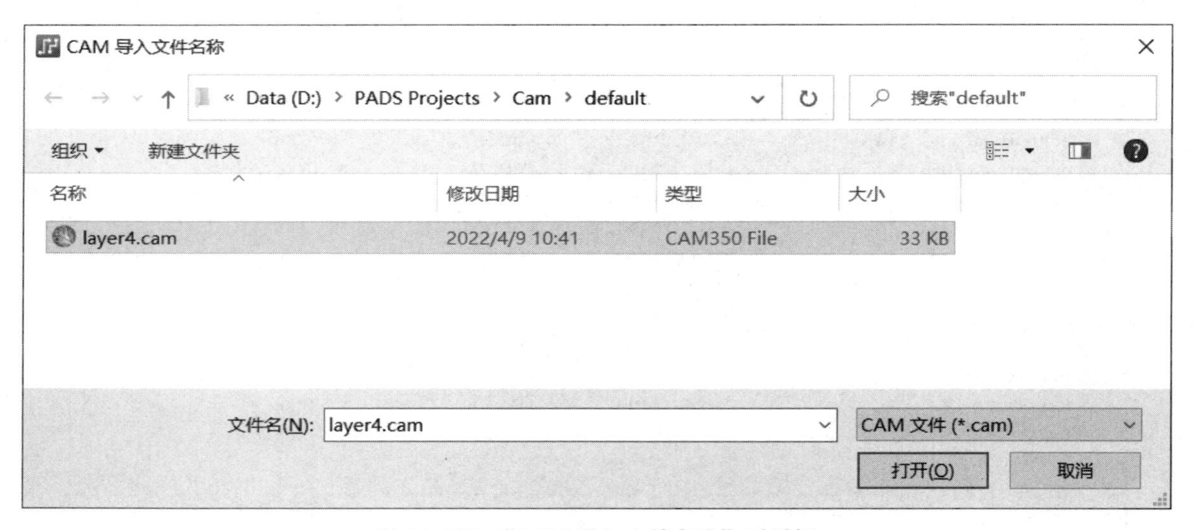

图 11.145 “CAM 导入文件名称”对话框

11.9.4 常见问题

当单击图11.125所示“定义CAM文档”对话框中的“运行”按钮生成CAM文档时，你可能会遇到一些警告对话框，笔者总结了一些常见问题及相应的解决方案：

（1）警告对话框提示“未灌注的覆铜平面存在于层1上 - 继续绘图（Unhatched copper pour exists on layer1 – Continue plot）”，如图11.146所示。出现这种情况的原因在于：PCB文件中存在使用“覆铜平面”工具创建的覆铜平面，但是在生成CAM文档前并未对其进行灌注操作。如果你执意选择继续绘图，则该覆铜平面区域对应的铜箔将不会出现在 CAM 文档中，也就可能会产生严重错误。解决方法：先进行覆铜平面灌注操作，再生成 CAM 文档。

（2）警告对话框提示“偏移过小 - 绘图将居中（Offsets are too small – plot will be centered）”，如图 11.147 所示。出现此种情况的原因在于：CAM 文档中定义的数据已经超出“绘图选项”对话框中设置的绘图范围（部分数据已经超出的预览区域，这可能会导致数据绘制不全），你只需要通过调整“X 偏移”或“Y 偏移”值将其移到可见区域即可。当然，你也可以不予理会，系统会自动将绘图居中显示。

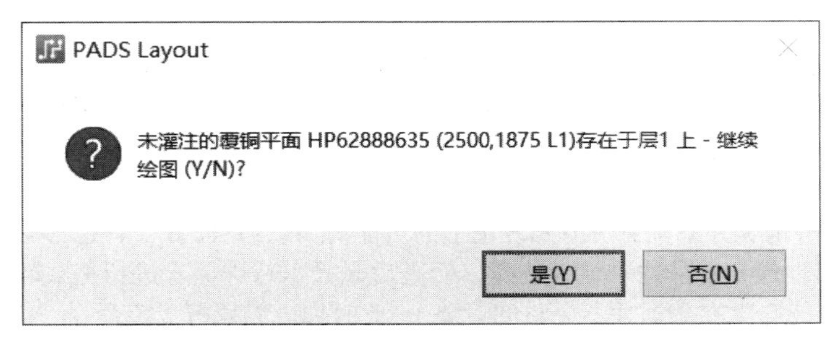

图 11.146　未灌注的覆铜平面

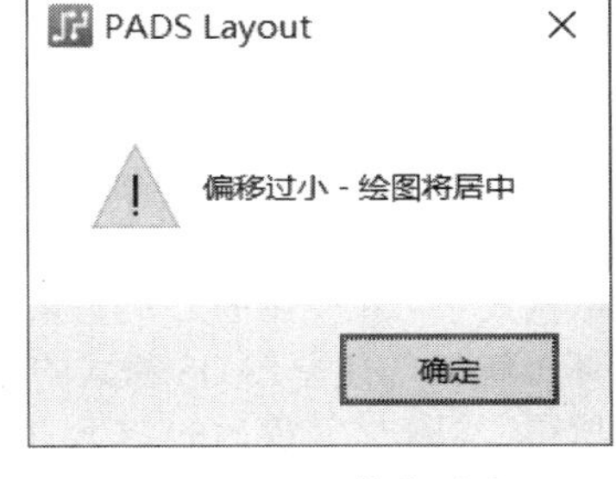

图 11.147　偏移过小

（3）警告对话框提示“填充宽度对于精确的焊盘填充过大（Fill width is too large for accurate pad fills.）”，如图 11.148 所示。出现此种情况的原因在于：用于填充形状的宽度过大。举个例子，你的 PCB 文件中存在一个三角形焊盘，而你只能使用直径比较大的圆形光圈，那么三角形的三个尖角将不容易做（填充）出来。如果不进行处理，所转换出的文件可能会漏掉焊盘，这将会是致命的错误。解决方法：找到出现该问题的 CAM 文档，然后进入图 11.121 所示“光绘图机设置”对话框，如果仅存在一个焊盘宽度导致该问题，只需要将“填充宽度”值改为“焊盘宽度”的一半（或更小）即可，如果存在多个焊盘宽度出现该问题，那只能进一步改小“填充宽度”，但是请特别注意：**填充宽度越大，光绘仪的绘图时间更短，但形状填充的精度会有所损失，反之，填充宽度越小，精度会有更好的保障，但绘图时间会更长**。要理解这一点并不难，假设 PCB 文件中存在一条宽度为 100mil 的导线，如果使用直径为 100mil 的光圈绘制，完成速度肯定很快，但是如果使用直径为 10mil 的光圈，那就只能通过多次绘制拼起来才能完成整条导线的填充，如果使用直径为 1mil 的光圈，需要花费的时间就更多了，对不对？

（4）警告对话框提示“混合平面 VCC Layer3 包含没有覆铜平面多边形的网络（Mixed plane VCC Layer 3 contains nets with no copper plane polygons.）”，如图 11.149 所示。出现这种情况的原因在于：“层定义”对话框中已经定义混合 / 分割平面板层，并且为其分配了网络（此处为 ACVCC33、AVCC33），但是在该板层中却并未使用“覆铜平面”工具创建并分配了相应网络的覆铜平面，PADS Layout 认为这可能是一个错误。

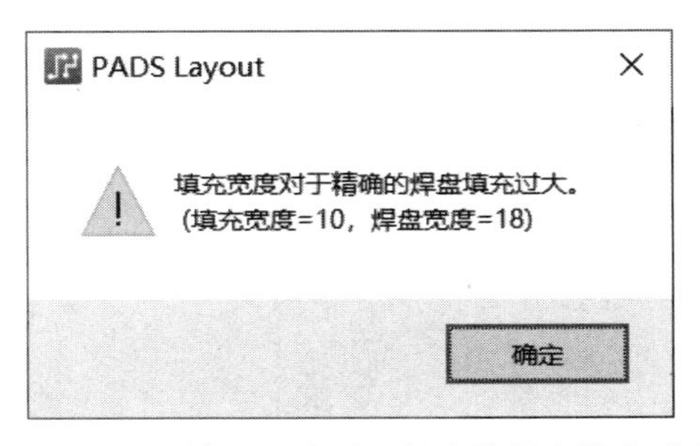

图 11.148　填充宽度对于精确的焊盘填充过大

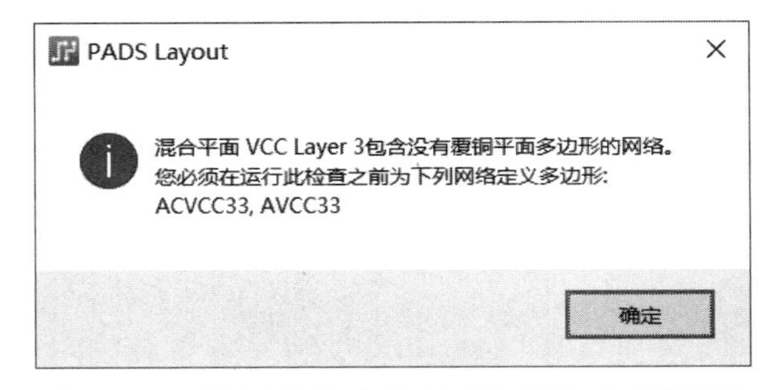

图 11.149　混合平面包含没有覆铜平面多边形的网络

（5）警告对话框提示“没有符号给尺寸：40 – 使用的符号：+（No symbol for size: 40 – used symbol:+）”。出现这种情况的原因在于：在生成钻孔绘图文件时，PADS Layout 默认会给每种钻孔尺寸分配一个标识符号，如果你并未指定标识符号时，生成 CAM 文档时将会出现该警告，PADS Layout 将自动分配一个标识符（该例中为符号“+”）。此种警告对话框多见于基于别人（例如，方案商或原厂）的 PCB 文件进行二次开发的场合，因为该 PCB 文件中本身已经分配了一些标识符，但你自己使用的 PADS 却并未定义。换言之，你可以不理会该警告，如果非要将其消除，可以单击“定义 CAM 文档”对话框中的“钻孔符号”按钮，在弹出的“全局钻孔符号 - 钻孔图”对话框中单击“重新生成”按钮即可。

（6）警告对话框提示“超出最大光圈号（Maximum number of apertures exceeded）”。此时如果进入图 11.121 所示“光绘图机设置”对话框，你会发现“D 码”列表中的 D 码数量不会小于 989（从 D10 开始）。虽然能够通过调整其中的“开孔数（aperture count）”文本框以提升可供使用的 D 码数量，但其值最大也只能是 1024，而当前 PCB 文件所需要的 D 码数量可能会高于此值，所以并未从根本上解决该问题。实际上，导致 D 码不够用的原因主要存在两种。其一，PCB 文件极其复杂，相应需要的光圈数量大于可供使用的 D 码数量，但这种情况并不多见（只是理论上的可能）。其二，PCB 文件已经被损坏（例如，有些 PADS 格式的 PCB 文件最初并非由 PADS 创建，而是后来根据特殊需求进行格式转换所得，但格式转换后的 PCB 文件中可能会存在数据并不完整的对象），此时你可以执行无模命令“I”进行数据库完整性测试，如果 PCB 文件确实已经被损坏，PADS 将会显示相应的报告，从中找到并删除存在问题的对象，然后重新添加该对象即可。笔者曾接手过一份经转换而来的 PCB 文件，其中的元器件与导线需要的 D 码数量不到 100（正常数据，取决于设计的复杂程度），但某几块铜箔所需要的 D 码数量却超过 900（不正常数据，从数据库完整性测试报告中可以找到相应的网络，将其删除后重新生成 D 码并对比相应的数量即可），将这些铜箔删除并重新生成 D 码后，所需要的 D 码总数量仅稍大于 100。

11.9.5 坐标文件

执行【工具】→【基本脚本】→【基本脚本】即可弹出如图 11.150 所示“基本脚本”对话框，从列表中选择“17-Excel Part List Report”项后再单击“运行”按钮，稍候片刻即可自动弹出如图 11.151 所示 Excel 格式的坐标文件，其中包含了每个元件的类型、参考编号、PCB 封装名称、管脚数量、所在板层、旋转方向、X 与 Y 坐标、是否为贴片元件、是否为黏胶元件等信息。

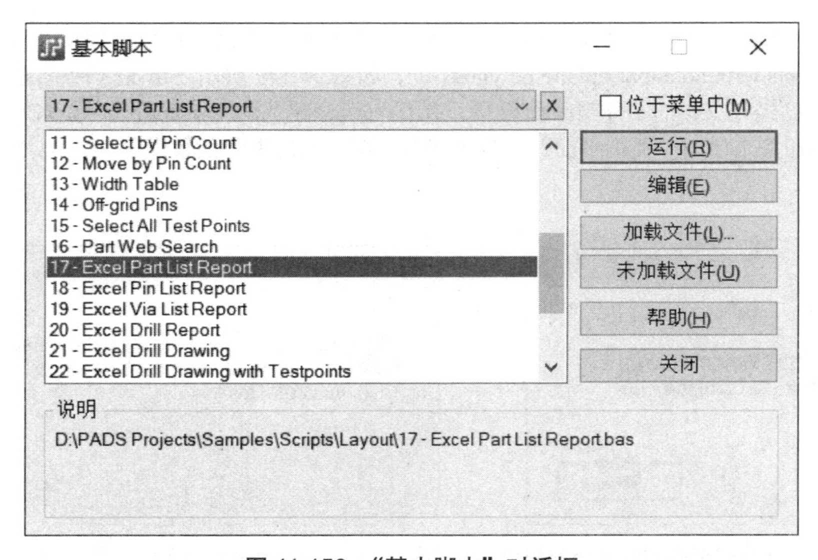

图 11.150 “基本脚本”对话框

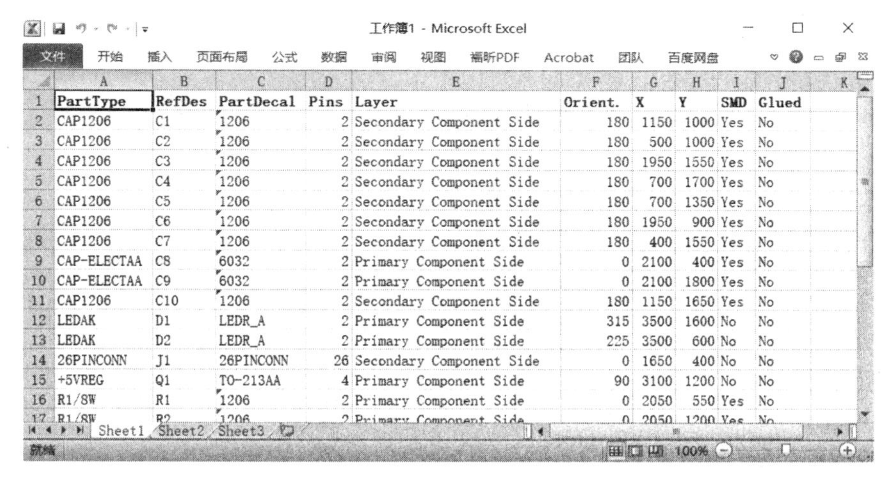

PartType	RefDes	PartDecal	Pins	Layer	Orient.	X	Y	SMD	Glued
CAP1206	C1	1206	2	Secondary Component Side	180	1150	1000	Yes	No
CAP1206	C2	1206	2	Secondary Component Side	180	500	1000	Yes	No
CAP1206	C3	1206	2	Secondary Component Side	180	1950	1550	Yes	No
CAP1206	C4	1206	2	Secondary Component Side	180	700	1700	Yes	No
CAP1206	C5	1206	2	Secondary Component Side	180	700	1350	Yes	No
CAP1206	C6	1206	2	Secondary Component Side	180	1950	900	Yes	No
CAP1206	C7	1206	2	Secondary Component Side	180	400	1550	Yes	No
CAP-ELECTAA	C8	6032	2	Primary Component Side	0	2100	400	Yes	No
CAP-ELECTAA	C9	6032	2	Primary Component Side	0	2100	1800	Yes	No
CAP1206	C10	1206	2	Secondary Component Side	180	1150	1650	Yes	No
LEDAK	D1	LEDR_A	2	Primary Component Side	315	3500	1600	No	No
LEDAK	D2	LEDR_A	2	Primary Component Side	225	3500	600	No	No
26PINCONN	J1	26PINCONN	26	Secondary Component Side	0	1650	400	No	No
+5VREG	Q1	TO-213AA	4	Primary Component Side	90	3100	1200	No	No
R1/SW	R1	1206	2	Primary Component Side	0	2050	550	Yes	No
R1/SW	R2	1206	2	Primary Component Side	0	2050	1200	Yes	No

图 11.151　Excel 格式的坐标文件

11.9.6　装配变量

有些时候，多款产品的 PCB 可能仅存在细微的差别，单位或个人可能（基于成本考量）会使用同一款 PCB 板，只不过在设计时会使用一些备用元件（例如，产品 A 可能仅会安装一些元件，产品 B 中可能会安装另外一些元件），那么在进行 PCB 装配时需要的装配图就会不一样，该怎么办呢？你可以将 PCB 原文件备份，然后在 ECO 模式下删除不需要安装的元件，再到“定义 CAM 文档”对话框中定义相应的装配图并输出即可，但是你也可以使用 PADS Layout 的“装配变量”功能从同一个 PCB 文件中创建不同的装配版本。

执行【工具】→【装配变量】即可弹出如图 11.152 所示“装配变量”对话框，“名称”列表中显示了当前已经创建的装配版本。系统已经默认创建“BaseOption”与“Build01”，你也可以创建新的装配版本，只需要在“新变量名称”中输入名称（此处为“MyAssemblyVersion”）后单击“创建”按钮即可，此时“变量”组合框中将列出当前 PCB 文件中的所有元件，如果某个元件不需要安装，你只需要选择该行，然后在“状态”组合框中修改为“未安装”即可（当然，也可以替换为其他元件，此处不再赘述），单击“预览”按钮即可查看相应的装配版本，相应的效果如图 11.153 所示。需要注意的是，与“定义 CAM 文档”不一样，装配图中出现哪些内容取决于当前工作区域中可以看到的对象。例如，你想在装配图中显示参考编号，则需要在“显示颜色设置”对话框中将其颜色打开。

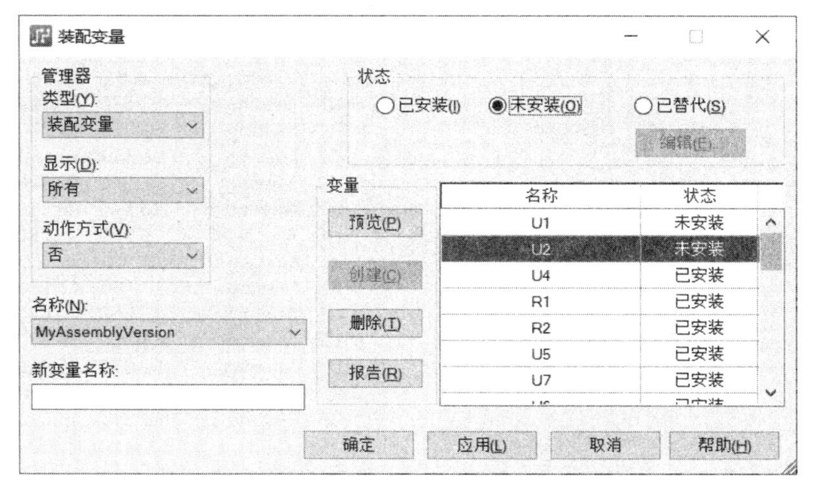

图 11.152　“装配变量”对话框

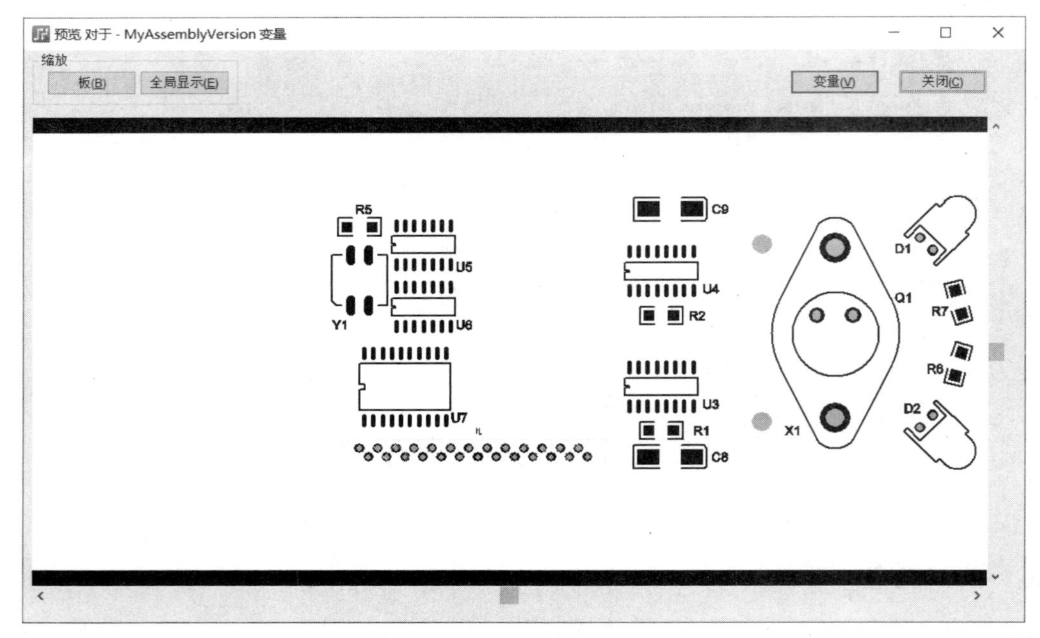

图 11.153 “预览”对话框

11.9.7 CAM Plus

CAM Plus 是一个自动装配数据输出的模块，支持使用 Dynapert、Siemens、Universal、Philips 等格式的自动贴片机。以生成 Dynapert 格式的元件坐标文件为例，执行【文件】→【CAM Plus】即可弹出如图 11.154 所示“CAM Plus”对话框，从“面”列表中选择“Top”表示输出顶层元件的坐标数据，从“元件”列表中选择“SMT”项表示仅针对贴片元件，然后在“输出格式”列表中选择“Dynapert Promann”项。当你单击“运行”按钮后，在默认工作路径下（此处为“D:\PADS Projects\Cam”）将会创建一个 DYNPROST.318 文件，如图 11.155 所示。

CAM Plus
元件定义文件名(P):
part.def
关闭(C)
运行(R)
帮助(H)
设置
面(I):
Top
元件(A):
SMT
读取元件定义(D)
读取值属性(A)
验证文件(V)
批量元件定义文件(B)
几何形状
板偏移
X 偏移:
0
Y 偏移:
0
分步/重复
X 计数(O):
1
Y-计数(U):
1
X 步进(S):
0
Y-步进(T):
0
输出格式(F):
Dynapert Promann
通用工具(E):
Group1
通用轴输出(N):
ListFile
状态消息:

图 11.154 “CAM Plus”对话框

DYNPROST.318 - 记事本
文件(F) 编辑(E) 格式(O) 查看(V) 帮助(H)

U3	Missing	52.070	20.320	0
R1	Missing	52.070	13.970	0
C8	Missing	53.340	10.160	0
U1	Missing	35.560	20.320	0
U7	Missing	16.510	20.320	0
U6	Missing	19.050	31.750	0
Y1	Missing	10.160	35.560	90
R5	Missing	10.160	43.180	0
U5	Missing	19.050	40.640	0
U2	Missing	35.560	36.830	0
U4	Missing	52.070	36.830	0
R2	Missing	52.070	30.480	0
C9	Missing	53.340	45.720	0

图 11.155 DYNPROST.318 文件

11.9.8　PDF 打印

如果你想将 PCB 文件打印为 PDF 文件，可以在“定义 CAM 文档”对话框实现，只需要在“添加 CAM 文档”对话框内选中“输出设备”组合框内的“打印”项即可，但是需要你安装虚拟打印机。当然，你也可以使用 PADS Layout 自带的 PDF 打印功能（勿需安装虚拟打印机），只需要执行【文件】→【生成 PDF】即可弹出如图 11.156 所示“PDF 配置”对话框。左侧列表中已经列出了系统预定义的 7 个 PDF 配置，它们都对应 PDF 文件中的书签，如果这些配置不符合要求，你也可以单击左上角“新建”按钮创建新的 PDF 配置。当选中某个 PDF 配置后，你就能够使用其他参数进行调整，“选定的层”组合框内可以添加（或删除）板层，并在“选定层上的项目”组合框中选择板层上需要打印的对象。当你完成所有 PDF 配置后，单击“生成 PDF”按钮即可弹出“保存 PDF 文件”对话框，设置保存路径与文件名后再单击“保存”按钮即可，生成的 PDF 文件中包含了“PDF 配置”对话框中定义的所有 PDF 配置。对于图 11.156 所示 PDF 配置参数，创建的 PDF 文件共 7 页，每一页都对应一个书签，书签下还自动建立了元件或网络组，单击即可确定相应的位置，如图 11.157 所示。

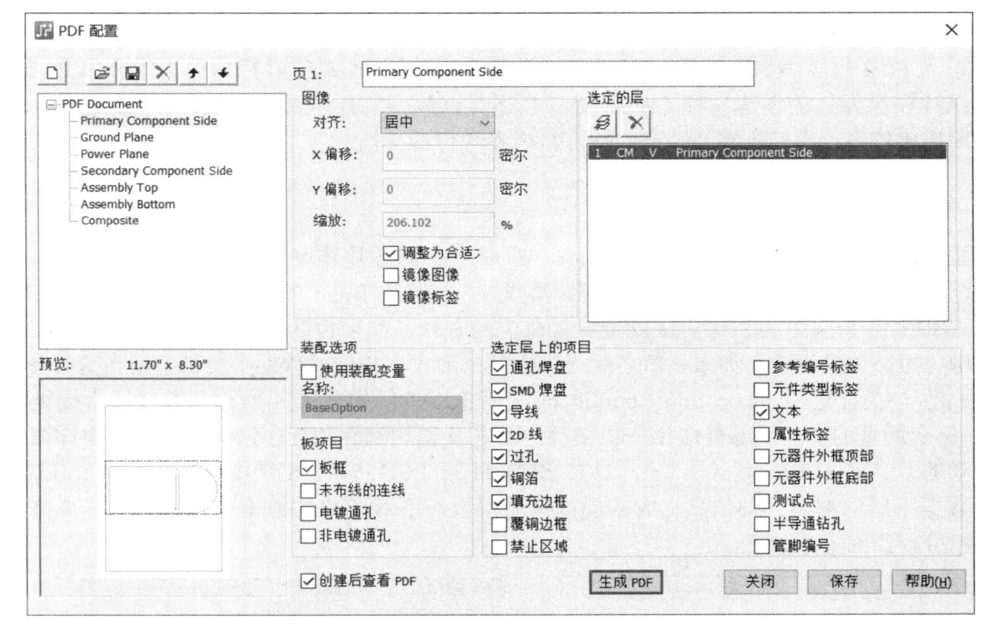

图 11.156　“PDF 配置”对话框

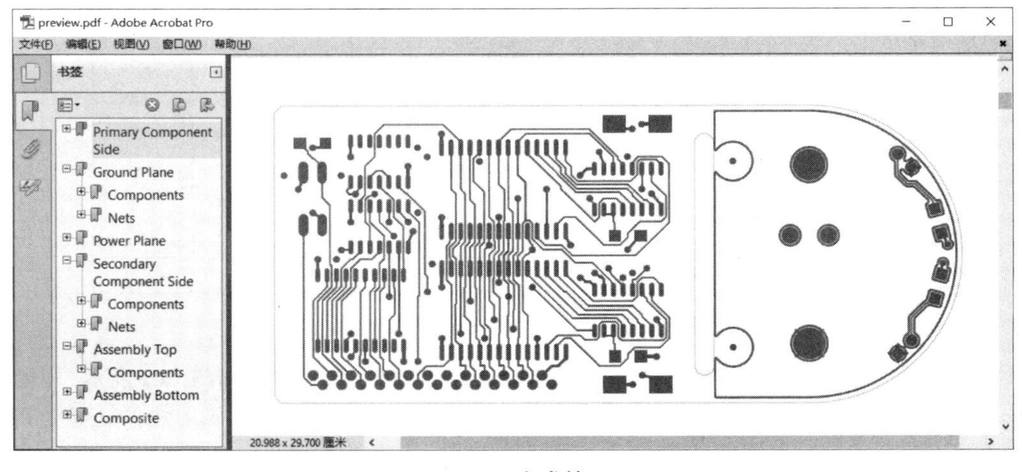

图 11.157　生成的 PDF

第 12 章　高级应用

到目前为止，你应该具备使用 PADS 完成原理图与 PCB 设计的能力，但是熟练掌握一些应用较少但却非常重要的操作技巧将有助于大幅度提升设计效率，对全面深刻地理解 PADS 应用也有着非常实用的价值，本章主要阐述模具元件、设计复用、自动布线、宏及致命错误方面的话题。

12.1　模具元件

模具元件对应的 PCB 封装与 3.7 节创建的 PCB 封装属于同一类对象，但创建过程却大不一样，你并不需要进入 PCB 封装编辑器环境，只要在正常模式下使用 BGA 工具栏即可，本节以 PADS 自带的示例详细阐述模具元件的创建过程（BGA 工具栏还可以制作芯片内部的 BGA 封装线路图，由于 PCB 工程师应用得比较少，本节不涉及，有兴趣可自行参考帮助文档）。

12.1.1　创建模具

创建模具元件所需要的主要数据便是模具（裸片）上的芯片邦定焊盘（Chip Bond Pad，CBP）的编号及坐标信息，它们能够为 PCB 封装的邦定焊盘（Substrate Bond Pad，SBP）的布局位置提供依据。例如，某 CBP 位于模具上方，你应该就近放置相应的 SBP，如果角度偏差过大，多条金线在邦定时可能存在接触（短路）的风险。如果一款芯片提供模具的形式，相应的数据手册都会给出管脚分布（CBP Arrangement）与坐标定位（Location Coordinates）信息，类似如图 12.1 所示（有些还会提供每个管脚的尺寸），笔者所著的《显示器件应用分析精粹：从芯片架构到驱动程序设计》[⊖] 一书中详细阐述了多款液晶驱动芯片，其中 HD44780、SED1520、SED1565、PCD8544、ST7920、SSD1773、ILI9341 等芯片对应的数据手册中都有详细信息，有兴趣的读者可自行下载相应的数据手册，此处不再赘述。模具元件的创建过程详细阐述如下：

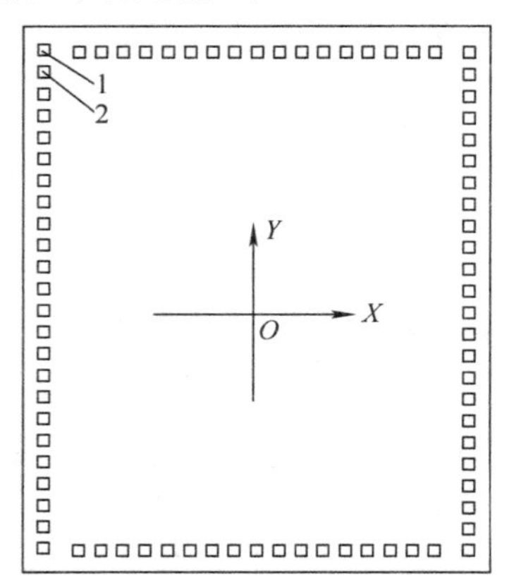

管脚编号	名称	X(μm)	Y(μm)
1	SEG20	−2313	2089
2	SEG19	−2313	1833
3	SEG18	−2313	1617
4	SEG17	−2313	1401
5	SEG16	−2313	1186
6	SEG15	−2313	970
7	SEG14	−2313	755
8	SEG13	−2313	539
9	SEG12	−2313	323
…	…	…	…

图 12.1　管脚分布与坐标定位信息

（1）单击 BGA 工具栏上的“模具向导（Die Wizard）”按钮，即可弹出如图 12.2 所示“创建模具”对话框，其中提供“来自文本文件”、“参数化”、“来自 GDSII 文件”共 3 种确定管脚分布与坐标定位

⊖ ISBN：9787111687092，机械工业出版社，2021。

信息的方式。GDSII 文件是一种用于集成电路版图数据转换的二进制文件，其中包含集成电路版图中平面的几何形状、文本或标签以及其他有关信息，PCB 设计工程师了解一下即可。“参数化”项创建方式类似于 PCB 封装向导，在没有模具管脚坐标定位数据时可以使用，“来自文本文件”项是 PCB 设计工程师比较常用的方式，这种文件通常是 .csv 格式（以逗号分隔），而且必须以固定的格式记录数据。具体来说，文件中不应该存在“逗号”（分隔符），第一行应该指定不区分大小写的单位（mil、mm、micron、inch），从第 2 行开始（从左列至右列）依次以“管脚编号”“管脚名”“X 坐标”“Y 坐标”“管脚长度”“管脚宽度”的顺序记录，但是只有坐标信息为必需，其他信息即便不存在也必须留空。PADS 自带的示例文件 Die248.csv（对应的路径为“D:\PADS Projects\Samples\”）如图 12.3 所示。

图 12.2　“创建模具”对话框

Die248.csv - Microsoft Excel

MM					
1	GND	-3.66	3.865	0.07	0.07
2	PWR	-3.54	3.865	0.07	0.07
3	SIG003	-3.42	3.865	0.07	0.07
4	SIG004	-3.3	3.865	0.07	0.07
5	SIG005	-3.18	3.865	0.07	0.07
6	SIG006	-3.06	3.865	0.07	0.07
7	SIG007	-2.94	3.865	0.07	0.07
8	SIG008	-2.82	3.865	0.07	0.07
9	SIG009	-2.7	3.865	0.07	0.07
10	SIG010	-2.58	3.865	0.07	0.07
11	GND	-2.46	3.865	0.07	0.07
12	PWR	-2.34	3.865	0.07	0.07
13	SIG013	-2.22	3.865	0.07	0.07
14	SIG014	-2.1	3.865	0.07	0.07

图 12.3　Die248.csv

（2）此处单击“来自文本文件”按钮即可弹出“模具向导 - 创建自文本文件”对话框，然后单击其中的“浏览”按钮，在弹出如图 12.4 所示“打开文本文件以加载模具”对话框中找到前述 Die248.csv 文件后，相应的状态如图 12.5 所示。

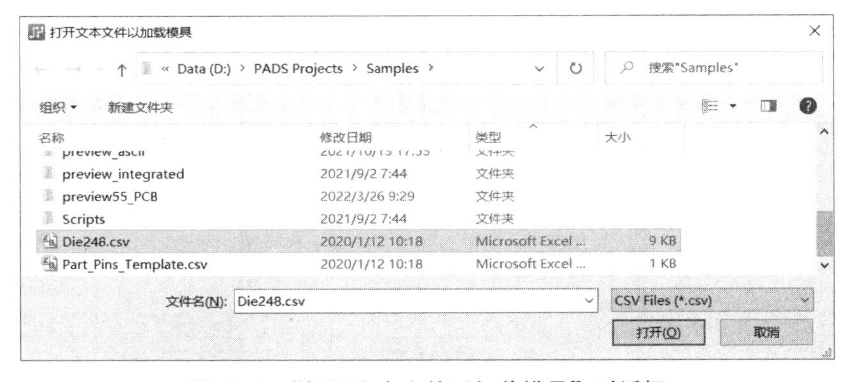

图 12.4　“打开文本文件以加载模具”对话框

“预览”区域已经将文本文件中的信息实时显示出来，通常情况下不需要再修改，如果实在有必要，你可以通过左侧“模具尺寸”、“CBP”等标签页进行修改，就像使用“参数化”方式确定尺寸与坐标信息一样（此处仅将尺寸修改为“8 × 8”），但是请务必注意：“单位”组合框中应该选择与 Die248.csv 文件中相同的“公制”。

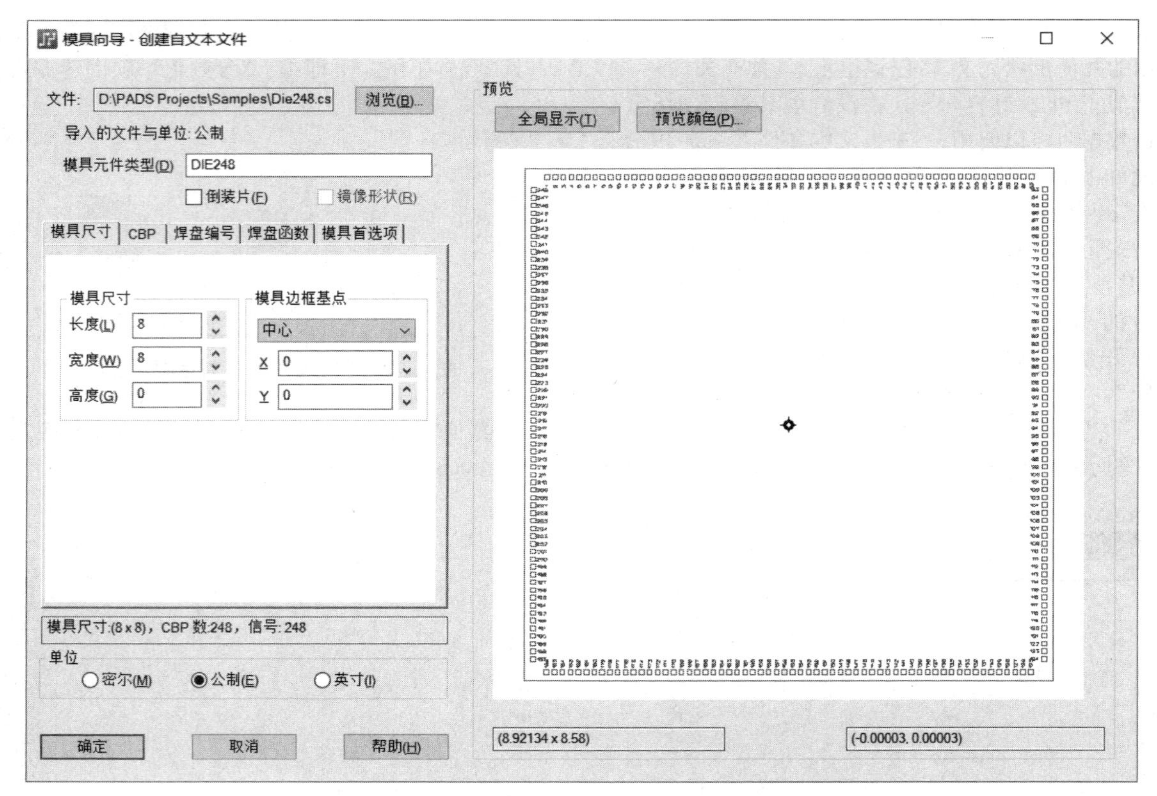

图 12.5 “模具向导 - 创建自文本文件”对话框

（3）单击“确定”按钮后即可在工作区域出现如图 12.6 所示的模具元件，你可以将其选中后执行【右击】→【编辑封装】进行编辑（例如，添加丝印、管脚），但不能修改模具元件本身。

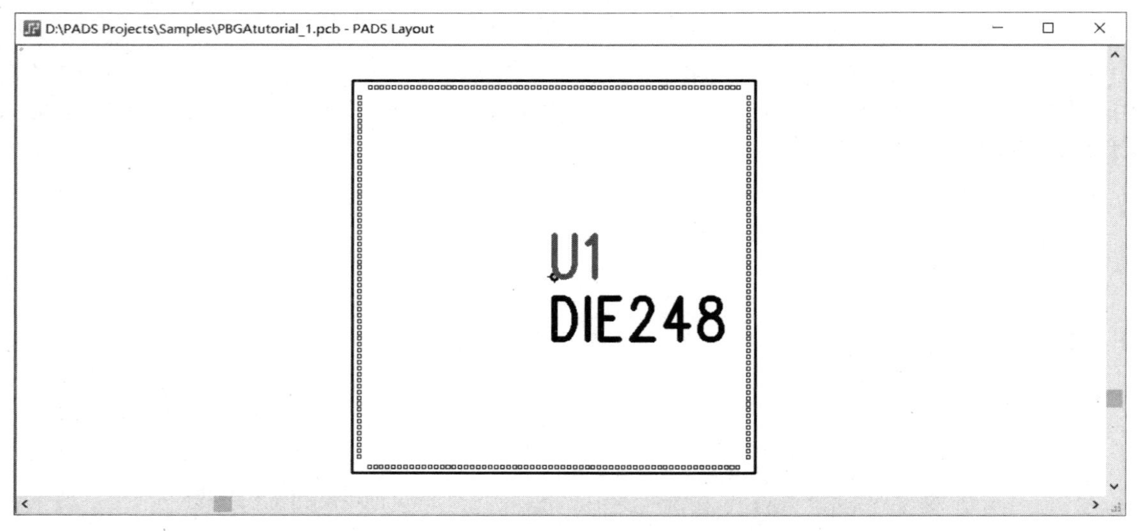

图 12.6 “导入坐标信息”后的模具元件状态

12.1.2 分配 CBP 到 SBP 环

导入尺寸与坐标信息后的模具元件本身并不包含 PCB 焊盘（即 SBP）相关的任何信息，只是给后续放置 SBP 提供位置布局依据而已。一般来说，所有 SBP 总是会沿模具元件四周呈环形排列，相应的排列形状也称为 SBP 环（根据管脚的数量，SBP 环可以是一个或多个），所以接下来需要将 CBP 分配到相应的 SBP 环。

（1）选中图 12.6 所示模具元件后单击工具栏上的“打线向导”按钮（反序操作也可以），模具元件周围将会出现图 12.7 所示用于方便调整 SBP 位置的 3 个环（Ring），它们（自内向外）分别对应同时弹出如图 12.8 所示“打线向导”对话框内“SBP 环”组合框中的地（Ground）、电源（Power）、信号（Signal）项，你也可以根据自己的需求添加或删除。如果管脚数量比较少，可以考虑将所有管脚都排成一圈（仅使用一个环），对于管脚数量较多的场合，也可以将管脚分配到多个环，此处按默认方式使用三个环。

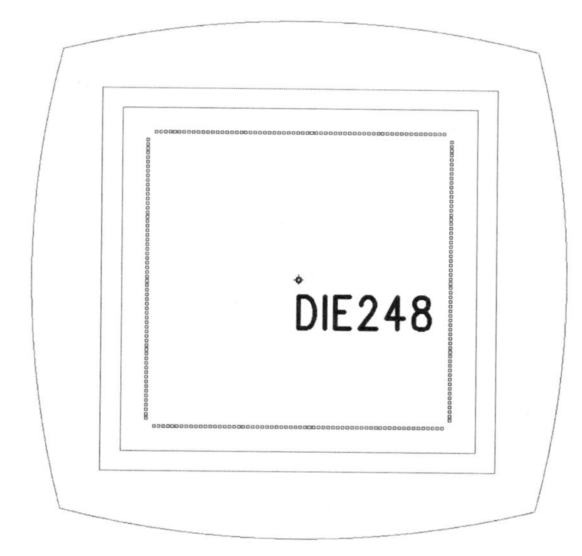

图 12.7　模具元件周围出现的 3 个 SBP 环

（2）当你在“SBP 环”组合框内选择某个环后，可以使用其中的 4 个标签页定制每个环的参数，“参考（Guide）”用于确定环的尺寸与形状态，“X”与“Y”值的含义取决于你选择“与模具间的距离”还是“尺寸”。SBP 环的形状可以是“矩形”、“圆角矩形”、“圆弧形”、“帐篷形”，如图 12.9 所示。如果还有其他特殊的形状要求，你也可以勾选“按面（By Side）”复选框并在“按面设置形状”组合框内将环的左、右、上、下侧设置不同的形状。当然，SBP 环只是放置 SBP 的参考，你并不一定必须得将 SBP 放在其上。

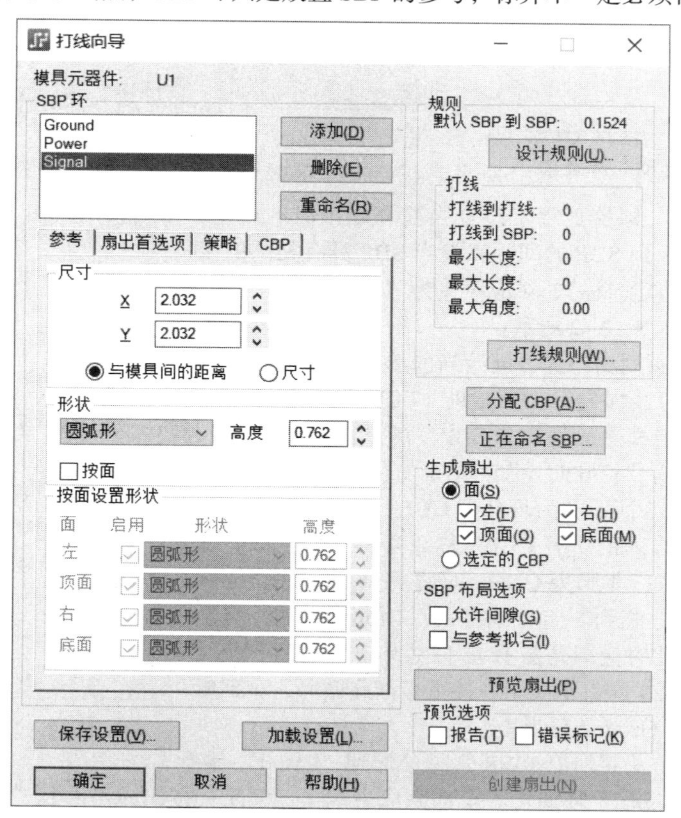

图 12.8　“打线向导”对话框

“扇出首选项（Fanout Prefs content）”标签页用于定制SBP焊盘的具体参数，如图12.10所示。“基板焊盘”组合框用来设置SBP的参数（与普通焊盘栈类似），但是形状仅可选“椭圆”或“矩形”“焦点”组合框决定创建扇出时以什么方向进行摆放SBP（仅决定初始扇出位置，移动时仍然以CBP为焦点），“打线”组合框指定邦定线（Wire Bond，WB）的宽度以及在SBP上的位置偏移（默认是SBP环与焊盘中心的交点，正值偏移向外，负值偏移向内），详情如图12.11所示。

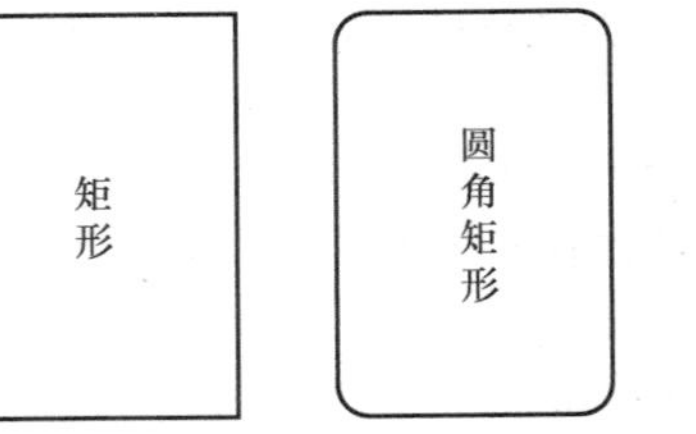

图 12.9　SBP 环形状态

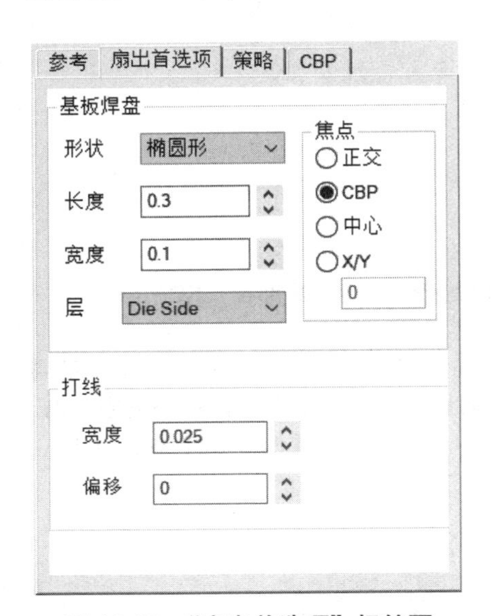

图 12.10　“扇出首选项”标签页

图 12.11　扇出首选项参数

“策略（Strategy）”标签页用于设置当前环扇出时的行为，包括SBP到SBP、WB到SBP的间距以及当SBP具有相同的函数名称（应翻译为“功能名称”，对应英文为“Function Name”）时如何创建网络名，如图12.12所示。

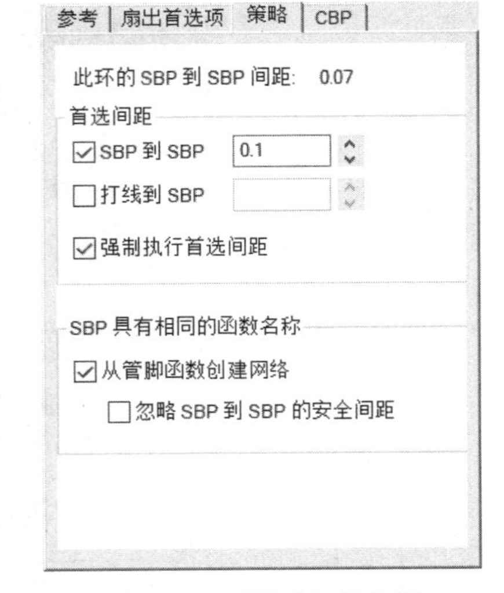

图 12.12　“策略”标签页

（3）“CBP”标签页列出已经分配给当前选择的SBP环中的CBP，在刚刚弹出“打线向导”对话框时，“CBP”标签页中的列表还是空的，为了给模具元件添加SBP，需要将CBP分配到相应的SBP环中。单击“打线向导”对话框右侧的“分配CBP”按钮即可弹出如图12.13所示“为环分配CBP”对话框，列表中显示了从文本文本中导入的所有CBP，你需要将它们全部分配到相应的CBP环。例如，1脚为GND，应该将其分配到Ground环中，只需要勾选“分配到”组合框中的“Ground”项，再从列表中选择第1脚（此时应高亮显示），然后单击“应用”按钮即可，此时列表中的第1脚就消失了。接下来依此循环，直到所有GND管脚都分配到Ground环为止。

（4）使用同样的方法将所有PWR管脚分配到“Power”环，其他管脚则分配到“Signal”环即可。全部完成后单击“关闭”按钮即可回到“打线向导”对话框中，“CBP”标签页将会类似如图12.14所示，与此同时，工作区域中模具元件的各个SPB环上将出现“已分配 CBP 对应的”SBP 虚影，如图 12.15 所示。你可以在调整 SBP 环参数或设计规则后单击“预览扇出”按钮进行 SBP 扇出预览，此处不再赘述。

图 12.13　“为环分配 CBP”对话框

参考 | 扇出首选项 | 策略 | CBP

CBP	CBP Function	SBP Function
3	SIG003	SIG003
4	SIG004	SIG004
5	SIG005	SIG005
6	SIG006	SIG006
7	SIG007	SIG007
8	SIG008	SIG008
9	SIG009	SIG009
10	SIG010	SIG010
13	SIG013	SIG013
14	SIG014	SIG014

全选　反选

仅显示选定面的 CBP

取消分配　重新分配至...

图 12.14　“CBP”标签页

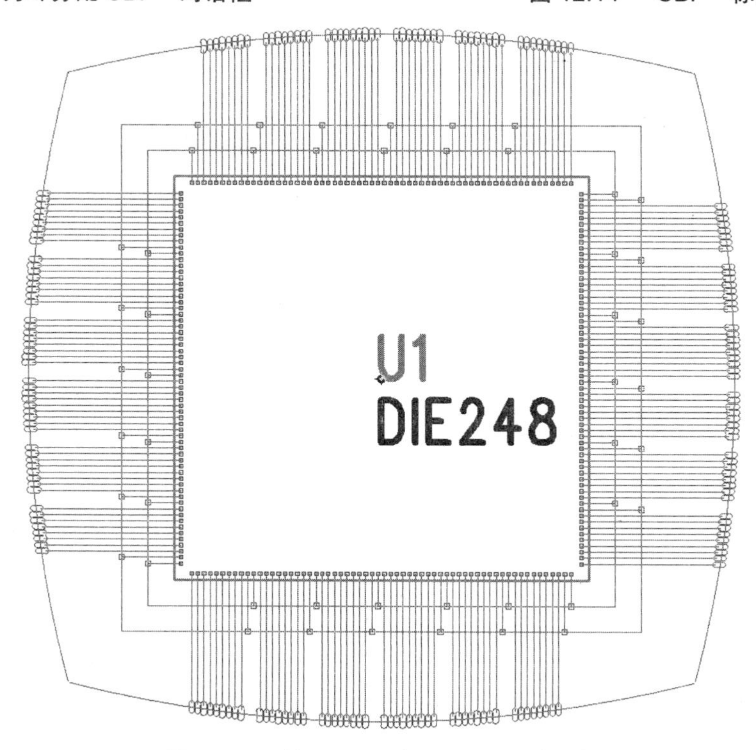

图 12.15　给 SBP 环分配 CBP 后的状态

12.1.3 创建扇出

到目前为止，你还在“打线向导”对话框中，当 SBP 环的参数参数确定后，单击右下角的“创建扇出”按钮，所有 SBP 虚影都将会变成实体，也就意味着 SBP 已经生成。默认生成的 SBP 位置一般不会满足需求，你可以选中 SBP 后进行移动操作（同时会出现相应的 SBP 环供参考），具体操作过程不再赘述，完成后的状态类似如图 12.16 所示（此处决定将所有 PWR 与 GND 管脚与大块铜箔连接，所以设置的 SBP 尺寸不需要很大）。

图 12.16 SBP 扇出完成并调整好的状态

12.1.4 创建模具标记

信号管脚相关的 SBP 调整完成之后，接下来需要处理 GND 管脚，也就是将其与模具标志（相当于 GND 网络特性的大焊盘）连接，它也是后续邦定时模具放置的地方，也有辅助散热的功能。选中模具元件后单击 BGA 工具栏上的“模具标志向导”即可弹出如图 12.17 所示“模具标志向导”对话框，从中可以调整模具标志的具体参数，详情见图 12.18。勾选“创建阻焊层形状”复选框意味着模具标志范围内均不覆盖绿油。

调整中心模具标志恰好覆盖所有 GND 管脚后，再使用相同的方式处理 PWR 管脚。在图 12.17 所示对话框内的“模具标志和环”组合框中单击“添加”按钮，即可在中心焊盘周围再添加一个环形焊盘，同样调整好参数覆盖所有 PWR 管脚即可，最后完成的状态如图 12.19 所示。

12.1.5 保存模具元件

刚刚创建的 GND 与 PWR 模具标志只是铜箔属性，并非封装的一部分，将创建的铜箔全部选中后执行复制命令（快捷键“Ctrl+C”），然后选中模具元件并执行【右击】→【编辑封装】即可进入“PCB

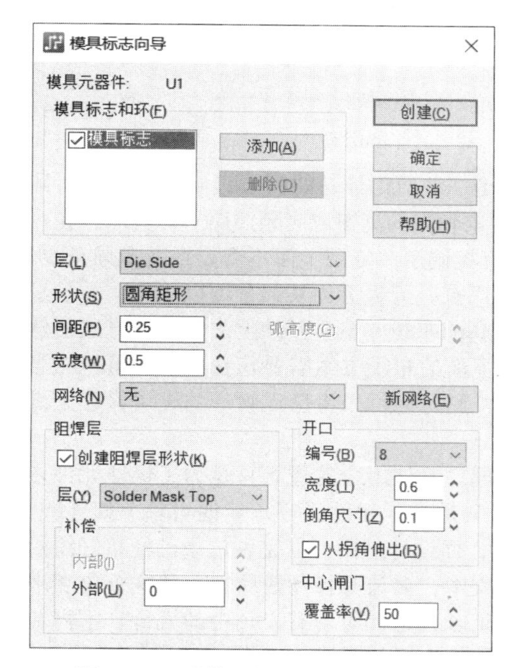

图 12.17　“模具标志向导”对话框

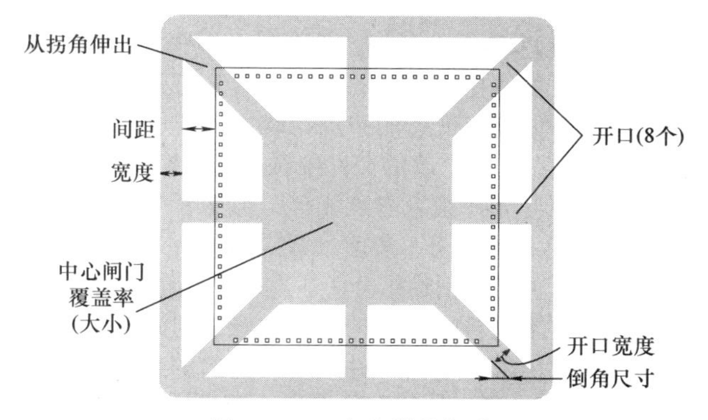

图 12.18　中心模具标志

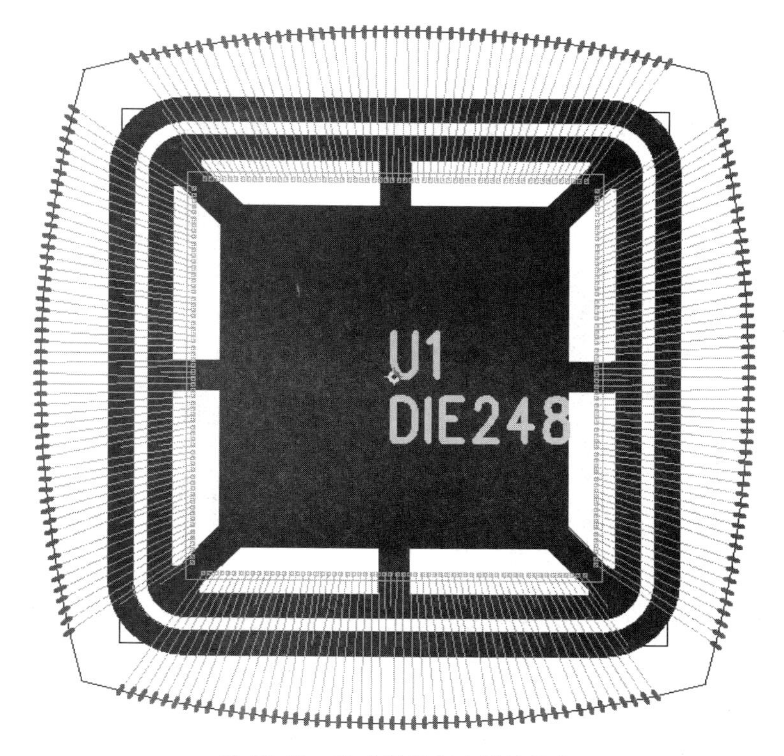

图 12.19　完成模具标志后的状态

封装编辑器”，然后执行粘贴命令（快捷键“Ctrl+V”）将铜箔粘贴到封装的中心即可，剩下的工作与普通 PCB 封装相同，此处不再赘述，但是有几点仍然需要注意：其一，当前创建的只是 PCB 封装，需要将其分配到元件类型后才能调用；其二，在 PCB 封装内部应该添加覆盖所有 SBP 的阻焊层，表示内部无需覆盖绿油，只需要使用铜箔工具在“阻焊层（Solder Mask Layer）”绘制一块铜箔即可；其三，添加外框丝印以及第 1 脚标记。

12.2 设计复用

在实际 PCB 设计过程中，设计复用（Design Reuse）也是一种值得你花时间去理解的对象。所谓的“复用”，是将以往经过验证的 PCB 元件与导线（通常是要求较高的高速或高频线路）将其保存在一个文件中，后续其他项目中需要使用到相同模块时，就可以直接调用“复用”而不需要重新布局布线。例如，很多公司的 PCB 文件是由原厂或方案商提供，如果原厂有一天告诉你某部分可以优化，并且发送已经验证的 PCB 文件过来，你会怎么做呢？难道直接按照新的布线方案重新抄上去？这种方式当然可以实现，但仍然存在一定的问题，因为完整且无偏差地抄下新的布线方案需要花费的精力可能相当大，更何况，你能保证新的布局布线方案与原厂完全一致吗？此时你可以将已经验证的模块保存为设计复用，然后在需要修改的文件中调用（替换）即可。

设计复用与元件组合有点相似，但两者应用目的并不相同。元件组合的建立只是为了保证元件之间的相对位置（如距离、角度、板层等特性）不变，注意：只是对于元件而言，其他对象（如导线、文本、铜箔等）无法创建组合（否则就不能称为元件组合了），而设计复用可以完整记录已经布好线的电路模块，它不仅包括元件的相对位置，同时也包括导线、文本、铜箔等特性或属性，从这个角度来讲，设计复用能够记录比元件组合更多的信息。另外，元件组合只是针对现有设计中的元件，不需要在 ECO 模式下进行添加或删除操作，而**设计复用的添加或删除操作却必须在 ECO 模式中进行**。

设计复用并非一种经常使用的对象（取决于设计者所处行业，有可能做一辈子 PCB 设计也未必用得上），但这种对象并不像本书其他已经声明不重要的操作那样不予重视，相反本书会做重点介绍，因为它是一种新的 PCB 设计理念，本节以工作中某实际项目为例进行设计复用的详细讲解。

假设某产品中存在使用 4 层板叠层实现的 DDR2 SDRAM 电路（旧的布线方案，此处对应的 PCB 文件名称为“test_old.pcb”），经过原厂布线重新优化与验证后可以使用双面板实现（新的布线方案），如图 12.20 所示（原理图完全相同），你的任务就是将新方案中的 DDR2 SDRAM 相关布线替换到旧项

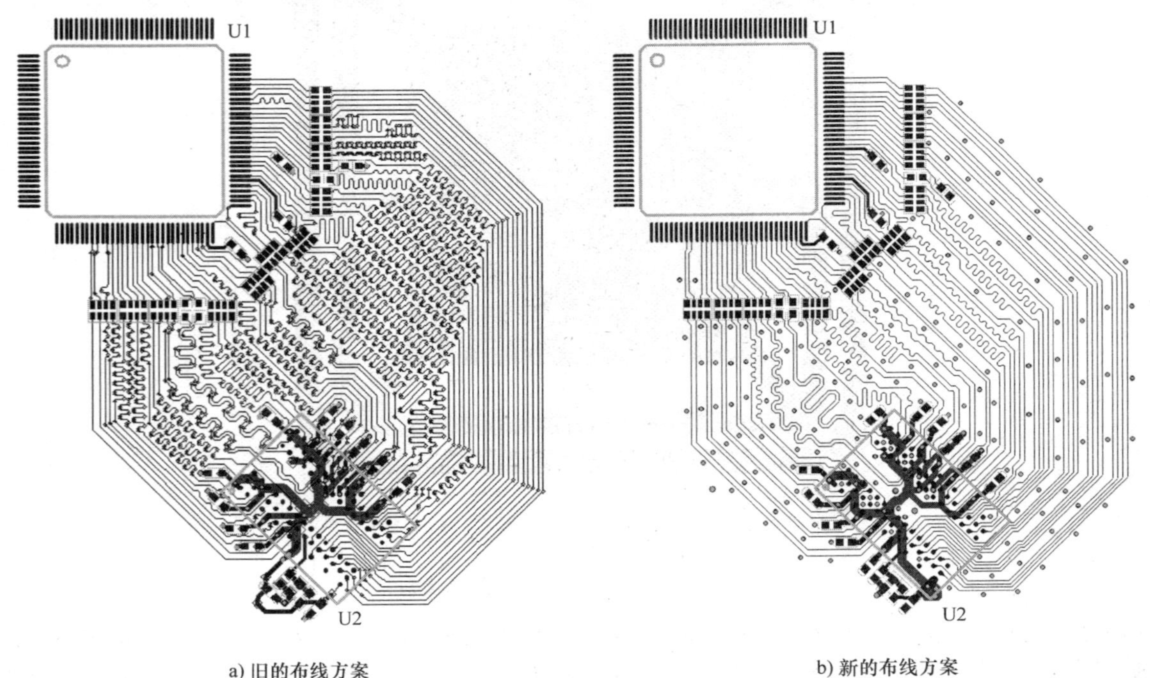

a) 旧的布线方案　　b) 新的布线方案

图 12.20　新的与旧的布线方案

目中，具体该怎么做呢？对于后续新的产品开发，你可以直接在新方案的基础上进行修改，但是对于已经存在（且还在持续生产）的旧产品，如何在不改变其他部分的前提下应用新的 DDR2 SDRAM 布线方案呢？你可能想到对以往的产品重新布局布线，但如果其他部分也存在很重要的模块（例如，射频电路），重新布局布线并不一定能够保证产品指标达到原来的要求（存在一定的风险），另一方面，如果系统非常复杂（其他部分虽然并不存在关键模块，但元件非常多），仅仅为了 DDR2 SDRAM 一小部分电路而进行整板重新布局布线，相信大多数人将无法接受，使用设计复用即可很好地处理此类问题，本节就来详细阐述设计复用的相关操作。

需要指出的是：本节主要阐述设计复用的相关操作，而非对原理图电路进行分析，因此已经将原理图与设计复用无关的线路删除，并且将有些信息（如管脚、附加电路）删除，但这并不妨碍你理解设计复用。

12.2.1　创建复用

既然要将新的设计方案替换旧方案，就必然需要先将新的设计方案创建为一个复用，正如你在重新装修房子前必须先准备所需的新材料一样。

1. 创建复用对象

在本例中，需要作为复用的对象是除（左上角）主控 U1 之外的所有对象。选中全部对象后再对 U1 执行“Ctrl+ 单击”，即可将“除 U1 之外的”所有对象选中（实际操作时，PCB 文件中可能还存在其他对象，你可以在 ECO 模式中将不需要的对象删除以方便选择对象），然后执行【右击】→【建立复用模块】，如图 12.21 所示。请特别注意：在选中对象时必须将对象完全选中，PADS Layout 不会将部分选择的对象（例如某个管脚）作为复用模块的一部分。

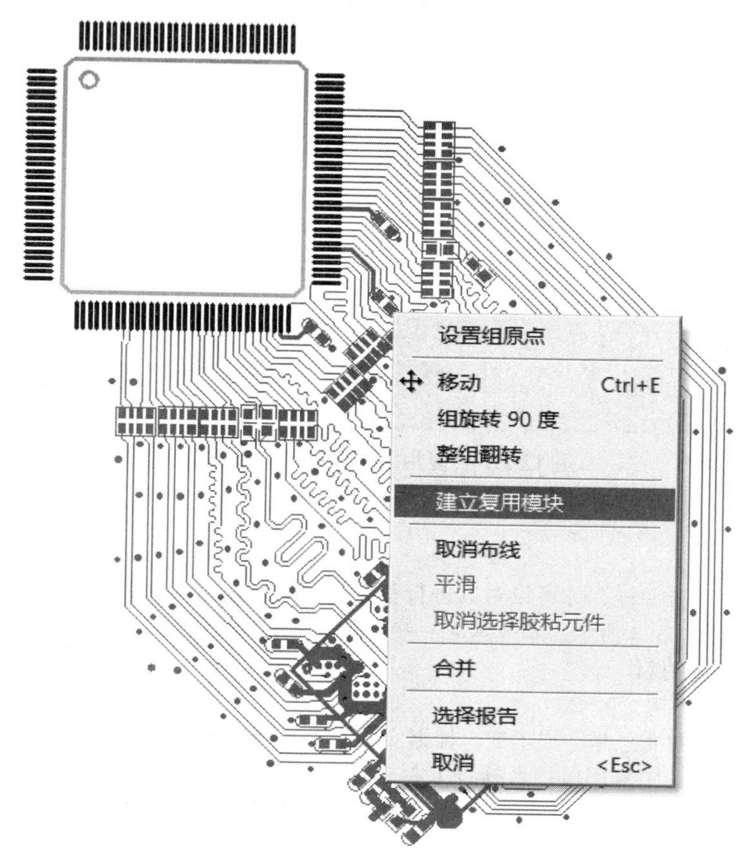

图 12.21　建立复用模块

2. 设置复用模块类型与名称

执行建立复用模块命令后，PADS Layout 将弹出如图 12.22 所示“建立复用模块”对话框，其中，“复用模块类型”与“元件类型”的作用相似，当你在其中输入类型名后（此处为“DDR2_REUSE”），“复用模块名称”文本框中会自动以“类型名 +_+ 数字”的方式填充（此处为“DDR2_REUSE_1”）。当然，你也可以另行修改“复用模块名称”。单击“取消选择报告”或“选择报告”按钮均可自动弹出一份 report.rep 文件，前者列出已从选择中删除的项目，后者列出已选择且包含到复用模块中的项目，因为并非你选择的所有对象都会被保存为复用模块，在必要的情况下，你可以从报告中观察想要的对象是否包含在复用模块中。

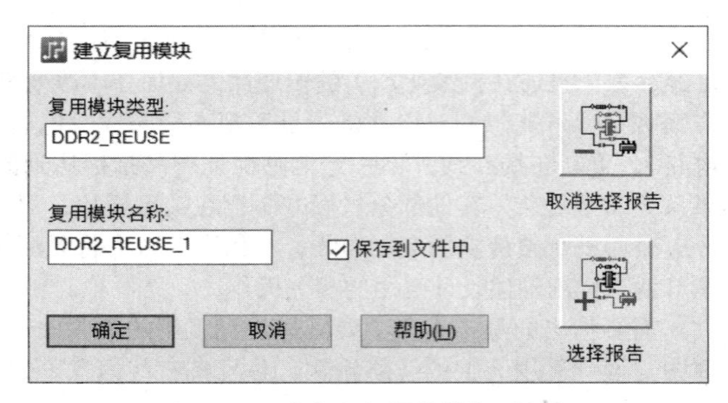

图 12.22 “建立复用模块”对话框

3. 设置复用模块保存路径与名称

如果你需要在另一个文件中调用创建的复用模块，则应该勾选“保存到文件中”复选框，这样当你单击“确定”按钮后，PADS Layout 将会弹出“复用模块另存为”对话框，从中确定复用模块的保存路径（此处为默认路径“D:\PADS Project\Reuse\”）与文件名，再单击“保存”按钮即可，如图 12.23 所示。

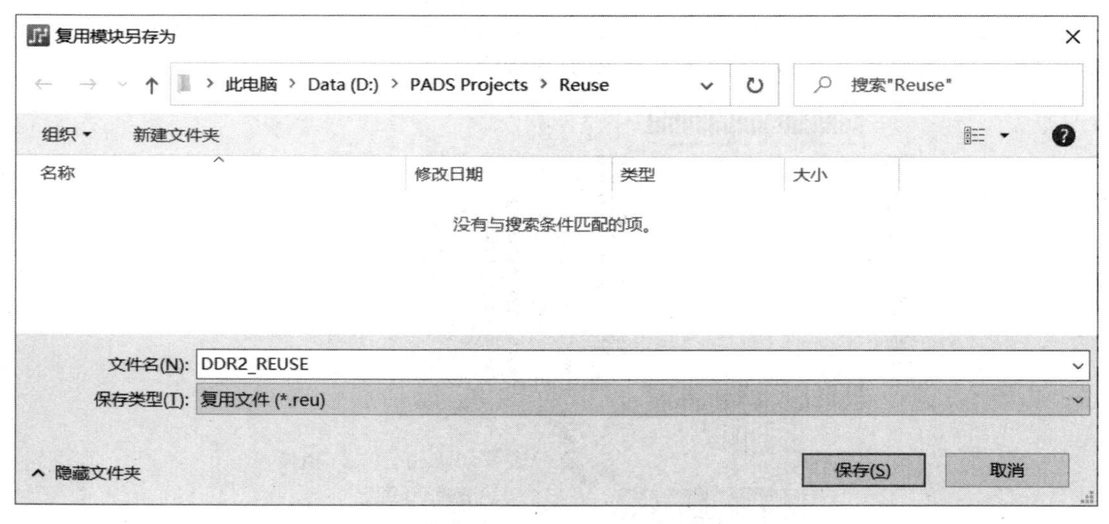

图 12.23 “复用模块另存为”对话框

12.2.2 编辑复用

设计复用与元件组合一样，你可以对其进行很多编辑操作，只需要将其选中后右击并选择快捷菜单命令项来完成，如图 12.24 所示，本节选取一些比较常用的操作简述如下（你也可以直接跳到 12.2.3 小节进行复用模块的添加操作）。

1. 编辑复用模块

复用模块创建之后并非总是一成不变，根据实际需求（例如操作有误），你很有可能需要对其进行相应地修改，此时可以选中复用模块后执行【右击】→【打散复用模块】将其打散，按常规的步骤进行修改（因为复用模块是一个整体，无法直接编辑）后，再按前述步骤重新创建复用模块即可。值得一提的是，复用模块文件本身即可使用 PADS Layout 直接打开，只需要选择“PADS Layout 复用文件（*.reu）”滤除项即可，如图 12.25 所示。

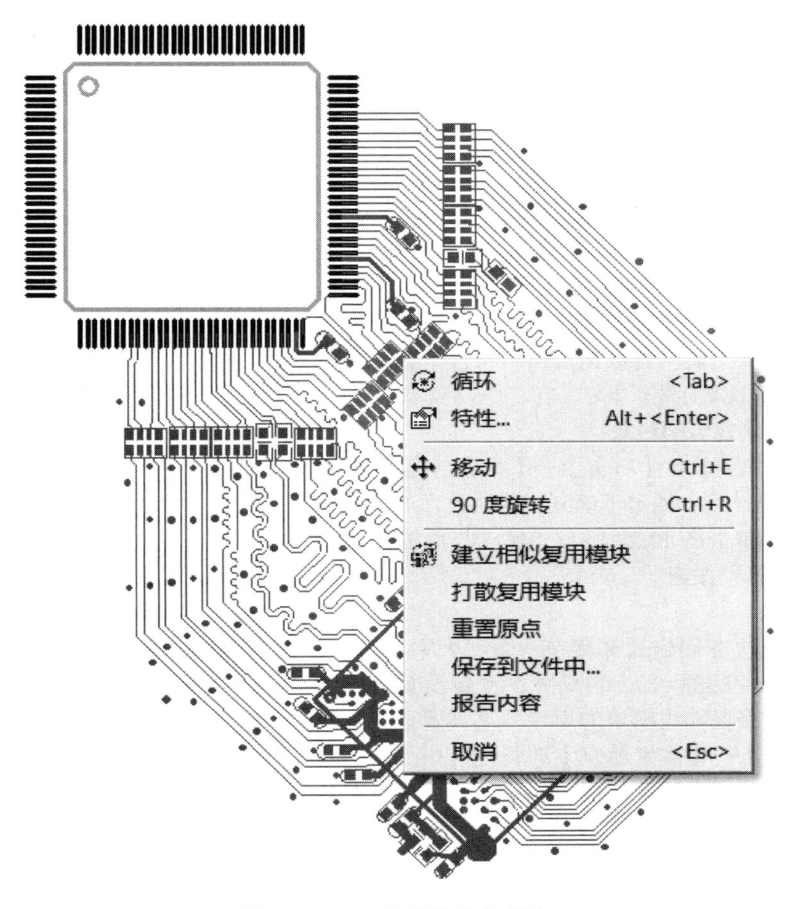

图 12.24　对复用模块的操作

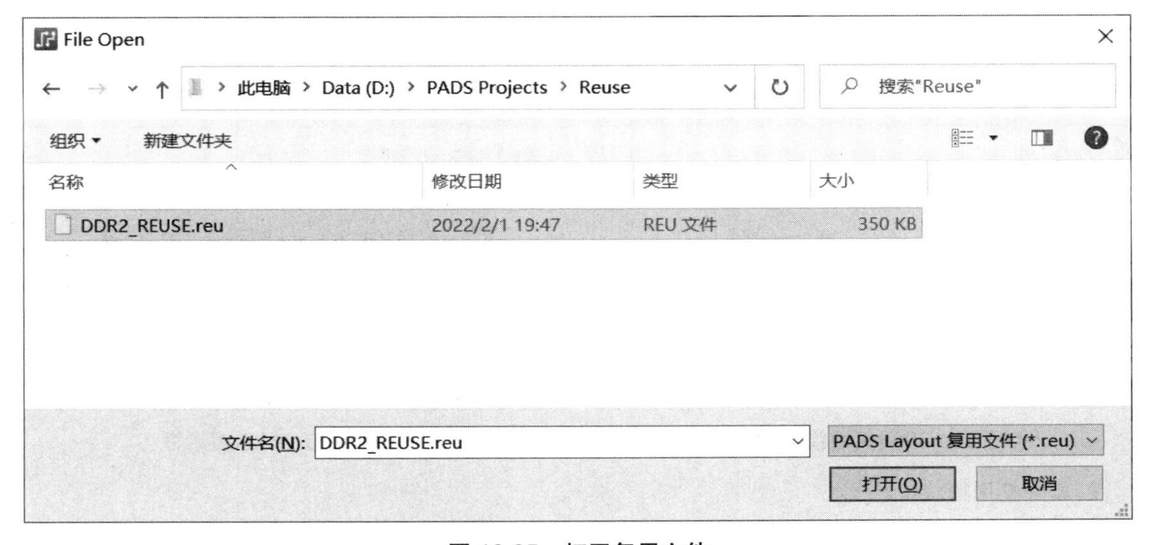

图 12.25　打开复用文件

2. 保存复用模块到文件

如果你未在图 12.22 所示对话框中勾选“保存到文件”复选框，创建的复用模块仅能供当前文件使用，但是你仍然可以将已经创建的复用模块保存到文件中，只需要选中复用模块后执行【右击】→

【保存到文件中】即可，而为了选择某个复用模块，你可以先选中属于该复用模块的某个对象（例如，导线、元件、过孔等等），然后执行【右击】→【选择复用模块】即可。当然，你也可以勾选“选择筛选条件”对话框中的“复用模块”复选框再直接选中复用模块。

3. 查询或修改复用模块

你无法直接修改复用模块中的对象，因为 PADS 将其视为一个整体，但是却可以针对复用模块进行一些信息查询或修改操作。选中某复用模块后执行【右击】→【特性】后即可弹出如图 12.26 所示“复用模块特性”对话框，从中你可以修改复用模块的坐标、旋转角度及粘胶状态。当然，你也可以修改复用模块的数据及网络特性，但这些操作必须在 ECO 模式下才有效。

图 12.26 “复用模块特性”对话框

4. 查询复用模块包含的对象

选中某复用模块后执行【右击】→【报告内容】，即可弹出 report.rep 文件，其中列出了该复用模块包含的所有对象，该操作等同于单击图 12.22 所示“建立复用模块”对话框中的“选择报告”按钮。

5. 重置原点

每一个复用模块在创建后都存在一个“十字 + 方形”的原点（相当于元件的原点），它只有在重新设置原点时才可见。如果你想重置复用模块的原点，只需要选中复用模块后执行【右击】→【重置原点】即可进入原点的编辑状态，此时复用模块原来的原点将会显示出来，你只需要在合适位置单击即可弹出如图 12.27 所示提示对框，单击“是”按钮即可完成重置原点的操作。

6. 创建相似复用（Make Like Reuse）

与创建相似元件组合相似，你也可以根据现有的复用模块创建相似复用模块，只需要选中某个复用模块后执行【右击】→【建立相似复用模块】，如果当前设计中存在相似复用模块，相应的对象会自动按照你选中的复用模块进行布局布线，并粘在光标上随之移动。如果当前 PCB 文件中不存在相似的复用模块，则会弹出如图 12.28 所示提示对话框。

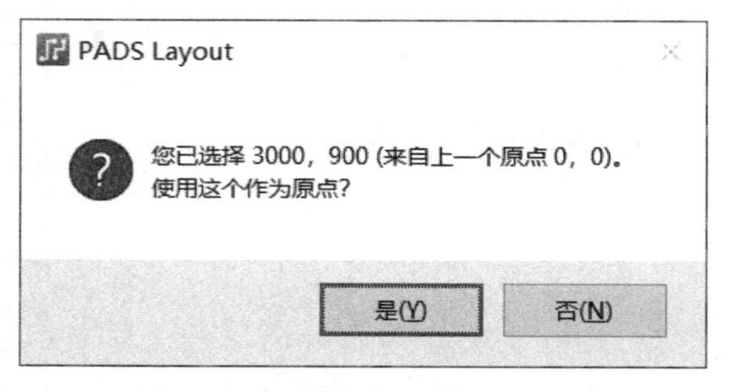

图 12.27　设置复用模块的原点

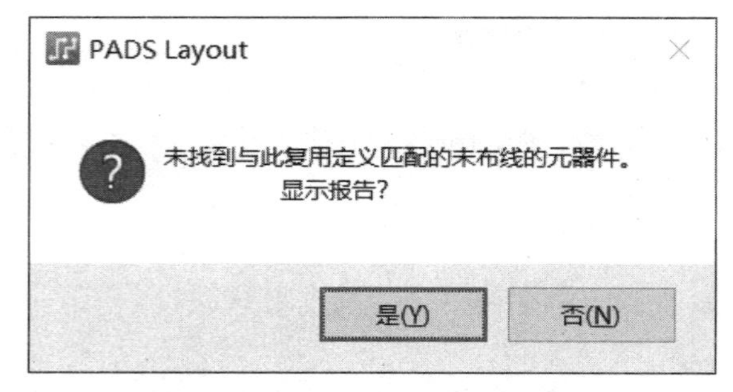

图 12.28　提示对话框

7. 删除复用模块

复用模块的删除操作必须在 ECO 模式下进行，因为该操作已经改变了网表项。选中需要删除的复用模块后按快捷键 Delete，PADS Layout 将弹出如图 12.29 所示“删除元件”对话框，单击“确定”按钮后即可完成删除复用模块的操作，PADS Layout 随后将弹出如图 12.30 所示“删除元件（删除 网络）”对话框，其中列出了所有已经删除的网络。值得一提的是，你无法删除包含处于胶粘状态元件、过孔或被保护的导线等对象。

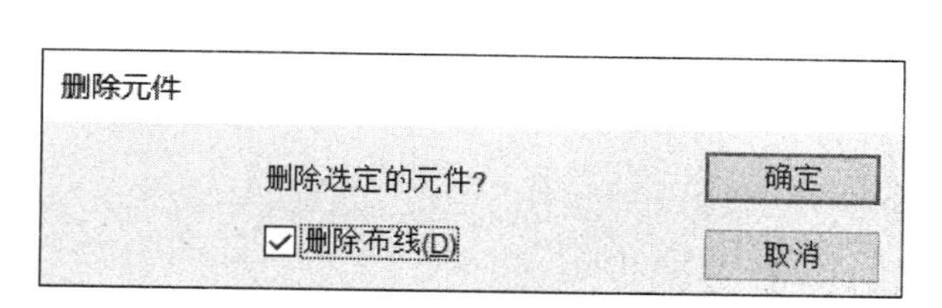

图 12.29 “删除元件”对话框

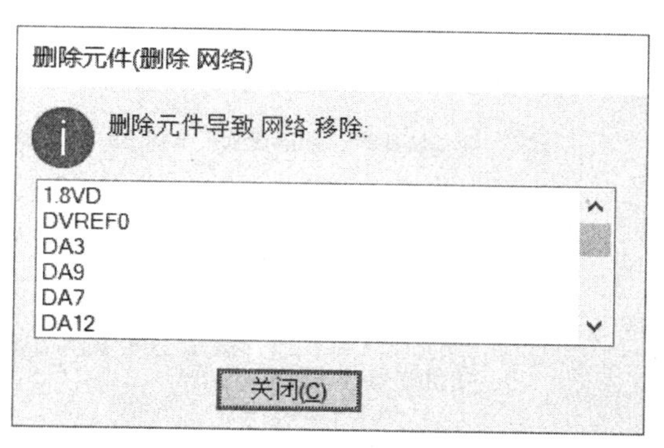

图 12.30 “删除元件（删除　网络）”对话框

12.2.3 添加复用

当你将新方案中的模块保存为设计复用后，便可以在旧方案（此例为“test_old.pcb”）中添加该复用模块，但是必须首先进入 ECO 模式（详情见 5.7 节），之后的操作步骤如下：

1. 添加复用模块

单击 ECO 工具栏上的“添加复用模块”按钮，即可弹出如图 12.31 所示“Add Reuse”对话框，找到刚刚创建的复用模块文件后，单击“打开”按钮。

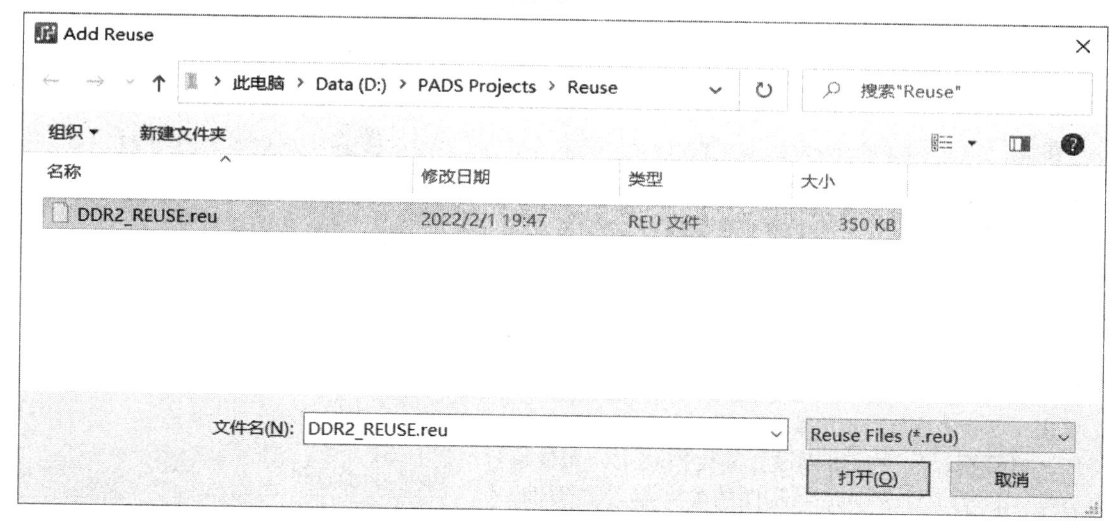

图 12.31 “Add Reuse”对话框

2. 消除可能产生的错误

之后 PADS Layout 会弹出如图 12.32 所示提示对话框，告诉你出现了 1 个错误与 16 个警告。警告通常可以忽略，但错误必须消除，否则添加复用模块的操作将会失败。为了找到失败的原因，你可以单击“是”按钮，即可弹出如图 12.33 所示“Layout.err”文件，从中可以看到，原来是电气层数不匹配导致，因为新方案是 2 层板，而旧方案是 4 层板。所以你得将旧方案更改为 2 层板（详情见 6.2.1 小节），再重新导入复用模块。

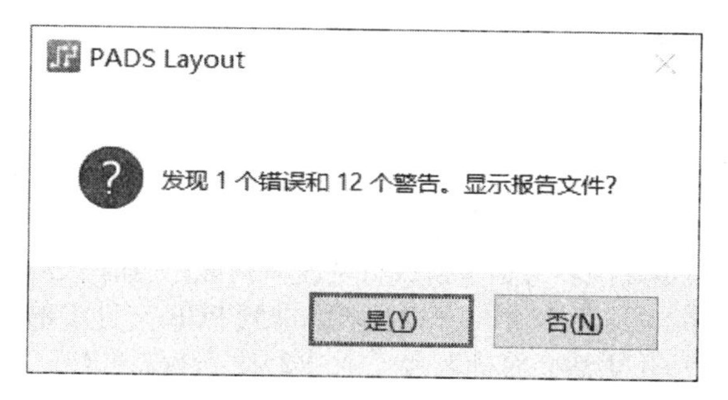

图 12.32 提示对话框

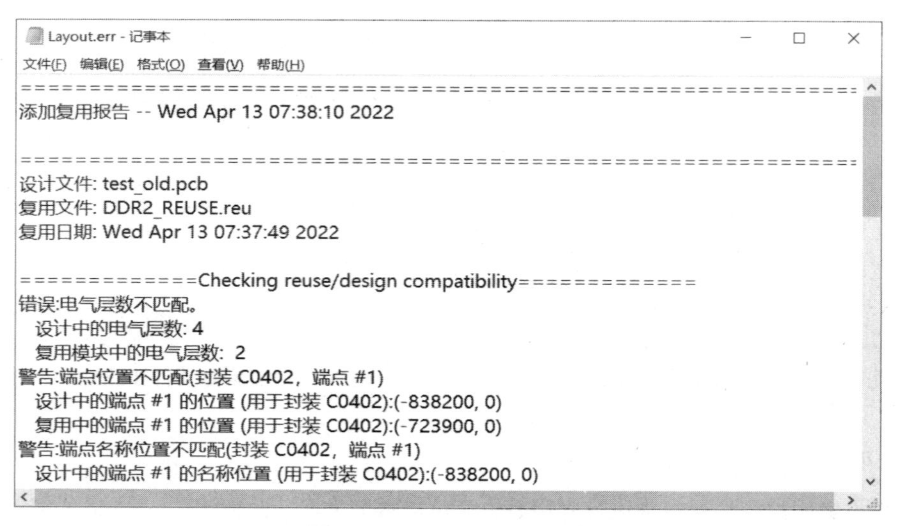

图 12.33 Layout.err 文件

当你再次在 ECO 模式中添加保存的新复用模块时，同样会弹出如图 12.34 所示对话框，但此时错误已经不再出现，你想查看报告就单击“是”按钮，不想查看报告就单击“否”按钮，无论选择如何，PADS Layout 都将弹出如图 12.35 所示对话框，提示存在警告是否继续。

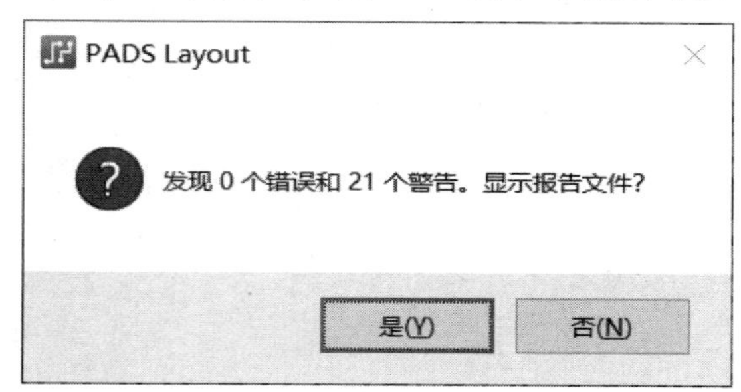

图 12.34 提示对话框

图 12.35 提示对话框

3. 设置复用模块特性

单击“是”按钮后即可弹出如图 12.36 所示“复用模块特性”对话框，从中你可以设置复用模块中的元件编号修改方案。因为 PADS 中每个元件的参考编号必须惟一，而复用模块与旧设计中的原理图完全一样，所以将其添加后必须修改复用模块中的元件参考编号。当然，为了避免复用模块中修改后的元件参考编号与旧设计中相互混淆，你可以指定参考编号的修改方式，主要包含以下几种：

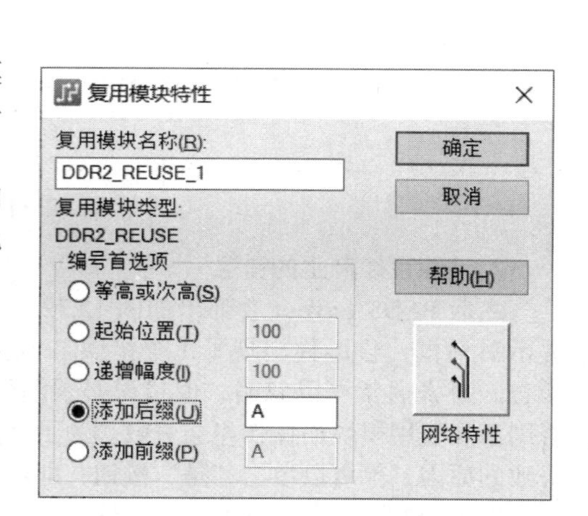

图 12.36 “复用模块特性”对话框

（1）等高或次高（Same or Next Highest）：选择该项后，如果设计复用中的元件参考编号未与现有 PCB 文件中重复，则不对其进行更改，如果存在与 PCB 文件中重复的参考编号，PADS Layout 会对比设计复用与 PCB 文件，并按照更高的参考编号值进行更改。例如，当前 PCB 设计中存在 R2（但无 R1、R3），则添加到 PCB 文件中的设计复用中 R1 仍然会保持为 R1，而 R2 则会修改为 R3。默认为选择该项。

（2）起始位置（Start at）：选择该项后，设计复用中的元件参考编号将从指定的数字（图 12.36 中为 100）开始编号。例如，设计复用中的 R1、R2、R3 将会被修改为 R100、R101、R102。

（3）递增幅度（Increment by）：选择该项后，设计复用中的元件参考编号将从原有的数字上增加指定的数字（图示为 100）。例如，设计复用中的 R1、R2、R5 将会被修改为 R101、R102、R105。

（4）添加后缀（Add Suffix）：选择该项后，设计复用中的所有元件参考编号将自动添加后缀（图 12.36 中为 A）。例如，设计复用中的 R1、R3、R9 将会被修改为 R1A、R3A、R9A。**本例决定选择该项**。

（5）添加前缀（Add Prefix）：选择该项后，设计复用中的所有元件参考编号将自动添加前缀（图 12.36 中为 A）。例如，设计复用中的 R1、R3、R9 将会被修改为 AR1、AR3、AR9。

选择哪一项取决于你的习惯，一般情况下最好选择容易与其他元件区分的编号方式（例如添加后缀或前缀），因为最终你还是需要将这些元件参考编号手动修改回来（与旧设计一致），这样方便后续快速更改。

“编号首选项”组合框是为了解决元件参考编号冲突的问题，但网络同样存在类似的问题：如果复用模块存在与当前 PCB 文件中相同的网络，是应该将其连接在一起（产生飞线）还是独立分开（需要更改网络名称）呢？如果需要独立分开的网络，应该怎么做呢？“复用模块特性”对话框中还有一个“网络特性”按钮，单击后即可弹出如图 12.37 所示“网络特性”对话框，其中列出了复用模块中所有的网络名，它们被分成了两个部分：私有（Private）与公共（Public），并且可以互相进行调整。

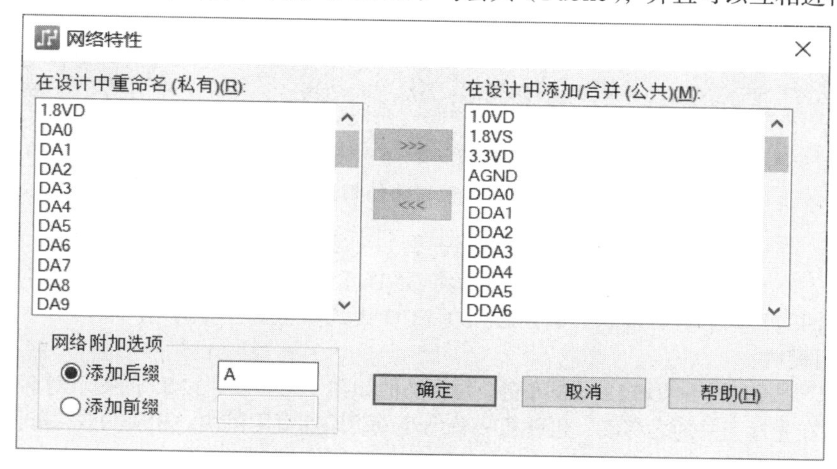

图 12.37 “网络特性”对话框

那么公共网络与私有网络区分在哪里呢？复用模块就相当于一个黑盒子，它必然会存在一些对外的网络（以便该黑盒子与现有的 PCB 对接），当然，复用模块也可能存在一些内部网络，它们不需要与现有 PCB 文件对接。在默认情况下，如果管脚对已经被导线完整连接，PADS Layout 认为其属于内部网络，也就会将其添加设置为私有，反之，PADS Layout 则将其设置为公有，也就是需要与当前 PCB 对接的网络。以图 12.38 所示简单复用模块为例，K1~K4 所示导线并未连接完整的管脚对，所以相应的网络默认被设置为对外（Public）、S1~S2 所示导线则完整连接了管脚对，所以相应的网络被默认设置为对内（Private）。

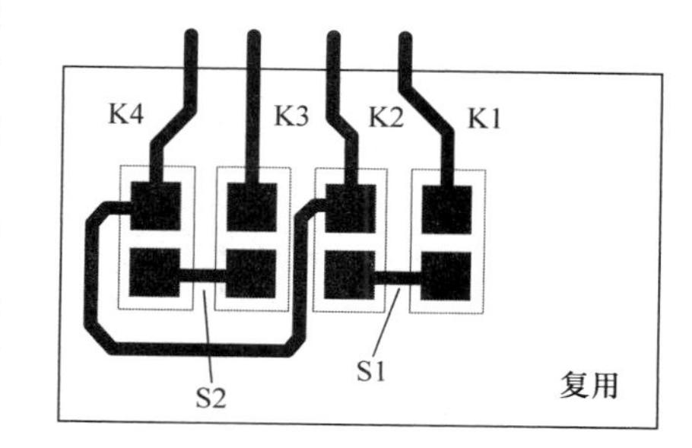

图 12.38 内部与外部网络

也就是说，如果你需要将复用模块中的某个网络与现有的 PCB 文件进行连接，那么应该将其添加到“公共”列表中，也就同时意味着，该列表中的网络名称不会更改（如果现有 PCB 文件中存在相同的网络，将会自动连接而产生飞线），否则就应该添加到“私有”列表中。当然，是否修改网络特性并不会影响复用模块的添加，只不过会影响添加复用模块后的处理过程而已。例如，你选择将默认的私有网络都改为“添加后缀”，那么当你添加复用模块到当前 PCB 文件后，你还需要删除原来旧的模块，而为了保证修改后的 PCB 与旧原理图同步，你还得将添加的复用模块中的网络进行网络名更改（即删除网络名后缀）。如果你选择将所有网络都设置为公共网络，则添加的复用模块与原来的模块是完全并联的关系，网络名称也未做任何更改，那么当你添加复用模块到当前文件后，只需要删除原来旧的模块即可，因为复用模块在添加时并未修改网络名称。

以图 12.39 为例，添加的复用模块的网络与现有 PCB 文件中完全相同，当 S1 与 S2 设置为私有网络时，网络名称在添加复用模块后会被修改（此处为添加后缀 A），所以其与现有 PCB 文件并不存在网络连接关系，如图 12.39b 所示。如果你将 S1 与 S2 设置为公共网络时，网络名称在添加复用模块后不会更改，所以其与现有 PCB 文件会存在网络连接关系，具体效果如图 12.39c 所示。

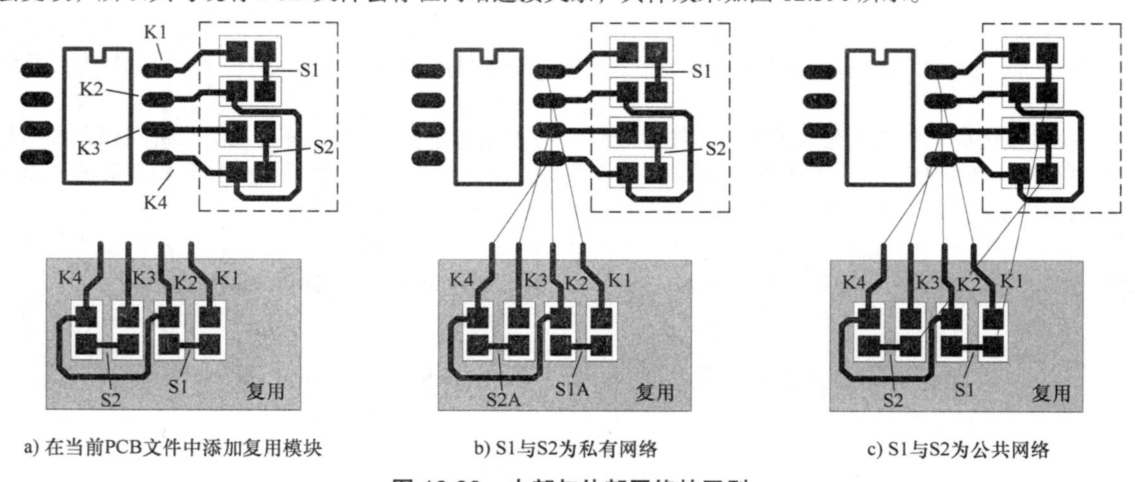

图 12.39　内部与外部网络的区别

但是请注意，你不能重命名与合并一个网络。例如，复用模块中存在网络 GND，而当前设计中存在网络 GND1，你无法从“网络特性”对话框中将 GND 重新命名为 GND1（意图是将其与当前设计中的 GND1 进行合并），如果你必须这么做，必须在 ECO 模式中手工合并网络。

4. 调整复用模块

单击“确定”按钮后，PADS Layout 可能会弹出类似如图 12.34 与图 12.35 的提示对话框，最后你添加的复用模块将粘在光标上并随之移动，也就意味着已经成功添加复用模块，相应的效果如图 12.40 所示。

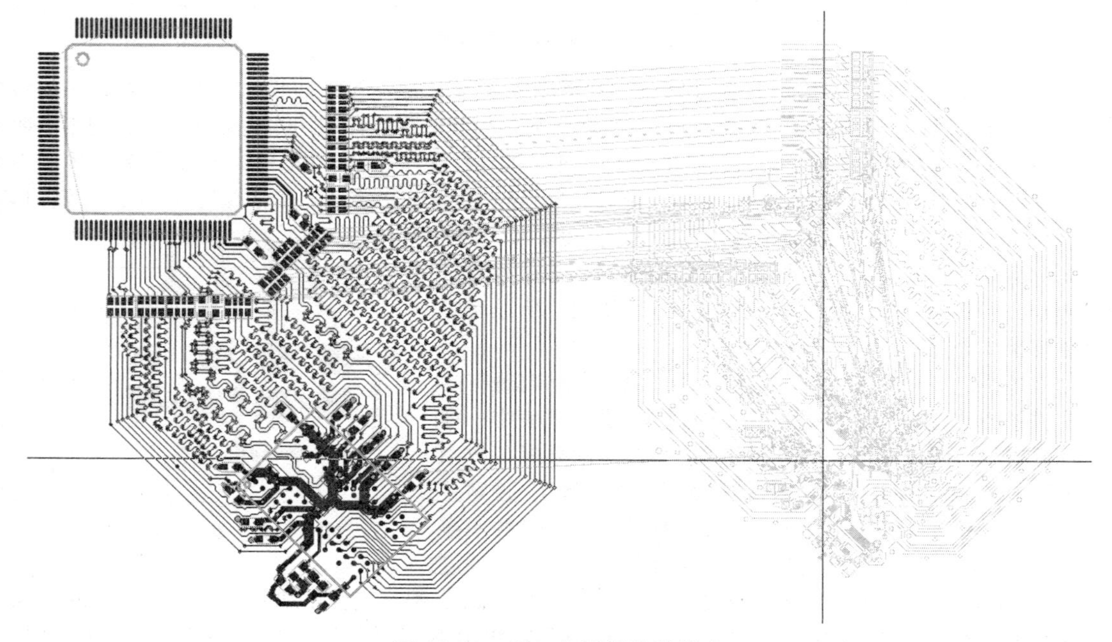

图 12.40　添加复用模块的状态

5. 删除旧文件中的模块

复用模块添加到旧文件中后会造成两个电路模块重复，所以必须将原来的电路模块删除，只需要在 ECO 模式中操作即可，此处不再赘述。需要注意的是，由于你需要删除的模块与复用模块存在公共网络，所以会出现图 12.41 所示对话框（Reuse elements cannot be modified. Break the reuse first），提示你必须先打散复用模块后才能删除。

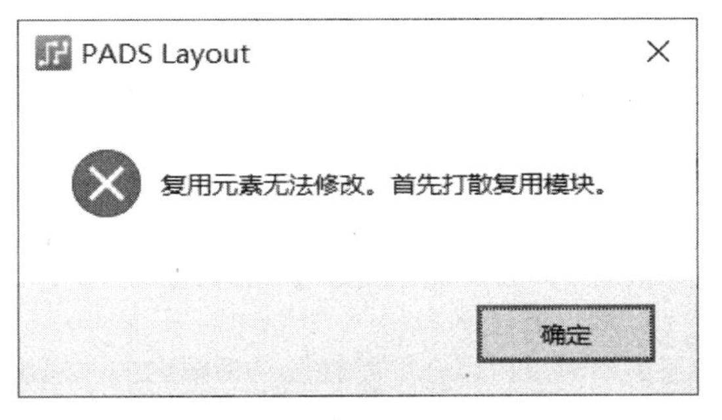

图 12.41　提示对话框

6. 将复用模块移到正确的位置

在当前 PCB 文件中添加复用模块后，还必须调整其位置，只需要选中复用模块（打散之后可以再次创建）后按普通元件的移动操作即可，也可以配合方向键进行更细微的移动，只需要设置较小的设计栅格即可。如果需要更准确地移动复用模块，可以进入“复用模块特性”对话框中直接修改坐标。

7. 调整元件参考编号与网络名

由于复用模块在添加时，相应的元件参考编号与私有网络名都被重新命名，此时原理图与 PCB 处于不同步状态，所以应该在 ECO 模式下将元件参考编号与网络名修改回来。需要注意的是，只有将复用模块打散之后才能顺利完成这些操作。

12.3　自动布线

在 PADS Router 中执行【工具】→【自动布线】→【开始】即可进入自动布线阶段，看起来是一件非常简单的操作，但是为了获得较好的布线效果，你还应该做一些准备工作，包括设计规则设置、预布线分析以及布线次序调整等，设计规则的具体设置详情见第 7 章，本节的阐述重点在预布线分析与布线次序调整操作。

12.3.1　预布线分析

预布线分析可以提供可能会影响自动布线的设计环境报告，你可以根据需求决定是否进行调整。以 previewplaced.pcb 为例，执行【工具】→【预布线分析】即可进入预布线分析阶段，图 12.42 所示输出窗口中列出了可能影响自动布线的信息（其中说明当前的栅格过大，你可能需要进行相应的调整）。

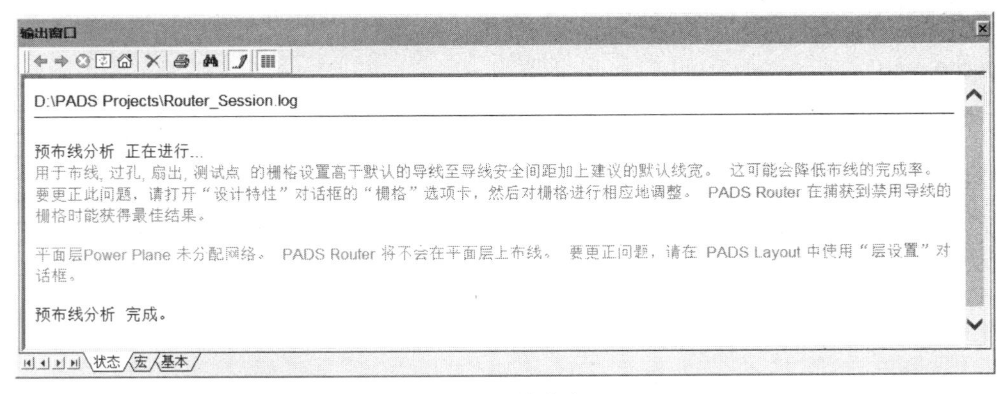

图 12.42　输出窗口

12.3.2　自动布线策略

在实际使用自动布线时，通常首先将关键的高速、高频或电源等信号线进行手工布线，然后将其保护起来以避免后续被自动布线破坏。自动布线策略决定了自动布线器应该按何种优先级对 PCB 进行布线，因为板层的布线空间有限，而并非所有信号线的重要等级都相同，对于相对重要的信号线，你可以设置更高的优先级，这样也就能够获得更好的布线空间资源。PADS 定义了包含扇出（center）、模式（patterns）、布线（route）、优化（optimize）、中心（center）、测试点（test point）、调整（tune）、倒角（miter）共 8 种通过类型（Pass Type），前两者属于预布线（Prerouting）通过类型，只有在必要的时候才应该使用，其他则属于后布线（Postrouting）通过类型。一般来说，布线与优化通过类型最常用，而默认的策略就是从布线通过类型开始。

1. 扇出通过

扇出通过可以在“特性”对话框内的“扇出”标签页中设置，你可以执行扇出通过缩短自动布线时间并提升完成率。该通过类型能够为无法访问的 SMD 管脚放置过孔，并在过孔到管脚之间进行布线。扇出通过包括预先放置扇出和自由扇出两个过程，前者会尝试放置符合当前最小间距规则和过孔间距的（你已经准备好的）过孔，如果过孔的放置会违反规则，PADS Router 将不会放置过孔，也不会为管脚创建扇出，后者是对前者扇出失败过程的补充，其通过路径搜索、推挤、重新布线、重试功能为扇出腾出空间，如图 12.43 所示。

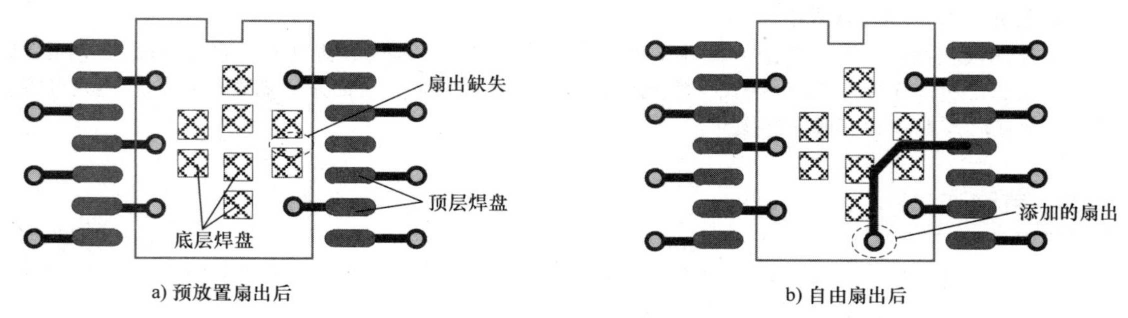

图 12.43　自由扇出过程

2. 模式通过

模式通过搜索可以使用如图 12.44 所示 C 布线模式、Z 布线模式与内存（Memory）模式，并对其进行布线。在此过程中，PADS Router 使用一个边界框包围所有需要进行模式布线的未布线组，如果存在足够的空间创建导线且不违反安全间距规则，PADS Router 将会以相应模式进行布线，如果边界框内出现障碍物或模式违反设计规则，模式布线将会停止。图 12.45 所示飞线为明显的 Z 布线模式，但由于边界框内存在障碍物，所以不会以该模式布线。值得一提的，对于 C 布线模式，其中包含的管脚必须沿 *X* 轴或 *Y* 轴对齐，否则模式布线将会失败，图 12.46 所示管脚因此而并不会以 C 模式布线。

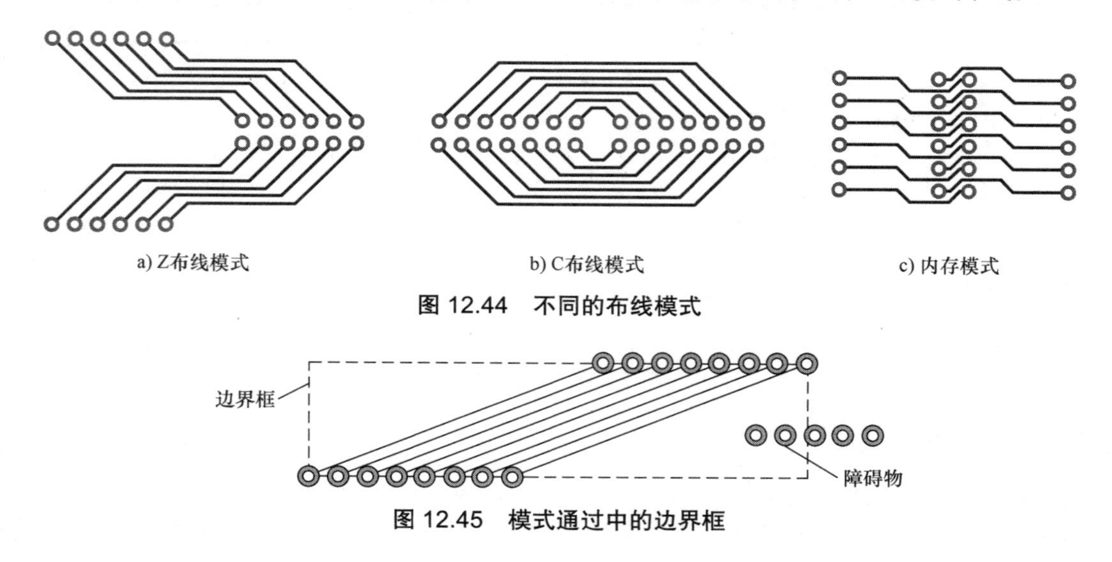

图 12.44　不同的布线模式

图 12.45　模式通过中的边界框

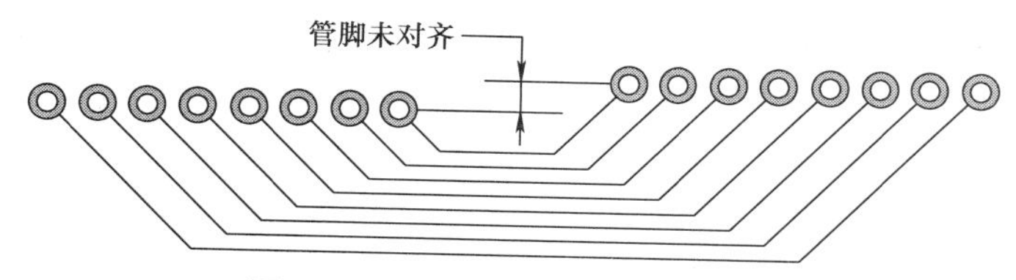

图 12.46　模式通过中的布线模式

3. 布线通过

布线通过是大部分自动布线的核心通过，PADS Router 会尝试按顺序对每个未布线网络进行布线，直到完成所有连接。布线通过包含串行（serial）、重新布线（rip up and retry）、推挤（push and shove）以及接触交叉（touch and cross）过程，表 12.1 给出了布线通过流程。

表 12.1　布线通过流程

流程	操　作
串行	通过“查找障碍物与未布线端点之间的最短路径”的方式将飞线转换为导线，如果无法找到不存在障碍物的路径，PADS Router 会跳过该飞线
重新布线	通过“取消现有导线、导找新的路径并为其他导线腾出空间”的方式提升布通率。如果无法找到新的路径，PADS Router 将取消该过程并将导线恢复到原始状态
推挤	将导线推挤到一边为新导线腾出空间，PADS Router 也会在此期间执行重新布线过程
接触交叉	消除由其他自动布线操作创建（或修改）现有导线（或模式）而产生的接触与交叉违规。例如，推挤过程可能会强迫某导线与管脚重叠，也就会为该管脚相关的导线产生新的交叉违规，PADS Router 会尝试重新布线以消除该违规。如果无法消除，PADS Router 会取消该操作并恢复到原始状态

4. 优化通过

优化通过会分析每条导线，并尝试通过删除额外的导线段、减少过孔使用量、缩短导线长度等方式提升布线质量。具体来说，该类型通过包含过孔数量最小化、平整与平滑导线共 3 个过程，过孔数量最小化过程通过拆除现有导线并导线新的路径以减少过孔的使用量，相应的效果分别如图 12.47 所示。

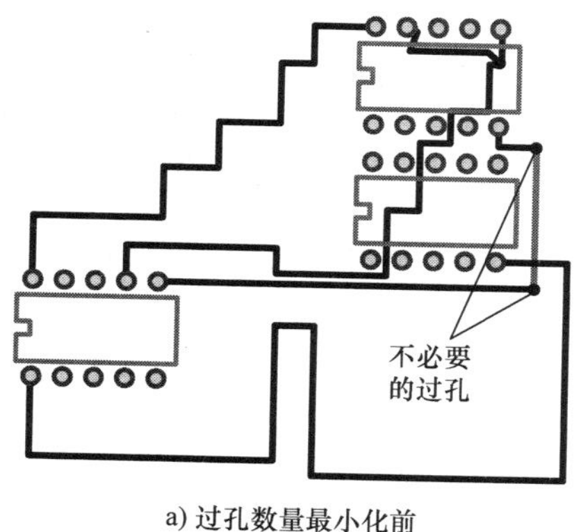

a) 过孔数量最小化前

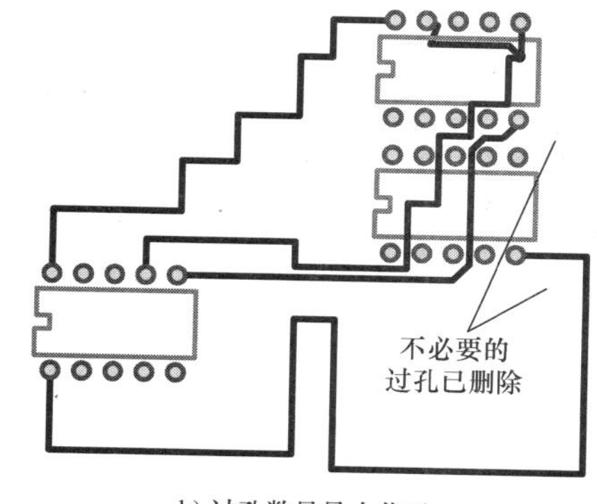

b) 过孔数量最小化后

图 12.47　过孔数量最小化过程

导线的平整度可以通过曼哈顿比率（Manhattan ratio）衡量，其定义为两点之间的实际布线长度与曼哈顿距离的比值，后者为两个点之间垂直距离与水平距离的和（你可以理解为使用正交布线时的导线长度），如图 12.48 所示。导线的曼哈顿比率越小，导线的平整度越好，当两个点之间的导线为直

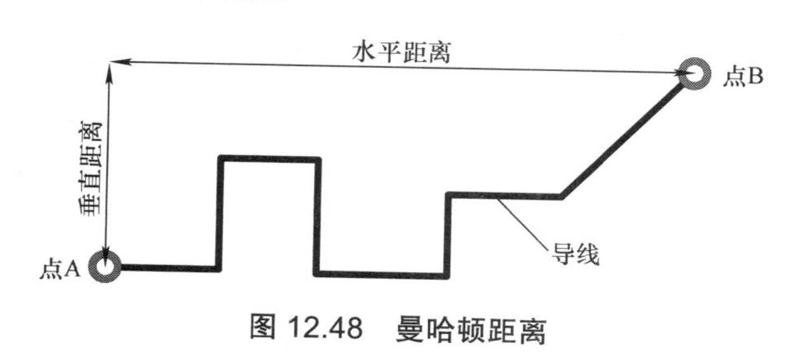

图 12.48　曼哈顿距离

线时，导线的平整度最好（相应的长度为两点之间的飞线长度），相应的曼哈顿比率为最小值，而自动布线期间的平整过程则以降低曼哈顿比率为目的，相应的效果如图 12.49 所示。

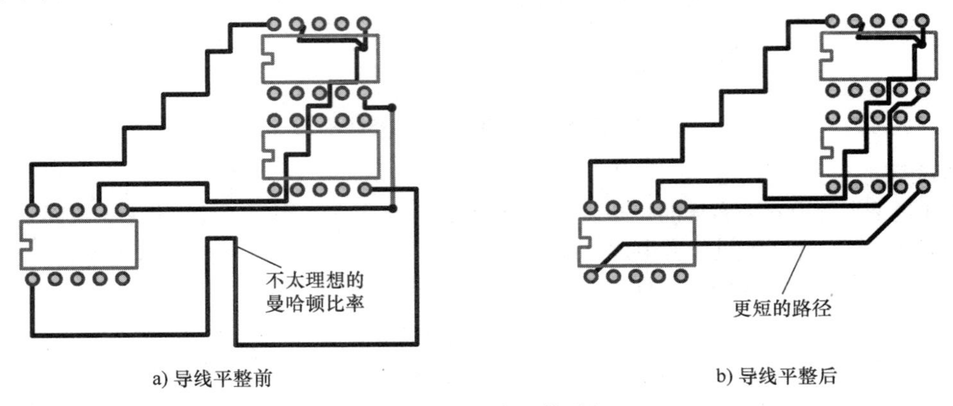

图 12.49　导线平整过程

平滑过程会在保持路径不变的同时删除导线中不必要的拐角与线段，还能够缩短导线长度，这不仅可以腾出电路板上的空间给其他导线，而且也有利于满足和保持焊盘入口与首个拐角规则。图 12.50 展示一个平滑过程前后的例子，该过程主要执行以下操作：

（1）降低曼哈顿比率；

（2）改善焊盘入口和导线连接；

（3）在不改变拓扑结构的情况下优化导线模式；

（4）消除推挤过程中可能留下的相同网络导线的交叉现象；

（5）通过“将导线直接与管脚相连”消除相同网络的“导线到拐角”安全间距违规；

（6）消除相同网络导线之间的安全间距违规。

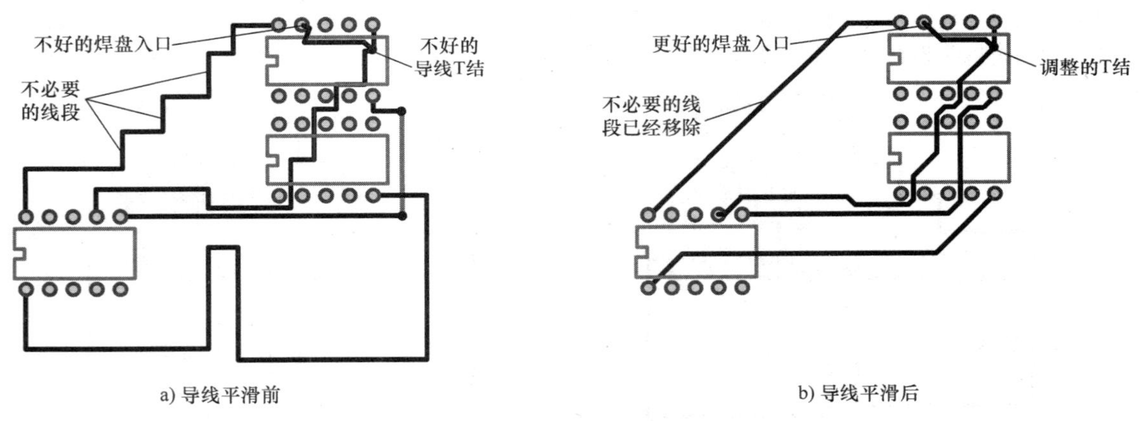

图 12.50　导线平滑过程

5. 中心通过

中心通过会自动将导线放置在“从相邻元件的焊盘到管脚（或过孔）等距”的位置，以均匀分配通道中的任何可用空间。PADS Router 会在居中过程时期保持差分对，具体来说，差分对起始区与结束区的肩部将按常规导线段进行居中调整，可控间隙区域则当成一条导线来居中调整，但并不会对被障碍物分开的不规则差分对居中调整。为了限制居中通道的最大数量，你可以在“布线”标签页中设置“最大通道宽度”值。值得一提的是，中心通过类型存在一定的限制，具体描述如下：

（1）“中心通过”仅对平行于通道方向的导线进行居中；

（2）软件通过“拉伸垂直于导线的线段”的方式居中导线，如果不存在可用的垂直导线，或不存在足够的空间拉伸，导线居中操作不会发生；

（3）中心通过不会添加拐角以实现居中；

（4）中心通过只能调整通过通道的导线，其无法调整附近的导线以适应居中；

（5）中心通过不调整任何角度的导线段；

（6）中心通过不保持长度规则或蛇形线，其会将蛇形线作为常规导线进行调整，然而，如果调整可能会导致新的错误，居中操作将不会被执行。

6. 测试点通过

测试点通过能够分析设计的可测试性以确定哪些网络需要测试，然后调整导线并插入测试点，你可以通过“选项”对话框内的“测试点”标签页决定在自动布线期间还是自动布线之后添加测试点，PADS Router 将按以下次序使导线可访问性得到保证：

（1）给插件元件管脚添加测试点；

（2）给过孔添加测试点；

（3）如果焊盘太小，则使用不同的探针尺寸；

（4）给现有导线添加新的测试点过孔；

（5）如果焊盘太小，则使用不同的过孔类型；

（6）从网络引出一段支线（stub）再添加测试点过孔；

（7）如果以上步骤都无法添加测试点，则该网络将不可访问。

7. 调整通过

调整通过会调整分配了长度规则导线的长度，其仅会检查已完全布线的网络、电气网络、管脚对或差分对的长度，主要基于以下条件进行相应的调整：

（1）如果相邻导线段的累积长度在设置的最小和最大长度范围内，则调整通过会跳过该导线（不对其进行调整）；

（2）如果导线长度超过设置的最大长度，调整通过会取消其布线并放在队列中等待后续布线；

（3）如果导线长度小于设置的最小长度，调整通过会添加蛇形线以改变长度，如图 12.51 所示；

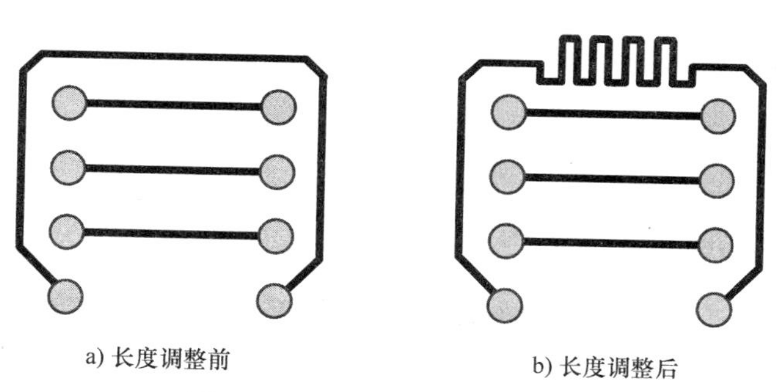

a) 长度调整前　　b) 长度调整后

图 12.51　长度调整前后的效果

（4）如果差分对中仅有某一个成员遵循了长度匹配设计规则，PADS Router 将认为该差分对不匹配，调整通过会对不遵循设计规则的成员进行调整；

（5）如果经过调整之后，差分对成员之间的长度差仍然大于 300mil，调整通过会跳过该差分对（使其保持以前的状态）。

8. 倒角通过

倒角通过会将所有指定角度的拐角转换为斜角，只需要在“选项”对话框的“布线”标签页中设置“倒角”组合框参数。需要注意的是，只有在空间允许的情况下，PADS Router 才会在导线拐角处添加倒角，如果添加的拐角违反安全间距或首个拐角规则，PADS Router 会跳过而不做处理。另外，如果导线存在很小的线段，并且无法创建足够大的倒角时，PADS Router 会为该 3 段线段创建一个圆弧，如图 12.52 所示。如果由于安全间距违规而无法创建所需尺寸的圆弧，PADS Router 不会执行任何推挤或导线调整操作，而仅会产生一个较小的圆弧代替，如图 12.53 所示。

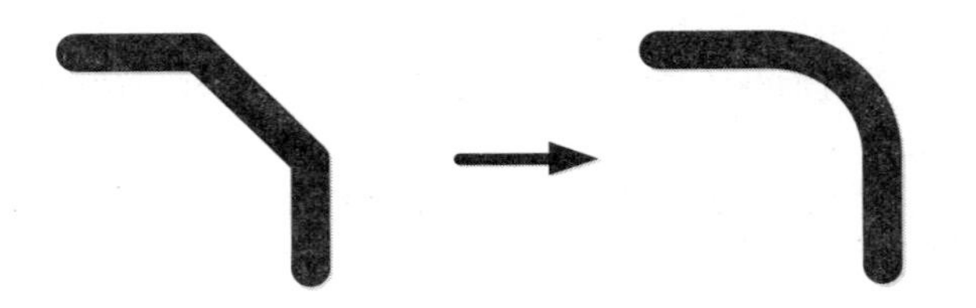

图 12.52　为三段线段创建圆弧

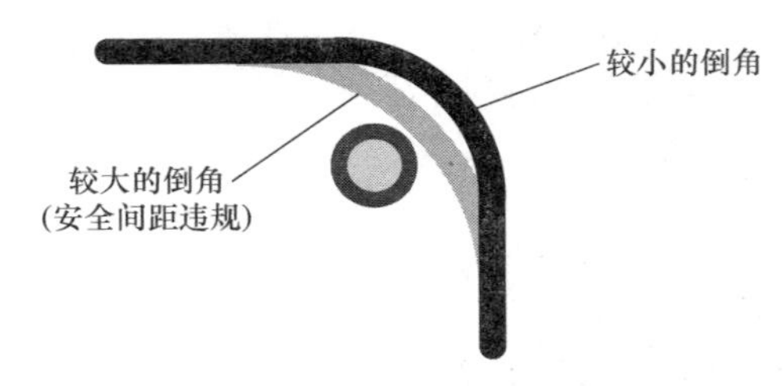

图 12.53　创建较小的圆弧倒角以避免安全间距违规

12.3.3　设置布线次序

执行【工具】→【选项】→【布线】→【调整】即可进入如图 12.54 所示“策略”标签页，从中可以设置扇出、模式、布线、优化、中心、测试点、调整、倒角通过类型。如果你想设置某种通过类型，首先勾选“通过”列中的复选框，此时可以在下方“布线顺序定义”组合框内将相应的网络添加到“布线顺序”列表中（默认情况下针对所有网络）。“保护”列表示是否在相应通过类型处理后的导线保护起来。“暂停”列表示是否在相应通过完成之后暂停，“强度”列则设置通过类型的调整强度，以决定自动布线器可以在该通过类型上花费的时间与努力程度（对“中心通过”类型无效）。

选项

布线 / 策略

通过定义
选择并定义您希望运行的布线通过类型。
提示:定义强度时，值越低，布线速度越快。
设置越高，布线速度就越慢，过孔越少，而且导线长度越短。

通过类型	通过	保护	暂停	强度	布线顺序	完成
扇出	☑	☐	☐	中	所有网络	☐
模式	☑	☑	☐	高	D00,D01,D02,D03,D04,D05,D06,D07	☐
布线	☑	☐	☐	高	所有网络	☐
优化	☑	☐	☐	高	所有网络	☐
中心	☐	☐	☐		所有网络	☐
测试点	☐	☐	☐	低	所有网络	☐
调整	☐	☐	☐	中	所有网络	☐
倒角	☐	☐	☐	低	所有网络	☐

布线顺序定义
选择元器件和网络对象来定义通过类型的布线顺序。

24MHZ, A00, A01, A02, A03, A04, A05, A06, A07, A08

默认(D)　已选定(S) >>　所有网络(A) >>　平面网络(P) >>　清除(C)

布线顺序:　所有网络

确定　取消　应用(A)　帮助

图 12.54　“策略”标签页

12.4　宏

宏可以记录操作执行的步骤，你可以通过创建宏来简化冗余以提升设计效率。本节以在 PADS Layout 中创建“验证安全间距”的宏文件详细阐述其创建过程。首先执行【工具】→【宏】→【新建宏】（或在“输出窗口”中切换到“宏”标签页），如图 12.55 所示，其中左侧为相应的宏列表，右侧为宏文件中的内容（默认为空）。如果你想创建其他宏文件，只需要单击左上方的“新建宏”按钮即可。

接下来开始录制宏文件。单击该窗口工具栏中的“录制”按钮（红色圆形）即可进入宏录制状态，此时工作区域左上角会提示“Rec”，你可以正常进行安全间距验证的一系列操作（此处即：先将 PCB 进行整板显示，然后执行【工具】→【设计验证】，在弹出的“验证设计”对话框中选择“安全间距”单选框，清除“显示摘要提示”复选框，然后单击“开始”按钮），如图 12.56 所示（已在 PCB 文件中故意制造出一些违规错误）。

图 12.55　新建的宏文件

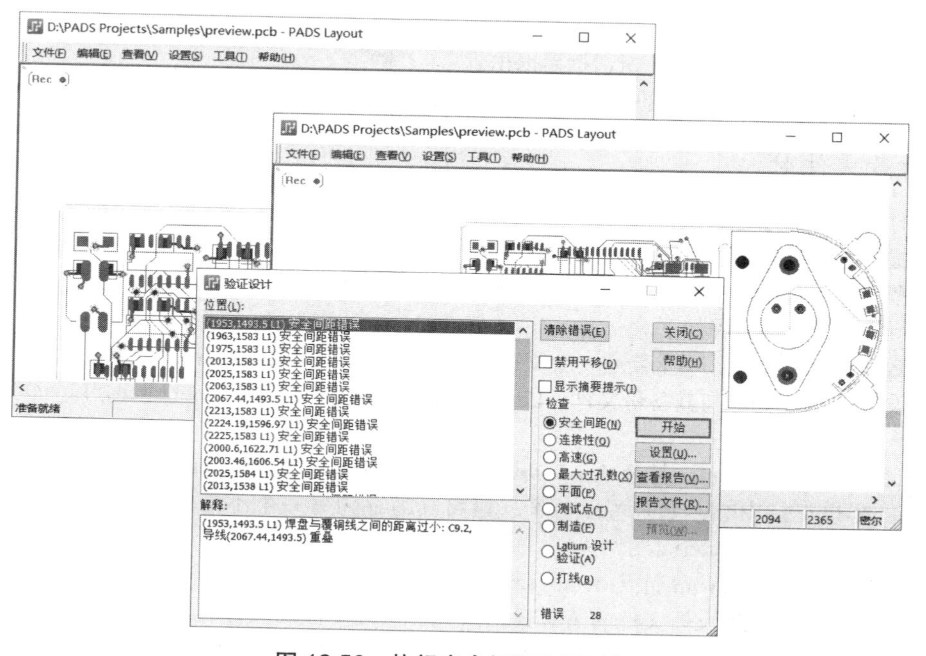

图 12.56　执行安全间距验证过程

在执行安全间距验证的过程中，你每执行一个操作，宏文件中都会出现相应的指令，最后完成的状态如图 12.57 所示，你可以单击输出窗口工具栏上的保存按钮进行宏文件的保存（此例为 verify_clearance.mcr）。如果你想播放录制的宏，只需要在“输出窗口”中单击“运行”按钮（向右绿色小三角形）即可，此时 PADS Layout 将按前述步骤自动执行所有操作。值得一提的是，如果你在录制过程中执行了单击或移动视图等操作，相应的指令也会出现在宏文件中，由于这些指令并不会影响有用操作的执行，可以不予理会或手动删除即可。

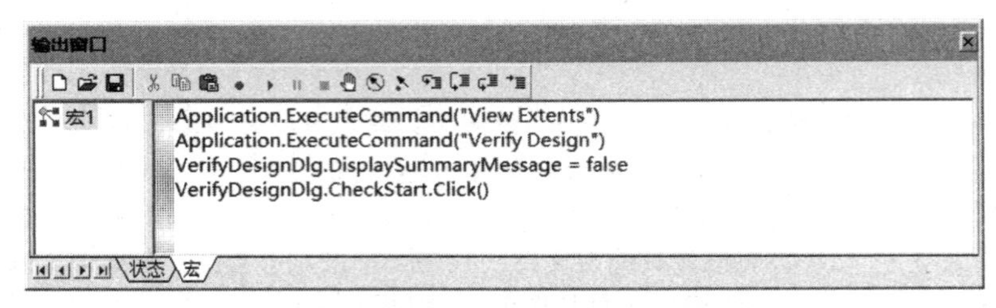

图 12.57 宏文件中出现的内容

虽然宏文件中已经记录的"执行安全间距验证过程"相关的指令，但是如果每次执行安全间距验证都要打开宏文件再执行，那还不如常规操作更方便，但是你也可以为宏文件指定一个快捷键。执行【工具】→【自定义】，在弹出的"Customize"对话框中切换到"宏文件"标签页，将刚刚录制的宏文件（此处为"verify_clearance.mcr"）添加到"宏命令文件"列表中（见图 1.100），然后再切换到"键盘和鼠标"标签页，在"键盘和鼠标"标签页内"命令"列表中的"Macros"项下将会出现与宏文件同名的命令（此处为"verify_clearance"），见图 1.97。将其选中后，再按 1.5.3 小节所示分配快捷键即可（就像为其他命令分配快捷键一样），此处不再赘述。

12.5 致命错误

有时候，PCB 文件可以会意外导致数据库的完整性被破坏，可能会出现致命错误（Fatal Error）。例如，当你打开某个文件，或删除、移动某个对象时，PADS 会弹出如图 12.58 所示提示对话框后退出。本节详细阐述如何恢复已经被破坏的 PCB 文件。

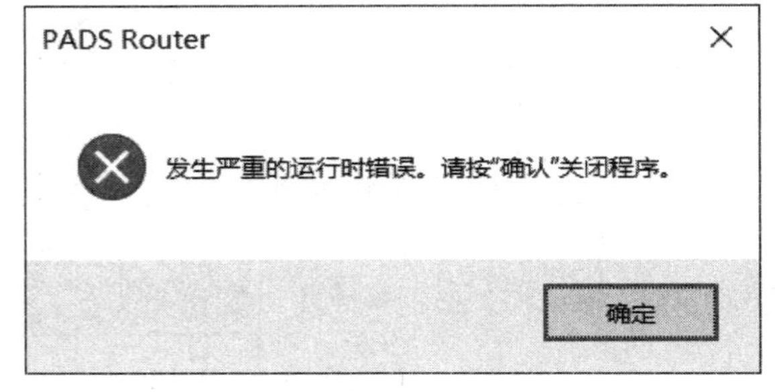

图 12.58 "致命错误"提示对话框

12.5.1 打开文件时

如果在打开设计文件时 PADS Layout 崩溃或弹出致命错误提示对话框，该设计文件可能已经被破坏，你可以考虑使用 PADS Router 数据完整性验证工具（PADS Router 打开文件后会自动进行数据完整性验证）进行修改，具体步骤如下。

（1）当致命错误发生后，马上新建一个文件夹（此处假设为"demo_save"），然后将破坏的设计文件（此处假设为 demo.pcb）与其备份文件（Layout.pcb，Layout1.pcb，Layout2.pcb，Layout3.pcb 等等）复制进去。

（2）尝试使用 PADS Router 打开 demo_save 文件夹中被破坏的文件 demo.pcb，如果无法打开，你需要联系官方客户支持中心。如果可以打开，请将其另存为另一个不同的文件名（此处为"demo_s.pcb"），然后关闭 PADS Router。

（3）尝试使用 PADS Layout 打开 demo_s.pcb 文件，如果无法打开，需要联系官方客户支持中心。如果可以打开，你需要导出设计文件的 ASCII 格式文件（此处假设文件名为"demo_s_ascii.asc"），只需要注意单位选择"基本"，并且不选择"展开属性"即可，如图 12.59 所示。

（4）使用 PADS Layout 新建一个文件，然后导入刚刚保存的 demo_s_ascii.asc 文件，如果弹出一个 ascii.err 文件，你需要联系客户支持中心。如果未弹出 ascii.err 文件，你可以使用第 5 章介绍的正向标注方式使原理图与 PCB 同步，以便恢复所有已经丢失的元件或网络连接，破坏的文件至此已经恢复。

12.5.2 正常操作时

如果在正常操作过程中出现崩溃或致命错误，恢复数据库的方式稍微有所不同，具体描述如下（多次创建文件夹只是为了保证你在正确的步骤中执行正确的操作）。

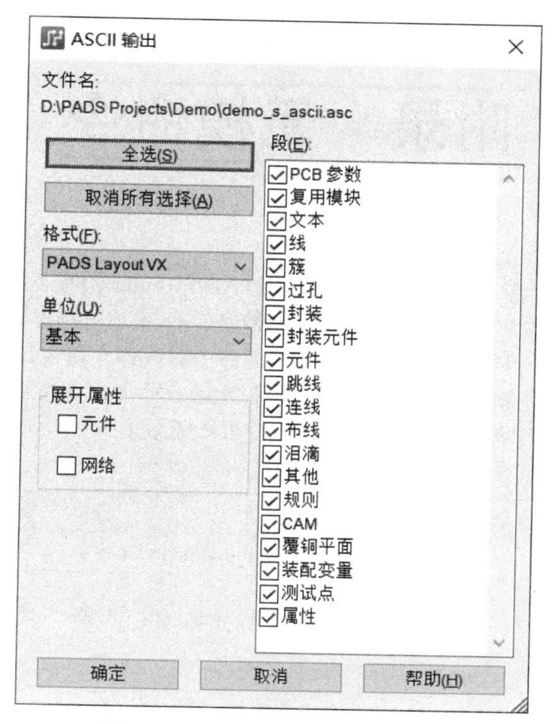

图 12.59 “ASCII 输出”对话框

（1）从致命错误消息中退出后，系统会将设计保存为备份文件并关闭。马上新建一个文件夹（此处假设为“demo_save”），然后将破坏的设计文件（此处假设为“demo.pcb”）与其备份文件（Layout.pcb，Layout1.pcb，Layout2.pcb，Layout3.pcb 等等）复制进去。

（2）新建另一个文件夹（此处假设为“demo_repair”），将已破坏的文件 demo_save.pcb 复制进去并将其重命名（此处假设为“demo_bad.pcb”）。

（3）打开 PADS Layout，然后尝试打开 demo_bad.pcb，如果文件无法打开，可以按 12.5.1 小节所述步骤进行修改，如果文件可以打开，则使用无模命令“I”运行数据库完整性检查。

（4）重复执行引起致命错误的操作，如果未出现错误或警告，直接跳到步骤（8），否则导出 ASCII 格式文件（此处假设为“ascii_1.asc”，配置同图 12.59），然后再新建文件后重新导入，如果系统弹出一个 ascii.err 文件，你需要联系客户支持中心。

（5）如果未弹出 ascii.err 文件，你可以再次重复执行引起致命错误的操作，如果未出现错误或警告，直接跳到步骤（8），否则就将设计文件保存为另一个文件（此处假设为“demo_1.pcb”），并退出 PADS Layout。

（6）使用 PADS Router 打开刚刚保存的 demo_1.pcb，如果无法打开，需要联系官方客户支持中心。如果可以打开，你可以将其另存为（此处假设为“demo_2.pcb”），然后关闭 PADS Router。

（7）使用 PADS Layout 打开刚刚保存的 demo_2.pcb，如果无法打开，需要联系官方客户支持中心。如果可以打开，你再次重复执行引起致命错误的操作，如果错误或警告仍然出现，需要联系官方客户支持中心。

（8）如果未出现错误或警告，则再次执行导出与重新导入 ASCII 格式文件的操作（配置同图 12.59）。如果导入过程中弹出 ascii.err 文件，你需要联系客户支持中心。如果未弹出 ascii.err 文件，你可以使用第 5 章介绍的正向标注方式将原理图与 PCB 同步，以便恢复所有已经丢失的元件或网络连接，破坏的文件至此已经恢复。

附录　无模命令

本附录为 PADS Layout 无模命令，PADS Logic 与 PADS Router 稍有不同，可自行参考帮助文档。

（1）（x，y）表示坐标，<s> 表示文本，<n> 表示数字，{} 表示可选参数。

（2）无模命令使用方法：在英文状态下输入完整的命令后按回车键（Enter）即可。

（3）本附录对于带参数的命令均添加空格分隔，若无命令冲突，空格在 PADS Layout 中可有可无，但有些版本的 PADS Router 中需要加上，否则命令执行可能无效。

名　　称	无模命令	描　　述
设置设计单位（Setting the Design Units）		
切换设计单位至英寸	UI	对应“选项”对话框内“全局 / 常规”标签页中的“设计单位”组合框
切换设计单位至密尔	UM	
切换设计单位至毫米（公制）	UMM	
设置平面直角（笛卡儿）坐标系栅格（Cartesian Grid Settings）		
全局栅格设置（Global Grid Setting）	G<x> {<y>}	同时设置设计栅格与过孔栅格，第 2 个参数可选，仅输入 1 个参数表示将 *X* 与 *Y* 轴栅格设置为相同值。例如，“G 25”“G 8.3”“G 16-2/3”“G 5 25”
显示栅格设置（Displayed Dot Grid Setting）	GD<x> {<y>}	设置显示栅格，第 2 个参数可选，仅输入 1 个参数表示将 *X* 与 *Y* 轴栅格设置为相同值。例如，“GD 8-1/3”“GD 25 25”“G 100”
设计栅格设置（Deisgn Grid Setting）	GR<x> {<y>}	设置（布局布线）设计栅格，第 2 个参数可选，仅输入 1 个参数表示将 *X* 与 *Y* 轴栅格设置为相同值。例如，“GR 8-1/3”“GR 25 25”，“GR 25”
过孔栅格设置（Via Grid Setting）	GV<x> {<y>}	设置过孔栅格，第 2 个参数可选，仅输入 1 个参数表示将 *X* 与 *Y* 轴栅格设置为相同值。例如，“GV 8-1/3”“GV 25 25”“GV 100”
设置极坐标系栅格（Polar Grid Settings）		
打开 / 关闭极坐标栅格	GP	极坐标栅格主要用于径向移动、环形元件组合以及创建径向绘图对象。（注：在极坐标栅格上布线需要设置角度模式为任意角度，相应无模命令为“AA”）
移动到指定的极坐标点	GP r a	移动到指定半径（r）与角度（a）的极坐标点
移动到指定角度的极坐标点	GPA a	在当前半径值下，移动到指定角度的极坐标点
移动到指定半径的极坐标点	GPR r	在当前角度值下，移动到指定半径的极坐标点
移动极坐标点的角度量	GPRA da	在当前半径值下，移动指定角度偏移量（da）
移动极坐标点的半径量	GPRR dr	在当前角度值下，移动指定半径偏移量（dr）
设置原点（ Setting Origins）		
设置原点（使用当前设计坐标）（Set the Origin Using Design Coordinates）	SO	如果元件、管脚、绘图拐角、文本、圆、相交线段被选中，该命令直接将原点设置为选中对象的原点（无需输入坐标）。如果无对象被选中，该命令必须输入坐标。例如，“SO 8.3 8.3”“SO 25 25”
设置原点（使用工作区域的绝对坐标）	SOA	以整个工作区域的正中心坐标为参考设置原点，*X* 与 *Y* 轴的坐标取值范围均为 −28 ~ +28（单位为英寸）。

（续）

名　称	无模命令	描　述
线 / 导线角度设置（Line/Trace Angle Settings）		
任意角度（Any Angle）	AA	对应“选项”对话框内“设计”标签页中的“线 / 导线角度”组合框
斜交角度（Diagonal Angle）	AD	
正交角度（Orthogonal Angle）	AO	
线 / 导线宽度设置（Line/Trace Width Settings）		
改变最小显示宽度（Set Minimum Display Width）	R <n>	对应“选项”对话框内“全局 / 常规”标签页中的“最小显示宽度”文本框
改变当前宽度	W <n>	设置当前导线或线宽度。例如，“W 5”
线样式设置（Line Style Settings）		
显示线样式	LS	在状态栏左下角显示当前的线样式
线样式（实线）	LS S	设置默认 2D 线样式为实线
线样式（虚线）	LS D	设置默认 2D 线样式为虚线
线样式（点线）	LS O	设置默认 2D 线样式为点线
线样式（虚 - 点线）	LS A	设置默认 2D 线样式为虚 - 点线
线样式（虚 - 双点线）	LS B	设置默认 2D 线样式为虚 - 双点线
设计规则检查设置（DRC Settings）		
禁用 DRC 模式	DRO	对应“选项”对话框内“设计”标签页中的“在线 DRC”组合框
防止错误模式	DRP	
警告错误模式	DRW	
忽略安全间距模式	DRI	
搜索（Searching）		
绝对搜索	S <x> <y>	以原点为参考移动光标至（*X*，*Y*）。例如，“S 25 25”
搜索参考编号 / 管脚	S <s>	例如，“S U1.1”“S U1”
相对搜索（Search Relative）	SR <x><y>	以当前光标位置为参考，将光标移动指定偏移量（*X* 与 *Y*）。例如，“SR 100 50”
相对 *X* 搜索（Search Relative *X*）	SRX <x>	以当前光标位置为参考（*Y* 轴坐标不变），将光标移动指定 *X* 轴偏移量。例如，“SRX 100”
相对 *Y* 搜索（Search Relative *Y*）	SRY <y>	以当前光标位置为参考（*X* 轴坐标不变），将光标移动 *Y* 轴偏移量。例如，“SRY 100”
搜索与选中（Search and Select）	SS <s>	通过参考编号搜索与选中元器件。例如，“SS U19”“SS U10 R6 C8”
使用通配符“*”搜索并选中	SS <s>*	通过使用通配符“*”搜索与选中多个器件。例如，“C*”“R*”
绝对移动到指定 *X* 坐标	SX <x>	将光标移动到指定的 *X* 轴坐标（*Y* 轴坐标不变）。例如，“SX 300”
绝对移动到指定 *Y* 坐标	SY <y>	将光标移动到指定的 *Y* 轴坐标（*X* 轴坐标不变）。例如，“SY 300”
使用像素查找并选中导线段	XP	
绘图形状控制（Drafting Shape Control）		
圆形绘制模式	HC	对应进入绘图对象（2D 线、铜箔、板框、禁止区域等）创建状态时右击弹出的快捷菜单命令项，类似图 3.110
路径绘制模式	HH	
多边形绘制模式	HP	
矩形绘制模式	HR	

（续）

名　称	无模命令	描　述
		对象捕获（Objects Snapping）
对象捕获模式（Object Snap Mode）	OS	对应“选项”对话框内“栅格与捕获 / 对象捕获”标签页中的“捕获至对象”复选框
对象捕获半径（Object Snap Radius）	OSR <n>	对应“选项”对话框内“栅格与捕获 / 对象捕获”标签页中的“捕获半径”文本框
对象捕获类型（Object Snap Type）	OS <n>	对应“选项”对话框内“栅格与捕获 / 对象捕获”标签页中的“对象类型”组合框，具体命令见图 8.45，例如，“OS E”表示捕获至拐角
		对象可见性（Object Visibility）
底层视图（Bottom View）	B	等同于执行【查看】→【底层视图】
互补格式	C	以互补格式（Complementary Format）显示板层
当前层显示在最上方 开 / 关	D	对应“选项”对话框内“全局 / 常规”标签页中的“当前层显示在最上方”复选框
钻孔外框 开 / 关	DO	对应“选项”对话框内“布线 / 常规”标签页中的“显示钻孔”复选框
管脚编号显示 开 / 关	PN	对应“显示颜色设置”对话框内“管脚编号”列复选框
透明模式 开 / 关	T	
文本外框 开 / 关	X	显示或隐藏文本周围的矩形外框
		网络高亮（Net Highlighting）
逐个高亮网络	N <s>	例如，“N GND”表示高亮 GND 网络
以相反次序逐个取消网络高亮	N -	
取消所有网络的高亮状态	N	
		网络名称可见性（Net Name Visibility）
切换网络名称可见性	NN	打开或隐藏网络名，对应“显示颜色设置”对话框内的“网络名”列复选框
切换管脚上的网络名称显示	NNP	对应“显示颜色设置”对话框内“显示网络名称”项
切换导线上的网络名称显示	NNT	
切换过孔上的网络名称显示	NNV	
		层可见性（Layer Visibility）
显示（恢复）到初始的板层视图	Z	所有命令均用于控制“显示颜色设置”对话框中板层的可见性（显示或隐藏）。例如，“Z +O”表示不改变其它板层显示可见性的前提下显示外层（即顶层与底层），“Z -O”则恰好相反 “Z -2 +O”表示隐藏第 2 层并显示外层 “Z 2-4”表示显示板层 2、3、4 “Z 2 4”表示显示板层 2 与 4
添加或移除当前显示的板层（Add or Remove Layer from Current Set of Displayed Layers）	Z {+<layer>} {-<layer>}	
仅显示给定的连续板层	Z <n-m>	
仅显示给定的板层（View Only the Layers You Type）	Z <layer n> {<layer m> …}	
显示所有板层	Z *	
隐藏所有板层	Z -*	
显示当前板层	Z A	
显示底层装配图层	Z ADB	
显示顶层装配图层	Z ADT	

（续）

名　称	无模命令	描　述
层可见性（Layer Visibility）		
仅显示底层	Z B	所有命令均用于控制“显示颜色设置”对话框中板层的可见性（显示或隐藏）。例如，“Z +O”表示不改变其它板层显示可见性的前提下显示外层（即顶层与底层），“Z -O”则恰好相反 “Z -2 +O”表示隐藏第 2 层并显示外层 “Z 2-4”表示显示板层 2、3、4 “Z 2 4”表示显示板层 2 与 4
仅显示当前板层	Z C <-C>	
显示所有文档层	Z D	
显示所有电气层	Z E	
显示所有内层	Z I	
显示所有外层（即顶层与底层）	Z O	
显示助焊底层	Z PMB	
显示助焊顶层	Z PMT	
显示阻焊底层	Z SMB	
显示阻焊顶层	Z SMT	
显示丝印底层	Z SSB	
显示线形印顶层	Z SST	
仅显示顶层	Z T	
显示所有板层可见的飞线	Z U	
显示所有板层	Z Z	
保存当前层视图	ZS <name>	保存当前视图配置，后续可使用无模命令“ZR”调用。例如，“ZS L23”表示保存名称为 L23
恢复视图	ZR <name>	恢复使用无模命令“ZS”保存的视图。例如，“ZR L23”表示显示名称为 L23 的视图配置
层（Layers）		
更改当前层	L <n>	更改当前层到 <n>，<n> 可以是板层编号或名称。例如，“L 2”、“L Top”
更改当前层的布线方向	LD	切换当前板层布线方向为垂直或水平
布线层对命令（Paired Layer Command）	PL <n1> <n2>	将 2 个板层设置为布线层对,<n> 可以是板层编号或名称。例如，“PL 1 2”、“PL top bottom”，对应“选项”对话框内的“布线 / 常规”标签页中的“层对”组合框
管脚 PADS 3D 中的 3D 视角点（Managing the 3D View Point in PADS 3D）		
从顶层查看（View from Top）	T	
从底层查看（View from Bottom）	B	
从左侧查看（View from Left）	L	
从右侧查看（View from Right）	R	
过孔（Vias）		
切换结束过孔模式（Toggle Between End Via Modes）	E	在“以没有过孔结束”“以过孔结束”“以测试点结束”3 种过孔模式之间循环切换
打开过孔对话框（Open Via Dialog）	V	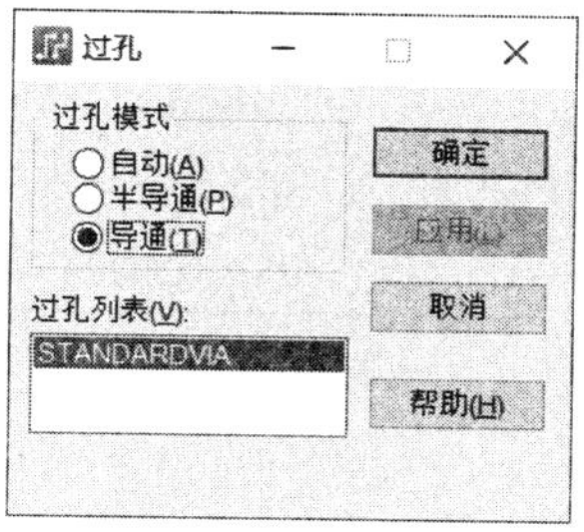 过孔 过孔模式：自动(A)　半导通(P)　导通(T) 过孔列表(V)：STANDARDVIA 确定　应用(L)　取消　帮助(H)

（续）

名　　称	无模命令	描　　述
过孔（Vias）		
选择自动过孔模式	VA	
使用半导通过孔模式	VP	
使用导通过孔	VT <name>	如果存在多种过孔，可以输入相应的名称
灌注与填充外框（Pour and Hatch Outlines）		
灌注外框 开 / 关 （Pour Outline On/Off）	PO	对应“选项”对话框内“覆铜平面 / 填充和灌注”标签页中的“显示模式”组合框 （注：旧版本中针对“分割 / 混合”平面类型板层的无模命令“SPO”已经取消）
外框模式设置（Outline Mode Settings）		
外框模式 开 / 关	O	显示焊盘、导线、2D 线的外框
高分辨率外框模式	OH	所有对象以真实形状显示外框
低分辨率外框模式 （Outline Mode in Low Resolution）	OL	圆形或椭圆形显示为矩形，导线段末端无弧形 （注：圆形焊盘仍然显示为圆形）
常规模式设置（General Mode Settings）		
切换创建相似复用操作	RV	切换建立相似复用模块操作（忽略或对比值与容差属性）
切换推挤模式 开 / 关	SH	
测量（Measurement）		
快速测量	Q	使用光标确定测量的起点再执行该无模命令即可
快速长度 （Quick Length）	QL	选中需要测量的布线项目（如导线段、网络、管脚对）再执行该无模命令即可弹出 Layout.err 文件，其中显示了测量对象的长度信息
多次撤消与重做操作（Multiple Undo and Redo Operations）		
多次撤消命令（1-100）	UN {<n>}	参数 <n> 的取值范围在 1~100 之间。例如，“UN 2”。未输入 <n> 表示执行一次撤消操作
多次重做命令 （Multiple Redo Command）	RE{<n>}	参数 <n> 的取值范围在 1~100 之间。例如，“RE 2”。未输入 <n> 表示执行一次重做操作
其他（Miscellaneous）		
启用按网络配色 （Enable Color by Net）	Y	对应“查看网络”对话框中的“启用按网络配色”复选框
打开文件	F <name>	打开指定路径与名称的文件
显示无模命令帮助文档	?	
数据库完整性测试	I	运行数据库完整性测试
基本媒体向导 / 日志测试（Basic Media Wizard/Log Test）		
基本日志测试	BLT	打开日志测试对话框，从中可以回放媒体
打开基本媒体向导	BMW	打开基本媒体向导对话框
开启 BMW 会话日志	BMW ON	
关闭 BMW 会话日志	BMW OFF	

参 考 文 献

[1] 龙虎 . 电容应用分析精粹：从充放电到高速 PCB 设计 [M]. 北京：电子工业出版社，2019.
[2] 龙虎 . 三极管应用分析精粹：从单管放大到模拟集成电路设计（基础篇）[M]. 北京：电子工业出版社，2021.
[3] 龙虎 . 显示器件应用分析精粹：从芯片架构到驱动程序设计 [M]. 北京：机械工业出版社，2021.
[4] 龙虎 . USB 应用分析精粹：从设备硬件、固件到主机端程序设计 [M]. 北京：电子工业出版社，2022.